T0342339

Fisiología del Deporte y el Ejercicio

QUINTA EDICIÓN

W. Larry Kenney, PhD
Pennsylvania State University, University Park,
Estados Unidos

Jack H. Wilmore, PhD
University of Texas, Austin,
Estados Unidos

David L. Costill, PhD
Ball State University, Muncie, Indiana,
Estados Unidos

Human
Kinetics

EDITORIAL MÉDICA
panamericana

BUENOS AIRES - BOGOTÁ - CARACAS - MADRID -
MÉXICO - PORTO ALEGRE
e-mail: info@medicapanamericana.com
www.medicapanamericana.com

Título del original en inglés
PHYSIOLOGY OF SPORT AND EXERCISE, 5th edition
Copyright © 2012 by W. Larry Kenney, Jack H. Wilmore, and David L. Costill
Copyright © 2008 by Jack H. Wilmore, David L. Costill, and W. Larry Kenney
Copyright © 2004, 1999, 1994 by Jack H. Wilmore and David L. Costill
Published by HUMAN KINETICS, Inc. Champaign, Illinois, USA
All rights reserved.

Esta edición traducida es una coedición de Editorial Médica Panamericana S.A. y Human Kinetics, Inc.

Spanish translation © EDITORIAL MÉDICA PANAMERICANA, S.A.
Quintanapalla N° 8, Planta 4ª (28050) - Madrid, España

Agradecimiento especial al Prof. Lic. Sebastián Del Rosso, Licenciado en Educación Física, G-SE, Córdoba, Argentina, por su revisión de la traducción.

ISBN: 10: 0-7360-8772-9
ISBN: 13: 978-0-7360-8772-8

La notificación de licencias y créditos de las ilustraciones de este libro se mencionan en la página XIV. Ilustración de tapa y de portada del libro de PennTrack XC.com, afiliada a MileSplit U.S. Ilustraciones: ©Human Kinetics, excepto que se indique de otro modo.

Visite nuestra página web:
    http://www.medicapanamericana.com

ARGENTINA
Marcelo T. de Alvear 2145
(C1122AAG) Buenos Aires, Argentina
Tel.: (54-11) 4821-5520 / 2066 / Fax (54-11) 4821-1214
e-mail: info@medicapanamericana.com

COLOMBIA
Carrera 7a A N° 69-19 - Bogotá D.C., Colombia
Tel.: (57-1) 345-4508 / 314-5014 / Fax: (57-1) 314-5015 / 345-0019
e-mail: infomp@medicapanamericana.com.co

ESPAÑA
Quintanapalla N° 8, Planta 4ª (28050) - Madrid, España
Tel.: (34-91) 1317800 / Fax: (34-91) 4570919
e-mail: info@medicapanamericana.es

MÉXICO
Hegel N° 141, 2° piso
Colonia Chapultepec Morales
Delegación Miguel Hidalgo - C.P. 11570 -México D.F.
Tel.: (52-55) 5250-0664 / 5262-9470 / Fax: (52-55) 2624-2827
e-mail: infomp@medicapanamericana.com.mx

VENEZUELA
Edificio Polar, Torre Oeste, Piso 6, Of. 6 C
Plaza Venezuela, Urbanización Los Caobos,
Parroquia El Recreo, Municipio Libertador, Caracas
Depto. Capital, Venezuela
Tel.: (58-212) 793-2857/6906/5985/1666 Fax: (58-212) 793-5885
e-mail: info@medicapanamericana.com.ve

Human
Kinetics
Visite nuestra página web:
    http://www.HumanKinetics.com

UNITED STATES
P.O. Box 5076
Champaign, IL 61825-5076
800-747-4457
e-mail: humank@hkusa.com

CANADA
475 Devonshire Road Unit 100
Windsor, ON N8Y 2L5
800-465-7301 (in Canada only)
e-mail: info@hkcanada.com

EUROPE
107 Bradford Road, Stanningley
Leeds LS28 6AT, United Kingdom
+44 (0) 113 255 5665
e-mail: hk@hkeurope.com

AUSTRALIA
57A Price Avenue
Lower Mitcham, South Australia 5062
08 8372 0999
e-mail: info@hkaustralia.com

NEW ZEALAND
P.O. Box 80
Torrens Park, South Australia 5062
0800 222 062
e-mail: info@hknewzealand.com

Impreso en los Estados Unidos de América
10 9 8 7 6 5 4 3 2 1

Datos de Publicación en la Catalogación en la Biblioteca del Congreso

Kenney, W. Larry, author.
[Physiology of sport and exercise. Spanish]
Fisiología del deporte y el ejercicio / W. Larry Kenney, Jack H.
Wilmore, David L. Costill. -Quinta edición.
p.; cm.
Translation of: Kenney, W. Larry. Physiology of sport and exercise.
5th edition.
Includes bibliographical references and index.
I. Wilmore, Jack H., 1938 - author. II. Costill, David L., author. III.
Title [DNLM: 1. Exercise - physiology. 2. Sports - physiology. 3.
Physical Endurance. 4. Physical Fitness. QT 260]
QP301
612-044-dc23

2013010168

En primer lugar y ante todo, a mi esposa, Patti, que cuida todo lo que es importante en nuestras vidas para que yo pueda seguir mis emprendimientos académicos, como la investigación, la enseñanza y la escritura de estos libros de texto. A mis niños, ya no tan niños, Matthew, Alex y Lauren, lo más importante de mi vida. Ha sido un placer verlos crecer y conseguir sus propios éxitos en la facultad, los deportes y la vida en general. Sigan luchando por nuevos objetivos, sigan siendo buenas personas y cuiden de los demás, y sigan siendo felices en todo el viaje que es esta vida. A mis padres, que me inspiraron y apoyaron, y siguen siendo mis modelos. Y a todos mis estudiantes graduados, pasados y presentes, que me han puesto a prueba y me enseñan cosas nuevas cada día.

W. Larry Kenney

Dedico este libro a aquellos que han tenido un gran impacto en mi vida. A mi amada esposa, Dottie, y a nuestras tres maravillosas hijas, Wendy, Kristi y Melissa, por su paciencia, su comprensión y su amor. A nuestros yernos, Craig, Brian y Randall, por ser buenos esposos, padres y amigos. A nuestros nietos, que son fuente constante de alegría y asombro. A mi madre y a mi padre por su amor, su sacrificio, su dirección y su aliento. A mis exestudiantes, que han sido mis amigos y mi inspiración. Y a mi Señor Jesucristo, que satisface todas y cada una de mis necesidades.

Jack H. Wilmore

A mis nietos, Renee y David, que le han dado una nueva dimensión a mi vida. A mi esposa, Judy, que me dio dos hermosas hijas, Jill y Holly. A mi entrenador de natación del colegio, Bob Bartels, quien "rescató mi alma" en más de una ocasión, y me mostró la alegría de la investigación y la enseñanza. A mis exestudiantes, que me enseñaron más de lo que yo les enseñé a ellos: sus posteriores éxitos han sido los puntos culminantes de mi carrera.

David L. Costill

Índice

Prefacio	**IX**
Créditos de las ilustraciones	**XIV**
Autores	**XV**
Agradecimientos	**XVII**

Introducción: introducción a la fisiología del ejercicio y el deporte	**1**
Enfoque en la fisiología del ejercicio y el deporte	3
Respuestas agudas y crónicas al ejercicio	3
La evolución de la fisiología del ejercicio	3
Investigación: la base para la comprensión	14

PARTE I   Ejercicio muscular

1 Estructura y función del músculo durante el ejercicio	**27**
Anatomía funcional del músculo esquelético	29
Músculo esquelético y ejercicio	37

2 Combustible para el ejercicio: bioenergética y metabolismo muscular	**49**
Sustratos energéticos	50
Control de la tasa de producción de energía	52
Depósitos de energía: fosfatos de alta energía	54
Sistemas energéticos básicos	55
Interacción entre los sistemas de producción de energía	64
La capacidad oxidativa del músculo	64

3 Control neural de los músculos durante el ejercicio	**69**
Estructura y función del sistema nervioso	70
Sistema nervioso central	78
Sistema nervioso periférico	80
Integración sensomotora	83

4 Control hormonal durante el ejercicio	**91**
El sistema endocrino	92
Hormonas	93
Glándulas endocrinas y sus hormonas: generalidades	96
Regulación hormonal del metabolismo durante el ejercicio	100
Regulación hormonal del equilibrio hidroelectrolítico durante el ejercicio	105

5 Gasto energético y fatiga 113

Medición del gasto energético 114
Gasto energético en reposo y durante el ejercicio 120
La fatiga y sus causas 128

PARTE II Función cardiovascular y respiratoria

6 El aparato cardiovascular y su control 139

Corazón 140
Sistema vascular 152
Sangre 157

7 El aparato respiratorio y su regulación 163

Ventilación pulmonar 164
Volúmenes pulmonares 166
Difusión pulmonar 167
Transporte de oxígeno y dióxido de carbono en la sangre 172
Intercambio gaseoso en los músculos 175
Regulación de la ventilación pulmonar 177

8 Respuestas cardiorrespiratorias al ejercicio agudo 181

Respuestas cardiovasculares al ejercicio agudo 182
Respuestas respiratorias al ejercicio agudo 196

PARTE III Entrenamiento

9 Principios del entrenamiento 209

Terminología 210
Principios generales del entrenamiento 212
Programas de entrenamiento con sobrecarga 214
Programas de entrenamiento para la mejora de la potencia anaeróbica y aeróbica 220

10 Adaptaciones al entrenamiento con sobrecarga 227

Mejoras en el acondicionamiento muscular asociadas al entrenamiento con sobrecarga 228
Mecanismos implicados en la mejora de la fuerza muscular 229
Dolor y calambres musculares 237
Entrenamiento con sobrecarga para poblaciones especiales 242

11 Adaptaciones al entrenamiento aeróbico y anaeróbico 247

Adaptaciones al entrenamiento aeróbico 248
Adaptaciones al entrenamiento anaeróbico 272
Especificidad del entrenamiento y entrenamiento cruzado 275

PARTE IV — Efectos del medioambiente sobre el rendimiento

12 Ejercicio en ambientes calurosos y fríos — 283

Regulación de la temperatura corporal	284
Respuestas fisiológicas al ejercicio en un ambiente caluroso	291
Riesgos para la salud durante el ejercicio en un ambiente caluroso	294
Aclimatación al ejercicio en un ambiente caluroso	299
El ejercicio en un ambiente frío	301
Respuestas fisiológicas al ejercicio en un ambiente frío	304
Riesgos para la salud durante el ejercicio en un ambiente frío	305

13 Ejercicio en la altura — 309

Condiciones ambientales en la altura	310
Respuestas fisiológicas a la exposición aguda a la altura	313
Ejercicio y rendimiento deportivo en la altura	317
Aclimatación: exposición prolongada a la altura	319
Altura: optimización del entrenamiento y el rendimiento	322
Riesgos para la salud derivados de la exposición aguda a la altura	325

PARTE V — Optimización del rendimiento deportivo

14 Entrenamiento para el deporte — 333

Optimización del entrenamiento: un modelo	334
Sobreentrenamiento	338
Puesta a punto para alcanzar el máximo rendimiento (*tapering*)	344
Desentrenamiento	346

15 Composición corporal y nutrición para el deporte — 355

Composición corporal en el deporte	356
Nutrición y deporte	367

16 Ayudas ergogénicas y deporte — 395

Los estudios sobre ayudas ergogénicas	397
Agentes farmacológicos	399
Agentes hormonales	405
Agentes fisiológicos	411
Agentes nutricionales	417

PARTE VI

Consideraciones relacionadas con la edad y el sexo en el deporte y el ejercicio

17 **Niños y adolescentes en el deporte y el ejercicio** **425**

Crecimiento, desarrollo y maduración 426
Respuestas fisiológicas al ejercicio agudo 430
Adaptaciones fisiológicas al entrenamiento 437
Habilidad motora y rendimiento deportivo 440
Tópicos especiales 440

18 **Deporte y ejercicio en adultos mayores** **447**

Talla, peso y composición corporal 449
Respuestas fisiológicas al ejercicio agudo 452
Adaptaciones fisiológicas al entrenamiento 461
Rendimiento deportivo 463
Tópicos especiales 465

19 **Diferencias sexuales en el deporte y el ejercicio** **471**

Tamaño y composición corporal 473
Respuestas fisiológicas al ejercicio agudo 474
Adaptaciones fisiológicas al entrenamiento 480
Rendimiento deportivo 482
Tópicos especiales 482

PARTE VII

Actividad física para la salud y la aptitud física

20 **Prescripción del ejercicio para la salud y la aptitud física** **499**

Beneficios del ejercicio para la salud: el gran despertar 500
Autorización médica 501
Prescripción de ejercicios 508
Control de la intensidad del ejercicio 510
Programa de ejercicios 516
Ejercicio y rehabilitación de individuos con enfermedades 518

21 **Enfermedades cardiovasculares y actividad física** **521**

Tipos de enfermedad cardiovascular 523
Comprensión del proceso patológico 527
Determinación del riesgo individual 530
Reducción del riesgo a través de la actividad física 532
Riesgo de infarto de miocardio y muerte durante el ejercicio 538
Entrenamiento y rehabilitación de los pacientes con enfermedad cardíaca 539

22 **Obesidad, diabetes y actividad física** **545**

Obesidad 546
Diabetes 565

Glosario **573**

Referencias **591**

Índice analítico **608**

Prefacio

El cuerpo es una máquina extraordinariamente compleja. En cualquier momento del día, existe una intrincada comunicación entre células, tejidos, órganos, aparatos y sistemas que sirven para coordinar las funciones fisiológicas. Cuando se piensa en la enorme cantidad de procesos que ocurren dentro del cuerpo en cualquier momento dado, es sorprendente que estas funciones fisiológicas trabajen tan bien en conjunto. Incluso en reposo, la actividad fisiológica del cuerpo es bastante grande. Por lo tanto, imagine cuánto más activos están estos aparatos y sistemas durante el ejercicio. Durante el ejercicio, los nervios excitan a los músculos para que se contraigan. Los músculos activos durante el ejercicio exhiben una gran actividad metabólica y requieren más nutrientes, oxígeno y una eliminación eficiente de los productos de desecho. ¿Cómo responde el cuerpo al aumento de las demandas fisiológicas durante el ejercicio?

Ésta es la pregunta clave cuando se estudia fisiología del deporte y el ejercicio. La quinta edición de *Fisiología del deporte y el ejercicio* introduce al lector precisamente en el campo de la fisiología de estas actividades. El objetivo del libro es desarrollar los conocimientos que adquirió durante los cursos básicos en anatomía y fisiología y aplicar esos principios para estudiar cómo responde el cuerpo al aumento de las demandas durante la actividad física.

¿Qué hay de nuevo en la quinta edición?

La quinta edición de *Fisiología del deporte y el ejercicio* ha sido actualizada por completo, tanto en su contenido como en su diseño. Las ilustraciones, las fotografías y los diagramas médicos han sido completamente renovados y se le han añadido detalles que les proporcionan una mayor claridad y realismo, lo que permite una mejor comprensión de las respuestas corporales a la actividad y de la investigación subyacente. El nuevo diseño del libro se enfoca en los esquemas y diagramas y permite una mejor presentación del contenido y los distintos recursos didácticos.

Además de estos cambios visuales, hemos reorganizado los capítulos sobre el metabolismo y el control hormonal durante el ejercicio (se dividió el Capítulo 2 de la cuarta edición en dos nuevos capítulos: el 2 y el 4). A menudo, los estudiantes encuentran muy problemática la información sobre el metabolismo durante el ejercicio y la bioenergética. Para ayudarlos a comprender mejor estos temas, el Capítulo 2 ha sido completamente actualizado y revisado para ofrecer una perspectiva novedosa y amplia sobre cómo la energía es derivada desde los alimentos que ingerimos y usada para la contracción muscular y otros procesos fisiológicos. Las nuevas figuras permiten que esta información pueda comprenderse rápidamente. Asimismo, el Capítulo 4, que trata sobre el control hormonal durante el ejercicio, ha sido revisado y ampliado. También hemos actualizado el texto para incluir las últimas investigaciones sobre temas importantes en este campo, como:

- Actualizaciones de los principios del entrenamiento de la fuerza basados en las declaraciones del ACSM del 2009 y nuevas secciones sobre la fuerza, el entrenamiento de la estabilidad y el entrenamiento interválico de alta intensidad.
- Nuevos contenidos sobre el ácido láctico como fuente de energía, los calambres musculares, la obesidad en la niñez, la utilización de los sustratos y la respuesta endocrina al ejercicio, y el envejecimiento vascular.
- Actualizaciones sobre las funciones cardiovasculares centrales y periféricas, la tríada de la mujer deportista y el ciclo menstrual.
- Nuevas investigaciones sobre los efectos de la actividad física sobre la salud, que incluyen datos internacionales sobre la incidencia de enfermedad cardiovascular y obesidad.

Todos estos cambios se realizaron poniendo el énfasis en la facilidad de lectura y comprensión del texto que han hecho de éste el principal libro de texto para introducir a los estudiantes en este campo. Al igual que la cuarta edición, ésta sigue conservando el formato de menor volumen y peso en comparación con las primeras ediciones, y la misma estructura general y enfoque progresivo de los temas. En la edición actual, nuestro principal interés se sigue centrando en los músculos y en cómo se modifican sus requerimientos cuando el individuo pasa del estado de reposo a la actividad y en cómo estos requerimientos son sostenidos por (e interactúan con) los demás aparatos y sistemas del organismo. En los últimos capítulos se tratan los principios del entrenamiento; los factores ambientales como el calor, el frío y la altitud; el rendimiento deportivo y el ejercicio para la prevención de enfermedades.

Organización de la quinta edición

En la Introducción se presenta una revisión histórica de la fisiología del deporte y el ejercicio a medida que fueron desprendiéndose de las disciplinas madres como la anatomía y la fisiología, y se explican los conceptos básicos que se usan en el texto. En las Partes I y II se revisan los principales sistemas fisiológicos, haciendo hincapié en sus respuestas durante el ejercicio agudo. En la Parte I se aborda cómo los sistemas muscular, metabólico, nervioso y endocrino interactúan para producir el movimiento corporal. En la Parte II se analiza cómo los aparatos cardiovascular y respiratorio envían nutrientes y oxígeno a los músculos activos y eliminan los productos de desecho durante la actividad física. En la Parte III se considera cómo estos sistemas y aparatos se adaptan a la exposición crónica al ejercicio (o sea, el entrenamiento).

En la Parte IV se modifica la perspectiva y se examina el impacto del ambiente externo sobre el rendimiento físico. Se analizan las respuestas físicas al calor y al frío, y después el impacto de la baja presión atmosférica experimentada en la altitud. En la Parte V se expone cómo los atletas pueden optimizar su rendimiento físico, y se evalúan los efectos de diferentes tipos y volúmenes de entrenamiento. Se aborda la importancia de una composición corporal apropiada para un rendimiento óptimo y se examinan los requerimientos dietéticos especiales de los atletas y cómo la nutrición puede usarse para mejorar el rendimiento. Por último, se explora el uso de las ayudas ergogénicas: sustancias que supuestamente mejoran el rendimiento deportivo.

En la Parte VI se examinan las características particulares de las poblaciones específicas. Primero se presentan los procesos del crecimiento y el desarrollo y cómo estos procesos afectan el rendimiento de los atletas jóvenes. Se analizan los cambios que ocurren en el rendimiento físico a medida que las personas envejecen y se explora la forma en que la actividad física puede ayudar a conservar la salud y la independencia. Por último, se examinan los aspectos y características fisiológicas especiales de las mujeres deportistas.

La parte final del libro, la Parte VII, se enfoca en las aplicaciones de la fisiología del deporte y el ejercicio para prevenir y tratar varias enfermedades y el uso del ejercicio para la rehabilitación. Se analiza la prescripción de ejercicio para conservar la salud y la aptitud física, y el libro concluye con un análisis sobre la enfermedad cardiovascular, la obesidad y la diabetes.

Características especiales de la quinta edición

Fisiología del deporte y el ejercicio tiene como objetivo hacer más sencillo y agradable el aprendizaje. Este libro es completo e integral, y sus características especiales lo

ayudarán a progresar sin que se sienta abrumado por la cantidad de información.

Cada capítulo del libro comienza con una descripción de los temas tratados con los números de página, que lo ayudarán a localizar el material; también presenta una breve historia que explora las aplicaciones cotidianas de los conceptos abordados.

En cada capítulo, en los recuadros denominados *Concepto clave* se destacan los conceptos importantes. Los recuadros titulados *Revisión* resumen los puntos principa-

les presentados en las secciones previas. Y al final de cada capítulo, en los apartados titulados *Conclusión* se hace una recapitulación final que permite entender cómo lo aprendido crea el marco idóneo para los temas siguientes.

Las *palabras clave* están resaltadas en rojo en el texto y se enumeran al final de cada capítulo; todas ellas están definidas en el glosario ubicado al final del libro. Al final de cada capítulo, también encontrará preguntas que pondrán a prueba sus conocimientos.

Ejercicio en la altura

13

En este capítulo

Condiciones ambientales en la altura   310
Presión atmosférica en la altura   311
Temperatura y humedad del aire en la altura   312
Radiación solar en la altura   312

Respuestas fisiológicas a la exposición aguda a la altura   313
Respuestas respiratorias a la altura   313
Respuestas cardiovasculares a la altura   315
Respuestas metabólicas a la altura   315
Necesidades nutricionales en la altura   316

Ejercicio y rendimiento deportivo en la altura   317
Consumo máximo de oxígeno y actividades de resistencia   317
Actividades anaeróbicas: esprines, saltos y lanzamientos   318

Aclimatación: exposición prolongada a la altura   319
Adaptaciones pulmonares   319
Adaptaciones sanguíneas   321
Adaptaciones musculares   321
Adaptaciones cardiovasculares   322

Altura: optimización del entrenamiento y el rendimiento   322
¿El entrenamiento en la altura mejora el rendimiento a nivel del mar?   323
Optimización del rendimiento en la altura   324
Entrenamiento en la "altura" artificial   325

Riesgos para la salud derivados de la exposición aguda a la altura   325
Enfermedad aguda de la altura (mal de montaña)   326
Edema pulmonar de las grandes alturas   327
Edema cerebral de las grandes alturas   327

Conclusión   328

El índice del capítulo describe la ubicación de los contenidos

Al final del libro hay un completo *glosario* que incluye las definiciones de todas las palabras clave, un listado de las *referencias bibliográficas* citadas en cada capítulo y un *índice analítico*. Por último, en las partes anterior y posterior del libro hallará, para una referencia rápida, las abreviaturas y conversiones más comunes.

Puede que el lector use este libro porque se le exija como texto en sus cursos, pero esperamos que la información que proporciona lo incentive a continuar con su estudio de esta área relativamente nueva y estimulante. Esperamos que al menos aumente su interés y la comprensión sobre la maravillosa habilidad del cuerpo para realizar ejercicios y actividades deportivas de diferentes características e intensidad, para adaptarse a las situaciones estresantes y mejorar su capacidad fisiológica. Este libro es útil no sólo para quienes siguen una carrera dedicada al ejercicio y el deporte, sino también para cualquier persona que desee mantenerse activa, saludable y en forma.

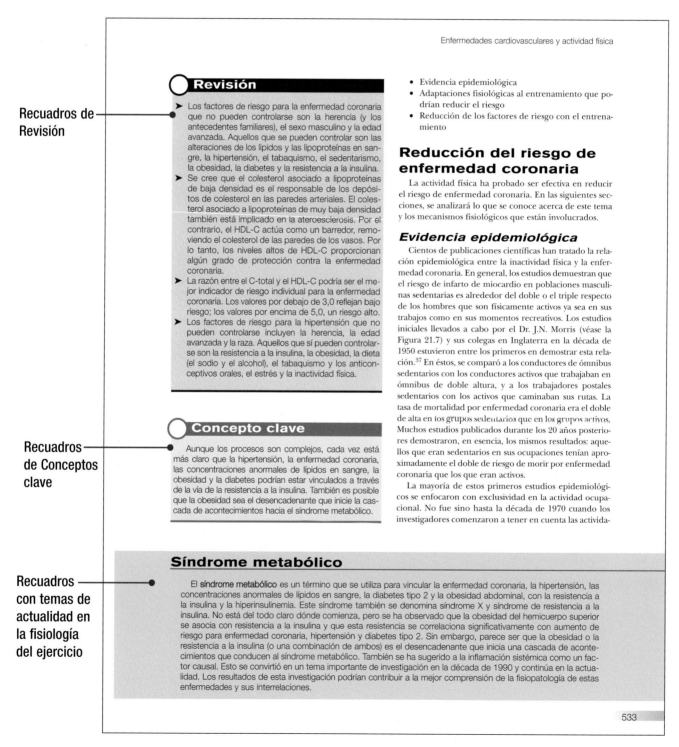

Recuadros de Revisión

Enfermedades cardiovasculares y actividad física

⬤ Revisión

➤ Los factores de riesgo para la enfermedad coronaria que no pueden controlarse son la herencia (y los antecedentes familiares), el sexo masculino y la edad avanzada. Aquellos que se pueden controlar son las alteraciones de los lípidos y las lipoproteínas en sangre, la hipertensión, el tabaquismo, el sedentarismo, la obesidad, la diabetes y la resistencia a la insulina.

➤ Se cree que el colesterol asociado a lipoproteínas de baja densidad es el responsable de los depósitos de colesterol en las paredes arteriales. El colesterol asociado a lipoproteínas de muy baja densidad también está implicado en la ateroesclerosis. Por el contrario, el HDL-C actúa como un barredor, removiendo el colesterol de las paredes de los vasos. Por lo tanto, los niveles altos de HDL-C proporcionan algún grado de protección contra la enfermedad coronaria.

➤ La razón entre el C-total y el HDL-C podría ser el mejor indicador de riesgo individual para la enfermedad coronaria. Los valores por debajo de 3,0 reflejan bajo riesgo; los valores por encima de 5,0, un riesgo alto.

➤ Los factores de riesgo para la hipertensión que no pueden controlarse incluyen la herencia, la edad avanzada y la raza. Aquellos que sí pueden controlarse son la resistencia a la insulina, la obesidad, la dieta (el sodio y el alcohol), el tabaquismo y los anticonceptivos orales, el estrés y la inactividad física.

Recuadros de Conceptos clave

⬤ Concepto clave

Aunque los procesos son complejos, cada vez está más claro que la hipertensión, la enfermedad coronaria, las concentraciones anormales de lípidos en sangre, la obesidad y la diabetes podrían estar vinculados a través de la vía de la resistencia a la insulina. También es posible que la obesidad sea el desencadenante que inicie la cascada de acontecimientos hacia el síndrome metabólico.

Recuadros con temas de actualidad en la fisiología del ejercicio

Síndrome metabólico

El **síndrome metabólico** es un término que se utiliza para vincular la enfermedad coronaria, la hipertensión, las concentraciones anormales de lípidos en sangre, la diabetes tipo 2 y la obesidad abdominal, con la resistencia a la insulina y la hiperinsulinemia. Este síndrome también se denomina síndrome X y síndrome de resistencia a la insulina. No está del todo claro dónde comienza, pero se ha observado que la obesidad del hemicuerpo superior se asocia con resistencia a la insulina y que esta resistencia se correlaciona significativamente con aumento de riesgo para enfermedad coronaria, hipertensión y diabetes tipo 2. Sin embargo, parece ser que la obesidad o la resistencia a la insulina (o una combinación de ambos) es el desencadenante que inicia una cascada de acontecimientos que conducen al síndrome metabólico. También se ha sugerido a la inflamación sistémica como un factor causal. Esto se convirtió en un tema importante de investigación en la década de 1990 y continúa en la actualidad. Los resultados de esta investigación podrían contribuir a la mejor comprensión de la fisiopatología de estas enfermedades y sus interrelaciones.

• Evidencia epidemiológica
• Adaptaciones fisiológicas al entrenamiento que podrían reducir el riesgo
• Reducción de los factores de riesgo con el entrenamiento

Reducción del riesgo de enfermedad coronaria

La actividad física ha probado ser efectiva en reducir el riesgo de enfermedad coronaria. En las siguientes secciones, se analizará lo que se conoce acerca de este tema y los mecanismos fisiológicos que están involucrados.

Evidencia epidemiológica

Cientos de publicaciones científicas han tratado la relación epidemiológica entre la inactividad física y la enfermedad coronaria. En general, los estudios demuestran que el riesgo de infarto de miocardio en poblaciones masculinas sedentarias es alrededor del doble o el triple respecto de los hombres que son físicamente activos ya sea en sus trabajos como en sus momentos recreativos. Los estudios iniciales llevados a cabo por el Dr. J.N. Morris (véase la Figura 21.7) y sus colegas en Inglaterra en la década de 1950 estuvieron entre los primeros en demostrar esta relación.[37] En éstos, se comparó a los conductores de ómnibus sedentarios con los conductores activos que trabajaban en ómnibus de doble altura, y a los trabajadores postales sedentarios con los activos que caminaban sus rutas. La tasa de mortalidad por enfermedad coronaria era el doble de alta en los grupos sedentarios que en los grupos activos. Muchos estudios publicados durante los 20 años posteriores demostraron, en esencia, los mismos resultados: aquellos que eran sedentarios en sus ocupaciones tenían aproximadamente el doble de riesgo de morir por enfermedad coronaria que los que eran activos.

La mayoría de estos primeros estudios epidemiológicos se enfocaron con exclusividad en la actividad ocupacional. No fue sino hasta la década de 1970 cuando los investigadores comenzaron a tener en cuenta las activida-

533

Fotografías y figuras completamente renovadas; ilustraciones médicas detalladas y de gran claridad

Palabras clave

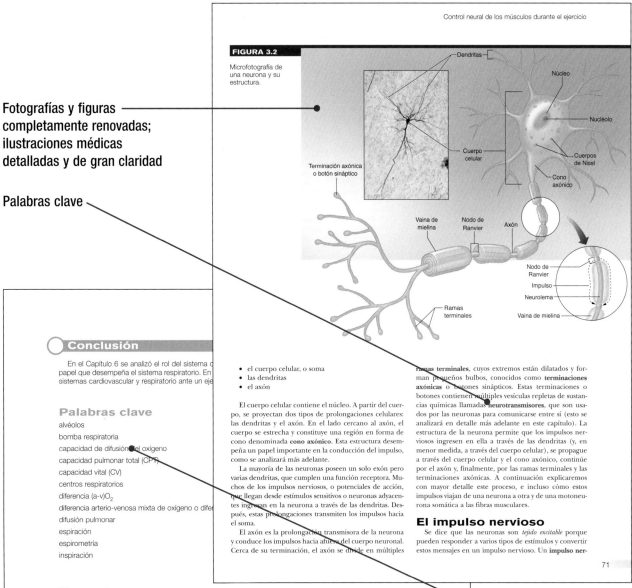

Control neural de los músculos durante el ejercicio

FIGURA 3.2

Microfotografía de una neurona y su estructura.

Dendritas

Núcleo

Nucléolo

Cuerpo celular

Cuerpos de Nissl

Terminación axónica o botón sináptico

Cono axónico

Vaina de mielina

Nodo de Ranvier

Axón

Nodo de Ranvier

Impulso

Neurolema

Vaina de mielina

Ramas terminales

Conclusión

En el Capítulo 6 se analizó el rol del sistema papel que desempeña el sistema respiratorio. En sistemas cardiovascular y respiratorio ante un eje

Palabras clave

alvéolos

bomba respiratoria

capacidad de difusión del oxígeno

capacidad pulmonar total (CPT)

capacidad vital (CV)

centros respiratorios

diferencia (a-v)O₂

diferencia arterio-venosa mixta de oxígeno o dife

difusión pulmonar

espiración

espirometría

inspiración

Preguntas

1. Describa las diferencias entre respiración externa e interna.
2. Describa los mecanismos involucrados en la inspiración y la espiración.
3. ¿Qué es un espirómetro? Describa y defina los volúmenes pulmonares medidos durante la espirometría.
4. Explique el concepto de presiones parciales de gases respiratorios (oxígeno, dióxido de carbono y nitrógeno). ¿Cuál es el rol de las presiones parciales de estos gases en la difusión pulmonar?
5. ¿En qué parte del pulmón ocurre el intercambio gaseoso con la sangre? Describa el rol de la membrana respiratoria.
6. ¿Cómo se transportan el oxígeno y el dióxido de carbono en la sangre?
7. ¿De qué forma la sangre arterial cede oxígeno a los músculos y cómo se libera el dióxido de carbono de los músculos hacia la sangre venosa?
8. ¿Qué se entiende por "diferencia arterio-venosa mixta de oxígeno" o "diferencia (a-v̄)O₂"? ¿Cómo y por qué ésta varía al pasar del estado de reposo al de ejercicio?
9. Describa cómo se regula la ventilación pulmonar. ¿Cuáles son los estímulos químicos que controlan la profundidad y la frecuencia respiratoria? ¿De qué manera estos estímulos controlan la respiración durante el ejercicio?

- el cuerpo celular, o soma
- las dendritas
- el axón

El cuerpo celular contiene el núcleo. A partir del cuerpo, se proyectan dos tipos de prolongaciones celulares: las dendritas y el axón. En el lado cercano al axón, el cuerpo se estrecha y constituye una región en forma de cono denominada **cono axónico**. Esta estructura desempeña un papel importante en la conducción del impulso, como se analizará más adelante.

La mayoría de las neuronas poseen un solo axón pero varias dendritas, que cumplen una función receptora. Muchos de los impulsos nerviosos, o potenciales de acción, que llegan desde estímulos sensitivos o neuronas adyacentes ingresan en la neurona a través de las dendritas. Después, estas prolongaciones transmiten los impulsos hacia el soma.

El axón es la prolongación transmisora de la neurona y conduce los impulsos hacia afuera del cuerpo neuronal. Cerca de su terminación, el axón se divide en múltiples

ramas terminales, cuyos extremos están dilatados y forman pequeños bulbos, conocidos como **terminaciones axónicas** o botones sinápticos. Estas terminaciones o botones contienen múltiples vesículas repletas de sustancias químicas llamadas **neurotransmisores**, que son usados por las neuronas para comunicarse entre sí (esto se analizará en detalle más adelante en este capítulo). La estructura de la neurona permite que los impulsos nerviosos ingresen en ella a través de las dendritas (y, en menor medida, a través del cuerpo celular), se propague a través del cuerpo celular y el cono axónico, continúe por el axón y, finalmente, por las ramas terminales y las terminaciones axónicas. A continuación explicaremos con mayor detalle este proceso, e incluso cómo estos impulsos viajan de una neurona a otra y de una motoneurona somática a las fibras musculares.

El impulso nervioso

Se dice que las neuronas son *tejido excitable* porque pueden responder a varios tipos de estímulos y convertir estos mensajes en un impulso nervioso. Un **impulso ner-**

71

Listado de palabras clave que permite evaluar la comprensión del vocabulario

Preguntas de autoevaluación

Ilustraciones de las páginas de apertura de Partes y Capítulos

Introducción: © Icon Sports Media; **Parte I:** © Human Kinetics; **Capítulo 1:** © BSIP/Photoshot/Icon SMI; **Capítulo 2:** © CNRI/ Science Photo Library/Custom Medical Stock Photo; **Capítulo 3:** fotografía cortesía de Chuck Fong. studio2photo@yahoo.com.; **Capítulo 4:** © Franck Faugere/DPPI/Icon SMI; **Capítulo 5:** © Derick Hingle/Icon SMI; **Parte II:** © Icon Sports Media; **Capítulo 6:** © Collection CNRI/Phototake USA; **Capítulo 7:** © BSIP/Age fotostock; **Capítulo 8:** © Jonathan Larsen/Age fotostock; **Parte III:** © Human Kinetics; **Capítulo 9:** © Chai v.d. Laage/Imago/Icon SMI; **Capítulo 10:** © Human Kinetics; **Capítulo 11:** © Imago/Icon SMI; **Parte IV:** © PA Photos; **Capítulo 12:** © Gian Mattia D'Alberto/LaPresse/Icon SMI; **Capítulo 13:** © Pritz/Age fotostock; **Parte V:** © Michael Weber/ Age fotostock; **Capítulo 14:** © Human Kinetics; **Capítulo 15:** © Chris Cheadle/All Canada Photos/Age fotostock; **Capítulo 16:** © Ulrich Niehoff/Age Fotostock; **Parte VI:** © George Shelley/ Age fotostock; **Capítulo 17:** © View Stock/Age fotostock; **Capítulo 18:** © Rick Gomez/Age fotostock; **Capítulo 19:** © Human Kinetics; **Parte VII:** © Human Kinetics; **Capítulo 20:** © Boccabella Debbie/Age fotostock; **Capítulo 21:** © PA Photos; **Capítulo 22:** © Frank Siteman/Age fotostock

Fotografías cortesía de los autores

Figuras 0.1, 0.2, 0.3, 0.4*b-c*, 1.1*a-c*, 1.10, 1.11*a-c*, 5.9, 18.6, 20.1, 20.2, 21.7 y 22.8*a*; fotografías en p. 2, 12, 13, 21, 38, 41, 272, 491, 508, XV y XVI.

Fotografías adicionales

Fotografía en p. X: © Pritz/Age fotostock; **fotografía en p. 2:** fotografía cortesía del Dr. Larry Golding, University of Nevada, Las Vegas. Fotógrafo Dr. Moh Youself; **fotografía en p. 5:** fotografía cortesía del American College of Sports Medicine Archives. Todos los derechos reservados; **fotografía en p. 10:** fotografía cortesía del American College of Sports Medicine Archives. Todos los derechos reservados; **fotografía en p. 10:** fotografía cortesía del American College of Sports Medicine Archives. Todos los derechos reservados; **fotografía en p. 10:** Cortesía de Noll Laboratory, The Pennsylvania State University; **figura 0.4*a*:** fotografía cortesía del American College of Sports Medicine Archives; **figura 0.5:** © Human Kinetics; **figura 0.6:** © Zuma Press/Icon SMI; **figura 1.2*a*:** © H.R. Bramaz/ISM/Phototake USA; **figura 1.4:** © Custom Medical Stock Photo; **fotografía en la figura 3.2:** © Carolina Biological Supply Company/Phototake USA; **fotografía en p. 85:** © Human Kinetics; **figura 5.2*a*:** © Human Kinetics; **figura 5.2*b*:** © Panoramic/Imago/Icon SMI; **figura 6.7:** © Jochen Tack/age footstock; **fotografía en p. 157:** © MEI-JER/ DPPI-SIPA/ICON SMI; **fotografía en la figura 6.16:** © B. Boissonnet/ age footstock; **fotografía en p. 172:** © Phototake; **fotografía en p. 203:** © BSIP/Photoshot/Icon SMI; **figura 9.1:** © Human Kinetics; **fotografía en p. 217:** © Xinhua/IMAGO/Icon SMI; **figura 9.3:** © Human Kinetics; **figura 9.5:** © Human Kinetics; **figura 10.2:** Fotografías cortesía del Dr. Michael Deschene's laboratory; **fotografía en p. 236:** © Imago/Icon SMI; **figura 10.8:** Reproducida de *Physician and Sportsmedicine*, Vol. 12, R.C. Hagerman et al., "Muscle damage in marathon runners," pgs. 39-48, Copyright 1984, con permiso de JTE Multimedia; **figura 10.9:** Reproducido de *Physician and Sportsmedicine*, Vol. 12, R.C. Hagerman et al., "Muscle damage in marathon runners," pgs. 39-48, Copyright 1984, con permiso de JTE Multimedia; **fotografías en p. 251:** © Human Kinetics; **figura 12.2:** © Carolina Biological Supply Company/Phototake USA; **figura 12.3:** From Department of Health and Human Performance, Auburn University, Alabama. Cortesía de John Eric Smith, Joe Molloy, and David D. Pascoe. Con permiso de David Pascoe; **fotografía en p. 319:** © Norbert Eisele-Hein/Age fotostock; **fotografía en p. 348:** © Human Kinetics; **figura 15.2:** © Tom Pantages; **figura 15.3:** Fotografías cortesía de Hologic, Inc.; **figura 15.4:** © Zuma Press/Icon SMI; **figura 15.5:** © Human Kinetics; **figura 15.6:** © Human Kinetics; **fotografía en p. 363:** © Human Kinetics; **fotografía en p. 396:** © Franck Faugere/ DPPI/Icon SMI; **fotografía en p. 402:** © Custom Medical Stock Photo; **fotografía en p. 436:** © Human Kinetics; **fotografía en p. 462:** © Human Kinetics; **figura 19.11*a*:** © H.R. Bramaz/ISM/Phototake USA; **figura 19.11*b*:** © ISM/Phototake USA; **figura 20.3:** © Human Kinetics; **fotografía en p. 516:** © Human Kinetics; **figura 21.3:** © 3D4Medical/ Phototake; **fotografía en p. 540:** fotografía cortesía de University of Arizona Sarver Heart Center; **fotografía en p. 546:** © AP Photo/ NFL Photos; **figura 22.8*b*:** De J.C. Seidell et al., 1987, "Obesity and fat distribution in relation to health - Current insights and recommendations," *World Review of Nutrition and Dietetics* 50: 57-91; **figura 22.8*c*:** De J.C. Seidell et al., 1987, "Obesity and fat distribution in relation to health - Current insights and recommendations," *World Review of Nutrition and Dietetics* 50:57-91; **fotografía en p. 560:** © Human Kinetics

W. Larry Kenney, PhD,

es profesor de fisiología y kinesiología en la *Pennsylvania State University* en University Park, Pennsylvania. Se doctoró en fisiología por la Pennsylvania State University en 1983. Trabaja en el Laboratorio Noll, donde actualmente está investigando los efectos del envejecimiento y el aumento del colesterol sobre el flujo sanguíneo en la piel humana; desde 1983 ha recibido becas de investigación de los *National Institutes of Health*. También ha estudiado los efectos del calor, el frío y la deshidratación sobre varios aspectos de la salud, el ejercicio y el rendimiento deportivo, así como los aspectos biofísicos del intercambio de calor entre los seres humanos y el medioambiente. Es autor de unos 200 artículos, libros, capítulos de libros y otras publicaciones.

Fue presidente del *American College of Sports Medicine* desde 2003 hasta 2004. Es miembro distinguido del *American College of Sports Medicine* y de la *American Academy of Kinesiology and Physical Education*, y miembro de la *American Physiological Society*.

Por sus contribuciones a la Universidad y a su especialidad, el doctor Kenney ha recibido la Faculty Scholar Medal, el premio Evan G. and Helen G. Pattishall Distinguished Research Career Award, y el premio Pauline Schmitt Russell Distinguished Research Career Award. En 1987 recibió el New Investigator Award del American College of Sports Medicine y, en 2008, el Citation Award.

Ha sido miembro de los consejos editoriales y asesor de varias revistas científicas, como *Medicine and Science in Sports and Exercise, Current Sports Medicine Reports* (miembro del consejo fundador), *Exercise and Sport Sciences Reviews, Journal of Applied Physiology, Human Performance, Fitness Management,* y *ACSM's Health & Fitness Journal* (miembro del consejo fundador). También es un activo evaluador de las becas de los *National Institutes of Health* y de otras muchas organizaciones. Él y su esposa, Patti, tienen tres niños, y todos ellos son o fueron deportistas universitarios: Matt (Cornell, fútbol americano), Alex (Penn State, fútbol americano y atletismo) y Lauren (Penn State, atletismo).

Jack H. Wilmore, PhD,

es profesor emérito Margie Gurley Seay Centennial en el Departamento de Kinesiología y Educación para la Salud en la *University of Texas* en Austin. Se retiró en 2003 de la *Texas A&M University* como profesor distinguido en el Departamento de Salud y Kinesiología. Entre 1985 y 1997 fue Jefe del Departamento de Kinesiología y Educación para la Salud y Profesor Margie Gurley Seay Centennial en la *University of Texas* en Austin. Antes fue miembro del cuerpo docente de la *University of Arizona*, la *University of California* y el *Ithaca College*. Se doctoró en educación física en la *University of Oregon* en 1966.

El doctor Wilmore ha publicado 53 capítulos de libros, más de 320 artículos de investigación en revistas con revisión por pares y 15 libros sobre fisiología del ejercicio. Fue uno de los 5 investigadores principales del HERITAGE Family Study, un amplio estudio clínico multicéntrico sobre la posible base genética de la variabilidad en las respuestas fisiológicas y los factores de riesgo para la enfermedad cardiovascular y la diabetes tipo 2 con el entrenamiento de la resistencia cardiovascular. Sus investigaciones se han centrado en la determinación del papel del ejercicio en la prevención y el control de la obesidad y la enfermedad coronaria, la determinación de los mecanismos responsables de los cambios que se producen en la función fisiológica con el entrenamiento y el desentrenamiento, y los factores que limitan el rendimiento en los deportistas de elite.

Es expresidente del *American College of Sports Medicine*, y recibió el Premio de Honor de esta institución en 2006. Además de participar como director de muchos comités de organización del ACSM, trabajó en el Consejo de Medicina del Deporte del Comité Olímpico de EE.UU, y dirigió el Comité de Investigación. Actualmente es miembro de la *American Physiological Society* y miembro distinguido y expresidente de la *American Academy of Kinesiology* and Physical Education. Ha actuado como consultor de varios equipos profesionales, la *California Highway Patrol*, el *President's Council on Physical Fitness and Sport*, la NASA y la *U.S. Air Force*. También ha formado parte del consejo editorial de varias revistas de la especialidad.

En su tiempo libre le gusta leer la Biblia, correr, caminar y jugar con sus nietos. Él y su esposa, Dottie, tienen tres hijas (Wendy, Kristi y Melissa) y siete nietos.

David L. Costill, PhD, es profesor emérito John and Janice Fisher en Ciencias del Ejercicio en la *Ball State University* en Muncie, Indiana. En 1966 creó el Laboratorio de Rendimiento Humano de esa universidad y lo dirigió durante más de 32 años.

Durante su carrera ha escrito como coautor más de 425 publicaciones, inclusive 6 libros, y artículos en revistas con revisión por pares y de divulgación. Se desempeñó como editor en jefe del *International Journal of Sports Medicine* durante 12 años. Entre 1971 y 1998 impartió unas 25 conferencias por año en Estados Unidos u otros países del mundo. Fue presidente de la ACSM entre 1976 y 1977, miembro de su Consejo Directivo durante 12 años, y recibió los premios ACSM Citation and Honor Awards. Muchos de sus exalumnos son en la actualidad líderes en el campo de la fisiología del ejercicio.

El doctor Costill se doctoró en Educación Física y Fisiología por la *Ohio State University* en 1965. Él y su esposa, Judy, tienen dos hijas, Jill y Holly. En su tiempo libre es piloto privado de avión, constructor de aviones experimentales y nadador de competición, y ha sido maratonista activo durante años.

Agradecimientos

Agradecimientos

Queremos agradecer al plantel de *Human Kinetics* por su continuo apoyo para el desarrollo de la quinta edición de *Fisiología del deporte y el ejercicio* y su dedicación para publicar un producto de alta calidad que colma las necesidades de los profesores y los estudiantes por igual. El agradecimiento se extiende a nuestras Editoras de Desarrollo: Lori Garrett (primera edición), Julie Rhoda (segunda y tercera ediciones) y Maggie Schwarzentraub (cuarta edición). Amy Tocco (Editora de Adquisiones) y Kate Maurer (Editora de Desarrollo) tomaron las riendas de la quinta edición y han trabajado incansablemente para completarla, terminando todas las fases del proyecto a tiempo sin sacrificar la calidad. Ha sido un verdadero placer trabajar con ellas, y su competencia y habilidad son evidentes en el libro. Muchas gracias a Joanne Brummett por su experiencia y sus contribuciones para mejorar las imágenes en esta quinta edición.

Muchísimas gracias para los colegas de la Penn State University que proporcionaron su valiosa experiencia y su tiempo para esta edición. En particular, la retroalimentación directa de los doctores Donna Korzick y Jim Pawelczyk de Penn State fue invaluable para llevar a cabo cambios sustanciales desde la perspectiva del docente. El Dr. Korzick también nos facilitó amablemente excelentes figuras del aparato cardiovascular. Hacemos llegar un agradecimiento especial a la Dra. Lacy Alexander Holowatz, de la Penn State University, por su intenso trabajo al ayudarnos a reorganizar y revisar ciertos capítulos de la quinta edición. Su visión y capacidad editorial han mejorado mucho este libro. La Dra. Mary Jane De Souza contribuyó con sus vastos conocimientos y su experiencia en el área de la mujer en el ejercicio y los deportes, y el Dr. Pawelczyk aportó su experiencia en el capítulo de ayudas ergogénicas. También queremos agradecer a la Dra. Caitlin Thompson-Torgerson y al Dr. Bob Murray por su ayuda con la redacción y la actualización de los materiales complementarios de esta edición.

Finalmente, queremos agradecer a nuestras familias, que toleraron las largas horas que pasamos escribiendo, reescribiendo, editando y revisando este libro durante sus cinco ediciones. Agradecemos sinceramente su paciencia y apoyo.

W. Larry Kenney
Jack H. Wilmore
David L. Costill

Introducción a la fisiología del ejercicio y el deporte

En este capítulo

Enfoque en la fisiología del ejercicio y el deporte   3

Respuestas agudas y crónicas al ejercicio   3

La evolución de la fisiología del ejercicio   3
Los comienzos de la anatomía y la fisiología   4
Aspectos históricos de la fisiología del ejercicio   4
La era del intercambio y la interacción científica   6
El *Harvard Fatigue Laboratory* (Laboratorio de Harvard para el estudio de la fatiga)   6
La influencia escandinava   8
Desarrollo de los abordajes contemporáneos   8

Investigación: la base para la comprensión   14
El entorno de la investigación   14
Herramientas para la investigación: los ergómetros   14
Diseños de investigación   16
Controles en la investigación   17
Factores de confusión en la investigación sobre el ejercicio   18
Unidades y formas de notación científica   20
Lectura e interpretación de cuadros y gráficos   20

Conclusión   23

Gran parte de la historia de la fisiología del ejercicio en los Estados Unidos se puede atribuir a los esfuerzos de un joven granjero de Kansas, David Bruce (D.B.) Dill, cuyo interés en la fisiología lo llevó primero a estudiar la composición de la sangre de los cocodrilos. Por fortuna para lo que finalmente se convertiría en la disciplina de la fisiología del ejercicio, este joven científico cambió el rumbo de su investigación hacia los humanos cuando se convirtió en el primer Director del *Harvard Fatigue Laboratory*, fundado en 1927. A lo largo de su vida, sintió curio-

sidad por la fisiología y la forma en la que muchos animales sobreviven a ejercicios y condiciones ambientales extremas, pero se lo recuerda mucho más por sus investigaciones sobre la respuesta *humana* al ejercicio, el calor, la altitud y otros factores medioambientales. El Dr. Dill siempre se prestó como "cobayo humano" para estos estudios. Durante los veinte años de existencia del *Harvard Fatigue Laboratory*, él y sus colaboradores produjeron unos 350 trabajos científicos además del clásico libro titulado *Life, Heat and Altitude (La vida, el calor y la altitud).*[8]

Dr. David Bruce (D.B.) Dill (*a*) en el comienzo de su carrera; (*b*) como director del *Harvard Fatigue Laboratory* a los 42 años, y (*c*) a la edad de 92 años, antes de su cuarto retiro.

Después de que el *Harvard Fatigue Laboratory* cerrara sus puertas en 1947, el Dr. Dill comenzó una segunda carrera como Subdirector de Investigación Médica en el *Army Chemical Corps* (Cuerpo de Química del Ejército), cargo que mantuvo hasta retirarse, en 1961. El Dr. Dill tenía entonces 70 años (edad que él consideraba demasiado prematura para retirarse), así que trasladó sus investigaciones sobre el ejercicio a la Universidad de Indiana, donde se desempeñó como Fisiólogo Principal hasta 1966. En 1967 obtuvo financiación para fundar el *Desert Research Laboratory* (Laboratorio de Investigaciones del Desierto) en la Universidad de Nevada, Las Vegas. El Dr. Dill utilizó este laboratorio como base para sus estudios sobre la tolerancia humana al ejercicio en el desierto y a grandes alturas. Continuó con sus investigaciones y sus escritos hasta que finalmente se retiró, a la edad de 93 años, el mismo año que publicó su último libro titulado *The Hot Life of Man and Beast (La vida del hombre y del animal en el calor).*[10]

E l cuerpo humano es una máquina asombrosa. Mientras usted está sentado leyendo esta introducción, en su cuerpo están ocurriendo en forma simultánea una innumerable cantidad de eventos perfectamente integrados y coordinados. Estos eventos permiten funciones complejas, como oír, ver, respirar y procesar información, que se realizan sin ningún esfuerzo consciente. Si se levanta, camina hacia la puerta y corre alrededor de la manzana, casi todos los aparatos y sistemas de su cuerpo serán puestos en acción, permitiéndole que usted realice exitosamente la transición entre el reposo y el ejercicio. Si sigue con esta rutina diariamente durante semanas o meses e incrementa de manera gradual la duración e intensidad del trote, su cuerpo se adaptará y usted tendrá un mejor rendimiento. Estos son dos componentes básicos del estudio de la fisiología del ejercicio: las respuestas agudas del cuerpo al ejercicio en todas sus formas y la adaptación de esos aparatos y sistemas al ejercicio crónico o repetido, lo que suele conocerse como entrenamiento.

Por ejemplo, cuando una jugadora base dirige a su equipo de básquetbol durante un contraataque rápido, su cuerpo realiza varios ajustes que requieren una serie de complejas interacciones que involucra varios aparatos y sistemas corporales. Se producen ajustes a nivel celular y molecular. Para permitir la coordinación de las acciones musculares de las piernas cuando la jugadora se mueve rápidamente de un lado al otro de la cancha, las células

nerviosas de su cerebro, conocidas como neuronas motoras, conducen impulsos eléctricos por la médula espinal hasta sus piernas. Cuando llegan a los músculos, estas neuronas liberan mensajeros químicos que cruzan los espacios entre los nervios y los músculos, y cada neurona excita una serie de células o fibras musculares individuales. Una vez que los impulsos nerviosos cruzan este espacio, se diseminan a lo largo de cada fibra muscular y se fijan a receptores especializados. La unión de los mensajeros a estos receptores pone en movimiento una serie de pasos que activan los procesos de contracción de las fibras musculares, que involucran moléculas proteicas específicas (la actina y la miosina) y un elaborado sistema de energía que proporciona el combustible necesario para mantener una contracción y las contracciones posteriores. Es a este nivel que otras moléculas, como el trifosfato de adenosina (ATP) y la fosfocreatina (PCr), son críticas para proporcionar la energía necesaria para alimentar la contracción.

Para apoyar esta serie de contracciones y relajaciones sostenidas y rítmicas, se activan varios sistemas adicionales, por ejemplo:

- El sistema esquelético proporciona el marco básico alrededor del que actúan los músculos.
- El aparato cardiovascular transporta los nutrientes y el combustible hacia los músculos y todas las demás

células corporales y elimina los productos de desecho.

- Los aparatos cardiovascular y respiratorio trabajan juntos para proporcionar oxígeno a las células y eliminar el dióxido de carbono.
- El sistema tegumentario (la piel) ayuda a mantener la temperatura corporal permitiendo el intercambio de calor entre el cuerpo y su entorno.
- Los sistemas nervioso y endocrino coordinan y dirigen toda esta actividad mientras ayudan a mantener el equilibrio hídrico y electrolítico, y asisten en la regulación de la presión sanguínea.

Durante siglos, los científicos han estudiado las funciones del cuerpo humano en el reposo, en la salud y la enfermedad. En los últimos cien años o algo más, un grupo especializado de fisiólogos ha enfocado sus estudios en cómo funciona el cuerpo durante la actividad física y el deporte. Esta introducción presenta una revisión histórica de la fisiología del ejercicio y el deporte y explica algunos conceptos básicos que forman la base de los capítulos que le siguen.

Enfoque en la fisiología del ejercicio y el deporte

La fisiología del ejercicio y el deporte ha evolucionado de disciplinas fundamentales como son la anatomía y la fisiología. La anatomía es el estudio de la estructura o morfología de un cuerpo. Mientras que la anatomía se enfoca en las distintas partes del cuerpo y sus interrelaciones, la **fisiología** se ocupa del estudio de las *funciones* corporales. Los fisiólogos estudian cómo funcionan nuestros aparatos y sistemas, los tejidos, las células y las moléculas dentro de las células y cómo se integran sus funciones para regular el medioambiente interno, un proceso denominado **homeostasis.** Debido a que la fisiología se enfoca en las funciones de las estructuras corporales, comprender la anatomía es esencial para entender la fisiología. Además, tanto la anatomía como la fisiología se basan en los conocimientos básicos de la biología, la química, la física y otras ciencias básicas.

La **fisiología del ejercicio** es el estudio de cómo se alteran las funciones del cuerpo cuando se exponen al ejercicio, un reto para la homeostasis. Debido a que el ambiente en el que una persona se ejercita puede tener un gran impacto sobre las respuestas fisiológicas al ejercicio, ha surgido la **fisiología ambiental** como una subdisciplina de la fisiología del ejercicio. La **fisiología del deporte** también aplica los conceptos de la fisiología del ejercicio para mejorar el rendimiento deportivo y para optimizar el entrenamiento de los atletas. Por lo tanto, la fisiología del deporte deriva de la fisiología del ejercicio. Como la fisiología del ejercicio y la fisiología del deporte están tan íntimamente relacionadas e integradas, a menudo es difícil diferenciarlas con claridad. Dado que se aplican los mismos principios

científicos, la fisiología del ejercicio y la del deporte a menudo se estudian en forma conjunta, como en este libro.

Respuestas agudas y crónicas al ejercicio

El estudio de la fisiología del ejercicio y el deporte implica aprender los conceptos asociados con dos patrones distintos de ejercicio. Primero, los fisiólogos del ejercicio a menudo se enfocan en cómo responde el cuerpo a un episodio único de ejercicio, tal como correr durante una hora sobre un tapiz rodante (o cinta ergométrica) o levantar pesos. Un episodio único de ejercicio se denomina **ejercicio agudo**, y las respuestas a ese episodio se conocen como respuestas agudas. Cuando analizamos las respuestas agudas al ejercicio, nos ocupamos de las respuestas inmediatas del cuerpo, y a veces de su recuperación, a un único episodio de ejercicio.

La otra gran área de interés en la fisiología del ejercicio y el deporte es cómo responde el cuerpo en el tiempo al estrés provocado por episodios repetidos de ejercicio, respuesta conocida como **adaptación crónica** o **efectos del entrenamiento.** Cuando uno realiza ejercicio regularmente en un período de días o semanas, el cuerpo se adapta. Las adaptaciones fisiológicas que ocurren con la exposición crónica al ejercicio o entrenamiento mejoran tanto la capacidad como la eficiencia para realizar ejercicio. Con el entrenamiento aeróbico, el corazón y los pulmones se vuelven más eficientes, y la capacidad de resistencia de los músculos se incrementa. Como veremos luego en este capítulo introductorio, estas adaptaciones son muy específicas del tipo de entrenamiento que la persona realiza.

Concepto clave

La fisiología del ejercicio evolucionó a partir de su disciplina madre: la fisiología. Las dos piedras fundamentales de la fisiología del ejercicio son: 1) cómo el cuerpo responde al estrés agudo del ejercicio o actividad física, y 2) cómo se adapta el cuerpo al estrés crónico de episodios repetidos de ejercicio, o sea, al entrenamiento. Algunos fisiólogos del ejercicio utilizan el ejercicio o las condiciones ambientales (calor, frío, altura, etc.) para estresar el cuerpo de manera de descubrir los mecanismos fisiológicos básicos. Otros examinan los efectos del entrenamiento sobre la salud, la enfermedad y el bienestar. La fisiología del deporte aplica los conceptos de la fisiología del ejercicio a los deportistas y al rendimiento deportivo.

La evolución de la fisiología del ejercicio

Para los estudiantes, la fisiología del ejercicio contemporánea puede parecer una vasta recolección de ideas nuevas nunca antes estudiadas bajo el riguroso escrutinio científico. En realidad, la información contenida en este libro representa los esfuerzos de toda la vida de cientos de destacados científicos que han ayudado colectivamente a armar lo que hoy sabemos sobre la ciencia del movimiento humano. Las teorías y las hipótesis de los modernos fisiólogos han tomado forma gracias a los esfuerzos de científicos hace mucho tiempo olvidados. Lo que consideramos original o nuevo es, a menudo, una asimilación de hallazgos previos o la aplicación de la ciencia básica a los problemas de la fisiología del ejercicio. Al igual que con cualquier otra disciplina, hay, por supuesto, muchísimos científicos clave y muchos investigadores que han marcado el camino y han traído avances significativos a nuestro conocimiento sobre las respuestas fisiológicas a la actividad física. La próxima sección refleja brevemente la historia y algunas de las personas que dieron forma al campo de la fisiología del ejercicio. Resulta imposible en una sección tan corta hacer justicia a los cientos de científicos pioneros que abrieron el camino y sentaron las bases para los actuales fisiólogos del deporte.

Los comienzos de la anatomía y la fisiología

Una de las primeras descripciones de la anatomía y fisiología humana fue el texto griego *De fascius,* escrito por Claudius Galenus (Claudio Galeno) y publicado en el siglo I. Como médico de los gladiadores, Galeno tuvo enormes posibilidades de estudiar y experimentar con la anatomía humana. Sus teorías sobre anatomía y fisiología fueron tan ampliamente aceptadas que se mantuvieron indiscutidas por casi 1 400 años. Hasta el siglo XVI, no se hizo ninguna contribución verdaderamente significativa para la comprensión tanto de la estructura como de las funciones del cuerpo humano. En 1543, Andrés Vesalio (o Andreas Vesalius) editó su libro titulado *De humani corporis fabrica (Sobre la estructura del cuerpo humano),* en el cual presentó sus hallazgos sobre la anatomía humana. Aunque el libro de Vesalio se enfocaba principalmente en las descripciones anatómicas de algunos órganos, a veces también intentaba explicar sus funciones. El historiador británico Sir Michael Foster dijo: "Este libro no es solamente el comienzo de la anatomía moderna, sino el de la fisiología moderna. Con él se termina para siempre el largo reinado de catorce siglos de su precedente y comienza, en el verdadero sentido, el renacimiento de la medicina" (p. 354).[13]

Los primeros intentos para explicar la fisiología fueron incorrectos o tan imprecisos que puede considerárselos nada más que especulaciones. Los intentos por explicar cómo el músculo genera fuerza, por ejemplo, generalmente se limitaban a describir los cambios de tamaño y forma que se producen durante la actividad, porque las observaciones sólo podían informar lo que se veía con los ojos. A partir de esas observaciones, Hieronymus Fabricius o Girolamo Fabrizio (alrededor de 1574) sugirió que la potencia de contracción de un músculo residía en sus tendones fibrosos y no en la "carne". Los anatomistas descubrieron la existencia de fibras musculares individuales recién cuando el científico holandés Anton von Leeuwenhoeck introdujo el microscopio (alrededor de 1660). Pero la manera en que estas fibras se acortaban y generaban fuerza siguió siendo un misterio hasta mediados del siglo XX, cuando pudieron estudiarse los intrincados trabajos de las proteínas musculares mediante el microscopio electrónico.

Aspectos históricos de la fisiología del ejercicio

La fisiología del ejercicio es una disciplina científica relativamente reciente, aunque ya en 1793 un famoso artículo de Séguin y Lavoisier describió el consumo de oxígeno de un hombre joven medido en estado de reposo y mientras levantaba un peso de 7,3 kg (16 lb) varias veces durante 15 minutos.[18] En reposo, el hombre consumió 24 L por hora (L/h), valor que aumentó a 63 L/h durante el ejercicio. Lavoisier creía que el lugar donde se utilizaba el oxígeno y se producía el dióxido de carbono eran los pulmones. Aunque esta creencia fue puesta en duda por otros fisiólogos de esa época, siguió siendo la doctrina aceptada hasta mediados del siglo XIX, cuando varios fisiólogos alemanes demostraron que la combustión de oxígeno ocurría en los tejidos de todo el cuerpo.

Aunque durante el siglo XIX se hicieron avances en el conocimiento de la circulación y la respiración, hubo pocos esfuerzos enfocados en la fisiología de la actividad física. No obstante, en 1888 se describió un aparato que permitía a los científicos estudiar a los sujetos mientras escalaban, aunque los sujetos tenían que cargar un "gasómetro" de 7 kg (15,4 lb) sobre sus espaldas.[21]

Probablemente el libro *Fisiología del ejercicio físico,* escrito en francés por Fernand LaGrange en 1889,[15] sea el primero sobre la fisiología del ejercicio. Considerando la escasa investigación sobre el ejercicio que se había llevado a cabo hasta ese momento, resulta interesante leer cómo el autor aborda temas como "trabajo muscular", "fatiga", "acostumbramiento al trabajo" y "la oficina del cerebro en el ejercicio". Este primer intento de explicar la respuesta del cuerpo frente al ejercicio se limitó, por muchos motivos, a la especulación y a la teoría. Aunque ya en esa época habían surgido algunos conceptos básicos de la bioquímica del ejercicio, LaGrange admitía que muchos de los detalles aún estaban en etapa de formación. Por ejemplo, decía que "la combustión vital (metabolismo de la energía) se ha vuelto muy complicada de un tiempo a esta parte; podemos decir que es algo confusa y que resulta difícil hacer un resumen claro y conciso de éste en pocas palabras. Es un capítulo de la fisiología que se está reescribiendo y por el momento no podemos sacar conclusiones" (p. 395).[15]

Como el texto de LaGrange ofrecía solamente conocimientos fisiológicos limitados sobre las funciones del cuerpo durante la actividad física, se podría argüir que la

A.V. Hill

El 16 de octubre de 1923 fue un hito significativo de la historia de la fisiología del ejercicio. A.V. Hill asumió ese día como profesor de la Cátedra Joddrell de Fisiología de la *University College* de Londres. En su discurso de asunción, Hill estableció los principios que posteriormente le darían forma al campo de la fisiología del ejercicio:

El ganador del premio Nobel de 1921, Archibald Hill (1927).

"Resulta extraño con qué frecuencia una verdad fisiológica descubierta en un animal se puede desplegar y ampliar, y sus relaciones se profundizan cuando se investigan en el hombre. Por lejos, el hombre ha probado, por ejemplo, ser el mejor sujeto para los experimentos sobre respiración o transporte de gases por la sangre y es un excelente sujeto para el estudio de la función renal, muscular, cardíaca y metabólica… Experimentar con el hombre es un arte que requiere conocimientos y habilidades especiales, y la "fisiología humana", como debe llamarse, se merece un lugar de igualdad en la lista de aquellos caminos que nos llevan a la fisiología del futuro. Los métodos, por supuesto, son los de la bioquímica, la biofísica, la fisiología experimental; pero existe un tipo especial de arte y conocimientos que se les requiere a aquellos que desean experimentar consigo mismos y con sus amigos, el tipo de habilidad que el deportista y el montañista deben poseer para comprender cuáles son los límites, es decir, hasta dónde es prudente y conveniente llegar.

"Aparte de la investigación fisiológica directa con el hombre, el estudio de los instrumentos y métodos que son de aplicación en el hombre, su estandarización, su descripción, su reducción a la rutina, junto con el establecimiento de estándares de normalidad en el hombre, resultan una gran ventaja para la medicina; y no solamente para la medicina, sino también para todas aquellas actividades y artes donde el hombre normal sea objeto de estudio. Los deportes, el entrenamiento físico, volar, trabajar, el submarinismo o el trabajo en las minas de carbón, todos requieren un conocimiento de la fisiología del hombre, al igual que lo requiere el estudio de las condiciones de trabajo en las fábricas. La observación de los enfermos en los hospitales no es el mejor entrenamiento para el estudio del hombre normal en el trabajo. Es necesario construir un conocimiento científico sólido derivado del estudio del hombre normal, ya que esa opinión calificada será de gran utilidad no sólo para la medicina, sino también en nuestra vida social e industrial común. El conocimiento, aún no superado, logrado por Haldane sobre la fisiología de la respiración humana con frecuencia ha brindado un servicio inconmensurable a la nación en actividades como la minería de carbón o el buceo; y lo que resulta verdadero para la fisiología de la respiración humana será también verdadero para otras funciones humanas normales."

Durante los últimos años del siglo xix, se formularon muchas teorías para explicar la fuente de energía para la contracción muscular. Se sabía que los músculos generaban mucho calor durante el ejercicio, por lo que algunas teorías sugerían que este calor era usado directa o indirectamente para causar el acortamiento de las fibras musculares. Con la llegada del nuevo siglo, Walter Fletcher y Sir Frederick Gowland Hopkins observaron la estrecha relación entre la acción muscular y la formación de lactato.[11] Esta observación llevó a la certeza de que la acción muscular deriva de la descomposición del glucógeno muscular en ácido láctico (véase el Capítulo 2), aunque los detalles de esta reacción aún no se comprendían.

Debido a las altas demandas energéticas de los músculos activos durante el ejercicio, este tejido sirvió como modelo ideal para ayudar a develar los misterios del metabolismo celular. En 1921, Archibald V. (A.V.) Hill fue honrado con el premio Nobel por sus hallazgos sobre el metabolismo energético. En esos tiempos, la bioquímica estaba en su etapa inicial, aunque fue ganando reconocimiento rápidamente a través de los esfuerzos de investigación de otros galardonados con el premio Nobel, como Albert Szent Gorgyi, Otto Meyerhof, August Krogh y Hans Krebs, quienes estudiaron activamente cómo las células vivas generaban y utilizaban la energía.

Aunque la mayoría de las investigaciones de Hill se llevaron a cabo con músculos aislados de rana, también condujo alguno de los primeros estudios fisiológicos con corredores. Esos estudios fueron posibles gracias a las contribuciones técnicas de John S. Haldane, quien desarrolló los métodos y el equipo necesario para medir el oxígeno durante el ejercicio. Estos y otros investigadores nos dieron el marco básico para pudiésemos comprender la producción de energía de todo el cuerpo, lo que se convirtió en el centro de considerables investigaciones a mediados del siglo xx y se incorporó a sistemas manuales y computadorizados que se usan en la actualidad para medir el consumo de oxígeno en los laboratorios de fisiología del ejercicio de todo el mundo.

tercera edición del libro de F.A. Brainbridge, titulado *La fisiología del ejercicio muscular,* debería considerarse el primer libro de texto científico sobre esta materia.[3] Resulta interesante que esa tercera edición fuera escrita por A.V. Bock y D.B. Dill, a pedido de A.V. Hill, tres de los pioneros clave de la fisiología del ejercicio sobre los que se trata en esta introducción.

La era del intercambio y la interacción científica

Desde principios del siglo XX hasta los años 1930, el ambiente médico y científico en los Estados Unidos estaba cambiando. Esta fue la era de la revolución en la educación de los estudiantes de medicina, liderados por los cambios en el Johns Hopkins. Una mayor cantidad de programas de formación para médicos y graduados en medicina basaron sus esfuerzos en el modelo europeo de experimentación y desarrollo del conocimiento. Se produjeron importantes avances en diversas áreas de la fisiología tales como la bioenergética, el intercambio gaseoso y la química de la sangre que sentaron las bases para los avances en la fisiología del ejercicio. Gracias a la colaboración forjada a fines del siglo XIX, se fomentó la interacción entre los laboratorios y los científicos, y las reuniones internacionales de organizaciones como la Unión Internacional de las Ciencias Fisiológicas crearon la atmósfera para el libre intercambio, la discusión y el debate.

El *Harvard Fatigue Laboratory* (Laboratorio de Harvard para el estudio de la fatiga)

Ningún otro laboratorio ha tenido mayor impacto en el campo de la fisiología del ejercicio como el Laboratorio de Harvard para el estudio de la fatiga (HFL, según sus siglas en inglés). La visita que realizara A.V. Hill a la *Harvard University* en 1926 pareció tener un impacto significativo para el establecimiento e inicio de las primeras actividades en el HFL, que fue fundado un año después, en 1927. Es interesante que el primer hogar del HFL fuera el sótano del *Harvard's Business School* y que su primera misión fuera dirigir una investigación sobre la "fatiga" y otros riesgos de la industria. La creación de este laboratorio se debió a la planificación perspicaz del mundialmente famoso bioquímico Lawrence J. (L.J.) Henderson. Un joven bioquímico de la *Stanford University*, David Bruce (D.B.) Dill, fue nombrado Primer Director de Investigación, cargo que retuvo el hasta cierre del HFL en 1947.

Como ya vimos, Dill había colaborado con Arlen "Arlie" Bock en la redacción de la tercera edición del libro de Bainbridge sobre fisiología del ejercicio. Poste-

riormente en su carrera, Dill atribuyó la redacción de este libro al "diseño del programa del Laboratorio de Harvard para el estudio de la fatiga". Aunque tenía muy poca experiencia en la fisiología humana aplicada, el pensamiento creativo de Dill y su habilidad para rodearse de científicos jóvenes y talentosos crearon un ambiente que sentaría las bases de la fisiología del ejercicio y del ambiente modernas. Por ejemplo, el equipo del HFL estudió la fisiología del ejercicio de resistencia y describió los requisitos físicos para lograr el éxito en eventos como la carrera de distancia. Algunas de las investigaciones más destacadas del HFL se llevaron a cabo no en el laboratorio mismo, sino en el desierto de Nevada, en el delta del Mississippi y en White Mountain, California (a una altura de 3 962 m o 13.000 ft). Estos y otros estudios brindaron la base para las futuras investigaciones sobre los efectos del medioambiente sobre el rendimiento físico y en la fisiología del ejercicio y del deporte.

En sus primeros años, el HFL se centró principalmente en problemas generales relacionados con el ejercicio, la nutrición y la salud. Por ejemplo, los primeros estudios sobre ejercicio y envejecimiento se llevaron a cabo en 1939 bajo la conducción de Sid Robinson (véase la Figura 0.1), estudiante del HFL. Tomando como base sus estudios con sujetos en un rango etario de 6 a 91 años, Robinson describió el efecto del envejecimiento sobre la frecuencia cardíaca máxima y el consumo de oxígeno.[17] Pero con el comienzo de la Segunda Guerra Mundial, Henderson y Dill se dieron cuenta de la potencial contribución del HFL con los esfuerzos bélicos y así, la investigación en el HFL tomó un rumbo diferente. Los científicos del Laboratorio de Harvard para el estudio de la fatiga y su equipo de apoyo sirvieron para la formación de nuevos laboratorios en el Ejército, la Marina y el Cuerpo Aéreo (la actual Fuerza Aérea). También publicaron la metodología necesaria para una investigación militar relevante, métodos que todavía están en uso en todo el mundo.

Los actuales estudiantes de la fisiología del ejercicio se asombrarían de los métodos y dispositivos que se utilizaban en los primeros tiempos del HFL, así como del tiempo y la energía dedicados a dirigir los proyectos de investigación en aquellos días. Lo que hoy en día se realiza en milisegundos con la ayuda de ordenadores o computadoras y con analizadores automáticos, demandaba literalmente días de esfuerzo por parte del equipo del HFL. Las mediciones del consumo de oxígeno durante el ejercicio, por ejemplo, requerían de la recolección del aire espirado dentro de bolsas de Douglas, que se analizaba mediante un analizador químico manual para determinar la cantidad de oxígeno y dióxido de carbono, sin la ayuda de ningún ordenador, por supuesto (véase la Figura 0.2). El análisis de una muestra de un solo minuto de aire espirado necesitaba del esfuerzo de varios trabajadores del laboratorio durante 20 a 30 minutos. Hoy en día, los científicos realizan esas mediciones casi en forma instantánea

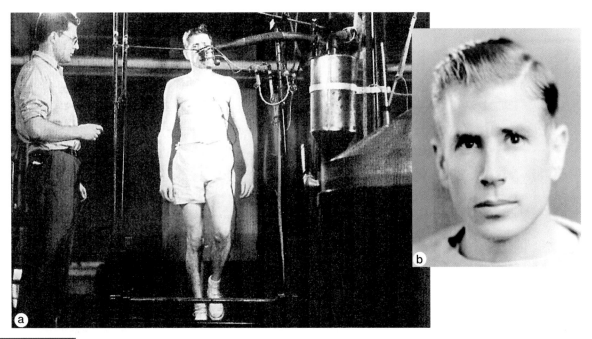

FIGURA 0.1 (*a*) Sid Robinson evaluado por R.E. Johnson en un tapiz rodante en el *Harvard Fatigue Laboratory* y (*b*) como estudiante y atleta de Harvard en 1938.

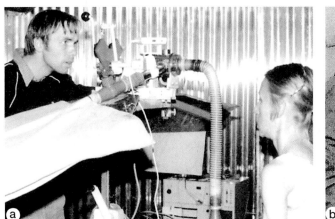 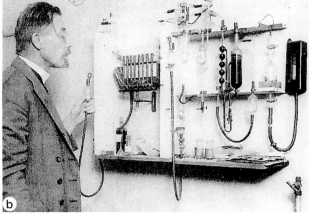

FIGURA 0.2 (*a*) Las primeras mediciones de las respuestas metabólicas al ejercicio requirieron la recolección del aire espirado en una bolsa sellada conocida como bolsa de Douglas. (*b*) Luego se evaluaban las concentraciones de oxígeno y de dióxido de carbono en la muestra mediante un analizador químico de gases, como se ve en esta fotografía del ganador del premio Nobel August Krogh.

y con un mínimo esfuerzo físico. Uno debe maravillarse por la dedicación, la diligencia y el duro trabajo de los pioneros de la fisiología del ejercicio del HFL. Los científicos del HFL publicaron unos 350 artículos de investigación en un período de más de 20 años utilizando el equipo y los métodos que había disponibles en esa época.

El HFL era un ambiente intelectual que atraía a jóvenes fisiólogos y estudiantes de doctorado en fisiología de todas partes del mundo. Entre 1927 y 1947, trabajaron en el HFL estudiantes de 15 países. Muchos desarrollaron sus propios laboratorios y llegaron a ser figuras notables en la fisiología del ejercicio de los Estados Unidos, inclui-

dos Sid Robinson, Henry Longstreet Taylor, Lawrence Morehouse, Robert E. Johnson, Ancel Keys, Steven Horvath, C. Frank Consolazio y William H. Forbes. Entre los destacados científicos internacionales que pasaron algún tiempo en el HFL, están August Krogh, Lucien Brouha, Edward Adolph, Walter B. Cannon, Peter Scholander y Rudolfo Margaria, junto con otros varios notables científicos escandinavos sobre los que hablaremos más adelante. Por lo tanto, el HFL sembró semillas de intelecto en los Estados Unidos y alrededor del mundo que resultaron en una explosión de conocimiento e interés en este nuevo campo.

Concepto clave

Fundado en 1927 por el bioquímico L.J. Henderson y dirigido por D.B. Dill hasta su cierre en 1947, el *Harvard Fatigue Laboratory* formó a la mayoría de los científicos que se convirtieron en líderes de la fisiología del ejercicio durante las décadas de 1950 y 1960. Gran parte de la fisiología del ejercicio tiene sus raíces en el HFL.

La influencia escandinava

En 1909, Johannes Lindberg estableció un laboratorio y un terreno fértil para las investigaciones científicas en la Universidad de Copenague, en Dinamarca. Lindberg y el premio Nobel de 1920, August Krogh, se unieron para dirigir muchos experimentos que hoy resultan clásicos y publicaron muchos artículos fundamentales sobre temas que variaban desde los combustibles metabólicos para los músculos hasta el intercambio de gases en los pulmones. Tres jóvenes daneses, Erik Hohwü-Christensen, Erling Asmussen y Marius Nielsen continuaron con este trabajo desde 1930 hasta la década de 1970.

Gracias a los contactos entre D.B. Dill y August Krogh, estos tres fisiólogos daneses fueron al HFL en la década de 1930 y estudiaron la respuesta al ejercicio en los ambientes calurosos y en la altitud. Cuando regresaron a Europa, cada uno de ellos estableció una línea de investigación separada. Asmussen y Nielsen se convirtieron en profesores de la Universidad de Copenague, donde Asmussen estudió las propiedades mecánicas del músculo, y Nielsen dirigió estudios sobre el control de la temperatura corporal. Ambos permanecieron en actividad en el *August Krogh Instituttet* de la Universidad de Copenague hasta retirarse.

En 1941, Hohwü-Christensen (véase la Figura 0.3*a*) se mudó a Estocolmo para convertirse en el primer profesor de fisiología en el *Gymnastik-och Idrottshögskolan* (GIH). A fines de la década de 1930 se unió a Ole Hansen para realizar y publicar una serie de cinco estudios sobre los hidratos de carbono y el metabolismo de las grasas durante el ejercicio. Estos estudios todavía se citan a menudo y se consideran los primeros y los más importantes sobre la nutrición para el deporte. Hohwü-Christensen introdujo a Per-Olof Åstrand en el campo de la fisiología del ejercicio. Åstrand, quien durante las décadas de 1950 y 1960 realizó numerosos estudios relacionados con el acondicionamiento físico y la capacidad de resistencia, se convirtió en director de la GIH una vez retirado Hohwü-Christensen en 1960. Durante su período al frente del GIH, Hohwü-Christensen apadrinó a varios científicos sobresalientes, incluido Bengt Saltin, ganador del premio Olympic de 2002 por sus muchas contribuciones en el campo de la fisiología clínica y del ejercicio (véase la Figura 0.3*b*).

Además de su labor en el GIH, tanto Hohwü-Christensen como Åstrand interactuaron con los fisiólogos del Instituto Karolinska de Estocolmo, Suecia, que estudiaban las aplicaciones clínicas del ejercicio. Resulta difícil elegir cuáles son las contribuciones más excepcionales de este instituto, pero la reintroducción de la aguja para biopsia para tomar muestras de tejido muscular (alrededor de 1966) formulada por Jonas Bergstrom (Figura 0.3*c*) fue un punto vital para el estudio de la bioquímica del músculo humano y la nutrición muscular. Esta técnica, que implica la extracción de una pequeña muestra de tejido muscular a través de una incisión mínima, fue introducida por primera vez a principios del siglo XX para estudiar la distrofia muscular. La aguja para biopsia permitió a los fisiólogos llevar a cabo estudios histológicos y bioquímicos del músculo humano antes, durante y después del ejercicio.

Posteriormente, fisiólogos de la GIH y del Instituto Karolinska realizaron otros estudios invasivos de la circulación sanguínea. Así como el *Harvard Fatigue Laboratory* había sido la meca de la investigación sobre fisiología del ejercicio entre 1927 y 1947, los laboratorios escandinavos han sido igualmente notables desde finales de la década de 1940. Muchas de las investigaciones líderes de los últimos 35 años fueron colaboraciones entre los fisiólogos del ejercicio norteamericanos y escandinavos. El noruego Per Scholander introdujo el analizador de gases en 1947. El finés Martii Karvonen publicó una fórmula para calcular la frecuencia cardíaca durante el ejercicio que sigue siendo ampliamente usada en nuestros días (para una lista más detallada de las contribuciones escandinavas a la fisiología del ejercicio, consulte la revisión de Åstrand[1]).

Desarrollo de los abordajes contemporáneos

Muchos de los adelantos de la fisiología del deporte se deben a las mejoras en la tecnología. A fines de la década de 1950, Henry L. Taylor y Elsworth R. Buskirk publicaron dos artículos fundamentales[6,19] que describían los criterios para la medición del consumo máximo de oxígeno y establecían esta medida como el "método de referencia" para el acondicionamiento cardiorrespiratorio. En la década de 1960, el desarrollo de los analizadores electrónicos para medir los gases respiratorios facilitó mucho el estudio del metabolismo de los combustibles y lo hizo más productivo. Esta tecnología y la radiotelemetría (que utiliza señales radiotransmitidas) usadas para monitorizar la frecuencia cardíaca y la temperatura corporal durante el ejercicio se desarrollaron como resultado del programa espacial de los Estados Unidos. Aunque estos instrumentos redujeron en gran parte el trabajo duro, no modificaron la dirección de la investigación científica. Hasta fines de la década de 1960, la mayoría de los estudios sobre la fisiología del ejercicio se enfocaba en la respuesta de todo el cuerpo al ejercicio. Gran parte de las investigaciones implicaban

FIGURA 0.3 (a) Erik Hohwü-Christensen fue el primer profesor de fisiología en la Facultad de Educación Física y Gimnasia en el *Gymnastik-och Idrottshögskolan* en Estocolmo, Suecia. (b) Bengt Saltin, ganador del Premio Olímpico 2002. (c) Jonas Bergstrom (izquierda) y Eric Hultman (derecha) fueron los primeros en emplear la biopsia muscular para estudiar el uso del glucógeno y su restablecimiento antes, durante y después del ejercicio.

mediciones de variables como el consumo de oxígeno, la frecuencia cardíaca, la temperatura corporal y la tasa de sudoración. Las respuestas celulares al ejercicio recibieron muy poca atención.

A mediados de la década de 1960 aparecieron tres bioquímicos que fueron quienes tuvieron el mayor impacto en el campo de la fisiología del ejercicio. John Holloszy (Figura 0.4a) en *Washington University* (St. Louis), Charles "Tip" Tipton (Figura 0.4b) en *University of Iowa,* y Phil

Gollnick (Figura 0.4c) en *Washington State University,* usaron por primera vez ratas y ratones para estudiar el metabolismo muscular y examinar los factores relacionados con la fatiga. Sus publicaciones y la capacitación de graduados y estudiantes de posdoctorado han llevado a un abordaje bioquímico en la investigación sobre la fisiología del ejercicio. Holloszy recibió recientemente el premio Olympic 2002 por sus contribuciones a la fisiología del ejercicio y a la salud.

Hitos de la fisiología del ejercicio

La fisiología siempre ha sido la base de la medicina clínica. De igual manera, la fisiología del ejercicio ha brindado conocimientos esenciales sobre muchas otras áreas como la educación física, el acondicionamiento físico, la terapia física y la promoción de la salud. A fines del siglo XIX y principios del XX, médicos como Edward Hitchcock hijo, del *Amherst College*, y Dudley Sargent, de Harvard, estudiaron las proporciones del cuerpo (antropometría) y los efectos del entrenamiento físico sobre la fuerza y la resistencia. Aunque varios educadores físicos introdujeron la ciencia a la carrera de educación física de pregrado, Peter Karpovich, un inmigrante ruso que había estado asociado con el HFL brevemente, desempeñó un rol preponderante en la introducción de la fisiología en la educación física. Karpovich estableció su propio centro de investigaciones y enseñó fisiología en el *Springfield College* (Massachusetts) desde 1927 hasta su muerte en 1968.

Aunque hizo numerosas contribuciones a la educación física y a la investigación en fisiología del ejercicio, se lo recuerda más por los destacados estudiantes de los que era consejero, como Charles Tipton y Loring Rowell, ambos distinguidos por el *American College of Sports Medicine* (Colegio Americano de Medicina del Deporte) con sus máximos galardones.

Otro miembro del *Springfield College*, el entrenador de natación T.K. Cureton, creó un laboratorio de fisiología del ejercicio en la *University of Illinois* en 1941. Continuó sus investigaciones y enseñó a muchos de los actuales líderes en el campo del acondicionamiento físico y de la fisiología del ejercicio hasta su retiro en 1971. Los programas de acondicionamiento físico desarrollados por Cureton y sus estudiantes, así como el libro de Kenneth Cooper de 1968, *Aerobics*, establecieron la base fisiológica para el uso del ejercicio en la promoción de un estilo de vida saludable.[7]

Otro gran investigador que contribuyó a establecer la ciencia de la fisiología del ejercicio como una empresa académica fue Elseworth R. "Buz" Buskirk. Después de asumir la jefatura de la Sección de Fisiología Ambiental del *Quartermaster Research and Developement Center* en Natick, Massachusetts (1954-1957) y trabajar como fisiólogo investigador en los *National Institutes of Health* (1957-1963),

(*a*) Peter Karpovich introdujo el campo de la fisiología del ejercicio durante su pasantía por *Springfield College*. (*b*) Thomas K. Cureton dirigió el laboratorio de fisiología del ejercicio en la *University of Illinois* en Urbana-Champaign desde 1941 hasta 1971. (*c*) En *Penn State*, Elsworth Buskirk fundó un programa interfacultades de graduados enfocado en fisiología aplicada (1966) y fundó *The Laboratory for Human Performance Research* (1974).

Buskirk se mudó a la *Pennsylvania State University*, donde permaneció el resto de su carrera. En *Penn State*, Buz fundó el Programa de Graduados Interfacultades de Fisiología (1966) y formó el *Laboratory for Human Performance Research* (1974), el primer instituto de investigación independiente de los Estados Unidos dedicado al estudio de la adaptación humana al ejercicio y el estrés ambiental. Siguió activo en sus investigaciones hasta su muerte, en abril de 2010.

Aunque desde principio del siglo XIX se tuvo cierta conciencia sobre la necesidad de realizar una actividad física regular para mantener una salud óptima, recién a fines de la década de 1960 esta idea se aceptó popularmente. Las investigaciones posteriores han seguido apoyando la importancia del ejercicio para resistir la declinación física relacionada con el envejecimiento, evitar o mitigar los problemas asociados con las enfermedades crónicas y rehabilitar a los pacientes lesionados.

FIGURA 0.4 (*a*) John Holloszy ganó el Premio Olímpico 2000 por contribuciones científicas en el campo de la ciencia del ejercicio. (*b*) Charles Tipton fue profesor en la *University of Iowa* y la *University of Arizona*, y mentor de muchos estudiantes que se han convertido en líderes de la biología molecular y la genómica. (*c*) Phill Gollnick realizó investigaciones sobre bioquímica muscular en la *Washington State University*.

Más o menos en la época en la que Bergstrom reintrodujo el procedimiento con la aguja de biopsia, aparecieron fisiólogos del ejercicio que tenían un buen entrenamiento bioquímico. En Estocolmo, Bengt Saltin se dio cuenta del valor de este procedimiento para el estudio de la estructura y la bioquímica del músculo humano. En principio colaboró con Bergstrom a fines de la década de 1960 estudiando los efectos de la dieta sobre la resistencia y la nutrición muscular. Aproximadamente para la misma época, Reggie Edgerton (*University of California*, Los Ángeles) y Phil Gollnick utilizaron ratas para estudiar las características de las fibras musculares individuales y sus respuestas al entrenamiento. Posteriormente, Saltin combinó su conocimiento sobre la técnica de biopsia con el talento bioquímico de Gollnick. Estos investigadores fueron responsables de muchos de los primeros estudios sobre las características de las fibras musculares humanas y su uso durante el ejercicio. Aunque muchos bioquímicos han usado el ejercicio para estudiar el metabolismo, pocos han tenido más impacto que Bergstrom, Saltin, Tipton, Holloszy y Gollnick respecto del rumbo actual de la fisiología humana del ejercicio.

Por más de cien años, los deportistas han servido como sujetos de estudio para valorar los límites de la resistencia humana. Tal vez el primero de los estudios llevados a cabo con deportistas tuvo lugar en 1871. Austin Flint estudió a uno de los deportistas más celebrados de su época, Edward Peyson Weston, corredor/marchador de resistencia. La investigación de Flint comprendió la medición del equilibrio energético de Weston (p. ej., la ingesta de alimentos frente al gasto energético) durante el intento de Weston de caminar 400 mi (644 km) en cinco días. Aunque el estudio respondió pocas de las preguntas sobre el metabolismo muscular durante el ejercicio, demostró que se pierden algunas proteínas corporales durante un ejercicio fuerte prolongado.[12]

A lo largo de todo el siglo XX, se recurrió a los deportistas en forma reiterada para evaluar las capacidades fisiológicas de la fuerza y resistencia humanas y para determinar las características necesarias para lograr actuaciones sobresalientes. Se habían hecho algunos intentos para usar la tecnología y el conocimiento derivado de la fisiología del ejercicio para predecir el rendimiento, prescribir un entrenamiento o para identificar a aquellos deportistas que tienen un potencial excepcional. En la mayoría de los casos, no obstante, estas aplicaciones de la evaluación fisiológica son de interés académico menor porque pocas pruebas de laboratorio o de campo pueden valorar con precisión todas las cualidades necesarias para convertirse en campeón.

La intención de este apartado ha sido dar a los lectores un panorama sobre las personalidades y las tecnologías que han ayudado a darle forma al campo de la fisiología del ejercicio. Naturalmente, es imposible hacer una revisión completa de todos los científicos y de la investigación asociada con este campo en un libro que intenta ser una introducción a la fisiología del ejercicio. Para aquellos estudiantes que deseen profundizar en los antecedentes históricos de la fisiología del deporte, hay varias buenas fuentes.

La evolución de las herramientas y las técnicas de la fisiología del ejercicio

La historia de la fisiología del ejercicio ha progresado en cierta forma gracias a los avances en las tecnologías adaptadas de las ciencias básicas. Los primeros estudios del metabolismo energético durante el ejercicio fueron posibles por la invención de dispositivos para la recolección de gases y el análisis químico del oxígeno y el dióxido de carbono. La determinación química del ácido láctico en sangre pareció brindar algunos conocimientos relacionados con los aspectos aeróbicos y anaeróbicos de la actividad muscular, pero estos datos nos dijeron muy poco respecto de la producción y la eliminación de este producto derivado del ejercicio. De manera similar, las mediciones de la glucosa en sangre tomadas antes, durante y después de un ejercicio hasta el agotamiento demostró ser información interesante pero de valor limitado para entender el intercambio de energía a nivel celular.

(*a*) Frank Booth y (*b*) Ken Baldwin.

Antes de la década de 1960, había pocos estudios bioquímicos sobre la adaptación de los músculos al entrenamiento. Aunque el campo de la bioquímica puede rastrearse hasta los inicios del siglo xx, esta área especial de la química no se aplicó a los músculos humanos hasta que Bergstrom y Hultman reintrodujeron y popularizaron el procedimiento con la aguja para biopsia en 1966. Inicialmente, este procedimiento era utilizado para examinar la depleción del glucógeno durante un ejercicio hasta el agotamiento y su resíntesis durante la recuperación. Como ya vimos, a principios de la década de 1970 varios fisiólogos del ejercicio usaron el método de la aguja para biopsia, la tinción histológica y el microscopio óptico para determinar los tipos de fibras musculares humanas.

Durante los últimos treinta años, los fisiólogos dedicados al estudio de los músculos han usado diversos procedimientos químicos para entender cómo los músculos generan energía y se adaptan al entrenamiento. Las pruebas en tubos de ensayo (in vitro) con muestras biópsicas de músculo se han usado para medir las proteínas musculares (enzimas) y para determinar la capacidad de las fibras musculares para utilizar oxígeno. Aunque estos estudios brindaron una fotografía del potencial de las fibras para generar energía, a menudo dejaban más preguntas que respuestas. Por lo tanto, fue natural para las ciencias de la biología celular ir a un nivel más profundo aún. Era evidente que las respuestas a aquellas preguntas debían residir dentro de la composición molecular de las fibras.

Aunque no es una ciencia nueva, la biología molecular ha resultado ser una herramienta útil para los fisiólogos del ejercicio que desean profundizar en la regulación celular del metabolismo y las adaptaciones al estrés del ejercicio. Fisiólogos como Frank Booth y Ken Baldwin han dedicado sus carreras a conocer la regulación molecular de las características y funciones de las fibras musculares, sentando las bases para nuestro conocimiento actual de los controles genéticos del crecimiento y la atrofia muscular. El uso de técnicas de biología molecular para estudiar las características contráctiles de las fibras musculares será tratado en el Capítulo 1.

Mucho antes de que James Watson y Francis Crick desentrañaran la estructura del ADN (1953), ya los científicos comprendían la importancia de la genética en la predeterminación de la estructura y la función de todos los organismos vivos. La frontera más nueva para la fisiología del ejercicio combina el estudio de la biología molecular y la genética. Desde principios de la década de 1990, los científicos han tratado de explicar cómo el ejercicio emite señales que afectan la expresión de los genes en el músculo esquelético.

En retrospectiva, es evidente que desde el comienzo del siglo xx, el campo de la fisiología del ejercicio ha evolucionado a partir de la medición de la función corporal total (es decir, consumo de oxígeno, respiración y frecuencia cardíaca) hasta los estudios moleculares de la expresión genética de las fibras musculares. No cabe ninguna duda de que los fisiólogos del ejercicio del futuro necesitarán tener una sólida base de bioquímica, biología molecular y genética.

En 1968, D.B. Dill escribió un capítulo, "Historia de la Fisiología del Ejercicio", en el que detallaba muchos de los sucesos y los científicos que contribuyeron a este campo antes de la fundación del *Harvard Fatigue Laboratory*.[9] En ese mismo año, Roscoe Brown Jr., el primer fisiólogo afroamericano del ejercicio, escribió en colaboración *Classical Studies on Physical Activity* (*Estudios clásicos sobre actividad física*).[4] Aunque los autores seleccio-

naron subjetivamente aquellos estudios científicos que consideraron más valiosos para su publicación, el libro editado ofrece una excelente muestra de las más importantes investigaciones de la fisiología del deporte desde principios del siglo xx.

A principios de la década de 1970, el yerno y la hija de D.B. Dill (Steven y Betty Horvath) publicaron la historia detallada del *Harvard Fatigue Laboratory*, en donde inclu-

La mujer en la fisiología del ejercicio

Como en muchas otras áreas de la ciencia, las contribuciones de las mujeres fisiólogas del ejercicio demoraron en ganar reconocimiento. En 1954, Irma Rhyming colaboró con su futuro esposo, P.-O. Åstrand, en la publicación de un estudio clásico que proporcionaba un medio para predecir la capacidad aeróbica a partir de una frecuencia cardíaca submáxima.[2] Aunque luego este método indirecto para determinar la aptitud física fue cuestionado, los conceptos básicos aún se usan.

En la década de 1970, dos suecas, Birgitta Essen y Karen Piehl, ganaron la atención internacional por su investigación sobre la composición y la función de la fibra muscular humana. Essen, que colaboró con Bengt Saltin, fue crucial en la adaptación de los métodos microbioquímicos para estudiar las pequeñas cantidades de tejido que se obtenían mediante el procedimiento de biopsia con aguja. Sus esfuerzos permitieron a otros investigadores realizar estudios sobre la utilización de hidratos de carbono y grasas en el músculo y para identificar los diferentes tipos de fibras musculares. Piehl publicó una serie de estudios que ilustraban qué tipos de fibras musculares se activaban durante el ejercicio tanto aeróbico como anaeróbico.

En las décadas de 1970 y 1980, una tercera fisióloga escandinava, Bodil Nielsen, hija de Marius Nielsen, realizó estudios sobre la respuesta humana al estrés provocado por el calor ambiental y la deshidratación. Sus estudios también incluyeron las mediciones de la temperatura corporal durante la inmersión en agua. Es interesante que para la misma época una fisióloga del ejercicio norteamericana, Bárbara Drinkwater, estuviera realizando un trabajo similar en la *University of California*, Santa Bárbara. A menudo realizó sus estudios en colaboración con Steven

(*a*) Brigitta Essen colaboró con Bengt Saltin y Phil Gollnick en la publicación de los primeros estudios sobre los tipos de fibras musculares humanas. (*b*) Karen Piehl fue de los primeros fisiólogos en demostrar que el sistema nervioso recluta selectivamente fibras tipo I (contracción lenta) y tipo II (contracción rápida) durante ejercicios de diferentes intensidades. (*c*) Barbara Drinkwater fue de las primeras en realizar estudios en atletas mujeres y evaluar problemas específicamente relacionados con las mujeres y el deporte.

Horvath, yerno de D.B. Dill y director del *UCSB's Environmental Physiology Laboratory* (Laboratorio de fisiología ambiental de la Universidad de California en Santa Bárbara). Las contribuciones de Drinkwater a la fisiología ambiental y a los problemas fisiológicos que enfrentan las mujeres deportistas ganaron reconocimiento internacional. Además de sus contribuciones científicas, el legado de estas y otras mujeres a la fisiología incluye la credibilidad que ganaron y los papeles que desempeñaron para atraer a otras jóvenes al campo de la fisiología del ejercicio y la medicina.

yeron los estudios de laboratorio y de campo realizados por los mejores científicos de aquella época.[14] Aunque otros autores han escrito diferentes versiones de la historia de la fisiología del ejercicio,[5,20] la mayoría tiende a dar su propia visión sobre los científicos y los acontecimientos importantes, tal vez igual que nosotros lo hacemos en este libro. Por último, McArdle, Katch y Katch[16] publicaron una de las revisiones más completas sobre la evolución de la fisiología del ejercicio. Su descripción de los primeros anatomistas, fisiólogos y fisiólogos del ejercicio ilustra claramente la complejidad y la diversidad de este campo de la ciencia.

Ahora que comprendemos la base histórica de la disciplina de la fisiología del ejercicio, a partir de la cual surgió la fisiología del deporte, podemos explorar el alcance de la fisiología del ejercicio y el deporte.

Investigación: la base para la comprensión

Los científicos del ejercicio y del deporte se comprometieron activamente con la investigación para entender mejor los mecanismos que regulan las respuestas fisiológicas del cuerpo a las rutinas de ejercicio agudo, así como sus adaptaciones al entrenamiento y el desentrenamiento. La mayoría de esta investigación se lleva a cabo en los laboratorios de las principales universidades, centros médicos e institutos especializados que utilizan técnicas de investigación estandarizadas y herramientas seleccionadas de la fisiología del ejercicio.

El entorno de la investigación

La investigación puede realizarse en el laboratorio o en el campo. En general, las pruebas de laboratorio son más precisas porque pueden usarse equipamientos más especializados y sofisticados y las condiciones pueden controlarse más cuidadosamente. Como ejemplo, la medición directa del consumo máximo de oxígeno ($\dot{V}O_{2máx}$) es considerada la estimación más precisa de la capacidad de resistencia cardiorrespiratoria. Sin embargo, algunas pruebas de campo, como la carrera de 2,4 km (1,5 mi), también se usan para estimar el $\dot{V}O_{2máx}$. Estas pruebas de campo, que miden el tiempo que toma correr una distancia establecida o la distancia que puede cubrirse en un tiempo determinado, no son totalmente precisas, pero proporcionan una estimación razonable del $\dot{V}O_{2máx}$ en forma directa y con precisión son baratas y permiten estudiar a varias personas en muy poco tiempo. Las pruebas de campo pueden realizarse en el sitio de trabajo, en una pista de carreras o en una piscina, o durante competencias atléticas. Para medir el $\dot{V}O_{2máx}$ en forma directa y con precisión, se requiere un laboratorio clínico o universitario.

Herramientas para la investigación: los ergómetros

Cuando se valoran las respuestas fisiológicas al ejercicio en el ámbito de un laboratorio, es preciso controlar el esfuerzo físico de los participantes y obtener así una medida de la intensidad de ejercicio. Generalmente, esto se lleva a cabo mediante la utilización de los ergómetros. Un **ergómetro** (ergo = trabajo, metro = medida) es un instrumento que permite controlar la intensidad del ejercicio (estandarizado) y medirla.

Cinta ergométrica o tapiz rodante

Las cintas ergométricas o **tapiz rodante** son los ergómetros de elección para la mayoría de los investigadores y médicos, particularmente en los Estados Unidos. En estos aparatos, un motor y un sistema de poleas mueven una larga cinta sobre la cual la persona puede caminar o correr; por lo tanto, a estos ergómetros se los denomina tapiz rodante o cintas ergométricas propulsadas a motor (véase la Figura 0.5). El largo y el ancho de la cinta deben

FIGURA 0.5 Tapiz rodante o cinta ergométrica motorizada.

adecuarse al peso y el largo del paso de la persona. Es casi imposible evaluar a los deportistas de elite en cintas ergométricas que sean demasiado cortas, o sujetos obesos en cintas demasiado angostas.

Las cintas ergométricas ofrecen muchas ventajas. Caminar es una actividad muy natural para casi todos, por lo cual en general las personas se adaptan en pocos minutos a la habilidad requerida para caminar por la cinta ergométrica. Además, la mayoría de las personas casi siempre alcanzan sus valores fisiológicos pico en la cinta, aunque algunos deportistas (p. ej., los ciclistas competitivos) consiguen sus mayores valores en los ergómetros que más se asemejan a su forma de entrenamiento o competición.

Ciertamente, las cintas también tienen algunas desventajas. Por lo general, son más costosas que los ergómetros simples como los cicloergómetros, a los que nos referiremos a continuación. Son muy voluminosas, necesitan energía eléctrica y no son muy portátiles. La medición de la presión sanguínea durante el ejercicio en la cinta puede resultar difícil porque tanto el ruido asociado a la operación normal del aparato como el movimiento de la persona pueden dificultar la audición a través del estetoscopio.

Cicloergómetros

Durante muchos años, el **cicloergómetro** fue el principal instrumento de evaluación en uso, y aún se lo utiliza extensamente tanto en ámbitos de investigación como clínicos. Los cicloergómetros pueden estar diseñados para que la persona pedalee en posición erguida (Figura 0.6) o bien en posiciones reclinadas o semirreclinadas.

En un ámbito de investigación, los cicloergómetros que se utilizan son en general de fricción mecánica o de resistencia eléctrica. En los dispositivos de fricción mecánica, la cinta que rodea el volante se ajusta o se afloja para adecuar la resistencia contra la cual pedalea el ciclista. La producción de potencia depende de la combinación de la resistencia y de la frecuencia de pedaleo; cuanto más rápido se pedalea, mayor es la producción de potencia. Para mantener la misma producción de potencia durante toda la prueba, se debe mantener la misma frecuencia de pedaleo, de manera que ésta última debe ser controlada constantemente.

En los cicloergómetros con freno eléctrico, la resistencia al pedaleo está dada por un conductor eléctrico que se mueve a través de un campo magnético o electromagnético. La fuerza del campo magnético determina la resistencia al pedaleo. Para que la producción de potencia sea constante, estos ergómetros se pueden regular de manera que la resistencia aumente automáticamente

cuando disminuye la frecuencia de pedaleo o se reduzca cuando aumenta la frecuencia de pedaleo.

Al igual que las cintas ergométricas, los cicloergómetros tienen algunas ventajas y desventajas en comparación con otros tipos de ergómetros. La intensidad del ejercicio no depende del peso corporal del individuo. Esto es importante cuando se están investigando las respuestas fisiológicas a una tasa de trabajo estándar (producción de potencia). Por ejemplo, si una persona pierde 5 kg (11 lb), los datos que se obtienen de la prueba en la cinta ergométrica no se puede comparar con los obtenidos antes de la pérdida de peso porque, en la cinta, las respuestas

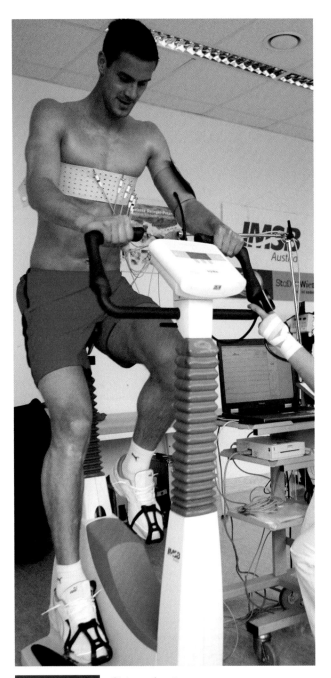

FIGURA 0.6 Cicloergómetro.

fisiológicas a una velocidad y a una inclinación dadas varían según el peso corporal. Después de la pérdida de peso, la tasa de trabajo a la misma velocidad y con la misma inclinación de la cinta sería menor que antes. Con el cicloergómetro, la pérdida de peso no tiene mayores efectos sobre las respuestas fisiológicas a una producción de potencia estandarizada. Por lo tanto, caminar o correr son ejercicios denominados peso-dependientes, mientras que el ciclismo es independiente del peso.

Concepto clave

Los cicloergómetros son los dispositivos más apropiados para evaluar los cambios en la función fisiológica submáxima antes y después del entrenamiento en personas que han sufrido variaciones de peso. A diferencia de lo que ocurre con el ejercicio en la cinta ergométrica, la intensidad del cicloergómetro es independiente del peso corporal.

Los cicloergómetros también tienen sus desventajas. Si la persona no practica este ejercicio con regularidad, los músculos de las piernas se fatigarán rápidamente durante la rutina de ejercicio. Esto evitaría que el sujeto alcance su verdadera intensidad máxima. Cuando el ejercicio se ve limitado de esta manera, suele hacerse referencia a las respuestas fisiológicas observadas durante el ejercicio como respuestas fisiológicas pico en lugar de máximas. Esta limitación se puede atribuir a la fatiga local de las piernas, a la acumulación de sangre en éstas (menor cantidad de sangre que regresa al corazón) o al uso de menor cantidad de masa muscular durante el ejercicio en bicicleta en comparación con el ejercicio en cinta ergométrica. No obstante, los ciclistas entrenados tienden a lograr los mayores valores pico en el cicloergómetro.

Otros ergómetros

Existen otros tipos de ergómetros que permiten evaluar a deportistas que compiten en deportes o eventos específicos de una manera lo más aproximada posible a su entrenamiento y competición. Por ejemplo, se puede usar un ergómetro de brazos para evaluar a deportistas y no deportistas que utilizan principalmente sus brazos y hombros para la actividad física. La ergometría de brazos también se ha usado extensivamente para evaluar y entrenar a deportistas con sus miembros inferiores paralizados. El remo ergómetro se diseñó para evaluar a los remeros competitivos.

Se han obtenido datos muy valiosos de investigación colocando instrumentos a los nadadores y monitorizando su nado en piscinas. Sin embargo, los problemas originados por los giros y el movimiento constante llevaron al uso de dos dispositivos: la natación estática (nado contra polea) y la natación por canales de flujo. En la natación estática, el nadador es amarrado a un arnés conectado a una soga, una serie de poleas y contrapesos. El nadador nada a un ritmo que le permite mantener el cuerpo en una posición constante en la piscina. A medida que se agrega peso, debe nadar con mayor esfuerzo para mantener la posición. La natación por canales de flujo permite que los nadadores simulen sus brazadas naturales al nadar. El canal de flujo se opera mediante bombas que hacen circular el agua alrededor del nadador, quien intenta mantener la posición del cuerpo en el canal. La bomba de circulación se puede aumentar o disminuir para variar la velocidad a la cual debe nadar el nadador. La natación por canales de flujo, que desafortunadamente es muy costosa, ha resuelto al menos parcialmente los problemas de la natación estática, y ha creado nuevas oportunidades para investigar la natación deportiva.

Cuando se elige un ergómetro, el concepto de especificidad es especialmente importante para los deportistas de alta competencia. Cuanto más específico sea el ergómetro para el patrón de movimiento real utilizado por el deportista en su deporte de elección, más significativos serán los resultados de las pruebas.

Diseños de investigación

En la investigación de la fisiología del ejercicio, hay básicamente dos tipos de diseño: el transversal y el longitudinal. En el **diseño de investigación transversal**, se evalúa un corte de la población de interés (es decir, una muestra representativa) en un momento específico y se comparan las diferencias entre los subgrupos de esa población. En el **diseño longitudinal de investigación**, los sujetos de investigación son revaluados periódicamente después de la evaluación inicial para medir los cambios a través de tiempo de las variables de interés.

Las diferencias entre estos dos abordajes se entienden mejor mediante un ejemplo. El objetivo de un estudio hipotético podría ser determinar si un programa regular de carrera de fondo aumenta la concentración de la lipoproteína de alta densidad (HDL) en sangre. La lipoproteína de alta densidad es la forma de colesterol "bueno"; las concentraciones altas presuponen una reducción del riesgo de enfermedad coronaria. Mediante un diseño transversal, se podría evaluar, por ejemplo, un número mayor de personas que cumplieran con las siguientes características:

- Un grupo de sujetos que no entrenan (el "grupo de control")
- Un grupo de sujetos que corra 24 km (15 mi) por semana
- Un grupo de sujetos que corra 48 km (30 mi) por semana
- Un grupo de sujetos que corra 72 km (45 mi) por semana
- Un grupo de sujetos que corra 96 km (60 mi) por semana

Así se podrían comparar los resultados de cada grupo y basar las conclusiones en relación con la cantidad de kiló-

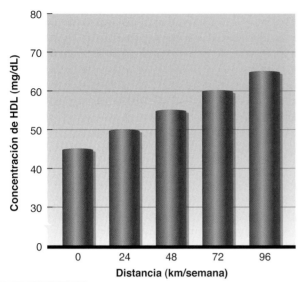

FIGURA 0.7 Relación entre la distancia corrida por semana y la concentración promedio de lipoproteína de alta densidad (HDL) en cinco grupos: control sin ejercicio (o km/semana), 24 km/semana, 48 km/semana, 72 km/semana y 96 km/semana. Esto ilustra un estudio de diseño transversal.

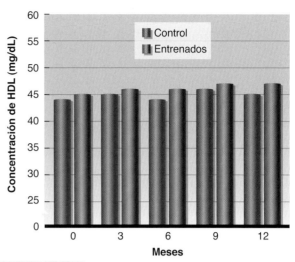

FIGURA 0.8 Relación entre meses de entrenamiento de carrera de distancia y concentración promedio de HDL en un grupo experimental (20 sujetos, entrenamiento de carrera de fondo) y un grupo control sedentario (20 sujetos). Esto ilustra un estudio de diseño longitudinal.

metros recorridos. Con este abordaje, los científicos del ejercicio hallaron que la carrera semanal da por resultado una elevación de los niveles de HDL, sugiriendo que la carrera de distancia promueve beneficios positivos para la salud. Más aún, tal como lo ilustra la Figura 0.7, hubo una relación **dosis-respuesta** entre las variables: a "dosis" más altas de entrenamiento, más alta la concentración de HDL resultante. No obstante, es importante recordar que, en un diseño transversal, se valoran los efectos en grupos diferentes de corredores y no los efectos en un mismo grupo que completa distintos volúmenes de entrenamiento.

Si se utiliza el diseño longitudinal para evaluar la misma pregunta, se podría diseñar un estudio en el cual se reclutaran personas sin entrenamiento para participar en un programa de 12 meses de carrera de larga distancia. Por ejemplo, se podría reclutar a 40 personas que desearan comenzar a correr y luego, al azar, asignar 20 de ellas a un grupo de entrenamiento y las restantes 20, a un grupo de control. Ambos grupos deberán ser controlados durante 12 meses. Se deberán recolectar y analizar muestras de sangre al inicio del estudio, luego a intervalos de tres meses y luego a los 12 meses, cuando finaliza el programa. Con este diseño, tanto el grupo de corredores como el grupo de control deberán ser controlados a lo largo de todo el período del estudio, con lo cual podrán determinarse los cambios en los niveles de HDL en cada uno de los períodos. Los estudios actuales han utilizado diseños longitudinales para examinar los cambios en los niveles de HDL con el entrenamiento; sin embargo, sus resultados no han sido tan claros como los obtenidos con el empleo de diseños transversales. Véase la Figura 0.8 como ejemplo. Nótese que en esta figura, en contraste con la Figura 0.7, hay solamente un pequeño aumento del HDL en los

sujetos que entrenaban. El grupo de control se mantiene relativamente estable, solamente con fluctuaciones menores en sus HDL de un trimestre al otro.

Concepto clave

Los estudios de investigación longitudinales son generalmente los más exactos para estudiar los cambios en las variables fisiológicas a través del tiempo. No obstante, no siempre es posible utilizar el diseño longitudinal y se puede obtener información valiosa de los estudios con diseño transversal.

En general, los estudios de investigación con diseño longitudinal son los más adecuados para estudiar los cambios en las variables a través del tiempo. Además, existen muchos factores que podrían contaminar los resultados y provocar sesgos en los estudios con diseño transversal. Por ejemplo, los factores genéticos podrían interactuar de manera que aquellos que corren carreras de fondo sean también los que tengan niveles altos de HDL. Asimismo, las poblaciones diferentes podrían seguir distintas dietas; pero en un estudio longitudinal, la dieta y otras variables pueden controlarse más fácilmente. No obstante, los estudios longitudinales llevan más tiempo, son más costosos y no son siempre posibles de realizar. Los estudios transversales suelen proveer algunas soluciones a estas cuestiones.

Controles en la investigación

Cuando se realiza una investigación, es importante ser lo más cuidadoso posible en el diseño del estudio y en la recolección de los datos. En la Figura 0.8 vimos que los cambios en una variable a través del tiempo como resultado de la intervención del ejercicio pueden ser muy pequeños. Sin embargo, aun los pequeños cambios en una variable como la HDL pueden representar una reducción sustancial del riesgo de enfermedad coronaria. Sabiendo esto, los científicos diseñan estudios que apuntan a proporcionar resultados precisos y reproducibles. Esto requiere que los estudios sean cuidadosamente controlados.

Los controles en la investigación se usan en varios niveles. Comenzando con el diseño del proyecto de investigación, el científico deberá determinar cómo controlar las variaciones en los sujetos utilizados en el estudio. El científico debe determinar si es importante controlar a los sujetos por sexo, edad o talla corporal. Para usar la edad como ejemplo, en ciertas variables, la respuesta a un programa de entrenamiento debería ser diferente para un niño y para una persona anciana en comparación con un joven o un adulto de mediana edad. ¿Es importante controlar si el sujeto fuma o cuál es el estado de su dieta? Es necesario pensar y discutir mucho para asegurarse de que los sujetos utilizados en el estudio son los adecuados para responder la pregunta específica, objeto de la investigación.

Para casi todos los estudios, es vital tener un grupo de control. En las investigaciones de diseño longitudinal para el estudio del colesterol descrito previamente, el **grupo control** actúa como grupo de comparación, lo cual permite comprobar que los cambios observados en los corredores son atribuidos solamente al programa de entrenamiento y no a otros factores tales como la época del año o el envejecimiento de los sujetos durante el curso del estudio. En los diseños experimentales, con frecuencia se incluye un **grupo placebo**. Por lo tanto, en un estudio en el cual el sujeto podría esperar tener un beneficio de la intervención propuesta, como el uso de un alimento o un fármaco específico, el científico podría decidir utilizar tres grupos de sujetos: un grupo de intervención que recibe la sustancia real, un grupo placebo que recibe una sustancia inerte y un grupo de control que no recibe nada. (Al grupo placebo se le informará que están recibiendo la intervención específica, por ejemplo, alimento o fármaco; sin embargo se les administrará una sustancia inerte que no tenga efectos fisiológicos conocidos). Si los grupos de intervención y placebo mejoran su rendimiento al mismo nivel y el grupo de control no mejora el suyo, entonces la mejora es similar al resultado del "efecto placebo" o la expectativa de que la sustancia mejorará el rendimiento. Si el grupo de intervención mejora el rendimiento y los grupos placebo y de control no lo hace, entonces podemos concluir que, en efecto, la intervención mejora el rendimiento.

Otra forma de controlar el efecto placebo es realizando un estudio que utilice un **diseño cruzado**. En este caso, cada grupo es sometido tanto al tratamiento como a las pruebas de control en momentos diferentes. Por ejemplo, un grupo recibe la intervención en la primera mitad del estudio (p. ej., los 6 primeros meses de un estudio de 12 meses) y sirve como control de la segunda mitad del estudio. El segundo grupo sirve como control durante la primera mitad del estudio y recibe la intervención durante la segunda mitad. En algunos casos, se puede usar el placebo en la fase de control del estudio. El Capítulo 16, "Ayudas ergogénicas y deporte", proporciona un análisis del tema de los grupos placebo.

Es igualmente importante controlar la recolección de los datos. Los equipos deben calibrarse de manera que el investigador sepa que los valores generados por un equipo dado son exactos y que los procedimientos utilizados en la recolección de datos están estandarizados. Por ejemplo, cuando se usa una balanza para medir el peso de los sujetos, los investigadores deben calibrarla usando un juego de pesas estandarizado (p. ej., 10, 20, 30 y 40 kg) que haya sido medido en una balanza de precisión. Estos pesos se colocan en la balanza de peso que será utilizada en el estudio, individualmente y en combinación, al menos una vez a la semana para asegurar que la balanza está pesando los pesos con precisión. Otro ejemplo: los analizadores electrónicos usados para medir los gases respiratorios deben ser calibrados con frecuencia con gases de concentración conocida para asegurar la precisión de esos análisis.

Por último, es importante saber que todos los resultados de los exámenes son reproducibles. En el ejemplo que ilustra la Figura 0.8, el HDL de una persona se mide cada tres meses. Si la persona es evaluada cinco días seguidos antes de iniciar el programa de entrenamiento, se podría esperar que los resultados del HDL resultaran similares a lo largo de los cinco días, siempre que la dieta, el ejercicio, el sueño y la hora del día para la evaluación fueran los mismos. En la Figura 0.8, los valores para el grupo de control a lo largo de los 12 meses variaron desde aproximadamente 44 a 45 mg/dL, mientras que en el grupo de entrenamiento los valores se incrementaron desde 45 hasta 47 mg/dL. Durante cinco días consecutivos, las mediciones para cualquier persona no deberían variar más de 1 mg/dL en ningún caso, si el investigador va a tomar este pequeño cambio como patrón todo el tiempo. Para controlar la reproducibilidad de los resultados, los científicos generalmente toman varias medidas, algunas veces en días diferentes, y luego promedian los resultados antes, durante y al finalizar una intervención.

Factores de confusión en la investigación sobre el ejercicio

Muchos factores pueden alterar la respuesta aguda del cuerpo a una serie de ejercicios. Por ejemplo, las condiciones ambientales como la temperatura y la humedad del laboratorio o la cantidad de luz o ruido en el área de evaluación deben ser controladas cuidadosamente porque pueden afectar notablemente las respuestas fisiológi-

CUADRO 0.1 Las respuestas de la frecuencia cardíaca durante la carrera difieren con las variaciones en las condiciones ambientales y de la conducta

Factores ambientales y de conducta	FRECUENCIA CARDÍACA (LATIDOS/MINUTO)	
	En reposo	Durante el ejercicio
TEMPERATURA (50% DE HUMEDAD)		
21°C (70°F)	60	165
35°C (95°F)	70	190
HUMEDAD (21°C)		
50%	60	165
90%	65	175
NIVEL DE RUIDO (21°C, 50% DE HUMEDAD)		
Bajo	60	165
Alto	70	165
INGESTA DE ALIMENTOS (21°C, 50% DE HUMEDAD)		
Una colación 3 horas antes del ejercicio	60	165
Una comida 30 minutos antes del ejercicio	70	175
SUEÑO (21°C, 50% DE HUMEDAD)		
8 horas o más	60	165
6 horas o menos	65	175

cas, tanto en reposo como durante el ejercicio. Incluso, en los estudios de investigación deberían controlarse cuidadosamente el momento, el volumen y el contenido de la última comida, así como también la cantidad y calidad del sueño en la noche previa.

Para ilustrar esto, el Cuadro 0.1 muestra cómo variaciones en los factores ambientales y en la conducta pueden alterar la frecuencia cardíaca en reposo y mientras se corre en una cinta ergonómica a 14 km/h (9 mph). La respuesta de la frecuencia cardíaca del sujeto difirió en 25 latidos/min cuando la temperatura del aire se incrementó desde 21°C (70°F) a 35°C (95°F). La mayoría de las variables fisiológicas que normalmente se miden durante el ejercicio se ven afectadas de manera similar por las fluc-

tuaciones ambientales. Ya sea que se comparen los resultados obtenidos durante el ejercicio en un mismo individuo de un día para otro, o las respuestas de dos sujetos diferentes, todos estos factores deben controlarse lo más cuidadosamente posible.

Las respuestas fisiológicas, tanto en reposo como durante el ejercicio, también varían a lo largo del día. El término **variación diurna** se refiere a las fluctuaciones que tienen lugar durante las veinticuatro horas del día. El Cuadro 0.2 muestra la variación diurna de la frecuencia cardíaca en reposo durante diferentes intensidades de ejercicio y durante la recuperación. La temperatura corporal muestra fluctuaciones similares a lo largo del día. Tal como se observa en el Cuadro 0.2, evaluar a la misma

CUADRO 0.2 Un ejemplo de las variaciones diurnas de la frecuencia cardíaca en reposo y durante el ejercicio

Condición	HORA DEL DÍA					
	2 a.m.	6 a.m.	10 a.m.	2 p.m.	6 p.m.	10 p.m.
	FRECUENCIA CARDÍACA (LATIDOS/MINUTO)					
Reposo	65	69	73	74	72	69
Ejercicio liviano	100	103	109	109	105	104
Ejercicio moderado	130	131	138	139	135	135
Ejercicio máximo	179	179	183	184	181	181
Recuperación, 3 minutos	118	122	129	128	128	125

Datos de T. Reilly y G.A. Brooks (1990) "Selective persistence of circadian rhythms in physiological responses to exercise", *Chronobiology International*, 7:59-67.

persona a la mañana de un día y a la tarde del siguiente puede producir y producirá resultados distintos. El momento en que se realizan las pruebas debe estandarizarse para controlar este efecto diurno.

También se debe considerar otro ciclo fisiológico. A menudo, el ciclo menstrual normal de 28 días implica variaciones considerables respecto de:

- peso corporal,
- agua corporal total y volumen sanguíneo,
- temperatura corporal,
- tasa metabólica, y
- frecuencia cardíaca y volumen sistólico (la cantidad de sangre que sale del corazón en cada contracción).

Los científicos del ejercicio deben controlar la fase del ciclo menstrual o el uso de anticonceptivos orales (que alteran el estado hormonal de manera similar) cuando las pruebas se realizan en mujeres. Cuando se están estudiando mujeres mayores, las estrategias de evaluación deben tomar en cuenta la menopausia y las terapias de reemplazo hormonal.

 Concepto clave

Se deben controlar cuidadosamente las condiciones bajo las que se monitoriza a los participantes de una investigación, tanto en reposo como durante el ejercicio. Los factores ambientales como la temperatura, la humedad, la altura y el ruido pueden afectar la magnitud de la respuesta de todos los sistemas fisiológicos básicos; también pueden hacerlo, por ejemplo, factores como la conducta, los patrones de alimentación y el sueño. De manera similar, deben controlarse ciudadosamente los efectos de las variaciones diurnas y del ciclo menstrual sobre las medidas fisiológicas.

Unidades y formas de notación científica

El conjunto de unidades y abreviaturas internacionales estándares (SI, *Le Systême International d'Unités*) es el preferido para realizar las mediciones de la fisiología del ejercicio y el deporte. En este libro también usamos las unidades de uso común en los Estados Unidos y el Reino Unido (como el peso en libras). Muchas de estas unidades se presentan en la cubierta interior de este libro, a la vez que las conversiones entre las unidades del SI y otras unidades de uso común se presentan en la cubierta interna posterior del texto.

En la escritura común, y aun en matemática, el cociente entre dos números normalmente se escribe con una barra (/). Por ejemplo, en el aire seco a 20°C, la velocidad del sonido es de 343 m/s. Esa notación funciona bien para fracciones o cocientes simples, y las usamos en el texto. Sin embargo, esta forma de notación se vuelve confusa cuando se usan muchas variables, a saber, más de dos. Considere, por ejemplo, una de las principales mediciones en fisiología del ejercicio: el consumo máximo de oxígeno o capacidad aeróbica máxima de oxígeno, cuya abreviatura es $\dot{V}O_{2máx}$. Esta medición fisiológicamente importante es el volumen máximo de oxígeno que un individuo puede utilizar durante un ejercicio aeróbico hasta el agotamiento, y puede medirse en litros por minuto o L/min. Sin embargo, como una persona de gran tamaño puede utilizar más oxígeno y aun así no estar aeróbicamente entrenado, a menudo estandarizamos estos valores al peso corporal en kilogramos, o sea, mililitros por kilogramo por minuto. Entonces, la notación se vuelve un poquito más compleja y potencialmente más confusa. Podríamos escribir las unidades como mL/kg/min, pero ¿qué está siendo dividido por qué en esta notación? Recuerde que L/min también puede escribirse $L \cdot min^{-1}$, al igual que la fracción $1/4$ puede expresarse $1 \cdot 4^{-1}$. Para evitar errores y ambigüedades, en la fisiología a menudo usamos la notación exponencial cada vez que hay más de dos variables involucradas. Por lo tanto, mililitros por kilogramo por minuto se escribe $mL \cdot kg^{-1} \cdot min^{-1}$ en lugar de mL/kg/min.

Lectura e interpretación de cuadros y gráficos

Este libro contiene referencias a estudios de investigación específicos que han causado el mayor impacto en nuestro conocimiento sobre la fisiología del ejercicio y el deporte. Una vez que un grupo de científicos completa un proyecto de investigación, presenta los resultados de su investigación a una de las tantas publicaciones que existen sobre la fisiología del ejercicio y el deporte. Algunas de las publicaciones de investigación más ampliamente utilizadas aparecen en la lista de las lecturas sugeridas en las referencias en la contratapa de este libro.

Como en otras áreas de la ciencia, la mayoría de los resultados cuantitativos de la investigación publicados en esas revistas se presenta en forma de cuadros y gráficos. Los cuadros y las figuras proporcionan una forma segura para que los investigadores comuniquen los resultados de sus estudios a otros científicos. Para el estudiante de fisiología del ejercicio y el deporte, es vital saber cómo leer e interpretar cuadros y gráficos.

En general, los cuadros se usan para informar un gran número de datos puntales o complejos que son afectados por varios factores. Usemos el Cuadro 0.1 como ejemplo. Es importante mirar primero el título del cuadro ya que identifica qué tipo de información se presenta. En este caso, el cuadro está diseñado para ilustrar cómo diferentes condiciones afectan la frecuencia cardíaca en reposo y durante el ejercicio y en la recuperación posterior al ejercicio. La columna de la izquierda, junto con el subtítulo

La fisiología del ejercicio más allá de los límites de la Tierra

Un segmento importante de la fisiología del ejercicio se ocupa de la respuesta y la adaptación de las personas a las condiciones extremas de calor, frío, profundidad y altura. Comprender y controlar el estrés fisiológico y las adaptaciones que tienen lugar en esos límites ambientales ha contribuido en forma directa a notables logros sociales como la construcción del puente de Brooklyn, la represa Hoover, los aviones presurizados y los hábitats submarinos para la industria del buceo comercial.

La próxima generación de retos ambientales también requerirá conocimientos profundos sobre la fisiología. En enero de 2004, el presidente George Bush anunció el programa Visión para la Exploración del Espacio, una estrategia según la cual en principio los humanos volverán a la Luna y luego se enviarán exploradores al planeta Marte en los próximos treinta años. Este ambicioso plan para construir puestos humanos permanentes en la Luna a partir de 2017, seguido de misiones de dos años y medio al planeta Marte, requerirá de medidas efectivas para minimizar los cambios fisiológicos que ponen en riesgo a los exploradores del espacio.

La acción continua de la gravedad contribuye al crecimiento y adaptación de los músculos esqueléticos posturales, estimula la sobrecarga de los huesos, que incrementan su tamaño y densidad, y provoca que el sistema cardiovascular mantenga la presión sanguínea y el flujo de sangre hacia el cerebro. En un ambiente de microgravedad (caída libre alrededor de la Tierra o condiciones de velocidad constante en el espacio sideral), la reducción de la carga lleva a importantes pérdidas de la masa muscular y la fuerza, produce osteoporosis e intolerancia al ejercicio a velocidades similares a las observadas en pacientes con lesiones de la columna vertebral.

Dr. James A. Pawelczyk.

Una serie de vuelos espaciales en los trasbordadores han estudiado estos problemas en detalle. En 1983, la *National Aeronautics and Space Administration* (Administración Nacional de la Aeronáutica y el Espacio, NASA) y la *European Space Agency* (Agencia Espacial Europea, ESA) pusieron en órbita el módulo *Spacelab*, con el que comenzó una nueva era de investigación científica mediante cooperación internacional en la órbita baja de la Tierra. Las misiones (STS-40 y STS-58) del *Spacelab Life Sciences* (Laboratorio Espacial de las Ciencias de la Vida) (SLS-1 y SLS-2) enfatizaron el estudio de las adaptaciones cardiorrespiratorias, vestibulares y musculoesqueléticas en un ambiente de microgravedad.

Posteriormente, el *Deutsches Zentrum für Luft- und Raumfahrt e.V.* (Centro Aeroespacial Alemán, DLR) patrocinó dos misiones (STS-61a y STS-68) que perfeccionaron un modelo de investigación multidisciplinario internacional que fue imitado por la misión *Life and Microgravity Sciences Spacelab* (STS-78), que se enfocó en la adaptación neuromuscular. En 1998, la misión *Neurolab Spacelab* (STS-90), que se centró en neurociencia, concluyó los vuelos del módulo Spacelab. El Dr. James A. Pawelczyk, fisiólogo del ejercicio de la *Penn State University* y el especialista de la misión a bordo de ese vuelo, ¡dio la primera clase de fisiología del ejercicio en colaboración desde el espacio! Aún hoy, en el momento de escribir este capítulo, a 402 km (250 mi) por encima de nuestras cabezas continúa un activo programa de investigación biomédica en la Estación Espacial Internacional.

Para el fisiólogo del ejercicio, la pregunta es qué combinación de entrenamiento con sobrecarga y entrenamiento "aeróbico" puede prevenir o disminuir los cambios que tienen lugar en el espacio. Por el momento, esa pregunta sigue sin respuesta. Más aún, si las condiciones físicas son un requisito previo y durante la exploración del espacio y como parte de la rehabilitación posvuelo, ¿cómo se debe individualizar, evaluar y actualizar la prescripción de ejercicio? Sin dudas, las futuras investigaciones en la fisiología del ejercicio y del medioambiente serán esenciales para completar lo que está destinado a ser la proeza exploratoria más grande del siglo XXI.

horizontal, tal como "Humedad (21 °C)", especifica las condiciones bajo las cuales se midió la frecuencia cardíaca. Las columnas 2 y 3 proporcionan los valores promedio de la frecuencia cardíaca que corresponden a dicha condición, la columna del medio nos da los valores en reposo y la columna de la derecha, los valores en el ejercicio. En todo buen cuadro o gráfico, las unidades de cada variable se presentan claramente; en este cuadro, la frecuencia cardíaca se expresa en "latidos/min" o latidos por minuto. Preste mucha atención a las unidades de medida cuando interpreta un cuadro o un gráfico. En este cuadro (relativamente simple para los estándares científicos), podemos ver que la frecuencia cardíaca aumenta con la temperatura y la humedad del ambiente, mientras que los niveles de ruido sólo afectan la frecuencia cardíaca en reposo. De manera similar, consumir grandes cantidades de comida o dormir menos de 6 horas también elevan la frecuencia cardíaca. Estos datos pueden no verse fácilmente en un gráfico.

Los gráficos pueden ofrecer una mejor visión de las tendencias en los datos, los patrones de respuesta y comparaciones de datos recolectados a partir de dos o más grupos de sujetos. Para muchos estudiantes, los gráficos pueden ser más difíciles de leer e interpretar; pero son una herramienta fundamental en la comprensión de la fisiología del ejercicio. Primero, todo gráfico tiene un eje horizontal o eje-x para la **variable independiente** y un eje vertical o eje-y (algunas veces dos) para la **variable dependiente**. Las variables independientes son aquellos factores que el investigador maneja o controla, mientras que las variables dependientes son aquellas que cambian con o dependen de las variables independientes.

En la Figura 0.9, la hora del día es la variable independiente y, por lo tanto, se coloca a lo largo del eje-x de un gráfico, mientras que la frecuencia cardíaca es la variable dependiente (ya que la frecuencia cardíaca *depende* de la hora del día) y, por lo tanto, se grafica en el eje-y. Las unidades de medida para cada variable también se muestran en el gráfico. Los gráficos de líneas se usan para ilustrar patrones o tendencias que cambian de una manera constante (p. ej., a lo largo del tiempo) y sólo si tanto la variable dependiente como la independiente son números.

En un gráfico de líneas, si la variable dependiente sube o baja a una tasa constante con la variable independiente, el resultado será una línea recta. Sin embargo, en la fisiología los patrones de respuesta entre las variables a menudo no son una línea recta sino una curva, que puede tener diferentes formas. En tales casos, preste especial atención a la forma de la curva en sus diferentes secciones en el gráfico. Por ejemplo, la Figura 0.10 muestra la concentración de lactato en la sangre en sujetos que caminan/corren en una cinta ergométrica a diferentes velocidades. A bajas velocidades de la cinta, 4 a 8 km/h, el lactato aumenta muy poco. Sin embargo, alrededor de los 8,5 km/h, se alcanza un umbral más allá del cual el lactato aumenta drásticamente. En muchas respuestas fisiológicas, son importantes tanto el umbral (el inicio de la respuesta) como la curva de respuesta más allá del umbral.

Los datos también se pueden comparar en forma de gráficos de barras. En general, se usan cuando sólo la variable dependiente es un número, mientras que la dependiente es una categoría. A menudo, los gráficos de barras muestran los efectos del tratamiento, como en la Figura 0.7, que ya hemos analizado. Esta figura muestra los efectos de la distancia corrida por semana (una categoría) sobre los niveles de HDL (una respuesta numérica) en forma de gráfico de barras.

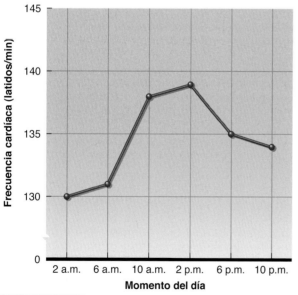

FIGURA 0.9 Para comprender cómo leer e interpretar un gráfico. Este gráfico de líneas muestra la relación entre el momento del día (en el eje x, variable independiente) y la frecuencia cardíaca durante un ejercicio de baja intensidad (en el eje y, variable dependiente) que se midió en el mismo momento del día sin cambios en la intensidad del ejercicio.

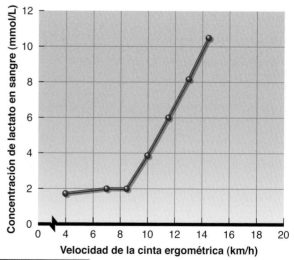

FIGURA 0.10 Gráfico de líneas que muestra la naturaleza no lineal de muchas respuestas fisiológicas. Este gráfico muestra que, por encima de un umbral (inicio de la respuesta) de alrededor de los 8,5 km/h, la curva de la concentración de lactato en sangre aumenta rápidamente.

Conclusión

En esta introducción, pusimos de relieve las raíces históricas y las bases de la fisiología del ejercicio y el deporte. Aprendimos que el estado actual del conocimiento en estos campos se construyó en el pasado y es meramente un puente hacia el futuro, y muchas de las preguntas siguen sin respuesta. Definimos brevemente las respuestas agudas a las series de ejercicio y las adaptaciones crónicas con el entrenamiento a largo plazo. Concluimos con una reseña de los principios utilizados en la investigación en el deporte y en la fisiología del ejercicio.

En la Parte I, comenzaremos analizando la actividad física de la manera en que lo hacen los fisiólogos, ya que exploraremos los principios del movimiento. En el próximo capítulo, estudiaremos la estructura y la función del músculo esquelético, cómo produce el movimiento y cómo responde durante el ejercicio.

Palabras clave

adaptación crónica

cicloergómetro (bicicleta ergométrica)

cinta ergométrica (tapiz rodante)

diseño cruzado

diseño longitudinal de investigación

diseño de investigación transversal

dosis-respuesta

efectos del entrenamiento

ejercicio agudo

ergómetro

fisiología

fisiología ambiental

fisiología del deporte

fisiología del ejercicio

grupo de control

grupo placebo

homeostasis

tapiz rodante

variable dependiente

variable independiente

variación diurna

Preguntas

1. ¿Qué es la fisiología del ejercicio? ¿En qué se diferencia de la fisiología del deporte?
2. Dé un ejemplo de lo que se entiende por el estudio de las respuestas agudas un episodio único de ejercicio.
3. Describa qué se entiende por el estudio de la adaptación crónica al entrenamiento.
4. Describa la evolución de la fisiología del ejercicio a partir de los primeros estudios de anatomía. ¿Quiénes fueron algunas de las figuras clave en el desarrollo de este campo?
5. Describa los fundamentos y las áreas clave de investigación enfatizadas por el *Harvard Fatigue Laboratory*. ¿Quién fue el primer director de investigaciones de dicho laboratorio?
6. Nombre a los tres fisiólogos escandinavos que dirigieron investigaciones en el *Harvard Fatigue Laboratory*.
7. ¿Qué es un ergómetro? Nombre dos de los ergómetros usados más comúnmente y explicar sus ventajas y desventajas.
8. ¿Qué factores deben tener en cuenta los investigadores cuando diseñan un estudio de investigación para asegurar que lograrán resultados precisos y reproducibles?
9. Haga una lista de las condiciones ambientales que podrían afectar la respuesta de una persona a una serie de ejercicio intenso.
10. ¿Cuáles son las ventajas y desventajas de un estudio transversal comparado con un estudio longitudinal?
11. ¿Cuándo es preferible presentar los datos en gráfico de barras en lugar de un gráfico de líneas? ¿Qué objetivo tiene el gráfico de líneas?

PARTE I

Ejercicio muscular

En la introducción, estudiamos los cimientos de la fisiología del ejercicio y el deporte. Definimos estas dos disciplinas, vimos parte de la historia de su desarrollo y establecimos los conceptos básicos que se encuentran en todo el libro. También examinamos las herramientas y los métodos de la investigación usados por los fisiólogos del ejercicio. Con esta base, estamos en condiciones de comenzar nuestra misión de comprender cómo el cuerpo humano realiza actividad física. Como el músculo es la base del movimiento, iniciamos con el Capítulo 1, "Estructura y función del músculo durante el ejercicio", donde nos enfocaremos en los músculos esqueléticos, analizando la estructura y la función de estos y de las fibras musculares y el modo en que producen el movimiento corporal. Aprenderemos las diferencias entre los distintos tipos de fibras musculares y por qué estas diferencias son importantes según el tipo específico de actividad. En el Capítulo 2, "Combustible para el ejercicio: bioenergética y metabolismo muscular", estudiaremos los principios básicos del metabolismo haciendo hincapié en la fuente primaria de energía, el adenosintrifosfato (ATP), que llega desde las comidas que ingerimos a través de tres sistemas energéticos. En el Capítulo 3, "Control neural del músculo durante el ejercicio", analizaremos cómo el sistema nervioso inicia y controla la acción de los músculos. En el Capítulo 4, "Control hormonal durante el ejercicio", presentaremos una revisión del sistema endocrino y luego nos enfocaremos en el control hormonal del metabolismo energético y el equilibrio de los líquidos y electrolitos corporales durante el ejercicio. Por último, en el Capítulo 5, "Gasto energético y fatiga", analizaremos la forma de medición del gasto energético, cómo el gasto de energía se modifica entre el estado de reposo y las diferentes intensidades de ejercicio, y las causas de la fatiga que limitan el rendimiento en el ejercicio.

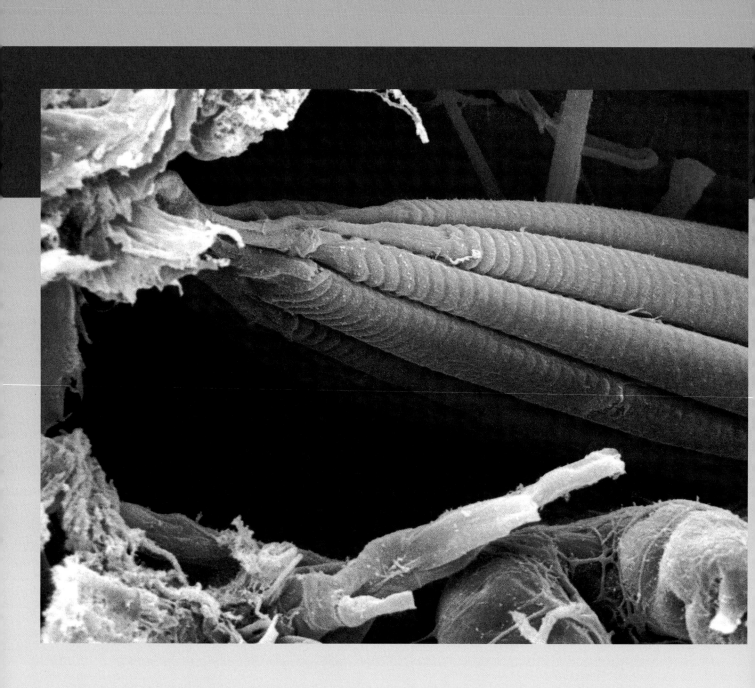

Estructura y función del músculo durante el ejercicio

En este capítulo

Anatomía funcional del músculo esquelético   29
Fibras musculares   30
Miofibrillas   31
Contracción de la fibra muscular   33

Músculo esquelético y ejercicio   37
Tipos de fibras musculares   37
Reclutamiento de fibras musculares   42
Tipos de fibra y éxito deportivo   43
Utilización de los músculos   44

Conclusión   46

Liam Hoekstra posee atributos psíquicos y físicos, al igual que muchos deportistas o atletas profesionales: músculos abdominales marcados, suficiente fuerza para realizar hazañas como doblar una barra de hierro y la capacidad de hacer abdominales en posición vertical de cabeza, y una velocidad y agilidad sorprendentes. Sin embargo, ¡Liam tiene 19 meses de edad y pesa 10 kg (22 libras)! Liam presenta un extraño trastorno genético llamado hipertrofia muscular relacionada con la miostatina, el cual fue descrito por primera vez en un ternero vacuno anormalmente musculoso a finales de los años 1990. La miostatina es una proteína que inhibe el crecimiento de los músculos esqueléticos; la hipertrofia muscular relacionada con la miostatina es una mutación genética que bloquea la producción de este inhibidor del crecimiento y, por lo tanto, promueve el rápido crecimiento y desarrollo de los músculos esqueléticos.

El trastorno de Liam es extremadamente raro en los humanos, y hay menos de 100 casos documentados en todo el mundo. Sin embargo, el estudio de este fenómeno genético podría permitir a los científicos develar los secretos de cómo crecen y se deterioran los músculos esqueléticos. La investigación sobre la enfermedad de Liam puede llevar a nuevos tratamientos para los trastornos musculares degenerativos como la distrofia muscular. Por otro lado, también puede abrir todo un mundo nuevo de abuso de fármacos por parte de los deportistas que buscan atajos para desarrollar el tamaño y la fuerza de sus músculos, no muy diferente del uso ilícito y peligroso de los esteroides anabólicos.

Cuando late el corazón, cuando la comida digerida se desplaza por los intestinos y cuando el cuerpo se mueve, intervienen los músculos. Tres tipos de músculos son los que realizan estas múltiples y variadas funciones del sistema muscular (véase la Figura 1.1): el liso, el cardíaco y el esquelético.

Al músculo liso se lo denomina músculo involuntario, dado que no se encuentra bajo el control consciente directo. Se halla en las paredes de la mayoría de los vasos sanguíneos, lo que les permite contraerse o dilatarse para regular el flujo sanguíneo. También se encuentra en las paredes de la mayoría de los órganos internos, lo que les permite contraerse y relajarse, por ejemplo, para hacer mover la comida por el tubo digestivo, para eliminar la orina o para dar a luz.

El músculo cardíaco sólo se encuentra en el corazón, donde compone la mayor parte de su estructura. Comparte algunas características con el músculo esquelético, pero, al igual que el músculo liso, no se encuentra bajo el control consciente. El músculo cardíaco tiene control autónomo, manejado por los sistemas nervioso y endocrino. El Capítulo 6 explica en detalle este músculo.

Los músculos esqueléticos están bajo el control consciente y reciben este nombre porque la mayoría de ellos se une al esqueleto y lo mueve. Junto con los huesos del

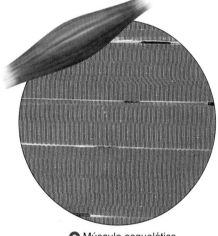

ⓐ Músculo esquelético

FIGURA 1.1 Microfotografías de los tres tipos de músculo.

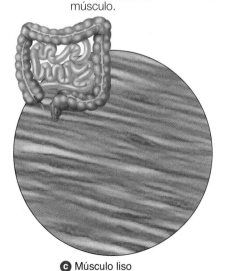

ⓒ Músculo liso

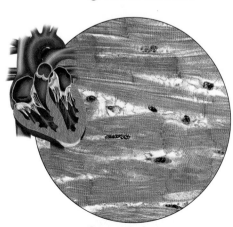

ⓑ Músculo cardíaco

esqueleto, conforman el **sistema musculoesquelético**. Conocemos muchos de estos músculos por sus nombres (deltoides, pectorales, bíceps, por citar algunos), pero el cuerpo humano contiene más de 600 músculos esqueléticos. El pulgar solo está controlado por nueve músculos independientes.

El ejercicio requiere del movimiento del cuerpo, que se consigue gracias a la acción de los músculos esqueléticos. Como la fisiología del ejercicio y el deporte depende del movimiento humano, el foco principal de este capítulo es la estructura y la función de los músculos esqueléticos. Pese a algunas diferencias en cuanto a estructura anatómica entre los músculos liso, cardíaco y esquelético, sus mecanismos de control y principios de acción son similares.

Anatomía funcional del músculo esquelético

Cuando pensamos en los músculos, nos imaginamos cada uno de ellos como un todo, o sea, como si fueran una sola unidad. Esto es natural, ya que el músculo esquelético aparentemente actúa como una entidad única. Pero los músculos esqueléticos son mucho más complejos que eso.

Cuando disecamos un músculo, primero cortamos el tejido conectivo externo que lo recubre, o **epimisio** (Figura 1.2). Éste rodea todo el músculo y lo mantiene unido. Una vez abierto el epimisio, podemos ver pequeños haces de fibras envueltos en una vaina de tejido conectivo. Estos haces se denominan fascículos, y la vaina de tejido conectivo que rodea cada **fascículo** es el **perimisio**.

Por último, al cortar el perimisio y utilizar un microscopio, podemos ver las **fibras musculares**, cada una de las cuales es una célula muscular. A diferencia de la mayoría de las células del cuerpo, las cuales poseen un solo núcleo, las musculares son multinucleadas. Una vaina de tejido conectivo, llamada **endomisio**, también cubre cada fibra muscular. En general, se cree que las fibras musculares se extienden de un extremo del músculo al otro. Sin embargo, el microscopio permite detectar que (la sección central y más ancha de los músculos) suele dividirse en compartimentos o bandas fibrosas transversales (inscripciones).

Debido a esta compartimentación, en los seres humanos las fibras musculares de mayor longitud tienen unos 12 cm (4,7 pulgadas), lo que corresponde a unos 500 000 sarcómeros, la unidad funcional básica de la miofibrilla. El número de fibras en los distintos músculos oscila entre

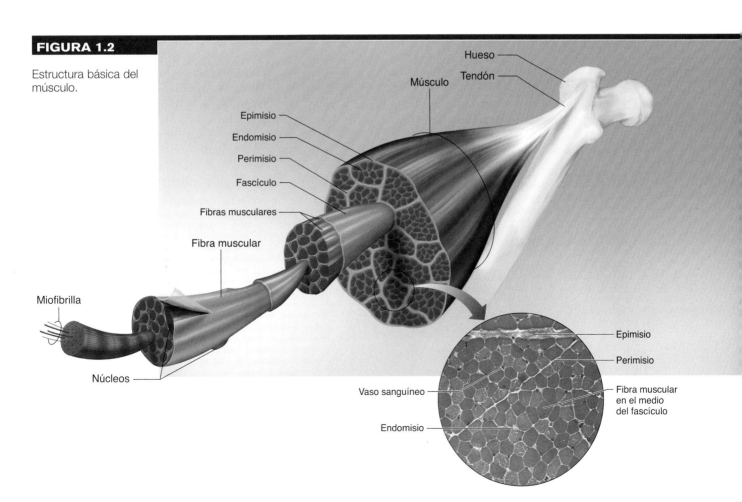

FIGURA 1.2

Estructura básica del músculo.

Hueso

Músculo
Tendón

Epimisio
Endomisio
Perimisio
Fascículo
Fibras musculares
Fibra muscular

Miofibrilla

Núcleos

Epimisio
Perimisio
Fibra muscular en el medio del fascículo

Vaso sanguíneo
Endomisio

varios centenares (p. ej., músculo tensor del tímpano, unido a esta membrana) y más de un millón (p. ej., músculo gastrocnemio interno).[6]

Fibras musculares

Las fibras musculares tienen un diámetro que oscila entre 10 y 120 μm, por lo que son casi invisibles a simple vista. Las secciones presentadas a continuación describen la estructura de cada fibra muscular.

Plasmalema

Si observamos de cerca una fibra muscular aislada, vemos que está rodeada de una membrana plasmática llamada **plasmalema** (Figura 1.3). El plasmalema forma parte de una unidad mayor a la que se conoce con el nombre de **sarcolema**. El sarcolema está compuesto por el plasmalema y la membrana basal. (En algunos libros de texto se usa el término sarcolema como sinónimo de plasmalema)[6]. En el extremo de cada fibra muscular, su plasmalema se fusiona con el tendón, el cual se inserta en el hueso. Los tendones están formados por cordones fibrosos de tejido conectivo que transmiten la fuerza generada por las fibras musculares a los huesos y así producen movimiento. Por lo tanto, cada fibra muscular está, de hecho, unida al hueso a través del tendón.

El plasmalema tiene varias características únicas que son clave para la función de las fibras musculares. Aparecen como una serie de pliegues poco profundos a lo largo de la superficie de la fibra cuando ésta se con-

trae o permanece en estado de reposo, pero que desaparece cuando la fibra se estira. Este plegamiento permite que la fibra muscular se estire sin romper el plasmalema. A su vez, esta membrana tiene pliegues de unión en la zona de inervación en la placa motora, que contribuye a transmitir el potencial de acción desde la motoneurona hasta la fibra muscular, tal como lo explica este capítulo más adelante. Por último, el plasmalema ayuda a mantener el equilibrio ácido-base y transporta metabolitos desde la sangre capilar hacia la fibra muscular.[6]

Las **células satélite** están situadas entre el plasmalema y la membrana basal. Estas células participan en el crecimiento y desarrollo del músculo esquelético y en la adaptación del músculo a las lesiones, la inmovilización y el entrenamiento. Este punto se analizará con mayor profundidad en los próximos capítulos.

Sarcoplasma

Como se muestra en la Figura 1.3, dentro del plasmalema, una fibra muscular contiene subunidades sucesivamente más pequeñas, la mayor de las cuales es la miofibrilla, el elemento contráctil del músculo, que describiremos luego. Una sustancia gelatinosa cubre los espacios que quedan entre las miofibrillas y en su interior. Este es el **sarcoplasma**. Es la parte líquida de la fibra muscular (su citoplasma). El sarcoplasma contiene principalmente proteínas, minerales, glucógeno y lípidos disueltos, y también los orgánulos necesarios. Difiere del citoplasma de la mayoría de las células porque contiene abundantes depósitos de glucógeno y concentraciones altas de mioglobina, un compuesto que permite la fijación de oxígeno, muy similar a la hemoglobina hallada en los glóbulos rojos.

Túbulos transversales En el sarcoplasma, también se observa una amplia red de **túbulos transversales (túbulos T)** que son extensiones del plasmalema y que atraviesan lateralmente la fibra muscular. Estos túbulos se interconectan entre las miofibrillas y permiten una rápida transmisión de los impulsos nerviosos recibidos por el plasmalema hacia cada una de ellas. Asimismo, los túbulos sirven de vía desde el exterior de la fibra hacia su interior para permitir que las sustancias ingresen en la célula y para eliminar los productos de desecho.

Retículo sarcoplásmico En el interior de la fibra muscular, también se encuentra una red longitudinal de túbulos, conocida como **retículo sarcoplásmico**. El trayecto de estos canales membranosos es paralelo a las miofibrillas y se enrollan alrededor de éstas. Este retículo sirve como depósito de calcio, esencial para la contracción muscular. La Figura 1.3 ilustra los túbulos T y el retículo sarcoplásmico. Más adelante, cuando describamos el proceso de la contracción muscular, analizaremos sus funciones con mayor detalle.

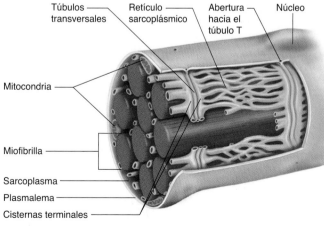

Túbulos transversales — Retículo sarcoplásmico — Abertura hacia el túbulo T — Núcleo

Mitocondria

Miofibrilla

Sarcoplasma

Plasmalema

Cisternas terminales

FIGURA 1.3 Estructura de una fibra muscular.

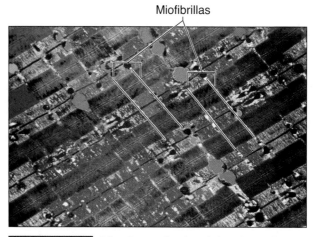

FIGURA 1.4 Microfotografía electrónica de miofibrillas. Se observa la presencia de estriaciones. Las regiones azules representan las bandas A, y las rosas, las bandas I.

Revisión

➤ Cada célula muscular recibe el nombre de fibra muscular.

➤ La fibra muscular está rodeada por una membrana plasmática llamada plasmalema.

➤ El citoplasma de una fibra muscular se denomina sarcoplasma.

➤ La amplia red de túbulos presente en el sarcoplasma está constituida por túbulos T, que permiten la comunicación y el transporte de sustancias en toda la fibra muscular, y el retículo sarcoplásmico, depósito de calcio.

Miofibrillas

Cada fibra muscular contiene entre varios cientos y varios miles de **miofibrillas**, que son los elementos contráctiles del músculo esquelético. Se trata de filamentos largos constituidos por subunidades aún más pequeñas: los sarcómeros. Bajo el microscopio electrónico, las miofibrillas aparecen como largas hebras de sarcómeros.

Sarcómero

Vistas bajo con un microscopio óptico, las fibras musculares esqueléticas presentan un aspecto rayado distintivo. Debido a estas marcas o estriaciones, el músculo esquelético también recibe el nombre de músculo estriado. Estas mismas estriaciones están presentes en el músculo cardíaco, motivo por el cual también puede considerarse músculo estriado.

Para ver estas las estriaciones, remítase a la Figura 1.4, en la que se aprecian las miofibrillas dentro de una fibra muscular aislada. Las zonas oscuras, conocidas como bandas A, se alternan con regiones más claras, conocidas como bandas I. Cada banda A oscura tiene una parte más clara en el centro, la zona H, que es visible sólo cuando la miofibrilla se encuentra relajada. Hay una línea oscura en el medio de la zona H, llamada línea M. Las bandas I claras se encuentran interrumpidas por una franja oscura a la que se conoce con el nombre de disco Z, o bien, línea Z.

El **sarcómero** es la unidad funcional básica de una miofibrilla y la unidad contráctil básica de un músculo. Cada miofibrilla consta de una serie de sarcómeros unidos cabo a cabo en los discos Z. Cada sarcómero incluye el contenido entre cada par de discos Z en esta secuencia:

• Una banda I (zona clara)
• Una banda A (zona oscura)
• Una zona H (en el medio de la banda A)
• Una línea M en el medio de la zona H
• El resto de la banda A
• Una segunda banda I

Concepto clave

El sarcómero es la unidad funcional básica del músculo.

Si observamos cada miofibrilla a través de un microscopio electrónico, es posible diferenciar dos tipos de pequeños filamentos de proteínas, responsables de la contracción muscular. Básicamente, los filamentos más delgados están compuestos por **actina**, y los más gruesos, por **miosina**. Las estriaciones vistas en las fibras musculares son resultado de la alineación de estos filamentos, según se ilustra en la Figura 1.4. La banda I clara indica la región del sarcómero donde sólo hay filamentos delgados. La banda A oscura representa las regiones que contienen tanto filamentos gruesos como delgados. La zona H es la porción central de la banda A, y en ella se observan filamentos gruesos únicamente. La ausencia de filamentos delgados le da un aspecto más claro a la zona H en comparación con la banda A adyacente. En el centro de la zona H, se halla la línea M, compuesta por proteínas que sirven de lugar de unión para los filamentos gruesos y contribuyen a estabilizar la estructura del sarcómero. Los discos Z, compuestos por proteínas, aparecen en cada extremo del sarcómero. Junto con otras dos proteínas, la titina y la nebulina, proporcionan puntos de unión y estabilidad para los filamentos finos.

Filamentos gruesos

Cerca de dos tercios de todas las proteínas del músculo esquelético es miosina, la proteína más importante del filamento grueso. Cada filamento de miosina suele estar constituido por unas 200 moléculas de miosina.

Cada molécula de miosina se compone de dos filamentos de proteínas enrollados entre sí (véase la Figura 1.5). Un extremo de cada hebra se pliega y forma una cabeza globular, denominada cabeza de miosina. Cada filamento grueso contiene muchas de estas cabezas, que sobresalen desde el filamento grueso para formar puentes cruzados que interactúan durante la contracción muscular con sitios activos especializados sobre los filamentos delgados. Hay una serie de filamentos finos, compuestos por **titina**, que estabilizan los filamentos de miosina en el

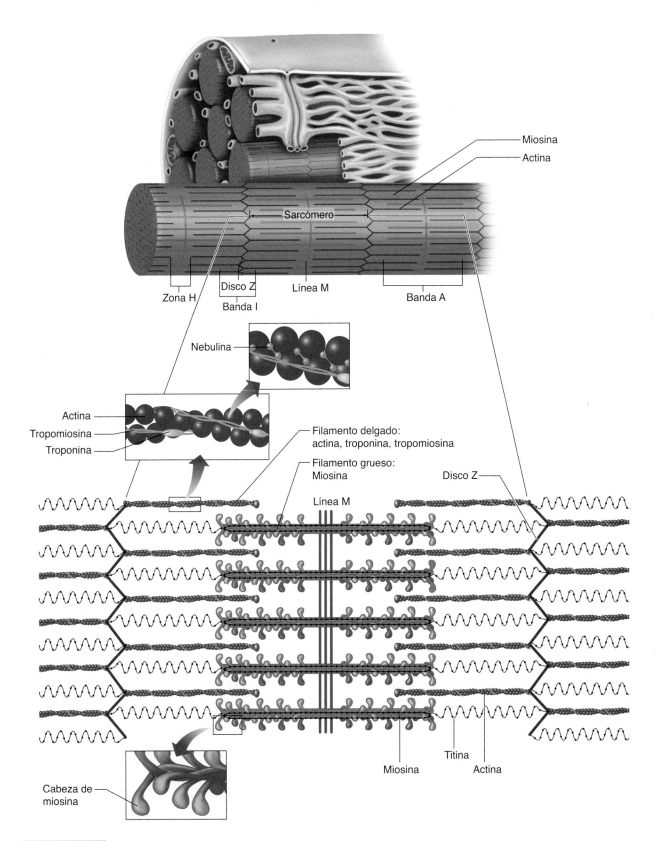

FIGURA 1.5 El sarcómero contiene una estructura especializada de filamentos de actina (delgados) y de miosina (gruesos). La función de la titina consiste en posicionar el filamento de miosina manteniendo un espacio equitativo entre los filamentos de actina. A menudo, la nebulina se conoce como "proteína de anclaje", puesto que ofrece una estructura que contribuye a estabilizar la posición de la actina.

eje longitudinal (véase la Figura 1.5). Los filamentos de titina se extienden desde el disco Z hasta la línea M.

Filamentos delgados Aunque a menudo los llamamos simplemente filamentos de actina, cada filamento delgado está compuesto por tres moléculas de proteínas diferentes: la actina, la **tropomiosina** y la **troponina**. Cada filamento delgado tiene un extremo que se inserta en un disco Z, y el extremo opuesto que se extiende hacia el centro del sarcómero, en el espacio entre los filamentos gruesos. La **nebulina**, una proteína de anclaje para la actina, se extiende junto con la actina y parece cumplir una función reguladora al participar en las interacciones entre la actina y la miosina (Figura 1.5). Cada filamento delgado contiene sitios activos a los que pueden unirse las cabezas de miosina.

La actina forma la columna vertebral del filamento. Las moléculas de actina son proteínas globulares (actina G) y se unen entre sí para generar filamentos de moléculas de actina. Entonces, dos filamentos se enrollan para formar una estructura helicoidal, como si fueran un collar de perlas entrelazado.

La tropomiosina es una proteína en forma de tubo que se enrolla alrededor de los filamentos de actina. Por su parte, la troponina es una proteína más compleja que, a intervalos regulares, se une a los filamentos de actina y a la tropomiosina. La Figura 1.5 ilustra esta disposición. Estas dos proteínas actúan juntas de un modo intrincado en combinación con iones calcio para mantener la relajación o para iniciar la contracción de la miofibrilla, punto que trataremos más adelante en este capítulo.

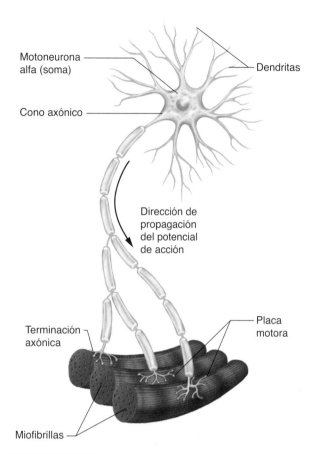

FIGURA 1.6 Las unidades motoras incluyen las neuronas motoras α y las fibras musculares que inervan.

⬤ Revisión

➤ Las miofibrillas están compuestas por sarcómeros, las unidades funcionales más pequeñas de un músculo.

➤ Un sarcómero está formado por dos filamentos de diferente tamaño: gruesos y delgados, responsables de la contracción muscular.

➤ La miosina, la proteína básica del filamento grueso, está formada por dos filamentos de proteínas, cada uno de los cuales se pliega para formar una cabeza globular en un extremo.

➤ El filamento delgado está constituido por actina, tropomiosina y troponina. Un extremo de cada filamento fino se une a un disco Z.

Contracción de la fibra muscular

Una **motoneurona** α es una neurona que se conecta con muchas fibras musculares y las inerva. Cada motoneurona α y todas las fibras musculares que inerva se denominan, en conjunto, **unidad motora** (véase la Figura 1.6). La sinapsis o conexión entre la motoneurona α y una fibra muscular recibe el nombre de unión neuromuscular, donde se produce la comunicación entre los sistemas nervioso y muscular.

⬤ Concepto clave

Cuando una motoneurona α se activa, todas las fibras musculares en esa unidad motora se contraen.

Acoplamiento excitación-contracción

La compleja secuencia de eventos que se disparan cuando una fibra muscular se contrae se conoce como **acoplamiento excitación-contracción**, porque comienza con la excitación de una motoneurona y produce la contracción de las fibras musculares. El proceso, representado en la Figura 1.7, es iniciado por una señal eléctrica, o **potencial de acción**, desde el cerebro o la médula espinal hasta una motoneurona α. El potencial de acción llega a las dendritas de la motoneurona α, receptoras especializadas en el soma de la neurona. Desde aquí, el potencial de acción se desplaza a lo largo del axón hasta las terminaciones axónicas, muy cerca del plasmalema. Cuando el potencial de axón llega a las terminaciones axónicas, éstas secretan una sustancia neurotransmisora denominada acetilcolina (ACh), que se fija a los receptores en el plasmalema (véase la Figura 1.7a). Si la ACh se fija en cantidad suficiente a los receptores, el potencial de acción será transmitido a toda la fibra muscular a medida que los canales de iones se abran en la membrana de la célula muscular y permitan el ingreso de sodio. A este proceso se lo conoce con el nombre de despolarización. Debe generarse un potencial de acción en la célula muscular antes de que ésta pueda actuar. En el Capítulo 3 profundizaremos el análisis de estos eventos neurales.

Papel del calcio en la fibra muscular

Además de despolarizar la membrana, el potencial de acción recorre la red de túbulos (túbulos T) de la fibra hacia el interior de la célula. Como consecuencia de la llegada de una carga eléctrica, el retículo sarcoplásmico adyacente libera grandes cantidades de iones

calcio (Ca^{2+}) almacenados hacia el sarcoplasma (véase la Figura 1.7b).

En estado de reposo, las moléculas de tropomiosina cubren los sitios de unión de miosina en las moléculas de actina y evitan así la unión de las cabezas de miosina. Una vez que los iones de calcio son liberados por el retículo sarcoplásmico, estos se fijan a la troponina sobre las moléculas de actina. Se cree que luego la troponina, dada su fuerte afinidad por los iones calcio, inicia el proceso de contracción retirando las moléculas de tropomiosina de los sitios de unión de miosina en las moléculas de actina. La Figura 1.7c muestra este esquema. Puesto que, por lo general, la tropomiosina cubre los sitios de unión de miosina, bloquea la atracción entre los **puentes cruzados de miosina** y las moléculas de actina. Sin embargo, una vez que la troponina y el calcio desplazan la tropomiosina de los sitios de unión, las cabezas de miosina pueden unirse a estos sitios en las moléculas de actina.

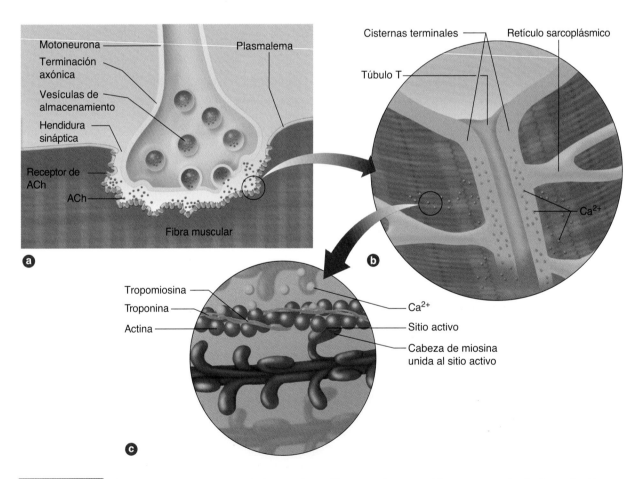

FIGURA 1.7 Secuencia de eventos que derivan en la acción muscular, conocida como acoplamiento excitación-contracción. (a) En respuesta a un potencial de acción, una motoneurona libera acetilcolina (ACh), que se fija a los receptores en el plasmalema. Si se fija una cantidad suficiente, se genera un potencial de acción en la fibra muscular. (b) El potencial de acción dispara la liberación de iones calcio (Ca^{2+}) desde las cisternas terminales del retículo sarcoplásmico hasta el interior del sarcoplasma. (c) El Ca^{2+} se fija a la troponina en el filamento de actina, y la troponina desplaza a la tropomiosina de los sitios activos y permite que las cabezas de miosina se unan al filamento de actina.

Teoría de los filamentos deslizantes: cómo el músculo genera movimiento

Cuando el músculo se contrae, las fibras musculares se acortan. ¿Cómo? La explicación de este fenómeno recibe el nombre de **teoría de los filamentos deslizantes**. Cuando se activan los puentes cruzados de la miosina, se fijan con la actina, lo que da como resultado un cambio conformacional en el puente cruzado. En consecuencia, la cabeza de miosina se inclina y arrastra el filamento delgado hacia el centro del sarcómero (véanse las Figuras 1.8 y 1.9). Esta inclinación de la cabeza se denomina **golpe de fuerza**. Al arrastrar el filamento delgado más allá del filamento grueso, se acorta el sarcómero y se genera tensión. Cuando las fibras no están contraídas, la cabeza de miosina permanece en contacto con la molécula de actina, pero la fijación molecular en el sitio es debilitada o bloqueada por la tropomiosina.

Una vez que se produjo la inclinación de la cabeza de miosina, ésta se desprende del sitio activo, vuelve a girar hacia su posición original y se une a un nuevo sitio activo más alejado sobre el filamento de actina. A raíz de las uniones repetidas y de los golpes de fuerza, los filamentos se deslizan entre sí, por ello el término *teoría de los filamentos deslizantes*. Este proceso continúa hasta que los extremos de los filamentos de miosina llegan a los discos Z o hasta que se vuelve a bombear el Ca^{2+} hacia el retículo sarcoplásmico. Durante este deslizamiento (contracción), los filamentos delgados se dirigen hacia el centro del sarcómero, protruyen en la zona H y, finalmente, se solapan. Cuando ocurre esto, la zona H deja de ser visible.

Recuerde que los sarcómeros están unidos cabo a cabo dentro de una miofibrilla. Debido a esta disposición anatómica, a medida que el sarcómero se acorta, las miofibrillas se acortan y las fibras musculares dentro de un fascículo también lo hacen.

El resultado final del acortamiento de muchas fibras musculares es una contracción muscular organizada.

Energía para la contracción muscular

La contracción muscular es un proceso activo, o sea que requiere energía. Además del sitio de unión para la actina, una cabeza de miosina contiene un sitio de unión para el **adenosintrifosfato (ATP)**. La molécula de miosina debe unirse con el ATP para dar lugar a la contracción muscular, ya que el ATP suministra la energía necesaria.

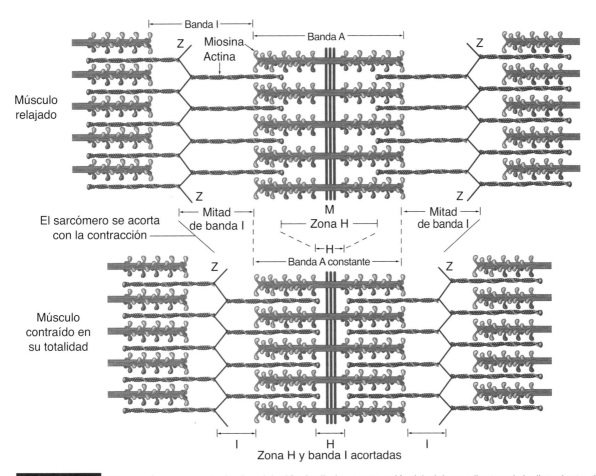

FIGURA 1.8 Un sarcómero en estado de relajación (arriba) y contracción (abajo), que ilustra el deslizamiento de los filamentos de actina y de miosina durante la contracción.

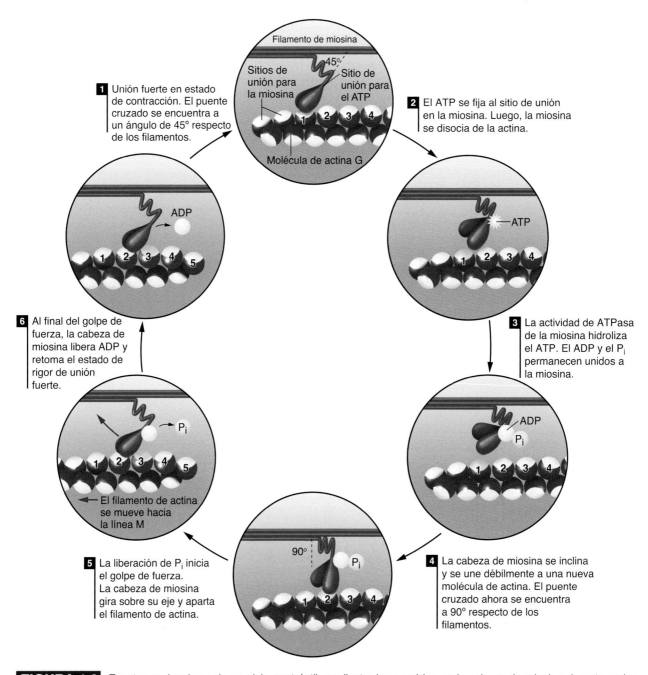

1 Unión fuerte en estado de contracción. El puente cruzado se encuentra a un ángulo de 45° respecto de los filamentos.

Filamento de miosina

Sitios de unión para la miosina

45°

Sitio de unión para el ATP

Molécula de actina G

2 El ATP se fija al sitio de unión en la miosina. Luego, la miosina se disocia de la actina.

ATP

ADP

3 La actividad de ATPasa de la miosina hidroliza el ATP. El ADP y el P_i permanecen unidos a la miosina.

ADP

P_i

6 Al final del golpe de fuerza, la cabeza de miosina libera ADP y retoma el estado de rigor de unión fuerte.

P_i

El filamento de actina se mueve hacia la línea M

5 La liberación de P_i inicia el golpe de fuerza. La cabeza de miosina gira sobre su eje y aparta el filamento de actina.

90°

P_i

4 La cabeza de miosina se inclina y se une débilmente a una nueva molécula de actina. El puente cruzado ahora se encuentra a 90° respecto de los filamentos.

FIGURA 1.9 Eventos moleculares de un ciclo contráctil que ilustra los cambios en la cabeza de miosina durante varias fases del golpe de fuerza.

Fig. 12.9, p. 405 de HUMAN PHYSIOLOGY, 4ª ed. De Dee Unglaub Silverthorn. Copyright © 2007 por Pearson Education, Inc. Adaptación autorizada.

La enzima **adenosintrifosfatasa (ATPasa)**, que se encuentra en la cabeza de miosina, divide el ATP para producir adenosindifosfato (ADP), fosfato inorgánico (P_i) y energía. La energía liberada de esta descomposición de ATP se utiliza para propulsar la inclinación de la cabeza de miosina. Así, el ATP es la fuente química de energía para la contracción muscular. En el Capítulo 2, ahondaremos en este punto.

Relajación muscular

La contracción muscular continúa hasta que el calcio se agota en el sarcoplasma. Al final de una contracción muscular, el calcio es bombeado nuevamente hacia el retículo sarcoplásmico, donde se almacena hasta que llega un nuevo potencial de acción a la membrana de la fibra muscular. El calcio regresa al retículo sarcoplásmico mediante un sistema activo de bombeo de calcio. Se trata de otro proceso que demanda energía, que también depende del ATP. Por consiguiente, la energía es necesaria tanto en la fase de contracción como en la de relajación.

Cuando el calcio es bombeado nuevamente hacia el retículo sarcoplásmico, la troponina y la tropomiosina vuelven a la configuración de reposo. Esto bloquea el enlace de los puentes cruzados de la miosina y las moléculas de actina, y detiene el uso del ATP. En consecuencia, los filamentos gruesos y finos regresan a su estado original de relajación.

⬤ Revisión

➤ La secuencia de eventos que comienza con un impulso nervioso motor y produce la contracción muscular se conoce como acoplamiento excitación-contracción.

➤ La contracción muscular se inicia con un impulso nervioso transmitido a través de una motoneurona α. La motoneurona libera ACh, que abre canales de iones en la membrana de la célula muscular y permite el ingreso de sodio en ésta (despolarización). Si la célula se despolariza lo suficiente, se dispara un potencial de acción y se produce la contracción muscular.

➤ El potencial de acción recorre el plasmalema, luego atraviesa el sistema de túbulos T y, finalmente, provoca la liberación de los iones calcio almacenados del retículo sarcoplásmico.

➤ Los iones calcio se unen con la troponina. A continuación, la troponina retira las moléculas de tropomiosina de los sitios de unión para la miosina sobre las moléculas de actina y abre estos sitios para permitir que las cabezas de miosina se unan con ellas.

➤ Una vez que se establece un estado de unión fuerte con la actina, la cabeza de miosina se inclina y arrastra el filamento fino más allá del filamento grueso. La inclinación de la cabeza de miosina es el golpe de fuerza.

➤ Se requiere energía para que se produzca la contracción muscular. La cabeza de miosina se fija al ATP, y la ATPasa presente en la cabeza divide el ATP en ADP y P_i, por lo que se libera energía para impulsar la contracción.

➤ La contracción muscular finaliza cuando cesa la actividad neural en la unión neuromuscular. El calcio es bombeado nuevamente desde el sarcoplasma hacia retículo sarcoplásmico para almacenarlo. La tropomiosina se mueve para cubrir los sitios activos sobre las moléculas de actina, lo que produce la relajación entre las cabezas de miosina y los sitios de unión.

➤ Este proceso, que produce la relajación entre las cabezas de miosina y los sitios de unión, también necesita energía aportada por el ATP.

Músculo esquelético y ejercicio

Tras analizar la estructura general de los músculos y del proceso mediante el cual generan tensión, estamos en condiciones de observar más específicamente la función que cumplen durante el ejercicio. La fuerza muscular, la resistencia y la velocidad durante el ejercicio dependen, en gran medida, de la capacidad de los músculos para producir energía y generar tensión. Esta sección trata de cómo desempeñan esta tarea.

Tipos de fibras musculares

No todas las fibras musculares son iguales. Un mismo músculo esquelético contiene fibras que tienen diferentes velocidades de acortamiento y distinta capacidad para generar la máxima tensión: fibras de contracción lenta, o tipo I, y fibras de contracción rápida, o tipo II. Las **fibras tipo I** necesitan aproximadamente 110 m/s para alcanzar su máxima tensión cuando son estimuladas. Las **fibras tipo II**, por su parte, pueden alcanzar su máxima tensión en unos 50 m/s. Si bien se siguen empleando los términos "contracción lenta" y "contracción rápida", los científicos contemporáneos se inclinan por los equivalentes "tipo I" y "tipo II", y así figura en este libro.

Aunque sólo se ha identificado una forma de fibra de tipo I, las fibras de tipo II se pueden clasificar con mayor detalle. Las dos formas principales de fibras de tipo II son las de contracción rápida de tipo a (tipo IIa) y las de contracción rápida de tipo x (tipo IIx). En líneas generales, las fibras de tipo IIx de los seres humanos equivalen a las fibras de tipo IIb de los animales. La Figura 1.10 es una microfotografía de un músculo humano en la que se tiñeron químicamente cortes transversales finos (10 μm) de

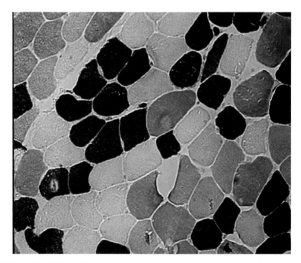

FIGURA 1.10 Microfotografía en la que se aprecian las fibras musculares de tipo I (negras), de tipo IIa (blancas) y de tipo IIx (grises).

Punción biópsica muscular

En otro tiempo, resultaba difícil explorar el tejido muscular humano de un ser vivo. La mayoría de las primeras investigaciones musculares (anteriores a 1900) se valían de músculos de animales de laboratorio o de personas obtenidos mediante cirugía abierta. A principios del siglo xx, se ideó una técnica de punción biópsica para estudiar la distrofia muscular. En la década de 1960, esta técnica fue adaptada para tomar muestras con el fin de llevar a cabo estudios en el campo de la fisiología del esfuerzo.

Las muestras se toman por medio de una biopsia muscular, método que implica extraer una pequeña porción de músculo del vientre muscular para realizar análisis. Previo a la extracción, se adormece la zona con anestesia local para luego efectuar una pequeña incisión (de aproximadamente 1 cm) con un bisturí a través de la piel, del tejido subcutáneo y del tejido conectivo. A continuación, se introduce una aguja hueca en el vientre del músculo hasta alcanzar la profundidad adecuada. Se empuja un émbolo a través del interior de la aguja para extraer una muestra de músculo muy pequeña. Entonces, se procede a retirar la aguja para obtener la muestra, cuyo peso oscila entre 10 y 100 mg, limpiar la sangre, prepararla y congelarla en el acto. Después, se realiza un corte fino, se tiñe y se examina bajo un microscopio.

Este método nos permite estudiar las fibras musculares y valorar los efectos del ejercicio agudo y del entrenamiento crónico sobre la composición de las fibras. Los análisis microscópicos y bioquímicos de las muestras nos ayudan a comprender la maquinaria de los músculos para la producción de energía.

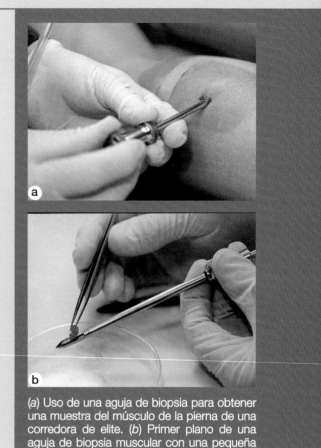

(*a*) Uso de una aguja de biopsia para obtener una muestra del músculo de la pierna de una corredora de elite. (*b*) Primer plano de una aguja de biopsia muscular con una pequeña porción de tejido muscular.

una muestra muscular para diferenciar los distintos tipos de fibra. Las fibras tipo I están teñidas de negro; las fibras tipo IIa figuran en blanco, sin teñir, y las fibras tipo IIx están teñidas de gris. Aunque no se puede visualizar en esta imagen, también se ha detectado un tercer subtipo de fibras de contracción rápida: las de tipo IIc.

Si bien no se conocen en detalle las diferencias entre las fibras tipo IIa, tipo IIx y tipo IIc, se cree que las primeras son reclutadas con mayor frecuencia. Únicamente las fibras tipo I superan, en ese sentido, a las fibras tipo IIa. Las fibras tipo IIc son las que se utilizan con menos frecuencia. En promedio, la mayoría de los músculos están formados por aproximadamente un 50% de fibras tipo I y 25% de fibras tipo IIa. El 25% restante corresponde, en su mayor parte, a las fibras tipo IIx, mientras que las fibras tipo IIc constituyen apenas entre el 1 y el 3% del músculo. Dado que el conocimiento acerca de esta clase de fibras es limitado, no ahondaremos en ellas. El porcentaje exacto de cada uno de estos tipos de fibras varía en gran medida entre los diferentes músculos y entre distintos individuos, por lo que las cifras aquí detalladas son meros promedios. Esta variación extrema se hace más evidente entre los deportistas, tal como veremos más adelante en este mismo capítulo cuando comparemos los tipos de fibras en los deportistas, según los deportes y eventos deportivos de los que participen.

Características de las fibras tipo I y tipo II

Los distintos tipos de fibras musculares cumplen diferentes funciones en la actividad física. Esto se debe en gran medida a las diferencias respecto de sus características.

ATPasa Las fibras tipo I y II difieren en la velocidad de contracción. Básicamente, esta diferencia es producto de las distintas formas de ATPasa de miosina. Recordemos que la ATPasa de miosina es la enzima que divide el ATP para liberar energía y generar la contracción. Las fibras tipo I tienen una forma lenta de la ATPasa de miosina, mientras que las fibras tipo II tienen una forma rápida. En respuesta a la estimulación neural, el ATP se divide con mayor rapidez en las fibras tipo II que en las tipo I. Como consecuencia, los puentes cruzados realizan ciclos más rápidamente en las fibras tipo II.

Uno de los métodos empleados para clasificar las fibras musculares consiste en un procedimiento de tinción química que se aplica a un corte fino de tejido. Esta técnica de tinción mide la actividad de la ATPasa en las fibras. Así, las fibras tipo I, IIa y IIx se tiñen de diferente forma, como observamos en la Figura 1.10. Con este método, parecería que a cada fibra muscular le corresponde un solo tipo de ATPasa, pero sin embargo, las fibras pueden poseer mezclas de tipos de ATPasa. Algunas tienen un predominio de ATPasa de tipo I; otras, por el contrario, de ATPasa de tipo II. Por ende, su aspecto en una preparación microscópica teñida debe contemplarse como un continuo y no como si se tratara de tipos totalmente diferentes.

Un método más reciente para identificar los tipos de fibras se basa en separar químicamente los distintos tipos de moléculas de miosina (isoformas) mediante un proceso denominado electroforesis en gel.

Como lo ilustra la Figura 1.11, las isoformas son separadas y teñidas para mostrar las bandas de proteína (es decir, la miosina) que caracterizan las fibras tipo I, tipo IIa y tipo IIx. Si bien según el análisis que presentamos aquí la categorización de los tipos de fibras se limita a las fibras de contracción lenta (tipo I) y a las fibras de contracción rápida (tipo II), los científicos subdividieron aún más estos tipos de fibra. El uso de electroforesis ha llevado a detectar formas híbridas de miosina o fibras que tienen dos o más formas de miosina. Con este méto-

do de análisis, las fibras de clasifican en I; Ic (I/IIa); IIc (IIa/I); IIa; IIax; IIxa y IIx.[6] En este libro, utilizaremos el método histoquímico para identificar fibras por sus principales isoformas: de tipo I, IIa y IIx.

El Cuadro 1.1 resume las características de los diferentes tipos de fibras musculares. También incluye nombres alternativos empleados en otros sistemas de clasificación para referirse a los distintos tipos de fibras musculares.

Retículo sarcoplásmico Las fibras tipo II tienen un retículo sarcoplásmico mucho más desarrollado que las fibras tipo I. Por lo tanto, las fibras tipo II son más propensas a liberar calcio en las células musculares cuando son estimuladas. Se cree que dicha habilidad contribuye a la mayor velocidad de contracción (V_o) de las fibras tipo II. En promedio, la V_o es entre cinco y seis veces más rápida en las fibras tipo II de los seres humanos que en las fibras tipo I. Aunque el grado de fuerza (P_o) generado por las fibras tipo II y I del mismo diámetro es prácticamente igual, la potencia calculada ($\mu N \cdot$ longitud de la fibra$^{-1} \cdot s^{-1}$) de una fibra tipo II es de tres a cinco veces superior que la de una fibra tipo I debido a una velocidad de acortamiento más rápida. Esto puede explicar, en parte, por qué las personas que tienen predominio de las células tipo II en los músculos de las piernas tienden a ser mejores velocistas que aquellas en las que prevalecen las fibras tipo I, siendo todo lo demás igual.

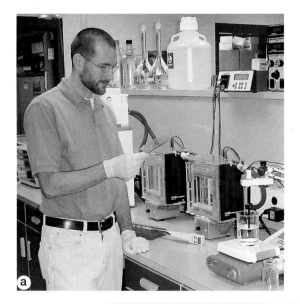
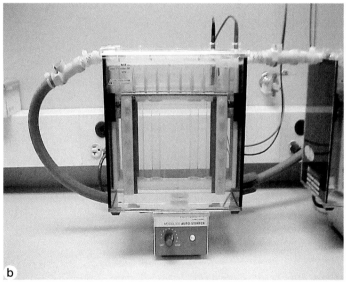
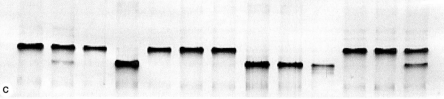

FIGURA 1.11 Separación electroforética de isoformas de miosina para identificar las fibras tipo I, tipo IIa y tipo IIx. (*a*) Las fibras son aisladas bajo un microscopio de disección. (*b*) Las isoformas de miosina son separadas de cada fibra mediante técnicas electroforéticas. (*c*) Luego, se tiñen las isoformas para mostrar la miosina que indica el tipo de fibra.

CUADRO 1.1 Clasificación de los tipos de fibras musculares

CLASIFICACIÓN DE LAS FIBRAS			
Sistema 1 (preferido)	Tipo I	Tipo IIa	Tipo IIx
Sistema 2	De contracción lenta	De contracción rápida a	De contracción rápida x
Sistema 3	Oxidativa lenta	Oxidativa/glucolítica rápida	Glucolítica rápida
CARACTERÍSTICAS DE LOS TIPOS DE FIBRA			
Capacidad oxidativa	Alta	Moderadamente alta	Baja
Capacidad glucolítica	Baja	Alta	La más alta
Velocidad contráctil	Lenta	Rápida	Rápida
Resistencia a la fatiga	Alta	Moderada	Baja
Fuerza muscular de la unidad motora	Baja	Alta	Alta

Unidades motoras Recordemos que una unidad motora está compuesta por una motoneurona α y las fibras musculares que inerva. La motoneurona α parece determinar si las fibras serán tipo I o II. En una unidad motora tipo I, la motoneurona α tiene un soma más pequeño y suele inevar un grupo ≤ 300 de fibras musculares. Por el contrario, en una unidad motora de tipo II, tiene un soma más grande e inerva un grupo ≥ 300 de fibras musculares. Esta diferencia de tamaño de las unidades motoras significa que, cuando una motoneurona α de tipo I estimula sus fibras, se contraen muchas menos fibras musculares que cuando lo hace una motoneurona α de tipo II. En consecuencia, las fibras musculares tipo II alcanzan el punto máximo de tensión más rápidamente y, en conjunto, generan más fuerza que las fibras de tipo I.[2]

⬤ Concepto clave

La diferencia en el desarrollo de la fuerza isométrica máxima entre las unidades motoras tipo I y tipo II es atribuible a dos características: la cantidad de fibras musculares por unidad motora, y la diferencia de tamaño de las fibras tipo I y II. Las fibras tipo I y II del mismo diámetro generan prácticamente la misma fuerza. En promedio, sin embargo, las fibras tipo II tienden a ser más grandes que las fibras tipo I, y las unidades motoras tipo II tienen más fibras musculares por unidad motora que las unidades motoras tipo I.

Distribución de los tipos de fibra

Como ya mencionamos, los porcentajes de las fibras tipo I y II no son iguales en todos los músculos del cuerpo. Por lo general, los músculos de los miembros superiores e inferiores de una persona tienen composiciones de fibras similares. Un deportista de resistencia con predominio de las fibras tipo I en los músculos de las piernas probablemente también tenga un porcentaje alto de estas mismas fibras en los músculos de los brazos. Se establece una relación simi-

lar para las fibras tipo II. No obstante, existen algunas excepciones. El músculo sóleo (debajo del gastrocnemio, en la pantorrilla), por ejemplo, está constituido por un alto porcentaje de fibras tipo I en todos los casos.

Tipos de fibra y ejercicio

Dadas estas diferencias en las fibras tipo I y II, podría esperarse que estos tipos de fibras también tuvieran funciones diferentes en plena actividad física. De hecho, este es el caso.

Fibras tipo I En general, las fibras musculares tipo I tienen un alto grado de resistencia aeróbica. Por aeróbico se entiende "en presencia de oxígeno", por lo que la oxidación es un proceso aeróbico. Las fibras tipo I son muy eficaces en la producción de ATP a partir de la oxidación de los hidratos de carbono y de las grasas, que analizaremos en el Capítulo 2.

Recuerde que se requiere ATP para suministrar la energía necesaria para la contracción y la relajación de la fibra muscular. Mientras dura la oxidación, las fibras tipo I continúan produciendo ATP, lo que permite que las fibras permanezcan activas. La capacidad para mantener la actividad muscular durante un período prolongado se conoce con el nombre de resistencia muscular; por lo tanto, las fibras tipo I tienen una alta resistencia aeróbica. Por ello, se reclutan con mayor frecuencia durante las pruebas de resistencia de baja intensidad (p. ej., una carrera de maratón) y durante las actividades cotidianas para las que los requisitos de fuerza muscular son bajos (p. ej., caminar).

Fibras tipo II Por su parte, las fibras musculares tipo II tienen menos resistencia aeróbica que las fibras musculares tipo I y son más adecuadas para rendir anaeróbicamente (sin oxígeno). Esto significa que, en ausencia de suficiente oxígeno, el ATP se forma a través de vías anaeróbicas, no oxidativas. (Ahondaremos en estas vías en el Capítulo 2).

La unidades motoras tipo IIa generan mucha más fuerza que las unidades motoras tipo I, pero las primeras

Fisiología de una fibra muscular

Uno de los métodos más avanzados para estudiar las fibras de los músculos de los seres humanos consiste en disecar fibras a partir de una muestra biópsica muscular, suspender una fibra entre transductores de fuerza y medir su fuerza y **velocidad contráctil (V_o)**.

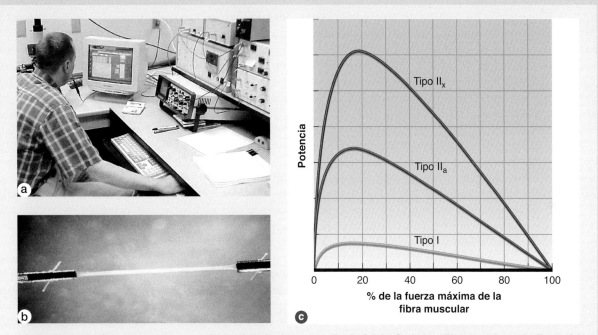

(a) Disección y (b) suspensión de una fibra muscular para estudiar la fisiología de los diferentes tipos de fibras. (c) Diferencias en la potencia máxima generada por cada tipo de fibra a distintos porcentajes de la fuerza máxima. Obsérvese que todas las fibras tienden a alcanzar la potencia máxima cuando generan apenas un 20% de su fuerza máxima. Sin lugar a dudas, la potencia máxima de las fibras tipo II es mucho más alta que la de las fibras tipo I.

se fatigan más fácilmente a causa de su limitada capacidad de resistencia. Así, las fibras tipo II parecen utilizarse, sobre todo, durante las pruebas de resistencia de mayor intensidad y menor duración, como una carrera de una milla o los 400 m en natación.

Si bien aún no se comprende completamente la importancia de las fibras de tipo IIx, al parecer no son activadas con facilidad por el sistema nervioso. Por ende, se emplean más bien con poca frecuencia en actividades normales de baja intensidad, pero con mayor predominio en actividades de gran potencia, como los 100 m llanos o la prueba de 50 m en natación. El Cuadro 1.2 resume las características de los distintos tipos de fibra.

CUADRO 1.2 **Características estructurales y funcionales de los tipos de fibras musculares**

Característica	TIPO DE FIBRA		
	Tipo I	Tipo IIa	Tipo IIx
Fibras por motoneurona	≤ 300	≥ 300	≥ 300
Tamaño de la motoneurona	Más pequeña	Más grande	Más grande
Velocidad de conducción de la motoneurona	Más lenta	Más rápida	Más rápida
Velocidad de contracción (ms)	110	50	50
Tipo de ATPasa de miosina	Lenta	Rápida	Rápida
Desarrollo del retículo sarcoplásmico	Bajo	Alto	Alto

Adaptado, con autorización, de Close, 1967.

Determinación del tipo de fibra

Las características de las fibras musculares parecen estar determinadas a una edad temprana, quizá dentro de los primeros años. Según se desprende de estudios con gemelos, el tipo de fibra muscular, en la mayoría de los casos, viene determinado genéticamente y apenas se modifica desde la niñez hasta la madurez. Dichos estudios revelan que los gemelos tienen tipos de fibras casi idénticos, mientras que los mellizos difieren en el perfil de los tipos de fibras. Es probable que los genes que heredamos de nuestros padres determinen qué motoneuronas α inervan cada una de nuestras fibras musculares. Después de haberse establecido la inervación, las fibras musculares se diferencian (se especializan) según el tipo de motoneurona α que las estimula. No obstante, algunas pruebas recientes indican que el entrenamiento de resistencia, el entrenamiento de fuerza y la inactividad muscular pueden provocar un cambio en las isoformas de miosina. En consecuencia, es posible que el entrenamiento conlleve un pequeño cambio, tal vez de menos de 10%, en el porcentaje de las fibras tipo I y tipo II. Además, se ha observado que el entrenamiento de resistencia reduce el porcentaje de las fibras tipo IIx a la vez que aumenta la fracción de las fibras tipo IIa.

Estudios efectuados en hombres y mujeres han mostrado que el envejecimiento puede alterar la distribución de las fibras tipo I y II. A medida que envejecemos, los músculos tienden a perder las unidades motoras tipo II, lo que aumenta el porcentaje de fibras tipo I.

◯ Revisión

➤ La mayoría de los músculos esqueléticos contiene fibras tipo I y tipo II.

➤ Los distintos tipos de fibras tienen diferentes actividades de ATPasa de miosina. La ATPasa en las fibras tipo II actúa más rápidamente y suministra energía para la contracción muscular con mayor velocidad que la ATPasa en las fibras tipo I.

➤ Las fibras tipo II tienen un retículo sarcoplásmico mucho más desarrollado, lo que mejora el aporte de calcio necesario para la contracción muscular.

➤ Las motoneuronas α que inervan unidades motoras tipo II son más grandes e inervan más fibras que las motoneuronas α correspondientes a las unidades motoras tipo I. Por consiguiente, las unidades motoras tipo II tienen más fibras (y más grandes) que contraer y pueden producir más fuerza que las unidades motoras tipo I.

➤ Las proporciones de las fibras tipo I y tipo II en los músculos de los miembros superiores e inferiores suelen ser similares.

➤ Las fibras tipo I presentan mayor resistencia aeróbica y son ideales para las pruebas de resistencia de baja intensidad.

➤ Las fibras tipo II son más adecuadas para las actividades anaeróbicas. Las fibras tipo IIa desempeñan un papel importante en el ejercicio de alta intensidad. Las fibras tipo IIx se activan cuando las demandas de fuerza muscular son altas.

Reclutamiento de fibras musculares

Cuando una motoneurona α lleva un potencial de acción a las fibras musculares en la unidad motora, todas las fibras en la unidad generan fuerza. Si se activan más unidades motoras, se produce más fuerza. Cuando se precisa poca fuerza, sólo algunas unidades motoras son estimuladas para actuar. Recuerde de nuestro análisis anterior que las unidades motoras tipo IIa y tipo IIx contienen más fibras musculares que las unidades motoras tipo I. La contracción de los músculos esqueléticos implica un reclutamiento progresivo de las unidades motoras tipo I y después tipo II, según los requisitos de la actividad que se ejecuta. A medida que aumenta la intensidad de la actividad, se incrementa la cantidad de fibras reclutadas en el siguiente orden, de manera aditiva: tipo I → tipo IIa → tipo IIx.

La mayoría de los investigadores coincide en que las unidades motoras generalmente se activan sobre la base de un orden fijo de reclutamiento de fibras. Esta teoría se conoce con el nombre de **principio de reclutamiento ordenado**, en el que las unidades motoras dentro de un músculo dado parecen seguir cierto orden. Tomemos el músculo bíceps braquial como ejemplo: supongamos un total de 200 unidades motoras, ordenadas en una escala de 1 a 200. Para una contracción muscular extremadamente sutil que requiera muy poca producción de fuerza, se reclutaría la unidad motora ubicada en el primer lugar. A medida que aumentaran los requisitos de producción de fuerza, se reclutarían las número 2, 3, 4, etc., hasta llegar a una contracción muscular máxima que activaría la mayor parte de las unidades motoras, si no todas. Para producir una fuerza determinada, se suelen reclutar las mismas unidades motoras cada vez y en el mismo orden.

Un mecanismo que puede explicar, en parte, el principio de reclutamiento ordenado es el **principio del tamaño**, que postula que el orden de reclutamiento de las unidades motoras está directamente relacionado con el tamaño de sus motoneuronas. Las unidades motoras que tienen motoneuronas más pequeñas se reclutarán primero. Puesto que las unidades motoras tipo I tienen motoneuronas más pequeñas, son las primeras unidades reclutadas en un movimiento con requerimientos de fuerza progresivamente mayores (que va desde un nivel muy bajo hasta uno muy alto de producción de fuerza). A continuación, se reclutan las unidades motoras tipo II en respuesta al aumento de la fuerza necesaria para llevar a cabo el movimiento. Aún queda resolver cómo el principio del tamaño se relaciona con movimientos atléticos complejos.

Durante actividades de larga duración, el ejercicio se efectúa a un ritmo submáximo, y la tensión en los músculos es relativamente baja. En consecuencia, el sistema nervioso tiende a reclutar aquellas fibras musculares más adecuadas para la actividad de resistencia: las fibras tipo I y algunas fibras tipo IIa. A medida que continúa el ejercicio, estas fibras agotan su principal fuente de energía (el glucógeno), y el sistema nervioso debe reclutar más fibras tipo IIa para mantener la tensión muscular. Por último, cuando se agotan las fibras tipo I y IIa, posiblemente se recluten las fibras tipo IIx para continuar con el ejercicio.

Esto puede explicar por qué la fatiga puede instalarse por etapas durante actividades como la maratón, una carrera de 42 km. También parece explicar por qué exige un gran esfuerzo consciente mantener cierto ritmo cerca del final de la actividad. Este esfuerzo consciente deriva en la activación de fibras musculares que no se reclutan fácilmente. Dicha información es de importancia práctica para entender los requisitos específicos de entrenamiento y rendimiento.

◯ Revisión

➤ Las unidades motoras dan respuestas de todo o nada. La activación de más unidades motoras produce más fuerza.

➤ En actividades de baja intensidad, las fibras tipo I generan la mayor parte de la fuerza muscular. A medida que aumenta la intensidad, se reclutan las fibras tipo IIa; y en los picos de intensidad, se activan las fibras tipo IIx. Durante actividades de larga duración, suele observarse el mismo patrón de reclutamiento.

Tipos de fibra y éxito deportivo

Según lo que acabamos de exponer, aparentemente los deportistas que presentan un alto porcentaje de fibras tipo I pueden verse beneficiados en las pruebas de resistencia prolongadas, mientras que aquellos en los que predominan las fibras tipo II están mejor dotados para las actividades explosivas de alta intensidad y corta duración. ¿Es posible que las proporciones de los diferentes tipos de fibra muscular de un deportista determinen el éxito deportivo?

El Cuadro 1.3 muestra la composición de las fibras musculares de deportistas exitosos en diversos eventos deportivos y en comparación con no deportistas. Como anticipamos, los músculos de las piernas de los corredores de fondo, quienes dependen de su capacidad de resistencia, tienen un predominio de fibras tipo I.[3] Estudios llevados a cabo con corredores de fondo de elite de ambos sexos revelaron que el músculo gastrocnemio (pantorrilla) de muchos de estos deportistas contiene más del 90% de fibras tipo I. Asimismo, si bien el área de sección transversal de las fibras musculares varía considerablemente entre los corredores de fondo de elite, las fibras tipo I en los músculos de sus extremidades inferiores ocupan, en promedio, un 22% más del área de sección transversal que las fibras tipo II.

CUADRO 1.3 Porcentajes y áreas de sección transversal de fibras tipo I y II en músculos seleccionados de deportistas hombres y mujeres

Deportista	Sexo	Músculo	% de fibras tipo I	% de fibras tipo II	ÁREA DE SECCIÓN TRANSVERSAL (µm²) Tipo I	Tipo II
Velocistas	M	Gastrocnemio	24	76	5 878	6 034
	F	Gastrocnemio	27	73	3 752	3 930
Corredores de fondo	M	Gastrocnemio	79	21	8 342	6 485
	F	Gastrocnemio	69	31	4 441	4 128
Ciclistas	M	Vasto externo	57	43	6 333	6 116
	F	Vasto externo	51	49	5 487	5 216
Nadadores	M	Deltoides posterior	67	33	–	–
Halterófilos	M	Gastrocnemio	44	56	5 060	8 910
	M	Deltoides	53	47	5 010	8 450
Triatletas	M	Deltoides posterior	60	40	–	–
	M	Vasto externo	63	37	–	–
	M	Gastrocnemio	59	41	–	–
Canoeros	M	Deltoides posterior	71	29	4 920	7 040
Lanzadores de bala	M	Gastrocnemio	38	62	6 367	6 441
No deportistas	M	Vasto externo	47	53	4 722	4 709
	F	Gastrocnemio	52	48	3 501	3 141

Concepto clave

Se ha demostrado que los campeones mundiales de maratón tienen entre el 93 y el 99% de fibras tipo I en sus músculos gastrocnemios. Por su parte, los velocistas de clase mundial tienen apenas un 25% de dichas fibras en este músculo.

Por el contrario, el músculo gastrocnemio de los velocistas, quienes dependen de la velocidad y la fuerza, está compuesto principalmente de fibras tipo II. Aunque los nadadores tienden a presentar porcentajes más altos de fibras tipo I (60-65%) en los músculos de sus extremidades superiores que las personas desentrenadas (45-55%), no parecen existir diferencias aparentes respecto de la composición de los tipos de fibras entre nadadores entrenados y aquellos de elite.[4,5]

La composición de las fibras musculares en los corredores de fondo y en los velocistas difiere de forma notoria. Sin embargo, puede resultar un poco arriesgado contemplar la posibilidad de seleccionar velocistas y corredores de fondo campeones basándonos únicamente en el tipo de fibra muscular predominante. Otros factores, como la función cardiovascular, la motivación, el entrenamiento y el tamaño muscular, también contribuyen al éxito en pruebas de resistencia, velocidad y fuerza muscular. Así, la composición de las fibras por sí misma no constituye un factor pronóstico fiable del éxito deportivo.

Utilización de los músculos

Hemos estudiado los distintos tipos de fibras musculares. Entendemos que todas las fibras de una unidad motora, cuando son estimuladas, actúan al mismo tiempo y que diferentes tipos de fibras se van reclutando por etapas, según la fuerza requerida para llevar a cabo una actividad. Ahora estamos en condiciones de regresar al nivel general y centrar nuestra atención en cómo funcionan todos los músculos para producir movimiento.

Tipos de contracción muscular

Por lo general, el movimiento muscular puede clasificarse en tres tipos de contracciones: las concéntricas, las estáticas y las excéntricas. Al ejecutar un movimiento suave y coordinado, tal como correr y saltar, pueden producirse los tres tipos de contracciones. No obstante, para mayor claridad, examinaremos cada tipo por separado.

La acción principal de los músculos, el acortamiento, se denomina **contracción concéntrica**, el tipo más conocido de contracción. Para comprender el acortamiento muscular, recuerde nuestro análisis anterior sobre cómo los filamentos delgados y gruesos se deslizan entre sí. En una contracción concéntrica, los filamentos finos son arrastrados hacia el centro del sarcómero. Como se produce movimiento, las contracciones concéntricas son consideradas **contracciones dinámicas**.

Los músculos también pueden actuar sin moverse. En este caso, el músculo genera tensión pero su longitud permanece estática (invariable). Esta acción recibe el nombre de **contracción muscular estática** o **isométrica**, ya que el ángulo de la articulación no cambia. Se produce una contracción estática, por ejemplo, cuando uno trata de levantar un objeto más pesado que la fuerza generada por el músculo o cuando uno carga con el peso de un objeto manteniéndolo fijo con el codo flexionado. En ambos casos, la persona siente tensión muscular, pero la articulación no se mueve. En una contracción estática, los puentes cruzados de miosina se forman y se reciclan produciendo tensión, pero la fuerza externa es demasiado grande para que se muevan los filamentos delgados. Estos permanecen en su posición normal, de modo que no se produce el acortamiento. Si se pueden reclutar suficientes unidades motoras a fin de generar la fuerza necesaria para superar la resistencia, una contracción estática puede convertirse en una dinámica.

Los músculos pueden ejercer fuerza incluso mientras se alargan. Este movimiento representa una **contracción excéntrica**. Puesto que se produce un movimiento articular, también se trata de una contracción dinámica. Un ejemplo de contracción excéntrica es la acción del bíceps braquial cuando uno extiende el codo para bajar un gran peso. En este caso, los filamentos delgados son arrastrados lejos del centro del sarcómero, esencialmente estirándolo.

Generación de fuerza

Cada vez que los músculos se contraen, ya sea una contracción concéntrica, estática o excéntrica, debe graduarse la fuerza desarrollada para satisfacer las necesidades de la tarea o actividad. Tomemos el golf como ejemplo: la fuerza necesaria para hacer entrar la bola en un hoyo a 1 m de distancia es mucho menor que la que se precisa para lanzar la bola a 250 m desde el punto de salida hasta el medio del *fairway*. La cantidad de fuerza muscular desarrollada depende de la cantidad y del tipo de unidades motoras activadas, de la frecuencia de estimulación de cada unidad motora, del tamaño del músculo, de la longitud del sarcómero y de la fibra muscular, y de la velocidad de contracción del músculo.

Unidades motoras y tamaño del músculo Se puede generar más fuerza cuando se activan más unidades motoras. Las unidades motoras tipo II generan más fuerza que las unidades motoras tipo I porque las primeras contienen más fibras musculares que las segundas. De manera similar, los músculos más grandes, como tienen más fibras musculares, pueden producir más fuerza que los músculos más pequeños.

Frecuencia de estimulación de las unidades motoras: frecuencia de disparo Una sola unidad motora puede ejercer niveles variables de fuerza según la frecuencia de estimulación. La Figura 1.12 ilustra lo antedicho.[1] La menor respuesta contráctil de una fibra muscular o de una unidad motora a un único estímulo eléctrico se denomina **contracción simple**. Una serie de tres estímulos en una secuencia rápida, antes de la relajación completa del primer estímulo, puede derivar en un aumento aún mayor de fuerza o tensión. Este proceso recibe el nombre de **sumación**. La estimulación continuada a frecuencias más altas puede conducir al estado de **tétanos**, lo que da como resultado la máxima fuerza o tensión de la fibra muscular o unidad motora. **Frecuencia de disparo** es el término utilizado para describir el proceso por el cual la tensión de una unidad motora dada puede variar desde el estado de contracción simple hasta el de contracción tetánica mediante el incremento de la frecuencia de estimulación de esta unidad motora.

Longitud de las fibras musculares y de los sarcómeros
Cada fibra muscular tiene una longitud óptima respecto de su capacidad para generar fuerza. Recordemos que una fibra muscular dada consta de sarcómeros conectados de un extremo a otro y que estos sarcómeros están formados por filamentos gruesos y delgados. La longitud óptima de los sarcómeros se define como la longitud en la que se produce un solapamiento óptimo de los filamentos gruesos y los delgados. Así, se maximiza la interacción de los puentes cruzados. Esto queda ilustrado en la Figura 1.13.[6] Cuando un sarcómero se estira por completo (1) o se acorta (5), la fuerza que se genera es escasa o directamente nula, dado que hay poca interacción de los puentes cruzados.

Velocidad de contracción
La capacidad para generar fuerza también depende de la velocidad de contracción muscular. Durante las contracciones concéntricas (acortamiento), el desarrollo de la fuerza máxima disminuye progresivamente a velocidades más altas. Cuando intentamos levantar un objeto muy pesado, tendemos a hacerlo despacio, maximizando la fuerza que podemos

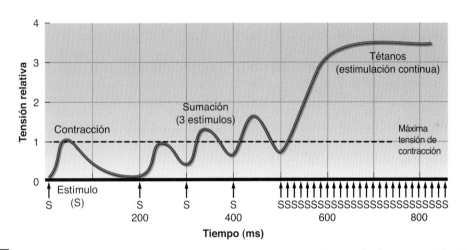

FIGURA 1.12 Variación de fuerza o tensión producida sobre la base de la frecuencia de estimulación eléctrica, que ilustra el concepto de contracción, sumación y tétanos.
Adaptado, con autorización, de G.A. Brooks, et al., 2005, *Exercise Physiology: human bioenergetics and its applications*, 4ª ed. (Nueva York: McGraw-Hill), 388. Con autorización de McGraw-Hill Companies.

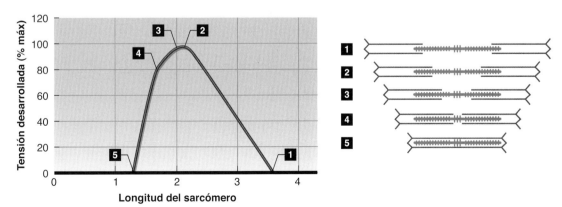

FIGURA 1.13 Variación de fuerza o tensión producida (% de la máxima) con los cambios en la longitud del sarcómero, lo cual ilustra el concepto de la longitud óptima para la producción de fuerza.
Adaptado, con autorización, de B.R. Macintosh, P.F. Gardiner y A.J. McComas, 2006, *Skeletal muscle: Form and function*, 2ª ed. (Champaign, IL: Human Kinetics), 156.

aplicar sobre él. Si lo sujetamos y tratamos de levantarlo rápidamente, es probable que no lo logremos o que incluso suframos una lesión. Sin embargo, con contracciones excéntricas (alargamiento), ocurre lo contrario, puesto que, si son rápidas, permiten la máxima aplicación de la fuerza. Estas relaciones se representan en la Figura 1.14; las contracciones excéntricas figuran a la izquierda y las concéntricas a la derecha.

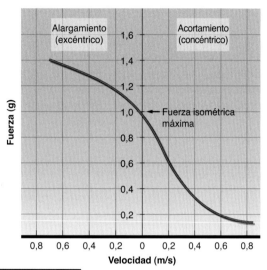

FIGURA 1.14 Relación entre la producción de fuerza y la velocidad de alargamiento y acortamiento muscular. Obsérvese que la capacidad del músculo para generar fuerza es mayor durante las acciones excéntricas (alargamiento) que durante las acciones concéntricas (acortamiento).

Revisión

➤ Entre los atletas de elite, la composición de los tipos de fibras musculares difiere según el deporte y el evento deportivo del que formen parte: las pruebas de velocidad y fuerza muscular implican porcentajes más altos de fibras tipo II, mientras que las pruebas de resistencia implican porcentajes más altos de fibras tipo I.

➤ Los tres tipos principales de contracción muscular son: concéntrica, en la que el músculo se acorta; estática o isométrica, en la que el músculo actúa, pero el ángulo articular permanece invariable; y excéntrica, en la que el músculo se alarga.

➤ La producción de fuerza aumenta a través del reclutamiento de más unidades motoras y a través del incremento en la frecuencia de estimulación (frecuencia de disparo) de las unidades motoras.

➤ La producción de fuerza se maximiza en la longitud óptima del músculo. En este punto, la cantidad de energía acumulada y la cantidad de puentes cruzados de actina y miosina unidos son óptimas.

➤ La velocidad de contracción también afecta la cantidad de fuerza producida. Para la contracción concéntrica, se logra la fuerza máxima con contracciones más lentas. Cuanto más nos acercamos a la velocidad cero (estática), más fuerza puede generarse. No obstante, con contracciones excéntricas, un movimiento más rápido permite más producción de fuerza.

Conclusión

En este capítulo revisamos los componentes del músculo esquelético. Consideramos las diferencias en los tipos de fibra y el impacto que causan sobre el rendimiento físico. Aprendimos el modo en que los músculos generan fuerza y producen movimiento. Ahora que entendemos cómo se produce el movimiento, es momento de dirigir nuestra atención a cómo se abastece de energía. En el siguiente capítulo, nos enfocaremos en el metabolismo y en la producción de energía.

Palabras clave

acoplamiento excitación-contracción

actina

adenosintrifosfatasa (ATPasa)

adenosintrifosfato (ATP)

células satélite

contracción concéntrica

contracciones dinámicas

contracción excéntrica

contracción muscular estática (isométrica)

contracción simple

endomisio

epimisio

fascículo

fibras tipo I

fibras tipo II

fibras musculares

frecuencia de disparo

golpe de fuerza

miofibrillas

miosina

motoneurona α

nebulina

perimisio

plasmalema

potencial de acción

principio de reclutamiento ordenado

principio del tamaño

puentes cruzados de miosina

retículo sarcoplásmico

sarcolema

sarcómero

sarcoplasma

sistema musculoesquelético

sumación

teoría de los filamentos deslizantes

tétanos

titina

tropomiosina

troponina

túbulos transversales (túbulos T)

unidad motora

velocidad contráctil (V_o)

Preguntas

1. Enumere y defina los componentes anatómicos de una fibra muscular.
2. Enumere los componentes de una unidad motora.
3. ¿Cuáles son los pasos del acoplamiento excitación-contracción?
4. ¿Cuál es el papel del calcio en la contracción muscular?
5. Describa la teoría de los filamentos deslizantes. ¿Cómo se acortan las fibras musculares?
6. ¿Cuáles son las características básicas de las fibras musculares tipo I y tipo II?
7. ¿Qué papel desempeña la genética a la hora de determinar las proporciones de los tipos de fibra muscular y la posibilidad de éxito en determinadas actividades?
8. Describa la relación entre el desarrollo de la fuerza muscular y el reclutamiento de las unidades motoras tipo I y tipo II.
9. Diferencie y proporcione ejemplos de contracciones concéntricas, estáticas y excéntricas.
10. ¿Qué dos mecanismos utiliza el cuerpo para aumentar la producción de fuerza en un solo músculo?
11. ¿Cuál es la longitud óptima de un músculo para el desarrollo de la fuerza máxima?
12. ¿Cuál es la relación entre el desarrollo de la fuerza máxima y la velocidad de las contracciones de acortamiento (concéntricas) y de alargamiento (excéntricas)?

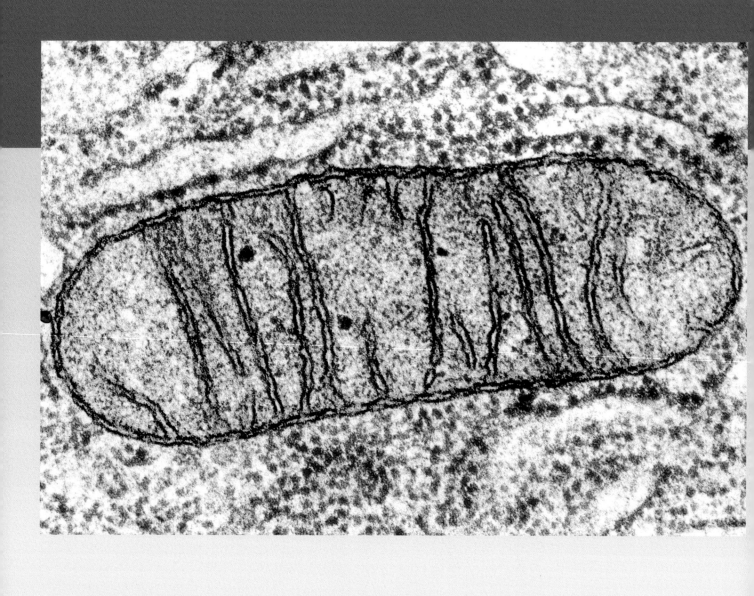

Combustible para el ejercicio: bioenergética y metabolismo muscular

2

En este capítulo

Sustratos energéticos   **50**
Carbohidratos 50
Grasas 51
Proteínas 52

Control de la tasa de producción de energía   **52**

Depósitos de energía: fosfatos de alta energía   **54**

Sistemas energéticos básicos   **55**
Sistema ATP-PCr 55
Sistema glucolítico 56
Sistema oxidativo 58
Resumen del metabolismo de los sustratos 63

Interacción entre los sistemas de producción de energía   **64**

La capacidad oxidativa del músculo   **64**
Actividad enzimática 64
Composición del tipo de fibra y entrenamiento de resistencia 64
Necesidades de oxígeno 65

Conclusión   **66**

"Darse contra la pared" es una expresión frecuente entre los maratonistas, y la mayoría de ellos, que no son de elite, describen haberse "dado contra la pared" (del cansancio) durante una maratón sin importar lo duro que hayan entrenado. En general, este fenómeno comienza entre los 32 y los 35 km (20 a 22 millas). El ritmo de los corredores se enlentece considerablemente y los pies se sienten como de plomo. A menudo, se sienten hormigueos y adormecimiento en las piernas y los brazos, y el pensamiento en general comienza a enlentecerse y aparece confusión. "Darse contra la pared" es, básicamente, quedarse sin energía.

Las fuentes principales de energía de los corredores durante el ejercicio prolongado son los carbohidratos y las grasas. Estas últimas parecen ser la primera elección lógica de combustible para los eventos de resistencia (son ideales porque su diseño las convierte en una fuente de energía densa, y su almacenamiento es virtualmente ilimitado). Desafortunadamente, el metabolismo de las grasas requiere un suministro constante de oxígeno y la provisión de energía es más lenta que la proporcionada por los carbohidratos.

La mayoría de los corredores puede almacenar 2 000 a 2 200 calorías como glucógeno en el hígado y los músculos, que proporcionan la energía suficiente para recorrer aproximadamente 32 km a un paso moderado de carrera. Como el cuerpo es mucho menos eficiente al convertir la grasa en energía, el ritmo de carrera se enlentece y el corredor percibe el cansancio. Además, los carbohidratos son la única fuente de energía para el cerebro. La fisiología, no por coincidencia, dicta por qué muchos maratonistas "se dan contra la pared" en la marca de 32 km.

Toda la energía se origina del sol como energía luminosa. Las reacciones químicas de las plantas (fotosíntesis) convierten la luz en energía química almacenada. A su vez, los seres humanos obtenemos la energía al ingerir plantas o animales que comen estas plantas. Los nutrientes que provienen de los alimentos ingeridos se suministran y se almacenan en forma de carbohidratos, grasas y proteínas. Estos tres combustibles básicos, o **sustratos**, pueden descomponerse finalmente para liberar la energía almacenada. Cada célula contiene vías químicas que convierten estos sustratos en energía que esa y otras células del cuerpo pueden utilizar, un proceso denominado **bioenergética**. Todas las reacciones químicas que tienen lugar en el cuerpo se denominan, en forma colectiva, **metabolismo**.

En última instancia, toda la energía se convierte en calor, por lo que se puede calcular la cantidad de energía liberada en una reacción biológica a partir de la cantidad de calor producido. La energía de los sistemas biológicos se mide en calorías. Por definición, una caloría (cal) es igual a la cantidad de energía calórica que se necesita para elevar la temperatura de 1 g de agua en 1°C de 14,5°C a 15,5°C. En los humanos, la energía se expresa en **kilocalorías (kcal)**, donde 1 kcal es el equivalente a 1 000 cal. Algunas veces, el término *Caloría* (con C mayúscula) se utiliza como sinónimo de kilocaloría, pero este último término es la forma más técnica y científicamente correcta. Por lo tanto, cuando se lee que alguien ingiere o gasta 3 000 Calorías por día, en verdad significa que la persona está ingiriendo o consumiendo 3 000 kcal por día.

Parte de la energía libre de las células se usa para el crecimiento y la reparación del cuerpo. Dichos procesos crean masa muscular durante el entrenamiento y reparan el daño muscular posterior al ejercicio o a una lesión. La energía también es necesaria para el transporte activo de muchas sustancias como sodio, potasio o iones calcio a través de las membranas celulares. El transporte activo es fundamental para la supervivencia de las células y el mantenimiento de la homeostasis. Las miofibrillas también utilizan parte de la energía liberada en nuestro cuerpo para provocar el deslizamiento de los filamentos de la actina y de la miosina, lo cual da como resultado la acción muscular y la generación de fuerza, tal como vimos en el Capítulo 1.

Sustratos energéticos

La energía se libera cuando los enlaces químicos (los enlaces que mantienen juntos a los elementos para formar moléculas) se rompen. Los alimentos están compuestos principalmente por carbono, hidrógeno, oxígeno y (en el caso de las proteínas) nitrógeno. Los enlaces moleculares, que mantienen unidos estos elementos, son relativamente débiles y, por lo tanto, cuando se rompen suministran poca energía. Por consiguiente, los alimentos no se utilizan directamente para las funciones celulares. En cambio, la energía de los enlaces moleculares de los alimentos se libera químicamente dentro de nuestras células y luego se almacenan en la forma del compuesto de alta energía presentado en el Capítulo 1, el adenosintrifosfato (ATP), que se analiza más detalladamente después, en el presente capítulo.

La energía requerida por el cuerpo en estado de reposo proviene casi en su totalidad de la descomposición de los carbohidratos y las grasas. Las proteínas cumplen una importante función como enzimas que ayudan a las reacciones químicas y como componentes estructurales básicos, pero en general suministran poca energía para el metabolismo. Durante un esfuerzo muscular intenso, de corta duración, se utilizan más los hidratos de carbono y menos las grasas para generar ATP. El ejercicio prolongado, de menor intensidad, utiliza carbohidratos y grasas para la producción sostenida de energía.

Carbohidratos

La cantidad de **carbohidratos** utilizados durante el ejercicio se relaciona tanto con la disponibilidad de éstos como con un sistema para el metabolismo de estas sustancias bien desarrollado en los músculos. Todos los carbohidratos se convierten finalmente en **glucosa** (Figura 2.1), requerida por el cuerpo en estado de reposo, un monosacárido (un azúcar simple) que llega a todos los tejidos

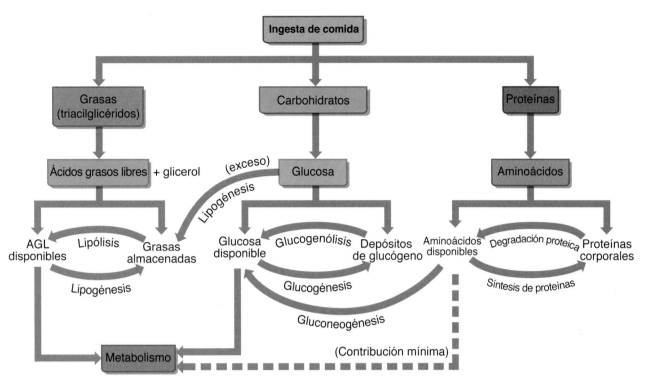

FIGURA 2.1 El metabolismo celular produce la degradación de tres sustratos combustibles provistos por la dieta. Una vez que se han convertido en la forma utilizable, circulan por la sangre, disponibles para ser usados para el metabolismo o para ser almacenados en el cuerpo.

corporales a través de la sangre. En condiciones de reposo, los carbohidratos ingeridos se almacenan en los músculos y en el hígado en la forma de una molécula de azúcar más compleja, llamada **glucógeno**. El glucógeno se almacena en el citoplasma de las células musculares hasta que esas células lo usan para formar ATP. El glucógeno almacenado en el hígado se convierte nuevamente en glucosa según sea necesario y luego la sangre lo transporta a los tejidos activos, donde se metaboliza.

Las reservas de glucógeno del hígado y de los músculos son limitadas y se pueden agotar durante un ejercicio intenso prolongado, especialmente si la dieta no contiene una cantidad suficiente de carbohidratos. Por lo tanto, dependemos en gran medida de las fuentes alimenticias de almidones y azúcares para renovar continuamente nuestras reservas. Sin una ingesta adecuada de carbohidratos, los músculos se ven privados de su fuente principal de energía. Además, los carbohidratos son la única fuente de energía utilizada por el tejido cerebral; por lo tanto, la depleción severa de carbohidratos produce efectos cognitivos negativos.

⬤ Concepto clave

Los carbohidratos almacenados en el hígado y el músculo esquelético se limitan a unas 2 000 o 2 200 kcal, o el equivalente de la energía necesaria para correr unos 40 km (25 millas). Las reservas de grasa pueden proporcionar más de 70 000 kcal.

Grasas

Las grasas proporcionan la mayor parte de la energía durante el ejercicio prolongado de baja intensidad. Las reservas de energía potencial del cuerpo en forma de grasa son sustancialmente más grandes que las reservas de carbohidratos, en términos de peso corporal y energía potencial. En el Cuadro 2.1 se ofrece una indicación de las reservas corporales totales de estas dos fuentes de energía en una persona delgada (que tenga un 12% de grasa corporal). Para un adulto promedio de mediana edad con mayor cantidad de grasa corporal (tejido adiposo), las reservas de grasa serían aproximadamente dos veces mayores, mientras que las reservas de carbohidratos serían casi las mismas. No obstante, las grasas tienen menor disponibilidad para el metabolismo celular porque primero se deben reducir de su forma compleja, los **triacilglicéridos**, a sus componentes básicos, glicerol y **ácidos grasos libres (AGL)**. Sólo los ácidos grasos libres se usan para producir ATP (Figura 2.1).

Se obtiene mucha más energía a partir de la descomposición de un gramo de grasa (9,4 kcal/g) que de la misma cantidad de carbohidratos (4,1 kcal/g). Sin embargo, la tasa de liberación de energía a partir de las grasas es muy lenta para satisfacer todas las demandas de energía de una actividad muscular intensa.

Otros tipos de grasas halladas en el cuerpo cumplen funciones que no son la producción de energía. Los fosfolípidos son un componente estructural clave de todas

CUADRO 2.1 Reservas corporales de combustible y disponibilidad energética asociada

Ubicación	g	kcal
CARBOHIDRATOS		
Glucógeno hepático	110	451
Glucógeno muscular	500	2 050
Glucosa de los líquidos corporales	15	62
GRASAS		
Subcutánea y visceral	7 800	73 320
Intramuscular	161	1 513
Total	7 961	74 833

Nota: estas estimaciones se basan en un peso corporal de 65 kg (143 lb) con 12% de grasa corporal.

las membranas celulares y forman vainas protectoras alrededor de los grandes nervios. Los esteroides también se encuentran en las membranas celulares y funcionan como hormonas y componentes fundamentales de éstas, como los estrógenos y la testosterona.

Proteínas

Las proteínas pueden usarse como una fuente menor de energía, pero primero deben convertirse en glucosa (Figura 2.1). En caso de una depleción energética severa o de inanición, las proteínas pueden utilizarse para producir ácidos grasos libres y energía celular. El proceso a través del cual las proteínas o las grasas se convierten en glucosa se denomina **gluconeogénesis**. El proceso de convertir las proteínas en ácidos grasos se denomina **lipo-**

génesis. Las proteínas pueden proporcionar hasta el 5 o 10% de la energía necesaria para soportar un esfuerzo prolongado. Solo los aminoácidos (las unidades más básicas de proteínas) se pueden utilizar para energía. Un gramo de proteína rinde alrededor de 4,1 kcal.

Control de la tasa de producción de energía

Para resultar útil, la energía proveniente de los compuestos químicos debe liberarse a una tasa controlada. Esta tasa está determinada fundamentalmente por dos aspectos: la disponibilidad del sustrato principal y la actividad enzimática. La disponibilidad de grandes cantidades de un sustrato aumenta la actividad de esa vía en particular. La abundancia de una fuente combustible en particular (p. ej., carbohidratos) puede hacer que las células dependan más de esa fuente que de las alternativas. Esta influencia de la disponibilidad de un sustrato sobre la tasa metabólica se denomina *efecto de acción de masa*.

Las moléculas de proteínas específicas, denominadas **enzimas**, también controlan la tasa de liberación de energía libre. Muchas de estas enzimas facilitan la descomposición (**catabolismo**) de los compuestos químicos. Las reacciones químicas ocurren sólo cuando las moléculas reactivas tienen la suficiente energía inicial para comenzar la reacción o cadena de reacciones. Las enzimas no provocan una reacción y no determinan la cantidad de energía utilizable que se produce mediante estas reacciones. En realidad, las enzimas aceleran las reacciones al disminuir la **energía de activación** que se requiere para comenzar la reacción (Figura 2.2).

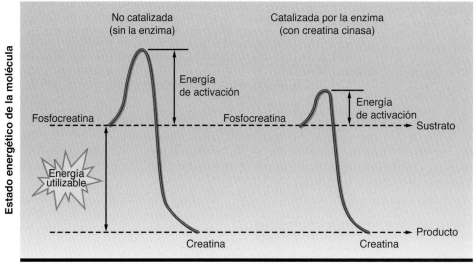

FIGURA 2.2 Las enzimas controlan la velocidad de las reacciones químicas reduciendo la energía de activación requerida para iniciarla. En este ejemplo, la enzima creatina cinasa se une a su sustrato, la fosfocreatina, para aumentar la velocidad de producción de creatina.

Adaptado de la figura original proporcionada por el Dr. Martin Gibala, McMaster University, Hamilton, Ontario, Canadá.

Aunque los nombres de las enzimas son bastante complejos, la mayoría terminan con el sufijo -asa. Por ejemplo, una enzima importante que actúa para degradar el ATP y liberar la energía almacenada es la adenosina trifosfatasa (ATPasa).

En general, las vías bioquímicas que llevan a la producción de un producto a partir de un sustrato implican varios pasos. Cada paso en particular es típicamente catalizado por una enzima específica. Por lo tanto, aumentar la cantidad de enzima presente o su actividad (p. ej., cambiando la temperatura o el pH) lleva a un incremento en la tasa de formación del producto en esa vía metabólica. Además, muchas enzimas requieren de otras moléculas llamadas "cofactores" para funcionar, por lo que la disponibilidad del cofactor también puede afectar la función enzimática y, por lo tanto, la velocidad de las reacciones metabólicas.

Como se ilustra en la Figura 2.3, en general las vías metabólicas tienen una enzima que es de importancia particular para controlar la tasa de la reacción. Esta enzima suele actuar en un paso temprano de la vía, se conoce como **enzima limitadora de la velocidad**. Su actividad está determinada por la acumulación de sustancias más adelante en la vía que disminuyen la actividad de la enzima a través de un **sistema de retroalimentación negativa**.

Un ejemplo de una sustancia que se puede acumular y producir la retroalimentación para disminuir la actividad

sería el producto final de la vía; otra podría ser el ATP y sus productos de degradación, el ADP y el fosfato inorgánico. Si los objetivos de una vía metabólica son formar un producto químico y liberar energía en la forma de ATP, tiene sentido que la abundancia del producto final o del ATP producirá una retroalimentación que disminuya su producción y su liberación, respectivamente.

Revisión

➤ Obtenemos nuestra energía a partir de tres sustratos presentes en los alimentos: los carbohidratos, las grasas y las proteínas. Las proteínas proporcionan muy poca de la energía utilizada en el metabolismo en condiciones normales.

➤ Dentro de las células, la energía que obtenemos de los alimentos se almacena en la forma de un compuesto de alta energía: el trifosfato de adenosina o ATP.

➤ Los carbohidratos y las proteínas proporcionan alrededor de 4,1 kcal de energía por gramo cada uno en comparación con las aproximadamente 9,4 kcal/g que proporcionan las grasas.

➤ Los carbohidratos, almacenados como glucógeno en los músculos y el hígado, son de más rápido acceso que las proteínas o las grasas. La glucosa, sea obtenida directamente de los alimentos o

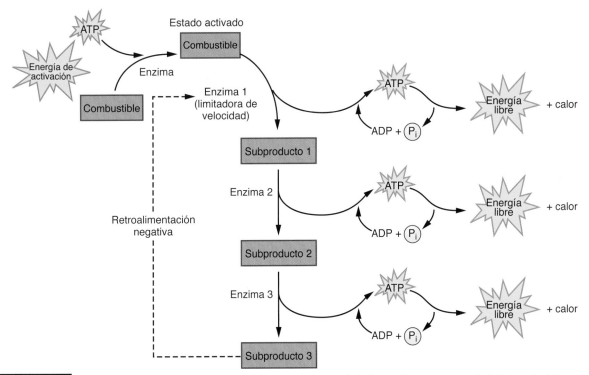

FIGURA 2.3 Típica vía metabólica que muestra el importante papel de las enzimas en el control de la velocidad de reacción. Se requiere un gasto energético inicial en forma de ATP para comenzar la serie de reacciones (energía de activación), pero se necesita una energía inicial menor si una o más enzimas están implicadas en este paso de activación. A medida que los combustibles son degradados en subproductos a lo largo de la cadena metabólica, se va formando ATP. El uso del ATP almacenado produce la liberación de energía, calor y ADP y P_i.

como resultado de la degradación del glucógeno, es la forma utilizable de los carbohidratos.

➤ Las grasas, almacenadas como triacilglicéridos en el tejido adiposo, son la forma ideal de almacenamiento de energía. Los ácidos grasos libres que resultan de la descomposición de los triacilglicéridos se convierten en energía.

➤ Las enzimas controlan la tasa o velocidad del metabolismo y la producción de energía. Las enzimas pueden acelerar la reacción global al reducir la energía de activación inicial y mediante la catalización de varios pasos a lo largo de una vía.

➤ Las enzimas pueden ser inhibidas a través de una retroalimentación negativa por los productos posteriores de la vía (o a menudo, el ATP), y disminuir así la velocidad global de la reacción. En general, esto involucra una enzima particular que actúa en los primeros pasos de la vía, llamada enzima limitadora de la velocidad.

Depósitos de energía: fosfatos de alta energía

La fuente inmediatamente disponible de energía para casi todo el metabolismo, incluida la contracción muscular, es el trifosfato de adenosina o ATP. Una molécula de ATP (Figura 2.4a) está formada por adenosina (una molécula de adenina unida a una molécula de ribosa) combinada con tres grupos de fosfato inorgánico (P_i). La adenina es una base que contiene nitrógeno, y la ribosa es un azúcar de cinco carbonos. Cuando se combina una molécula de ATP con agua (hidrólisis) y actúa sobre la enzima ATPasa, el último grupo fosfato se rompe y libera rápidamente una gran cantidad de energía libre (aproximadamente 7,3 kcal por mol de ATP en condiciones estándar, pero posiblemente hasta 10 kcal por mol de ATP o más dentro de la célula). Esto reduce el ATP a **adenosindifosfato (ADP)** y P_i (Figura 2.4b).

Para generar ATP, se agrega un grupo fosfato al compuesto ADP de energía relativamente baja, un proceso que se denomina **fosforilación**. Este proceso requiere una cantidad considerable de energía. Parte del ATP se genera independientemente de la disponibilidad de oxígeno, y a este metabolismo se lo llama fosforilación de nivel sustrato. Otras reacciones que producen ATP (que se analizan más adelante en este capítulo) tienen lugar sin oxígeno, y otras ocurren en presencia de éste, en un proceso conocido como **fosforilación oxidativa**.

Como muestra la Figura 2.3, el ATP se forma a partir de ADP y P_i a través de la vía de la fosforilación a medida que el combustible se degrada en subproductos en varios pasos a lo largo de la vía metabólica. La forma de almacenamiento de la energía, el ATP, puede liberarse o usarse como energía cuando se necesita, ya que se degrada nuevamente a ADP y P_i.

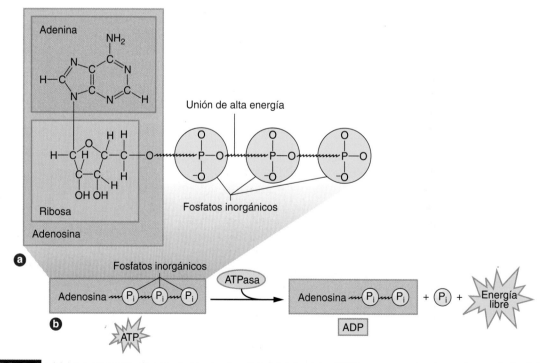

FIGURA 2.4 (a) La estructura de una molécula de adenosintrifosfato (ATP), que muestra los enlaces de fosfato de alta energía. (b) Cuando el tercer fosfato de la molécula de ATP se separa de la adenosina por acción de la enzima adenosintrifosfatasa (ATPasa), se libera energía.

Concepto clave

La formación de ATP suministra a las células un compuesto de alta energía para el almacenamiento y la liberación (al degradarse) de energía. Sirve como fuente inmediata de energía para la mayoría de las funciones corporales, incluida la contracción muscular.

Sistemas energéticos básicos

Las células pueden almacenar solo pequeñas cantidades de ATP y deben generar constantemente ATP nuevo para proporcionar la energía necesaria para todo el metabolismo celular, incluida la contracción muscular. Las células generan ATP mediante una (o una combinación) de tres vías metabólicas diferentes:

1. El sistema ATP-PCr
2. El sistema glucolítico (glucólisis)
3. El sistema oxidativo (fosforilación oxidativa)

Los dos primeros sistemas ocurren en ausencia de oxígeno y se describen juntos como **metabolismo anaeróbico**. El tercer sistema requiere oxígeno y, por lo tanto, se conoce como **metabolismo aeróbico**.

Sistema ATP-PCr

El más simple de los sistemas energéticos es el **sistema ATP-PCr**, que se ilustra en la Figura 2.5 Además de almacenar directamente una cantidad muy pequeña de ATP, las células contienen otra molécula de fosfato de alta energía llamada **fosfocreatina** o PCr (denominada algunas veces fosfato de creatina). Esta vía simple implica la donación de un P_i de la PCr al ADP para formar ATP. A diferencia del ATP de libre disponibilidad, la energía liberada por la degradación de la PCr no se utiliza para el

trabajo celular. Más bien, regenera el ATP para mantener un suministro relativamente constante.

La liberación de energía a partir de la PCr se facilita por la enzima **creatina cinasa**, que actúa sobre la PCr separando P_i de la creatina. La energía liberada se puede utilizar luego para adicionar una molécula de P_i a una molécula de ADP para formar ATP. Como la energía se libera desde el ATP mediante la separación de un grupo fosfato, las células pueden evitar el agotamiento del ATP mediante la degradación de la PCr para suministrar energía y P_i, y así volver a formar ATP a partir del ADP.

De acuerdo con los principios de retroalimentación negativa y de las enzimas limitadoras de la velocidad analizados antes en este capítulo, la actividad de la creatina cinasa aumenta cuando se incrementan las concentraciones de ADP y P_i. Al inicio de un ejercicio de alta intensidad, la pequeña cantidad de ATP disponible en las células musculares es degradada para suministrar energía en forma inmediata, formando ADP y P_i. El incremento de las concentraciones de ADP aumenta la actividad de la creatina cinasa, y la PCr es catabolizada para formar ATP adicional. A medida que el ejercicio progresa y se genera más ATP a través de los otros dos sistemas de producción de energía (el glucolítico y el oxidativo), la actividad de la creatina cinasa es inhibida.

Este proceso de degradación de PCr para la formación de ATP es rápido y puede llevarse a cabo sin ninguna estructura especial dentro de la célula. El sistema ATP-PCr está clasificado como metabolismo a nivel de sustrato. Aunque puede tener lugar en presencia de oxígeno, este proceso no lo requiere.

Durante los primeros segundos de una actividad muscular intensa, como en el *sprint**, el ATP se mantiene a un nivel relativamente constante pero la PCr declina al ser uti-

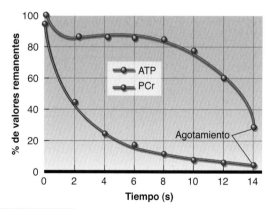

FIGURA 2.6 Cambios de ATP y PCr en las fibras tipo II (de contracción rápida) durante un esfuerzo muscular máximo de 14 segundos. Aunque se usa ATP a una tasa muy alta, la energía de la PCr se usa para sintetizar más ATP a fin de que su nivel no disminuya. Sin embargo, una vez agotada la vía, los niveles de ATP y de PCr son bajos.

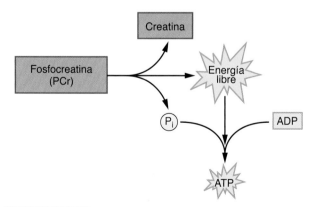

FIGURA 2.5 En el sistema ATP-PCr, el ATP puede ser resintetizado a través de la unión de un fosfato inorgánico (P_i) a una molécula de ADP (adenosina trifosfato) con la energía derivada de la degradación de la fosfocreatina (PCr).

---

* **Esprín** es la adaptación gráfica propuesta para la voz inglesa *sprint*, que significa, en algunos deportes, especialmente en ciclismo, "aceleración que realiza un corredor para disputar la victoria a otros, normalmente cerca de la meta". Santillana, *Diccionario panhispánico de dudas*, Colombia, 2005, p. 273.

lizada para recargar el ATP agotado (véase la Figura 2.6). Sin embargo, cuando se produce el agotamiento, los niveles del ATP y de la PCr son bajos y no pueden suministrar energía para la siguiente contracción y relajación muscular. Por lo tanto, la capacidad de mantener los niveles de ATP con la energía proveniente de la PCr es limitada. La combinación de las reservas de ATP y PCr pueden mantener las necesidades energéticas de los músculos solamente entre 3 y 15 segundos durante un esprín máximo. Pasado ese tiempo, los músculos dependen de otros procesos de formación de ATP: las vías glucolítica y oxidativa.

Sistema glucolítico

El sistema ATP-PCr tiene una capacidad limitada para generar energía, que dura sólo unos pocos segundos. La segunda vía para producción de ATP comprende la liberación de energía a través de la degradación (lisis) de la glucosa. Este sistema se denomina sistema glucolítico porque involucra la **glucólisis**, que es la descomposición de la glucosa a través de una vía que implica una secuencia de enzimas glucolíticas. La glucólisis es una vía más compleja que el sistema ATP-PCr, y la secuencia de los pasos implicados en el proceso se presenta en la Figura 2.7.

La glucosa representa aproximadamente el 99% de todos los azúcares que circulan por la sangre. La glucosa de la sangre proviene de la digestión de los carbohidratos y de la descomposición del glucógeno hepático. El glucógeno se sintetiza a partir de la glucosa mediante un proceso denominado glucogenogénesis, y es almacenado en el hígado o en los músculos hasta que se necesite. En ese momento, el glucógeno se descompone en glucosa-1-fosfato, que ingresa en la vía de la glucólisis, proceso denominado **glucogenólisis**.

Antes de que se puedan utilizar para generar energía, la glucosa o el glucógeno deben convertirse en un compuesto denominado glucosa-6-fosfato. Aunque el objetivo de la glucólisis es liberar ATP, la conversión de una molécula de glucosa a glucosa-6-fosfato necesita de una molécula de ATP. En la conversión de glucógeno, la glucosa-6-fosfato se forma a partir de glucosa-1-fosfato sin este gasto de energía. Técnicamente, la glucólisis comienza cuando se forma la glucosa-6-fosfato.

La glucólisis requiere de 10 a 12 reacciones enzimáticas para degradar el glucógeno en ácido pirúvico, que luego es convertido en ácido láctico. Todos los pasos en la vía y todas estas enzimas operan dentro del citoplasma celular. La ganancia neta obtenida en este proceso es de 3 moles (mol) de ATP formados por cada mol de glucógeno que se degrada. Si se utiliza glucosa en lugar de glucógeno, la ganancia es solamente de 2 moles de ATP porque se utilizó 1 mol para la conversión de la glucosa en glucosa-6-fosfato.

Este sistema de energía no produce grandes cantidades de ATP. A pesar de esta limitación, la acción combinada de los sistemas ATP-PCr y glucolítico permite que los músculos generen fuerza aun cuando la provisión de oxígeno sea limitada. Estos dos sistemas predominan durante los primeros minutos de un ejercicio de alta intensidad.

Otra de las grandes limitaciones de la glucólisis anaeróbica es que provoca la acumulación de ácido láctico en los músculos y en los fluidos corporales. La glucólisis produce ácido pirúvico. Este proceso no requiere de oxígeno, pero su presencia determina el destino del ácido pirúvico. Anaeróbicamente, este ácido se convierte directamente en ácido láctico, un ácido cuya fórmula química es $C_3H_6O_3$. La glucólisis anaeróbica produce ácido láctico, pero se disocia rápidamente y se forma el lactato.

Concepto clave

Los términos "ácido pirúvico" y "piruvato" y "ácido láctico" y "lactato" a menudo se usan de manera intercambiable en la fisiología del ejercicio. En ambos casos, la forma ácida de la molécula es relativamente inestable a valores normales de pH corporal y pierde rápidamente su ion hidrógeno. La molécula remanente debería llamarse más correctamente piruvato o lactato.

Durante un esprín máximo de 1 o 2 minutos de duración, las demandas sobre el sistema glucolítico son grandes y las concentraciones de ácido láctico en el músculo pueden incrementarse desde valores de aproximadamente 1 mmol/kg en reposo hasta más de 25 mmol/kg. Esta acidificación de las fibras musculares inhibe la posterior descomposición del glucógeno porque inhibe la función de las enzimas glucolíticas. Además, el ácido disminuye la capacidad de las fibras de unirse al calcio y, por lo tanto, puede impedir la contracción muscular.

La enzima limitadora de velocidad en la vía glucolítica es la **fosfofructocinasa** o **PFK**. Como casi todas las enzimas limitadoras de velocidad, la PFK cataliza uno de los primeros pasos de la vía: la conversión de frucosa-6-fosfato en fructosa-1,6-difosfato. La elevación de las concentraciones de ADP y P_i aumenta la actividad de la PFK y, por lo tanto, la velocidad de la glucólisis, mientras que la elevación en las concentraciones de ATP enlentece la glucólisis al inhibir a la PFK. Además, como la vía glucolítica alimenta el ciclo de Krebs para generar una mayor producción de energía cuando hay oxígeno (véase el análisis más adelante), los productos del ciclo de Krebs, especialmente el citrato y los iones de hidrógeno, también inhiben la PFK.

La tasa de utilización de energía de una fibra muscular durante el ejercicio puede ser 200 veces mayor que en estado de reposo. Los sistemas ATP-PCr y glucolítico solos no pueden suministrar toda la energía necesaria. Además, estos dos sistemas no son capaces de cubrir las demandas energéticas para una actividad máxima con una duración aproximada de 2 minutos o más. El ejercicio prolongado depende del tercer sistema energético, el sistema oxidativo.

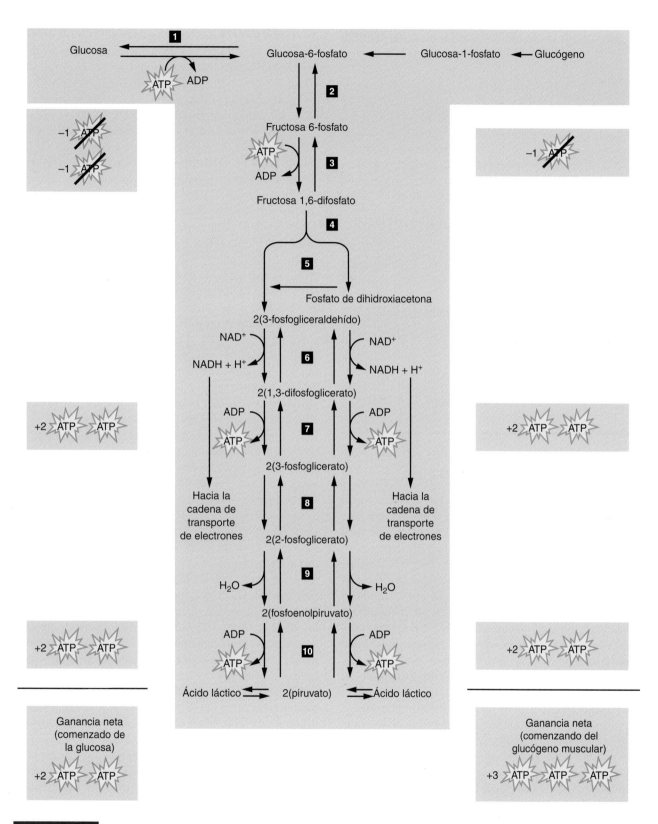

FIGURA 2.7 Producción de energía (adenosintrifosfato, ATP) por la vía de la glucólisis. La glucólisis implica la degradación de una glucosa (una molécula de seis carbonos) en dos moléculas de tres carbonos de ácido pirúvico. El proceso puede comenzar con la glucosa circulante en la sangre o con el glucógeno (una cadena de moléculas de glucosa, la forma de almacenamiento en el músculo y el hígado). Nótese que existen aproximadamente 10 etapas separadas en este proceso anaeróbico, y el resultado neto es la generación de dos o tres moléculas de ATP, según si el sustrato inicial sea glucosa o glucógeno.

> El adenosintrisfosfato se genera a través de tres sistemas energéticos:
> 1. El sistema ATP-PCr
> 2. El sistema glucolítico
> 3. El sistema oxidativo

> En el sistema ATP-PCr, el P_i se separa de la PCr mediante la acción de la creatinina cinasa. EL P_i se puede combinar luego con ADP para formar ATP utilizando la energía liberada a partir de la degradación de la PCr. Este sistema es anaeróbico y su función principal es mantener los niveles de ATP. La energía que se obtiene es de 1 mol de ATP por cada 1 mol de PCr.

> El sistema glucolítico implica el proceso de glucólisis, mediante el cual la glucosa o el glucógeno se descomponen en ácido pirúvico. Cuando la glucólisis tiene lugar en ausencia de oxígeno, el ácido pirúvico se convierte en ácido láctico. Un mol de glucosa produce 2 moles de ATP, pero 1 mol de glucógeno produce 3 moles de ATP.

> Los sistemas ATP-PCr y glucolítico contribuyen con la mayor parte de la energía durante las actividades cortas y explosivas que duren hasta 2 min y durante los primeros minutos de un ejercicio más prolongado de alta intensidad.

Sistema oxidativo

El último de los sistemas de producción de energía celular es el **sistema oxidativo**. Este es el más complejo de los tres sistemas y aquí sólo haremos una breve reseña. El proceso mediante el cual el cuerpo degrada los sustratos con la ayuda de oxígeno para generar energía se denomina respiración celular. Debido a la utilización de oxígeno, este proceso es aeróbico. A diferencia de la producción anaeróbica de ATP que tiene lugar en el citoplasma celular, la producción oxidativa de ATP tiene lugar dentro de organelas celulares especiales denominadas **mitocondrias**. En los músculos, se encuentran junto a las miofibrillas y también están diseminadas por todo el sarcoplasma (véase la Figura 1.3 del Capítulo 1).

Los músculos necesitan una provisión constante de energía para producir continuamente la fuerza necesaria para la actividad a largo plazo. A diferencia de la producción anaeróbica de ATP, el sistema oxidativo es lento para comenzar, pero tiene una notable capacidad de producción de energía, de manera que el metabolismo aeróbico es el método principal de producción de energía durante los eventos de resistencia. Esto impone una considerable demanda sobre los sistemas cardiovascular y respiratorio, ya que deben suministrar oxígeno a los músculos activos. La producción oxidativa de energía puede provenir de los carbohidratos (comenzando por la glucólisis) o de las grasas.

Oxidación de los carbohidratos

Como se ilustra en la Figura 2.8, la producción oxidativa de ATP a partir de los carbohidratos implica tres procesos:
- La glucólisis (Fig. 2.8a)
- El ciclo de Krebs (Fig. 2.8b)
- La cadena de transporte de electrones (Fig. 2.8c)

Glucólisis En el metabolismo de los carbohidratos, la glucólisis cumple un rol en la producción tanto anaeróbica como aeróbica del ATP. El proceso de glucólisis es el mismo ya sea si el oxígeno está presente o no. La presencia de oxígeno sólo determina el destino del producto final: el ácido pirúvico. Hay que recordar que la glucólisis anaeróbica produce ácido láctico y sólo 3 moles de ATP por molécula de glucógeno o 2 moles de ATP por mol de glucosa. En presencia de oxígeno, sin embargo, el ácido pirúvico se convierte en un compuesto llamado **acetil coenzima A (acetil CoA)**.

Ciclo de Krebs Una vez formado, el acetil CoA ingresa en el **ciclo de Krebs** (también denominado ciclo del ácido cítrico o ciclo de los ácidos tricarboxílicos), un complejo ciclo de reacciones químicas que permite la oxidación completa del acetil CoA (mostrado en la Figura 2.9). Recuerde que por cada molécula de glucosa que ingresa en la vía glucolítica se forman dos moléculas de piruvato. Por lo tanto, cada molécula de glucosa que comienza en el proceso de producción de energía en presencia de oxígeno produce dos ciclos de Krebs completos.

Como se describe en la Figura 2.8b (y en más detalle en la Figura 2.9), la conversión de succinil CoA en succinato en el ciclo de Krebs resulta en la generación de trifosfato de guanosina o GTP, un compuesto de alta energía similar al ATP. El GTP luego transfiere un P_i a un ADP para formar ATP. Estos dos ATP (por molécula de glucosa) se forman mediante fosforilación a nivel sustrato, por lo que al final del ciclo de Krebs se han formado directamente dos moles adicionales de ATP, y la molécula original de carbohidrato se ha degradado en dióxido de carbono e hidrógeno.

Al igual que las otras vías involucradas en el metabolismo energético, las enzimas del ciclo de Krebs son reguladas mediante retroalimentación negativa en varios pasos del ciclo. La enzima limitadora de la velocidad en el ciclo de Krebs es la isocitrato deshidrogenasa, la cual, como la PFK, es inhibida por el ATP y activada por el ADP y el P_i, y lo mismo ocurre con la cadena transporte de electrones. Como la contracción muscular depende de la disponibilidad de calcio en la célula, el exceso de calcio también inhibe a la enzima limitadora de velocidad isocitrato deshidrogenasa.

Cadena de transporte de electrones Durante la glucólisis, se liberan iones hidrógeno cuando la glucosa

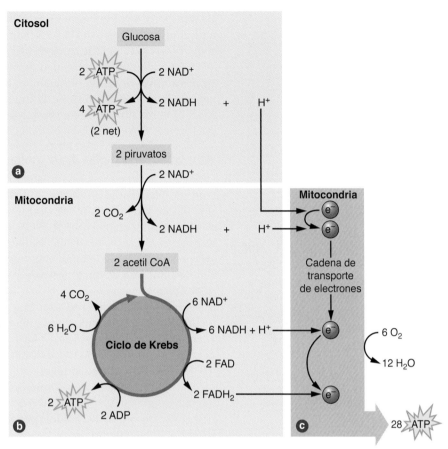

Citosol

Glucosa

2 ATP → 2 NAD⁺

4 ATP → 2 NADH + H⁺

(2 net)

2 piruvatos

a

Mitocondria

2 NAD⁺

2 CO₂ → 2 NADH + H⁺

2 acetil CoA

4 CO₂ ← 6 NAD⁺

6 H₂O ← 6 NADH + H⁺

Ciclo de Krebs

2 FAD

2 ATP ← 2 FADH₂

2 ADP

b

Mitocondria

e⁻
e⁻

Cadena de
transporte
de electrones

e⁻ → 6 O₂

12 H₂O

e⁻

c 28 ATP

FIGURA 2.8 En presencia de oxígeno, una vez reducida la glucosa (o el glucógeno) en piruvato, (*a*) el piruvato es transformado primero en acetil coenzima A (acetil CoA), el cual puede entrar (*b*) en el ciclo de Krebs, donde se produce la fosforilación oxidativa. Los iones hidrógeno liberados durante el ciclo de Krebs luego se combinan con coenzimas que llevan los iones (*c*) a la cadena de transporte de electrones.

se metaboliza en ácido pirúvico. Durante el ciclo de Krebs, se liberan iones hidrógeno adicionales durante la conversión de piruvato en acetil CoA y en varios pasos del ciclo de Krebs. Si estos iones hidrógeno permanecieran en el sistema, el interior de la célula se volvería demasiado ácido. ¿Qué ocurre con estos hidrógenos?

El ciclo de Krebs está ligado a una serie de reacciones conocidas como **cadena de transporte de electrones** (Figura 2.8*c*). Los iones hidrógeno liberados durante la glucólisis y durante el ciclo de Krebs se combinan con dos coenzimas: dinucleótido de nicotinamida adenina (NAD) y dinucleótido de flavina adenina (FAD), que se convierten en sus formas reducidas (NADH y FADH₂, respectivamente). Durante el ciclo de Krebs, se producen tres moléculas de NADH y una de FADH₂. Éstas transportan los átomos de hidrógeno (con sus electrones) hacia la cadena de transporte de electrones, un grupo de complejos proteínicos mitocondriales localizados en la membrana mitocondrial interna. Estos complejos proteínicos incluyen una serie de enzimas y de proteínas que contienen hierro, conocidos como **citocromos**. A medida que los electrones de alta energía pasan de complejo en complejo a lo largo de esta cadena, parte de la energía libera-

da por estas reacciones se usa para bombear H⁺ desde la matriz mitocondrial hacia el compartimiento mitocondrial externo. Cuando estos iones hidrógeno se mueven a través de la membrana por su gradiente de concentración, se transfiere energía al ADP y se forma ATP. Este paso final requiere de una enzima conocida como ATP sintetasa. Al final de la cadena, el H⁺ se combina con oxígeno formando agua, con lo que se evita la acidificación de la célula. Esto se ilustra en la Figura 2.10. Debido a que este proceso depende de que el oxígeno sea aceptor final de electrones y H⁺, se conoce como **fosforilación oxidativa**.

Por cada par de electrones que transporta el NADH hacia la cadena de transporte de electrones se forman tres moléculas de ATP, mientras que los electrones transportados por el FADH hacia la cadena de transporte de electrones producen sólo dos moléculas de ATP una vez que la atraviesan. Sin embargo, como el NADH y el FADH están fuera de la membrana mitocondrial, los H⁺ deben pasar a través ésta, lo que requiere energía. Por lo tanto, en realidad el rendimiento neto del NADH es de 2,5 ATP por molécula, y el del FADH es de 1,5 ATP por molécula.

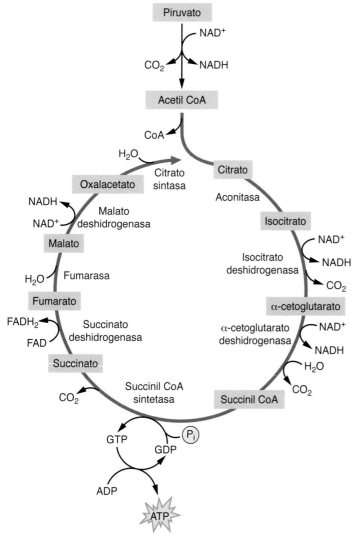

FIGURA 2.9 Serie de reacciones que tienen lugar durante el ciclo de Krebs; se muestran los compuestos formados y las enzimas involucradas.

Rendimiento de energía a partir de la oxidación de carbohidratos

La oxidación completa de la glucosa puede generar 32 moléculas de ATP, mientras que se generan 33 moléculas de ATP a partir de una molécula de glucógeno muscular. Los sitios de producción de ATP se resumen en la Figura 2.11. La producción neta ATP de la fosforilación a nivel sustrato en la vía glucolítica que lleva al ciclo de Krebs produce una ganancia neta de 2 ATP (o tres desde el glucógeno). Un total de 10 moléculas de NADH (dos en la glucólisis, dos en la conversión de ácido pirúvico a acetil CoA y seis en el ciclo de Krebs) producen 25 moléculas de ATP en la cadena de transporte de electrones. Recuerde que, aunque se producen de hecho 30 ATP, el costo energético de transportar ATP a través de la membrana usa cinco de ellos. Las dos moléculas de FADH producidas en el ciclo de Krebs originan tres moléculas adicionales de ATP en la cadena

de transporte de electrones. Y finalmente, la fosforilación a nivel sustrato dentro del ciclo de Krebs que involucra la molécula de GTP agrega otros dos ATP.

Dado que el costo energético de hacer pasar los electrones a través de la membrana mitocondrial es un concepto relativamente nuevo en la fisiología del ejercicio, muchos libros aún informan producciones netas de energía de 36 a 39 ATP por molécula de glucosa.

Oxidación de las grasas

Como vimos, las grasas también contribuyen mucho con las necesidades energéticas de los músculos. Las reservas de glucógeno de los músculos y el hígado pueden suministrar solamente ~2 500 kcal de energía, pero la grasa almacenada dentro de las fibras musculares y en las células grasas puede suministrar como mínimo 70 000 a 75 000 kcal, aún en un adulto delgado. Aunque muchos de los compuestos químicos (como los triacilglicéridos, fosfolípidos y colesterol) se clasifican como grasas, solamente los triacilglicéridos son fuentes principales de energía. Los triacilglicéridos se almacenan en las células adiposas y entre las fibras del músculo esquelético y dentro de ellas. Para que se lo pueda utilizar como energía, un triacilglicérido debe descomponerse en sus dos unidades básicas: una molécula de glicerol y tres moléculas de AGL. Este proceso se denomina **lipólisis** y lo llevan a cabo las enzimas llamadas lipasas.

Los ácidos grasos libres son la principal fuente energética del metabolismo graso. Una vez liberados del glicerol, los AGL pueden ingresar en la sangre y ser transportados a todo el cuerpo, entrando en las fibras musculares por difusión simple o por difusión mediada (facilitada) por el transportador. Su tasa de ingreso en las fibras musculares depende del gradiente de la concentración. El aumento de la concentración de los ácidos grasos libres en la sangre aumenta la tasa de su transporte hacia dentro de las fibras musculares.

Betaoxidación Recuerde que las grasas se depositan en el cuerpo en dos sitios: dentro de las fibras musculares y en las células del tejido adiposo llamadas adipocitos. La

---

Concepto clave

Aunque las grasas proporcionan más kilocalorías de energía por gramo que los carbohidratos, la oxidación de las grasas requiere más oxígeno que la oxidación de los carbohidratos. La energía producida por las grasas es de 5,6 moléculas de ATP por molécula de oxígeno usada, en comparación con las 6,3 moléculas de ATP por molécula de oxígeno que se producen cuando se metabolizan los carbohidratos. El consumo de oxígeno está limitado por el sistema de transporte de oxígeno, por lo que los carbohidratos son el combustible preferido durante el ejercicio de alta intensidad.

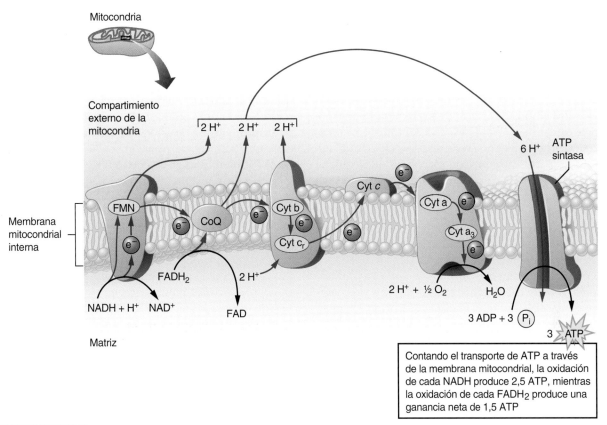

FIGURA 2.10 El paso final en la producción aeróbica de ATP es la transferencia de energía de los electrones de alta energía del NADH y el $FADH_2$ dentro de la mitocondria, siguiendo una serie de pasos conocidos como cadena de transporte de electrones.

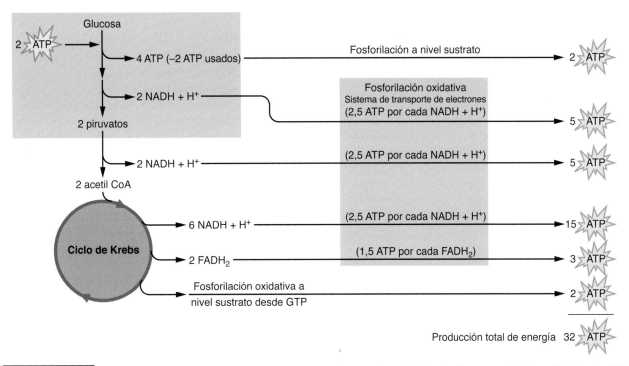

FIGURA 2.11 La producción de energía a partir de la oxidación de una molécula de glucosa es de 32 moléculas de ATP. La oxidación del glucógeno como sustrato original puede producir un ATP adicional.

forma de depósito de grasas son los triacilglicéridos, que se degradan en AGL y glicerol para el metabolismo energético. Antes de poder usar los AGL para la producción de energía, deben convertirse en acetil CoA dentro de la mitocondria, un proceso llamado **betaoxidación**. El acetil CoA es el intermediario común a través del cual todos los sustratos entran en el ciclo de Krebs para su metabolización oxidativa.

La betaoxidación es una serie de pasos en los que unidades acil de dos carbonos son escindidas de la cadena de carbono del AGL. El número de pasos depende del número de carbonos del AGL, en general entre 14 y 24. Por ejemplo, si una cadena originalmente tiene 16 átomos de carbono, la betaoxidación produce 8 moléculas de acetil CoA, que entonces entran en el ciclo de Krebs para la formación de ATP.

Al entrar en la fibra muscular, los AGL deben activarse metabólicamente con energía a partir de ATP, preparándose para su catabolismo (degradación) dentro de la mitocondria. Al igual que la glucólisis, la betaoxidación requiere tomar energía de dos ATP para su activación, pero, a diferencia de la glucólisis, no produce ATP directamente.

◯ Concepto clave

La velocidad máxima de producción de ATP por oxidación de los lípidos es demasiado lenta para igualar la tasa de utilización del ATP durante un ejercicio de alta intensidad. Esto explica la reducción en el ritmo de carrera de los deportistas una vez que se han agotado las reservas de carbohidratos y cuando, por defecto, la grasa se vuelve la fuente de combustible predominante.

El ciclo de Krebs y la cadena de transporte de electrones

Después de la betaoxidación, el metabolismo de las grasas sigue el mismo camino que el metabolismo oxidativo de los carbohidratos. El acetil CoA que se forma por la betaoxidación ingresa en el ciclo de Krebs. Este ciclo genera hidrógeno, que es transportado a la cadena de transporte de electrones junto con el hidrógeno generado durante la betaoxidación para sufrir la fosforilación oxidativa. Al igual que en el metabolismo de la glucosa, los subproductos de la oxidación de los AGL son ATP, H_2O y dióxido de carbono (CO_2). Sin embargo, la combustión completa de una molécula de ácido graso libre contiene considerablemente más carbonos que una molécula de glucosa.

La ventaja de que haya más carbono en un AGL que en la glucosa reside en que se forma más acetil CoA a partir del metabolismo de una cantidad dada de grasa; por lo tanto, ingresa más acetil CoA en el ciclo de Krebs y se envían más electrones a la cadena de transporte de electrones. Esta es la razón por la cual el metabolismo de las grasas puede generar mucha más energía que el de la glucosa. A diferencia de la glucosa o el glucógeno, las grasas son heterogéneas y la cantidad de ATP que se produce depende de la grasa específica oxidada.

Por ejemplo, consideremos el ácido palmítico, un AGL de 16 carbonos bastante abundante. Las reacciones combinadas de la oxidación, el ciclo de Krebs y la cadena de transporte de electrones producen 106 moléculas de ATP a partir de una molécula de ácido palmítico (como se ilustra en el Cuadro 2.2), en comparación con las sólo 32 moléculas de ATP provenientes de la glucosa o las 33 del glucógeno.

CUADRO 2.2 Producción de ATP a partir de una molécula de ácido palmítico

Etapa del proceso	Directo (sustrato a nivel oxidación)	Por fosforilación oxidativa
Activación de los ácidos grasos	0	–2
Betaoxidación (7 pasos)	0	28
Ciclo de Krebs (8 pasos)	8	72
Subtotal	8	98
Total	106	

Oxidación de proteínas

Como vimos, los hidratos de carbono y los ácidos grasos son las fuentes de energía preferidas. Pero, en ciertas circunstancias, también se utilizan las proteínas, o más bien los aminoácidos que las componen. Algunos aminoácidos pueden convertirse en glucosa, proceso denominado gluconeogénesis (véase la Figura 2.1). Alternativamente, algunos pueden convertirse en varios intermediarios del metabolismo oxidativo (como el piruvato o el acetil CoA) para entrar en el proceso oxidativo.

La cantidad de energía producida por las proteínas no es tan fácil de determinar como la producida por los carbohidratos o las grasas debido a que las proteínas también contienen nitrógeno. Cuando se catabolizan los aminoácidos, parte del nitrógeno liberado se utiliza para formar nuevos aminoácidos pero el cuerpo no puede oxidar el nitrógeno restante. En cambio, se convierte en urea y luego se elimina, principalmente en la orina. Esta conversión necesita utilizar el ATP, de manera que se gasta algo de energía en este proceso.

Cuando la proteína se degrada mediante combustión en laboratorio, la energía producida es de 5,65 kcal/g. Sin embargo, debido a la energía que se gasta para convertir el nitrógeno en urea, cuando la proteína se metaboliza en el cuerpo, la energía producida es sólo de aproximadamente 4,1 kcal/g.

Para valorar con precisión la tasa a la cual se metabolizan las proteínas, se debe determinar la cantidad de nitrógeno que está siendo eliminado del cuerpo. Estas mediciones requieren de la recolección de orina durante períodos de

12 a 24 horas, proceso que demanda tiempo. Dado que un cuerpo saludable usa poca proteína tanto en reposo como durante el ejercicio (en general no más de 5-10% del gasto energético total), las estimaciones del gasto total de energía no suelen considerar el metabolismo de las proteínas.

Resumen del metabolismo de los sustratos

Como se muestra en la Figura 2.12, la capacidad de producir la contracción muscular para el ejercicio es cuestión de suministro y demanda de energía. Tanto la contracción como la relajación de las fibras musculares requieren energía, la cual proviene de los alimentos y de la que se halla almacenada en el cuerpo. El sistema ATP-PCr actúa dentro del citosol celular, al igual que la glucólisis, y no requiere oxígeno para la producción de ATP. La fosforilación oxidativa se produce dentro de la mitocontria. En condiciones aeróbicas, los dos sustratos principales (carbohidratos y grasas) son reducidos al intermediario común acetil CoA que entra en el ciclo de Krebs.

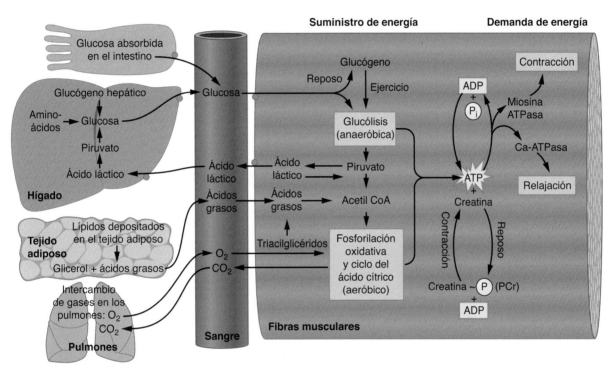

FIGURA 2.12 El metabolismo de los carbohidratos, las grasas y, en menor extensión, de las proteínas comparte vías comunes dentro de la fibra muscular. Los ATP generados por metabolismo oxidativo y no oxidativo se usan en la contracción y relajación muscular que demandan energía.

⬤ Revisión

➤ El sistema oxidativo implica la degradación de sustancias en presencia de oxígeno. Este sistema produce más energía que los sistemas ATP-PCr y glucolítico.

➤ La oxidación de los carbohidratos involucra la glucólisis, el ciclo de Krebs y la cadena de transporte de electrones. Al final se producen H_2O, CO_2 y 32 o 33 moléculas de ATP por molécula de carbohidrato.

➤ La oxidación de las grasas comienza con la betaoxidación de los AGL y luego sigue la misma vía de oxidación que los carbohidratos: el acetil CoA se mueve dentro del ciclo de Krebs y la cadena de transporte de electrones. La cantidad de energía producida por la oxidación de las grasas es mucho mayor que con la oxidación de los carbohidratos, y varía según el AGL oxidado. Sin embargo, la tasa máxima de formación de fosfatos de alta energía por oxidación de los lípidos es demasiado lenta como para igualar la tasa de utilización de fosfatos de alta energía durante el ejercicio de alta intensidad, y la energía producida por molécula de oxígeno, cuando se oxidan las grasas, es mucho menor que la energía producida por molécula de oxígeno cuando se oxidan los carbohidratos.

➤ La medición de la oxidación de proteínas es más compleja porque los aminoácidos contienen nitrógeno, que no puede ser oxidado. Las proteínas contribuyen muy poco con la producción de energía, en general menos del 5 al 10%, por lo que su metabolismo a menudo se considera carente de importancia.

Interacción entre los sistemas de producción de energía

Los tres sistemas energéticos no trabajan en forma independiente el uno del otro y ninguna actividad es 100% soportada por un solo sistema de producción de energía. Cuando una persona está ejercitándose con la mayor intensidad posible, desde los esprines más cortos (menos de 10 segundos) hasta los eventos de resistencia (mayores a 30 minutos), cada uno de los sistemas energéticos está contribuyendo al total de las necesidades energéticas del cuerpo. En general, predomina uno de los sistemas, salvo cuando existe una transición desde la predominancia de uno de los sistemas energéticos hacia otro. Por ejemplo, en un esprín de 100 m en 10 s, el sistema predominante es el ATP-PCr, pero tanto el sistema glucolítico como el oxidativo suministran una pequeña parte de la energía necesaria. En el otro extremo, en una carrera de 10 000 m (10 936 yd) en 30 min, predomina el sistema oxidativo, pero tanto el sistema ATP-PCr como el glucolítico también contribuyen con algo de energía.

La Figura 2.13 muestra la relación recíproca entre la potencia y la capacidad de los sistemas energéticos. El sistema de energía ATP-PCr puede suministrar energía a una tasa rápida, pero tiene baja capacidad para producirla. Por lo tanto, sustenta un ejercicio que sea intenso pero de muy corta duración. Al contrario, la oxidación de las grasas tarda más en comenzar y produce energía a una tasa más lenta; sin embargo, la cantidad de energía que puede producir es ilimitada.

Las características de los sistemas de producción de energía de las fibras musculares se muestran en el Cuadro 2.3.

La capacidad oxidativa del músculo

Hemos visto que los procesos del metabolismo oxidativo son los que producen el mayor rendimiento energético. Lo ideal sería que estos procesos funcionasen siempre en el pico de su capacidad. Pero al igual que todos los sistemas fisiológicos, operan con ciertas restricciones. La capacidad oxidativa del músculo ($\dot{Q}O_2$) es la medida de su capacidad máxima para utilizar oxígeno. Esta medición se lleva a cabo en laboratorio, donde puede examinarse una pequeña porción de tejido para determinar su capacidad de consumir oxígeno cuando es químicamente estimulada para generar ATP.

Actividad enzimática

Resulta difícil determinar la capacidad de las fibras musculares para oxidar los carbohidratos y las grasas. Muchos estudios han demostrado la estrecha relación entre la capacidad muscular para realizar un ejercicio aeróbico prolongado y la actividad de sus enzimas oxidativas. Dado que para la oxidación se necesitan muchas enzimas, la actividad enzimática de las fibras musculares brinda un indicador razonable de su potencial de oxidación.

Es virtualmente imposible llevar a cabo la medición de la actividad de todas las enzimas musculares, de manera que se han seleccionado unas pocas representativas que reflejan la capacidad aeróbica de las fibras. Entre las enzimas que más frecuentemente se miden encontramos el succinato deshidrogenasa y la citrato sintetasa, enzimas mitocondriales involucradas en el ciclo de Krebs (véase la Figura 2.9). La Figura 2.14 ilustra la estrecha relación entre la actividad de la succinato deshidrogenasa en el músculo vasto lateral y la capacidad oxidativa del músculo. Los músculos de los deportistas entrenados en resistencia exhiben una actividad dos a cuatro veces mayor en sus enzimas oxidativas en comparación con la de los hombres y mujeres desentrenados.

Composición del tipo de fibra y entrenamiento de resistencia

La composición del tipo de fibra muscular determina su capacidad oxidativa. Como vimos en el Capítulo 1, las fibras musculares de contracción lenta, o tipo I, tienen mayor capacidad para la actividad aeróbica que las de

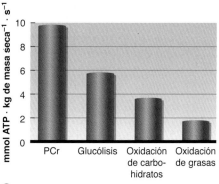

ⓐ Tasa máxima de producción de ATP

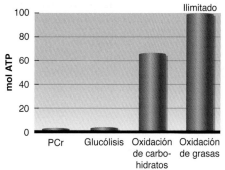

ⓑ Máxima energía disponible

FIGURA 2.13 Hay una relación recíproca entre los diferentes sistemas de producción de energía respecto de (*a*) la tasa máxima a la que puede producirse energía, y (*b*) la capacidad para producir energía.

CUADRO 2.3 **Características de los diferentes sistemas de producción de energía**

Sistema de producción de energía	¿Es necesario el oxígeno?	Reacción química global	Velocidad relativa de formación de ATP por segundo	ATP formado por molécula de sustrato	Capacidad disponible
ATP-PCr	No	PCr a Cr	10	1	<15 s
Glucólisis	No	Glucosa o glucógeno a lactato	5	2-3	~1 min
Oxidativo (a partir de carbohidratos)	Sí	Glucosa o glucógeno a CO_2 y H_2O	2,5	36-39*	~90 min
Oxidativo (a partir de grasas)	Sí	AGL o triglicéridos a CO_2 y H_2O	1,5	>100	Días

*La producción de 36-39 ATP por molécula de carbohidrato excluye el costo energético del transporte a través de las membranas. La producción neta es ligeramente menor (véase texto).

Cortesía del Dr. Martin Gibala, McMaster University, Hamilton, Ontario, Canadá.

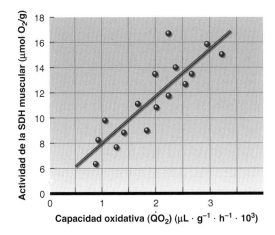

FIGURA 2.14 Relación entre la actividad de la succinato deshidrogenasa (SDH) muscular y la capacidad oxidativa ($\dot{Q}O_2$), medida en una biopsia muscular tomada del vasto lateral.

contracción rápida o tipo II debido a que las primeras tienen más mitocondrias y concentraciones más altas de enzimas oxidativas. Las fibras de tipo II están mejor dotadas para la producción de energía glucolítica. Por lo tanto y por lo general, cuanto más fibras de tipo I haya en los músculos, mayor será la capacidad oxidativa de éstos. Se ha reportado que los fondistas de elite, por ejemplo, poseen más fibras tipo I, más mitocondrias y mayor actividad oxidativa de las enzimas musculares que los individuos desentrenados.

El entrenamiento de la resistencia mejora la capacidad oxidativa de todas las fibras, en especial las de tipo II. El entrenamiento que pone sus demandas en la fosforilación oxidativa estimula las fibras musculares para desarrollar más mitocondrias, que también son más grandes y contienen más enzimas oxidativas. Este tipo de entrenamiento también estimula el incremento en el número de enzimas de la betaoxidación, lo cual permite que las fibras musculares dependan en mayor medida de las grasas para la producción de ATP. Por lo tanto, con el entrenamiento de la

resistencia, aun las personas con un gran porcentaje de fibras tipo II pueden incrementar la capacidad aeróbica de sus músculos. Sin embargo, en general se acepta que una fibra tipo II entrenada para resistencia no desarrollará la misma capacidad de alta resistencia que una fibra tipo I entrenada de manera similar.

Necesidades de oxígeno

Aunque la capacidad oxidativa de un músculo se determina por el número de mitocondrias y la cantidad de enzimas oxidativas presentes, el metabolismo oxidativo depende, finalmente, de un adecuado suministro de oxígeno. En reposo, la necesidad de ATP es relativamente baja y se requiere de un suministro de oxígeno mínimo. Cuando la intensidad del ejercicio aumenta, también lo hacen las demandas de energía. Para cumplir con ellas, aumenta la frecuencia de la producción oxidativa del ATP. En un esfuerzo por satisfacer las necesidades de oxígeno de los músculos, la frecuencia y la profundidad de la respiración aumentan, mejora el intercambio gaseoso en los pulmones y el corazón comienza a latir más rápido y con mayor esfuerzo, bombeando más sangre oxigenada a los músculos. Las arteriolas se dilatan para facilitar el envío de sangre arterial hacia los capilares del músculo.

El cuerpo humano almacena poco oxígeno, por lo que la cantidad que entra en la sangre cuando ingresa en los pulmones es directamente proporcional a la cantidad usada por los tejidos para el metabolismo oxidativo. En consecuencia, puede efectuarse una estimación razonablemente precisa de la producción de energía aeróbica a través de la medición del oxígeno consumido en los pulmones (véase el Capítulo 5).

Concepto clave

La capacidad oxidativa del músculo depende de las concentraciones de sus enzimas oxidativas, del tipo de fibra y de la disponibilidad de oxígeno.

En este capítulo. nos enfocamos en el metabolismo energético y la síntesis de la forma de almacenamiento de la energía en el cuerpo humano: el ATP. Describimos con algún detalle los tres sistemas básicos de producción de energía usados para generar ATP y su regulación e interacción. Por último, analizamos la importancia del oxígeno en la generación sostenida de ATP para la contracción muscular continua y los tres tipos de fibra hallados en los músculos esqueléticos. A continuación, veremos el control neural de los músculos durante el ejercicio.

Palabras clave

acetil coenzima A (acetil CoA)

ácidos grasos libres (AGL)

adenosindifosfato (ADP)

betaoxidación

bioenergética

cadena de transporte de electrones

carbohidratos

catabolismo

ciclo de Krebs

citocromo

creatin-cinasa (CK)

energía de activación

enzimas

enzima limitadora de la velocidad

fosfocreatina (PCr)

fosfofructocinasa (PFK)

fosforilación

fosforilación oxidativa

glucógeno

glucogenólisis

glucólisis

gluconeogénesis

glucosa

kilocalorías (kcal)

lipogénesis

lipólisis

metabolismo

metabolismo aeróbico

metabolismo anaeróbico

mitocondrias

sistema de retroalimentación negativa

sistema ATP-PCr

sistema oxidativo

sustrato

triacilglicéridos

Preguntas

1. ¿Qué es el ATP y cuál es su importancia en el metabolismo?
2. ¿Cuál es el sustrato principal utilizado para suministrar energía durante el reposo y durante ejercicios de alta intensidad?
3. ¿Cuál es el rol de la PCr en la producción de energía? Describa la relación entre el ATP muscular y la PCr durante un ejercicio de esprín.
4. Describa las características esenciales de los tres sistemas de producción de energía.
5. ¿Por qué los sistemas energéticos ATP-PCr y glucolítico se consideran anaeróbicos?
6. ¿Qué papel juega el oxígeno en el proceso de metabolismo aeróbico?
7. Describa los derivados de la producción de energía a partir del sistema ATP-PCr, la glucólisis y la oxidación.
8. ¿Qué es el ácido láctico y por qué es importante?
9. Analice la interacción entre los tres sistemas de producción de energía respecto de la tasa en la que puede producirse energía y la capacidad sostenida de producir esa energía.
10. ¿En qué difieren las fibras musculares tipo I y tipo II respecto de las capacidades oxidativas? ¿Por qué ocurren esas diferencias?

Control neural de los músculos durante el ejercicio

3

En este capítulo

Estructura y función del sistema nervioso   **70**
La neurona 70
El impulso nervioso 71
Sinapsis 74
Unión neuromuscular 75
Neurotransmisores 76
Respuesta postsináptica 77

Sistema nervioso central   **78**
Encéfalo 78
Médula espinal 80

Sistema nervioso periférico   **80**
División sensitiva 80
División motora 81
Sistema nervioso autónomo 81

Integración sensomotora   **83**
Aferencia sensitiva 83
Respuesta motora 87

Conclusión   **88**

En 1964, Jimmie Heuga y su compañero de equipo Billy Kidd hicieron historia al ganar las primeras medallas olímpicas para los Estados Unidos en esquí alpino masculino en Innsbruck, Austria. Los dos compañeros de equipo, que además eran amigos, aparecieron en la portada de *Sports Illustrated* antes de los Juegos Olímpicos de 1968, pero Heuga bajó al séptimo lugar en la prueba de slalom y al décimo lugar en el slalom gigante en los Juegos Olímpicos de 1968 en Grenoble, Francia. Para ese entonces, había empezado a tener los síntomas iniciales de lo que luego sería diagnosticado como esclerosis múltiple (EM), un trastorno neurológico crónico que enlentece la transmisión de señales nerviosas hacia los músculos.

En esa época se les decía a las personas que padecían EM que la actividad física exacerbaría el cuadro, de modo que se le aconsejó guardar reposo y conservar su energía. Heuga cumplió con esta recomendación durante un tiempo, pero comenzó a sentirse mal, desganado y con menos energía. Comenzó a deteriorarse física y mentalmente. Seis años después, Heuga decidió desoír las indicaciones médicas. Desarrolló un programa de entrenamiento de resistencia cardiovascular y comenzó a realizar ejercicios de estiramiento y fortalecimiento. Se puso metas realistas para su programa de bienestar personal. Inspirado por su buena evolución, fundó el Jimmie Heuga Center, una organización sin fines de lucro (conocida ahora como Can Do Multiple Sclerosis) en Colorado, que atendió a 10 000 personas sólo en 2008. La contribución más importante del centro a la investigación de la esclerosis múltiple se publicó en los *Annals of Neurology* en 1966,[4] y demostró que un programa de entrenamiento físico mejora las funciones fisiológicas y psicológicas y la calidad de vida en general de los pacientes con esclerosis múltiple, contradiciendo la convención médica de ese entonces, que indicaba restricción de la actividad física.

Heuga, esquiador que está en el Salón de la Fama y activista en pro de la actividad física, falleció el 8 de febrero de 2010 a la edad de 66 años.

Todas las funciones del cuerpo humano son o pueden ser influenciadas por el sistema nervioso. Los nervios representan el "cableado" a través del cual los impulsos eléctricos son enviados o recibidos desde prácticamente todo el cuerpo. El encéfalo actúa como un ordenador: integra toda la información aferente, selecciona una respuesta adecuada y luego instruye a todas las partes del cuerpo involucradas a realizar una acción apropiada. De este modo, el sistema nervioso forma una red vital que permite la comunicación, coordinación e interacción de los diferentes tejidos y sistemas corporales entre sí y de éstos con el ambiente externo.

El sistema nervioso es uno de los sistemas más complejos del cuerpo. Por este motivo, y porque este libro se centra en el control neural de la contracción muscular del movimiento voluntario, limitaremos la descripción de este sistema a algunos aspectos. Primero, estudiaremos la estructura y la función del sistema nervioso y luego nos centraremos en temas específicos relacionados con el deporte y el ejercicio.

Antes de estudiar los intrincados detalles del sistema nervioso, es importante tener una perspectiva general y comprender cómo está organizado este sistema y cómo funciona esta estructura para integrar y controlar los movimientos corporales. En primer lugar, el sistema nervioso, como un todo, puede dividirse en dos partes: el **sistema nervioso central (SNC)** y el **sistema nervioso periférico (SNP)**. El SNC está formado por el encéfalo y la médula espinal, mientras que el SNP está compuesto por dos grandes divisiones, los **nervios sensitivos** (o **aferentes**) y los **nervios motores** (o **eferentes**). Los nervios sensitivos son los responsables de informar al SNC qué está sucediendo dentro y fuera del cuerpo. Los nervios motores son responsables de enviar la información desde el SNC a las distintas partes del cuerpo en respuesta a las señales transmitidas por la división sensitiva. El sistema nervioso eferente está formado por dos partes, el sistema nervioso

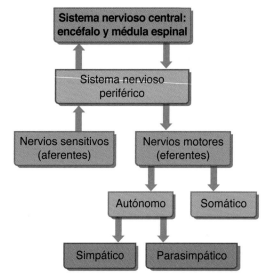

FIGURA 3.1 Organización del sistema nervioso.

autónomo y el sistema nervioso somático. En la Figura 3.1 se puede observar un esquema sobre estas relaciones. Más adelante en este capítulo, se presentarán de forma más detallada cada una de estas unidades del sistema nervioso.

Estructura y función del sistema nervioso

La **neurona** es la unidad estructural básica del sistema nervioso. Primero estudiaremos la anatomía de la neurona y luego analizaremos sus funciones, que permiten la transmisión de los impulsos nerviosos a todo el cuerpo.

La neurona

La fibra nerviosa (célula nerviosa) representada en la Figura 3.2 se denomina neurona. Una neurona típica está compuesta por tres regiones:

FIGURA 3.2

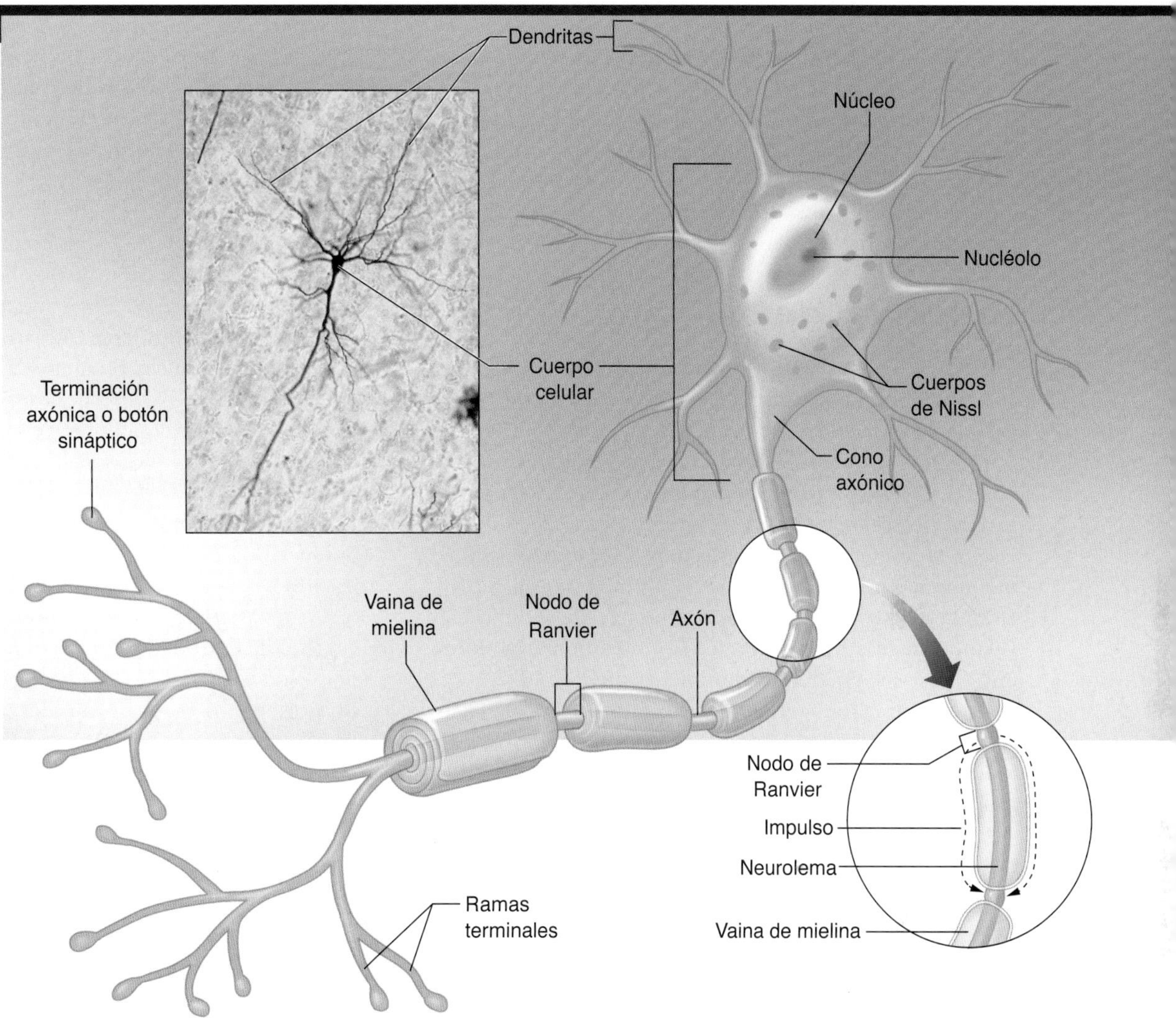

Microfotografía de
una neurona y su
estructura.

Dendritas

Núcleo

Nucléolo

Cuerpo
celular

Cuerpos
de Nissl

Cono
axónico

Terminación
axónica o botón
sináptico

Vaina de
mielina

Nodo de
Ranvier

Axón

Nodo de
Ranvier

Impulso

Neurolema

Vaina de mielina

Ramas
terminales

- el cuerpo celular, o soma
- las dendritas
- el axón

El cuerpo celular contiene el núcleo. A partir del cuerpo, se proyectan dos tipos de prolongaciones celulares: las dendritas y el axón. En el lado cercano al axón, el cuerpo se estrecha y constituye una región en forma de cono denominada **cono axónico**. Esta estructura desempeña un papel importante en la conducción del impulso, como se analizará más adelante.

La mayoría de las neuronas poseen un solo axón pero varias dendritas, que cumplen una función receptora. Muchos de los impulsos nerviosos, o potenciales de acción, que llegan desde estímulos sensitivos o neuronas adyacentes ingresan en la neurona a través de las dendritas. Después, estas prolongaciones transmiten los impulsos hacia el soma.

El axón es la prolongación transmisora de la neurona y conduce los impulsos hacia afuera del cuerpo neuronal. Cerca de su terminación, el axón se divide en múltiples

ramas terminales, cuyos extremos están dilatados y forman pequeños bulbos, conocidos como **terminaciones axónicas** o botones sinápticos. Estas terminaciones o botones contienen múltiples vesículas repletas de sustancias químicas llamadas **neurotransmisores**, que son usados por las neuronas para comunicarse entre sí (esto se analizará en detalle más adelante en este capítulo). La estructura de la neurona permite que los impulsos nerviosos ingresen en ella a través de las dendritas (y, en menor medida, a través del cuerpo celular), se propague a través del cuerpo celular y el cono axónico, continúe por el axón y, finalmente, por las ramas terminales y las terminaciones axónicas. A continuación explicaremos con mayor detalle este proceso, e incluso cómo estos impulsos viajan de una neurona a otra y de una motoneurona somática a las fibras musculares.

El impulso nervioso

Se dice que las neuronas son *tejido excitable* porque pueden responder a varios tipos de estímulos y convertir estos mensajes en un impulso nervioso. Un **impulso ner-**

vioso –una descarga eléctrica– es una señal que se transmite de una neurona a otra y, finalmente, a un órgano diana, que puede ser otra neurona o un grupo de fibras musculares. Para simplificarlo, piense en el impulso nervioso viajando a través de una neurona como la electricidad viaja por un cable eléctrico en una casa. En esta sección se describe cómo se genera el impulso eléctrico y cómo viaja a través de la neurona.

Potencial de membrana en reposo

La membrana de una célula en reposo tiene un potencial eléctrico negativo de unos –70 mV. Esto quiere decir que, si se insertara un voltímetro en una célula, las cargas eléctricas dentro y fuera de ésta diferirían en 70 mV, y el interior sería negativo respecto del exterior. Esta diferencia en el potencial eléctrico se conoce como **potencial de membrana en reposo (PMR)**. Se produce por la separación desigual de las cargas a través de la membrana. Cuando las cargas a través de las membranas difieren entre sí, se dice que la membrana está polarizada.

La neurona tiene una concentración alta de iones potasio (K^+) en el interior y una concentración alta de iones sodio (Na^+) en el exterior. El desequilibrio en el número de iones entre el espacio extracelular y el intracelular causa el PMR. Este desequilibrio se mantiene de dos formas. Primero, la membrana celular es mucho más permeable al K^+ que al Na^+, lo que permite que el K^+ difunda a través de la membrana con mayor libertad. Como el movimiento de los iones tiende a establecer un equilibrio, el K^+ se moverá hacia una zona en la que esté menos concentrado, es decir, hacia afuera de la célula. El Na^+ no puede ingresar tan fácilmente como el K^+. Segundo, las **bombas de sodio-potasio** ubicadas en la membrana neuronal y con actividad de Na^+-K^+ adenosintrifosfatasa (Na^+-K^+-ATPasa) mantienen el desequilibrio a cada lado de la membrana transportando activamente iones potasio hacia el interior de la célula y iones sodio hacia el exterior. La bomba de sodio-potasio transporta tres iones Na^+ hacia el espacio extracelular por cada dos K^+ que introduce en la célula. Como resultado final, en el exterior se encuentran más cargas positivas que en el interior, lo que crea diferencia de potencial a través de la membrana. La función principal de la bomba de sodio-potasio es el mantenimiento de un PMR constante de aproximadamente –70 mV.

Despolarización e hiperpolarización

Si el interior de la célula se vuelve menos negativo con respecto al exterior, la diferencia de potencial a través de la membrana decrece y la membrana estará menos polarizada. Cuando esto sucede, se dice que la membrana se ha despolarizado. Por lo tanto, siempre que la diferencia

de potencial sea inferior a los –70 mV del PMR (es decir, que el valor se acerque a cero) se producirá la **despolarización**. En general, esto sucede cuando hay un cambio de la permeabilidad al Na^+ en la membrana.

También puede ocurrir lo contrario. Si la diferencia de cargas a través de la membrana aumenta desde el valor del PMR hacia otro valor aún más negativo, entonces la membrana se vuelve más polarizada. Esto se conoce como **hiperpolarización**. En realidad, los cambios en el potencial de membrana son señales que se usan para recibir, transmitir e integrar información dentro y entre las células. Estas señales pueden ser de dos tipos: potenciales graduales o potenciales de acción. Ambas son corrientes eléctricas creadas por el movimiento de iones.

Potenciales graduados

Los **potenciales graduados** son cambios localizados en el potencial de membrana, que pueden ser tanto despolarizaciones como hiperpolarizaciones. La membrana posee canales iónicos con compuertas que funcionan como sitio de entrada y salida de iones. Estas compuertas suelen estar cerradas, lo que evita el flujo de iones; es decir, por encima y por debajo del movimiento constante de Na^+ y de K^+ que mantiene el PMR. No obstante, al ser estimuladas se abren y permiten el movimiento de iones desde el exterior de la célula hacia el interior, o viceversa. Este flujo de iones altera la separación de las cargas y modifica la polarización de la membrana.

Los potenciales graduados son desencadenados por un cambio en el entorno local de la neurona. Según la localización y el tipo de neurona involucrada, las compuertas iónicas pueden abrirse en respuesta a la transmisión de un impulso proveniente de otra neurona o en respuesta a un estímulo sensitivo, como cambios en la concentración de sustancias químicas, la temperatura o la presión.

La mayoría de los receptores de la neurona se localizan en las dendritas (aunque algunos están en el cuerpo neuronal); sin embargo, el impulso nervioso se transmite desde las terminaciones axónicas en el extremo opuesto de la célula. Para que la neurona pueda transmitir un impulso, éste debe viajar por casi toda su longitud. Aunque un potencial graduado puede ocasionar la despolarización de toda la membrana celular, en general es un evento local y la despolarización no se propaga demasiado a lo largo de la neurona. Para poder atravesar la distancia completa hasta las terminaciones, el impulso debe generar un potencial de acción.

⬤ Concepto clave

Se dice que las neuronas son tejidos excitables porque tienen la capacidad de responder a varios tipos de estímulos y convertirlos en una señal eléctrica o un impulso nervioso.

Potenciales de acción

Un potencial de acción es una despolarización rápida e importante de la membrana de la neurona; en general, dura sólo 1 ms. De forma característica, el potencial de membrana cambia de un PMR de –70 mV a un valor de aproximadamente +30mV y después vuelve rápidamente al valor de reposo, como puede observarse en la Figura 3.3. ¿Cómo ocurre este cambio tan pronunciado en el potencial de membrana?

Todos los potenciales de acción comienzan como potenciales graduados. Cuando la estimulación es suficiente como para causar una despolarización de por lo menos 15 a 20 mV, se produce un potencial de acción. En otras palabras, si la membrana se despolariza desde un PMR de –70mV a un valor de –50 a –55 mV, la célula experimentará un potencial de acción. El **umbral de despolarización** es el valor de voltaje de la membrana en el cual un potencial graduado se trasforma en un potencial de acción. Si la despolarización no alcanza el umbral, no originará un potencial de acción. Por ejemplo, si el potencial de membrana cambia desde un PMR de –70 mV a –60 mV, este cambio de sólo 10 mV no alcanzará el umbral; por lo tanto, no se desencadenará un potencial

de acción, pero sí se desencadenará siempre que la despolarización alcance o supere el umbral. Esto se denomina *principio de todo o nada*.

Cuando un segmento determinado del axón está generando un potencial de acción y las compuertas de los canales de sodio están abiertas, dicho segmento será incapaz de responder a otro estímulo. Esto se denomina *período refractario absoluto*. Cuando las compuertas de los canales de sodio están cerradas, las de los canales de potasio abiertas y la neurona se está repolarizando, dicho segmento del axón es capaz de responder a un nuevo estímulo. Sin embargo, este nuevo estímulo deberá tener una amplitud mayor para poder inducir un potencial de acción. Esto es lo que se conoce como *período refractario relativo*.

Propagación del potencial de acción

Ahora que comprendimos cómo se genera un impulso nervioso en la forma de un potencial de acción, podremos comprender cómo se propaga; es decir, cómo viaja por la neurona. Al considerar qué tan rápido un impulso

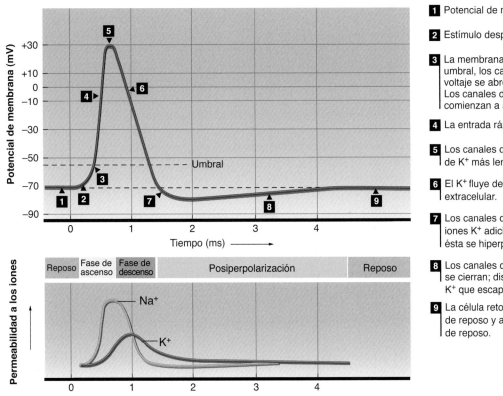

1 Potencial de membrana en reposo.

2 Estímulo despolarizante.

3 La membrana se despolariza hasta el valor umbral, los canales de Na+ dependientes del voltaje se abren y el Na+ ingresa en la célula. Los canales de K+ dependientes del voltaje comienzan a abrirse lentamente.

4 La entrada rápida de Na+ despolariza la célula.

5 Los canales de Na+ se cierran y los canales de K+ más lentos comienzan a abrirse.

6 El K+ fluye desde la célula hacia el líquido extracelular.

7 Los canales de K+ permanecen abiertos, iones K+ adicionales salen de la célula y ésta se hiperpolariza.

8 Los canales de K+ dependientes del voltaje se cierran; disminuye la cantidad de iones K+ que escapan de la célula.

9 La célula retorna a la permeabilidad iónica de reposo y a su potencial de membrana de reposo.

FIGURA 3.3 Cambios en el voltaje y la permeabilidad a los iones durante el potencial de acción.
Fig. 8.9, p. 259 de HUMAN PHYSIOLOGY, ed. de Dee Unglaub Silverthorn. Copyright 2007 de Pearson Education, Inc. Reproducido con autorización.

puede atravesar el axón, se vuelven importantes dos características de la neurona: la mielinización y el diámetro del axón.

Mielinización Los axones de muchas neuronas, especialmente los de aquellas de gran tamaño, están mielinizados. Esto quiere decir que están recubiertos por una vaina de mielina, una sustancia grasa que aísla la membrana celular. Esta **vaina de mielina** (véase la Figura 3.2) está formada por células especializadas llamadas células de Schwann.

La vaina de mielina no es continua. A medida que se extiende a lo largo del axón, muestra interrupciones entre células de Schwann adyacentes, que dejan al axón sin aislamiento en esos puntos. Estas interrupciones de la vaina de mielina se denominan *nodos de Ranvier* (véase la Figura 3.2). El potencial de acción salta de un nodo a otro a medida que viaja por la fibra mielinizada, y esto se denomina **conducción saltatoria**, una forma de conducción más rápida que la que ocurre en las fibras no mielinizadas.

Concepto clave

La velocidad de transmisión del impulso nervioso en las fibras mielinizadas de gran tamaño puede ser de 100 m/s, es decir, 5 a 50 veces más rápida que en las fibras no mielinizadas del mismo tamaño.

La mielinización de las motoneuronas periféricas comienza en los primeros años de vida, lo que explicaría, al menos en parte, por qué los niños necesitan tiempo para desarrollar movimientos coordinados. Los individuos con ciertas enfermedades neurológicas como la esclerosis múltiple, analizada en la introducción del capítulo, experimentan una degeneración de la vaina de mielina y una subsecuente pérdida de coordinación.

Diámetro de la neurona La velocidad de transmisión del impulso nervioso también está determinada por el tamaño de la neurona. Las de mayor diámetro conducen los impulsos nerviosos con mayor rapidez que las de diámetro pequeño porque las neuronas grandes presentan menor resistencia al flujo de corriente localizado.

Sinapsis

Para que una neurona se comunique con otra, primero debe generarse un potencial de acción. Una vez que esto sucede, el potencial de acción viaja a lo largo del axón hasta alcanzar las terminaciones axónicas. ¿Cómo hace un potencial de acción para pasar de la neurona en la que se generó a otra y seguir transmitiendo la señal eléctrica?

Las neuronas se comunican entre sí a través de las sinapsis. Una **sinapsis** es el sitio donde el potencial de acción se transmite de una neurona hacia el soma o las dendritas de otra. Las sinapsis pueden ser de dos tipos: químicas o eléctricas. Las más comunes son las químicas, y en ellas nos enfocaremos. Es importante destacar que la señal que se transmite de una neurona a otra pasa de ser eléctrica a química y luego vuelve a ser eléctrica.

Como se observa en la Figura 3.4, la sinapsis entre dos neuronas incluye

- las terminaciones axónicas de la neurona que transmite el potencial de acción,
- los receptores en la neurona a la que llegará el potencial de acción, y
- el espacio entre estas estructuras.

Revisión

➤ El PMR de una neurona, de aproximadamente –70 mV, es el resultado de la separación de los iones de sodio y potasio, con más potasio en el interior de la membrana y más sodio del lado exterior.

➤ El PMR se mantiene por la acción de la bomba de sodio-potasio, junto con la baja permeabilidad del sodio y la alta permeabilidad del potasio de la membrana neuronal.

➤ Cualquier cambio que haga que el potencial de membrana sea menos negativo produce una despolarización, y cualquier cambio que haga al potencial más negativo es una hiperpolarización. Estos cambios ocurren cuando se abren las compuertas de los canales iónicos de la membrana, permitiendo el pasaje de más iones.

➤ Si la membrana se despolariza en 15 a 20 mV se alcanza el umbral de despolarización y se genera un potencial de acción. Los potenciales de acción no se generan si no se alcanza el umbral.

➤ En las neuronas mielinizadas el impulso se desplaza por el axón mediante saltos entre los nodos de Ranvier (espacios entre las células que forman la vaina de mielina). Este proceso, de conducción saltatoria, permite que la transmisión nerviosa sea de 5 a 50 veces más rápida que en fibras amielínicas del mismo tamaño. Los impulsos nerviosos también se desplazan más rápido en las neuronas de mayor diámetro.

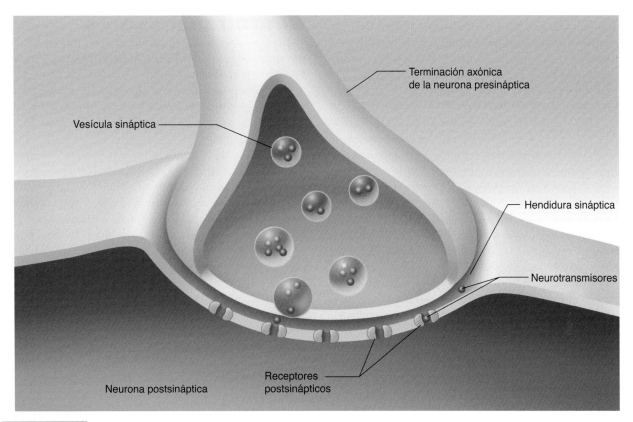

FIGURA 3.4 Sinapsis química entre dos neuronas, en la que se muestran las vesículas sinápticas que contienen las moléculas de neurotransmisor.

La neurona que transmite el potencial de acción a través de la sinapsis se denomina neurona presináptica; por lo tanto, sus terminaciones axónicas son terminaciones presinápticas. De la misma forma, la neurona que recibe el potencial de acción en el lado opuesto de la sinapsis se denomina neurona postsináptica, y tiene receptores postsinápticos. Las terminaciones axónicas y los receptores postsinápticos no contactan entre sí, sino que están separados por un pequeño espacio, denominado hendidura sináptica.

El potencial de acción se transmite a través de la sinapsis en una sola dirección: desde las terminaciones axónicas de la neurona presináptica a los receptores postsinápticos, de los cuales el 80 al 95% están ubicados en las dendritas de la neurona postsináptica. (El 5 a 20% restante de los receptores postsinápticos están adyacentes al cuerpo celular en lugar de estar en las dendritas)[2]. ¿Por qué el potencial de acción puede viajar en una sola dirección?

Las terminaciones presinápticas del axón contienen un gran número de estructuras saculares, denominadas vesículas sinápticas (o de almacenamiento). Estas vesículas contienen compuestos químicos, llamados neurotransmisores porque su función es transmitir la señal nerviosa hacia la siguiente neurona. Cuando el impulso alcanza las terminaciones axónicas presinápticas, las vesículas responden liberando los neurotransmisores químicos hacia la hendidura sináptica. Estos neurotransmisores difunden a través de la hendidura sináptica hacia los receptores en la neurona postsináptica. Los receptores postsinápticos se unen a los neurotransmisores una vez que estos atravesaron la hendidura sináptica. Cuando ocurre esta unión, se produce una serie de despolarizaciones graduales y, si la despolarización alcanza el umbral, se produce un potencial de acción y el impulso se transmite con éxito a la siguiente neurona. La despolarización del segundo nervio depende de la cantidad de neurotransmisor liberado y la cantidad de sitios de unión receptores disponibles en la neurona postsináptica.

Concepto clave

La transmisión de la señal de un nervio a otro se produce en las sinapsis mediante la liberación presináptica de neurotransmisores que difunden a través de la hendidura sináptica y se unen a receptores postsinápticos específicos.

Unión neuromuscular

Como se vio en el capítulo 1, se denomina unidad motora a una única motoneurona α y todas las fibras musculares que ésta inerva. Mientras que las neuronas se comunican entre sí a través de las sinapsis, una motoneurona α se comunica con las fibras musculares en un área denominada **unión neuromuscular**. La función de la unión neuromuscular es básicamente la misma que la de la sinapsis. De hecho, la parte proximal de la unión neuromuscular es la misma: comienza con las terminaciones axónicas de la motoneurona, la cual, en respuesta a un potencial de acción, libera neurotransmisores al espacio comprendido entre el nervio motor y la fibra muscular. Sin embargo, en la unión neuromuscular las terminaciones axónicas protruyen formando las placas motoras, que son como pequeñas depresiones del plasmalema (véase la Figura 3.5).

Los neurotransmisores –sobre todo la acetilcolina (ACh)– liberados desde las terminaciones axónicas de la motoneurona α difunden a través de la hendidura sináptica y se unen a los receptores en el plasmalema de la fibra muscular. Esta unión causa la despolarización de la fibra muscular al abrir canales iónicos de sodio que permiten que mayores cantidades de sodio ingresen en la fibra muscular. Una vez más, si la despolarización alcanza el umbral, se desencadena un potencial de acción que se extiende por el plasmalema hacia los túbulos T, y se inicia la contracción muscular. Tal como ocurre en la neurona, el plasmalema, una vez despolarizado, debe repolarizarse. Durante el período de repolarización, los canales de sodio están cerrados y los de potasio, abiertos. Por la tanto, al igual que la neurona, la fibra muscular es incapaz de responder a un nuevo estímulo. Este período se denomina refractario. Una vez que las condiciones eléctricas de la membrana retornan a los niveles de reposo, la fibra es capaz de responder a otro estímulo. De este modo, el período refractario limita la frecuencia de disparo de la unidad motora.

Ahora ya sabemos cómo se transmite el impulso nervioso de una célula a otra. Pero para comprender qué sucede una vez que el impulso ha sido transmitido, primero debemos analizar las señales químicas que llevan a cabo esta transmisión.

Neurotransmisores

Hasta el momento, se han identificado más de 50 neurotransmisores, o se consideran como posibles candidatos. Pueden clasificarse como (a) moléculas neurotransmisoras pequeñas y de acción rápida, o (b) neuropéptidos neurotransmisores de acción lenta. Nos centraremos en las primeras, que son las responsables de la mayoría de las transmisiones neurales.

La acetilcolina y la noradrenalina son los dos neurotransmisores principales relacionados con la regulación fisiológica de nuestra respuesta al ejercicio. La **acetilcolina** es el principal neurotransmisor que utilizan las motoneuronas que inervan los músculos esqueléticos y la mayoría de las neuronas parasimpáticas. En general, es un neurotransmisor excitatorio en el sistema somático, pero puede tener efectos inhibitorios sobre algunas terminaciones nerviosas parasimpáticas, como ocurre en el corazón. La **noradrenalina** es el neurotransmisor que utilizan la mayoría de las neuronas simpáticas, y también puede ser tanto excitatorio como inhibitorio, dependiendo del receptor involucrado. Los nervios que liberan principalmente noradrenalina se llaman **adrenérgicos**, y los que usan la acetilcolina como principal neurotransmisor son **colinérgicos**. Los sistemas simpático y parasimpático se abordarán más adelante en este capítulo.

Concepto clave

Los receptores de las terminaciones motoras de la unión neuromuscular se llaman colinérgicos porque se unen al principal neurotransmisor involucrado en la excitación de las fibras musculares, la acetilcolina.

Una vez que el neurotransmisor se une al receptor postsináptico, el impulso nervioso se ha transmitido con éxito. Después, el neurotransmisor puede ser degradado por enzimas, recaptado activamente por las terminacio-

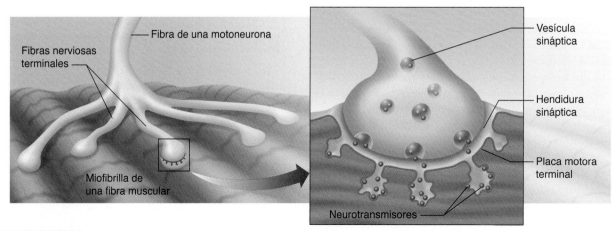

FIGURA 3.5 Unión neuromuscular, en la que se muestra la interacción entre la motoneurona α y el plasmalema de una fibra muscular.

nes presinápticas para ser reutilizado, o puede difundir lejos de la sinapsis.

Respuesta postsináptica

Una vez que los neurotransmisores se unen a los receptores, la señal química que atraviesa la hendidura sináptica se convierte nuevamente en una señal eléctrica. La unión genera un potencial gradual en la membrana postsináptica. Un impulso aferente puede ser tanto excitatorio como inhibitorio. Un impulso excitatorio causa una despolarización, denominada **potencial postsináptico excitatorio (PPSE)**. Un impulso inhibitorio causa una hiperpolarización, denominada **potencial postsináptico inhibitorio (PPSI)**.

La descarga de una sola terminal presináptica suele modificar el potencial postsináptico en menos de 1 mV. Claramente, esto no es suficiente para generar un potencial de acción, ya que se necesitan cambios de por lo menos 15 a 20 mV para alcanzar el umbral. Pero cuando una neurona transmite un impulso, múltiples terminaciones presinápticas liberan sus neurotransmisores para que difundan hacia los receptores postsinápticos. Además, las terminaciones presinápticas de varios axones convergen en las dendritas y en el cuerpo neuronal de una sola neurona. Cuando múltiples terminaciones presinápticas descargan al mismo tiempo, o cuando unas pocas lo hacen de forma rápida y sucesiva, se libera una mayor cantidad de neurotransmisores. Si se trata de un neurotransmisor excitatorio, cuanto mayor sea la cantidad de éste que se une a los receptores, mayor será la amplitud del PPSE.

El disparo de un potencial de acción en la neurona postsináptica depende de los efectos combinados de todos los impulsos que llegan desde múltiples terminaciones presinápticas. Se necesita una cierta cantidad de impulsos para causar una despolarización suficiente como para generar un potencial de acción. La suma de todos los cambios en el potencial de membrana debe igualar o exceder el umbral. Esta sumatoria de los efectos combinados de impulsos individuales se denomina sumación.

Para que tenga lugar el fenómeno de sumación, la célula postsináptica debe llevar un registro permanente de las repuestas de la neurona, sean PPSE o PPSI, ante los impulsos de entrada. Esta tarea se realiza en el cono axónico, que es la región del axón adyacente al cuerpo de la neurona. Un potencial de acción se desencadena sólo cuando la suma de todos los potenciales graduados individuales alcanza o excede el umbral.

Concepto clave

La sumatoria de los efectos individuales de todos los potenciales graduados procesados en el cono axónico se denomina sumación. Cuando la sumación de todos los potenciales graduados por separado alcanza o excede el umbral de despolarización, se produce un potencial de acción.

Las neuronas se agrupan formando haces. En el SNC (encéfalo y médula espinal), estos haces se denominan tractos o vías; en el SNP, nervios.

Revisión

➤ Las neuronas se comunican entre sí a través de las sinapsis, que están compuestas por las terminaciones axónicas de la neurona presináptica, los receptores postsinápticos en las dendritas o el cuerpo neuronal de la neurona postsináptica, y la hendidura sináptica entre las dos neuronas.

➤ Un impulso nervioso causa liberación de sustancias denominadas neurotransmisores desde las terminaciones axónicas presinápticas hacia la hendidura sináptica.

➤ Los neurotransmisores difunden a través de la hendidura y se unen a receptores postsinápticos.

➤ Una vez unida una cantidad suficiente de neurotransmisores, el impulso se transmite con éxito, y después el neurotransmisor es degradado por enzimas, recaptado por las terminaciones presinápticas para reutilizarlo en el futuro, o difunde lejos de la sinapsis.

➤ La unión de los neurotransmisores a los receptores postsinápticos abre los canales iónicos en la membrana y puede generar una despolarización (excitación) o una hiperpolarización (inhibición), dependiendo del neurotransmisor y de los receptores a los que se une.

➤ Las neuronas se comunican con las células musculares en la unión neuromuscular. Una unión neuromuscular comprende las terminaciones axónicas presinápticas, la hendidura sináptica y los receptores de la placa motora terminal en el plasmalema de la fibra muscular. La unión neuromuscular funciona de forma similar a una sinapsis.

➤ Los neurotransmisores más importantes en la regulación de las respuestas al ejercicio son la acetilcolina en el sistema nervioso somático y la noradrenalina en el sistema nervioso autónomo.

➤ Los potenciales postsinápticos excitatorios son despolarizaciones graduadas de la membrana postsináptica; los potenciales postsinápticos inhibitorios son hiperpolarizaciones de esa membrana.

➤ Un único terminal presináptico no puede generar suficiente despolarización como para desencadenar un potencial de acción. Se necesitan múltiples señales. Éstas pueden provenir de numerosas neuronas o de una neurona única con numerosos terminales axónicos que liberan neurotransmisores de forma repetida y rápida.

➤ El cono axónico almacena el total de PPSE y PPSI. Cuando la suma alcanza o excede el umbral de despolarización, se produce el potencial de acción. Este proceso de acumulación de señales se conoce como sumación.

Sistema nervioso central

A continuación, analizaremos la complejidad del SNC para así poder comprender cómo aun el estímulo más básico puede causar actividad muscular. En esta sección explicaremos las generalidades de los distintos componentes del SNC y sus funciones.

Concepto clave

El SNC alberga más de 100 mil millones de neuronas.

Encéfalo

El encéfalo es un órgano muy complejo, formado por varias áreas especializadas. Para nuestro propósito, lo dividiremos en cuatro regiones importantes, como se muestra en la Figura 3.6: el cerebro, el diencéfalo, el cerebelo y el tronco del encéfalo.

Cerebro

El cerebro está formado por los hemisferios derecho e izquierdo. Estos están conectados por haces de fibras (tractos) que en conjunto se denominan *cuerpo calloso*, el cual permite que los dos hemisferios se comuniquen entre sí. La corteza cerebral es la parte más externa de los hemisferios, es considerada el sitio de la mente y el intelecto. También se denomina sustancia gris, que simplemente refleja el color distintivo que posee, resultado de la ausencia de mielina en los cuerpos neuronales locali-

zados en esta área. La corteza cerebral es la parte del cerebro relacionada con la conciencia. Permite a las personas pensar, ser conscientes de los estímulos sensitivos y tener el control voluntario de sus movimientos.

El cerebro está formado por cinco lóbulos (cuatro lóbulos externos y uno central, la ínsula, que tienen las siguientes funciones generales (véase la Figura 3.6):

- El lóbulo frontal: intelecto general y control motor.
- El lóbulo temporal: aferencia sonora y su interpretación.
- El lóbulo parietal: aferencias sensitivas generales y su interpretación.
- El lóbulo occipital: aferencias visuales y su interpretación.
- El lóbulo de la ínsula: diversas funciones, usualmente asociadas con la emoción y la autopercepción.

Las tres áreas del cerebro sobre las que centraremos nuestro análisis y que discutiremos más adelante en este capítulo son: la corteza motora primaria en el lóbulo frontal, los ganglios basales en la materia blanca ubicada por debajo de la corteza cerebral y la corteza sensitiva primaria en el lóbulo parietal. En esta sección nos concentraremos en la corteza motora primaria y en los ganglios basales, que controlan y coordinan el movimiento.

Corteza motora primaria La corteza motora primaria es responsable del control de los movimientos musculares finos y aislados. Se localiza en el lóbulo frontal, específicamente en la circunvolución precentral. En esta

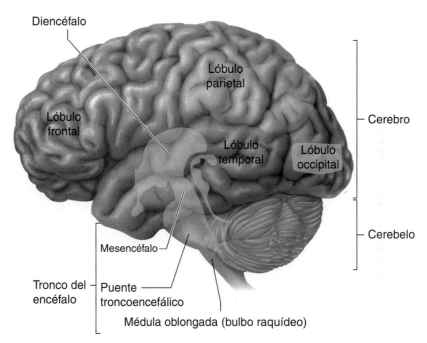

FIGURA 3.6 Las cuatro regiones principales del encéfalo y los cuatro lóbulos externos del cerebro (nótese que el lóbulo insular no se muestra debido a que está plegado en lo profundo del cerebro, entre el lóbulo temporal y el lóbulo frontal).

región, las neuronas reciben el nombre de células piramidales, que nos permiten tener un control consciente del movimiento de los músculos esqueléticos. Piense en la corteza primaria como la parte del cerebro donde se toman las decisiones acerca de qué movimiento uno quiere hacer. Por ejemplo, en el béisbol, cuando el jugador se encuentra en el cajón de bateo esperando el siguiente lanzamiento, la decisión de mover el bate se toma en la corteza motora primaria, donde está "mapeado" todo el cuerpo. Las áreas que requieren un control motor más fino tienen una representación mayor en la corteza; por lo tanto, se les otorga más control motor neural.

Los cuerpos celulares de las células piramidales se localizan en la corteza primaria motora, y sus axones forman los tractos extrapiramidales. Se los conoce también como tractos corticoespinales, porque sus prolongaciones nerviosas se extienden desde la corteza cerebral hacia la médula espinal. Estos tractos proporcionan el principal control voluntario de los músculos esqueléticos.

Además de la corteza motora primaria, existe una corteza premotora justo por delante de la circunvolución precentral, en el lóbulo frontal. Las habilidades motoras aprendidas de tipo repetitivas o en patrones se localizan aquí. Se puede pensar en esta región como el banco de memoria para las habilidades motoras.[3]

Ganglios basales Los ganglios basales (núcleos) no forman parte de la corteza cerebral. En realidad, se hallan en la sustancia blanca del cerebro, en lo profundo de la corteza. Estos ganglios son agrupaciones de cuerpos neuronales. No se conocen del todo las funciones complejas de los ganglios basales, aunque se sabe que son importantes para iniciar movimientos repetitivos y sostenidos (como el balanceo de los brazos mientras uno camina), y que, por lo tanto, controlan movimientos complejos como la caminata y la carrera. Estas células también participan en el mantenimiento de la postura y el tono muscular.

Diencéfalo

La región del encéfalo conocida como diencéfalo (Figura 3.6) está compuesta en su mayor parte por el tálamo y el hipotálamo. El tálamo es un centro importante de integración sensitiva. Todas las aferencias sensitivas (excepto el olfato) entran por el tálamo y son transmitidas hacia un área específica en la corteza. El tálamo regula cuáles aferencias alcanzarán la corteza; por lo tanto, es muy importante en el control motor.

El hipotálamo, justo por debajo del tálamo, es responsable de mantener la homeostasis regulando casi todos los procesos que influyen en el medio interno del cuerpo. Los centros neuronales aquí ubicados ayudan en la regulación de:

- la presión sanguínea, la frecuencia y la contractilidad cardíacas,
- la respiración,
- la digestión,
- la temperatura corporal,
- el balance hídrico y la sed,
- el control neuroendocrino,
- el apetito y la ingesta de comida, y
- los ciclos de sueño-vigilia.

Cerebelo

El cerebelo se ubica por detrás del tronco encefálico. Está conectado a numerosas áreas del encéfalo y desempeña un papel importante en la *coordinación* del movimiento.

El cerebelo es crucial para el control de todas las actividades musculares complejas. Ayuda a coordinar el ritmo de las actividades motoras y la progresión rápida de un movimiento al siguiente mediante el control y la corrección en las actividades motoras que son reguladas en otras partes del encéfalo. El cerebelo actúa como asistente en las funciones tanto de la corteza motora primaria como de los ganglios basales. Facilita los patrones de movimiento suavizándolos, ya que de otra manera serían anárquicos y descontrolados.

El cerebelo actúa como un sistema de integración, comparando la actividad programada o intencional con los cambios reales que ocurren en el cuerpo y luego inicia los ajustes correctivos a través del sistema motor. Recibe información del cerebro y de otras partes del encéfalo y también de los receptores sensitivos (propioceptores) en los músculos y en las articulaciones, que mantienen informado al cerebelo acerca de la posición real del cuerpo. El cerebelo también recibe información visual y del equilibrio. Por ende, registra toda la información referente a la tensión exacta que deben ejercer los músculos y referente a la posición de éstos, las articulaciones y los tendones, comparando estos datos con los de la posición actual del cuerpo en relación con al entorno, y luego elabora un plan de acción para producir el movimiento.

La corteza motora primaria es la parte del encéfalo que toma la decisión de realizar un movimiento. Esta decisión descansa en el cerebelo. Éste toma nota de la acción deseada y luego compara la intención del movimiento con el movimiento real, basado en una retroalimentación sensitiva proveniente de los músculos y las articulaciones. Si la acción es diferente de la planificada, el cerebelo informa a los centros más altos sobre esta discrepancia, de manera que se pueda iniciar la acción correctiva.

Tronco encefálico

El tronco encefálico, compuesto por el mesencéfalo, el puente troncoencefálico (protuberancia) y la médula oblongada (bulbo raquídeo), conecta el encéfalo con la médula espinal (véase la Figura 3.6). Las neuronas motoras y sensitivas atraviesan el tronco del encéfalo, intercambiando información entre el encéfalo y la médula espinal. Es el lugar de origen de 10 de los 12 pares de nervios craneales. También contiene los principales centros de regulación autonómica que controlan el sistema respiratorio y el cardiovascular.

Un conjunto de neuronas especializadas del tronco encefálico, denominado *formación reticulada*, está influenciado por todas las áreas del SNC y a su vez influye sobre éstas. Dichas neuronas contribuyen a:

- coordinar la función de los músculos esqueléticos,
- mantener el tono muscular,
- controlar las funciones respiratorias y cardiovasculares, y
- determinar el estado de conciencia (tanto en la vigilia como en el sueño).

El encéfalo tiene un sistema de control del dolor que se encuentra ubicado en la formación reticulada, un grupo de fibras nerviosas del tronco encefálico. Algunas sustancias opioides como las encefalinas y las β-endorfinas actúan sobre los receptores opioides en esta región para ayudar a disminuir el dolor. Distintos estudios han revelado que los ejercicios de larga duración aumentan las concentraciones de estas sustancias. Si bien esto ha sido interpretado como el mecanismo que causa la "calma endorfínica" o la "euforia del corredor" que experimentan algunos deportistas, no se conoce del todo la asociación causa-efecto entre los opioides endógenos y estas sensaciones.

Médula espinal

La parte más caudal del tronco encefálico, la médula oblongada, se continúa con la médula espinal. Ésta se compone de tractos de fibras nerviosas que permiten la conducción de impulsos nerviosos en dos direcciones. Las fibras sensitivas (aferentes) transportan señales neurales desde los receptores sensitivos, como los que se encuentran en la piel, los músculos y las articulaciones, hacia niveles superiores del SNC. Los fibras motoras (eferentes) transmiten potenciales de acción desde el encéfalo y la parte superior de la médula espinal hacia los órganos diana (p. ej., músculos o glándulas).

Sistema nervioso periférico

El sistema nervioso periférico (SNP) contiene 43 pares de nervios: 12 pares de nervios craneales que se conectan con el encéfalo y 31 pares de nervios espinales que se conectan con la médula espinal. Los nervios craneales y los espinales inervan directamente los músculos esqueléticos. Desde el punto de vista funcional, el SNP se puede dividir en dos: la división sensitiva y la división motora. Analizaremos brevemente ambas.

División sensitiva

La división sensitiva del SNP transporta información hacia el SNC. Las neuronas sensitivas (aferentes) se originan en áreas como:

- los vasos sanguíneos,
- los órganos internos,
- los órganos sensoriales especiales (gusto, tacto, olfato, oído y vista),
- la piel, y
- los músculos y tendones.

Las neuronas sensitivas del SNP terminan en la médula espinal o en el encéfalo, y continuamente transmiten información al SNC acerca del estado del cuerpo, que cambia constantemente. Al transmitir la información, estas neuronas permiten que el encéfalo perciba qué está sucediendo en todo el cuerpo, en su posición y en el medio que lo rodea. Las neuronas sensitivas dentro del SNP transportan las aferencias sensitivas a áreas específicas, en las que la información se procesa y se integra con más información aferente.

La división sensitiva recibe información desde cinco tipos principales de receptores:

Revisión

- El SNC se compone del encéfalo y la médula espinal.
- Las cuatro divisiones principales del encéfalo son el cerebro, el diencéfalo, el cerebelo y el tronco encefálico.
- La corteza cerebral está relacionada con la conciencia. La corteza motora primaria, localizada en el lóbulo frontal, es el centro del control motor consciente.
- Los ganglios basales, en la sustancia blanca cerebral, ayudan a iniciar algunos movimientos (sostenidos y repetitivos) y a controlar la postura y el tono muscular.
- El diencéfalo incluye al tálamo, que recibe todas las aferencias sensitivas que llegan al encéfalo, y al hipotálamo, principal centro de control de la homeostasis.
- El cerebelo se conecta con múltiples áreas del encéfalo y es fundamental para la coordinación del movimiento. Es un centro de integración que decide cómo se realiza mejor el movimiento deseado, según la posición real del cuerpo y el estado de los músculos en ese momento.
- El tronco encefálico está compuesto por el mesencéfalo, el puente troncoencefálico y el bulbo raquídeo.
- La médula espinal contiene fibras sensitivas y motoras que transmiten potenciales de acción entre el encéfalo y la periferia.

1. *mecanorreceptores,* que responden a fuerzas mecánicas como la presión, el tacto, las vibraciones o el estiramiento;
2. *termorreceptores,* que responden a cambios de la temperatura;
3. *nociceptores,* que responden a estímulos dolorosos;
4. *fotorreceptores,* que responden a la radiación electromagnética (luz) y permiten la visión; y
5. *quimiorreceptores,* que responden a estímulos químicos, como los provenientes de los alimentos, los olores, o a cambios en las concentraciones de distintas sustancias como oxígeno, dióxido de carbono, glucosa y electrolitos.

Casi todos estos receptores son importantes en el ejercicio y el deporte. Analicemos sólo algunos. Las terminaciones nerviosas libres perciben el tacto grueso, la presión, el dolor, el calor y el frío. Por lo tanto, funcionan como mecanorreceptores, nociceptores y termorreceptores. Estas terminaciones nerviosas son importantes para prevenir lesiones durante el ejercicio. Las terminaciones nerviosas de los músculos y las articulaciones son de distintas clases, tienen diferentes funciones y cada clase es sensible a un estímulo específico. Observemos algunos ejemplos importantes:

- Los receptores cinestéticos articulares, ubicados en la cápsula articular, son sensibles a los cambios en los ángulos articulares y a la tasa de cambio de estos ángulos. Por lo tanto, perciben la posición y cualquier movimiento de las articulaciones.
- Los husos musculares registran la longitud muscular y la tasa a la cual ésta varía.
- El órgano tendinoso de Golgi sensa la tensión que le aplica un músculo a su tendón y proporciona información sobre la fuerza de la contracción muscular.

El huso muscular y el órgano tendinoso de Golgi se abordarán más adelante en este capítulo.

División motora

El SNC transmite información a múltiples partes del cuerpo a través de la división motora, o eferente, del SNP. Una vez que el SNC procesa la información que recibe desde la división sensitiva, decide cómo debería responder el cuerpo a esa información aferente. Una intricada red de neuronas parte desde el encéfalo y la médula espinal hacia todo el cuerpo, y proporciona instrucciones detalladas a las áreas diana, entre ellas los músculos, de fundamental importancia en la fisiología del deporte y el ejercicio.

Sistema nervioso autónomo

El sistema nervioso autónomo, con frecuencia considerado parte de la división motora del SNP, controla las funciones internas e involuntarias del cuerpo. Algunas de estas funciones, que son importantes para realizar deportes y actividades, incluyen la frecuencia cardíaca, la presión sanguínea, la distribución de la sangre y la función pulmonar.

El sistema nervioso autónomo tiene dos divisiones principales: el sistema nervioso simpático y el parasimpático. Estos se originan en distintas partes de la médula espinal y de la base del encéfalo. Los efectos de estos dos sistemas son, con frecuencia, antagónicos, pero siempre funcionan juntos.

Sistema nervioso simpático

Usualmente, el sistema nervioso simpático se denomina "sistema de lucha o huida", ya que prepara al cuerpo para enfrentar una crisis y mantener sus funciones durante ésta. Cuando se activa, el sistema nervioso simpático produce una descarga masiva a través del cuerpo y lo prepara para la acción. Un ruido fuerte y repentino, una situación de vida o muerte, los segundos antes de iniciar una competencia deportiva son ejemplos de circunstancias en las que se produce la descarga simpática masiva. Los efectos de la estimulación simpática, importantes para el atleta, son:

- incrementa la frecuencia y la fuerza de la contracción cardíaca,
- provoca la vasodilatación coronaria e incrementa así el suministro de sangre al músculo cardíaco para satisfacer el aumento en la demanda,
- provoca la vasodilatación periférica, que permite que una mayor cantidad de sangre alcance los músculos esqueléticos activos,
- provoca vasoconstricción en casi todo el resto de los tejidos, desviando la sangre hacia los músculos activos,
- incrementa la presión sanguínea y permite así una mejor perfusión de los músculos y un aumento del retorno de la sangre venosa al corazón,
- provoca la broncodilatación, lo que mejora la ventilación y el intercambio gaseoso,
- incrementa la tasa metabólica; esto refleja el esfuerzo del cuerpo para satisfacer el aumento de la demanda durante la actividad física,
- incrementa la actividad mental, y mejora así la percepción de estímulos sensitivos y la concentración en el desempeño,
- libera glucosa del hígado a la sangre para usarla como fuente de energía,
- enlentece las funciones que no son imprescindibles para realizar una actividad física (p. ej., la función renal o la digestión), y así se conserva energía que puede usarse para la acción.

Estas alteraciones básicas en la función corporal facilitan la respuesta motora y demuestran que el sistema nervioso autónomo desempeña un rol muy importante preparando al cuerpo para una situación de estrés o una actividad física.

Sistema nervioso parasimpático

El sistema nervioso parasimpático es el sistema de mantenimiento del cuerpo. Desempeña un papel principal en distintos procesos como la digestión, la micción, la secreción glandular y la conservación de energía. Este sistema tiene mayor actividad cuando se está en calma y en reposo. Sus efectos tienden a oponerse a aquellos del sistema simpático. La división parasimpática disminuye la frecuencia cardíaca, contrae los vasos coronarios y causa broncoconstricción.

En el Cuadro 3.1 se resumen los múltiples efectos de las divisiones simpática y parasimpática del sistema nervioso autónomo.

Revisión

➤ El SNP contiene 43 pares de nervios: 12 craneales y 31 espinales.
➤ El SNP se puede subdividir en las divisiones sensitiva y motora. La división motora, además, incluye el sistema nervioso autónomo.
➤ La división sensitiva transporta información desde los receptores sensitivos al SNC. La división motora transporta impulsos desde el SNC a los músculos, órganos y otros tejidos.
➤ El sistema nervioso autónomo incluye el sistema nervioso simpático y el parasimpático. Aunque a menudo estos sistemas se oponen, siempre funcionan juntos para producir una respuesta equilibrada y apropiada.

CUADRO 3.1 Efectos de los sistemas nerviosos simpático y parasimpático en diferentes órganos

Órgano o sistema diana	Efectos del sistema simpático	Efectos del sistema parasimpático
Músculo cardíaco	Aumenta la frecuencia y la fuerza de la contracción cardíaca	Disminuye la frecuencia cardíaca
Corazón: vasos coronarios	Vasodilatación	Vasoconstricción
Pulmones	Broncodilatación; constricción leve de los vasos sanguíneos	Broncoconstricción
Vasos sanguíneos	Aumenta la presión sanguínea; causa vasoconstricción en las vísceras abdominales y en la piel para desviar la sangre cuando es necesario; causa vasodilatación en los músculos esqueléticos y en el corazón durante el ejercicio	Poco o ningún efecto
Hígado	Estimula la liberación de glucosa	Sin efecto
Metabolismo celular	Aumenta la tasa metabólica	Sin efecto
Tejido adiposo	Estimula la lipólisis[a]	Sin efecto
Glándulas sudoríparas	Aumenta la sudoración	Sin efecto
Glándulas suprarrenales	Estimula la secreción de adrenalina y noradrenalina	Sin efecto
Sistema digestivo	Disminuye la actividad de las glándulas y los músculos; contrae esfínteres	Aumenta el peristaltismo y la secreción glandular; relaja esfínteres
Riñón	Vasoconstricción; disminuye la producción de orina	Sin efecto

[a]La lipólisis es el proceso mediante el cual se escinden los triglicéridos en unidades básicas para ser usadas como fuente de energía.

Integración sensomotora

Ahora que hemos analizados los componentes y las divisiones del sistema nervioso, a continuación explicaremos cómo los estímulos sensitivos dan lugar a una respuesta motora. Por ejemplo, ¿cómo saben los músculos de nuestras manos cuándo se deben contraer para retirar un dedo de una estufa caliente? Cuando uno decide correr, ¿cómo hacen los músculos de las piernas para soportar nuestro peso al mismo tiempo que nos impulsan hacia adelante? Para llevar a cabo estas tareas, los sistemas motor y sensitivo deben comunicarse entre sí.

Este proceso se denomina **integración sensomotora** y se describe en la Figura 3.7. Para que el cuerpo pueda responder a los estímulos sensoriales, las divisiones sensitiva y motora del sistema nervioso deben funcionar juntas, siguiendo la secuencia de eventos que se describe a continuación:

1. Los receptores reciben un estímulo sensitivo (p. ej., pincharse con un alfiler).

2. El potencial de acción sensitivo se transmite a lo largo de la neurona sensitiva hacia el SNC.
3. El SNC interpreta la información sensitiva aferente y determina cuál es la respuesta apropiada, o desencadena una respuesta motora refleja.
4. Los potenciales de acción para la respuesta se transmiten desde el SNC a lo largo de las motoneuronas α.
5. El potencial de acción motor se transmite a un músculo, y genera una respuesta.

Aferencia sensitiva

Recordemos que los receptores sensitivos dispersos por todo el cuerpo perciben los estímulos sensitivos y el estado fisiológico. Los potenciales de acción generados por la estimulación sensitiva se transmiten por los nervios sensitivos hacia la médula espinal. Cuando alcanzan la médula, pueden desencadenar un reflejo local a este nivel, o pueden viajar hacia áreas superiores de la médula o al encéfalo. Las vías sensitivas que se dirigen al encéfalo pueden terminar en áreas sensitivas del tronco encefálico, el cerebelo, el tálamo o la corteza cerebral. Una re-

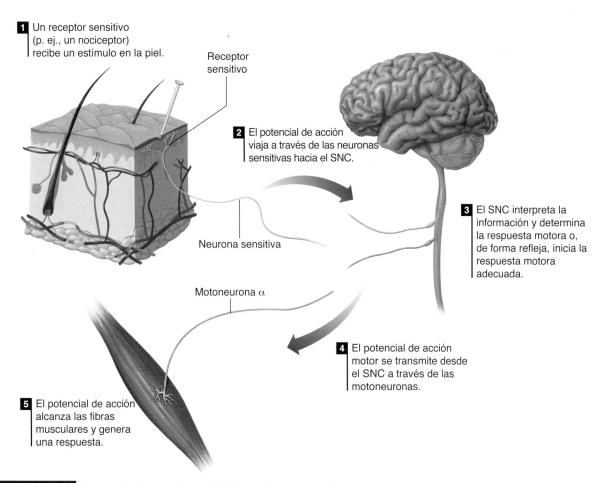

1 Un receptor sensitivo (p. ej., un nociceptor) recibe un estímulo en la piel.

Receptor sensitivo

2 El potencial de acción viaja a través de las neuronas sensitivas hacia el SNC.

Neurona sensitiva

3 El SNC interpreta la información y determina la respuesta motora o, de forma refleja, inicia la respuesta motora adecuada.

Motoneurona α

4 El potencial de acción motor se transmite desde el SNC a través de las motoneuronas.

5 El potencial de acción alcanza las fibras musculares y genera una respuesta.

FIGURA 3.7 Secuencia de eventos en la integración sensomotora.

gión donde finalizan impulsos sensitivos se denomina centro de integración. Estas son áreas donde las aferencias sensitivas se interpretan y se conectan con el sistema motor. En la Figura 3.8 se muestran algunos receptores sensitivos y la vía nerviosa que dirige el impulso hacia la médula espinal y hacia distintas áreas del encéfalo. Los centros de integración cumplen con diferentes funciones:

- Los impulsos sensitivos que terminan en la médula espinal se integran allí. La respuesta suele ser un simple reflejo motor (analizado más adelante), que es la forma más simple de integración.
- Las señales sensitivas que terminan en la parte baja del tronco encefálico generan reacciones motoras subconscientes de naturaleza superior y de mayor complejidad que un simple reflejo de la médula espinal. Un ejemplo de este nivel de aferencia sensitiva es el control postural mientras estamos sentados, parados o en movimiento.

- Las señales sensitivas que terminan en el cerebelo también resultan en un control del movimiento subconsciente. El cerebelo es el centro de la coordinación, suaviza los movimientos al coordinar la acción de múltiples grupos musculares contrayéndose al mismo tiempo para realizar el movimiento deseado. En conjunto con los ganglios basales, el cerebelo actúa para coordinar tanto los movimientos finos como los gruesos. Sin el control exhaustivo del cerebelo, todos los movimientos serían incontrolados e incoordinados.
- Las señales sensitivas que finalizan en el tálamo inician su ingreso al nivel consciente, y la persona empieza a percibir distintas sensaciones.
- Sólo cuando las señales sensitivas alcanzan la corteza cerebral uno puede distinguir la localización de la señal. La corteza sensitiva primaria, ubicada en la circunvolución postcentral (en el lóbulo parietal), recibe las aferencias sensitivas generales de los receptores de la piel y de los propioceptores en los

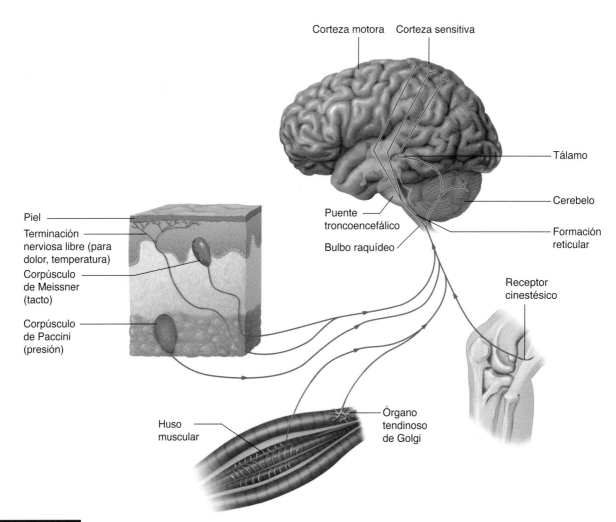

FIGURA 3.8 Receptores sensitivos y sus vías hacia la médula espinal y el encéfalo.

músculos, tendones y articulaciones. Esta área posee un mapa del cuerpo. Reconoce la estimulación de una zona específica del cuerpo y su localización exacta en forma instantánea. Por lo tanto, esta área del encéfalo consciente nos permite estar constantemente al tanto de nuestro entorno y de nuestra relación con él.

Una vez que se recibe un impulso sensitivo, éste puede evocar una respuesta motora, sin importar a qué nivel se detenga. Esta respuesta puede generarse desde cualquiera de estos tres niveles:

- la médula espinal,
- las regiones bajas del encéfalo, o
- el área motora de la corteza cerebral.

A medida que el nivel de control asciende desde la médula espinal hasta la corteza motora, el grado de complejidad del movimiento aumenta desde un simple control reflejo hasta movimientos complejos que requieren ser procesados. Las respuestas motoras para los movimientos de mayor complejidad se originan, de forma característica, en la corteza motora del encéfalo, mientras que los ganglios basales y el cerebelo ayudan a coordinar los movimientos repetitivos y a suavizar los patrones de movimiento global. La integración sensomotora también tiene asistencia de las vías reflejas para las respuestas rápidas y órganos sensitivos especializados en los músculos.

Actividad refleja

¿Qué sucede cuando, sin advertirlo, uno apoya la mano sobre una estufa caliente? Primero, la sensación de calor y dolor son percibidas por los termorreceptores y nociceptores de la mano; después, los potenciales de acción sensitivos viajan hacia la médula espinal, y terminan en el nivel de entrada. Una vez en la médula espinal, estos potenciales de acción se integran instantáneamente mediante interneuronas que conectan las neuronas motoras con las sensitivas. Los potenciales de acción se transmiten a las neuronas motoras y viajan a los efectores, los músculos que controlan la retirada de la mano. Esto hace que el individuo retire la mano de la estufa caliente de forma refleja, sin pensar en la acción.

Un **reflejo motor** es una respuesta preprogramada: siempre que los nervios sensitivos transmitan ciertos potenciales de acción, el cuerpo responderá de forma instantánea e idéntica. En distintos ejemplos como el que acabamos de usar, ya sea que uno toque algo frío o caliente, los termorreceptores desencadenarán un reflejo para retirar la mano. Ya sea que el dolor se origine por calor o por un objeto cortante, los nociceptores también causarán la retirada refleja. Para cuando uno toma conciencia del estímulo específico (después de que los potenciales de acción sensitivos se hayan transmitido también a la corteza sensitiva primaria), la actividad refleja ya está muy avanzada, o incluso ya ha sido completada. Toda la actividad neural se produce con extrema rapidez, pero un reflejo es la forma más rápida de respuesta porque la acción se produce antes de que el impulso se transmita más allá de la médula espinal hacia el encéfalo. Sólo una respuesta es posible; no se necesita tener en cuenta otras opciones.

Concepto clave

El nivel de respuesta del sistema nervioso ante una aferencia sensitiva varía de acuerdo con la complejidad del movimiento necesario. La mayoría de los reflejos simples se maneja en la médula espinal, mientras que reacciones y movimientos complejos requieren de la activación de niveles superiores del cerebro.

Husos musculares

Ahora que ya hemos analizado las bases de la actividad refleja, ahondaremos en dos reflejos que ayudan a controlar la función muscular. El primero involucra una estructura especializada: el huso muscular (véase la Figura 3.9).

El **huso muscular** se encuentra entre las fibras de los músculos esqueléticos, denominadas fibras *extrafusales* (fuera del huso). Un huso muscular consiste en 4 a 20 pequeñas fibras musculares especializadas denominadas fibras *intrafusales* (dentro del huso) y terminaciones ner-

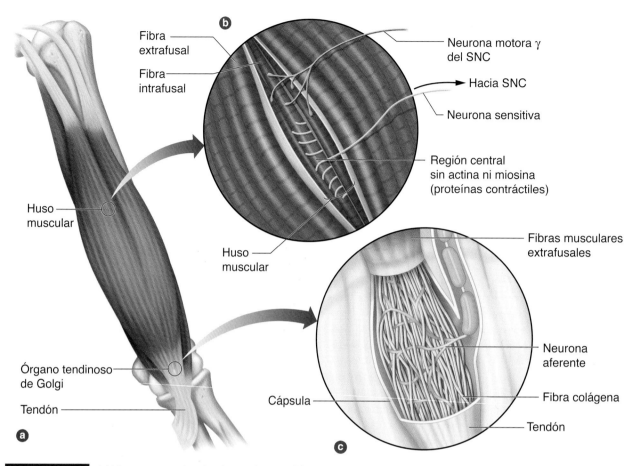

FIGURA 3.9 (*a*) Vientre muscular donde se observa (*b*) un huso muscular y (*c*) un órgano tendinoso de Golgi.

viosas libres, sensitivas y motoras, asociadas con esas fibras. Una vaina de tejido conectivo envuelve al huso muscular y se une al endomisio de las fibras extrafusales. Las fibras intrafusales son controladas por neuronas motoras especializadas, denominadas *motoneuronas γ (gamma)*. Por el contrario, las fibras extrafusales (fibras comunes) son controladas por *motoneuronas α (alfa)*.

La región central de la fibra intrafusal no se puede contraer porque contiene pocos o nada de filamentos de actina y miosina. Por lo tanto, la región central sólo puede estirarse. Como el huso muscular está unido a las fibras extrafusales, siempre que estas fibras se estiren, también lo hará la región central del huso muscular.

Cuando se estira la región central del huso muscular, las terminaciones nerviosas sensitivas que rodean esta región transmiten información a la médula espinal, y comunican al SNC sobre la longitud del músculo. En la médula espinal, la neurona sensitiva hace sinapsis con una motoneurona α, que desencadena la contracción refleja del músculo (en las fibras extrafusales) para evitar que éste se estire aún más.

Analicemos esta acción con un ejemplo. Un individuo tiene el brazo flexionado a nivel del codo, con la mano extendida y la palma hacia arriba. De repente alguien apoya un objeto pesado en la palma de la mano. El ante-

brazo comienza a caer, lo que estira las fibras musculares de los músculos flexores del codo (p. ej., el bíceps braquial) que, a su vez, estira los husos musculares. En respuesta a ese estiramiento, las neuronas sensitivas transmiten potenciales de acción a la médula espinal, lo que activa a las motoneuronas α de las unidades motoras en los mismos músculos. Esto causa que los músculos aumenten la producción de fuerza, y superen así el estiramiento.

Las motoneuronas γ excitan las fibras intrafusales, preestirándolas ligeramente. Aunque la región central de las fibras intrafusales no puede contraerse, los extremos sí pueden. Las motoneuronas γ causan una ligera contracción de los extremos de estas fibras, lo que estira ligeramente la región central. Este preestiramiento hace al huso muscular mucho más sensible a grados de estiramiento mucho menores.

El huso muscular también permite la acción normal del músculo. Cuando las motoneuronas α son estimuladas para contraer las fibras musculares extrafusales, las motoneuronas γ también son activadas y contraen los extremos de las fibras intrafusales. Esto estira la región central del huso muscular y aumenta los impulsos sensitivos que viajan hacia la médula espinal y después, a la motoneurona α. Por lo tanto, el músculo aumenta su producción de fuerza gracias a esta función del huso muscular.

La información transmitida hacia la médula espinal por las neuronas sensitivas asociadas al huso muscular no necesariamente termina en este nivel. Los impulsos también pueden ser enviados a niveles superiores del SNC, proporcionándole al encéfalo una retroalimentación continua acerca de la longitud exacta del músculo y del ritmo al que está cambiando esa longitud. Esta información es esencial para mantener el tono muscular y la postura, y para ejecutar movimientos. El huso muscular funciona como un mecanismo servoasistido para corregir continuamente los movimientos que no resultan según lo planeado. El encéfalo se informa de los errores en los movimientos planeados al mismo tiempo que el error está siendo corregido a nivel de la médula espinal.

Órganos tendinosos de Golgi

Los **órganos tendinosos de Golgi** son receptores sensitivos encapsulados a través de los cuales pasa un pequeño haz de fibras tendinosas musculares. Estos órganos se ubican muy próximos a las fibras tendinosas unidas a las fibras musculares, como se muestra en la Figura 3.9. Cada órgano tendinoso de Golgi se conecta, en general, con aproximadamente 5 a 25 fibras musculares. Mientras que los husos musculares son sensibles la longitud de un músculo, los órganos tendinosos de Golgi son sensibles a la tensión del complejo músculo-tendón y funcionan como un tensímetro, un dispositivo que mide cambios en la tensión. Son tan sensibles que pueden responder a la contracción de una sola fibra muscular. Estos receptores sensitivos son inhibitorios por naturaleza, desempeñan una tarea protectora reduciendo el daño potencial. Cuando son estimulados, estos receptores inhiben a los músculos que se están contrayendo (agonistas) y estimulan a los músculos antagonistas.

Los órganos tendinosos de Golgi son importantes durante los ejercicios con sobrecarga. Funcionan como dispositivos de seguridad que ayudan a cuidar al músculo del desarrollo de una fuerza excesiva durante la contracción, que puede dañarlo.

Por otra parte, algunos investigadores sospechan que, si se reduce la influencia de los órganos tendinosos de Golgi, se desinhiben los músculos activos, lo que permitiría una acción muscular más fuerte. Este mecanismo podría explicar, al menos en parte, el aumento de la fuerza muscular que acompaña al entrenamiento de fuerza.

Respuesta motora

Ya hemos analizado cómo las aferencias sensitivas se integran para determinar la respuesta motora adecuada. El último paso de este proceso es cómo los músculos responden a los potenciales de acción una vez que estos alcanzan las fibras musculares.

Cuando el potencial de acción alcanza una motoneurona α, éste viaja por todo el largo de la neurona hasta alcanzar la unión neuromuscular. Desde aquí, el potencial de acción se propaga por todas las fibras musculares inervadas por dicha motoneurona. Recuerde que una motoneurona α y todas las fibras musculares que inerva forman una unidad motora. Cada fibra nerviosa está inervada por una sola motoneurona α, pero cada una inerva miles de fibras musculares, según la función del músculo. Los músculos que controlan los movimientos finos, como aquellos que manejan los ojos, tienen un pequeño número de fibras musculares por cada motoneurona α. En los músculos que controlan funciones más generales, cada motoneurona α inerva muchas fibras.

Los músculos que controlan los movimientos de los ojos (músculos extraoculares) poseen un cociente de inervación de 1:15, esto significa que cada motoneurona α controla sólo 15 fibras musculares. Por el contrario, los músculos gastrocnemio y tibial anterior de la pierna tienen un cociente de inervación de casi 1:2 000.

Las fibras musculares de una unidad motora particular son homogéneas respecto del tipo de fibra. Por lo tanto, no es posible encontrar en una misma unidad motora fibras tipo I y fibras tipo II. De hecho, como se mencionó en el Capítulo 1, se cree que en general son las motoneuronas α las que determinan el tipo de fibra de la unidad motora.[1, 5]

⬤ Revisión

➤ La integración sensomotora es el proceso por el cual el sistema nervioso periférico actúa como estaciones de relevo de la información sensitiva hacia el sistema nervioso central, y éste interpreta la información y envía la señal motora adecuada para desencadenar la respuesta motora deseada.

➤ La información sensitiva puede terminar en varios niveles del sistema nervioso central. No toda esta información alcanza el encéfalo.

➤ Los reflejos son la forma más simple de control motor. No son respuestas concientes. Para un estímulo sensitivo determinado, la respuesta motora es siempre idéntica e instantánea.

➤ Los husos musculares desencadenan reflejos de acción muscular cuando son estimulados.

➤ Los órganos tendinosos de Golgi desencadenan un reflejo que inhibe la contracción si las fibras tendinosas son estiradas.

Conclusión

Hemos visto cómo los músculos responden a un estímulo neural, ya sea a través de reflejos o bajo el control de centros encefálicos superiores. Analizamos cómo las unidades motoras individuales responden y son reclutadas de forma ordenada dependiendo de la fuerza requerida. Por lo tanto, hemos aprendido cómo trabaja el cuerpo para permitir que las personas se muevan. En el capítulo siguiente examinaremos de qué manera las hormonas responden al ejercicio y ayudan a regular el metabolismo y el equilibrio hídrico.

Palabras clave

acetilcolina

adrenérgicos

bombas de sodio-potasio

colinérgicos

conducción saltatoria

cono axónico

despolarización

hiperpolarización

huso muscular

impulso nervioso

integración sensomotora

nervios aferentes

nervios eferentes

nervios motores

nervios sensitivos

neurona

neurotransmisores

noradrenalina

órganos tendinosos de Golgi

potencial de membrana en reposo (PMR)

potencial postsináptico excitatorio (PPSE)

potencial postsináptico inhibitorio (PPSI)

potenciales graduados

ramas terminales

reflejo motor

sinapsis

sistema nervioso central (SNC)

sistema nervioso periférico (SNP)

terminaciones axónicas

umbral de despolarización

unión neuromuscular

vaina de mielina

Preguntas

1. ¿Cuáles son las principales divisiones del sistema nervioso? ¿Cuáles son sus principales funciones?
2. Mencione las distintas partes de una neurona.
3. Explique el potencial de membrana en reposo. ¿Cómo se genera? ¿Cómo se mantiene?
4. Describa un potencial de acción. ¿Cuáles son los requisitos para que se desencadene?
5. Explique cómo se transmite un potencial de acción desde una neurona presináptica a una postsináptica. Describa una sinapsis y una unión neuromuscular.
6. ¿Cuáles son los centros encefálicos que desempeñan roles importantes en el control del movimiento, y cuáles son estos roles?
7. ¿En qué se diferencian los sistemas simpático y parasimpático? ¿Cuál es su importancia en el desarrollo de actividades físicas?
8. Explique cómo se producen los movimientos reflejos en respuesta a tocar un objeto caliente.
9. Describa el rol del huso neuromuscular en el control de la contracción muscular.
10. Describa el papel que cumple el órgano tendinoso de Golgi en el control de la contracción muscular.

Control hormonal durante el ejercicio

4

En este capítulo

El sistema endocrino   **92**

Hormonas   **93**
Clasificación química de las hormonas   93
Secreción y concentración plasmática de las hormonas   93
Acciones de las hormonas   94

Glándulas endocrinas y sus hormonas: generalidades   **96**

Regulación hormonal del metabolismo durante el ejercicio   **100**
Glándulas endocrinas que participan en la regulación metabólica   100
Regulación del metabolismo de los carbohidratos durante el ejercicio   102
Regulación del metabolismo de las grasas durante el ejercicio   104

Regulación hormonal del equilibrio hidroelectrolítico durante el ejercicio   **105**
Glándulas endocrinas que participan en la homeostasis hidroelectrolítica   105
Los riñones como glándulas endocrinas   106

Conclusión   **110**

El 22 de mayo de 2010, un niño estadounidense de 13 años se convirtió en el montañista más joven en alcanzar la cumbre del monte Everest, una escalada dificilísima a 8 850 metros sobre el nivel de mar. El ascenso fue muy controvertido debido a la edad del niño. En realidad, el gobierno de Nepal no otorgó el permiso a la familia para subir al Everest desde Nepal, por lo que el equipo de gente que subió lo hizo desde el lado chino, mucho más difícil, ya que en este lado no había restricciones respecto de la edad. Como parte del entrenamiento previo, el niño, su padre y otro montañista durmieron durante meses en una carpa hipóxica, con el objeto de preparar el cuerpo para el ascenso a gran altura. Uno de los objetivos de la aclimatación a la altitud es aumentar la concentración de glóbulos rojos que transportan oxígeno en la sangre. Dos hormonas importantes facilitan este proceso. El aumento de la hormona eritropoyetina funciona como señal para que la médula ósea produzca más glóbulos rojos, y la disminución de la vasopresina (también llamada hormona antidiurética) hace que los riñones produzcan un exceso de orina, para así aumentar la concentración de glóbulos rojos. Debido a estas adaptaciones, los montañistas pudieron hacer cumbre en el Everest pasando menos tiempo en los refugios en todo el trayecto.

Durante el ejercicio y la exposición a ambientes extremos, el cuerpo se enfrenta a enormes demandas que requieren múltiples ajustes fisiológicos. La producción de energía debe aumentar y se deben depurar los metabolitos. Las funciones cardiovascular y respiratoria deben ajustarse de manera constante para satisfacer las demandas de estos y otros sistemas del cuerpo, como los que regulan la temperatura. Mientras internamente el cuerpo está en permanente movimiento aun durante el reposo, durante el ejercicio estos cambios bien orquestados deben producirse rápida y frecuentemente.

Cuanto más riguroso es el ejercicio, más difícil resulta mantener la homeostasis. Gran parte de la regulación que se requiere durante el ejercicio es llevada a cabo por el sistema nervioso (Capítulo 3). Pero hay otro sistema fisiológico que afecta virtualmente a todas las células del cuerpo. Este sistema controla en forma constante el estado interno del cuerpo, nota todos los cambios que se producen y responde con rapidez para asegurar que la homeostasis no se interrumpa de manera drástica. Se trata del sistema endocrino, que ejerce este control a través de las hormonas que estimula. En este capítulo, nos concentraremos en la importancia de las hormonas para los ajustes y el mantenimiento de la homeostasis en todos los procesos internos involucrados en la actividad física. Ya que no podemos abarcar todos los aspectos del control endocrino durante el ejercicio, nos concentraremos en el control hormonal del metabolismo y los fluidos corporales. En otros capítulos del libro se estudian otras hormonas, incluidas las que regulan el crecimiento y el desarrollo, la masa muscular y la función reproductiva.

El sistema endocrino

A medida que el cuerpo pasa del estado de reposo a uno activo, debe producirse un incremento en la tasa metabólica. Esto necesita de la integración coordinada de varios sistemas fisiológicos y bioquímicos. Esta integración sólo es posible si los múltiples tejidos y sistemas se pueden comunicar en forma eficiente. Si bien el sistema nervioso es el responsable de gran parte de esta comunicación, es competencia principal del sistema endocrino la calibración de las respuestas fisiológicas ante cualquier perturbación de la homeostasis. Los sistemas nervioso y endocrino trabajan en conjunto para iniciar y controlar el movimiento y todos los procesos que éste involucra. El sistema nervioso funciona con gran velocidad y produce efectos de corta duración y localizados, mientras que el sistema endocrino responde más lentamente pero tiene efectos más prolongados.

El sistema endocrino se define como todos aquellos tejidos o glándulas que secretan **hormonas**. En la Figura 4.1 se muestran las principales glándulas endocrinas. Éstas liberan sus hormonas directamente en la sangre, donde actúan como señales químicas en todo el cuerpo. Cuando son las células endocrinas especializadas las que secretan las hormonas, éstas se transportan a través de la sangre hacia las **células diana** específicas –células que poseen los receptores específicos para esas hormonas–.

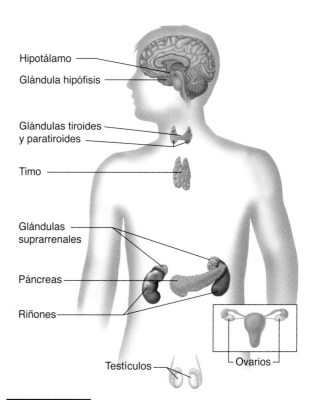

Hipotálamo

Glándula hipófisis

Glándulas tiroides
y paratiroides

Timo

Glándulas
suprarrenales

Páncreas

Riñones

Testículos

Ovarios

FIGURA 4.1 Localización de los principales órganos endocrinos del cuerpo.

Cuando llegan a su destino, las hormonas pueden controlar la actividad del tejido diana. Históricamente, se consideraba que una hormona era una sustancia química fabricada por una glándula y que viajaba a un tejido a distancia para ejercer su acción. Hoy en día, la definición de hormona es mucho más amplia y se define como una sustancia química que controla y regula la actividad de ciertas células u órganos. Algunas hormonas pueden afectar varios tejidos corporales, mientras que otras ejercen su efecto en células muy específicas del cuerpo.

Hormonas

Las hormonas están involucradas en la mayoría de los procesos fisiológicos, de manera que sus acciones son relevantes para muchos aspectos del ejercicio y la actividad deportiva. Debido a que las hormonas cumplen funciones en casi todos los sistemas corporales, está más allá de los objetivos de este libro abarcar en forma completa esta temática. En la próxima sección analizaremos la naturaleza química de las hormonas y los mecanismos generales mediante los cuales actúan. Se presenta también una visión global de la mayoría de las glándulas endocrinas y sus hormonas. Respecto del ejercicio, nos concentraremos en dos aspectos principales del control hormonal: el control del metabolismo durante el ejercicio y la regulación hidroelectrolítica durante el ejercicio.

Clasificación química de las hormonas

Las hormonas pueden clasificarse en dos tipos básicos: esteroideas y no esteroideas. Las **hormonas esteroideas** tienen una estructura química similar al colesterol, dado que muchas derivan de esta sustancia. Por esta razón, son liposolubles, de manera que difunden bien a través de las membranas celulares. En este grupo están las hormonas secretadas por:

- la corteza suprarrenal (como el cortisol y la aldosterona),
- los ovarios (estrógeno y progesterona),
- los testículos (testosterona), y
- la placenta (estrógeno y progesterona).

Las **hormonas no esteroideas** no son liposolubles; por lo tanto, no pueden atravesar fácilmente las membranas celulares. El grupo de hormonas no esteroideas puede subdividirse en dos: hormonas proteicas o peptídicas y hormonas derivadas de aminoácidos. Las dos hormonas de la glándula tiroides (tiroxina y triyodotiroxina) y las dos de la médula suprarrenal (adrenalina y noradrenalina) son derivadas de aminoácidos. Todas las hormonas no esteroideas restantes son hormonas proteicas o peptídicas. La estructura química de una hormona determina su mecanismo de acción en las células y tejidos diana.

Secreción y concentración plasmática de las hormonas

El control de la secreción hormonal debe ser rápido para poder cubrir las demandas de las funciones del cuerpo, en constante cambio. Las hormonas no se secretan de manera uniforme o constante, sino con un patrón pulsátil, es decir, en salvas relativamente breves. Por lo tanto, las concentraciones plasmáticas de algunas hormonas específicas fluctúan durante períodos cortos de una hora o menos. Por otra parte, estas concentraciones también fluctúan durante períodos más prolongados, con ciclos diarios o incluso mensuales (como el ciclo menstrual). ¿Cómo saben las glándulas endocrinas cuándo deben liberar sus hormonas y en qué cantidad?

La mayor parte de la secreción hormonal se regula mediante un sistema de retroalimentación negativa. La secreción de una hormona provoca ciertos cambios en el cuerpo y estos cambios, a su vez, inhiben la posterior secreción de esa hormona. Consideremos cómo funciona un termostato hogareño. Cuando la temperatura de la habitación disminuye por debajo de algún nivel preestablecido, el termostato le indica a la caldera que genere calor. Cuando la temperatura de la habitación sube hasta el nivel prefijado, la señal del termostato se detiene y la caldera deja de generar calor. Cuando la temperatura vuelve a bajar por debajo del nivel prefijado, el ciclo comienza nuevamente. En el cuerpo, la secreción de una hormona específica se inicia o se detiene (o se incrementa o reduce) de manera similar a causa de cambios fisiológicos específicos.

La retroalimentación negativa es el mecanismo principal a través del cual el sistema endocrino mantiene la homeostasis. Utilizando como ejemplo las concentraciones plasmáticas de glucosa y la hormona insulina, cuando la concentración plasmática de glucosa es alta, el páncreas libera insulina. Esta hormona incrementa la captación celular de glucosa y disminuye la concentración plasmática de glucosa. Cuando esta concentración vuelve a su nivel normal, se inhibe la liberación de insulina hasta que el nivel plasmático de glucosa se incremente otra vez.

La concentración plasmática de una hormona específica no es siempre el mejor indicador de su actividad, porque el número de receptores de las células diana se puede modificar para incrementar o disminuir la sensibilidad de la célula a esa hormona. Lo más frecuente es que el aumento de la cantidad de una hormona específica disminuya el número de receptores celulares disponibles para ella. Cuando esto ocurre, la célula se torna menos sensible a esa hormona porque, con menos receptores, son menos las moléculas de hormonas a las que se pueden unir. Este proceso se denomina **regulación negativa** (*downregulation*) o desensibilización. En algunas personas con obesidad, por ejemplo, el número de receptores de insulina de sus células está reducido. Sus cuerpos responden incrementando la secreción de insulina del páncreas, de manera que aumentan sus concentraciones plasmáticas de insulina. Para obtener el mismo grado de control de glucosa plasmática que las personas normales y saludables, estos individuos deben liberar mucha más insulina.

En algunos casos, la célula es capaz de responder a la presencia prolongada de una gran cantidad de hormonas mediante el incremento del número de receptores disponibles. Cuando ocurre esto, la célula se vuelve más sensible a esa hormona porque se puede unir más cantidad de una sola vez. Este proceso se denomina **regulación positiva** (*upregulation*). Además, ocasionalmente una hormona puede regular los receptores para otra.

Acciones de las hormonas

Debido a que las hormonas son transportadas en la sangre, pueden entrar en contacto virtualmente con todos los tejidos corporales. ¿Cómo pueden entonces limitar sus efectos a dianas específicas? Esta capacidad es atribuible a los receptores específicos de la hormona que poseen los tejidos diana. Cada célula tiene, en promedio, entre 2 000 y 10 000 receptores. La unión de una hormona con su receptor se denomina complejo hormona-receptor.

Recuerde que las hormonas esteroideas son liposolubles y que, por lo tanto, pueden atravesar las membranas celulares, mientras que las hormonas no esteroideas no pueden hacerlo. Los receptores para las hormonas no esteroideas se localizan en las membranas celulares, mientras que los de las hormonas esteroideas se hallan tanto en el citoplasma como en el núcleo celular. Cada hormona suele ser muy específica para un solo tipo de receptor y se une solamente a sus receptores específicos, de manera que afectan a los tejidos que contienen esos receptores específicos. Una vez que las hormonas se unen a un receptor, se ponen en marcha varios mecanismos que controlan su acción sobre las células.

Concepto clave

Las hormonas afectan tejidos o células diana específicos mediante una interacción única entre la hormona y receptores específicos para esa hormona localizados en la membrana celular (hormonas no esteroideas) o en el citoplasma o núcleo de las células (hormonas esteroideas).

Hormonas esteroideas

El mecanismo general de acción de las hormonas esteroideas se ilustra en la Figura 4.2. Una vez dentro de la célula, una hormona esteroidea se liga a sus receptores específicos. Luego, el complejo hormona-receptor ingre-

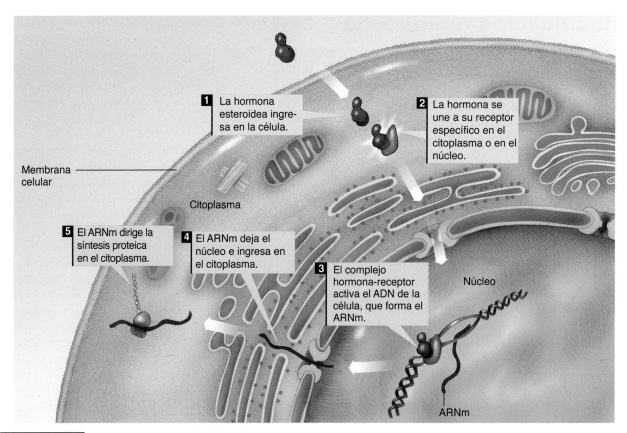

1 La hormona esteroidea ingresa en la célula.

2 La hormona se une a su receptor específico en el citoplasma o en el núcleo.

Membrana celular

Citoplasma

5 El ARNm dirige la síntesis proteica en el citoplasma.

4 El ARNm deja el núcleo e ingresa en el citoplasma.

3 El complejo hormona-receptor activa el ADN de la célula, que forma el ARNm.

Núcleo

ARNm

FIGURA 4.2 Mecanismo de acción general de una hormona esteroidea típica, que lleva a la activación génica directa y a la síntesis proteica.

sa en el núcleo, se une a un sitio específico del ADN celular y activa ciertos genes. Este proceso se denomina **activación genética directa**. Como respuesta a esta activación, se sintetiza ARNm dentro del núcleo. El ARNm ingresa posteriormente en el citoplasma y estimula la síntesis proteica. Estas proteínas pueden ser:

- enzimas que pueden tener numerosos efectos en los procesos celulares,
- proteínas estructurales que se usan para el crecimiento o la reparación tisular, o
- proteínas reguladoras que pueden alterar la función enzimática.

Hormonas no esteroideas

Dado que las hormonas no esteroideas no pueden atravesar la membrana celular, se unen con receptores específicos fuera de la célula, en la membrana celular. Una molécula de una hormona no esteroidea se une a su receptor y desencadena una serie de reacciones enzimáticas que conducen a la formación de un **segundo mensajero** intracelular. Además de su función de señalización molecular, los segundos mensajeros también ayudan a aumentar la intensidad de la señal. Un segundo mensajero importante, que media una respuesta específica hormona-receptor, es el

adenosinmonofosfato cíclico (AMP cíclico o **AMPc**). En la Figura 4.3 se muestra su mecanismo de acción. En este caso, la unión de la hormona al receptor de membrana correcto activa una enzima, la adenilatociclasa, situada dentro de la membrana celular. Esta enzima cataliza la formación de AMPc a partir del adenosintrisfosfato (ATP) celular. El AMP cíclico puede producir luego respuestas fisiológicas específicas, entre las que se pueden incluir:

- activación de las enzimas celulares,
- cambios en la permeabilidad de la membrana,
- estimulación de la síntesis proteica,
- cambios en el metabolismo celular, o
- estimulación de las secreciones celulares.

Algunas de las hormonas que ejercen sus efectos con el AMPc como segundo mensajero son la adrenalina, el glucagón y la hormona luteinizante.

Mientras que las hormonas no esteroideas suelen activar el sistema del AMPc celular, existen muchos otros segundos mensajeros, como:

- guanosinmonofosfato cíclico (GMPc),
- inositoltrifosfato (IP3) y diacilglicerol (DAG), y
- iones calcio (Ca^{2+}).

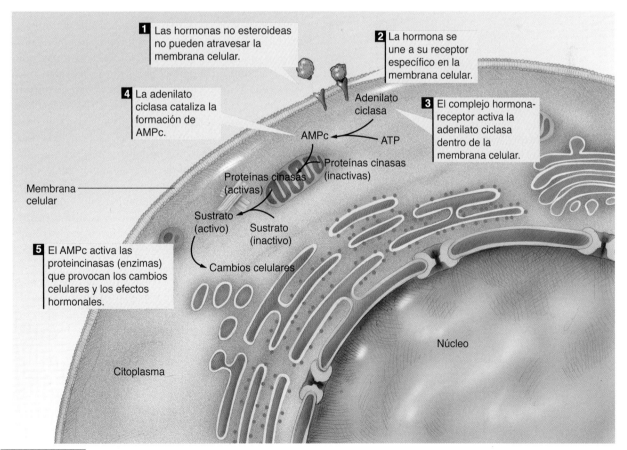

FIGURA 4.3 Mecanismo de acción de una hormona no esteroidea, en este caso activando a un segundo mensajero (adenosinmonofosfato cíclico, cAMP) en la célula para activar, a su vez, funciones celulares.

Prostaglandinas

Las **prostaglandinas**, aunque estrictamente por definición no sean hormonas, a menudo son consideradas como una tercera clase de hormonas. Estas hormonas derivan de un ácido graso, el ácido araquidónico, y están asociadas a la membrana plasmática de casi todas las células del cuerpo. Las prostaglandinas actúan como hormonas locales y ejercen su acción en el área adyacente al de su producción. Pero también sobreviven durante mucho tiempo, lo suficiente como para circular en la sangre y afectar a tejidos distantes. La liberación de prostaglandinas puede ser estimulada por muchos factores tales como otras hormonas o una lesión local. Sus funciones son tan numerosas porque existen varios tipos diferentes de prostaglandinas. A menudo intervienen en los efectos de otras hormonas. Se sabe que también tienen una acción directa sobre los vasos sanguíneos al incrementar la permeabilidad vascular (lo que promueve la inflamación) y la vasodilatación. En esta función, son importantes mediadores de la respuesta inflamatoria. También sensibilizan las terminaciones nerviosas de las fibras del dolor y promueven, por lo tanto, la inflamación y el dolor.

● Revisión

➤ Las hormonas pueden clasificarse, desde el punto de vista químico, en esteroideas y no esteroideas. Las hormonas esteroideas son liposolubles y la mayoría se forma a partir del colesterol. Las hormonas no esteroideas se forman a partir de proteínas, péptidos o aminoácidos.

➤ En general, las hormonas se liberan en la sangre y luego circulan hacia las células diana. Actúan mediante la unión a sus receptores específicos, que se hallan solamente en los tejidos diana.

➤ Un sistema de retroalimentación negativo regula la secreción de la mayoría de las hormonas.

➤ El número de receptores para una hormona específica puede ser modificado para satisfacer las demandas del cuerpo. La regulación positiva se refiere a un aumento de la cantidad de receptores disponibles; la regulación negativa se refiere a una disminución de ésta. Ambos procesos modifican la sensiblidad de las células a las hormonas.

➤ Las hormonas esteroideas atraviesan las membranas celulares y se unen a los receptores en el citoplasma o en el núcleo celular. En el núcleo, utilizan un mecanismo llamado activación genética directa para estimular la síntesis proteica.

➤ Las hormonas no esteroideas no pueden ingresar fácilmente en las células; por lo tanto, se unen a sus receptores en la membrana celular. Este proceso activa un segundo mensajero dentro de la célula que, a su vez, puede disparar numerosos procesos celulares.

Glándulas endocrinas y sus hormonas: generalidades

En el Cuadro 4.1 se presenta una lista de las diferentes glándulas endocrinas con sus respectivas hormonas. En este cuadro también se detallan los principales órganos y células diana y las acciones de cada hormona. Dado que el sistema endocrino es extremadamente complejo, su tratamiento en este libro se ha simplificado para concentrarnos en aquellas glándulas endocrinas y hormonas de mayor importancia para el deporte y la actividad física.

Debido a que las hormonas desempeñan un importante papel en la regulación de muchas variables fisiológicas durante la actividad física, no sorprende que la liberación hormonal se modifique durante una serie aguda de ejercicio. Las respuestas hormonales a una serie aguda de ejercicio y al entrenamiento se resumen en el Cuadro 4.2. Este cuadro se limita a aquellas hormonas que se supone desempeñan un papel fundamental en el deporte y la actividad física. En el análisis que se realiza a continuación respecto de las glándulas endocrinas y sus hormonas, se trata con mayor detalle la respuesta hormonal inducida por el ejercicio.

Como se mencionara previamente, la descripción detallada del control neuroendocrino escapa a los objetivos de este libro. Dos de las funciones más importantes de las glándulas endocrinas y sus hormonas son la regulación del metabolismo durante el ejercicio y la regulación hidroelectrolítica. Las siguientes secciones tratan en detalle estas dos funciones. En cada sección se describen las principales glándulas involucradas, las hormonas producidas y cómo estas hormonas cumplen su papel regulador.

CUADRO 4.1 Glándulas endocrinas, sus hormonas, órganos diana, factores de control y sus funciones

Glándula endocrina	Hormona	Órganos diana	Factores de control	Funciones principales
Hipófisis anterior	Hormona del crecimiento (GH)	Todas las células del cuerpo	Hormona liberadora de GH hipotalámica; hormona inhibidora de la GH (somatostatina)	Estimula el desarrollo y el aumento de tamaño de todos los tejidos corporales hasta la madurez; incrementa la tasa de síntesis proteica; incrementa la movilización de las grasas y su utilización como fuente de energía; reduce la tasa de utilización de carbohidratos
	Tirotrofina (TSH)	Glándula tiroides	Hormona liberadora de TSH hipotalámica	Controla la cantidad de tiroxina y triyodotironina que produce y libera a través de la glándula tiroides
	Adrenocorticotrofina (ACTH)	Corteza suprarrenal	Hormona liberadora de ACTH hipotalámica	Controla la secreción de hormonas desde la corteza suprarrenal
	Prolactina	Mamas	Hormonas liberadora e inhibidora de la prolactina	Estimula la producción de leche en las mamas
	Hormona folículo-estimulante (FSH)	Ovarios, testículos	Hormona liberadora de FSH hipotalámica	Da inicio al crecimiento de los folículos de los ovarios y estimula la secreción de estrógeno; estimula la producción de semen en los testículos
	Hormona luteinizante (LH)	Ovarios, testículos	Hormona liberadora de FSH hipotalámica	Estimula la secreción de estrógeno y progesterona y provoca la rotura del folículo, con lo cual libera el óvulo; hace que los testículos secreten testosterona
Hipófisis posterior	Hormona antidiurética (ADH o vasopresina)	Riñones	Neuronas secretoras hipotalámicas	Participa en el control de la eliminación de agua a través de los riñones, eleva la presión arterial al contraer los vasos sanguíneos
	Oxitocina	Útero, mamas	Neuronas secretoras hipotalámicas	Controla la contracción del útero y la secreción de leche
Tiroides	Tiroxina (T_4) y triyodotironina (T_3)	Todas las células del cuerpo	Concentraciones de TSH y T_3 y T_4	Aumenta la frecuencia del metabolismo celular; incrementa la frecuencia y la contractilidad cardíacas
	Calcitonina	Huesos	Concentraciones de calcio plasmático	Controla la concentración del ion calcio en la sangre
Paratiroides	Hormona paratiroidea (PHT o parathormona)	Huesos, intestinos y riñones	Concentraciones de calcio plasmático	Controla la concentración del ion calcio en el fluido extracelular a través de su influencia sobre huesos, intestinos y riñones

(continúa)

Glándula endocrina	Hormona	Órganos diana	Factores de control	Funciones principales
Médula suprarrenal	Adrenalina	La mayoría de las células del cuerpo	Barorreceptores, receptores de glucosa, centros de control cerebrales y medulares	Estimula la degradación del glucógeno en el hígado y los músculos, y la lipólisis en los tejidos adiposos y musculares; incrementa el flujo sanguíneo hacia los músculos esqueléticos, la frecuencia cardíaca y la contractilidad, y el consumo de oxígeno
	Noradrenalina	La mayoría de las células del cuerpo	Barorreceptores, receptores de glucosa, centros de control cerebrales y espinales	Estimula la lipólisis en el tejido adiposo y, en menor medida, en los músculos; contrae las arteriolas y vénulas y eleva, por lo tanto, la presión sanguínea
Corteza suprarrenal	Mineralocorticoides (aldosterona)	Riñones	Angiotensina y concentraciones de potasio plasmático; renina	Incrementa la retención de sodio y la eliminación de potasio a través de los riñones
	Glucocorticoides (cortisol)	La mayoría de las células del cuerpo	ACTH	Controla el metabolismo de los carbohidratos, grasas y proteínas; ejerce una acción antiinflamatoria
	Andrógenos y estrógenos	Ovarios, mamas y testículos	ACTH	Participa en el desarrollo de los caracteres sexuales femeninos o masculinos
Páncreas	Insulina	Todas las células del cuerpo	Glucosa plasmática y concentraciones de aminoácidos	Controla los niveles de la glucosa en sangre, reduciéndolos; incrementa el uso de la glucosa y la síntesis de grasas
	Glucagón	Todas las células del cuerpo	Glucosa plasmática y concentraciones de aminoácidos	Estimula el incremento de la concentración de glucosa en sangre y la degradación de proteínas y grasas
	Somatostatina	Islotes de Langerhans e intestinos	Glucosa plasmática y concentraciones de insulina y glucagón	Disminuye la secreción de insulina y glucagón
Riñón	Renina	Corteza suprarrenal	Concentraciones de sodio plasmático	Participa en el control de la presión sanguínea
	Eritropoyetina (EPO)	Médula ósea	Bajas concentraciones de oxígeno tisular	Estimula la producción de eritrocitos
Testículos	Testosterona	Órganos sexuales, músculo	FSH y LH	Estimula el desarrollo de las características masculinas, incluyendo el crecimiento de testículos, escroto y pene, vello facial y cambios en la voz; estimula el crecimiento muscular
Ovarios	Estrógenos y progesterona	Órganos sexuales y tejido adiposo	FSH y LH	Estimula el desarrollo de los órganos y caracteres sexuales femeninos, aumenta el almacenamiento de grasa; colabora en la regulación del ciclo menstrual

CUADRO 4.2 Respuesta hormonal al ejercicio agudo y cambios en la respuesta frente al entrenamiento

Glándula endocrina	Hormona	Respuesta al ejercicio agudo (sin entrenamiento)	Efecto del entrenamiento
Hipófisis anterior	Hormona del crecimiento (GH)	Aumenta con el incremento en la carga de trabajo	Respuesta atenuada frente a la misma carga de trabajo
	Tirotrofina (TSH)	Aumenta con el incremento en la carga de trabajo	Sin efecto conocido
	Adrenocorticotrofina (ACTH)	Aumenta con el incremento en la carga y en la duración del trabajo	Respuesta atenuada frente a la misma carga de trabajo
	Prolactina	Aumenta con el ejercicio	Sin efecto conocido
	Hormona folículo-estimulante (FSH)	Mínima o sin cambio	Sin efecto conocido
	Hormona luteinizante (LH)	Mínima o sin cambio	Sin efecto conocido
Hipófisis posterior	Hormona antidiurética (ADH o vasopresina)	Aumenta con el incremento en la carga de trabajo	Respuesta atenuada frente a la misma carga de trabajo
	Oxitocina	Desconocida	Desconocida
Tiroides	Tiroxina (T_4) y triyodotironina (T_3)	La T_3 y T_4 libre aumentan con el incremento en la carga de trabajo	Recambio aumentado de T_3 y T_4 a la misma carga de trabajo
	Calcitonina	Desconocida	Desconocida
Paratiroides	Hormona paratiroidea (PTH o parathormona)	Aumenta con el ejercicio prolongado	Desconocida
Médula suprarrenal	Adrenalina	Aumenta con el incremento en la carga de trabajo, comenzando con aproximadamente al 75% del $\dot{V}O_{2máx}$	Respuesta atenuada frente a la misma carga de trabajo
	Noradrenalina	Aumenta con el incremento en la carga de trabajo, comenzando con aproximadamente el 50% del $\dot{V}O_{2máx}$	Respuesta atenuada frente a la misma carga de trabajo
Corteza suprarrenal	Aldosterona	Aumenta con el incremento en la carga de trabajo	Sin cambio
	Cortisol	Aumenta con el incremento en la carga de trabajo	Valores levemente más altos
Páncreas	Insulina	Disminuye con el incremento en la carga de trabajo	Respuesta atenuada frente a la misma carga de trabajo
	Glucagón	Aumenta con el incremento en la carga de trabajo	Respuesta atenuada frente a la misma carga de trabajo
Riñón	Renina	Aumenta con el incremento en la carga de trabajo	Sin cambio
	Eritropoyetina (EPO)	Desconocida	Sin cambio
Testículos	Testosterona	Pequeños aumentos con el ejercicio	Valores de reposo reducidos en corredores varones
Ovarios	Estrógenos y progesterona	Pequeños aumentos con el ejercicio	Podrían disminuir los valores en reposo en mujeres deportistas altamente entrenadas

Regulación hormonal del metabolismo durante el ejercicio

Como se mencionó en el Capítulo 2, los carbohidratos y las grasas son los responsables de mantener los niveles de ATP en el músculo durante el ejercicio prolongado. Varias hormonas actúan para garantizar la disponibilidad de glucosa y ácidos grasos libres (AGL) para el metabolismo energético muscular. En las próximas secciones estudiaremos las principales glándulas endocrinas, las hormonas responsables de la regulación metabólica y cómo el metabolismo de la glucosa y de las grasas se ve afectado por estas hormonas durante el ejercicio.

Glándulas endocrinas que participan en la regulación metabólica

Si bien tanto en reposo como durante el ejercicio interactúan diversos sistemas complejos para regular el metabolismo, las principales glándulas que participan en estos procesos son la hipófisis anterior, la tiroides, las glándulas suprarrenales y el páncreas.

Hipófisis anterior

La glándula hipófisis es una glándula del tamaño de una canica ubicada en la base del cerebro. Está compuesta por tres lóbulos: el anterior, el intermedio y el posterior. El lóbulo intermedio es muy pequeño y se piensa que desempeña un papel casi nulo en los seres humanos, pero tanto el lóbulo posterior como el anterior tienen funciones endocrinas importantes. La acción secretora de la hipófisis anterior está controlada por hormonas secretadas en el hipotálamo, mientras que la hipófisis posterior recibe señales nerviosas directas desde prolongaciones neuronales provenientes del hipotálamo. Por lo tanto, se puede pensar en la glándula hipófisis como el lugar de enlace entre los centros de control del sistema nervioso central y las glándulas endocrinas periféricas.

La hipófisis anterior, también llamada adenohipófisis, secreta seis hormonas en respuesta a los **factores de liberación y de inhibición** (hormonas) secretados por el hipotálamo. La comunicación entre el hipotálamo y el lóbulo anterior de la hipófisis se produce a través de un sistema circulatorio especializado que transporta los factores de liberación e inhibición desde el hipotálamo hasta la hipófisis. Las funciones principales de cada una de las hormonas de la hipófisis, además de sus factores de liberación e inhibición, se enumeran en el Cuadro 4.1. El ejercicio es un estímulo importante para el hipotálamo, debido a que incrementa la tasa de liberación de todas las hormonas de la hipófisis (véase el Cuadro 4.2).

De las seis hormonas secretadas en la hipófisis anterior, cuatro son hormonas tróficas, es decir, que afectan el funcionamiento de otras glándulas endocrinas. La hormona del crecimiento y la prolactina son las excepciones. La **hormona del crecimiento** es un potente agente anabólico (una sustancia que forma órganos y tejidos, estimula el crecimiento y la diferenciación celular y el aumento del tamaño de los tejidos). También estimula el crecimiento muscular y la hipertrofia al facilitar el transporte de los aminoácidos hacia las células. Además, la hormona del crecimiento estimula directamente el metabolismo de los lípidos (lipólisis) al aumentar la síntesis de las enzimas que participan en este proceso. Las concentraciones de la hormona del crecimiento durante el ejercicio aeróbico son elevadas, en proporción a la intensidad del ejercicio, y suelen permanecer elevadas durante cierto tiempo después de la actividad física.

Glándula tiroides

La glándula tiroides está ubicada en la línea media del cuello, inmediatamente por debajo de la laringe. Secreta dos hormonas no esteroideas muy importantes: la **triyodotironina** (T_3) y la **tiroxina** (T_4), que regulan el metabolismo en general, y una hormona adicional, la calcitonina, que colabora en la regulación del metabolismo del calcio.

Las dos hormonas metabólicas tiroideas comparten funciones similares. La triyodotironina y la tiroxina incrementan la tasa metabólica de casi todos los tejidos y pueden incrementar la tasa metabólica basal corporal del 60 al 100%. Estas hormonas también:

- incrementan la síntesis proteica (por lo tanto, también la síntesis de las enzimas);
- aumentan el tamaño y el número de mitocondrias en la mayoría de las células;
- promueven la rápida captación celular de glucosa;
- estimulan la glucólisis y la gluconeogénesis; y
- estimulan la movilización de los lípidos, e incrementan así la disponibilidad de los ácidos grasos libres para la oxidación.

Durante el ejercicio, se incrementa la liberación de **tirotrofina** (hormona que estimula la tiroides o **TSH**) desde la hipófisis anterior. Esta hormona estimulante controla la liberación de la triyodotironina y de la tiroxina, de manera que se espera que el incremento de la TSH inducida por el ejercicio estimule a la glándula tiroides. En efecto, el ejercicio provoca el incremento de la concentración plasmática de tiroxina, pero existe un retraso entre el aumento en la concentración de TSH durante el ejercicio y el de la concentración plasmática de tiroxina. Además, durante la realización de ejercicios submáximos y prolongados, las concentraciones de tiroxina se mantienen relativamente constantes luego de un marcado incremento inicial al comienzo del ejercicio, mientras que las concentraciones de triyodotironina tienden a reducirse.

Glándulas suprarrenales

Las glándulas suprarrenales se localizan justo encima de cada riñón y se componen de una médula suprarrenal interna y una corteza suprarrenal externa. Las hormonas que secretan estas dos partes son bien diferentes. La médula suprarrenal produce y libera dos hormonas, la **adrenalina** y la **noradrenalina**, a las que se denomina en conjunto como **catecolaminas**. Cuando el sistema nervioso simpático estimula la médula suprarrenal, su secreción está constituida en un 80% por adrenalina y un 20% por noradrenalina, aunque esto varía según diferentes condiciones fisiológicas. Las catecolaminas tienen efectos poderosos, similares a los del sistema nervioso simpático. Recuerde que esas mismas catecolaminas funcionan como neurotransmisores del sistema nervioso simpático; no obstante, los efectos de las hormonas tienen una mayor duración debido a que la eliminación de la sangre de estas sustancias se produce a un ritmo relativamente lento en comparación con la veloz recaptación y degradación de los neurotransmisores. Estas dos hormonas preparan a una persona para la acción inmediata, a menudo denominada "respuesta de lucha o huida".

Aunque algunas de las acciones específicas de estas dos hormonas difieren, ambas trabajan en forma conjunta. Sus efectos combinados incluyen:

- incremento de la frecuencia cardíaca y la fuerza de la contracción del músculo cardíaco;
- incremento de la tasa metabólica;
- incremento de la glucogenólisis (la descomposición de glucógeno en glucosa) en el hígado y en los músculos;
- aumento de la liberación de glucosa y de AGL hacia la sangre;
- redistribución de la sangre hacia los músculos esqueléticos;
- incremento de la presión sanguínea; y
- aumento de la respiración.

La liberación de adrenalina y noradrenalina está afectada por una amplia variedad de factores, entre los que se incluyen los cambios en la posición corporal, el estrés psicológico y el ejercicio. Las concentraciones plasmáticas de estas hormonas aumentan a medida que los individuos incrementan, en forma gradual, la intensidad del ejercicio. Las concentraciones plasmáticas de noradrenalina aumentan de manera notable con carga de trabajo mayores al 50% del $\dot{V}O_{2máx}$, pero las concentraciones de adrenalina no se incrementan significativamente hasta que la intensidad del ejercicio excede el 60-70% del $\dot{V}O_{2máx}$. Las concentraciones plasmáticas de ambas hormonas se incrementan durante las actividades en estado estable de moderada intensidad y larga duración. Al finalizar el ejercicio, la adrenalina retorna a los niveles de reposo solamente con unos pocos minutos de recuperación, pero la noradrenalina puede permanecer elevada por varias horas.

La corteza suprarrenal secreta más de 30 hormonas esteroideas diferentes, a las que se denomina corticoestorides. Generalmente, se clasifican en tres tipos principales: mineralocorticoides (sobre los que se tratará más adelante en este capítulo), glucocorticoides y gonadocorticoides (hormonas sexuales).

Los **glucocorticoides** son componentes esenciales para la adaptación al ejercicio y a otros tipos de estrés. También ayudan a mantener la concentración plasmática de glucosa en valores razonablemente congruentes aunque pasemos largos períodos sin ingerir alimentos. El **cortisol**, también conocido como hidrocortisona, es el principal corticoesteroide. Es el responsable de aproximadamente el 95% de toda la actividad de los glucocorticoides en el cuerpo. El cortisol:

- estimula la gluconeogénesis para asegurar un suministro adecuado de energía;
- estimula la movilización de los ácidos grasos libres, incrementando su disponibilidad como fuente de energía;
- disminuye el uso de la glucosa, reservándola para el cerebro;
- estimula el catabolismo de las proteínas para liberar aminoácidos que se utilizan para reparaciones, síntesis de las enzimas y producción de energía;
- actúa como agente antiinflamatorio;
- reduce las reacciones inmunes; e
- incrementa la vasoconstricción que causa la adrenalina.

El rol fundamental del cortisol se abordará más adelante en el presente capítulo, cuando se trate la regulación de la glucosa y el metabolismo de las grasas.

Páncreas

El páncreas está ubicado detrás y ligeramente debajo del estómago. Sus dos hormonas principales son la insulina y el glucagón. El equilibrio entre estas dos hormonas opuestas brinda el mayor control de la concentración plasmática de glucosa. Cuando se produce una elevación en los niveles plasmáticos de glucosa (**hiperglucemia**), tal como ocurre luego de una ingesta de alimentos, el páncreas recibe una señal para liberar **insulina** en la sangre.

Entre sus acciones, la insulina:

- facilita el transporte de la glucosa hacia las células, especialmente a las fibras musculares;
- estimula la glucogénesis; e
- inhibe la gluconeogénesis.

La función principal de la insulina es reducir la cantidad de glucosa que circula por la sangre. Pero también está involucrada en el metabolismo de las proteínas y las grasas, estimulando la captación celular de aminoácidos y mejorando la síntesis de las proteínas y grasas.

El páncreas secreta **glucagón** cuando la concentración plasmática de glucosa cae por debajo de lo normal (**hipoglucemia**). Generalmente, sus efectos son opuestos a los de la insulina. El glucagón estimula el incremento de la descomposición del glucógeno del hígado (glucogenólisis) e incrementa la gluconeogénesis. Ambas acciones aumentan los niveles plasmáticos de glucosa.

Durante un ejercicio que dure 30 min o más, el cuerpo intenta mantener la concentración plasmática de glucosa; no obstante, las concentraciones de insulina tienden a declinar. La capacidad de la insulina para unirse a sus receptores en las células musculares aumenta durante el ejercicio, debido en gran parte, al aumento de flujo sanguíneo hacia los músculos. Esto aumenta la sensibilidad corporal a la insulina y reduce la necesidad de mantener altas concentraciones plasmáticas de insulina para transportar la glucosa hacia las células. Por el contrario, la concentración plasmática de glucagón exhibe un incremento gradual durante todo el ejercicio. La función principal del glucagón es mantener la concentración plasmática de glucosa mediante la estimulación de la glucogenólisis hepática. Esto aumenta la disponibilidad de glucosa para las células, manteniendo concentraciones de glucosa plasmática adecuadas para satisfacer las mayores demandas metabólicas. En individuos entrenados, estas respuestas hormonales suelen ser menores que en sujetos desentrenados debido a que aquellos bien entrenados exhiben una mayor capacidad para mantener los niveles plasmáticos de glucosa.

Regulación del metabolismo de los carbohidratos durante el ejercicio

Tal como vimos en el Capítulo 2, la demanda sostenida de energía durante el ejercicio requiere de una mayor disponibilidad de glucosa para los músculos. Recuerde que la glucosa se almacena en el cuerpo como glucógeno, principalmente en los músculos y en el hígado. La glucosa debe liberarse a partir de la degradación del glucógeno (la forma de almacenamiento de la glucosa), por lo cual debe incrementarse la glucogenólisis. La glucosa liberada desde el hígado ingresa en la sangre para circular a través del cuerpo, y permitir su acceso a los tejidos activos. La concentración plasmática de glucosa también se puede incrementar mediante la gluconeogénesis, que es la producción de glucosa "nueva" a partir de fuentes diferentes de los carbohidratos como el lactato, los aminoácidos y el glicerol.

Regulación de la concentración plasmática de glucosa

La concentración plasmática de glucosa durante el ejercicio depende del equilibrio entre la captación de glucosa por los músculos activos y su liberación desde el hígado. Cuatro hormonas actúan para aumentar los niveles circulantes de glucosa plasmática:

- Glucagón
- Adrenalina
- Noradrenalina
- Cortisol

En reposo, la liberación de glucosa por parte del hígado se ve facilitada por el glucagón, que estimula tanto la degradación de glucógeno en el hígado como la formación de glucosa a partir de los aminoácidos. Durante el ejercicio, aumenta la secreción de glucagón. La actividad muscular también aumenta la tasa de liberación de catecolaminas desde la médula suprarrenal, y estas hormonas (adrenalina y noradrenalina) trabajan con el glucagón para incrementar más aún la glucogenólisis. Luego de una ligera reducción inicial, la concentración de cortisol se incrementa durante los primeros 30 a 45 minutos de ejercicio. El cortisol aumenta el catabolismo de las proteínas liberando aminoácidos que se utilizan dentro del hígado para la gluconeogénesis. Por lo tanto, estas cuatro hormonas pueden aumentar los niveles plasmáticos de glucosa al incrementar los procesos de glucogenólisis (degradación del glucógeno) y gluconeogénesis (fabricación de glucosa a partir de otros sustratos). Además de los efectos de las cuatro hormonas principales para el control de la glucosa, la hormona del crecimiento aumenta la movilización de los ácidos grasos libres y disminuye la captación celular de glucosa, de manera que las células utilizan menor cantidad (queda más glucosa en circulación). Las hormonas tiroideas estimulan el catabolismo de la glucosa y el metabolismo de las grasas.

La cantidad de glucosa que libera el hígado depende de la intensidad y la duración del ejercicio. A medida que aumenta la intensidad, también lo hace la tasa de liberación de catecolaminas. Esto puede provocar que el hígado libere más glucosa de lo que pueden captar los músculos en actividad. En consecuencia, durante o inmediatamente después de esprín explosivo de corta duración, la concentración plasmática de glucosa puede estar entre el 40 al 50% por sobre el nivel de reposo, debido a que el hígado libera mayor cantidad de glucosa de la que captan los músculos.

Cuanto mayor es la intensidad del ejercicio, mayor es la liberación de catecolaminas y, por lo tanto, la tasa glucogenolítica aumenta de manera significativa. Este proceso tiene lugar no solamente en el hígado, sino también en los músculos. La glucosa liberada desde el hígado ingresa en la sangre para tornarse disponible para el músculo. Pero éste tiene una fuente de glucosa más accesible: su propio glucógeno. Durante un ejercicio explosivo de corta duración, el músculo utiliza sus propias reservas de glucógeno antes de emplear la glucosa plasmática. La glucosa liberada por el hígado no se utiliza tan rápidamente, de manera que permanece en la circulación y eleva los niveles de glucosa en sangre. Después del ejercicio, las concentraciones de glucosa en sangre disminuyen ya que ésta ingresa en el músculo para reponer las reservas de glucógeno muscular agotadas (glucogenólisis).

Sin embargo, durante la realización de ejercicios de larga duración, la tasa de liberación de glucosa desde el hígado satisface mejor las necesidades de los músculos, manteniendo la concentración de glucosa plasmática en los mismos valores o ligeramente superiores a los del estado de reposo. A medida que la captación muscular de glucosa aumenta, también lo hace la tasa de liberación de glucosa hepática. En muchos casos, la glucosa plasmática no empieza a declinar sino hasta el final de la actividad, cuando se agotan las reservas hepáticas de glucógeno, momento en el cual la concentración de glucagón aumenta de manera significativa. El glucagón y el cortisol aumentan de manera conjunta la gluconeogénesis y así proveen más combustible.

En la Figura 4.4 se muestran los cambios en las concentraciones plasmáticas de adrenalina, noradrenalina, glucagón, cortisol y glucosa durante 3 horas de ciclismo. Si bien la regulación hormonal de la glucosa permanece sin cambios a lo largo de actividades de larga duración, el suministro de glucógeno hepático puede tornarse críticamente bajo. Como resultado, la tasa de liberación de glucosa hepática puede no tener la capacidad de equilibrar la tasa muscular de captación de glucosa. En estos casos, la glucosa plasmática puede declinar a pesar de la fuerte estimulación hormonal. La ingesta de glucosa durante la actividad puede jugar un papel importante para el mantenimiento de las concentraciones de glucosa plasmática.

Concepto clave

La concentración plasmática de glucosa aumenta por acción del glucagón, la adrenalina, la noradrenalina y el cortisol. Esto es particularmente importante durante el ejercicio, sobre todo en los de larga duración o de alta intensidad, durante los cuales, y de no ser por estas hormonas, las concentraciones de glucosa en sangre disminuirían. La ingesta de glucosa durante el ejercicio también ayuda a mantener las concentraciones plasmáticas de glucosa.

Captación muscular de glucosa

La simple liberación de cantidades suficientes de glucosa en la sangre no asegura que las células musculares tendrán glucosa suficiente para cubrir sus necesidades energéticas. No es suficiente que la glucosa sea liberada y transportada hacia esas células, éstas también deben captarla. La insulina controla el transporte de la glucosa a través de la membrana celular y hacia adentro de las célu-

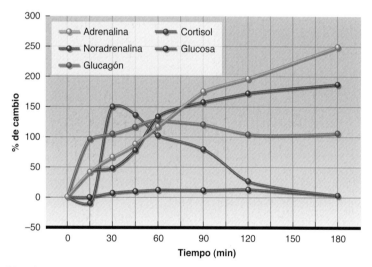

FIGURA 4.4 Cambios (como un porcentaje de valores preejercicio) en las concentraciones plasmáticas de adrenalina, noradrenalina, glucagón, cortisol y glucosa durante 3 horas de ciclismo al 65% del $\dot{V}O_{2máx}$.

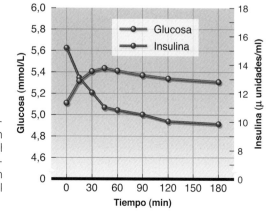

FIGURA 4.5 Cambios en las concentraciones plasmáticas de glucosa e insulina durante un ejercicio prolongado de ciclismo al 65-70% del $\dot{V}O_{2máx}$. Nótese la disminución gradual de la insulina durante todo el ejercicio, lo que sugiere un incremento de la sensibilidad a ésta durante el esfuerzo prolongado.

las muscicales. Una vez que la glucosa llega al músculo, la insulina facilita su transporte hacia las fibras.

Resulta sorprendente que, tal como se observa en la Figura 4.5, la concentración plasmática de insulina tienda a disminuir durante el ejercicio submáximo prolongado, a pesar de un leve incremento en la concentración plasmática de glucosa y su captación por parte del músculo. Esta contradicción aparente entre las concentraciones de insulina plasmática y la necesidad de glucosa de los músculos sirve para recordar que la actividad de una hormona está determinada no sólo por su concentración en sangre, sino también por la sensibilidad de una célula a esa hormona. En este caso, la sensibilidad de la célula a la insulina es, al menos, tan importante como la cantidad que circula de esa hormona. El ejercicio puede aumentar la unión de la insulina a sus receptores en la fibra muscular y, por lo tanto, reducir la necesidad de altas concentraciones de insulina plasmática para transportar la glucosa a través de la membrana celular hacia la célula. Esto es importante porque, durante el ejercicio, cuatro hormonas están tratando de liberar glucosa de sus lugares de almacenamiento y crear nueva glucosa. Las concentraciones altas de insulina se opondrían a su acción, y evitarían así este necesario aumento en el suministro de glucosa plasmática.

Regulación del metabolismo de las grasas durante el ejercicio

Aunque por lo general las grasas contribuyen en menor medida que los carbohidratos a la producción de energía que los músculos necesitan durante el ejercicio, la movilización y oxidación de los ácidos grasos libres son críticos para el rendimiento de ejercicios de resistencia. Durante una actividad prolongada, las reservas de carbohidratos llegan a agotarse, y el músculo depende en mayor medida de la oxidación de las grasas para la producción de energía. Cuando las reservas de carbohidratos son bajas (niveles bajos de glucosa en plasma y en los músculos), el sistema endocrino puede acelerar la oxidación de las grasas (lipólisis) asegurando, por lo tanto, que se puedan satisfacer las necesidades energéticas de los músculos.

Los ácidos grasos libres se almacenan como triglicéridos en tejido adiposo y dentro de las fibras musculares. Los triglicéridos del tejido adiposo, por lo tanto, deben descomponerse para liberar los ácidos grasos libres (AGL), que luego son transportados a las fibras musculares. La tasa de captación de AGL por los músculos activos tiene una correlación importante con su concentración plasmática. El aumento de esta concentración incrementará la captación celular de los ácidos grasos libres. Por lo tanto, la tasa de degradación de los triglicéridos puede determinar, en parte, la tasa a la cual los músculos pueden utilizar la grasa como fuente de energía durante el ejercicio.

La lipólisis está controlada al menos por cinco hormonas:

- Insulina (disminución)
- Adrenalina
- Noradrenalina
- Cortisol
- Hormona del crecimiento

El principal factor responsable de la lipólisis del tejido adiposo durante el ejercicio es la disminución de la insulina circulante. La lipólisis también aumenta a través de la elevación de adrenalina y noradrenalina. Además de participar en la gluconeogénesis, el cortisol acelera la movilización y utilización de los ácidos grasos libres para la producción de energía durante el ejercicio. La concentración plasmática de cortisol llega a su pico después de 30 a 45 minutos de ejercicio y luego disminuye casi a sus valores normales. Pero la concentración plasmática de los AGL continúa aumentando durante toda la actividad, lo que significa que la lipasa se mantiene activada por otras hormonas. Las hormonas que continúan este proceso son las catecolaminas y la hormona del crecimiento. Las hormonas tiroideas también contribuyen a la movilización y metabolismo de los ácidos grasos libres, pero en un grado mucho menor.

Concepto clave

Los ácidos grasos libres son una fuente importante de energía durante el reposo y durante el ejercicio de resistencia prolongado. Derivan de los triglicéridos mediante la acción de la enzima lipasa, que degrada los triglicéridos en ácidos grasos libres y glicerol.

Por lo tanto, el sistema endocrino desempeña un papel crítico en la regulación de la producción de ATP durante el ejercicio, así como en el control del equilibrio entre el metabolismo de los carbohidratos y las grasas.

Revisión

➤ La concentración de glucosa plasmática aumenta por la acción combinada del glucagón, la adrenalina, noradrenalina y el cortisol. Estas hormonas estimulan la glucogenólisis y la gluconeogénesis, y por lo tanto, incrementan la cantidad de glucosa disponible para ser utilizada como fuente de energía.

➤ La insulina ayuda a la glucosa liberada a ingresar en las células, donde puede utilizarse para producir energía. Sin embargo, las concentraciones de insulina disminuyen durante el ejercicio prolongado, lo que indica que éste facilita la acción de la insulina de manera que, durante su práctica, se necesita menor cantidad de esta hormona que durante el estado de reposo.

➤ Cuando las reservas de carbohidratos están bajas, el cuerpo se inclina más hacia la oxidación de grasas para obtener energía y aumenta la lipólisis. Este proceso se facilita mediante la disminución de la concentración de insulina y el aumento de las concentraciones de adrenalina, noradrenalina, cortisol y la hormona del crecimiento.

Regulación hormonal del equilibrio hidroelectrolítico durante el ejercicio

El equilibrio hídrico durante el ejercicio es crítico para optimizar las funciones metabólica, cardiovascular y termorreguladora. Al inicio del ejercicio, el agua se desplaza desde el compartimento intravascular hacia los espacios intersticiales e intracelulares. Este desplazamiento del agua depende de la cantidad de masa muscular que está activa y de la intensidad del esfuerzo. Los productos metabólicos comienzan a acumularse en las fibras musculares y alrededor de ellas, lo que provoca el aumento de la presión osmótica. Por lo tanto, el agua es arrastrada hacia estas áreas mediante difusión. Asimismo, el aumento de la actividad muscular eleva la presión sanguínea, lo que a su tiempo elimina el agua de la sangre (fuerzas hidrostáticas). Además, durante el ejercicio aumenta la producción de sudor. El efecto combinado de estas acciones hace que los músculos y las glándulas sudoríparas aumenten el contenido de agua a expensas del volumen plasmático. Por ejemplo, correr a aproximadamente el 75% del $VO_{2máx}$ disminuye el volumen plasmático entre el 5 y el 10%. La reducción del volumen plasmático disminuye la presión sanguínea y sobrecarga al corazón en su trabajo de bombear sangre hacia los músculos activos. Estos dos efectos pueden afectar el rendimiento deportivo.

Glándulas endocrinas que participan en la homeostasis hidroelectrolítica

El sistema endocrino cumple un papel fundamental en la monitorización de los niveles de los líquidos y corrige los desequilibrios, así como también regula el equilibrio de los electrolitos, especialmente el del sodio. Las dos hormonas principales involucradas en esta regulación son la hormona antidiurética, liberada desde la hipófisis, y la aldosterona, un mineralocorticoide liberado por la corteza suprarrenal. Los riñones son el órgano diana principal para estas dos hormonas, aunque también funcionan como glándulas endocrinas.

Hipófisis posterior

El lóbulo posterior de la hipófisis es un vástago del tejido neural del hipotálamo. Por esta razón, también se la denomina neurohipófisis. Secreta dos hormonas: la **hormona antidiurética** (HAD, también denominada vasopresina o arginina vasopresina) y oxitocina. En realidad, estas dos hormonas se producen en el hipotálamo. Viajan a través del tejido neural y se almacenan en vesículas dentro de las terminaciones nerviosas de la hipófisis poste-

rior. Estas hormonas se liberan hacia los capilares en la medida en que son necesarias como respuesta a los impulsos neurales desde el hipotálamo.

De las dos hormonas de la hipófisis posterior, solamente se sabe que la HAD desempeña un papel fundamental durante el ejercicio. La hormona antidiurética estimula la conservación de agua al incrementar la reabsorción de agua en los riñones. Como resultado de esto, se elimina menor cantidad de agua en la orina, y se crea así un estado de "antidiuresis".

La actividad muscular y la sudoración provocan la concentración de los electrolitos en el plasma sanguíneo, debido a que el plasma pierde más agua que electrolitos. Esto se denomina **hemoconcentración** y causa un aumento de la **osmolalidad** plasmática (la concentración iónica de sustancias disueltas en el plasma). Este es el principal estímulo fisiológico para la liberación de HAD. El aumento de la osmolalidad es percibido por los osmorreceptores del hipotálamo. El segundo estímulo relacionado con la liberación de HAD es la disminución del volumen plasmático. En respuesta a ambos estímulos, el hipotálamo envía impulsos nerviosos a la hipófisis, y estimula la liberación de HAD. La hormona antidiurética ingresa en la sangre, viaja hacia los riñones y estimula la retención de agua en su esfuerzo por diluir la concentración plasmática de electrolitos hasta sus niveles normales. La participación de esta hormona en la conservación del agua corporal minimiza la pérdida de agua y, por lo tanto, el riesgo de deshidratación grave durante períodos de intensa sudoración y ejercicio extenuante. En la Figura 4.6 se ilustra este proceso.

⬤ Concepto clave

La pérdida de líquido (plasma) en la sangre causa la concentración de los elementos constituyentes de la sangre; este fenómeno se conoce como hemoconcentración. Al contrario, el aumento de líquido en la sangre causa una dilución de estos elementos, lo cual se conoce como hemodilución.

Corteza suprarrenal

Hay un grupo de hormonas llamadas **mineralocorticoides**, secretadas por la corteza suprarrenal, que mantienen el equilibrio de los electrolitos en los fluidos extracelulares, especialmente el equilibrio del sodio (Na^+) y potasio (K^+). La más importante es la **aldosterona**, responsable de por lo menos el 95% de toda la actividad mineralocorticoide. Actúa principalmente en la estimulación de la reabsorción renal del sodio y causa, por lo tanto, que el cuerpo retenga este elemento. Cuando se retiene sodio, también se retiene agua, por lo que la aldosterona, al igual que la HAD, promueve la retención de agua. La retención de sodio también aumenta la excreción del potasio, de manera que la aldosterona también contribuye al equilibrio del potasio. Por estas razones, la secreción de la aldosterona es estimulada por varios factores, incluyendo la dis-

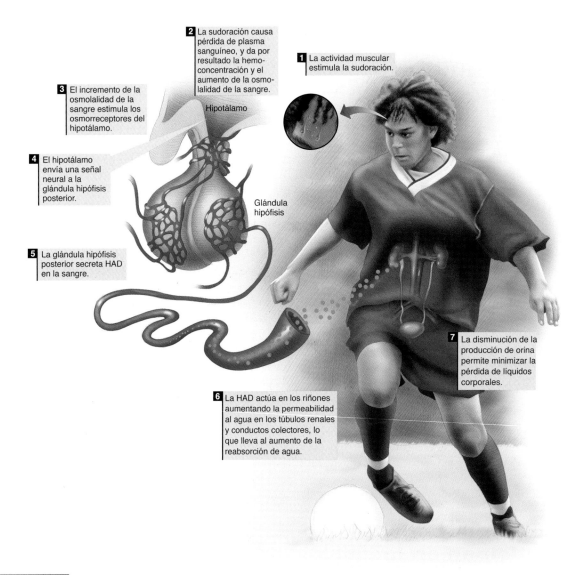

2 La sudoración causa pérdida de plasma sanguíneo, y da por resultado la hemo-concentración y el aumento de la osmolalidad de la sangre.

1 La actividad muscular estimula la sudoración.

3 El incremento de la osmolalidad de la sangre estimula los osmorreceptores del hipotálamo.

Hipotálamo

4 El hipotálamo envía una señal neural a la glándula hipófisis posterior.

Glándula hipófisis

5 La glándula hipófisis posterior secreta HAD en la sangre.

7 La disminución de la producción de orina permite minimizar la pérdida de líquidos corporales.

6 La HAD actúa en los riñones aumentando la permeabilidad al agua en los túbulos renales y conductos colectores, lo que lleva al aumento de la reabsorción de agua.

FIGURA 4.6 Mecanismo mediante el cual la hormona antidiurética (HAD) conserva el agua corporal.

minución del sodio plasmático, del volumen sanguíneo, de la presión arterial y el aumento de la concentración de potasio plasmático.

Los riñones como glándulas endocrinas

Aunque los riñones no son considerados típicamente órganos endocrinos principales, también liberan una hormona llamada **eritropoyetina** (EPO). La EPO regula la producción de glóbulos rojos (eritrocitos) mediante la estimulación de las células de la médula ósea. Los glóbulos rojos son esenciales para transportar el oxígeno hacia los tejidos y eliminar el dióxido de carbono, de manera que esta hormona es en extremo importante para la adaptación al entrenamiento y a la altura.

Los riñones también participan en la regulación de los niveles de aldosterona en sangre. Si bien el principal mecanismo regulador de la liberación de aldosterona son los cambios en las concentración plasmáticas de sodio y potasio, hay un segundo grupo de hormonas que también determina la concentración de aldosterona y, por lo tanto, ayuda a regular el equilibrio hídrico del cuerpo. En respuesta a un descenso de la presión sanguínea o del volumen plasmático, se produce una disminución en el flujo sanguíneo hacia los riñones. Estimulados por la activación del sistema nervioso simpático, los riñones liberan **renina**, que es una enzima que se libera hacia la circulación, donde convierte una molécula llamada angiotensinógeno en angiotensina I. La angiotensina I se convierte, a su vez, en su forma activa, la angiotensina II, en los pulmones mediante la acción de una enzima, la **enzima convertidora de angiotensina** o **ECA**. La angiotensina II estimula la liberación de aldosterona desde la corteza suprarrenal para la reabsorción de agua y sodio en los riñones. En la Figura 4.7 se muestran los mecanismos involucrados en el control renal de la presión sanguínea, el **mecanismo de renina-angiotensina-aldosterona**.

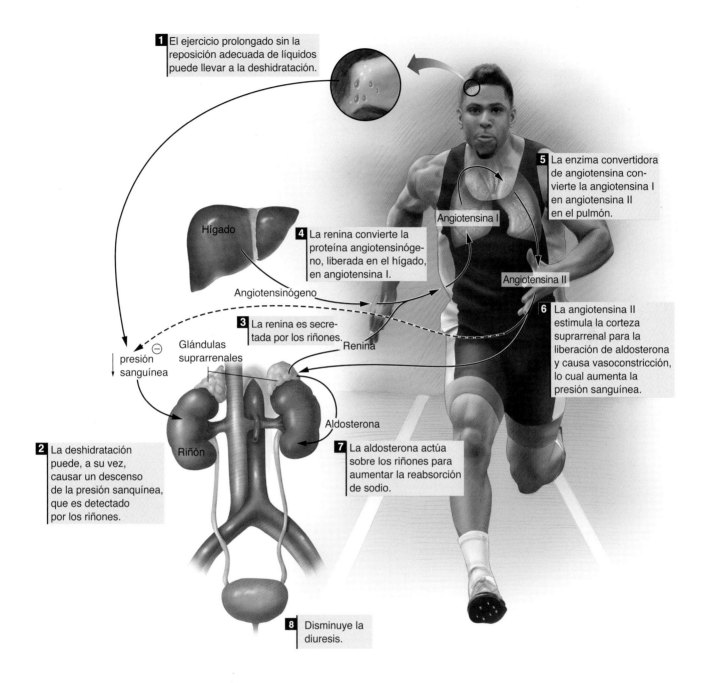

1 El ejercicio prolongado sin la reposición adecuada de líquidos puede llevar a la deshidratación.

5 La enzima convertidora de angiotensina convierte la angiotensina I en angiotensina II en el pulmón.

Angiotensina I

Hígado

4 La renina convierte la proteína angiotensinógeno, liberada en el hígado, en angiotensina I.

Angiotensina II

Angiotensinógeno

3 La renina es secretada por los riñones.

Renina

⊖ ↓ presión sanguínea

Glándulas suprarrenales

6 La angiotensina II estimula la corteza suprarrenal para la liberación de aldosterona y causa vasoconstricción, lo cual aumenta la presión sanguínea.

Aldosterona

2 La deshidratación puede, a su vez, causar un descenso de la presión sanguínea, que es detectado por los riñones.

Riñón

7 La aldosterona actúa sobre los riñones para aumentar la reabsorción de sodio.

8 Disminuye la diuresis.

FIGURA 4.7 La pérdida de agua desde el plasma durante el ejercicio lleva a una secuencia de eventos que estimulan la reabsorción de sodio (Na⁺) y agua desde los túbulos renales, reduciendo, por lo tanto, la producción de orina. En las horas posteriores al ejercicio, cuando se consumen los líquidos, las concentraciones elevadas de aldosterona provocan un incremento en el volumen extracelular y la expansión del volumen plasmático.

Concepto clave

Además del estímulo de la liberación de aldosterona desde la corteza suprarrenal, la angiotensina II causa vasoconstricción. La ECA cataliza la conversión de angiotensina I en angiotensina II, por lo que los inhibidores de la ECA suelen ser útiles en personas hipertensas por el efecto de relajación de los vasos sanguíneos, que disminuye la presión sanguínea.

Recordemos que la acción primaria de la aldosterona es estimular la reabsorción del sodio en los riñones. Dado que el agua sigue al sodio, esta conservación renal de sodio provoca que los riñones retengan agua. El efecto neto es conservar el contenido de los fluidos corporales y minimizar, por lo tanto, la pérdida de volumen plasmático mientras la presión sanguínea se mantiene próxima a los valores normales. En la Figura 4.8 se ilustran los cambios en el volumen plasmático y las concentraciones de aldosterona durante 2 horas de ejercicio.

Osmolalidad

Los líquidos corporales contienen muchas moléculas y minerales disueltos. La presencia de estas partículas en varios compartimentos líquidos del cuerpo (es decir, los espacios intracelular e intersticial y el plasma) genera una presión osmótica o atracción para retener agua en ese compartimento. La cantidad de presión osmótica ejercida por un líquido corporal es proporcional al número de partículas moleculares (osmoles, Osm) presentes en la solución. Una solución que tiene 1 Osm de soluto disuelto por cada kilogramo (el peso de un litro de agua) se dice que tiene una osmolalidad de 1 osmol por kilogramo (1 Osm/kg), mientras que una solución que tiene 0,001 Osm/kg tiene una osmolalidad de 1 miliosmol por kilogramo (1 mOsm/kg). En condiciones normales, el cuerpo tiene una osmolalidad de 300 mOsm/kg. El aumento de la osmolalidad en las soluciones de un compartimento líquido del cuerpo suele causar una arrastre de agua desde los compartimentos adyacentes que tienen una osmolalidad menor (es decir, más agua).

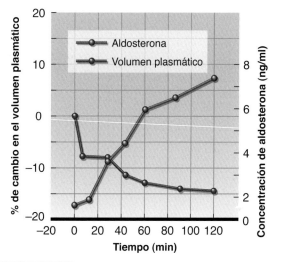

FIGURA 4.8 Cambios en el volumen plasmático y en las concentraciones de aldosterona después de 2 horas de ejercicio en bicicleta. Nótese que el volumen plasmático declina rápidamente durante los primeros minutos del ejercicio y luego muestra una tasa de declinación menor a pesar de la gran pérdida por sudoración. La concentración plasmática de aldosterona, por el contrario, aumenta en forma más constante durante todo el ejercicio.

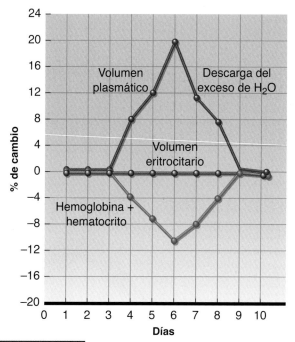

FIGURA 4.9 Cambios en el volumen plasmático durante tres días de ejercicio repetido y deshidratación. Los individuos se ejercitaron al calor en los días 3 a 6. Nótese la súbita declinación del volumen plasmático cuando los sujetos detuvieron el entrenamiento (sexto día). Los cambios en la hemoglobina y el hematocrito reflejan la expansión y contracción del volumen plasmático durante y después del período de entrenamiento de tres días.

Las influencias hormonales de la HAD y la aldosterona persisten hasta 12 a 48 horas después del ejercicio, reduciendo la producción de orina y protegiendo al cuerpo de una deshidratación posterior. En realidad, la prolongación del aumento de la reabsorción del Na$^+$ puede causar que la concentración de Na$^+$ corporal aumente por encima de los valores normales después de una serie de ejercicios. En un esfuerzo para compensar esta elevación de las concentraciones de Na$^+$, se traslada una mayor cantidad del agua ingerida al compartimento extracelular.

Tal como se ilustra en la Figura 4.9, los individuos que están sometidos a tres días de ejercicio y deshidratación muestran un significativo incremento del volumen plasmático que continúa en aumento durante todo el período de actividad. Este incremento en el volumen plasmá-

tico aparece en paralelo con la retención del Na$^+$ en el cuerpo. Cuando finalizan las sesiones diarias de ejercicio, el exceso de Na$^+$ y agua se elimina en la orina.

La mayoría de los deportistas que realizan un entrenamiento intenso exhiben un volumen plasmático expandido, lo que diluye varios componentes de la sangre. La cantidad real de proteínas y electrolitos (solutos) dentro de la sangre permanecen inalterados, pero las sustancias se dispersan en un gran volumen de plasma (agua), de manera que se diluyen y sus concentraciones disminuyen. Este fenómeno se denomina **hemodilución**.

La hemoglobina es una de las sustancias que se diluye por la expansión del volumen plasmático. Por este motivo, algunos atletas que en realidad tienen una concentración normal de hemoglobina pueden parecer anémicos como consecuencia de la hemodilución inducida por sodio. Este cuadro no debe ser confundido con el de una anemia verdadera, y puede ser revertido con algunos días de reposo. Esto permite que las concentraciones de aldosterona vuelvan a sus niveles normales y que los riñones descarguen el sodio y agua extras.

Revisión

➤ Las dos hormonas principales involucradas en la regulación del equilibrio de los fluidos son la hormona antidiurética (HAD) y la aldosterona.

➤ La hormona antidiurética se libera como respuesta al aumento de la osmolalidad plasmática. Cuando los osmorreceptores hipotalámicos perciben el incremento, el hipotálamo estimula la liberación de la HAD desde la hipófisis posterior. La caída del volumen plasmático es un estímulo secundario para la liberación de HAD.

➤ La hormona antidiurética actúa en los riñones estimulando la conservación de agua. Debido a que se reabsorbe más fluido, el volumen plasmático se incrementa y se reduce la osmolalidad del plasma.

➤ Cuando disminuye el volumen plasmático o la presión sanguínea, los riñones liberan una enzima denominada renina que convierte el angiotensinógeno en angiotensina I, que posteriormente se transforma en angiotensina II durante la circulación pulmonar. La angiotensina II es un potente vasoconstrictor y provoca el aumento de la resistencia periférica, y eleva así la presión sanguínea.

➤ La angiotensina II también estimula la liberación de aldosterona desde la corteza suprarrenal. La aldosterona promueve la reabsorción de sodio en los riñones, que a su vez causa la retención de agua y minimiza así la pérdida de volumen plasmático.

Conclusión

En este capítulo nos enfocamos en el papel del sistema endocrino en la regulación de algunos de los mecanismos fisiológicos que acompañan al ejercicio. Hemos analizado el papel de las hormonas en la regulación del metabolismo de la glucosa y de las grasas para el metabolismo energético y el papel de otras hormonas en el mantenimiento del equilibrio hidroelectrolítico. Veremos a continuación el gasto energético y la fatiga durante el ejercicio.

Palabras clave

activación genética directa

adenosinmonofosfato cíclico (AMPc)

adrenalina

aldosterona

catecolaminas

células diana

cortisol

enzima convertidora de angiotensina (ECA)

eritropoyetina (EPO)

factores de inhibición

factores inhibitorios

factores de liberación

glucagón

glucocorticoides

hemoconcentración

hemodilución

hiperglucemia

hipoglucemia

hormonas

hormona antidiurética (HAD)

hormona del crecimiento

hormonas esteroideas

hormonas no esteroideas

insulina

mecanismo renina-angiotensina-aldosterona

mineralocorticoides

noradrenalina

osmolalidad

prostaglandinas

regulación negativa (*downregulation*)

regulación positiva (*upregulation*)

renina

segundo mensajero

tirotrofina (TSH)

tiroxina (T_4)

triyodotironina (T_3)

Preguntas

1. ¿Qué es una glándula endocrina y cuáles son las funciones de las hormonas?
2. Explique la diferencia que existe entre las hormonas esteroideas y las no esteroideas en términos de sus acciones en las células diana.
3. ¿Cómo pueden las hormonas tener funciones específicas cuando llegan a prácticamente todas las partes del cuerpo a través de la sangre?
4. ¿Cómo se controlan las concentraciones plasmáticas de determinadas hormonas?
5. Defina los términos regulación positiva y regulación negativa. ¿Cómo se transforman las células diana en más o menos sensibles a las hormonas?
6. ¿Cuáles son los segundos mensajeros y qué papel cumplen en el control hormonal de la función celular?
7. Describa brevemente las glándulas endocrinas más importantes, sus hormonas y la acción específica de estas hormonas.
8. ¿Cuáles de las hormonas mencionadas en la pregunta anterior tienen mayor importancia durante el ejercicio?
9. ¿Qué hormonas participan en la regulación del metabolismo durante el ejercicio? ¿Cómo influyen en la disponibilidad de carbohidratos y grasas para la obtención de energía durante el ejercicio prolongado durante varias horas?
10. Describa la regulación hormonal del balance hídrico durante el ejercicio.

Gasto energético y fatiga

5

En este capítulo

Medición del gasto energético   **114**
Calorimetría directa   114
Calorimetría indirecta   114
Mediciones isotópicas del metabolismo energético   119

Gasto energético en reposo y durante el ejercicio   **120**
Tasa metabólica basal y de reposo   120
Tasa metabólica durante el ejercicio submáximo   120
Capacidad máxima para el ejercicio aeróbico   122
Esfuerzo anaeróbico y capacidad de ejercicio   123
Economía de esfuerzo   125
Costo energético de diferentes actividades   126

La fatiga y sus causas   **128**
Sistemas de producción de energía y fatiga   128
Subproductos metabólicos y fatiga   131
Fatiga neuromuscular   132

Conclusión   **134**

Se lo conoce como el partido de fútbol americano más grandioso de todos los tiempos. La calurosa y húmeda noche del 2 de enero de 1982, los equipos Miami Dolphins y San Diego Chargers se enfrentaron durante 4 horas. Los jugadores eran retirados del campo de juego una y otra vez, sólo para volver a ingresar. En esta reñida final, Kellen Winsow (hoy en el Salón de la Fama) se sobrepuso a un cuadro de fatiga severa y dolorosos espasmos musculares en su espalda, y se convirtió en uno de los muchos héroes de esta prueba épica. Como la historia que relató Rick Reilly en la publicación de *Sports Illustrated* (25 de octubre, 1999): "Ninguno de los jugadores de estos dos equipos igualará nuevamente el esfuerzo de llegar tan lejos y a tal extremo". Un jugador comentó: «Se oye decir a los entrenadores: "Dejen todo en la cancha". Eso es lo que realmente pasó ese día en ambos equipos». Otro jugador sarcásticamente comentó: "¡Los chicos se rehusaban a salir del partido… de esa forma evitaban tener que correr hacia la línea lateral!". Tal vez ninguna anécdota destaque tan intensamente los conceptos de energía y fatiga, el tema que se analiza en este capítulo.

Resulta imposible comprender la fisiología del ejercicio sin conocer algunos conceptos clave acerca del gasto energético durante el reposo y el ejercicio. En el Capítulo 2 se analizó la formación de adenosintrifosfato (ATP), la principal forma de almacenamiento de la energía química en nuestras células. El ATP se produce a partir de sustratos mediante procesos que, en forma colectiva, reciben el nombre de metabolismo. En la primera mitad de este capítulo, analizaremos algunas técnicas que se utilizan para medir el gasto energético corporal o tasa metabólica; luego se describirá cómo varía el gasto energético desde las condiciones basales o de reposo hasta intensidades máximas de ejercicio. Durante un ejercicio de duración prolongada, eventualmente no podrá mantenerse la intensidad de la contracción muscular y se observará una reducción del rendimiento. En sentido amplio, esta incapacidad para mantener la contracción muscular se denomina "fatiga." La fatiga es un fenómeno complejo, multidimensional, que puede o no ser el resultado de una incapacidad para mantener el metabolismo y el gasto energético. Debido a que la fatiga algunas veces tiene un componente metabólico, en este capítulo se describe junto con el gasto energético.

Medición del gasto energético

La utilización de energía por parte de las fibras musculares activas durante el ejercicio no puede medirse en forma directa. Pero pueden utilizarse numerosos métodos de laboratorio indirectos para calcular el gasto energético corporal total tanto en reposo como durante el ejercicio. Algunos de estos métodos se utilizan desde principios del siglo xx. Otros son nuevos, y sólo recientemente están utilizándose en la fisiología del ejercicio.

Calorimetría directa

Sólo alrededor del 40% de la energía liberada durante el metabolismo de la glucosa y las grasas se utiliza para producir ATP. El 60% restante se convierte en calor; por ende, la medición de la producción de calor corporal puede utilizarse como indicador de la tasa y cantidad de la energía producida. Esta técnica se denomina **calorimetría directa** ("medición del calor"), puesto que la unidad básica de calor es la **caloría (cal)**.

Esta técnica fue descrita por primera vez por Zuntz y Hagemann a fines del siglo xix.[10] Estos investigadores desarrollaron el **calorímetro** (que se ilustra en la Figura 5.1), que es una cámara hermética aislada. Las paredes de la cámara contienen tubos de cobre por los que circula agua. En la cámara, el calor producido por el cuerpo se irradia hasta la pared y calienta el agua. Se registran los cambios en la temperatura del agua así como también los cambios en la temperatura del aire que entra en la cámara y sale de ésta. Estos cambios en la temperatura del agua y el aire son causados por el calor que genera el cuerpo. Por lo tanto, a partir de los valores resultantes puede hacerse una estimación acerca del metabolismo del individuo.

La construcción y operación de los calorímetros es costosa, y la obtención de los resultados suele ser lenta. Su única ventaja real es que mide el calor en forma directa, pero presentan diversas desventajas en lo que se refiere a la fisiología del ejercicio. Primero, si bien un calorímetro puede proporcionar una medición precisa del gasto energético corporal total, no permite registrar los rápidos cambios que se producen en dicho gasto. Por lo tanto, si bien la calorimetría directa es útil para medir el metabolismo de reposo y el gasto energético durante ejercicios prolongados en estado estable, este método no permite estudiar adecuadamente el metabolismo energético durante situaciones de ejercicio más características. Segundo, el equipamiento utilizado para la realización de ejercicios es un tapiz rodante motorizado, que a su vez genera calor. Tercero, no todo el calor producido por el cuerpo es liberado hacia el ambiente; una parte se almacena y causa un aumento de la temperatura corporal. Y finalmente, la sudoración afecta las mediciones y las constantes que se utilizan en los cálculos de la producción de calor. En consecuencia, este método rara vez se utiliza en la actualidad debido a que es más fácil y menos costoso medir el gasto energético mediante la evaluación del intercambio de oxígeno y dióxido de carbono que se produce durante la fosforilación oxidativa.

Calorimetría indirecta

Como se describió en el Capítulo 2, el metabolismo oxidativo de la glucosa y los ácidos grasos, los principales sustratos durante el ejercicio aeróbico utiliza O_2 y produce CO_2 y agua. La tasa de intercambio pulmonar de O_2 y CO_2 normalmente es igual a la tasa de consumo y liberación de

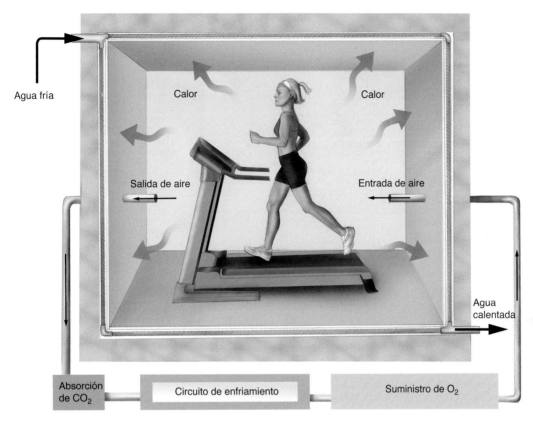

Agua fría

Calor

Calor

Salida de aire

Entrada de aire

Agua calentada

Absorción de CO_2

Circuito de enfriamiento

Suministro de O_2

FIGURA 5.1 Calorímetro directo para la medición del gasto energético en seres humanos durante la realización de ejercicio. El calor generado por el cuerpo del sujeto se transfiere al aire y a las paredes de la cámara (a través de mecanismos de conducción, convección y evaporación). Este calor producido por el sujeto –que corresponde a su tasa metabólica– se mide mediante el registro del cambio en la temperatura en el aire que ingresa en el calorímetro y sale de éste, y del agua que fluye a través de las paredes de la cámara.

O_2 y CO_2 en los tejidos del cuerpo. Sobre la base de este principio, el gasto energético puede determinarse a partir de la medición de los gases respiratorios. Este método de estimación del gasto energético corporal total se denomina **calorimetría indirecta** debido a que la producción de calor no se mide en forma directa. En cambio, el gasto energético se calcula a partir del intercambio de O_2 y CO_2.

Para que el consumo de oxígeno refleje el metabolismo energético en forma precisa, la producción de energía debe ser casi completamente oxidativa. Si una gran porción de la energía se produce por mecanismos anaeróbicos, las mediciones de los gases respiratorios no reflejarán todos los procesos metabólicos. Por lo tanto, esta técnica se limita a actividades en estado estable que duran alrededor de un minuto o más, que afortunadamente abarcan la mayoría de las actividades diarias, entre las que se incluye el ejercicio.

El intercambio de gases respiratorios se determina a través de la medición del volumen de O_2 y CO_2 que entra y sale de los pulmones durante un período dado. Debido a que la extracción del O_2 presente en el aire inspirado se lleva a cabo en los alvéolos y a que el CO_2 producido se adiciona al aire alveolar, la concentración de O_2 espira-

do es menor que el inspirado, mientras que la concentración de CO_2 es más alta en el aire espirado que en el inspirado. En consecuencia, la diferencia entre el aire inspirado y el espirado nos dice cuánto del O_2 se absorbe y cuánto del CO_2 se produce. Debido a que el cuerpo tiene un almacenamiento limitado de O_2, la cantidad absorbida en los pulmones refleja en forma precisa cómo usa el O_2. Si bien hay disponibles varios métodos sofisticados y costosos para medir el intercambio respiratorio de O_2 y CO_2, los más simples y antiguos (p. ej., bolsas de Douglas y análisis químico de las muestras de gases recolectadas) son probablemente los más precisos, aunque son algo lentos y permiten sólo unas pocas mediciones durante cada sesión. Los sistemas electrónicos modernos computarizados para la medición del intercambio de gases ofrecen un gran ahorro de tiempo y mediciones múltiples.

Nótese en la Figura 5.2 que el gas espirado por el sujeto pasa a través de una manguera hacia una cámara mezcladora. El individuo usa una pinza nasal, de manera que todo el aire se recoge de la boca y no se pierde nada. Desde la cámara mezcladora, las muestras son bombeadas hacia un analizador electrónico de oxígeno y dióxido de carbono. Posteriormente, un ordenador utiliza las

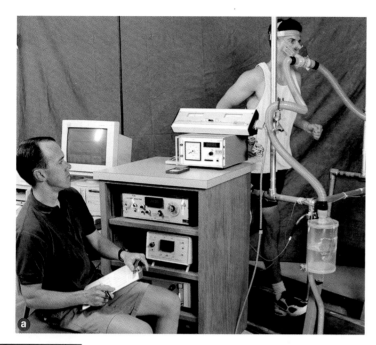

FIGURA 5.2 *(a)* Equipo típico que los fisiólogos utilizan para medir de manera sistemática el consumo de O_2 y la producción de CO_2. Estos valores pueden utilizarse para calcular el $\dot{V}O_{2máx}$ y el índice de intercambio respiratorio y, por lo tanto, el gasto energético. Aunque este equipo es una especie de cámara y limita el movimiento, recientemente se han adaptado versiones más pequeñas para el uso en una variedad de condiciones en el laboratorio, en el terreno de juego o en cualquier otro lugar. *(b)* Ilustración de un analizador metabólico portátil utilizado para monitorizar el consumo de O_2 de un individuo que realiza ejercicio aeróbico.

mediciones del volumen de gas espirado (aire) y la fracción (porcentaje) de oxígeno y dióxido de carbono en una muestra del aire espirado para calcular el consumo de O_2 y la producción de CO_2. Un equipo sofisticado puede hacer estos cálculos respiración por respiración, pero en general éstos se realizan en períodos separados que duran de uno a varios minutos.

Cálculo del consumo de oxígeno y de la producción de dióxido de carbono

Al utilizar un equipamiento como el que se ilustra en la Figura 5.2, los fisiólogos pueden medir las tres variables necesarias para calcular el volumen real de oxígeno consumido ($\dot{V}O_2$) y el volumen de CO_2 producido ($\dot{V}CO_2$). En general, los valores se presentan como oxígeno consumido por minuto ($\dot{V}O_2$) y CO_2 producido por minuto ($\dot{V}CO_2$). El punto sobre la V ($\dot{V}$) se utiliza para indicar una tasa de consumo de O_2 o de producción de CO_2, por ejemplo, litros por minuto.

Para simplificarlo, el $\dot{V}O_2$ es igual al volumen de O_2 inspirado menos el volumen de O_2 espirado. Para calcular el volumen de O_2 inspirado, se multiplica el volumen de aire inspirado por la fracción de ese aire que está compuesta de O_2; el volumen de O_2 espirado es igual al volumen de aire espirado multiplicado por la fracción de aire espirada que está compuesto de O_2. Lo mismo se aplica para el CO_2.

Por ende, el cálculo del $\dot{V}O_2$ y del $\dot{V}CO_2$ requiere la siguiente información:

- Volumen de aire inspirado ($\dot{V}_I$)
- Volumen de aire espirado ($\dot{V}_E$)
- Fracción de oxígeno en el aire inspirado (F_IO_2)
- Fracción de CO_2 en el aire inspirado (F_ICO_2)
- Fracción de oxígeno en el aire espirado (F_EO_2)
- Fracción de CO_2 en el aire espirado (F_ECO_2)

El consumo de oxígeno, en litros de oxígeno consumido por minuto, puede entonces ser calculado de la siguiente manera:

$$\dot{V}O_2 = (\dot{V}_I \times F_IO_2) - (\dot{V}_E \times F_EO_2).$$

De manera similar, la producción de CO_2 se calcula como

$$\dot{V}CO_2 = (\dot{V}_E \times F_ECO_2) - (\dot{V}_I \times F_ICO_2).$$

Estas ecuaciones proporcionan valores razonablemente precisos de la $\dot{V}O_2$ y de la $\dot{V}CO_2$. No obstante, las ecuaciones se basan en el hecho de que el volumen de aire inspirado equivale exactamente al volumen de aire espirado y que no existen cambios en los gases almacenados en el cuerpo. Debido a que existen diferencias en el almacenamiento de gases durante el ejercicio (como veremos a continuación), es posible elaborar ecuaciones más exactas a partir de las variables mencionadas.

Transformación de Haldane

Con el correr de los años, los científicos intentaron simplificar los cálculos del consumo de oxígeno y de la producción de CO_2. Varias de las mediciones que se necesitan en las ecuaciones precedentes son conocidas y no cambian. Las concentraciones de los tres gases que componen el aire inspirado son conocidas: el oxígeno representa el 20,93%, el CO_2 el 0,03%, y el nitrógeno el 79,03% del aire inspirado. ¿Qué sucede respecto del volumen del aire inspirado y espirado? ¿Son lo mismo, como para necesitar medir sólo uno de los dos?

El volumen de aire inspirado es igual al volumen de aire espirado sólo cuando el volumen de oxígeno consumido es igual al volumen de CO_2 producido. Cuando el volumen de oxígeno consumido es mayor que el volumen de CO_2 producido, $\dot{V}_I$ es mayor que $\dot{V}_E$. De la misma manera, $\dot{V}_E$ es mayor que $\dot{V}_I$ cuando el volumen de CO_2 producido es mayor que el volumen de oxígeno consumido. Sin embargo, lo único constante es que el volumen de nitrógeno inspirado ($\dot{V}_I N_2$) es igual al volumen de nitrógeno espirado ($\dot{V}_E N_2$). Debido a que $\dot{V}_E N_2 = \dot{V}_I \times F_I N_2$ y que $\dot{V}_E N_2 = \dot{V}_E \times F_E N_2$, se puede calcular $\dot{V}_I$ a partir de $\dot{V}_E$ mediante el uso de la siguiente ecuación, que se denomina **transformación de Haldane:**

$$(1) \quad \dot{V}_I \times F_I N_2 = \dot{V}_E \times F_E N_2,$$

que puede escribirse como

$$(2) \quad \dot{V}_I = (\dot{V}_E \times F_E N_2) / F_I N_2.$$

Asimismo, debido a que en realidad se miden las concentraciones de O_2 y CO_2 en los gases espirados, se puede calcular $F_E N_2$ a partir de la suma de $F_E O_2$ y $F_E CO_2$, o

$$(3) \quad F_E N_2 = 1 - (F_E O_2 + F_E CO_2).$$

Por lo tanto, reordenando toda esta información, se puede reescribir la ecuación para calcular $\dot{V}O_2$ de la siguiente forma:

$$\dot{V}O_2 = (\dot{V}_I \times F_I O_2) - (\dot{V}_E \times F_E O_2).$$

Al sustituir en la ecuación 2, se obtiene lo siguiente:

$$\dot{V}O_2 = [(\dot{V}_E \times F_E N_2)/(F_I N_2 \times F_I O_2)] - [(\dot{V}_E) \times (F_E O_2)].$$

Al sustituir los valores conocidos para $F_I O_2$ de 0,2093 y para $F_I N_2$ de 0,7903, se obtiene:

$$\dot{V}O_2 = [(\dot{V}_E \times F_E N_2)/ (0,7903 \times 0,2093)] - [(\dot{V}_E) \times (F_E O_2)].$$

Al sustituir con la ecuación 3, se obtiene:

$$\dot{V}O_2 = [(\dot{V}_E) \times (1 - (F_E O_2 + F_E CO_2)) \times (0,2093/0,7903)] - [(\dot{V}_E) \times (F_E O_2)].$$

O simplificando,

$$\dot{V}O_2 = (\dot{V}_E) \times [(1 - (F_E O_2 + F_E CO_2)) \times (0,265)] - [(\dot{V}_E) \times (F_E O_2)].$$

Simplificando aún más,

$$\dot{V}O_2 = (\dot{V}_E) \times \{[(1 - (F_E O_2 + F_E CO_2) \times (0,265)] - (F_E O_2)\}.$$

La ecuación final es la que actualmente utilizan los fisiólogos en la práctica, aunque los ordenadores realizan el cálculo de manera automática en la mayoría de los laboratorios.

Se necesita una corrección final. Cuando el aire es espirado, se encuentra a la temperatura corporal (BT), a la presión ambiente o atmosférica prevaleciente (P), y está saturada (S) con vapor de agua, lo que se denomina como condiciones BTPS. Cada una de estas influencias no sólo podría incrementar el error en la medición de $\dot{V}O_2$ y $\dot{V}CO_2$, sino que, por ejemplo, también dificulta las mediciones realizadas en laboratorios a diferentes altitudes. Por esta razón, cada volumen de gas se convierte de manera rutinaria a la temperatura (ST: 0°C o 273K°) y presión (P: 760 mm Hg) estándar en su equivalente seco (D) o STPD. Esto se logra con una serie de ecuaciones de corrección.

Índice de intercambio respiratorio

Para estimar la cantidad de energía utilizada por el cuerpo, es necesario conocer el tipo de sustrato alimenticio (combinación de carbohidratos, grasas y proteína) que está siendo oxidado. El contenido de carbono y oxígeno en la glucosa, los ácidos grasos libres (AGL) y los aminoácidos difiere en forma drástica. En consecuencia, la cantidad de oxígeno utilizado durante el metabolismo depende del tipo de combustible que está siendo oxidado. La calorimetría indirecta mide la cantidad de CO_2 liberado ($\dot{V}CO_2$) y el oxígeno consumido ($\dot{V}O_2$). El cociente entre estos dos valores se denomina **índice de intercambio respiratorio (RER)**.

$$RER = \dot{V}CO_2/\dot{V}O_2.$$

En general, la cantidad de oxígeno necesario para oxidar completamente una molécula de carbohidrato o de grasa es proporcional a la cantidad de carbono en ese combustible. Por ejemplo, la glucosa ($C_6 H_{12} O_6$) contiene seis átomos de carbono. Durante la combustión de la glucosa, se utilizan seis moléculas de oxígeno para producir seis moléculas de CO_2, seis moléculas de H_2O, y 32 moléculas de ATP:

$$6 O_2 + C_6 H_{12} O_6 \rightarrow 6 CO_2 + 6 H_2O + 32 \text{ ATP}.$$

Al evaluar cuánto CO_2 se libera en comparación con la cantidad de O_2 consumido, se encuentra que el RER es 1,0:

$$RER = \dot{V}CO_2/\dot{V}O_2 = 6 CO_2/6 O_2 = 1,0.$$

Como se muestra en el Cuadro 5.1, el valor del RER varía con el tipo de combustible que se utiliza para la producción de energía. Los ácidos grasos libres tienen considerablemente más cantidad de carbono e hidrógeno pero menos de oxígeno que la glucosa. Considérese, por ejemplo, el ácido palmítico, $C_{16}H_{32}O_2$. Para oxidar completamente esta molécula a CO_2 y H_2O, se requieren 23 moléculas de oxígeno:

$$16 \ C + 16 \ O_2 \rightarrow 16 \ CO_2$$
$$32 \ H + 8 \ O_2 \rightarrow 16 \ H_2O$$

Total = 24 O_2 necesarias

−1 O_2 proporcionada por el ácido palmítico

23 O_2 que se deben adicionar

Finalmente, esta oxidación da como resultado 16 moléculas de CO_2, 16 moléculas de H_2O, y 129 moléculas de ATP:

$$C_{16}H_{32}O_2 + 23 \ O_2 \rightarrow 16 \ CO_2 + 16 \ H_2O + 129 \ ATP.$$

La combustión de esta molécula grasa requiere significativamente más oxígeno que la combustión de una molécula de carbohidrato. Durante la oxidación, se producen aproximadamente 6,3 moléculas de ATP por cada molécula de O_2 utilizada (32 ATP por cada 6 O_2), en comparación con las 5,6 moléculas de ATP por molécula de O_2 durante el metabolismo del ácido palmítico (129 ATP por cada 23 O_2).

Aunque las grasas proporcionan más energía que los carbohidratos, se necesita más oxígeno para oxidar las grasas que los carbohidratos. Esto significa que el valor del RER para la oxidación de grasas es substancialmente menor que para los carbohidratos. Para el ácido palmítico, el valor del RER es de 0,70:

$$RER = \dot{V}CO_2 / \dot{V}O_2 = 16 / 23 = 0,70.$$

Una vez que se determina el valor del RER a partir del cálculo de los volúmenes de gases respiratorios, el valor se puede comparar con un cuadro (Cuadro 5.1) para determinar la mezcla de combustibles que está siendo oxidada. Por ejemplo, si el valor del RER es 1,0, entonces las células están utilizando sólo glucosa o glucógeno, y cada litro de oxígeno consumido podría generar 5,05 kcal. La oxidación de sólo grasa podría producir 4,69 kcal/L de O_2, y la oxidación de proteína produciría 4,46 kcal/L de

CUADRO 5.1 **Índice de intercambio respiratorio (RER) en función de la energía producida a partir de diversas proporciones de combustibles**

% KCAL			
Carbohidratos	Grasas	RER	Energía (kcal/L O_2)
0	100	0,71	4,69
16	84	0,75	4,74
33	67	0,80	4,80
51	49	0,85	4,86
68	32	0,90	4,92
84	16	0,95	4,99
100	0	1,00	5,05

O_2 consumido. Por lo tanto, si los músculos sólo utilizaran glucosa y el cuerpo consumiera 2 L de O_2/min, entonces la tasa de producción de energía en calorías sería de 10,1 kcal/min (2 L/min • 5,05 kcal/L).

Limitaciones de la calorimetría indirecta

Si bien la calorimetría es una herramienta habitual e importante para los fisiólogos del ejercicio, tiene sus limitaciones. Los cálculos del intercambio de gases asumen que el contenido de O_2 corporal permanece constante y que el intercambio de CO_2 en los pulmones es proporcional a su liberación desde las células. La sangre arterial permanece casi completamente saturada de oxígeno (alrededor de 98%), incluso durante un esfuerzo intenso. Se puede asumir en forma precisa que el oxígeno extraído del aire que respiramos es proporcional a su incorporación celular. Sin embargo, el intercambio de dióxido de carbono es menos constante. Las reservas corporales de CO_2 son bastante grandes y pueden ser alteradas simplemente mediante una respiración profunda o un ejercicio muy intenso. En estas condiciones, la cantidad de CO_2 liberado en los pulmones puede no representar al que se está produciendo en los tejidos; por lo tanto, los cálculos relativos a la utilización de carbohidratos y grasas que se basan en las mediciones de gases parecen ser válidos sólo en estado de reposo o durante ejercicios en estado estable.

El uso del RER también puede conducir a imprecisiones. Recuérdese que las proteínas no son completamente oxidadas en el cuerpo debido a que el nitrógeno no es oxidable. Esto torna imposible calcular la utilización de proteínas a partir del RER. En consecuencia, a veces el RER se denomina como RER no proteico debido a que simplemente ignora la oxidación de proteínas.

Tradicionalmente, se pensó que las proteínas contribuían poco a la producción energética durante el ejercicio; por esta razón, los fisiólogos del ejercicio justificaron en el uso del RER no proteico al realizar los cálculos. Pero evidencia más reciente sugiere que, durante la realización de ejercicios de varias horas de duración, las proteínas pueden contribuir con hasta el 5% de la energía total gastada en ciertas circunstancias.

Normalmente, el cuerpo utiliza una combinación de combustibles. Los valores del índice de intercambio respiratorio varían dependiendo de la mezcla específica que está siendo oxidada. En el reposo, el valor del RER se encuentra en el rango de 0,78 a 0,80. Durante el ejercicio, sin embargo, los músculos dependerán cada vez más de los carbohidratos para la producción de energía. A medida que se utilizan más carbohidratos, el valor del RER se aproximará a 1,0.

Este incremento en el valor del RER hasta 1,0 refleja las demandas de glucosa en sangre y de glucógeno muscular, pero también puede indicar que se está liberando más CO_2 desde la sangre de lo que se está produciendo en los músculos. Cerca del agotamiento físico total (o una vez alcanzado éste), se acumula lactato en la sangre. El cuerpo trata de revertir esta acidificación mediante la liberación de CO_2. La acumulación de lactato incrementa la producción de CO_2, debido a que el exceso de ácido provoca que el ácido carbónico sanguíneo se convierta en CO_2. Consecuentemente, el exceso de CO_2 difunde fuera de la sangre y hacia los pulmones para ser eliminado por la respiración, con lo cual se incrementa la cantidad de CO_2 liberado. Por esta razón, los valores del RER que se aproximan a 1,0 pueden no estimar en forma precisa el tipo de combustible que están utilizando los músculos.

Otra complicación es que la producción de glucosa a partir del catabolismo de los aminoácidos y las grasas en el hígado produce un RER por debajo de 0,70. Por lo tanto, los cálculos de la oxidación de los carbohidratos a partir del valor del RER serán subestimados si la energía deriva de este proceso.

A pesar de su deficiencia, la calorimetría indirecta aún proporciona la mejor estimación del gasto energético en el estado de reposo y durante el ejercicio aeróbico.

Mediciones isotópicas del metabolismo energético

En el pasado, la determinación del gasto energético total de un individuo dependía del registro de los alimentos ingeridos durante varios días y de la medición de los cambios en la composición corporal durante ese período. Aunque se utiliza ampliamente, este método está limitado por la capacidad del individuo para realizar los registros precisos y por la precisión en la determinación del costo energético de las actividades del sujeto.

Afortunadamente, el uso de isótopos ha expandido la capacidad de investigar el metabolismo energético. Los isótopos son elementos con un peso atómico atípico. Pueden ser tanto radiactivos (radioisótopos) como no radioactivos (isótopos estables). Como un ejemplo, el carbono-12 (^{12}C) tiene un peso molecular de 12, es la forma natural más común del carbono y es no radioactiva. En contraste, el carbono-14 (^{14}C) tiene dos neutrones más que el ^{12}C, que le otorga un peso atómico de 14. El ^{14}C se crea en el laboratorio y es radioactivo.

El carbono-13 (^{13}C) constituye alrededor del 1% del carbono en la naturaleza y se lo utiliza con frecuencia para estudiar el metabolismo energético. Debido a que el ^{13}C es no radioactivo, es más difícil rastrearlo dentro del cuerpo que el ^{14}C. Pero aunque los isótopos radioactivos son fácilmente detectables en el cuerpo, son dañinos para los tejidos corporales y, por lo tanto, se los utiliza en forma infrecuente en la investigación humana.

El ^{13}C y otros isótopos tales como el hidrógeno-2 (deuterio, o ^2H) se utilizan como trazadores, lo que significa que pueden ser seguidos de manera selectiva dentro del cuerpo. Las técnicas de trazadores implican la inyección de isótopos dentro de un individuo y luego, el seguimiento de su distribución y movimiento.

A pesar de que el método se describió por primera vez en la década de 1940, los estudios que utilizaron el agua doblemente marcada para monitorizar el gasto energético durante la vida diaria en los seres humanos no se realizaron hasta la década de 1980. El sujeto ingiere una cantidad conocida de agua marcada con dos isótopos ($^2H_2{}^{18}O$), de allí el término "agua doblemente marcada". El deuterio (^2H) se difunde a toda el agua corporal, y el oxígeno-18 (^{18}O) se difunde tanto a través del agua como del bicarbonato almacenado (donde se almacena mucho del CO_2 derivado del metabolismo). Se puede determinar la tasa a la cual estos dos isótopos dejan el cuerpo mediante el análisis de su presencia en una serie de muestras de orina, saliva o sangre. Después se pueden utilizar estas tasas de recambio para calcular cuánto CO_2 se produce, y qué valor puede convertirse en gasto energético mediante el uso de ecuaciones calorimétricas.

Debido a que el recambio de isótopo es relativamente lento, el metabolismo energético debe ser medido durante varias semanas. Por esta razón, este método no es muy adecuado para realizar mediciones del metabolismo durante una serie aguda de ejercicio. Sin embargo, su precisión (más del 98%) y el bajo riesgo lo tornan muy apropiado para la determinación del gasto energético del día a día. Los nutricionistas han elogiado este método del agua doblemente marcada como el avance técnico más significativo del siglo pasado en el campo del metabolismo energético.

Revisión

➤ La calorimetría directa involucra el uso de una cámara grande para medir directamente el calor producido por el cuerpo; aunque proporciona mediciones muy precisas del metabolismo en reposo, no es una herramienta útil para los fisiólogos del ejercicio.

➤ La calorimetría indirecta implica la medición del consumo de O_2 y la producción de CO_2 a partir de los gases espirados. Debido a que se conoce la fracción de O_2 y de CO_2 en el aire inspirado, se necesitan tres mediciones más: el volumen de aire inspirado ($\dot{V}_I$) o espirado ($\dot{V}_E$), la fracción de oxígeno en el aire espirado (F_EO_2) y la fracción de CO_2 en el aire espirado (F_ECO_2).

➤ Mediante el cálculo del valor del RER (el cociente entre la producción de CO_2 y el consumo de O_2) y la comparación del valor del RER con los valores estándares para determinar los sustratos metabólicos que se oxidan, se puede calcular la energía gastada por litro de oxígeno consumido en kilocalorías.

➤ El valor del RER en el estado de reposo es aproximadamente de 0,78 a 0,80. El valor del RER para la oxidación de grasas es de 0,70 y de 1,0 para los carbohidratos.

➤ Los isótopos pueden utilizarse para determinar la tasa metabólica durante períodos prolongados. Se inyectan dentro del cuerpo o se ingieren. La tasa de eliminación de estos isótopos puede utilizarse para calcular la producción de CO_2 y luego, el gasto calórico.

Gasto energético en reposo y durante el ejercicio

Con las técnicas descritas en la sección anterior, los fisiólogos del ejercicio pueden medir la cantidad de energía que una persona gasta en el reposo como así también durante el ejercicio y después de éste. Esta sección describe el gasto energético, o la tasa metabólica, en condiciones de reposo, durante ejercicios de intensidades submáximas y máximas, y durante el período de recuperación posejercicio.

Tasa metabólica basal y de reposo

La tasa a la cual el cuerpo utiliza energía se denomina tasa metabólica. El cálculo del gasto energético en el estado de reposo o durante el ejercicio a menudo suele basarse en mediciones del consumo de oxígeno corporal total ($\dot{V}O_2$) y su equivalente calórico. En el reposo, una persona promedio consume alrededor de 0,3 L de O_2/min. Esto resulta en 18 L de O_2/h o 432 L de O_2/día.

Conocer el $\dot{V}O_2$ de un individuo permite calcular el gasto calórico de esa persona. Recuérdese que, en el reposo, en general el cuerpo quema una mezcla de carbohidratos y grasas. Un valor del RER de 0,80 es bastante común para la mayoría de los individuos en reposo sobre la base de una dieta mixta. El equivalente calórico para un valor de RER de 0,80 es de 4,80 kcal por litro de O_2 consumido (a partir del Cuadro 5.1). Al utilizar estos valores, se puede calcular el gasto calórico de este individuo de la siguiente manera:

$$
\begin{aligned}
\text{kcal/día} &= \text{litros de } O_2 \text{ consumido por día} \\
&\quad \times \text{ kcal utilizada por litro de } O_2 \\
&= 432 \text{ L } O_2/\text{día} \times 4,80 \text{ kcal/L } O_2 \\
&= 2.074 \text{ kcal/día.}
\end{aligned}
$$

Este valor concuerda con el gasto energético promedio en reposo que se espera para un hombre de 70 kg. Por supuesto, no incluye la energía extra necesaria para la actividad diaria normal.

Una medida estandarizada del gasto energético en el reposo es la **tasa metabólica basal (TMB)**. La TMB es la tasa a la cual se produce el gasto energético para un individuo en reposo, medido en posición supina y en un ambiente termoneutral, inmediatamente después de al menos 8 horas de sueño y al menos 12 horas de ayuno. Este valor refleja la cantidad mínima de energía requerida para llevar a cabo las funciones fisiológicas esenciales.

Debido a que el músculo tiene una actividad metabólica alta, la TMB está directamente relacionada con una masa libre de grasa del individuo y, en general, se reporta en kilocalorías por kilogramo de masa libre de grasa

por minuto (kcal $\cdot$ kg MLG^{-1} $\cdot$ min^{-1}). A mayor masa libre de grasa, más calorías totales se gastan en un día. Debido a que la mujer tiende a tener una menor masa libre de grasa y una mayor masa grasa que el hombre, tiende a tener una TMB menor que un hombre de peso similar.

La superficie corporal también afecta la TMB. Cuanto mayor es la superficie corporal, mayor es la pérdida de calor por la piel, lo cual eleva la TMB debido a que se necesita mayor energía para mantener la temperatura corporal. Por esta razón, la TMB también suele informarse en kilocalorías por metro cuadrado de superficie corporal por hora (kcal $\cdot$ m^{-2} $\cdot$ h^{-1}). Debido a que aquí se describe el gasto energético diario, se optó por una unidad más simple: kcal/día.

Hay otros factores que afectan la TMB, tales como:

- Edad: la TMB disminuye en forma gradual con el incremento de la edad, en general debido a una disminución en la masa libre de grasa.
- Temperatura corporal: la TMB aumenta con el incremento de la temperatura.
- Estrés psicológico: el estrés incrementa la actividad del sistema nervioso parasimpático, el cual aumenta la TMB.
- Hormonas: por ejemplo, tanto la tiroxina de la glándula tiroides como la adrenalina de la médula suprarrenal incrementan la TMB.

En lugar de la TMB, en la actualidad la mayoría de los investigadores utiliza el término **tasa metabólica de reposo (TMR)**, ya que en la práctica es similar a la TMB, pero su determinación no requiere de la estricta estandarización de las condiciones de medición como las requeridas para precisar la verdadera TMB. Los valores de la tasa metabólica basal y de la TMR difieren entre un 5 y un 10% y varían desde 1 200 a 2 400 kcal/día. Pero el promedio de tasa metabólica total de un individuo que realiza actividades cotidianas oscila entre las 1 800 y 3 000 kcal.

Concepto clave

Si bien la tasa metabólica basal puede ser tan baja como 1 200 kcal/día, el gasto de energía de los deportistas de alto rendimiento, por ejemplo los jugadores de fútbol que entrenan en dos turnos diarios, ¡puede exceder las 10 000 kcal/día!

Tasa metabólica durante el ejercicio submáximo

El ejercicio aumenta el requerimiento de energía bastante por encima de la TMR. El aumento del metabolismo es directamente proporcional al aumento de la intensidad del ejercicio, como se muestra en la Figura 5.3a. Cuando el sujeto se ejercitó en un cicloergómetro durante 5 min a 50 watts (W), su consumo de oxígeno ($\dot{V}O_2$) aumentó desde el valor en reposo hasta un valor en estado estable en aproximadamente 1 min. Posteriormente, el sujeto pedaleó durante 5 min, pero esta vez con una producción de potencia de 100 W, y de nuevo se alcanzó el $\dot{V}O_2$ en estado estable en 1 a 2 min. De manera similar, el sujeto pedaleó durante 5 min a 150, 200, 250 y 300 W, respectivamente, y con cada potencia se alcanzaron valores en estado estable. Se graficaron los valores del $\dot{V}O_2$ en estado estable en función de sus respectivas producciones de potencia (parte derecha de la Figura 5.3a), y se mostró claramente que existe un incremento lineal del $\dot{V}O_2$ con el aumento de la producción de potencia. El valor

de $\dot{V}O_2$ en estado estable representa el costo energético para esa producción de potencia específica.

A partir de estudios recientes, está claro que la respuesta del $\dot{V}O_2$ a mayores cargas de trabajo no sigue el patrón de respuestas del estado estable que se muestra en la Figura 5.3a, sino que sigue el que se ilustra en la Figura 5.3b. Al parecer, cuando se realizan ejercicios con producciones de potencia por encima del umbral del lactato (la respuesta del lactato se indica mediante la línea de rayas en la mitad derecha de la Figura 5.3, a y b), el consumo de oxígeno continúa incrementándose más allá de los típicos 1 a 2 min necesarios para alcanzar el valor del estado estable. Este incremento se denomina componente

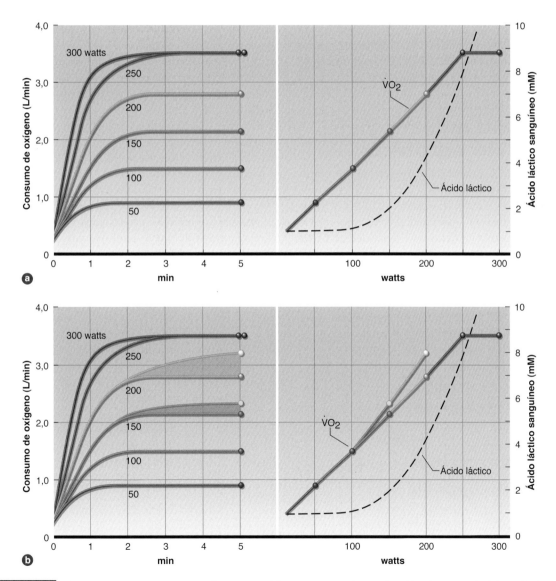

FIGURA 5.3 Aumento del consumo de oxígeno con el incremento en la producción de potencia *(a)* según lo propuesto originalmente por P.O. Åstrand y K. Rodahl (1986), *Textbook of work physiology: Physiological bases of exercise*, 3° ed. (New York: McGraw-Hill), p. 300; y *(b)* reescrito por Gaesser y Poole (1996, p.36). Véase el texto para una explicación detallada de la importancia de esta figura.

Reproducido con autorización de G.A. Gaesser y D.C. Poole, 1996, "The slow component of oxygen uptake kinetics in humans," *Exercise and Sport Sciences Reviews* 24:36.

lento de la cinética del consumo de oxígeno.[4] Probablemente, el mecanismo detrás de la aparición del componente lento es la alteración de los patrones de reclutamiento de las fibras musculares, es decir, a mayores intensidades de ejercicio se reclutan más fibras tipo II que son menos eficiente respecto de la producción de energía (las fibras tipo II requieren de un mayor $\dot{V}O_2$ para alcanzar la misma producción de potencia).[2,4]

Un fenómeno similar, pero no relacionado con el componente lento, es lo se denomina como desviación del $\dot{V}O_2$ ($\dot{V}O_2 dift$). La **desviación del $\dot{V}O_2$** se define como un incremento lento en el $\dot{V}O_2$ durante el ejercicio prolongado, submáximo, a una producción de potencia constante. A diferencia del componente lento, la desviación del $\dot{V}O_2$ se observa con producciones de potencia bastante por debajo del umbral del lactato, y la magnitud del incremento en la desviación del $\dot{V}O_2$ es mucho menor. Aunque no se comprenda completamente, es probable que la desviación del $\dot{V}O_2$ esté relacionada con un incremento en la ventilación y los efectos del aumento de catecolaminas circulantes.

Capacidad máxima para el ejercicio aeróbico

En la Figura 5.3*a* queda claro que cuando el sujeto pedaleó a 300 W, la respuesta del $\dot{V}O_2$ no fue diferente de la lograda a 250 W. Esto indica que el sujeto había alcanzado el límite máximo en su capacidad de incrementar su $\dot{V}O_2$. Este valor máximo se denomina capacidad aeróbica, **consumo máximo de oxígeno**, o $\dot{V}O_{2máx}$. El $\dot{V}O_{2máx}$ es considerado por la mayoría como la mejor medida de la resistencia cardiorrespiratoria o aptitud aeróbica. Este concepto se ilustra en la Figura 5.4, en la cual se comparan las respuestas del $\dot{V}O_{2máx}$ en un hombre entrenado y otro desentrenado.

En determinados ejercicios, a medida que aumenta la intensidad, el individuo alcanza la fatiga voluntaria antes de que se produzca la meseta en la respuesta del $\dot{V}O_2$ (criterio para un $\dot{V}O_{2máx}$ verdadero). En estos casos, el consumo de oxígeno alcanzado suele denominarse **consumo de oxígeno pico, captación pico de oxígeno** o $\dot{V}O_{2pico}$.

Un maratonista altamente entrenado casi siempre alcanzará un mayor valor de $\dot{V}O_2$ ($\dot{V}O_{2máx}$) durante un test hasta el agotamiento en cinta ergométrica que durante un test hasta el agotamiento voluntario en cicloergómetro ($\dot{V}O_{2pico}$). En este último caso, es probable que la musculatura del muslo (especialmente los cuádriceps) se fatigue antes de que el sujeto alcance su verdadero consumo de oxígeno máximo.

Aunque algunos filósofos del deporte sugieren que el $\dot{V}O_{2máx}$ es un buen pronosticador del éxito de los eventos de resistencia, no es posible predecir que un individuo ganará una maratón solamente a partir de la medición de su $\dot{V}O_{2máx}$ en el laboratorio. Del mismo modo, el rendimiento en una prueba de resistencia sólo predice modestamente el $\dot{V}O_{2máx}$ de un individuo. Esto sugiere que, si bien un valor relativamente alto de $\dot{V}O_{2máx}$ es un atributo necesario para los atletas de resistencia de elite, un rendimiento superlativo en pruebas de resistencia requiere de otros atributos además de altos valores de $\dot{V}O_{2máx}$, un concepto que se discutirá en los Capítulos 11 y 14.

Asimismo, los investigadores han documentado que el $\dot{V}O_{2máx}$ se incrementa con el entrenamiento físico durante sólo 8 a 12 semanas y que este valor luego alcanza una meseta a pesar de que se continúe con un entrenamiento a mayor intensidad. A pesar de que el $\dot{V}O_{2máx}$ no continúa aumentando, los participantes siguen mejorando su rendimiento de resistencia. Al parecer, estos individuos desarrollan su capacidad para ejercitarse a un mayor porcentaje de su $\dot{V}O_{2máx}$. La mayoría de los corredores, por ejemplo, puede completar una maratón de 42 km a un ritmo promedio que requiere que utilicen aproximadamente del 75 al 80% de su $\dot{V}O_{2máx}$.

Considérese el caso de Alberto Salazar, probablemente el mejor maratonista en la década de 1980. Su $\dot{V}O_{2máx}$ medido fue de 70 mL $\cdot$ kg^{-1} $\cdot$ min^{-1}. Este valor se halla por debajo del $\dot{V}O_{2máx}$ que se hubiera esperado sobre la base de su mejor rendimiento de maratón de 2 h y 8 min. Sin embargo, durante la competencia, este atleta era capaz de correr al 86% del $\dot{V}O_{2máx}$, un porcentaje considerablemente mayor que el de los otros corredores de clase mundial. Esto puede explicar en parte su jerarquía mundial como corredor.

Debido a que los requerimientos de energía del individuo varían con el tamaño corporal, en general el $\dot{V}O_{2máx}$ se expresa en relación al peso corporal, en mililitros de oxígeno consumido por kilogramo de peso corporal por minuto (mL $\cdot$ kg^{-1} $\cdot$ min^{-1}). Esto permite una comparación más precisa de la capacidad de resistencia cardiorrespiratoria entre individuos de diferente tamaño que realizan ejercicios en los que hay que soportar el peso corporal,

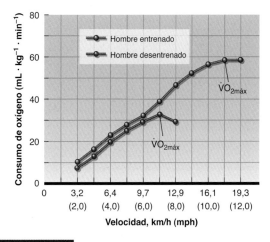

FIGURA 5.4 Relación entre la intensidad del ejercicio (velocidad de carrera) y el consumo de oxígeno en donde se observan las respuestas del $\dot{V}O_{2máx}$ en un hombre entrenado y otro desentrenado.

como por ejemplo, el pedestrismo. En las actividades que no implican soportar el peso corporal, como la natación o el ciclismo, el rendimiento de resistencia se encuentra más relacionado con el $\dot{V}O_{2máx}$ medido en litros por minuto.

Los estudiantes universitarios, que suelen ser individuos activos pero no entrenados, de entre 18 a 22 años, tienen un promedio de valores del $\dot{V}O_{2máx}$ de 38 a 42 mL $\cdot$ kg^{-1} $\cdot$ min^{-1} para las mujeres y de entre 44 a 50 mL $\cdot$ kg^{-1} $\cdot$ min^{-1} para los hombres. Después de los 25 a los 30 años, los valores del $\dot{V}O_{2máx}$ de las personas inactivas descienden alrededor de 1% por año. Esto probablemente se deba a una combinación de envejecimiento biológico y al estilo de vida sedentario. Además, las mujeres adultas en general tienen valores de $\dot{V}O_{2máx}$ considerablemente menores que los hombres adultos. Sin embargo, si bien parte de las diferencias poblacionales en el $\dot{V}O_{2máx}$ pueden atribuirse a un estilo de vida sedentario, también es posible que ciertos aspectos fisiológicos expliquen parte de estas diferencias (esto se discutirá con mayor detalle en el Capítulo 19). Dos motivos por los cuales existe una diferencia entre hombres y mujeres igualmente entrenados son las diferencias en la composición corporal (las mujeres suelen tener menos masa libre de grasa y más masa grasa) y en el contenido de hemoglobina en sangre (menor en las mujeres, que por lo tanto tienen una menor capacidad de transporte de oxígeno).

● Concepto clave

Se han observado capacidades aeróbicas de entre 80 a 84 mL $\cdot$ kg^{-1} $\cdot$ min^{-1} en fondistas y esquiadores de fondo de elite masculinos. El mayor valor de $\dot{V}O_{2máx}$ registrado para un hombre es el del campeón noruego de esquí de fondo, quien tuvo un $\dot{V}O_{2máx}$ de 94 mL $\cdot$ kg^{-1} $\cdot$ min^{-1}. El mayor valor registrado para una mujer es de 77 mL $\cdot$ kg^{-1} $\cdot$ min^{-1} para una esquiadora de fondo rusa. En contraste, los adultos desentrenados pueden tener valores por debajo de los 20 mL $\cdot$ kg^{-1} $\cdot$ min^{-1}.

Esfuerzo anaeróbico y capacidad de ejercicio

Ningún ejercicio es 100% aeróbico o 100% anaeróbico. Los métodos que se describieron hasta ahora ignoran los procesos anaeróbicos que acompañan el ejercicio aeróbico. ¿Cómo se puede evaluar la interacción de los procesos aeróbicos (oxidativos) y de los procesos anaeróbicos? Los métodos más comunes para la estimación del esfuerzo anaeróbico involucran el análisis del exceso de consumo de oxígeno posejercicio (EPOC) o del umbral del lactato.

Consumo de oxígeno posejercicio

La concordancia entre los requerimientos energéticos y el transporte de oxígeno durante el ejercicio no es perfecta. Cuando se inicia el ejercicio aeróbico, el sistema de transporte de oxígeno (respiración y circulación) no suministra en forma inmediata la cantidad necesaria de oxígeno para los músculos activos. Se requieren varios minutos para que el consumo de oxígeno alcance el nivel necesario (estado estable) al cual los procesos aeróbicos son totalmente funcionales, aun cuando los requerimientos corporales de oxígeno se incrementan al inicio del ejercicio.

Debido a que las necesidades y el suministro de oxígeno difieren durante la transición desde el estado de reposo al ejercicio, el cuerpo incurre un déficit de oxígeno, como se muestra en la Figura 5.5. Este déficit se acrecienta incluso a intensidades bajas de ejercicio. El déficit de oxígeno se calcula simplemente como la diferencia entre los requerimientos de oxígeno para una intensidad de ejercicio dada (estado estable) y el consumo real de oxígeno. A pesar del insuficiente transporte de oxígeno al inicio del ejercicio, los músculos activos son capaces de generar el ATP necesario a través de las vías anaeróbicas descritas en el Capítulo 2.

Durante los minutos iniciales de la recuperación, incluso si se detiene la actividad muscular, el consumo de oxíge-

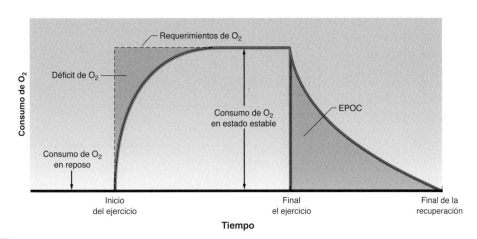

FIGURA 5.5 Requerimientos de oxígeno durante el ejercicio y la recuperación; ilustra el déficit de oxígeno y el concepto de exceso de consumo de oxígeno posejercicio (EPOC).

no no disminuye inmediatamente. En cambio, el consumo de oxígeno permanece elevado temporalmente (Figura 5.5). Este consumo, que excede el que suele necesitarse en el estado de reposo, tradicionalmente se ha denominado "deuda de oxígeno". En la actualidad, el término más común es el de **exceso de consumo de oxígeno posejercicio (EPOC)**. El EPOC es el volumen de oxígeno consumido por encima del que normalmente se consume en estado de reposo. Toda persona ha experimentado este fenómeno al finalizar una serie de ejercicios intensos: por ejemplo, una persona que sube rápido la escalera queda con el pulso acelerado y la respiración se torna dificultosa. Estos ajustes fisiológicos sirven para apuntalar el EPOC. Después de varios minutos de recuperación, el pulso y la respiración regresan a los valores de reposo.

Durante muchos años, se describió la curva del EPOC mediante dos componentes distintos: un componente rápido inicial y uno lento secundario. De acuerdo con la teoría clásica, el componente rápido de la curva representaba el oxígeno requerido para restituir el ATP y la fosfocreatina (PCr) utilizados durante el ejercicio, en especial en su etapa inicial. Sin suficiente oxígeno, los enlaces fosfato de alta energía en estos compuestos se rompían para suministrar la energía requerida. Durante la recuperación, estos enlaces necesitarían volver a formarse, o pagar la deuda. Se creía que el componente lento de la curva era el resultado de la eliminación del lactato acumulado en los tejidos, ya sea por la conversión a glucógeno o por la oxidación a CO_2 y de H_2O, que proporcionaba de esta manera la energía necesaria para restaurar los depósitos de glucógeno.

Según esta teoría, ambos componentes –rápido y lento– de la curva reflejaban la actividad anaeróbica que había ocurrido durante el ejercicio. Se creía que, al examinar el consumo de oxígeno posejercicio, se podía estimar la cantidad de actividad anaeróbica que había ocurrido.

Sin embargo, más recientemente los investigadores concluyeron que la explicación clásica del EPOC es demasiado simplista. Por ejemplo, durante la fase inicial del ejercicio, se toma algo del oxígeno que se encuentra almacenado (hemoglobina y mioglobina). Ese oxígeno debe ser reabastecido durante la recuperación. También, la respiración permanece temporalmente elevada a continuación del ejercicio en parte debido a un esfuerzo por liberar el CO_2 que se ha acumulado en los tejidos como subproducto del metabolismo. La temperatura corporal también se eleva para mantener altas las tasas metabólica y respiratoria, lo que a su vez requiere más oxígeno; y los niveles elevados de noradrenalina y adrenalina durante el ejercicio tienen efectos similares.

Por lo tanto, el EPOC depende de muchos factores además del reabastecimiento de ATP y PCr y de la eliminación del lactato producido por el metabolismo anaeróbico. Aún no están claramente definidos los mecanismos fisiológicos responsables del EPOC.

Umbral del lactato

Muchos investigadores consideran que el umbral del lactato es un buen indicador del potencial de un atleta para eventos de resistencia. El **umbral del lactato** se define como el punto al cual el lactato sanguíneo comienza a acumularse en forma substancial por encima de las concentraciones de reposo durante el ejercicio de intensidad creciente. Por ejemplo, un corredor podría realizar un test en tapiz rodante a diferentes velocidades con una pausa entre cada velocidad. Luego de cada etapa, se toma una muestra de sangre de la punta de su dedo, o de un catéter en una de las venas del brazo, a partir de la cual se mide el lactato sanguíneo. Como se ilustra en la Figura 5.6, pueden utilizarse los resultados de dicha prueba para graficar la relación entre el lactato sanguíneo y la velocidad de carrera. Cuando se corre a velocidades bajas, las concentraciones del lactato sanguíneo permanecen en los niveles de reposo o cerca de ellos. Pero a medida que se incrementa la velocidad, la concentración del lactato sanguíneo aumenta rápidamente más allá de algún umbral de velocidad. El punto en el cual el lactato sanguíneo parece aumentar en forma desproporcionada por encima de los valores del reposo se denomina el umbral del lactato.

Se cree que el umbral del lactato refleja la interacción entre los sistemas de energía aeróbico y anaeróbico. Algunos investigadores sugieren que el umbral del lactato representa un cambio significativo hacia la glucólisis anaeróbica, que forma lactato a partir de piruvato. En consecuencia, el incremento repentino en el lactato sanguíneo con el esfuerzo creciente se ha denominado como el "umbral anaeróbico." Sin embargo, la concentración del lactato sanguíneo está determinada no sólo por la producción de lactato en el músculo esquelético, cardíaco u otros tejidos, sino también por la eliminación a partir de la sangre por parte del hígado. Por lo tanto,

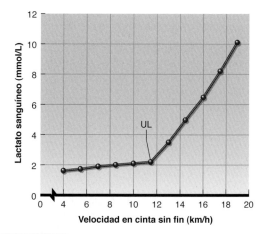

FIGURA 5.6 La relación entre la intensidad del ejercicio (velocidad al correr) y concentración de lactato sanguíneo. Las muestras sanguíneas se tomaron de la vena del brazo de un corredor y se analizaron para la presencia de lactato después de que el sujeto corrió a cada velocidad durante 5 min. UL = umbral del lactato.

durante un ejercicio de intensidad creciente, el umbral de lactato se define como el momento en el cual la tasa de producción de lactato excede la tasa de eliminación (*clearance*) o remoción.

El umbral del lactato suele expresarse como un porcentaje del consumo máximo de oxígeno ($\%\dot{V}O_{2máx}$). La capacidad de un atleta de ejercitarse a alta intensidad sin acumulación de lactato es beneficioso debido a que tal acumulación contribuye a la fatiga. En la sección anterior, se describió que los principales determinantes del rendimiento de resistencia son el $\dot{V}O_{2máx}$ y el porcentaje de $\dot{V}O_{2máx}$ que un atleta pueda mantener durante un período prolongado. Esto último probablemente se relacione con el umbral del lactato, debido a que éste tal vez sea el mejor determinante del ritmo que se puede tolerar durante una prueba de resistencia de larga duración. Por lo tanto, es probable que la capacidad de realizar un ejercicio a un alto porcentaje del $\dot{V}O_{2máx}$ refleje un umbral de lactato más alto. En consecuencia, un umbral del lactato de 80% $\dot{V}O_{2máx}$ sugiere una mayor tolerancia al ejercicio aeróbico que un umbral del 60% $\dot{V}O_{2máx}$. En general, si hay dos individuos con el mismo consumo de oxígeno, la persona con el umbral de lactato más alto exhibirá el mejor rendimiento de resistencia, aunque también contribuyen otros factores.

Economía de esfuerzo

A medida que las personas mejoran su capacidad para realizar ejercicio, se observa una reducción en las demandas energéticas para un ritmo dado de ejercicio. En cierto sentido, las personas se vuelven más económicas (nótese que se evita utilizar el término "eficacia", que tiene una definición mecánica más estricta). Esto se ilustra en la Figura 5.7 mediante la información obtenida de los fondistas. En todas las velocidades de carrera superiores a 11,3 km/h (7 mph), el corredor B utiliza significativamente menos oxígeno que el corredor A. Estos hombres tienen valores similares de $\dot{V}O_{2máx}$ (64-65 mL · kg^{-1} · min^{-1}); por lo tanto, la menor demanda energética exhibida por el corredor B podría ser una ventaja durante la competencia.

Estos dos corredores compitieron en diversas ocasiones. Durante las carreras de maratón, corrieron a ritmos que requirieron el uso del 85% de su $\dot{V}O_{2máx}$. En promedio, el ahorro de energía del corredor B le dio una ven-

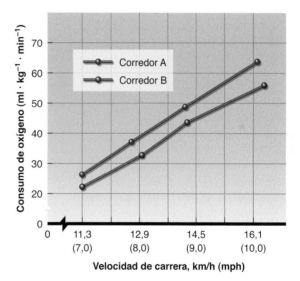

FIGURA 5.7 Requerimientos de oxígeno para dos fondistas a diferentes velocidades. Aunque tuvieron similares valores de $\dot{V}O_{2máx}$ (64-65 mL · kg^{-1} · min^{-1}), el corredor B fue más económico y, por lo tanto, más rápido.

Medición de la capacidad anaeróbica

No existe un método aceptable para determinar la capacidad anaeróbica de una persona. Se han descrito diversos métodos; pero se ha cuestionado su validez y, en el mejor de los casos, sólo ofrecen una estimación burda de la capacidad anaeróbica. Los primeros intentos para determinar la capacidad anaeróbica midieron el lactato sanguíneo después de un ejercicio hasta el agotamiento. Aunque en general se acepta que el lactato sanguíneo indica un incremento de la glucólisis anaeróbica, tales mediciones no dan una estimación cuantitativa de la producción de energía anaeróbica. También se propuso al EPOC como un índice de la capacidad anaeróbica, pero estudios posteriores no respaldaron su utilización. En 1988, Medbø y cols.[8] propusieron el uso del déficit máximo de oxígeno acumulado como una medida de la capacidad anaeróbica. Otras pruebas prometedoras son el test anaeróbico de Wingate[1] y el test de potencia crítica[7]. A pesar de las limitaciones inherentes a cada uno de estos métodos, son los únicos métodos que permiten estimar indicadores indirectos del potencial metabólico de la capacidad anaeróbica.

taja de 13 min en estas competencias. Debido a que sus valores de $\dot{V}O_{2máx}$ fueron tan similares pero sus necesidades energéticas fueron tan diferentes durante estas pruebas, gran parte de la ventaja competitiva del corredor B podría atribuirse a su mayor economía de carrera. Desafortunadamente, no existe explicación específica para las causas subyacentes de estas diferencias en la economía de esfuerzo y es probable que se deban a varios factores complejos, fisiológicos y biomecánicos.

Diversos estudios llevados a cabo con velocistas, mediofondistas y fondistas demostraron que los corredores de maratón suelen exhibir la mayor economía de carrera. En general, estos corredores de distancias extremadamente largas utilizan del 5 al 10% menos de energía que los corredores de media distancia o los velocistas a un ritmo de carrera dado. Sin embargo, la economía de carrera se ha estudiado sólo a velocidades relativamente bajas (ritmos de 10-19 km/h, o 6-12 mph). Se puede asumir en forma razonable que los fondistas exhibirán una menor economía durante un esprín que los corredores que entrenan específicamente para pruebas cortas y rápidas. Es probable que la selección de las pruebas por parte de los corredores se deba, en parte, al éxito alcanzado previamente, el cual a su vez es factible que se haya obtenido como consecuencia de una mejor economía de carrera.

Las variaciones en la forma de correr y la especificidad del entrenamiento para el esprín y las pruebas de fondo pueden explicar al menos parte de estas diferencias en la economía al correr. El análisis de filmaciones revela que los corredores de media distancia y los velocistas tienen significativamente más movimientos verticales cuando corren entre 11 a 19 km/h (7-12 mph) de los que tienen los corredores de maratón. Pero tales velocidades se encuentran bien por debajo de aquellas requeridas durante las carreras de media distancia y probablemente no reflejan

en forma precisa la economía de carrera de los competidores en las pruebas más cortas, de 1 500 m o menos.

El rendimiento en otras pruebas atléticas podría estar incluso más afectado por la economía de movimiento que las carreras. Por ejemplo, parte de la energía gastada al nadar se utiliza para mantener el cuerpo sobre la superficie del agua y para generar suficiente fuerza para superar la resistencia del agua al movimiento. Aunque la energía necesaria para nadar depende del tamaño corporal y la flotabilidad, la aplicación eficiente de la fuerza contra el agua es el principal determinante de la economía de la natación.

Costo energético de diferentes actividades

La cantidad de energía gastada para diferentes actividades varía con la intensidad y el tipo de ejercicio. A pesar de las diferencias sutiles en la economía, se han determinado los costos de energía promedio de muchas actividades, en general a través del monitoreo del consumo de oxígeno durante la actividad para determinar un promedio de consumo de oxígeno por unidad de tiempo. A partir de este valor puede puede determinarse el costo energético por minuto (kcal/min).

En general, estos valores ignoran los aspectos anaeróbicos del ejercicio y el EPOC. Esta omisión es importante debido a que una actividad que implique un gasto energético de 300 kcal durante el tiempo que dure el ejercicio puede significar un gasto adicional de 100 kcal durante el período de recuperación. En consecuencia, el costo total de esa actividad podría ser de 400 kcal, no de 300.

En promedio, el cuerpo requiere 0,16 a 0,35 L de oxígeno por minuto para satisfacer sus demandas de energía en estado de reposo. Esto podría representar hasta 0,80 a

Características de los atletas exitosos en las pruebas de resistencia aeróbica

De la discusión en este capítulo acerca de las características metabólicas de los atletas de resistencia y de las características de sus fibras musculares en el Capítulo 1, resulta claro que para alcanzar el éxito en pruebas de resistencia aeróbica se necesita una combinación de las siguientes características:

- elevado $\dot{V}O_{2máx}$,
- elevado umbral de lactato, expresado como porcentaje del $\dot{V}O_{2máx}$,
- alta economía de esfuerzos, o bajo $\dot{V}O_2$ para una intensidad absoluta de ejercicio dada, y
- elevado porcentaje de fibras musculares tipo I.

A partir de los escasos datos disponibles, estas cuatro características parecen estar en su orden de importancia. Por ejemplo, la velocidad de carrera al umbral de lactato y el $\dot{V}O_{2máx}$ fueron los mejores predictores del ritmo de carrera en un grupo de fondistas de elite. Sin embargo, cada uno de estos corredores tiene un $\dot{V}O_{2máx}$ alto. Aunque la economía de esfuerzo es importante, no varía mucho entre los corredores. Finalmente, tener un alto porcentaje de fibras musculares tipo I ayuda, pero no es esencial. El ganador de la medalla de bronce en una maratón olímpica tenía sólo el 50% de fibras musculares tipo I en su músculo gastrocnemio, uno de principales músculos usados para correr.

1,75 kcal/min, 48 a 105 kcal/h, o 1 152 a 2 520 kcal/día. Obviamente, cualquier actividad por encima de los niveles de reposo se adicionará al gasto diario previsto. El rango para el gasto calórico diario total es altamente variable. Éste depende de muchos factores, e incluyen

- el nivel de actividad (el que más influye),
- edad,
- sexo,
- tamaño,
- peso, y
- composición corporal.

Los costos energéticos para las actividades deportivas también difieren. Algunas, como el tiro con arco, o los bolos, requieren sólo un poco más de energía que cuando uno se encuentra en reposo. Otras, como el esprín, requieren una tasa tan alta de distribución de energía que sólo pueden mantenerse unos segundos. Además de la intensidad del ejercicio, se debe considerar la duración de la actividad. Por ejemplo, se gastan aproximadamente 29 kcal/min al correr a 25 km/h (15,5 mph), pero este ritmo sólo puede soportarse durante breves períodos. Trotar a 11 km/h (7 mph), por otro lado, gasta sólo 14,5 kcal/min, la mitad que al correr a 25 km/h, pero puede mantenerse por más tiempo, lo que da como resultado un mayor gasto energético total.

En el Cuadro 5.2 se proporciona una estimación del gasto energético durante diversas actividades para hombres y mujeres de contextura mediana. Recuerde que estos valores son sólo promedios. La mayoría de las actividades involucra el movimiento de la masa corporal, de manera tal que estas figuras pueden variar en forma considerable con las diferencias individuales como las que se enumeraron anteriormente y con la habilidad individual (economía del movimiento).

CUADRO 5.2 **Valores promedio del gasto energético durante diversas actividades físicas**

Actividad	Hombre (kcal/min)	Mujer (kcal/ min)	Relativo a la masa corporal (kcal · kg⁻¹ · min⁻¹)
Básquet	8,6	6,8	0,123
Ciclismo 11,3 km/h (7,0 mph)	5,0	3,9	0,071
16,1 km/h (10,0 mph)	7,5	5,9	0,107
Balonmano	11,0	8,6	0,157
Pedestrismo 12,1 km/h (7,5 mph)	14,0	11,0	0,200
16,1 km/h (10 mph)	18,2	14,3	0,260
Estar sentado	1,7	1,3	0,024
Dormir	1,2	0,9	0,017
Estar parado	1,8	1,4	0,026
Natación (estilo crol) 4,8 km/h (3,0 mph)	20,0	15,7	0,285
Tenis	7,1	5,5	0,101
Caminar, 5,6 km/h (3,5 mph)	5,0	3,9	0,071
Levantamiento de pesas	8,2	6,4	0,117
Lucha	13,1	10,3	0,187

Nota: los valores presentados son para un hombre de 70 kg y una mujer de 55 kg. Estos valores variarán dependiendo de las diferencias individuales.

Revisión

➤ La TMB es la cantidad mínima de energía que el cuerpo necesita para mantener las funciones celulares básicas y está estrechamente relacionada con la masa libre de grasa y la superficie corporal. En general, varía entre 1 100 a 2 500 kcal/día; pero cuando se añade actividad diaria, el gasto calórico típico es de 1 700 a 3 100 kcal/día.

➤ El metabolismo se incrementa con el aumento en la intensidad de ejercicio, pero el consumo de oxígeno está limitado. Su valor máximo se denomina $\dot{V}O_{2máx}$. El rendimiento en pruebas de resistencia aeróbica está dado por un alto valor de $\dot{V}O_{2máx}$, por la capacidad de ejercitarse durante períodos prolongados a un elevado porcentaje de $\dot{V}O_{2máx}$, y la velocidad de carrera al umbral de lactato.

➤ El EPOC es la tasa metabólica elevada por encima de los niveles de reposo que se produce después de que el ejercicio ha cesado, durante el período de recuperación.

➤ El umbral del lactato es el punto en el cual la producción de lactato comienza a exceder la capacidad del cuerpo de eliminar o remover el lactato, lo cual resulta en un rápido incremento en la concentración de lactato sanguíneo durante un ejercicio de intensidad creciente. En general, los individuos con un umbral de lactato más alto, expresado como un porcentaje de su $\dot{V}O_{2máx}$, son capaces de los mejores rendimientos de resistencia.

➤ La capacidad de rendimiento de resistencia aeróbica también está asociada con una alta economía del esfuerzo, o un bajo $\dot{V}O_2$ para una intensidad de ejercicio dada.

La fatiga y sus causas

¿Cuál es exactamente el significado del término **fatiga** durante el ejercicio? Las sensaciones de fatiga son marcadamente diferentes cuando una persona se ejercita hasta el agotamiento en pruebas que duran 45 a 60 s, como la prueba de 400 m, que durante un esfuerzo muscular exhaustivo prolongado, como las maratones. En consecuencia, no es sorprendente que las causas de fatiga sean diferentes en esos dos escenarios también. En general, el término *fatiga* se utiliza para describir la reducción en el rendimiento muscular durante un esfuerzo continuo que está acompañado por una sensación de cansancio generalizado. Una definición alternativa es la incapacidad para mantener la potencia necesaria para continuar el trabajo muscular a una intensidad dada. Para distinguir fatiga de la debilidad o del daño muscular, se puede pensar en la fatiga como un estado que puede revertirse mediante el reposo.

Si se le pregunta a la mayoría de los individuos que realizan ejercicio cuál es la causa de la fatiga durante el ejercicio, la respuesta más común incluye dos palabras: ácido láctico. ¡Este concepto erróneo no sólo es una simplificación excesiva, sino que cada vez existe más evidencia de que el ácido láctico en realidad puede tener efectos benéficos sobre el rendimiento del ejercicio!

La fatiga es un fenómeno extremadamente complejo. La mayoría de los esfuerzos por describir las causas subyacentes y los sitios de fatiga se enfocan en

- reducción de la tasa de producción de energía (ATP-PCr, glucólisis anaeróbica y oxidación);
- acumulación de subproductos metabólicos, como el lactato y el H^+;

- fallas en los mecanismos contráctiles de la fibra muscular; y
- alteraciones en el sistema nervioso.

Las primeras tres causas se producen dentro del músculo mismo y a menudo se las denomina como fatiga periférica. Además de las alteraciones a nivel de la unidad motora, los cambios a nivel del encéfalo o sistema nervioso central también pueden provocar fatiga. Por sí sola, ninguna de estas puede explicar todos los aspectos de la fatiga, y diversas causas pueden actuar en forma sinérgica para causar fatiga. Los mecanismos de la fatiga dependen del tipo de músculos involucrados, el estatus de entrenamiento del sujeto, e incluso de su dieta. Aún hay muchos interrogantes sin contestar acerca de la fatiga, en especial respecto de los sitios celulares de la fatiga dentro de las fibras musculares en sí mismas. Recuerde que la fatiga rara vez es causada por un solo factor, sino que hay varios factores que actúan en múltiples sitios. A continuación analizaremos los sitios donde se produce la fatiga.

Sistemas de producción de energía y fatiga

Los sistemas de producción de energía son un área obvia para explorar cuando se consideran las causas posibles de la fatiga. Cuando una persona siente fatiga, suele expresarlo diciendo: "No tengo energía". Pero este uso del término *energía* dista de su significado fisiológico. ¿Qué función cumple la disponibilidad de energía, en relación con la fatiga durante el ejercicio, en el verdadero sentido de la producción de ATP a partir de diferentes sustratos?

Ácido láctico como fuente de energía durante el ejercicio

El ácido láctico está en un estado de constante recambio dentro de las células, producido por la glucólisis y eliminado de la célula principalmente por la oxidación. Por esta razón, a pesar de su reputación como causa de la fatiga, el ácido láctico puede ser –y es– usado como una verdadera fuente de energía durante el ejercicio. Esto se produce a través de varios mecanismos.

En primer lugar, sabemos que el lactato producido por la glucólisis en el citoplasma de las fibras musculares puede ser captado por las mitocondrias y oxidado directamente en la misma fibra. Esto se ve mayormente en células con alta densidad mitocondrial, como las fibras musculares tipo I (altamente oxidativas), el músculo cardíaco y las células hepáticas.

Segundo, el lactato producido en las fibras musculares puede ser transportado lejos de su lugar de producción y usado en otro lugar, por un proceso llamado lanzadera de lactato (*lactate shuttle*) descrito por primera vez por el Dr. George Brooks. El lactato es producido primariamente por las fibras musculares tipo II, pero puede ser transportado a las fibras adyacentes de tipo I por difusión o por transporte activo. Así, la mayoría del lactato producido en un músculo jamás abandona ese músculo. También puede ser transportado por la circulación a sitios donde será oxidado directamente. La lanzadera de lactato permite que la glucólisis de una célula suministre combustible para su uso por otra célula.

Finalmente, algo del ácido láctico producido en el músculo se transporta por la sangre hasta el hígado, donde se reconvierte a ácido pirúvico y nuevamente a glucosa (gluconeogénesis), y se transporta de regreso al músculo activo. Esto se denomina el ciclo de Cori. Sin este reciclado de lactato a glucosa para su uso como fuente de energía, el ejercicio prolongado tendría una grave limitación.

Agotamiento de PCr

Recuerde que la PCr se utiliza en condiciones anaeróbicas, por ejemplo en esfuerzos de alta intensidad y corta duración, para reconstruir el ATP a medida que se utiliza y, por lo tanto, mantiene las reservas de ATP dentro del músculo. Los estudios llevados a cabo con biopsias de músculo humano han demostrado que, durante contracciones máximas repetidas, la fatiga coincide con el agotamiento de la PCr. A pesar de que el ATP es directamente responsable de la energía utilizada durante tales actividades, durante un esfuerzo muscular su depleción es menos marcada que la de PCr debido a que el ATP está siendo producido por otras vías (véase la Figura 2.6, p. 55). Pero a medida que la PCr se agota, la capacidad para reemplazar con rapidez el ATP gastado se ve seriamente afectada. El uso de ATP continúa, pero el sistema de ATP-PCr pierde capacidad para reemplazarlo. En consecuencia, los niveles de ATP también disminuyen. Al momento del agotamiento, tanto las reservas de ATP como las de PCr pueden estar depletadas. En la actualidad se cree que el P_i, cuya concentración se incrementa durante ejercicios de alta intensidad y corta duración debido a la degradación de la PCr, es una de las potenciales causas de fatiga durante este tipo de ejercicios.[9]

Para retrasar la fatiga, el atleta debe controlar la tasa de esfuerzo estableciendo un ritmo de carrera adecuado y así asegurar que las reservas de PCr y ATP no se agoten en forma prematura. Esto se cumple incluso en las pruebas de resistencia. Si el ritmo inicial es demasiado rápido, las concentraciones de ATP y PCr disponibles disminuirán rápidamente, lo que llevará a la fatiga prematura y a una incapacidad para mantener el ritmo en las etapas finales de la prueba. El entrenamiento y la experiencia permiten al atleta decidir cuál es el mejor ritmo que permita el uso más eficiente del ATP y la PCr para la prueba entera.

Depleción glucogénica

Las concentraciones del ATP muscular también se mantienen por la degradación aeróbica y anaeróbica del glucógeno muscular. En pruebas que duran pocos segundos, el glucógeno muscular se convierte en la fuente primaria de energía para la resíntesis de ATP. Desafortunadamente, las reservas de glucógeno son limitadas y se agotan con rapidez. Desde el momento en que comenzó a utilizarse las técnicas de biopsia muscular, los estudios demostraron una correlación entre el agotamiento muscular y la fatiga durante la realización de ejercicios prolongados.

Al igual que con la PCr, la tasa de utilización del glucógeno muscular está controlada por la intensidad de la actividad. La intensidad creciente da como resultado una disminución desproporcionada en el glucógeno muscular. Durante el esprín, por ejemplo, el glucógeno muscular puede ser utilizado 35 a 40 veces más rápido que al caminar. El glucógeno muscular puede ser un factor limitante incluso durante un esfuerzo leve. El músculo de-

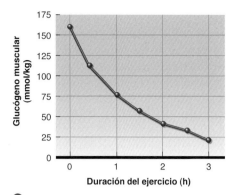

(a)

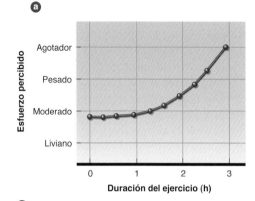

(b)

FIGURA 5.8 *(a)* Reducción en la concentración de glucógeno en el músculo gastrocnemio (pantorrilla) durante 3 h de carrera en tapiz rodante al 70% del $\dot{V}O_{2máx}$. *(b)* Índice de percepción subjetiva del esfuerzo. Nótese que el esfuerzo se consideró moderado durante casi 1,5 h de carrera, aunque el glucógeno disminuyó en forma estable. No fue hasta que el glucógeno muscular se tornó bastante bajo (menos de 50 mmol/kg) que aumentó la percepción del esfuerzo.

Adaptado con autorización de D.L. Costill, 1986, *Inside running: Basics of Sports physiology* (Indianapolis; Benchmark Press). Copyright 1986 Cooper Publishing Group, Carmel, IN.

pende de un suministro constante de glucógeno para satisfacer las altas demandas energéticas del ejercicio.

El glucógeno muscular se utiliza más rápidamente durante los primeros pocos minutos del ejercicio que en las etapas finales, como se observa en la Figura 5.8.[3] La ilustración muestra el cambio en el contenido de glucógeno muscular en el músculo gastrocnemio (pantorrilla) durante la prueba. Aunque el sujeto corre la prueba a un ritmo estable, la tasa de glucógeno muscular metabolizada a partir del gastrocnemio fue superior durante los primeros 75 minutos.

El atleta también informó su esfuerzo percibido (el grado de dificultad que sintió con el esfuerzo) en diversos momentos durante la prueba. Se sintió moderadamente estresado al inicio de la carrera, cuando sus reservas de glucógeno todavía eran altas, aun cuando utilizaba el glucógeno a una tasa elevada, y no reportó una percepción de fatiga severa hasta que los niveles de glucógeno muscular estaban casi agotados. Por lo tanto, la sensación de fatiga durante ejercicios de duración prolongada coincide con la reducción de la concentración de glucógeno muscular, pero no con su tasa de depleción. Los corredores de maratón suelen referirse al repentino inicio de fatiga que experimentan alrededor de los 29 a 35 km con la expresión "darse contra la pared." Al menos parte de esta sensación puede atribuirse al agotamiento del glucógeno muscular.

Depleción glucogénica en diferentes tipos de fibras

Las fibras musculares se movilizan y agotan sus reservas de energía en patrones selectivos. Las fibras individuales que se reclutan más frecuentemente durante el ejercicio pueden exhibir la depleción de sus reservas de glucógeno. Esto reduce la cantidad de fibras capaces de reproducir la fuerza muscular necesaria para el ejercicio.

Esta depleción glucogénica se ilustra en la Figura 5.9, que muestra una microfotografía de las fibras musculares tomadas de un corredor después de correr 30 km. La Figura 5.9a se ha teñido para diferenciar las fibras tipo I y II. Una de las fibras tipo II se ha circunscrito. La Figura 5.9b ilustra una segunda muestra del mismo músculo, teñido para mostrar el glucógeno. Cuanto más roja (más oscura) es la tinción, contienen más glucógeno. Antes de correr, todas las fibras se encontraban llenas de glucógeno y aparecían rojas (no se muestra). En la Figura 5.9b

(luego de la carrera), las fibras tipo I (de color más claro en la figura) estaban casi completamente depletadas de glucógeno. Esto sugiere que durante una prueba de resistencia que requiere de la aplicación moderada de fuerza, como por ejemplo correr 30 km, las fibras musculares que se utilizan predominantemente son las tipo I.

El patrón de agotamiento del glucógeno a partir de las fibras tipo I y II depende de la intensidad del ejercicio. Recuerde que las fibras tipo I son las primeras en ser reclutadas durante el ejercicio liviano. A medida que se incrementan los requerimientos de fuerza muscular, se reclutan las fibras tipo IIa. Durante ejercicios de intensidad próxima a la máxima, las fibras tipo IIx se añaden al grupo de fibras reclutadas.

Depleción glucogénica en diferentes grupos musculares

Además del agotamiento selectivo del glucógeno en los diferentes tipos de fibras I y II, el ejercicio puede imponer demandas inusualmente altas sobre determinados grupos musculares. Para investigar esto, se llevó a cabo un estudio en el cual los sujetos corrieron durante 2 h al 70% del $\dot{V}O_{2máx}$ sobre un tapiz rodante cuya inclinación fue manipulada

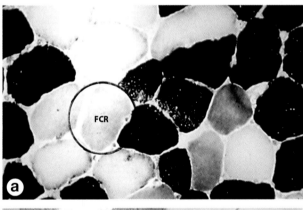
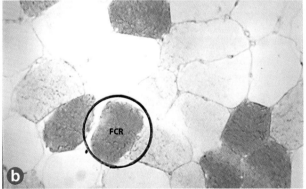

FIGURA 5.9 (a) Tinción histoquímica para el tipo de fibra después de correr 30 km; en el círculo se destaca la fibra de tipo II (contracción rápida). (b) Tinción histoquímica para el glucógeno muscular después de correr. Nótese que una cantidad de fibras de tipo II aún poseen glucógeno, como se nota por su tinción más oscura, mientras que la mayoría de las fibras de tipo I (contracción lenta) están vacías de glucógeno.

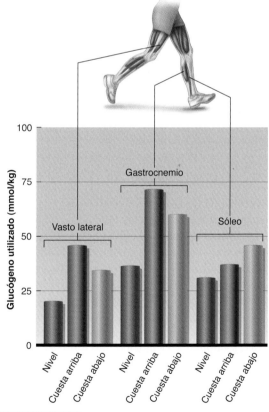

FIGURA 5.10 Utilización del glucógeno muscular en los músculos vasto lateral, gastrocnemio y sóleo durante 2 horas de carrera al 70% del $\dot{V}O_{2máx}$ en tapiz rodante con diferentes inclinaciones (cuesta arriba, cuesta abajo y a nivel). Nótese que la mayor utilización del glucógeno se produce en el gastrocnemio al correr cuesta arriba y cuesta abajo.

para simular una carrera cuesta arriba, una carrera cuesta abajo y una a nivel. En la Figura 5.10 se compara la deplección glucogénica resultante en tres músculos de la extremidad inferior: el vasto lateral (extensor de la rodilla), el gastrocnemio (extensor del tobillo) y el sóleo (otro extensor de la rodilla).

Los resultados muestran que, si una persona corre cuesta arriba, cuesta abajo o a nivel de la superficie, el gastrocnemio utiliza más glucógeno que el vasto lateral o el sóleo. Esto sugiere que los músculos extensores del tobillo tienen una mayor probabilidad de sufrir deplección de sus reservas de glucógeno durante las carreras de fondo que los músculos de los muslos, aislando el sitio de la fatiga en los músculos inferiores de la pierna.

Deplección del glucógeno y la glucosa sanguínea

El glucógeno muscular por sí solo no puede proporcionar suficientes carbohidratos para ejercicios que duren varias horas. El suministro de glucosa desde la sangre hacia los músculos contribuye significativamente a la producción de energía durante los ejercicios de resistencia. El hígado degrada su glucógeno almacenado para proporcionar un suministro constante de glucosa sanguínea. En las etapas tempranas del ejercicio, la producción de energía requiere relativamente poca glucosa sanguínea; pero en las últimas etapas de una prueba de resistencia, la glucosa sanguínea puede contribuir significativamente. Para sostener el ritmo de captación de glucosa a nivel muscular, el hígado debe degradar progresivamente más glucógeno a medida que se incrementa la duración del ejercicio.

Las reservas de glucógeno hepático son limitadas, y el hígado no puede producir rápidamente glucosa a partir de otros sustratos. En consecuencia, los niveles de glucosa sanguínea pueden disminuir cuando la captación por parte del músculo excede la producción de glucosa hepática. Al ser incapaces de obtener suficiente glucosa de la sangre, los músculos deben recurrir a sus reservas de glucógeno, lo cual acelera la deplección del glucógeno muscular y conduce a un agotamiento físico prematuro. Por otra parte, en la mayoría de los estudios no se han observado efectos de la ingesta de carbohidratos sobre la utilización neta de glucógeno muscular durante ejercicios vigorosos prolongados.

No es sorprendente observar mejoras en el rendimiento de resistencia cuando el suministro de glucógeno muscular se encuentra elevado previamente al inicio de la actividad. En el Capítulo 15 se describe la importancia de las reservas de glucógeno muscular para el rendimiento de resistencia. Por ahora, nótese que la deplección glucogénica y la hipoglucemia (bajo nivel de azúcar en sangre) limitan el rendimiento en las actividades que duran más de 60 a 90 min.[6]

Mecanismos de la fatiga relacionados con la deplección glucogénica

Parece improbable que el agotamiento del glucógeno cause fatiga en forma directa durante la realización de ejercicios de resistencia. En cambio, el agotamiento del glucógeno muscular puede ser el primer paso en una serie de eventos que deriven en la fatiga. Para mantener el metabolismo oxidativo de los carbohidratos y las grasas en el ciclo de Krebs, es necesario también mantener un cierto nivel del metabolismo del glucógeno muscular. Es decir, en la actualidad se sabe que se necesita cierta tasa de degradación del glucógeno para la óptima producción de dinucleótidos de nicotinamida adenina (NADH) reducidos y para mantener el sistema de transporte de electrones.

Además, a medida que se agota el glucógeno, los músculos que se ejercitan dependen más del metabolismo de los AGL (ácidos grasos libres). Para lograr esto, se deben movilizar más AGL dentro de las mitocondrias; no obstante, la tasa de transferencia de AGL hacia las mitocondrias puede limitar la tasa de oxidación hasta el punto en el cual esta última no pueda mantenerse.

Subproductos metabólicos y fatiga

Se han implicado diversos subproductos del metabolismo como factores causantes, o contribuyentes, de la fatiga. Un ejemplo es el P_i, que se incrementa durante los ejercicios intensos de corta duración a media que comienza a degradarse la PCr y el ATP.[9] Los subproductos metabólicos adicionales que han recibido la mayor atención en el análisis de la fatiga son el calor, el lactato y los iones hidrógeno.

Calor, temperatura muscular y fatiga

Recuérdese que la energía gastada resulta en una producción de calor relativamente alta, algo del cual se retie-

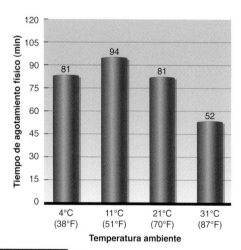

FIGURA 5.11 Tiempo hasta el agotamiento en un grupo de hombres que realizó ejercicio de ciclismo al ~70% del $\dot{V}O_{2máx}$. Los sujetos fueron capaces de ejercitarse por más tiempo (retrasar el inicio de la fatiga) cuando la temperatura fue de 11°C. El ejercicio en condiciones más frías o calurosas acelera la fatiga.

Adaptado con autorización de S.D.R. Galloway and R.J. Maughan, 1997, "Effects of ambient temperature on the capacity to perform prolonged cycle exercise in man", *Medicine and Science in Sports and Exercise*, 29: 1240-1249.

ne en el cuerpo, y causa que la temperatura central se eleve. Los ejercicios en el calor pueden aumentar la tasa de utilización de carbohidratos y acelerar la depleción glucogénica, efectos que pueden estimularse mediante el aumento de secreción de adrenalina. Se ha hipotetizado que las altas temperaturas corporales desmejoran tanto la función musculoesquelética como el metabolismo muscular.

Se ha observado que la capacidad para continuar con un ejercicio de ciclismo de intensidad moderada a alta se ve afectada por la temperatura ambiente. Galloway y Maughan[5] estudiaron el tiempo de ejercicio hasta el agotamiento físico en ciclistas masculinos a cuatro temperaturas ambientes diferentes: 4°C (38°F), 11°C (51°F), 21°C (70°F) y 31°C (87°F). Los resultados de ese estudio se muestran en la Figura 5.11. El tiempo hasta el agotamiento físico fue mayor cuando los sujetos se ejercitaron a una temperatura ambiente de 11°C, pero menor a temperaturas más frías y más cálidas. La fatiga se alcanza en forma más precoz a los 31°C. El preenfriamiento de los músculos también prolonga el ejercicio, mientras que el precalentamiento acelera la aparición de la fatiga. La aclimatación al calor, que se describe en el Capítulo 12, ahorra glucógeno y reduce la acumulación de lactato.

Ácido láctico, iones hidrógeno y fatiga

Recuerde que el ácido láctico es un subproducto de la glucólisis anaeróbica. Aunque la mayoría de las personas cree que el ácido láctico es el responsable de la fatiga en todos los tipos de ejercicio, este ácido se acumula dentro de la fibra muscular sólo durante un esfuerzo muscular altamente intenso y de duración relativamente corta. Por ejemplo, hacia el final de la carrera muchos corredores de maratón pueden tener niveles de ácido láctico próximos a los valores de reposo a pesar de su fatiga. Como se mencionó antes, su fatiga probablemente sea causada por un suministro inadecuado de energía, no por exceso de ácido láctico.

Los esprines de corta duración en pedestrismo, ciclismo y natación pueden provocar altas acumulaciones de ácido láctico. Pero no se debería culpar a la presencia de ácido láctico por el hecho de sentir fatiga. Cuando no se libera, el ácido láctico se disocia, se convierte en lactato y causa una acumulación de iones de hidrógeno. Esta acumulación de H^+ causa acidificación muscular, que produce una condición que se denomina acidosis.

Las actividades de corta duración y alta intensidad, como los esprines de carrera y de natación, dependen en gran medida de la glucólisis anaeróbica y producen grandes cantidades de lactato y de H^+ dentro de los músculos. Afortunadamente, las células y los líquidos corporales poseen sustancias amortiguadoras, como el bicarbonato (HCO_3), que minimizan la influencia desestabilizadora de los H^+. Sin estos amortiguadores, los H^+ podrían disminuir el pH hasta valores de 1,5 y matar las células. Debido a la capacidad amortiguadora del cuerpo, la con-

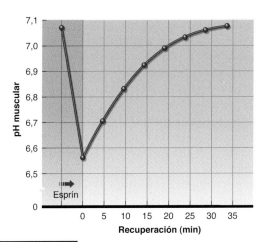

FIGURA 5.12 Cambios en el pH muscular durante un ejercicio de esprín y su posterior recuperación. Nótese el descenso drástico en el pH muscular durante el esprín y la recuperación progresiva hasta los niveles normales después del esfuerzo. Nótese que el pH demora más de 30 minutos en regresar a su nivel previo al ejercicio.

centración de H^+ permanece baja incluso durante la mayoría de los ejercicios intensos, lo que permite al pH muscular disminuir desde su valor de reposo de 7,1 a no menos de 6,6 a 6,4 al momento del agotamiento.

Sin embargo, los cambios de pH de esta magnitud afectan en forma adversa la producción de energía y la concentración muscular. Un pH intracelular por debajo de 6,9 inhibe la acción de la fosfofructocinasa, una enzima glucolítica importante, con lo cual disminuye la tasa glucolítica y la producción de ATP. A un pH de 6,4, la influencia de los H^+ detiene la subsecuente degradación de glucógeno y causa una disminución rápida en el ATP y, en última instancia, el agotamiento físico. Además, los H^+ pueden desplazar el calcio dentro de la fibra e interferir con el acoplamiento de los puentes cruzados de actina-miosina y disminuir la fuerza contráctil del músculo. La mayoría de los investigadores concuerda en que el pH muscular bajo es el principal limitante del rendimiento y la causa más importante de la fatiga durante esfuerzos máximos con una duración superior a 20-30 segundos.

Como puede observarse en la Figura 5.12, el establecimiento del pH a niveles preejercicio luego de un esprín hasta el agotamiento requiere de 30 a 35 minutos de recuperación. Sin embargo, aun cuando se hayan restablecido los niveles normales de pH, los niveles musculares y sanguíneos de lactato pueden continuar bastante elevados. Sin embargo, la experiencia ha demostrado que un atleta puede continuar realizando ejercicios a intensidades relativamente altas incluso con valores de pH muscular por debajo de 7,0 y un nivel de lactato por encima de 6 o 7 mmol/L, cuatro a cinco veces el valor de reposo.

Fatiga neuromuscular

Hasta el momento, se han considerado sólo aquellos factores intramusculares que podrían ser responsables de la fatiga. La evidencia también sugiere que, en algunas circunstancias, la fatiga puede ser el resultado de la incapacidad para activar las fibras musculares, una función del sistema nervioso. Como se mencionó en el Capítulo 3, el impulso nervioso se transmite a través de la unión neuromuscular para activar la membrana de la fibra, y esto causa que el retículo sarcoplasmático de la fibra libere calcio. A su vez, el calcio se une con la troponina para iniciar la contracción muscular, un proceso conocido con el nombre de acoplamiento contracción-excitación. A continuación, se describen dos de los varios mecanismos neurales posibles (uno central y uno periférico) que podrían interrumpir este proceso y que, posiblemente, contribuyan a la fatiga.

Transmisión neural

La fatiga puede ocurrir en la unión neuromuscular al evitar la transmisión del impulso nervioso hacia la membrana de la fibra muscular. Los estudios realizados a comienzos del siglo XX establecieron claramente dicha alteración en la transmisión de los impulsos nerviosos en músculos fatigados. Esta anomalía puede involucrar uno o más de los siguientes procesos:

- Podría producirse una reducción en la liberación o síntesis de la acetilcolina (AC), el neurotransmisor que enlaza el impulso nervioso desde el nervio motor con la membrana muscular.
- La colinesterasa, la enzima que degrada a la AC una vez que se ha transmitido el impulso, podría tornarse hiperactiva y evitar la concentración suficiente de AC para iniciar un potencial de acción.
- La actividad colinesterasa podría tornarse hipoactiva (inhibida) y permitir que la AC se acumule en exceso e inhiba la relajación.
- La membrana de la fibra muscular podría desarrollar un umbral más elevado para la estimulación por parte de neuronas motoras.
- Alguna sustancia podría competir con la AC por los receptores sobre la membrana muscular sin activar la membrana.
- El potasio podría dejar el espacio intracelular del músculo en contracción y disminuir el potencial de membrana hasta la mitad de su valor en el estado de reposo.

Aunque la mayoría de estas causas de bloqueo neuromuscular se ha asociado con enfermedades neuromusculares (como la miastenia grave), también pueden ser causantes de algunas de las formas de fatiga neuromuscular. Existe evidencia que sugiere que la fatiga también puede atribuirse a la retención del calcio dentro del retículo sarcoplasmático, que podría disminuir la disponibilidad de calcio para la contracción muscular. De hecho, el agotamiento de la PCr y la acumulación del lactato podrían simplemente incrementar la tasa de acumulación de calcio dentro del retículo sarcoplasmático. Sin embargo, estas teorías de la fatiga son especulativas.

Sistema nervioso central

El sistema nervioso central (SNC) también podría ser un sitio de fatiga. Indudablemente, existe una participación del SNC en la mayoría de los tipos de fatiga. Cuando los músculos de un sujeto parecen estar cerca del agotamiento físico, el estímulo verbal, los gritos, la música o incluso la estimulación eléctrica directa del músculo pueden incrementar la fuerza de la contracción muscular. No se comprenden completamente los mecanismos precisos que subyacen a la función del SNC de causar, detectar e incluso anular la fatiga.

El reclutamiento muscular depende, en parte, del control consciente. El estrés del ejercicio intenso puede conducir a la inhibición consciente o subconsciente de la predisposición del atleta para tolerar más dolor. El SNC puede reducir el ritmo del ejercicio a un nivel tolerable para proteger al atleta. Efectivamente, los investigadores concuerdan en que la percepción de disconfort precede el inicio de una limitación fisiológica dentro de los músculos. A menos que estén muy motivados, los individuos terminan el ejercicio antes de que sus músculos se encuentren fisiológicamente agotados. Para lograr el rendimiento máximo, los atletas se entrenan para llevar un ritmo de ejercicio adecuado y tolerar la fatiga.

⬤ Revisión

- ➤ La fatiga puede ser el resultado del agotamiento de la PCr o del glucógeno; ambas situaciones afectan la producción de ATP.
- ➤ Con frecuencia, se ha culpado al ácido láctico por la fatiga, pero es probable que no se relacione en forma directa con la fatiga en ejercicios aeróbicos prolongados.
- ➤ En los ejercicios de corta duración, como el esprín, en realidad son los H^+ generados por el ácido láctico los que conducen a la fatiga. La acumulación de los H^+ disminuye el pH muscular, lo cual dificulta los procesos celulares que producen energía y la contracción muscular.
- ➤ La alteración en la transmisión neural puede ser causa de algunos tipos de fatiga. Muchos mecanismos pueden conducir a tal alteración, y todos requieren de mayor investigación.
- ➤ El SNC cumple una función en la mayoría de los tipos de fatiga, tal vez limitando el rendimiento como un mecanismo de protección. En general, la fatiga percibida precede a la fatiga fisiológica, y los atletas que se sienten exhaustos pueden ser alentados a continuar mediante diversas formas que estimulan al SNC, como por ejemplo, escuchar música.

Conclusión

En los capítulos anteriores, se describió cómo los músculos y el sistema nervioso funcionan en conjunto para producir movimiento. En este capítulo se describió el gasto energético durante el ejercicio y la fatiga. Se consideró la energía necesaria para el movimiento. Se ha visto cómo se almacena la energía en forma de ATP y se exploró de qué manera la producción y disponibilidad de energía pueden limitar el rendimiento. También se aprendió que las necesidades metabólicas varían en forma considerable. En el próximo capítulo, se centrará la atención en el sistema cardiovascular y su control.

Palabras clave

caloría (cal)

calorimetría directa

calorimetría indirecta

calorímetro

consumo máximo de oxígeno ($\dot{V}O_{2máx}$)

consumo pico de oxígeno ($\dot{V}O_{2pico}$)

exceso de consumo de oxígeno posejercicio (EPOC)

desviación del $\dot{V}O_2$

fatiga

índice de intercambio respiratorio (RER)

tasa metabólica basal (TMB)

tasa metabólica de reposo (TMR)

transformación de Haldane

umbral del lactato

Preguntas

1. Defina la calorimetría directa y la indirecta y describa cómo se utilizan para medir el gasto energético.
2. ¿Qué es el índice de intercambio respiratorio (RER)? Explique cómo es utilizado para determinar la oxidación de carbohidratos y grasas.
3. ¿Qué son la tasa metabólica basal y la tasa metabólica de reposo, y cómo difieren entre sí?
4. ¿Qué es el consumo máximo de oxígeno? ¿Cómo se mide? ¿Cuál es su relación con el rendimiento deportivo?
5. Describa dos marcadores de la capacidad anaeróbica.
6. ¿Qué es el umbral del lactato? ¿Cómo se mide? ¿Cuál es su relación con el rendimiento deportivo?
7. ¿Qué es la economía de esfuerzo? ¿Cómo se mide? ¿Cuál es su relación con el rendimiento deportivo?
8. ¿Cuál es la relación entre consumo de oxígeno y producción de energía?
9. ¿Por qué los atletas con valores altos de $\dot{V}O_{2máx}$ rinden mejor en pruebas de resistencia que aquellos con valores más bajos?
10. ¿Por qué el consumo de oxígeno suele expresarse en mililitros de oxígeno por kilogramo de peso corporal por minuto ($mL \cdot kg^{-1} \cdot min^{-1}$)?
11. Describa las posibles causas de fatiga durante períodos de ejercicio que duran entre 15 a 30 s y entre 2 y 4 h.
12. Señale tres mecanismos por los cuales el lactato puede ser usado como fuente de energía.

PARTE II

Función cardiovascular y respiratoria

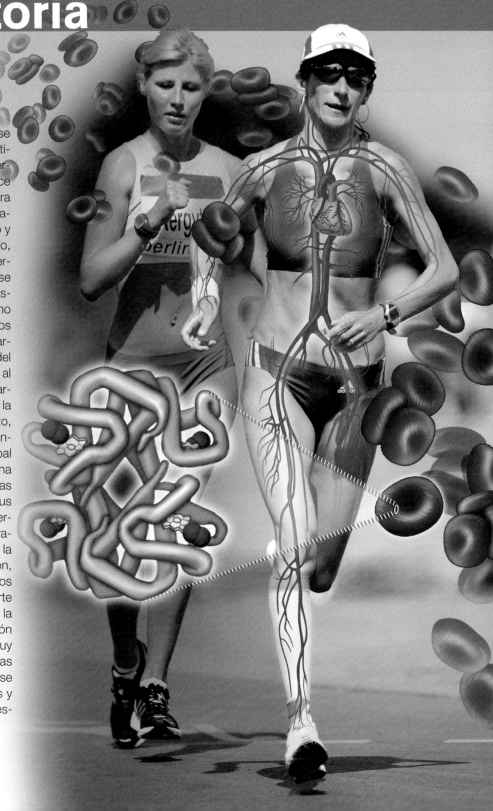

En la Parte I se describió cómo se contraen los músculos esqueléticos en respuesta a las señales nerviosas y de qué forma el cuerpo produce energía a través del metabolismo para promover el movimiento. También se analizó el control hormonal del metabolismo y del balance hidroelectrolítico. Por último, se analizó cómo se mide el gasto de energía y las causas de la fatiga. La Parte II se enfoca en cómo los aparatos cardiovascular y respiratorio proporcionan oxígeno y combustible a los músculos activos, los modos de eliminación del dióxido de carbono y los desechos metabólicos del cuerpo y la respuesta de estos sistemas al ejercicio. En el Capítulo 6, "El aparato cardiovascular y su control", se describen la estructura y la función del este aparato, compuesto por el corazón, los vasos sanguíneos y la sangre. El objetivo principal es definir la forma en que proporciona una cantidad adecuada de sangre a todas las partes del cuerpo para satisfacer sus demandas, especialmente durante el ejercicio. En el Capítulo 7, "El aparato respiratorio y su regulación", se analizan la mecánica y la regulación de la respiración, el proceso de intercambio de gases en los pulmones y los músculos, y el transporte de oxígeno y dióxido de carbono en la sangre. También se describe la regulación del pH corporal dentro de un rango muy estrecho. En el Capítulo 8, "Respuestas cardiorrespiratorias al ejercicio agudo", se describen los cambios cardiovasculares y respiratorios que se producen en respuesta al ejercicio.

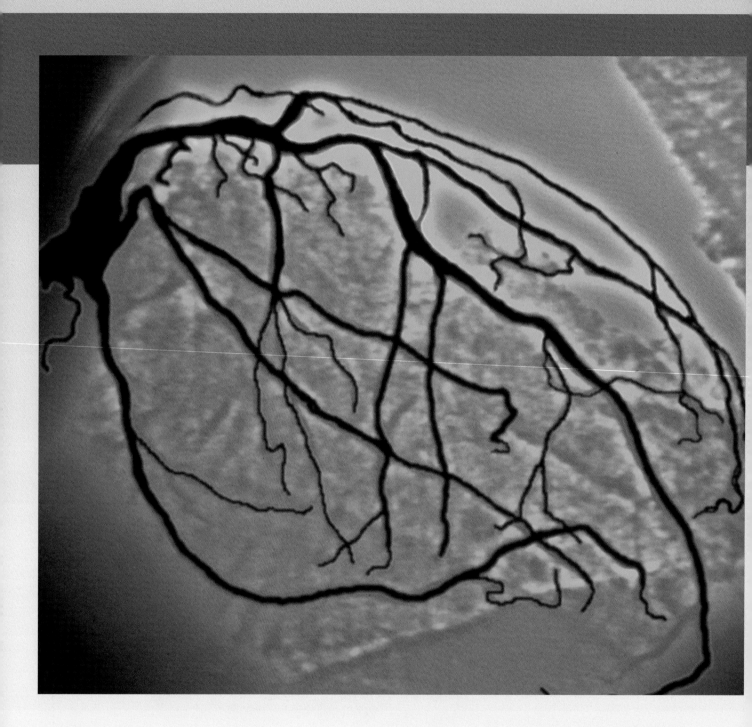

El aparato cardiovascular y su control

6

En este capítulo

Corazón   **140**
   Flujo sanguíneo a través del corazón   140
   Miocardio   141
   Sistema de conducción cardíaco   143
   Control extrínseco de la actividad cardíaca   144
   Electrocardiograma   146
   Arritmias cardíacas   148
   Terminología relacionada con la función cardíaca   148

Sistema vascular   **152**
   Presión sanguínea   152
   Hemodinámica general   152
   Distribución de la sangre   153

Sangre   **157**
   Volumen y composición de la sangre   158
   Eritrocitos   159
   Viscosidad de la sangre   159

Conclusión   **160**

El 5 de enero de 1988 el mundo del deporte perdió a uno de sus más grandes deportistas. "Pistol Pete" Maravich, estrella de la NBA, murió de un paro cardíaco a los 40 años durante un partido. Su muerte fue súbita y su causa sorprendió a los expertos médicos. El corazón de Maravich era muy grande, principalmente porque había nacido con una sola arteria coronaria en el lado derecho del corazón, y ¡sin las dos arterias coronarias que irrigan la parte izquierda! La comunidad médica quedó asombrada de que una sola arteria coronaria derecha irrigara las cavidades cardíacas izquierdas de Maravich y de que esta adaptación le hubiera permitido competir durante muchos años como uno de los mejores jugadores de básquetbol de la historia. Aunque la muerte de Maravich fue una tragedia y conmocionó al mundo del deporte, él fue capaz de participar en el nivel más alto de competición durante 10 años en uno de los deportes con mayor demanda física. Más recientemente, varios deportistas muy prometedores, universitarios y de la escuela secundaria, murieron súbitamente por causas cardíacas. La mayoría de estas muertes fueron atribuidas a una miocardiopatía hipertrófica, una enfermedad caracterizada por un aumento anormal de la masa muscular del corazón que, en general, compromete al ventrículo izquierdo. En alrededor de la mitad de los casos la enfermedad es hereditaria. Aunque esta sigue siendo la principal causa de muerte súbita en los deportistas adolescentes y jóvenes (alrededor del 36%), es relativamente infrecuente y se estima que se produce en 1 a 2 casos por millón de deportistas por año.

El aparato cardiovascular cumple numerosas funciones importantes en el cuerpo y coopera con todos los demás aparatos y sistemas fisiológicos. Las principales funciones cardiovasculares se clasifican dentro de seis categorías:

- Transporte de oxígeno y otros nutrientes
- Eliminación de dióxido de carbono y otros desechos metabólicos
- Transporte de hormonas y otras moléculas
- Soporte de la termorregulación y control del balance hídrico corporal
- Mantenimiento del equilibrio ácido-base
- Regulación de la función inmune

El aparato cardiovascular transporta oxígeno y nutrientes hacia todas las células del organismo y remueve el dióxido de carbono y los productos de desecho metabólico. Asimismo, transporta hormonas (Capítulo 4) desde las glándulas endocrinas hacia sus receptores blanco. El aparato cardiovascular contribuye a la regulación de la temperatura corporal (Capítulo 12), y la capacidad amortiguadora de la sangre ayuda a controlar el pH corporal. Este aparato también mantiene el equilibrio hídrico apropiado a través de los compartimentos de fluidos corporales y contribuye a prevenir infecciones producidas por toda clase de microorganismos invasores. Aunque este es sólo un listado abreviado de funciones, las que aquí se presentan son importantes para comprender las bases fisiológicas del ejercicio y el deporte. Por supuesto, estas funciones cambian y se vuelven más críticas con los retos impuestos por el ejercicio.

Todas las funciones fisiológicas y, en esencia, cada célula del cuerpo dependen de alguna manera del aparato cardiovascular. Cualquier sistema de circulación requiere tres componentes:

- Una bomba (el corazón)
- Un sistema de canales o conductos (los vasos sanguíneos)
- Un medio líquido (la sangre)

Para mantener la sangre circulando continuamente, el músculo cardíaco debe generar la suficiente presión para que aquella circule a través de una red continua de vasos sanguíneos en un sistema cerrado. Por lo tanto, el principal objetivo del aparato cardiovascular es asegurar un flujo sanguíneo adecuado a través de toda la circulación que permita satisfacer las demandas metabólicas de los tejidos. En primer lugar se describirá el corazón.

Corazón

Del tamaño de un puño y localizado en el centro de la cavidad torácica, el corazón es la principal bomba que hace circular la sangre a través de todo el aparato cardiovascular. Como se muestra en la Figura 6.1, el corazón tiene dos aurículas que actúan como cámaras receptoras y dos ventrículos que actúan como unidades de bombeo. Este órgano se encuentra contenido en un saco fibroso rígido denominado **pericardio**. La cavidad delgada entre el pericardio y el corazón está llena de líquido pericárdico, necesario para reducir la fricción entre el pericardio y el corazón.

Flujo sanguíneo a través del corazón

En ocasiones se considera al corazón como dos bombas separadas: la derecha que bombea la sangre desoxigenada hacia los pulmones a través de la circulación pulmonar y la izquierda que bombea sangre oxigenada hacia todos los demás tejidos del cuerpo a través de la circulación sistémica. La sangre que circuló a través del cuerpo transportando oxígeno y nutrientes y recolectando productos de desecho regresa al corazón a través de las grandes venas, la vena cava superior y la vena cava inferior, para ingresar en la aurícula derecha. Esta cámara recibe toda la sangre desoxigenada de la circulación sistémica.

Desde la aurícula derecha, la sangre atraviesa la válvula tricúspide para entrar en el ventrículo derecho. Esta cámara bombea la sangre a través de la válvula pulmonar hacia la arteria pulmonar, que transporta la sangre hacia

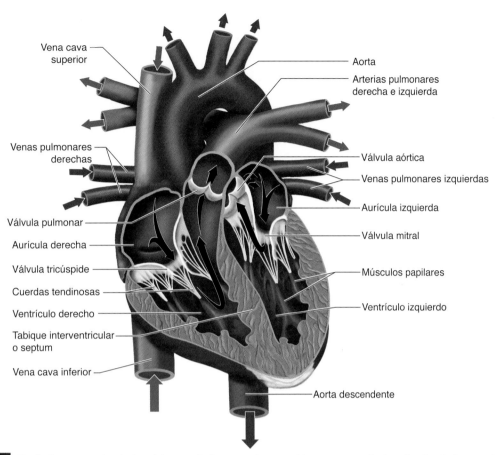

FIGURA 6.1 Corte transversal anterior del corazón humano (como si la persona estuviera frente al observador).

Etiquetas de la figura:
Vena cava superior
Venas pulmonares derechas
Válvula pulmonar
Aurícula derecha
Válvula tricúspide
Cuerdas tendinosas
Ventrículo derecho
Tabique interventricular o septum
Vena cava inferior
Aorta
Arterias pulmonares derecha e izquierda
Válvula aórtica
Venas pulmonares izquierdas
Aurícula izquierda
Válvula mitral
Músculos papilares
Ventrículo izquierdo
Aorta descendente

los pulmones. En consecuencia, el lado derecho del corazón es conocido como el lado pulmonar, que envía la sangre que ha circulado a través de todo el cuerpo hacia los pulmones para su reoxigenación.

Una vez oxigenada en los pulmones, la sangre regresa al corazón a través de las venas pulmonares. Toda la sangre oxigenada ingresa en la aurícula izquierda por las venas pulmonares. Desde allí, atraviesa la válvula mitral e ingresa en el ventrículo izquierdo. La sangre deja el ventrículo izquierdo a través de la válvula aórtica y entra en la aorta, que la distribuye hacia la circulación sistémica. El lado izquierdo del corazón es conocido como el lado sistémico, que recibe la sangre oxigenada proveniente de los pulmones y la envía hacia el resto del cuerpo para abastecer a otros tejidos corporales.

Miocardio

El músculo cardíaco se denomina en forma colectiva **miocardio** o músculo miocárdico. El espesor del miocardio varía en los diversos sitios del corazón de acuerdo con el estrés que soporta. El ventrículo izquierdo es la bomba más poderosa de las cuatro cámaras porque debe contraerse para generar una presión suficiente que le permita bombear sangre a través de todo el cuerpo. Ya sea que una persona esté sentada o de pie, el ventrículo izquierdo debe contraerse con suficiente fuerza para superar el

efecto de la gravedad, la cual tiende a concentrar la sangre en los miembros inferiores.

El ventrículo izquierdo debe generar una considerable cantidad de fuerza para bombear sangre hacia la circulación sistémica, y esto se refleja en el mayor grosor de su pared muscular en comparación con el de las otras cámaras cardíacas. Esta hipertrofia es el resultado de la presión que soporta el ventrículo izquierdo en estado de reposo o en condiciones normales de actividad moderada. Durante ejercicios más vigorosos, en particular durante actividades aeróbicas intensas, los requerimientos de sangre de los músculos activos se incrementan considerablemente. A su vez, esto impone una mayor demanda sobre el ventrículo izquierdo, que debe bombear sangre para transportarla hacia los músculos activos. El entrenamiento aeróbico de alta intensidad y el entrenamiento con sobrecarga provocan la respuesta hipertrófica del ventrículo izquierdo. En contraposición a las adaptaciones positivas que se producen como consecuencia del entrenamiento físico, el músculo cardíaco también se hipertrofia por causa de diversas enfermedades, como la hipertensión arterial o una enfermedad valvular cardíaca. En respuesta al entrenamiento o a la enfermedad, con el tiempo el ventrículo izquierdo se adapta incrementando su tamaño y su capacidad de bombeo, de manera similar al músculo esquelético que se adapta al entrenamiento físico. Sin embargo, los mecanismos que determinan la adaptación y el rendimiento cardíaco en presencia de enfermedades son diferentes de los que se observan con el entrenamiento aeróbico.

Aunque de apariencia estriada, el miocardio difiere del músculo esquelético en diversos elementos importantes. En primer lugar, como el miocardio debe contraerse como si fuera una unidad, las fibras individuales del músculo cardíaco se interconectan anatómicamente a través de sus extremos por regiones de color oscuro que se denominan **discos intercalados o intercalares**. Estos discos poseen desmosomas, estructuras que mantienen unidas a las células individuales para que no se separen durante la contracción, y uniones comunicantes que permiten la transmisión rápida de los potenciales de acción para que el corazón se contraiga como una unidad. En segundo lugar, las fibras del miocardio son bastante homogéneas, lo que las diferencia del mosaico de tipos de fibras presente en el músculo esquelético. El miocar-

dio sólo contiene un tipo de fibra, que se considera similar a las fibras tipo I del músculo esquelético por su alta capacidad oxidativa, su elevada densidad de capilares y su gran número de mitocondrias.

Además de estas diferencias, el mecanismo de contracción muscular también difiere entre el músculo cardíaco y el esquelético. La contracción del músculo cardíaco se produce mediante "liberación de calcio inducida por calcio" (Figura 6.2). El potencial de acción se disemina rápidamente de una célula a la siguiente a lo largo del sarcolema miocárdico a través de las uniones comunicantes y también hacia el interior de la célula a través de los túbulos T. Cuando la célula recibe un estímulo, el calcio ingresa en ella a través de receptores de dihidropiridina en los túbulos T. A diferencia de lo que sucede en el músculo esquelético, la cantidad de calcio que entra en la célula no es suficiente para causar la contracción directa del músculo cardíaco, pero sirve para estimular a otro tipo de receptor, el receptor de rianodina, que libera calcio desde el retículo sarcoplásmico. En la Figura 6.3 se resumen algunas de las similitudes y diferencias entre el músculo esquelético y el cardíaco.

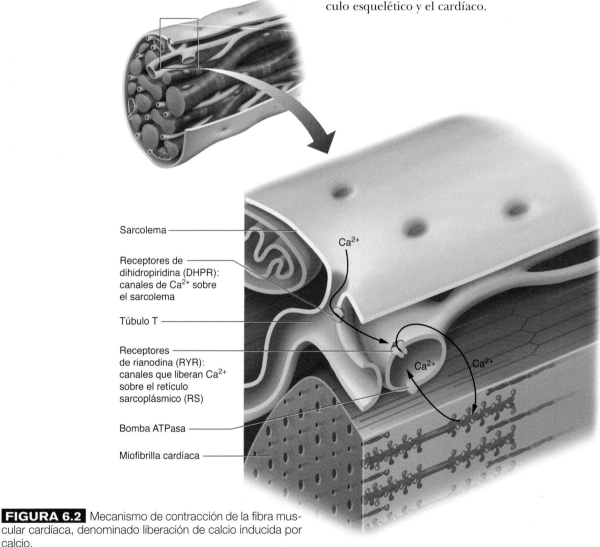

FIGURA 6.2 Mecanismo de contracción de la fibra muscular cardíaca, denominado liberación de calcio inducida por calcio.

Cortesía de la Dra. Donna H. Korzick, Pennsylvania State University.

Tipo de músculo	Localización	Aspecto	Tipo de actividad	Estimulación
Músculo esquelético ("estriado" o "voluntario") 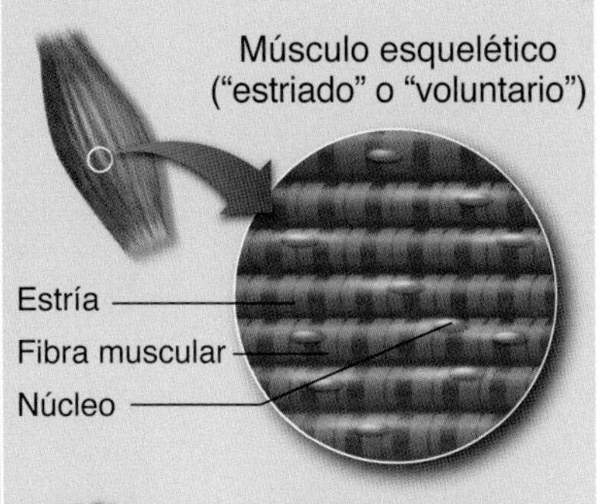 Estría Fibra muscular Núcleo	Músculo nombrado (p. ej., bíceps braquial) que se inserta en los huesos y las fascias de los miembros, la pared corporal y la cabeza o el cuello	Fibras cilíndricas grandes, largas, no ramificadas, con estrías transversales (franjas) dispuestas en fascículos paralelos; múltiples núcleos localizados en la periferia	Contracción intermitente, intensa y rápida (fásica) que supera el tono basal; actúa principalmente para producir movimiento o resistir la gravedad	Voluntaria (o refleja) dependiente del sistema nervioso somático
Músculo cardíaco 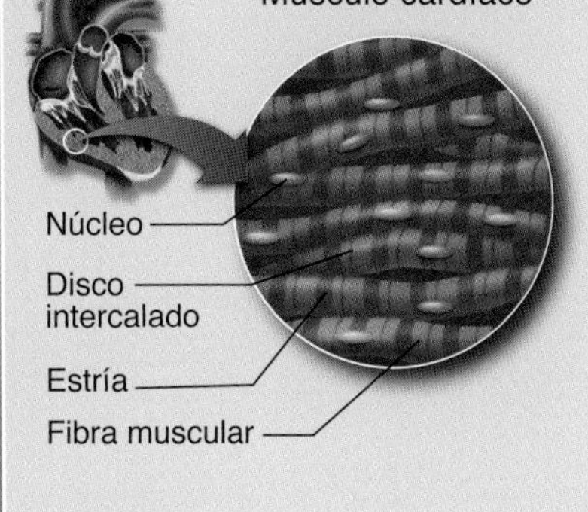 Núcleo Disco intercalado Estría Fibra muscular	Músculo del corazón (miocardio) y porciones adyacentes de los grandes vasos (aorta, vena cava)	Fibras más cortas ramificadas que se anastomosan entre sí y tienen estrías transversales (franjas) dispuestas en paralelo que conectan entre sus extremos a través de uniones complejas (discos intercalados); núcleo único central.	Contracción rítmica continua, intensa y rápida; bombea sangre desde el corazón	Involuntaria; estimulada y propagada en forma intrínseca (miogénica); velocidad y fuerza de contracción modificadas por el sistema nervioso autónomo

FIGURA 6.3 Características funcionales y estructurales del músculo esquelético y cardíaco.
Adaptado, con autorización, de K.L. Moore y A.F. Dalley, 1999, *Clinically oriented anatomy*, 4° ed. (Baltimore, MD: Lippincott, Williams, and Wilkins), 27.

Al igual que el músculo esquelético, el miocardio debe recibir el suministro de sangre para el transporte de oxígeno y nutrientes y para eliminar los desechos metabólicos. Aunque la sangre recorre todas las cámaras del corazón, este suministro de sangre proporciona pocos nutrientes. El principal aporte de sangre al corazón es proporcionado por las arterias coronarias, que nacen en la base de la aorta y rodean la superficie externa del miocardio (Figura 6.4). La arteria coronaria derecha irriga las cavidades cardíacas derechas y se divide en dos ramas principales: la arteria marginal y la arteria interventricular posterior. La arteria coronaria izquierda, también denominada arteria coronaria izquierda principal, se bifurca en dos ramas principales: la arteria circunfleja y la arteria descendente anterior. La arteria interventricular posterior y la arteria descendente anterior confluyen, o se anastomosan, en la zona posteroinferior del corazón, al igual que la circunfleja. El flujo sanguíneo que circula por las arterias coronarias aumenta entre las contracciones (durante la diástole).

Las arterias coronarias son muy susceptibles a la aterosclerosis, o sea al estrechamiento de su diámetro debido a la acumulación de placa y a la inflamación, que provoca la cardiopatía isquémica. Esta enfermedad se describe con mayor detalle en el Capítulo 21. Algunas veces se identifican anomalías en las arterias coronarias, como acortamientos, obstrucciones o direcciones anormales, que son una causa común de muerte súbita en los deportistas.

Además de su exclusiva estructura anatómica, la capacidad del miocardio de contraerse como una unidad depende del inicio y la propagación de una señal eléctrica a través del corazón, o sea del sistema de conducción cardíaco.

Sistema de conducción cardíaco

El músculo cardíaco tiene la capacidad única de generar su propia señal eléctrica, lo cual se denomina ritmo espontáneo, que le permite contraerse sin estimulación externa. La contracción es rítmica, en parte debido al acoplamiento anatómico de las células cardíacas a través de las uniones comunicantes. Sin estimulación nerviosa ni hormonal, la frecuencia cardíaca (FC) intrínseca es, en promedio, de aproximadamente unos 100 latidos (contracciones) por minuto. Los pacientes que han sido sometidos a un trasplante cardíaco, en general, exhiben una frecuencia cardíaca de reposo de aproximadamente 100 latidos/min, ya que los corazones trasplantados no tienen inervación.

Si bien todas las fibras miocárdicas tienen un ritmo intrínseco, el corazón tiene una serie de células miocárdicas especializadas cuya función es coordinar la excitación con la contracción cardíaca y lograr un bombeo eficiente de la sangre. En la Figura 6.5 se ilustran los cuatro componentes principales del sistema de conducción cardíaco:

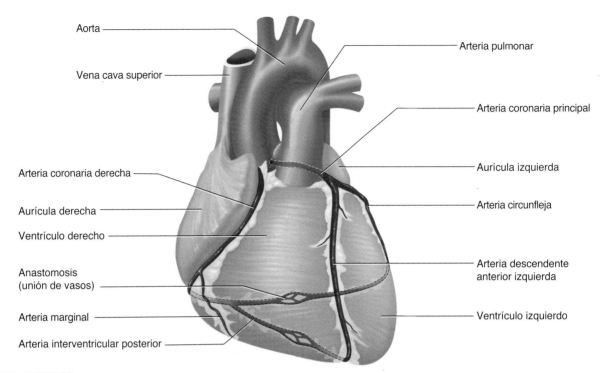

Aorta

Vena cava superior

Arteria coronaria derecha

Aurícula derecha

Ventrículo derecho

Anastomosis
(unión de vasos)

Arteria marginal

Arteria interventricular posterior

Arteria pulmonar

Arteria coronaria principal

Aurícula izquierda

Arteria circunfleja

Arteria descendente
anterior izquierda

Ventrículo izquierdo

FIGURA 6.4 Circulación coronaria, con ilustración de las arterias coronarias derecha e izquierda y sus ramas principales.

- Nodo sinusal o sinoauricular (SA)
- Nodo auriculoventricular (AV)
- Fascículo AV (haz de His)
- Fibras de Purkinje

El impulso para las contracciones cardíacas normales se inicia en el **nodo sinusal o sinoauricular (SA)**, compuesto por un grupo de fibras musculares cardíacas especializadas que se encuentran en la pared posterosuperior de la aurícula derecha. Estas células especializadas se despolarizan espontáneamente a una velocidad mayor que otras células del músculo miocárdico debido a que son especialmente permeables al sodio. Debido a que este tejido presenta la mayor frecuencia intrínseca de estimulación, característicamente una frecuencia aproximada de 100 latidos/min, el nodo SA es conocido como el marcapasos del corazón, y el ritmo que establece se denomina ritmo sinusal. El impulso eléctrico generado por el nodo SA se disemina a través de ambas aurículas y alcanza el **nodo auriculoventricular (AV)**, que se localiza en la pared de la aurícula derecha, cerca del centro del corazón. A medida que el impulso eléctrico se disemina a través de las aurículas, provoca su contracción.

El nodo AV conduce el impulso eléctrico desde las aurículas hacia los ventrículos. El impulso se retrasa alrededor de 0,13 s en su pasaje a través del nodo AV y luego entra en el fascículo AV. Este retraso es importante porque le permite a las aurículas vaciarse completamente en

los ventrículos para maximizar el llenado ventricular antes de que se contraigan los ventrículos. Si bien la mayor parte de la sangre se mueve en forma pasiva desde las aurículas hacia los ventrículos, la contracción activa de las aurículas (a menudo denominada "patada auricular") completa el proceso. El fascículo AV transcurre a lo largo del tabique interventricular y luego se divide en una rama derecha y una izquierda para cada ventrículo. Estas ramas transportan el impulso en dirección al vértice del corazón y luego hacia su superficie externa. Cada rama del fascículo AV se subdivide en fascículos más pequeños que se diseminan por toda la pared ventricular. Estas ramificaciones terminales del fascículo AV son las fibras de Purkinje, que transmiten el impulso a través de los ventrículos a una velocidad aproximadamente 6 veces mayor que a través del resto del sistema de conducción cardíaco. Esta conducción rápida permite que todas las partes de los ventrículos se contraigan casi al mismo tiempo.

Control extrínseco de la actividad cardíaca

Aunque el corazón inicia sus propios impulsos eléctricos (control intrínseco), se pueden alterar tanto la frecuencia como la fuerza de la contracción. En condiciones normales, esto se lleva a cabo principalmente a través de tres sistemas extrínsecos:

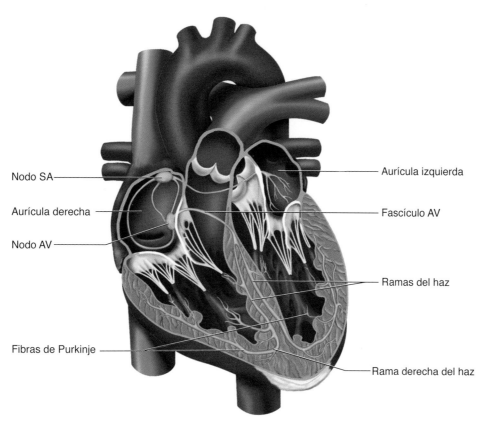

Nodo SA

Aurícula derecha

Nodo AV

Fibras de Purkinje

Aurícula izquierda

Fascículo AV

Ramas del haz

Rama derecha del haz

FIGURA 6.5 Sistema especializado de conducción cardíaca.

- El sistema nervioso parasimpático
- El sistema nervioso simpático
- El sistema endocrino (hormonas)

Si bien aquí se ofrece un panorama general de los efectos de estos sistemas, éstos ya se describieron con mayor detalle en los Capítulos 3 y 4.

El sistema parasimpático, una rama del sistema nervioso autónomo, se origina en una región central del tronco encefálico que se denomina bulbo raquídeo y alcanza el corazón a través del nervio vago (nervio craneal X). El nervio vago transporta los impulsos a los nodos SA y AV y cuando es estimulado libera acetilcolina, que hiperpolariza a las células de conducción. El resultado es una reducción de la velocidad de despolarización espontánea, con la resultante disminución de la frecuencia cardíaca. En reposo predomina la actividad del sistema parasimpático y se dice que el corazón mantiene un "tono vagal". Se debe recordar que, en ausencia del tono vagal, la frecuencia cardíaca intrínseca sería de alrededor de 100 latidos/min. El nervio vago ejerce un efecto depresor sobre el corazón: reduce la generación y conducción de los impulsos nerviosos y, por lo tanto, reduce la frecuencia cardíaca. La estimulación vagal máxima puede disminuir la frecuencia cardíaca hasta 20 a 30 lati-

dos/min. El nervio vago también disminuye la fuerza de la contracción del músculo cardíaco.

El sistema nervioso simpático, la otra rama del sistema autónomo, produce efectos opuestos. La estimulación simpática incrementa la tasa de despolarización y la velocidad de conducción de los impulsos y, en consecuencia, la frecuencia cardíaca. La estimulación simpática máxima puede incrementar la frecuencia cardíaca hasta 250 latidos/min. El impulso simpático también aumenta la fuerza de contracción de los ventrículos. El control simpático predomina durante los momentos de estrés físico o emocional, cuando la frecuencia cardíaca es superior a 100 latidos/min. El sistema parasimpático predomina cuando la frecuencia cardíaca es menor de 100 latidos/min. Por lo tanto, al comienzo de un ejercicio o si éste es de baja intensidad, la frecuencia cardíaca primero se incrementa debido a la desaparición del tono vagal, con posterior aumento, si es necesario, a consecuencia de la activación simpática, como se muestra en la Figura 6.6.

La tercera influencia extrínseca, el sistema endocrino, ejerce su acción a través de dos hormonas liberadas por la médula suprarrenal: noradrenalina y adrenalina (véase Capítulo 4). Estas hormonas también se denominan catecolaminas. Al igual que la noradrenalina liberada como

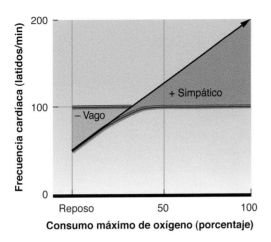

FIGURA 6.6 Contribución relativa de los sistema nerviosos simpático y parasimpático para la elevación de la frecuencia cardíaca durante el ejercicio.

Adaptado de L.B. Rowell, 1993, *Human cardiovascular control*. (Oxford, UK: Oxford University Press).

neurotransmisor por el sistema nervioso simpático, la noradrenalina y la adrenalina circulantes estimulan el corazón, incrementando su frecuencia y su contractilidad. De hecho, la liberación de estas hormonas por la médula suprarrenal es desencadenada por la estimulación simpática durante períodos de estrés, y sus acciones prolongan la respuesta simpática.

La frecuencia cardíaca normal en reposo (FCR) suele variar entre 60 y 100 latidos/min. Con períodos extensos de entrenamiento de la resistencia (de meses a años), la FCR puede disminuir hasta 35 latidos/min o menos. En corredores de fondo de clase mundial, se han observado valores de FCR tan bajos como 28 latidos/min. Se cree que los bajos valores de FCR inducidos por el entrenamiento resultan de una incrementada estimulación parasimpática (tono vagal), mientras que la reducción de la actividad simpática desempeña un rol menor.

Concepto clave

La frecuencia cardíaca es establecida por el nodo SA, que es el marcapasos intrínseco del corazón, pero puede ser alterada por los sistemas nerviosos parasimpático y simpático y también por las catecolaminas circulantes.

Electrocardiograma

La actividad eléctrica del corazón se puede registrar (Figura 6.7) para controlar los cambios cardíacos o diagnosticar problemas cardíacos. Como los líquidos corporales contienen electrolitos, son buenos conductores eléctricos. Los impulsos eléctricos generados en el corazón se conducen a través de los líquidos corporales hasta la piel, donde pueden ser amplificados, detectados e impresos por un dispositivo llamado **electrocardiógrafo**. Esta impresión se denomina **electrocardiograma** o **ECG**. Un ECG estándar se obtiene con 10 electrodos colocados en sitios específicos. Estos 10 electrodos representan 12 derivaciones correspondientes a diferentes vistas del corazón. Los tres componentes básicos del ECG representan aspectos importantes de la función cardíaca (Figura 6.8):

- La onda P
- El complejo QRS
- La onda T

La onda P representa la despolarización auricular y la trayectoria del impulso eléctrico desde el nodo SA a través de las aurículas hasta el nodo AV. El complejo QRS representa la despolarización ventricular y corresponde a la dispersión del impulso desde el fascículo AV hasta las **fibras de Purkinje** y a través de los ventrículos. La onda T señala la repolarización ventricular. La repolarización auricular no se observa porque se produce durante la despolarización ventricular (complejo QRS).

Marcapasos artificiales

Ocasionalmente aparecen problemas crónicos dentro del sistema de conducción cardíaco que alteran su capacidad de mantener un ritmo sinusal apropiado en todo el corazón. En estos casos, se puede implantar quirúrgicamente un marcapasos artificial. Este pequeño estimulador eléctrico, que funciona a batería, suele implantarse debajo de la piel y tiene electrodos diminutos adheridos al ventrículo derecho. Por ejemplo, un estimulador eléctrico es útil para tratar una enfermedad denominada bloqueo AV. En este trastorno, el nodo SA genera un impulso, pero éste se bloquea en el nodo AV y no puede alcanzar los ventrículos, por lo cual la frecuencia cardíaca se encuentra bajo control de la estimulación intrínseca de las células marcapaso en los ventrículos (cercana a 40 latidos/min). El marcapaso artificial asume la función del nodo AV enfermo y proporciona el impulso necesario, controlando la contracción ventricular.

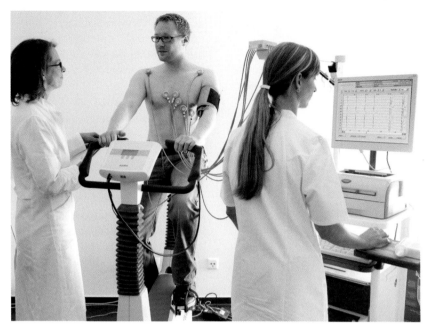

FIGURA 6.7 Registro de un electrocardiograma durante el ejercicio.

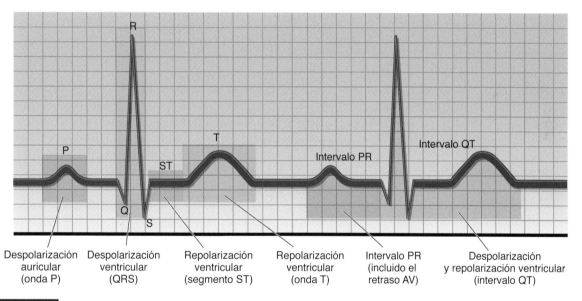

FIGURA 6.8 Ilustración de las diversas fases de un electrocardiograma en reposo.

A veces se toman mediciones electrocardiográficas durante el ejercicio para la evaluación clínica de la función cardíaca. A medida que se incrementa la intensidad del ejercicio, el corazón debe latir más rápido y generar más fuerza para suministrar más sangre a los músculos activos. Los signos de cardiopatía isquémica que no son evidentes en reposo pueden aparecer en el ECG a medida que el corazón incrementa su capacidad de trabajo. Los ECG de ejercicio también son herramientas muy útiles para la investigación en fisiología del ejercicio porque proporcionan un método práctico de registro de la frecuencia cardíaca y de los cambios rítmicos durante el ejercicio intenso.

Concepto clave

El ECG proporciona un registro gráfico de la actividad eléctrica del corazón y puede utilizarse para contribuir al diagnóstico clínico, por ejemplo en una persona con antecedentes de infarto de miocardio o con riesgo elevado de sufrir uno en el futuro. Es importante recordar que el ECG no proporciona información acerca de la capacidad de bombeo del corazón, sino de su actividad eléctrica.

⬤ Revisión

➤ Las aurículas son principalmente cámaras de llenado que reciben la sangre de las venas; los ventrículos son las bombas principales que expulsan la sangre del corazón.

➤ Como el ventrículo izquierdo debe producir más fuerza que otras cámaras para bombear la sangre a través de toda la circulación sistémica, su pared miocárdica es más gruesa.

➤ El tejido cardíaco es capaz de generar ritmo espontáneamente y tiene su propio sistema de conducción especializado, compuesto por fibras miocárdicas que cumplen roles especiales.

➤ Dado que el nodo SA posee la mayor tasa intrínseca de despolarización, es, en condiciones normales, el marcapasos del corazón.

➤ El sistema nervioso autónomo (simpático y parasimpático) y el sistema endocrino, que actúa a través de las catecolaminas circulantes (adrenalina y noradrenalina), pueden alterar la frecuencia cardíaca y la fuerza de contracción del corazón.

➤ El ECG es un registro de superficie de la actividad eléctrica del corazón. A veces se puede obtener un ECG durante el ejercicio para detectar trastornos cardíacos subyacentes.

Arritmias cardíacas

A veces, las alteraciones de la secuencia normal de los eventos cardíacos pueden provocar un ritmo cardíaco irregular, que se denomina arritmia. Estos trastornos tienen diversa gravedad. La bradicardia y la taquicardia son dos tipos de arritmias. La **bradicardia** se define como una FCR menor de 60 latidos/min, mientras que la **taquicardia** se define como una frecuencia cardíaca en reposo superior a 100 latidos/min. En presencia de estas arritmias, el ritmo sinusal es normal, pero la frecuencia está alterada. En casos extremos, la bradicardia o la taquicardia pueden afectar el mantenimiento de la presión sanguínea. Los síntomas de ambas arritmias incluyen fatiga, vértigo, mareos y síncope. A veces, la taquicardia puede percibirse como palpitaciones o un pulso "acelerado".

También se pueden desarrollar otras arritmias. Por ejemplo, las **extrasístoles**, que se perciben como latidos faltantes o adicionales, son relativamente comunes y resultan de impulsos que se originan fuera del nodo SA. El aleteo auricular, en el cual las aurículas se contraen a frecuencias de entre 200 y 400 latidos/min, y la fibrilación auricular, en la cual las aurículas se contraen rápidamente sin coordinación con los ventrículos, son arritmias más graves que pueden comprometer el llenado ventricular. La **taquicardia ventricular**, que se define como 3 o más extrasístoles consecutivas, es una arritmia muy grave que afecta la capacidad de bombeo del corazón y puede desencadenar una **fibrilación ventricular**, en la cual la despolarización del tejido ventricular es aleatoria y exenta de coordinación. Cuando esto sucede el corazón es muy ineficaz, lo que determina que se bombee escasa o nula cantidad de sangre del corazón. En estas condiciones, se debe decidir el uso de un desfibrilador para producir un choque en el corazón con el fin de restituir su ritmo sinusal normal pocos minutos después del inicio de la anomalía si se desea que la víctima sobreviva.

Se debe señalar que la mayoría de los deportistas de resistencia bien entrenados presentan bradicardias en reposo, una adaptación ventajosa como resultado del entrenamiento. Asimismo, la frecuencia cardíaca aumenta naturalmente durante la actividad física para satisfacer las crecientes demandas de flujo sanguíneo de los músculos activos. Estas adaptaciones no se deben confundir con la bradicardia o la taquicardia de naturaleza patológica, que es una alteración de la FCR y en general indica una enfermedad o una disfunción subyacente.

Terminología relacionada con la función cardíaca

Los siguientes términos son esenciales para comprender el trabajo que realiza el corazón y la posterior descripción de las respuestas cardíacas al ejercicio: ciclo cardíaco, volumen sistólico, fracción de eyección y gasto cardíaco ($\dot{Q}$).

Ciclo cardíaco

El **ciclo cardíaco** incluye todos los acontecimientos mecánicos y eléctricos que se producen durante un latido del corazón. En términos mecánicos, el ciclo cardíaco consiste de una fase de relajación (diástole) y otra de contracción (sístole) de todas las cámaras del corazón. Durante la diástole, las cámaras se llenan de sangre. Durante la sístole, los ventrículos se contraen y expulsan sangre hacia la aorta y las arterias pulmonares. La fase diastólica dura aproximadamente el doble que la sistólica. Si se considera un individuo con una frecuencia cardíaca de 74 latidos/min, a esta frecuencia cardíaca el ciclo cardíaco completo dura 0,81 segundos en total (60 segundos divididos por 74 latidos). A esta frecuencia cardíaca, la diástole tiene una duración de 0,50 segundos, o sea el 62% del ciclo, y la sístole dura 0,31 segundos, o sea el 38%. A medida que aumenta la frecuencia cardíaca, estos intervalos se acortan proporcionalmente.

En la Figura 6.8 se puede observar un ECG normal. Un ciclo cardíaco abarca el tiempo entre una sístole y la siguiente. La contracción ventricular (sístole) comienza durante el complejo QRS y finaliza en la onda T. La relajación ventricular (diástole) se produce durante la onda T y continúa hasta la siguiente contracción. Aunque el corazón trabaja continuamente, transcurre un tiempo ligeramente mayor en diástole (alrededor de 2/3 del ciclo cardíaco) que en sístole (alrededor de 1/3 del ciclo cardíaco).

Soplo cardíaco

Las cuatro válvulas cardíacas previenen el reflujo de sangre, asegurando un flujo unidireccional a través del corazón. Estas válvulas maximizan la cantidad de sangre bombeada fuera del corazón durante la contracción. Un soplo cardíaco es un trastorno caracterizado por la detección de ruidos cardíacos anormales con la ayuda de un estetoscopio. En condiciones normales, una válvula cardíaca emite un sonido distintivo ("clic") cuando se cierra súbitamente. En presencia de un soplo cardíaco, el "clic" es remplazado por un sonido similar a un soplido. Este sonido anormal puede indicar un flujo turbulento de sangre a través de una válvula estrecha o un flujo en dirección opuesta (retrógrado) en dirección a las aurículas a través de una válvula insuficiente. También podría indicar un flujo sanguíneo anormal a través de un orificio en la pared (tabique interventricular o septum) que separa las cavidades cardíacas derecha e izquierda (comunicación interventricular o interauricular).

Los soplos cardíacos benignos son bastantes frecuentes en los niños y adolescentes en crecimiento. Durante los períodos de crecimiento, el desarrollo de las válvulas no siempre es paralelo al crecimiento de los orificios en el corazón. Las válvulas pueden experimentar reflujo como consecuencia de una enfermedad, como una estenosis, en la que la válvula es más estrecha y a menudo engrosada y rígida. Este trastorno podría requerir el remplazo quirúrgico de la válvula. En caso de prolapso de la válvula mitral, una proporción determinada de la sangre que la atraviesa fluye de regreso hacia la aurícula izquierda durante la contracción ventricular. Este trastorno, relativamente común en los adultos (6-17% de la población incluidos los deportistas), suele tener escasa importancia clínica a menos que exista un reflujo importante.

La mayoría de los soplos en los deportistas son benignos y no afectan el bombeo del corazón ni el rendimiento del deportista. Sólo cuando existe una consecuencia funcional, como mareos o vértigo, se debe indicar atención inmediata.

La presión dentro de las cámaras cardíacas asciende y desciende durante cada ciclo cardíaco. Cuando las aurículas se relajan, la sangre de la circulación venosa llena las aurículas. Alrededor del 70% de la sangre que llena las aurículas durante este período fluye en forma pasiva a través de las válvulas mitral y tricúspide e ingresa directamente en los ventrículos. Cuando las aurículas se contraen, expulsan el 30% restante de su volumen hacia los ventrículos.

Durante la diástole ventricular, la presión dentro de los ventrículos es baja, lo que les permite llenarse en forma pasiva. Cuando la contracción auricular completa el volumen de llenado definitivo de los ventrículos, la presión dentro de ellos se incrementa levemente. Al contraerse, la presión dentro de los ventrículos asciende de golpe. Este incremento en la presión ventricular fuerza a las válvulas atrioventriculares (válvulas mitral y tricúspide) a cerrarse, previniendo el reflujo de sangre desde los ventrículos a las aurículas. El cierre de las válvulas atrioventriculares produce el primer ruido cardíaco. Más adelante, cuando la presión ventricular excede la presión en la arteria pulmonar y la aorta, las válvulas pulmonar y aórtica se abren y permiten que la sangre fluya hacia las circulaciones pulmonar y sistémica, respectivamente. Después de la contracción ventricular, la presión dentro de los ventrículos desciende y las válvulas pulmonar y aórtica se cierran. El cierre de estas válvulas produce el segundo ruido cardíaco. Los dos ruidos cardíacos juntos, que representan el cierre de las válvulas, producen el típico "lub, dub" que se oye con el estetoscopio durante cada latido cardíaco.

En la Figura 6.9 se ilustran las interacciones entre los diversos acontecimientos que se suceden durante un ciclo cardíaco, que constituyen el diagrama de Wiggers, denominado así por el fisiólogo que lo creó. El diagrama integra la información de las señales de conducción eléctrica (ECG), los ruidos cardíacos producidos por las válvulas cardíacas, los cambios de presión dentro de las cámaras del corazón y el volumen del ventrículo izquierdo.

Volumen sistólico

Durante la sístole, se expulsa la mayor parte de la sangre presente en los ventrículos. Este volumen de sangre bombeado durante un latido (contracción) es el **volumen sistólico (VS)** y se ilustra en la Figura 6.10a. Para comprender el concepto del volumen sistólico, se debe tener en cuenta la cantidad de sangre en los ventrículos antes y después de la contracción. Al final de la diástole, justo antes de la contracción, los ventrículos están completamente llenos. En ese momento, el volumen de sangre se denomina **volumen diastólico final (VDF)**. En un adulto sano normal en reposo, este valor es de alrededor de 100 mL. Al final de la sístole, justo después de la contracción, los ventrículos completaron su fase de eyección, pero no toda la sangre fue bombeada fuera del corazón. El volumen de sangre remanente en los ventrículos se denomina **volumen sistólico final (VSF)** y alcanza alrededor de 40 mL en reposo. El volumen sistólico es el volumen de sangre que fue expulsado y es, en esencia, la diferencia entre el volumen del ventrículo lleno y el volumen remanente en el ventrículo después de la contracción. Por lo tanto, el volumen sistólico es simplemente la diferencia entre el VDF y VSF; es decir, VS = VDF – VSF (ejemplo: VS = 100 mL – 40 mL = 60 mL).

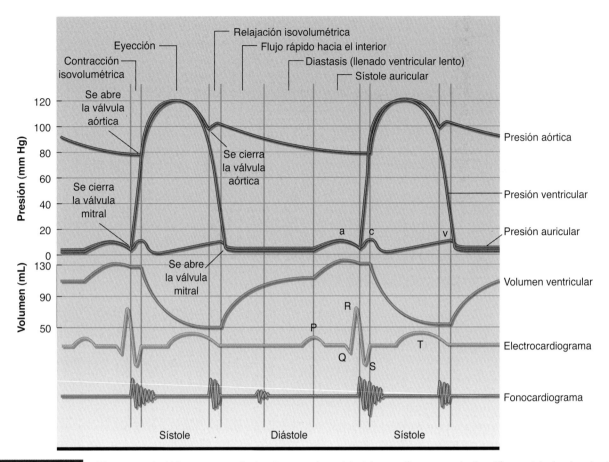

FIGURA 6.9 Diagrama de Wiggers, que ilustra los eventos del ciclo cardíaco para la función ventricular izquierda. Integrados en este diagrama se muestran los cambios en la presión auricular y ventricular izquierda, la presión aórtica, el volumen ventricular, la actividad eléctrica (electrocardiograma) y los ruidos cardíacos.

Figura 14.27, p. 433 de Human Physiology, 2ª ed. de Dee Unglaub Silverthorn. Copyright© 2001 Prentice-Hall, Inc. Reproducida con autorización de Pearson Education, Inc.

Fracción de eyección

La **fracción de eyección (FE)** es el porcentaje de sangre bombeado por el ventrículo izquierdo en relación con la cantidad de sangre que había en los ventrículos antes de la contracción. Este valor se determina a través de la división entre el volumen sistólico y el VDF (60 mL/100 mL = 60%), como se observa en la Figura 6.10b. La FE, que en general se expresa como un porcentaje, alcanza en promedio alrededor de 60% en reposo en un adulto joven activo sano. En consecuencia, el 60% de la sangre presente en los ventrículos al final de la diástole es eyectada durante la siguiente contracción y el 40% permanece en los ventrículos. A menudo, la fracción de eyección se utiliza clínicamente como índice de la capacidad de bombeo del corazón.

Gasto cardíaco

El **gasto cardíaco (Q̇)**, que se muestra en la Figura 6.10c, es el volumen total de sangre bombeado por los ventrículos en un minuto, que se calcula a través del producto entre la FC y el VS. El VS en reposo en posición de pie alcanza en promedio entre 60 y 80 mL de sangre en la mayoría de los adultos. Por lo tanto, con una FC en reposo de 70 latidos/min, el gasto cardíaco en reposo oscila entre 4,2 y 5,6 L/min. El cuerpo de un adulto promedio contiene alrededor de 5 L de sangre, lo que significa que se bombea el equivalente a nuestro volumen sanguíneo total a través del corazón alrededor de una vez por minuto.

El conocimiento de la actividad eléctrica y mecánica del corazón permite entender el funcionamiento del aparato cardiovascular, pero el corazón es sólo una parte de este sistema. Además de funcionar como bomba, el aparato cardiovascular contiene una red intrincada de vasos que sirven como un sistema de distribución que transporta la sangre hacia todos los tejidos corporales.

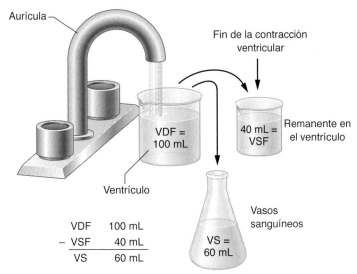

VDF   100 mL
− VSF   40 mL
─────────────
VS   60 mL

a Cálculo del volumen sistólico (VS), que es la diferencia entre el volumen diastólico final (VDF) y el volumen sistólico final (VSF)

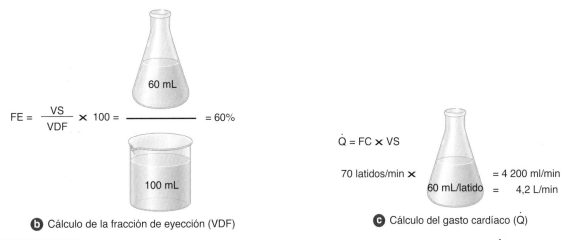

$$FE = \frac{VS}{VDF} \times 100 = \frac{60\ mL}{100\ mL} = 60\%$$

b Cálculo de la fracción de eyección (VDF)

$$\dot{Q} = FC \times VS$$

70 latidos/min × 60 mL/latido = 4 200 ml/min
= 4,2 L/min

c Cálculo del gasto cardíaco ($\dot{Q}$)

FIGURA 6.10 Cálculos del volumen sistólico (VS), la fracción de eyección (FE) y el gasto cardíaco ($\dot{Q}$) basados en los volúmenes sanguíneos que fluyen hacia y fuera del corazón. VDF, volumen diastólico final; VSF, volumen sistólico final; FC, frecuencia cardíaca.

Revisión

➤ Los eventos mecánicos y eléctricos que se producen en el corazón durante un latido constituyen el ciclo cardíaco. El diagrama de Wiggers ilustra la evolución temporal compleja de estos eventos.

➤ El gasto cardíaco, que es el volumen de sangre bombeado por los ventrículos, es el producto entre la frecuencia cardíaca y el volumen sistólico.

➤ No toda la sangre presente en los ventrículos se eyecta durante la sístole. El volumen eyectado es el volumen sistólico, mientras que el porcentaje de sangre expulsado durante cada latido es la fracción de eyección.

➤ Para calcular el volumen sistólico, la fracción de eyección y el gasto cardíaco:

$$VS\ (mL/latido) = VDF \times VSF$$
$$FE\ (\%) = (VS/VDF) \times 100$$
$$\dot{Q}\ (L/min) = FC \times VS$$

Sistema vascular

El sistema vascular contiene una serie de vasos que transportan sangre desde el corazón hacia los tejidos y de regreso, representados por las arterias, las arteriolas, los capilares, las vénulas y las venas.

Las **arterias** son conductos musculares elásticos grandes que transportan sangre desde el corazón hacia las arteriolas. La aorta es la arteria más grande, que transporta sangre desde el ventrículo izquierdo hacia todas las regiones del cuerpo y se ramifica en arterias cada vez más pequeñas que finalmente se transforman en arteriolas. Las **arteriolas** representan el sitio donde el sistema nervioso simpático ejerce su mayor control sobre la circulación, por lo que suelen denominarse vasos de resistencia. Las arteriolas reciben una inervación rica del sistema nervioso simpático y en ellas se realiza el control más importante del flujo sanguíneo hacia tejidos específicos.

Desde las arteriolas, la sangre ingresa en los **capilares**, que son los vasos más estrechos y simples en relación con su estructura, con paredes compuestas por una sola célula de espesor. En esencia, todos los intercambios entre la sangre y los tejidos se producen en los capilares. La sangre abandona los capilares para iniciar el viaje de regreso al corazón por las **vénulas**, que a su vez se unen para formar vasos más grandes, las **venas**. La cava es la vena más grande, que transporta sangre de regreso a la aurícula derecha desde todas las regiones del cuerpo por encima (vena cava superior) y por debajo (vena cava inferior) del corazón.

Presión sanguínea

La presión sanguínea es aquella ejercida por la sangre sobre las paredes de los vasos y el término suele referirse a la presión de la sangre en las arterias. Se expresa mediante dos números: la **presión arterial sistólica (PAS)** y la **presión arterial diastólica (PAD)**. El número más elevado es la PAS y representa la presión más alta en la arteria durante la sístole ventricular. La contracción ventricular impulsa la sangre a través de las arterias con gran fuerza, lo que ejerce una presión elevada sobre las paredes arteriales. El número más bajo es la PAD y representa la presión más baja en la arteria, correspondiente a la diástole ventricular, durante la cual se llenan los ventrículos.

La **presión arterial media (PAM)** representa la presión promedio ejercida por la sangre en su trayectoria por las arterias. Dado que en un ciclo cardíaco normal la diástole dura el doble que la sístole, la presión arterial media puede estimarse a partir de la PAD y la PAS de la siguiente manera:

$$PAM = 2/3 \ PAD + 1/3 \ PAS.$$

En forma alternativa,

$$PAM = PAD + [0{,}333 \times (PAS - PAD)].$$

(PAS – PAD) también se denomina presión del pulso.

A modo de ejemplo, con una presión arterial en reposo de 120 mm Hg sobre 80 mm Hg, la PAM = 80 + [0,333 × (120 − 80)] = 93 mm Hg.

Concepto clave

La presión arterial sistólica es la presión máxima dentro del sistema vascular, mientras que la presión arterial diastólica es la mínima. La presión arterial media es la presión promedio soportada por las paredes de los vasos durante el ciclo cardíaco.

Hemodinámica general

El aparato cardiovascular es un sistema cerrado continuo. La sangre fluye a través de este sistema cerrado debido al gradiente de presión que existe entre la circulación arterial y la venosa. Para comprender la regulación del flujo sanguíneo hacia los tejidos se debe conocer la relación íntima entre la presión, el flujo y la resistencia.

Para que la sangre circule por un vaso debe existir una diferencia de presión entre uno de los extremos del vaso y el otro. La sangre fluye desde la zona del vaso con presión más alta hacia la zona con presión más baja. En forma alternativa, en ausencia de diferencia de presión a través del vaso, no existe una fuerza conductora y por lo tanto la sangre no fluye. En el aparato circulatorio, la presión arterial media en la aorta es de alrededor de 100 mm Hg en reposo y la presión en la aurícula derecha se encuentra muy cercana a 0 mm Hg. En consecuencia, la diferencia de presión a través del aparato circulatorio es de 100 mm Hg − 0 mm de Hg = 100 mm Hg.

La presión diferencial entre la circulación arterial y la venosa se debe a que los vasos sanguíneos ofrecen resistencia o impedancia al flujo sanguíneo. La resistencia que opone el vaso depende en gran medida de las propiedades de los vasos sanguíneos y la sangre. Estas propiedades incluyen la longitud y el radio del vaso sanguíneo y la viscosidad de la sangre que fluye a través de éste. La resistencia al flujo puede calcularse como

$$resistencia = \eta \times L/r^4.$$

donde η es la viscosidad de la sangre, L es la longitud del vaso y r es el radio del vaso elevado a la cuarta potencia. El flujo sanguíneo es proporcional a la diferencia de presión a través del sistema y es inversamente proporcional a la resistencia. Esta relación se puede ilustrar mediante la siguiente ecuación:

$$flujo \ sanguíneo = \Delta presión/resistencia.$$

Se debe destacar que el flujo sanguíneo puede incrementarse si se aumenta la diferencia de presión (Δpresión), se reduce la resistencia o se combinan ambas acciones. La alteración de la resistencia para controlar el flujo sanguíneo es el método más práctico, ya que cambios muy pequeños en el radio del vaso sanguíneo provocan grandes cambios en la resistencia. Esto se debe a la

Flujo sanguíneo hacia el corazón: flujo sanguíneo en la arteria coronaria

El mecanismo que determina el flujo sanguíneo hacia y a través de las arterias coronarias es bastante diferente que el que genera el flujo sanguíneo hacia el resto del cuerpo. Durante la contracción, cuando la sangre es forzada fuera del ventrículo izquierdo a causa de la presión elevada, la válvula semilunar aórtica es obligada a abrirse. Mientras esta válvula se encuentra abierta, sus valvas bloquean los orígenes de las arterias coronarias. A medida que la presión en la aorta disminuye, la válvula semilunar se cierra y los orígenes de las arterias coronarias quedan expuestos de manera tal que la sangre pueda ingresar en ellas. Este diseño asegura la protección de las arterias coronarias de la presión muy alta generada por la contracción del ventrículo izquierdo, resguardando así a estos vasos de una lesión.

relación matemática de cuarta potencia entre la resistencia vascular y el radio del vaso.

Los cambios en la resistencia vascular se deben en gran medida a modificaciones del radio o el diámetro de los vasos sanguíneos, dado que la viscosidad de la sangre y la longitud de los vasos no cambian significativamente en condiciones normales. Por lo tanto, la regulación del flujo sanguíneo hacia los órganos se logra a través de cambios pequeños en el radio de los vasos sanguíneos provocados por **vasoconstricción** y **vasodilatación**. Esto le permite al aparato cardiovascular derivar el flujo sanguíneo hacia las zonas donde más se necesita.

Como se mencionó, la mayor parte de la resistencia al flujo sanguíneo se produce en las arteriolas. En la Figura 6.11 se muestran los cambios en la presión arterial a través del sistema vascular. Las arteriolas son responsables del 70 al 80% del descenso de la presión arterial media a través del aparato cardiovascular. Esto es importante porque pequeños cambios en el radio de la arteriola pueden afectar en forma significativa la regulación de la presión arteriolar media y el control local del flujo sanguíneo. A nivel capilar, desaparecen los cambios asociados con la sístole y la diástole, y el flujo es regular (laminar) en lugar de turbulento.

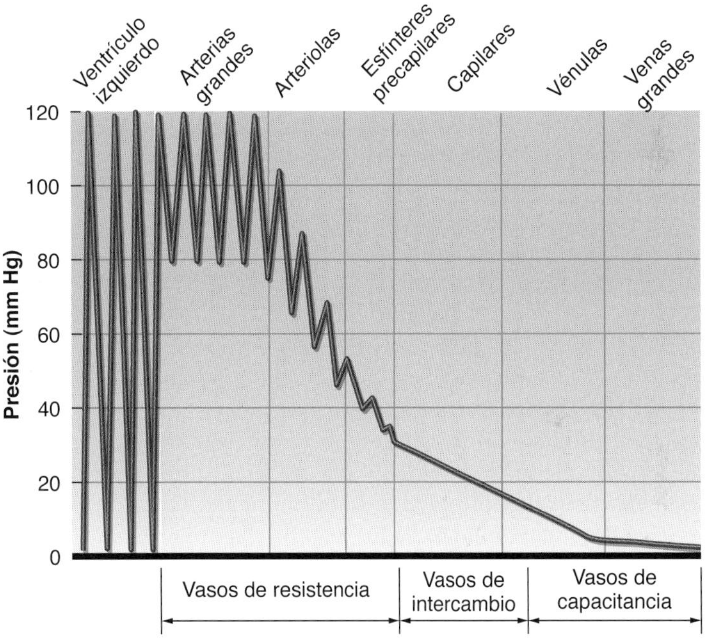

FIGURA 6.11 Cambios de presión a través de la circulación sistémica. Se debe señalar el gran descenso de la presión que se produce a través de la porción arteriolar del sistema.

⬤ Concepto clave

En el aparato cardiovascular, el gasto cardíaco es el flujo sanguíneo que circula por todo el sistema, el Δpresión es la diferencia entre la presión aórtica cuando la sangre abandona el corazón y la presión venosa cuando la sangre retorna al corazón, y la resistencia es la impedancia al flujo sanguíneo generada por los vasos sanguíneos. El flujo sanguíneo es controlado principalmente por pequeños cambios en el radio de los vasos sanguíneo (arteriolas) que influyen sobre la resistencia en forma significativa.

Distribución de la sangre

La distribución de la sangre a los diversos tejidos corporales varía considerablemente según las necesidades inmediatas del tejido específico en comparación con las de otras zonas del cuerpo. Como regla general, los tejidos metabólicamente más activos reciben el mayor suministro de sangre. En condiciones normales de reposo, el hígado y los riñones reciben casi la mitad del gasto cardíaco, mientras que los músculos esqueléticos en reposo sólo reciben alrededor del 15 al 20%.

Durante el ejercicio, la sangre es redireccionada a las áreas donde más se necesita. Durante un ejercicio de resistencia intenso, los músculos activos pueden recibir hasta el 80% o más del flujo sanguíneo, y el flujo sanguí-

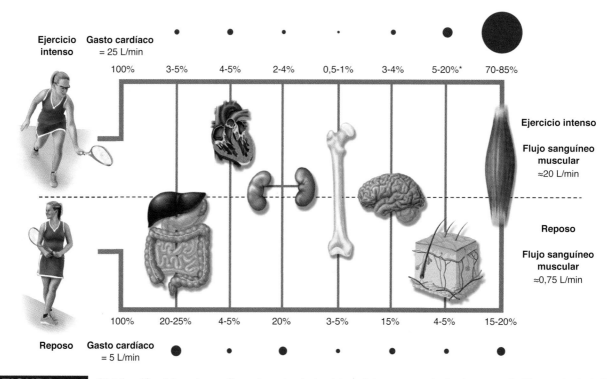

FIGURA 6.12 Distribución del gasto cardíaco durante el ejercicio máximo y en estado de reposo*. *Depende de la temperatura ambiente y la temperatura corporal.

Reproducida con autorización de P.O. Åstrand y cols., 2003, *Textbook of work physiology: Physiological bases of exercise,* 4ª ed. (Champaign, IL: Human Kinetics), 143.

neo hacia el hígado y los riñones disminuye. Esta redistribución, junto con el incremento del gasto cardíaco (que se analizará en el Capítulo 8), permite aumentar hasta 25 veces el flujo sanguíneo hacia los músculos activos (véase la Figura 6.12).

En forma alternativa, tras ingerir una comida abundante, el aparato digestivo recibe un porcentaje mayor del gasto cardíaco disponible que cuando está vacío. Con el mismo criterio, en presencia de estrés por calor ambiental, el flujo sanguíneo cutáneo se incrementa en forma progresiva a medida que el cuerpo intenta mantener la temperatura normal. El aparato cardiovascular responde de acuerdo con las circunstancias para redistribuir la sangre, sea hacia los músculos que se ejercitan para cubrir las demandas de su metabolismo, para la digestión o para facilitar la termorregulación. Estos cambios en la distribución del gasto cardíaco son controlados por el sistema nervioso simpático, en especial a través del aumento o la disminución del diámetro arteriolar. Estos vasos poseen una fuerte pared muscular que puede alterar el diámetro del vaso en forma significativa, tienen una alta inervación simpática y son capaces de responder a los mecanismos de control local.

Control intrínseco del flujo sanguíneo

El control intrínseco de la distribución de la sangre es la capacidad de los tejidos de estimular la dilatación o la constricción de las arteriolas que los nutren y alterar el flujo sanguíneo regional en función de las necesidades inmediatas de esos tejidos. Con el ejercicio y el aumento de la demanda metabólica de los músculos esqueléticos activos, las arteriolas se dilatan por un mecanismo local, lo que determina su apertura para que ingrese más sangre hacia ese tejido muy activo.

En esencia hay 3 tipos de control intrínseco del flujo sanguíneo. El estímulo más intenso para la liberación de sustancias que producen vasodilatación local es el metabólico, en particular el incremento de la demanda de oxígeno. A medida que aumenta el consumo de oxígeno en los tejidos metabólicamente activos, disminuye su disponibilidad. Las arteriolas locales se vasodilatan para permitir el ingreso de más sangre en el área, con aporte de más oxígeno. Otros

Concepto clave

El aparato cardiovascular tiene una enorme capacidad de redistribuir la sangre desde las zonas donde se necesita menos hacia otras con mayor necesidad. En condiciones normales, los músculos esqueléticos reciben alrededor del 15% del gasto cardíaco en reposo, que puede incrementarse hasta un 80% o más durante el ejercicio de resistencia intenso. La distribución de la sangre hacia diversas áreas depende sobre todo de las arteriolas.

cambios químicos que pueden estimular el aumento del flujo sanguíneo son la disminución de otros nutrientes y el incremento de subproductos del metabolismo (dióxido de carbono, K^+, H^+, ácido láctico) o sustancias inflamatorias.

En segundo lugar, el endotelio (capa interna) de las arteriolas puede sintetizar numerosas sustancias vasodilatadoras que pueden promover la dilatación del músculo liso vascular de estas arteriolas. Estas sustancias comprenden el óxido nítrico (NO), las prostaglandinas y el factor hiperpolarizante derivado del endotelio (EDHF). Estos vasodilatadores derivados del endotelio son importantes para la regulación del flujo sanguíneo en reposo y durante el ejercicio en los seres humanos. En tercer lugar, los cambios de presión dentro de los vasos propiamente dichos también pueden causar vasodilatación y vasoconstricción, lo que constituye la respuesta miogénica. El músculo liso vascular se contrae en respuesta a un incremento de la presión a través de la pared de los vasos y se relaja en respuesta a una disminución de la presión a través de su pared. Asimismo, también se propuso que la acetilcolina y la adenosina actuarían como potenciales vasodilatadores para el incremento del flujo sanguíneo muscular durante el ejercicio. En la Figura 6.13 se ilustran los 3 tipos de control intrínseco del tono vascular.

Control neural extrínseco

El concepto de control local intrínseco explica la redistribución de la sangre dentro de un órgano o un tejido; sin embargo, el aparato cardiovascular debe derivar el flujo sanguíneo hacia donde se necesita, comenzando en un sitio corriente arriba respecto del ambiente local. La redistribución a nivel del sistema o de los órganos depende de mecanismos nerviosos que constituyen el **control neural extrínseco** del flujo sanguíneo, dado que el control proviene del exterior del área específica (extrínseco) en lugar de originarse en el ámbito local (intrínseco).

El flujo sanguíneo hacia las diferentes partes del cuerpo está regulado en gran parte por el sistema nervioso simpático. Las capas circulares de músculo liso dentro de las paredes de las arterias y las arteriolas están densamente inervadas por nervios simpáticos. En la mayoría de los vasos, el aumento de la actividad simpática promueve la contracción de estas células circulares de músculo liso, lo que provoca la constricción de los vasos sanguíneos y, en consecuencia, disminuye el flujo sanguíneo.

En condiciones normales de reposo, los nervios simpáticos transmiten impulsos en forma continua a los vasos sanguíneos (en particular, hacia las arteriolas), de manera tal que puedan conservar una contracción moderada con el fin de mantener una tensión arterial adecuada. Este estado de vasoconstricción tónica se denomina tono vasomotor. Cuando aumenta la estimulación simpática, la mayor constricción de los vasos sanguíneos en una zona específica reduce el flujo sanguíneo hacia esta región y permite la distribución de una mayor proporción de sangre hacia otro lugar. No obstante, si la estimulación simpática desciende

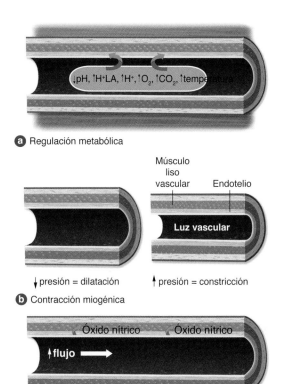

a Regulación metabólica

b Contracción miogénica

↓ presión = dilatación ↑ presión = constricción

c Vasodilatación mediada por el endotelio

FIGURA 6.13 Control intrínseco del flujo sanguíneo. Las arteriolas reciben señales vasodilatadoras o vasoconstrictoras del ámbito local a través de *(a)* cambios en la concentración local de oxígeno o productos metabólicos, *(b)* los efectos de la presión local dentro de las arteriolas y *(c)* los factores derivados del endotelio.
Figura cortesía de la Dra. Donna H. Korzick, Pennsylvania State University.

por debajo del nivel necesario para mantener el tono vasomotor, se reduce la constricción de los vasos en la región, de manera que los vasos puedan dilatarse de manera pasiva e incrementar el flujo sanguíneo hacia esa área. En consecuencia, la estimulación simpática causa vasoconstricción en la mayoría de los vasos, pero el flujo sanguíneo puede aumentar de manera pasiva ante el incremento o la disminución del tono normal generado por la estimulación simpática.

Concepto clave

El flujo sanguíneo puede controlarse en forma localizada a nivel de los tejidos (control intrínseco) mediante la liberación de vasodilatadores metabólicos de acción local, de vasodilatadores dependientes del endotelio (NO, prostaglandinas, EDHF) y de la respuesta miogénica a los cambios de presión dentro de los vasos sanguíneos. El sistema nervioso simpático cumple una función relevante en el control extrínseco del flujo sanguíneo, ya que lo redirecciona desde las áreas que menos lo necesitan hacia las que tienen mayor necesidad.

Distribución de la sangre venosa

Aunque el flujo hacia los tejidos es controlado por cambios en sistema arterial, la mayor parte del *volumen* sanguíneo reside, en condiciones normales, en el sistema venoso. En estado de reposo, el volumen sanguíneo se distribuye en el sistema vascular, como se muestra en la Figura 6.14. El sistema venoso tiene gran capacidad para acumular gran parte del volumen sanguíneo dado que las venas tienen escaso músculo liso vascular y son muy elásticas, "como un globo." Por lo tanto, el sistema venoso se comporta como un gran reservorio de sangre disponible para regresar rápidamente al corazón (retorno venoso) y, desde allí, a la circulación arterial. Esto se logra a través de la estimulación simpática de las vénulas y las venas, que causa su constricción (venoconstricción).

Control integrado de la presión sanguínea

En condiciones normales, la presión sanguínea se mantiene gracias a la acción de mecanismos reflejos dentro del sistema nervioso autónomo. Los sensores de presión especializados que se localizan en el arco aórtico y en las arterias carótidas se denominan **barorreceptores** y son sensibles a los cambios en la presión arterial. Cuando se eleva la

Encéfalo

Pulmón **Pulmón**

9% en el pulmón

7% en el corazón

64% en las venas 13% en las arterias

7% en las arteriolas, capilares

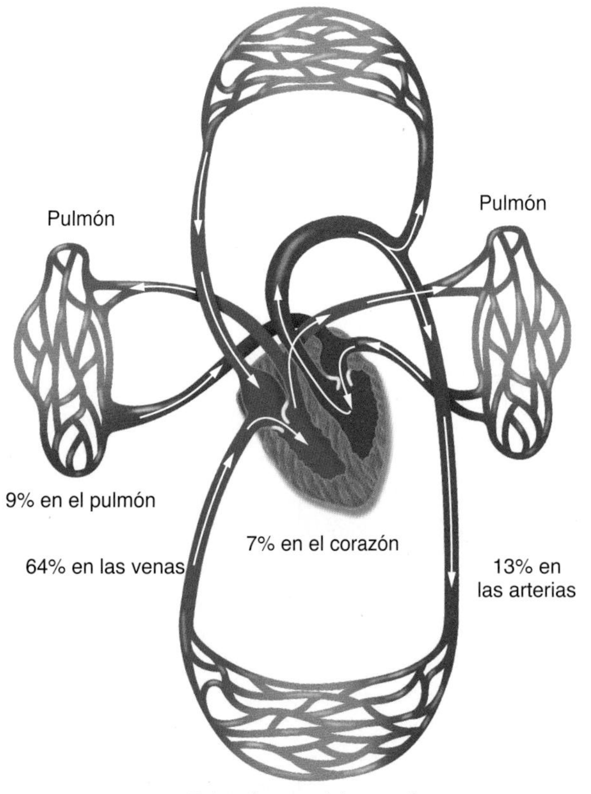

FIGURA 6.14 Distribución del volumen sanguíneo dentro del sistema vascular con el cuerpo en reposo.

presión en estas arterias grandes, los centros de control cardiovascular en el encéfalo reciben señales aferentes que desencadenan el inicio de reflejos autónomos y se envían señales eferentes en respuesta a los cambios en la presión sanguínea. Por ejemplo, cuando la presión sanguínea aumenta, se produce la estimulación de los barorreceptores en respuesta al incremento en el estiramiento. Esta información se transmite hacia el centro de control cardiovascular en el encéfalo. En respuesta al aumento de presión, se produce un incremento reflejo del tono vagal, que disminuye la frecuencia cardíaca, y una reducción de la actividad simpática tanto en el corazón como en las arteriolas, que sirve para normalizar la presión sanguínea. Cuando se produce una reducción de la presión sanguínea, los barorreceptores registran un menor estiramiento y desencadenan una respuesta compuesta por el incremento de la frecuencia cardíaca mediada por el retiro vagal y por el aumento de la actividad simpática, con lo cual se corrige la señal de baja presión.

También existen otros receptores especializados, denominados **quimiorreceptores** y **mecanorreceptores**, que envían información hacia los centros de control cardiovascular referente al ambiente químico de los músculos y acerca de la longitud y la tensión muscular, respectivamente. Estos receptores también modifican la respuesta de la presión sanguínea y son especialmente importantes durante el ejercicio.

Regreso de la sangre al corazón

Como los seres humanos transcurren gran parte de sus vidas en posición erguida, el aparato cardiovascular requiere asistencia mecánica para superar la fuerza de la gravedad y ayudar a la sangre a retornar desde las partes inferiores del cuerpo hacia el corazón. Los tres mecanismos básicos que asisten en este proceso son:

- Las válvulas venosas
- La bomba muscular
- La bomba respiratoria

Las venas contienen válvulas que le permiten a la sangre circular en una sola dirección, previniendo así el flujo retrógrado y la acumulación de sangre en la parte inferior del cuerpo. Estas válvulas venosas también complementan la acción de la **bomba muscular** esquelética, que consiste en la compresión mecánica y rítmica de las venas durante las contracciones rítmicas del músculo esquelético que acompañan diversos tipos de movimientos y ejercicios, por ejemplo durante la caminata y la carrera (Figura 6.15). La bomba muscular impulsa el volumen de sangre contenido en las venas de regreso hacia el corazón. Por último, los cambios de presión en las cavidades abdominal y torácica durante la respiración contribuyen al retorno de la sangre hacia el corazón mediante la generación de un gradiente de presión entre las venas y la cavidad torácica.

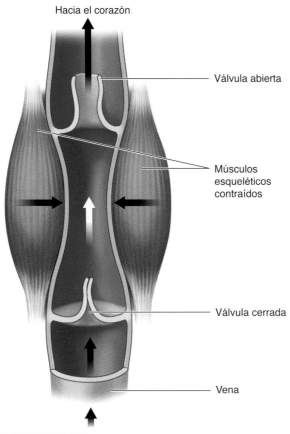

Hacia el corazón

Válvula abierta

Músculos esqueléticos contraídos

Válvula cerrada

Vena

FIGURA 6.15 Bomba muscular. Cuando los músculos esqueléticos se contraen, comprimen las venas en las piernas y contribuyen al retorno de la sangre al corazón. Las válvulas dentro de las venas aseguran el flujo unidireccional de la sangre hacia el corazón.

Revisión

➤ La sangre se distribuye a través del cuerpo, principalmente sobre la base de las necesidades metabólicas de cada tejido. Los tejidos más activos reciben el mayor flujo sanguíneo.

➤ La redistribución del flujo sanguíneo se controla a nivel local mediante la liberación de sustancias dilatadoras procedentes de los tejidos (regulación metabólica) o el endotelio de los vasos sanguíneos (dilatación mediada por el endotelio). Un tercer tipo de control intrínseco consiste en la respuesta de las arteriolas a la presión. La reducción de la presión arteriolar promueve la vasodilatación, mientras que la elevación de la presión provoca la constricción local.

➤ El control neural extrínseco de la distribución del flujo sanguíneo depende de la acción del sistema nervioso simpático, sobre todo a través de la vasoconstricción de las arterias pequeñas y las arteriolas.

➤ La sangre retorna al corazón a través de las venas con la asistencia de las válvulas venosas, la bomba muscular y los cambios en la presión respiratoria.

Sangre

La sangre cumple numerosos propósitos útiles para la regulación de la función corporal normal. Las 3 funciones más importantes para el ejercicio y el deporte son:

- transporte,
- regulación de la temperatura, y
- equilibrio ácido-base (pH).

En general, estamos más familiarizados con la función de transporte de la sangre, es decir, el transporte y suministro de oxígeno y sustratos combustibles hacia los tejidos, y la eliminación de subproductos del metabolismo. Pero la sangre también cumple un papel crucial en la regulación de la temperatura durante la actividad física porque absorbe el calor de los músculos activos y lo conduce hacia la piel, donde puede disiparse al ambiente (véase el Capítulo 12). Además, la sangre amortigua los ácidos producidos por el metabolismo anaerobio y mantiene el pH apropiado para los procesos metabólicos (véanse los Capítulos 2 y 7).

Volumen y composición de la sangre

El volumen sanguíneo corporal total varía considerablemente de acuerdo con el tamaño del individuo, su composición corporal y su nivel de entrenamiento. Los volúmenes de sangre más elevados se asocian con una mayor masa corporal magra y niveles más altos de entrenamiento de resistencia. El volumen sanguíneo de las personas con tamaño corporal promedio y actividad física normal en general oscila entre 5 y 6 L en los hombres y entre 4 y 5 L en las mujeres.

La sangre está compuesta por plasma y elementos formes (véase la Figura 6.16). En condiciones normales, el plasma constituye alrededor del 55 al 60% del volumen sanguíneo total, pero puede disminuir un 10% o más con el ejercicio intenso en un ambiente cálido o aumentar un 10% o más con el entrenamiento de resistencia o la aclimatación al calor. Aproximadamente el 90% del volumen plasmático es agua, el 7% está representado por proteí-nas plasmáticas y el 3% restante incluye nutrientes celulares, electrolitos, enzimas, hormonas, anticuerpos y desechos.

Habitualmente los elementos formes constituyen el 40 al 45% restante del volumen sanguíneo total, incluidos los glóbulos rojos (eritrocitos), los glóbulos blancos (leucocitos) y las plaquetas (trombocitos). Los eritrocitos constituyen más del 99% del volumen de elementos formes, y los leucocitos y las plaquetas corresponden a menos del 1%. El porcentaje del volumen sanguíneo total compuesto por células o elementos formes se denomina **hematocrito**. Este valor varía entre los distintos individuos, pero el rango normal oscila entre 41 y 50% en los hombres adultos y entre 36 y 44% en las mujeres adultas.

Los leucocitos protegen al cuerpo de infecciones, sea directamente a través de la destrucción de los agentes invasores por fagocitosis (ingestión) o mediante la formación de anticuerpos para destruirlos. Los adultos tienen alrededor de 7 000 leucocitos por milímetro cúbico de sangre.

Los elementos formes restantes son las plaquetas, que son fragmentos de células necesarios para la coagulación de la sangre, lo que previene su pérdida excesiva. Los fisiólogos especialistas en ejercicio se interesan más en los eritrocitos.

Concepto clave

El hematocrito es la relación entre los elementos formes de la sangre (eritrocitos, leucocitos y plaquetas) y el volumen sanguíneo total. En los hombres adultos, el hematocrito promedio es 42% y en las mujeres adultas es 38%.

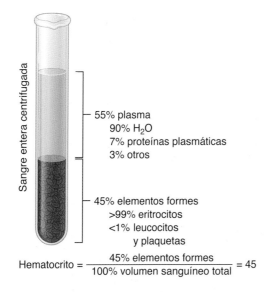

$$\text{Hematocrito} = \frac{45\% \text{ elementos formes}}{100\% \text{ volumen sanguíneo total}} = 45$$

FIGURA 6.16 Composición de la sangre entera, donde se muestra el volumen plasmático (porción líquida) y el volumen celular (eritrocitos, leucocitos y plaquetas) después de centrifugar la muestra de sangre. A la derecha se observa una centrífuga.

Eritrocitos

Los eritrocitos (glóbulos rojos) maduros no tienen núcleo, por lo que no pueden reproducirse como otras células. Estas células deben ser reemplazadas en foma continua por otras células a través de un proceso que se denomina **hematopoyesis**. La vida media normal de un eritrocito es de alrededor de 4 meses. En consecuencia, estas células se producen y se destruyen constantemente a la misma velocidad. Este equilibrio es muy importante, dado que el adecuado suministro de oxígeno a los tejidos depende de la existencia de una cantidad suficiente de eritrocitos para transportar oxígeno. La reducción de su cantidad o su función puede dificultar el transporte de oxígeno y, por ende, afectar el rendimiento durante el ejercicio.

Los eritrocitos transportan oxígeno, que se une principalmente con la hemoglobina. La **hemoglobina** está compuesta por una proteína (globina) y un pigmento (hemo). El hemo contiene hierro, que fija oxígeno. Cada eritrocito contiene alrededor de 250 millones de moléculas de hemoglobina, ¡cada una capaz de fijar cuatro moléculas de oxígeno, de manera que cada eritrocito puede ligarse con hasta mil millones de moléculas de oxígeno! Existe un promedio de 15 g de hemoglobina cada 100 mL de sangre total. Cada gramo de hemoglobina puede combinarse con 1,33 mL de oxígeno, lo que indica que 100 mL de sangre pueden transportar 20 mL de oxígeno. En consecuencia, cuando la sangre arterial se satura con oxígeno, puede tener una capacidad de transporte de oxígeno de 20 mL de oxígeno cada 100 mL de sangre.

Concepto clave

Cuando una persona dona sangre, la extracción de una "unidad", o cerca de 500 mL, representa una reducción de entre el 8 el 10% tanto en el volumen sanguíneo total como en la cantidad de eritrocitos circulantes. Se recomienda a los donantes beber abundante líquido. Como el plasma está compuesto sobre todo por agua, la reposición hídrica simple normaliza el volumen plasmático en 24 a 48 horas. Sin embargo, se necesitan al menos 6 semanas para que los eritrocitos retornen a su valor normal, porque deben atravesar su desarrollo completo antes de convertirse en células funcionales. La pérdida de sangre compromete en forma significativa el rendimiento de los deportistas de resistencia al reducir la capacidad de transporte de oxígeno.

Viscosidad de la sangre

La viscosidad de la sangre se refiere a su espesor. En nuestro análisis previo acerca de la resistencia vascular se mencionó que cuanto más viscoso es un líquido, mayor resistencia se opone a su flujo. En condiciones normales,

Concepto clave

Durante el entrenamiento de resistencia, los deportistas responden con aumento del volumen eritrocitario y expansión del volumen plasmático. Dado que el aumento del volumen plasmático es mayor que el del volumen eritrocitario, el hematocrito de estos deportistas tiende a ser algo menor que el de los individuos sedentarios.

la viscosidad de la sangre es alrededor del doble con respecto a la del agua y aumenta a medida que el hematocrito se eleva.

Como los eritrocitos transportan oxígeno, es de esperar que un aumento en la cantidad de estas células maximice el transporte del oxígeno. Sin embargo, si el incremento en el recuento de eritrocitos no se asocia con un aumento similar en el volumen plasmático, la viscosidad de la sangre y la resistencia vascular se incrementan, lo que podría reducir el flujo sanguíneo. En general, esta situación no resulta preocupante salvo que el hematocrito alcance 60% o más.

En cambio, la combinación de un hematocrito bajo con un volumen plasmático elevado, que disminuye la viscosidad de la sangre, parece producir ciertos beneficios para la función de transporte de la sangre debido a que puede circular con mayor facilidad. Desafortunadamente, a menudo un hematocrito bajo es el resultado de un descenso en el recuento de eritrocitos, como se observa en ciertas enfermedades como la anemia. En estas circunstancias, la sangre puede fluir fácilmente pero contiene menor cantidad de transportadores, por lo que se dificulta el suministro de oxígeno. Para lograr un rendimiento físico óptimo, se requiere un hematocrito normal-bajo con una cantidad normal o levemente elevada de eritrocitos. Esta combinación facilita el transporte de oxígeno. Muchos deportistas de resistencia logran esta combinación como parte de la adaptación normal del aparato cardiovascular al entrenamiento. Esta adaptación se describirá en el Capítulo 11.

Revisión

➤ La sangre está compuesta por 55 a 60% de plasma y 40 a 45% de elementos formes. Los eritrocitos constituyen alrededor del 99% de los elementos formes.

➤ El oxígeno se transporta principalmente unido a hemoglobina en los eritrocitos.

➤ A medida que la viscosidad de la sangre aumenta, también lo hace la resistencia al flujo. El incremento del número de eritrocitos es beneficioso para el rendimiento aeróbico, pero sólo hasta el punto (hematocrito cercano a 60%) en el cual la viscosidad limita el flujo.

Conclusión

En este capítulo se describió la estructura y la función del aparato cardiovascular. Se analizó la regulación del flujo sanguíneo y la presión sanguínea para satisfacer las necesidades del cuerpo y se examinó la función del aparato cardiovascular en el transporte y suministro de oxígeno y nutrientes a las células del cuerpo mientras se eliminan los desechos metabólicos, incluido el dióxido de carbono. Con el conocimiento previo de la forma en que se mueven las sustancias dentro del cuerpo, se podrá centrar la atención en el transporte del oxígeno y el dióxido de carbono. En el próximo capítulo se explorará el papel del aparato respiratorio en el transporte de oxígeno hacia las células del cuerpo y la eliminación del dióxido de carbono desde ellas.

Palabras clave

arterias

arteriolas

barorreceptores

bomba muscular

bradicardia

capilares

ciclo cardíaco

control neural extrínseco

discos intercalados o intercalares

electrocardiógrafo

electrocardiograma (ECG)

extrasístoles

fibras de Purkinje

fibrilación ventricular

fracción de eyección (FE)

gasto cardíaco ($\dot{Q}$)

hematocrito

hematopoyesis

hemoglobina

mecanorreceptores

miocardio

nodo auriculoventricular (AV)

nodo sinusal o sinoauricular (SA)

pericardio

quimiorreceptores

taquicardia

taquicardia ventricular

presión arterial diastólica (PAD)

presión arterial media (PAM)

presión arterial sistólica (PAS)

vasoconstricción

vasodilatación

venas

vénulas

volumen diastólico final (VDF)

volumen sistólico (VS)

volumen sistólico final (VSF)

Preguntas

1. Describa la estructura del corazón, el patrón del flujo sanguíneo a través de las válvulas y las cámaras del corazón, la irrigación sanguínea del corazón y lo que sucede con el corazón cuando un individuo pasa súbitamente del reposo al ejercicio.
2. ¿Qué acontecimientos permiten al corazón contraerse y cómo se controla la frecuencia cardíaca?
3. ¿Cuál es la diferencia entre sístole y diástole y cómo se relacionan con la presión arterial diastólica y la presión arterial sistólica?
4. ¿Cuál es la relación entre presión, flujo y resistencia?
5. ¿Cómo se controla el flujo sanguíneo en las diversas regiones del cuerpo?
6. Describa los 3 mecanismos importantes para el retorno de la sangre al corazón cuando una persona se ejercita en posición de pie.
7. Describa las funciones principales de la sangre.

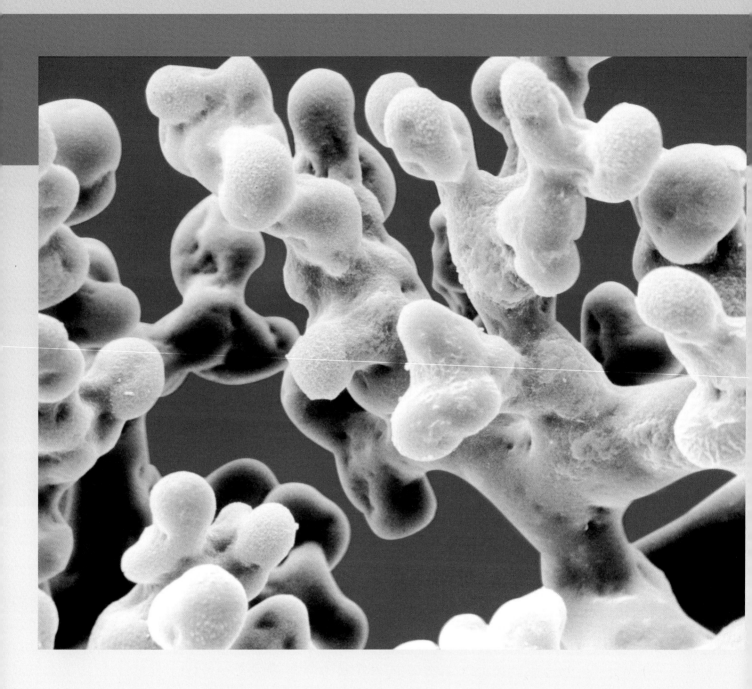

El aparato respiratorio y su regulación

7

En este capítulo

Ventilación pulmonar   **164**
Inspiración   165
Espiración   166

Volúmenes pulmonares   **166**

Difusión pulmonar   **167**
Flujo sanguíneo pulmonar en reposo   168
Membrana respiratoria   168
Presiones parciales de los gases   168
Intercambio gaseoso en los alvéolos   169

Transporte de oxígeno y dióxido de carbono en la sangre   **172**
Transporte de oxígeno   172
Transporte de dióxido de carbono   174

Intercambio gaseoso en los músculos   **175**
Diferencia arterio-venosa de oxígeno   175
Transporte de oxígeno en el músculo   176
Factores que afectan el suministro y la captación de oxígeno   176
Eliminación del dióxido de carbono   177

Regulación de la ventilación pulmonar   **177**

Conclusión   **179**

De acuerdo con cualquier estándar, Beijing, China, es una de las ciudades más contaminadas del planeta. Durante los preparativos para los Juegos Olímpicos de 2008, se invirtieron casi 17 mil millones de dólares en un intento por mejorar la calidad del aire en forma temporaria, incluso a través de un procedimiento conocido como "siembra de nubes" para aumentar la probabilidad de provocar precipitaciones en la región durante la noche. Las fábricas se cerraron, el tráfico se detuvo y las construcciones se suspendieron mientras duraron los Juegos. No obstante, la contaminación del aire en la Sede Olímpica permaneció entre dos y cuatro veces superior a la de Los Ángeles durante un día común, y superó los niveles considerados seguros por la Organización Mundial de la Salud. Varios deportistas abandonaron ciertos eventos debido a problemas respiratorios o a la preocupación por padecerlos, como por ejemplo el maratonista etíope poseedor del récord mundial Haile Gebreselassie, y el ciclista que obtuvo la medalla de plata en 2004, Sergio Paulino, de Portugal. Se les permitió a los deportistas con antecedentes de asma la utilización de inhaladores de rescate y, por primera vez en la historia, los partidos de fútbol se interrumpieron para que los jugadores pudieran recuperarse de los contaminantes, el humo, el calor y la humedad. Los deportistas y los espectadores soportaron estas condiciones durante unas pocas semanas y no se recibieron informes de problemas de salud a largo plazo debido a la exposición al aire de Beijing. Sin embargo, los residentes de esa ciudad experimentan estas condiciones respiratorias adversas en forma cotidiana.

La combinación de los aparatos respiratorio y cardiovascular provee de un sistema de transporte efectivo para suministrar oxígeno y remover el dióxido de carbono desde todos los tejidos corporales.

En este transporte se distinguen cuatro procesos:

- Ventilación pulmonar (respiración): movilización de aire hacia y desde los pulmones
- Difusión pulmonar: intercambio de oxígeno y dióxido de carbono entre los pulmones y la sangre
- Transporte de oxígeno y dióxido de carbono a través de la sangre
- Difusión capilar: intercambio de oxígeno y dióxido de carbono entre los capilares sanguíneos y los tejidos metabólicamente activos

Se hace referencia a los dos primeros procesos como **respiración externa** porque representan la movilización de gases desde el exterior hacia los pulmones y de allí a la sangre. Una vez que los gases se encuentran en la sangre, deben ser transportados hasta los tejidos. Cuando la sangre alcanza los tejidos, tiene lugar la cuarta etapa de la respiración. Este intercambio gaseoso entre la sangre y los tejidos se denomina **respiración interna**. De este modo, la respiración interna y la externa se conectan a través del sistema circulatorio. En las siguientes secciones se examinan estos cuatro componentes de la respiración.

Ventilación pulmonar

La **ventilación pulmonar**, o respiración, es el proceso por el cual se moviliza aire dentro y fuera de los pulmones. La anatomía del sistema respiratorio se ilustra en la Figura 7.1. En general, el aire ingresa en los pulmones a través de la nariz, aunque también se debe utilizar la boca cuando la demanda de aire excede la cantidad que puede ser inspirada con comodidad por ésta. La respiración nasal tiene la ventaja de que el aire se calienta y se humidifica mientras recorre en remolinos las superficies óseas irregulares de los senos nasales (cornetes). Los cornetes también cumplen con una función importante al

arremolinar el aire inspirado, con lo cual provocan que el polvo y otras partículas entren en contacto con la mucosa nasal y se adhieran a ésta. Este proceso filtra todas las partículas excepto las más pequeñas, y así minimiza la irritación y el riesgo de padecer infecciones respiratorias. Desde la nariz y la boca, el aire viaja a través de la faringe, la laringe, la tráquea y el árbol bronquial.

Estas estructuras anatómicas son vías de transporte hacia los pulmones, ya que en ellas no tiene lugar el intercambio gaseoso. El intercambio de oxígeno y dióxido de carbono finalmente ocurre cuando el aire alcanza las unidades respiratorias más pequeñas: los bronquiolos respiratorios y los alvéolos. Si bien los bronquiolos respiratorios son principalmente estructuras de transporte, se los incluye en esta región porque contienen racimos de alvéolos. Ambas estructuras conforman el epitelio respiratorio, que es el sitio de intercambio gaseoso en los pulmones.

Concepto clave

Respirar por la nariz ayuda a humidificar y calentar el aire durante la inhalación y filtra las partículas extrañas presentes en el aire.

Los pulmones no se adhieren en forma directa a las costillas, sino que están suspendidos por los sacos pleurales. Estos sacos cuentan con una pared doble: la pleura parietal, que tapiza la pared torácica, y la pleura visceral o pulmonar, que tapiza la superficie externa de los pulmones. Estas paredes pleurales envuelven a los pulmones y contienen una fina película de líquido entre sus dos hojas que reduce la fricción durante los movimientos respiratorios. Asimismo, los sacos pleurales están conectados tanto a los pulmones como a la cara interna de la caja torácica, por lo que los pulmones toman la forma y tamaño de la parrilla costal o de la caja torácica cuando el tórax se expande y se contrae.

La anatomía de los pulmones, los sacos pleurales, el músculo diafragmático y la caja torácica determina el flujo de aire que entra en los pulmones y sale de éstos, es decir, la inspiración y la espiración.

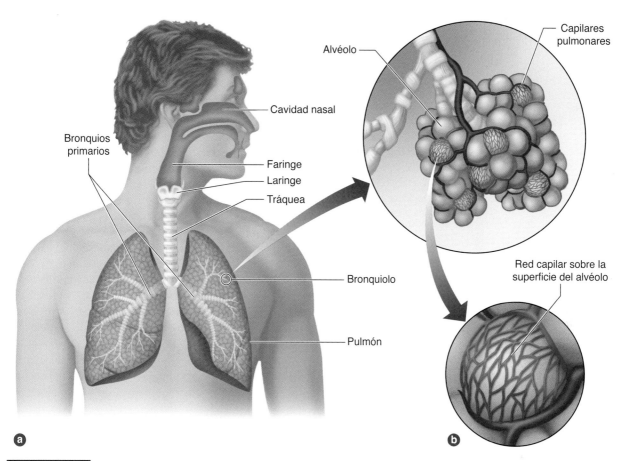

Capilares
pulmonares

Alvéolo

Cavidad nasal

Bronquios
primarios

Faringe

Laringe

Tráquea

Red capilar sobre la
superficie del alvéolo

Bronquiolo

Pulmón

a

b

FIGURA 7.1 *(a)* Anatomía del aparato respiratorio, donde se ilustran las vías respiratorias (o sea, la cavidad nasal, la faringe, la tráquea y los bronquios). *(b)* Ampliación de un alvéolo que muestra las regiones donde sucede el intercambio de gases entre los alvéolos y la sangre capilar pulmonar.

Inspiración

La **inspiración** es un proceso activo en el que participan el diafragma y los músculos intercostales externos. En la Figura 7.2*a* se muestra la posición del diafragma y de la caja torácica, o tórax, en reposo. En cada inspiración, las costillas y el esternón se movilizan gracias a la acción de los músculos intercostales externos. Las costillas se mueven hacia arriba y hacia afuera, mientras que el esternón se desplaza hacia arriba y adelante. Al mismo tiempo, el diafragma se contrae, aplanándose hacia abajo en dirección al abdomen.

Estas acciones, ilustradas en la Figura 7.2*b,* expanden la caja torácica en sus tres dimensiones, y aumentan el volumen dentro de los pulmones. Al expandirse, los pulmones ganan volumen, por lo que el aire dentro de ellos cuenta con más espacio. Estos cambios en el volumen provocan una reducción de la presión dentro de los pulmones debido a que, según la **ley de Boyle para gases ideales**, el producto entre el volumen y la presión se mantiene constante (siempre que la temperatura se mantenga constante). En consecuencia, la presión dentro de los pulmones (presión intrapulmonar) es inferior a la pre-

sión del aire fuera del cuerpo. Como el sistema respiratorio se comunica con el exterior, el aire entra rápidamente en los pulmones para reducir la diferencia de presión mencionada. Así es como el aire ingresa en los pulmones durante la inspiración.

En la respiración forzada o dificultosa, como durante el ejercicio intenso, la inspiración es asistida por músculos accesorios, como los escalenos (anterior, medio y posterior), el esternocleidomastoideo en el cuello y los pectorales en el pecho. Estos músculos ayudan a elevar las costillas aún más que durante la respiración regular.

Concepto clave

Los cambios de presión requeridos para una adecuada ventilación en reposo son mínimos. Por ejemplo, a una presión atmosférica normal sobre el nivel del mar (760 mm Hg), la inspiración puede disminuir la presión en los pulmones (presión intrapulmonar) sólo entre 2 y 3 mm Hg. Sin embargo, durante un esfuerzo respiratorio máximo, como durante un ejercicio agotador, la presión intrapulmonar puede disminuir entre 80 y 100 mm Hg.

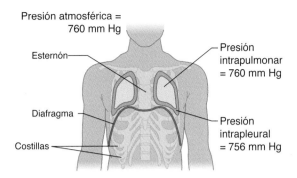

Presión atmosférica = 760 mm Hg

Esternón

Diafragma

Costillas

Presión intrapulmonar = 760 mm Hg

Presión intrapleural = 756 mm Hg

a Posiciones del diafragma y la caja torácica, o tórax, en reposo. Se debe destacar el tamaño de la caja torácica en reposo.

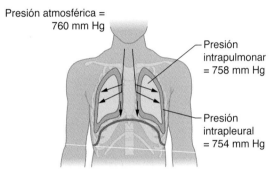

Presión atmosférica = 760 mm Hg

Presión intrapulmonar = 758 mm Hg

Presión intrapleural = 754 mm Hg

b Las dimensiones de los pulmones y la caja torácica aumentan durante la inspiración, y se genera una presión negativa que promueve el ingreso de aire en los pulmones.

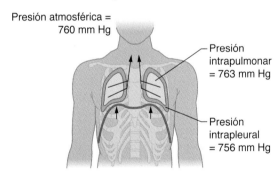

Presión atmosférica = 760 mm Hg

Presión intrapulmonar = 763 mm Hg

Presión intrapleural = 756 mm Hg

c Durante la espiración, el volumen pulmonar disminuye y fuerza la salida del aire del pulmón.

FIGURA 7.2 Procesos de inspiración y espiración. Se muestra la forma en que el movimiento de las costillas y el diafragma puede aumentar y reducir el tamaño del tórax.

Espiración

En reposo, la **espiración** es un proceso pasivo que consiste en la relajación de los músculos inspiratorios y la retracción elástica del parénquima pulmonar. Cuando el diafragma se relaja, retorna a su posición habitual, con convexidad hacia arriba. A medida que los músculos intercostales externos se relajan, las costillas y el esternón vuelven a su posición de reposo (Figura 7.2*c*). Al suceder esto, la naturaleza elástica del tejido pulmonar lo lleva a

recuperar su tamaño de reposo, se incrementa la presión en los pulmones y esto causa un descenso proporcional de volumen en el tórax. Como consecuencia, el aire sale de los pulmones.

Durante la respiración forzada, la espiración se vuelve un proceso más activo. Los músculos intercostales internos tiran de las costillas hacia abajo a través de un proceso activo. Esta acción puede ser asistida por los músculos dorsal ancho y cuadrado lumbar. La contracción de los músculos abdominales aumenta la presión intraabdominal, forzando a las vísceras hacia arriba, contra el diafragma, y acelerando la restitución de su forma de cúpula. Estos músculos también conducen la caja torácica hacia adentro y abajo.

Los cambios en las presiones intraabdominal e intratorácica que acompañan a la respiración forzada, y conjuntamente con la bomba muscular en las extremidades inferiores, contribuyen al retorno de la sangre venosa hacia el corazón (retorno venoso). Al aumentar las presiones intraabdominal e intratorácica, éstas se transmiten a las grandes venas (las venas pulmonares y las venas cavas superior e inferior) que transportan la sangre de vuelta al corazón. Cuando la presión disminuye, las venas recuperan su diámetro original y se llenan de sangre. Los cambios de presión dentro del abdomen y el tórax ejercen presión sobre la sangre dentro de las venas, colaborando con su retorno por medio de una acción similar al "ordeñe". Este fenómeno se conoce como **bomba respiratoria** y es esencial para mantener un retorno venoso adecuado.

Volúmenes pulmonares

El volumen de aire en los pulmones puede medirse mediante una técnica llamada **espirometría**. Un espirómetro determina los volúmenes de aire inspirado y espirado, lo que permite identificar cambios en el volumen pulmonar. Si bien actualmente se utilizan espirómetros más sofisticados, un espirómetro simple consiste en una campana llena de aire parcialmente sumergida en agua. Se coloca un tubo desde la boca de la persona examinada y luego debajo del agua, para emerger dentro de la campana apenas por encima del nivel del agua. Cuando la persona exhala, el aire fluye por el tubo hacia la campana elevándola. La campana se encuentra unida a un bolígrafo y su movimiento queda registrado en un tambor rotatorio simple (Figura 7.3).

Esta técnica se utiliza en la práctica clínica para medir volúmenes, capacidades y flujos de aire, y así contribuye al diagnóstico de enfermedades respiratorias como el asma, la enfermedad pulmonar obstructiva crónica (EPOC) y el enfisema.

La cantidad de aire que ingresa en los pulmones y egresa de ellos con cada respiración se denomina **volumen corriente**. La **capacidad vital (CV)** es la mayor canti-

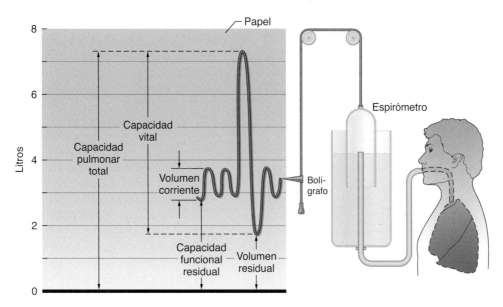

FIGURA 7.3 Volúmenes pulmonares medidos por espirometría.

Reproducida con autorización de J. West, 2000, *Respiratory physiology: The Essentials* (Baltimore, MD: Lippincott, Williams, and Wilkins), 14.

dad de aire que se puede espirar tras una inspiración máxima. Incluso después de una espiración máxima, cierta cantidad de aire permanece en los pulmones. La cantidad de aire remanente en los pulmones después de una espiración máxima se denomina **volumen residual (VR)** y no se puede medir con espirometría. La **capacidad pulmonar total (CPT)** es la sumatoria de la capacidad vital y el volumen residual.

Revisión

➤ La ventilación pulmonar (respiración) es el proceso por el cual se moviliza aire dentro y fuera de los pulmones. Consta de dos fases: inspiración y espiración.

➤ La inspiración es un proceso activo en el que el diafragma y los músculos intercostales externos se contraen, aumentan sus dimensiones y, por ende, el volumen de la caja torácica. Esto disminuye la presión intrapulmonar y provoca la entrada de aire a los pulmones.

➤ La espiración en reposo suele ser un proceso pasivo. Los músculos inspiratorios y el diafragma se relajan y el tejido elástico pulmonar se retrae, por lo que la caja torácica recupera sus dimensiones normales, más pequeñas. Esto aumenta la presión intrapulmonar y fuerza el aire hacia afuera.

➤ Tanto la inspiración como la espiración forzada son procesos activos y dependen de la acción de los músculos respiratorios accesorios.

➤ Los volúmenes y las capacidades pulmonares, así como la velocidad del flujo de aire que entra en los pulmones y sale de éstos, pueden medirse con espirometría.

Difusión pulmonar

El intercambio gaseoso pulmonar que se produce entre los alvéolos y la sangre capilar y que se denomina **difusión pulmonar** cumple dos funciones principales:

• Reponer el suministro de oxígeno en la sangre, el cual se reduce a nivel tisular a medida que es utilizado para la producción de energía por la vía oxidativa.

• Remover el dióxido de carbono de la sangre venosa sistémica que retorna al corazón.

El aire ingresa en los pulmones durante la ventilación, lo cual permite que se produzca el intercambio gaseoso a través de la difusión pulmonar. El oxígeno del aire difunde desde los alvéolos hacia la sangre que circula por los capilares pulmonares, y el dióxido de carbono difunde desde la sangre hacia los alvéolos pulmonares. Los **alvéolos**, o sacos aéreos, son similares a racimos de uvas, localizados en los extremos de los bronquiolos terminales.

La sangre que retorna desde el cuerpo (salvo la que proviene de los pulmones) lo hace a través de la vena cava y llega a la aurícula derecha. El ventrículo derecho bombea la sangre a través de las arterias pulmonares hasta los pulmones y, finalmente, a sus capilares, que forman una densa red alrededor de los sacos alveolares. Los capilares son tan pequeños que los eritrocitos deben circular por ellos de a uno en fila, de modo que cada una de estas células sanguíneas quede expuesta al parénquima pulmonar que lo circunda. Aquí es donde ocurre la difusión pulmonar.

Flujo sanguíneo pulmonar en reposo

Durante el reposo, los pulmones reciben aproximadamente 4 a 6 L/min de flujo sanguíneo, dependiendo del tamaño corporal. Como el gasto cardíaco de las cavidades cardíacas derechas es similar al gasto cardíaco de las cavidades cardíacas izquierdas, el flujo sanguíneo pulmonar es semejante al que se dirige a la circulación sistémica. Sin embargo, la presión y la resistencia vascular en los vasos sanguíneos pulmonares son distintas de las observadas en la circulación sistémica. La presión media en la arteria pulmonar es de aproximadamente 15 mm Hg (la presión sistólica es de aproximadamente 25 mm Hg y la diastólica es de aproximadamente 8 mm Hg), mientras que la presión media en la arteria aorta es de aproximadamente 95 mm Hg. La presión en la aurícula izquierda, que recibe la sangre que retorna al corazón luego de pasar por los pulmones, es de alrededor de 5 mm Hg, por lo que no hay grandes diferencias de presión dentro del circuito pulmonar (15-5 mm Hg). En la Figura 7.4 se ilustran las diferencias de presión entre la circulación pulmonar y la sistémica.

En el análisis del Capítulo 6 acerca del flujo sanguíneo en el sistema cardiovascular, se mencionó que presión = flujo × resistencia. Dado que el flujo sanguíneo hacia los pulmones y hacia la circulación sistémica son equivalentes ya que los cambios de presión en el sistema vascular pulmonar son sustancialmente menores, la resistencia en el sistema vascular pulmonar es proporcionalmente menor a la de la circulación sistémica. Esto se ve reflejado en las diferencias anatómicas entre los vasos sanguíneos pulmonares y sistémicos: los vasos sanguíneos pulmonares tienen paredes finas, con escaso músculo liso.

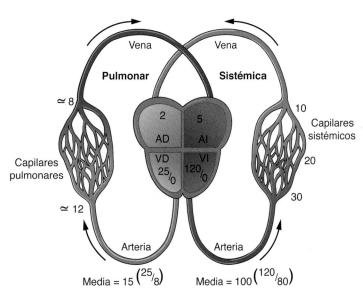

FIGURA 7.4 Comparación de presiones (mm Hg) entre la circulación pulmonar y la sistémica. AD, aurícula derecha; VD, ventrículo derecho; AI, aurícula izquierda; VI, ventrículo izquierdo.

Reproducida con autorización de J. West, 2000, *Respiratory physiology: The Essentials* (Baltimore, MD: Lippincott, Williams, and Wilkins), 36.

Membrana respiratoria

El intercambio gaseoso entre el aire alveolar y la sangre en los capilares pulmonares ocurre a través de la **membrana respiratoria** (también llamada membrana alvéolo-capilar). Esta membrana, representada en la Figura 7.5, está compuesta por:

- la pared alveolar,
- la pared capilar, y
- sus membranas basales.

La principal función de estas superficies membranosas es el intercambio gaseoso. La membrana respiratoria es extremadamente fina; mide sólo entre 0,5 y 4 μm, por lo cual los gases en los casi 300 millones de alvéolos se encuentran en estrecha proximidad con la sangre que circula por los capilares.

Presiones parciales de los gases

El aire que respiramos es una mezcla de gases, y cada uno de ellos ejerce una presión proporcional a su concentración en la mezcla. Las presiones individuales de cada gas en una mezcla se denominan **presiones parciales**. Según la **ley de Dalton**, la presión total de una mezcla de gases es igual a la suma de las presiones parciales de cada uno de los componentes de la mezcla.

El aire que respiramos está compuesto por 79,04% de nitrógeno (N_2), 20,93% de oxígeno (O_2) y 0,03% de dióxido de carbono (CO_2). Estos porcentajes se mantienen constantes independientemente de la altitud. A nivel del mar, la presión atmosférica (o barométrica) es de aproximadamente 760 mm Hg; ésta es la presión atmosférica considerada estándar, lo que significa que si la presión atmosférica es de 760 mm Hg, la presión parcial de nitrógeno (PN_2) en el aire es de 600,7 mm Hg (79,04% del total de 760 mm Hg de presión), la presión parcial de oxígeno (PO_2) es de 159,1 mm Hg (20,93% de los 760 mm Hg) y la presión parcial de dióxido de carbono (PCO_2) es de 0,2 mm Hg (0,03% de los 760 mm Hg).

En el cuerpo humano, los gases suelen disolverse en líquidos como el plasma sanguíneo. Según la **ley de Henry**, la cantidad de gases disueltos en un líquido es directamente proporcional a su presión parcial, dependiendo también de la temperatura y de la solubilidad del gas en el líquido específico. La solubilidad de un gas en la sangre es una constante y la temperatura corporal también permanece relativamente constante en reposo. Por ende, el factor clave para el intercambio gaseoso entre los alvéolos y la sangre es el gradiente de presión de los gases entre ambas áreas.

Concepto clave

La ley de Dalton afirma que la presión total de una mezcla de gases es igual a la suma de las presiones parciales de cada uno de los gases que componen la mezcla.

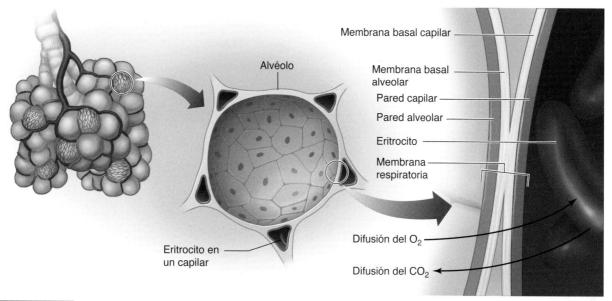

FIGURA 7.5 Anatomía de la membrana respiratoria, que muestra el intercambio de oxígeno y dióxido de carbono entre un alvéolo y la sangre que circula por los capilares pulmonares.

Intercambio gaseoso en los alvéolos

Las diferencias en las presiones parciales de los gases entre los alvéolos y la sangre crean un gradiente de presión a través de la membrana respiratoria. Esto constituye la base del intercambio gaseoso durante la difusión pulmonar. Si las presiones a cada lado de la membrana fuesen iguales, los gases se encontrarían en equilibrio y no se moverían. Pero las presiones no son iguales, por lo que los gases se mueven de acuerdo con los gradientes de presión parcial.

Intercambio de oxígeno

La PO_2 del aire fuera del cuerpo a presión atmosférica estándar es de 159 mm Hg. Pero esta presión desciende hasta cerca de 105 mm Hg cuando el aire es inhalado e ingresa en los alvéolos, donde se humedece y se mezcla con el aire que permanece dentro de éstos. El aire alveolar está saturado con vapor de agua (que tiene su propia presión parcial) y contiene más dióxido de carbono que el aire inspirado. Tanto la mayor presión del vapor de agua como la mayor presión parcial de dióxido de carbono contribuyen a la presión total dentro de los alvéolos. El aire que ventila los pulmones se mezcla en forma constante con el aire alveolar, mientras que parte de los gases alveolares son exhalados hacia el exterior. De esta manera, las concentraciones de los gases alveolares se mantienen relativamente constantes.

La sangre, despojada de gran parte de su contenido de oxígeno tras pasar por los tejidos, ingresa en los capilares pulmonares con una PO_2 de aproximadamente 40 mm Hg (véase la Figura 7.6). Esta presión es entre 60 y 65 mm Hg más baja que la PO_2 alveolar. En otras palabras, el gradiente de presión para que el oxígeno atraviese la membrana respiratoria suele ser de 65 mm Hg. Como ya se mencionó, este gradiente de presión moviliza el oxígeno desde los alvéolos hacia la sangre para equilibrar la presión de oxígeno a cada lado de la membrana.

La PO_2 alveolar permanece relativamente constante en valores que rondan los 105 mm Hg. Cuando la sangre desoxigenada ingresa en la arteria pulmonar, la PO_2 de la sangre sólo alcanza 40 mm Hg. Pero a medida que la sangre se mueve a través de los capilares pulmonares, ocurre el intercambio gaseoso. Cuando la sangre pulmonar alcanza el extremo venoso de estos capilares, la PO_2 en la sangre es igual a la de los alvéolos (aproximadamente 105 mm Hg) y se considera que la sangre está saturada al máximo con oxígeno. La sangre que abandona los pulmones a través de las venas pulmonares y regresa al lado sistémico (izquierdo) del corazón cuenta con una abundante carga de oxígeno para ceder a los tejidos. Sin embargo, se debe señalar que la PO_2 en la vena pulmonar es de 100 mm Hg, no de 105 mm Hg como la que se encuentra en el aire alveolar y los capilares pulmonares. Esta diferencia puede atribuirse al hecho de que cerca del 2% de la sangre se deriva en forma directa de la aorta al pulmón para satisfacer los requerimientos de oxígeno de este órgano. Esta sangre contiene una PO_2 menor y reingresa en la vena pulmonar junto con la sangre totalmente saturada que retorna a la aurícula izquierda tras completar el intercambio gaseoso. De esta manera, la sangre se mezcla y disminuye la PO_2 de la sangre que regresa al corazón.

La **ley de Fick** describe la difusión a través de los tejidos (Figura 7.7). Esta ley afirma que la tasa de difusión

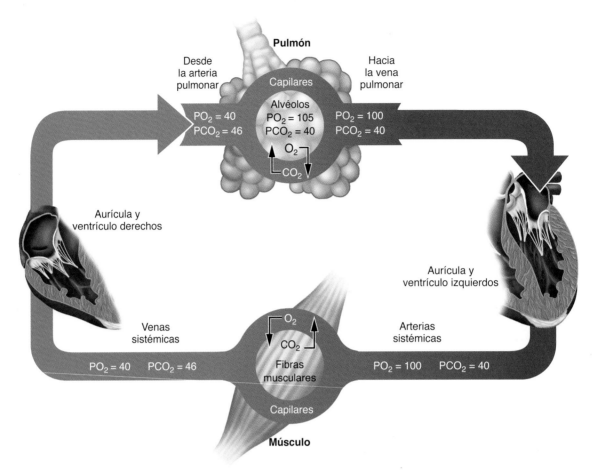

FIGURA 7.6 Presión parcial de oxígeno (PO_2) y de dióxido de carbono (PCO_2) en la sangre como resultado del intercambio gaseoso en los pulmones y entre la sangre capilar y los tejidos.

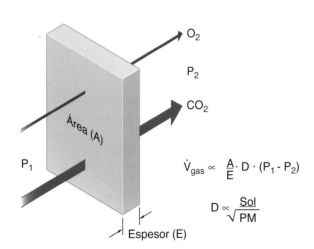

FIGURA 7.7 Difusión a través de una lámina de tejido. La cantidad de gas ($\dot{V}_{gas}$) transferido es proporcional al área (A), a una constante de difusión (D) y a la diferencia entre las presiones parciales ($P_1 - P_2$) y es inversamente proporcional al espesor (E). La constante es proporcional a la solubilidad del gas (Sol), pero inversamente proporcional a la raíz cuadrada de su peso molecular (PM).

Reproducida con autorización de J. West, 2000, *Respiratory physiology: The Essentials* (Baltimore, MD: Lippincott, Williams, and Wilkins), 26.

a través de un tejido como la membrana respiratoria es proporcional tanto a la superficie disponible para la difusión como a la diferencia de presiones parciales del gas a ambos lados del tejido. A su vez, la tasa de difusión es inversamente proporcional al espesor del tejido a través del cual el gas debe difundir. La constante de difusión, que es única para cada gas, también influye sobre la tasa de difusión a través de un tejido. El dióxido de carbono tiene una constante de difusión mucho menor que el oxígeno; por esto, si bien no hay una diferencia tan marcada entre las presiones parciales de dióxido de carbono entre los alvéolos y los capilares, como sí la hay para el oxígeno, el dióxido de carbono difunde fácilmente.

Concepto clave

Cuanto mayor es el gradiente de presión a través de la membrana respiratoria, más rápido difunde el oxígeno a través de ella.

La tasa de difusión del oxígeno desde los alvéolos hacia la sangre se denomina **capacidad de difusión del oxígeno** y se expresa como el volumen de oxígeno que difunde a través de la membrana por minuto para una diferencia de presión de 1 mm Hg. En reposo, la capacidad de difusión del oxígeno es de aproximadamente 21 mL de oxígeno por minuto por cada 1 mm Hg de diferencia de presión entre los alvéolos y la sangre de los capilares pulmonares. Aunque el gradiente de presión parcial entre la sangre venosa que llega al pulmón y el aire alveolar es de alrededor de 65 mm Hg (105-40 mm Hg), la capacidad de difusión del oxígeno se calcula sobre la base de la presión media en los capilares pulmonares, que tiene una PO_2 sustancialmente mayor. El gradiente entre la presión parcial media de los capilares pulmonares y el aire alveolar es de alrededor de 11 mm Hg, lo que permitiría una difusión de 231 mL de oxígeno por minuto a través de la membrana respiratoria. Durante el ejercicio máximo, la capacidad de difusión del oxígeno puede ser hasta tres veces mayor que en reposo, debido a que la sangre que retorna a los pulmones se encuentra altamente desaturada y esto determina un mayor gradiente de presión parcial entre los alvéolos y la sangre. De hecho, en atletas altamente entrenados se han observado tasas mayores a 80 mL/min.

El aumento en la capacidad de difusión del oxígeno entre el estado de reposo y el ejercicio se relaciona con el hecho de que la circulación pulmonar en reposo es relativamente ineficiente y lenta, sobre todo a causa de la perfusión limitada de las regiones apicales de los pulmones, lo cual es el resultado del efecto de la gravedad. Si dividimos el pulmón en tres zonas, como se ilustra en la Figura 7.8, se ve que sólo el tercio inferior (zona 3) recibe sangre en reposo. En cambio, durante el ejercicio el flujo sanguíneo a través de los pulmones aumenta, principalmente como consecuencia de la elevada presión sanguínea, que incrementa la perfusión pulmonar.

Intercambio de dióxido de carbono

Al igual que el oxígeno, el dióxido de carbono se moviliza a favor de un gradiente de presión. Como se ilustra en la Figura 7.6, la sangre que circula desde el ventrículo derecho hacia los alvéolos tiene una PCO_2 aproxima-

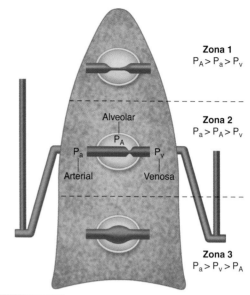

FIGURA 7.8 Explicación de la distribución desigual del flujo sanguíneo en el pulmón.

Reproducida con autorización de J. West, 2000, *Respiratory physiology: The Essentials* (Baltimore, MD: Lippincott, Williams, and Wilkins), 44.

da de 46 mm Hg, mientras que el aire alveolar contiene una PCO_2 cercana a los 40 mm Hg. Aunque esto resulta en un gradiente de presión relativamente pequeño, de aproximadamente 6 mm Hg, la diferencia es más que suficiente para permitir el intercambio adecuado de CO_2. El coeficiente de difusión del dióxido de carbono es 20 veces mayor que el del oxígeno, lo que permite que el CO_2 pueda difundir a través de la membrana respiratoria con mucha mayor rapidez.

Las presiones parciales de los gases involucrados en la difusión pulmonar se resumen en el Cuadro 7.1. Se debe destacar que la presión total en la sangre venosa es solo de 706 mm Hg, o sea 54 mm Hg menos que la presión total en el aire seco y el aire alveolar. Este es el resultado de un descenso de la PO_2 comparativamente mayor que el aumento de la PCO_2 en la sangre a medida que atraviesa los tejidos corporales.

CUADRO 7.1 Presiones parciales de los gases respiratorios al nivel del mar

Gas	% en el aire seco	PRESIÓN PARCIAL (mm Hg)				
		Aire seco	Aire alveolar	Sangre arterial	Sangre venosa	Gradiente de difusión
H_2O	0	0	47	47	47	0
O_2	20,93	159,1	105	100	40	60
CO_2	0,03	0,2	40	40	46	6
N_2	79,04	600,7	568	573	573	0
Total	100	760	760	760	706[a]	0

[a]Véase el texto para obtener una explicación sobre la disminución de la presión total.

⬤ Revisión

➤ La difusión pulmonar es el proceso mediante el cual se produce el intercambio gaseoso a través de la membrana respiratoria en los alvéolos.

➤ La cantidad y tasa del intercambio gaseoso a través de la membrana dependen principalmente de la presión parcial de cada gas, aunque otros factores también son importantes, como lo demuestra la ley de Fick. Los gases difunden a favor de un gradiente de presión, moviéndose desde un área de mayor presión hacia otra con menor presión. En consecuencia, el oxígeno entra en la sangre y el dióxido de carbono la abandona.

➤ La capacidad de difusión del oxígeno aumenta cuando un individuo pasa de estar en reposo a ejercitarse. Debido a que los músculos activos durante el ejercicio requieren más oxígeno para llevar a cabo procesos metabólicos, se produce una depleción del oxígeno venoso y se facilita así el intercambio del oxígeno en los alvéolos.

➤ El gradiente de presión para el intercambio de dióxido de carbono es menor que para el de oxígeno; sin embargo, el coeficiente de difusión del dióxido de carbono es 20 veces mayor que el de oxígeno, de manera que el dióxido de carbono atraviesa más fácilmente la membrana a pesar de no contar con un gradiente de presión elevado.

Transporte de oxígeno y dióxido de carbono en la sangre

Hasta aquí hemos analizado la forma en que el aire se mueve dentro y fuera de los pulmones gracias a la ventilación pulmonar y cómo tiene lugar el intercambio gaseoso por medio de la difusión pulmonar. En adelante exploraremos el transporte de los gases en la sangre para suministrar oxígeno a los tejidos y remover el dióxido de carbono que estos producen.

Transporte de oxígeno

El oxígeno es transportado en la sangre ya sea unido a la hemoglobina en los eritrocitos (más del 98%) o disuelto en el plasma sanguíneo (menos del 2%). Solo alrededor de 3 mL de oxígeno están disueltos en cada litro de plasma. Si se considera que el volumen plasmático total oscila entre 3 y 5 litros, solo pueden transportarse entre 9 y 15 mL de oxígeno en estado disuelto. Esta cantidad limitada de oxígeno no alcanza siquiera para satisfacer los requerimientos de oxígeno de los tejidos en reposo, que suelen necesitar más de 250 mL de oxígeno por minuto (dependiendo del tamaño corporal). Sin embargo, la hemoglobina, una proteína presente dentro de cada uno de los 4 a 6 mil millones de eritrocitos del cuerpo, permite que la sangre transporte casi 70 veces más oxígeno que el que puede disolverse en el plasma.

Saturación de la hemoglobina

Como se señaló, más del 98% del oxígeno se transporta en la sangre combinado con hemoglobina. Cada molécula de hemoglobina puede transportar cuatro moléculas de oxígeno. Cuando el oxígeno se combina con la hemoglobina, forma oxihemoglobina, mientras que la hemoglobina que no se encuentra unida al oxígeno se denomina desoxihemoglobina. La unión entre el oxígeno y la hemoglobina depende de la PO_2 de la sangre y de la fuerza de la unión o afinidad entre el oxígeno y la hemoglobina. En la Figura 7.9 se observa la curva de disociación de oxígeno-hemoglobina, que muestra la cantidad de hemoglobina saturada con oxígeno a diferentes valores de PO_2. La forma de la curva es muy importante por su función en el organismo. La porción superior de la curva es relativamente plana, lo que indica que con valores elevados de PO_2, como los que se observan en los pulmones, una gran caída de la PO_2 provoca cambios muy pequeños de la saturación de hemoglobina. Esta es la porción "de carga" de la curva. Una PO_2 sanguínea elevada resulta en una saturación casi completa de la hemoglobina, lo cual significa que se ha unido la máxima cantidad de oxígeno posible. Asimismo, a menor PO_2, menor será la saturación de hemoglobina.

La porción "inclinada" (con mayor pendiente) de la curva coincide con los valores de PO_2 que se hallan habitualmente en los tejidos corporales. En esta zona, cambios relativamente pequeños en la PO_2 provocan grandes cambios en la saturación. Esto es ventajoso porque esta área corresponde a la porción de "descarga" de la curva, donde la hemoglobina se desprende del oxígeno para cederla a los tejidos.

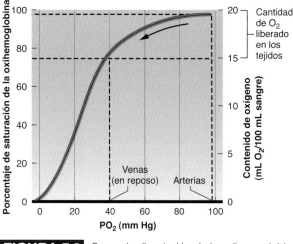

FIGURA 7.9 Curva de disociación de la oxihemoglobina. Reproducida de S.K. Powers y E.T. Howley. 2004, *Exercise physiology: Theory and application to fitness and performance,* 5ª ed. (New York: McGraw-Hill Companies), 205. Con autorización de The McGraw-Hill Companies.

Varios factores determinan la saturación de la hemoglobina. Si, por ejemplo, la sangre se acidifica, la curva de disociación se desvía hacia la derecha. Esto indica que la hemoglobina está cediendo más oxígeno a los tejidos. El desvío a la derecha (véase la Figura 7.10*a*), atribuible al descenso del pH, se conoce como efecto Bohr. El pH en los pulmones suele ser alto, por lo que la hemoglobina que los atraviesa muestra gran afinidad por el oxígeno, y permite así su mayor saturación.

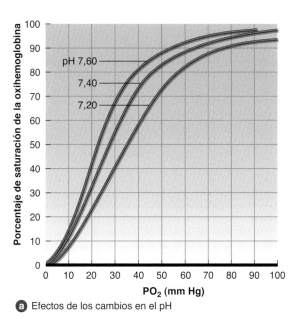

ⓐ Efectos de los cambios en el pH

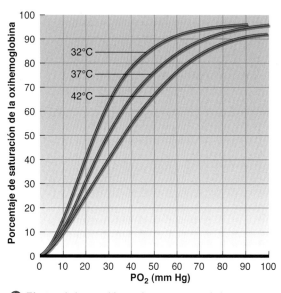

ⓑ Efectos de los cambios en la temperatura de la sangre

FIGURA 7.10 Efectos de los cambios en el pH y la temperatura de la sangre sobre la curva de disociación de la oxihemoglobina.

Reproducida de S.K. Powers y E.T. Howley. 2004, *Exercise physiology: Theory and application to fitness and performance,* 5ª ed. (New York: McGraw-Hill Companies), 206. Con autorización de The McGraw-Hill Companies.

A nivel tisular y en especial durante el ejercicio, el pH disminuye, lo que provoca la disociación del oxígeno de la hemoglobina y el abastecimiento de oxígeno a los tejidos. Durante el ejercicio, la capacidad de ceder el oxígeno a los músculos aumenta a medida que se reduce el pH muscular.

La temperatura de la sangre también afecta la disociación del oxígeno. Como se ilustra en la Figura 7.10*b*, un incremento de la temperatura sanguínea desvía la curva de disociación hacia la derecha, lo que significa que la hemoglobina cede el oxígeno con mayor facilidad a mayor temperatura. Por esta razón, la hemoglobina cede más oxígeno cuando la sangre circula por los músculos activos, que presentan mayor temperatura.

Concepto clave

El incremento de la temperatura y de la concentración de iones hidrógeno (H^+) (reducción del pH) en los músculos activos durante el ejercicio desvía la curva de disociación del oxígeno hacia la derecha, lo cual permite que una mayor cantidad de oxígeno sea cedido hacia los músculos en actividad. Dada la forma sigmoidea de la curva, la carga de la hemoglobina con oxígeno en los pulmones sólo se afecta en forma mínima en presencia del desvío mencionado.

Capacidad de la sangre para transportar oxígeno

La capacidad de transporte de oxígeno en la sangre se define como la máxima cantidad de oxígeno que la sangre puede transportar. Ésta depende sobre todo del contenido de hemoglobina en la sangre, que por cada 100 mL contiene un promedio de entre 14 y 18 gramos de hemoglobina en los hombres y entre 12 y 16 gramos en las mujeres. Cada gramo de hemoglobina puede combinarse con 1,34 mL de oxígeno, por lo que la capacidad de transporte de oxígeno de la sangre es de aproximadamente 16 a 24 mL por cada 100 mL de sangre cuando ésta se encuentra completamente saturada de oxígeno. En reposo, la sangre atraviesa los pulmones y entra en contacto con el aire alveolar durante alrededor de 0,75 segundos, tiempo suficiente para que la hemoglobina se sature entre 98 y 99%. En cambio, a altas intensidades de ejercicio el tiempo de contacto se ve francamente disminuido, lo que puede reducir la unión entre el oxígeno y la hemoglobina y disminuir en forma leve la saturación, aunque la forma en S de la curva protege contra descensos significativos.

Los individuos con concentraciones bajas de hemoglobina, como los que padecen anemia, presentan menor capacidad de transporte del oxígeno. En estado de reposo, y dependiendo de la severidad de la condición, estas personas podrían experimentar sólo algunos de los efectos de la anemia, debido a que su sistema cardiovascular puede compensar la reducción en el contenido de oxígeno de la sangre mediante el incremento del gasto cardíaco. Sin embargo, durante las actividades en las que el suministro de oxígeno puede convertirse en una limita-

ción, como por ejemplo durante esfuerzos aeróbicos muy intensos, el menor contenido de oxígeno sanguíneo limitará el rendimiento.

Transporte de dióxido de carbono

El dióxido de carbono también depende de la sangre para su transporte. Una vez que el dióxido de carbono es eliminado de las células, la sangre lo transporta principalmente de tres formas:

- Como ion bicarbonato, resultado de la disociación del ácido carbónico
- Disuelto en plasma
- Unido a hemoglobina (denominado carbaminohemoglobina)

Ion bicarbonato

La mayor parte del dióxido de carbono se transporta en forma de ion bicarbonato, responsable de entre el 60 y el 70% del transporte de dióxido de carbono en la sangre. Las moléculas de dióxido de carbono y agua se combinan para formar ácido carbónico (H_2CO_3), reacción catalizada por la enzima anhidrasa carbónica, presente en los eritrocitos. El ácido carbónico es inestable y se disocia rápidamente, después de lo cual libera un ion hidrógeno (H^+) y forma un ión bicarbonato (HCO_3^-):

$$CO_2 + H_2O \rightarrow H_2CO_3 \rightarrow H^+ + HCO_3^-$$

A continuación, el H^+ se une con la hemoglobina y esta unión promueve el efecto Bohr, ya mencionado, que determina el desvío de la curva de disociación de la hemoglobina hacia la derecha. El ion bicarbonato difunde desde los eritrocitos hacia el plasma. Para prevenir el desequilibrio eléctrico asociado con el desplazamiento de iones de bicarbonato con carga eléctrica negativa hacia el plasma, un ión cloruro difunde desde el plasma hacia los eritrocitos, en un efecto conocido como desvío de cloruro.

Concepto clave

La mayor parte del dióxido de carbono que se produce en los músculos activos regresa en los pulmones como iones bicarbonato.

Asimismo, la formación de iones hidrógeno a través de esta reacción estimula la cesión de oxígeno a nivel tisular. Por medio de este mecanismo, la hemoglobina actúa como amortiguador al unirse al H^+ y neutralizarlo, lo que permite prevenir la acidificación significativa de la sangre. El equilibrio ácido-base se analizará con mayor detalle en el Capítulo 8.

Cuando la sangre entra en los pulmones, donde la PCO_2 es menor, los iones H^+ y bicarbonato vuelven a unirse para formar ácido carbónico, que luego se disocia en dióxido de carbono y agua:

$$H^+ + HCO_3^- \rightarrow H_2CO_3 \rightarrow CO_2 + H_2O.$$

El dióxido de carbono que vuelve a formarse puede reingresar en los alvéolos y ser exhalado.

Dióxido de carbono disuelto

Parte del dióxido de carbono que se desprende de los tejidos se disuelve en el plasma, pero sólo una pequeña proporción, en general un 7 a 10%, se transporta de este modo. El dióxido de carbono abandona la disolución cuando la PCO_2 es baja, como en los pulmones. En estos casos, difunde desde los capilares pulmonares hacia los alvéolos y se exhala.

Carbaminohemoglobina

El dióxido de carbono también se transporta unido a hemoglobina para formar carbaminohemoglobina. Este compuesto se denomina así porque el dióxido de carbono se combina con aminoácidos en la porción globina de la hemoglobina, en lugar de hacerlo con el grupo hemo, al que se une el oxígeno. Estas uniones no compiten porque se dan en distintas porciones de la molécula de hemoglobina. Sin embargo, la unión del dióxido de carbono varía con la oxigenación de la hemoglobina (la deoxihemoglobina se combina con el dióxido de carbono con mayor facilidad que la oxihemoglobina) y con la presión parcial de CO_2. La hemoglobina cede el dióxido de carbono cuando la PCO_2 es tan baja como en los pulmones. En consecuencia, el dióxido de carbono es cedido por la hemoglobina con facilidad en los pulmones, para luego ingresar en los alvéolos y exhalarse.

⬤ Revisión

➤ El oxígeno se transporta en la sangre principalmente unido a hemoglobina (como oxihemoglobina), aunque una pequeña proporción se encuentra disuelta en el plasma.

➤ Para responder mejor al aumento de la demanda de oxígeno, la liberación del oxígeno de la hemoglobina (desaturación) se intensifica cuando
  • la PO_2 disminuye,
  • el pH disminuye, o
  • la temperatura aumenta.

➤ Habitualmente, la hemoglobina de la sangre arterial se encuentra saturada con oxígeno en un 98%. Este es un contenido de oxígeno mucho mayor que el requerido por el organismo, por lo cual la capacidad de transporte del oxígeno rara vez limita el rendimiento en individuos sanos.

➤ El dióxido de carbono se transporta en la sangre principalmente como ion bicarbonato. Esto previene la formación de ácido carbónico, que puede conducir a la acumulación de H^+ y la disminución del pH. Una proporción menor del dióxido de carbono se encuentra disuelta en el plasma o unida a la hemoglobina.

Intercambio gaseoso en los músculos

Ya hemos considerado la forma en que los sistemas respiratorio y cardiovascular llevan aire a los pulmones, intercambian oxígeno y dióxido de carbono en los alvéolos y transportan oxígeno hacia los músculos y dióxido de carbono hacia los pulmones. A continuación, se analizarán los procesos implicados en el suministro de oxígeno desde la sangre capilar hacia el tejido muscular.

Diferencia arterio-venosa de oxígeno

En reposo, el contenido de oxígeno en la sangre arterial es de alrededor de 20 mL por cada 100 mL de sangre. Como se muestra en la Figura 7.11a, una vez que la sangre atraviesa los capilares e ingresa en el sistema venoso, este valor se reduce hasta 15-16 mL de oxígeno por cada 100 mL de sangre. Esta diferencia en el contenido de oxígeno entre la sangre arterial y la venosa se conoce como **diferencia arterio-venosa mixta de oxígeno** o **diferencia (a-v̄)O$_2$**. El término *venosa mixta (v̄)* se refiere al contenido de oxígeno en la sangre presente en la aurícula derecha, que proviene de todas las partes del cuerpo, tanto activas como inactivas. La diferencia entre el contenido arterial y el venoso mixto de oxígeno refleja los 4 a 5 mL de oxígeno por cada 100 mL de sangre que son captados por los tejidos. La cantidad de oxígeno captado por los tejidos es proporcional a su utilización para la producción de energía por la vía oxidativa. Por ende, a medida que se incrementa la tasa de utilización de oxígeno, la diferencia (a-v̄)O$_2$ también se incrementa, y puede alcanzar valores de 15 a 16 mL por cada 100

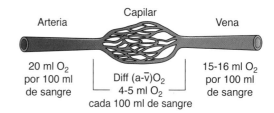

Arteria — Capilar — Vena

20 ml O$_2$ por 100 ml de sangre | Diff (a-v̄)O$_2$ 4-5 ml O$_2$ cada 100 ml de sangre | 15-16 ml O$_2$ por 100 ml de sangre

ⓐ Músculo en reposo

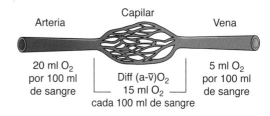

Arteria — Capilar — Vena

20 ml O$_2$ por 100 ml de sangre | Diff (a-v̄)O$_2$ 15 ml O$_2$ cada 100 ml de sangre | 5 ml O$_2$ por 100 ml de sangre

ⓑ Músculo durante el ejercicio aeróbico intenso

FIGURA 7.11 Diferencia arterio-venosa mixta de oxígeno o Diff (a-v)O$_2$ a través del músculo.

mL de sangre durante la realización de ejercicios de resistencia a intensidades máximas (Figura 7.11*b*). Sin embargo, a nivel de los músculos activos durante un ejercicio de alta intensidad, la **diferencia (a-v)O$_2$** puede incrementarse hasta 17 a 18 mL por cada 100 mL de sangre. Se debe señalar que en este caso no se utiliza la barra horizontal sobre la *v* porque nos referimos a sangre venosa muscular local y no a sangre venosa mixta en la aurícula derecha. Durante un ejercicio intenso, más oxígeno es cedido a los músculos activos ya que la PO$_2$ en ellos es sustancialmente menor que la de la sangre arterial.

Concepto clave

La diferencia (a-v̄)O$_2$ aumenta desde un valor en reposo de aproximadamente 4 a 5 mL por cada 100 mL de sangre hasta valores de entre 15 y 16 mL por cada 100 mL de sangre durante el ejercicio intenso. Este incremento indica que el músculo activo extrae más oxígeno de la sangre arterial, y disminuye así el contenido de oxígeno en la sangre venosa. Es importante recordar que la sangre que retorna a la aurícula derecha proviene de todo el cuerpo, tanto de regiones activas como inactivas. Por lo tanto, el contenido venoso mixto de oxígeno no disminuirá a valores mucho menores que 4 o 5 mL de oxígeno por cada 100 mL de sangre venosa.

Transporte de oxígeno en el músculo

En el músculo, una molécula llamada **mioglobina** transporta el oxígeno hacia las mitocondrias, donde es utilizado en el metabolismo oxidativo. La mioglobina posee una estructura similar a la hemoglobina, pero presenta mucha mayor afinidad por el oxígeno. Este concepto se ilustra en la Figura 7.12. A valores de PO$_2$ menores de 20, la curva de disociación de la mioglobina es más pronunciada que la curva de disociación de la hemoglobina. La mioglobina cede su contenido de oxígeno solo a valores muy bajos de PO$_2$. En la Figura 7.12 se puede observar que a valores de PO$_2$ en los que la sangre venosa cede oxígeno, la mioglobina se combina con éste. Se estima que la PO$_2$ en las mitocondrias de un músculo durante el ejercicio puede ser tan baja como 1 a 2 mm Hg; en estas condiciones, la mioglobina cede fácilmente el oxígeno a las mitocondrias.

Concepto clave

La mioglobina libera el oxígeno solo en presencia de una PO$_2$ muy baja, lo que se considera compatible con la PO$_2$ hallada en los músculos activos durante el ejercicio, que puede ser tan baja como entre 1 y 2 mm Hg.

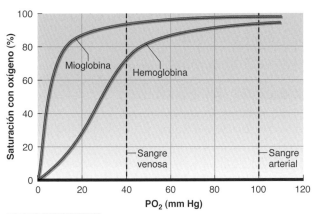

FIGURA 7.12 Comparación de las curvas de disociación de la mioglobina y la hemoglobina.

Reproducida de S.K. Powers y E.T. Howley. 2004, *Exercise physiology: Theory and application to fitness and performance,* 5ª ed. (New York: McGraw-Hill Companies), 207. Con autorización de The McGraw-Hill Companies.

Factores que afectan el suministro y la captación de oxígeno

Las tasas de suministro y captación de oxígeno dependen de tres variables principales:

- Contenido sanguíneo de oxígeno
- Flujo sanguíneo
- Condiciones locales (ej., pH, temperatura)

Cada una de estas variables se ajusta durante el ejercicio para garantizar un mayor suministro de oxígeno hacia los músculos activos. En circunstancias normales, la hemoglobina está saturada con oxígeno en un 98%. Cualquier disminución de la capacidad de transporte del oxígeno en la sangre comprometería el suministro de oxígeno y reduciría su captación en las células. Asimismo, una reducción de la PO$_2$ en la sangre arterial disminuiría el gradiente de presión parcial, y limitaría la descarga de oxígeno a nivel tisular. El ejercicio aumenta el flujo sanguíneo hacia los músculos. Si la cantidad de sangre que lleva oxígeno a los músculos es mayor, debe extraerse menos oxígeno por cada 100 mL de sangre (asumiendo que la demanda sea constante). De esta manera, el incremento del flujo sanguíneo mejora el suministro de oxígeno.

Varios cambios musculares locales durante el ejercicio afectan la entrega y la absorción de oxígeno. Por ejemplo, la actividad muscular aumenta la acidez local debido a la producción de lactato. La temperatura muscular y la concentración de dióxido de carbono también se incrementan al aumentar el metabolismo. Todos estos cambios incrementan la descarga de oxígeno de la molécula de hemoglobina, y facilitan así la entrega de oxígeno y su captación en los músculos.

Eliminación del dióxido de carbono

El dióxido de carbono sale de las células por difusión simple en respuesta al gradiente de presión parcial entre los tejidos y la sangre capilar. Por ejemplo, los músculos generan dióxido de carbono durante el metabolismo oxidativo, por lo que la PCO_2 en ellos es relativamente alta comparada con la de la sangre capilar. En consecuencia, el CO_2 difunde desde los músculos hacia la sangre para ser transportado a los pulmones.

⬤ Revisión

➤ Dentro del músculo, el oxígeno se transporta hacia las mitocondrias unido a una molécula denominada mioglobina. En comparación con la curva de disociación de oxihemoglobina, la curva de disociación de mioglobina-O_2 posee una pendiente mucho más aguda para valores bajos de PO_2.

➤ La diferencia $(a-\bar{v})O_2$ es la diferencia en el contenido de oxígeno entre la sangre arterial y la sangre venosa mixta en todo el cuerpo. Este indicador refleja la cantidad de oxígeno captada por los tejidos.

➤ El suministro de oxígeno a los tejidos depende del contenido sanguíneo de oxígeno, del flujo de sangre a los tejidos y de las condiciones locales (p. ej., temperatura tisular y PO_2).

➤ El intercambio de dióxido de carbono en los tejidos es similar al intercambio de oxígeno, con la diferencia que el dióxido de carbono abandona los músculos, donde se forma, y llega a la sangre para ser transportado a los pulmones y eliminarse.

Regulación de la ventilación pulmonar

El mantenimiento de la homeostasis de la PO_2, la PCO_2 y el pH en la sangre requiere un alto grado de coordinación entre los sistemas respiratorio y circulatorio. Gran parte de esta coordinación se logra gracias a la regulación involuntaria de la ventilación pulmonar. Este control todavía no se comprende en forma exhaustiva, aunque se han identificado gran parte de los intrincados controles neurales.

Los músculos respiratorios se encuentran bajo el control directo de las neuronas motoras, que a su vez están reguladas por los **centros respiratorios** (inspiratorio y espiratorio) localizados en el tronco encefálico (bulbo raquídeo y protuberancia). Estos centros determinan la frecuencia y la profundidad de la respiración al enviar impulsos periódicos a los músculos respiratorios. La corteza cerebral puede hacer caso omiso de estos centros si desea un control voluntario de la respiración. Asimismo, en algunas condiciones pueden recibirse estímulos de otras zonas del encéfalo.

El centro inspiratorio del encéfalo (grupo respiratorio dorsal) contiene células que generan y controlan el ritmo básico de la ventilación de manera intrínseca. El centro espiratorio permanece inactivo durante la respiración basal normal (recuérdese que la espiración durante el reposo es un proceso pasivo). Sin embargo, durante la respiración forzada, como por ejemplo durante el ejercicio, el centro espiratorio envía señales a los músculos espiratorios. Otros dos centros encefálicos asisten en el control de la respiración. Uno de ellos, el apnéustico, ejerce un efecto excitatorio sobre el centro inspiratorio y resulta en la estimulación prolongada de las neuronas inspiratorias. Por último, el centro neumotáxico inhibe o "desconecta" la inspiración, ayudando a regular el volumen inspiratorio.

Los centros respiratorios no actúan solos en el control de la respiración; los cambios químicos del medio interno también la regulan y la modifican. Por ejemplo, determinadas áreas sensibles en el encéfalo responden a cambios en los niveles de dióxido de carbono y H^+. Los quimiorreceptores centrales en el encéfalo se estimulan ante un aumento de los iones H^+ en el líquido cefalorraquídeo. La barrera hematoencefálica es relativamente impermeable a los iones H^+ o al bicarbonato. Sin embargo, el CO_2 difunde fácilmente a través de esta barrera y luego reacciona aumentando la cantidad de iones H^+. Esto, a su vez, estimula al centro inspiratorio, lo que activa los circuitos neurales para aumentar la frecuencia y la profundidad de la respiración y, de esta manera, incrementar la eliminación de dióxido de carbono y H^+.

Los quimiorreceptores en el arco aórtico (cuerpos aórticos) y en la bifurcación de la arteria carótida común (cuerpos carotídeos) son sensibles sobre todo a los cambios en la PO_2 sanguínea, aunque también responden a los cambios en la PCO_2 y en la concentración de H^+. Los quimiorreceptores carotídeos son más sensibles a las variaciones en las concentraciones de H^+ y PCO_2. De todos estos estímulos, la PCO_2 parece ser el más importante para la regulación de la respiración. Cuando los niveles de dióxido de carbono se encuentran muy elevados, se forma ácido carbónico, que se disocia rápidamente liberando H^+. Estos iones, al acumularse, determinan que la sangre se acidifique demasiado (disminuya el pH). En consecuencia, un incremento de la PCO_2 estimula al centro inspiratorio para aumentar la respiración, no para incorporar más oxígeno sino para liberar al organismo del exceso de dióxido de carbono y evitar cambios adicionales en el pH.

Además de los quimiorreceptores, otros mecanismos neurales influyen sobre la respiración. La pleura, los bronquiolos y los alvéolos pulmonares poseen receptores de estiramiento. Cuando estas áreas se distienden en exceso, esta información se transmite al centro espiratorio, que responde acortando la duración de la inspiración para disminuir el riesgo de hiperinsuflación de las estructuras respiratorias. Esta respuesta se conoce como reflejo de Hering-Breuer.

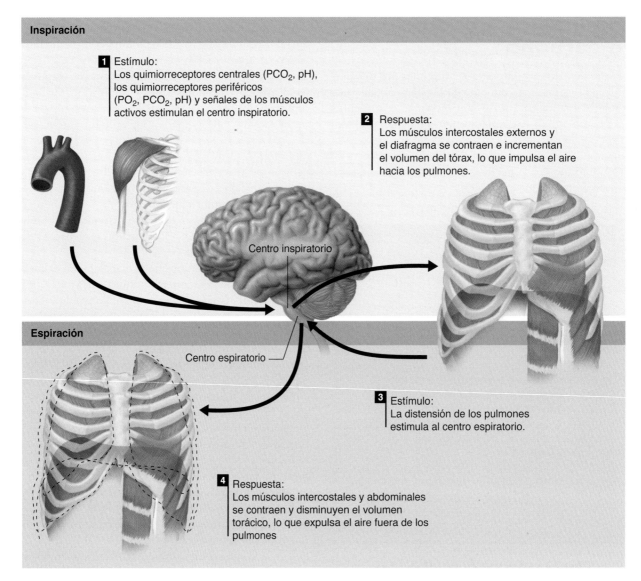

Inspiración

1 Estímulo:
Los quimiorreceptores centrales (PCO_2, pH), los quimiorreceptores periféricos (PO_2, PCO_2, pH) y señales de los músculos activos estimulan el centro inspiratorio.

2 Respuesta:
Los músculos intercostales externos y el diafragma se contraen e incrementan el volumen del tórax, lo que impulsa el aire hacia los pulmones.

Centro inspiratorio

Espiración

Centro espiratorio

3 Estímulo:
La distensión de los pulmones estimula al centro espiratorio.

4 Respuesta:
Los músculos intercostales y abdominales se contraen y disminuyen el volumen torácico, lo que expulsa el aire fuera de los pulmones

FIGURA 7.13 Panorama general de los procesos comprometidos en la regulación de la respiración.

Varios mecanismos de control participan en la regulación de la respiración, como se ilustra en la Figura 7.13. Estímulos tan simples como el estrés emocional o cambios bruscos en la temperatura del ambiente pueden afectar la respiración. No obstante, todos estos mecanismos de control son esenciales. El objetivo de la respiración es mantener niveles apropiados de gases en la sangre y los tejidos y mantener un pH adecuado para el funcionamiento celular normal. Pequeños cambios en cualquiera de estas funciones, si no se controlan en forma estricta, pueden deteriorar la actividad física y poner en peligro la salud.

Conclusión

En el Capítulo 6 se analizó el rol del sistema cardiovascular durante el ejercicio. En este capítulo se exploró el papel que desempeña el sistema respiratorio. En el próximo capítulo, se examinará la forma en que responden los sistemas cardiovascular y respiratorio ante un ejercicio intenso.

Palabras clave

alvéolos

bomba respiratoria

capacidad de difusión del oxígeno

capacidad pulmonar total (CPT)

capacidad vital (CV)

centros respiratorios

diferencia (a-v)O_2

diferencia arterio-venosa mixta de oxígeno o diferencia (a-$\bar{v}$)O_2

difusión pulmonar

espiración

espirometría

inspiración

ley de Boyle para los gases ideales

ley de Dalton

ley de Fick

ley de Henry

membrana respiratoria

mioglobina

presiones parciales

respiración externa

respiración interna

ventilación pulmonar

volumen corriente

volumen residual (VR)

Preguntas

1. Describa las diferencias entre respiración externa e interna.
2. Describa los mecanismos involucrados en la inspiración y la espiración.
3. ¿Qué es un espirómetro? Describa y defina los volúmenes pulmonares medidos durante la espirometría.
4. Explique el concepto de presiones parciales de gases respiratorios (oxígeno, dióxido de carbono y nitrógeno). ¿Cuál es el rol de las presiones parciales de estos gases en la difusión pulmonar?
5. ¿En qué parte del pulmón ocurre el intercambio gaseoso con la sangre? Describa el rol de la membrana respiratoria.
6. ¿Cómo se transportan el oxígeno y el dióxido de carbono en la sangre?
7. ¿De qué forma la sangre arterial cede oxígeno a los músculos y cómo se libera el dióxido de carbono de los músculos hacia la sangre venosa?
8. ¿Qué se entiende por "diferencia arterio-venosa mixta de oxígeno" o "diferencia (a-$\bar{v}$)O_2"? ¿Cómo y por qué ésta varía al pasar del estado de reposo al de ejercicio?
9. Describa cómo se regula la ventilación pulmonar. ¿Cuáles son los estímulos químicos que controlan la profundidad y la frecuencia respiratoria? ¿De qué manera estos estímulos controlan la respiración durante el ejercicio?

Respuestas cardiorrespiratorias al ejercicio agudo

8

En este capítulo

Respuestas cardiovasculares al ejercicio agudo   **182**
Frecuencia cardíaca   182
Volumen sistólico   184
Gasto cardíaco   186
Respuesta cardíaca integrada al ejercicio   188
Presión sanguínea   189
Flujo sanguíneo   190
Sangre   192
Integración de la respuesta al ejercicio   196

Respuestas respiratorias al ejercicio agudo   **196**
Ventilación pulmonar durante ejercicios dinámicos   196
Irregularidades respiratorias durante el ejercicio   197
Ventilación y metabolismo energético   198
Limitaciones respiratorias al rendimiento 199
Regulación respiratoria del equilibrio ácido-base   200

Conclusión   **204**

Correr una maratón de 42 km (26,2 millas) es un logro muy importante, incluso para individuos jóvenes con entrenamiento adecuado. El 5 de mayo de 2002, Greg Osterman completó la maratón *Flying Pig* de Cincinnati, su sexta maratón completa, marcando un tiempo de 5 horas y 16 minutos. Es verdad que no logró un récord mundial, ni siquiera un tiempo excepcional para corredores en buena forma física. Sin embargo, en 1990, a los 35 años, Greg había padecido una infección viral que afectó su corazón y que progresó a insuficiencia cardíaca, por lo cual en 1992 recibió un trasplante cardíaco. En 1993, su cuerpo comenzó a rechazar el nuevo corazón y también contrajo leucemia, enfermedad que puede desencadenarse como respuesta a los fármacos que se utilizan para evitar el rechazo de los trasplantes. Luego Greg se recuperó milagrosamente y emprendió su lucha para llegar a tener una buena forma física. Corrió su primera carrera (15K) en 1994, seguida de 5 maratones en Bermudas, San Diego, Nueva York y Cincinnati en 1999 y 2001. Greg es un excelente ejemplo tanto de determinación humana como de adaptabilidad fisiológica.

Tras el repaso de la anatomía y la fisiología básicas de los aparatos cardiovascular y respiratorio, este capítulo pone énfasis en la forma en que estos aparatos responden al incremento de la demanda sobre el cuerpo durante el ejercicio agudo. Durante el ejercicio se produce un incremento de las demandas de oxígeno en los músculos activos a la vez que se utiliza una mayor cantidad de nutrientes. También se aceleran los procesos metabólicos, por lo que aumenta la generación de productos de desecho. Durante el ejercicio prolongado o en un ambiente caluroso, la temperatura corporal aumenta. Durante el ejercicio intenso, se incrementa la concentración de H^+ tanto en los músculos como en la sangre, y disminuye así su pH.

Respuestas cardiovasculares al ejercicio agudo

Durante la realización de ejercicios dinámicos, se producen diversos cambios cardiovasculares interrelacionados. El objetivo principal de estos ajustes es aumentar el flujo sanguíneo hacia los músculos activos; no obstante, también se modifica el control cardiovascular sobre casi todos los tejidos y órganos del cuerpo. Para entender mejor estos cambios, se debe analizar con mayor detenimiento la función del corazón y la circulación periférica. En esta sección se examinarán los cambios que se producen en los diferentes componentes del aparato cardiovascular cuando un individuo pasa de estar en reposo a realizar ejercicio, y con especial atención a las siguientes variables:

- Frecuencia cardíaca
- Volumen sistólico
- Gasto cardíaco
- Tensión arterial
- Flujo sanguíneo
- Sangre

Posteriormente, examinaremos de qué manera se integran estas variables para mantener los niveles adecuados de presión sanguínea y para cubrir las necesidades corporales durante el ejercicio.

Frecuencia cardíaca

La frecuencia cardíaca (FC) es una de las respuestas fisiológicas más fáciles de medir y además se encuentra entre las que ofrecen más información sobre el estrés y el esfuerzo cardiovascular. La medición de la FC implica simplemente tomar el pulso de la persona, en general en la arteria radial o carótida. La frecuencia cardíaca es un buen indicador de la intensidad relativa del ejercicio.

Frecuencia cardíaca de reposo

En la mayoría de los individuos, el valor promedio de la **frecuencia cardíaca de reposo (FCR)** se encuentra entre 60 y 80 latidos por minuto. Sin embargo, en atletas de resistencia altamente entrenados se han reportado frecuencias cardíacas de reposo de hasta 28-40 latidos/min. Esto se debe principalmente al incremento de la actividad parasimpática (tono vagal) que se produce en respuesta al entrenamiento de la resistencia. Asimismo, diversos factores ambientales pueden afectar la frecuencia cardíaca de reposo. Por ejemplo, la exposición al calor o la altitud suelen incrementarla.

Por otra parte se ha observado que en los momentos previos al inicio del ejercicio se produce una elevación de la FC por encima de los valores normales de reposo. Este ajuste de la FC antes del inicio del ejercicio se denomina respuesta anticipatoria y está mediada por la liberación del neurotransmisor noradrenalina desde el sistema nervioso simpático, de la hormona adrenalina desde la médula adrenal y por la reducción de la actividad parasimpática (tono vagal). Por lo tanto, debido a esta respuesta anticipatoria, la valoración de la recuencia cardíaca de reposo en los momentos previos al ejercicio no suele ser confiable. Para realizar una estimación confiable de la verdadera FCR, ésta debería medirse en condiciones de relajación total, como por ejemplo, a primera hora de la mañana, previamente a que el individuo se levante luego de una noche de sueño reparador.

⬤ Concepto clave

La medición de la frecuencia cardíaca preejercicio no representa una estimación fiable de la frecuencia cardíaca de reposo debido a la respuesta anticipatoria de la frecuencia cardíaca.

Frecuencia cardíaca durante el ejercicio

Al comienzo del ejercicio, el aumento de la FC es directamente proporcional al incremento en la intensi-

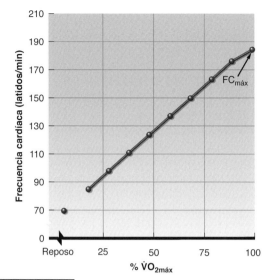

FIGURA 8.1 Cambios en la frecuencia cardíaca (FC) durante un test progresivo máximo en tapiz rodante (a medida que se incrementa la intensidad del ejercicio, el sujeto pasa de caminar a trotar y luego a correr). Se han graficado los valores de la frecuencia cardíaca en función de la intensidad de ejercicio expresada como un porcentaje de la $\dot{V}O_{2máx}$. Puede observarse como los valores de la FC comienzan a estabilizarse (alcanzan una meseta) a medida que se aproxima la intensidad máxima de ejercicio ($\dot{V}O_{2máx}$). El valor de la FC en esta meseta representa la FC máxima del sujeto o $FC_{máx}$.

dad (Figura 8.1) hasta que esta última es casi máxima. A medida que la intensidad de ejercicio se aproxima a la máxima, se observa una estabilización o meseta en los valores de la FC, incluso si se continúa con el incremento en la carga de trabajo. Esto indica que la FC se está aproximando a su valor máximo. La **frecuencia cardíaca máxima ($FC_{máx}$)** es la FC más alta que se alcanza durante un esfuerzo máximo, hasta el agotamiento volitivo. Cuando se determina con precisión, la $FC_{máx}$ es una medida altamente confiable que no presenta grandes variaciones diarias (día a día). Sin embargo, este valor varía ligeramente año tras año debido a la declinación normal de la $FC_{máx}$ relacionada con la edad.

La $FC_{máx}$ suele estimarse en función de la edad porque experimenta un leve pero sostenido descenso de alrededor de un latido por año a partir de los 10 a 15 años. Si a 220 latidos/min se le resta la edad de un individuo, el resultado proporciona una aproximación de la $FC_{máx}$ de ese individuo. Sin embargo, esto es solo una estimación; los valores individuales varían considerablemente respecto de los valores promedio. Por ejemplo, en una persona de 40 años, la $FC_{máx}$ se estimaría en 180 latidos/min ($FC_{máx} = 220 - 40$ latidos/min). No obstante, el 68% de las personas de 40 años tiene valores de $FC_{máx}$ entre 168 y 192 latidos por minuto (media ± 1 desviación estándar) y el 95%, entre 156 y 204 latidos/min (media ± 2 desviaciones estándar). Esto demuestra el error potencial de estimar la $FC_{máx}$ de un individuo utilizando este método. Se ha desarrollado una ecuación similar pero más precisa para estimar la $FC_{máx}$ a partir de la edad. En esta ecuación, $FC_{máx} = 208 - (0,7 \times \text{edad})$.[5]

Concepto clave

Para calcular la $FC_{máx}$:
$$FC_{máx} = 220 - \text{edad en años}$$
o
$$FC_{máx} = 208 - (0,7 \times \text{edad en años})$$

Cuando la intensidad del trabajo se mantiene constante con una carga de trabajo submáxima, se observa un incremento de la FC bastante rápido hasta alcanzar una meseta, que representa la **frecuencia cardíaca en estado estable** y es la FC óptima para satisfacer las demandas circulatorias a una velocidad de trabajo específica. Con cada aumento subsiguiente en la intensidad, la FC se incrementará hasta alcanzar un nuevo estado estable dentro de los 2-3 min. Sin embargo, cuanto mayor es la intensidad del ejercicio, más tiempo se tarda en alcanzar el estado estable.

Principio y ecuación de Fick

En la década de 1870, un fisiólogo cardiovascular llamado Adolph Fick desarrolló un principio crítico para la comprensión de la relación básica entre el metabolismo y la función cardiovascular. En su forma más simple, el principio de Fick afirma que el consumo de oxígeno en un tejido depende del flujo sanguíneo que recibe ese tejido y de la cantidad de oxígeno extraído de la sangre por el mismo tejido. Este principio se puede aplicar a la circulación corporal total o a la circulación regional. El consumo de oxígeno es el producto entre el flujo sanguíneo y la diferencia en la concentración de oxígeno entre la sangre arterial que irriga el tejido y la sangre venosa que lo drena, o sea, la diferencia $(a-\bar{v})O_2$. El consumo de oxígeno corporal total ($\dot{V}O_2$) se calcula como el producto entre el gasto cardíaco ($\dot{Q}$) y la diferencia $(a-\bar{v})O_2$.

Ecuación de Fick:

$$\dot{V}O_2 = \dot{Q} \times (a-\bar{v})O_2 \text{ dif}$$

que se puede reescribir de la siguiente manera:

$$\dot{V}O_2 = FC \times VS \times (a-\bar{v})O_2 \text{ dif}$$

Esta relación básica es un concepto importante en fisiología del ejercicio y se citará con frecuencia en el resto de este libro.

El concepto de frecuencia cardíaca en estado estable es la base sobre la cual se han desarrollado diversos test de ejercicio para estimar la aptitud cardiorrespiratoria (aeróbica). En dichos tests se utilizan diferentes dispositivos de evaluación, como por ejemplo los cicloergómetros, donde los sujetos se ejercitan a dos o tres intensidades estandarizadas. Los individuos con mayor capacidad de resistencia cardiorrespiratoria exhibirán menores valores de frecuencia cardíaca en estado estable que los que tienen peor condición. Por consiguiente, una menor FC en estado estable a una intensidad fija de ejercicio es un indicador válido de la aptitud cardiorrespiratoria.

La Figura 8.2 ilustra los resultados de un test submáximo de ejercicio en cicloergómetro llevado a cabo por dos sujetos de la misma edad. Durante el test se registraron los valores de la FC en estado estable alcanzados en tres o cuatro cargas de trabajo diferentes, y posteriormente se graficó la recta de mejor ajuste a través de los valores obtenidos. Debido a que existe una relación consistente entre la intensidad del ejercicio y la demanda energética, la FC en estado estable puede graficarse en función de la energía requerida ($\dot{V}O_2$) para completar el trabajo en el cicloergómetro. La línea resultante puede extrapolarse hasta que intersecta la línea correspondiente a la $FC_{máx}$ estimada según la edad, para así determinar la capacidad máxima de ejercicio de un individuo. En esta figura, el individuo A tiene un nivel de aptitud física más alto que el individuo B porque (1) a cualquier intensidad submá-

xima, su FC es menor y (2) la extrapolación con la $FC_{máx}$ estimada para la edad determina una mayor capacidad máxima de ejercicio ($\dot{V}O_{2máx}$).

Volumen sistólico

Durante el ejercicio agudo también se produce cambios en el volumen sistólico (VS), lo cual le permite al corazón satisfacer las demandas del ejercicio. A intensidades de ejercicio máximas o cuasimáximas, es decir a medida que la frecuencia cardíaca se aproxima a su máximo, el VS es el principal determinante de la capacidad de resistencia cardiorrespiratoria.

El volumen sistólico está determinado por 4 factores:

1. El volumen de sangre venosa que regresa al corazón (el corazón sólo puede bombear la sangre que regresa)
2. La distensibilidad ventricular (capacidad de dilatación del ventrículo para alcanzar un llenado máximo)
3. La contractilidad ventricular (capacidad intrínseca del ventrículo para contraerse intensamente)
4. La presión arterial aórtica o pulmonar (presión contra la cual los ventrículos deben contraerse)

Los primeros dos factores influyen sobre la capacidad de llenado del ventrículo, y determinan cuánta sangre lo llena y la facilidad con que lo hace a la presión disponible. En forma conjunta, estos factores determinan el volumen diastólico final (VDF), a menudo denominado **precarga**. Los últimos dos factores influyen sobre la capacidad del ventrículo para vaciarse durante la sístole, y determinan la fuerza con la que se eyecta la sangre y la presión contra la cual ésta debe ser expulsada hacia las arterias. Este último factor, o sea la presión aórtica media, que representa la resistencia contra la cual será eyectada la sangre desde el ventrículo izquierdo (y, en menor medida, la resistencia que ejerce la presión en la arteria pulmonar contra el flujo procedente del ventrículo derecho), se denomina **poscarga**. Estos cuatro factores se combinan para determinar el volumen sistólico durante un ejercicio agudo.

Aumento del volumen sistólico durante el ejercicio

Durante el ejercicio, el volumen sistólico aumenta por encima de los valores en reposo. La mayoría de los investigadores sostiene que el VS se incrementa a medida que lo hace la intensidad de ejercicio, pero sólo hasta intensidades que oscilen entre el 40 y el 60% del $\dot{V}O_{2máx}$. Llegado este punto, el VS entra en forma típica en una meseta y se mantiene invariable hasta el punto de agotamiento, como se muestra en la Figura 8.3. Sin embargo, otros investigadores han reportado que el VS continúa aumentando más allá del 40 al 60% del $\dot{V}O_{2máx}$, incluso hasta intensidades máximas. Este tema se comentará en detalle en el recuadro de la página 187.

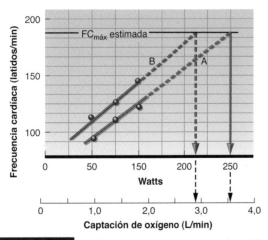

FIGURA 8.2 Existe un amplio rango en el cual la relación entre el incremento de la frecuencia cardíaca y el aumento en el consumo de oxígeno, con producciones de potencia progresivamente mayores en cicloergómetro, es lineal. Tal como se observa en la figura, es posible extrapolar un valor estimado de consumo máximo de oxígeno utilizando la frecuencia cardíaca máxima valorada para la edad. En este caso, la frecuencia cardíaca máxima estimada para la edad es la misma para los dos sujetos; sin embargo, las estimaciones de la carga máxima y el $\dot{V}O_{2máx}$ para cada sujeto son bastante diferentes.

Reproducida con autorización de P.O. Åstrand et al., 2003, *Textbook of work physiology*, 4ª ed. (Champaign, IL: Human Kinetics), 285.

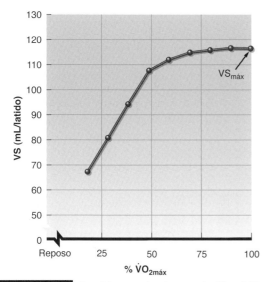

FIGURA 8.3 Cambios en el volumen sistólico (VS) mientras un individuo se ejercita en una cinta a intensidades crecientes. El volumen sistólico se grafica en función del porcentaje del $\dot{V}O_{2máx}$. El VS aumenta con el incremento de la intensidad hasta alcanzar entre el 40 y el 60% del $\dot{V}O_{2máx}$, antes de alcanzar su valor máximo ($VS_{máx}$).

Cuando el cuerpo se encuentra en posición erguida, el VS puede casi duplicarse desde el reposo hasta valores máximos. Por ejemplo, en individuos activos pero no entrenados, el VS aumenta desde alrededor de 60 a 70 mL/latidos en reposo hasta 110 a 130 mL/latidos durante el ejercicio máximo. En deportistas de resistencia entrenados, el VS puede aumentar desde 80 a 110 mL/latidos en reposo hasta 160 a 200 mL/latidos durante el ejercicio máximo. Durante la realización de ejercicios en posición de decúbito supino, como en el ciclismo en posición reclinada, el VS también aumenta pero en general sólo alrededor de 20 a 40%, no tanto como en posición de pie. ¿Por qué la posición corporal genera tanta diferencia?

Cuando el cuerpo se encuentra en decúbito supino, la sangre no se acumula en los miembros inferiores y regresa al corazón más fácilmente, lo que determina que el VS en reposo sea mayor en decúbito supino que en posición erguida. Entonces, el incremento del VS con el ejercicio máximo no es tan importante en decúbito supino como en posición erguida, porque el VS inicial es más alto. Cabe destacar que el máximo valor de VS que puede alcanzarse durante la realización de ejercicios en posición erguida es apenas mayor que el valor en reposo en decúbito supino. La mayor parte del aumento del VS durante ejercicios de intensidad leve a moderada en posición erguida parece compensar el efecto de la gravedad, que promueve la acumulación de sangre en los miembros.

Explicaciones por el incremento del volumen sistólico

El aumento del VS durante el ejercicio se debe a que el principal determinante del VS durante el ejercicio es el incremento de la precarga o el grado de distensión que alcanza el ventrículo al llenarse de sangre, o sea, el VDF. Cuanto más se distiende el ventrículo durante el llenado, mayor es la fuerza con que se contrae a continuación. Por ejemplo, cuando un gran volumen de sangre entra y llena el ventrículo durante la diástole, la pared ventricular se distiende en mayor medida. Para eyectar ese mayor volumen, el ventrículo responde contrayéndose con más fuerza, lo que se conoce como **mecanismo de Frank-Starling**. A nivel de las fibras musculares cardíacas, el mayor estiramiento de las células implica que se formen más puentes actina-miosina, lo que permite que se desarrolle más fuerza.

Además, durante el ejercicio, el SV puede incrementarse mediante el aumento de la contractilidad ventricular (una propiedad intrínseca del ventrículo). En este sentido, la contractilidad puede incrementarse a través del aumento de la estimulación simpática, el incremento en la concentración de catecolaminas circulantes (adrenalina, noradrenalina) o ambos. El aumento de la fuerza de la contracción puede elevar el VS en forma independiente del incremento en el VDF a través del aumento de la fracción de eyección. Por último, cuando la presión arterial media es baja, el VS es mayor porque disminuye la resistencia al flujo de salida en la aorta. Estos mecanismos se combinan para determinar el VS durante el ejercicio dinámico en forma independiente de la intensidad del ejercicio.

El volumen sistólico es mucho más difícil de medir que la FC. Ciertas técnicas de diagnóstico cardiovascular que se utilizan en la práctica clínica han hecho posible determinar con exactitud cómo varía el VS durante el ejercicio. El ecocardiograma (a través de ondas de sonido) y las técnicas con radionúclidos ("marcación" de eritrocitos con sustancias radiactivas) han permitido determinar la forma en que responden las cavidades cardíacas al aumento de las demandas de oxígeno durante el ejercicio. Con cualquiera de estas técnicas pueden obtenerse imágenes continuas del corazón en reposo y bajo intensidades casi máximas de ejercicio.

En la Figura 8.4 se muestran los resultados de un estudio en el que participaron individuos activos no entrenados.[3] En este estudio, los participantes fueron evaluados durante un test en cicloergómetro en posición supina y en posición erguida, tanto en reposo como a tres intensidades de ejercicio, las cuales se muestran en el eje *x* de dicha figura.

Cuando se pasa del estado de reposo al de ejercicio con intensidades crecientes, se observa un aumento del VDF del ventrículo izquierdo (mayor llenado o precarga), que sirve para incrementar el VS a través del mecanismo de Frank-Starling. También se observa una disminución del volumen diastólico final del ventrículo izquierdo (mayor vaciado), que implica un aumento de la fuerza de la contracción.

La figura muestra que tanto el mecanismo de Frank-Starling como el aumento de la contractilidad son importantes para incrementar el VS durante el ejercicio. Parece ser que el primero tiene mayor influencia cuando las

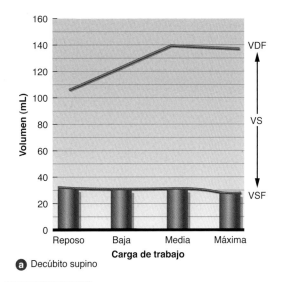

a Decúbito supino

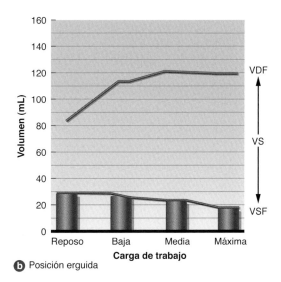

b Posición erguida

FIGURA 8.4 Cambios en el volumen diastólico final (VDF), el volumen sistólico final (VSF) y el volumen sistólico (VS) del ventrículo izquierdo en reposo y a intensidades de ejercicio (baja, media y máxima) con los sujetos en posición supina y erguida. Se debe señalar que VS = VDF – VSF.

Adaptada con autorización de L.R. Poliner et al., 1980, "Left ventricular performance in normal subjects: A comparison of the responses to exercise in the upright and supine position." *Circulation* 62:528-534.

intensidades del ejercicio son menores y que el segundo ejerce mayor influencia a intensidades mayores.

Se debe recordar que la FC también aumenta con la intensidad del ejercicio. La meseta o pequeña disminución del VDF del ventrículo izquierdo a altas intensidades de ejercicio puede ser consecuencia de un menor tiempo de llenado ventricular generado por la mayor FC. Un estudio mostró que el tiempo de llenado ventricular disminuye desde entre 500 y 700 milisegundos en reposo hasta aproximadamente 150 milisegundos con frecuencias cardíacas de entre 150 y 200 latidos/min.[6] Por lo tanto, a medida que aumenta la intensidad del trabajo y se aproxima al $\dot{V}O_{2máx}$ (y a la $FC_{máx}$), el tiempo de llenado diastólico puede acortarse lo suficiente como para limitar el llenado. Como resultado, el VDF puede entrar en una meseta o empezar a disminuir.

Para que el mecanismo de Frank-Starling aumente el VS, el VDF del ventrículo izquierdo debe elevarse a expensas de un incremento en el retorno venoso. Como se comentó en el Capítulo 5, las bombas muscular y respiratoria contribuyen al aumento del retorno venoso. Asimismo, la redistribución del flujo y el volumen sanguíneo desde los tejidos inactivos como la circulación esplácnica o renal aumentan el volumen sanguíneo central disponible.

En conclusión, los dos factores que pueden contribuir al incremento del VS con el aumento en la intensidad de ejercicio son el incremento del retorno venoso (precarga) y de la contractilidad muscular. El tercer factor que contribuye a este aumento del VS durante el ejercicio es la disminución de la poscarga debido a la reducción de la resistencia periférica total. Esta última disminuye debido a la dilatación de los vasos sanguíneos de los músculos activos.

Esta disminución de la poscarga permite al ventrículo izquierdo expulsar la sangre contra una menor resistencia, y facilitar así el vaciamiento de esa cavidad.

Gasto cardíaco

Debido a que el gasto cardíaco es el producto entre la frecuencia cardíaca y el volumen sistólico ($\dot{Q}$ = FC × VS), puede predecirse que el gasto cardíaco se incrementará con el aumento en la intensidad del ejercicio (Figura 8.5). El gasto cardíaco en reposo es aproximadamente de 5 litros por minuto (L/min), pero varía en forma proporcional al tamaño de cada persona. El gasto cardíaco máximo oscila desde menos de 20 L/min (en personas sedentarias) hasta 40 L/min o más (en atletas de resistencia de elite) y depende tanto del tamaño corporal como del entrenamiento. La relación lineal entre el gasto cardíaco y la intensidad del ejercicio puede explicarse sobre la base de que el objetivo principal del incremento del gasto cardíaco es satisfacer el aumento en las demandas de oxígeno en los músculos. Al igual que lo observado con el $\dot{V}O_{2máx}$, cuando la intensidad de ejercicio se aproxima a la máxima, el gasto cardíaco puede alcanzar una meseta (Figura 8.5). De hecho, es probable que el $\dot{V}O_{2máx}$ esté limitado por la incapacidad del gasto cardíaco de incrementarse adicionalmente.

Concepto clave

Durante el ejercicio, el gasto cardíaco aumenta en forma proporcional a la intensidad del ejercicio para satisfacer las necesidades de mayor flujo sanguíneo hacia los músculos activos.

Los estudios relativos al volumen sistólico durante el ejercicio han mostrado resultados controversiales

Si bien los investigadores concuerdan en que el VS aumenta con el incremento de la intensidad de ejercicio hasta alcanzar entre el 40 y el 60% del $\dot{V}O_{2máx}$, los informes acerca de lo que sucede una vez superado ese punto son controvertidos. Una revisión de los estudios llevados a cabo entre la década de 1960 y comienzos de la década de 1990 no ha podido revelar un patrón claro de incremento del VS más allá del intervalo entre 40 y 60%. Varios estudios han mostrado una meseta en el VS cuando se alcanza alrededor del 50% del $\dot{V}O_{2máx}$, con cambios escasos o nulos ante aumentos adicionales en la intensidad, mientras que otros estudios han reportado que el VS continúa aumentando una vez superado el intervalo mencionado.

Este aparente desacuerdo podría ser resultado de diferencias entre los estudios respecto de la modalidad de ejercicio utilizada en la evaluación o del estatus de entrenamiento de los participantes. Los estudios que han reportado una meseta al alcanzar entre el 40 y el 60% del $\dot{V}O_{2máx}$ emplearon cicloergómetros como modo de ejercicio. Esto parece tener sentido dado que la sangre se acumula en las piernas durante el ejercicio en el cicloergómetro, con la consecuente disminución del retorno venoso desde las extremidades. Por ende, la meseta en el VS podría ser exclusiva de los ejercicios con bicicleta.

En cambio, los estudios en los cuales el VS continuó aumentando hasta intensidades máximas del ejercicio en general reclutaron atletas altamente entrenados. Al parecer, los deportistas altamente entrenados, incluyendo a los ciclistas, pueden exhibir un continuo incremento del VS más allá del 40 al 60% del $\dot{V}O_{2máx}$ cuando son evaluados en cicloergómetro, quizá debido a las adaptaciones provocadas por el entrenamiento aeróbico. En los gráficos adjuntos se muestra el incremento en el gasto cardíaco y en el VS con el aumento en la carga de trabajo (representado por el incremento en la FC) en atletas de elite, en fondistas universitarios entrenados y en estudiantes universitarios desentrenados.

Como advertencia final, el VS es difícil de medir con precisión a intensidades de ejercicio muy altas, de manera que las diferencias entre los estudios podrían deberse a diferencias en las técnicas utilizadas para medir el gasto cardíaco o el VS y a la exactitud de estas técnicas cuando la intensidad del ejercicio es muy elevada.

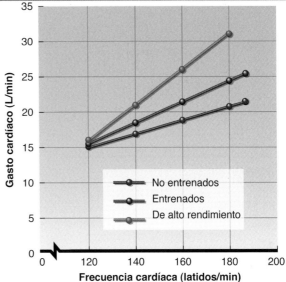

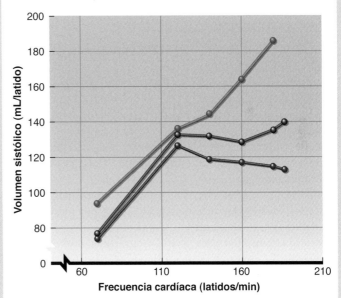

Respuestas del gasto cardíaco y el volumen sistólico a intensidades crecientes de ejercicio medidas en individuos no entrenados, corredores de fondo entrenados y corredores de alto rendimiento.

Adaptada con autorización de B. Zhou y cols., 2001, "Stroke volume does not plateau during graded exercise in elite male distance runners", *Medicine and Science in Sports and Exercise* 33: 1849-1854.

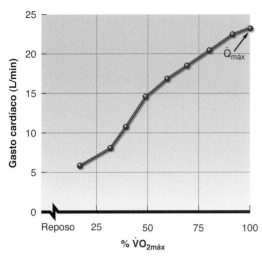

FIGURA 8.5 Respuesta del gasto cardíaco ($\dot{Q}$) con el incremento de la intensidad (expresada como un porcentaje del $\dot{V}O_{2máx}$) durante un ejercicio de caminata/carrera en tapiz rodante. El gasto cardíaco se incrementa proporcionalmente al aumento en la intensidad del ejercicio hasta alcanzar un valor máximo ($\dot{Q}_{máx}$).

Respuesta cardíaca integrada al ejercicio

A continuación se presentará un ejemplo para analizar la forma en que varían la FC, el VS y el $\dot{Q}$ en diversas condiciones de reposo y ejercicio. En primer lugar, un individuo pasa del decúbito supino a la posición sentada y luego a la de pie. A continuación la persona empieza a caminar, trotar y, por último, empieza a correr a un ritmo acelerado. ¿Cómo responde su corazón?

En decúbito supino, su FC es de alrededor de 50 latidos por minuto, aumenta hasta aproximadamente 55 latidos por minuto al sentarse y hasta 60 latidos por minuto cuando se pone de pie. En los respectivos cambios de posición, la gravedad hace que la sangre se acumule en las piernas, lo cual reduce el volumen del retorno venoso y, por lo tanto, disminuye el VS. Para compensar esta reducción del VS, la FC aumenta para mantener el gasto cardíaco; esto es, $\dot{Q} = FC \times VS$.

En la transición del reposo a la deambulación, la FC aumenta desde alrededor de 60 hasta cerca de 90 latidos por minuto. Se incrementa hasta 140 latidos por minuto con el trote a ritmo moderado y puede alcanzar los 180 o más latidos por minuto con la carrera rápida. El aumento inicial de la FC, hasta alrededor de 100 latidos por minuto, se debe a una disminución del tono parasimpático (vagal). Los aumentos adicionales de la FC están mediados por la mayor activación del sistema nervioso simpático. El volumen sistólico también se incrementa con el ejercicio, elevando aún más el gasto cardíaco. Estas relaciones se muestran en la Figura 8.6.

Durante las etapas iniciales del ejercicio en individuos desentrenados, el aumento del gasto cardíaco es producto del incremento tanto en la FC como en el VS. Cuando la

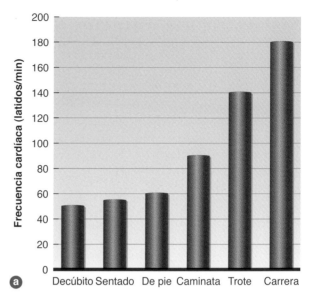

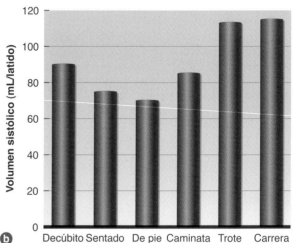

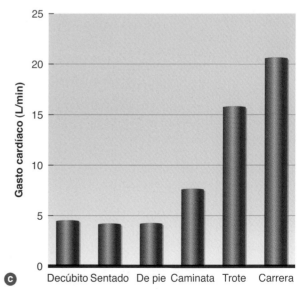

FIGURA 8.6 Cambios en (a) la frecuencia cardíaca, (b) el volumen sistólico y el (c) gasto cardíaco en función de los cambios en la postura (decúbito supino, sentado y de pie) y del ejercicio (caminata a 5 km/h [3,1 mph], trote a 11 km/h [6,8 mph] y carrera a 16 km/h [9,9 mph]).

intensidad de ejercicio supera el 40 al 60% de la capacidad máxima del individuo, el VS entra en una meseta o sigue incrementándose pero a un ritmo mucho más lento. Por consiguiente, el aumento adicional del gasto cardíaco se debe principalmente al incremento de la FC. En atletas altamente entrenados, el incremento adicional en el volumen sistólico contribuye al aumento en el gasto cardíaco durante ejercicios a altas intensidades.

Revisión

➤ La FC se eleva en forma proporcional al aumento de la intensidad de ejercicio y se aproxima a la FC$_{máx}$ cerca de la intensidad máxima del ejercicio.

➤ El volumen sistólico (cantidad de sangre expulsada durante cada contracción) también aumenta en forma proporcional al incremento de la intensidad del ejercicio, pero en general alcanza su nivel máximo al 40-60% del $\dot{V}O_{2máx}$ en individuos no entrenados. Los deportistas muy entrenados pueden lograr aumentos adicionales del VS, a veces hasta intensidades máximas del ejercicio.

➤ El aumento de la FC se combina con el del VS para incrementar el gasto cardíaco. De esta manera, se bombea más sangre durante el ejercicio, asegurando un aporte adecuado de oxígeno y sustratos metabólicos a los músculos en actividad y una eliminación apropiada de los subproductos del metabolismo muscular.

Presión sanguínea

Durante el ejercicio de resistencia, el aumento de la presión arterial sistólica es en forma directamente proporcional a la intensidad del ejercicio. Sin embargo, la presión diastólica no cambia de manera significativa e incluso puede descender. Como consecuencia del aumento de la presión arterial sistólica, la presión arterial media puede incrementarse. Una presión sistólica inicial de 120 mm Hg en reposo en una persona saludable puede superar los 200 mm Hg durante el ejercicio de máxima intensidad. Se han reportado presiones sistólicas de entre 240 y 250 mm Hg en deportistas sanos altamente entrenados al alcanzar intensidades máximas de ejercicio aeróbico.

El incremento de la presión arterial sistólica es el resultado del aumento en el gasto cardíaco ($\dot{Q}$) que acompaña el incremento de la carga de trabajo. Este aumento de la presión contribuye al incremento del flujo sanguíneo. Además, la presión arterial (es decir, la presión hidrostática) determina en gran medida la cantidad de plasma que abandona los capilares para alcanzar los tejidos y transportar los suministros necesarios. De este modo, el aumento de la presión arterial sistólica colabora con el transporte de sustratos hacia los músculos activos.

Después del incremento inicial, durante el ejercicio de resistencia de intensidad submáxima la presión arterial media alcanza un estado estable. A medida que aumenta la intensidad del trabajo, también lo hace la presión arte-

rial sistólica. Si se prolonga el ejercicio en estado estable, la presión arterial sistólica podría comenzar a descender gradualmente, pero la diastólica se mantiene constante. Esta situación se considera una respuesta normal que simplemente refleja la mayor dilatación arteriolar en los músculos activos, que disminuye la **resistencia periférica total o RPT** (ya que presión arterial media = gasto cardíaco × resistencia periférica total).

La presión arterial diastólica experimenta una mínima variación durante el ejercicio dinámico submáximo; sin embargo, a intensidades máximas puede incrementarse ligeramente. Se debe recordar que la presión arterial diastólica refleja la presión en las arterias cuando el corazón está en reposo (diástole). Durante el ejercicio dinámico se produce un aumento global del tono nervioso simpático en los vasos sanguíneos, causando vasoconstricción generalizada. No obstante, en los músculos activos esta vasoconstricción se compensa a través de la liberación de vasodilatadores locales, fenómeno conocido como **simpaticólisis**. De esta manera se logra un equilibrio entre la vasoconstricción hacia las circulaciones regionales inactivas y la vasodilatación hacia los músculos activos que permiten que la presión arterial diastólica no varíe demasiado. No obstante, cuando existe una enfermedad cardiovascular se pueden observar aumentos de 15 o más mm Hg en la presión arterial diastólica en respuesta al ejercicio, hallazgo que representa una de las diversas indicaciones para finalizar inmediatamente una prueba de esfuerzo diagnóstica. En la Figura 8.7 se ilustra la respuesta característica de la presión arterial con el incremento en la intensidad de ejercicio durante un test en ergómetro de brazos y un test en cicloergómetro.

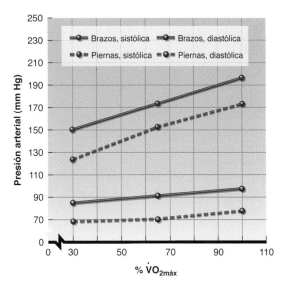

FIGURA 8.7 Respuestas de la presión arterial sistólica y diastólica con el incremento en la intensidad relativa de ejercicio (%$\dot{V}O_{2máx}$) durante un test en ergómetro de brazos y un test en cicloergómetro.

Adaptada de P.O. Åstrand et al., 1965, "Intraarterial blood pressure during exercise with different muscle groups", *Journal of Applied Physiology* 20: 253-256. Usada con autorización.

Como se observa en la Figura 8.7, a la misma tasa absoluta de consumo energético, los ejercicios realizados con el tren superior provocan una mayor respuesta de la presión arterial que los ejercicios realizados con el tren inferior. Esto probablemente pueda explicarse por la menor masa muscular activa en el tren superior comparado con el inferior, conjuntamente con una incrementada demanda energética requerida para estabilizar el tren superior durante el ejercicio con los brazos. Esta diferencia en la respuesta de la presión arterial sistólica ante ejercicios realizados con el tren superior o inferior tiene importantes implicaciones para el corazón. El consumo de oxígeno y la circulación sanguínea en el miocardio están directamente relacionados con el producto entre la FC y la presión arterial sistólica (PAS). Esto se conoce como **doble producto** (FC × PAS). Durante ejercicios resistidos estáticos o dinámicos o durante ejercicios con el tren superior, el doble producto se incrementa, lo que indica una demanda aumentada de oxígeno en el miocardio. Esta relación entre el doble producto y la demanda miocárdica de oxígeno es importante en las pruebas clínicas de ejercicio.

Los incrementos periódicos de la presión arterial durante ejercicios con sobrecarga, como levantamiento de pesas, pueden ser extremos. Durante el entrenamiento con sobrecarga (o entrenamiento de la fuerza), la presión arterial puede alcanzar 480/350 mm Hg durante períodos muy breves. En este tipo de ejercicios, es muy común el uso de la **maniobra de Valsalva** para ayudar a levantar objetos pesados. Esta maniobra consiste en intentar exhalar mientras la boca, nariz y glotis permanecen cerradas, lo que genera un gran aumento de la presión intratorácica. Gran parte del incremento subsiguiente de la presión arterial se debe al esfuerzo para superar las altas presiones internas generadas durante esta maniobra.

Flujo sanguíneo

El incremento agudo del gasto cardíaco y la presión arterial durante el ejercicio permiten un aumento del flujo sanguíneo hacia todo el cuerpo. Estas respuestas facilitan la llegada de la sangre a áreas que la necesitan, sobre todo a los músculos activos. Asimismo, el control simpático del aparato cardiovascular puede redistribuir la sangre, de manera que las áreas con mayor demanda metabólica reciban más sangre que las áreas con menor demanda.

Redistribución de la sangre durante el ejercicio

Los patrones de flujo sanguíneo cambian significativamente durante la transición del reposo al ejercicio. A través de la acción vasoconstrictora del sistema nervioso simpático sobre las arteriolas locales, la sangre se deriva de las áreas donde no se requiere un flujo elevado hacia aquellas que están activas durante el ejercicio (véase la Figura 6.12). Si bien sólo entre el 15 y el 20% del gasto cardíaco en reposo se dirige hacia los músculos, durante el ejercicio de alta intensidad este porcentaje puede crecer hasta valores de entre 80 y 85%. Esta derivación del flujo sanguíneo hacia los músculos se lleva a cabo principalmente a través de la reducción del flujo sanguíneo destinado a los riñones y la llamada circulación esplácnica, que incluye el hígado, el estómago, el páncreas y los intestinos. La Figura 8.8 ilustra la distribución característica del gasto cardíaco en reposo y durante el ejercicio intenso. Dado que el gasto cardíaco experimenta un gran aumento a medida que se eleva la intensidad del ejercicio, se muestran los valores relativos (porcentajes) y absolutos del gasto cardíaco que se dirige a cada circulación regional tanto en reposo como a tres intensidades diferentes de ejercicios.

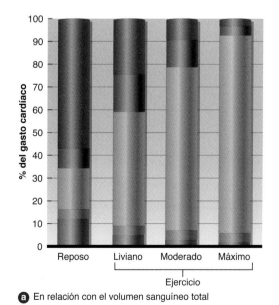

a En relación con el volumen sanguíneo total

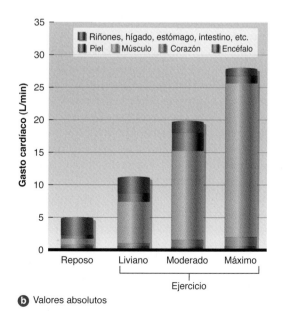

b Valores absolutos

FIGURA 8.8 Distribución del gasto cardíaco en reposo y durante el ejercicio.

Datos de A.J. Vander, J.H. Sherman y D.S. Luciano, 1985, *Human physiology: The mechanisms of body function,* 4ª ed. (New York: McGraw-Hill).

A pesar de la diversidad de mecanismos fisiológicos responsables de la redistribución del flujo sanguíneo durante el ejercicio, todos ellos actúan en conjunto. A modo de ejemplo, se puede considerar lo que sucede con el flujo sanguíneo durante el ejercicio, con énfasis especial en el principal determinante de la respuesta, es decir, el mayor requerimiento de flujo sanguíneo de los músculos esqueléticos activos.

Al comenzar el ejercicio, los músculos esqueléticos activos detectan rápidamente el aumento en los requerimientos de oxígeno. Esta necesidad se satisface en parte a través de la estimulación simpática de los vasos sanguíneos que irrigan las áreas en las que debe reducirse el flujo (p. ej., las circulaciones esplácnica y renal). La vasoconstricción resultante en estas áreas permite que gran parte del gasto cardíaco (aumentado) se distribuya a los músculos esqueléticos activos. En estos últimos también aumenta la estimulación simpática hacia las fibras constrictoras de las paredes arteriolares, pero la liberación local de sustancias vasodilatadoras desde los músculos activos supera la vasoconstricción simpática, y se produce una vasodilatación muscular (simpaticólisis).

En los músculos activos se liberan muchas sustancias vasodilatadoras locales. A medida que aumenta la tasa metabólica durante el ejercicio, los productos de desecho empiezan a acumularse. Esta mayor tasa metabólica se acompaña de un aumento de la acidez (mayor concentración de iones hidrógeno y menor pH), de la concentración de dióxido de carbono y de la temperatura en el tejido muscular. Estos son algunos de los cambios locales que promueven la dilatación de las arteriolas y el aumento del flujo a través de ellas para nutrir a los capilares locales. La vasodilatación local también es estimulada por factores tales como la menor presión parcial de oxígeno en el tejido, la reducción de la cantidad de oxígeno unido a hemoglobina (aumento de la demanda de oxígeno), la contracción muscular y posiblemente otras sustancias vasoactivas (incluida la adenosina) liberadas como resultado de la contracción del músculo esquelético.

Cuando el ejercicio se lleva a cabo en un ambiente caluroso, aumenta el flujo sanguíneo hacia la piel para ayudar a disipar el calor corporal. El control simpático del flujo sanguíneo cutáneo tiene como cualidad exclusiva que coexisten fibras simpáticas vasoconstrictoras clásicas (similares a las del músculo esquelético) con fibras simpáticas vasodilatadoras activas, las cuales interactúan entre sí en la mayor parte de la superficie cutánea. Durante la realización de ejercicios dinámicos, a medida que aumenta la temperatura corporal central se produce una reducción inicial de la vasoconstricción simpática que provoca vasodilatación pasiva. Una vez alcanzado cierto umbral de temperatura corporal central, el flujo sanguíneo cutáneo experimenta un marcado incremento debido a la activación del sistema simpático vasodilatador activo. Este aumento del flujo sanguíneo cutáneo durante el ejercicio estimula la pérdida de calor, ya que permite liberar el calor metabólico proveniente de tejidos profundos cuando la sangre circula cerca de la piel. Esto permite limitar el aumento de la temperatura corporal, como se verá con mayor detalle en el Capítulo 12.

Desviación cardiovascular (cardiovascular drift)

Durante un ejercicio aeróbico prolongado o realizado a intensidad constante en un ambiente caluroso, el VS reduce gradualmente a la vez que la FC se incrementa. El gasto cardíaco se mantiene, pero a expensas de la reducción de la presión arterial. Estas alteraciones, ilustradas en la Figura 8.9, se conocen en conjunto como **desviación cardiovascular** (*cardiovascular drift*) y generalmente se asocian con el aumento de la temperatura corporal y con la deshidratación. Este proceso se acompaña de un aumento progresivo de la proporción del gasto cardíaco destinada a los vasos cutáneos dilatados para facilitar la pérdida de calor y atenuar el aumento de la temperatura corporal central. Al incrementarse el flujo sanguíneo cutáneo para enfriar el cuerpo, queda menos sangre disponible para regresar al corazón, por lo que disminuye la precarga. El volumen sanguíneo también se reduce ligeramente como resultado de la sudoración y del desplazamiento generalizado del plasma hacia los tejidos circundantes a través de la membrana capilar. Estos factores se combinan para disminuir la presión de llenado ventricular, lo que reduce el retorno venoso y el volumen diastólico final. A causa de la disminución del volumen diastólico final, el VS se reduce

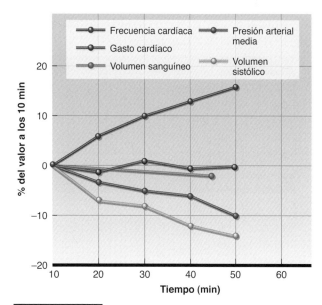

FIGURA 8.9 Respuestas circulatorias ante un ejercicio prolongado y de intensidad moderada en posición erguida y en un ambiente termoneutral a 20°C, que ilustran la desviación cardiovascular (*cardiovascular drift*). Los valores se expresan como porcentajes del cambio respecto de las mediciones realizadas a los 10 minutos del ejercicio.

Adaptada con autorización de L.B. Rowell, 1986, *Human Circulation: Regulation during physical stress* (New York: Oxford University Press), 230.

(volumen sistólico [VS] = volumen diastólico final [VDF] – volumen sistólico final [VSF]). Para mantener el gasto cardíaco ($\dot{Q} = FC \times VS$), la FC aumenta y de esta manera compensa la disminución del VS.

Competencia por el aporte de sangre

Cuando las demandas del ejercicio se suman a las del flujo sanguíneo en los demás aparatos y sistemas corporales, se puede producir una competencia por el limitado gasto cardíaco disponible. Esta competencia por el flujo sanguíneo disponible puede producirse en los diferentes lechos vasculares dependiendo de las condiciones específicas. Por ejemplo, luego de la ingesta de alimentos, los músculos activos y el sistema gastrointestinal podrían competir por el flujo sanguíneo disponible. McKirnan y cols.[2] estudiaron cerdos miniatura para determinar los efectos de la alimentación y el ayuno sobre la distribución del flujo sanguíneo durante el ejercicio. Los animles fueron distribuidos en dos grupos. Uno de ellos ayunó entre 14 y 17 horas antes del ejercicio y el otro recibió su ración matutina de alimentos en dos porciones: la mitad entre 90 y 120 minutos antes del ejercicio y la otra mitad entre 30 y 45 minutos antes de iniciar la actividad. A continuación, ambos grupos de animales corrieron al alcanzar el 65% de su $\dot{V}O_{2máx}$.

Durante el ejercicio, en el grupo que recibió alimentos se observó un flujo sanguíneo 18% menor en los músculos de las patas traseras y un flujo digestivo 23% mayor en comparación con el grupo que debió ayunar. Resultados similares en humanos sugieren que, luego de la ingesta de alimentos, la redistribución del flujo sanguíneo digestivo

hacia los músculos activos puede estar atenuada. En la práctica, estos hallazgos indican que los deportistas deberían ser cuidadosos al elegir el horario de sus comidas antes de las competencias para maximizar el flujo sanguíneo hacia los músculos activos durante el ejercicio.

Otro ejemplo de la competencia por el flujo sanguíneo se observa durante el ejercicio en un ambiente cálido. En esta situación, la competencia por el gasto cardíaco se produce entre la circulación cutánea, para la termorregulación, y los músculos que se ejercitan. Esto se comentará con mayor detalle en el Capítulo 12.

Sangre

Hemos visto cómo el corazón y los vasos sanguíneos responden al ejercicio. El componente restante del aparato cardiovascular es la sangre, o sea el líquido que transporta oxígeno y nutrientes a los tejidos y elimina los productos de desecho del metabolismo. A medida que el metabolismo aumenta durante el ejercicio, varios aspectos de la sangre se tornan cada vez más importantes para lograr un rendimiento óptimo.

Contenido de oxígeno

En reposo, el contenido de oxígeno en la sangre varía entre 20 mL de oxígeno cada 100 mL de sangre arterial y 14 mL de oxígeno cada 100 mL de sangre venosa que regresa a la aurícula derecha. La diferencia entre estos dos valores (20 – 14 mL = 6 mL) se conoce como diferencia arterio-venosa mixta de oxígeno o diferencia $(a-\bar{v})O_2$. Este valor representa la cantidad de oxígeno que se extrae o se elimina de la sangre en su pasaje a través del cuerpo.

Ante intensidades crecientes del ejercicio, la diferencia $(a-\bar{v})O_2$ aumenta en forma progresiva y puede alcanzar casi 3 veces el valor en reposo a intensidades máximas (véase la Figura 8.10). En realidad, esta mayor diferencia refleja una disminución del contenido venoso de oxígeno, ya que el contenido arterial varía muy poco del reposo al esfuerzo máximo. Durante el ejercicio, los músculos activos requieren más oxígeno, por lo cual una mayor proporción de este gas se extrae de la sangre. El conteni-

---

⬤ Concepto clave

Durante el ejercicio, se produce la redistribución del flujo sanguíneo hacia diferentes partes del cuerpo para así cubrir las demandas de los tejidos activos, particularmente aquellas de las fibras musculares en contracción.

⬤ Revisión

➤ La presión arterial media aumenta en forma inmediata en respuesta al ejercicio, y la magnitud del incremento es proporcional a la intensidad del ejercicio. Durante el ejercicio de resistencia, el aumento de la presión arterial media se produce sobre todo a expensas del incremento en la presión arterial sistólica, con cambios mínimos en la presión diastólica.

➤ La presión arterial sistólica puede superar los 200 y 250 mm Hg con intensidades de ejercicio máximas. El ejercicio realizado con el tren superior provoca una mayor respuesta de la presión sanguínea que el ejercicio realizado con el tren inferior a una misma tasa de consumo energético, probablemente debido a la menor masa muscular del tren superior y a la necesidad de estabilizar el tronco durante el ejercicio dinámico de brazos.

➤ El flujo sanguíneo se redistribuye durante el ejercicio desde los tejidos corporales inactivos o con escasa actividad, como el hígado y los riñones, para satisfacer las necesidades metabólicas más elevadas de los músculos que se ejercitan.

➤ Durante ejercicios aeróbicos prolongados o en ambientes calurosos, el VS disminuye de manera gradual y la FC se reduce en forma proporcional para mantener el gasto cardíaco. Este fenómeno se conoce como desviación cardiovascular y está relacionado con el aumento progresivo del flujo sanguíneo hacia los vasos cutáneos dilatados y con escape de líquido desde el espacio vascular.

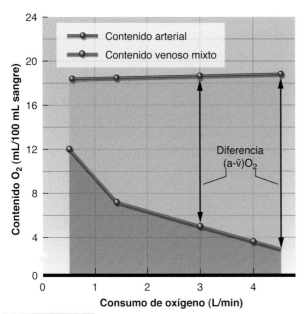

FIGURA 8.10 Cambios en el contenido de oxígeno de la sangre arterial y venosa mixta y diferencia (a-v̄)O₂ (diferencia arterio-venosa mixta de oxígeno) en función de la intensidad del ejercicio.

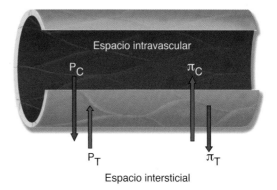

Filtración capilar neta = $(P_C + \pi_T) - (P_T - \pi_C)$

FIGURA 8.11 Filtración del plasma desde la microvascularización. Tanto la presión arterial (P_C) dentro del vaso sanguíneo como la presión oncótica (π_T) en el tejido causan el desplazamiento del plasma desde el espacio intravascular al intersticial. La presión que ejerce el tejido (P_T) sobre el vaso sanguíneo y la presión oncótica (π_C) de la sangre dentro del vaso sanguíneo promueven la reabsorción del plasma. La filtración neta del plasma puede estimarse mediante la sumatoria de las fuerzas que lo impulsan hacia el exterior ($P_C + \pi_T$) y la sustracción de las fuerzas que lo impulsan hacia el interior ($P_T - \pi_C$); en consecuencia, la filtración capilar neta = $(P_C + \pi_T) - (P_T - \pi_C)$.

do venoso de oxígeno disminuye, aproximándose a 0 en estos músculos. No obstante, la sangre venosa mixta de la aurícula derecha rara vez disminuye por debajo de 4 mL de oxígeno cada 100 mL de sangre dado que el retorno venoso de los tejidos activos se mezcla con el proveniente de los tejidos inactivos en su regreso al corazón. El consumo de oxígeno en los tejidos inactivos es mucho menor que en los músculos activos.

Volumen plasmático

Cuando el individuo se pone de pie o comienza a ejercitarse, se produce una pérdida casi inmediata de plasma de la sangre hacia el espacio intersticial. La salida de líquido fuera de los capilares está determinada por las presiones dentro de ellos, que son la **presión hidrostática** ejercida por la sangre y la **presión oncótica** que ejercen las proteínas de la sangre, principalmente la albúmina. Las presiones que influyen sobre el movimiento del líquido fuera de los capilares provienen de los tejidos circundantes y de las presiones oncóticas de las proteínas presentes en el líquido intersticial (Figura 8.11). Las presiones osmóticas ejercidas por los electrolitos en solución a ambos lados de la pared capilar también participan. A medida que aumenta la presión arterial durante el ejercicio, también lo hace la presión hidrostática dentro de los capilares. Este incremento promueve el pasaje de agua desde el compartimento vascular al intersticial. Asimismo, a medida que se acumulan productos metabólicos de desecho en los músculos activos, aumenta la presión osmótica intramuscular, que estimula el pasaje del líquido desde los capilares al músculo.

Cuando el ejercicio es prolongado, puede observarse

una reducción aproximada del volumen plasmático de entre 10 y 15%, con descensos máximos durante los primeros minutos. Durante el entrenamiento de resistencia, la pérdida de volumen plasmático es proporcional a la intensidad del esfuerzo, con pérdidas transitorias similares de fluido desde el espacio vascular del 10 al 15%.

Si las condiciones ambientales o la intensidad del ejercicio producen sudoración, puede ocurrir una pérdida adicional de volumen plasmático. Dado que la fuente principal de fluido para la formación de sudor es el fluido intersticial, la sudoración continua provocará la disminución de éste. De esta manera aumentan la presión oncótica (ya que las proteínas no se mueven con el líquido) y la osmótica (porque el sudor tiene menos electrolitos que el líquido intersticial) del espacio intersticial, lo cual produce una extravasación aún mayor de plasma desde el compartimento vascular hacia el espacio intersticial. Es imposible medir de manera directa y precisa el volumen de líquido intracelular, pero algunas investigaciones sugieren que durante el ejercicio prolongado también se pierde líquido del compartimento intracelular e incluso de los eritrocitos, los cuales pueden reducir su tamaño.

El descenso del volumen plasmático puede afectar el rendimiento. Durante actividades de larga duración, en las cuales se produce deshidratación y la pérdida de calor es problemática, el flujo sanguíneo total hacia los tejidos activos podría reducirse para permitir que se derive más sangre hacia la piel, en un intento por perder calor corporal. Se debe destacar que la disminución del flujo sanguíneo muscular sólo ocurre en condiciones de deshidratación y a altas intensidades. Una reducción significativa del volumen plasmático también puede aumentar la viscosidad de la sangre, lo que a su vez puede dificultar el flujo sanguíneo y, por lo tanto, limitar el transporte de oxígeno, en especial si el hematocrito supera 60%.

Cuando la actividad dura pocos minutos, el desplazamiento de líquidos corporales tiene poca importancia práctica. Sin embargo, a medida que aumenta la duración del ejercicio, los cambios en los líquidos corporales y la regulación de la temperatura se vuelven importantes para el rendimiento físico. Para el futbolista, el ciclista del *Tour de France* o el maratonista, estos procesos son cruciales, no sólo para la competencia sino también para la supervivencia. Como resultado de diversas actividades deportivas se han producido muertes por deshidratación e hipertermia. Estos temas se analizarán con mayor detalle en el Capítulo 12.

Hemoconcentración

Cuando se reduce el volumen plasmático se produce una hemoconcentración, que es la reducción de la porción líquida de la sangre y el aumento de la proporción de los componentes celular y proteico del volumen sanguíneo total, es decir, un incremento de sus concentraciones. La hemoconcentración puede ocasionar que la concentración de eritrocitos se incremente sustancialmente hasta el 20 o 25%. El hematocrito puede aumentar entre 40 y 50%. No obstante, el recuento y el volumen total de eritrocitos no experimentan una gran variación.

Si bien el recuento total de eritrocitos no aumenta, el efecto neto es el incremento del número de eritrocitos por unidad de sangre; es decir, se encuentran más concentrados. A medida que se incrementa la concentración de eritrocitos, también lo hace el contenido de hemoglobina por unidad de sangre. De esta manera, se logra una capacidad mucho mayor de transporte de oxígeno en la sangre, lo cual ofrece grandes beneficios durante el ejercicio y proporciona una marcada ventaja en la altura, como se verá en el Capítulo 13.

Regulación central del aparato cardiovascular durante ejercicios dinámicos

Las adaptaciones cardiovasculares y respiratorias durante la práctica de ejercicios dinámicos son profundas y rápidas. Un segundo después del inicio de la contracción muscular, la frecuencia cardíaca aumenta en forma significativa debido al retiro vagal y al aumento de la respiración. Los incrementos en el gasto cardíaco y en la presión arterial elevan a su vez el flujo sanguíneo hacia los músculos esqueléticos activos, lo que permite satisfacer sus demandas metabólicas. ¿Qué causa estos cambios tempranos muy rápidos en el aparato cardiovascular, dado que se ponen en marcha bastante antes de que los músculos activos incrementen sus necesidades metabólicas?

Durante años se mantuvo un debate considerable acerca de las causas de la "activación" del aparato cardiovascular al comienzo del ejercicio. Una explicación se brinda a través de la teoría del **comando central**, que consiste en la "coactivación"

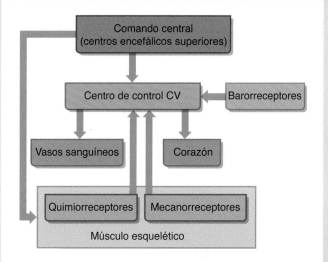

Resumen del control cardiovascular (CV) durante el ejercicio.

paralela y simultánea de los centros de control motor y cardiovascular en el encéfalo. La activación del comando central aumenta la frecuencia cardíaca y la presión arterial en poco tiempo. Además del comando central, las respuestas cardiovasculares al ejercicio dependen de los estímulos enviados por los mecanorreceptores, los quimiorreceptores y los barorreceptores. Como se comentó en el Capítulo 6, los barorreceptores son sensibles al estiramiento y envían información sobre la presión arterial a los centros de control cardiovascular. Las señales periféricas regresan a los centros de control cardiovascular a través de la estimulación de los mecanorreceptores, que son sensibles al aumento de la concentración muscular de metabolitos. La retroalimentación entre la presión arterial y el ambiente muscular local ayuda a realizar ajustes finos en la respuesta cardiovascular. Estas relaciones se ilustran en la figura adjunta.

Adaptada con autorización de S.K. Powers y E.T. Howley, 2004. *Exercise physiology: Theory and application to fitness and performance*, 5ª ed. (New York, McGraw-Hill), 188. Con autorización de McGraw-Hill Companies.

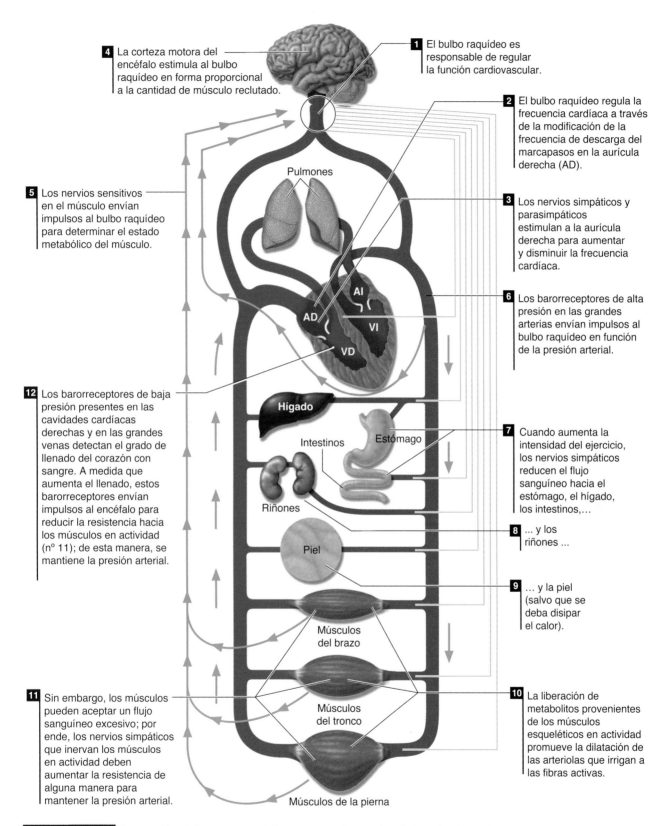

4 La corteza motora del encéfalo estimula al bulbo raquídeo en forma proporcional a la cantidad de músculo reclutado.

1 El bulbo raquídeo es responsable de regular la función cardiovascular.

2 El bulbo raquídeo regula la frecuencia cardíaca a través de la modificación de la frecuencia de descarga del marcapasos en la aurícula derecha (AD).

5 Los nervios sensitivos en el músculo envían impulsos al bulbo raquídeo para determinar el estado metabólico del músculo.

3 Los nervios simpáticos y parasimpáticos estimulan a la aurícula derecha para aumentar y disminuir la frecuencia cardíaca.

6 Los barorreceptores de alta presión en las grandes arterias envían impulsos al bulbo raquídeo en función de la presión arterial.

12 Los barorreceptores de baja presión presentes en las cavidades cardíacas derechas y en las grandes venas detectan el grado de llenado del corazón con sangre. A medida que aumenta el llenado, estos barorreceptores envían impulsos al encéfalo para reducir la resistencia hacia los músculos en actividad (n° 11); de esta manera, se mantiene la presión arterial.

7 Cuando aumenta la intensidad del ejercicio, los nervios simpáticos reducen el flujo sanguíneo hacia el estómago, el hígado, los intestinos,...

8 ... y los riñones ...

9 ... y la piel (salvo que se deba disipar el calor).

11 Sin embargo, los músculos pueden aceptar un flujo sanguíneo excesivo; por ende, los nervios simpáticos que inervan los músculos en actividad deben aumentar la resistencia de alguna manera para mantener la presión arterial.

10 La liberación de metabolitos provenientes de los músculos esqueléticos en actividad promueve la dilatación de las arteriolas que irrigan a las fibras activas.

Labels in figure: Pulmones; AI; AD; VI; VD; Hígado; Estómago; Intestinos; Riñones; Piel; Músculos del brazo; Músculos del tronco; Músculos de la pierna

FIGURA 8.12 Integración de la respuesta del aparato cardiovascular al ejercicio. AI, aurícula izquierda; AD, aurícula derecha; VD, ventrículo derecho; VI, ventrículo izquierdo.

Adaptada con autorización de E.F. Coyle, 1991, "Cardiovascular function during exercise: Neural control factors", *Sports Science Exchange* 4(34): 1-6. Copyright 1991 de Gatorade Sports Science Institute.

Integración de la respuesta al ejercicio

Como puede evidenciarse a partir de todos los cambios en la función cardiovascular que se producen durante el ejercicio, el aparato cardiovascular es muy complejo pero responde exquisitamente para transportar el oxígeno que permite satisfacer las demandas de los músculos activos. En la Figura 8.12 se presenta un diagrama simplificado que ilustra la forma en que el cuerpo integra todas estas respuestas cardiovasculares para satisfacer los requerimientos durante el ejercicio. Las áreas y respuestas claves están etiquetadas y resumidas para ayudar a explicar cómo se coordinan estos complejos mecanismos de control. Es importante señalar que, aunque el cuerpo intenta cubrir las demandas de flujo sanguíneo hacia los músculos, sólo puede hacerlo si la presión arterial no se encuentra comprometida. El mantenimiento de la presión arterial parece ser la mayor prioridad del aparato cardiovascular, independientemente del ejercicio, el ambiente y otras necesidades involucradas.

⬤ Revisión

➤ Los cambios que se producen en la sangre durante el ejercicio son los siguientes:
1. La diferencia (a-v̄)O$_2$ aumenta a medida que la concentración venosa de oxígeno disminuye, lo que refleja la extracción de oxígeno desde la sangre para su utilización en los tejidos activos.
2. El volumen plasmático disminuye. El incremento de la presión hidrostática generado por el aumento de la presión arterial desplaza el plasma fuera de los capilares e ingresa en el músculo a causa de la elevación de las presiones oncótica y osmótica, como consecuencia del metabolismo. Durante el ejercicio prolongado o en ambientes calurosos, se pierden cantidades crecientes de volumen plasmático a través de la sudoración.
3. La disminución del volumen plasmático (agua) produce hemoconcentración. Si bien el número de eritrocitos permanece bastante constante, la cantidad relativa de eritrocitos por unidad de sangre aumenta, lo que a su vez logra una mayor capacidad de transporte de oxígeno.

Respuestas respiratorias al ejercicio agudo

Una vez explicado el rol del aparato cardiovascular en el transporte de oxígeno hacia los músculos activos, se analizarán las respuestas del aparato respiratorio durante el ejercicio dinámico agudo.

Ventilación pulmonar durante ejercicios dinámicos

Cuando se inicia el ejercicio se produce un incremento inmediato de la ventilación. De hecho, al igual que la respuesta de la FC, se puede observar un aumento significativo de la respiración incluso antes del inicio de la contracción muscular, o sea, como respuesta anticipatoria. Esto se ilustra en la Figura 8.13 para el ejercicio liviano, moderado e intenso. Dado su inicio rápido, este ajuste respiratorio inicial a las demandas del ejercicio es, sin lugar a dudas, de naturaleza neurogénica, mediada por los centros de control respiratorio del encéfalo (comando central), aunque también por señales neurales que provienen de receptores en los músculos activos.

La segunda fase, más gradual, del incremento de la respiración durante el ejercicio intenso, que se observa en la Figura 8.13, está controlada sobre todo por cambios en la composición química de la sangre arterial. A medida que el ejercicio progresa, el aumento del metabolismo en los músculos genera más dióxido de carbono (CO$_2$) y H$^+$. Cabe señalar que estos cambios desvían la curva de saturación de la oxihemoglobina hacia la izquierda y aumenta la descarga de oxígeno hacia los músculos, lo que genera una mayor diferencia (a-v̄)O$_2$. Los quimiorreceptores localizados principalmente en el encéfalo, los cuerpos carotídeos y los pulmones detectan el aumento de la concentración de CO$_2$ y H$^+$, lo que a su vez estimula al centro inspiratorio, y aumenta la frecuencia y la profundidad de la respiración. Los quimiorreceptores en los músculos también podrían estar involucrados. Asimismo, los receptores del ventrículo derecho envían información al centro inspira-

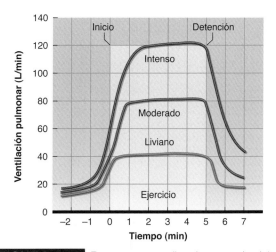

FIGURA 8.13 Respuestas ventilatorias ante ejercicios de diferentes intensidades (liviano, moderado e intenso). El sujeto se ejercitó con cada una de las intensidades durante 5 minutos. Con el ejercicio liviano y moderado, luego del incremento inicial pronunciado, la frecuencia ventilatoria tendió a estabilizarse en un valor constante (o estado estable), pero continuó incrementándose cuando la intensidad del ejercicio fue mayor.

torio, por lo que el incremento en el gasto cardíaco puede estimular la respiración durante los primeros minutos del ejercicio. Esta influencia de las concentraciones sanguíneas de CO_2 y H^+ sobre la frecuencia y el patrón respiratorio sirven para ajustar la respuesta respiratoria al ejercicio mediada por estímulos neurales, lo que permite satisfacer las demandas aeróbicas con el transporte de oxígeno sin exigir demasiado los músculos respiratorios.

Concepto clave

La ventilación pulmonar aumenta durante el ejercicio en proporción directa con las necesidades metabólicas de los músculos activos. Cuando la intensidad del ejercicio es menor, este aumento se produce a expensas de un incremento del volumen corriente (cantidad de aire que entra en los pulmones y sale de éstos durante la respiración regular). Cuando la intensidad del ejercicio aumenta, la frecuencia respiratoria también se eleva. La tasa máxima de ventilación pulmonar depende del tamaño corporal. Los individuos con menor tamaño corporal exhiben una tasa ventilatoria máxima de aproximadamente 100 L/min, mientras que en aquellos individuos de mayor tamaño la tasa máxima de ventilación puede superar los 200 L/min.

Al final del ejercicio, las demandas energéticas de los músculos disminuyen casi inmediatamente hasta alcanzar los niveles de reposo, pero la ventilación pulmonar se normaliza a un ritmo más lento. Si la frecuencia respiratoria coincidiera exactamente con las demandas metabólicas de los tejidos, la respiración disminuiría hasta alcanzar los niveles en reposo a pocos segundos de finalizado el ejercicio. No obstante, la recuperación respiratoria requiere varios minutos, lo que sugiere que la respiración posterior al ejercicio está regulada fundamentalmente por el equilibrio ácido-base, la presión parcial de dióxido de carbono disuelto (PCO_2) y la temperatura corporal.

Irregularidades respiratorias durante el ejercicio

En condiciones ideales, durante el ejercicio la respiración está regulada de forma tal que permita maximizar el rendimiento aeróbico. Sin embargo, una disfunción respiratoria durante el ejercicio puede dificultar el rendimiento.

Disnea

La sensación de **disnea** (falta de aliento) durante el ejercicio es común entre aquellos individuos con bajos niveles de aptitud aeróbica que intentan ejercitarse a intensidades que elevan significativamente las concentraciones arteriales de CO_2 y H^+. Como vimos en el Capítulo 7, ambos estímulos envían fuertes señales al centro inspiratorio para incrementar la frecuencia y la profundidad de la ventilación. Si bien la disnea inducida por el ejercicio se siente en el cuerpo como una incapacidad para respirar, la causa subyacente es la incapacidad para ajustar la respiración a la PCO_2 y la concentración de H^+ en la sangre.

La imposibilidad de disminuir estos estímulos durante el ejercicio parece estar relacionada con el escaso acondicionamiento de los músculos respiratorios. A pesar del intenso estímulo neural para incrementan la ventilación en los pulmones, los músculos respiratorios se fatigan fácilmente y no logran restablecer la homeostasis normal.

Hiperventilación

La anticipación o la ansiedad previa al ejercicio, así como ciertos trastornos respiratorios, pueden aumentar la frecuencia ventilatoria en una magnitud superior a la necesaria para mantener el ejercicio. Esta "respiración excesiva" se denomina **hiperventilación**. En reposo, la hiperventilación puede disminuir la PCO_2 normal desde 40 mm Hg en los alvéolos y la sangre arterial hasta alrededor de 15 mm Hg. Con el descenso de las concentraciones arteriales de CO_2, el pH sanguíneo aumenta. Estos efectos se combinan para reducir el estímulo ventilatorio. Dado que la sangre que sale de los pulmones mantiene casi siempre una saturación de oxígeno cercana al 98%, un aumento de la PO_2 alveolar no incrementa el contenido de oxígeno en la sangre. En consecuencia, la reducción del estímulo respiratorio, junto con la mayor capacidad de mantener la respiración después de la hiperventilación, son producto de la descarga de dióxido de carbono más que del aumento de oxígeno en la sangre. Este mecanismo suele conocerse como "soplido del CO_2". Esta respiración profunda y rápida, aun cuando se produzca sólo durante unos pocos segundos, puede causar mareos e incluso pérdida de la conciencia. Este fenómeno revela la sensibilidad de la regulación del aparato respiratorio al dióxido de carbono y el pH.

Maniobra de Valsalva

La maniobra de Valsalva es un procedimiento respiratorio potencialmente peligroso que con frecuencia acompaña a ciertos tipos de ejercicio, en particular al levantamiento de objetos pesados. Esta maniobra se desarrolla cuando el individuo:

- cierra la glotis (espacio entre las cuerdas vocales),
- incrementa la presión intraabdominal mediante la contracción forzada del diafragma y los músculos abdominales, e
- incrementa la presión intratorácica mediante la contracción forzada de los músculos respiratorios.

Como resultado de estas acciones, el aire queda atrapado y presurizado en los pulmones. Al colapsar las grandes venas, las presiones intraabdominales e intratorácicas elevadas limitan el retorno venoso. Si esta maniobra se mantiene durante un período prolongado, puede reducir en forma significativa el volumen de sangre que regresa al corazón, y disminuir así el gasto cardíaco y la presión arterial. Si bien esta maniobra resulta beneficiosa en ciertas circunstancias, puede ser peligrosa y debe ser evitada.

Ventilación y metabolismo energético

Durante períodos prolongados de actividad de baja intensidad en estado estable, la ventilación se adapta a la tasa de metabolismo energético y varía en forma proporcional al volumen de oxígeno consumido y de dióxido de carbono producido ($\dot{V}O_2$ y $\dot{V}CO_2$, respectivamente) por el cuerpo.

Equivalente ventilatorio para el oxígeno

La relación entre el volumen de aire espirado o ventilado ($\dot{V}_E$) y la cantidad de oxígeno que consumen los tejidos ($\dot{V}O_2$) en un determinado período se denomina **equivalente ventilatorio para el oxígeno** o $\dot{V}_E/\dot{V}O_2$. En general esta relación se mide en litros de aire respirado por litros de oxígeno consumidos por minuto.

En reposo, el $\dot{V}_E/\dot{V}O_2$ puede oscilar entre 23 y 28 litros de aire por litro de oxígeno. Este valor cambia muy poco durante ejercicios de baja intensidad, como caminar. Pero cuando la intensidad del ejercicio aumenta hasta niveles cuasimáximos, puede alcanzar valores mayores de 30 litros de aire por cada litro de oxígeno consumido. No obstante, el $\dot{V}_E/\dot{V}O_2$ suele mantenerse relativamente constante dentro de un amplio intervalo de intensidades de ejercicio, lo que indica que el control de la respiración se adapta apropiadamente a las demandas de oxígeno en el cuerpo.

Umbral ventilatorio

A medida que aumenta la intensidad del ejercicio, se alcanza un punto determinado en el cual la ventilación aumenta de manera desproporcionada en relación con el incremento del consumo de oxígeno. Este punto se denomina **umbral ventilatorio** y en general se produce cuando se alcanza entre el 55 y el 70% del $\dot{V}O_{2máx}$. Este concepto se ilustra en la Figura 8.14. Aproximadamente a la misma intensidad a la que se produce el umbral ven-

tilatorio, comienza a acumularse más lactato en sangre. Esto puede ser resultado de una mayor producción de lactato, una menor remoción de lactato o de ambos procesos. El ácido láctico se combina con bicarbonato de sodio (que actúa como amortiguador del ácido) formando lactato de sodio, agua y dióxido de carbono. Como vimos, el aumento de la concentración de dióxido de carbono estimula a los quimiorreceptores para que envíen una señal al centro inspiratorio y se estimule la ventilación. Por consiguiente, el umbral ventilatorio refleja la respuesta respiratoria al aumento de los niveles de dióxi-

Concepto clave

La ventilación aumenta durante el ejercicio en proporción directa con su intensidad hasta alcanzar el umbral ventilatorio. Al superar este punto, la ventilación se eleva de manera desproporcionada en un intento del cuerpo por eliminar el exceso de CO_2.

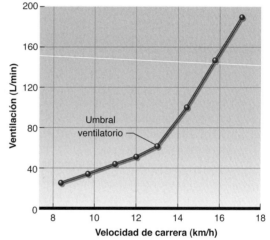

FIGURA 8.14 Cambios en la ventilación pulmonar ($\dot{V}_E$) a velocidades crecientes de carrera que ilustran el concepto de umbral ventilatorio.

Revisión

➤ Durante el ejercicio, la ventilación aumenta casi de inmediato debido a la estimulación del centro inspiratorio. Esta activación es el resultado de la acción del comando central y la retroalimentación neural procedente de la actividad muscular propiamente dicha. Tras esta fase, se produce una meseta (durante el ejercicio leve) o un aumento mucho más gradual de la respiración (durante el ejercicio intenso) como consecuencia de los cambios químicos en la sangre arterial ocasionados por el metabolismo asociado con el ejercicio.

➤ La alteración de los patrones respiratorios y las sensaciones asociadas con el ejercicio abarcan disnea, hiperventilación y realización de la maniobra de Valsalva.

➤ Durante el ejercicio liviano en estado estable, la ventilación aumenta para equiparar la velocidad del metabolismo energético, lo que implica que la ventilación satisface las necesidades de captación de oxígeno. La relación entre el aire ventilado y el oxígeno consumido se denomina equivalente ventilatorio para el oxígeno ($\dot{V}_E/VO_2$).

➤ El umbral ventilatorio es el punto en el cual la ventilación empieza a aumentar en forma desproporcionada para la elevación del consumo de oxígeno. Este incremento de la $\dot{V}_E$ refleja la necesidad de eliminar el exceso de dióxido de carbono.

➤ El umbral de lactato se puede estimar con bastante exactitud mediante la identificación del punto en el cual el $\dot{V}_E/VO_2$ empieza a aumentar, pero con descenso del $\dot{V}_E/VCO_2$.

Estimación del umbral de lactato

El aumento desproporcionado en la ventilación sin un incremento equivalente en el consumo de oxígeno originó la especulación de que el umbral ventilatorio podría estar relacionado con el umbral de lactato (punto en el cual la acumulación de lactato en la sangre supera su recaptación y eliminación, como se describió en el Capítulo 5). El umbral ventilatorio refleja un aumento desproporcionado del volumen de dióxido de carbono producido por minuto ($\dot{V}CO_2$) en relación con el oxígeno consumido. En el Capítulo 5 se mencionó que el índice de intercambio respiratorio (RER) era el cociente entre la producción de dióxido de carbono y el consumo de oxígeno. Por ende, el aumento desproporcionado de la producción de dióxido de carbono también incrementa el RER.

Se creía que la mayor $\dot{V}CO_2$ era el resultado de la liberación excesiva de dióxido de carbono del bicarbonato que amortiguaba al ácido láctico. Wasserman y McIlroy[7] acuñaron el término **umbral anaeróbico** para describir el fenómeno porque asumieron que el aumento súbito de la concentración de CO_2 reflejaba el cambio hacia un metabolismo más anaeróbico. Estos autores creían que esta medida era una buena alternativa no invasiva para definir el comienzo del metabolismo anaeróbico y que permitía evitar la extracción de sangre. Se debe señalar que numerosos científicos objetaron el empleo del "umbral anaeróbico" para describir este fenómeno respiratorio.

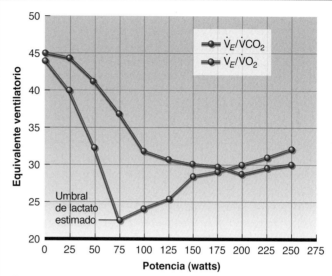

Cambios en el equivalente ventilatorio para el dióxido de carbono ($\dot{V}_E / \dot{V}CO_2$) y el equivalente ventilatorio para el oxígeno ($\dot{V}_E / \dot{V}O_2$) a intensidades crecientes de ejercicio en cicloergómetro. Se debe destacar que el punto donde se ubica el umbral de lactato estimado a la potencia de 75 W sólo es evidente en el cociente $\dot{V}_E / \dot{V}O_2$

Con el paso de los años, el concepto de umbral anaeróbico se refinó en forma considerable para permitir una estimación relativamente precisa del umbral de lactato. Una de las técnicas más precisas para identificar este umbral consiste en la monitorización del equivalente ventilatorio para el oxígeno ($\dot{V}_E / \dot{V}O_2$) y el **equivalente ventilatorio para el dióxido de carbono ($\dot{V}_E / \dot{V}CO_2$)**, que es la relación entre el volumen de aire espirado ($\dot{V}_E$) y el volumen de dióxido de carbono producido ($\dot{V}CO_2$). Con esta técnica, el umbral se define como el punto en el cual se produce un aumento sistemático del $\dot{V}_E / \dot{V}O_2$ sin un incremento concomitante del $\dot{V}_E / \dot{V}CO_2$, lo que se ilustra en la figura adjunta. Durante las etapas iniciales de un test de ejercicio con intensidades crecientes, tanto el $\dot{V}_E / \dot{V}CO_2$ como el $\dot{V}_E / \dot{V}O_2$ se reducen. Sin embargo, aproximadamente a 75 W, el $\dot{V}_E / \dot{V}O_2$ comienza a incrementarse mientras que el $\dot{V}_E / \dot{V}CO_2$ continúa declinando. Esto indica que el incremento en la ventilación para remover el CO_2 es desproporcionado en relación con las necesidades corporales de O_2. En general, la técnica del umbral respiratorio proporciona una estimación bastante cercana del umbral de lactato y elimina la necesidad de obtener repetidas muestras de sangre.

do de carbono. Al superar el umbral ventilatorio, se produce un incremento muy marcado de la ventilación, como puede verse en la Figura 8.14.

Limitaciones respiratorias al rendimiento

Como toda actividad tisular, la respiración requiere energía. La mayor parte de esta energía se dirige a los músculos respiratorios durante la ventilación pulmonar. En reposo, los músculos respiratorios sólo utilizan alrededor del 2% del consumo de oxígeno. A medida que la frecuencia y la profundidad de la ventilación aumentan, también lo hace el costo energético de la respiración. El diafragma, los músculos intercostales y los abdominales

pueden ser responsables de hasta un 11% del oxígeno total consumido durante el ejercicio intenso y pueden recibir hasta un 15% del gasto cardíaco. Durante la recuperación posterior al ejercicio, el aumento sostenido de la ventilación continúa demandando mayor cantidad de energía, que representa entre el 9 y el 12% del oxígeno total consumido después del ejercicio.

Aunque durante el ejercicio se somete a los músculos respiratorios a una gran carga de trabajo, la ventilación es suficiente para prevenir un aumento de la PCO_2 alveolar o una caída de la PO_2 alveolar en actividades que sólo duran unos minutos. Incluso durante esfuerzos máximos, la ventilación no suele alcanzar la máxima capacidad de movilización voluntaria de aire dentro y fuera de los pulmones. Esta capacidad se denomina **ventilación voluntaria**

máxima y es significativamente mayor que la ventilación durante el ejercicio de máxima intensidad. Sin embargo, existe una considerable cantidad de evidencia que sugiere que la ventilación pulmonar podría ser un factor limitante durante el ejercicio de muy alta intensidad (95-100% del $\dot{V}O_{2máx}$) en individuos muy entrenados.

¿Puede la respiración profunda y sostenida durante varias horas (como durante una maratón) provocar una depleción de glucógeno y fatiga de los músculos respiratorios? Estudios con animales han mostrado un ahorro sustancial de glucógeno en los músculos respiratorios comparado con el glucógeno en los músculos en ejercicio. Aunque no se dispone de datos similares en seres humanos, nuestros músculos respiratorios están mejor diseñados para la actividad de larga duración que los músculos de nuestras extremidades. El diafragma, por ejemplo, tiene 2 o 3 veces mayor capacidad oxidativa (enzimas oxidativas y mitocondrias) y mayor densidad capilar que otros músculos esqueléticos. En consecuencia, el diafragma puede obtener más energía de otras fuentes oxidativas que los músculos esqueléticos.

Asimismo, la resistencia de las vías aéreas y la difusión de los gases en los pulmones no limitan el ejercicio en un individuo normal y sano. El volumen de aire inspirado puede aumentar entre 20 y 40 veces con el ejercicio, desde alrededor de 5 L/min en reposo hasta 100 a 200 L/min durante el esfuerzo máximo. Sin embargo, la resistencia de las vías aéreas se mantiene cerca de los niveles de reposo a través de su dilatación (a causa de la mayor apertura laríngea y la broncodilatación). Durante los esfuerzos submáximos y máximos en individuos no entrenados y moderadamente entrenados, la sangre que sale de los pulmones contiene una saturación casi máxima de oxígeno (alrededor de 98%). Sin embargo, en algunos deportistas de resistencia de elite altamente entrenados, el intercambio gaseoso pulmonar experimenta una enorme demanda, que resulta en una disminución de la PO_2 arterial y de la saturación arterial de oxígeno (es decir, una **hipoxemia arterial inducida por el ejercicio**). Aproximadamente entre el 40 y el 50% de estos deportistas de resistencia sufre una reducción significativa de la oxigenación arterial durante el ejercicio próximo al agotamiento.[4] Es probable que la hipoxemia arterial durante ejercicios de máxima intensidad sea el resultado de un desacople entre la ventilación y la perfusión de los pulmones. Debido a que en atletas de elite el gasto cardíaco es extremadamente alto, el flujo de sangre a través de los pulmones puede realizarse a una velocidad muy elevada y, por lo tanto, es posible que el tiempo para que la sangre se sature de oxígeno no sea suficiente. Todo lo mencionado indica que, en individuos sanos, el aparato respiratorio está bien diseñado para adaptarse a las demandas de la respiración forzada durante esfuerzos físicos de corta y larga duración. Sin embargo, algunos individuos muy entrenados que consumen cantidades de oxígeno inusualmente altas durante el ejercicio exhaustivo podrían enfrentar ciertas limitaciones respiratorias.

Concepto clave

En ciertos casos, el aparato respiratorio puede limitar el rendimiento de corredores de fondo muy entrenados, dado que podría desarrollarse un desequilibrio entre la ventilación y la perfusión en los pulmones, que disminuye la PO_2 en la sangre arterial y la saturación de la hemoglobina.

El aparato respiratorio puede también limitar el rendimiento en poblaciones con restricción u obstrucción de las vías aéreas. Por ejemplo, el asma causa constricción de los conductos bronquiales y edema de las mucosas. Estos efectos generan una considerable resistencia a la ventilación y provocan disnea. Es sabido que el ejercicio desencadena los síntomas del asma o los empeora en algunos individuos. El mecanismo o los mecanismos a través de los cuales el ejercicio induce obstrucción de las vías aéreas en individuos con "asma inducida por el ejercicio" siguen sin conocerse, a pesar de la realización de extensas investigaciones.

Revisión

➤ Los músculos respiratorios pueden ser responsables de hasta el 10% del consumo corporal total de oxígeno y del 15% del gasto cardíaco durante el ejercicio intenso.

➤ La ventilación pulmonar no suele ser un factor limitante para el rendimiento físico, incluso durante esfuerzos máximos, aunque puede afectar el rendimiento en algunos deportistas de resistencia de alto rendimiento.

➤ Los músculos respiratorios están bien diseñados para evitar la fatiga durante la actividad prolongada.

➤ La resistencia en las vías aéreas y la difusión de los gases no suelen limitar el rendimiento en individuos sanos normales que se ejercitan al nivel del mar.

➤ El aparato respiratorio puede, y a veces lo hace, limitar el rendimiento en personas con diversos tipos de enfermedades respiratorias restrictivas u obstructivas.

Regulación respiratoria del equilibrio ácido-base

Como vimos, el ejercicio de alta intensidad conduce a la producción y acumulación de lactato y H^+. Aunque la regulación del equilibrio ácido-base involucra más procesos además del control de la respiración, este tema se analizará en esta sección porque el aparato respiratorio cumple un rol fundamental en el ajuste veloz del equilibrio ácido-base corporal durante e inmediatamente después del ejercicio.

Los ácidos, como el ácido láctico o el ácido carbónico, liberan iones hidrógeno (H⁺). Como se explicó en el Capítulo 2, el metabolismo de los carbohidratos, los lípidos y las proteínas produce ácidos inorgánicos que se disocian y aumentan las concentraciones de H^+ en los líquidos corporales y, por lo tanto, disminuyen el pH. Para minimizar los efectos de los H^+ libres, la sangre y los músculos contienen bases que se combinan con los H^+ para amortiguarlos o neutralizarlos:

$$H^+ + \text{amortiguador} \rightarrow \text{H-amortiguador}$$

En condiciones de reposo, los líquidos corporales contienen más bases (como bicarbonato, fosfato y proteínas) que ácidos, lo que resulta en un pH tisular ligeramente alcalino, que oscila desde 7,1 en los músculos hasta 7,4 en la sangre arterial. Los límites tolerables del pH en la sangre arterial abarcan desde 6,9 hasta 7,5, aunque ambos extremos sólo pueden ser tolerados durante unos pocos minutos (véase la Figura 8.15). Una concentración de H^+ superior a la normal (pH bajo) se denomina acidosis, mientras que un descenso de la concentración de H^+ por debajo de la normal (pH alto) se denomina alcalosis.

El pH de los líquidos intra y extracelulares se mantiene dentro de un rango relativamente estrecho a través de:

- los amortiguadores químicos presentes en la sangre,
- la ventilación pulmonar, y
- la función renal.

Los tres amortiguadores químicos más importantes del cuerpo son el bicarbonato (HCO_3^-), los fosfatos inorgánicos (P_i) y las proteínas. Asimismo, se debe agregar la hemoglobina presente en los eritrocitos, que también se considera uno de los principales amortiguadores. El Cuadro 8.1 expone las contribuciones relativas de estos amortiguadores para el manejo de los ácidos en la sangre. Recuerde que el bicarbonato se combina con el H^+ formando ácido carbónico, y elimina de esta forma la influencia acidificante de los H^+ libres. A su vez, en los pulmones el ácido carbónico se disocia en dióxido de carbono y agua. A continuación, el CO_2 se exhala y sólo permanece el agua.

La cantidad de bicarbonato que se combina con H^+ es equivalente a la cantidad de ácido neutralizado. Cuando el ácido láctico disminuye el pH de 7,4 a 7, significa que se utilizó más del 60% del bicarbonato inicialmente presente en la sangre. Incluso en condiciones de reposo, los ácidos generados por los productos finales del metabolismo se combinarían con una proporción mayor del bicarbonato sanguíneo si no existiera otra forma de eliminar los H^+ del cuerpo. Los amortiguadores sanguíneos y químicos sólo son necesarios para transportar los ácidos metabólicos desde los sitios donde se producen (los músculos) hacia los pulmones o los riñones, donde pueden eliminarse. Una vez que los H^+ se transportan y se eliminan, las moléculas amortiguadoras pueden reutilizarse.

En las fibras musculares y los túbulos renales, el H^+ es neutralizado principalmente por los fosfatos, como el ácido fosfórico y el fosfato de sodio. La capacidad de los amortiguadores intracelulares está menos documentada, aunque se sabe que las células contienen más proteínas y fosfatos y menos bicarbonato que los líquidos extracelulares.

Como vimos, todo incremento en la concentración de H^+ libres en la sangre estimula al centro respiratorio para que aumente la ventilación. Esto facilita la unión del H^+ al bicarbonato y la extracción del dióxido de carbono. El resultado final es la disminución de los H^+ libres y un aumento del pH sanguíneo. Por ello, tanto los amortiguadores químicos como el aparato respiratorio representan maneras de neutralizar los efectos agudos de la acidosis asociada con el ejercicio a corto plazo. Para mantener una reserva constante de amortiguadores, los H^+

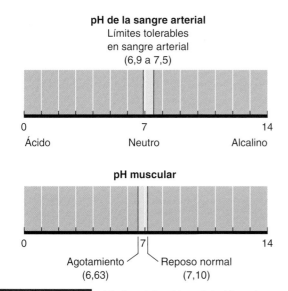

pH de la sangre arterial
Límites tolerables
en sangre arterial
(6,9 a 7,5)

0   7   14
Ácido   Neutro   Alcalino

pH muscular

0   7   14
Agotamiento   Reposo normal
(6,63)   (7,10)

FIGURA 8.15 Límites tolerables del pH en la sangre arterial y en el músculo, en reposo y al momento del agotamiento. Cabe señalar el estrecho intervalo de tolerancia fisiológica tanto para el pH muscular como para el pH sanguíneo.

CUADRO 8.1 Capacidad amortiguadora de los componentes de la sangre

Amortiguador	Slykes[a]	%
Bicarbonato	18	64
Hemoglobina	8	29
Proteínas	1,7	6
Fosfatos	0,3	1
Total	28	100

[a]Miliequivalentes de iones hidrógeno captados por litro de sangre con pH de 7,4 a 7.

acumulados se eliminan del cuerpo a través de la excreción renal y la orina. Los riñones filtran H^+ de la sangre junto con otros productos de desecho. Este mecanismo representa una forma de eliminar H^+ del cuerpo mientras se mantiene la concentración extracelular de bicarbonato.

Durante un esprín, la glucólisis muscular genera gran cantidad de lactato y H^+, con la consecuente disminución del pH muscular desde un valor en reposo de 7,1 hasta menos de 6,7. Como se expone en el Cuadro 8.2, durante una carrera de esprín de 400 metros, el pH en los músculos de la pierna disminuye a 6,63 y el lactato muscular aumenta desde un valor en reposo de 1,2 mmol/kg hasta casi 20 mmol/kg de músculo. Estas alteraciones del equilibrio ácido-base pueden perjudicar la contractilidad muscular y su capacidad para generar adenosintrifosfato (ATP). El lactato y el H^+ se acumulan en el músculo, en parte debido a que no difunden con libertad a través de las membranas de las fibras musculares esqueléticas. A pesar de la gran producción de lactato y H^+ durante los 60 segundos necesarios para correr 400 metros, estos metabolitos difunden a través de todos los líquidos corporales y alcanzan el estado de equilibrio tras sólo 5 a 10 minutos de recuperación. Cinco minutos después del ejercicio, los corredores mencionados en el Cuadro 8.2 tenían valores sanguíneos de pH de 7,1 y concentraciones sanguíneas de lactato de 12,3 mmol/L, comparados con un pH en reposo de 7,4 y un nivel de lactato de 1,5 mmol/L.

El restablecimiento de las concentraciones normales de reposo para el lactato sanguíneo y muscular luego de una serie de ejercicio exhaustivo es un proceso relativamente lento que por lo general requiere de una o dos horas. Como se muestra en la Figura 8.16, la disminución del lactato sanguíneo hasta el nivel de reposo se facilita mediante el ejercicio continuo de baja intensidad, llamado recuperación activa.[1] Después de una serie de ejercicios de esprín hasta el agotamiento, los participantes de este estudio se sentaron (recuperación pasiva) o se ejercitaron a una intensidad del 50% del $\dot{V}O_{2máx}$. El lactato sanguíneo se elimina con mayor rapidez durante la recu-

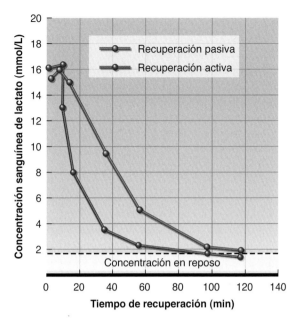

FIGURA 8.16 Efectos de la recuperación activa y pasiva sobre las concentraciones sanguíneas de lactato después de una serie de ejercicios de esprín hasta el agotamiento. Obsérvese señalar que las tasas de eliminación del lactato en la sangre son mayores cuando los individuos realizan ejercicio durante la recuperación que cuando permanecen en reposo en el mismo período.

peración activa dado que la actividad mantiene un flujo sanguíneo elevado a través de los músculos activos, lo que a su vez facilita tanto la difusión del lactato fuera de los músculos como su oxidación.

Aunque la concentración sanguínea de lactato se mantiene elevada entre 1 y 2 horas después del ejercicio anaeróbico intenso, las concentraciones de H^+ en la sangre y los músculos se normalizan dentro de los siguientes 30 a 40 minutos de recuperación. Los amortiguadores químicos, principalmente el bicarbonato y la extracción respiratoria del exceso de dióxido de carbono, son los responsables de este retorno relativamente rápido de la homeostasis normal del equilibrio ácido-base.

CUADRO 8.2 Valores de pH sanguíneo y muscular y concentración de lactato 5 minutos después de una carrera de 400 m

Corredor	Tiempo (s)	MÚSCULO		SANGRE	
		pH	Lactato (mmol/kg)	pH	Lactato (mmol/L)
1	61	6,68	19,7	7,12	12,6
2	57,1	6,59	20,5	7,14	13,4
3	65	6,59	20,2	7,02	13,1
4	58,5	6,68	18,2	7,1	10,1
Promedio	60,4	6,64	19,7	7,1	12,3

Contaminación del aire

Durante los últimos 30 años surgió una preocupación creciente por los posibles problemas asociados con el ejercicio en sitios con contaminación del aire. En muchas ciudades, el aire está contaminado con pequeñas cantidades de gases y partículas que en condiciones normales no se encuentran en el aire que respiramos. Cuando el aire no recircula en forma apropiada o cuando se produce una inversión de la temperatura, algunos de estos contaminantes alcanzan concentraciones que pueden comprometer en forma significativa el rendimiento deportivo. Los contaminantes que generan mayor preocupación son el monóxido de carbono, el ozono y los óxidos de azufre.

El monóxido de carbono (CO) es un gas inodoro que se produce durante la combustión de numerosas sustancias y también está presente en el humo del cigarrillo. El monóxido de carbono ingresa en la sangre a gran velocidad y la afinidad de la hemoglobina por él es aproximadamente 250 veces mayor que por el oxígeno, de manera que la hemoglobina se une de manera preferencial al CO, que desplaza a las moléculas de oxígeno. Las concentraciones sanguíneas de CO son directamente proporcionales a las concentraciones de CO en el aire inspirado. Varios estudios han reportado una reducción lineal en el $\dot{V}O_{2máx}$ con el incremento en los niveles sanguíneos de CO. No obstante, aunque la reducción del $\dot{V}O_{2máx}$ no es estadísticamente significativa hasta que la concentración sanguínea de CO supera el 4%, se ha observado que el rendimiento durante la caminata en cinta se reduce con niveles de CO tan bajos como de 3%. El rendimiento en ejercicios submáximos realizados a intensidades menores

La contaminación del aire puede comprometer en forma significativa el rendimiento deportivo.

al 60% del $\dot{V}O_{2máx}$ no parece verse afectado hasta que las concentraciones sanguíneas de CO superan el 15%.

El ozono (O_3) es el oxidante fotoquímico más común y es el resultado de la reacción entre la luz ultravioleta y las emisiones de motores con combustión interna. Cuando un individuo se expone a concentraciones elevadas de O_3, suele experimentar irritación ocular, opresión torácica, disnea, tos y náuseas. Cuando las concentraciones de O_3 aumentan y con la exposición prolongada, se deteriora la función pulmonar. El $\dot{V}O_{2máx}$ disminuye en forma significativa después de 2 horas de ejercicio intermitente cuando el individuo se expone a 0,75 partes por millón (ppm) de O_3. Es probable que esta reducción del $\dot{V}O_{2máx}$ se relacione con una menor transferencia de oxígeno en los pulmones, lo cual es resultado de la reducción en el intercambio de gases a nivel alveolar.

El dióxido de azufre (SO_2) generado por la combustión de combustibles fósiles es otro contaminante que debe generar preocupación. Las investigaciones acerca de la relación entre esta sustancia y el ejercicio son limitadas, pero las concentraciones atmosféricas superiores a 1 ppm pueden causar molestias significativas y disminución del rendimiento durante el ejercicio aeróbico. El dióxido de azufre provoca sobre todo irritación de las vías aéreas superiores y los bronquios.

Revisión

➤ El exceso de H^+ (disminución del pH) compromete la contractilidad muscular y la producción de ATP.

➤ Los sistemas renal y respiratorio cumplen papeles importantes en el mantenimiento del equilibrio ácido-base. El sistema renal está comprometido en el mantenimiento a más largo plazo del equilibrio ácido-base a través de la secreción de H^+.

➤ Cuando la concentración de H^+ empieza a aumentar, el centro inspiratorio responde con incremento de la frecuencia y la profundidad de la respiración. La eliminación del dióxido de carbono es fundamental para reducir la concentración de H^+.

➤ El dióxido de carbono se transporta en la sangre principalmente como bicarbonato. Cuando arriba a los pulmones, se vuelve a formar dióxido de carbono, que se exhala.

➤ Cuando aumenta la concentración de H^+, sea debido a la acumulación de lactato o de dióxido de carbono, el ion bicarbonato puede actuar como amortiguador para prevenir la acidosis.

Conclusión

En este capítulo se describieron las respuestas de los aparatos cardiovascular y respiratorio al ejercicio. También se consideraron las limitaciones que estos aparatos pueden imponer a la capacidad de llevar a cabo un ejercicio aeróbico sostenido. En el siguiente capítulo se presentarán los principios básicos del entrenamiento, lo que permitirá una mayor comprensión de la forma en que se adapta el cuerpo al entrenamiento con sobrecarga, y, en los capítulos subsiguientes, al entrenamiento aeróbico y anaeróbico.

Palabras clave

comando central

desviación cardiovascular (*cardiovascular drift*)

disnea

doble producto

equivalente ventilatorio para el dióxido de carbono ($\dot{V}_E / \dot{V}CO_2$)

equivalente ventilatorio para el oxígeno ($\dot{V}_E / \dot{V}O_2$)

frecuencia cardíaca en estado estable

frecuencia cardíaca de reposo (FCR)

frecuencia cardíaca máxima ($FC_{máx}$)

hiperventilación

hipoxemia arterial inducida por el ejercicio

maniobra de Valsalva

mecanismo de Frank-Starling

poscarga

precarga

presión hidrostática

presión oncótica

resistencia periférica total (RPT)

simpaticólisis

umbral anaeróbico

umbral ventilatorio

ventilación voluntaria máxima

Preguntas

1. Describa la forma en que la frecuencia cardíaca, el volumen sistólico y el gasto cardíaco responden a intensidades de trabajo crecientes. Ilustre la interrelación entre estas tres variables.
2. ¿Cómo se determina la $FC_{máx}$? ¿Qué métodos alternativos existen que usen estimaciones indirectas? ¿Cuáles son las principales limitaciones de estas estimaciones indirectas?
3. Describa dos mecanismos importantes para el retorno de la sangre venosa al corazón durante el ejercicio en posición erguida.
4. ¿Qué es el principio de Fick y cómo se aplica a la relación entre el metabolismo y la función cardiovascular?
5. Defina el mecanismo de Frank-Starling. ¿Cómo funciona durante el ejercicio?
6. ¿Cómo responde la presión arterial al ejercicio?
7. ¿Cuáles son las principales adaptaciones cardiovasculares que realiza el cuerpo cuando acumula calor en forma excesiva durante el ejercicio?
8. ¿Qué es la desviación cardiovascular? ¿Por qué podría generar problemas durante el ejercicio prolongado?
9. Describa las funciones principales de la sangre.
10. ¿Qué cambios suceden en el volumen plasmático y los eritrocitos con ejercicios de intensidad creciente? ¿Y con el ejercicio prolongado en un ambiente caluroso?
11. ¿Cómo responde la ventilación pulmonar a intensidades crecientes del ejercicio?
12. Defina los términos disnea, hiperventilación, maniobra de Valsalva y umbral ventilatorio.
13. ¿Qué función cumple el aparato respiratorio en el equilibrio ácido-base?
14. ¿Cuál es el pH normal de la sangre arterial en reposo? ¿Y el del músculo? ¿Cómo cambian estos valores como resultado de un esprín hasta el agotamiento?
15. ¿Cuáles son los principales amortiguadores en la sangre? ¿Y en los músculos?

PARTE III

Entrenamiento

Tradicionalmente, la fisiología del ejercicio se ha dividido en dos grandes áreas: el estudio de las adaptaciones agudas, es decir, cómo responde el cuerpo a una única sesión de ejercicio, y el estudio de las adaptaciones crónicas o cómo responde el cuerpo ante sesiones repetidas de ejercicio, esto es, las respuestas al entrenamiento. En las dos secciones anteriores de este libro, hemos estudiado el control y la función del músculo esquelético durante el ejercicio agudo (Parte I) y el papel de los sistemas cardiovascular y respiratorio para sostener dichas funciones (Parte II). En la Parte III analizaremos cómo se adaptan estos sistemas cuando son expuestos a sesiones repetidas de ejercicio, es decir, las adaptaciones al entrenamiento. El Capítulo 9, "Principios del entrenamiento", presenta los fundamentos para los dos capítulos subsiguientes al describir la terminología y los principios que utilizan los fisiólogos del ejercicio. Los principios que presentamos en este capítulo pueden utilizarse para optimizar las adaptaciones fisiológicas al ejercicio repetido. En el Capítulo 10, "Adaptaciones al entrenamiento con sobrecarga", consideraremos los mecanismos a través de los cuales pueden mejorarse la fuerza y la resistencia muscular en respuesta al entrenamiento con sobrecarga. Finalmente, en el Capítulo 11, "Adaptaciones al entrenamiento aeróbico y anaeróbico", se analizarán los cambios que se producen en los diferentes sistemas corporales como resultado de la práctica regular de actividades físicas con diversas combinaciones de intensidad y duración. Las adaptaciones que se producen en los diversos sistemas fisiológicos y que, en última instancia, derivan en la mejora de la capacidad de ejercicio y del rendimiento deportivo son específicas del entrenamiento al cual dichos sistemas están expuestos.

Principios del entrenamiento

9

En este capítulo

Terminología   210
   Fuerza muscular   210
   Potencia muscular   211
   Resistencia muscular   211
   Potencia aeróbica   211
   Potencia anaeróbica   212

Principios generales del entrenamiento   212
   Principio de individualidad   212
   Principio de especificidad   213
   Principio de reversibilidad   213
   Principio de la sobrecarga progresiva   213
   Principio de variación   213

Programas de entrenamiento con sobrecarga   214
   Análisis de las necesidades de entrenamiento   214
   Entrenamiento para mejorar la fuerza, la hipertrofia y la potencia muscular   214
   Tipos de entrenamiento con sobrecarga   216

Programas de entrenamiento para la mejora de la potencia anaeróbica y aeróbica   220
   Entrenamiento interválico   220
   Entrenamiento continuo   222
   Entrenamiento interválico en circuito   223

Conclusión   224

Bryan Clay, un destacado atleta estadounidense, ganó la medalla dorada en el decatlón durante los Juegos Olímpicos de 2008 en Beijing, China, y le quitó el título al campeón olímpico de 2004, Roman Šebrle, que en 2001 había establecido el récord mundial para decatlón, que todavía se mantiene, sumando más de 9 000 puntos. Los decatletas son considerados como los "máximos" atletas, debido a que deben competir en eventos que ponen a prueba su velocidad, fuerza, potencia, agilidad y resistencia. El decatlón es una prueba de dos días que comprende 100 m llanos, salto en largo, lanzamiento de bala, salto en alto y los 400 m en el primer día, seguidos de los 110 m con vallas, lanzamiento de disco, salto con garrocha, lanzamiento de jabalina y los 1 500 m llanos durante el segundo día. Como veremos en éste y en los dos capítulos siguientes, el entrenamiento es muy específico de cada deporte o prueba deportiva. El entrenamiento intenso de la potencia muscular para aumentar la distancia a la que uno puede lanzar un peso de 8 kg no tendrá efecto alguno sobre el tiempo necesario para correr 1 500 m. Los decatletas deben dedicar innumerables horas al entrenamiento específico para cada una de sus 10 pruebas, ajustando sus técnicas de entrenamiento para maximizar el rendimiento en cada una de ellas.

En los capítulos previos se examinaron la respuesta agudas al ejercicio, es decir, se analizaron las respuestas inmediatas del organismo a una única sesión de ejercicio. Investigaremos ahora cómo responde el organismo a lo largo del tiempo al estrés generado por sesiones repetidas de ejercicio, esto es, las respuestas al entrenamiento. Cuando se realiza ejercicio regular durante un período de semanas, el organismo se adapta fisiológicamente. Las adaptaciones fisiológicas que se producen cuando se siguen apropiadamente los principios de entrenamiento mejoran tanto la capacidad del ejercicio como el rendimiento deportivo. Con el entrenamiento con sobrecarga, los músculos se vuelven más fuertes. Con el entrenamiento aeróbico, el corazón y los pulmones se tornan más eficientes y mejora la capacidad de resistencia. Con el entrenamiento anaeróbico de alta intensidad, los sistemas neuromuscular, metabólico y cardiovascular se adaptan y permiten que el individuo genere más adenosintrifosfato (ATP) por unidad de tiempo, y se aumenta así la resistencia muscular y la velocidad de movimiento. Estas adaptaciones son muy específicas del tipo de entrenamiento que se realiza. Antes de investigar las adaptaciones específicas al entrenamiento, veremos la terminología básica y los principios generales que se utilizan en el entrenamiento; posteriormente, realizaremos una revisión de aquellos elementos que deben incluirse en un programa de entrenamiento adecuado.

Terminología

Antes de explicar los principios generales del entrenamiento, definiremos los términos clave que serán utilizados en el resto del libro.

Fuerza muscular

La fuerza máxima que un músculo o grupo de músculos puede ejercer se denomina **fuerza muscular**. Un individuo que logra levantar un máximo de 100 kg (220 lb) en el ejercicio de fuerza en banco (o press en banco) tiene el doble de fuerza que aquel que sólo puede levantar 50 kg (110 lb). En este ejemplo, la fuerza se define como el peso máximo que puede levantar el individuo una sola vez. Esto se denomina **1 repetición máxima**, o **1RM**. Para determinar su 1RM en la sala de pesas o en el gimnasio, los individuos seleccionan un peso que saben pueden levantar al

menos una vez. Después de una entrada en calor adecuada, tratan de ejecutar varias repeticiones. Si pueden realizar más de una repetición, agregan peso y tratan nuevamente de ejecutar varias repeticiones. Esto continúa hasta que el individuo es incapaz de levantar el peso más de una sola repetición. Este último peso que puede ser alzado sólo una vez es la 1RM para ese ejercicio particular.

La fuerza muscular puede medirse con exactitud en el laboratorio mediante un equipamiento especializado que permite la cuantificación de la fuerza estática y dinámica a distintas velocidades y en diversos ángulos dentro del rango de movimiento de una articulación (véase la Figura 9.1). Las ganancias de fuerza muscular involucran cambios en la estructura y el control nervioso del músculo. Estos serán explicados en el capítulo siguiente (Capítulo 10).

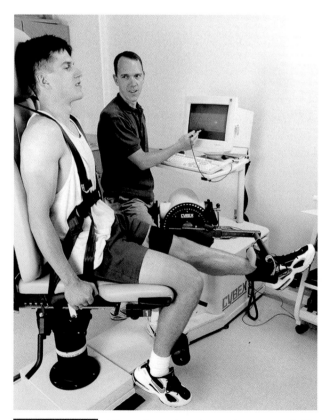

FIGURA 9.1 Dispositivos de entrenamiento y medición isocinético.

Potencia muscular

La **potencia** se define como la tasa a la cual se realiza trabajo, es decir, el producto de la fuerza y la velocidad. La máxima potencia muscular, a la que suele referirse simplemente como potencia, es el aspecto explosivo de la fuerza, el producto de la fuerza y la velocidad de movimiento.

potencia = fuerza × distancia/tiempo
donde fuerza = fuerza muscular
y distancia/tiempo = velocidad.

Consideremos dos individuos con los mismos niveles de fuerza, por ejemplo, ambos pueden mover una carga de 200 kg (441 lb) en el ejercicio de fuerza en banco cada uno, moviendo el peso una misma distancia, desde donde la barra toca el pecho hasta la posición de extensión total. Aquel que pueda mover la carga en la mitad de tiempo tendrá el doble de potencia que el individuo más lento. Esto se ilustra en el Cuadro 9.1.

Concepto clave

La potencia muscular máxima es la aplicación funcional de la fuerza muscular y la velocidad de movimiento. Es el componente clave para la mayor parte de las actividades deportivas.

A pesar de que la fuerza absoluta es un componente importante del rendimiento, la potencia es aún más importante para la mayoría de las actividades competitivas. Por ejemplo, en el fútbol americano, un jugador de la línea ofensiva con 1RM en el ejercicio de fuerza en banco de 200 kg (441 lb) será incapaz de controlar a su rival de la línea defensiva que posee 1RM de sólo 150 kg (330 lb) pero que es capaz de mover esta carga a mucha mayor velocidad. El jugador de la línea ofensiva es 50 kg (110 lb) más fuerte, pero el de la línea defensiva es más rápido y posee un nivel adecuado de fuerza, lo cual podría llevar al jugador ofensivo hasta su límite de rendimiento. Si bien existen pruebas de campo para estimar la potencia, generalmente no son muy específicas, en el sentido de que sus resultados se ven afectados por otros factores además de la potencia. Sin embargo, la potencia puede medirse mediante el empleo de dispositivos electrónicos más sofisticados, el que se muestra en la Figura 9.1.

A lo largo de este libro, nuestro interés principal está centrado en los aspectos de la fuerza muscular, con sólo una breve mención de la potencia muscular. Debemos recordar que la potencia tiene dos componentes: fuerza y velocidad. La velocidad es una cualidad más innata que se modifica poco con el entrenamiento. Por lo tanto, las mejoras en la potencia generalmente siguen a las mejoras en la fuerza obtenidas mediante programas tradicionales de entrenamiento con sobrecarga. Sin embargo, el entrenamiento con ejercicios que generen altos valores de potencia, tales como los saltos verticales, ha mostrado incrementar la potencia en movimientos específicos.

Resistencia muscular

En algunas actividades deportivas, el rendimiento depende de la capacidad muscular para desarrollar repetidamente niveles submáximos de fuerza; en otras, el rendimiento depende de la capacidad para mantener estos niveles de fuerza submáxima durante un período de tiempo dado, y en algunas, el rendimiento depende de la capacidad para realizar ambas cosas. Esta capacidad de realizar contracciones musculares repetidas o de sostener una contracción en el tiempo se denomina **resistencia muscular**. La resistencia muscular en forma repetitiva se manifiesta, por ejemplo, durante la realización de ejercicios como los abdominales o las flexiones de brazos, mientras que la resistencia muscular en forma de contracciones sostenidas se manifiesta, por ejemplo, al intentar inmovilizar a un oponente en la lucha. Si bien existen excelentes técnicas de laboratorio que permiten medir la resistencia muscular en forma directa, una forma simple de estimarla es determinar el número máximo de repeticiones que pueden realizarse con un determinado porcentaje de la 1RM. Por ejemplo, un hombre que puede levantar 100 kg (220 lb) en el ejercicio de fuerza en banco puede evaluar su resistencia muscular independientemente de su fuerza muscular registrando cuántas repeticiones puede realizar a, por ejemplo, 75% de dicha carga (75 kg, o 165 lb). La resistencia muscular aumenta a través de ganancias de la fuerza muscular y mediante cambios a nivel local de las funciones metabólica y circulatoria. Las adaptaciones metabólicas y circulatorias que se producen con el entrenamiento se discuten más detalladamente en el Capítulo 11.

El Cuadro 9.1 muestra las diferencias funcionales entre la fuerza, la potencia y la resistencia muscular en tres atletas. Los valores reales han sido exagerados considerablemente con fines didácticos. A partir de este cuadro, podemos ver que a pesar de que el atleta A tiene la mitad de la fuerza que los atletas B y C, su potencia es dos veces mayor que la del atleta B e igual a la del atleta C. Por consiguiente, debido a su elevada velocidad de movimiento, la falta de fuerza no limita seriamente su potencia. Además, con el fin de diseñar programas de entrenamiento, el análisis de estos tres atletas indica que el atleta A debería concentrar el entrenamiento en el desarrollo de fuerza, sin perder velocidad; el atleta B debería focalizarse en un entrenamiento que desarrolle la velocidad de movimiento, a pesar de que resulta poco probable que ésta se modifique demasiado; y el atleta C debería centrarse en entrenar la resistencia muscular. Estas recomendaciones se hacen asumiendo que cada atleta necesita optimizar el rendimiento en cada una de estas tres áreas.

Potencia aeróbica

Se denomina **potencia aeróbica** a la tasa de liberación de energía por parte de los procesos metabólicos celulares que dependen de la disponibilidad y la participación de oxígeno. La potencia aeróbica máxima hace referen-

CUADRO 9.1 **Comparación de los valores de fuerza, potencia y resistencia muscular obtenidos en el ejercicio de fuerza en banco en tres atletas**

Componente	Atleta A	Atleta B	Atleta C
Fuerza[a]	100 kg	200 kg	200 kg
Potencia[b]	100 kg levantados 0,6 m en 0,5 s = 120 kg · m/s = 1 177 J/s o 1 177 W	200 kg levantados 0,6 m en 2,0 s = 60 kg · m/s = 588 J/s o 588 W	200 kg levantados 0,6 m en 1,0 s = 120 kg · m/s = 1 177 J/s o 1 177 W
Resistencia muscular[c]	10 repeticiones con 75 kg	10 repeticiones con 150 kg	5 repeticiones con 150 kg

[a]La fuerza fue determinada como la máxima cantidad de peso posible que el atleta pudo levantar una única vez (es decir, 1RM) en el ejercicio de fuerza en banco.
[b]Para la determinación de la potencia, se le pidió al atleta que realice el test de 1RM lo más "explosivamente" posible. La potencia fue calculada como el producto de la fuerza (peso levantado) por la distancia recorrida por la barra desde el pecho hasta la completa extensión (0,6 m o aproximadamente 2 ft) dividido por el tiempo empleado para completar el levantamiento.
[c]La resistencia muscular se determinó como el mayor número de repeticiones que pudiera completarse con una carga equivalente al 75% de 1RM.

cia a la capacidad máxima de resístensis de ATP por la vía aeróbica y se utiliza como sinónimo de capacidad aeróbica máxima y consumo máximo de oxígeno ($\dot{V}O_{2máx}$). La energía aeróbica máxima está limitada principalmente por el sistema cardiovascular y, en menor medida, por la respiración y el metabolismo. La mejor prueba de laboratorio para la valoración de la potencia aeróbica es un test progresivo de ejercicio gradual hasta el agotamiento, durante el cual se mide el $\dot{V}O_2$ y se determina el $\dot{V}O_{2máx}$. Esto se describe con mayor detalle en el Capítulo 5. Para estimar el $\dot{V}O_{2máx}$ sin la necesidad de llevar a cabo la medición directa del $\dot{V}O_2$ en el laboratorio, se han desarrollado diversos tests de campo tanto máximos como submáximos, y para diversas actividades como la marcha, el trote, la carrera, el ciclismo, la natación y el remo.

Potencia anaeróbica

La **potencia anaeróbica** es la tasa de liberación de energía por parte de los procesos metabólicos celulares que funcionan sin la participación del oxígeno. La potencia anaeróbica máxima, o capacidad anaeróbica, se define como la capacidad máxima del sistema anaeróbico (sistema ATP-PCr y sistema glucolítico anaeróbico) para producir ATP. A diferencia de lo que ocurre con la potencia aeróbica, no existe ningún test de laboratorio que

Revisión

➤ La fuerza muscular se refiere a la capacidad de un músculo para ejercer tensión.
➤ La potencia muscular es la tasa de realización de trabajo o el producto de la fuerza y la velocidad.
➤ La resistencia muscular es la capacidad para mantener una contracción estática o para repetir contracciones musculares.
➤ La potencia aeróbica o capacidad aeróbica máxima es la máxima capacidad de resíntesis aeróbica de ATP.
➤ La potencia anaeróbica o capacidad anaeróbica máxima se define como la máxima capacidad del sistema anaeróbico para producir ATP.

haya sido aceptado universalmente para determinar la potencia anaeróbica. Tal como se explicó en el Capítulo 5, existen diversos tests que permiten estimar la potencia anaeróbica máxima, entre los que se encuentran el déficit acumulado máximo de oxígeno, el test de potencia crítica y el test anaeróbico de Wingate.

Principios generales del entrenamiento

Los próximos dos capítulos presentan detalladamente las adaptaciones fisiológicas específicas que resultan del entrenamiento con sobrecarga, del entrenamiento aeróbico y del entrenamiento anaeróbico. Sin embargo, pueden aplicarse diversos principios a todas las formas de entrenamiento físico.

Principio de individualidad

No todos los deportistas tienen la misma capacidad para responder a un bloque de ejercicio agudo ni para adaptarse al entrenamiento. La herencia juega un papel central en la determinación de la respuesta orgánica a un bloque único de ejercicio, así como de los cambios crónicos frente a un programa de entrenamiento. Esto constituye el **principio de individualidad**. Con la excepción de los gemelos idénticos, no existen dos personas que tengan exactamente las mismas características genéticas, de modo tal que es improbable que los individuos exhiban precisamente las mismas respuestas. Las variaciones en la tasa de crecimiento celular, el metabolismo, la regulación cardiovascular y respiratoria y la regulación neuronal y endocrina conducen a una notable variación individual. Esto explica probablemente por qué algunas personas exhiben mejoras notables después de participar en un programa de entrenamiento dado (respondedores altos), mientras que otros experimentan un pequeño cambio o ninguno después de realizar el mismo programa de entrenamiento (respondedores bajos). Este fenómeno de los respondedores altos y bajos se desarrolla más detalladamente en el Capítulo 11. Por estas razones, cualquier programa de entrenamiento debe tener en cuenta las necesidades y capacidades específicas de los individuos para los cuales ha sido diseñado. No debe esperarse que todos los individuos obtengan el mismo grado de mejora.

Principio de especificidad

Las adaptaciones al entrenamiento son muy específicas del tipo de actividad y del volumen e intensidad del ejercicio practicado. Por ejemplo, para mejorar la potencia muscular, el entrenamiento de un lanzador de bala no debería estar centrado en realizar carreras de distancia o trabajos con sobrecarga de baja intensidad. Debe desarrollar potencia explosiva. Similarmente, el entrenamiento de un maratonista no debería centrarse en trabajos interválicos de esprín. Probablemente, esta es la razón por la cual los atletas que entrenan la fuerza y la potencia, como los halterófilos, en general tienen mucha fuerza pero no presentan gran desarrollo de resistencia aeróbica cuando se los compara con los individuos no entrenados. De acuerdo con el **principio de especificidad**, las adaptaciones al entrenamiento son específicas de la modalidad y la intensidad de ejercicio. Por esta razón, los programas de entrenamiento deberían estresar aquellos sistemas fisiológicos que son críticos para alcanzar un rendimiento óptimo en un deporte dado, es decir, provocar las adaptaciones específicas al entrenamiento.

Principio de reversibilidad

La mayoría de los deportistas estaría de acuerdo en que el entrenamiento con sobrecarga mejora la fuerza muscular y la capacidad para resistir la fatiga. De la misma manera, el entrenamiento de la resistencia mejora la capacidad para realizar ejercicio a intensidades mayores y durante períodos más prolongados. Sin embargo, si un individuo deja de entrenar (desentrenamiento) o reduce en gran medida su entrenamiento, perderá gran parte de las adaptaciones fisiológicas que habían derivado en la mejora del rendimiento. Esto es, con el desentrenamiento eventualmente se perderá cualquier ganancia obtenida con el entrenamiento. Este **principio de reversibilidad** da sustento científico al dicho "Lo que no se usa se pierde". Un programa de entrenamiento debe incluir un plan de mantenimiento. En el Capítulo 14 se analizan los cambios fisiológicos específicos que se producen cuando cesa el estímulo del entrenamiento.

Principio de la sobrecarga progresiva

Dos conceptos importantes, sobrecarga y entrenamiento progresivo, constituyen la base de cualquier entrenamiento. El **principio de la sobrecarga progresiva** establece que deben incrementarse sistemáticamente las demandas sobre el cuerpo para provocar mejoras adicionales. Por ejemplo, para provocar ganancias en la fuerza mediante un programa de entrenamiento de la fuerza es necesario sobrecargar a los músculos más allá de las demandas normales que exigen las actividades cotidianas. El entrenamiento progresivo con sobrecarga implica que, a medida que los músculos se vuelven más fuertes, se requiere una sobrecarga mayor o más repeticiones para estimular nuevos aumentos de la fuerza.

Como ejemplo, consideremos un hombre joven que puede completar sólo 10 repeticiones en el ejercicio de fuerza en banco antes de alcanzar la fatiga empleando 50 kg (110 lb) de peso. Después de una o dos semanas de entrenamiento con sobrecarga, debería ser capaz de completar 14 o 15 repeticiones con el mismo peso. Entonces, agrega 2,3 kg (5 lb) a la barra y sus repeticiones descienden a 8 o 10. A medida que continúa el entrenamiento, las repeticiones aumentan; transcurridas nuevamente una o dos semanas, está en condiciones de agregar otros 2,3 kg. Así, se produce un incremento progresivo de la cantidad de peso levantada. De manera similar, con el entrenamiento aeróbico y anaeróbico, la carga de entrenamiento (intensidad y duración) puede incrementarse en forma progresiva.

Principio de variación

El **principio de variación**, también denominado **principio de periodización**, propuesto por primera vez en la década de 1960, se ha vuelto muy popular en los últimos 30 años en el área del entrenamiento con sobrecarga. La periodización es un proceso sistemático mediante el cual se planifican cambios a lo largo del tiempo en una o más variables del programa de entrenamiento –modo, volumen o intensidad– de manera que se mantengan la exigencia y la efectividad del estímulo de entrenamiento.[1] La intensidad y el volumen son los aspectos del entrenamiento que con mayor frecuencia se manipulan con el objetivo de alcanzar niveles máximos de acondicionamiento físico para la competición. En general, en la periodización clásica se establece un alto volumen inicial de entrenamiento y

○ Revisión

➤ De acuerdo con el principio de individualidad, cada persona responde de forma singular al entrenamiento y deben diseñarse programas de entrenamiento que permitan la variación individual.

➤ De acuerdo con el principio de especificidad, para maximizar los beneficios, el entrenamiento debe estar destinado específicamente al tipo de actividad o deporte que el individuo realiza normalmente. Un deportista dedicado a un deporte que requiere mucha fuerza, como halterofilia, no obtendrá un considerable aumento de la fuerza con carreras de resistencia.

➤ De acuerdo con el principio de reversibilidad, los beneficios del entrenamiento se pierden si éste se discontinúa o si se reduce abruptamente. Para evitar esto, todos los programas de entrenamiento deben incluir uno de mantenimiento.

> ➤ De acuerdo con el principio de la sobrecarga progresiva, a medida que el organismo se adapta a un volumen e intensidad de entrenamiento dados, debe incrementarse progresiva y gradualmente el estrés aplicado al organismo para así mantener la efectividad del estímulo de entrenamiento y provocar mejoras adicionales.
>
> ➤ De acuerdo con el principio de variación (o periodización), es necesario alterar uno o más aspectos del programa de entrenamiento con el transcurso del tiempo para maximizar su efectividad. La variación sistemática de volumen e intensidad es más efectiva para la progresión a largo plazo.

una intensidad relativamente baja y, a medida que progresa el entrenamiento, se produce la reducción del volumen con un incremento gradual de la intensidad. En la periodización ondulante, se realizan variaciones más frecuentes dentro del ciclo de entrenamiento.

El entrenamiento en un deporte en particular requiere la cuidadosa planificación del volumen y la intensidad a lo largo de un macrociclo, que en general comprende un año de entrenamiento. Un macrociclo está compuesto por dos o más mesociclos que están determinados por las fechas de las competiciones principales. Cada mesociclo se subdivide en períodos de preparación, competición y transición. Este principio se explica más detalladamente en el Capítulo 14.

Programas de entrenamiento con sobrecarga

Durante los últimos 50 a 75 años, la investigación ha aportado una base de conocimiento considerable acerca del entrenamiento con sobrecarga y su aplicación a la salud y el deporte. Los aspectos del entrenamiento con sobrecarga relacionados con la salud se explican en el Capítulo 20. Esta sección se ocupa principalmente de la aplicación del entrenamiento con sobrecarga en el deporte.

Análisis de las necesidades de entrenamiento

Fleck y Kraemer[3] sugieren que el **análisis de las necesidades** debe ser el primer paso en el diseño y la prescripción de un programa de entrenamiento con sobrecarga para deportistas. El análisis de las necesidades debe incluir la siguiente evaluación:

- ¿Cuáles son los principales grupos musculares que deben entrenarse?
- ¿Qué tipo de entrenamiento debe utilizarse para lograr el resultado deseado (mejora de la fuerza, la potencia, etc.)?

- ¿Cuál de los sistemas energéticos debe estresarse?
- ¿Cuáles son los principales sitios en los que deben prevenirse lesiones?

Una vez que se ha completado este análisis de las necesidades, puede diseñarse y prescribirse el programa de entrenamiento con sobrecarga en términos de

- los ejercicios que se realizarán;
- el orden en que serán realizados;
- el número de series para cada ejercicio;
- los períodos de recuperación entre las series y entre los ejercicios; y
- la cantidad de sobrecarga, el número de repeticiones y la velocidad de movimiento que será usada.

En 2009, el *American College of Sports Medicine* (ACSM) revisó su declaración de posición acerca del entrenamiento de resistencia progresivo con sobrecarga para adultos saludables.[1] Las declaraciones previas especificaban que todos los adultos deberían realizar al menos una serie de 8 a 12 repeticiones en 8 a 10 ejercicios que estresaran los grupos musculares principales. La nueva declaración de posición recomienda modelos de entrenamiento con sobrecarga que sean específicos de los objetivos establecidos, esto es, mejoras en la fuerza, la **hipertrofia** muscular, la potencia, la resistencia muscular o el rendimiento motor global.

Entrenamiento para mejorar la fuerza, la hipertrofia y la potencia muscular

Los programas de entrenamiento con sobrecarga dirigidos a mejorar la fuerza deben incluir la realización de repeticiones que involucren tanto acciones concéntricas (acortamiento muscular) como excéntricas (alargamiento muscular). También es posible incluir contracciones isométricas, que desempeñan un papel beneficioso aunque secundario. Las mejoras en la fuerza concéntrica son mayores cuando se incluyen ejercicios con acciones excéntricas, y se ha observado que el entrenamiento excéntrico produce beneficios específicos en aquellos movimientos con acciones específicas. Los grupos musculares grandes deben entrenarse antes que los grupos musculares pequeños, los ejercicios multiarticulares deben realizarse antes que los ejercicios monoarticulares, y los esfuerzos de mayor intensidad deben llevarse a cabo antes que los esfuerzos de baja intensidad. El Cuadro 9.2 brinda un resumen de las recomendaciones del ACSM sobre carga, volumen (series y repeticiones), velocidad de los movimientos y frecuencia de entrenamiento.

Se recomienda que aquellos practicantes de nivel inicial o intermedio incluyan períodos de recuperación de 2-3 min entre series realizadas con cargas altas, mientras

CUADRO 9.2 **Recomendaciones del *American College of Sports Medicine* para el diseño de programas de entrenamiento con sobrecarga[a]**

Objetivo primario del programa de entrenamiento con sobrecarga	Nivel de entrenamiento	Carga	Volumen	Velocidad	Frecuencia (veces por semana)
Desarrollo de la fuerza	Principiante	60-70% 1RM	1-3 series, 8-12 repeticiones	Lenta, moderada	2-3
	Intermedio	70-80% 1RM	Series múltiples, 6-12 repeticiones	Moderada	3-4
	Avanzado	80-100% 1RM[b]	Series múltiples, 1-12 repeticiones[b]	Lenta (no intencional) a rápida	4-6
Hipertrofia muscular	Principiante	70-85% 1RM	1-3 series, 8-12 repeticiones	Lenta, moderada	2-3
	Intermedio	70-85% 1RM	1-3 series, 6-12 repeticiones	Lenta, moderada	4
	Avanzado	70-100% 1RM; énfasis en 70-85% 1RM[b]	3-6 series,[b] 1-12 repeticiones	Lenta, moderada, rápida	4-6
Desarrollo de la potencia muscular	Principiante	0-60% 1RM – tren inferior; 30-60% 1RM – tren superior	1-3 series, 3-6 repeticiones	Moderada	2-3
	Intermedio	0-60% 1RM – tren inferior; 30-60% 1RM – tren superior	1-3 series, 3-6 repeticiones	Rápida	3-4
	Avanzado	85-100% 1RM	3-6 series, 1-6 repeticiones,[b] distintas estrategias	Rápida	4-5
Mejora de la resistencia muscular local	Principiante	Liviana	1-3 series, 10-15 repeticiones	Repeticiones lentas–moderadas Repeticiones moderadas–rápidas	2-3
	Intermedio	Liviana	1-3 series, 10-15 repeticiones	Repeticiones lentas–moderadas Repeticiones moderadas–rápidas	3-4
	Avanzado	30-80% 1RM[b]	Distintas estrategias, 10-25 repeticiones o más[b]	Repeticiones lentas–moderadas Repeticiones moderadas–rápidas	4-6

[a]Estas recomendaciones también incluyen el tipo de acción muscular (excéntrica y concéntrica), ejercicios multiarticulares versus monoarticulares, orden o secuencia de ejercicios y períodos de recuperación. Véase más información en el texto.
[b]Periodizado –véase la explicación de periodización en el texto.
Adaptado de ACSM, 2009.

que para aquellos con nivel avanzado podría ser suficiente una recuperación de 1-2 min. Una vez que un individuo puede completar sin esfuerzo la cantidad de repeticiones establecidas para la carga actual en dos sesiones de entrenamiento consecutivas, se recomienda incrementaqr la carga en un 2-10%. Los practicantes de nivel inicial o intermedio pueden utilizar tanto máquinas como pesos libres, mientras que los practicantes avanzados deberían enfocar su entrenamiento en la utilización de pesos libres.

Cuando el objetivo es la hipertrofia muscular, como por ejemplo en los fisicoculturistas o el desarrollo de la potencia muscular, las recomendaciones de secuenciación, períodos de recuperación, etc., son las mismas que para el desarrollo de la fuerza. Sin embargo, como se ilustra en el Cuadro 9.2, difieren otros aspectos del programa.

Tipos de entrenamiento con sobrecarga

El entrenamiento con sobrecarga puede incluir contracciones estáticas, dinámicas o ambas. Las contracciones dinámicas comprenden las contracciones concéntricas, excéntricas o ambas, utilizando pesos libres, resistencia variable, acciones isocinéticas y pliometría.

Entrenamiento de la fuerza con contracciones estáticas

El **entrenamiento de la fuerza con contracciones estáticas**, también denominado **entrenamiento isométrico**, surgió a principios del siglo XX pero adquirió gran popularidad y apoyo a mediados de la década de 1950 como resultado de la investigación de varios científicos alemanes. Estos estudios indicaban que el entrenamiento isométrico causaba notables ganancias de fuerza que excedían a las obtenidas con protocolos de contracción dinámica. En estudios posteriores no se pudieron reproducir los resultados de los estudios originales; no obstante, las contracciones isométricas continúan siendo importantes de entrenamiento, en particular para la estabilización del núcleo corporal y la mejora de la fuerza de prensión.[1] Además, en la rehabilitación posquirúrgica, cuando el miembro está inmovilizado y por lo tanto es incapaz de realizar contracciones dinámicas, las contracciones estáticas facilitan la recuperación y reducen la atrofia muscular y la pérdida de fuerza.

Pesos libres versus máquinas

Con los **pesos libres**, como barras y pesas, la carga o el peso levantado permanece constante a lo largo del rango dinámico del movimiento. Si se levanta un peso de 50 kg (110 lb), siempre pesará 50 kg. Sin embargo, en una máquina de resistencia variable la carga varía con los cambios en el ángulo articular y así se asemeja a la curva de fuerza. La Figura 9.2 muestra cómo varía la fuerza a lo largo del rango de movimiento durante el ejercicio de flexión de codos (también conocido como curl de bíceps). La fuerza máxima producida por los flexores del codo se observa cuando el ángulo articular alcanza aproximadamente los 100°. Estos músculos son más débiles a 60° (codos completamente flexionados) y a 180° (codos completamente extendidos). En estas posiciones, un individuo es capaz de ejercer sólo 67 y 71%, respectivamente, de la máxima producción de fuerza en el ángulo óptimo de 100°.

> ## ● Concepto clave
>
> La capacidad de un músculo o grupo muscular para generar fuerza varía a lo largo del rango de movimiento.

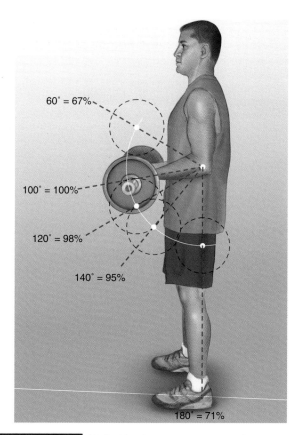

FIGURA 9.2 Variación de la fuerza en función del ángulo articular del codo durante el ejercicio de flexión de codos (curl de bíceps). La producción de fuerza es óptima cuando el ángulo articular alcanza los 100°. La capacidad del grupo muscular para desarrollar la máxima tensión en un ángulo determinado se expresa como un porcentaje de la máxima capacidad en el ángulo óptimo de 100°.

Cuando se utilizan pesos libres, el rango de movimiento está menos restringido que con las máquinas, y la resistencia o el peso utilizado para entrenar el músculo está limitado por el punto más débil en el rango del movimiento. Si la persona de la Figura 9.2 pudiera aplicar una fuerza de 45 kg (100 lb) en el ángulo óptimo de 100°, entonces podría aplicar una fuerza de sólo 32 kg (71 lb) en la posición de extensión completa (180°). Por lo tanto, si realizara el ejercicio de flexión de codos con un peso de 32 kg, la fuerza que podría aplicar en la posición de extensión completa apenas le permitiría superar la resistencia para iniciar el movimiento. Sin embargo, cuando se alcance el ángulo articular de 100°, los 32 kg que el sujeto apenas podría mover en la posición inicial de extensión completa sólo representarían el 70% de la máxima fuerza aplicable en el ángulo de 100°. Por lo tanto, con los pesos libres se produce una carga máxima sólo de los puntos más débiles dentro del rango de movimiento y se aporta sólo una resistencia moderada en el rango medio (90-140°). Los individuos que realizan el ejercicio de "curl de bíceps" suelen reducir el rango de movimiento a medida que comienzan a fatigarse (lo que se conoce como "engaño"). En realidad, al reducir el rango de movimiento lo que se logra es mantenerse fuera de los puntos más débiles del rango de movimiento. En definitiva, lo que se pretende mostrar con este ejemplo es que, con los pesos libres, el peso máximo que puede desplazarse está limitado por el punto más débil del rango de movimiento, lo que significa que ¡las posiciones más fuertes del rango de movimiento nunca son exigidas al máximo! Sin embargo, los pesos libres ofrecen algunas ventajas características, sobre todo para los practicantes expertos.

A partir de la década de 1970, se introdujeron una serie de máquinas o dispositivos para el entrenamiento con sobrecarga que utilizaban pesos apilados, resistencias variables y técnicas isocinéticas. Se considera que las máquinas para el entrenamiento con sobrecarga son más seguras, su uso es fácil y permiten realizar algunos ejercicios de difícil ejecución con pesos libres. Las máquinas ayudan a estabilizar el cuerpo, sobre todo en aquellos que recién se inician en el entrenamiento con sobrecarga, y limitan las acciones musculares para que no se produzca la activación de grupos musculares diferentes del que se desea estresar.

Por otra parte, los pesos libres presentan ciertas ventajas que no tienen las máquinas para el entrenamiento para sobrecarga. El deportista debe controlar el peso que levanta. Un deportista debe reclutar más unidades motoras –no sólo en los músculos que están siendo entrenados, sino también en músculos de soporte– para controlar la barra, estabilizar el peso que levanta y mantener el equilibrio corporal. La utilización de pesos libres requiere que el atleta equilibre y estabilice el peso desplazado. En este sentido, cuando un deportista entrena para un deporte como el fútbol americano, la realización de ejercicios con pesos libres hace que las acciones musculares se asemejen más a aquellas que tienen lugar durante la competencia real. Además, como los pesos libres no limitan el rango de movimiento de un ejercicio particular, se puede lograr una óptima especificidad del entrenamiento. Cuando se utiliza una máquina, el ejercicio de curl de bíceps sólo puede realizarse en el plano vertical, mientras que un atleta que realice el mismo ejercicio pero con pesos libres puede elegir realizarlo en cualquier plano seleccionado, por ejemplo, aquel que refleje un movimiento específico del deporte. Y finalmente, los datos muestran que, para obtener ganancias importantes de fuerza en un corto período de entrenamiento, la utilización de pesos libres puede provocar mayores ganancias en la fuerza que muchos tipos de máquinas de entrenamiento con sobrecarga.

Los programas de entrenamiento con sobrecarga llevados a cabo tanto con máquinas como con pesos libres producen ganancias mensurables en la fuerza, la hipertrofia y la potencia. Los programas de entrenamiento con sobrecarga basados en la utilización de pesos libres resultarán en mayores ganancias de fuerza si la evaluación se lleva a cabo utilizando pesos libres, mientras que si el programa de entrenamiento se realiza empleando máquinas, las mejoras en la fuerza serán mayores si se utilizan máquinas para la evaluación. La elección entre las máquinas con pesos y los pesos libres depende de la experiencia del practicante y de los resultados que deseen obtenerse.

Concepto clave

Si se utiliza un dispositivo neutral para la valoración de las mejoras en la fuerza, se observa que las ganancias de fuerza, producidas por un programa basado en la utilización de pesos libres o en la utilización de máquinas, son similares.

Entrenamiento excéntrico

Otra forma de entrenamiento con sobrecarga donde se utilizan acciones dinámicas, denominado **entrenamiento excéntrico**, enfatiza la fase excéntrica. Durante una contracción excéntrica, los músculos son capaces de oponerse a una resistencia mayor y, por lo tanto, ejercer más tensión que durante una contracción concéntrica (véase el Capítulo 1). Por lo tanto, si los músculos son sometidos a un mayor estímulo de entrenamiento, entonces, teóricamente, las ganancias de fuerza serán mayores.

Las primeras investigaciones fueron incapaces de mostrar una clara ventaja del entrenamiento excéntrico por sobre otros tipos de entrenamiento con contracciones concéntricas o estáticas. Sin embargo, estudios más recientes, bien controlados, han demostrado la importancia de incluir la fase excéntrica de la contracción muscular junto con la fase concéntrica para maximizar las ganancias de fuerza y tamaño. Más aún, la contracción excéntrica es importante para la hipertrofia muscular, como se explica en el próximo capítulo.

Entrenamiento con resistencia variable

Con un instrumento de resistencia variable, la resistencia disminuye en los puntos más débiles del rango de movi-

FIGURA 9.3 Equipo de entrenamiento de resistencia variable que utiliza una leva para alterar la resistencia a través del rango de movimiento.

miento y aumenta en los puntos más fuertes. El **entrenamiento con resistencia variable** es la base de varias máquinas de entrenamiento con sobrecarga. La teoría detrás del entrenamiento con resistencia variable es que los músculos pueden entrenarse de forma más completa si son forzados a actuar a mayores porcentajes de su máxima capacidad en cada punto del rango de movimiento. La Figura 9.3 ilustra un dispositivo de resistencia variable en el cual una leva altera la resistencia a lo largo del rango de movimiento.

Entrenamiento isocinético

El **entrenamiento isocinético** se realiza con un equipo que mantiene constante la velocidad de movimiento. Tanto si se aplica una fuerza muy leve como una contracción muscular máxima, la velocidad de movimiento no varía. Mediante el uso de la electrónica, el aire o la hidráulica, el equipo puede ajustarse previamente para controlar la velocidad de movimiento (velocidad angular) desde 0°/s (contracción estática) hasta 300°/s o más. La Figura 9.1 muestra un aparato isocinético. En teoría, si se encuentra motivado adecuadamente, el individuo puede contraer los músculos a la fuerza máxima en todos los puntos del rango de movimiento.

Pliometría

La **pliometría**, o ejercicios con ciclos de estiramiento-acortamiento, se volvió conocida hacia fines de la década de 1970 y principios de la década de 1980, principalmente como un método para mejorar la capacidad de salto.

Propuesta para lograr la conexión entre los entrenamientos de velocidad y de fuerza, la pliometría utiliza el reflejo de estiramiento para facilitar el reclutamiento de unidades motoras. También almacena energía en los componentes elásticos y contráctiles del músculo durante la contracción excéntrica (estiramiento), que puede recuperarse durante la contracción concéntrica. A modo de ejemplo, para desarrollar la fuerza y la potencia de los músculos extensores de la rodilla, un individuo pasa de estar parado en posición erguida a una posición de media sentadilla (contracción excéntrica), para luego saltar hacia un cajón (contracción concéntrica), y terminar en posición de media sentadilla sobre dicho cajón. Posteriormente, el individuo salta lejos del cajón hacia el piso, cae en posición de media sentadilla y repite la secuencia con el próximo cajón (véase la Figura 9.4).

Electroestimulación

Se puede estimular un músculo haciendo pasar una corriente eléctrica directamente a través de él o de su nervio motor. Esta técnica, denominada **electroestimulación**, ha demostrado ser efectiva en un entorno clínico para reducir las pérdidas de fuerza y de tamaño muscular durante períodos de inmovilización y para restaurar la fuerza y el tamaño durante la rehabilitación. La electroestimulación también ha sido utilizada en forma experimental en individuos sanos (incluso en atletas). Sin embargo, las ganancias obtenidas no son mayores que aquellas que se alcanzan con un entrenamiento más convencional. Los deportistas han utilizado esta técnica para complementar sus programas de entrenamiento regulares; sin embargo, no existen evidencias que muestren que la utilización de electroestimulación como complemento del entrenamiento promueva ganancias adicionales en la fuerza, la potencia o en el rendimiento.

Fuerza y estabilidad del núcleo corporal

En años recientes, se han resaltado mucho los ejercicios de estabilidad y fortalecimiento del núcleo corporal. Si bien existen variadas opiniones sobre qué características anatómicas constituyen el núcleo corporal, el consenso general es que se trata del grupo de músculos troncales que rodean la columna y las vísceras abdominales e incluyen los músculos abdominales, los glúteos, los de la cintura pélvica, los paraespinales y otros músculos accesorios.

Inicialmente, este tipo de entrenamiento con ejercicios específicos para el núcleo corporal fue explorado en el ámbito de la rehabilitación, sobre todo para el tratamiento del dolor lumbar, pero en la actualidad se reconocen sus beneficios para el rendimiento deportivo. La mayor estabilidad central puede beneficiar el rendimiento deportivo al aportar una base para la mayor producción de fuerza y su transferencia a las extremidades. Por ejemplo, durante una acción simple como lanzar un balón, la participación y estabilización de la musculatura

FIGURA 9.4 Salto en la caja pliométrica (véase la explicación detallada en el texto).

central permite una mayor eficiencia biomecánica para transmitir las fuerzas generadas hacia la extremidad que realiza el lanzamiento y la activación de la musculatura estabilizadora del brazo contralateral. El principio de estabilización central promueve la estabilidad proximal para la movilidad distal.

Se han llevado a cabo pocos estudios acerca de los beneficios de la estabilidad central y el fortalecimiento del núcleo corporal. Una razón es que no existe ningún test estandarizado que evalúe la fuerza y la estabilidad central. Además, la mayoría de los estudios fueron llevados a cabo principalmente en poblaciones de sujetos con lesiones, las cuales no son específicas para valorar los efectos de la estabilidad central sobre el rendimiento deportivo. La explica-

ción fisiológica para este hallazgo es que el entrenamiento de la estabilidad central aumenta la sensibilidad de los husos musculares, y permite así un mayor estado de preparación para recargar las articulaciones durante el movimiento[5] y proteger el cuerpo de una lesión.

Los diferentes tipos de entrenamiento para la estabilización y el fortalecimiento del núcleo corporal incluyen los trabajos de equilibrio y la inestabilidad con sobrecarga (p. ej., los trabajos con balón suizo). Se considera que, dado que el núcleo corporal está compuesto principalmente por fibras musculares tipo I, la musculatura central puede responder bien a entrenamientos que impliquen múltiples series con un alto número de repeticiones.[2] Para promover la estabilización y el fortalecimiento de la musculatura

⬤ Revisión

➤ Debe completarse un análisis de las necesidades antes de diseñar un programa de entrenamiento, para que el programa se ajuste a las necesidades específicas del deportista.

➤ El entrenamiento de pocas repeticiones y cargas altas favorece el desarrollo de fuerza, mientras que el entrenamiento con altas repeticiones y baja intensidad optimiza el desarrollo de resistencia muscular.

➤ La variación (o periodización), a través de la cual se modifican diversos aspectos del programa de entrenamiento, es importante para optimizar los resultados y evitar el sobreentrenamiento o el agotamiento.

➤ Los programas de entrenamiento con sobrecarga dirigidos a mejorar la fuerza deben involucrar repeticiones tanto con acciones concéntricas (acortamiento muscular) como excéntricas (alargamiento muscular). Se pueden incluir también contracciones isométricas que desempeñan un papel beneficioso, aunque secundario.

➤ Los grupos musculares grandes deben entrenarse antes que los grupos musculares pequeños, los ejercicios multiarticulares deben realizarse antes que los ejercicios monoarticulares y los esfuerzos de mayor intensidad deben llevarse a cabo antes que los esfuerzos de baja intensidad.

➤ Se recomienda que aquellos practicantes de nivel inicial a intermedio incluyan períodos de recuperación de 2-3 min entre series realizadas con cargas altas, mientras que para aquellos con nivel avanzado podría ser suficiente una recuperación de 1-2 min.

➤ Los practicantes de nivel inicial o intermedio pueden utilizar tanto máquinas como pesos libres, mientras que los practicantes avanzados deberían enfocar su entrenamiento en la utilización de pesos libres.

➤ La electroestimulación puede utilizarse con éxito durante la rehabilitación de los deportistas, pero no presenta beneficios adicionales cuando se la emplea para como complemento del entrenamiento con sobrecarga en atletas saludables.

➤ Los ejercicios dirigidos a mejorar la estabilidad central benefician el rendimiento deportivo al brindar una base para la mayor producción de fuerza y la mayor transferencia de fuerza hacia las extremidades mientras se estabilizan otras partes del cuerpo.

central de los atletas, generalmente se incorporan rutinas de Yoga, Pilates, tai chi y trabajos con balón suizo a los programas de entrenamiento deportivo. Se necesitan investigaciones adicionales para determinar los beneficios del entrenamiento central y los mecanismos subyacentes.

Programas de entrenamiento para la mejora de la potencia anaeróbica y aeróbica

Los programas de entrenamiento de la potencia aeróbica y anaeróbica caen dentro de un continuo. Sin embargo, los extremos de este continuo son significativamente diferentes (p. ej., el entrenamiento para los 100 m llanos versus el entrenamiento para la maratón de 42,2 km [26,2 mi]). El Cuadro 9.3 ilustra de qué manera varían los requerimientos de entrenamiento en eventos competitivos de pedestrismo, a medida que nos desplazamos dentro del continuo, desde las pruebas de velocidad a las pruebas de fondo. Si se utiliza este cuadro como un ejemplo que puede ser aplicado a todos los deportes, el principal énfasis para las pruebas de velocidad más cortas está dado sobre el entrenamiento del sistema ATP-PCr. Para las pruebas de velocidad más largas y los eventos de media distancia, el énfasis primario se hace sobre el sistema glucolítico; mientras que para las pruebas de fondo, el énfasis primario se hace sobre el sistema oxidativo. La potencia anaeróbica está representada por los sistemas ATP-PCr y glucolítico anaeróbico, mientras que la potencia aeróbica está representada por el sistema oxidativo. Sin embargo, nótese que, aún en los extremos, debe entrenarse más de un sistema de producción de energía.

Pueden utilizarse diferentes tipos de programas de entrenamiento para satisfacer los requerimientos de entrenamiento específicos de cada prueba, como por ejemplo en carrera y natación, y de cada deporte. En primer lugar, describiremos algunos de los tipos de programas de entrenamiento más conocidos y cómo se utilizan para mejorar los sistemas de energía específicos.

Entrenamiento interválico

El concepto de **entrenamiento interválico** puede remontarse al menos hasta la década de 1930, cuando el famoso entrenador alemán Woldemar Gerschler formalizó un sistema estructurado de entrenamiento por intervalos. Este tipo de entrenamiento consiste en bloques repetidos de ejercicio de intensidad alta a moderada, intercalados con períodos de recuperación o de ejercicio de baja intensidad. Las investigaciones han demostrado que los deportistas pueden realizar un volumen de ejercicio considerablemente mayor si dividen el período total de ejercicio en bloques más cortos y más intensos, con intervalos de recuperación pasiva o activa insertados entre los primeros.

El vocabulario utilizado para describir un programa de entrenamiento interválico es similar al usado en el entrenamiento con sobrecarga, e incluye los términos series, repeticiones, tiempo de entrenamiento, distancia y frecuencia de entrenamiento, intervalo de ejercicio e intervalo de recuperación pasiva o activa. Con frecuencia, el entrenamiento interválico se prescribe utilizando estos términos, como se muestra en el siguiente ejemplo para un mediofondista:

- Serie 1: 6 × 400 m (436 yd) a 75 s (90 s de trote lento)
- Serie 2: 6 × 800 m (872 yd) a 180 s (200 s de trote-marcha)

En la primera serie, el atleta correrá seis repeticiones de 400 m cada una, completará el intervalo de ejercicio en 75 s y se recuperará durante 90 s entre los intervalos de ejercicio con un trote lento. La segunda serie consiste

CUADRO 9.3 Porcentaje de énfasis sobre los tres sistemas de producción de energía para el entrenamiento en diversos eventos de pedestrismo

Prueba de carrera	Velocidad aeróbica (sistema ATP-PCr)	Resistencia anaeróbica (sistema glucolítico anaeróbico)	Resistencia aeróbica (sistema oxidativo)
100 m (109 yd)	95	3	2
200 m (218 yd)	95	2	3
400 m (436 yd)	80	15	5
800 m (872 yd)	30	65	5
1 500 m (0,93 mi)	20	55	25
3 000 m (1,86 mi)	20	40	40
5 000 m (3,10 mi)	10	20	70
10 000 m (6,2 mi)	5	15	80
Maratón (42,2 km; 26,2 mi)	5	5	90

Adaptado de *Exercise physiology*, F. Wilt, "Training for competitive running," editado por H.B. Falls. Copyright Elsevier 1968.

en correr seis repeticiones de 800 m cada una, completar el intervalo de ejercicio en 180 s y recuperarse durante 200 s con marcha-trote.

Si bien tradicionalmente el entrenamiento interválico estuvo asociado a las pruebas de pista en el atletismo, a las carreras de cross country y a la natación, en la actualidad es claro que es un método de entrenamiento adecuado para todas las actividades deportivas. Los protocolos de entrenamiento interválico pueden adaptarse a cualquier deporte o prueba seleccionando primero la forma o modo de entrenamiento y luego, manipulando las siguientes variables principales para ajustarlas al deporte y al atleta:

- Velocidad del intervalo de ejercicio
- Distancia del intervalo de ejercicio
- Número de repeticiones y de series durante cada sesión de entrenamiento
- Duración del intervalo de recuperación pasiva o activa
- Tipo de actividad durante el intervalo de recuperación activa
- Frecuencia de entrenamiento por semana

Intensidad del intervalo de ejercicio

Se puede determinar la intensidad del intervalo de ejercicio estableciendo una duración específica para una distancia determinada, como se muestra en el ejemplo anterior para la serie 1 (es decir, 75 s para 400 m), o utilizando un porcentaje fijo de la frecuencia cardíaca máxima del atleta ($FC_{máx}$). Establecer una duración específica resulta más práctico, en particular para esprines cortos. Típicamente, esto se determina utilizando el mejor tiempo del atleta para la distancia fijada y ajustando posteriormente la duración de acuerdo con la intensidad relativa que el atleta desea alcanzar, siendo 100% igual al mejor tiempo del atleta. A modo de ejemplo, para desarrollar el sistema ATP-PCr, la intensidad debe ser cercana a la máxima (p. ej., 90-98%); para desarrollar el sistema glucolítico anaeróbico, debe ser alta (p. ej., 80-95%); y para desarrollar el sistema aeróbico, debe ser moderada a alta (p. ej., 75-85%). Estos porcentajes estimados constituyen sólo aproximaciones y dependen del potencial genético del atleta y de su nivel de acondicionamiento físico, de la duración del intervalo (p. ej., 10 s versus 10 min), del número de repeticiones y series, y de la duración del intervalo de recuperación activa.

El empleo de un porcentaje fijo de la $FC_{máx}$ del atleta puede proporcionar un mejor índice del estrés fisiológico que éste experimenta. En la actualidad, existen monitores de frecuencia cardíaca de fácil disponibilidad y relativamente baratos (véase la Figura 9.5). Puede determinarse la $FC_{máx}$ durante una prueba de ejercicio máximo en el laboratorio, como se describe en el Capítulo 8, o durante una carrera de esfuerzo máximo sobre la pista utilizando

FIGURA 9.5 Corredor equipado con un monitor de frecuencia cardíaca. La unidad receptora, unida a la correa del tórax, capta y transmite los impulsos eléctricos del corazón al monitor digital y al componente de memoria enlazado en la muñeca. Después del entrenamiento, puede descargarse el contenido de la memoria en un ordenador.

el monitor de frecuencia cardíaca. El entrenamiento del sistema ATP-PCr requiere entrenar a porcentajes muy altos de la $FC_{máx}$ del atleta (p. ej., 90-100%), al igual que el entrenamiento para desarrollar el sistema glucolítico anaeróbico (p. ej., 85-100% de la $FC_{máx}$). Para desarrollar el sistema aeróbico, la intensidad debe ser de moderada a alta (p. ej., 70-90% de la $FC_{máx}$).

La Figura 9.6 ilustra los cambios en la concentración de lactato sanguíneo en un corredor que realizó un entrenamiento interválico utilizando tres intensidades distintas correspondientes a las intensidades necesarias para entrenar el sistema ATP-PCr, el sistema glucolítico y el sistema oxidativo. El corredor realizó cinco repeticiones en una única serie para cada intensidad en distintos días, y los valores de lactato se obtuvieron a partir de una muestra de sangre extraída después de la última repetición en cada intensidad.

Distancia del intervalo de ejercicio

La distancia del intervalo de ejercicio está determinada por los requerimientos de la prueba, el deporte o la actividad. Los atletas que corren o realizan esprines sobre distancias cortas, como los velocistas en el atletismo, los jugadores de baloncesto y los jugadores de fútbol, utilizarán intervalos cortos de 30 a 200 m (33-219 yd), a pesar de que un velocista de 200 m correrá con frecuencia distancias de

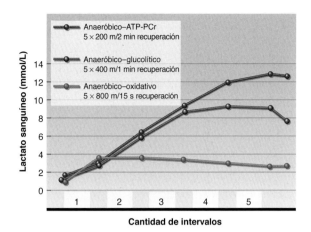

FIGURA 9.6 Concentraciones de lactato sanguíneo para un corredor que realizó un entrenamiento interválico consistente de una única serie de cinco repeticiones a tres intensidades distintas. Los entrenamientos fueron llevados a cabo en días separados y las intensidades fueron las correspondientes a las necesarias para el entrenamiento de cada sistema de producción de energía

300 a 400 m (328-437 yd). Un corredor de 1 500 m puede correr intervalos tan cortos como 200 m para mejorar su velocidad; pero la mayor parte de su entrenamiento deberá comprender distancias de 400 a 1 500 m (437-1 640 yd), o distancias aún mayores, para aumentar la resistencia y disminuir la fatiga o el agotamiento durante la carrera.

Número de repeticiones y series durante cada sesión de entrenamiento

El número de repeticiones y series también estará determinado principalmente por las necesidades del deporte, la prueba o la actividad. Por lo general, cuanto más corto e intenso sea el intervalo, mayor deberá ser el número de repeticiones y series. A medida que se incrementa la distancia y duración de los intervalos, se reduce el número de repeticiones.

Duración del intervalo de recuperación pasiva o activa

La duración del intervalo de recuperación pasiva o activa dependerá de cuán rápido se recupere el atleta luego del intervalo de ejercicio. El grado de recuperación se determina mejor a través de la reducción de la frecuencia cardíaca del deportista hasta un nivel predeterminado durante el período de recuperación pasiva o activa. Para los deportistas más jóvenes (30 años de edad o menos), por lo general se permite que la frecuencia cardíaca caiga hasta 130 a 150 latidos/min antes de que comience el nuevo intervalo de ejercicio. Para aquellos deportistas mayores de 30 años, dado que la $FC_{máx}$ disminuye ~ 1 latido/min por año, lo que se realiza es restarle 30 a la edad del atleta y posteriormente sustraer esta cantidad a 130 y 150. Así, para un individuo de 45 años, debemos sustraer

15 latidos/min para obtener un rango de recuperación del atleta de 115 a 135 latidos/min. El intervalo de recuperación entre series puede establecerse de manera similar, aunque generalmente la frecuencia cardíaca debería ser inferior a 120 latidos/min.

Tipo de actividad durante el intervalo de recuperación activa

El tipo de actividad que se realiza durante la recuperación activa para los entrenamientos de campo puede variar desde una caminata lenta hasta una rápida o un trote. En la piscina, resulta adecuado nadar lentamente utilizando brazadas alternativas o el estilo principal. En algunos casos, por lo general en la piscina, puede utilizarse el descanso total. Usualmente, cuanto más intenso sea el intervalo de ejercicio, más suave o menos intensa debe ser la actividad que se realiza en el intervalo de recuperación. A medida que el deportista adquiere mejores condiciones físicas, será capaz de aumentar la intensidad, disminuir la duración del intervalo de recuperación, o ambos.

Frecuencia semanal de entrenamiento

La frecuencia de entrenamiento dependerá ampliamente del objetivo del entrenamiento interválico. Los velocistas o mediofondistas de clase mundial deberán entrenar cinco a siete días por semana, aunque no todos los entrenamientos serán de tipo interválico. Los nadadores realizan entrenamientos interválicos casi con exclusividad. Los deportistas que practican deportes en equipo pueden beneficiarse con dos a cuatro días de entrenamiento interválico por semana, cuando se utiliza dicho entrenamiento sólo como complemento de un programa de acondicionamiento general.

El entrenador o atleta que esté interesado en los detalles específicos de cómo organizar y administrar un programa de entrenamiento interválico debería referirse al excelente texto de Fox y Mathews (1974).[4] Estos autores han aportado numerosos buenos ejemplos de cómo puede utilizarse el entrenamiento interválico para diversos tipos de deportes.

Entrenamiento continuo

El **entrenamiento continuo** comprende una actividad sin intervalos de recuperación. Puede variar entre un entrenamiento con carreras largas y lentas al entrenamiento de la resistencia de alta intensidad. El entrenamiento continuo está estructurado principalmente para modificar los sistemas energéticos oxidativo y glucolítico. Por lo general, la actividad continua de alta intensidad se realiza a intensidades que representan el 85 al 95% de la $FC_{máx}$ del atleta. Para los nadadores y atletas de pista y cross country, esto puede estar por sobre el ritmo de la carrera, o cercano a éste. Idealmente, este ritmo deberá coincidir o exceder el ritmo asociado con el umbral de lactato del deportista. La evidencia científica ha mostrado que los corredores de maratón habitualmente corren a la velocidad del umbral de lactato o muy próxima a ésta.

El **entrenamiento con carreras largas y lentas** se volvió muy popular en la década de 1960. Con esta forma de entrenamiento, creada por el Dr. Ernst Van Auken, un médico y entrenador alemán, en la década de 1920, el deportista entrena a intensidades relativamente bajas, entre 60 y 80% de su $FC_{máx}$, lo que equivale aproximadamente a 50-75% del $\dot{V}O_{2máx}$. El objetivo principal es la distancia, más que la velocidad. Utilizando el método de carrera larga y lenta, los fondistas pueden completar un volumen de entrenamiento diario de 24-48 km (15-30 millas) y alcanzar volúmenes semanales de 161-322 km (100-200 millas). El ritmo de la carrera es considerablemente más lento que el ritmo máximo del corredor. Si bien este método provoca un menor impacto sobre los aparatos cardiovascular y respiratorio, los grandes volúmenes que suelen completarse con este método pueden resultar en lesiones por sobreuso y en el deterioro de los músculos y articulaciones. Más aún, el corredor serio necesita entrenar regularmente al ritmo de la carrera o cerca de éste para desarrollar velocidad y fuerza en las piernas. Por lo tanto, la mayoría de los corredores varía su entrenamiento de un día a otro, de semana a semana y de mes a mes.

El método de carrera larga y lenta es probablemente la forma más popular y segura para el entrenamiento de la resistencia aeróbica en individuos no deportistas que deseen mantenerse en forma por razones de salud. Por lo general, las actividades más vigorosas y explosivas no están indicadas para los adultos mayores sedentarios. El método de carrera larga y lenta también puede ser un buen programa de entrenamiento para aquellos deportistas que practican deportes de conjunto y que deben mantener sus niveles de resistencia aeróbica tanto durante el período competitivo como durante el período de transición (fuera de temporada).

El **entrenamiento tipo Fartlek**, o juego de velocidades, es otra forma de entrenamiento continuo que tiene un dejo de entrenamiento interválico. Esta forma de entrenamiento fue desarrollada en Suecia en la década de 1930 y es utilizada principalmente por los fondistas. Con este método, los atletas realizan variaciones en su ritmo de carrera, que puede ir desde un trote hasta una carrera a alta velocidad, y las cuales no están programadas. Ésta es una forma libre de entrenamiento, en la cual el objetivo principal es la diversión, y la distancia y el tiempo ni siquiera se consideran. El entrenamiento tipo Fartlek se realiza normalmente en el campo, donde hay cuestas de diferente inclinación. Muchos entrenadores han utilizado el entrenamiento tipo Fartlek para complementar tanto el entrenamiento continuo de alta intensidad como el entrenamiento interválico, dado que constituye una variante de la rutina de entrenamiento normal.

Entrenamiento interválico en circuito

Creado en los países escandinavos en las décadas de 1960 y 1970, el **entrenamiento interválico en circuito** combina el entrenamiento interválico y el entrenamiento en circuito en una sola rutina de entrenamiento. El circuito puede ser de 3 000 a 10 000 m de longitud, con estaciones cada 400 a 1 600 m (437-1 750 yd). El atleta trota, corre o realiza un esprín en la distancia entre las estaciones; frena en cada estación para realizar un ejercicio de fuerza, flexibilidad o resistencia muscular de manera similar a lo que ocurre en un entrenamiento en circuito real; y continúa trotando, corriendo o esprintando hasta la siguiente estación. Usualmente, estos cursos están localizados en parques o en el campo, donde existen muchos árboles y colinas.

Revisión

➤ Los programas de entrenamiento de la potencia anaeróbica y aeróbica están diseñados para estresar los tres sistemas de producción de energía metabólica: ATP-PCr, glucolítico anaeróbico y oxidativo.

➤ El entrenamiento interválico consiste en bloques repetidos de ejercicio de intensidad alta a moderada intercalados con períodos de recuperación o de ejercicio de intensidad reducida. Para los intervalos cortos, la velocidad o el ritmo de actividad y el número de repeticiones son generalmente altos, y el período de recuperación es usualmente corto. Lo contrario ocurre para los intervalos largos.

➤ Tanto la velocidad del ejercicio como la de recuperación pueden controlarse mediante el uso de un monitor de frecuencia cardíaca.

➤ El entrenamiento interválico es adecuado para todos los deportes. La duración e intensidad de los intervalos pueden ajustarse sobre la base de los requerimientos de cada deporte.

➤ El entrenamiento continuo no tiene intervalos de recuperación y puede variar desde un entrenamiento con carreras largas y lentas a un entrenamiento de alta intensidad. El entrenamiento con carreras largas y lentas es muy popular para el acondicionamiento físico general.

➤ El entrenamiento tipo Fartlek, o juego de velocidades, es una actividad excelente para recuperarse de varios días o más de entrenamiento intenso.

➤ El entrenamiento interválico en circuito combina el entrenamiento interválico con el entrenamiento en circuito dentro de una sola rutina.

Conclusión

En este capítulo hemos revisado los principios generales del entrenamiento y la terminología que se utiliza para describirlos. Posteriormente, estudiamos los componentes esenciales de los programas de entrenamiento con sobrecarga y de los programas de entrenamiento de la potencia aeróbica y anaeróbica. Con este conocimiento general, podemos focalizarnos ahora en el modo en que el organismo se adapta a estos diferentes tipos de programas de entrenamiento. En el próximo capítulo veremos cómo responde el cuerpo al entrenamiento con sobrecarga.

Palabras clave

1 repetición máxima (1RM)

análisis de las necesidades

electroestimulación

entrenamiento continuo

entrenamiento con carreras largas y lentas

entrenamiento con resistencia variable

entrenamiento de la fuerza isométrica (estático)

entrenamiento excéntrico

entrenamiento interválico

entrenamiento interválico en circuito

entrenamiento isocinético

entrenamiento isométrico

entrenamiento tipo Fartlek

fuerza muscular

hipertrofia

pesos libres

pliometría

potencia

potencia aeróbica

potencia anaeróbica

principio de especificidad

principio de individualidad

principio de la sobrecarga progresiva

principio de periodización

principio de reversibilidad

principio de variación

resistencia muscular

Preguntas

1. Defina y diferencie los términos *fuerza*, *potencia* y *resistencia muscular*. ¿Cómo se relaciona cada componente con el rendimiento deportivo?
2. Defina potencia aeróbica y anaeróbica. ¿Cómo se relaciona cada una con el rendimiento deportivo?
3. Describa y dé ejemplos de los principios de individualidad, especificidad, reversibilidad, sobrecarga progresiva y variación.
4. ¿Qué factores deben considerarse al realizar un análisis de las necesidades para diseñar un programa de entrenamiento con sobrecarga?
5. ¿Cuál sería el rango apropiado de carga (% de 1RM) y repeticiones cuando se diseña un programa de entrenamiento con sobrecarga dirigido a desarrollar fuerza? ¿Resistencia muscular? ¿Potencia muscular? ¿Hipertrofia?
6. Describa los diversos tipos de entrenamiento con sobrecarga y explique las ventajas y desventajas de cada uno.
7. ¿Qué tipo de programa de entrenamiento sería el más adecuado para los velocistas? ¿Corredores de maratón? ¿Jugadores de fútbol?
8. Describa los diferentes métodos de entrenamiento continuo e interválico y explique las ventajas y desventajas de cada uno. Indique el deporte o prueba que se vería más beneficiado con cada uno.

Adaptaciones al entrenamiento con sobrecarga

10

En este capítulo

Mejoras en el acondicionamiento muscular asociadas al entrenamiento con sobrecarga   **228**

Mecanismos implicados en la mejora de la fuerza muscular   **229**
Control neural de las ganancias de fuerza   229
Hipertrofia muscular   231
Integración de la activación neural y la hipertrofia fibrilar   233
Atrofia muscular y disminución de la fuerza con la inactividad   234
Alteraciones en los tipos de fibras musculares   236

Dolor y calambres musculares   **237**
Dolor muscular agudo   237
Dolor muscular de aparición tardía   237
Calambres musculares inducidos por el ejercicio   241

Entrenamiento con sobrecarga para poblaciones especiales   **242**
Diferencias de sexo y edad   242
Entrenamiento con sobrecarga para el deporte   243

Conclusión   **244**

Sabemos que los deportistas que participan en un programa de entrenamiento con sobrecarga se vuelven mucho más fuertes. Durante unos cuantos años, el Dr. William Gonyea y sus colegas del *University of Texas Health Sciences Center Dallas* han intentado determinar los mecanismos detrás de las ganancias de fuerza en los músculos de los atletas que participan en programas de entrenamiento con sobrecarga. Pero el Dr. Gonyea y sus colaboradores han estado trabajando con una clase diferente de deportista: ¡con gatos! Los gatos reciben alimentos como recompensa por sus rutinas diarias que los estimula a entrenar muy duro. Al igual que sus análogos humanos, estos animales experimentan aumentos sustanciales en la fuerza y el tamaño muscular. En el presente capítulo se discutirán los resultados de los estudios llevados a cabo por el Dr. Gonyea y sus colaboradores, dado que han modificado la visión tradicional acerca de los mecanismos implicados en el incremento del tamaño muscular.

Con el ejercicio crónico, se producen muchas adaptaciones en el sistema neuromuscular. La magnitud de las adaptaciones depende del tipo de programa de entrenamiento que se siga: con el entrenamiento aeróbico, por ejemplo trotar o nadar, las ganancias que se observan en la fuerza y la potencia muscular son pequeñas o casi nulas, mientras que el **entrenamiento con sobrecarga** produce adaptaciones neuromusculares importantes.

El entrenamiento con sobrecarga alguna vez fue considerado inapropiado para los deportistas, excepto para aquellos que competían en deportes tales como la halterofilia, los eventos de lanzamiento en el atletismo y, hasta cierto punto, el fútbol americano, la lucha y el boxeo. Las mujeres debían mantenerse alejadas de la sala de pesas. Pero hacia fines de la década de 1960 y principios de la década de 1970, los entrenadores e investigadores descubrieron que el entrenamiento de fuerza y potencia resultaba beneficioso para casi todos los deportes y actividades, y para mujeres y hombres por igual. Por último, hacia fines de la década de 1980 y principios de los años 1990, los profesionales de la salud comenzaron a reconocer la importancia del entrenamiento con sobrecarga para la salud y la aptitud física general.

En la actualidad, la mayoría de los deportistas considera al entrenamiento de fuerza y potencia como un componente importante de su programa general de entrenamiento. Gran parte de este cambio de actitud debe atribuirse a la investigación, que ha demostrado los efectos beneficiosos del entrenamiento con sobrecarga sobre el rendimiento, y a las innovaciones en las técnicas y equipos de entrenamiento. En la actualidad, el entrenamiento con sobrecarga constituye una parte importante de la prescripción de ejercicio para aquellos que buscan los beneficios de los ejercicios asociados con la salud.

Mejoras en el acondicionamiento muscular asociadas al entrenamiento con sobrecarga

A lo largo de todo este libro, vemos cuán importante es el acondicionamiento muscular tanto para el rendimiento deportivo como para la salud en general. ¿Cómo nos volvemos más fuertes, y cómo incrementamos la potencia y la resistencia muscular? Para mantener el acondicionamiento muscular, es importante llevar un estilo de vida activo; sin embargo, para mejorar la fuerza, la potencia y la resistencia muscular es necesario llevar a cabo un programa de entrenamiento. En esta sección revisaremos brevemente los cambios que se producen como consecuencia del entrenamiento con sobrecarga. Nos focalizamos en la fuerza, con solo una breve mención de la potencia y de la resistencia muscular, tópicos que se explican con mayor detalle en otras secciones de este libro.

El sistema neuromuscular es uno de los sistemas corporales que más responde al entrenamiento. Los programas de entrenamiento con sobrecarga pueden producir mejoras considerables en la fuerza. En un período de tres a seis meses de entrenamiento, es posible observar mejoras en la fuerza de entre un 25 y 100%, y en algunos casos las ganancias pueden ser incluso mayores. Sin embargo, estas estimaciones de las ganancias porcentuales en la fuerza son de alguna forma engañosas. La mayoría de los individuos que participaron en estudios de investigación acerca del entrenamiento de la fuerza nunca habían levantado pesas o participado en alguna otra forma de entrenamiento con sobrecarga. Gran parte de las ganancias tempranas en la fuerza son resultado de la familiarización o el aprendizaje, esto es, en las primeras fases del entrenamiento con sobrecarga los sujetos aprenden a aplicar la fuerza en forma más efectiva y a realizar un verdadero esfuerzo máximo durante un ejercicio (p. ej., durante el desplazamiento de la barra desde el pecho hasta la posición de extensión completa en el ejercicio de fuerza en banco). Este efecto de aprendizaje da cuenta de aproximadamente el 50% de las ganancias globales en la fuerza.[14]

Cuando las mejoras en la fuerza son expresadas como un porcentaje de los valores iniciales de fuerza, no parece haber diferencias entre mujeres y hombres, entre niños y adultos o entre adultos mayores (ancianos), adultos jóvenes y adultos de mediana edad respecto de las ganancias en la fuerza inducidas por el entrenamiento. Sin embargo, si comparamos el incremento absoluto en el peso que puede ser desplazado durante un ejercicio, éste será mayor en los hombres que en las mujeres, mayor en los adultos que en los niños y mayor en los adultos jóvenes que en los adultos mayores (ancianos). Por ejemplo, supongamos que un niño de 12 años y un adulto de 25 años de edad participan de un programa de entrenamiento con sobrecarga de 20 semanas de duración. Luego de las 20 semanas, ambos sujetos exhiben un incremento en la fuerza del 50% en el ejercicio de fuerza en banco (el incremento relativo a porcentual fue igual). Si la fuerza inicial del adulto en el ejercicio de fuerza en banco (1 repetición máxima, 1RM) era de 50 kg (110 lb), su mejora absoluta habrá sido de 25 kg (55 lb), es decir, su nueva 1RM será de 75 kg (165 lb). En el caso del niño, su 1RM inicial era de 25 kg; entonces, dado que su incremento porcentual fue del 50%, su mejora absoluta habrá sido de 12,5 kg (28 lb) y su nueva 1RM será de 37,5 kg (83 lb).

El músculo es un tejido que exhibe una gran plasticidad, ya que incrementa su tamaño y su fuerza en respuesta al entrenamiento o reduce su tamaño y su fuerza en respuesta a la inmovilización. En el resto de este capítulo, se detallan las adaptaciones fisiológicas que ocurren y permiten a los individuos ejercer más fuerza. También nos ocupamos de cuál es la causa del dolor agudo que se produce en los músculos específicos durante las primeras semanas de entrenamiento.

Mecanismos implicados en la mejora de la fuerza muscular

Durante muchos años, se creyó que las ganancias de fuerza eran el resultado directo del aumento del tamaño muscular (hipertrofia). Esta presunción era lógica, puesto que, con frecuencia, la mayoría de los individuos que entrenaban la fuerza en forma regular desarrollaban músculos grandes y voluminosos. Asimismo, se ha observado que los músculos de una extremidad inmovilizada durante semanas o meses exhibían una reducción en su tamaño (**atrofia**) y la pérdida casi inmediata de la fuerza. En general, las ganancias en el tamaño muscular están acompañadas por ganancias en la fuerza, y las pérdidas de tamaño muscular exhiben una alta correlación con la pérdida de la fuerza. En consecuencia, resulta tentador concluir que existe una relación causa-efecto directa entre el tamaño y la fuerza muscular. Si bien existe una relación entre el tamaño y la fuerza, la fuerza muscular comprende mucho más que solo el tamaño del músculo.

Esto no significa que el tamaño muscular no sea importante para el potencial muscular para producir fuerza. El tamaño es extremadamente importante, como queda demostrado por los récords mundiales de hombres y mujeres en el levantamiento de pesas competitivo, según se observa en la Figura 10.1. A medida que aumenta la categoría de peso (lo que implica mayor masa muscular), aumenta también el récord para el total olímpico (sumatoria de los pesos levantados en arranque y envión). Sin embargo, los mecanismos asociados con las ganancias de fuerza son muy complejos y no se comprenden por completo. Entonces, ¿cómo podemos explicar las ganancias de fuerza, fuera del aumento del tamaño muscular, como consecuencia del entrenamiento? Existe evidencia creciente que sugiere que se producen cambios en el con-

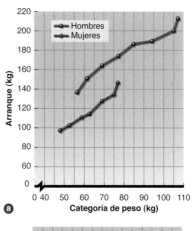

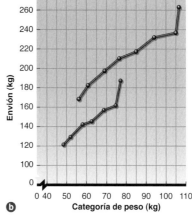

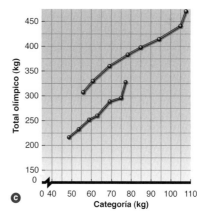

FIGURA 10.1 Récords mundiales hasta el 2010 en los ejercicios de arranque (a), envión (b), y en el total olímpico (sumatoria de los pesos levantados en arranque y envión) (c), en hombres y mujeres de diferentes categorías de peso.

trol neural de los músculos entrenados, lo cual permite que el músculo produzca una fuerza mucho mayor.

Control neural de las ganancias de fuerza

Un componente nervioso importante explica al menos parte de las ganancias de fuerza como consecuencia del entrenamiento con sobrecarga. Enoka ha propuesto un argumento convincente; en él establece que las ganancias de fuerza pueden alcanzarse sin cambios estructurales en el músculo, pero no sin adaptaciones neurales.[5] Así, la fuerza no es una propiedad exclusiva del músculo. Más bien se trata de una propiedad del sistema motor. Los cambios en el reclutamiento de unidades motoras, la frecuencia de estimulación y en otros factores neurales también son importantes para provocar mejoras en la fuerza. Estos factores explican la mayoría de las ganancias de fuerza que se producen en ausencia de hipertrofia, al igual que las míticas hazañas sobrehumanas de fuerza.

Sincronización y reclutamiento de unidades motoras adicionales

En general, las unidades motoras se reclutan en forma asincrónica, no todas en el mismo momento. Están controladas por un conjunto de neuronas diferentes que pueden transmitir tanto impulsos excitatorios como inhibitorios (véase el Capítulo 3). El hecho de que las fibras musculares se contraigan o permanezcan relajadas depende de la suma de muchos impulsos recibidos por una determinada unidad motora en un momento dado. La unidad motora se activa y sus fibras musculares se contraen solo cuando los impulsos excitatorios entrantes exceden a los impulsos inhibitorios y se alcanza o se supera el umbral de excitación.

Las ganancias de fuerza pueden ser consecuencia de cambios en las conexiones entre las motoneuronas ubicadas en la médula espinal, lo que permite que las unidades motoras actúen de manera más sincrónica y faciliten la contracción, con lo cual aumentan la capacidad del músculo para ejercer fuerza. Existe buena evidencia de que la sincronización de unidades motoras se incrementa con el entrenamiento; sin embargo, la evidencia respecto de si la sincronización de unidades motoras provoca un incremento de la fuerza de contracción aún es controversial. No obstante, es claro que la sincronización mejora la tasa de desarrollo de la fuerza y la capacidad para ejercer fuerza en forma continua.[3]

Una posibilidad alternativa es que, para realizar una tarea dada, simplemente se recluten más unidades motoras independientemente de si éstas actúan en forma sincronizada o no. Esta mejora en los patrones de reclutamiento podría ser consecuencia del incremento en el impulso nervioso hacia las motoneuronas α durante la contracción máxima. Este aumento del impulso nervioso podría incrementar también la frecuencia de descarga (frecuencia de disparo) de las unidades motoras. Otra posibilidad es que se reduzcan los impulsos inhibitorios, permitiendo así la activación de más unidades motoras o que éstas sean activadas a mayor frecuencia.

Incremento en la frecuencia de disparo de las unidades motoras

El incremento en el impulso nervioso de las motoneuronas α podría incrementar también la frecuencia de descarga, o frecuencia de disparo, de sus unidades moto-

ras. Recordemos del Capítulo 1 que, a medida que aumenta la frecuencia de estimulación de una unidad motora determinada, el músculo alcanza finalmente un estado de tétanos y produce así el pico absoluto de fuerza o tensión de la fibra muscular o la unidad motora (véase la Figura 1.12). Existe cierta evidencia que indica que el entrenamiento con sobrecarga incrementa la frecuencia de disparo. Los movimientos rápidos o el entrenamiento de tipo balístico parecen ser particularmente efectivos para estimular el aumento de la frecuencia de disparo.

Inhibición autógena

Para evitar que los músculos ejerzan más fuerza de la que los huesos y el tejido conectivo pueden tolerar, es necesaria la participación de diversos mecanismos inhibitorios del sistema neuromuscular, tal como el órgano tendinoso de Golgi. Este control recibe el nombre de **inhibición autógena**. Sin embargo, en situaciones extremas en las que se requieren una gran producción de fuerza puede producirse un daño importante en estas estructuras, lo que sugiere que los mecanismos inhibitorios pueden ser anulados.

La función de los órganos tendinosos de Golgi fue analizada en el Capítulo 3. Cuando la tensión sobre los tendones de un músculo y sobre las estructuras internas de tejido conectivo excede el umbral de los órganos tendinosos de Golgi, se produce la inhibición de las motoneuronas que inervan dicho músculo, es decir, se produce la inhibición autógena. Tanto la formación reticular en el tronco cerebral como la corteza cerebral tienen la función de iniciar y propagar los impulsos inhibitorios.

⬤ Concepto clave

El entrenamiento con sobrecarga puede atenuar la inhibición autógena, lo que permite una mayor producción de fuerza por parte de los músculos entrenados, independientemente del aumento de la masa muscular.

El entrenamiento puede reducir o contraponerse en forma gradual a dichos efectos inhibitorios, y permitir así que el músculo alcance niveles de fuerza mayores. De esta manera, las ganancias en la fuerza pueden producirse a través de la reducción en la inhibición neurológica. Esta teoría resulta atractiva porque puede explicar, al menos parcialmente, las hazañas sobrehumanas de fuerza y las ganancias de fuerza en ausencia de hipertrofia.

Otros factores nerviosos

Además del incremento en el reclutamiento de unidades motoras o de la reducción en la inhibición neural, otros factores nerviosos pueden contribuir a las ganancias de fuerza que se producen mediante el entrenamiento con sobrecarga. Uno de ellos recibe el nombre de coactivación de músculos agonistas y antagonistas (los músculos agonistas son los que producen el movimiento primario, mientras que los antagonistas impiden la acción de los agonistas). Si usamos como ejemplo la contracción concéntrica del flexor del antebrazo, el bíceps constituye el agonista primario, y el tríceps es el antagonista. Si ambos se contrajeran con la misma fuerza, no se observaría ningún movimiento. Por ello, para maximizar la fuerza ejercida por un agonista, es necesario minimizar la magnitud de la coactivación. La reducción de la coactivación podría explicar una parte de las ganancias de fuerza atribuidas a factores nerviosos, aunque probablemente su contribución sería pequeña.

También se han observado cambios en la morfología de la unión neuromuscular, con niveles de actividad tanto aumentados como disminuidos, que pueden estar directamente relacionados con la capacidad del músculo de producir fuerza.

Hipertrofia muscular

¿Cómo aumenta el tamaño de un músculo? Pueden producirse dos tipos de hipertrofia: transitoria y crónica. La **hipertrofia transitoria** es el aumento del tamaño muscular que se desarrolla durante e inmediatamente después de una única sesión de ejercicios. Es el resultado sobre todo de la acumulación de líquidos (edema) provenientes del plasma sanguíneo en los espacios intersticial e intracelular del músculo. La hipertrofia transitoria, como su nombre lo indica, dura solo un corto período. El líquido regresa a la sangre en un lapso de horas después del ejercicio.

La **hipertrofia crónica** se refiere al aumento del tamaño muscular que resulta del entrenamiento con sobrecarga a largo plazo. Esto refleja cambios estructurales reales en el músculo, que pueden ser consecuencia de un aumento del tamaño de las fibras musculares existentes (**hipertrofia fibrilar**), de la cantidad de fibras musculares (**hiperplasia fibrilar**), o de ambos. Existe controversia respecto de las teorías que tratan de explicar la causa subyacente de este fenómeno. Sin embargo, resulta trascendente el hallazgo de que el componente excéntrico del entrenamiento es importante para maximizar los aumentos en el área transversal de las fibras musculares. Diversos estudios han mostrado que el entrenamiento con contracciones únicamente excéntricas produjo una mayor hipertrofia y mayores incrementos en la fuerza que el entrenamiento única-

mente concéntrico o el entrenamiento con ambos tipos de contracciones. Más aún, el entrenamiento excéntrico de alta velocidad parece inducir a mayores ganancias de hipertrofia y fuerza que el entrenamiento de baja velocidad.[18] Estos mayores incrementos parecen estar relacionados con disrupción de los discos Z del sarcómero. Esta disrupción fue originalmente clasificada como lesión muscular, pero ahora se cree que representa la remodelación proteica de las fibras.[18] Así, el entrenamiento solo con acciones concéntricas podría limitar la hipertrofia muscular y los aumentos de la fuerza muscular. Veamos ahora los dos mecanismos postulados para el aumento del tamaño muscular mediante el entrenamiento con sobrecarga: hipertrofia fibrilar e hiperplasia fibrilar.

Hipertrofia fibrilar

Las primeras investigaciones sugirieron que la cantidad de fibras musculares en cada uno de los músculos de un individuo está determinada desde el nacimiento o poco después de éste, y que este número permanece fijo durante toda la vida. Si esto fuera cierto, la hipertrofia de todo el músculo solo podría producirse a través de la hipertrofia de las fibras musculares individuales. Esto podría explicarse por la presencia de

- más miofibrillas,
- más filamentos de actina y miosina,
- más sarcoplasma,
- más tejido conectivo, o
- cualquier combinación de éstos.

Como se observa en las microfotografías de la Figura 10.2, el entrenamiento con sobrecarga intenso puede aumentar en forma significativa el área transversal de las fibras musculares. En este ejemplo, la hipertrofia fibrilar probablemente sea el resultado del incremento en el número de miofibrillas y de filamentos de actina y miosina que aportarán más puentes cruzados para la producción de fuerza durante una contracción máxima. Sin embargo, no en todos los casos de hipertrofia muscular

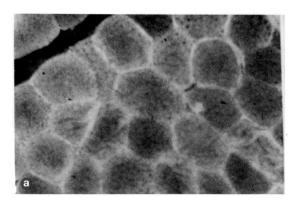
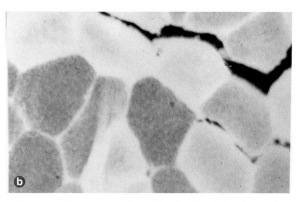

FIGURA 10.2 Imágenes microscópicas de secciones transversales de músculo tomadas del músculo de la pierna de un hombre que no había entrenado durante los dos años anteriores, (*a*) antes de que reiniciara el entrenamiento y (*b*) después de haber realizado seis meses de entrenamiento dinámico de la fuerza. Nótese las fibras significativamente más grandes (hipertrofia) después del entrenamiento.

puede observarse un incremento tan dramático de las fibras musculares.

La hipertrofia de fibras musculares individuales como consecuencia del entrenamiento con sobrecarga parece ser el resultado de un incremento neto de la síntesis de proteínas en el músculo. El contenido proteico del músculo se encuentra en un continuo estado de flujo. Las proteínas se sintetizan y se degradan en forma permanente. Sin embargo, la tasa a la que se llevan a cabo estos procesos varía en función de las demandas impuestas sobre el organismo. En apariencia, durante el ejercicio, se produce una reducción en la síntesis de proteínas concomitantemente con un incremento en la tasa de degradación proteica. Este patrón se revierte durante el período de recuperación posejercicio, incluso hasta el punto de llegar a una síntesis neta de proteínas. La ingesta de un suplemento a base de carbohidratos y proteínas inmediatamente después del entrenamiento parece crear un balance nitrogenado más positivo, facilitando la síntesis de proteínas y maximizando la respuesta adaptativa de los músculos al entrenamiento con sobrecarga.[13]

Se cree que la hormona testosterona es, al menos en parte, responsable de estos cambios, dado que una de sus funciones principales es la promoción del crecimiento muscular. Por ejemplo, durante la pubertad los hombres experimentan un incremento significativamente mayor de la masa muscular que se debe, en gran medida, a un aumento de hasta 10 veces en la producción de testosterona, una hormona esteroidea cuyas principales funciones son anabólicas. Está bien establecido que la utilización de dosis masivas de esteroides anabólicos conjuntamente con el entrenamiento de sobrecarga provoca un marcado incremento en la masa muscular y en la fuerza (véase el Capítulo 16).

Hiperplasia fibrilar

Las investigaciones realizadas con animales sugieren que la hiperplasia también puede ser un factor que contribuye a la hipertrofia muscular. Los estudios llevados a cabo con gatos han mostrado con claridad que el entrenamiento de la fuerza con cargas extremadamente altas provoca la división de las fibras musculares.[6] Los gatos fueron entrenados para mover un peso pesado con la pata delantera para poder alcanzar su alimento (Figura 10.3). Utilizando el alimento como poderoso incentivo, aprendieron a ejercer una fuerza considerable. Con este entrenamiento de fuerza intenso, determinadas fibras musculares parecen haberse dividido realmente en mitades, y luego cada mitad creció hasta alcanzar el tamaño de la fibra original. Esto se observa en los cortes transversales de las fibras musculares que se muestran en la Figura 10.4.

Sin embargo, los resultados de estudios subsiguientes llevados a cabo con pollos, ratas y ratones indicaron que la hipertrofia muscular resultante de la sobrecarga crónica producida por el ejercicio sólo podía atribuirse a la hipertrofia de las fibras existentes, no a la hiperplasia. En estos estudios, se contabilizó cada una de las fibras existentes en los músculos estudiados. Este recuento directo de la cantidad de fibras musculares reveló que no se produjeron cambios en su número.

Estos hallazgos llevaron a los investigadores que realizaron los experimentos iniciales con gatos a plantear un estudio adicional de entrenamiento con sobrecarga en dichos animales. Esta vez, estos investigadores utilizaron el

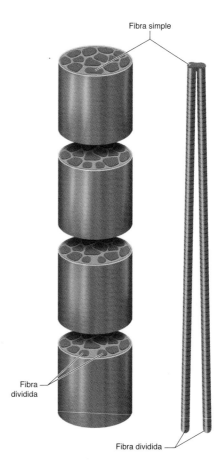

FIGURA 10.4 División de fibras musculares. Los modelos dibujados fueron extrapolados de una serie de cortes microscópicos.

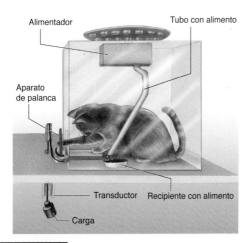

FIGURA 10.3 Esquema del modelo de entrenamiento de la fuerza de alta intensidad llevado a cabo en gatos.

método de conteo de fibras musculares para determinar si la hipertrofia muscular era el resultado de la hiperplasia o la hipertrofia fibrilar.[7] Luego del programa de entrenamiento con sobrecarga de 101 semanas, los gatos fueron capaces de levantar con una pata un peso que representaba, en promedio, el 57% de su peso corporal, lo que resultó en un incremento aproximado del 11% del peso corporal de los animales. Pero lo más importante fue que los investigadores hallaron un incremento del 9% en el número total de fibras musculares, con lo cual confirmaron la existencia de hiperplasia fibrilar.

La diferencia en los resultados entre los estudios con gatos y los realizados con ratas y ratones puede atribuirse a probables diferencias en la forma en que los animales fueron entrenados. Los gatos fueron entrenados con una forma pura de entrenamiento de la fuerza: altas cargas y pocas repeticiones. Los otros animales fueron entrenados con una actividad más del tipo de resistencia muscular: cargas bajas y muchas repeticiones.

Se ha utilizado un modelo adicional para estudiar si la hiperplasia de las fibras musculares contribuye a la hipertrofia muscular. En este modelo, se coloca el músculo dorsal ancho de una de las alas del animal (en este caso se utilizaron pollos) en estado de estiramiento crónico mediante la adición de pesas, mientras que el músculo de la otra ala sirve como control, es decir, condición sin estiramiento. Los resultados de los estudios que han utilizado este modelo mostraron que el estiramiento crónico resultó en una sustancial hipertrofia e hiperplasia.

Sin embargo, es importante señalar que en la actualidad aún no es claro cuál es el rol de la hipertrofia y la hiperplasia de las fibras individuales en relación con el incremento del tamaño muscular con el entrenamiento de sobrecarga en humanos. La evidencia actual indica que la hipertrofia de las fibras individuales explicaría gran parte de los incrementos observados en la hipertrofia muscular. Sin embargo, los resultados de algunos estudios señalan que la hiperplasia es posible en seres humanos.

En diversos estudios llevados a cabo con fisicoculturistas, nadadores y kayakistas se ha observado una sustancial hipertrofia de los músculos entrenados; sin embargo, no se observaron diferencias entre los atletas y los sujetos de control desentrenados respecto de los valores de hipertrofia de las fibras individuales. Esto sugiere que existe un mayor número de fibras musculares en los músculos entrenados que en los correspondientes a los sujetos control no entrenados. Sin embargo, otros estudios han mostrado hipertrofia de fibras individuales en deportistas muy entrenados en comparación con controles no entrenados.

Concepto clave

En modelos animales, se ha demostrado claramente que el entrenamiento con sobrecarga para incrementar la hipertrofia muscular produce la hiperplasia de las fibras musculares. Por otra parte, solo algunos estudios sugieren evidencia de hiperplasia en los seres humanos.

En un estudio realizado en cadáveres de siete hombres jóvenes previamente sanos que sufrieron una muerte súbita por accidente, los investigadores compararon las secciones transversales de los músculos tibial anterior derecho e izquierdo obtenidos durante la necropsia (pierna). Se sabe que la dominancia derecha conduce a una mayor hipertrofia de la pierna izquierda. De hecho, el área de sección cruzada media del músculo izquierdo fue 7,5% mayor. Esto estuvo asociado con un 10% más de fibras en el músculo izquierdo. No se observaron diferencias en el tamaño promedio de las fibras.[19]

Las diferencias entre estos estudios pueden explicarse por la naturaleza de la carga o del estímulo del entrenamiento. Se cree que el entrenamiento de alta intensidad o con altas cargas produce una mayor hipertrofia fibrilar, en particular de las fibras tipo II (fibras de contracción rápida), que el entrenamiento de menor intensidad o con cargas bajas.

Sólo un estudio longitudinal sugirió la posibilidad de hiperplasia en hombres que tenían experiencia previa en el entrenamiento con sobrecarga a nivel recreacional.[15] Después de 12 semanas de entrenamiento con sobrecarga intensificado, el número de fibras musculares en el bíceps braquial de varios de los 12 individuos pareció aumentar en forma significativa. De este estudio se desprende que puede producirse hiperplasia en los seres humanos, pero es posible solo en determinados sujetos o en ciertas condiciones de entrenamiento.

La información precedente parece indicar que la hiperplasia fibrilar puede producirse en animales y, posiblemente, en los humanos. ¿Cómo se forman estas nuevas células? Como se muestra en la Figura 10.4, se ha postulado que las fibras musculares individuales tienen la capacidad de dividirse en dos células hijas, cada una de las cuales puede desarrollarse luego en una fibra muscular funcional. Es importante señalar que se ha determinado que las células satélite, que constituyen las células madre miogénicas involucradas en la regeneración del músculo esquelético, están probablemente implicadas en la generación de nuevas fibras musculares. Característicamente, estas células son activadas por estímulos tales como el estiramiento y el miotrauma musculares y, como veremos más adelante en este capítulo, el miotrauma es el resultado del entrenamiento intenso, en particular del entrenamiento excéntrico. El miotrauma puede conducir a una cascada de respuestas, en las cuales las células satélite se activan y proliferan, migran hacia la región dañada y se fusionan con las miofibrillas existentes o se combinan y se fusionan para dar origen a miofibrillas nuevas.[12] Esto se ilustra en la Figura 10.5.

Integración de la activación neural y la hipertrofia fibrilar

Las investigaciones acerca de las adaptaciones al entrenamiento con sobrecarga indican que los aumentos tem-

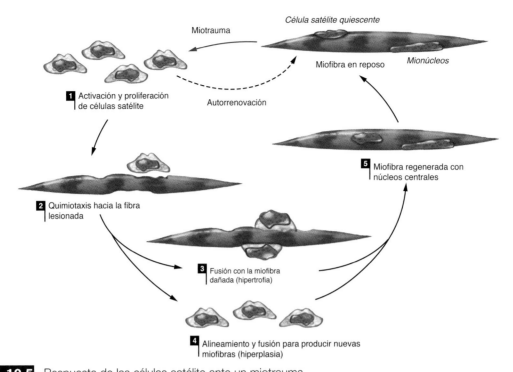

Célula satélite quiescente

Miotrauma

Miofibra en reposo — Mionúcleos

1 Activación y proliferación de células satélite

Autorrenovación

5 Miofibra regenerada con núcleos centrales

2 Quimiotaxis hacia la fibra lesionada

3 Fusión con la miofibra dañada (hipertrofia)

4 Alineamiento y fusión para producir nuevas miofibras (hiperplasia)

FIGURA 10.5 Respuesta de las células satélite ante un miotrauma.
Reimpreso, con autorización, de T.J. Hawke y D.J. Garry, 2001, "Myogenic satellite cells: Physiology to molecular biology", *Journal of Applied Physiology* 91: 534–551.

pranos en la fuerza voluntaria, o producción de fuerza máxima, se relacionan principalmente con adaptaciones nerviosas que resultan en una mayor activación voluntaria del músculo. Esto fue claramente demostrado en un estudio llevado a cabo con hombres y mujeres que participaron en un programa de entrenamiento con sobrecarga de ocho semanas de duración con dos sesiones semanales de entrenamiento.[20] Se realizaron biopsias musculares al inicio del estudio y cada dos semanas durante el período de entrenamiento. La fuerza, medida con el test de 1RM, se incrementó sustancialmente a los largo de las ocho semanas de entrenamiento, observándose los mayores incrementos luego de la segunda semana. Sin embargo, el análisis de las biopsias musculares reveló sólo un pequeño incremento, no significativo, en el área de sección cruzada de las fibras hacia el final de la octava semana de entrenamiento. Por lo tanto, las ganancias de fuerza se debieron principalmente al incremento de la activación neural.

Por lo general, los incrementos a largo plazo en la fuerza están asociados a la hipertrofia del músculo entrenado. Sin embargo, debido a que es necesario que transcurra cierto tiempo antes de que se produzca una ganancia neta de proteínas, ya sea a través de la reducción de su degradación, del incremento en la síntesis o de ambos procesos, las mejoras iniciales en la fuerza se deben principalmente a cambios en el patrón con el cual los nervios activan las fibras musculares. La mayoría de las investigaciones muestra que los factores nerviosos hacen su mayor contribución durante las primeras 8 a 10 semanas de entrenamiento. La hipertrofia aporta poco durante las semanas iniciales de entrenamiento, pero su contribución aumenta en forma progresiva, y se vuelve el contri-

buyente principal después de 10 semanas de entrenamiento. Sin embargo, no todos los estudios concuerdan con este patrón de desarrollo de la fuerza. Un estudio de 6 meses de duración llevado a cabo con atletas entrenados en la fuerza mostró que la activación neural explicó la mayor parte de las ganancias de fuerza durante los meses de entrenamiento más intenso y que la hipertrofia no fue uno de los factores principales que contribuyó a la mejora en la fuerza.[11]

Concepto clave

Las ganancias tempranas de fuerza parecen verse más afectadas por los cambios en los factores nerviosos, mientras que las ganancias a largo plazo son en gran medida el resultado de la hipertrofia.

Atrofia muscular y disminución de la fuerza con la inactividad

Cuando una persona con actividad normal o muy entrenada reduce su nivel de actividad o interrumpe por completo el entrenamiento, se producen cambios importantes tanto en la estructura como en la función del músculo. Esto queda ilustrado por los resultados de dos tipos de estudios: aquellos en los cuales se ha inmovilizado una extremidad completa y otros en los que individuos altamente entrenados interrumpieron su entrenamiento. Estos últimos tipos de estudios se denominan estudios de desentrenamiento.

Inmovilización

Cuando un músculo entrenado se vuelve inactivo en forma repentina por una inmovilización, comienzan a producirse cambios importantes dentro del músculo en cuestión de horas. Durante las primeras 6 horas de inmovilización, la tasa de síntesis proteica comienza a disminuir. Es probable que esta disminución desencadene la atrofia muscular, que es la degradación o la disminución del tamaño del tejido muscular. La atrofia es el resultado de la falta de actividad muscular y la consecuente pérdida de proteínas musculares que acompañan la inactividad. La reducción más dramática en los niveles de fuerza se produce durante la primera semana de inmovilización, promediando un 3-4% por día. Esto se asocia con la atrofia, pero también con una menor actividad neuromuscular en el músculo inmovilizado.

La inmovilización parece afectar tanto a las fibras tipo I como a las fibras tipo II. En varios estudios, los investigadores han observado miofibrillas desintegradas, disrupción de discos Z (discontinuidad de discos Z y fusión de las miofibrillas) y daño mitocondrial. Con la atrofia muscular, se produce la reducción del área de sección cruzada de las fibras. Diversos estudios han demostrado que el efecto es mayor en las fibras tipo I, con una reducción resultante en el porcentaje de fibras tipo I y, en consecuencia, un aumento en el porcentaje de fibras tipo II.

Los músculos pueden, y a menudo lo hacen, recuperarse de la inmovilización cuando se retoma la actividad. El período de recuperación es bastante más largo que el de inmovilización. Véase más acerca de los efectos de la inmovilización muscular en el Capítulo 14.

Interrupción del entrenamiento

De manera similar, pueden producirse alteraciones musculares significativas cuando los individuos dejan de entrenar. Para estudiar los efectos del desentrenamiento, un grupo de mujeres llevó a cabo un programa de entrenamiento de 20 semanas, seguido de 30 a 32 semanas de desentrenamiento y finalmente realizaron un programa de reentrenamiento de 6 semanas. El programa de entrenamiento estuvo dirigido a las extremidades inferiores e incluyó los ejercicios de sentadilla profunda, prensa de piernas y extensión de rodillas. Como puede observarse en la Figura 10.6, el programa de entrenamiento provocó incrementos significativos en la fuerza. Si se comparan los valores de fuerza registrados al finalizar el período inicial de entrenamiento (post-20) con los valores registrados al finalizar el período de desentrenamiento (pre-6), puede

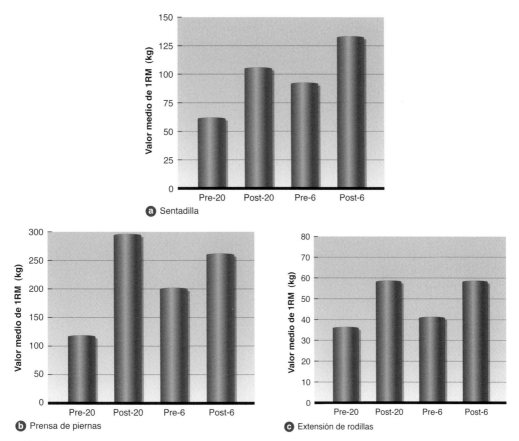

FIGURA 10.6 Cambios de la fuerza muscular con el entrenamiento de sobrecarga en mujeres. Los valores pre-20 indican la fuerza previa al inicio del entrenamiento; los valores post-20 corresponden a los cambios después de 20 semanas de entrenamiento; los valores pre-6 indican los cambios después de 30 a 32 semanas de desentrenamiento; y los valores post-6 indican los cambios después de seis semanas de haber retomado el entrenamiento.

Adaptado, con autorización, de R.S. Staron et al., 1991, "Strength and skeletal muscle adaptations in heavy–resistance–trained women after detraining and retraining", *Journal of Applied Physiology* 70: 631–640.

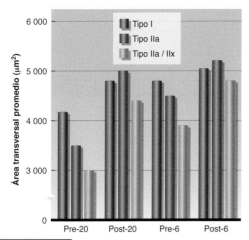

FIGURA 10.7 Cambios en los valores medios del área de sección cruzada para los principales tipos de fibras musculares con el entrenamiento de sobrecarga en mujeres, luego de un período de entrenamiento (post-20), después de un período de desentrenamiento (pre-6) y luego de la vuelta al entrenamiento (post-6). El tipo IIa/IIx es un tipo de fibra intermedio. Véanse más detalles en el epígrafe de la Figura 10.6.

observarse la pérdida de fuerza que experimentaron las mujeres producto de la interrupción del entrenamiento. Por otra parte, durante los dos períodos de entrenamiento, los incrementos en la fuerza estuvieron acompañados de aumentos en el área de sección cruzada[21] de todos los tipos de fibras, con una reducción en el porcentaje de fibras tipo IIx. El desentrenamiento tuvo un efecto relativamente pequeño sobre el área de sección cruzada, aunque se observó una tendencia hacia la reducción del área de sección cruzada de las fibras tipo II (Figura 10.7).

Para evitar la pérdida de la fuerza ganada mediante el entrenamiento con sobrecarga, deben establecerse programas de mantenimiento básicos una vez que se hayan alcanzado los objetivos deseados del desarrollo de fuerza. Los programas de mantenimiento están diseñados para aportar a los músculos el estrés suficiente para mantener los niveles existentes de fuerza a la vez que permiten la reducción de la intensidad, duración o frecuencia del entrenamiento.

En otro estudio acerca de los efectos del desentrenamiento, un grupo de hombres y mujeres llevaron a cabo un programa de entrenamiento de la fuerza para los extensores de la rodilla de 10 o 18 semanas de duración, luego de lo cual completaron un período adicional de 12 semanas ya sea sin entrenar o con un entrenamiento reducido.[8] Luego del período de entrenamiento, la fuerza en el ejercicio de extensión de rodillas se incrementó en un 21,4%. Los individuos que interrumpie-

ron el entrenamiento perdieron 68% de las ganancias de fuerza durante las semanas que no entrenaron. Pero los sujetos que redujeron el entrenamiento (de tres a dos días por semana, o de dos días a uno) no exhibieron pérdida de fuerza. Por lo tanto, parece que la fuerza puede mantenerse durante al menos 12 semanas con una menor frecuencia de entrenamiento.

Alteraciones en los tipos de fibras musculares

¿Pueden las fibras musculares cambiar de un tipo a otro con el entrenamiento de sobrecarga? Las primeras investigaciones concluyeron que ni el entrenamiento de velocidad (anaeróbico) ni el de resistencia (aeróbico) podrían provocar la interconversión de los tipos de fibras básicos, esto es, la interconversión de fibras tipo I en fibras tipo II y viceversa. Sin embargo, estos primeros estudios mostraron que las fibras adoptan ciertas características del tipo de fibra opuesto si el entrenamiento es del tipo opuesto (p. ej., las fibras de tipo II pueden tornarse más oxidativas con el entrenamiento aeróbico).

Las investigaciones con animales han demostrado que la interconversión del tipo de fibras es posible en condiciones de inervación cruzada, en la cual una unidad motora de tipo II es inervada en forma artificial por una motoneurona de tipo I, o viceversa. Asimismo, la estimulación nerviosa crónica de baja frecuencia transforma a las unidades motoras de tipo II en unidades motoras de

tipo I en cuestión de semanas. Se han observado cambios en los tipos de fibras musculares de ratas en respuesta a un programa de entrenamiento de alta intensidad en tapiz rodante de 15 semanas de duración. Estos cambios incluyeron un incremento en las fibras tipo I y tipo IIa, y una reducción en las fibras tipo IIx.[9] La transición de las fibras de tipo IIx al tipo IIa y del tipo IIa al tipo I fue confirmada por varias técnicas histoquímicas diferentes.

Staron y colaboradores hallaron evidencia de transformación en los tipos de fibras en un grupo de mujeres que completaron un programa de entrenamiento con sobrecarga de alta intensidad.[22] En este estudio se observaron incrementos significativos en la fuerza isométrica y en el área de sección cruzada de todos los tipos de fibras luego de 20 semanas de entrenamiento con sobrecarga de alta intensidad para las extremidades inferiores. El porcenta-

Revisión

➤ Las adaptaciones nerviosas siempre acompañan a las ganancias de fuerza que resultan del entrenamiento con sobrecarga, pero la hipertrofia puede o no estar presente.
➤ Entre los mecanismos nerviosos que conducen a las ganancias de fuerza se encuentran el aumento de la frecuencia de estimulación, o frecuencia de disparo; el reclutamiento de más unidades motoras; el reclutamiento más sincrónico de unidades motoras y la disminución de la inhibición autógena de los órganos tendinosos de Golgi.
➤ La hipertrofia transitoria es el incremento temporario del tamaño muscular producto del edema que se produce como resultado de una sesión de ejercicios con sobrecarga.
➤ La hipertrofia crónica es el resultado de la repetición del entrenamiento con sobrecarga y refleja cambios estructurales reales en la musculatura.
➤ Si bien la mayor parte de la hipertrofia probablemente refleje un incremento en el tamaño de las fibras musculares individuales (hipertrofia fibrilar), existe cierta evidencia que sugiere la posibilidad de un incremento en el número de fibras (hiperplasia).
➤ Los músculos se atrofian (disminución del tamaño y de la fuerza) cuando se vuelven inactivos, como sucede ante una lesión, la inmovilización o la interrupción del entrenamiento.
➤ Una vez interrumpido el entrenamiento, el proceso de atrofia comienza muy rápidamente; sin embargo, mediante un programa de mantenimiento es posible reducir el volumen de entrenamiento sin que esto resulte en la atrofia muscular o en la pérdida de fuerza.
➤ Con el entrenamiento de sobrecarga, se produce la transición de fibras tipo IIx en fibras tipo IIa.
➤ La evidencia sugiere que es posible la interconversión entre los tipos de fibras (p. ej., las fibras tipo I se convierten en fibras tipo II, o viceversa) como resultado de la inervación cruzada, la estimulación crónica y, posiblemente, del entrenamiento.

je promedio de fibras de tipo IIx disminuyó significativamente, pero el porcentaje medio de las fibras de tipo IIa aumentó. Estudios posteriores han reportado consistentemente que el entrenamiento con sobrecarga provoca la transición de las fibras tipo IIx en fibras tipo IIa. Además, otros estudios han mostrado que la combinación del entrenamiento de la fuerza de alta intensidad y el entrenamiento interválico de velocidad puede derivar en la conversión de fibras tipo I en fibras tipo IIa.

Dolor y calambres musculares

En general, el dolor muscular es consecuencia de un ejercicio agotador o de muy alta intensidad. Esto resulta particularmente cierto cuando las personas realizan un ejercicio específico por primera vez. Si bien el dolor muscular puede sentirse en cualquier momento, existe por lo general un período de dolor muscular leve que puede experimentarse durante el ejercicio e inmediatamente después de este, y luego un dolor más intenso que se siente uno o dos días después.

Dolor muscular agudo

El dolor que se siente durante el ejercicio e inmediatamente después de este puede ser el resultado de la acumulación de los subproductos del metabolismo, como por ejemplo H^+, y del edema tisular, mencionado previamente, que está causado por el desplazamiento de líquido desde el plasma sanguíneo hacia los tejidos. El edema es la causa de la sensación de tumefacción muscular aguda que se siente después de un entrenamiento intenso de la resistencia o de un entrenamiento de la fuerza. En general, el dolor desaparece entre pocos minutos y algunas horas después del ejercicio. Por lo tanto, este dolor recibe a menudo el nombre de **dolor muscular agudo**.

Dolor muscular de aparición tardía

Aún no se comprenden por completo las causas del dolor que se siente uno o dos días después de realizar una sesión de ejercicio intenso; no obstante, los investigadores continúan aportando conocimiento sobre este fenómeno. Puesto que este dolor no aparece en forma inmediata, se denomina **dolor muscular de aparición tardía** (*DOMS, delayed-onset muscle soreness*). Se clasifica como dolor muscular de tipo I y puede variar desde una rigidez muscular leve hasta un dolor debilitante e intenso que limita el movimiento. En las siguientes secciones, explicaremos algunas teorías que intentan explicar esta forma de dolor muscular.

Casi todas las teorías actuales reconocen que la acción excéntrica es el principal iniciador del dolor muscular de aparición tardía. Esto se ha demostrado claramente en varios estudios que han examinado la relación entre el dolor muscular y las acciones excéntricas, concéntricas y estáticas. En diversos estudios se observó que los individuos que entrenaron solamente con acciones musculares excéntricas experimentaron un dolor muscular extremo, mientras que aquellos que entrenaron utilizando acciones musculares estáticas y concéntricas experimentaron un dolor menos intenso. Para investigar esta idea con mayor profundidad, se llevaron a cabo una serie de estudios en los cuales un grupo de sujetos realizó 45 minutos de ejercicio en tapiz rodante en dos días separados; en uno de los días, el tapiz fue colocado con una inclinación de 0% mientras que en el día restante la inclinación del tapiz rodante fue del 10% con pendiente descendente.[16,17] Los resultados de estos estudios no mostraron una asociación entre el dolor muscular y la carrera en tapiz rodante con pendiente neutra. Sin embargo, la carrera en tapiz rodante con pendiente negativa (descendente), que requirió de una considerable acción excéntrica, resultó en un dolor muscular significativo dentro de las 24 a 48 horas posteriores al ejercicio, aun cuando las concentraciones de lactato en sangre, que se creía era la causa del dolor muscular, fueron mucho mayores durante la carrera a nivel.

Concepto clave

El dolor muscular de aparición tardía resulta principalmente de la acción excéntrica y está asociado con una alteración o daño real del músculo.

En la siguiente sección examinamos algunas de las explicaciones propuestas para el dolor muscular de aparición tardía inducido por el ejercicio.

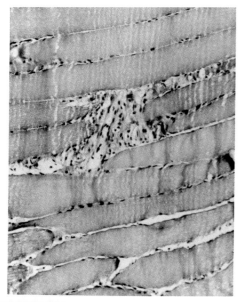

FIGURA 10.8 Microfotografía electrónica de una muestra de músculo obtenida inmediatamente después de una maratón que muestra la ruptura de la membrana celular en una fibra muscular.

Daño estructural

El incremento en la concentración sanguínea de varias enzimas musculares específicas luego de la realización de ejercicios intensos sugiere que éste puede inducir cierto grado de daño estructural a nivel de la membranas muscular. Las concentraciones de estas enzimas en la sangre pueden incrementarse de 2 a 10 veces luego de una sesión de entrenamiento intenso. Estudios recientes respaldan la idea de que estos cambios pueden indicar diversos grados de degradación del tejido muscular. El análisis de muestras de tejido muscular extraídas de las piernas de corredores de maratón ha revelado un daño considerable de las fibras musculares, tanto posentrenamiento como después de una maratón. El inicio y la secuencia temporal de estos cambios a nivel muscular son paralelos al grado de dolor muscular experimentado por los corredores.

La microfotografía electrónica de la Figura 10.8 muestra el daño de las fibras musculares luego de una carrera de maratón.[10] En este caso, la membrana celular parece haberse roto por completo. De esta manera, el contenido celular flota libremente entre las otras fibras normales. Por fortuna, no todas las lesiones de las células musculares son tan severas.

En la Figura 10.9 se muestran los cambios en los filamentos contráctiles y los discos Z antes y después de una maratón. Recordemos que los discos Z son los puntos de anclaje de las proteínas contráctiles. Estos proporcionan el soporte estructural para la transmisión de fuerza cuando las fibras musculares se activan para acortarse. La Figura 10.9*b*, después de la maratón, muestra la disrupción moderada de los discos Z y la gran disrupción de los filamentos gruesos y delgados en un grupo de sarcómeros paralelos como resultado de las fuerzas provocadas por las acciones excéntricas o del estiramiento de las fibras musculares que se encuentran en tensión.

A pesar de que los efectos del daño muscular sobre el rendimiento no están del todo esclarecidos, en general los investigadores coinciden en que este daño es en parte responsable del dolor muscular localizado, de la sensibilidad al tacto y de la tumefacción asociados con el dolor muscular de aparición tardía. Sin embargo, cabe señalar que incluso durante la realización de actividades cotidianas que no ocasionan dolor muscular puede producirse la disrupción miofibrilar y el incremento en la concentración sanguínea de las enzimas musculares. Asimismo, recordemos que el daño muscular parece ser un factor desencadenante de la hipertrofia muscular.

Reacción inflamatoria

Los glóbulos blancos constituyen una defensa contra los materiales extraños que ingresan en el organismo y frente a las condiciones que amenazan el funcionamiento normal de los tejidos. El recuento de leucocitos tiende a aumentar después de actividades que inducen dolor muscular. Esta observación llevó a algunos investigadores a sugerir que el dolor es el resultado de reacciones infla-

FIGURA 10.9 *(a)* Microfotografía electrónica que muestra la disposición normal de los filamentos de actina y miosina y la configuración de los discos Z en el músculo de un corredor antes de una maratón. *(b)* Muestra de músculo obtenida inmediatamente después de una maratón que muestra una disrupción moderada de los discos Z y la gran disrupción de los filamentos gruesos y delgados en un grupo de sarcómeros paralelos, causados por las acciones excéntricas de la carrera.

matorias en el músculo. Pero ha sido difícil establecer el vínculo entre estas reacciones y el dolor muscular.

En los primeros estudios, los investigadores intentaron utilizar fármacos para bloquear la reacción inflamatoria, pero estos esfuerzos no tuvieron éxito para reducir la magnitud del dolor muscular o el grado de inflamación. Estos primeros resultados no respaldaron el vínculo entre mediadores inflamatorios simples y el dolor muscular de aparición tardía. Sin embargo, algunos estudios más recientes están comenzando a establecer un vínculo entre el dolor muscular y la inflamación. Ahora se sabe que las sustancias que se liberan desde el músculo lesionado pueden actuar como atrayentes e iniciar el proceso inflamatorio. Las células mononucleares dentro del músculo se activan por la lesión, y proveen la señal química para las células inflamatorias circulantes. Los neutrófilos (un tipo de leucocito) invaden el sitio lesionado y liberan citocinas (sustancias inmunorreguladoras), que a su vez atraen y activan a otras células inflamatorias. Es probable que los neutrófilos también liberen radicales libres que pueden dañar las membranas celulares. La invasión de estas células inflamatorias también se asocia con la incidencia de dolor, que se cree es producido por una liberación de sustancias desde las células inflamatorias que estimulan las terminaciones nerviosas sensibles al dolor. Los macrófagos (otro tipo de célula del sistema inmunológico) invaden entonces las fibras musculares dañadas y eliminan los restos celulares a través de un proceso denominado fagocitosis. Por último, se produce una segunda fase de invasión de macrófagos asociada con la regeneración muscular.[23]

Secuencia de eventos en el dolor muscular de aparición tardía

El consenso general entre los investigadores es que una sola teoría o hipótesis no puede explicar el mecanismo que produce el dolor muscular de aparición tardía. En cambio, los investigadores han propuesto una secuencia de acontecimientos que pueden explicar el fenómeno del dolor muscular de aparición tardía, que incluyen los siguientes:

1. La elevada tensión en el sistema elástico-contráctil del músculo produce el daño estructural del músculo y su membrana celular. Este proceso está acompañado por un incremento excesivo en la tensión del tejido conectivo.
2. El daño de la membrana celular altera la homeostasis del calcio en la fibra lesionada, lo que inhibe la respiración celular. Las elevadas concentraciones de calcio resultantes activan enzimas que degradan los discos Z.
3. En unas pocas horas se produce un incremento significativo en los niveles circulantes de neutrófilos que participan de la respuesta inflamatoria.
4. Los productos de la actividad macrófaga y el contenido intracelular (como por ejemplo histamina, cininas y K^+) se acumulan fuera de las células. Estas sustancias estimulan luego las terminaciones nerviosas libres en el músculo. Este proceso parece verse acentuado con el ejercicio excéntrico, durante el cual las grandes tensiones producidas se distribuyen sobre un área transversal del músculo relativamente pequeña.

Algunas revisiones recientes han aportado mucho mayor conocimiento sobre la causa del dolor muscular. Ahora estamos seguros de que el dolor muscular es el resultado de la lesión o el daño del músculo propiamente dicho, por lo general de la fibra muscular y posiblemente del plasmalema.[1,4] Este daño pone en marcha una cadena de eventos que incluyen la liberación de proteínas intracelulares y un aumento del recambio de proteínas musculares. El proceso de daño y reparación comprende iones de calcio, lisosomas, tejido conectivo, radicales libres, fuentes de energía, reacciones inflamatorias y proteínas intracelulares y miofibrilares. Pero la causa precisa del daño del músculo esquelético y los mecanismos de reparación no están totalmente dilucidados. Como hemos explicado previamente, alguna evidencia experimental sugiere que este proceso es un paso importante para la hipertrofia muscular.

Hasta aquí, nuestra explicación sobre el dolor muscular de aparición tardía se ha centrado en la lesión muscular. El edema, o acumulación de líquidos en el compartimiento muscular, también puede conducir al dolor muscular de aparición tardía. Es probable que este edema sea el resultado de la lesión muscular, pero también podría ocurrir independientemente de ésta. La acumulación de líquido intersticial o intracelular aumenta la presión de líquido tisular dentro del compartimiento muscular, lo que a su vez activa a los receptores de dolor dentro del músculo.

Dolor muscular de aparición tardía y rendimiento

El dolor muscular de aparición tardía provoca una reducción en la capacidad de los músculos afectados para generar tensión. Ya sea que este dolor fuera el resultado de una lesión muscular o de un edema independiente de lesión muscular, los músculos afectados no serán capaces de generar la tensión necesaria en el caso de que un individuo deba aplicar su máxima fuerza, como por ejemplo durante un test de 1RM. La capacidad de ejercer fuerza máxima se recupera en forma gradual después de días o semanas. Se ha propuesto que la pérdida de la fuerza es el resultado de tres factores:[24]

1. La disrupción física del músculo, como se ilustra en las Figuras 10.8 y 10.9
2. Alteración del proceso de acoplamiento excitación-contracción
3. Pérdida de proteínas contráctiles

La alteración en el acoplamiento excitación-contracción parece ser el más importante, en particular durante los primeros cinco días. Esto se muestra en la Figura 10.10.

La resíntesis de glucógeno muscular también se ve afectada cuando el músculo está dañado. En general, la resíntesis es normal durante las primeras 6 a 12 horas después del ejercicio, pero se enlentece o se detiene por completo a medida que el músculo es reparado, y limita así la capacidad del músculo lesionado para el almacenamiento de este importante combustible. La Figura 10.11 muestra la secuencia temporal de los diversos factores asociados con el ejercicio excéntrico intenso, que incluye el dolor, el edema, la creatincinasa o creatina cinasa plasmática (un marcador enzimático de daño de las fibras musculares que se detecta en plasma), la depleción de glucógeno, el daño ultraestructural en el músculo y la debilidad muscular.

Reducción de los efectos negativos del dolor muscular de aparición tardía

La reducción de los efectos negativos del dolor muscular de aparición tardía es importante para maximizar las ganancias del entrenamiento. El componente excéntrico de la acción muscular podría minimizarse durante el entre-

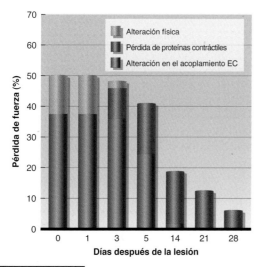

FIGURA 10.10 Contribuciones estimadas de la alteración en el acoplamiento excitación-contracción (EC), disminución del contenido de proteínas contráctiles y ruptura física a la disminución de la fuerza luego de la lesión muscular.
Reimpreso, con autorización, de G. Warren et al., 2001, "Excitation–contraction uncoupling: Major role in contraction–induced muscle injury", *Exercise and Sport Sciences Reviews* 29(2): 82–87.

Revisión

➤ El dolor muscular agudo se produce tardíamente en una sesión de ejercicio y durante el período de recuperación inmediato.

➤ El dolor muscular de aparición tardía tiene un pico uno o dos días después de la sesión de ejercicio. La acción excéntrica parece ser el instigador principal de este tipo de dolor.

➤ Entre las causas del dolor muscular de aparición tardía propuestas se encuentran el daño estructural de las células musculares y las reacciones inflamatorias dentro de los músculos. La secuencia de eventos propuesta comprende daño estructural, alteración de la homeostasis del calcio, respuesta inflamatoria y aumento de la actividad de los macrófagos.

➤ La fuerza muscular está reducida en los músculos lesionados por las contracciones excéntricas y probablemente sea resultado de la interrupción física del músculo, la alteración del proceso excitación-contracción y la pérdida de proteínas contráctiles.

➤ El dolor muscular puede minimizarse entrenando a menor intensidad y con menos contracciones excéntricas en las primeras etapas del entrenamiento. Sin embargo, el dolor muscular puede ser importante para maximizar la respuesta al entrenamiento con sobrecarga.

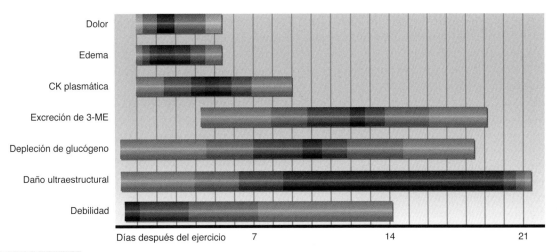

FIGURA 10.11 Respuesta tardía de diversos marcadores fisiológicos al ejercicio excéntrico. La densidad de la barra sombreada corresponde a la intensidad de la respuesta en el momento señalado. CK = creatincinasa.

Adaptado, con autorización, de W.J. Evans and J.G. Cannon, 1991, "The metabolic effects of exercise induced muscle damage", *Exercise and Sport Sciences Reviews* 19: 99-125.

namiento inicial, pero esto no es posible para la mayoría de los deportistas. Un enfoque alternativo consiste en empezar el entrenamiento a muy baja intensidad y progresar lentamente a través de las primeras semanas. Otra alternativa es iniciar el programa con una sesión de entrenamiento exhaustivo de alta intensidad. El dolor muscular será grande durante los primeros días, pero existe evidencia de que las sesiones de entrenamiento posteriores causan un dolor muscular mucho menor. Puesto que los factores asociados con el dolor muscular de aparición tardía también son potencialmente importantes para estimular la hipertrofia muscular, es probable que este dolor sea necesario para maximizar la respuesta al entrenamiento.

Calambres musculares inducidos por el ejercicio

Los calambres del músculo esquelético representan un problema frustrante en el deporte y la actividad física, y habitualmente ocurren incluso en atletas con excelente estado físico. Estos calambres pueden presentarse durante el pico de la competencia, inmediatamente después de ésta o por la noche, durante el sueño profundo. Los calambres musculares son igualmente frustrantes para los científicos porque existen causas múltiples y desconocidas para ellos y poco se conoce sobre las mejores estrategias de tratamiento y prevención. Si bien los calambres musculares pueden ser el resultado de algunos trastornos clínicos raros, la mayor parte de los calambres musculares inducidos por el ejercicio o asociados con éste no se relacionan con enfermedades o trastornos clínicos. Los **calambres musculares asociados al ejercicio** se han definido como contracciones involuntarias, dolorosas y espasmódicas de los músculos esqueléticos que aparecen durante el ejercicio o inmediatamente después. Los calambres musculares nocturnos pueden estar asociados o no con el ejercicio.

Cada vez queda más claro que existen dos tipos de calambres musculares asociados al ejercicio.[2] El primer tipo se relaciona con la sobrecarga y la fatiga por sobreuso de los músculos esqueléticos, con un acondicionamiento insuficiente o ambas cosas. Los mecanismos subyacentes para este tipo de calambre asociado con fatiga involucran la excitación de los husos musculares y la inhibición del órgano tendinoso de Golgi, que conduce a un control anómalo de las motoneuronas α. Por lo general, este tipo de calambre se localiza en los músculos sobreexigidos. Los factores de riesgo asociados con este tipo de calambres son la edad, hábitos de estiramiento insuficientes, historia de calambres y los excesos en la intensidad y duración del ejercicio.

El segundo tipo de calambre muscular asociado con el ejercicio involucra el déficit de electrolitos. De manera característica, este tipo de calambre muscular se manifiesta en aquellos atletas que han sudado profusamente y exhiben una alteración significativa en la concentración de electrolitos, principalmente en el sodio y el cloro. Estos tipos de alteraciones electrolíticas pueden ocurrir durante o después de una carrera prolongada, un juego o un partido, o como consecuencia de múltiples bloques de ejercicio en los cuales las pérdidas de sodio y de cloro por el sudor exceden a la ingesta. Para compensar las grandes pérdidas de electrolitos del sudor y la pérdida del volumen plasmático, los líquidos en el músculo se desplazan desde compartimiento intersticial al intravascular. Se piensa que este desplazamiento de fluidos puede hacer que las uniones neuromusculares se tornen hiperexcitables, lo que conduce a la descarga espontánea y la iniciación de potenciales de acción en los músculos. Este tipo de calambre por esfuerzo en el calor habitualmente evoluciona desde pequeñas fasciculaciones musculares visibles localizadas hasta espasmos musculares intensos y debilitantes. A menudo, estos calambres comienzan en las piernas, pero pueden volverse difusos.

El tratamiento de los calambres musculares asociados con el ejercicio depende del tipo de calambre. Para aquellos relacionados con la fatiga, los tratamientos incluyen reposo, estiramiento pasivo del músculo o los grupos musculares afectados y mantener el músculo en una posición estirada hasta que se alivie la activación muscular.

El tratamiento de los calambres musculares por calor involucra la rápida ingesta de una solución con alto contenido de sal (3 g en 500 mL de una bebida electrolítica sódica cada 5-10 min). Además, el masaje y la aplicación de hielo pueden ayudar a calmar los músculos afectados y aliviar el dolor. También se deben ingerir líquidos cuando se sospechan deshidratación y alteraciones electrolíticas.

Para prevenir los calambres musculares asociados con el ejercicio, el atleta debería:

- estar bien acondicionado para reducir la probabilidad de fatiga muscular;
- estirar con regularidad los grupos musculares propensos a estos calambres;
- mantener el equilibrio hidroelectrolítico y los depósitos de carbohidratos; y
- reducir la intensidad y la duración del ejercicio si fuera necesario.

Revisión

➤ Los calambres musculares asociados al ejercicio son atribuibles a desequilibrios en los fluidos corporales, en los electrolitos corporales o ambos.

➤ Los calambres asociados a fatiga muscular se relacionan con una actividad sostenida de las motoneuronas α, con aumento de la actividad de los husos musculares y disminución de la actividad de los órganos tendinosos de Golgi.

➤ Los calambres asociados al calor, que típicamente ocurren en atletas que han estado sudando de manera profusa, involucran un desplazamiento en los líquidos desde el espacio intersticial hasta el espacio intravascular, lo que conduce a la hiperexcitabilidad de la unión neuromuscular.

➤ El reposo, el estiramiento pasivo, mantener el músculo en la posición estirada y el restablecimiento hidroelectrolítico pueden ser efectivos en el tratamiento de los calambres musculares asociados al ejercicio. El acondicionamiento físico, el estiramiento y la nutrición adecuada también son estrategias de prevención posibles.

Entrenamiento con sobrecarga para poblaciones especiales

Hasta la década de 1970, se consideraba que el entrenamiento con sobrecarga sólo era adecuado para deportistas jóvenes, saludables y de sexo masculino. Este estrecho concepto llevó a que muchas personas pasaran por alto los beneficios del entrenamiento con sobrecarga al planificar sus propias actividades. En esta sección consideraremos primero el sexo y la edad, y luego resumiremos la importancia de esta forma de entrenamiento para todos los deportistas, independientemente del sexo, la edad o el deporte.

Diferencias de sexo y edad

En los últimos años, se ha centrado considerable interés en el entrenamiento para mujeres, niños y personas de edad avanzada. Tal como se mencionara previamente en este capítulo, el uso extendido del entrenamiento con sobrecarga por parte de las mujeres, ya sea para el deporte o por sus beneficios para la salud, es bastante reciente. Desde principios de la década de 1970, se ha producido un desarrollo considerable en el conocimiento del entrenamiento con sobrecarga, lo cual ha revelado que las mujeres y los hombres poseen la misma capacidad de desarrollar la fuerza pero que, en promedio, las mujeres no son capaces de alcanzar los valores picos de fuerza alcanzados por los hombres. Esta diferencia de fuerza puede atribuirse principalmente a diferencias en el tamaño muscular relacionadas con las diferencias sexuales en las hormonas anabólicas. Los métodos de entrenamiento de la fuerza desarrollados y aplicados a los hombres parecen igualmente apropiados para el entrenamiento de las mujeres. Los aspectos del entrenamiento de fuerza y resistencia para las mujeres serán explicados con más detalle en el Capítulo 19.

Concepto clave

En 1984, la Universidad de Arizona fue la primera en la División I de la NCAA que contrató a una mujer para ocupar el cargo de entrenador en jefe del programa de entrenamiento de la fuerza para deportistas masculinos y femeninos. El puesto fue ocupado por Meg Ritchie Stone, quien antes había sido lanzadora de disco en Escocia y lanzadora de bala del equipo olímpico de Gran Bretaña.

Los beneficios del entrenamiento con sobrecarga en niños y adolescentes ha sido un tema que generó un largo debate. El potencial de producir lesiones, en particular lesiones de las placas epifisarias causadas por el uso de pesos libres, ha causado mucha preocupación. Muchas personas creyeron alguna vez que los niños no se verían beneficiados por el entrenamiento de resistencia, basados en la idea de que son necesarios los cambios hormonales asociados con la pubertad para ganar fuerza y masa muscular. Ahora sabemos que los niños y los adolescentes pueden entrenarse de manera segura con riesgo mínimo de lesión si se siguen medidas de seguridad apropiadas. Más aún, ellos pueden realmente ganar tanto fuerza como masa muscular (Capítulo 17).

También ha crecido el interés por los protocolos de entrenamiento con sobrecarga para adultos mayores. El envejecimiento está acompañado de una pérdida considerable de la masa libre de grasa. Esta pérdida refleja, más que nada, la pérdida de masa muscular, sobre todo porque la mayoría de las personas se vuelve menos activa a medida que envejece. Cuando un músculo no se usa con regularidad, pierde su función y puede predecirse su atrofia y pérdida de fuerza.

¿Es posible que el entrenamiento con sobrecarga revierta este proceso en personas mayores? Se ha observado que los adultos mayores pueden incrementar su fuerza y su masa muscular en respuesta al entrenamiento con sobrecarga. Este hecho tiene implicancias importantes tanto para su salud como para su calidad de vida (Capítulo 18). Si mantienen o incrementan su fuerza, tienen menos probabilidades de sufrir caídas. Este es un beneficio importante, dado que las caídas constituyen una fuente principal de lesiones y debilitamiento para las personas mayores y, a menudo, llevan a la muerte.

Entrenamiento con sobrecarga para el deporte

La mejora de fuerza, la potencia o la resistencia muscular por el simple hecho de ser más fuerte, más potente o tener más resistencia muscular es de relativamente poca importancia para los deportistas, a menos que esto también mejore su rendimiento deportivo. El entrenamiento con sobrecarga para atletas que participan de pruebas de campo en el atletismo o para halterófilos competitivos es una obviedad. Sin embargo, las necesidades de entrenamiento con sobrecarga para los gimnas-

tas, fondistas, jugadores de béisbol, saltadores de altura o bailarines de ballet resulta menos obvia.

No existen investigaciones detalladas que documenten los beneficios específicos del entrenamiento con sobrecarga para cada deporte o para cada prueba dentro de un deporte. Pero, claramente, cada uno tiene requerimientos básicos de fuerza, potencia y resistencia muscular que deben cumplirse para alcanzar el rendimiento óptimo. El entrenamiento más allá de dichos requerimientos puede ser innecesario.

El entrenamiento es costoso en términos de tiempo, y los deportistas no pueden permitirse perderlo en actividades que no producirán mejores rendimientos deportivos. Por ello, es necesaria alguna medida del rendimiento para evaluar la eficacia de cualquier programa de entrenamiento con sobrecarga. El hecho de entrenar la fuerza sólo para volverse más fuerte, sin ningún beneficio de rendimiento asociado, es de valor cuestionable. Sin embargo, también debe reconocerse que el entrenamiento con sobrecarga puede reducir el riesgo de lesiones en la mayoría de los deportes, puesto que los individuos fatigados presentan un mayor riesgo de lesión.

◗ Revisión

➤ El entrenamiento con sobrecarga puede beneficiar a casi todos los individuos, independientemente del sexo, la edad o la participación deportiva.

➤ La mayoría de los deportistas de casi todas las disciplinas pueden beneficiarse con el entrenamiento con sobrecarga, siempre y cuando se diseñe un programa de entrenamiento apropiado para cada caso. Pero para garantizar que el programa funciona debe evaluarse el rendimiento periódicamente y el régimen de entrenamiento debe ajustarse según las necesidades.

Conclusión

En este capítulo hemos considerado en detalle el papel del entrenamiento con sobrecarga en el aumento de la fuerza muscular y en la mejora del rendimiento. Hemos analizado cómo se adquiere fuerza muscular a través de adaptaciones tanto musculares como neurales, qué factores pueden producir dolor muscular y calambres musculares y por qué es importante el entrenamiento con sobrecarga para la salud y para el deporte, independientemente de la edad y del sexo. En el próximo capítulo desviaremos nuestra atención del entrenamiento con sobrecarga para comenzar a estudiar cómo se adapta el organismo al entrenamiento aeróbico y anaeróbico.

Palabras clave

atrofia

calambres musculares asociados al ejercicio

dolor muscular agudo

dolor muscular de aparición tardía (*DOMS, delayed-onset muscle soreness*)

entrenamiento con sobrecarga

hiperplasia fibrilar

hipertrofia crónica

hipertrofia fibrilar

hipertrofia transitoria

inhibición autógena

Preguntas

1. ¿Cuál es la expectativa razonable para la ganancia porcentual de fuerza después de un programa de entrenamiento con sobrecarga de seis meses? ¿Cómo difieren estas ganancias porcentuales respecto de la edad, el sexo y la experiencia previa en el entrenamiento con sobrecarga?
2. Explique las diferentes teorías que han tratado de explicar cómo los músculos ganan fuerza con el entrenamiento.
3. ¿Qué es la inhibición autógena? ¿De qué forma puede ser importante para el entrenamiento con sobrecarga?
4. Mencione las diferencias entre la hipertrofia muscular transitoria y la crónica.
5. ¿Qué es la hiperplasia fibrilar? ¿Cómo puede producirse? ¿De qué forma se relaciona con las ganancias de tamaño y de fuerza muscular con el entrenamiento con sobrecarga?
6. ¿Cuál es la base fisiológica de la hipertrofia?
7. ¿Cuál es la base fisiológica de la atrofia?
8. ¿Cuál es la base fisiológica del dolor muscular de aparición tardía?
9. ¿Cuál es la base fisiológica de los calambres musculares asociados al ejercicio?

Adaptaciones al entrenamiento aeróbico y anaeróbico

11

En este capítulo

Adaptaciones al entrenamiento aeróbico   248
Resistencia muscular versus cardiorrespiratoria   249
Evaluación de la resistencia cardiorrespiratoria   249
Adaptaciones cardiovasculares al entrenamiento   250
Adaptaciones respiratorias al entrenamiento   259
Adaptaciones musculares   260
Adaptaciones metabólicas al entrenamiento   263
¿Qué limita la potencia aeróbica y el rendimiento de resistencia?   265
Mejoras a largo plazo en la potencia aeróbica y la resistencia cardiorrespiratoria   266
Factores que influyen en la respuesta individual al entrenamiento aeróbico   266
Resistencia cardiorrespiratoria en deportes que no son de resistencia   270

Adaptaciones al entrenamiento anaeróbico   272
Cambios en la potencia y la capacidad anaeróbica   272
Adaptaciones musculares al entrenamiento anaeróbico   273
Adaptaciones en los sistemas de producción de energía   273

Especificidad del entrenamiento y entrenamiento cruzado   275

Conclusión   278

El 9 de octubre de 2010 se realizó en Kona, en la Isla Grande de Hawái, el Campeonato Mundial del "Hombre de Hierro". Alrededor de 1 800 triatletas nadaron 3,2 km (2,4 millas) a través de fuertes olas océanicas, recorrieron en bicicleta 180 km (112 millas) de campos de lava caliente y luego corrieron 41,8 km (26,2 millas) con temperaturas que alcanzaron los 32°C (90°F). Chris McCormack completó este agotador evento en 8 h, 10 min y 37 s para ganar el Campeonato Mundial Ford del Hombre de Hierro por segunda vez en cuatro años. En la división de las mujeres, Mirinda Carfrae obtuvo su primer título al terminar el recorrido en 8:58:36 –un llamativo rendimiento femenino, por debajo de las 9 horas–. ¿Cómo pueden competir estos atletas en esta carrera? Si bien existen pocas dudas de que están genéticamente dotados con un $\dot{V}O_{2máx}$ elevado, también es necesario un entrenamiento riguroso para desarrollar específicamente su capacidad de resistencia cardiorrespiratoria.

Durante una serie única de ejercicio, el cuerpo humano ajusta de forma precisa su funcionamiento cardiovascular y respiratorio para satisfacer las demandas de energía y oxígeno de los músculos activos. Cuando estos sistemas son estresados repetidamente, como ocurre con el entrenamiento regular, se adaptarán para permitir la mejora del $\dot{V}O_{2máx}$ y del rendimiento de resistencia. El **entrenamiento aeróbico**, o entrenamiento de la resistencia cardiorrespiratoria, mejora la función cardíaca, el flujo de sangre periférico y la capacidad de las fibras musculares para generar grandes cantidades de adenosintrifosfato (ATP). En este capítulo examinaremos las adaptaciones que se producen en la función cardiovascular y respiratoria en respuesta al entrenamiento de la resistencia y cómo estas adaptaciones afectan la capacidad de resistencia y el rendimiento deportivo. Además, analizaremos las adaptaciones al entrenamiento anaeróbico. El **entrenamiento anaeróbico** mejora el metabolismo anaeróbico, la capacidad de ejercicio para actividades de alta intensidad y corta duración, la tolerancia de los desequilibrios ácidobase y, en algunos casos, la fuerza muscular. Tanto el entrenamiento aeróbico como el anaeróbico inducen una variedad de adaptaciones que benefician el rendimiento deportivo.

Los atletas de resistencia como los corredores de fondo, los ciclistas, los esquiadores de cross country y los nadadores están muy familiarizados con los efectos del entrenamiento sobre la resistencia cardiovascular y respiratoria, o resistencia aeróbica. Sin embargo, muchos otros deportistas desconocen estos efectos. Los programas de entrenamiento para aquellos atletas que no participan en eventos de resistencia a menudo ignoran el componente de resistencia aeróbica. Esto es comprensible, ya que para maximizar las mejoras en el rendimiento, el entrenamiento debería ser altamente específico del deporte o la actividad particular en la que participa el deportista, y a la resistencia, en general, no se le da mucha importancia en actividades que no son de resistencia. El razonamiento sería el siguiente: ¿por qué desperdiciar un tiempo valioso de entrenamiento si el resultado no será un mejor rendimiento?

El problema con este razonamiento es que la mayoría de los deportes que no son de resistencia tienen, de hecho, un componente de resistencia o aeróbico. Por ejemplo, en el fútbol americano los jugadores y los entrenadores pueden no reconocer la importancia de la resistencia cardiorrespiratoria como parte del programa general de entrenamiento. En apariencia, el fútbol americano es una

actividad anaeróbica, de tipo explosivo, que consiste esfuerzos repetidos de alta intensidad y corta duración. En este deporte, las carreras rara vez superan los 37-55 m (40 a 60 yd), y la mayoría de las veces, luego de una carrera, hay un período de recuperación prolongado por lo cual no puede apreciarse fácilmente la necesidad de entrenar la resistencia. Sin embargo, lo que los deportistas y los entrenadores quizá no consideran es que este tipo de actividad explosiva debe ser repetida muchas veces durante el juego. Con un alto nivel de resistencia, un deportista puede mantener la calidad de cada actividad explosiva durante todo el juego y estará todavía relativamente fresco (declinará menos el rendimiento y habrá menor sentimiento de fatiga) durante el último cuarto.

Estas cuestiones se han planteado también respecto de la importancia de incluir el entrenamiento con sobrecarga como parte del programa general de entrenamiento en deportes que no exigen niveles elevados de fuerza, o el entrenamiento con esprín de alta intensidad en los deportes que no requieren de la velocidad o de una gran capacidad anaeróbica. Aun así, la mayoría de los atletas de deportes de resistencia realizan algún tipo de entrenamiento con sobrecarga ya sea para incrementar, o al menos mantener, los niveles básicos de fuerza, y también realizan entrenamientos de esprín para mejorar su capacidad de mantener una velocidad dada en el momento que sea necesario (p. ej., para realizar un esprín final hacia la meta en una maratón).

En los Capítulos 9 y 14 se analizan los principios del entrenamiento para mejorar el rendimiento deportivo. Se responden el "cómo", el "cuándo" y el "cuánto" acerca del entrenamiento. En este capítulo nos centraremos en los cambios fisiológicos que ocurren en los sistemas corporales cuando se realizan ejercicios aeróbicos y anaeróbicos con regularidad para inducir una respuesta al entrenamiento.

Adaptaciones al entrenamiento aeróbico

Las mejoras en la resistencia que se producen como consecuencia del entrenamiento aeróbico regular (diario, día de por medio, etc.) con actividades como el pedestrismo, el ciclismo o la natación son el resultado de múltiples adaptaciones al estímulo de entrenamiento. Algunas de estas adaptaciones ocurren en los mismos músculos y promueven el transporte y la utilización de oxígeno y de sustratos que se usan como combustible más eficiente. Asimismo, otros cambios importantes tienen lugar en el sistema cardiovascular, lo cual mejora la circulación hacia y dentro el músculo. Como observaremos después, también ocurren adaptaciones pulmonares, pero de menor amplitud.

Resistencia muscular versus resistencia cardiorrespiratoria

El término resistencia describe dos conceptos diferentes pero relacionados: resistencia muscular y resistencia cardiorrespiratoria. Cada tipo de resistencia contribuye de manera diferente y única al rendimiento deportivo y, a su vez, cada tipo de resistencia tiene una importancia distinta para cada deportista.

Para los velocistas, la resistencia es la cualidad que les permite mantener una alta velocidad de carrera durante toda la prueba, por ejemplo, en pruebas de 100 o 200 m. Este componente de la aptitud física se denomina resistencia muscular y se define como la capacidad de un músculo o grupo muscular para repetir acciones musculares dinámicas intensas o para mantener contracciones estáticas por un período dado. Este tipo de resistencia también se ejemplifica con un levantador de pesas que realiza múltiples repeticiones, un boxeador o un luchador. El ejercicio o la actividad pueden ser de naturaleza rítmica y repetitiva, como cuando un pesista realiza múltiples repeticiones en el ejercicio de fuerza en banco o un boxeador golpea repetidamente. También la actividad puede ser más estática, como la acción muscular sostenida cuando un luchador intenta inmovilizar a su oponente. En cualquiera de los dos casos, la fatiga resultante se limita a un grupo muscular específico, y la duración de la actividad, en general, no suele ser superior a 1 o 2 minutos. La resistencia muscular está muy relacionada con la fuerza muscular y con el desarrollo de la capacidad anaeróbica.

Mientras que la resistencia muscular es específica de músculos individuales o de grupos musculares, la **resistencia cardiorrespiratoria** se relaciona con la capacidad para sostener por un tiempo prolongado un ejercicio dinámico corporal total utilizando los principales grupos musculares. La resistencia cardiorrespiratoria se relaciona con el desarrollo de la capacidad de los sistemas cardiovascular y respiratorio para mantener el transporte de oxígeno hacia los músculos activos durante una actividad prolongada, así como también con la capacidad de los músculos para utilizar la energía de forma aeróbica (esto fue analizado en los capítulos 2 y 5). Es por eso que los términos resistencia cardiorrespiratoria y resistencia aeróbica algunas veces son utilizados como sinónimos.

◯ Concepto clave

La resistencia cardiorrespiratoria, o resistencia aeróbica, es la capacidad para sostener por un tiempo prolongado un ejercicio rítmico que involucre grupos musculares relativamente grandes.

Evaluación de la resistencia cardiorrespiratoria

El estudio de los efectos del entrenamiento sobre la resistencia cardiorespiratorio requiere de métodos que permitan valorar repetidamente esta capacidad en forma objetiva y confiable. De esta forma, los científicos del ejercicio, entrenadores o deportistas podrán controlar tanto las mejoras como las adaptaciones fisiológicas que ocurran durante el programa de entrenamiento.

Resistencia aeróbica máxima: $\dot{V}O_{2máx}$

La mayoría de los científicos del ejercicio consideran al $\dot{V}O_{2máx}$, a veces denominado potencia aeróbica máxima o capacidad aeróbica máxima, como la mejor y más objetiva prueba de laboratorio para medir la resistencia cardiorrespiratoria. Recordemos del Capítulo 5 que el $\dot{V}O_{2máx}$ se define como la mayor tasa de consumo de oxígeno que puede alcanzarse durante la realización de ejercicios máximos o extenuantes. El $\dot{V}O_{2máx}$, como se define en la ecuación de Fick, depende del gasto cardíaco máximo (transporte de oxígeno y flujo sanguíneo hacia los músculos activos) y de la máxima diferencia (a-v̄)O_2 (la capacidad de los músculos activos para extraer y utilizar el oxígeno). A medida que aumenta la intensidad del ejercicio, el consumo de oxígeno eventualmente se estabiliza o se reduce ligeramente, incluso con aumentos de la carga de trabajo, lo cual indica que se ha alcanzado el verdadero $\dot{V}O_2$ máximo.

El entrenamiento de la resistencia permite que se transporte y se utilice más oxígeno en los músculos activos en comparación con el estado no entrenado. En individuos previamente desentrenados, se han observado incrementos entre el 15 y 20% en el $\dot{V}O_{2máx}$ luego de un programa de entrenamiento de la resistencia de 20 semanas de duración. Estas mejoras les permiten a los

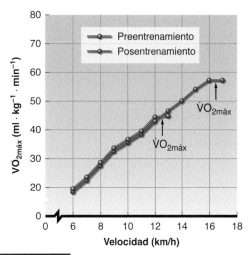

FIGURA 11.1 Cambios en el $\dot{V}O_{2máx}$ con 12 meses de entrenamiento de resistencia. El $\dot{V}O_{2máx}$ aumentó desde 44 a 57 (mL · kg^{-1} · min^{-1}), un incremento del 30%. La velocidad máxima durante el test en tapiz rodante se incrementó desde 13 km/h (8 mph) a 16 km/h (aproximadamente 10 mph).

individuos realizar actividades de resistencia de mayor intensidad, y mejorar así su potencial de rendimiento. En la Figura 11.1 se muestra el aumento en el $\dot{V}O_{2máx}$ después de 12 meses de entrenamiento aeróbico en individuos sin entrenamiento previo. En este ejemplo, el $\dot{V}O_{2máx}$ aumentó aproximadamente en un 30%. Obsérvese que no se producen demasiadas modificaciones en el "costo" de $\dot{V}O_2$ para intensidades submáximas de carrera, lo que se denomina economía de carrera, pero posentrenamiento es posible alcanzar mayores velocidades hacia el final de la prueba.

Resistencia aeróbica submáxima

Además de aumentar la capacidad de resistencia máxima, el entrenamiento de la resistencia también aumenta la **resistencia aeróbica submáxima**, la cual es mucho más difícil de evaluar. Una variable que puede utilizarse para cuantificar objetivamente el efecto de entrenamiento de la resistencia es una menor frecuencia cardíaca en estado estable a la misma intensidad submáxima de ejercicio. Además de esto, los científicos del ejercicio han utilizado diversas medidas del rendimiento para cuantificar la capacidad de resistencia submáxima. Por ejemplo, un test utilizado para determinar la capacidad aeróbica submáxima es registrar la potencia pico promedio (en valores absolutos) que puede mantenerse durante un período fijo de tiempo en cicloergómetro. Un test similar, pero para pedestrismo, sería registrar la velocidad pico promedio que un individuo puede mantener durante un período preestablecido en el tapiz rodante o en el campo. En general, estas pruebas duran entre 30 minutos y una hora.

La resistencia aeróbica submáxima tiene una mayor relación con el rendimiento competitivo en pruebas de resistencia que el $\dot{V}O_{2máx}$, y se cree que los factores determinantes del rendimiento en pruebas de resistencia son el $\dot{V}O_{2máx}$ y el umbral para el inicio de la acumulación de lactato en sangre (OBLA, *onset of blood lactate accumulation*), que es el punto en el cual el lactato comienza a aparecer en forma desproporcionada en la sangre (véase el Capítulo 5). El entrenamiento de la resistencia mejora la resistencia aeróbica submáxima.

Adaptaciones cardiovasculares al entrenamiento

En respuesta al entrenamiento, se producen numerosas adaptaciones cardiovasculares, que incluyen cambios en los siguientes parámetros cardiovasculares:

- Tamaño cardíaco
- Volumen sistólico
- Frecuencia cardíaca
- Gasto cardíaco
- Flujo sanguíneo
- Presión arterial
- Volumen sanguíneo

Para entender por completo las adaptaciones en estos parámetros, es importante que repasemos cómo estos componentes se relacionan con el transporte de oxígeno.

Sistema de transporte de oxígeno

La resistencia cardiorrespiratoria se relaciona con la capacidad de los sistemas cardiovascular y respiratorio para aportar suficiente oxígeno a fin de satisfacer las necesidades de los tejidos metabólicamente activos.

Recordemos del Capítulo 8 que la capacidad de los sistemas cardiovascular y respiratorio para transportar el oxígeno hacia los tejidos activos se define por la **ecuación de Fick**. Ésta establece que el consumo de oxígeno corporal total está determinado por el aporte de oxígeno a través del flujo sanguíneo (gasto cardíaco) y por la cantidad de oxígeno extraído por los tejidos, o diferencia $(a\text{-}\bar{v})O_2$. El producto del gasto cardíaco y la diferencia $(a\text{-}\bar{v})O_2$ determina la tasa a la cual se consume el oxígeno:

$$\dot{V}O_2 = \text{volumen sistólico} \times \text{frecuencia cardíaca} \times \text{diferencia } (a\text{-}\bar{v})O_2$$

Y

$$\dot{V}O_{2máx} = \text{volumen sistólico máximo} \times \text{frecuencia cardíaca máxima} \times \text{diferencia } (a\text{-}\bar{v})O_2 \text{ máxima.}$$

Como la $FC_{máx}$ se mantiene igual o disminuye ligeramente con el entrenamiento, los incrementos en el $\dot{V}O_{2máx}$ dependen de las adaptaciones en el volumen sistólico máximo y en la diferencia $(a\text{-}\bar{v})O_2$ máxima.

Las demandas de oxígeno en los músculos activos se incrementan conjuntamente con el aumento en la intensidad del ejercicio. La resistencia aeróbica depende de la capacidad del sistema cardiorrespiratorio para aportar suficiente oxígeno a estos tejidos activos, para que estos puedan satisfacer el incremento de sus demandas de oxígeno para el metabolismo oxidativo. A medida que se alcanzan niveles máximos de entrenamiento, el tamaño del corazón, el flujo sanguíneo, la presión arterial y el volumen sanguíneo pueden limitar en forma potencial la capacidad máxima para transportar el oxígeno. El entrenamiento de la resistencia provoca numerosos cambios en estos componentes del **sistema de transporte de oxígeno**, los cuales permiten que funcione de forma más eficaz.

Tamaño del corazón

El incremento de la masa del músculo cardíaco y del volumen ventricular con el entrenamiento es una adaptación a las incrementadas demandas de trabajo. El músculo cardíaco, al igual que el esquelético, experimenta adaptaciones morfológicas como resultado del entrenamiento crónico de la resistencia cardiorrespiratoria. Hubo un tiempo en el que la **hipertrofia cardíaca** inducida por el ejercicio –denominada **"corazón de atleta"**– causaba cierta preocupación porque los expertos creían, erróneamente, que el aumento del tamaño del corazón siempre reflejaba un estado patológico, como ocurre en la hipertensión severa. En la actualidad, la hipertrofia cardíaca inducida por el ejercicio es considerada una

Medición del tamaño del corazón

Durante años la medición del tamaño cardíaco ha sido de interés para los cardiólogos debido a que, por lo general, un corazón hipertrofiado o "agrandado" es signo de una condición patológica que indica la presencia de enfermedad cardiovascular. Más recientemente, los científicos del ejercicio se han interesado en el tamaño del corazón por su relación con el estado de entrenamiento y el rendimiento de los deportistas y de las personas que practican ejercicios. Desde la década de 1970, los estudios llevados a cabo con atletas e individuos que participaron en programas de entrenamiento de la resistencia han utilizado la ecocardiografía para medir con precisión el tamaño del corazón y sus cámaras. La ecocardiografía se basa en la técnica de ultrasonido, que utiliza ondas sonoras de alta frecuencia que atraviesan la pared torácica y alcanzan el corazón. Estas ondas sonoras se emiten desde un transductor colocado en el pecho y una vez que contactan con las distintas estructuras del corazón, rebotan y vuelven a un sensor capaz de capturar las ondas sonoras desviadas y proporcionar una imagen en movimiento del corazón. Un médico, o un técnico entrenado, puede visualizar el tamaño de las cámaras cardíacas, el espesor de sus paredes y la función de las válvulas cardíacas. Hay varias formas de ecocardiografías: ecocardiografía modo M, que proporciona una imagen unidimensional del corazón, ecocardiografía bidimensional y ecocardiografía Doppler, que en general se usa para medir el flujo sanguíneo en los grandes vasos. En las fotografías contiguas, se muestra la obtención de una ecocardiografía bidimensional y el ecocardiograma resultante.

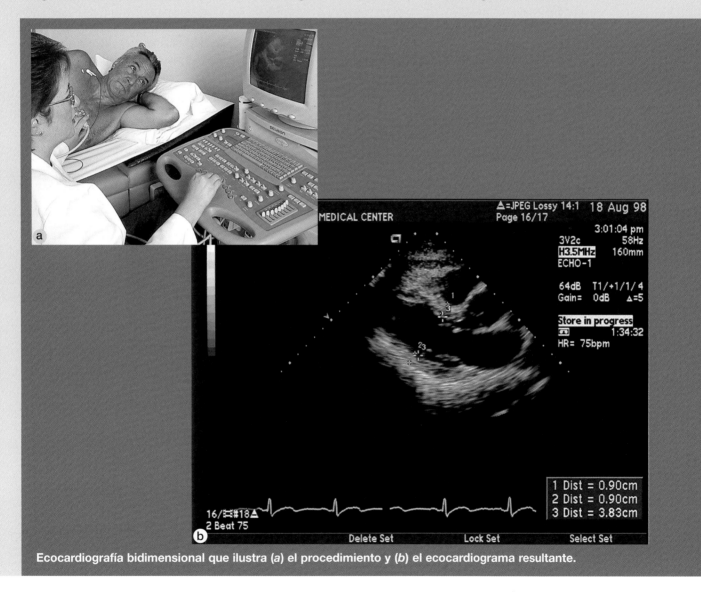

Ecocardiografía bidimensional que ilustra (*a*) el procedimiento y (*b*) el ecocardiograma resultante.

adaptación normal al entrenamiento crónico de la resistencia.

El ventrículo izquierdo, como analizamos en el Capítulo 6, realiza la mayor parte del trabajo y, por lo tanto, experimenta las mayores adaptaciones en respuesta al entrenamiento de la resistencia. El tipo de adaptación ventricular depende del tipo de entrenamiento. Por ejemplo, durante el entrenamiento con sobrecarga, el ventrículo izquierdo debe contraerse y expulsar la sangre hacia la circulación sistémica contra una poscarga incrementada.

Hemos aprendido en el Capítulo 8 que la presión arterial durante un ejercicio con sobrecarga puede superar los 480/350 mm Hg. Esto representa una resistencia considerable, que debe ser superada por el ventrículo izquierdo. Para superar este incremento en la poscarga, el músculo cardíaco compensa aumentando el espesor de la pared del ventrículo izquierdo, e incrementa de este modo la contractilidad. Por lo tanto, el aumento en la masa del músculo cardíaco es una respuesta directa a la exposición repetida a un aumento de la poscarga en el entrenamiento con sobrecarga. Sin embargo, existen pocos cambios en el volumen ventricular.

Con el entrenamiento de la resistencia, se produce el incremento del tamaño de la cámara ventricular izquierda. Esto permite el incremento del llenado ventricular izquierdo y, en consecuencia, también del volumen sistólico. El incremento en las dimensiones del ventrículo izquierdo se debe, en gran parte, al aumento inducido por el entrenamiento en el volumen plasmático (lo cual se discutirá posteriormente en este capítulo), que incrementa el volumen diastólico final del ventrículo izquierdo (incremento en la precarga). En relación con lo anterior, la reducción de la frecuencia cardíaca de reposo (debido al incremento del tono parasimpático) así como la reducción de la frecuencia cardíaca de ejercicio a una misma carga de trabajo permiten un mayor tiempo para el llenado diastólico. El incremento del volumen plasmático y del tiempo de llenado diastólico aumenta el tamaño de la cámara cardíaca izquierda al final de la diástole. A menudo, este efecto del entrenamiento de resistencia sobre el ventrículo izquierdo se denomina efecto de la carga de volumen.

Originalmente se pensaba que este aumento de las dimensiones del ventrículo izquierdo era el único cambio causado por el entrenamiento de la resistencia en este ventrículo. Sin embargo, diversos estudios han revelado que, similarmente a lo que ocurre con el entrenamiento de sobrecarga, el entrenamiento de la resistencia también provoca el incremento del espesor de la pared miocárdica.[11] Utilizando imágenes de resonancia magnética, Milliken y cols.[23] hallaron que los atletas de resistencia altamente entrenados (esquiadores de cross country, ciclistas de ruta y corredores de larga distancia) exhibían una mayor masa del ventrículo izquierdo que los sujetos control no entrenados en resistencia. También hallaron que la masa ventricular izquierda tenía una alta correlación con el $\dot{V}O_{2máx}$, o potencia aeróbica.

Fagard[11] llevó a cabo en 1996 la revisión más exhaustiva de la literatura de investigación existente, centrándose en corredores de larga distancia (135 deportistas y 173 sujetos control), ciclistas (69 deportistas y 65 controles) y deportistas de fuerza (178 deportistas, incluyendo levantadores de pesas, levantadores de potencia, fisicoculturistas, luchadores, lanzadores y corredores de trineo, y 105 controles). En cada grupo, los deportistas fueron apareados por edad y tamaño corporal con un grupo de sujetos control sedentarios. Por cada grupo de corredores, ciclistas y deportistas de fuerza, el diámetro interno del ventrículo izquierdo

(DIVI, un índice del tamaño de la cámara) y el total de la masa ventricular izquierda (MVI) fue mayor en los deportistas que en los sujetos control de la misma edad y tamaño corporal (Figura 11.2). Por lo tanto, los datos obtenidos de este estudio transversal respaldan la hipótesis de que tanto el tamaño de la cámara ventricular izquierda como el espesor de la pared aumentan con el entrenamiento de la resistencia.

La mayoría de los estudios que investigaron los cambios en el tamaño cardíaco con el entrenamiento tienen un diseño transversal, en el cual se comparan individuos entrenados con individuos sedentarios desentrenados. Ciertamente, algunas de las diferencias que se observan en la Figura 11.2 pueden ser atribuidas a la genética, y no al entrenamiento. Sin embargo, los estudios longitudinales que han realizado el seguimiento de los individuos desde el estado desentrenado al estado entrenado y los que han realizado el seguimiento de los individuos desde el estado entrenado al desentrenado han reportado que el tamaño cardíaco se incrementa con el entrenamiento y se reduce con el desentrenamiento. Por lo tanto, al parecer el entrenamiento provoca cambios en el tamaño cardíaco, aunque estos cambios podrían no ser tan importantes como los que se muestran en la Figura 11.2.

Revisión

- La resistencia cardiorrespiratoria (también denominada potencia aeróbica máxima) hace referencia a la capacidad para realizar ejercicios dinámicos que involucren grandes grupos musculares durante un tiempo prolongado.
- El $\dot{V}O_{2máx}$ –que es la mayor tasa de consumo de oxígeno que puede alcanzarse durante un ejercicio máximo o agotador– es el mejor indicador único de la resistencia cardiorrespiratoria.
- El gasto cardíaco (volumen minuto), producto de la frecuencia cardíaca por el volumen sistólico, representa la cantidad de sangre que abandona el corazón por minuto, mientras que la diferencia $(a-\bar{v})O_2$ indica la cantidad de oxígeno que es extraída de la sangre por los tejidos. Según la ecuación de Fick, el producto de estos valores representa el consumo de oxígeno: $\dot{V}O_2$ = volumen sistólico × frecuencia cardíaca × diferencia $(a-\bar{v})O_2$.
- De las cámaras cardíacas, el ventrículo izquierdo es el que sufre los cambios más importantes en respuesta al entrenamiento de la resistencia.
- Con el entrenamiento de resistencia, las dimensiones internas del ventrículo izquierdo aumentan, mayormente en respuesta al aumento del llenado ventricular secundario al incremento en el volumen plasmático.
- El espesor de la pared y la masa del ventrículo izquierdo también aumentan con el entrenamiento de resistencia, lo que permite una mayor contractilidad.

Volumen sistólico

El volumen sistólico en reposo es significativamente mayor después de un programa de entrenamiento de la resistencia. Este aumento inducido por el entrenamiento

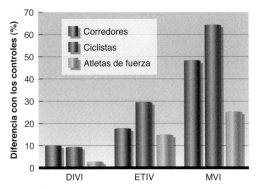

FIGURA 11.2 Diferencias porcentuales en el tamaño del corazón entre tres grupos de deportistas (corredores, ciclistas y atletas de fuerza) y sujetos sedentarios de control de la misma talla y edad (0%). La figura muestra las diferencias porcentuales para el diámetro interno del ventrículo izquierdo (DIVI), el espesor del tabique interventricular (ETIV), y la masa del ventrículo izquierdo (MVI). Los datos son de Fagard (1996).

de resistencia también se observa a intensidades submáximas y máximas de ejercicio. Esto se muestra en la Figura 11.3, donde se observan los cambios en el volumen sistólico de un sujeto que se ejercitó a intensidades crecientes hasta llegar a la intensidad máxima, antes y después de completar un programa de entrenamiento de resistencia de 6 meses de duración. El Cuadro 11.1 muestra los valores característicos del volumen sistólico tanto en reposo como durante un ejercicio máximo en individuos no entrenados, entrenados y en deportistas altamente entrenados. La amplia variación en los valores del

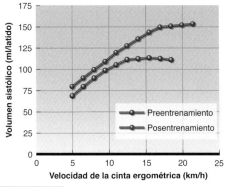

FIGURA 11.3 Cambios en volumen sistólico con el entrenamiento de resistencia mientras los sujetos caminan, trotan y corren en una cinta ergométrica a velocidades crecientes.

CUADRO 11.1 Volumen sistólico en reposo (VS$_{reposo}$) y durante el ejercicio máximo (VS$_{máx}$) para diferentes estados de entrenamiento

Sujetos	VS$_{reposo}$ (mL/latido)	VS$_{máx}$ (mL/latido)
No entrenados	50-70	80-110
Entrenados	70-90	110-150
Altamente entrenados	90-110	150-220+

volumen sistólico, en cualquiera de las celdas del cuadro, es atribuible en gran parte a las diferencias en el tamaño corporal. Las personas de mayor tamaño tienen, característicamente, corazones más grandes y un mayor volumen sanguíneo, y por lo tanto, un mayor volumen sistólico. Esto es un punto importante cuando uno está comparando volúmenes sistólicos de diferentes personas.

Después del entrenamiento aeróbico, el ventrículo izquierdo se llena de forma más completa durante la diástole. El volumen plasmático aumenta con el entrenamiento, y permite así que una mayor cantidad de sangre llegue al ventrículo durante la diástole, lo que produce un incremento en el volumen diastólico final. La frecuencia cardíaca en reposo de un corazón entrenado también es menor que la de un corazón no entrenado, permitiendo un mayor tiempo para el incremento del llenado diastólico. La entrada de una mayor cantidad de sangre al ventrículo incrementa el estiramiento de las paredes ventriculares lo cual, debido a la ley de Frank-Starling (véase el Capítulo 8), aumenta la fuerza de contracción.

El espesor de las paredes posterior y septal del ventrículo izquierdo también aumenta ligeramente con el entrenamiento de la resistencia. La mayor masa ventricular generará una mayor fuerza de contracción y provocará una reducción del volumen sistólico final.

La reducción del volumen sistólico final se ve facilitada por la disminución de la resistencia periférica que ocurre con el entrenamiento. La mayor contractilidad causada por el aumento del espesor de la pared del ventrículo izquierdo y el mayor llenado diastólico (mecanismo de Frank-Starling), sumado a la disminución de la resistencia sistémica periférica, generan un incremento en la fracción de eyección en un corazón entrenado (igual a [volumen diastólico final – volumen sistólico final]/volumen diastólico final). Dado que llega más sangre al ventrículo izquierdo y que con cada contracción se expulsa un porcentaje mayor de lo que entra, se produce un aumento del volumen sistólico.

⬤ Concepto clave

El aumento de las dimensiones del ventrículo izquierdo, la disminución de la resistencia periférica sistémica y el mayor volumen de sangre son responsables del incremento del volumen sistólico durante el reposo y durante la realización de ejercicios submáximos y máximos, después de un programa de entrenamiento de resistencia.

Los resultados de un estudio llevado a cabo con adultos mayores que entrenaron aeróbicamente durante un año pueden ilustrar las adaptaciones del volumen latido al entrenamiento de la resistencia.[9] En este estudio se evaluó la función cardiovascular de los participantes antes y después de un programa de entrenamiento que consistió en una hora de ejercicio en cinta ergométrica y en cicloergómetro, cuatro días a la semana, a intensidades del 60-80% del $\dot{V}O_{2máx}$, con breves períodos en los cuales la intensidad superó el 90% del $\dot{V}O_{2máx}$. Luego del programa de entrenamiento, se observó un incremento significativo del volumen diastólico final tanto en reposo como durante la ejecución de ejercicios submáximos. La fracción de eyección se incrementó significativamente, lo cual estuvo asociado con una reducción del volumen sistólico final, lo que sugiere un incremento en la contractilidad del ventrículo izquierdo. El $\dot{V}O_{2máx}$ aumentó en un 23%, lo que indica una mejora sustancial en la resistencia.

Está claro que con el entrenamiento de la resistencia cardiorrespiratoria se producen adaptaciones en el volumen sistólico central, pero también se producen adaptaciones periféricas que contribuyen a aumentar el $\dot{V}O_{2máx}$, al menos en individuos activos de mediana edad. Esto se demostró en un singular estudio longitudinal en el que se utilizó tanto un modelo de entrenamiento como uno de desentrenamiento mediante reposo en cama[22]. Cinco hombres de 20 años de edad fueron evaluados (valores basales), luego de lo cual completaron 20 días de reposo en cama (desentrenamiento), e inmediatamente después completaron 60 días de entrenamiento. Estos mismos sujetos fueron estudiados nuevamente 30 años después (a los 50 años de edad), y fueron evaluados otra vez antes y después de completar un programa de entrenamiento de la resistencia de 6 meses de duración. Los resultados de este estudio mostraron que, después del entrenamiento, el incremento porcentual promedio en el $\dot{V}O_{2máx}$ fue similar a los 20 años de edad (18%) y a los 50 años (14%). Sin embargo, el incremento en el $\dot{V}O_{2máx}$ a los 20 años de edad estuvo asociado a aumentos tanto en el gasto cardíaco máximo como en la máxima diferencia $(a-\bar{v})O_2$; mientras que a los 50 años el incremento en el $\dot{V}O_{2máx}$ se debió principalmente al aumento en la diferencia $(a-\bar{v})O_2$ sin cambios en el gasto cardíaco. Tanto a los 20 años como a los 50, se observó un incremento en el volumen latido máximo; sin embargo, el incremnto fue menor a los 50 años (+ 16 mL/latido a los 20 años vs. + 8 mL/latido a los 50 años).

Revisión

➤ Después de un entrenamiento de resistencia, el volumen sistólico está aumentado en reposo y durante la realización de ejercicios máximos y submáximos.

➤ El principal factor que deriva en el incremento del volumen sistólico es el aumento en el volumen diastólico final, provocado por el incremento en el volumen plasmático y el mayor tiempo para el llenado diastólico, siendo esto último secundario a una menor frecuencia cardíaca.

➤ Otro factor que contribuye al aumento del volumen sistólico es el incremento de la fuerza de contracción del ventrículo izquierdo. Esto es producido por la hipertrofia del músculo cardíaco y por aumento del estiramiento del ventrículo por un incremento en el llenado diastólico (precarga aumentada), lo que conduce a un mayor retroceso elástico (mecanismo de Frank-Starling).

➤ La menor resistencia vascular periférica (poscarga disminuida) también contribuye a que aumente la cantidad de sangre que bombea el ventrículo izquierdo con cada latido.

Frecuencia cardíaca

El entrenamiento aeróbico tiene un gran impacto sobre la frecuencia cardíaca de reposo, durante la realización de ejercicios submáximos y durante el período de recuperación posejercicio. El efecto del entrenamiento aeróbico sobre la frecuencia cardíaca máxima no es tan importante.

Frecuencia cardíaca de reposo La frecuencia cardíaca de reposo disminuye notablemente como resultado del entrenamiento de la resistencia. Algunos estudios han mostrado que, al menos en las primeras semanas, un individuo sedentario con una frecuencia cardíaca de reposo inicial de 80 latidos/minuto puede exhibir una reducción en la frecuencia cardíaca de aproximadamente 1 latido/minuto por cada semana de entrenamiento aeróbico. Después de 10 semanas del entrenamiento de la resistencia de intensidad moderada, la frecuencia cardíaca de reposo puede disminuir desde 80 a 70 latidos/minutos o menos. Por otra parte, varios estudios bien controlados y con un gran número de sujetos han demostrado una disminución de la frecuencia cardíaca menor, es decir, de menos de 5 latidos/minuto, después de 20 semanas de entrenamiento aeróbico. Los mecanismos reales responsables de esta disminución todavía no se comprenden por completo, pero el entrenamiento parece aumentar la actividad parasimpática en el corazón al mismo tiempo que reduce la actividad

Concepto clave

Usualmente, los atletas altamente entrenados en la resistencia exhiben frecuencias cardíacas de reposo menores a 40 latidos/minuto, e incluso algunos exhiben valores menores a 30 latidos/minuto.

simpática.

Recordemos del Capítulo 6 que la bradicardia es un término clínico que indica una frecuencia cardíaca inferior a 60 latidos/minuto. Comúnmente, en individuos no entrenados la bradicardia suele ser consecuencia de una función cardíaca anormal o de un corazón enfermo. Por lo tanto, es necesario diferenciar entre una bradicardia inducida por el entrenamiento, lo cual es una respuesta al entrenamiento de la resistencia, y una bradicardia patológica, que puede ser motivo de gran preocupación.

Frecuencia cardíaca submáxima Durante la realización de ejercicios submáximos, el entrenamiento aeróbico produce frecuencias cardíacas proporcionalmente menores a una intensidad de ejercicio dada. La Figura 11.4 muestra los valores de la frecuencia cardíaca, obtenidos antes y después del entrenamiento, en un sujeto que se ejercitó en cinta ergométrica a diferentes intensidades. En la figura puede observarse que con cada velocidad de ejercicio (caminata o carrera) la frecuencia cardíaca registrada posentrenamiento fue menor que la registrada antes del entrenamiento. La disminución de la frecuencia cardíaca inducida por el entrenamiento es típicamente mayor cuando se realizan ejercicios de mayor intensidad.

A la misma carga de trabajo absoluta, un corazón entrenado es capaz de mantener el gasto cardíaco para cu-

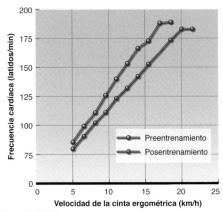

FIGURA 11.4 Cambios en la frecuencia cardíaca con el entrenamiento de la resistencia, mientras los sujetos caminan, trotan o corren en una cinta ergométrica a velocidades crecientes.

brir las necesidades de los músculos activos pero realizando menos trabajo (menor frecuencia cardíaca y mayor volumen latido) que un corazón desentrenado.

Frecuencia cardíaca máxima La frecuencia cardíaca máxima ($FC_{máx}$) de una persona tiende a ser estable y a mantenerse relativamente invariable después del entrenamiento de la resistencia. De todas formas, diversos estudios han sugerido que en personas cuyos niveles no entrenados de $FC_{máx}$ exceden los 180 latidos/minuto, la $FC_{máx}$ puede ser ligeramente menor luego del entrenamiento. Asimismo, los deportistas altamente entrenados en la capacidad de resistencia tienden a tener valores de $FC_{máx}$ menores a los de individuos no entrenados de la misma edad, aunque éste no sea siempre el caso. A veces, deportistas de más de 60 años tienen valores de $FC_{máx}$ mayores que las personas no entrenadas de la misma edad.

Concepto clave

La frecuencia cardíaca de reposo es característicamente más baja (por más de 10 latidos/minuto) después del entrenamiento de la resistencia. Similarmente, luego del entrenamiento de la resistencia, la frecuencia cardíaca submáxima puede llegar a ser unos 10-20 latidos/minuto menor en comparación con la registrada antes del entrenamiento a la misma carga absoluta de trabajo. Por lo general, la frecuencia cardíaca máxima no cambia o disminuye ligeramente con el entrenamiento de la resistencia.

Interacciones entre la frecuencia cardíaca y el volumen sistólico Durante el ejercicio, el producto de la frecuencia cardíaca y el volumen latido determinan el gasto cardíaco adecuado para la intensidad de la actividad que está siendo llevada a cabo. A intensidades máximas o casi máximas, la frecuencia cardíaca puede ajustarse para proporcionar la combinación óptima de frecuencia cardíaca y volumen sistólico, con la finalidad de maximizar el gasto cardíaco (volumen minuto). Si la frecuencia cardíaca es demasiado alta, se reduce el tiempo de llenado diastólico, y el volumen sistólico puede verse comprometido. Por ejemplo, si la $FC_{máx}$ es de 180 latidos/minuto, el corazón late tres

veces por segundo. Cada ciclo cardíaco dura, por lo tanto, 0,33 segundos. La diástole dura sólo 0,15 segundos o menos. Esta frecuencia cardíaca tan alta deja poco tiempo para que los ventrículos se llenen. Como consecuencia, el volumen sistólico puede reducirse con frecuencias cardíacas elevadas, en las que se compromete el tiempo de llenado.

Sin embargo, si la frecuencia cardíaca disminuye, los ventrículos tendrán más tiempo para llenarse. Ésta ha sido la razón propuesta por la que los deportistas suelen tener valores menores de frecuencias cardíacas máximas; sus corazones se han adaptado al entrenamiento aumentando drásticamente su volumen sistólico, de modo que valores menores de frecuencias cardíacas máximas puedan proporcionar un gasto cardíaco óptimo.

¿Qué sucede primero? ¿El aumento del volumen sistólico genera una disminución de la frecuencia cardíaca o es una menor frecuencia cardíaca lo que genera un mayor volumen sistólico? Esta pregunta sigue sin ser contestada. En cualquiera de los dos casos, la combinación del aumento del volumen sistólico y la disminución de la frecuencia cardíaca es la forma más eficiente para que el corazón satisfaga las demandas metabólicas del cuerpo durante el ejercicio. El corazón gasta menos energía contrayéndose con menos frecuencia pero con más fuerza que aumentando la frecuencia de las contracciones. Los cambios recíprocos en la frecuencia cardíaca y el volumen sistólico en respuesta al entrenamiento comparten un objetivo común: permitir que el corazón expulse la mayor cantidad de sangre oxigenada posible con el menor gasto energético.

Recuperación de la frecuencia cardíaca Durante el ejercicio, tal como analizamos en el Capítulo 6, la frecuencia cardíaca debe aumentar para que, a su vez, aumente el volumen minuto y se satisfagan las demandas de flujo sanguíneo de los músculos activos. Cuando la serie de ejercicios finaliza, la frecuencia cardíaca no retorna inmediatamente a los niveles basales. En lugar de esto, se mantiene elevada por un tiempo, y lentamente regresa a los niveles de reposo. El tiempo que demora la frecuencia cardíaca en retornar a su ritmo de reposo se denomina período de recuperación de la frecuencia cardíaca.

Después de un período de entrenamiento de la resistencia, como se muestra en la Figura 11.5, la frecuencia cardíaca vuelve a su nivel de reposo mucho más rápido

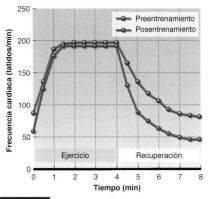

FIGURA 11.5 Cambios en la recuperación de la frecuencia cardíaca con el entrenamiento de la resistencia, luego de un ejercicio máximo de 4 minutos.

que antes de dicho período de entrenamiento. Esto es así tanto después de ejercicios submáximos como máximos.

Dado que el período de recuperación de la frecuencia cardíaca se acorta después del entrenamiento de la resistencia, esta medida se ha propuesto como un índice indirecto de la aptitud cardiorrespiratoria. En general, un individuo con una mayor aptitud física se recupera más rápido luego de una prueba estandarizada de ejercicio que un individuo con menor aptitud física. Por lo tanto, esta medida puede ser de utilidad en el campo, cuando no es posible o no es viable valorar de forma más directa la capacidad de resistencia. Sin embargo, existen otros factores que también pueden afectar la recuperación de la frecuencia cardíaca (además del estatus de entrenamiento). Por ejemplo, hacer ejercicios en ambientes calurosos o a grandes alturas puede prolongar la elevación de la frecuencia cardíaca.

La curva de recuperación de la frecuencia cardíaca es una herramienta útil para monitorear el progreso de una persona durante un programa de entrenamiento. Pero debido a la influencia potencial de otros factores, no debería ser usada para comparar un individuo con otro.

Gasto cardíaco

Ya hemos analizado los efectos del entrenamiento sobre dos de los componentes del gasto cardíaco (o volumen minuto): el volumen sistólico y la frecuencia cardíaca. A medida que aumenta el volumen sistólico, la frecuencia cardíaca por lo general disminuye tanto en reposo como durante la realización de ejercicios a una intensidad absoluta dada.

Dado que la magnitud de estos cambios recíprocos es similar, el gasto cardíaco en reposo y durante la realización de ejercicios submáximos de una intensidad determinada no cambia demasiado después del entrenamiento de la resistencia. De hecho, el gasto cardíaco puede disminuir ligeramente. Esto podría ser el resultado de un incremento en la diferencia (a-v̄)O_2 (que refleja una mayor extracción de oxígeno por los tejidos) o una disminución en la tasa de consumo de oxígeno (que refleja una mayor eficiencia mecánica). Por lo general, el gasto cardíaco se ajusta al consumo de oxígeno requerido para los esfuerzos de cualquier intensidad.

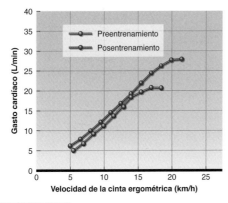

FIGURA 11.6 Cambios en el gasto cardíaco con el entrenamiento de la resistencia. Los valores fueron registrados durante una prueba de ejercicio a velocidades crecientes en cinta ergométrica.

Sin embargo, tal como se observa en la Figura 11.6, el gasto cardíaco máximo se incrementa considerablemente en respuesta al entrenamiento aeróbico, y este incremento es en gran parte responsable del aumento en el $\dot{V}O_{2máx}$. Este aumento en el gasto cardíaco es el resultado principalmente del incremento en el volumen sistólico máximo, porque la frecuencia cardíaca máxima cambia poco o nada. El gasto cardíaco máximo oscila entre 14 a 20 L/min en personas no entrenadas y entre 25 a 35 L/min en individuos entrenados, y puede ser de 40 L/min o más en deportistas altamente entrenados en resistencia. De todas formas, estos valores absolutos están muy influenciados por el tamaño corporal.

Revisión

➤ La frecuencia cardíaca de reposo disminuye como resultado del entrenamiento de resistencia. En una persona sedentaria, esta disminución es, por lo general, de 1 latido/minuto por semana durante las primeras semanas de entrenamiento, pero también se han observado reducciones menores. Los deportistas de resistencia altamente entrenados pueden tener frecuencias cardíacas de reposo de 40 latidos/min o menores.

➤ La frecuencia cardíaca durante los ejercicios submáximos también disminuye, y la magnitud de esta disminución es mayor durante ejercicios de alta intensidad.

➤ La frecuencia cardíaca máxima permanece sin cambios o decrece ligeramente con el entrenamiento.

➤ La frecuencia cardíaca durante el período de recuperación disminuye más rápidamente luego del entrenamiento, y se torna un método indirecto pero conveniente para controlar las adaptaciones que ocurren con el entrenamiento. De todas formas, este valor no es útil para comparar la aptitud física de dos personas distintas.

➤ El gasto cardíaco en reposo y durante ejercicios de niveles submáximos permanece invariable (o se reduce levemente) después del entrenamiento de la resistencia.

➤ El gasto cardíaco durante la realización de ejercicios máximos aumenta considerablemente y en gran parte es responsable del aumento en el $\dot{V}O_{2máx}$. El aumento en el volumen minuto máximo es el resultado de un incremento sustancial en el volumen sistólico máximo como consecuencia de los cambios en la estructura y la función cardíaca inducidos por el entrenamiento.

Flujo sanguíneo

Los músculos activos necesitan considerablemente más oxígeno y nutrientes que aquellos inactivos. Para satisfacer estas necesidades, se necesita llevar más sangre a esos músculos durante el ejercicio. Con el entrenamiento de la resistencia, el sistema cardiovascular se adapta para incrementar el flujo sanguíneo que alcanza los músculos activos, y de esta forma satisfacer la mayor necesidad de oxígeno y de sustratos metabólicos. Cuatro factores son responsables del aumento en el flujo sanguíneo hacia los músculos durante el entrenamiento:

- Mayor capilarización en los músculos entrenados
- Mayor reclutamiento de capilares existentes
- Redistribución más efectiva del flujo sanguíneo desde las regiones inactivas
- Aumento del volumen sanguíneo

En los músculos entrenados, se desarrollan nuevos capilares que permiten el aumento del flujo sanguíneo. Esto posibilita que la sangre que fluye desde las arteriolas hacia los músculos esqueléticos perfunda mejor las fibras activas. Por lo general, este aumento de capilares se expresa como un incremento en el número de capilares por fibra muscular, o **relación capilares-fibras**. En el Cuadro 11.2 se muestran las diferencias en la relación capilares-fibra entre un hombre bien entrenado y otro no entrenado, tanto antes como después del ejercicio.[14]

En todos los tejidos, inclusive en el músculo, no todos los capilares están abiertos en todo momento. Junto con la nueva capilarización, pueden reclutarse capilares preexistentes en el músculo entrenado. Éstos se abren dándole paso a la sangre, lo que aumenta el flujo sanguíneo en las fibras musculares. El incremento en el número de capilares (neocapilarización) con el entrenamiento de la resistencia combinado con el incremento en el reclutamiento de capilares aumenta el área de sección cruzada de intercambio entre el sistema vascular y las fibras musculares metabólicamente activas. Dado que el entrenamiento de la resistencia también aumenta el volumen sanguíneo, la desviación de la sangre hacia los capilares no comprometerá gravemente el retorno venoso.

Una redistribución más efectiva del volumen minuto puede incrementar el flujo sanguíneo hacia los músculos activos. El flujo sanguíneo es derivado desde las áreas que no necesitan un gran flujo hacia la musculatura activa. Puede incluso incrementarse el flujo sanguíneo hacia las fibras más activas dentro de un grupo muscular específico. Armstrong y Laughlin[1] demostraron que, durante el ejercicio, las ratas entrenadas en la resistencia podían redistribuir su flujo sanguíneo hacia sus tejidos más activos mejor de lo que lo hacían las ratas no entrenadas. El flujo sanguíneo total derivado hacia las patas traseras no difería entre las ratas entrenadas y las no entrenadas. No obstante, las entrenadas derivaban la mayor cantidad de sangre hacia las fibras musculares más oxidativas, redistribuyendo efectivamente la sangre lejos de las fibras musculares glucolíticas. Estos hallazgos son difíciles de reproducir en seres humanos debido a la dificultad técnica y, además, porque los músculos esqueléticos humanos son mosaicos con distintos tipos de fibras entremezclados en un mismo músculo.

Finalmente, el volumen total de sangre del cuerpo aumenta con el entrenamiento de la resistencia, y proporciona una mayor cantidad de sangre para satisfacer las múltiples necesidades durante actividades de resistencia. Los mecanismos responsables de este proceso se explican más adelante en este capítulo.

Concepto clave

El incremento del flujo sanguíneo hacia los músculos es uno de los factores más importantes para mantener el aumento de la capacidad aeróbica de resistencia y el rendimiento en ejercicios aeróbicos. Este incremento es atribuible a la mayor densidad de capilares (tanto por nuevos capilares como por mayor reclutamiento), a la desviación de una mayor proporción del gasto cardíaco hacia los músculos activos y a un aumento del volumen sanguíneo.

Presión arterial

Después del entrenamiento de la resistencia, la presión arterial no cambia significativamente en los individuos sanos, pero algunos estudios han mostrado que en los individuos que se hallan en el límite de la hipertensión o que son moderadamente hipertensos ocurren reducciones leves después del entrenamiento. Las caídas de la presión arterial sistólica y diastólica son de aproximadamente 6 a 7 mm Hg en los sujetos hipertensos. Los mecanismos que subyacen a esta disminución aún se desconocen. Luego del entrenamiento de la resistencia, a una intensidad de ejercicio submáxima dada la presión arterial se reduce; sin embargo, durante la realización de ejercicios de intensidad máxima la presión arterial sistólica aumenta y la diastólica disminuye.

CUADRO 11.2 **Capilarización de las fibras musculares en hombres bien entrenados y en no entrenados**

Estadio	Capilares por mm²	Fibras musculares por mm²	Relación capilares-fibras	Distancia de difusión[a]
Bien entrenados				
Preejercicio	640	440	1,5	20,1
Posejercicio	611	414	1,6	20,3
No entrenados				
Preejercicio	600	557	1,1	20,3
Posejercicio	599	576	1,0	20,5

Nota. Este cuadro muestra el mayor tamaño de las fibras musculares en hombres bien entrenados, los cuales tienen menos fibras por unidad de área (fibras por mm²). También presentan una relación capilares-fibras superior aproximadamente un 50%, a las de los no entrenados.

[a]La distancia de difusión representa el promedio de la distancia entre capilares en un cortetransversal, expresada en micrómetros.

Adaptado de L. Hermansen y M. Wachtlova, 1971, "Capillary density of skeletal muscle in well trained and untrained men", *Journal of Applied Physiology* 30: 860-863. Utilizado con autorización.

Si bien los ejercicios de fuerza pueden causar un importante aumento transitorio tanto en la presión sistólica como en la diastólica durante el levantamiento de pesos pesados, la exposición crónica a estas altas presiones no eleva la presión arterial del reposo. La hipertensión arterial no es frecuente en los halterófilos competitivos ni en los deportistas de fuerza y potencia. De hecho, algunos estudios han demostrado que el entrenamiento con sobrecarga puede disminuir la presión arterial sistólica de reposo. Hagberg y cols.[13] estudiaron a un grupo de adolescentes que se hallaban en el límite de la hipertensión durante cinco meses de entrenamiento con pesas. Los resultados de este estudio mostraron una reducción significativa de la presión arterial sistólica de reposo.

Volumen sanguíneo

El entrenamiento de la resistencia aumenta el volumen sanguíneo total y este efecto es mayor a mayores intensidades de entrenamiento. Además, esto ocurre rápidamente. El aumento en el volumen sanguíneo se debe, sobre todo, a un incremento del volumen plasmático, pero además hay un aumento en la cantidad de glóbulos rojos. El curso temporal y el mecanismo para el incremento de cada uno de estos componentes es muy diferente.[29]

Volumen plasmático Se cree que el aumento del volumen plasmático con el entrenamiento es causado por dos mecanismos. El primero, que tiene dos fases, causa el aumento de las proteínas plasmáticas, particularmente de la albúmina. Recordemos del Capítulo 8 que las proteínas plasmáticas son las principales responsables de la presión oncótica en los vasos. A medida que aumenta la concentración de las proteínas plasmáticas, también lo hace la presión oncótica, y los líquidos se reabsorben desde el espacio intersticial hacia el intravascular. Durante una serie intensa de ejercicios, las proteínas dejan el espacio intravascular y se dirigen hacia el intersticial. Después son devueltas en mayores cantidades a través del sistema linfático. Es probable que la fase inicial del rápido aumento en el volumen plasmático sea resultado del incremento en la albúmina plasmática, lo cual puede apreciarse en la primera hora de recuperación posterior a la primera serie de ejercicios. En la segunda fase, el ejercicio repetitivo desencadena la síntesis proteica (regulación en alza), y se forman nuevas proteínas. A través el segundo mecanismo, el ejercicio aumenta la liberación de la hormona antidiurética y de la aldosterona, hormonas que aumentan la reabsorción de agua y sodio en los riñones, lo cual incrementa el volumen plasmático. Esta mayor cantidad de líquido se mantiene en el espacio intravascular gracias a la presión oncótica (ejercida por las proteínas). Casi todo el aumento del volumen sanguíneo durante las dos primeras semanas de entrenamiento se puede explicar por el incremento del volumen plasmático.

Glóbulos rojos El aumento del volumen de glóbulos rojos que acompaña al entrenamiento también contribuye con el incremento global del volumen sanguíneo, aun-

que este aumento no se ha hallado de forma de constante. Si bien el número real de glóbulos rojos puede aumentar, el hematocrito (la relación entre el volumen de glóbulos rojos y el volumen sanguíneo total) puede, de hecho, disminuir. En la Figura 11.7 se muestra esta aparente paradoja. Nótese que el hematocrito se reduce aún cuando ha habido un leve aumento en la cantidad de glóbulos rojos. El hematocrito de un deportista entrenado puede disminuir hasta un nivel en el que aparente una anemia debido a una concentración relativamente baja de glóbulos rojos y hemoglobina ("seudoanemia").

El aumento en la relación entre el plasma y las células, como consecuencia de un mayor incremento en la porción fluida, reduce la viscosidad de la sangre. Esto puede facilitar el movimiento de la sangre por los vasos sanguíneos, en particular por los vasos más pequeños como son los capilares. Uno de los beneficios fisiológicos de la disminución de la viscosidad sanguínea es que mejora el transporte de oxígeno hacia los músculos activos.

Tanto la cantidad total de hemoglobina (valores absolutos) como el número total de glóbulos rojos están característicamente elevados en los deportistas altamente entrenados, aunque estos valores con relación al volumen sanguíneo total están por debajo de lo normal. Esto asegura que la sangre tenga una capacidad para transportar oxígeno más que suficiente. El índice de recambio de glóbulos rojos también puede ser superior con un entrenamiento intenso.

● Concepto clave

El aumento en el volumen sanguíneo que ocurre con el entrenamiento de la resistencia es atribuible tanto al aumento del volumen plasmático como al aumento en el volumen de glóbulos rojos. Ambos cambios facilitan el transporte de oxígeno a los músculos activos.

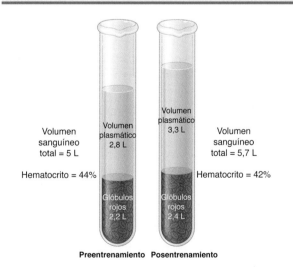

Preentrenamiento   Posentrenamiento

FIGURA 11.7 Aumentos en el volumen sanguíneo total y en el volumen plasmático con el entrenamiento de la resistencia. Nótese que, aunque el hematocrito (porcentaje de glóbulos rojos) disminuye del 44 al 42%, el volumen total de glóbulos rojos aumenta en un 10%.

⬤ **Revisión**

➤ El flujo sanguíneo hacia los músculos aumenta como consecuencia del entrenamiento de la resistencia.

➤ El aumento en el flujo sanguíneo es resultado de cuatro factores:

  1. El aumento en la capilarización
  2. La mayor apertura de capilares preexistentes (reclutamiento capilar)
  3. La distribución más eficiente de la sangre
  4. El aumento del volumen sanguíneo

➤ Por lo general, la presión arterial de reposo se reduce con el entrenamiento de la resistencia en sujetos con hipertensión moderada o que se encuentran en el límite, pero no en personas sanas y normotensas.

➤ El entrenamiento de la resistencia resulta en la reducción la presión arterial durante la realización de ejercicios submáximos de la misma intensidad, pero durante ejercicios de intensidad máxima la presión sistólica se incrementa y la diastólica se reduce en comparación con los valores preentrenamiento.

➤ El volumen de sangre aumenta como resultado del entrenamiento de la resistencia.

➤ El volumen plasmático se expande como consecuencia del aumento del contenido proteico (por el retorno desde los linfáticos y por la regulación en alza de la síntesis proteica), y es mantenido por hormonas que median en la conservación de fluidos.

➤ El volumen de glóbulos rojos también aumenta, pero el incremento en el volumen plasmático es característicamente mayor.

➤ El aumento del volumen plasmático reduce la viscosidad sanguínea, lo cual mejora la perfusión tisular y la disponibilidad de oxígeno.

Adaptaciones respiratorias al entrenamiento

Independientemente de lo eficaz que sea el sistema cardiovascular para suministrar cantidades adecuadas de sangre a los tejidos, la resistencia se vería comprometida si el sistema respiratorio no fuese capaz de aportar suficiente oxígeno para oxigenar completamente los eritrocitos. En general, el funcionamiento del sistema respiratorio no limita el rendimiento, porque la ventilación puede incrementarse en mayor medida que la función cardiovascular. Sin embargo, como sucede con el sistema cardiovascular, el sistema respiratorio experimenta adaptaciones específicas al entrenamiento de la resistencia aeróbica para maximizar su eficacia.

Ventilación pulmonar

La ventilación pulmonar de reposo se mantiene prácticamente sin cambios luego del entrenamiento de la resistencia. Si bien el entrenamiento de la resistencia no provoca cambios en la estructura o la fisiología básica del pulmón, sí provoca una reducción del 20-30% en la ventilación durante la realización de ejercicios submáximos

de una intensidad dada. La ventilación pulmonar máxima aumenta sustancialmente, desde una tasa inicial de alrededor de 100 a 120 L/min en individuos sedentarios no entrenados hasta una tasa de 130 a 150 L/min o más después del entrenamiento de resistencia. La tasa ventilatoria pulmonar aumenta de forma característica hasta aproximadamente 180 L/min en deportistas altamente entrenados, y puede exceder los 200 L/min en atletas de resistencia altamente entrenados y de gran tamaño corporal. Dos son los factores que pueden ser responsables del aumento de la ventilación pulmonar máxima después del entrenamiento: el mayor volumen corriente y la mayor frecuencia respiratoria durante ejercicios máximos.

En general, la ventilación no se considera un factor limitante del rendimiento en los ejercicios de resistencia. No obstante, existen algunas evidencias que sugieren que, en algún momento de la adaptación de una persona muy entrenada, la capacidad del sistema respiratorio para transportar oxígeno puede no ser capaz de satisfacer las demandas de las extremidades y del sistema cardiovascular.[8] Esto causa lo que se ha denominado hipoxemia arterial inducida por el ejercicio, en la cual la saturación arterial de oxígeno disminuye por debajo del 96%. Como se analizó en el Capítulo 7, esta desaturación en los deportistas de elite, altamente entrenados, probablemente se deba a un mayor volumen minuto desde el lado derecho del corazón hacia los pulmones durante el ejercicio, lo que ocasiona que la sangre permanezca menos tiempo en el pulmón.

Difusión pulmonar

El entrenamiento de la resistencia no parece alterar la difusión pulmonar o el intercambio gaseoso alveolar, tanto en reposo como durante la realización de ejercicios submáximos. No obstante, aumenta durante el ejercicio máximo. El flujo sanguíneo pulmonar (sangre que se bombea desde el corazón hacia los pulmones) aumenta después del entrenamiento, en especial el flujo hacia las regiones apicales del pulmón cuando una persona está sentada o de pie. Esto incrementa la perfusión pulmonar. Una mayor cantidad de sangre es bombeada hacia los pulmones para el intercambio gaseoso y, al mismo tiempo, la ventilación aumenta, de modo que más aire llega a los pulmones. Eso significa que habrá más alvéolos involucrados en la difusión pulmonar. El resultado neto es que la difusión pulmonar aumenta.

Diferencia arterio-venosa de oxígeno

El contenido de oxígeno de la sangre arterial varía muy poco con el entrenamiento de la resistencia. Aun cuando la cantidad total de hemoglobina aumenta, la cantidad de ésta por unidad de sangre es la misma o incluso, ligeramente menor. No obstante, la diferencia $(a\text{-}\bar{v})O_2$ aumenta con el entrenamiento, en particular con ejercicios de intensidad máxima. Este aumento es consecuencia de un menor contenido de oxígeno en sangre venosa mixta, lo que significa que la sangre que vuelve al corazón (que es una mezcla de sangre venosa de todas las partes del cuerpo, no sólo de los músculos activos) contiene menos oxígeno del que se encontraría en una persona no entrenada. Esto refleja una mayor extracción de oxígeno a nivel de los tejidos activos y una distribución más eficiente del flujo sanguíneo que alcanza los músculos activos. El incremento de la extracción se debe en parte al aumento de la capacidad oxidativa de las fibras musculares activas, como explicaremos más adelante en este capítulo.

Concepto clave

Aunque la mayor parte del incremento en el $\dot{V}O_{2máx}$ es producto de un aumento en el volumen minuto y en el flujo sanguíneo hacia los músculos, el incremento de la diferencia $(a-\bar{v})O_2$ también desempeña un rol importante. Este aumento en la diferencia $(a-\bar{v})O_2$ es atribuible a una distribución más eficaz de la sangre arterial desde los tejidos inactivos hacia los activos y a una mayor capacidad de los músculos activos para extraer oxígeno.

En resumen, el sistema respiratorio tiene una gran capacidad para llevar cantidades adecuadas de oxígeno al cuerpo. Por esta razón, el sistema respiratorio casi nunca limita el rendimiento de la resistencia. No es sorprendente que las adaptaciones al entrenamiento más importantes observadas en el sistema respiratorio se manifiesten sobre todo durante la realización de ejercicios máximos, cuando todos los sistemas están bajo estrés máximo.

Revisión

➤ A diferencia de lo que ocurre en el sistema cardiovascular, el entrenamiento de la resistencia aeróbica tiene poco efecto sobre la estructura y la función del pulmón.

➤ Para apoyar el aumento del $\dot{V}O_{2máx}$, hay un incremento en la ventilación pulmonar durante el esfuerzo máximo que acompaña al entrenamiento, a medida que aumentan el volumen corriente y la frecuencia respiratoria.

➤ La difusión pulmonar a intensidades máximas aumenta, probablemente, como consecuencia de una mayor ventilación y de una mayor perfusión pulmonar, en especial en las regiones apicales del pulmón, que normalmente no se encuentran perfundidas.

➤ La diferencia $(a-\bar{v})O_2$ aumenta con el entrenamiento; esto refleja una mayor extracción de oxígeno por los tejidos y una distribución de sangre más eficaz hacia los tejidos activos.

Adaptaciones musculares

La excitación y contracción repetidas de las fibras musculares con el entrenamiento de resistencia genera cambios en su estructura y su función. Nuestro principal interés es el entrenamiento aeróbico y los cambios que éste

produce en los tipos de fibras musculares, la función mitocondrial y las enzimas oxidativas.

Tipo de fibra muscular

Como analizamos en el Capítulo 1, las actividades aeróbicas dependen, en gran medida, de las fibras tipo I (de contracción lenta). En respuesta al entrenamiento aeróbico, las fibras tipo I aumentan de tamaño. Esto quiere decir que desarrollan un área de sección transversal mayor, aunque la magnitud de los cambios depende de la intensidad y de la duración de cada serie de entrenamiento y de la duración del programa de entrenamiento. Se han observado incrementos de hasta un 25% en el área de sección transversal. Las fibras de contracción rápida (tipo II) en general no exhiben incrementos en el área de sección transversal porque no son reclutadas con la misma extensión durante el ejercicio de resistencia.

Los estudios más recientes no han demostrado cambios en la proporción de fibras tipo I y tipo II después del entrenamiento aeróbico, pero sí se han observado cambios sutiles entre los subtipos de fibras tipo II. Las fibras tipo IIx se usan con menos frecuencia que las fibras IIa, y por dicha razón tienen una capacidad aeróbica menor. Los ejercicios de larga duración pueden, al final, reclutar estas fibras para que actúen de un modo que normalmente se espera de las fibras tipo IIa. Esto puede generar que ciertas fibras tipo IIx asuman características de las fibras IIa más oxidativas. Evidencias recientes sugieren que no sólo existe una transición de fibras de tipo IIx a fibras de tipo IIa, sino que también puede ocurrir una transición de fibras de tipo II a fibras de tipo I. La magnitud de esto es en general pequeña, no más que un pequeño porcentaje. Como ejemplo, en el HERITAGE Family Study,[26] el programa de entrenamiento aeróbico de 20 semanas de duración, provocó un incremento en el porcentaje de fibras tipo I, desde un 43% antes del entrenamiento hasta aproximadamente un 47% posentrenamiento, y una reducción en el porcentaje de fibras tipo IIx desde un 20% a un 15%, mientras que las fibras de tipo IIa permanecieron esencialmente sin cambios. Estos estudios más recientes incluyeron un mayor número de sujetos y aprovecharon los adelantos en la tecnología de medición, lo que puede explicar por qué ahora pueden observarse dichos cambios en los tipos de fibras.

Suministro capilar

Una de las adaptaciones más importantes al entrenamiento aeróbico es el aumento en el número de capilares que rodean a cada fibra muscular. En el Cuadro 11.2 se observa que los hombres entrenados en resistencia pueden tener considerablemente más capilares en los músculos de sus piernas que los individuos sedentarios.[14] Con largos períodos de entrenamiento aeróbico, se ha observado que el número de capilares aumenta más de un 15%.[26] Tener más capilares permite un mejor intercambio de gases, calor, desechos y nutrientes entre la sangre y las fibras musculares activas. De hecho, el aumento de la densidad capilar (aumento de los capilares por fibra muscular) es potencialmente una de las alteraciones más importantes en respuesta al entrenamiento que permite el incremento en el $\dot{V}O_{2máx}$. Está claro ahora que la difusión de oxígeno desde los capilares hacia la mitocondria es uno de los principales factores que limitan la tasa de consumo de oxígeno. El aumento de la densidad capilar facilita esta difusión y, por lo tanto, se mantiene un ambiente adecuado para la producción de energía y la contracción muscular repetida.

Concepto clave

El entrenamiento aeróbico aumenta tanto el número de capilares por fibra muscular como el número de capilares por unidad de área de sección transversal. Ambos cambios incrementan la perfusión a través de los músculos y, de ese modo, mejoran la difusión del oxígeno, dióxido de carbono, nutrientes y subproductos entre la sangre y las fibras musculares.

Contenido de mioglobina

Cuando el oxígeno entra en la fibra muscular, se une a la mioglobina, una molécula similar a la hemoglobina. Esta molécula, que contiene hierro, transporta las moléculas de oxígeno desde la membrana celular hasta la mitocondria. Las fibras tipo I contienen cantidades mayores de mioglobina, lo que le da a estas fibras una apariencia roja (la mioglobina es un pigmento que se torna rojo cuando se une al oxígeno). Las fibras tipo II, por otro lado, son altamente glucolíticas, y por eso contienen (y necesitan) poca mioglobina; por consiguiente, tienen una apariencia más blanca. Lo que es más importante, su bajo contenido de mioglobina limita su capacidad oxidativa, lo cual produce una pobre resistencia aeróbica en estas fibras.

La mioglobina almacena oxígeno y lo libera a la mitocondria cuando el oxígeno es limitado durante la acción muscular. Esta reserva de oxígeno se usa durante la transición desde el estado de reposo al de ejercicio, proveyendo oxígeno a las mitocondrias durante el período que transcurre entre el comienzo del ejercicio y el incremento en el transporte de oxígeno por el sistema cardiovascular. Se ha observado que el entrenamiento de la resistencia provoca un incremento del 75-80% en el contenido de mioglobina muscular. Esta adaptación apoya claramente una mayor capacidad del metabolismo oxidativo después del entrenamiento.

Función mitocondrial

Como analizamos en el Capítulo 2, la producción de energía oxidativa tiene lugar en la mitocondria. No es sorprendente entonces que el entrenamiento aeróbico también induzca cambios en la función mitocondrial que mejoran la capacidad de las fibras musculares para producir ATP. La capacidad de utilizar el oxígeno y de producir ATP por la vía oxidativa depende del número y del tamaño de las mitocondrias musculares. Ambos factores aumentan con el entrenamiento aeróbico.

Durante un estudio llevado a cabo con ratas, se observó que un programa de entrenamiento de la resistencia de 27 semanas de duración provocó un incremento de aproximadamente un 15% en el número de mitocondrias.[15] El tamaño promedio de las mitocondrias también aumentó alrededor de un 35% en ese período de entrenamiento. Como sucede con otras adaptaciones inducidas por el entrenamiento, la magnitud del cambio depende del volumen del entrenamiento.

Concepto clave

Las mitocondrias de las fibras musculares esqueléticas aumentan tanto en número como en tamaño con el entrenamiento aeróbico, y así le proporcionan al músculo una mayor capacidad metabólica oxidativa.

Enzimas oxidativas

Se ha observado que el entrenamiento regular de la resistencia induce grandes adaptaciones en el músculo esquelético, que incluyen un aumento en el número y el tamaño de las mitocondrias de las fibras musculares, como acabamos de explicar. Estas mejoras son potenciadas aún más por el aumento de la capacidad mitocondrial. La degradación oxidativa de los sustratos energéticos y la producción final de ATP dependen de la acción de **enzimas oxidativas mitocondriales**, proteínas especializadas que catalizan (aceleran) la degradación de los nutrientes para formar ATP. El entrenamiento aeróbico incrementa la actividad de estas importantes enzimas.

En la Figura 11.8 se observan los cambios en la actividad de la succinatodeshidrogenasa (SDH), una enzima muscular oxidativa clave, a lo largo de siete meses de entrenamiento de intensidad creciente en natación. Mientras que el aumento del $\dot{V}O_{2máx}$ se vuelve menos marcado luego de los dos primeros meses de entrenamiento, la actividad de estas enzimas oxidativas clave continúa aumentando durante todo el período de entrenamiento. Esto sugiere que el incremento inducido por el entrenamiento en el $\dot{V}O_{2máx}$ podría estar más limitado por la capacidad del sistema circulatorio para transportar oxígeno que por el potencial oxidativo de los músculos.

La actividad de las enzimas musculares como la succinatodeshidrogenasa y la citratosintasa están muy influenciadas por el entrenamiento aeróbico. Esto se muestra en la Figura 11.9, en la que se compara la actividad de estas enzimas en personas no entrenadas, moderadamente entrenadas que practican *jogging* y corredores altamente entrenados.[7] Incluso cantidades moderadas de ejercicio diario aumentan las actividades de estas enzimas y, por ende, la capacidad aeróbica de los músculos. Por ejemplo, se ha observado que trotar o andar en bicicleta 20 minutos por día aumenta la actividad de la SDH en los músculos de las piernas en más de un 25%. El entrenamiento más vigoroso, como por ejemplo durante 60 a 90 minutos por día, produce un incremento de dos o tres veces en esta actividad.

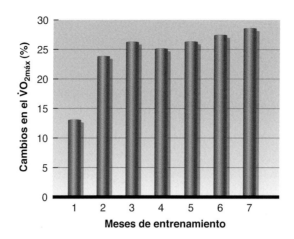

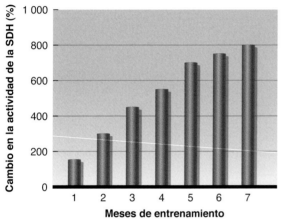

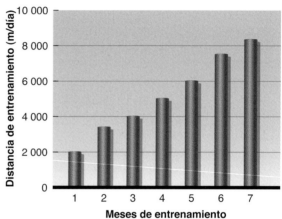

FIGURA 11.8 Cambios porcentuales en el consumo máximo de oxígeno ($\dot{V}O_{2máx}$) y en la actividad de la succinatodeshidrogenasa (SDH), una de las enzimas oxidativas clave del músculo, durante siete meses de entrenamiento de natación. Interesantemente, si bien la actividad de esta enzima continúa incrementándose con el aumento en los niveles de entrenamiento, el consumo máximo de oxígeno de los nadadores parece estabilizarse luego de las primeras 8 a 10 semanas de entrenamiento. Esto implica que la actividad de las enzimas mitocondriales no es un indicador directo de la capacidad de resistencia corporal total.[8]

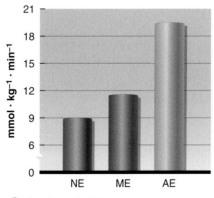

a Succinato deshidrogenasa

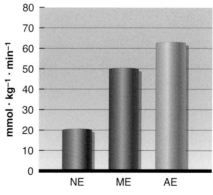

b Citratosintasa

FIGURA 11.9 Actividad de las enzimas mitocondriales en el músculo de la pierna (gastrocnemio) en sujetos no entrenados (NE), corredores moderadamente entrenados (ME) y corredores de maratón altamente entrenados (AE). Se muestran los niveles enzimáticos para dos de las muchas enzimas clave que participan en la producción oxidativa de adenosintrifosfato.

Adaptado, con autorización, de D. L. Costill et al., 1979, "Lipid metabolism in skeletal muscle of endurance-trained males and females", *Journal of Applied Phisiology* 28: 251-255 y de D. L. Costill et al., 1979, "Adaptations in skeletal muscle following strength training", *Journal of Applied Phisiology* 46: 96-99. Usado con permiso.

Una consecuencia metabólica de los cambios mitocondriales inducidos por el entrenamiento aeróbico es el **ahorro de glucógeno**, una menor tasa de utilización del glucógeno muscular y una mayor dependencia de las grasas como fuente combustible a una intensidad dada de ejercicio. Este incremento en el ahorro de glucógeno con el entrenamiento de la resistencia probablemente mejore la capacidad de sostener una alta intensidad de ejercicio, como por ejemplo, mantener un ritmo elevado de carrera durante una prueba de 10 km.

Revisión

➤ El entrenamiento aeróbico recluta selectivamente fibras musculares tipo I y menos tipo II. En consecuencia, las fibras tipo I aumentan su área de sección transversal con el entrenamiento aeróbico.

➤ Después del entrenamiento, parece existir un pequeño aumento en el porcentaje de fibras tipo I además de la interconversión de algunas fibras tipo IIx a fibras tipo IIa.

➤ La densidad capilar –número de capilares que abastece cada fibra muscular– aumenta con el entrenamiento.

➤ El entrenamiento aeróbico aumenta el contenido de mioglobina del músculo en un 75 a un 80%. La mioglobina almacena oxígeno.

➤ El entrenamiento aeróbico aumenta tanto el número como el tamaño de las mitocondrias de las fibras musculares.

➤ Las actividades de muchas enzimas oxidativas aumentan con el entrenamiento aeróbico.

➤ Estos cambios que se producen en el músculo, combinados con las adaptaciones en el sistema de transporte de oxígeno, mejoran la capacidad del metabolismo oxidativo y mejoran el rendimiento de la resistencia.

Adaptaciones metabólicas al entrenamiento

Ahora que hemos analizado los cambios producidos por el entrenamiento en los sistemas cardiovascular y respiratorio, así como también las adaptaciones en los músculos esqueléticos, estamos preparados para examinar cómo estas adaptaciones integradas se reflejan en cambios en tres variables fisiológicas importantes relacionadas con el metabolismo:

• Umbral de lactato
• Índice de intercambio respiratorio
• Consumo de oxígeno

Umbral de lactato

El umbral de lactato, que se ha explicado en el Capítulo 5, es un marcador fisiológico que está asociado con el rendimiento de resistencia aeróbica –cuanto más alto es el umbral de lactato, mejor es el desempeño aeróbico–. En la Figura 11.10a se muestra la diferencia en el umbral

de lactato entre un individuo entrenado en resistencia y uno no entrenado. Esta figura también representa, con gran precisión, los cambios en el umbral de lactato que ocurrirían después de 6 a 12 meses de un programa de entrenamiento de resistencia aeróbica. En cualquiera de los dos casos, en el estado entrenado uno puede ejercitarse a un porcentaje mayor de su $\dot{V}O_{2máx}$ antes de que el lactato comience a acumularse en la sangre. En este ejemplo, el corredor entrenado podría mantener un ritmo de carrera del 70 al 75% de su $\dot{V}O_{2máx}$, intensidad que conduciría a una acumulación continua de lactato en la sangre del corredor no entrenado. Esto se traduce en un ritmo de carrera mucho más veloz (véase la Figura 11.10b). Por encima del umbral de lactato, es probable que la menor concentración de lactato en sangre a una intensidad dada de ejercicio puede atribuirse a una menor producción y a una incrementada eliminación de lactato. A medida que los deportistas mejoran su estado de entrenamiento, sus concentraciones sanguíneas de lactato posejercicio se vuelven menores para la misma carga de trabajo.

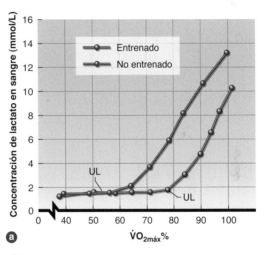

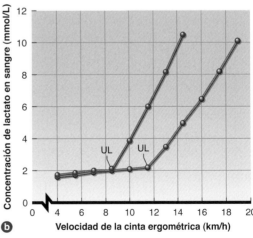

FIGURA 11.10 Cambios en el umbral de lactato (UL) con el entrenamiento, expresado como *(a)* un porcentaje del consumo máximo de oxígeno ($\dot{V}O_{2máx}$ %) y *(b)* como un aumento en la velocidad de carrera en cinta ergométrica. El umbral de lactato se alcanza a una velocidad de 8,4 km/h (5,2 mph) en el estado no entrenado y a 11,6 km/h (7,2 mph) en el estado entrenado.

Desafiando los métodos tradicionales de entrenamiento

Tradicionalmente, los fisiólogos del ejercicio han recomendado uno de tres regímenes para mejorar la potencia aeróbica: ejercicio continuo a una intensidad moderada a alta; ejercicio lento (de baja intensidad) y prolongado o entrenamiento interválico. Sin embargo, existe cada vez mayor evidencia que sugiere que el **entrenamiento interválico de esprines o entrenamiento interválico de alta intensidad** (HIT, *High Intensity Interval Training*) es un método eficiente para inducir muchas adaptaciones normalmente asociadas con el entrenamiento tradicional de resistencia. Científicos de la *McMaster University* en Canadá han estudiado los efectos de un método de entrenamiento que combina cortos períodos de ciclismo de muy alta intensidad con períodos de recuperación pasiva o activa (ciclismo de baja intensidad) de unos pocos minutos de duración.[12] Un protocolo de entrenamiento comúnmente empleado se basa en la utilización del test anaeróbico de Wingate, un test que consiste en un esfuerzo máximo de 30 s en cicloergómetro y durante el cual la producción media de potencia es dos a tres veces mayor que la generada durante un test de consumo máximo de oxígeno.

En un estudio, individuos sanos y jóvenes realizaron cuatro a seis esprines de 30 s separados con 4 min de recuperación, tres veces por semana. Estos hombres mostraron los mismos cambios beneficiosos en su corazón, vasos sanguíneos y músculos que otro grupo que se sometió a un programa de entrenamiento tradicional de la resistencia que comprendía hasta una hora de ciclismo continuo, cinco días por semana. Las mejoras en el rendimiento –valorado mediante una prueba de ciclismo a una intensidad fija hasta el agotamiento o mediante una prueba contrarreloj (que se asemeja más a la competencia)– fueron similares entre los grupos, a pesar de las diferencias en el tiempo de entrenamiento demandado por cada método.[12] El entrenamiento interválico de esprín (HIT) parece estimular algunas de las mismas vías de señalización molecular que regulan el remodelado del músculo esquelético en respuesta al entrenamiento de la resistencia, que incluyen la biogénesis mitocondrial y los cambios en la capacidad de transporte y oxidación de carbohidratos y grasas. Actualmente, los investigadores se encuentran estudiando si los protocolos "modificados" del HIT –que podrían ser más seguros y mejor tolerados por individuos de mayor edad y con menor aptitud física o por individuos con enfermedades metabólicas como la diabetes tipo 2– son igualmente efectivas para mejorar la salud y la aptitud física.

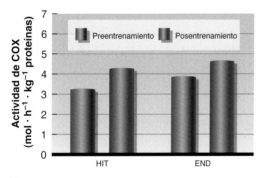

a Actividad máxima de la citocromo oxidasa

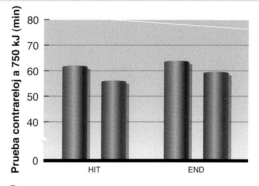

b Rendimiento en cicloergómetro

(a) **Actividad máxima de la enzima mitocondrial citocromo oxidasa (COX) medida en muestras de biopsia de músculo esquelético. El incremento en la actividad de esta enzima de la vía oxidativa fue similar tanto con el entrenamiento interválico de esprines (HIT) como con el entrenamiento tradicional de la resistencia de intensidad modelada (END).** *(b)* **Rendimiento en una prueba de ciclismo contrarreloj antes y después de dos semanas de entrenamiento. Es importante señalar que el tiempo total de entrenamiento en el grupo END fue de 10 horas, mientras que en el grupo HIT fue de sólo ~2,5 h. El volumen total de entrenamiento fue ~90% menor en el grupo HIT.**

Adaptado con autorización de M. Gibala et al., 2006. "Short-term sprint interval versus traditional endurance training: similar initial adaptations in human skeletal muscle and exercise performance", *Journal of Physiology* 575: 901-911.

Concepto clave

El incremento en el umbral de lactato es uno de los principales factores de la mejora del rendimiento en atletas entrenados en resistencia.

Índice de intercambio respiratorio

Recordemos del Capítulo 5 que el índice de intercambio respiratorio es el cociente entre la producción de dióxido de carbono y el oxígeno consumido durante el metabolismo. Refleja la composición de la mezcla de sustratos que está siendo utilizada como fuente de energía, donde un menor valor del RER refleja un mayor uso de grasas para producir energía y un mayor valor del RER refleja una contribución más grande de los carbohidratos.

Después del entrenamiento, se produce una reducción del RER a intensidades submáximas de ejercicio tanto absolutas como relativas. Estos cambios pueden atribuirse a una mayor utilización de ácidos grasos libres (en lugar de carbohidratos) durante el ejercicio con cargas submáximas de trabajo.

Consumo de oxígeno en reposo y submáximo

El consumo de oxígeno ($\dot{V}O_2$) en reposo no varía después del entrenamiento de la resistencia. Si bien algunos estudios transversales han sugerido que el entrenamiento de la resistencia puede elevar el $\dot{V}O_{2máx}$ de reposo, el HERITAGE Family Study –un estudio que se realizó con un gran número de personas y con mediciones duplicadas de la tasa metabólica de reposo, tanto antes como después de 20 semanas de entrenamiento– no mostró evidencia de un incremento de la tasa metabólica de reposo después del entrenamiento.[32]

Durante ejercicios submáximos de una determinada intensidad, el $\dot{V}O_2$ no cambia o disminuye ligeramente después del entrenamiento. En el HERITAGE Family Study, el entrenamiento redujo el $\dot{V}O_2$ submáximo en un 3,5% cuando los sujetos se ejercitaron con una carga de trabajo de 50 W. Durante el ejercicio con la carga de 50 W, también se observó una reducción en el gasto cardíaco, lo cual refuerza la fuerte correlación entre el $\dot{V}O_2$ y el gasto cardíaco. Esta pequeña reducción en el $\dot{V}O_2$ durante la realización de ejercicios submáximos, que no se ha observado en muchos estudios, puede ser el resultado de un incremento en la economía del ejercicio (realizar ejercicio a la misma intensidad pero evitando movimientos no esenciales).

Consumo máximo de oxígeno

El $\dot{V}O_{2máx}$ es el mejor indicador de la capacidad de resistencia cardiorrespiratoria, y aumenta sustancialmente en respuesta al entrenamiento de la resistencia. Si bien se han reportado incrementos pequeños y muy grandes en el $\dot{V}O_{2máx}$, se espera que un sujeto sedentario que comienza un programa de entrenamiento consistente en 20-60 min de ejercicio al 50-85% de su $\dot{V}O_{2máx}$, tres a cinco veces por semana, durante seis meses, exhiba un incremento del 15-20% en el $\dot{V}O_{2máx}$. Por ejemplo, el $\dot{V}O_{2máx}$ de un individuo sedentario puede aumentar razonablemente desde 35 ml $\cdot$ kg^{-1} $\cdot$ min^{-1} a 42 ml $\cdot$ kg^{-1} $\cdot$ min^{-1} como resultado de tal programa de entrenamiento. Esto está muy por debajo de los valores que observamos en deportistas de resistencia de nivel mundial, cuyos valores por lo general rondan los 70 a 94 ml $\cdot$ kg^{-1} $\cdot$ min^{-1}. Cuanto más sedentario sea un individuo al momento de empezar con el programa de entrenamiento, mayor será el aumento en el $\dot{V}O_{2máx}$.

¿Qué limita la potencia aeróbica y el rendimiento de resistencia?

Hace algunos años, existía una gran controversia entre los científicos del ejercicio sobre cuál era el principal factor (o los principales factores) que limitaba el $\dot{V}O_{2máx}$. Se propusieron dos teorías.

Una teoría sostiene que el rendimiento de resistencia está limitado por una insuficiente concentración de enzimas oxidativas en la mitocondria. Los programas de entrenamiento de la resistencia aumentan en forma sustancial la cantidad de estas enzimas y permiten así que los tejidos activos utilicen una mayor proporción del oxígeno disponible, lo que produce un aumento del $\dot{V}O_{2máx}$. Además, el entrenamiento de la resistencia aumenta el tamaño y el número de las mitocondrias musculares. Por lo tanto, esta teoría sostiene que la principal limitación del consumo máximo de oxígeno es una incapacidad de las mitocondrias existentes de utilizar el oxígeno disponible más allá de un cierto límite. A esta teoría se la ha denominado la teoría de la utilización.

La segunda teoría establece que la capacidad de resistencia está limitada por factores cardiovasculares centrales y periféricos. Estos factores dificultarían el aporte de suficientes cantidades de oxígeno a los tejidos activos. Según esta teoría, la mejora en el $\dot{V}O_{2máx}$ que acompaña al entrenamiento de resistencia es consecuencia del aumento en el volumen de sangre, en el volumen minuto (vía volumen sistólico) y de una mejor perfusión de los músculos activos con sangre.

La evidencia actual respalda fuertemente esta última teoría. En un estudio, los sujetos respiraban una mezcla de monóxido de carbono (que se une de forma irreversible a la hemoglobina y limita así la capacidad de ésta para transportar oxígeno) y aire durante la realización de ejercicios hasta el agotamiento.[24] El $\dot{V}O_{2máx}$ disminuyó en proporción directa al porcentaje de monóxido de carbono respirado. Las moléculas de monóxido de carbono se unieron con aproximadamente el 15% de la hemoglobina total; este porcentaje concordó con el de reducción del $\dot{V}O_{2máx}$. En otro estudio, se extrajo aproximadamente entre el 15 y 20% del volumen sanguíneo total de cada sujeto.[10] El $\dot{V}O_{2máx}$ se redujo en aproximadamente la misma cantidad relativa. La reinfusión de los glóbulos rojos del sujeto almacenados unas cuatro semanas aumentó el $\dot{V}O_{2máx}$ por encima del valor inicial o de las condiciones de control. En ambos estudios, la reducción de la capacidad de transporte de oxígeno de la sangre (por el bloqueo de la hemoglobina o por la extracción de sangre entera) trajo como resultado un menor aporte de oxígeno a los tejidos activos y una reducción correspondiente en el $\dot{V}O_{2máx}$. De forma similar, otros estudios han mostrado que respirar mezclas enriquecidas con oxígeno, en las que la presión parcial de oxígeno en la inspiración está sustancialmente aumentada, produce un incremento en la capacidad de resistencia.

Estos estudios y otros subsiguientes indican que el aporte de oxígeno disponible es la principal limitación al rendimiento de la resistencia. Saltin y Rowell[28] examinaron este tema y concluyeron que el transporte de oxígeno hacia los músculos activos, y no las mitocondrias disponibles ni las enzimas oxidativas, era lo que limitaba el $\dot{V}O_{2máx}$. Argumentaron que los aumentos en el $\dot{V}O_{2máx}$ que ocurren con el entrenamiento se deben en gran parte al incremento del flujo sanguíneo máximo y a la mayor densidad capilar en los músculos activos. Las adaptaciones en los músculos esqueléticos (que incluyen un mayor contenido de mitocondrias y una mayor capacidad respiratoria de las fibras musculares) contribuyen de forma importante con la capacidad para realizar ejercicios submáximos, prolongados y de alta intensidad.

En el Cuadro 11.3 se resumen los cambios fisiológicos esperables que se producen con el entrenamiento de la resistencia. Los cambios entre preentrenamiento y posentrenamiento en un hombre previamente inactivo se comparan con los valores de un corredor de resistencia de nivel mundial.

Revisión

➤ El umbral de lactato aumenta con el entrenamiento de resistencia, lo que nos permite realizar ejercicios de mayor intensidad sin que se produzca un incremento significativo en la concentración de lactato en sangre.

➤ Con el entrenamiento de resistencia, se produce una reducción del RER a intensidades submáximas de ejercicio, lo cual refleja una mayor utilización de ácidos grasos libres como sustratos energéticos (ahorro de carbohidratos).

➤ En general, después del entrenamiento de la resistencia, el consumo de oxígeno de reposo se mantiene prácticamente inalterado y el consumo de oxígeno a intensidades de ejercicio submáximo parece reducirse ligeramente.

➤ El $\dot{V}O_{2máx}$ aumenta sustancialmente después del entrenamiento de la resistencia, pero la magnitud de este incremento posiblemente esté limitado por cuestiones genéticas en cada individuo. El principal factor limitante parece ser de oxígeno hacia los músculos activos.

Mejora a largo plazo en la potencia aeróbica y la resistencia cardiorrespiratoria

Si bien el mayor valor de $\dot{V}O_{2máx}$ que un individuo puede alcanzar, comúnmente se obtiene luego de 12 a 18 meses de entrenamiento de la resistencia, el *rendimiento* de la resistencia puede seguir mejorando. Es probable que la mejora del rendimiento de resistencia sin un incremento concomitante en el $\dot{V}O_{2máx}$ se deba a la mejora en la capacidad para ejercitarse a mayores porcentajes del $\dot{V}O_{2máx}$ por períodos prolongados. Por ejemplo, consideremos a un hombre corredor joven que comienza a entrenarse con un $\dot{V}O_{2máx}$ inicial de 52,0 ml · kg^{-1} · min^{-1}. Al cabo de dos años, alcanza su punto más alto genéticamente determinado de $\dot{V}O_{2máx}$ de 71,0 ml · kg^{-1} · min^{-1}, más allá del cual no es posible avanzar, ni siquiera realizando ejercicios con mayor frecuencia o de mayor intensidad. En este punto, tal como se muestra en la Figura 11.11, el joven corredor es capaz de correr al 75% de su

$\dot{V}O_{2máx}$ ($0,75 \times 71,0 = 53,3$ ml · kg^{-1} · min^{-1}) en una carrera de 10 km. Después de dos años de entrenamiento intensivo adicional, su $\dot{V}O_{2máx}$ no ha variado, pero ahora puede competir al 88% de su $\dot{V}O_{2máx}$ ($0,88 \times 71,0 = 62,5$ ml · kg^{-1} · min^{-1}). Obviamente, al ser capaz de mantener un consumo de oxígeno de 62,5 ml · kg^{-1} · min^{-1}, puede correr a un ritmo mucho más rápido.

Esta capacidad para mantener un ejercicio a un porcentaje de $\dot{V}O_{2máx}$ más alto es el resultado de un aumento en la capacidad de amortiguar el lactato, porque el ritmo de la carrera está directamente relacionado con el valor del $\dot{V}O_2$ al cual el lactato comienza a acumularse.

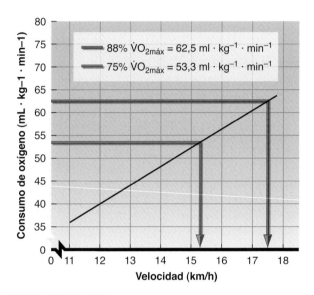

FIGURA 11.11 Cambios en la velocidad de carrera con la continuación del entrenamiento luego de que el consumo de oxígeno dejara de incrementarse y se estabilizara en 71 mL · kg^{-1} · min^{-1}.

Factores que influyen en la respuesta individual al entrenamiento aeróbico

Ya hemos analizado las tendencias generales en las adaptaciones que se producen en respuesta al entrenamiento de la resistencia. De todas formas, siempre debemos tener presente que estamos hablando de adaptaciones en individuos, por lo que no todos responden de la misma manera. Hay varios factores que pueden afectar la respuesta de un individuo al entrenamiento aeróbico y que hay que tener en cuenta.

Nivel de entrenamiento y $\dot{V}O_{2máx}$

Cuanto más alto es el estado inicial de acondicionamiento, menor será la mejora relativa para el mismo programa de entrenamiento. Por ejemplo, si dos personas, una sedentaria y la otra parcialmente entrenada, se some-

CUADRO 11.3 Efectos carcterísticos del entrenamiento de la resistencia en un hombre previamente inactivo y en un atleta de resistencia de clase mundial

Variables	Preentrenamiento, hombre sedentario	Posentrenamiento, hombre sedentario	Atleta de resistencia de clase mundial
CARDIOVASCULARES			
FC_{reposo} (latidos/min)	75	65	45
$FC_{máx}$ (latidos/min)	185	183	174
VS_{reposo} (mL/latido)	60	70	100
$VS_{máx}$ (mL/latido)	120	140	200
$\dot{Q}$ en reposo (L/min)	4,5	4,5	4,5
$\dot{Q}_{máx}$ (L/min)	22,2	25,6	34,8
Volumen cardíaco (mL)	750	820	1 200
Volumen sanguíneo (L)	4,7	5,1	6,0
PA sistólica en reposo (mm Hg)	135	130	120
PA sistólica$_{máx}$ (mm Hg)	200	210	220
PA diastólica en reposo (mm Hg)	78	76	65
PA diastólica$_{máx}$ (mm Hg)	82	80	65
RESPIRATORIAS			
$\dot{V}_E$ en reposo (L/min)	7	6	6
$\dot{V}_{Emáx}$ (L/min)	110	135	195
VC en reposo (L)	0,5	0,5	0,5
$VC_{máx}$ (L)	2,75	3,0	3,9
CV (L)	5,8	6,0	6,2
VR (L)	1,4	1,2	1,2
METABÓLICAS			
Dif (a-v̄)O_2 en reposo (mL/100 mL)	6,0	6,0	6,0
Dif (a-v̄)$O_{2máx}$ (mL/100 mL)	14,5	15,0	16,0
$\dot{V}O_2$ en reposo (mL·kg^{-1}·min^{-1})	3,5	3,5	3,5
$\dot{V}O_{2máx}$ (mL·kg^{-1}·min^{-1})	40,7	49,9	81,9
Lactato sanguíneo en reposo (mmol/L)	1,0	1,0	1,0
Lactato sanguíneo máx (mmol/L)	7,5	8,5	9,0
COMPOSICIÓN CORPORAL			
Peso (kg)	79	77	68
Masa grasa (kg)	12,6	9,6	5,1
Masa libre de grasa (kg)	66,4	67,4	62,9
Porcentaje de grasa (%)	16,0	12,5	7,5

Nota. FR = frecuencia cardíaca; VS = volumen sistólico; $\dot{Q}$ = gasto cardíaco; PA = presión arterial; $\dot{V}_E$ = ventilación; VC = volumen corriente; CV = capacidad vital; VR = volumen residual; Dif (a-v̄) O_2 = diferencia arteriovenosa de oxígeno; $\dot{V}O_2$ = consumo de oxígeno.

ten al mismo programa de entrenamiento de la resistencia cardiorrespiratoria, la sedentaria mostrará la mayor mejora relativa.

En deportistas totalmente maduros, el $\dot{V}O_{2máx}$ más alto que se puede alcanzar se consigue dentro de los 8 a 18 meses de entrenamiento de la resistencia de alta intensidad, lo cual indica que cada deportista tiene un nivel finito de consumo de oxígeno alcanzable. Este rango finito puede estar potencialmente influenciado por el entrenamiento en los primeros años de la infancia, durante el desarrollo del sistema cardiovascular.

Herencia

La posibilidad de incrementar el consumo máximo de oxígeno está limitada a nivel genético. Esto no significa que cada individuo tenga un $\dot{V}O_{2máx}$ preprogramado que no puede superarse. En lugar de ello, parece haber un rango de valores de $\dot{V}O_{2máx}$ predeterminados por la dotación genética de un individuo, y el más alto $\dot{V}O_{2máx}$ alcanzable por el individuo debe encontrarse dentro de dicho rango. Cada individuo nace con un rango de valores determinados genéticamente; ese individuo puede moverse hacia arriba y hacia abajo, siempre dentro del rango, con el entrenamiento o el desentrenamiento respectivamente.

Las investigaciones sobre las bases genéticas del $\dot{V}O_{2máx}$ comenzaron a finales de la década de 1960 y comienzos de la de 1970.[18] Estudios más recientes han demostrado que gemelos idénticos (monocigóticos) tienen valores de $\dot{V}O_{2máx}$ similares, mientras que la variabilidad en gemelos dicigóticos (fraternales) es mucho mayor. Esto se muestra en la Figura 11.12[5]. Cada símbolo representa una pareja de hermanos. El valor de $\dot{V}O_{2máx}$ del hermano A se indica situando el símbolo sobre el eje x y el del hermano B, sobre el eje y. Las similitudes en los valores de $\dot{V}O_{2máx}$ entre los hermanos se hallan al comparar las coordenadas x e y del símbolo (cuán cerca cae de la línea diagonal $x = y$ en el gráfico). Se han hallado resultados similares para la capacidad de resistencia, determinada como el máximo trabajo realizado durante un esfuerzo máximo de 90 minutos en cicloergómetro.

Bouchard y cols.[4] llegaron a la conclusión de que la herencia es responsable de entre el 25 al 50% de la variación en los valores de $\dot{V}O_{2máx}$. Esto significa que, de todos los factores que influyen en el $\dot{V}O_{2máx}$, la herencia es responsable de entre un cuarto y la mitad de la influencia total. Los deportistas de nivel mundial que han interrumpido su entrenamiento de resistencia continúan teniendo valores elevados de $\dot{V}O_{2máx}$ durante muchos años en su estado sedentario y desacondicionado. Sus valores de $\dot{V}O_{2máx}$ pueden reducirse de 85 a 65 ml · kg⁻¹ · min⁻¹, pero este valor "desacondicionado" es todavía muy alto comparado con el de la población general.

La herencia también podría explicar el hecho de que algunas personas presenten valores relativamente altos de $\dot{V}O_{2máx}$, aunque no tengan antecedentes de entrena-

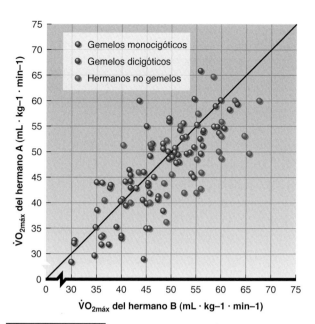

FIGURA 11.12 Comparaciones del $\dot{V}O_{2máx}$ en gemelos (monocigóticos y dicigóticos) y en hermanos no gemelos.
Adaptado, con autorización, de C. Bouchard et al., 1986, "Aerobic performance in brothers, dizigotic and monozigotic", *Medicine and Science in Sports and Exercise* 18: 639-646.

miento de resistencia. En un estudio en el que se compararon hombres no entrenados que presentaban valores de $\dot{V}O_{2máx}$ menores a 49 ml · kg⁻¹ · min⁻¹ con hombres entrenados con valores de $\dot{V}O_{2máx}$ superiores a 62,5 ml · kg⁻¹ · min⁻¹ se observó que aquellos con altos valores de $\dot{V}O_{2máx}$ se distinguían por tener mayores volúmenes sanguíneos, lo cual contribuye a un mayor volumen latido y un mayor gasto cardíaco durante ejercicios máximos. El mayor volumen sanguíneo en el grupo con un $\dot{V}O_{2máx}$ elevado es posible que esté determinado genéticamente.[20]

⬤ Concepto clave

La herencia es el principal determinante de la potencia aeróbica, siendo responsable de hasta entre 25 y 50% de las variaciones en el $\dot{V}O_{2máx}$ entre los individuos.

Entonces, tanto los factores genéticos como los ambientales influyen en los valores de $\dot{V}O_{2máx}$. Es probable que los factores genéticos establezcan los límites del deportista, pero el entrenamiento de la resistencia puede empujar el $\dot{V}O_{2máx}$ hasta el margen de estos límites. El Dr. Per-Olof Åstrand, uno de los fisiólogos del ejercicio más reconocido durante la segunda mitad del siglo xx, ha afirmado en numerosas ocasiones que la mejor forma de convertirse en un campeón olímpico ¡es ser muy selectivo a la hora de elegir a nuestros padres!

Sexo

Las niñas y las mujeres sanas no entrenadas tienen valores de $\dot{V}O_{2máx}$ significativamente menores (entre el 20 y el

25% menos) que los niños y los hombres sanos no entrenados. Las deportistas altamente entrenadas en resistencia tienen valores mucho más cercanos a los de los deportistas en iguales condiciones de entrenamiento (sólo

alrededor de un 10% menor). Esto se analizará con mayor detalle en el Capítulo 19. Los rangos de valores de $\dot{V}O_{2máx}$ más representativos para deportistas y no deportistas se muestran en el Cuadro 11.4 según edad, sexo y deporte.

CUADRO 11.4 **Valores de consumo máximo de oxígeno (mL · kg^{-1} · min^{-1}) para no deportistas y para deportistas**

Grupo o deporte	Edad	Hombres	Mujeres
No deportistas	10-19	47-56	38-46
	20-29	43-52	33-42
	30-39	39-48	30-38
	40-49	36-44	26-35
	50-59	34-41	24-33
	60-69	31-38	22-30
	70-79	28-35	20-27
Béisbol y sóftbol	18-32	48-56	52-57
Baloncesto	18-30	40-60	43-60
Ciclismo	18-26	62-74	47-57
Canotaje	22-28	55-67	48-52
Fútbol americano	20-36	42-60	–
Gimnasia	18-22	52-58	36-50
Hockey sobre hielo	10-30	50-63	–
Hipismo	20-40	50-60	–
Orientación	20-60	47-53	46-60
Racquetbol	20-35	55-62	50-60
Remo	20-35	60-72	58-65
Esquí alpino	18-30	57-68	50-55
Esquí nórdico	20-28	65-94	60-75
Salto con esquíes	18-24	58-63	–
Fútbol	22-28	54-64	50-60
Patinaje de velocidad	18-24	56-73	44-55
Natación	10-25	50-70	40-60
Atletismo, lanzamiento de disco	22-30	42-55	*
Atletismo, pedestrismo	18-39	60-85	50-75
	40-75	40-60	35-60
Atletismo, lanzamiento de bala	22–30	40-46	*
Voleibol	18-22	–	40-56
Levantamiento de pesas	20-30	38-52	*
Lucha	20-30	52-65	–

*Datos no disponibles.

Sujetos con alto nivel de respuesta y sujetos con bajo nivel de respuesta

Durante años, los investigadores han encontrado amplias variaciones en la mejora del $\dot{V}O_{2máx}$ con el entrenamiento aeróbico. Distintos estudios han demostrado que las mejoras en el $\dot{V}O_{2máx}$ de los individuos oscilan entre el 0 y el 50% o más, incluso en sujetos con una condición física similar que realizaron el mismo programa de entrenamiento.

En el pasado, los científicos del ejercicio asumieron que estas variaciones eran resultado de distintos grados de adherencia del programa de entrenamiento. Los individuos que cumplían con el programa de entrenamiento debían tener el porcentaje más elevado de mejora, mientras que los que no lo cumplían debían mostrar poca o ninguna mejora. No obstante, con el mismo entrenamiento y un seguimiento completo del programa, se observaban aún variaciones importantes en el porcentaje de mejora de $\dot{V}O_{2máx}$ en las distintas personas.

Hoy es evidente que la repuesta a un programa de entrenamiento está también determinada genéticamente.[2] Esto se muestra en la Figura 11.13. Diez parejas de gemelos idénticos cumplieron con un programa de entrenamiento de la resistencia cardiorrespiratoria de 20 semanas. En la figura se graficaron las mejoras en el $\dot{V}O_{2máx}$ expresadas como porcentajes para cada pareja de gemelos (en el eje x el gemelo A y en el eje y el gemelo B).[25] Nótese la similitud en la respuesta de cada pareja de gemelos, mientras que, entre parejas de gemelos, las mejoras en el $\dot{V}O_{2máx}$ varían del 0 al 40%. Estos resultados y aquellos de otros estudios indican que existen **sujetos con alto nivel de respuesta** (con mejoras importantes) y **sujetos con bajo nivel de repuesta** (con poca o ninguna mejora) entre los grupos de personas que participaron de programas de entrenamiento idénticos.

Los resultados del HERITAGE Family Study también respaldan la existencia de un fuerte componente genético que afecta la magnitud del incremento del $\dot{V}O_{2máx}$ con el entrenamiento de la resistencia. Las familias, compuestas por la madre y el padre biológicos y tres o más hijos, se entrenaron tres días a la semana durante 20 semanas, ejercitándose al principio a una frecuencia cardíaca equivalente al 55% de su $\dot{V}O_{2máx}$ durante 35 minutos por día, y progresando hasta una frecuencia cardíaca equivalente al 75% de su $\dot{V}O_{2máx}$ durante 50 minutos por día hacia el final de la semana 14, frecuencia que mantuvieron durante las últimas seis semanas.[3] El promedio del incremento en el $\dot{V}O_{2máx}$ fue del 17%, pero varió del 0 a más del 50%. En la Figura 11.14 se muestra la mejora en el $\dot{V}O_{2máx}$ de cada sujeto de cada una de las familias. La máxima heredabilidad se estima en un 47%. Observe en la figura que los sujetos con un alto nivel de respuesta tienden a estar agrupados en las mismas familias, al igual que aquellos con un bajo nivel de repuesta.

Está claro que éste es un fenómeno genético, no una consecuencia del cumplimiento o falta de cumplimiento con el programa de entrenamiento. Uno debe tener en cuenta este aspecto importante cuando se dirigen estudios y se diseñan programas de entrenamiento. Deben considerarse siempre las diferencias individuales.

⬤ Concepto clave

Las diferencias individuales producen variaciones en las respuestas de los sujetos a un programa de entrenamiento dado. La genética es responsable de gran parte de estas variaciones en la respuesta.

⬤ Revisión

➤ Aunque el aumento del $\dot{V}O_{2máx}$ tiene un límite, el rendimiento de resistencia puede seguir mejorando durante años con el entrenamiento continuado.

➤ La dotación genética de un individuo predetermina un rango para su $\dot{V}O_{2máx}$, que es responsable de entre el 25 y el 50% de la variación en los valores del $\dot{V}O_{2máx}$. La herencia también explica en gran parte las variaciones individuales en respuesta al mismo programa de entrenamiento.

➤ Las deportistas que tienen un nivel de acondicionamiento de resistencia muy alto tienen valores de $\dot{V}O_{2máx}$ sólo un 10% menor que los deportistas con un acondicionamiento de resistencia muy elevado.

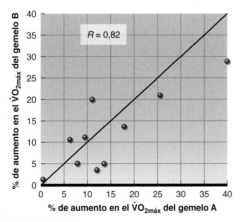

FIGURA 11.13 Variaciones en el porcentaje de aumento del $\dot{V}O_{2máx}$ para gemelos idénticos sometidos al mismo programa de entrenamiento durante 20 semanas.

De D. Prud'homme et al., 1984, "Sensitivity of maximal aerobic power to training is genotype-dependent," *Medicine and Science in Sports and Exercise* 16(5): 489-493. Copyright 1984 del American College of Sports Medicine. Adaptado con autorización.

Resistencia cardiorrespiratoria en deportes que no son de resistencia

Muchas personas consideran la resistencia cardiorrespiratoria como el componente más importante de la apti-

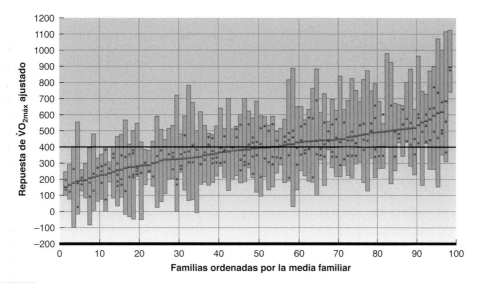

FIGURA 11.14 Variaciones en las mejoras del $\dot{V}O_{2máx}$ por familia después de un entrenamiento de la resistencia de 20 semanas. Los valores representan los cambios en el $\dot{V}O_{2máx}$ en mL/min, con un aumento promedio de 393 mL/min. Los datos de cada familia están delimitados por una barra, y el valor de cada miembro de la familia está representado por un punto dentro de la barra.

Adaptado de C. Bouchard et al., 1999, "Familial aggregation of $\dot{V}O_{2máx}$ response to exercise training. Results from HERITAGE Family Study", *Journal of Applied Physiology* 87: 1003-1008. Utilizado con autorización.

tud física. Es la principal defensa de un deportista contra la fatiga. Una baja capacidad de resistencia conduce a la fatiga, incluso en los deportes o actividades que no son de naturaleza aeróbica. Para cualquier deportista, independientemente del deporte o la actividad que realice, la fatiga representa un gran impedimento para el óptimo rendimiento. Incluso la fatiga leve puede dificultar el rendimiento total del deportista ya que:

- la fuerza muscular se reduce,
- los tiempos de reacción y de movimiento se prolongan,
- la agilidad y la coordinación neuromuscular se reducen,
- la velocidad de movimiento corporal total disminuye,
- la concentración y el alerta se reducen.

El declive de la concentración y del estado de alerta asociado con la fatiga es de particular importancia. El deportista puede volverse descuidado y más propenso a sufrir lesiones severas, sobre todo en los deportes de contacto. Aun cuando estos declives en el rendimiento pueden ser pequeños, pueden resultar suficientes para lograr que el deportista pierda un lanzamiento libre crítico con el baloncesto, la zona de bateo en béisbol o el *putt* de 6 m (20 ft) en golf.

Todos los deportistas pueden beneficiarse si maximizan su resistencia. Incluso los golfistas, cuyo deporte presenta pocas demandas de resistencia aeróbica, pueden mejorar. Una mejor resistencia puede permitir a los golfistas completar un partido con menos fatiga y resistir mejor los largos períodos en los cuales deben desplazarse caminando o permanecer de pie.

Para un adulto sedentario de mediana edad, numerosos factores relacionados con la salud indican que la resistencia cardiovascular debería ser el punto de mayor énfasis del entrenamiento. El entrenamiento para la salud y la aptitud física se discute en profundidad en la Parte VII de este libro.

Las necesidades de entrenamiento de la resistencia varían considerablemente entre los deportes y entre los deportistas. Estas necesidades dependerán del nivel actual de resistencia del deportista y de las exigencias de resistencia de la actividad elegida. El corredor de maratón entrena casi exclusivamente la resistencia y dedica poco tiempo al entrenamiento de la fuerza, la flexibilidad y la velocidad. Por otra parte, el jugador de béisbol tiene demandas de resistencia muy limitadas, por lo que no se pone mucho énfasis en el acondicionamiento de la resistencia. No obstante, estos jugadores pueden obtener importantes beneficios de las carreras de resistencia, aunque sea solamente a un ritmo moderado durante 5 km (3,1 mi) por día, tres veces por semana. Como uno de los beneficios del entrenamiento, los jugadores de béisbol tendrán pocos o ningún problema en las piernas (una dolencia frecuente) y serán capaces de completar un juego con poco o nada de fatiga.

Un adecuado acondicionamiento cardiovascular debe ser la base del programa de acondicionamiento general de cualquier deportista. Muchos deportistas que participan en deportes que no son de resistencia nunca han incorporado entrenamientos de esta capacidad a sus programas de entrenamiento, ni siquiera un entrenamiento de moderada intensidad. Los que sí lo han hecho son perfectamente concientes de la mejora en su condición física y del impacto de esto sobre su rendimiento deportivo.

Concepto clave

Todos los atletas pueden beneficiarse al maximizar su resistencia cardiorrespiratoria.

Adaptaciones al entrenamiento anaeróbico

En las actividades musculares que requieren una producción de fuerza cercana a la máxima durante períodos relativamente cortos, como el esprín, gran parte de las necesidades energéticas se satisfacen por el sistema ATP-fosfocreatina (PCr) y por la degradación anaeróbica del glucógeno muscular (glucólisis). En las siguientes secciones nos centraremos en la entrenabilidad de estos dos sistemas.

Cambios en la potencia y la capacidad anaeróbica

Los científicos del ejercicio han tenido dificultad para ponerse de acuerdo respecto de cuáles son los tests de campo o de laboratorio más apropiados para valorar la potencia anaeróbica. A diferencia de lo que sucede con la potencia aeróbica, en la que el $\dot{V}O_{2máx}$ se considera, en general, la mejor medida estándar, ninguna prueba mide adecuadamente la potencia anaeróbica. La mayoría de las investigaciones se ha llevado a cabo utilizando tres tests diferentes para medir la potencia anaeróbica, la capacidad anaeróbica o ambas: el test anaeróbico de Wingate, el test de potencia crítica y el test para valorar el déficit acumulado máximo de oxígeno (véase el Capítulo 5). De estos tres, el test anaeróbico de Wingate ha sido el más empleado.

El test anaeróbico de Wingate consiste en pedalear a la máxima velocidad posible durante 30 s en un cicloergómetro contra una elevada fuerza de frenado, la cual está

Diferencias individuales en la respuesta al entrenamiento: The HERITAGE Family Study

Se ha establecido claramente que los individuos difieren considerablemente en sus respuestas a una intervención determinada, como un fármaco o la dieta. Lo mismo es cierto para las repuestas del $\dot{V}O_{2máx}$ al entrenamiento aeróbico. Esto se demuestra en distintos estudios, en los que se observa que las mejoras en el $\dot{V}O_{2máx}$ oscilan entre un 0 y un 50% o más, en respuesta a exactamente el mismo programa de entrenamiento.

El HERITAGE Family Study fue financiado por los *National Institutes of Health*, en 1992, para estudiar el posible control genético de estas variaciones en el $\dot{V}O_{2máx}$ en respuesta al entrenamiento aeróbico y las variaciones asociadas en los principales factores de riego de enfermedad cardiovascular y diabetes tipo 2. Los estudios continuaron durante el 2004. Muchas familias fueron reclutadas para este estudio, que incluyeron a la madre y el padre biológicos y tres o más de sus hijos. Algunas de las familias incluidas no cumplían con este criterio.

El estudio fue dirigido por el Dr. Claude Bouchard, director ejecutivo del *Pennington Biomedical Research Center, Louisiana State University*, y un pionero de las investigaciones genéticas en las ciencias del ejercicio, y por un

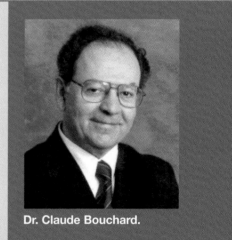

Dr. Claude Bouchard.

equipo de investigadores de varias universidades (Arizona State University, Indiana University, Laval University en Canadá, the *University of Minnesota* y the *University of Texas* en Austin). Reclutaron un total de 742 sujetos sedentarios de familias de ascendencia blanca y negra que completaron el estudio. Otra universidad, *Washington University*, fue la responsable del control de la calidad de los datos y de los análisis. Los sujetos realizaron una amplia batería de pruebas antes y después de un programa de entrenamiento aeróbico de 20 semanas, con cada sesión de entrenamiento supervisada por un fisiólogo del ejercicio. La batería de pruebas incluía medidas fisiológicas asociadas con la aptitud aeróbica y marcadores clínicos asociados con riesgos de enfermedad cardiovascular y diabetes. El aumento promedio en el $\dot{V}O_{2máx}$ expresado por kilogramo de peso corporal fue del 18%, pero los valores variaban dentro de un rango de entre 0 a 53%. El aumento en el $\dot{V}O_{2máx}$ estuvo influenciado por la genética (heredabilidad máxima = 47%; véase la Figura 11.14), pero estuvo muy poco influenciado por la edad, el sexo y la raza. Es importante reconocer de estos datos que cada individuo responde de forma diferente a exactamente el mismo ejercicio. ¡No podemos esperar ver la misma mejora en todas las personas! El simple hecho de que una persona tenga una baja respuesta al entrenamiento no significa que no haya cumplido con el programa de entrenamiento. Para más información sobre el HERITAGE Family Study, diríjase al siguiente sitio web: www.pbrc.edu/heritage/home.htm.

determinada por el peso, el sexo, la edad y el nivel de entrenamiento del sujeto. La producción de potencia se puede determinar instantáneamente durante los 30 segundos que dura la prueba pero, en general, se promedia durante intervalos de 3 a 5 segundos. La producción pico de potencia es la mayor potencia mecánica alcanzada en cualquier momento de la prueba; por lo general, se logra en los primeros 5 a 10 segundos y es considera un índice de la potencia anaeróbica. La producción media de potencia es el promedio de todas las potencias registradas durante todo el período de 30 segundos. El trabajo total se obtiene simplemente multiplicando la producción media de potencia por 30 segundos. La producción media de potencia y el trabajo total han sido utilizados como índices de la capacidad anaeróbica.

Con el entrenamiento anaeróbico, como el entrenamiento de esprín en la pista o en un cicloergómetro, se observan aumentos tanto en la potencia aeróbica pico como en la capacidad anaeróbica. No obstante, los resultados han variado ampliamente con cada estudio, desde los que mostraron sólo incrementos mínimos hasta aquellos en los que se observaron incrementos de hasta un 25%.

Adaptaciones musculares al entrenamiento anaeróbico

Con el entrenamiento anaeróbico, que incluye el entrenamiento de esprín y con sobrecarga, se producen cambios en el músculo esquelético que reflejan específicamente el reclutamiento de fibras musculares en estos tipos de actividades. Como se analizó en el Capítulo 1, a intensidades elevadas, se reclutan en mayor medida fibras musculares de tipo II, pero no de forma exclusiva, ya que las fibras de tipo I siguen reclutándose. En general, el esprín y los ejercicios con sobrecarga utilizan más fibras musculares de tipo II que las actividades aeróbicas. En consecuencia, tanto las fibras musculares tipo IIa como las tipo IIx experimentan un incremento de su área de sección transversal. El área de sección transversal de las fibras de tipo I también aumenta, pero en general en menor medida. Además, con el entrenamiento de esprín hay una disminución en el porcentaje de fibras tipo I y un aumento en el porcentaje de fibras tipo II, sobre todo por el aumento de las fibras tipo IIa. En dos estudios en los cuales los sujetos realizaron esprines máximos de 15 a 30 s de duración, el porcentaje de fibras tipo I se redujo desde el 57 al 48% y el porcentaje de fibras tipo IIa se incrementó desde el 32 al 38%.[16,17] En general, este cambio de fibras tipo I a fibras tipo II no se observa con el entrenamiento de sobrecarga.

Adaptaciones en los sistemas de producción de energía

Así como el entrenamiento aeróbico produce cambios en el sistema de energía aeróbica, el entrenamiento anaeróbico provoca cambios en los sistemas energéticos ATP-PCr y glucolítico anaeróbico. Estos cambios no son tan evidentes o predecibles como los que se observan después del entrenamiento de la resistencia, pero pueden mejorar el rendimiento en las actividades anaeróbicas.

Adaptaciones en el sistema ATP-PCr

Las actividades que enfatizan la producción de fuerza muscular máxima, como el esprín y el levantamiento de pesas, dependen enormemente del sistema ATP-PCr para obtener energía. Los esfuerzos máximos que duran menos de 6 segundos imponen sus mayores demandas a la degradación y la resíntesis de ATP-PCr. Costill y cols. reportaron los hallazgos de su estudio sobre el entrenamiento con sobrecarga y sus efectos sobre el sistema ATP-PCr.[6] Los participantes entrenaron realizando extensiones máximas de rodillas. Una pierna fue entrenada realizando 10 repeticiones máximas de 6 s de duración. Este tipo de entrenamiento repercute sobre todo en el sistema ATP-PCr. La otra pierna se entrenó con series máximas repetidas de 30 segundos. Esto estresa preferencialmente al sistema glucolítico.

Ambas formas de entrenamiento produjeron la misma ganancia de fuerza muscular (alrededor del 14%) y la misma resistencia a la fatiga. Como se observa en la Figura 11.15, las actividades de las enzimas musculares anaeróbicas creatina-cinasa y miocinasa aumentan como resultado de la realización de series de entrenamiento de 30 segundos, pero prácticamente no sufrieron ningún cambio en la pierna entrenada con esfuerzos máximos repetidos de 6 segundos. Estos descubrimientos nos llevan a concluir que las series de esprín máximas (6 segundos) pueden mejorar la fuerza muscular, pero contribuyen poco con los mecanismos de degradación de ATP-PCr. Sin embargo, se han publicado estudios que demuestran un aumento en las actividades de las enzimas del sistema ATP-PCr con series de entrenamiento que duran sólo 5 s.

A pesar de los resultados contradictorios, estos estudios sugieren que el mayor valor de las series de entrenamiento

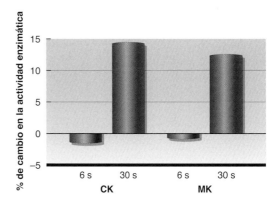

FIGURA 11.15 Cambios en las actividades de la creatina-cinasa (CK) y la miocinasa muscular (MK) como resultado de series de entrenamiento anaeróbico máximo de 6 y 30 segundos.

Resumen de las adaptaciones cardiovasculares al entrenamiento crónico de la resistencia

Con frecuencia, los fisiólogos suelen establecer modelos para ayudar a explicar cómo múltiples factores fisiológicos trabajan en conjunto para afectar un resultado o componente determinado del rendimiento. La Dra. Donna H. Korzik, una fisióloga del ejercicio de *the Pennsylvania State University*, ha creado un modelo unificador de los factores que contribuyen a la adaptación cardiovascular al entrenamiento crónico de la resistencia aeróbica (véase la siguiente figura).

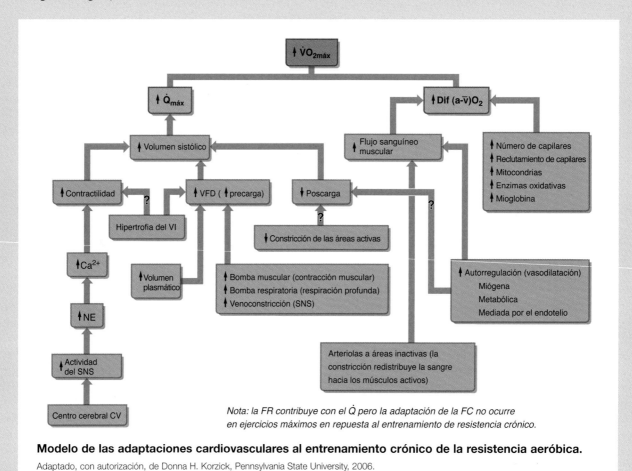

Nota: la FR contribuye con el $\dot{Q}$ pero la adaptación de la FC no ocurre en ejercicios máximos en repuesta al entrenamiento de resistencia crónico.

Modelo de las adaptaciones cardiovasculares al entrenamiento crónico de la resistencia aeróbica.

Adaptado, con autorización, de Donna H. Korzick, Pennsylvania State University, 2006.

que duran sólo unos pocos segundos (esprines) es el desarrollo de la fuerza muscular. Dichas ganancias de fuerza permiten al individuo realizar una determinada tarea con menos esfuerzo, lo que reduce el riesgo de fatiga. Aún se desconoce si estos cambios le permiten al músculo realizar más trabajo anaeróbico, aunque se ha reportado que el entrenamiento anaeróbico con esprines cortos no provoca mejoras en la resistencia anaeróbica valorada mediante un test de esprín de 60 s.[6]

Adaptaciones en el sistema glucolítico

El entrenamiento anaeróbico (series de 30 segundos) aumenta las actividades de varias enzimas glucolíticas cla-

ve. Las enzimas glucolíticas estudiadas con más frecuencia son la fosforilasa, la fosfofructocinasa (PFK) y la lactato deshidrogenasa (LDH). Las actividades de estas tres enzimas se incrementan entre un 10 y un 25% con series repetidas de ejercicios de 30 segundos, pero cambian muy poco con series cortas (6 segundos) que afectan principalmente el sistema ATP-PCr.[6] En un estudio más reciente, se observó que el entrenamiento con esprines máximos de 30 s provocó un incremento significativo en las actividades de la hexocinasa (56%) y de la PFK (49%), pero no las actividades totales de la fosforilasa o la LDH.[19]

Puesto que tanto la PFK como la fosforilasa son esenciales para la producción anaeróbica de ATP, tal entrenamiento podría mejorar la capacidad glucolítica y permitiría que el músculo desarrollase una mayor tensión durante un período más prolongado. Sin embargo, como se observa en la Figura 11.16, esta conclusión no está respaldada por los resultados del rendimiento en un test máximo de 60 s, en el cual los sujetos realizaron extensiones y flexiones de rodilla a la máxima intensidad. La producción de potencia y el índice de fatiga (representado por una disminución en la producción de potencia) se vieron similarmente afectados después del entrenamiento con series de 6 o 30 segundos. Por lo tanto, debemos concluir que las ganancias de rendimiento con estas formas de entrenamiento son el resultado de incrementos en la fuerza más que en la producción anaeróbica de ATP.

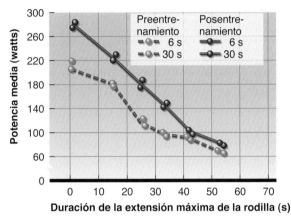

FIGURA 11.16 Rendimiento en test máximo de 60 segundos antes y después de un entrenamiento con series anaeróbicas de 6 y 30 segundos. Los sujetos son los mismos que en la Figura 11.15.

◯ Concepto clave

El entrenamiento anaeróbico incrementa las enzimas del sistema ATP-PCr y las glucolíticas, pero no tiene efecto sobre las enzimas oxidativas. En cambio, el entrenamiento aeróbico aumenta las enzimas oxidativas, pero tiene un pequeño efecto sobre las del sistema ATP-PCr y las glucolíticas. Este hecho refuerza una cuestión recurrente: las alteraciones fisiológicas que son resultado del entrenamiento son altamente específicas del tipo de entrenamiento.

◯ Revisión

➤ Las series de entrenamiento anaeróbico mejoran la potencia y la capacidad anaeróbica.
➤ Las mejoras en el rendimiento que se observan con el entrenamiento anaeróbico de tipo esprín son principalmente el resultado de la ganancia de fuerza más que de las mejoras en el funcionamiento de los sistemas anaeróbicos de producción de energía.
➤ El entrenamiento anaeróbico incrementa las enzimas de los sistemas ATP-PCr y glucolítico, pero no tiene ningún efecto sobre las enzimas oxidativas.

Especificidad del entrenamiento y entrenamiento cruzado

Las adaptaciones fisiológicas en respuesta al entrenamiento físico son altamente específicas de la naturaleza de la actividad de entrenamiento. Además, cuanto más específico sea el programa de entrenamiento para un determinado deporte o actividad, mayores serán las mejoras en el rendimiento en ese deporte o actividad. El concepto de **especificidad del entrenamiento** es muy importante para todas las adaptaciones fisiológicas.

Este concepto también es muy importante a la hora de evaluar a los atletas. Por ejemplo, para medir con precisión las mejoras en la resistencia, los atletas deberían ser evaluados mientras están realizando una actividad similar al deporte o actividad en la que habitualmente participan. Consideremos un estudio llevado a cabo con remeros, ciclistas y esquiadores de cross country altamente entrenados. Sus valores de $\dot{V}O_{2máx}$ se evaluaron mientras realizaban dos tipos de esfuerzo: correr cuesta arriba en una cinta ergométrica y al máximo de su rendimiento en su actividad deportiva específica.[30] Los hallazgos importantes, ilustrados en la Figura 11.17, fueron que los valores de $\dot{V}O_{2máx}$ alcanzados por todos los deportistas duran-

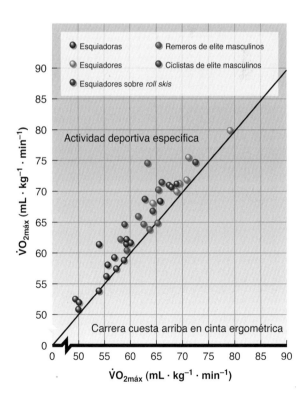

FIGURA 11.17 Valores de $\dot{V}O_{2máx}$ durante una carrera cuesta arriba en una cinta ergométrica versus actividades deportivas específicas en grupos selectos de deportistas.
Adaptado de S. B. Strøme, F. Ingjer, y H.D. Meen, 1977, "Assessment of maximal aerobic power in specifically trained athletes", *Journal of Applied Physiology* 42: 833-837. Utilizado con autorización.

te su actividad deportiva específica fueron iguales o más altos que los valores obtenidos en la cinta ergométrica. Para muchos de estos deportistas, los valores de $\dot{V}O_{2máx}$ fueron sustancialmente más altos durante su actividad deportiva específica.

Un diseño muy creativo, elaborado para estudiar el concepto de especificidad de entrenamiento, implica la realización de ejercicios realizados con una extremidad y utilizar la otra extremidad, no entrenada, como control. En un estudio, los sujetos fueron divididos en tres grupos: un grupo que realizó entrenamientos de tipo esprín con una pierna y entrenó la resistencia con la otra; un grupo que realizó entrenamientos de tipo esprín con una pierna y no realizó entrenamientos con la otra, y un tercer grupo que entrenó la resistencia con una pierna y no entrenó con la otra.[27] Los resultados de este estudio revelaron mejoras en el $\dot{V}O_{2máx}$ y una disminución de la frecuencia cardíaca y del lactato sanguíneo en respuesta a cargas de trabajo submáximas sólo cuando el ejercicio se realizaba con la pierna entrenada en resistencia.

Gran parte de la respuesta al entrenamiento se produjo en los músculos específicos que fueron entrenados, posiblemente incluso en las unidades motoras individuales de un músculo específico. Esta observación se aplica a las respuestas metabólicas y cardiorrespiratorias al entrenamiento. En el Cuadro 11.5 se muestran las actividades de un grupo seleccionado de enzimas musculares de tres sistemas energéticos de hombres no entrenados, entrenados aeróbicamente y entrenados anaeróbicamente. En el

cuadro se observa que en los músculos entrenados aeróbicamente las actividades de las enzimas glucolíticas son significativamente menores. Por lo tanto, podrían tener menor capacidad para el metabolismo anaeróbico o depender menos de la energía obtenida de la glucólisis. Se necesitan más estudios para explicar las repercusiones de los cambios musculares que acompañan el entrenamiento aeróbico y anaeróbico, pero este cuadro muestra con claridad el alto grado de especificidad de los estímulos de entrenamiento.

Concepto clave

Se debe prestar mucha atención para elegir un programa de entrenamiento óptimo. El programa debe ajustarse cuidadosamente a las necesidades individuales del deportista para maximizar las adaptaciones fisiológicas al entrenamiento y, de ese modo, optimizar el rendimiento.

El **entrenamiento cruzado** se refiere al entrenamiento para más de un deporte al mismo tiempo o al entrenamiento de varios componentes diferentes de la aptitud física (como la resistencia, la fuerza y la flexibilidad) al mismo tiempo. El deportista que entrena corriendo, nadando y andando en bicicleta para prepararse para competir en un triatlón es un ejemplo del primero, y el deportista que realiza un duro entrenamiento con sobrecarga y un entrenamiento cardiorrespiratorio de alta intensidad es un ejemplo del segundo.

CUADRO 11.5 Actividades de enzimas musculares seleccionadas ($mmol \cdot g^{-1} \cdot min^{-1}$) para hombres no entrenados, anaeróbicamente entrenados y aeróbicamente entrenados

	No entrenado	Anaeróbicamente entrenado	Aeróbicamente entrenado
ENZIMAS AERÓBICAS			
Sistema oxidativo			
Succinato deshidrogenasa	8,1	8,0	20,8[a]
Malato deshidrogenasa	45,5	46,0	65,5[a]
Carnitín palmitoil transferasa	1,5	1,5	2,3[a]
ENZIMAS ANAERÓBICAS			
Sistema ATP–PCr			
Creatina-cinasa	609,0	702,0[a]	589,0
Miocinasa	309,0	350,0[a]	297,0
Sistema glucolítico			
Fosforilasa	5,3	5,8	3,7[a]
Fosfofructocinasa	19,9	29,2[a]	18,9
Lactato deshidrogenasa	766,0	811,0	621,0

[a]Diferencia significativa con el valor sin entrenamiento.

Para el deportista que entrena su resistencia cardiorrespiratoria y su fuerza al mismo tiempo, los estudios realizados hasta el momento indican que su entrenamiento puede producir ganancia de fuerza, potencia y resistencia. No obstante, las ganancias de fuerza y potencia muscular son menores cuando el entrenamiento de fuerza se combina con entrenamiento de resistencia que cuando se realiza sólo el primero. Lo opuesto no ocurre, es decir, la mejora en la potencia aeróbica con el entrenamiento de la resistencia cardiorrespiratoria no se ve atenuada por la inclusión de un programa de entrenamiento con sobrecarga. De hecho, la resistencia de corta duración puede incrementarse con el entrenamiento de la fuerza. Aunque los primeros estudios sostuvieron que la realización simultánea de entrenamientos de fuerza y de resistencia limita la ganancia de fuerza y potencia, un estudio adecuadamente controlado no mostró esto. McCarthy y cols.[21] reportaron ganancias similares de fuerza, hipertrofia y activación neural en el grupo de sujetos previamente no entrenados que realizaron en forma simultánea un programa de entrenamiento de la fuerza de alta intensidad y un programa de entrenamiento de la resistencia en cicloergómetro, comparado con el grupo que realizó sólo el programa de entrenamiento de la fuerza de alta intensidad.

Revisión

➤ Para que los deportistas maximicen las ganancias cardiorrespiratorias al entrenamiento, éste debe ser específico del tipo de actividad que el deportista realiza habitualmente.

➤ El entrenamiento con sobrecarga en combinación con el entrenamiento de la resistencia cardiorrespiratoria no limita las mejoras en la potencia aeróbica y puede aumentar la resistencia de corta duración, pero también limitar el aumento de la fuerza y la potencia cuando se lo compara con las ganancias obtenidas sólo con el entrenamiento de la fuerza.

Conclusión

En este capítulo examinamos de qué forma los sistemas cardiovascular, respiratorio y metabólico se adaptan al entrenamiento aeróbico y anaeróbico. Nos centramos en cómo estas adaptaciones pueden mejorar tanto el rendimiento aeróbico como el anaeróbico. Este capítulo cierra nuestro resumen de cómo los sistemas corporales responden al ejercicio agudo y al crónico. Ahora que hemos completado nuestro análisis de la forma en que el cuerpo responde a los cambios internos, podemos focalizar nuestra atención hacia el mundo externo. En la siguiente parte del libro, nos centraremos en las adaptaciones del cuerpo a las condiciones cambiantes del entorno, y comenzamos en el próximo capítulo considerando de qué manera la temperatura externa afecta nuestro rendimiento.

Palabras clave

ahorro de glucógeno

corazón de atleta

ecuación de Fick

entrenamiento aeróbico

entrenamiento anaeróbico

entrenamiento cruzado

entrenamiento interválico de esprines (HIT)

enzimas oxidativas mitocondriales

especificidad del entrenamiento

hipertrofia cardíaca

relación capilares-fibras

resistencia aeróbica submáxima

resistencia cardiorrespiratoria

sistema de transporte de oxígeno

sujetos con alto nivel de respuesta

sujetos con bajo nivel de respuesta

Preguntas

1. Diferencie entre resistencia muscular y resistencia cardiovascular.
2. ¿Qué es el consumo máximo de oxígeno ($\dot{V}O_{2máx}$)? ¿Cómo está definido fisiológicamente y qué determina sus límites?
3. ¿Cuál es la importancia del $\dot{V}O_{2máx}$ para el rendimiento de resistencia? ¿Por qué el competidor con mayor $\dot{V}O_{2máx}$ no siempre gana?
4. Describa los cambios en el sistema de transporte de oxígeno que ocurren con el entrenamiento de la resistencia.
5. ¿Cuál es, posiblemente, la adaptación más importante que ocurre en el cuerpo en repuesta al entrenamiento de la resistencia que permite un aumento en el $\dot{V}O_{2máx}$ y en el rendimiento? ¿A través de qué mecanismos ocurren estos cambios?
6. ¿Qué adaptaciones metabólicas ocurren en respuesta al entrenamiento de la resistencia?
7. Explique las dos teorías que se han propuesto para explicar las mejoras en el $\dot{V}O_{2máx}$ que ocurren con el entrenamiento de la resistencia. ¿Cuál de estas dos tiene mayor validez hoy en día? ¿Por qué?
8. ¿Cuán importante es la dotación genética en el desarrollo de un joven deportista?
9. ¿Qué adaptaciones se ha demostrado que se producen en las fibras musculares con el entrenamiento anaeróbico?
10. Analice la especificidad del entrenamiento anaeróbico respecto de los cambios en las enzimas musculares.
11. ¿Por qué el entrenamiento cruzado es beneficioso para los deportistas de resistencia? ¿Cómo beneficia a los deportistas de velocidad y fuerza?

PARTE IV

Efectos del medioambiente sobre el rendimiento

En las secciones anteriores se vio la forma en la que los distintos aparatos y sistemas coordinan sus acciones para permitirnos realizar ejercicios físicos. También se analizaron los mecanismos que tienen estos aparatos y sistemas para adaptarse a las exigencias impuestas por distintos tipos de entrenamiento. En la Parte IV nos enfocamos en la forma en la que el cuerpo responde y se adapta durante el ejercicio en condiciones ambientales extremas. En el Capítulo 12, "Ejercicio en ambientes calurosos y fríos", se analizan los mecanismos mediante los cuales el cuerpo humano regula su temperatura interna, tanto en reposo como durante el ejercicio. Luego se estudian los mecanismos del cuerpo para responder y adaptarse al ejercicio en ambientes calurosos y fríos y los riesgos asociados con la actividad física en estas condiciones. En el Capítulo 13, "Ejercicio en la altura", se analiza la exigencia particular que representa el ejercicio en condiciones de baja presión atmosférica (altura) y la forma en la que el cuerpo se adapta a un período prolongado de estadía en la altura. Ulteriormente, se estudia la mejor manera de prepararse para competir en la altura y se analiza si el entrenamiento en la altura ayuda a rendir mejor en el nivel del mar. Por último, se estudian los riesgos para la salud asociados con el ascenso a grandes alturas.

Ejercicio en ambientes calurosos y fríos

12

En este capítulo

Regulación de la temperatura corporal   **284**
Producción de calor metabólico   284
Transferencia de calor entre el cuerpo y el ambiente   284
Control de la termorregulación   288

Respuestas fisiológicas al ejercicio en un ambiente caluroso   **291**
Función cardiovascular   291
Limitaciones al ejercicio en un ambiente caluroso   291
Equilibrio hídrico corporal: sudoración   292

Riesgos para la salud durante el ejercicio en un ambiente caluroso   **294**
Medición del estrés por calor   295
Trastornos relacionados con el calor   295
Prevención de la hipertermia   297

Aclimatación al ejercicio en un ambiente caluroso   **299**
Efectos de la aclimatación al calor   299
Cómo lograr la aclimatación al calor   300

El ejercicio en un ambiente frío   **301**
Habituación y aclimatación al frío   301
Otros factores que afectan la pérdida de calor corporal   302
Pérdida de calor en el agua fría   303

Respuestas fisiológicas al ejercicio en un ambiente frío   **304**
Función muscular   304
Respuestas metabólicas   304

Riesgos para la salud durante el ejercicio en un ambiente frío   **305**
Hipotermia   305
Congelación superficial   306
Asma inducido por el ejercicio   306

Conclusión   **307**

Korey Stringer, tackle derecho (152 kg; 335 lb) del equipo profesional de fútbol norteamericano Minnesota Vikings, era considerado uno de los principales líneas ofensivos de la Liga Nacional de Fútbol de los EE. UU. En 2001 y durante el primer día de entrenamiento, Korey debió interrumpir los ejercicios debido a un cuadro grave de insolación que se manifestó con náuseas, mareos y vómitos. El segundo día de entrenamiento, el 31 de julio de 2001, Stringer perdió el conocimiento durante una ejercitación intensa en el campo de entrenamiento de los Vikings situado en Makato, Minnesota. Stringer había estado entrenando en un día caluroso y sin nubes utilizando el uniforme reglamentario completo, incluido el casco protector. Tras perder el conocimiento, el deportista fue trasladado a un tráiler con aire acondicionado y luego la ambulancia lo transportó a un hospital local, en donde se registró una temperatura corporal de 42,2°C (108,8°F). Stringer falleció unas 13 horas más tarde como consecuencia de un golpe de calor por esfuerzo. Los deportistas, especialmente aquellos que se entrenan durante los meses de verano, están expuestos al riesgo del golpe de calor. Además de la falta de aclimatación, los elementos protectores y el uniforme utilizados por los jugadores de fútbol norteamericano limitan la eliminación de calor, y las consecuencias corporales del esfuerzo en un ambiente caluroso pueden agravarse si el deportista no ingiere una suficiente cantidad de líquido.
Fuente: *Sports Illustrated*, 29 de julio de 2002, 97 (4):55-60.

Los efectos del esfuerzo físico a menudo se agravan debido a las condiciones ambientales imperantes. El esfuerzo físico en condiciones extremas de calor o frío impone una máxima exigencia a los mecanismos responsables de la regulación térmica. Si bien estos mecanismos son sumamente eficaces para regular la temperatura corporal en condiciones normales, los mecanismos de **termorregulación** pueden ser insuficientes en condiciones de calor o frío extremos. Por fortuna, nuestro cuerpo tiene la capacidad de adaptarse a estas exigencias ambientales a medida que la exposición se prolonga en el tiempo; este proceso se conoce con el nombre de **aclimatación** (que se refiere a la adaptación a corto plazo; p. ej., días a semanas) o **aclimatización** (adaptación natural adquirida en el curso de un período prolongado; es decir, meses a años).

A continuación veremos las respuestas fisiológicas al ejercicio agudo y crónico en ambientes calurosos y fríos. El esfuerzo físico en condiciones de temperaturas extremas se asocia con riesgos específicos para la salud, de modo que también analizaremos algunos aspectos relacionados con la prevención de los trastornos y las lesiones asociados con la temperatura durante el ejercicio.

Regulación de la temperatura corporal

El ser humano es homeotermo, es decir que regula fisiológicamente la temperatura corporal interna para mantenerla casi constante aun cuando la temperatura ambiente se modifique. Si bien la temperatura de una persona varía diariamente e incluso de una hora a la siguiente, por lo general estas fluctuaciones no son mayores de 1°C (1,8°F). La temperatura corporal sólo sale del rango basal (36,1 a 37,8°C; 97-100°F) durante un esfuerzo físico prolongado, cuando hay fiebre causada por una enfermedad o en condiciones extremas de calor o frío. La temperatura corporal refleja un delicado equilibrio entre la producción y la eliminación de calor. La alteración de este equilibrio se manifiesta por una modificación de la temperatura corporal.

Producción de calor metabólico

Sólo una pequeña porción (usualmente menos del 25%) de la energía (adenosintrifosfato, ATP) que produce el cuerpo se utiliza para funciones fisiológicas como las contracciones musculares; el resto se convierte en calor. Todos los tejidos activos producen calor metabólico (M), el cual se debe contrarrestar mediante un complejo mecanismo de eliminación de calor hacia el ambiente para mantener la temperatura corporal interna. Si la producción de calor corporal excede su eliminación, como suele suceder durante la actividad aeróbica moderada a intensa, el cuerpo acumula el exceso de calor y la temperatura interna aumenta. La capacidad del individuo para mantener una temperatura interna constante depende de su capacidad para equilibrar el calor metabólico producido y el calor recibido del medioambiente con el calor eliminado por el cuerpo. Este equilibrio se ilustra en la Figura 12.1.

Transferencia de calor entre el cuerpo y el ambiente

Examinemos los mecanismos mediante los cuales se transfiere el calor entre el cuerpo y el ambiente circundante. Para que el cuerpo pueda transferir calor al medioambiente es necesario que el calor corporal se transporte desde las estructuras más internas (el centro) hacia

ción, radiación y evaporación. Estos mecanismos se ilustran en la Figura 12.2.

Conducción y convección

La **conducción** (K) de calor es la transferencia de calor desde un material sólido a otro a través del contacto molecular directo. Por ejemplo, el cuerpo puede perder calor cuando la piel entra en contacto con un objeto frío, como cuando nos sentamos en las gradas de metal de un estadio durante un partido de fútbol en un día frío. Por el contrario, si se coloca un objeto caliente contra la piel, el calor del objeto pasará hacia ésta y el cuerpo ganará calor. Si el contacto se prolonga, el calor de la superficie cutánea pasará al torrente sanguíneo, se transferirá a las estructuras internas y ello determinará un aumento de la temperatura corporal interna (central). Durante el ejercicio, el mecanismo de conducción como método de intercambio de calor suele ser insignificante porque la superficie corporal que se encuentra en contacto con algún objeto sólido es mínima (p. ej., las plantas de los pies sobre el campo de juego caliente). Por esta razón, muchos fisiólogos ambientales consideran que el intercambio de calor por conducción es una cantidad que puede despreciarse para el cálculo del equilibrio y el intercambio de calor.

Por otro lado, la **convección** (C) consiste en la transferencia de calor mediante el movimiento de un gas o un líquido a través de una superficie caliente. Cuando el cuerpo está inmóvil y el movimiento de aire es mínimo, aquel se encuentra rodeado por una capa de aire estática. Sin

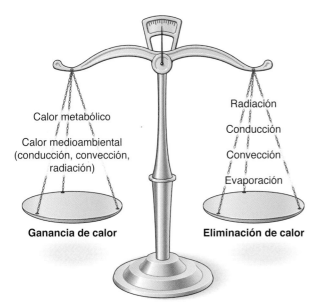

FIGURA 12.1 Para mantener una temperatura central constante, el cuerpo debe equilibrar el calor producido por el metabolismo y el recibido desde el ambiente externo con el calor eliminado mediante los procesos de radiación, conducción, convección y evaporación.

la piel (la periferia), desde donde puede acceder al medio externo. El calor se desplaza desde el centro hacia la piel a través del torrente sanguíneo. Recién cuando el calor llega a la piel se puede eliminar hacia el exterior a través de 4 mecanismos posibles: conducción, convec-

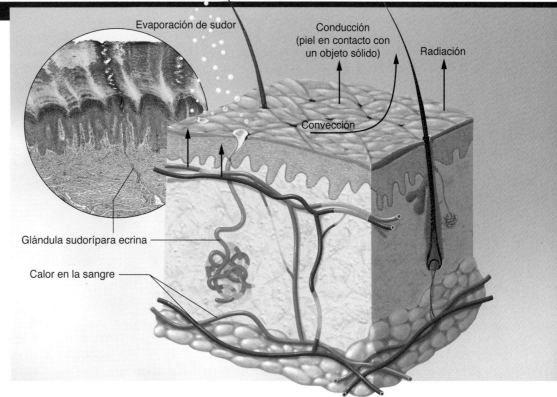

FIGURA 12.2

Eliminación del calor de la piel. El calor llega a la superficie corporal a través de la circulación arterial y, en menor medida, por conducción a través del tejido celular subcutáneo. Cuando la temperatura de la piel es mayor que la del medioambiente, el calor se elimina mediante los procesos de conducción (si la piel está en contacto con un objeto), convección, radiación y evaporación del sudor; cuando la temperatura medioambiental es mayor que la de la piel, el calor sólo se puede eliminar por evaporación.

embargo, por lo general el aire que nos rodea está en constante movimiento, y esta observación es aún más válida durante el ejercicio, el cual se acompaña del movimiento de la totalidad del cuerpo o de distintos segmentos corporales a través del aire (p. ej., el movimiento rítmico de los brazos durante la carrera). A medida que el aire circula a nuestro alrededor y entra en contacto con la piel, se produce la transferencia de calor hacia las moléculas del aire. Cuanto mayor es el movimiento del aire (o de un líquido, como el agua), mayor será la tasa de intercambio de calor por convección. Por ende, en un ambiente donde la temperatura del aire es menor que la temperatura de la piel, la convección permite la transferencia del calor desde la piel hacia el aire (pérdida de calor); sin embargo, si la temperatura del aire es mayor que la de la piel, el cuerpo adquiere calor por convección. A menudo, este procedimiento se considera un mecanismo de pérdida de calor, pero se olvida que, cuando la temperatura ambiente excede la temperatura cutánea, el gradiente determina el pasaje de calor en la dirección opuesta.

La convección es un proceso de importancia cotidiana en la medida en que elimina constantemente el calor metabólico generado en reposo y durante las actividades diarias, siempre que la temperatura del aire sea inferior a la de la piel. Sin embargo, si una persona se sumerge en agua fría, la cantidad de calor que se disipará desde su cuerpo hacia el agua mediante el proceso de convección será casi 26 veces mayor que si la persona está expuesta al aire con una temperatura similar.

Radiación

En reposo, la **radiación** (R) y la convección son los principales métodos para eliminar el exceso de calor corporal. Con una temperatura ambiente normal (21-25°C, o 70-77°F), el cuerpo desnudo pierde aproximadamente el 60% del exceso de calor por radiación. El calor se elimina en forma de rayos infrarrojos, los cuales constituyen un tipo de onda electromagnética. En la Figura 12.3 se presentan dos termografías infrarrojas de un mismo individuo.

La piel irradia constantemente calor en todas las direcciones hacia los objetos circundantes como las ropas, los muebles y las paredes, pero también puede recibir el calor radiante de los objetos circundantes que se encuentren más calientes que ella. Si la temperatura de los objetos circundantes es mayor que la de la piel, el cuerpo experimentará una ganancia neta de calor a través de la radiación. Durante la exposición al sol, el cuerpo recibe una enorme cantidad de calor radiante.

Globalmente, los procesos de conducción, convección y radiación se consideran mecanismos de **intercambio de calor seco**. La resistencia al intercambio de calor seco se denomina **aislamiento**, un concepto ampliamente conocido por su relación con la vestimenta y los mecanismos de calefacción y ventilación domésticos. El aislante ideal es una capa de aire estática (recuérdese que el aire en movimiento genera pérdida de calor por convección), lo cual se logra capturando capas de aire entre capas de alguna fibra (plumón, fibra de vidrio, etc.). El agregado de un aislante de este tipo minimiza la pérdida indeseada de calor en ambientes fríos. No obstante, durante el ejercicio físico es deseable eliminar calor hacia el medioambiente, y la forma más eficaz de lograrlo es utilizando vestimenta ligera de colores claros (para limitar la absorción de calor radiante) que deje descubierta la mayor superficie de piel posible. El efecto de la vestimenta sobre la evaporación del sudor se analiza más adelante.

Evaporación

La **evaporación** (E) es la vía principal de disipación del calor durante el ejercicio. A medida que un líquido se evapora y pasa al estado gaseoso, pierde calor. La evaporación es responsable de aproximadamente el 80% de la pérdida total de calor durante la actividad física y, por lo tanto, es un mecanismo esencial de eliminación de calor. Incluso en reposo, el cuerpo pierde del 10 al 20% del calor mediante evaporación, ya que este proceso se lleva a cabo sin que tengamos conciencia de ello (*pérdida insensible de agua*).

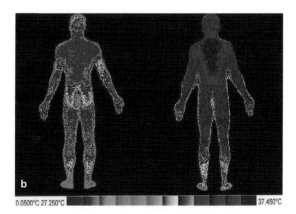

FIGURA 12.3 En estas termografías corporales se observan las variaciones del calor radiante (infrarrojo) que es eliminado a través de las superficies ventral *(a)* y dorsal *(b)* del cuerpo antes (izquierda) y después (derecha) de correr al aire libre a una temperatura de 30°C y una humedad del 75%. La escala cromática en la parte de cada fotografía ilustra las variaciones de temperatura que corresponden a los cambios de color.

A medida que la temperatura corporal central aumenta y llega a un valor umbral, la producción de sudor aumenta en forma muy significativa. Cuando el sudor líquido llega a la piel, se convierte en vapor y ello permite la pérdida de calor desde la piel (calor latente de evaporación). En consecuencia, la evaporación es un proceso cuya importancia aumenta a medida que se incrementa la temperatura corporal.

La evaporación de 1 L de sudor en una hora determina la eliminación de 680 W (2 428 kJ) de calor. Cabe recordar que para que se elimine calor es necesario que el sudor se evapore. Una parte del sudor cae en forma de gotas o permanece en la piel o en la ropa, sobre todo si el aire es húmedo. Esta fracción de sudor no evaporado no contribuye en ninguna medida al enfriamiento corporal y representa una pérdida innecesaria de agua.

Al igual que el aislamiento, el cual limita el intercambio de calor seco, la vestimenta interfiere con la evaporación de sudor. Si bien tiene lugar un cierto grado de enfriamiento de la piel por evaporación del sudor desde la superficie mojada de la ropa, su magnitud es muy inferior a la del enfriamiento producto de la evaporación de sudor directamente desde la piel hacia el aire. El enfriamiento por evaporación se ve favorecido por el uso de ropas amplias confeccionadas con telas que posibiliten el libre movimiento de las moléculas de vapor de agua a través de sus fibras.

La Figura 12.4 ilustra la compleja interacción entre los mecanismos para mantener el equilibrio térmico (producción y eliminación de calor) y las condiciones ambientales.[2] Mediante los símbolos definidos en las secciones previas podemos representar el estado del equilibrio térmico a través de la siguiente ecuación simple:

$$M - T \pm R \pm C \pm K - E = 0$$

En esta ecuación, T representa cualquier trabajo útil que se realice como resultado de la contracción muscular. Nótese que mientras R, C y K pueden representar un valor positivo (ganancia de calor) o negativo (pérdida de calor), E sólo puede tener un valor negativo. Cuando $M - T \pm R \pm C \pm K - E > 0$, el cuerpo almacena calor y la temperatura central aumenta.

Humedad y pérdida de calor

La presión de vapor de agua en el ambiente (presión ejercida por las moléculas de vapor de agua suspendidas en el aire) juega un papel esencial para eliminar calor por evaporación. Se suele hablar de "humedad relativa" para referirse a la relación entre la presión de vapor de agua en el ambiente y la saturación total del aire con vapor de agua (humedad del 100%). Cuando la humedad es elevada, el aire ya contiene muchas moléculas de agua, lo cual disminuye su capacidad de aceptar una mayor cantidad de agua porque disminuye el gradiente de presión de vapor entre la piel y el aire. Por lo tanto,

Concepto clave

El sudor debe evaporarse para poder refrigerar. El sudor que gotea sobre la piel provoca un grado de refrigeración mínimo o nulo.

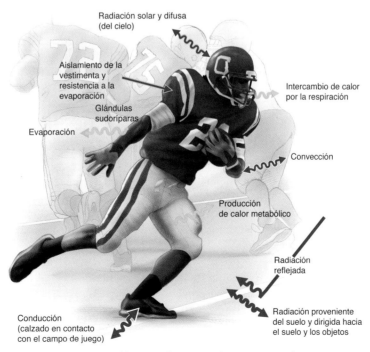

FIGURA 12.4 Ilustración de la compleja interacción entre los mecanismos corporales para mantener el equilibrio térmico y las condiciones medioambientales.

Capacidad de enfriamiento de la evaporación de sudor

Cuando la temperatura del aire se aproxima a la de la piel, el único medio de enfriamiento disponible es la evaporación. Para tener una idea de la enorme capacidad de enfriamiento del mecanismo de evaporación, un maratonista de 70 kg (154 lb) que corre una maratón de dos horas y media producirá aproximadamente 1000 W de calor metabólico. Si se evaporaran todas las gotas de sudor producidas durante el ejercicio, sería necesario eliminar aproximadamente 1,5 L de sudor por hora. Dado que inevitablemente una fracción del sudor producido goteará y no se evaporará sobre la piel, una estimación más precisa de la tasa de sudoración necesaria para mantener la temperatura central sería de 2 L por hora. Si el corredor no ingiriese líquido durante la competencia, perdería aproximadamente 5 L (5,3 qt) de agua; es decir, más de un 7% de su peso corporal.

la humedad elevada limita la evaporación del sudor y la eliminación de calor, mientras que la baja humedad favorece estos dos procesos. Sin embargo, este mecanismo de enfriamiento tan eficiente también puede plantear un problema: la sudoración prolongada sin una rehidratación adecuada puede conducir a la deshidratación.

Control de la termorregulación

La totalidad de nuestra vida transcurre dentro de un rango muy reducido y extremadamente controlado de temperatura corporal interna. Si la sudoración y la evaporación fueran ilimitadas y estuviéramos protegidos del contacto con superficies calientes, seríamos capaces de tolerar condiciones de calor ambiental extremas (p. ej., durante un período breve, ¡temperaturas incluso superiores a 200ºC!). Por otro lado, el rango de temperatura dentro del cual es posible la vida celular oscila entre aproximadamente 0ºC (temperatura a la que se forman los cristales de hielo) y 45ºC (temperatura en la cual las proteínas intracelulares comienzan a desintegrarse); los seres humanos toleran temperaturas *internas* inferiores a 35ºC o superiores a 41ºC sólo durante períodos muy breves. Para mantener la temperatura interna dentro de los límites mencionados, hemos desarrollado respuestas fisiológicas al frío y al calor sumamente eficaces y, en ciertos casos, muy especializadas. Estas respuestas comprenden la coordinación finamente controlada de varios aparatos y sistemas corporales.

En reposo, la temperatura corporal interna se mantiene alrededor de los 37ºC (98,6ºF). Durante el ejercicio, el cuerpo a menudo es incapaz de eliminar el calor con la misma rapidez con la que se produce. En raras circunstancias, la temperatura interna puede superar los 40ºC (104ºF) y llegar a más de 42ºC (107,6ºF) en los músculos activos. La eficacia química de los sistemas de producción de energía aumenta ante un pequeño incremento de la temperatura muscular, pero una temperatura corporal interna superior a 40ºC puede afectar negativamente al sistema nervioso y reducir la eficacia de los mecanismos de eliminación del exceso de calor. ¿De qué manera regula el cuerpo su temperatura interna? El hipotálamo desempeña una función central (véase la Figura 12.5).

El área preóptica del hipotálamo anterior: el termostato del cuerpo

Una manera sencilla de concebir los mecanismos que controlan la temperatura corporal interna es comparándolos con el termostato que controla la temperatura ambiente en un hogar, aunque el funcionamiento de los mecanismos corporales es más complejo y, por lo general, más preciso que el de un sistema de calefacción y refrigeración doméstico. Los receptores sensitivos denominados **termorreceptores** detectan cambios en la temperatura y transmiten esta información al termostato corporal localizado en una región del cerebro: el **área preóptica del hipotálamo anterior (POAH)**. El hipotálamo responde activando los mecanismos que regulan el calentamiento o el enfriamiento corporal. Al igual que un termostato hogareño, el hipotálamo tiene una temperatura predeterminada o punto de referencia que intenta mantener. Ésta es la temperatura corporal normal. La más mínima desviación de este punto de referencia le señala al centro termorregulador que debe reajustar la temperatura del cuerpo.

Los termorreceptores se encuentran distribuidos en todo el cuerpo, pero se concentran principalmente en la piel y el sistema nervioso central. Los receptores periféricos localizados en la piel controlan la temperatura cutánea, la cual varía en relación con los cambios térmicos del ambiente en el que se encuentra una persona. Estos receptores no sólo envían información al POAH, sino también a la corteza cerebral, lo que permite percibir conscientemente la temperatura y controlar a voluntad la exposición al frío o al calor. Dado que la temperatura de la piel se modifica mucho tiempo antes que la temperatura central, estos receptores actúan como el primer sistema de advertencia ante agresiones térmicas inminentes.

Los receptores centrales se localizan en el hipotálamo, en otras regiones cerebrales y en la médula espinal y su función consiste en controlar la temperatura sanguínea a medida que la sangre circula por estas áreas sensitivas. Estos receptores centrales responden a cambios mínimos de la temperatura sanguínea (0,01ºC, o 0,018ºF) y tam-

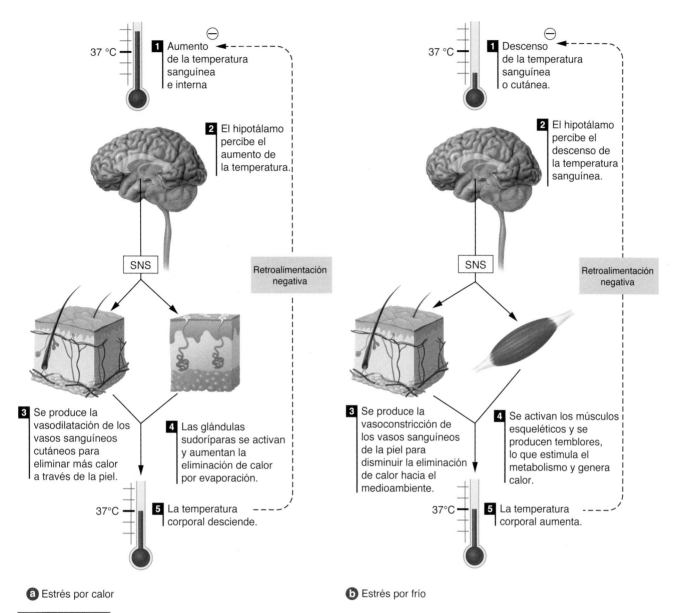

a Estrés por calor

b Estrés por frío

FIGURA 12.5 Esquema simplificado del papel del hipotálamo en el control de la temperatura corporal.
SNS: sistema nervioso simpático.

bién son sensibles a la rapidez con la que se produce el cambio. Gracias a esta sensibilidad extrema, cualquier modificación mínima de la temperatura de la sangre que atraviesa el hipotálamo desencadena rápidamente algunos reflejos que ayudan a conservar o a eliminar el calor según la necesidad.

Los retos ambientales a la homeostasis térmica son similares a las exigencias impuestas sobre otros sistemas de control corporales, como los mecanismos que controlan la presión arterial, el equilibrio hidroelectrolítico y el ritmo circadiano. Como un reflejo de la arquitectura compleja del cerebro humano, estos otros sistemas de control hipotalámicos se encuentran muy cerca del POAH y tienen conexiones nerviosas responsables de la coordinación fina de los mecanismos de control entre todos estos sistemas.

Efectores termorreguladores

Cuando el POAH percibe una temperatura superior o inferior a la normal, envía señales a través del sistema simpático a 4 grupos de efectores:

- **Arteriolas de la piel.** Cuando la temperatura cutánea o central se modifica, el POAH, a través del sistema nervioso simpático (SNS), envía señales al músculo liso de la pared de las arteriolas que irrigan la piel para que se dilaten o se contraigan. Este mecanismo determina un aumento o una disminución del caudal de sangre cutáneo. La vasoconstricción cutánea es consecuencia principalmente de la liberación del neurotransmisor noradrenalina mediada por el SNS (aunque también participan otros neurotransmisores) y facilita la conservación de calor al minimizar el intercambio de calor seco.

La vasodilatación de la piel en respuesta al estrés por calor es un proceso más complejo y menos conocido. El aumento de la irrigación sanguínea de la piel favorece la disipación del calor hacia el ambiente a través de los procesos de conducción, convección y radiación (e indirectamente de evaporación, a medida que la temperatura cutánea aumenta). Este afinado proceso de control del caudal sanguíneo cutáneo es el mecanismo responsable de los ajustes minuto a minuto del equilibrio térmico y del intercambio de calor. Estos ajustes ocurren con rapidez y sin que tenga lugar un gasto real de energía por parte del cuerpo.

- **Glándulas sudoríparas ecrinas.** Cuando la temperatura cutánea o central alcanza un determinado nivel, el POAH también envía impulsos a través del SNS a las **glándulas sudoríparas ecrinas**, lo que determina la secreción activa de sudor en la superficie de la piel. El principal neurotransmisor involucrado en este proceso es la acetilcolina, por lo que la activación de las glándulas sudoríparas se conoce como estimulación simpática colinérgica. Al igual que ocurre en las arteriolas cutáneas, la reacción de las glándulas sudoríparas al aumento de la temperatura central es 10 veces mayor que la reacción a un aumento similar de la temperatura periférica. Como ya se mencionó, la evaporación de esta humedad elimina calor desde la superficie cutánea.

- **Músculo esquelético.** El músculo esquelético entra en acción cuando un individuo necesita generar más calor corporal. En un ambiente frío, los termorreceptores cutáneos o centrales perciben el frío y envían señales al hipotálamo. Como reacción a este impulso nervioso integrado, el hipotálamo activa los centros cerebrales que controlan el tono muscular. A su vez, estos centros inducen temblores (conocidos como escalofríos): ciclos rápidos e involuntarios de contracción y relajación de los músculos esqueléticos. Este aumento de la actividad muscular es ideal para generar calor a fin de mantener o aumentar la temperatura corporal, puesto que los escalofríos no se asocian con ningún trabajo útil y sólo producen calor.

- **Glándulas endocrinas.** Los efectos de varias hormonas producen un aumento de la tasa metabólica celular. El aumento del metabolismo celular incrementa la producción de calor y afecta así el equilibrio térmico. El enfriamiento del cuerpo estimula la liberación de tiroxina por parte de la glándula tiroides. La tiroxina puede elevar la tasa metabólica corporal total cuerpo en más del 100%. Además, cabe recordar que la adrenalina y la noradrenalina (las catecolaminas) imitan y estimulan la actividad del SNS, por lo que afectan en forma directa la tasa metabólica de virtualmente todas las células del cuerpo.

Revisión

➤ Los seres humanos son homeotermos, lo que significa que regulan su temperatura corporal interna mediante mecanismos fisiológicos para mantenerla, en condiciones de reposo, dentro de un rango de 36,1 a 37,8°C (97-100°F) a pesar de los cambios en la temperatura ambiente.

➤ El calor corporal se transfiere mediante los procesos de conducción, convección, radiación y evaporación. En reposo, la mayor parte del calor se elimina por radiación y por convección, pero durante el ejercicio el principal mecanismo de eliminación de calor es la evaporación.

➤ Independientemente de la temperatura del aire, un mayor nivel de humedad (es decir, un aumento de la presión de vapor de agua del aire circundante) reduce la eliminación de calor por evaporación.

➤ El área preóptica anterior del hipotálamo (POAH) es el principal centro termorregulador del cuerpo. Este sistema actúa como un termostato que supervisa la temperatura central y promueve la eliminación o la producción de calor según la necesidad.

➤ Existen dos grupos de termorreceptores que proporcionan información térmica al POAH. Los receptores periféricos de la piel transmiten información sobre la temperatura de la piel y el ambiente circundante. Los receptores centrales del hipotálamo, de otras áreas cerebrales y de la médula espinal transmiten información sobre la temperatura corporal interna. Los termorreceptores centrales son mucho más sensibles a los cambios de temperatura que los termorreceptores periféricos. La principal función de los receptores periféricos consiste en permitir la puesta en marcha de mecanismos de adaptación en una fase temprana.

➤ Los efectores estimulados por el hipotálamo a través del sistema nervioso simpático pueden alterar la temperatura corporal. El aumento de la actividad voluntaria o involuntaria (p. ej., escalofríos) de los músculos esqueléticos aumenta la temperatura a través del incremento de la producción de calor metabólico. El aumento de la actividad de las glándulas sudoríparas disminuye la temperatura al incrementar la pérdida de calor por evaporación. El músculo liso de las arteriolas de la piel puede determinar que estos vasos se dilaten para dirigir la sangre hacia la piel y eliminar calor o que se contraigan para retener el calor en las estructuras profundas del cuerpo. La producción de calor metabólico también puede ser estimulada por la acción de hormonas tales como la tiroxina y las catecolaminas.

Respuestas fisiológicas al ejercicio en un ambiente caluroso

La producción de calor durante el ejercicio en un ambiente fresco es beneficiosa porque ayuda a mantener la temperatura corporal normal. Sin embargo, incluso durante el ejercicio practicado en un ambiente fresco, la carga de calor metabólico representa una exigencia considerable para los mecanismos que controlan la temperatura corporal. En esta sección examinaremos algunos cambios fisiológicos que tienen lugar en respuesta al ejercicio durante el cual el cuerpo está expuesto al estrés por calor, y el efecto que estos cambios pueden ejercer sobre el rendimiento. En este contexto, denominamos estrés por calor a cualquier condición medioambiental que aumente la temperatura corporal e implique un riesgo para la homeostasis.

Función cardiovascular

Como se expuso en el Capítulo 8, el ejercicio aumenta las demandas sobre el aparato cardiovascular. La necesidad de regular la temperatura corporal durante el ejercicio en el calor puede sobrecargar el aparato cardiovascular. Durante el ejercicio en condiciones de calor ambiental, el sistema circulatorio debe continuar transportando sangre no sólo a los músculos activos sino también a la piel para que el intenso calor generado a nivel muscular pueda ser eliminado hacia el ambiente. Para responder a esta doble demanda durante el ejercicio en el calor, se producen dos cambios. En primer lugar, se produce un mayor incremento del gasto cardíaco (por encima del asociado con un ejercicio de similar intensidad en un clima fresco) a través del incremento de la frecuencia y la contractilidad cardíaca. En segundo lugar, el caudal sanguíneo cutáneo aumenta a expensas de la irrigación de zonas no esenciales, como los intestinos, el hígado y los riñones.

Pensemos lo que ocurre al correr a alta velocidad un día caluroso. El ejercicio aeróbico aumenta tanto la producción de calor metabólico como la demanda de sangre y oxígeno a los músculos activos. Este exceso de calor sólo puede eliminarse mediante el aumento de la irrigación sanguínea cutánea.

En respuesta a un aumento de la temperatura central (y, en menor medida, de la temperatura cutánea), las señales del SNS enviadas desde el POAH hacia las arteriolas cutáneas inducen la dilatación de estos vasos sanguíneos lo cual permite un mayor transplante del calor metabólico hacia la superficie corporal. Las señales del SNS también se dirigen al corazón para aumentar la frecuencia cardíaca y permitir que el ventrículo izquierdo bombee sangre con más fuerza. No obstante, la capacidad de aumentar el volumen sistólico se ve limitada por la acumulación de sangre en la periferia y la disminución del retorno venoso hacia la aurícula izquierda. En esta situación, para poder preservar el gasto cardíaco la frecuencia cardíaca aumenta progresivamente a fin de compensar la disminución del volumen sistólico.

Concepto clave

El ejercicio en ambientes calurosos desencadena una competencia entre los músculos activos y la piel por un aporte sanguíneo limitado. Los músculos necesitan sangre y el oxígeno que ésta contiene para mantener la actividad; la piel necesita de la sangre para facilitar la eliminación de calor y mantener el cuerpo fresco.

Este fenómeno, conocido como desviación cardiovascular (o *drift cardiovascular*), se analizó en el Capítulo 8. Puesto que el volumen sanguíneo permanece constante o incluso disminuye en cierta medida (por la pérdida de líquido a través del sudor), tiene lugar una fase de ajuste cardiovascular simultánea. Las señales nerviosas simpáticas hacia los riñones, el hígado y los intestinos inducen la vasoconstricción de los vasos sanguíneos que irrigan estos órganos, lo que permite que un mayor porcentaje del gasto cardíaco se dirija hacia la piel sin comprometer la irrigación muscular.

Limitaciones al ejercicio en un ambiente caluroso

Es raro que en condiciones de muy altas temperaturas ambientes se establezcan récords en competencias de resistencia, como las pruebas de fondo. Los factores que pueden causar fatiga temprana cuando el estrés por calor se superpone con el ejercicio prolongado fueron motivo de debates y dieron origen a varias teorías. Ninguna de estas teorías contempla todas las situaciones posibles, pero consideradas en conjunto reflejan los múltiples sistemas de control involucrados en el proceso de termorregulación.

Llega un momento en el cual el aparato cardiovascular ya no puede compensar las crecientes demandas del ejercicio de resistencia continuo y, al mismo tiempo, regular con eficiencia el calor corporal. En consecuencia, cualquier factor que sobrecargue el aparato cardiovascular o interfiera con la eliminación de calor puede perjudicar significativamente el rendimiento o aumentar el riesgo de hipertermia. El ejercicio en un ambiente caluroso alcanza su límite cuando la frecuencia cardíaca se acerca a su valor máximo, especialmente en deportistas no entrenados o no aclimatados al calor, tal como se ilustra en la Figura 12.6. Cabe destacar que la irrigación sanguínea de los músculos activos se mantiene incluso en presencia de temperaturas centrales muy elevadas, salvo que sobrevenga una deshidratación muy marcada.

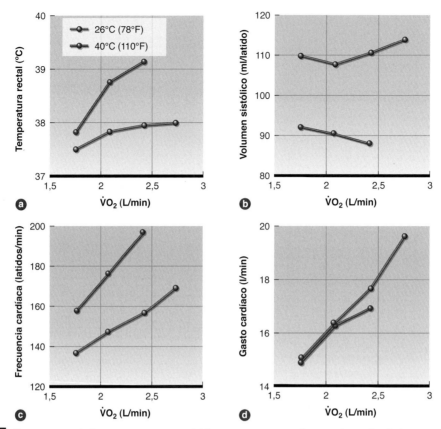

FIGURA 12.6 Respuestas de la temperatura rectal *(a)* y respuestas cardiovasculares *(b-d)* durante un ejercicio de intensidad creciente en un ambiente termoneutral (26°C, 78°F; círculos azules) y en un ambiente caluroso (43°C, 110°F; círculos rojos). Nótese que además de los cambios direccionales de estas variables causados por el estrés por calor, la intensidad máxima disminuye cuando el ejercicio se lleva a cabo en un ambiente caluroso.
Adaptado de Rowell, 1974.

Otra teoría que intenta explicar las limitaciones al ejercicio en un ambiente caluroso, sobre todo en el caso de atletas aclimatados y bien entrenados, es la **teoría de la temperatura crítica**. Esta hipótesis propone que, independientemente de la rapidez con la que aumente la temperatura central (y por ende, la temperatura cerebral), el cerebro enviará señales para interrumpir el ejercicio al llegar a cierta temperatura crítica, por lo general entre 40 y 41°C (104 y 105,8°F).

Equilibrio hídrico corporal: sudoración

En días muy calurosos, no es infrecuente que la temperatura del medioambiente sea superior a las temperaturas corporales periférica y central. Como ya se ha mencionado, en estas circunstancias el proceso de evaporación adquiere mayor importancia para eliminar calor, ya que la radiación, la convección y la conducción determinan el pasaje del calor desde el medioambiente hacia el cuerpo. La mayor dependencia en el proceso de la evaporación determina un mayor requerimiento de sudoración.

Las glándulas sudoríparas ecrinas se encuentran bajo el control del POAH. Ante el aumento de la temperatura sanguínea, esta región del hipotálamo transmite impul-

sos a través de los nervios simpáticos a los millones de glándulas sudoríparas ecrinas distribuidas en todo el cuerpo. Las glándulas sudoríparas son estructuras tubulares relativamente simples que se extienden a través de la dermis y la epidermis y se abren hacia el medio externo, como lo ilustra la Figura 12.7.

Existe un segundo tipo de glándula sudorípara, la glándula apocrina, que se localiza en ciertas zonas del cuerpo como el rostro, las axilas y la región genital. Estas glándulas se asocian con la "perspiración nerviosa" y no contribuyen significativamente a eliminar calor por evaporación. Por el contrario, las glándulas sudoríparas ecrinas desempeñan una función puramente termorreguladora. Existen aproximadamente 2 a 5 millones de glándulas sudoríparas ecrinas distribuidas a través de la mayor parte de la superficie cutánea. Este tipo de glándulas se localizan sobre todo en las palmas de las manos, en las plantas de los pies y en la frente. La densidad de las glándulas sudoríparas ecrinas es mínima en los antebrazos, las piernas y los muslos. La tasa de sudoración presenta importantes variaciones regionales. Durante el ejercicio, las tasas máximas de sudoración se registran en las regiones torácica y lumbar de la espalda y en la frente, mientras que las tasas mínimas se observan en las manos y los pies.

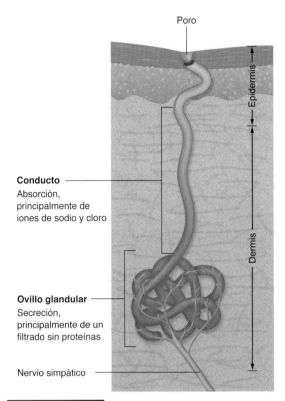

Poro

Epidermis

Dermis

Conducto
Absorción,
principalmente de
iones de sodio y cloro

Ovillo glandular
Secreción,
principalmente de un
filtrado sin proteínas

Nervio simpático

FIGURA 12.7 Anatomía de una glándula sudorípara ecrina inervada por un nervio simpático colinérgico.

El sudor se forma en el glomérulo secretor (estructura espiralada) de la glándula, donde tiene un contenido electrolítico similar al de la sangre, dado que proviene del plasma. A medida que este filtrado plasmático pasa a través del conducto excretor de la glándula (la porción recta), los iones de sodio y cloro pasan a los tejidos circundantes y de allí a la sangre. Como resultado, el sudor secretado en la superficie de la piel a través de los poros de la glándula sudorípara es hipotónico con relación al plasma (es decir, contiene menos electrolitos que el plasma). Durante la sudoración leve, el sudor se desplaza lentamente a través del conducto excretor y ello permite la reabsorción de una mayor cantidad de sodio y cloro. Por lo tanto, en el momento en que llega a la piel, el sudor secretado en estas condiciones contiene muy escasas cantidades de estos electrolitos. Por el contrario, durante el ejercicio aumenta la tasa de sudoración, el filtrado se desplaza con más rapidez a lo largo del conducto excretor y el tiempo disponible para la reabsorción disminuye, por lo que el contenido de sodio y cloro del sudor secretado en estas condiciones es considerablemente mayor.

Tal como se observa en el Cuadro 12.1, la concentración de electrolitos en el sudor de individuos entrenados y no entrenados es muy diferente. El entrenamiento y la exposición repetida al calor (aclimatación) se asocia con una mayor reabsorción de sodio y una mayor dilución del sudor excretado, en parte debido a que las glándulas sudoríparas se vuelven más sensibles a la hormona aldosterona. Lamentablemente, las glándulas sudoríparas aparentemente no disponen de un mecanismo similar para conservar otros electrolitos y, en consecuencia, no se produce la reabsorción de potasio, calcio o magnesio; por lo tanto, la concentración de estos iones es similar en el sudor y en el plasma. Además de la aclimatación al calor y el entrenamiento aeróbico, los rasgos genéticos constituyen uno de los principales factores determinantes de la tasa de sudoración y de la eliminación de sodio a través del sudor.

Al practicar ejercicios intensos en condiciones calurosas, el cuerpo puede perder más de 1 L de sudor por hora por metro cuadrado de superficie corporal. Esto significa que, durante un esfuerzo intenso en un día caluroso y húmedo (nivel alto de estrés por calor), una deportista de sexo femenino y talla promedio (50 a 75 kg, o 110-165 lb) puede eliminar entre 1,6 y 2 L de sudor (lo que equivale a aproximadamente 2,5 a 3,2% de su peso corporal) por hora. El ejercicio físico en estas condiciones puede provocar la pérdida de una cantidad crítica de líquido corporal en tan sólo algunas horas.

En última instancia, una tasa de sudoración elevada durante un tiempo prolongado determina una disminución del volumen sanguíneo. Este fenómeno limita el volumen de sangre que retorna al corazón, lo que se acompaña de un aumento de la frecuencia cardíaca y una disminución del gasto cardíaco con una reducción resultante del rendimiento, sobre todo durante las actividades de resistencia. En el caso de los maratonistas, la eliminación de líquido a través del sudor puede representar entre el 6 y el 10% del peso corporal. Una deshidratación

CUADRO 12.1 Ejemplo de las concentraciones de sodio, cloruro y potasio en el sudor de individuos entrenados y no entrenados durante el ejercicio

Individuos	Na^+ en el sudor (mmol/l)	Cl^- en el sudor (mmol/l)	K^+ en el sudor (mmol/l)
Hombres no entrenados	90	60	4
Hombres entrenados	35	30	4
Mujeres no entrenadas	105	98	4
Mujeres entrenadas	62	47	4

Las concentraciones individuales de electrolitos en el sudor son extremadamente variables, pero el entrenamiento y la aclimatación al calor disminuyen la eliminación de sodio en el sudor.
Datos obtenidos del Human Performance Laboratory, Ball State University.

tan severa puede limitar la sudoración ulterior y aumentar el riesgo de trastornos relacionados con el calor. El Capítulo 15 aborda en forma detallada el tema de la deshidratación y la importancia de la rehidratación.

Concepto clave

En deportistas altamente entrenados y debidamente aclimatados se han observado tasas de sudoración de 3 a 4 litros por hora, pero estas tasas no se pueden mantener durante más que algunas horas. Las tasas de sudoración diarias máximas pueden oscilar entre 10 y 15 L, pero solamente si la rehidratación es suficiente.

La pérdida de electrolitos y agua a través de la sudoración desencadena la liberación de aldosterona y de hormona antidiurética (ADH), también conocida como **vasopresina** o **arginina vasopresina**. Cabe recordar que la aldosterona es responsable de mantener niveles apropiados de sodio y que la ADH cumple una función esencial en el mantenimiento del equilibrio hídrico (Capítulo 4). La aldosterona se libera desde la corteza suprarrenal en respuesta a distintos estímulos, como la disminución de la concentración de sodio en sangre, la reducción del volumen sanguíneo o el descenso de la presión arterial. Durante el ejercicio agudo en el calor y durante días repetidos de ejercicio en condiciones calurosas, esta hormona limita la excreción de sodio en los riñones. El cuerpo retiene más sodio, lo que a su vez promueve la retención de agua. Esto permite que el cuerpo retenga agua y sodio como preparación para nuevas exposiciones al calor con eliminación resultante de una cantidad importante de sudor.

Asimismo, el ejercicio y la pérdida de agua corporal estimulan la liberación de ADH desde la neurohipófisis. Esta hormona promueve la reabsorción renal de agua, lo que aumenta la retención de líquido. Mediante estos mecanismos, el cuerpo intenta compensar la pérdida de líquido y electrolitos durante los períodos de estrés por calor y de sudoración intensa disminuyendo su eliminación a través de la orina. Además, es importante recordar que durante el ejercicio en un ambiente caluroso la irrigación sanguínea renal disminuye sustancialmente, lo que también contribuye a la retención de líquido.

Riesgos para la salud durante el ejercicio en un ambiente caluroso

A pesar de las defensas que tiene el cuerpo contra el recalentamiento, la producción excesiva de calor por los músculos activos, el calor adquirido desde el medioambiente y las circunstancias que impiden la eliminación del exceso de calor corporal pueden elevar la temperatu-

Revisión

➤ Durante el ejercicio en un ambiente caluroso, la piel compite con los músculos activos por un gasto cardíaco limitado. La irrigación sanguínea de los músculos se mantiene estable (a veces a expensas de la irrigación sanguínea cutánea) salvo que se produzca una deshidratación grave. Gracias a una serie de adaptaciones cardiovasculares bien organizadas, el flujo sanguíneo es desviado de las regiones en las que no resulta esencial, como el hígado, el intestino y los riñones, hacia la piel para favorecer la eliminación de calor.

➤ A una intensidad de ejercicio determinada en un ambiente caluroso, el gasto cardíaco puede permanecer razonablemente constante o disminuir levemente, dado que el aumento gradual de la frecuencia cardíaca contribuye a compensar la disminución del volumen sistólico.

➤ La sudoración intensa prolongada puede provocar deshidratación y pérdida excesiva de electrolitos. Para compensar estos trastornos, tiene lugar un aumento de la liberación de aldosterona y ADH que induce la retención de sodio y agua.

ra interna hasta un nivel que interfiera con las funciones celulares normales. En estas condiciones, la ganancia excesiva de calor representa un riesgo para la salud, como se ilustró en el ejemplo relatado al comienzo del capítulo. La temperatura del aire por sí sola no es un indicador preciso de la carga fisiológica total a la que se ve sometido el cuerpo en un ambiente caluroso. Es necesario tener en cuenta 6 variables:

- Producción de calor metabólico
- Temperatura del aire
- Presión de vapor de agua (humedad) ambiente
- Velocidad del aire
- Fuentes de calor radiante
- Vestimenta

Todos estos factores afectan el grado de estrés por calor que sufre un individuo. El aporte de cada una de estas variables al estrés por calor total en diferentes condiciones ambientales se puede predecir matemáticamente mediante algunas ecuaciones complejas de termoequilibrio.

Un individuo que realiza ejercicio en un día claro y soleado con una temperatura atmosférica de 23°C (73,4°F) y sin viento mensurable experimenta un grado considerablemente mayor de estrés por calor que una persona que realice ejercicios con la misma temperatura atmosférica pero con un cielo nublado y una brisa ligera. A temperaturas superiores a las de la piel, la cual normalmente oscila entre 32 y 33°C (90-92°F), los procesos de radiación, conducción y convección agregan una carga sustancial de calor al cuerpo en lugar de actuar como vías de eliminación del calor. ¿De qué manera es posible entonces calcular el grado de estrés por calor que puede tolerar un individuo?

Medición del estrés por calor

En la actualidad, se utiliza con frecuencia la expresión "índice de calor" en la jerga meteorológica. El índice de calor es el resultado de una ecuación compleja que incluye la temperatura atmosférica y la humedad relativa ambiente y que indica la *sensación* de calor percibida por una persona. Sin embargo, el índice de calor no es un indicador fiable de la sobrecarga fisiológica sobre el cuerpo humano, por lo que su aplicación en la fisiología del ejercicio resulta limitada. Durante años se intentó cuantificar las variables atmosféricas en un índice único que lograra reflejar la sobrecarga fisiológica asociada con el calor. En la década de los años 1970 se propuso el índice de **temperatura de globo con bulbo húmedo (WBGT, *wet-bulb globe temperature*)** para integrar simultáneamente los valores de conducción, convección, evaporación y radiación (véase la Figura 12.8). Este parámetro se basa en 3

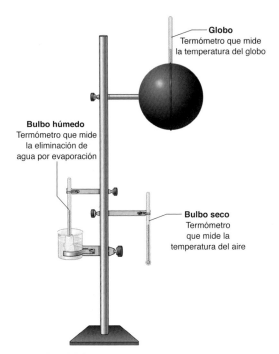

Globo
Termómetro que mide la temperatura del globo

Bulbo húmedo
Termómetro que mide la eliminación de agua por evaporación

Bulbo seco
Termómetro que mide la temperatura del aire

FIGURA 12.8 Dispositivo para determinar la temperatura de globo con bulbo húmedo en el que se observan los tres termómetros para medir la temperatura del aire (bulbo seco); la temperatura del bulbo húmedo, la cual refleja el efecto del enfriamiento por evaporación; y la temperatura del globo, indicadora de los efectos adicionales del calor radiante.

lecturas de termómetro diferentes y proporciona un valor térmico único para estimar la capacidad de enfriamiento del medioambiente circundante.

La temperatura de bulbo seco (T_{db}) es la temperatura real del aire mensurable con un termómetro convencional. Otro termómetro tiene un bulbo que se mantiene humidificado con un "calcetín" de algodón inmerso en agua destilada. A medida que el agua de bulbo húmedo se evapora, su temperatura (T_{wb}) será menor que la de bulbo seco (T_{db}), lo que refleja el efecto del sudor que se evapora de la piel. La diferencia entre la temperatura de bulbo húmedo y la de bulbo seco indica la capacidad refrigerante del medioambiente por evaporación. En una masa de aire estático con una humedad relativa del 100%, las temperaturas de ambos bulbos son iguales porque la evaporación es nula. La disminución del nivel de presión de agua en el ambiente y el aumento del movimiento del aire facilitan la evaporación, lo que se refleja en un incremento de la diferencia de temperatura entre ambos bulbos. Un tercer termómetro, colocado dentro de un globo negro, generalmente registra una temperatura mayor que la T_{db}, ya que el globo pintado de negro mate se asocia con un máximo grado de absorción del calor radiante. Por lo tanto, la temperatura del globo (T_g) es un indicador confiable de la carga de calor radiante del medioambiente.

Las temperaturas registradas por estos 3 termómetros se pueden combinar en la siguiente ecuación para calcular el efecto general de las condiciones atmosféricas sobre la temperatura corporal al aire libre:

$$WBGT = 0{,}1 T_{db} + 0{,}7\, T_{wb} + 0{,}2\, T_g$$

El hecho de que el coeficiente de T_{wb} sea el de mayor magnitud refleja la importancia de la evaporación del sudor en la fisiología del intercambio de calor. Cabe destacar que el índice WBGT refleja sólo el impacto medioambiental sobre el estrés por calor y que su eficacia será mayor si se lo combina con un indicador de la producción de calor metabólico. La vestimenta de una persona también afecta el grado de estrés por calor.

En la actualidad, la WBGT como indicador del **estrés térmico** es utilizada sistemáticamente por los entrenadores y los médicos deportólogos a fin de prevenir los riesgos para la salud asociados con las competencias deportivas en un ambiente caluroso.

Trastornos relacionados con el calor

La combinación de la exposición al calor externo y al generado por el metabolismo puede provocar 3 trastornos

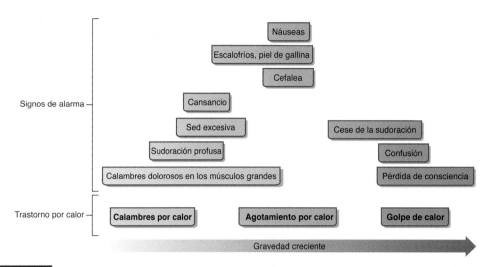

FIGURA 12.9 Esquema de los trastornos por calor según el grado creciente de gravedad. Se muestran los signos de alarma que generalmente acompañan a estos cuadros. No todos estos signos se observan en todos los casos y el orden en que se presentan no es necesariamente el indicado, sino que es aleatorio. Cualquiera de estos tres trastornos por calor se puede manifestar en forma abrupta sin ningún síntoma prodrómico, lo que implica que no siempre tiene lugar la evolución progresiva desde el agotamiento por calor hacia el golpe de calor.
Adaptado, con autorización, de All Sport, Inc.

relacionados con el calor (véase la Figura 12.9): calambres por calor, agotamiento por calor y golpe de calor.

Calambres por calor

Los **calambres por calor** representan el menos grave de los tres trastornos posibles causados por el estrés térmico y se caracterizan por la contractura intensa y dolorosa de los músculos esqueléticos de mayor tamaño. Este trastorno afecta principalmente a los músculos más exigidos durante el ejercicio, y estos episodios de acalambramiento que experimentan los atletas son muy diferentes de los calambres que todos hemos sufrido en los músculos pequeños. Los calambres por calor son consecuencia de la pérdida de sodio y la deshidratación resultantes de una tasa de sudoración elevada y, por lo tanto, son más comunes en aquellos individuos que sudan copiosamente y, en consecuencia, eliminan grandes cantidades de sodio con el sudor. (Existe un mito generalizado según el cual los calambres se deben a la falta de potasio y que comer alimentos ricos en este mineral, como las bananas, puede evitar los calambres por calor). En los deportistas con mayor tendencia a sufrir calambres por calor este trastorno puede prevenirse mediante una hidratación suficiente, el agregado de sal a los alimentos y el consumo de bebidas con sal durante el ejercicio. El tratamiento de estos calambres comprende el traslado del individuo afectado a un lugar más fresco y la administración de solución salina, ya sea por boca o por vía intravenosa, según necesidad.

Agotamiento por calor

El **agotamiento por calor** o postración térmica generalmente se manifiesta con cansancio extremo, mareos, náuseas, vómitos, lipotimias y un pulso rápido y débil. Este cuadro se debe a la incapacidad del aparato cardiovascular de cubrir en forma adecuada las demandas corporales a medida que se instala una deshidratación grave. Es necesario recordar que durante el ejercicio realizado en condiciones de altas temperaturas los músculos activos y la piel compiten por una irrigación sanguínea limitada y decreciente. El agotamiento por calor puede sobrevenir cuando el cuerpo no logra satisfacer estas dos demandas simultáneas y se produce como consecuencia de la disminución del volumen sanguíneo secundaria a la pérdida excesiva de líquido por la sudoración profusa. Existe una segunda forma de agotamiento por calor secundaria a la depleción del sodio, que rara vez se observa en los deportistas. En consecuencia, el agotamiento por calor puede considerarse un síndrome de deshidratación y se debe tratar como tal.

En el cuadro de agotamiento por calor, los mecanismos termorreguladores funcionan correctamente pero no logran eliminar calor con la suficiente rapidez porque el volumen sanguíneo disponible es insuficiente para mantener una irrigación cutánea adecuada. A pesar de que este cuadro por lo general se manifiesta durante el ejercicio moderado a intenso en un ambiente caluroso, no se acompaña necesariamente de una temperatura central muy elevada. Algunos individuos que sufren desmayos debidos al agotamiento por calor mantienen temperaturas centrales por debajo de 39°C (102,2°F). Las personas que no están habituadas al ejercicio o que no están aclimatadas al calor corren un mayor riesgo de agotamiento por calor.

El tratamiento de este trastorno se basa en el reposo en un lugar más fresco con los pies sobreelevados para facilitar el retorno venoso al corazón. Si la persona está consciente, se recomienda la administración de agua con sal. En una persona inconsciente, está indicada la administración de solución fisiológica por vía intravenosa supervisada por un médico.

Golpe de calor

Como lo indica el ejemplo al comienzo del capítulo, el **golpe de calor** o termoplejía es un trastorno potencialmente letal que demanda atención médica inmediata. Este cuadro es consecuencia de la falla de los mecanismos termorreguladores corporales y se caracteriza por:

- aumento de la temperatura corporal interna hasta más de 40°C (104°F) y
- confusión, desorientación o pérdida de consciencia.

La alteración del estado mental es la clave para identificar un golpe de calor inminente, ya que los tejidos nerviosos del cerebro son especialmente sensibles al calor extremo. El golpe de calor también puede asociarse con la interrupción de la sudoración activa, pero este hallazgo es variable. La afirmación de que el golpe de calor se acompaña invariablemente de piel eritematosa y seca ha perdido validez, y la diferenciación entre el golpe de calor y el agotamiento por calor nunca se debe basar en la presencia o ausencia de estos signos.

⬤ Concepto clave

Además del aumento muy pronunciado de la temperatura corporal central, la alteración del sensorio o de la función cognitiva es un signo distintivo del golpe de calor.

Si no se administra el tratamiento adecuado, la temperatura central seguirá ascendiendo y el cuadro evolucionará hacia el coma y en última instancia a la muerte del paciente. El tratamiento consiste en el enfriamiento del cuerpo del individuo lo más pronto posible. En el campo, la forma más eficaz de enfriar a la persona afectada consiste en sumergir la mayor parte posible del cuerpo (con excepción de la cabeza) en un baño de agua helada. Si bien la inmersión en agua fría es el método refrigerante más eficaz, en aquellos casos en los que no se disponga de agua fría o hielo se puede optar por la inmersión en agua a temperatura templada. En los casos en los que estas medidas no sean practicables, se puede envolver el cuerpo en sábanas mojadas y frías y abanicar enérgicamente al paciente. Los métodos de refrigeración basados en la colocación de bolsas de hielo en la axila, el cuello o la ingle son ineficaces debido a la escasa superficie abarcada.

En los deportistas, el golpe de calor no es un problema asociado exclusivamente con una temperatura ambiente muy elevada. En algunos estudios se registraron temperaturas rectales superiores a los 40,5°C (104,9°F) en maratonistas que llegaron a la meta en condiciones de temperaturas moderadas e incluso en un clima fresco.

Prevención de la hipertermia

Poco puede hacerse para modificar las condiciones medioambientales. Por lo tanto, en condiciones de riesgo para la salud, los deportistas deben entrenar en un ambiente menos riesgoso (p. ej., bajo techo) o reducir el esfuerzo (y por ende, la producción de calor metabólico) para reducir el riesgo de sobrecalentamiento. Tanto los deportistas como sus entrenadores y los organizadores de competencias deportivas deberían poder reconocer los síntomas de los trastornos provocados por el calor.

Para prevenir estos trastornos es necesario adoptar algunas precauciones simples. Por ejemplo, no deben planificarse competencias ni entrenamientos al aire libre cuando el WBGT supere los 28°C (82,4°F), a menos que se tomen recaudos especiales. La programación del entrenamiento y las competencias en horas tempranas de la mañana o a última hora de la tarde ayuda a evitar el estrés por el calor abrumador del mediodía. Es necesario asegurar la disponibilidad inmediata de líquidos y

---

Pautas para la práctica de ejercicios y la competición deportiva en condiciones de estrés por calor

1. Las competencias deportivas (maratones, partidos de tenis, deportes de equipo, etc.) deben programarse de manera de evitar las horas más calurosas del día. Como regla general, si el WBGT supera los 28°C (82-83°F) se debe considerar la posibilidad de cancelar la competencia, de realizarla en un espacio cerrado, de reducir la intensidad de la práctica o de implementar cualquier otra modificación necesaria.

2. Se debe asegurar la disponibilidad de líquido para beber. Se debe educar a los deportistas para que eviten una pérdida de peso excesiva (> 2%); es decir, que repongan el líquido eliminado a través del sudor para prevenir la deshidratación, pero que no ingieran demasiado líquido hasta el punto de aumentar de peso durante el evento.

3. Dado que las tasas de sudoración y las pérdidas de sodio a través del sudor presentan amplias variaciones individuales, los deportistas deben personalizar la ingesta de líquidos de acuerdo con la tasa de sudoración individual. La tasa de sudoración se puede calcular pesándose antes y después del ejercicio. Los líquidos que contienen electrolitos y carbohidratos aportan más beneficios que el agua sola.

4. Los deportistas deben conocer los signos y síntomas de los cuadros provocados por el calor. La inmersión en agua fría es el método más eficaz para enfriar a un deportista hipertérmico en el terreno.

5. Los organizadores de las competencias y el personal médico deben reservarse el derecho de cancelar o interrumpir el evento o de retirar de la competencia a un deportista que muestre signos inequívocos de agotamiento por calor o de golpe de calor.

la programación de pausas para ingerirlos cada 15 a 30 minutos a fin de compensar las pérdidas por sudoración. Dado que la tasa de sudoración y la eliminación de sodio en el sudor presentan importantes variaciones interindividuales y no son fáciles de prever individualmente, los deportistas deberán personalizar la ingesta de líquidos de acuerdo con la tasa de sudoración individual. Para ello, se recomienda pesarse antes y después del entrenamiento a fin de calcular los requerimientos hídricos aproximados en cada caso.

La vestimenta es otro factor importante. Obviamente, a mayor cantidad de ropa, menor será la superficie corporal expuesta al aire para permitir la pérdida directa de calor. La práctica absurda de hacer ejercicio con un traje de goma o de material sintético para perder peso es un excelente ejemplo de cómo crear un microambiente peligroso (el ambiente aislado dentro del traje) en el que la temperatura y la humedad son lo suficientemente elevadas como para impedir virtualmente cualquier eliminación de calor corporal. Este método puede conducir rápidamente al agotamiento por calor o al golpe de calor. Los uniformes de fútbol americano representan otro ejemplo de vestimentas que impiden la eliminación del calor. En la medida de lo posible, los entrenadores y preparadores físicos deberían evitar que los deportistas entrenen con el equipo reglamentario completo, sobre todo a comienzos de la temporada, cuando las temperaturas son más altas y los deportistas aún no adquirieron un estado físico óptimo y no están aclimatados.

Los corredores de fondo deberían llevar la menor cantidad de ropa posible siempre que el estrés por calor represente una posible limitación a la termorregulación. De hecho deberían llevar muy poca ropa, ya que el calor metabólico generado durante el ejercicio no tarda en convertir a las prendas extras en una carga innecesaria. Las vestimentas deben ser de trama abierta para permitir la absorción del sudor y su eliminación de la piel, y deben ser de colores claros para reflejar el calor hacia el ambiente. Durante el ejercicio en días soleados o de escasa nubosidad, se recomienda cubrirse la cabeza.

También es importante mantener una hidratación suficiente, ya que el cuerpo pierde una cantidad considerable de agua a través de la sudoración. Este aspecto se analiza en forma más detallada en el Capítulo 15. En resumen, la ingesta de líquidos antes y durante el ejercicio puede reducir en gran medida los efectos negativos del ejercicio en un ambiente caluroso. La ingesta de líquido en suficiente cantidad amortiguará el aumento de la temperatura corporal central y de la frecuencia cardíaca que tiene lugar durante el ejercicio en un clima caluroso y permitirá prolongar el tiempo de ejercicio. Esta relación se ilustra en la Figura 12.10.

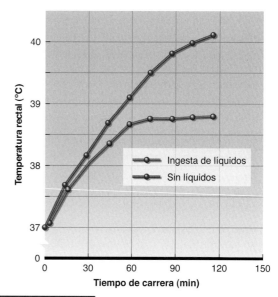

FIGURA 12.10 Efectos de la ingesta de líquidos sobre la temperatura central (rectal) durante una carrera de 2 horas. En una de las pruebas, los corredores recibieron líquido y en la otra prueba, llevada a cabo en un día diferente, no se les permitió beber. Nótese que la ingesta de líquidos no ejerció una influencia importante hasta después de transcurridos 45 minutos de su administración; a partir de ese momento, se observó una disminución del almacenamiento de calor corporal en comparación con los corredores que no recibieron líquido. Adaptado, con autorización, de D. L. Costill, 1970, "Fluid ingestion during distance running", *Archives of Environmental Health* 1: 520-525.

Revisión

➤ El estrés por calor no es exclusivamente reflejo de la temperatura del aire. El método más ampliamente utilizado para determinar los efectos fisiológicos del estrés por calor es el índice WBGT, el cual mide la temperatura del aire y tiene en cuenta el potencial de intercambio de calor mediante convección, evaporación y radiación en un medioambiente específico. La intensidad del ejercicio y la vestimenta se deben considerar por separado con el índice WBGT.

➤ Los calambres por calor son consecuencia de la pérdida de líquidos y sales (sodio) resultante de la sudoración excesiva en personas susceptibles. La ingesta de una cantidad importante de sodio con los alimentos y la hidratación adecuada pueden prevenir los calambres por el calor.

➤ El agotamiento por calor es consecuencia de la incapacidad del aparato cardiovascular para responder a las demandas de irrigación sanguínea de los músculos activos y de la piel. A menudo, este trastorno es causado por la deshidratación secundaria a la pérdida excesiva de líquido y electrolitos, lo que determina una disminución de la volemia. Si bien por sí sólo no es un trastorno potencialmente letal, el agotamiento por calor puede evolucionar hacia un golpe de calor si no recibe tratamiento.

➤ El golpe de calor es consecuencia de una falla de los mecanismos termorreguladores del cuerpo. Si no se administra tratamiento, la temperatura central continúa ascendiendo con rapidez y la evolución puede ser fatal.

Aclimatación al ejercicio en un ambiente caluroso

¿Cómo se puede preparar un deportista para un ejercicio prolongado en un ambiente caluroso? ¿Es posible que el ejercicio repetido en climas calurosos nos permita tolerar mejor el estrés por calor? Son muchos los estudios que han intentado responder a estas preguntas y en todos ellos se llegó a la conclusión de que el ejercicio repetido en ambientes calurosos se acompaña de un proceso de adaptación relativamente rápido que permite un mejor rendimiento y disminuye el riesgo en condiciones de estrés por calor. Cuando estos cambios fisiológicos se producen en el curso de un período breve (días o algunas semanas) o son inducidos artificialmente en una cámara climática, se conocen con el nombre de *aclimatación al calor*. Una adaptación similar pero más gradual es la que tiene lugar en personas que viven en un medioambiente caluroso durante meses o años. Este proceso se conoce con el nombre de *aclimatización*.

Efectos de la aclimatación al calor

Las series repetidas y prolongadas de ejercicio de baja intensidad en altas temperaturas conducen a una mejoría relativamente rápida de la capacidad de preservar la función cardiovascular y eliminar el exceso de calor corporal, lo que redunda en una disminución de la carga fisiológica. Este proceso, denominado **aclimatación al calor**, se acompaña de alteraciones en el volumen plasmático, la función cardiovascular, la sudoración y la irrigación sanguínea de la piel que permiten que la actividad física ulterior se pueda realizar con valores más bajos de temperatura central y de

frecuencia cardíaca (Figura 12.11). Dado que la aclimatación mejora la capacidad corporal de eliminar calor ante una carga de trabajo determinada, el aumento de la temperatura central durante el ejercicio es menor que antes de la aclimatación (Figura 12.11a), y el incremento de la frecuencia cardíaca durante el ejercicio submáximo estandarizado es mucho menor (Figura 12.11b). Además, luego de la aclimatación al calor, puede realizarse más trabajo antes de la aparición de los síntomas adversos asociados al calor, se alcance la máxima temperatura central tolerable o se alcance la frecuencia cardíaca máxima.

Para completar la secuencia de adaptaciones positivas se requieren 9 a 14 días de ejercicio en un ambiente caluroso, como se ilustra en la Figura 12.12. Los individuos bien entrenados requieren menos tiempo que las personas sin entrenamiento previo para lograr la aclimatación completa. Uno de los ajustes fisiológicos críticos que tienen lugar en el curso de los 3 primeros días de aclimatación es la expansión del volumen plasmático. Aún no existe un consenso general acerca del mecanismo preciso responsable de la expansión del volumen plasmático después del ejercicio repetido en un ambiente caluroso. Es probable que los 3 procesos involucrados incluyan: 1) la expulsión de las proteínas del torrente circulatorio como consecuencia de la contracción muscular, 2) el retorno de estas mismas proteínas a la sangre a través de la linfa, y 3) el pasaje de líquido al torrente sanguíneo como consecuencia de la presión oncótica secundaria al aumento del contenido proteico. No obstante, esta alteración es transitoria y el volumen sanguíneo generalmente recupera el nivel original en el curso de 10 días. Esta expansión inicial del volumen sanguíneo reviste importancia porque aumenta el volumen sistólico y permite que el cuerpo preserve el gasto cardíaco mientras se ponen en marcha los otros mecanismos de ajuste fisiológico.

Como se observa en la Figura 12.12, la frecuencia cardíaca y la temperatura central disminuyen en una fase temprana del proceso de aclimatación, mientras que el aumento en la tasa de sudoración durante el ejercicio en

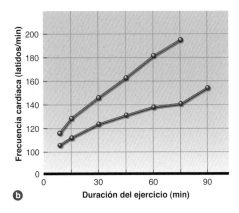

FIGURA 12.11 Respuestas características de *(a)* la temperatura rectal, y *(b)* la frecuencia cardíaca durante un ejercicio de igual intensidad antes y después de la aclimatación al calor. Nótese que después de la aclimatación, además de una disminución de la sobrecarga fisiológica se observa una prolongación de la duración del ejercicio.
Datos de de King y cols., 1985.

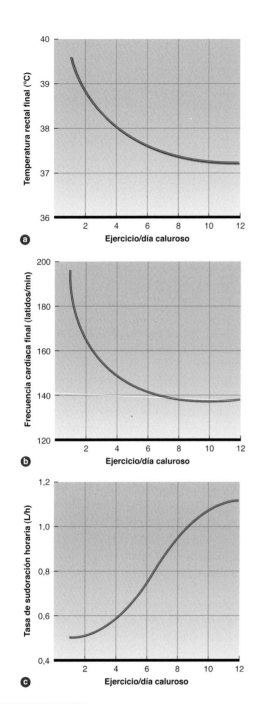

cicio (lo que aumenta la tolerancia al calor) y el sudor producido es más diluido, lo que permite la conservación de sodio. Este último fenómeno se debe en parte a que las glándulas sudoríparas ecrinas se tornan más sensibles a los efectos de la aldosterona circulante.

Cómo lograr la aclimatación al calor

Para lograr la aclimatación al calor no es suficiente descansar en un ambiente caluroso. Los beneficios de la aclimatación, así como la rapidez a la que se logra, dependen de:

- las condiciones ambientales durante cada sesión de ejercicio,
- la duración de la exposición al calor y al ejercicio, y
- la tasa de producción de calor interno (intensidad del ejercicio).

Un deportista debe entrenar en un ambiente caluroso para obtener la aclimatación necesaria a fin de tolerar el ejercicio en altas temperaturas. La práctica de permanecer sentado en un medio muy caluroso, como un sauna o una sala de vapor, durante largos períodos diarios es menos eficaz que el entrenamiento en un ambiente caluroso como preparación para realizar un esfuerzo físico importante en condiciones de altas temperaturas.

Concepto clave

Un individuo puede adaptarse al calor (lograr la aclimatación al calor) realizando ejercicios de intensidad leve a moderada en un ambiente caluroso durante 1 hora o más por día durante 9 a 14 días. Por lo general, las primeras modificaciones son cardiovasculares, y comienzan con la expansión del volumen plasmático (que además sustenta el resto de los cambios) en el curso de los primeros 3 días. Las modificaciones de los mecanismos de sudoración generalmente tienen lugar entre los días tercero y décimo.

¿De qué manera un deportista puede optimizar su aclimatación al calor? Debido a que el ejercicio provoca un incremento en la temperatura corporal y en la tasa de sudoración, los deportistas pueden mejorar su tolerancia al calor simplemente entrenado, incluso en un ambiente más fresco. Por lo tanto, los deportistas están "preaclimatados" al calor y requieren menor cantidad de exposiciones al calor para aclimatarse totalmente. Para poder obtener un máximo beneficio, los deportistas que entrenan en un ambiente más fresco que aquel en el que se desarrollará la competencia deberían estar totalmente aclimatados al calor antes de la competencia. La aclimatación al calor mejorará su desempeño y disminuirá la carga fisiológica y el riesgo de trastornos por calor.

altas temperaturas tiene lugar en una fase más tardía. Otro mecanismo de adaptación consiste en la distribución más uniforme del sudor corporal, con un aumento de la sudoración en las zonas corporales más expuestas, como los brazos y las piernas, en las que la eliminación del calor es más eficaz. En una persona aclimatada, la sudoración comienza en una fase más temprana del ejer-

Revisión

➤ La exposición repetida al estrés por calor mejora gradualmente la capacidad de tolerar la sobrecarga cardiovascular y eliminar el exceso de calor durante los episodios ulteriores de ejercicio en un clima caluroso. Este proceso se conoce con el nombre de aclimatación al calor.

➤ En las personas aclimatadas al calor, la eliminación de sudor comienza en una fase más temprana y la tasa de sudoración es mayor, sobre todo en las zonas más expuestas al aire (las cuales eliminan calor con máxima eficacia). Este mecanismo reduce la temperatura cutánea, lo que aumenta el gradiente térmico entre la piel y el medioambiente y promueve la pérdida de calor.

➤ La aclimatación al calor se asocia con una disminución de la temperatura central y la frecuencia cardíaca y un aumento del volumen sistólico durante el ejercicio. El volumen plasmático aumenta en la fase temprana del proceso y contribuye al aumento del volumen sistólico que permite la llegada de una mayor cantidad de sangre a los músculos activos y a la piel.

➤ La verdadera aclimatación al calor requiere realizar ejercicios en un ambiente caluroso y no simplemente la exposición al calor.

➤ La rapidez de la aclimatación al calor depende del estatus de entrenamiento, de las condiciones a las que se expone el individuo en cada sesión de ejercicios, de la duración de la exposición y de la tasa de producción de calor interno.

El ejercicio en un ambiente frío

Podemos considerar a los seres humanos como animales tropicales. La mayoría de nuestras adaptaciones al estrés por calor son fisiológicas, mientras que muchas de las adaptaciones a un ambiente frío consisten en cambios conductuales, como el hecho de abrigarse o de buscar refugio. El desarrollo creciente de competencias deportivas durante todo el año ha generado nuevo interés y nuevas preocupaciones acerca del ejercicio en condiciones de baja temperatura. Asimismo, ciertas ocupaciones y tareas militares exigen trabajar en climas fríos, lo que a menudo disminuye el rendimiento. Por estas razones, las respuestas fisiológicas y los riesgos sanitarios asociados con el frío intenso constituyen aspectos importantes de las ciencias del ejercicio. En este capítulo definimos estrés por frío como cualquier condición medioambiental asociada con una pérdida de calor corporal que amenace la homeostasis. A continuación, nos centraremos principalmente en dos ambientes fríos: el aire y el agua.

El hipotálamo tiene una temperatura "de referencia" de aproximadamente 37°C (98,6°F), pero las fluctuaciones diarias de la temperatura corporal pueden ser de hasta 1°C. Cualquier disminución de la temperatura cutánea o sanguínea se acompaña de una señal al centro termorregulador (POAH) a fin e activar los mecanismos que conservan el calor corporal y aumentan su producción. Los mecanismos principales mediante los cuales el cuerpo evita la pérdida excesiva de calor incluyen (en el orden de importancia en el que se los menciona) la vasoconstricción periférica, la termogénesis sin temblores y los temblores o escalofríos. Dado que estos mecanismos o efectores de producción y conservación de calor suelen ser insuficientes, debemos depender también de respuestas conductuales, como acurrucarse para reducir la superficie corporal expuesta y abrigarse para ayudar a aislar nuestros tejidos corporales más profundos del medioambiente.

Concepto clave

Durante el ejercicio en un clima frío, es importante no utilizar demasiada ropa. El exceso de abrigo puede aumentar la temperatura corporal y desencadenar la sudoración. A medida que el sudor empapa la ropa, la evaporación elimina el calor y ello determina que el calor se pierda a una velocidad aún mayor.

La **vasoconstricción periférica** es consecuencia de la estimulación simpática del músculo liso que rodea las arteriolas de la piel. Esta estimulación promueve la contracción del músculo liso vascular, lo que a su vez induce la constricción de las arteriolas, disminuye el caudal de sangre que se dirige hacia la superficie corporal y minimiza la pérdida de calor. Incluso a temperaturas termoneutrales existe una vasoconstricción cutánea tónica (basal constante) y un ajuste constante del tono vascular cutáneo para contrarrestar pequeños desequilibrios térmicos corporales. Cuando la disminución de la irrigación sanguínea cutánea es insuficiente para evitar la pérdida del calor, aumenta la **termogénesis sin temblores**, una estimulación del metabolismo a través del SNS. El aumento de la tasa metabólica incrementa la producción de calor. La siguiente línea de defensa de la temperatura corporal ante la amenaza del frío son los **temblores o escalofríos**, ciclos rápidos e involuntarios de contracción y relajación de los músculos esqueléticos que puede aumentar 4 o 5 veces la tasa de producción de calor corporal. Los mecanismos generales de ajuste del caudal sanguíneo y el metabolismo destinados a preservar la temperatura corporal central se ilustran en la Figura 12.13.

Habituación y aclimatación al frío

El proceso de aclimatación (en un sentido fisiológico) al frío y los mecanismos responsable de este proceso son mucho menos conocidos que en el caso de la aclimatación al calor. Los resultados obtenidos en estudios de personas expuestas en forma repetida al frío son contradictorios. Sin embargo, el Dr. Andrew Young, del Instituto de Investigación de Medicina Ambiental del Ejército de los EE. UU., y otros investigadores propusieron un esquema para explicar el desarrollo de los diferentes patrones

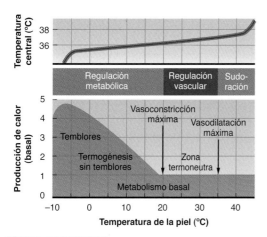

FIGURA 12.13 Mecanismos termorreguladores humanos responsables de mantener una temperatura corporal central relativamente constante. En la zona termoneutra, algunas modificaciones mínimas en el flujo sanguíneo cutáneo minimizan la pérdida o la ganancia de calor. Cuando la vasoconstricción máxima no es suficiente para mantener la temperatura central, la regulación metabólica (primero en forma de termogénesis sin temblores y luego con temblores) aumenta la producción de calor metabólico.

de adaptación al frío observados en el ser humano.[4] Las personas regularmente expuestas a un ambiente frío en el cual no se produce una pérdida muy significativa de calor corporal experimentan un proceso de **habituación al frío** durante el cual las respuestas de vasoconstricción cutánea y los temblores se encuentran inhibidas, y la temperatura central disminuye en mayor grado que antes de la exposición crónica al frío. Po lo general, este patrón de adaptación se observa cuando pequeñas superficies de piel, en especial las manos y la cara, sufren una exposición repetida al aire frío.

Sin embargo, cuando la pérdida de calor es de mayor magnitud o se produce con mayor velocidad puede tener lugar un descenso de la temperatura corporal total. En aquellos casos en los que la producción metabólica de calor es suficiente para contrarrestar por sí sola la pérdida de calor se instaura un proceso de termogénesis sin y con temblores (**aclimatación metabólica**). En situaciones en las que el aumento del metabolismo es insuficiente para mantener la temperatura central se desencadena un mecanismo diferente de adaptación al frío que se conoce con el nombre de **aclimatación aislante**. Este tipo de adaptación se caracteriza por un aumento de la vasoconstricción cutánea que incrementa el aislamiento periférico y minimiza la eliminación de calor.

Otros factores que afectan la pérdida de calor corporal

Los mecanismos de conducción, convección, radiación y evaporación que por lo general son eficaces para disipar el calor metabólico producido durante el ejercicio en ambientes calurosos pueden, en condiciones ambientales de frío extremo, eliminar el calor con mayor rapidez que la que el cuerpo lo produce.

No es sencillo identificar con precisión los factores que permiten que ocurra una pérdida excesiva de calor corporal y lleven a la **hipotermia** (baja temperatura corporal central). El equilibrio térmico depende de una gran cantidad de factores que afectan el balance entre la producción y la pérdida de calor corporal. En términos generales, cuanto mayor es el gradiente de temperatura entre la piel y el ambiente exterior, mayor será la pérdida de calor corporal. Sin embargo, ciertos factores anatómicos y ambientales pueden afectar la tasa de eliminación de calor.

Tamaño y composición corporal

La protección del cuerpo contra el frío mediante el aislamiento es el recurso más obvio para prevenir la hipotermia. Cabe recordar que aislamiento se define como la resistencia al intercambio de calor seco a través de los mecanismos de radiación, convección y conducción. La masa muscular periférica inactiva y el tejido adiposo subcutáneo son excelentes aislantes térmicos. La medición de los pliegues cutáneos para determinar el espesor del tejido adiposo subcutáneo es un buen indicador de la tolerancia al frío de un individuo. La conductividad térmica (capacidad para transferir el calor) del tejido adiposo es relativamente baja, por lo que la grasa impide el pasaje del calor desde los tejidos profundos hacia la superficie corporal. Las personas que tienen una masa adiposa importante conservan el calor de manera más eficiente en un ambiente frío que los individuos más magros.

La tasa de pérdida de calor también es afectada por la relación entre la superficie corporal y la masa corporal. Los individuos de mayor tamaño presentan una relación baja entre la superficie y la masa corporal, lo que disminuye el riesgo de hipotermia. Como se observa en el Cuadro 12.2, los niños pequeños tienen una relación entre superficie y masa corporal mucho más elevada en comparación con los adultos, lo que determina que la pérdida de calor sea proporcionalmente mayor que en los adultos. Este fenómeno determina que para aquellos con una mayor relación entre la superficie y la masa corporal sea más difícil mantener la temperatura corporal normal en un ambiente frío.

En general, las mujeres tienen más grasa corporal que los hombres, pero las diferencias de tolerancia al frío entre

CUADRO 12.2 Parámetros de peso corporal, talla, superficie y relación superficie/masa corporal para adultos y niños de tamaño promedio

Individuos	Peso (kg)	Talla (m)	Superficie (m²)	Relación superficie/ masa corporal (m²/kg)
Adultos	85	1,83	2,07	0,024
Niños	25	1,00	0,79	0,032

ambos sexos son mínimas. Algunos estudios han demostrado que el tejido adiposo subcutáneo adicional que tienen las mujeres podría otorgarles cierta ventaja durante la inmersión en agua fría, pero la comparación entre hombres y mujeres con valores similares de tamaño y masa magra corporal no mostró diferencias significativas de termorregulación en condiciones de exposición al frío. A medida que las personas envejecen tienden a perder masa muscular, y en consecuencia aumenta el riesgo de hipotermia.

◯ Concepto clave

La capa de aislamiento corporal está compuesta por dos elementos: la piel, junto con el tejido adiposo subcutáneo, y los músculos subyacentes. El aumento de la vasoconstricción cutánea, del espesor de la grasa subcutánea y de la masa muscular inactiva, especialmente de las extremidades, puede incrementar el aislamiento corporal total.

Sensación térmica

Al igual que el calor, la temperatura del aire en sí misma no es un indicador fiable del grado de pérdida de calor en un individuo. El movimiento del aire, o viento, aumenta la pérdida de calor por convección y, en consecuencia, la tasa de enfriamiento. La **sensación térmica** es un índice que se basa en el efecto refrigerante del viento y es un concepto que a menudo se utiliza y se interpreta incorrectamente. Por lo general, la sensación térmica se presenta en tablas de temperaturas equivalentes que muestran las distintas combinaciones de temperatura del aire y velocidad del viento que generan el mismo grado de enfriamiento que el obtenido sin viento (Figura 12.14). Es importante recordar que la sensación térmica no es la temperatura del viento o del aire (el efecto refrigerante del viento *no* modifica la temperatura del aire). La verdadera sensación térmica indica la capacidad refrigerante del medioambiente. A medida que aumenta la sensación térmica, se incrementa el riesgo de congelamiento de los tejidos (Figura 12.14).

Pérdida de calor en el agua fría

Se han llevado a cabo más estudios relacionados con la exposición al agua fría que con la exposición al aire frío. Mientras que la radiación y la evaporación de sudor son los mecanismos principales que favorecen la eliminación de calor en el aire, en el caso de la inmersión en el agua el principal mecanismo de eliminación de calor es la convección (se debe recordar que la convección incluye la eliminación de calor hacia gases o líquidos en movimiento). Como ya se ha mencionado, la conductividad térmica del agua es aproximadamente 26 veces mayor que la del aire. Esto significa que la pérdida de calor por convección es 26 veces más rápida en el agua fría que en el aire frío. Si se consideran conjuntamente todos los mecanismos de eliminación de calor (radiación, conducción, convección y

Temperatura del aire (°C)

Velocidad del viento (km/h)	−10	−15	−20	−25	−30	−35	−40	−45	−50
5	−13	−19	−24	−30	−36	−41	−47	−53	−58
10	−15	−21	−27	−33	−39	−45	−51	−57	−63
15	−17	−23	−29	−35	−41	−48	−54	−60	−66
20	−18	−24	−30	−37	−43	−49	−56	−62	−68
25	−19	−25	−32	−38	−44	−51	−57	−64	−70
30	−20	−26	−33	−39	−46	−52	−59	−65	−72
35	−20	−27	−33	−40	−47	−53	−60	−66	−73
40	−21	−27	−34	−41	−48	−54	−61	−68	−74
45	−21	−28	−35	−42	−48	−55	−62	−69	−75
50	−22	−29	−35	−42	−49	−56	−63	−69	−76
55	−22	−29	−36	−43	−50	−57	−63	−70	−77
60	−23	−30	−36	−43	−50	−57	−64	−71	−78
65	−23	−30	−37	−44	−51	−58	−65	−72	−79
70	−23	−30	−37	−44	−51	−58	−65	−72	−80
75	−24	−31	−38	−45	−52	−59	−66	−73	−80
80	−24	−31	−38	−45	−52	−60	−67	−74	−81

Muy bajo El congelamiento es posible, pero improbable   **Alto** Riesgo de congelamiento <30 min
Probable Probabilidad de congelamiento >30 min   **Muy alto** Riesgo de congelamiento <10 min
          Máximo Riesgo de congelamiento <3 min

FIGURA 12.14 Tabla de equivalencias entre la temperatura y la sensación térmica en la que se observan distintas combinaciones de temperatura y velocidad del viento con una capacidad refrigerante idéntica a la observada con otras temperaturas en ausencia de viento. Por ejemplo, la combinación de un viento a una velocidad de 20 km/h y una temperatura de −10°C causa una pérdida de calor de magnitud similar a la asociada con una temperatura de −30°C sin viento. También se ilustra el riesgo de congelamiento de los tejidos a medida que la sensación térmica (capacidad refrigerante del medio ambiente) aumenta.

evaporación), el cuerpo pierde calor 4 veces más rápido en el agua que en el aire a la misma temperatura.

Por lo general, los seres humanos mantienen una temperatura interna constante cuando permanecen inactivos en el agua a temperaturas hasta los 32ºC (89,6ºF), pero si la temperatura del agua disminuye por debajo de este nivel pueden sufrir hipotermia. Debido a la importante pérdida de calor que experimenta un cuerpo sumergido en agua fría, la exposición prolongada o la inmersión en agua extremadamente fría pueden provocar una hipotermia extrema e incluso la muerte. En personas sumergidas en agua a una temperatura menor de 15ºC (59ºF) se produce un descenso de la temperatura rectal de aproximadamente 2,1ºC (3,8ºF) por hora. En 1995, cuatro comandos estadounidenses murieron de hipotermia luego de haber estado sumergidos en el agua de los pantanos de Florida a una temperatura de 11ºC (52ºF), lo que demostró trágicamente que es posible sufrir hipotermia aun cuando la temperatura del agua sea muy superior a la temperatura de congelamiento.

Si la temperatura del agua desciende a 4ºC (39,2ºF), la temperatura rectal disminuye en el orden de 3,2ºC (5,8ºF) por hora. La velocidad de la eliminación de calor se acelera aún más si el agua fría que rodea al individuo se encuentra en movimiento porque aumenta la pérdida de calor por convección. En consecuencia, el tiempo de supervivencia en agua fría en estas condiciones es muy breve: la víctima puede debilitarse y perder consciencia en cuestión de minutos.

Si la tasa metabólica es baja, como ocurre durante el reposo, incluso el agua moderadamente fresca puede causar hipotermia. El ejercicio en el agua aumenta la tasa metabólica y compensa parte de la eliminación de calor. Por ejemplo, aunque la pérdida de calor aumenta cuando una persona nada a alta velocidad (debido a la convección), el aumento de la producción de calor metabólico compensa ampliamente la mayor eliminación de calor. A los efectos de la competencia y el entrenamiento en el agua, se considera adecuada una temperatura que oscile entre 23,9 y 27,8ºC (75-82ºF).

Respuestas fisiológicas al ejercicio en un ambiente frío

Hemos visto de qué manera el cuerpo logra adaptarse para mantener su temperatura interna durante la exposición a un medioambiente frío. Consideremos ahora lo que ocurre cuando a las demandas de termorregulación en bajas temperaturas se agregan las demandas de rendimiento físico. ¿Cómo responde el cuerpo al ejercicio en condiciones medioambientales de bajas temperaturas?

Función muscular

El enfriamiento de un músculo hace que se contraiga con menos fuerza. El sistema nervioso responde al enfriamiento muscular alterando el patrón normal de recluta-

miento de fibras musculares, lo que puede disminuir la eficacia de la acción muscular. Tanto la velocidad de acortamiento como la fuerza de contracción de los músculos disminuyen significativamente a medida que desciende la temperatura muscular. Por fortuna, en los músculos profundos de gran tamaño el descenso marcado de la temperatura es raro porque se encuentran protegidos de la pérdida de calor por la llegada continua de sangre caliente.

Si el aislamiento conferido por las ropas y el metabolismo durante el ejercicio son suficientes para mantener la temperatura corporal de un deportista en un ambiente frío, es posible que el rendimiento durante los ejercicios aeróbicos no se vea afectado. Sin embargo, a medida que aumenta el cansancio y disminuye la intensidad del ejercicio, también decrece la producción de calor metabólico. Estas consideraciones son válidas para las carreras de larga distancia, la natación y el esquí en ambientes fríos. Durante la fase inicial de estas actividades, el ejercicio puede ser intenso y generar suficiente calor metabólico para mantener la temperatura central. No obstante, a medida que la actividad avanza y las reservas de energía disminuyen, la intensidad del ejercicio declina y, por lo tanto, también disminuye la producción de calor metabólico. El descenso resultante de la temperatura central agrava el cansancio y representa otro obstáculo para la generación de calor. En estas condiciones, el deportista se encuentra en una situación potencialmente peligrosa.

Las bajas temperaturas afectan la función muscular a través de otro mecanismo. A medida que los músculos pequeños en zonas periféricas (p. ej., como los dedos de las manos) se enfrían, la función muscular puede disminuir significativamente. Este fenómeno determina la pérdida de destreza manual e interfiere con las funciones motoras finas, como escribir y realizar tareas manuales.

Respuestas metabólicas

El ejercicio prolongado aumenta la movilización y la oxidación de los ácidos grasos libres (AGL), como fuentes energéticas. El estímulo principal de este aumento del metabolismo lipídico es la liberación de catecolaminas (adrenalina y noradrenalina). La exposición al frío aumenta sustancialmente la secreción de adrenalina y noradrenalina, pero los niveles de AGL no aumentan en la misma medida que durante el ejercicio prolongado en un ambiente más cálido. La exposición al frío desencadena la constricción de los vasos que irrigan la piel y el tejido adiposo subcutáneo. La grasa subcutánea es el lugar principal de almacenamiento de lípidos (como tejido adiposo), por lo que la vasoconstricción reduce la irrigación de una región extensa desde la cual se podrían movilizar los AGL. Por este motivo, los AGL no aumentan tanto como permitirían suponerlo los niveles elevados de adrenalina y noradrenalina.

La glucemia juega un papel importante en la tolerancia al frío y en la resistencia al ejercicio. Por ejemplo, la hipoglucemia (bajo nivel de azúcar en sangre) suprime los temblores. Las causas de este fenómeno se desconocen. Por fortuna, los niveles de glucosa en sangre se mantienen relativamente constantes durante la exposición al frío. Por otro lado, el glucógeno muscular se utiliza a una velocidad ligeramente mayor en un ambiente frío. No obstante, los estudios realizados para evaluar el metabolismo durante el ejercicio en bajas temperaturas son escasos, y los conocimientos acerca de la regulación hormonal del metabolismo en climas fríos son insuficientes para llegar a alguna conclusión definitiva.

Revisión

➤ La vasoconstricción periférica disminuye la transferencia del calor desde la piel hacia el aire, lo que reduce la eliminación de calor al medioambiente. Ésta es la primera línea de defensa del cuerpo contra la pérdida de calor en condiciones de bajas temperaturas.

➤ La termogénesis sin temblores aumenta la producción de calor metabólico mediante la estimulación del SNS y la acción hormonal. La termogénesis con temblores (contracciones musculares involuntarias) aumenta aún más la producción de calor metabólico para ayudar a mantener o aumentar la temperatura corporal.

➤ Existen tres patrones distintivos de adaptación a la exposición repetida al frío: habituación al frío, aclimatación metabólica y aclimatación aislante.

➤ El tamaño corporal es un factor determinante importante de la pérdida de calor. El aumento de la relación entre la superficie corporal y la masa corporal y la disminución de la masa muscular periférica o el espesor del tejido adiposo subcutáneo favorecen la eliminación de calor corporal al medioambiente.

➤ El viento aumenta la pérdida de calor por convección. La capacidad refrigerante del medioambiente, conocida con el nombre de sensación térmica, a menudo se expresa como un equivalente de la temperatura.

➤ La inmersión en agua fría aumenta mucho la pérdida de calor por convección. En ciertos casos, el ejercicio puede generar suficiente calor metabólico para compensar parcialmente esta pérdida.

➤ El enfriamiento muscular determina que el músculo pierda fuerza de contracción y que la fatiga muscular se instale con mayor rapidez.

➤ Durante el ejercicio prolongado en un ambiente frío, a medida que la fatiga obliga a disminuir la intensidad del ejercicio, la producción de calor metabólico disminuye y aumenta el riesgo de hipotermia.

➤ El ejercicio desencadena la liberación de catecolaminas, lo que a su vez aumenta la movilización y la utilización de AGL como combustible. Sin embargo, en un clima frío la vasoconstricción asociada interfiere con la irrigación de los depósitos de grasa periféricos y, por lo tanto, la importancia de este mecanismo disminuye.

Riesgos para la salud durante el ejercicio en un ambiente frío

Si los seres humanos hubieran conservado la capacidad de los animales inferiores, como los reptiles, de tolerar temperaturas extremadamente bajas, podrían sobrevivir en condiciones de hipotermia extrema. Lamentablemente, la evolución del proceso de termorregulación humano se acompañó de una disminución de la capacidad de los tejidos para funcionar eficazmente fuera de un estrecho rango de temperaturas. Esta sección describe brevemente los riesgos para la salud asociados con el estrés por frío. La declaración de posición del Colegio Americano de Medicina del Deporte (ACSM), *Prevention of Cold Injuries during Exercise*, de 2006, trata estos temas en mayor detalle.[1]

Hipotermia

Los individuos inmersos en agua casi congelada fallecen en el curso de algunos minutos, durante los cuales la temperatura rectal desciende de un nivel normal de 37°C (98,6°F) a 24 o 25°C (75,2 o 77°F). A partir de casos de hipotermia accidental y de datos obtenidos de pacientes quirúrgicos en quienes se indujo intencionalmente un cuadro de hipotermia, se determinó que el límite inferior letal de temperatura corporal oscila entre 23 y 25°C (73,4-77°F), aunque se conocen casos de pacientes que se recuperaron después de haber presentado temperaturas rectales inferiores a los 18°C (64,4°F).

Una vez que la temperatura central desciende por debajo de aproximadamente 34,5°C (94,1°F), el hipotálamo comienza a perder la capacidad de regular la temperatura corporal. Esta función se anula completamente cuando la temperatura interna disminuye a unos 29,5°C (85,1°F). La abolición de la función se asocia con una desaceleración de las reacciones metabólicas. Por cada descenso de 10°C (18°F) de la temperatura celular, el metabolismo celular disminuye en un 50%. Como consecuencia, las bajas temperaturas centrales pueden causar somnolencia, aletargamiento e incluso coma.

Efectos cardiorrespiratorios

Los riesgos de la exposición al frío intenso incluyen la lesión de los tejidos periféricos y de los aparatos cardiovascular y respiratorio. La muerte por hipotermia es resultado del paro cardíaco que sobreviene a pesar de que la función respiratoria aún se encuentre preservada. El enfriamiento afecta principalmente al nódulo sinoauricular (el marcapasos del corazón), lo que determina una disminución marcada de la frecuencia cardíaca y, en última instancia, el paro cardíaco.

Mucho se ha discutido acerca de si las inspiraciones rápidas y profundas de aire frío pueden dañar o congelar las vías respiratorias. En realidad, el aire frío que pasa hacia la boca y la tráquea se calienta rápidamente, aun cuando su temperatura sea inferior a –25°C (–13°F).[3] Incluso a esta temperatura, cuando una persona se encuentra en reposo y respira principalmente por la nariz, la temperatura del aire inspirado aumenta a alrededor de los 15°C (59°F) tras recorrer apenas 5 cm (2 pulgadas) de conducto nasal. Como se ilustra en la Figura 12.15, el aire extremadamente frío que ingresa en la nariz ya se ha calentado considerablemente en el momento en que llega a la porción posterior del conducto nasal y, por lo tanto, no representa un riesgo para la garganta, la tráquea o los pulmones. La respiración bucal, frecuente durante el ejercicio, puede causar irritación por el frío de la boca, la faringe, la tráquea e incluso los bronquios cuando la temperatura del aire es inferior a los –12°C (10°F). La exposición al frío intenso también afecta la función respiratoria al disminuir la frecuencia y el volumen respiratorios.

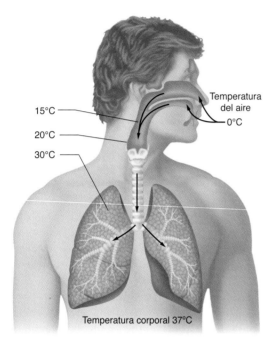

FIGURA 12.15 Calentamiento del aire inspirado a medida que se desplaza por las vías respiratorias.

Tratamiento de la hipotermia

La hipotermia leve se puede tratar protegiendo del frío a la persona afectada y proporcionándole ropas secas, frazadas y bebidas calientes. La hipotermia moderada a grave requiere una manipulación prudente del paciente para evitar el desencadenamiento de una arritmia cardíaca. Para ello, es necesario un recalentamiento lento y gradual de la víctima. Los casos graves de hipotermia requieren la internación hospitalaria. Las recomendaciones para prevenir las lesiones relacionadas con la exposición al frío fueron delineadas por el Colegio Americano de Medicina del Deporte en su declaración de posición de 2006 sobre enfermedades causadas por frío durante el ejercicio.[1]

Congelación superficial

La piel expuesta al frío puede congelarse cuando la temperatura desciende unos pocos grados por debajo del punto de congelación (0°C, 32°F). Debido a los efectos de calentamiento de la circulación sanguínea y a la pro-

ducción de calor metabólico, la temperatura ambiente (incluida la sensación térmica; véase la Figura 12.14) requerida para congelar los dedos de la mano, la nariz y las orejas expuestas al aire es de aproximadamente –29°C (–20°F). Recordemos que, como ya se mencionó, la vasoconstricción periférica contribuye a retener el calor. Lamentablemente, durante la exposición al frío extremo la circulación cutánea puede disminuir lo suficiente como para provocar la necrosis tisular por falta de oxígeno y nutrientes. Este proceso se conoce con el nombre de **congelación superficial o quemadura por congelación**. Si no reciben un tratamiento rápido, las lesiones por congelamiento superficial pueden provocar gangrena y destrucción tisular. El tratamiento de las estructuras congeladas se debe postergar hasta que puedan ser descongeladas sin riesgo de nuevo congelamiento, preferentemente en el ámbito hospitalario.

Asma inducido por el ejercicio

Si bien desde un punto de vista estricto no se considera una enfermedad relacionada con el frío, el asma inducido por el ejercicio es un trastorno frecuente que afecta hasta a un 50% de los deportistas que entrenan o compiten en épocas invernales. La causa principal de este síndrome es la desecación de las vías aéreas secundaria a la combinación del aumento de la frecuencia respiratoria que acompaña al ejercicio con la sequedad creciente del

Revisión

➤ El hipotálamo comienza a perder su capacidad de regular la temperatura corporal en el momento en que la temperatura central desciende por debajo de los 34,5°C (94,1°F).

➤ La hipotermia afecta críticamente al nódulo sinoauricular cardíaco; este efecto determina una disminución de la frecuencia cardíaca y una reducción resultante del gasto cardíaco.

➤ La inspiración de aire frío no congela las vías respiratorias ni los pulmones porque el aire inspirado experimenta un calentamiento progresivo a medida que transcurre por las vías respiratorias.

➤ La exposición al frío extremo disminuye la frecuencia y el volumen respiratorios.

➤ La congelación superficial es consecuencia de los intentos del cuerpo de evitar la pérdida de calor mediante la vasoconstricción cutánea. Si la vasoconstricción se mantiene durante un lapso prolongado, la piel se enfría rápidamente y la disminución de la irrigación combinada con la falta de oxígeno y de nutrientes puede provocar la necrosis del tejido cutáneo.

➤ Dado que el aire frío es intrínsecamente seco, muchos deportistas padecen síntomas de asma inducido por el ejercicio durante un ejercicio intenso en un clima frío.

aire a medida que desciende la temperatura ambiente. El estrechamiento secundario de las vías aéreas a menudo determina que los deportistas jadeen y experimenten la sensación de falta de aire. Por fortuna, existen fármacos profilácticos disponibles, como los agonistas beta-adrenérgicos y los fármacos inhaladores, capaces de ofertar rápidamente compuestos corticoides y broncodilatadores para aliviar los síntomas.

Conclusión

En este capítulo examinamos de qué manera el medioambiente externo afecta la capacidad del cuerpo para realizar el trabajo físico y comentamos los efectos del estrés por calor y por frío extremos y las respuestas corporales a estas condiciones. Consideramos los riesgos para la salud asociados con ambos extremos de temperatura y la forma en la que el cuerpo se adapta a estas condiciones térmicas a través de la aclimatación. En el próximo capítulo trataremos otras condiciones medioambientales extremas asociadas con la práctica de ejercicio en la altura.

Palabras clave

aclimatación	glándulas sudoríparas ecrinas
aclimatación aislante	golpe de calor
aclimatación al calor	habituación al frío
aclimatación metabólica	hipotermia
aclimatización	intercambio de calor seco
agotamiento por calor	radiación
aislamiento	sensación térmica
área preóptica del hipotálamo anterior (POAH)	temblores o escalofríos
arginina vasopresina	temperatura de globo con bulbo húmedo (WBGT)
calambres por calor	teoría de la temperatura crítica
conducción	termogénesis sin temblores
congelación superficial o quemadura por congelación	termorreceptores
convección	termorregulación
estrés térmico	vasoconstricción periférica
evaporación	vasopresina

Preguntas

1. ¿Cuáles son las 4 vías principales de eliminación del calor?
2. ¿Cuál de estos 4 mecanismos es más importante para controlar la temperatura corporal en reposo? ¿Y durante el ejercicio?
3. ¿Qué sucede con la temperatura corporal durante el ejercicio, y por qué?
4. ¿Por qué la presión de vapor de agua en el aire constituye un factor de importancia durante el ejercicio en el calor? ¿Por qué son importantes el viento y la nubosidad?
5. ¿Qué factores pueden limitar la capacidad de continuar con el ejercicio en un medioambiente caluroso?
6. ¿Cuál es el propósito del índice de temperatura de globo con bulbo húmedo (WBGT)? ¿Qué mide este índice?
7. Mencione las diferencias entre calambres por calor, agotamiento por calor y golpe de calor.
8. ¿Qué mecanismos de adaptación fisiológica le permiten a una persona aclimatarse al ejercicio en un ambiente caluroso?
9. ¿De qué manera evita el cuerpo la pérdida de calor excesiva durante la exposición al frío?
10. ¿Cuáles son los 3 patrones de adaptación al frío y en qué condiciones podría entrar en juego cada uno de ellos?
11. ¿Qué factores se deben tener presentes para asegurar una máxima protección durante el ejercicio en un ambiente frío?

Ejercicio en la altura

13

En este capítulo

Condiciones ambientales en la altura 310
Presión atmosférica en la altura 311
Temperatura y humedad del aire en la altura 312
Radiación solar en la altura 312

Respuestas fisiológicas a la exposición aguda a la altura 313
Respuestas respiratorias a la altura 313
Respuestas cardiovasculares a la altura 315
Respuestas metabólicas a la altura 315
Necesidades nutricionales en la altura 316

Ejercicio y rendimiento deportivo en la altura 317
Consumo máximo de oxígeno y actividades de resistencia 317
Actividades anaeróbicas: esprines, saltos y lanzamientos 318

Aclimatación: exposición prolongada a la altura 319
Adaptaciones pulmonares 319
Adaptaciones sanguíneas 321
Adaptaciones musculares 321
Adaptaciones cardiovasculares 322

Altura: optimización del entrenamiento y el rendimiento 322
¿El entrenamiento en la altura mejora el rendimiento a nivel del mar? 323
Optimización del rendimiento en la altura 324
Entrenamiento en la "altura" artificial 325

Riesgos para la salud derivados de la exposición aguda a la altura 325
Enfermedad aguda de la altura (mal de montaña) 326
Edema pulmonar de las grandes alturas 327
Edema cerebral de las grandes alturas 327

Conclusión 328

Las competencias deportivas en lugares de gran altitud se han relacionado tradicionalmente con una disminución del rendimiento deportivo. Por esto se suscitaron muchas quejas cuando se anunció que los Juegos Olímpicos de 1968 se organizarían en la Ciudad de México, a una altura de 2 240 m (7 350 pies) sobre el nivel del mar. El etíope Mamo Wolde ganó la maratón, pero su tiempo de 2:20:26 fue menor que el obtenido por los ganadores olímpicos anteriores. El corredor australiano Ron Clarke, poseedor del récord mundial en la prueba de 10 000 m, era el favorito. Cuando faltaban dos vueltas, ya se había posicionado para el esprín final que le permitiese cruzar primero la línea de llegada; sin embargo, 500 m antes de la llegada comenzó a tambalearse, pasó al sexto lugar y se desvaneció al llegar a la meta. No obstante ello, por lo menos dos deportistas que participaron en estos juegos se mostraron satisfechos de haber competido en el aire enrarecido de la Ciudad de México. Bob Beamon superó el récord mundial de salto en largo por casi 0,6 m (2 ft), y Lee Evans mejoró la marca mundial en los 400 m por casi 0,24 s. Estos récords no habían sido superados durante casi 20 años, lo que determinó que algunos científicos del deporte sugiriesen que la menor densidad del aire en la altura de la Ciudad de México, que afectó el rendimiento en las pruebas de resistencia de larga duración, probablemente haya mejorado el rendimiento en las competencias de corta duración basadas en la fuerza explosiva.

Nuestros análisis previos sobre de las respuestas fisiológicas al ejercicio están basados en las condiciones existentes a nivel del mar o cercanas a éste, donde la **presión barométrica** (del aire) (P_b) promedio es de 760 mm Hg. Como ya se mencionó en el Capítulo 7, la barométrica es la presión total que todos los gases que componen la atmósfera ejercen sobre el cuerpo (y todos los otros objetos). Independientemente de la P_b, el aire contiene un 20,93% de moléculas de oxígeno. La **presión parcial de oxígeno (PO_2)** es la fracción de la P_b atribuible exclusivamente a las moléculas de oxígeno presentes en el aire. Por lo tanto, a nivel del mar la PO_2 equivale a 0,2093 veces 760 mm Hg, o sea 159 mm Hg. El concepto de presión parcial es importante para comprender la fisiología de la altitud, ya que la disminución de la PO_2 en la altura es el principal factor limitante del rendimiento físico. Si bien el cuerpo humano tolera fluctuaciones leves de la PO_2, las variaciones grandes son más problemáticas. Este fenómeno se manifiesta claramente cuando los escaladores ascienden a grandes alturas, en las que la disminución significativa de la PO_2 puede perjudicar sustancialmente el rendimiento físico e incluso provocar la muerte.

La disminución de la presión barométrica en la altura se describe como un medioambiente **hipobárico** o simplemente con el término hipobaria (baja presión atmosférica). Un descenso de la presión atmosférica implica una disminución de la PO_2 en el aire inspirado, lo que limita la difusión de oxígeno desde los pulmones y el transporte de oxígeno hacia los tejidos. La reducción de la PO_2 del aire se conoce con el nombre de **hipoxia** (bajo contenido de oxígeno), mientras que la disminución resultante de la PO_2 sanguínea se denomina **hipoxemia**.

En este capítulo se consideran las características singulares de los ambientes hipobáricos-hipóxicos, y la manera en la que estas condiciones alteran las respuestas fisiológicas durante el reposo y el ejercicio, el entrenamiento y el rendimiento deportivo. Se discutirán los cambios asociados con la exposición aguda a las grandes alturas, las modificaciones de estas respuestas a medida que la persona se aclimata a la altura y las estrategias específicas de entrenamiento utilizadas por los deportistas para mejorar el rendimiento en estas condiciones. Asimismo, se

examinan los diversos riesgos médicos específicamente asociados con un ambiente hipobárico.

Condiciones ambientales en la altura

El registro de problemas clínicos relacionados con la altura data del 400 a. C. En esa época, la mayor preocupación relacionada con el ascenso a grandes alturas consistía en las bajas temperaturas asociadas con la altitud y no en las limitaciones impuestas por la baja presión atmosférica. Los primeros descubrimientos de referencia que derivaron en la comprensión actual de los efectos de la reducción en la P_b y la PO_2 en la altura pueden atribuirse, principalmente, a los hallazgos de cuatro científicos que vivieron entre los siglos XVII y XIX. Alrededor de 1644, Torricelli inventó el barómetro de mercurio, un instrumento que permitía medir con precisión la presión atmosférica. Algunos años más tarde (1648), Pascal demostró que la presión barométrica declinaba en las grandes alturas. Casi 130 años después (1777), Lavoisier describió el oxígeno y otros gases que contribuyen a la presión barométrica total.[14] Finalmente, en 1801, John Dalton publicó los principios (la llamada ley de Dalton o ley de las presiones parciales) que establecen que la presión total ejercida por una mezcla de gases es igual a la suma de las presiones parciales de los gases individuales.

Los efectos deletéreos de las grandes alturas en humanos como consecuencia de la disminución de la PO_2 (hipoxia) recién se conocieron a fines del siglo XIX. Más recientemente, un grupo de científicos liderados por John Sutton llevaron a cabo una compleja serie de pruebas de laboratorio utilizando una cámara hipobárica en el Instituto de Medicina Ambiental del Ejército de los Estados Unidos (*U.S. Army Institute of Environmental Medicine*). Estos experimentos, conocidos globalmente como *Operación Everest II*, contribuyeron significativamente a dilucidar los efectos del ejercicio en la altura.[13]

En relación con los efectos de la altura sobre el rendimiento físico, es importante tener presentes las siguientes definiciones[1]:

- Cerca del nivel del mar (por debajo de 500 m, o 1 640 pies): la altura no afecta el bienestar de la persona ni ejerce ningún efecto sobre el rendimiento físico.
- Baja altura (500-2 000 m, o 1 640-6 560 pies): la altura no afecta el bienestar de la persona, pero puede disminuir el rendimiento, sobre todo en el caso de deportistas que compiten a alturas superiores a los 1 500 m (4 920 pies). Estas dificultades pueden desaparecer después de la aclimatación.
- Altura moderada (2 000-3 000 m o 6 560-9 840 pies): la altura afecta el bienestar de las personas no aclimatadas y disminuye la capacidad aeróbica y el rendimiento físico. La aclimatación puede permitir o no la recuperación del rendimiento óptimo.
- Grandes alturas (3 000-5 000 m o 9 840-18 000 pies): la altura provoca efectos adversos (incluido el mal de montaña, analizado más adelante en este capítulo) en un alto porcentaje de personas y reduce significativamente el rendimiento físico aun después de un proceso de aclimatación completa.
- Altura extrema (más de 5 500 m o 18 000 pies): la altura provoca efectos hipóxicos graves. Los sitios más altos habitados en forma permanente por seres humanos se encuentran a una altura de 5 200-5 800 m (17 000-19 000 pies).

En lo que nos concierne, el término *altura* se refiere a una altitud de más de 1 500 m (4 920 pies), dado que, por

debajo de este nivel, los efectos fisiológicos sobre el rendimiento físico o deportivo son muy leves.

Si bien el mayor impacto de la altura sobre la fisiología del ejercicio se atribuye a la disminución de la PO_2 que, en última instancia, limita la oferta de oxígeno a los tejidos, existen otros factores que diferencian la atmósfera de la altura de la atmósfera en el nivel del mar.

Presión atmosférica en la altura

El aire pesa. La presión barométrica en cualquier lugar de la tierra refleja el peso del aire en la atmósfera sobre ese sitio en particular. Por ejemplo, a nivel del mar, el aire que se extiende hasta los límites exteriores de la atmósfera de la tierra (aproximadamente 38,6 km o 24 millas) ejerce una presión de 760 mm Hg. En la cima del Monte Everest, el punto más elevado del planeta (8 848 m o 29 028 pies), la presión ejercida por el aire es de solamente 250 mm Hg. La Figura 13.1 ilustra ésta y otras diferencias en relación con la altura.

La presión barométrica sobre la tierra no permanece constante, sino que varía de acuerdo con los cambios en las condiciones climáticas, la época del año y el lugar específico en el que se efectúa la medición. Por ejemplo, en el Monte Everest, la presión barométrica media oscila entre 243 mm Hg en enero y 255 mm Hg en junio y julio. Estas variaciones de escasa magnitud no revisten mayor

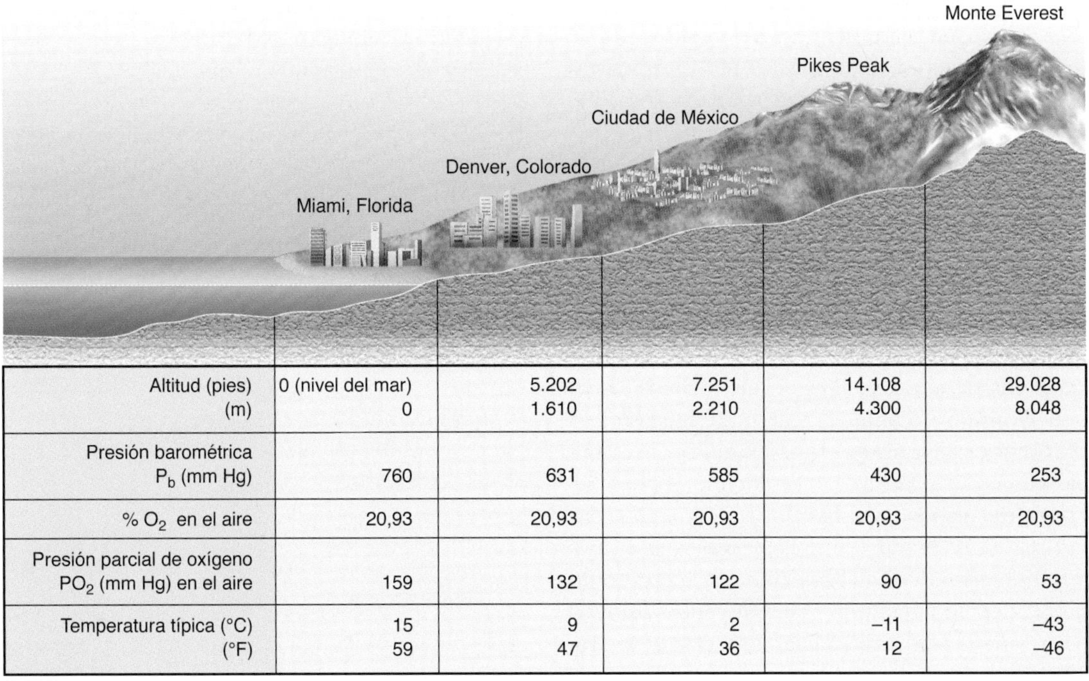

	Miami, Florida	Denver, Colorado	Ciudad de México	Pikes Peak	Monte Everest
Altitud (pies) (m)	0 (nivel del mar) 0	5.202 1.610	7.251 2.210	14.108 4.300	29.028 8.048
Presión barométrica P_b (mm Hg)	760	631	585	430	253
% O_2 en el aire	20,93	20,93	20,93	20,93	20,93
Presión parcial de oxígeno PO_2 (mm Hg) en el aire	159	132	122	90	53
Temperatura típica (°C) (°F)	15 59	9 47	2 36	−11 12	−43 −46

FIGURA 13.1 Diferencias entre las condiciones atmosféricas a nivel del mar y a medida que la altura aumenta y la presión barométrica desciende. Nótese que la presión parcial de oxígeno del aire desciende de 159 mm Hg a nivel del mar a tan sólo 48 mm Hg en la cumbre del Monte Everest.

interés para quienes viven cerca del nivel del mar (con la excepción de los meteorólogos debido a sus efectos sobre el clima), pero resultan de gran importancia fisiológica para los montañistas que intenten escalar el Monte Everest sin suplementos de oxígeno.

A pesar de que la presión barométrica varía, los porcentajes de gases atmosféricos que respiramos permanecen invariables desde el nivel del mar hasta las grandes alturas. En cualquier nivel de altitud, el aire siempre está compuesto por 20,93% de oxígeno, 0,03% de dióxido de carbono y 79,04% de nitrógeno. Lo único que varía son las presiones parciales de estos gases. Como se muestra en la Figura 13.1, la presión ejercida en el aire por las moléculas de oxígeno a diferentes altitudes se reduce proporcionalmente con la reducción en la presión barométrica. Los cambios de la PO_2 resultantes de este fenómeno afectan significativamente la presión parcial del oxígeno que llega a los pulmones, así como los gradientes de presión parcial entre los alvéolos pulmonares y la sangre (donde se carga el oxígeno), y en los gradientes de presión parcial entre la sangre y los tejidos (donde se descarga el oxígeno). Estos efectos se tratarán en mayor detalle en otra sección de este capítulo.

Temperatura y humedad del aire en la altura

Es indudable que la disminución de la PO_2 es el factor que ejerce el efecto más importante sobre la fisiología del ejercicio en la altura. Sin embargo, otros factores ambientales también afectan el rendimiento físico. Por ejemplo, la temperatura del aire disminuye aproximadamente 1°C (1,8°F) por cada 150 m (aproximadamente 490 pies) de ascenso. Se calcula que la temperatura promedio cerca de la cima del Monte Everest es de –40°C (–40°F), mientras que a nivel del mar, la temperatura rondaría los 15°C (59°F). La combinación de bajas temperaturas, baja presión de vapor de agua en el ambiente y los vientos fuertes de las grandes alturas aumenta significativamente el riesgo de trastornos relacionados con el frío, como la hipotermia y las lesiones provocadas por el viento helado.

El vapor de agua tiene su propia presión parcial, también conocida con el nombre de presión de vapor de agua (P_{H_2O}). Debido a las bajas temperaturas de las grandes alturas, la presión de vapor de agua del aire es extremadamente baja. El aire frío contiene muy poca agua. Por lo tanto, incluso si el aire se encuentra saturado de agua (100% de humedad relativa), la verdadera presión de vapor de agua del aire es baja. El valor sumamente reducido de la P_{H_2O} en las grandes alturas promueve la evaporación de la humedad desde la superficie de la piel (o de la vestimenta) debido al elevado gradiente entre la piel y el aire, lo que puede conducir rápidamente a la deshidratación. Además, en la altura se elimina un gran volumen de agua a través de la evaporación respiratoria debido a la combinación de un importante gradiente de presión de vapor de agua entre el aire caliente que abandona la cavi-

dad bucal y la nariz, el aire seco ambiental y el incremento de la frecuencia respiratoria (ver más adelante).

Concepto clave

La temperatura del aire disminuye a medida que aumenta la altura. Este fenómeno se acompaña de una disminución en la presión del vapor de agua del aire. El aire más seco puede causar deshidratación a causa del aumento de la pérdida insensible de agua, del incremento en la eliminación de agua por vía respiratoria y de la mayor evaporación del sudor.

Radiación solar en la altura

La intensidad de la radiación solar aumenta en las grandes alturas por dos razones. En primer lugar, la luz debe recorrer una menor distancia hasta llegar a la tierra, por lo que la atmósfera absorbe una menor cantidad de radiación solar, en especial de rayos ultravioletas. En segundo lugar, dado que el agua atmosférica absorbe normalmente una cantidad sustancial de radiación solar, la escasa cantidad de vapor de agua en el aire de la altura también determina una mayor exposición a los rayos solares. La radiación solar puede incrementarse aún más por la luz que refleja la nieve presente, por lo general, en las grandes alturas.

Revisión

➤ La altura se asocia con un medioambiente hipobárico (en el cual la presión barométrica atmosférica es menor). Las alturas de 1 500 m (4 921 pies) o más ejercen un marcado impacto fisiológico sobre el rendimiento físico.

➤ A pesar de que los porcentajes de los gases contenidos en el aire que respiramos permanecen constantes independientemente de la altura, la presión parcial de cada uno de esos gases disminuye a medida que lo hace la presión barométrica con la altura.

➤ La disminución de la presión parcial de oxígeno (PO_2) del aire en la altura es el factor ambiental de mayor importancia fisiológica. La menor magnitud de la PO_2 pulmonar determina la disminución de los gradientes de PO_2 entre los alvéolos pulmonares y la sangre (donde se carga el oxígeno) y entre la sangre y los tejidos (donde se descarga el oxígeno).

➤ La temperatura del aire disminuye a medida que aumenta la altura. El aire frío retiene muy poca agua, de manera que el aire en la altura es seco. Estos dos factores se combinan para aumentar la vulnerabilidad a los trastornos relacionados con el frío y la deshidratación.

➤ Dado que en las grandes alturas la atmósfera es menos densa y más seca, la intensidad de la radiación solar es mayor. Este efecto se potencia cuando el suelo está cubierto de nieve.

Respuestas fisiológicas a la exposición aguda a la altura

En esta sección se examinan las respuestas fisiológicas durante la exposición aguda a la altura, haciendo énfasis en las respuestas que pueden afectar el rendimiento físico y deportivo. Entre éstas, las más importantes son las respuestas respiratorias, cardiovasculares y metabólicas. La mayoría de los estudios fisiológicos realizados hasta la fecha se efectuaron en hombres jóvenes con un buen estado físico; lamentablemente, pocos estudios sobre los efectos de la altura han incluido a mujeres, niños o personas de edad avanzada, poblaciones en quienes las reacciones fisiológicas a la altura pueden diferir de las descriptas en este capítulo.

Respuestas respiratorias a la altura

El suministro adecuado de oxígeno a los músculos activos durante el ejercicio es esencial para el rendimiento físico y, como se analizó en el Capítulo 8, éste depende del pasaje de una cantidad suficiente de oxígeno desde los pulmones hacia al torrente sanguíneo, del transporte hacia los músculos y de su captación en estas estructuras. Cualquier interferencia con alguno de estos procesos puede disminuir el rendimiento.

Ventilación pulmonar

La serie de pasos que permiten el transporte de oxígeno hacia los músculos activos comienza con la ventilación pulmonar, o sea, el pasaje activo de moléculas de gas hacia los alvéolos pulmonares (respiración). Durante la exposición a grandes alturas, la ventilación aumenta en cuestión de segundos, tanto en reposo como durante el ejercicio, debido a que la disminución de la PO_2 estimula los quimiorreceptores del cayado aórtico y de las arterias carótidas, y envía señales al cerebro para aumentar la actividad respiratoria. El incremento de esta actividad se asocia principalmente con el aumento del volumen corriente, aunque también se incrementa la frecuencia respiratoria. Durante las horas y días siguientes, la ventilación se mantiene elevada y muestra una relación directamente proporcional a la altura.

Concepto clave

Durante la exposición a un medio hipóxico, la ventilación se incrementa significativa y casi inmediatamente debido a que la reducción de la PO_2 estimula los quimiorreceptores periféricos. El incremento de la frecuencia y la profundidad de la respiración ayuda a compensar la mayor reducción de la PO_2 corporal.

El aumento de la ventilación pulmonar actúa de manera muy similar a la del proceso de hiperventilación a nivel del mar. La cantidad de dióxido de carbono en los alvéolos disminuye. El dióxido de carbono sigue el gradiente de presión, por lo que una mayor cantidad difunde hacia el exterior de la circulación sanguínea, donde su presión es relativamente alta, para luego pasar a los pulmones y ser espirado. Esta eliminación del dióxido de CO_2 determina una disminución de la PCO_2 y un aumento del pH sanguíneo, estado conocido con el nombre de **alcalosis respiratoria**. Este cuadro se acompaña de dos efectos. En primer lugar induce el desplazamiento hacia la izquierda de la curva de saturación de la oxihemoglobina (analizada en la próxima sección), y en segundo término ayuda a atenuar el aumento de la ventilación inducido por la hipoxia (bajo nivel de PO_2). A intensidades submáximas de ejercicio, la ventilación es mayor en las grandes alturas que a nivel del mar, pero durante un ejercicio de intensidad máxima ambos valores son similares.

En un esfuerzo por compensar la alcalosis respiratoria, los riñones excretan más iones bicarbonato, los cuales amortiguan el ácido carbónico formado a partir del dióxido de carbono. La disminución de la concentración sérica de iones bicarbonato reduce la capacidad amortiguadora de la sangre. En consecuencia, la sangre contiene una mayor cantidad de ácido, y este fenómeno compensa la alcalosis.

Difusión pulmonar

En condiciones de reposo, la difusión pulmonar (la difusión de O_2 desde los alvéolos hacia la sangre arterial) no limita el intercambio de gases entre los alvéolos y la sangre. Si la altura interfiriese con el intercambio de gases, ingresaría una menor cantidad de oxígeno en la sangre y la PO_2 arterial descendería muy por debajo de la PO_2 alveolar. En la práctica, ambos valores son casi idénticos (Figura 13.2). Por lo tanto, la disminución de la PO_2 en la sangre arterial, o hipoxemia, es el reflejo directo de la baja PO_2 alveolar y no de una limitación en la difusión de oxígeno desde los alvéolos hacia la sangre arterial.

Transporte de oxígeno

Como se observa en la Figura 13.2, la PO_2 del oxígeno inspirado a nivel del mar es de 159 mm Hg; sin embargo, este valor disminuye a 104 mm Hg en los alvéolos, principalmente por el agregado de moléculas de vapor de agua (PH_2O = 47 mm Hg a 37°C). La disminución de la PO_2 alveolar en la altura determina que una menor cantidad de la hemoglobina presente en la sangre que perfunde los pulmones se sature con O_2. Como se ilustra en la Figura 13.3, la curva de fijación de oxígeno a la hemoglobina (o curva de disociación de la oxihemoglobina) adquiere una clara forma sigmoidea. A nivel del mar, cuando la PO_2 alveolar es de aproximadamente 104 mm Hg, el O_2 se fija a un 96-97% de la hemoglobina. Cuando la PO_2 pulmonar disminuye a 46 mm Hg a los 4 300 m (14 108 pies), el O_2 sólo satura un 80% de los sitios de fijación de la hemoglobina. Si la porción de la curva correspondiente a la carga de O_2 no fuera relativamente

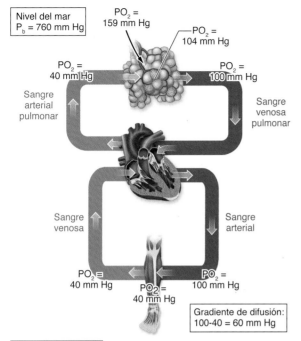
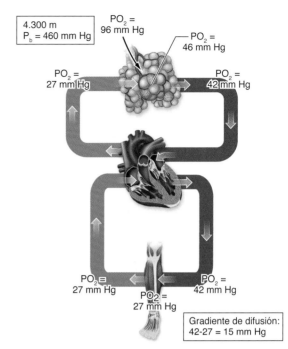

FIGURA 13.2 Comparación de la presión parcial de oxígeno (PO$_2$) en el aire inspirado y en los tejidos corporales a nivel del mar y a 4 300 m (14 108 pies) de altitud (la altura de Pikes Peak, Colorado). A medida que la PO$_2$ del aire inspirado disminuye, también desciende la PO$_2$ alveolar. La PO$_2$ arterial es similar a la de los pulmones, pero el gradiente de difusión de O$_2$ hacia los tejidos, incluidos los músculos, disminuye en forma muy pronunciada.

plana, la sangre captaría mucho menos O$_2$ al pasar a través de los pulmones. Por consiguiente, si bien en la altura la sangre arterial se encuentra insuficientemente saturada, la morfología inherente a la curva de disociación de la oxihemoglobina ayuda a minimizar este problema.

La exposición a la altura induce una segunda adaptación muy temprana que también contribuye a evitar la disminución del contenido de oxígeno en la sangre arterial. Como ya se ha mencionado, el incremento de la ventilación asociado con la exposición aguda a la altura se acompaña de alcalosis respiratoria. Este aumento del pH sanguíneo causa el desplazamiento de la curva de disociación de la oxihemoglobina hacia la izquierda, tal como se observa en la Figura 13.3. Como resultado, la saturación de oxígeno de la hemoglobina aumenta del 80% al 89%. Este fenómeno determina que en las grandes alturas (en donde la PO$_2$ es baja en los alvéolos y en la sangre), una mayor cantidad de oxígeno se fije a la hemoglobina en los pulmones y que, en consecuencia, aumente la oferta de oxígeno a los tejidos.

Intercambio gaseoso a nivel muscular

La Figura 13.2 muestra que la PO$_2$ a nivel del mar es de aproximadamente 100 mm Hg, mientras que la PO$_2$ en los tejidos corporales en reposo se mantiene en un valor de aproximadamente 40 mm Hg; por ende, la diferencia, o gradiente de presión, entre la PO$_2$ arterial y la PO$_2$ tisular a nivel del mar es de aproximadamente 60 mm Hg. Sin embargo, al ascender a una altura de 4 300 m (14 108 pies), la PO$_2$ arterial desciende a alrededor de 42 mm Hg y la PO$_2$

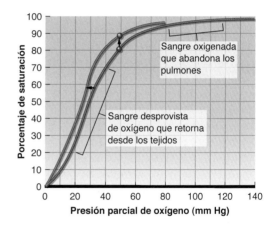

FIGURA 13.3 Curva de disociación de oxihemoglobina en forma sigmoidea a nivel del mar (línea roja). Cuando la PO$_2$ alveolar es de aproximadamente 104 mm Hg, 96 a 97% de la hemoglobina se encuentra saturada con O$_2$. La alcalosis respiratoria asociada con la exposición aguda a la altura desplaza la curva de disociación de oxihemoglobina hacia la izquierda (línea azul), lo que compensa parcialmente la desaturación resultante del descenso de la PO$_2$.

tisular disminuye a 27 mm Hg. Por lo tanto, el gradiente de presión pasa de ser 60 mm Hg a nivel del mar a tan sólo 15 mm Hg en las grandes alturas. Esta diferencia representa una reducción del 75% del gradiente de difusión. Dado que este gradiente es responsable del pasaje de oxígeno desde la hemoglobina sanguínea hacia los tejidos, la alteración de la PO$_2$ arterial en la altura reviste una importancia mucho mayor en lo que concierne el rendimiento físico que la pequeña reducción de la saturación de hemoglobina que tiene lugar a nivel pulmonar.

Respuestas cardiovasculares a la altura

A medida que la función respiratoria disminuye progresivamente con la altura, el aparato cardiovascular sufre cambios significativos a fin de compensar la disminución de la PO_2 arterial asociada con la hipoxia.

Volumen sanguíneo

En el curso de las primeras horas posteriores a la llegada a un sitio en la altura, el volumen plasmático del individuo comienza a disminuir progresivamente hasta alcanzar una meseta después de algunas semanas. Esta reducción del volumen plasmático es consecuencia de la pérdida de agua por la respiración y del aumento en la producción de orina. La combinación de estos dos factores puede disminuir el volumen plasmático total en hasta un 25%. Inicialmente, el resultado de la pérdida de plasma es un aumento del hematocrito, es decir, del porcentaje del volumen sanguíneo compuesto por eritrocitos (que contienen la hemoglobina). Este mecanismo de adaptación (mayor cantidad de eritrocitos para un caudal de sangre dado) permite una mayor oferta de oxígeno a los músculos sin que se modifique el gasto cardíaco. En el transcurso de algunas semanas en la altura, si la persona ingiere una cantidad suficiente de líquido el volumen plasmático retorna a los valores normales.

La exposición continua a las grandes alturas estimula la liberación renal de eritropoyetina (EPO), la hormona que estimula la producción de eritrocitos (glóbulos rojos). Este fenómeno determina un aumento de la cantidad de eritrocitos y un incremento del volumen sanguíneo total, lo que permite compensar parcialmente la reducción de la PO_2 asociada con la altura. Sin embargo, este proceso es lento, y la recuperación completa de la masa eritrocítica tarda de semanas a meses.

● Concepto clave

La disminución del volumen plasmático en la altura es la respuesta corporal a corto plazo destinada a aumentar la oferta de oxígeno a través del incremento del hematocrito. El aumento real de la cantidad total de eritrocitos es un mecanismo más eficaz para compensar la disminución de la PO_2 en la altura, pero esta adaptación puede tardar entre algunas semanas y meses.

Gasto cardíaco

El análisis precedente ilustra claramente el hecho de que en la altura la cantidad de oxígeno ofertada a los músculos en presencia de un volumen de sangre determinado es limitada debido a la disminución de la PO_2 arterial. Un mecanismo lógico para compensar esta limitación

es aumentar el volumen de sangre que irriga los músculos activos. Durante el reposo y el ejercicio submáximo esto se logra aumentando el gasto cardíaco. Dado que éste depende del volumen sistólico y de la frecuencia cardíaca, el aumento de una o ambas variables determinará un incremento del gasto cardíaco. El ascenso a grandes alturas estimula al sistema nervioso simpático y ello se traduce en la liberación de adrenalina y noradrenalina, las principales hormonas que actúan sobre la función cardíaca. En particular, el aumento de la secreción de noradrenalina persiste varios días durante la exposición aguda a la altura.

Si durante las primeras horas en la altura se practica un ejercicio físico submáximo, el volumen sistólico disminuye en comparación con el valor registrado a nivel del mar (como consecuencia de la reducción del volumen plasmático). Por fortuna, la frecuencia cardíaca aumenta en forma desproporcionada y este incremento no sólo compensa la disminución del volumen sistólico, sino que aumenta ligeramente el gasto cardíaco. Sin embargo, esta sobrecarga cardíaca no constituye un mecanismo eficaz para garantizar una oferta de oxígeno suficiente a los tejidos activos del cuerpo durante períodos prolongados. En consecuencia, luego de unos días en la altura, los músculos comienzan a extraer más oxígeno de la sangre (lo que aumenta la diferencia arteriovenosa de oxígeno) y ello reduce la necesidad de elevar el gasto cardíaco, ya que $\dot{V}O_2 = \dot{Q} \times \text{dif}\,(\text{a-}\bar{\text{v}})O_2$. El aumento de la frecuencia y del gasto cardíaco alcanza su pico máximo después de permanecer aproximadamente 6 a 10 días en la altura; a partir de entonces, ambos parámetros comienzan a disminuir gradualmente durante el ejercicio.

Durante la realización de un ejercicio máximo o agotador en la altura, se produce la disminución del volumen sistólico máximo y de la frecuencia cardíaca máxima, y por lo tanto, del gasto cardíaco. La reducción del volumen sistólico se relaciona directamente con la disminución del volumen plasmático. La frecuencia cardíaca máxima puede ser algo menor en la altura como consecuencia de la atenuación de la respuesta a la estimulación del sistema nervioso simpático, posiblemente debida a una reducción en los niveles de receptores β (receptores cardíacos que responden a la activación simpática aumentando la frecuencia cardíaca). La disminución del gradiente de difusión para el pasaje de oxígeno de la sangre a los músculos, sumada a la reducción del gasto cardíaco máximo, explica los niveles subóptimos de $\dot{V}O_{2\text{máx}}$ y de rendimiento aeróbico submáximo en la altura. En resumen, las condiciones hipobáricas limitan significativamente la oferta de oxígeno a los músculos y ello redunda en una menor capacidad de realizar actividades aeróbicas prolongadas o de alta intensidad.

Respuestas metabólicas a la altura

La altura aumenta la tasa metabólica basal, posiblemente debido al aumento de las concentraciones séricas de tiroxina o catecolaminas. Es necesario equilibrar este incremento del metabolismo mediante una mayor ingesta de alimentos para evitar el descenso de peso que por lo general se observa durante los primeros días en la altura, en los que también disminuye el apetito. Aquellos individuos que logran mantener su peso corporal en la altura exhiben una mayor dependencia en los carbohidratos como combustibles, tanto en reposo como durante la realización de ejercicios submáximos. Dado que la glucosa produce más energía por litro de oxígeno que las grasas o las proteínas, esta adaptación se considera beneficiosa.

El Cuadro 13.1 resume las respuestas agudas que se observan durante la exposición a la altura, tanto en reposo como durante el ejercicio submáximo. Dadas las condiciones de hipoxia asociadas con la altura y debido a que cualquier cantidad fija de trabajo realizado en la altura demandará un mayor porcentaje del $\dot{V}O_{2máx}$, sería lógico que tuviera lugar un aumento del metabolismo anaeróbico. Si esto ocurriera, cabría esperar que para cualquier carga de trabajo dada la producción de ácido láctico aumentara por arriba del umbral de lactato. En realidad, esto es lo que ocurre al llegar a un lugar situado en la altura. Sin embargo, después de una exposición prolongada a la altura, la concentración de lactato en los músculos y en la sangre venosa durante el ejercicio a una intensidad dada (incluido el ejercicio máximo) disminuye a pesar de que el $\dot{V}O_2$ muscular no se modifique durante el proceso de adaptación a la altura. Hasta el momento, no se dispone de ninguna explicación universalmente aceptada de este fenómeno, conocido con el nombre de paradoja del lactato.[3]

Necesidades nutricionales en la altura

Además de las alteraciones de los procesos y los sistemas fisiológicos descritas anteriormente, existen otros factores que deben tenerse presentes. En la altura, el cuerpo tiene una tendencia natural a eliminar líquido a través de la piel (pérdida insensible de agua), el aparato respiratorio y los riñones. Este fenómeno se potencia durante el ejercicio a medida que aumenta la evaporación del sudor desde la piel húmeda hacia el aire relativamente seco. Estos mecanismos de eliminación de líquido aumentan muy significativamente el riesgo de deshidratación y obligan a estar atentos para mantener una hidratación adecuada. Como regla general, en la altura se recomienda ingerir 3 a 5 litros de líquido por día, aunque la ingesta precisa depende de las demandas individuales. Podría pensarse que el aumento de la ingesta líquida en el momento en que el volumen plasmático de contrae para contribuir a la "aglomeración" de los eritrocitos sería contraproducente. Sin embargo, la deshidratación puede afectar adversamente el equilibrio hídrico corporal entre los distintos compartimientos y por este motivo se recomienda mantener una hidratación suficiente y dejar que tenga lugar la disminución natural del volumen plasmático.

En la altura disminuye el apetito, y este fenómeno a menudo se acompaña de una disminución de la ingesta de alimentos. La reducción de la ingesta de energía sumada al aumento de la tasa metabólica puede determinar un déficit diario de energía de hasta 500 kcal, lo cual conduce a una pérdida de peso corporal con el transcurso del tiempo.

CUADRO 13.1 Efectos de la hipoxia aguda (primeras 48 horas) sobre las respuestas fisiológicas en reposo y durante el ejercicio de intensidad submáxima

Aparatos y sistema	Efecto de la hipoxia aguda en reposo	Efecto de la hipoxia aguda durante un ejercicio de intensidad submáxima
Respiratorio y transporte de oxígeno	Aumento inmediato de la ventilación (aumento de la frecuencia respiratoria > aumento del volumen corriente) Disminución de la concentración de 2,3-DPG Desviación hacia la izquierda de la curva de disociación de oxihemoglobina Estimulación de los receptores periféricos Alcalosis respiratoria	Aumento de la ventilación
Cardiovascular	Disminución del volumen plasmático Aumento de la frecuencia cardíaca Disminución del volumen sistólico Aumento del gasto cardíaco Aumento de la presión arterial	Aumento de la frecuencia cardíaca Disminución del volumen sistólico (secundaria a la disminución del volumen plasmático) Aumento del gasto cardíaco Aumento de la $\dot{V}O_2$
Metabólico	Aumento de la tasa metabólica basal Reducción de la diferencia arteriovenosa de O_2	Mayor consumo de carbohidratos como fuente energética Aumento inicial y disminución ulterior de la producción de lactato Descenso del pH sanguíneo
Renal	Diuresis Excreción de iones bicarbonato Aumento de la liberación de eritropoyetina	

En la altura se recomienda ingerir una mayor cantidad de calorías que la necesaria para saciar el apetito.

Por último, la aclimatación y la aclimatización adecuadas a las grandes alturas también dependen de una suficiente reserva corporal de hierro. Su carencia puede interferir con el aumento progresivo de la producción de eritrocitos que tiene lugar en el curso de las primeras 4 semanas de permanencia en la altura. Se recomienda la ingesta de alimentos con alto contenido en hierro y, tal vez, de suplementos de hierro antes de la exposición a la altura y durante ésta.

Revisión

➤ La altura genera hipoxia hipobárica, la cual a su vez determina la disminución de la presión parcial de oxígeno en el aire inspirado, los alvéolos, la sangre y los tejidos.

➤ La exposición aguda a la altura desencadena una serie de adaptaciones destinadas a minimizar la disminución de la oferta de oxígeno a los tejidos. La ventilación pulmonar aumenta y la difusión pulmonar se mantiene relativamente preservada, pero el transporte de oxígeno disminuye ligeramente debido a la menor saturación de la hemoglobina en la altura.

➤ El gradiente de difusión que posibilita el intercambio de oxígeno entre la sangre y los tejidos activos disminuye sustancialmente en alturas moderadas y elevadas, lo que determina una menor captación de oxígeno por parte de los músculos.

➤ En un inicio, la reducción del volumen plasmático determina un aumento de la concentración de eritrocitos que permite el transporte de mayor cantidad de oxígeno por unidad de sangre, lo que compensa parcialmente el menor grado de fijación del oxígeno a la hemoglobina.

➤ En una fase inicial de la exposición a la altura, tiene lugar un aumento del gasto cardíaco durante el esfuerzo submáximo para compensar la reducción del contenido de oxígeno por litro de sangre. Esto se logra a través de un aumento de la frecuencia cardíaca, dado que el volumen sistólico declina como consecuencia de la disminución del volumen plasmático.

➤ Durante el ejercicio máximo en la altura, disminuyen el volumen sistólico y la frecuencia cardíaca, lo que a su vez disminuye el gasto cardíaco. La reducción del gasto cardíaco combinada con la disminución del gradiente de presión interfiere significativamente con la oferta de oxígeno a los tejidos.

➤ La exposición a la altura aumenta la tasa metabólica a través del estímulo de la actividad nerviosa simpático. El cuerpo recurre en mayor medida a los carbohidratos como fuente de combustible, tanto en reposo como durante el ejercicio submáximo.

➤ El aumento de la eliminación de líquido y la pérdida general del apetito en la altura aumentan el riesgo de deshidratación.

➤ La disminución de la ingesta energética combinada con el aumento del consumo de energía durante la actividad en la altura puede asociarse con una carencia energética diaria y un adelgazamiento progresivo.

Ejercicio y rendimiento deportivo en la altura

Varios montañistas describieron las dificultades asociadas con el esfuerzo físico intenso en las grandes alturas. En 1925, E. G. Norton[9] ascendió hasta una altura de 8 600 m (28 208 pies) sin suplemento de oxígeno y relató lo siguiente: "Nuestro ritmo era deplorable. Mi ambición era lograr ascender 20 pasos seguidos sin estar obligado a parar para descansar y jadear con los codos sobre las rodillas, pero no recuerdo haberlo logrado; lo máximo que logré fueron 13 pasos". En esta sección consideraremos brevemente la forma en que la altura afecta el rendimiento durante actividades físicas y deportivas.

Consumo máximo de oxígeno y actividades de resistencia

El consumo máximo de oxígeno disminuye a medida que aumenta la altura (véase la Figura 13.4). El $\dot{V}O_{2máx}$ no desciende demasiado hasta que la PO_2 atmosférica no cae por debajo de los 131 mm Hg. Por lo general, esto ocurre a una altura aproximada de 1 500 m (5 000 pies), es decir, la altura de Denver (Colorado) y de Alburquerque (Nuevo México). Entre 1 500 y 5 000 m (16 400 pies) de altura, la

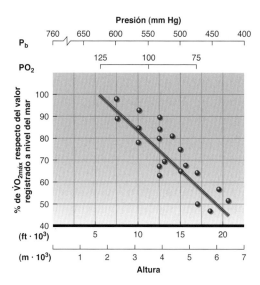

FIGURA 13.4 Cambios en el consumo máximo de oxígeno ($\dot{V}O_{2máx}$) a medida que descienden la presión barométrica (P_b) y la presión parcial de oxígeno (PO_2). Los valores de $\dot{V}O_{2máx}$ se registran como porcentajes del $\dot{V}O_{2máx}$ registrada a nivel del mar (P_b = 760 mm Hg). Nótese que la declinación del $\dot{V}O_{2máx}$ comienza a una altura de aproximadamente 1 500 m y es relativamente lineal. En los niveles de altura correspondientes a la Ciudad de México (2 240 m); Leadville, Colorado (3 180 m) y Nuñoa, Perú (4 000 m), el $\dot{V}O_{2máx}$ de un individuo sería significativamente menor que el registrado a nivel del mar o en Denver (1 600 m).

Datos extraídos de E. R. Buskirk et. al., 1967, "Maximal performance at altitude and on return from altitude in conditioned runners", *Journal of Applied Physiology* 23:259-266.

disminución del $\dot{V}O_{2máx}$ se debe principalmente a la reducción de la PO_2 arterial; en alturas mayores, la disminución del gasto cardíaco máximo limita en mayor medida el $\dot{V}O_{2máx}$ El valor de $\dot{V}O_{2máx}$ desciende aproximadamente 8 a un 11% por cada 1 000 m de altura (o 3% por cada 1 000 pies de altura) a partir de los 1 500 m. En alturas muy elevadas, la tasa de declinación puede ser mayor (Figura 13.5). Al comparar a hombres y mujeres en el mismo nivel inicial de aptitud aeróbica, no se observan diferencias sexuales respecto de la tasa de declinación en el $\dot{V}O_{2máx}$.

Como se ilustra en la Figura 13.5, los hombres que escalaron el Monte Everest en una expedición realizada en 1981 experimentaron una reducción en el $\dot{V}O_{2máx}$ de aproximadamente 62 mL $\cdot$ kg^{-1} $\cdot$ min^{-1} a nivel del mar a tan sólo 15 mL $\cdot$ kg^{-1} $\cdot$ min^{-1} cerca de la cumbre de la montaña. Dado que el requerimiento de oxígeno en reposo es de aproximadamente 3,5 mL $\cdot$ kg^{-1} $\cdot$ min^{-1}, sin suplementos de oxígeno estos hombres no hubiesen podido realizar esfuerzos físicos a esta altura. Un estudio realizado por Pugh y cols,[10] también ilustrado en la Figura 13.5, mostró que hombres con valores del $\dot{V}O_{2máx}$ de 50 mL $\cdot$ kg^{-1} $\cdot$ min^{-1} a nivel del mar no podrían realizar actividad física, o incluso moverse, cerca de la cumbre del Monte Everest porque a esa altura los valores de $\dot{V}O_{2máx}$ declinarían hasta 5 mL $\cdot$ kg^{-1} $\cdot$ min^{-1}. Por lo tanto, la mayoría de las personas normales con valores de $\dot{V}O_{2máx}$ inferiores a 50 mL $\cdot$ kg^{-1} $\cdot$ min^{-1} a nivel del mar no lograrían sobrevivir en la cima del Monte Everest sin suplementos de oxígeno porque sus valores de $\dot{V}O_{2máx}$ a esa altura serían insuficientes para preservar la viabilidad de sus tejidos corporales. El oxígeno que consumirían apenas alcanzaría para satisfacer sus requerimientos de reposo.

Evidentemente, las actividades físicas más afectadas por las condiciones hipóxicas experimentadas en la altura son aquellos ejercicios de larga duración que implican una demanda importante del transporte y la captación de oxígeno a nivel tisular. En la cumbre del Monte Everest, el $\dot{V}O_{2máx}$ disminuye entre un 10 y un 25% respecto del valor registrado a nivel del mar. Este fenómeno limita significativamente la capacidad de realizar ejercicios físicos. Dado que el $\dot{V}O_{2máx}$ disminuye en un porcentaje determinado, las personas con mayor capacidad aeróbica pueden realizar las actividades físicas habituales en la altura con menor esfuerzo y con menos sobrecarga cardiovascular y respiratoria que aquellas con un nivel más bajo de $\dot{V}O_{2máx}$. Esto podría explicar el hecho de que, en 1978, Messner y Habeler lograran alcanzar la cima del Everest sin suplementos de oxígeno; sin duda, estos escaladores tenían valores de $\dot{V}O_{2máx}$ superiores a los registrados generalmente a nivel del mar.

⬤ Concepto clave

Los deportistas especializados en competencias de resistencia que presentan un valor elevado de $\dot{V}O_{2máx}$. a nivel del mar desarrollan una ventaja competitiva en la altura, siempre que permanezcan constantes los otros factores. A medida que el $\dot{V}O_{2máx}$ declina al ascender, cualquier actividad física de una intensidad dada se llevará a cabo a un menor porcentaje de $\dot{V}O_{2máx}$.

Actividades anaeróbicas: esprines, saltos y lanzamientos

Si bien la altura interfiere con las actividades físicas de resistencia, la altura moderada no afecta las actividades anaeróbicas de esprín que duran menos de un minuto (como las pruebas de 100 a 400 m) e incluso puede observarse una mejora del rendimiento. Este tipo de actividades imponen una exigencia mínima sobre el sistema de transporte de oxígeno y el metabolismo aeróbico, dado que la mayor parte de la energía utilizada proviene del adenosintrifosfato (ATP), la fosfocreatina y el sistema glucolítico.

Además, el aire menos denso de las grandes alturas ejerce menor resistencia aerodinámica a los movimientos de los deportistas. Por ejemplo, en los Juegos Olímpicos de 1968, el aire más liviano de la ciudad de México ciertamente permitió la mejora del rendimiento de algunos atletas, tal como se describió al comienzo de este capítulo. En la ciudad de México se superaron o se igualaron récords olímpicos o mundiales en las pruebas masculinas de 100, 200, 400 y 800 m; salto en largo y triple salto y en las pruebas femeninas de 100, 200, 400 y 800 m; carreras de relevo 4 × 100 m y salto en largo. El hecho de que se obtuvieran resultados similares en las competencias de natación de hasta 800 m determinó que algunos expertos en ciencias del deporte cuestionaran la correlación entre la menor densidad del aire y la mejoría del rendimiento deportivo en las actividades de esprín. Cabe señalar que, si bien la altura de la ciudad de México no interfirió en el lanza-

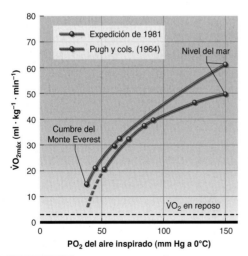

FIGURA 13.5 Relación entre el $\dot{V}O_{2máx}$ y la presión parcial de oxígeno (PO_2) del aire inspirado durante dos expediciones al Monte Everest.

Adaptado de J. B. West et al., 1983, "Maximal exercise at extreme altitudes on Mount Everest", *Journal of Applied Physiology* 55: 688-698. Reproducido con autorización.

miento de bala, el lanzamiento de disco se vio afectado debido a la disminución de la "fuerza de propulsión" en presencia de baja presión barométrica.

Revisión

➤ El rendimiento en ejercicios de resistencia prolongados es el más afectado adversamente por la altura debido a la disminución de la producción de energía oxidativa en esas condiciones.

➤ La reducción en el consumo máximo de oxígeno es directamente proporcional al descenso de la presión atmosférica y comienza a declinar a una altura aproximada de 1 500 m (4 921 pies).

➤ Las actividades anaeróbicas de esprín que duran dos minutos o menos por lo general no se ven afectadas por una altura moderada. En algunos casos, el rendimiento durante el esprín puede mejorar debido a que la menor densidad del aire en la altura ofrece menor resistencia al movimiento.

Aclimatación: exposición prolongada a la altura

Cuando un individuo se encuentra expuesto a la altura durante días, semanas o meses, el cuerpo se adapta gradualmente a la menor presión parcial de oxígeno del aire. No obstante ello, aun la aclimatación más completa a las grandes alturas no logrará compensar totalmente la hipoxia asociada. Incluso los deportistas entrenados para competencias de resistencia que viven durante años en lugares de gran altura nunca alcanzan el nivel de rendimiento ni los valores de $\dot{V}O_{2máx}$ que podrían lograr a nivel del mar. En este aspecto, la aclimatación a la altura es similar a la adaptación al calor descripta en el Capítulo 12. La adaptación al calor mejora el rendimiento y reduce la sobrecarga fisiológica durante el ejercicio en altas temperaturas en comparación con lo observado durante los primeros días en ese medioambiente, pero a pesar de ello, el rendimiento sigue siendo menor que en un ambiente más fresco.

Las secciones siguientes describen algunas de las adaptaciones fisiológicas que tienen lugar durante la exposición prolongada a la altura. Estas adaptaciones incluyen modificaciones a nivel pulmonar, cardiovascular y muscular (celular). En general, el establecimiento completo de estos mecanismos lleva más tiempo (entre varias semanas y varios meses) que los asociados con la adaptación al calor (una a dos semanas). En general, se requieren aproximadamente tres semanas para lograr la aclimatación completa a la altura, aun cuando se trate de una altura moderada. Por cada incremento de 600 m (1 970 pies) de altura se requiere alrededor de una semana de adaptación. Todas estas adaptaciones desaparecen en el curso de un mes luego del retorno al nivel del mar. Muchos de estos ajustes en reposo y en ejercicio máximo se muestran en la Figura 13.6.

Adaptaciones pulmonares

Una de las adaptaciones más importantes a la altura es el aumento de la ventilación pulmonar, tanto en reposo como durante el ejercicio. En el transcurso de 3 a 4 días a una altura de 4000 m (13123 pies), este aumento de la tasa

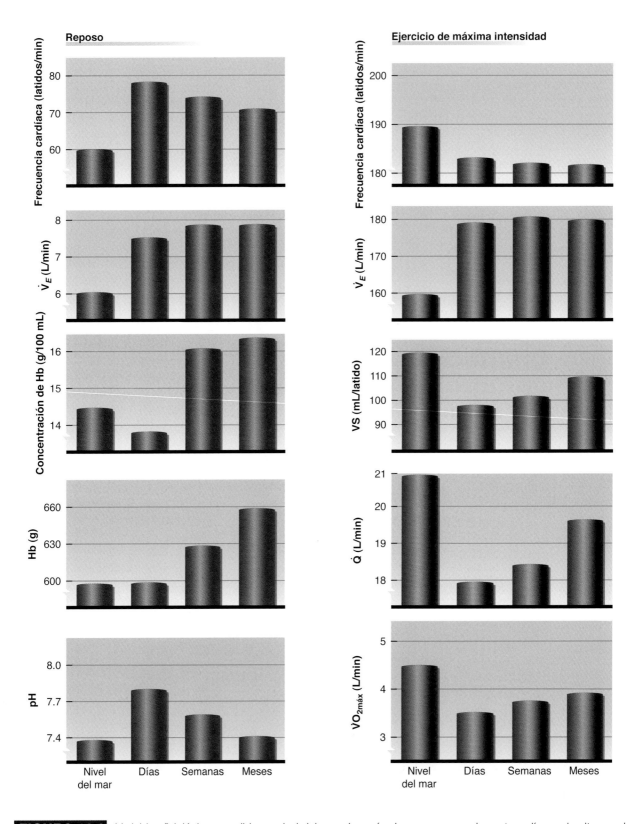

Reposo

Ejercicio de máxima intensidad

FIGURA 13.6 Variables fisiológicas medidas a nivel del mar después de permanecer dos o tres días en la altura y después de una permanencia de semanas y meses (3 000-3 500 m o 9 843-11 483 pies). Se presentan las variables registradas en reposo (izquierda) y durante el ejercicio de máxima intensidad (derecha).
Dibujado a partir de datos presentados por Bartsch y Saltin, 2008.

de ventilación pulmonar en reposo se estabiliza en un valor que supera en aproximadamente un 40% el valor registrado a nivel del mar. La tasa de ventilación pulmonar durante el ejercicio submáximo también alcanza una meseta en un valor 50% mayor al obtenido a nivel del mar, pero para ello se requiere un lapso más prolongado. Los aumentos de la ventilación pulmonar durante el ejercicio siguen siendo importantes en la altura y son más pronunciados a medida que aumenta la intensidad del ejercicio.

Adaptaciones sanguíneas

Durante las primeras 2 semanas en la altura aumenta la cantidad de eritrocitos circulantes. La disminución de oxígeno en las grandes alturas estimula la liberación renal de eritropoyetina (EPO). En el curso de las primeras 3 horas de exposición a la altura, se observa un aumento de la concentración sanguínea de EPO, y este fenómeno persiste durante 2 a 3 días. Si bien la concentración sanguínea de EPO retorna al nivel basal después de transcurrido aproximadamente un mes, la **policitemia** (aumento de la cantidad de eritrocitos) puede persistir durante 3 meses o más. Si un individuo permanece a una altura de 4000 m (13123 pies) durante aproximadamente 6 meses, el volumen sanguíneo total (resultante sobre todo de la masa eritrocítica y el volumen plasmático) aumenta en un 10%, no sólo como consecuencia de la estimulación de la producción de glóbulos rojos inducida por la altura, sino también como resultado de la expansión del volumen plasmático (véase más adelante).[10]

El porcentaje de volumen sanguíneo total representado por los eritrocitos se denomina hematocrito (Hto). Las personas que viven en los Andes centrales de Perú (4 540 m o 14 895 pies) tienen un hematocrito promedio de 60 a 65% (reflejo de una aclimatización más que de un mecanismo de aclimatación; véase el Capítulo 12). Este valor es considerablemente mayor que el promedio registrado en personas que residen a nivel del mar (45 a 48%). Sin embargo, luego de la exposición a esta altura durante 6 semanas, en personas que residían a nivel del mar se registró un aumento muy marcado del hematocrito hasta un valor promedio de 59%.

A medida que aumenta el volumen eritrocítico, también se incrementa el contenido sanguíneo (y la concentración sanguínea después de un descenso inicial; véase la Figura 13.6) de hemoglobina. Como se observa en la Figura 13.7, la concentración sanguínea de hemoglobina tiende a incrementarse en forma directamente proporcional al aumento de la altura del lugar de residencia. Los datos presentados corresponden al sexo masculino. Sin embargo, los limitados datos disponibles para las mujeres muestran una tendencia similar pero con una concentración menor que la de los hombres para una misma altura. Estas adaptaciones mejoran la capacidad de transporte de oxígeno para un volumen fijo de sangre.

La reducción del volumen plasmático durante la exposición aguda a la altura implica una disminución del volumen sanguíneo total y, en consecuencia, una disminución del gasto cardíaco máximo y submáximo. Durante el proceso de aclimatización, el gasto cardíaco máximo aumenta a medida que se incrementan el volumen plasmático y la cantidad de glóbulos rojos a lo largo de varias semanas de exposición a la altura. Sin embargo, como lo muestra la Figura 13.6, el gasto cardíaco no recupera el valor registrado a nivel del mar. Por lo tanto, la aclimatización aumenta la capacidad total de transporte de oxígeno, pero no en la medida necesaria para alcanzar los valores de $\dot{V}O_{2\text{máx}}$ registrados a nivel del mar.

No existe acuerdo acerca de si el proceso de aclimatización altera el transporte sanguíneo de oxígeno modificando la forma y la posición de la curva de disociación de la oxihemoglobina (Figura 13.3). La concentración eritrocítica de 2,3-difosfoglicerato (2,3-DPG) aumenta, lo que desvía la curva hacia la derecha. Este fenómeno debería promover la descarga de oxígeno en los tejidos (porque ante cualquier valor bajo de PO_2 arterial se disociaría una mayor cantidad de oxígeno de la hemoglobina), pero a este efecto se le opone el de la alcalosis respiratoria, que induce un desvío de la curva hacia la izquierda. El efecto neto de ambos mecanismos es variable.

Adaptaciones musculares

Si bien los estudios realizados para analizar las modificaciones musculares que se producen durante la exposición a la altura son escasos, se dispone de suficientes datos derivados de biopsias musculares que indican que los músculos sufren cambios estructurales y metabólicos significativos durante el ascenso a las grandes alturas. En un estudio realizado en escaladores expuestos a un período de 4 a 6 semanas de hipoxia en distintas expediciones, se registró una reducción del área de sección cruzada de las fibras musculares, lo que determinó una disminución de la superficie muscular total. También se observó un aumento de la densidad de los capilares musculares, lo que permitió la llegada de una mayor cantidad de sangre y de oxígeno a las fibras musculares. La incapacidad de los músculos para

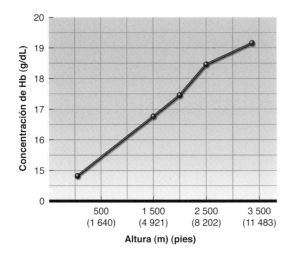

FIGURA 13.7 Concentraciones de hemoglobina (Hb) en hombres que viven y están aclimatizados a diferentes alturas.

satisfacer las demandas del ejercicio en las grandes alturas puede deberse a la disminución de la masa muscular y a la menor capacidad de los músculos de generar ATP.

En la actualidad, no se comprenden por completo los mecanismos detrás de la reducción del área de sección cruzada muscular que se produce durante los primeros días y semanas de exposición a la altura. Como se mencionó previamente, la exposición prolongada a las grandes alturas a menudo causa pérdida del apetito y un marcado descenso en el peso corporal. En 1992, durante una expedición al Monte McKinley, seis hombres experimentaron una pérdida promedio de peso de 6 kg, o 13 lb (D. L. Costill y cols., datos inéditos). Aunque parte de este descenso refleja una reducción general del peso corporal y del líquido extracelular, en los 6 montañistas se observó una marcada disminución de la masa muscular. Es lógico suponer que gran parte de esta pérdida de la masa muscular es consecuencia de la pérdida de apetito y la degradación de las proteínas musculares. Cabe esperar que los futuros estudios sobre el aspecto nutricional y la composición corporal de los escaladores permitan comprender más cabalmente los efectos deletéreos de las grandes alturas sobre la estructura y la función musculares.

La permanencia durante varias semanas en alturas superiores a los 2500 m (8202 pies) reduce el potencial metabólico de los músculos; es posible que este fenómeno no se observe a menores altitudes. Tanto la función mitocondrial como la actividad de las enzimas glucolíticas de los músculos de la pierna (vasto lateral y gastrocnemio) exhiben una reducción significativa luego de cuatro semanas de exposición a la altura. Estos hallazgos sugieren que, además de recibir menos oxígeno, el músculo pierde una parte de su capacidad para realizar el proceso de fosforilación oxidativa y generar ATP. Desafortunadamente, no se cuenta con datos de biopsia muscular obtenidas en sujetos que hayan realizado una residencia prolongada en grandes alturas para determinar si estos individuos experimentan alguna adaptación muscular como consecuencia de la exposición prolongada a la altura.

Adaptaciones cardiovasculares

Los estudios llevados a cabo hacia finales de 1960 con corredores de resistencia indicaron que la reducción en el $\dot{V}O_{2máx}$ registrada en la fase inicial de la estadía en la altura no se corregía significativamente a lo largo de la exposición a un ambiente hipóxico. La capacidad aeróbica se mantuvo sin cambios por hasta dos meses de exposición a la altura.[5] Si bien los corredores que habían estado previamente expuestos a la altura mostraron una mayor tolerancia a la hipoxia, los valores de $\dot{V}O_{2máx}$ y el rendimiento deportivo no mejoraron significativamente con la aclimatación. Si se tiene en cuenta la gran cantidad de adaptaciones que tienen lugar durante la aclimatación a la altura, la ausencia de mejoría de la capacidad aeróbica y del rendimiento no deja de ser sorprendente. Es posible que estos individuos entrenados ya hubiesen alcanzado su máximo nivel de adaptación al entrenamiento y que no pudiesen experimentar ninguna otra adaptación al ser expuestos a la altura. También es posible que los valores reducidos de PO_2 asociados con la altura les impidiese entrenarse con la misma intensidad que a nivel del mar.

Altura: optimización del entrenamiento y el rendimiento

Hasta aquí hemos considerado los cambios principales que se producen a medida que el cuerpo humano se adapta a la altura y la forma en la que estos mecanismos afectan el rendimiento en las grandes alturas. Ahora cabe plantearse los siguientes interrogantes: ¿el entrenamiento en la altura sirve para mejorar el rendimiento a nivel del mar? ¿El entrenamiento en la altura es ventajoso respecto del entrenamiento a nivel del mar cuando se debe competir en grandes alturas? Y ¿cuánto hay de cierto en

⬤ Revisión

➤ La hipoxia estimula la liberación renal de eritropoyetina (EPO) con un aumento secundario de la producción de eritrocitos (glóbulos rojos) por parte de la médula ósea. A mayor cantidad de eritrocitos, mayor cantidad de hemoglobina. Si bien en una fase inicial el volumen plasmático disminuye, lo cual también contribuye a concentrar la hemoglobina, con el transcurso del tiempo se recupera el valor basal. El volumen plasmático normal, sumado al aumento de la cantidad de eritrocitos, determina un incremento del volumen sanguíneo total. Todos estos cambios contribuyen a aumentar la capacidad de transporte de oxígeno de la sangre.

➤ La masa muscular y el peso corporal total disminuyen luego de algunas semanas de exposición a la altura. Parte de esta disminución se debe a la deshidratación y a la pérdida del apetito, pero también tiene lugar la degradación de proteínas a nivel muscular.

➤ Otras adaptaciones musculares incluyen la reducción del área de las fibras musculares, el aumento de la irrigación sanguínea capilar y la disminución de la actividad de las enzimas oxidativas.

➤ Si bien la capacidad de trabajo mejora con la aclimatación a la altura, la disminución del $\dot{V}O_{2máx}$ que tiene lugar durante la exposición inicial a la altura no mejora significativamente después de varias semanas de exposición y, por lo general, nunca retorna a los niveles registrados a nivel del mar.

Vivir en la altura, entrenar a baja altitud

A mediados de los años 1990, un grupo de investigadores del Instituto de Medicina Deportiva y Medioambiental de Dallas, Texas, llevó a cabo una serie de estudios para evaluar el entrenamiento en la altura con el objeto de mejorar el rendimiento de resistencia. Al vivir y entrenar en la altura, la intensidad del entrenamiento disminuye debido a la reducción de la capacidad aeróbica y la desmejora de la función cardiorrespiratoria asociada con la exposición a las grandes alturas. Por lo tanto, a pesar de que los deportistas obtienen ciertos beneficios fisiológicos derivados de la permanencia en altura, pierden las adaptaciones asociadas con un entrenamiento de mayor intensidad. Los estudios de estos investigadores se centraron en evaluar la posibilidad de que los deportistas vivieran a una altura moderada pero entrenaran a una baja altitud que no comprometiese la intensidad del entrenamiento. En uno de los estudios,[8] los investigadores dividieron a 39 corredores de alto nivel competitivo en 3 grupos iguales: uno (el grupo alto-bajo) vivía a una altura moderada (2 500 m o 8 202 pies) y entrenaba a baja altura (1 250 m o 4 100 pies); otro grupo (alto-alto) vivía y entrenaba a una altura moderada (2 500 m); y el tercer grupo (bajo-bajo) vivía y entrenaba a baja altura (150 m o 490 pies). Utilizando una prueba cronometrada de 5 000 m como criterio principal de valoración del rendimiento, los investigadores observaron que el grupo alto-bajo fue el único que mejoró significativamente el rendimiento de carrera, aun cuando en los grupos alto-bajo y alto-alto se registró un aumento de $\dot{V}O_{2máx}$ del 5% que fue proporcional al aumento de la masa eritrocítica. Por ende, el hecho de vivir a alturas moderadas y descender a una menor altura para maximizar la intensidad del entrenamiento se asocia, en apariencia, con una cierta mejoría del rendimiento.

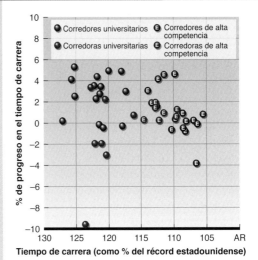

Mejora en el tiempo de carrera (%) en corredores de elite de ambos sexos[11] y en corredores de nivel universitario de ambos sexos[8] luego de cuatro semanas de estadía en la altura pero de entrenar a 1 250 m (4 100 ft). Para más detalles, véase el texto.

Más recientemente, los mismos científicos volvieron a evaluar esta hipótesis en un grupo de 14 corredores y 8 corredoras de elite (todos los cuales, salvo dos, estaban clasificados entre los mejores 50 corredores de los EE. UU. en sus respectivas disciplinas). Estos atletas vivieron a 2 500 m (8 202 pies) de altura y entrenaron a 1 250 m (4 100 pies) durante un período de 27 días. Las pruebas se realizaron a nivel del mar la semana precedente y la semana posterior al período de 27 días en la altura. En estos deportistas, el rendimiento en una prueba cronometrada de 3 000 m a nivel del mar aumentó en un 1,1% y el $\dot{V}O_{2máx}$ se incrementó en un 3,2%.[11] La figura incluida en este recuadro ilustra la diferencia en los tiempos de carrera registrados en ambos estudios; los valores se expresan como el porcentaje de cambio antes y después de la exposición a la altura. Estas diferencias se graficaron en relación con los tiempos cronometrados antes de la exposición a la altura y se expresaron como un porcentaje del récord estadounidense vigente para la disciplina correspondiente en el momento en que se realizó la prueba.

la propuesta relativamente reciente de "vivir en la altura y entrenar a baja altitud" para optimizar el rendimiento?

¿El entrenamiento en la altura mejora el rendimiento a nivel del mar?

Los deportistas han especulado durante décadas con el concepto de que el entrenamiento bajo condiciones hipóxicas, por ejemplo en una cámara hipobárica en la cual simplemente se respiran mezclas de gases con bajo contenido de oxígeno, puede mejorar el rendimiento en las actividades de resistencia a nivel del mar. Dado que muchos de los cambios beneficiosos asociados con la aclimatación a la altura son similares a los obtenidos con el entrenamiento aeróbico, ¿es posible que la combinación de ambos resulte aún más ventajosa? ¿El entrenamiento en la altura puede mejorar el rendimiento a nivel del mar?

Existe un argumento teórico sólido a favor del entrenamiento en la altura. En primer lugar, el entrenamiento en estas condiciones se asocia con un grado importante de hipoxia tisular (oferta insuficiente de oxígeno), y esta situación se considera esencial como factor desencadenante de las respuestas de acondicionamiento.

En segundo lugar, el aumento de la masa eritrocítica y de los niveles de hemoglobina inducido por la exposición a la altitud mejora el transporte de oxígeno al retornar al nivel del mar. Si bien los datos disponibles sugieren que estos últimos cambios son transitorios y duran unos pocos días, en teoría siguen representando una ventaja para el deportista. Además, los resultados de algunos estudios realizados en las décadas de 1960 y 1970 sugirieron que el entrenamiento en la altura mejoraba efectivamente el rendimiento a nivel del mar. Lamentablemente, esos estudios no incluyeron grupos de control compuestos por deportistas que entrenaran y compitieran a nivel del mar, por lo que es imposible determinar si la mejoría del rendimiento de los deportistas entrenados en grandes alturas se debía al entrenamiento o a la altura.

Algunos estudios más recientes han demostrado que el hecho de vivir y entrenar en la altura no se asocia con un aumento del $\dot{V}O_{2máx}$ ni con una mejoraría del rendimiento a nivel del mar. Por otra parte, vivir a nivel del mar y entrenar en una cámara hipobárica para simular la altura no parece ofrecer ninguna ventaja respecto del mismo entrenamiento a nivel del mar. En los pocos estudios en los que se observó que el entrenamiento en la altura mejoraba el rendimiento ulterior a nivel del mar, los participantes no estaban debidamente entrenados antes de ascender a las grandes alturas. Esta situación hace difícil determinar hasta qué punto la mejoría observada a nivel del mar se debió exclusivamente al entrenamiento, independientemente de la altura.

El estudio de los deportistas en la altura plantea otros problemas en la medida en que a menudo no pueden entrenar con el mismo volumen de ejercicio y con la misma intensidad de esfuerzo que cuando lo hacen a nivel del mar. Esto se demostró en un grupo de mujeres ciclistas de alta competencia, quienes completaron un programa de entrenamiento interválico de alta intensidad con producciones de potencia autoseleccionadas. Las ciclistas completaron las pruebas en dos condiciones diferentes: respirando aire atmosférico (normoxia) y respirando una mezcla de gases hipóxica que simulaba las condiciones a 2 100 m (6 888 pies) de altura. Los resultados de este estudio mostraron que, durante el ejercicio de máxima intensidad en condiciones hipóxicas, se produjo una reducción tanto en la potencia medida a corto plazo (15 s) como en la medida mediano plazo (10 min).[4] El ejercicio en alturas mayores (en las que los efectos de la aclimatización serían incluso más beneficiosos) interfiere en mayor medida con el entrenamiento.

Además, el hecho de vivir y entrenar en alturas moderadas a elevadas a menudo conduce a la deshidratación con una disminución resultante del volumen sanguíneo y la masa muscular. Estos y otros efectos secundarios tienden a reducir la aptitud física de los deportistas y su tolerancia al entrenamiento intenso. Por todo lo mencionado anteriormente, resulta difícil interpretar los resultados de los estudios, pero hasta el momento no es posible afirmar con certeza que el entrenamiento en la altura mejore el rendimiento a nivel del mar.

Concepto clave

Los atletas recurrieron al entrenamiento en la altura como una estrategia para mejorar su resistencia a nivel del mar; sin embargo, los resultados de los estudios más recientes en deportistas de resistencia no confirman la eficacia de este método.

¿Existe una manera mejor de preparar a los atletas para competencias de resistencia a nivel del mar sin modificar la intensidad o la duración del entrenamiento? Si los deportistas vivieran en grandes alturas pero entrenaran a nivel del mar o a una menor altitud, ¿podría esta combinación ofrecer beneficios fisiológicos sin comprometer el nivel de entrenamiento? Este concepto se desarrolla en el apartado "Vivir en la altura y entrenar a baja altitud".

Optimización del rendimiento en la altura

¿Qué pueden hacer los deportistas que normalmente se entrenan a nivel del mar pero deben competir en la altura para prepararse mejor? Si bien no se han estudiado todas las combinaciones posibles y los resultados de los diferentes estudios de investigación no son concluyentes, aparentemente los atletas tienen dos opciones viables. Una de ellas es competir lo más pronto posible luego de la llegada al lugar de altura y, en todos los casos, dentro de las primeras 24 horas. Esta estrategia no incluye los efectos beneficiosos de la adaptación, pero la exposición a la altura sería demasiado breve para que se manifiesten los síntomas clásicos del mal de montaña. Luego de las primeras 24 horas, la condición física de los deportistas suele decaer como consecuencia de los efectos indeseables de la exposición aguda a la altura, como la deshidratación, la cefalea y los trastornos del sueño.

La segunda opción es entrenar en la altura un mínimo de 2 semanas antes de competir. Pero ni siquiera 2 semanas es un período suficiente para lograr la aclimatación total. En el mejor de los casos, la adaptación completa requiere 3 a 6 semanas, y por lo general, un período aún más prolongado. Como ya se ha mencionado, varias semanas de entrenamiento aeróbico intenso a nivel del mar para aumentar el $\dot{V}O_{2máx}$ de los deportistas les permitirá competir en la altura realizando un esfuerzo relativamente menor (% del $\dot{V}O_{2máx}$) que el necesario si no se hubieran entrenado aeróbicamente.

Concepto clave

En 2006, el equipo que luego resultaría campeón del Super Bowl, los Pittsburgh Steelers, debía enfrentarse con los Broncos en Denver una semana después de haber vencido a Indianápolis. El equipo debía optar entre viajar a Denver a principios de la semana para tener tiempo de adaptarse a la altura o esperar hasta último momento para llegar al lugar de la competencia. Después de consultar a expertos en fisiología del deporte y a médicos deportólogos, se decidieron por esta última posibilidad, vencieron 34-17 y muy pocos jugadores sufrieron problemas relacionados con la altura.

El entrenamiento prolongado para lograr una adaptación óptima a la altura requiere realizar ejercicios a una altitud de 1 500 m (4 921 pies), la cual se considera el nivel mínimo que permitirá observar un efecto a 3 000 m (9 840 pies), el nivel máximo para poder lograr un condicionamiento eficaz. Durante los primeros días en la altura, la capacidad de trabajo disminuye. Por esta razón, al llegar a la altura los deportistas deberían reducir la intensidad del ejercicio en un 60 a un 70% con relación a la intensidad a nivel del mar y aumentar gradualmente el esfuerzo hasta alcanzar la máxima intensidad en el curso de 10 a 14 días.

Entrenamiento en la "altura" artificial

Los mecanismos más importantes de adaptación a la altura son por lo general las respuestas fisiológicas a la hipoxia, por lo que es posible predecir que una persona desarrollará adaptaciones similares por el simple hecho de respirar gases con baja PO_2. Sin embargo, no existen datos que avalen el concepto de que la inspiración de gases hipóxicos o de mezclas hipobáricas durante períodos breves (1-2 horas por día) pueda inducir siquiera una adaptación parcial similar a la observada en la altura. Por otra parte, en un grupo de corredores de media distancia de elite se observó que la estrategia de alternar períodos (entre 5 y 14 días) de entrenamiento a 2 300 m (7 546 pies) y a nivel del mar estimuló la aclimatación a la altura.[6] La permanencia a nivel del mar durante un período de hasta 11 días no interfirió con los mecanismos de adaptación a la altura convencionales siempre que no se interrumpiera el entrenamiento.

Los resultados favorables de los estudios que evaluaron la estrategia de "vivir en la altura y entrenar a baja altitud" condujeron a la búsqueda de formas de aplicar este concepto sin que fuera necesario que los deportistas vivieran realmente en la altura. Una de las estrategias propuestas consistió en crear un departamento hipóxico en el cual los deportistas pudieran vivir normalmente. La mezcla de gases en el interior del departamento se manipula de manera que el aire inspirado tenga un mayor porcentaje de nitrógeno y un menor porcentaje y una menor presión parcial de oxígeno. Estos departamentos, inicialmente creados por los científicos de *Finnish sports*, pueden simular alturas de 2 000 a 3 000 m (6 560 a 9 840 pies) mediante la dosificación del nitrógeno y el oxígeno del aire inspirado a fin de reducir la presión parcial de oxígeno hasta los niveles asociados con este rango de alturas. También se propusieron instalaciones para dormir o tiendas de campaña hipóxicas.

Lamentablemente, hasta el presente se realizaron pocos estudios debidamente controlados para evaluar si estos departamentos o instalaciones para dormir de hecho mejoran el rendimiento y las funciones fisiológicas. En un metaanálisis (enfoque estadístico basado en la combinación de datos derivados de distintos estudios para llegar a una conclusión) se estableció que la estrategia "vivir en la altura y entrenar a baja altitud" es la más adecuada para mejorar el rendimiento de deportistas de alto nivel competitivo y que la estrategia de entrenamiento en la altura simulada podría aumentar el rendimiento de los deportistas recreativos.[2] No obstante, los autores no descartaron la posibilidad de que este último efecto se debiese a un efecto placebo. También se cuestionaron algunos aspectos éticos relacionados con la utilización de estos recursos artificiales.

⬤ Revisión

➤ La mayoría de los estudios demuestran que el entrenamiento en la altura no se asocia con una mejoría significativa del rendimiento a nivel del mar. En la actualidad se considera que la mejor alternativa consiste en vivir en las grandes alturas y entrenar en zonas de baja altura.

➤ Se recomienda que los deportistas que deben competir en la altura lo hagan con la mayor rapidez posible después de la llegada al lugar y en ningún caso después de transcurridas 24 horas, para evitar que los efectos perjudiciales de la altura interfieran con el rendimiento.

➤ Una estrategia alternativa es que aquellos deportistas que deban competir en la altura entrenen a alturas entre los 1 500 y 3 000 m (4 921 y 9 849 pies) durante por lo menos dos semanas (cuanto más tiempo mejor) antes de la competencia.

➤ No se cuenta con datos que indiquen que la respiración de mezclas de gases hipóxicos o hipobáricos durante un lapso breve (1 a 2 horas por día) induzca una adaptación (aunque sea parcial) similar a la observada durante la exposición a la altura.

Riesgos para la salud derivados de la exposición aguda a la altura

Además del frío, el viento y la radiación solar que azotan a quienes ascienden a alturas moderadas y elevadas, ciertos individuos pueden experimentar síntomas de la **enfermedad aguda de la altura (mal de montaña)**. Este trastorno se caracteriza por un cuadro de cefalea, náuseas, vómitos, disnea (falta de aire) e insomnio. Estos síntomas pueden aparecer en cualquier momento entre 6 y 48 horas después de la llegada a la altura y adquieren una intensidad máxima durante el segundo y tercer día. Si bien el mal de montaña no implica un riesgo para la vida del paciente, puede provocar invalidez durante varios días. En algunos casos, el trastorno se agrava con el transcurso del tiempo y evoluciona hacia otro trastorno relacionado con la altura más grave y potencialmente letal, como el edema pulmonar de las grandes alturas o el edema cerebral de las grandes alturas.

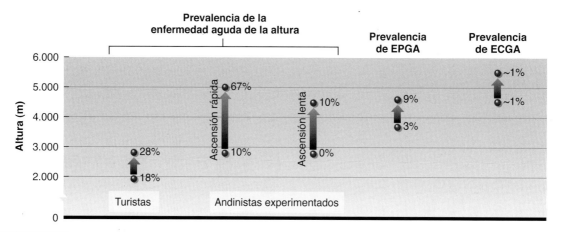

FIGURA 13.8 Prevalencias informadas para la enfermedad aguda de la altura, el edema pulmonar de las grandes alturas (EPGA) y el edema cerebral de las grandes alturas (ECGA) en relación con la altura, la experiencia y, en el caso de la enfermedad aguda de la altura, la velocidad de ascenso.
Adaptado de una recopilación de datos presentados por Bartsch y Saltin, 2008.

Enfermedad aguda de la altura (mal de montaña)

La incidencia de este mal varía con la altura, la velocidad del ascenso y la susceptibilidad del individuo. Se han llevado a cabo varios estudios para determinar la incidencia de este mal en grupos de excursionistas y escaladores recreativos (turistas) y en escaladores con mayor experiencia. Los resultados obtenidos varían ampliamente, ya que oscilan entre el 1 y el 53% en alturas de 3 000 a 5 500 m (9 840 a 18 045 pies) (Figura 13.8). Sin embargo, Forster[7] notificó que el 80% de las personas que ascendieron a la cumbre del Mauna Kea (4 205 m o 13 796 pies), en la isla de Hawái, padecieron algunos síntomas del mal agudo de montaña. Otro estudio reveló que en altitudes de 2 500 a 3 500 m (8 202 a 11 483 pies), es decir, alturas a las que ascienden comúnmente los esquiadores y los excursionistas recreativos, la incidencia de esta condición fue de aproximadamente 7% en los hombres y 22% en las mujeres, aunque el motivo de esta diferencia entre los sexos no se conoce con certeza.[12]

Si bien la etiología precisa de la enfermedad aguda de la altura no ha sido claramente dilucidada, se observó que las personas que padecen síntomas más pronunciados también muestran una respuesta ventilatoria deficiente a la hipoxia. Este fenómeno determina un descenso aún mayor de la PO_2 y la acumulación de dióxido de carbono en los tejidos, factores que probablemente sean la causa de la mayoría de los síntomas asociados con el mal de montaña.

El síntoma que con más frecuencia se asocia con el ascenso a las grandes alturas es la cefalea. Este síntoma rara vez se manifiesta por debajo de los 2 500 m (~8 000 pies), pero el ascenso a 3 600 m (~12 000 pies) se acompaña de cefalea en la mayoría de las personas. La cefalea asociada con la altura, descrita en muchos casos como continua y pulsátil, suele empeorar durante la mañana y

después del ejercicio. El consumo de alcohol agrava los síntomas. El mecanismo preciso se desconoce, pero la hipoxia induce la dilatación de los vasos sanguíneos cerebrales, de manera que un mecanismo posible consiste en el estiramiento de los nociceptores en estas estructuras.

Otra consecuencia del mal agudo de montaña es la incapacidad para conciliar el sueño a pesar de un cansancio marcado. Diversos estudios han demostrado que la incapacidad de conciliar el sueño en la altura se asocia con una interferencia en los estadios del sueño. Además, algunas personas presentan un patrón respiratorio con respiraciones interrumpidas, conocido con el nombre de **respiración de Cheyne-Stokes**, que impide conciliar el sueño o lo interrumpe repetidamente. La respiración de Cheyne-Stokes se caracteriza por períodos alternados de respiración rápida y respiración lenta y superficial, y por lo general se asocia con períodos intermitentes en los que la respiración se interrumpe completamente. La incidencia de este patrón de respiración irregular aumenta con la altura: a 2 440 m (8 005 pies) se observa en un 24% de las personas, a 4 270 m (14 009 pies) afecta al 40%; y a una altura superior a los 6 300 m (20 669 pies) su incidencia es de virtualmente el 100%.[15]

¿Qué pueden hacer los deportistas para evitar el mal agudo de montaña? Incluso los deportistas altamente entrenados en resistencia aparentemente están desprotegidos contra los efectos de la hipoxia y, a menos que existan antecedentes del mal agudo de montaña que sugiera una predisposición a este trastorno, es difícil identificar a los individuos con mayor riesgo de padecer síntomas.

En general, es posible evitar el mal de montaña mediante el ascenso gradual y la permanencia durante períodos de algunos días en una zona de menor altura. Para minimizar los riesgos del mal de montaña, se ha sugerido un ascenso progresivo que no supere los 300 m (984 pies) por día a partir de una altura de 3 000 m (9 840 pies). Entre los fármacos que se han empleado para aliviar los síntomas del mal agudo de montaña, el único con eficacia preventiva es la acetazolamida, comenzando el tratamiento el día previo al del ascenso. La acetazolamida se puede combinar con un corticoide, como la dexametasona. Ambos fármacos requieren supervisión médica. Por supuesto, el tratamiento definitivo para este trastorno consiste en el descenso a una altura menor, pero el empleo de oxígeno de alto flujo y de cámaras hiperbáricas portátiles también es eficaz en los casos más graves.

Edema pulmonar de las grandes alturas

A diferencia de la enfermedad aguda de la altura, el **edema pulmonar de las grandes alturas (EPGA)**, el cual consiste en la acumulación de líquido en los pulmones, es un trastorno potencialmente letal. La etiología del EPGA se desconoce, pero es probable que se relacione con la vasoconstricción pulmonar secundaria a la hipoxia y la formación resultante de coágulos sanguíneos en los pulmones. En el resto de los tejidos, existe una hiperperfusión y ello determina el escape de líquido y proteínas desde los capilares. Este cuadro es más frecuente en individuos no aclimatizados que ascienden rápidamente a alturas superiores a los 2 500 m (8 202 pies). El EPGA afecta a personas previamente sanas y se ha reportado con mayor frecuencia en niños y adultos jóvenes. La acumulación de líquido interfiere con el movimiento del aire desde y hacia los pulmones, lo que provoca disnea,

tos persistente, opresión torácica y fatiga más cansancio. La alteración de la respiración normal interfiere con la oxigenación de la sangre y, en los casos más graves, se acompaña de cianosis (coloración azulada) de los labios y las uñas de las manos, confusión mental y pérdida de la consciencia. El tratamiento del EPGA incluye la administración de suplementos de oxígeno y el traslado de la víctima a una zona de menor altura.

Edema cerebral de las grandes alturas

Se notificaron raros casos de **edema cerebral de las grandes alturas (ECGA)**, el cual consiste en la acumulación de líquido en la cavidad intracraneal. A menudo, este trastorno es una complicación del EPGA y se caracteriza por un cuadro de confusión mental, letargo y ataxia (dificultad para caminar) que más tarde evoluciona hacia el coma y la muerte. La mayoría de los casos se observó en alturas superiores a 4 300 m (14 108 pies). Al igual que en el caso del EPGA, el ECGA es consecuencia del escape de líquido desde los capilares cerebrales como consecuencia de la hipoxia, lo que conduce al edema cerebral y al aumento resultante de la presión dentro de la cavidad intracraneal inelástica. El tratamiento incluye la administración de suplementos de oxígeno, el empleo de una cámara hiperbárica portátil y el descenso inmediato a una zona de menor altura. Si esta última medida se demora, el riesgo de lesiones permanentes aumenta.

Revisión

➤ La enfermedad aguda de la altura, a menudo llamada mal de montaña, generalmente provoca cefalea, náuseas, disnea e insomnio. Estos síntomas aparecen entre 6 y 48 horas posteriores a la llegada a la altura.

➤ Se desconoce la causa precisa de la enfermedad aguda de la altura, pero muchos investigadores sospechan que los síntomas pueden deberse a la combinación de hipoxia y la acumulación de dióxido de carbono en los tejidos.

➤ En general, la enfermedad aguda de la altura se puede evitar mediante un ascenso lento y gradual hasta el destino final sin ascender más de 300 m (984 pies) por día a partir de los 3 000 m (9 840 pies) de altura.

➤ Los edemas pulmonar y cerebral de las grandes alturas (EPGA y ECGA), los cuales se asocian con la acumulación de líquido en los pulmones y la cavidad intracraneal, son trastornos potencialmente fatales. Ambos se tratan mediante la administración de oxígeno, el uso de cámaras hiperbáricas portátiles y el descenso a menor altura de las víctimas.

Conclusión

La actividad física rara vez se desarrolla en condiciones medioambientales ideales. Factores como el calor, el frío, la humedad y la altura, solos o en combinación, representan problemas singulares que se suman a las demandas fisiológicas del ejercicio propiamente dicho. En este capítulo y en el capítulo precedente, se describieron en forma sucinta los efectos de estos factores de estrés medioambiental tan frecuentes y las estrategias para contrarrestarlos.

Gran parte de los análisis desarrollados hasta el momento se relacionaron con los mecanismos mediante los cuales los parámetros fisiológicos y el estrés medioambiental pueden interferir con el rendimiento deportivo. En la parte del libro desarrollada a continuación, examinaremos las distintas formas de optimizar el rendimiento deportivo. Comenzaremos por reflexionar acerca la importancia de la carga de entrenamiento y analizaremos lo que ocurre cuando el estímulo de entrenamiento es excesivo o insuficiente.

Palabras clave

alcalosis respiratoria

edema cerebral de las grandes alturas (ECGA)

edema pulmonar de las grandes alturas (EPGA)

enfermedad aguda de la altura (mal de montaña)

hipobárico

hipoxemia

hipoxia

policitemia

presión barométrica

presión parcial de oxígeno (PO_2)

respiración de Cheyne-Stokes

Preguntas

1. Describa las condiciones de la altura que pueden limitar la actividad física.
2. ¿Qué tipos de actividades físicas se ven perjudicadas por la exposición a las grandes alturas y por qué?
3. Describa las adaptaciones fisiológicas que tienen lugar dentro de las primeras 24 horas posteriores a la llegada a una altura de 1 500 m.
4. Describa y diferencie las adaptaciones fisiológicas que acompañan la aclimatación a las grandes alturas durante períodos de días, semanas y meses.
5. Un deportista que se desempeña en competencias de resistencia entrenado en la altura ¿mejorará su rendimiento ulterior a nivel del mar? Justifique la respuesta.
6. Describa la ventaja teórica de vivir en la altura y entrenar a baja altitud.
7. ¿Cuáles son las mejores estrategias para preparar a los deportistas que deben competir en grandes alturas?
8. ¿Cuáles son los riesgos para la salud asociados con la exposición aguda a las grandes alturas y de qué manera pueden minimizarse?

PARTE V

Optimización del rendimiento deportivo

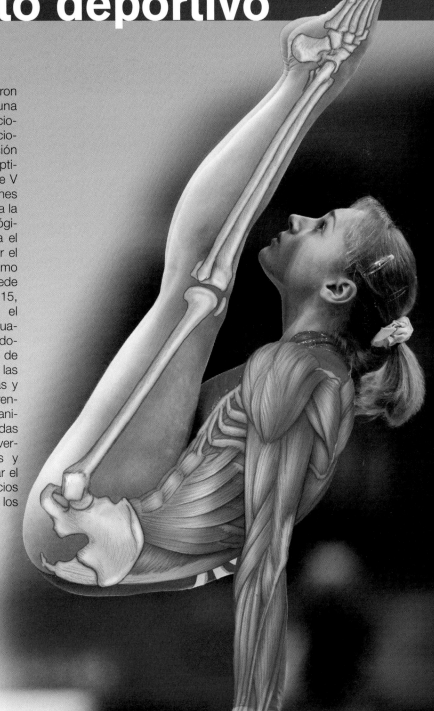

En los capítulos anteriores se analizaron las respuestas corporales ante una sesión aguda de ejercicio, las adaptaciones crónicas al entrenamiento y a las condiciones ambientales extremas. A continuación podremos aplicar estos conocimientos a la optimización del rendimiento deportivo. La Parte V se centra en el análisis de aquellas cuestiones relevantes para optimizar la preparación para la competencia desde un punto de vista fisiológico. En el Capítulo 14, "Entrenamiento para el deporte", se explicará la manera de mejorar el régimen de entrenamiento y se analizará cómo un entrenamiento excesivo o insuficiente puede perjudicar el rendimiento. En el Capítulo 15, "Composición corporal y nutrición para el deporte", se tratarán temas relativos a la evaluación de la composición corporal, relacionándola con el rendimiento deportivo y el uso de estándares de peso. Luego se evaluarán las necesidades nutricionales de los deportistas y se considerará la posibilidad de mejorar el rendimiento con suplementos nutricionales y manipulación de la dieta. En el Capítulo 16, "Ayudas ergogénicas y deporte", se presentarán diversos agentes farmacológicos, hormonales y fisiológicos que se propusieron para mejorar el rendimiento y se examinarán los beneficios potenciales, los efectos comprobados y los riesgos para la salud asociados con su uso.

Entrenamiento para el deporte

14

En este capítulo

Optimización del entrenamiento: un modelo   **334**
Sobreesfuerzo (*overreaching*)   335
Entrenamiento excesivo   335

Sobreentrenamiento   **338**
Efectos del sobreentrenamiento: síndrome de sobreentrenamiento   338
Predicción del síndrome de sobreentrenamiento   342
Reducción del riesgo y tratamiento del síndrome de sobreentrenamiento   344

Puesta a punto para alcanzar el máximo rendimiento (*tapering*)   **344**

Desentrenamiento   **346**
Fuerza y potencia muscular   347
Resistencia muscular   348
Velocidad, agilidad y flexibilidad   350
Resistencia cardiorrespiratoria   350

Conclusión   **352**

Durante toda su carrera universitaria, Eric se entrenó en natación 4 horas por día, cubriendo hasta 13,7 km (8,5 millas) todos los días. A pesar de este esfuerzo, no podía mejorar su tiempo en la prueba de 200 yardas (183 m) estilo mariposa, que era el mismo que marcaba desde que era estudiante de primer año. Con su mejor marca de 2 minutos 15 segundos, casi nunca tuvo oportunidad de competir porque varios de sus compañeros de equipo podían terminar la prueba en menos de 2 minutos 5 segundos. Durante el último año de universidad de Eric, su entrenador hizo un gran cambio en el plan de entrenamiento del equipo. Los nadadores se entrenaban sólo 2 horas y nadaban un promedio de entre 4,5 y 4,8 km (2,8-3 millas) por día. Además, la velocidad del nado fue aumentando en forma progresiva y los períodos de descanso fueron más prolongados. De repente, los tiempos de Eric comenzaron a mejorar. Al cabo de 3 meses, su tiempo había bajado a 2 minutos 10 segundos, todavía insuficiente para convertirse en un competidor importante. Pero como recompensa por la mejora de Eric, el entrenador lo eligió para nadar en la prueba de 183 metros (200 yardas) en estilo mariposa en la competencia para el campeonato de la liga deportiva, y le exigió 3 semanas de entrenamiento reducido de sólo 1,6 km (1 milla) por día. En conclusión, con menos entrenamiento que en años anteriores y bien descansado, Eric pudo llegar a la final de la prueba. Su tiempo preliminar fue de 2 minutos 1 segundo. En la final mejoró todavía más, y logró terminar en tercera posición con un tiempo de 1 minuto 57,7 segundos; un resultado impresionante para un nadador que rindió mejor con un entrenamiento de menor volumen pero de mayor calidad.

Días y semanas de entrenamiento repetitivo pueden considerarse un "estrés" positivo porque las adaptaciones producidas por el entrenamiento mejoran la capacidad de producción de energía, el transporte de oxígeno, la contracción muscular y otros mecanismos que promueven un rendimiento óptimo durante el ejercicio. Los principales cambios asociados con el entrenamiento tienen lugar en las primeras 6 a 10 semanas. La magnitud de estas adaptaciones depende del volumen y la intensidad del ejercicio ejecutado durante el entrenamiento, lo que hace que muchos entrenadores y deportistas crean erróneamente que el deportista que realiza el entrenamiento más prolongado e intenso es el que obtiene mejores resultados. Sin embargo, cantidad y calidad del entrenamiento son conceptos diferentes. Muy a menudo, las sesiones de entrenamiento se evalúan en función del volumen total (p. ej., distancia recorrida a pie, en bicicleta o nadando) realizado en cada sesión de entrenamiento y esto conduce a los entrenadores a diseñar programas que no son ideales para mejorar el rendimiento en ese deporte y a menudo imponen demandas poco realistas sobre el deportista.

La rapidez con la cual un individuo se adapta al entrenamiento está limitada por la capacidad genética. Demasiado entrenamiento puede reducir las posibilidades de mejorar y en algunos casos puede comprometer el proceso de adaptación, con una reducción final del rendimiento. Cuando el entrenamiento alcanza intensidades extremas, pueden aparecer enfermedades o lesiones severas.

⬤ Concepto clave

La velocidad de adaptación al entrenamiento está limitada por la carga genética. Cada individuo responde de modo distinto a un mismo estrés de entrenamiento, de forma que un entrenamiento excesivo para un individuo puede estar muy por debajo de la capacidad de otro. En consecuencia, es importante que los entrenadores reconozcan las diferencias individuales y las tengan en cuenta cuando diseñan y ponen en práctica programas de entrenamiento.

Aunque el volumen de trabajo ejecutado durante el entrenamiento es un estímulo importante para las adaptaciones fisiológicas, debe lograrse un equilibrio apropiado entre el volumen y la intensidad. El entrenamiento puede ser excesivo y provocar fatiga crónica, enfermedades, lesiones por sobreuso, síndrome de sobreentrenamiento y disminución del rendimiento. Por otro lado, el descanso y el equilibrio apropiado entre volumen e intensidad del entrenamiento pueden mejorar los resultados. Se han realizado muchos esfuerzos para determinar el volumen y la intensidad requeridos para lograr una adaptación óptima. Los fisiólogos del ejercicio han probado muchos regímenes de entrenamiento para determinar los estímulos mínimos y máximos que permiten lograr un mejor funcionamiento cardiovascular y muscular. En la próxima sección se examinarán aquellos factores que pueden afectar la respuesta a un programa de entrenamiento y se desarrollará un modelo para optimizar el estímulo del entrenamiento.

Optimización del entrenamiento: un modelo

Todos los programas de entrenamiento bien diseñados incorporan el principio de sobrecarga (*overload*) progresiva. Como se analizó en el Capítulo 9, este principio sostiene que para continuar obteniendo beneficios el estímulo del entrenamiento debe aumentar de manera progresiva conforme el cuerpo se adapta al estímulo actual. El único modo de avanzar en el entrenamiento es incrementar el estímulo en forma progresiva. Sin embargo, cuando se lleva este concepto al extremo, el entrenamiento puede volverse excesivo y llevar al cuerpo más allá de su capacidad de adaptación sin producir aumentos adicionales en el acondicionamiento o el rendimiento, con reducción de este último. En cambio, si el volumen o la intensidad del entrenamiento son insuficientes, no es posible lograr cambios fisiológicos ni alcanzar el rendimiento óptimo. Así, el entrenador y el deportista enfrentan el desafío de determinar el estímulo óptimo del entrenamiento para cada deportista en particular, reconociendo que lo que funciona en un deportista puede no servir para otro.

En la Figura 14.1 se ofrece un modelo que muestra el continuo de las etapas de entrenamiento que un deportista competitivo puede atravesar a lo largo de un año. Este modelo se basa en el principio de periodización, que se describió en el Capítulo 9 y se ilustra en la Figura 14.2. En este modelo, el **subentrenamiento** representa el tipo de entrenamiento que un deportista debe realizar entre temporadas de competencia o durante el descanso activo. En general, las adaptaciones fisiológicas son menores y no se producen avances en el rendimiento. La **sobrecarga aguda** representa lo que podría considerarse un entrenamiento con carga "promedio" en el cual el deportista estresa su cuerpo hasta el límite necesario para incrementar la función fisiológica y el rendimiento. El **sobreesfuerzo** (*overreaching*) es un término relativamente nuevo que representa un breve período con una alta sobrecarga y sin la recuperación adecuada en el cual se excede la capacidad adaptativa del deportista. Se produce una reducción breve del rendimiento, que dura entre varios días y varias semanas, pero finalmente se observa una mejoría. Por último, el **sobreentrenamiento** es el punto en el cual un deportista experimenta una maladaptación fisiológica, con la reducción crónica del rendimiento. Esto en general lleva a un **síndrome de sobreentrenamiento**.[1] El **entrenamiento excesivo**, no presente en el modelo, se refiere al entrenamiento que alcanza un nivel muy superior a lo que se necesita para el rendimiento máximo, pero que no satisface estrictamente los criterios para sobreesfuerzo o sobreentrenamiento.

Sobreesfuerzo (*overreaching*)

El sobreesfuerzo (*overreaching*) es un intento sistemático por sobreestresar intencionalmente el cuerpo por un período corto. Si se ejecuta correctamente, permite que el cuerpo se adapte a un estímulo de entrenamiento incrementado (esto es, más allá del nivel de adaptación alcanzado con la sobrecarga "normal"). Al igual que en el sobreentrenamiento, hay una reducción breve del rendimiento, que dura entre varios días y varias semanas, seguida por una mejoría de la función fisiológica y un incremento en el rendimiento. Es evidente que ésta es la fase crítica del entrenamiento, que puede mejorar la función fisiológica y el rendimiento o provocar el sobreentrenamiento si se supera el límite de la capacidad. Cuando se produce un sobreesfuerzo, el período de recuperación completa tarda entre varios días y varias semanas; no obstante, en caso de sobreentrenamiento, la recuperación puede tardar varios meses o, en ciertos casos, hasta años. La clave para el sobreesfuerzo es impulsar al deportista a realizar un esfuerzo de intensidad suficiente como para lograr las mejorías positivas deseadas en la función fisiológica y el rendimiento pero sin avanzar al estadio de sobreentrenamiento, ¡lo cual no es una tarea sencilla!

Entrenamiento excesivo

Durante el entrenamiento excesivo, tanto el volumen como la intensidad son llevados a niveles extremos. La filosofía de "más es mejor" suele dirigir el programa de entrenamiento. Durante muchos años, los deportistas fueron subentrenados. Cuando los entrenadores y los deportistas se volvieron más audaces y comenzaron a extender los límites aumentando el volumen y la intensidad del entrenamiento, encontraron que los atletas respondían bien y las marcas mundiales comenzaron a batirse. Sin embargo, esta filosofía sólo debe aplicarse limitadamente. Al llegar a un punto determinado, el rendimiento alcanza una meseta o declina. A continuación se presentarán algunos ejemplos.

La mayor parte de la investigación sobre entrenamiento excesivo se llevó a cabo en nadadores, pero los principios también se aplican a casi todas las demás formas de entrenamiento. Las investigaciones demuestran que

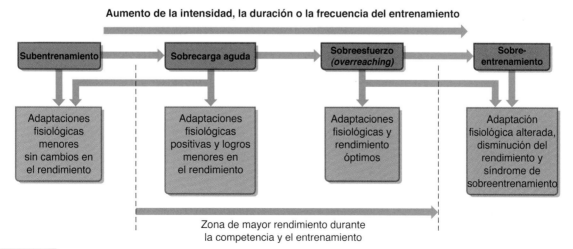

Aumento de la intensidad, la duración o la frecuencia del entrenamiento

Subentrenamiento	Sobrecarga aguda	Sobreesfuerzo (*overreaching*)	Sobreentrenamiento
Adaptaciones fisiológicas menores sin cambios en el rendimiento	Adaptaciones fisiológicas positivas y logros menores en el rendimiento	Adaptaciones fisiológicas y rendimiento óptimos	Adaptación fisiológica alterada, disminución del rendimiento y síndrome de sobreentrenamiento

Zona de mayor rendimiento durante la competencia y el entrenamiento

FIGURA 14.1 Modelo de estadios del entrenamiento.

Adaptada, con autorización, de L.E. Armstrong y J.L. VanHeest, 2002, "The unknown mechanism of the overtraining syndrome", *Sports Medicine* 32(1): 185-209.

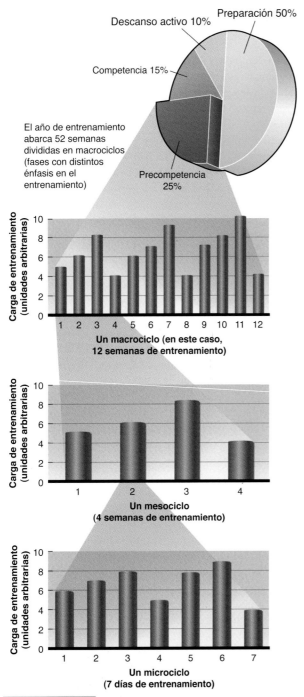

FIGURA 14.2 Estructura de un programa periodizado de entrenamiento. En este modelo, se hace variar la carga de entrenamiento a lo largo del tiempo para provocar la sobrecarga aguda y cierto grado de sobreesfuerzo, a la vez que se evita el sobreentrenamiento.

Adaptada, con autorización, de R.W. Fry, A.R. Morton y D. Keast, 1991, "Overtraining in athletes: An update", *Sports Medicine* 12: 32-65.

nadar 3 o 4 horas por día, 5 o 6 días por semana, no proporciona mayores beneficios que el entrenamiento durante sólo 1 o 1,5 horas al día.[6] De hecho, se demostró que este entrenamiento excesivo puede reducir significativamente la fuerza muscular y el rendimiento en las pruebas de velocidad en natación.

Pocos estudios han comparado los efectos de realizar una única sesión diaria de entrenamiento versus múltiples sesiones diarias sobre el acondicionamiento físico y el rendimiento. Los estudios realizados hasta el momento no obtuvieron evidencias científicas que avalen el hecho de que múltiples sesiones diarias de entrenamiento mejoran el rendimiento más que una sola sesión por día. Esto se ilustra en la Figura 14.3, que muestra las respuestas de dos grupos de nadadores que entrenaron una vez al día (grupo 1) o 2 veces al día (grupo 2) por un período de 5 semanas durante un programa de entrenamiento de entre 10 y 25 semanas.[5] Todos los nadadores comenzaron con el mismo régimen de entrenamiento de una sesión por día. No obstante, desde el comienzo de la quinta semana hasta el final de la décima, el grupo 2 incrementó su entrenamiento a 2 sesiones por día. Tras 6 semanas en los diferentes regímenes, ambos volvieron a realizar una sesión diaria de entrenamiento. Al inicio del programa de entrenamiento, todos los nadadores exhibieron una reducción significativa en la frecuencia cardíaca y en los niveles de lactato en sangre; sin embargo, no se observaron diferencias significativas entre los grupos en respuesta al cambio en el volumen de entrenamiento. Los nadadores que entrenaron 2 veces por día no mostraron mejoras adicionales sobre los que entrenaron una sola vez al día. De hecho, en estos individuos, los valores de concentración de lactato en sangre (Figura 14.3a) y de frecuencia cardíaca (Figura 14.3b) parecen ser ligeramente mayores para el mismo ritmo fijo de nado.

Para determinar los efectos a largo plazo del entrenamiento excesivo, se compararon las mejoras en el rendimiento de nadadores que realizaron dos sesiones diarias de entrenamiento completando una distancia total de más de 10 000 m (10 936 yd) por día (grupo LS, alto volumen de entrenamiento) con las de un grupo de nadadores que completó la mitad de esta distancia en una única sesión diaria de entrenamiento (grupo SS, bajo volumen de entrenamiento).[6] En ambos grupos se examinaron los cambios en el tiempo de rendimiento en los 91 m (100 yardas) en estilo crol durante un período de 4 años. Los nadadores de los grupos LS y SS experimentaron un avance promedio idéntico del 0,8% por año. Se observaron mejoras similares en aquellos nadadores que competían en otras pruebas de estilo crol, como las de 183, 457 y 1 509 metros (200, 500 y 1 650 yardas).

El concepto de especificidad del entrenamiento (véase el Capítulo 9) implica que completar varias horas de entrenamiento diario no provocará las adaptaciones que necesitan aquellos deportistas que participan en pruebas de corta duración. La mayoría de las pruebas de natación duran menos de 2 minutos. Por lo tanto, ¿cómo es posible que entrenar por 3-4 h diarias a velocidades marcadamente menores que las utilizadas durante la competencia preparen a los nadadores para el esfuerzo máximo de competición? Un volumen de entrenamiento tan grande puede preparar a los atletas para soportar volúmenes aun mayores de entrenamiento, pero es probable que contribuya poco a mejorar su rendimiento.

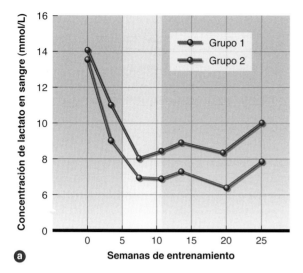

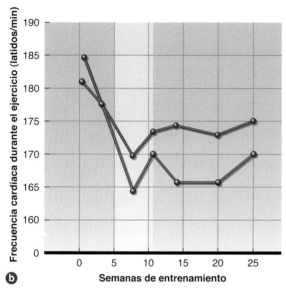

FIGURA 14.3 Cambios observados en (a) la concentración de lactato en sangre y (b) la frecuencia cardíaca en nadadores durante una prueba estandarizada de 366 m (400 yardas) a lo largo de 25 semanas de entrenamiento. Desde el comienzo de la quinta semana hasta el final de la décima, un grupo entrenó una vez al día (grupo 1) y el otro lo hizo dos veces por día (grupo 2).

En la actualidad, los investigadores cuestionan la necesidad de largas sesiones diarias de ejercicio (alto volumen). En algunos deportes, es probable que el volumen del entrenamiento pueda reducirse significativamente, incluso a la mitad, sin perder los beneficios y con menos riesgo de generar sobreentrenamiento hasta el punto de disminuir el rendimiento. El principio de especificidad sugiere que el entrenamiento de baja intensidad y alto volumen no mejorará el rendimiento en las pruebas de velocidad de los distintos deportes.

La intensidad del entrenamiento también es un factor importante y hace referencia tanto a la fuerza relativa de las acciones musculares (p. ej., entrenamiento de la fuerza) como al estrés relativo impuesto sobre los sistemas metabólico y cardiovascular (p. ej., entrenamiento aeró-

bico y anaeróbico). Existe una estrecha relación entre la intensidad y el volumen de entrenamiento: al reducir la intensidad, el volumen del entrenamiento debe incrementarse para alcanzar la adaptación. El entrenamiento a intensidades muy elevadas requiere un volumen de entrenamiento mucho menor, pero las adaptaciones son diferentes de las logradas con un entrenamiento de baja intensidad y alto volumen. Este concepto se aplica a los 3 tipos de entrenamiento: fuerza, anaeróbico y aeróbico.

El entrenamiento de alta intensidad y bajo volumen sólo puede tolerarse por breves períodos. Si bien este tipo de entrenamiento mejora la fuerza muscular (entrenamiento con sobrecarga) y la velocidad y la capacidad anaeróbica (entrenamiento interválico de alta intensidad), no mejora o produce una mejora muy reducida de la capacidad aeróbica. En cambio, el entrenamiento de baja intensidad y alto volumen promueve el transporte de oxígeno y el metabolismo oxidativo, lo que mejora la capacidad aeróbica, pero ejerce un efecto escaso o nulo sobre la fuerza muscular, la capacidad anaeróbica y la velocidad corporal total.

Los intentos de realizar entrenamientos prolongados de alta intensidad pueden ejercer efectos negativos sobre la adaptación. Las necesidades energéticas del entrenamiento de alta intensidad incrementan significativamente las demandas sobre el sistema glucolítico, lo cual provoca una rápida reducción de las reservas de glucógeno muscular. Si este tipo de entrenamiento se intenta con demasiada frecuencia, por ejemplo a diario, las reservas musculares de energía pueden sufrir un agotamiento crónico y la persona puede experimentar signos de cansancio crónico o de sobreentrenamiento, como se verá más adelante en este capítulo.

⬤ Revisión

➤ El entrenamiento óptimo requiere seguir un modelo que incorpore los principios de la periodización porque el cuerpo necesita avanzar sistemáticamente a través de las fases de subentrenamiento, sobrecarga aguda y sobreesfuerzo para maximizar el rendimiento.

➤ El entrenamiento excesivo es aquel en el cual se utilizan altos volúmenes, altas intensidades o ambos. Este entrenamiento no mejora o mejora muy poco el acondicionamiento o el rendimiento y puede derivar en la reducción del rendimiento y en problemas de salud.

➤ El volumen del entrenamiento puede incrementarse a través del aumento de la duración o la frecuencia de las sesiones de entrenamiento. Muchos estudios demostraron que no existen diferencias significativas en el rendimiento entre deportistas que entrenan con volúmenes típicos y otros que lo hacen con el doble del volumen (entrenamiento realizado durante el doble de tiempo o dos veces al día en lugar de una vez al día).

➤ La intensidad del entrenamiento determina las adaptaciones específicas que ocurren en respuesta al estímulo del entrenamiento. Al aumentar la intensidad del entrenamiento, el volumen debe reducirse, y viceversa.

Sobreentrenamiento

Durante períodos de entrenamiento demasiado intenso, los deportistas pueden experimentar una reducción inexplicable en el rendimiento y en las funciones fisiológicas, que puede extenderse por semanas, meses o años. Esta condición se denomina sobreentrenamiento, y la causa o las causas precisas de esta alteración en el rendimiento no se comprenden completamente. La investigación sugiere que el sobreentrenamiento puede estar relacionado tanto con factores psicológicos como fisiológicos. Asimismo, puede producirse un sobreentrenamiento con cada una de las 3 formas principales de entrenamiento (fuerza, anaeróbico y aeróbico), de manera que es probable que la causa y los síntomas varíen según el tipo de entrenamiento.

Todos los deportistas experimentan cierto grado de fatiga cuando se someten a períodos sucesivos de entrenamiento durante días o semanas, por lo cual no todas las situaciones que producen fatiga pueden clasificarse como sobreentrenamiento (como se planteó en relación con el sobreesfuerzo). La fatiga que acompaña a una o más sesiones de entrenamiento agotador se corrige con unos pocos días de reducción del ejercicio o con reposo y una dieta rica en carbohidratos. En cambio, el sobreentrenamiento se caracteriza por un descenso súbito del rendimiento y la función fisiológica, que no puede remediarse con unos pocos días de reducción del ejercicio, reposo o cambios en la dieta.

Efectos del sobreentrenamiento: síndrome de sobreentrenamiento

La mayoría de los síntomas producidos por el sobreentrenamiento, que constituyen el síndrome de sobreentrenamiento, son subjetivos e identificables sólo después de que se han comprometido la función fisiológica y el rendimiento del individuo. Por desgracia, estos síntomas pueden ser extremadamente individuales, lo que hace que sea muy difícil para los deportistas, los entrenadores y los preparadores físicos reconocer que el deterioro del rendimiento se debe al sobreentrenamiento. La disminución del rendimiento físico durante el entrenamiento continuo suele ser la primera indicación del síndrome de sobreentrenamiento (véase la Figura 14.4). El deportista siente una pérdida de fuerza, coordinación y capacidad para el ejercicio y, en general, se siente cansado. Otros signos y síntomas primarios del síndrome de sobreentrenamiento abarcan[1]

- cambios en el apetito,
- pérdida de peso,
- trastornos del sueño,
- irritabilidad, inquietud, excitabilidad, ansiedad,

- pérdida de motivación y fuerza,
- falta de concentración mental,
- sentimientos de depresión, y
- falta de aprecio por cosas que habitualmente el individuo disfrutaría, incluido el ejercicio.

A menudo, las causas subyacentes del síndrome de sobreentrenamiento son una compleja combinación de factores emocionales y fisiológicos. Hans Selye[19] señaló que la tolerancia al estrés de un individuo puede colapsar de igual forma por un repentino incremento de la ansiedad como por un aumento de las tensiones físicas. Las exigencias emocionales de la competencia, el deseo de ganar, el temor al fracaso, objetivos elevados e irreales y las expecta-

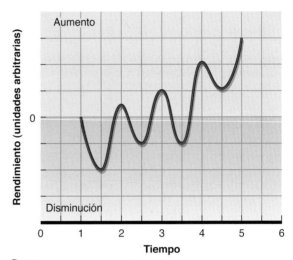

a Sobrecarga aguda y sobreesfuerzo

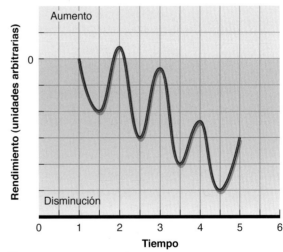

b Sobreentrenamiento

FIGURA 14.4 Patrón típico de las mejoras esperadas en el rendimiento en relación con la sobrecarga aguda y el sobreesfuerzo (*overreaching*) en contraste con el patrón observado durante el sobreentrenamiento.

Adaptado, con autorización, de M.L. O'Toole, 1998, Overreaching and overtraining in endurance athletes. En *Overtraining in sport*, editado por R.B. Kreider, A.C. Fry y M.L. O'Toole (Champaign, IL: Human Kinetics), 10,13.

Concepto clave

A menudo, algunos deportistas se sobreentrenan debido a la creencia errónea de que más entrenamiento siempre mejora el rendimiento. A medida que el rendimiento se deteriora con el sobreentrenamiento, el deportista entrena aún más fuerte en un esfuerzo por compensar la pérdida de rendimiento. Cabe destacar la importancia de diseñar programas de entrenamiento que incluyan reposo y variaciones en la intensidad y el volumen para evitar el sobreentrenamiento.

tivas de otras personas sobre uno mismo pueden generar un estrés emocional intolerable. Debido a ello, el sobreentrenamiento suele asociarse con una pérdida del deseo de competir y del entusiasmo por el entrenamiento. Asimismo, Armstrong y VanHeest[1] hicieron una importante observación al indicar que el síndrome de sobreentrenamiento y la depresión clínica poseen signos y síntomas muy similares, que afectan las mismas estructuras del encéfalo, los mismos neurotransmisores y vías endocrinas, y provocan las mismas respuestas inmunes; todo lo cual sugiere que estos dos procesos poseen igual etiología.

Concepto clave

Los síntomas del síndrome de sobreentrenamiento son muy variados y subjetivos, y no pueden aplicarse de manera universal. La presencia de uno o más de estos síntomas es suficiente para alertar al preparador físico o al entrenador acerca de que un deportista podría estar sobreentrenado.

En la actualidad, no se comprenden completamente los factores fisiológicos responsables de los efectos perjudiciales del sobreentrenamiento. No obstante, las investigaciones sugieren que el sobreentrenamiento se asocia con alteraciones en los sistemas nervioso, endocrino e inmune. Si bien no se ha establecido con precisión la relación causa-efecto entre estos cambios y los síntomas del sobreentrenamiento, las manifestaciones del individuo pueden ayudar a determinar si está sobreentrenado. El siguiente análisis se enfocará en algunos de los cambios observados que se asocian con el sobreentrenamiento y en las causas potenciales del síndrome de sobreentrenamiento.

Respuestas del sistema nervioso autónomo al sobreentrenamiento

Algunos estudios sugieren que el sobreentrenamiento se asocia con respuestas anormales del sistema nervioso autónomo. A menudo, los síntomas fisiológicos que acompañan el deterioro del rendimiento reflejan cambios en los órganos o sistemas controlados por las divisiones simpática o parasimpática del sistema nervioso autó-

nomo (véase el Capítulo 3). Las alteraciones del sistema nervioso simpático secundarias al sobreentrenamiento pueden ocasionar:

- aumento de la frecuencia cardíaca de reposo,
- aumento de la presión arterial,
- pérdida del apetito,
- reducción de la masa corporal,
- trastornos del sueño,
- inestabilidad emocional y
- aumento de la tasa metabólica basal.

Esta forma de sobreentrenamiento ocurre de manera preponderante en deportistas que utilizan métodos de entrenamiento de la fuerza de muy alta intensidad.

Otros estudios sugieren que el sistema nervioso parasimpático puede ser dominante en algunos casos de sobreentrenamiento, en general en deportistas de resistencia. En estos casos, el deterioro del rendimiento difiere del asociado con el sobreentrenamiento simpático. Los signos generados por el sobreentrenamiento parasimpático, que se supone son el resultado de una sobrecarga de volumen durante el entrenamiento, incluyen los siguientes:

- rápido inicio de la fatiga,
- disminución de la frecuencia cardíaca de reposo,
- recuperación rápida de la frecuencia cardíaca después del ejercicio y
- disminución de la presión arterial de reposo.

Así, parece que atletas de diferentes deportes o eventos pueden mostrar signos y síntomas únicos del síndrome de sobreentrenamiento que se relacionan con sus regímenes de entrenamiento. De hecho, algunos expertos llamaron a estas formas de entrenamiento "relacionadas con la intensidad" y "relacionadas con el volumen", reconociendo que los factores específicos del entrenamiento causan signos y síntomas singulares cuando se aplican en forma excesiva.[13]

Algunos de los síntomas asociados con el sobreentrenamiento del sistema nervioso autónomo también se observan en personas que no están sobreentrenadas. Por este motivo, no podemos asumir siempre que la presencia de estos síntomas confirma el diagnóstico de sobreentrenamiento. De ambos procesos, los síntomas de sobreentrenamiento simpático son los que se observan más a menudo. A pesar de la falta de evidencia científica contundente que apoye la teoría del sobreentrenamiento del sistema nervioso autónomo, no caben dudas de que este sistema se ve afectado por el sobreentrenamiento.

Respuestas hormonales al sobreentrenamiento

Las mediciones de las concentraciones sanguíneas de varias hormonas durante los períodos de sobreesfuerzo sugieren que hay alteraciones importantes en la función endocrina que acompañan al estrés excesivo. Como se muestra en la Figura 14.5, cuando los nadadores aumentan su entrenamiento entre 1,5 y 2 veces, las concentraciones sanguíneas de tiroxina y testosterona suelen disminuir y las de cortisol suelen aumentar. Se cree que la relación entre la testosterona y el cortisol regula los procesos anabólicos durante la recuperación, por lo que un cambio en esta relación es considerado un indicador importante, y tal vez una causa, del síndrome de sobreentrenamiento. Un menor nivel de testosterona asociado con un mayor nivel de cortisol podría promover más el catabolismo proteico que el anabolismo celular. Sin embargo, los resultados de diversos estudios sugieren que aunque las concentraciones de cortisol aumentan en presencia de sobreesfuerzo y en las etapas iniciales del sobreentrenamiento, las concentraciones de cortisol durante el ejercicio y en reposo finalmente disminuyen en el síndrome de sobreentrenamiento. Además, la mayoría de los estudios sobre sobreentrenamiento se realizaron en atletas de resistencia entrenados aeróbicamente. Hay menos estudios en deportistas entrenados en la fuerza o aeróbicamente. Utilizando la terminología introducida en la última sección, el sobreentrenamiento relacionado con la intensidad (entrenamiento de la fuerza y anaeróbico) no parece alterar las concentraciones hormonales en reposo.[13]

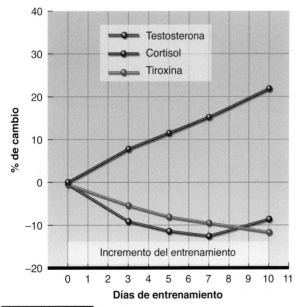

FIGURA 14.5 Cambios en las concentraciones sanguíneas de testosterona, cortisol y tiroxina durante un período intensificado de entrenamiento. Durante los 10 días mostrados aquí, los nadadores incrementaron su entrenamiento desde alrededor de 4 000 m/día hasta 8 000 m/día (4 374-8 749 yardas). Estos datos indican que los niveles de cortisol en reposo ascendieron en respuesta al estrés añadido, mientras que la testosterona y la tiroxina presentaron una disminución no deseada durante este período.

En general, los deportistas sobreentrenados tienen concentraciones sanguíneas de urea más altas porque este compuesto se produce tras la degradación de las proteínas, o sea, a causa del catabolismo proteico. Se cree que esta pérdida de proteínas sería el mecanismo responsable de la pérdida de peso observada en muchos deportistas sobreentrenados.

Las concentraciones sanguíneas de adrenalina y noradrenalina en reposo también aumentan durante los períodos de entrenamiento aeróbico o de volumen intenso. Estas dos hormonas elevan la frecuencia cardíaca y la presión arterial. Esto ha llevado a algunos fisiólogos del ejercicio a sugerir la medición de las concentraciones sanguíneas de catecolaminas para confirmar el sobreentrenamiento. Sin embargo, otros estudios no hallaron cambios en estas hormonas durante períodos intensificados de entrenamiento, y otros incluso encontraron concentraciones más bajas en reposo.

La sobrecarga aguda y el sobreesfuerzo pueden provocar la mayoría de los cambios hormonales reportados en deportistas sobreentrenados. Por esta razón, la medición de los niveles de estas y de otras hormonas no sirve como confirmación válida del sobreentrenamiento. Los deportistas cuyas concentraciones hormonales parecen anormales podrían sólo estar experimentando los efectos normales del entrenamiento. Además, el intervalo entre el último entrenamiento y la toma de la muestra de sangre es muy importante. Algunos marcadores potenciales permanecen elevados durante más de 24 horas y podrían no reflejar un verdadero estado de reposo. Estos cambios hormonales podrían indicar sólo el estrés del entrenamiento en lugar de un desequilibrio en el proceso de adaptación. En consecuencia, muchos expertos llegaron a la conclusión de que ninguna determinación en sangre permite definir de manera contundente el síndrome de sobreentrenamiento.

Armstrong y VanHeest[1] propusieron que los diversos factores asociados con el síndrome de sobreentrenamiento actuarían principalmente a través del hipotálamo y postularon que activarían los siguientes dos ejes hormonales predominantes involucrados en la respuesta corporal a estos factores:

- Eje simpático-adrenomedular (SAM), que involucra la rama simpática del sistema nervioso autónomo
- Eje hipotalámico-pituitario-adrenocortical (HPA)

Estos ejes se muestran en la Figura 14.6a. En la Figura 14.6b se ilustran las interacciones entre el encéfalo y el sistema inmunitario con estos dos ejes. Ambas figuras son bastante complejas y podrían superar los objetivos de los textos del nivel inicial de fisiología del ejercicio. Sin embargo, la comprensión de las interacciones representadas en ellas permite apreciar la complejidad de este síndrome. Cabe señalar que los factores que desencadenan este síndrome ejercen su efecto inicial en el encéfalo (hipotálamo). Por lo tanto, es muy probable que los neurotransmisores encefálicos cumplan un rol importante en el síndrome de sobreentrenamiento. La serotonina es uno de los principales neurotransmisores que podría cumplir un papel significativo en el síndrome de sobreentrenamiento. Por desgracia, las concentraciones plasmáticas de este importante neurotransmisor no parecen reflejar sus concentraciones encefálicas. Los avances en la tecnología ofrecerán las herramientas necesarias para ayudarnos a comprender mejor lo que sucede dentro del encéfalo.

Recientemente se propuso un papel fundamental para las citocinas en el síndrome de sobreentrenamiento[21], lo que avala el modelo de Armstrong y VanHeest de la Figura 14.6b. Los elevados niveles de citocinas circulantes como resultado de infecciones o traumas musculares, óseos y articulares, asociados con el sobreentrenamiento, parecen constituir un componente normal de la respuesta inflamatoria del cuerpo a la infección y la lesión. Se cree que un cuadro de estrés musculoesquelético excesivo junto con un descanso y una recuperación insuficientes desencadenan una cascada de eventos donde la respuesta inflamatoria local aguda evoluciona a inflamación crónica y, por último, a inflamación sistémica. La inflamación sistémica activa los monocitos circulantes, que pueden sintetizar grandes cantidades de citocinas, que actúan sobre casi todas las funciones corporales y cerebrales relacionadas con los síntomas expresados durante el síndrome de sobreentrenamiento.[21]

Concepto clave

El síndrome de sobreentrenamiento parece asociarse con inflamación sistémica y aumento de la síntesis de citocinas. Estos cambios están relacionados con una depresión de la función inmunitaria y pueden exponer al deportista a un mayor riesgo de experimentar infecciones y enfermedades.

Inmunidad y sobreentrenamiento

El sistema inmunológico es una línea de defensa contra bacterias, parásitos, virus y células tumorales invasores. Este sistema depende de las acciones de células especializadas (como linfocitos, granulocitos y macrófagos) y anticuerpos. Su acción principal es eliminar o neutralizar los invasores extraños que podrían causar enfermedades (patógenos). Desafortunadamente, una de las consecuencias más graves del sobreentrenamiento es su efecto negativo sobre el sistema inmunológico. De hecho, en el modelo propuesto en la Figura 14.6 se observa que el

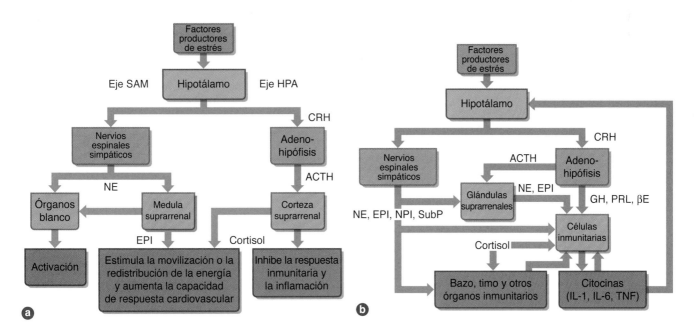

FIGURA 14.6 (a) Rol del hipotálamo y de los ejes simpático-adrenomedular (SAM) e hipotalámico-pituitario-adrenocortical (HPA) como posibles mediadores del síndrome de sobreentrenamiento. (b) Interacciones entre el encéfalo y el sistema inmunológico en este modelo, en el cual las citocinas ocupan un papel relevante en el sobreentrenamiento. Símbolos: ACTH = hormona adrenocorticotropina; EPI = adrenalina; CRH = hormona liberadora de adrenocorticotropina; GH = hormona del crecimiento; IL-1 = interleucina-1; IL-6 = interleucina-6; NE = norepinefrina; SubP = sustancia P; PRL = prolactina; TNF = factor de necrosis tumoral; NPI = neuropéptido Y; βE = β–endorfina.

Adaptada, con autorización, de L.E. Armstrong y J.L. VanHeest, 2002, "The unknown mechanism of the overtraining syndrome", *Sports Medicine* 32: 185-209.

compromiso de la **función inmunológica** sería un factor importante en el establecimiento del síndrome de sobreentrenamiento.

Muchos estudios han mostrado que el entrenamiento excesivo suprime la función inmune normal y aumenta la susceptibilidad del deportista a las infecciones. Esto se ilustra en la Figura 14.7. Los estudios también han mostrado que los entrenamientos cortos pero intensos pueden perjudicar temporalmente la respuesta inmunológica y que días sucesivos de entrenamiento duro pueden amplificar esta supresión. Diversos investigadores han reportado un aumento de la incidencia de enfermedades después de un único episodio de ejercicio exhaustivo, como una maratón de 42 km (26,2 millas). Esta supresión inmunológica se caracteriza por concentraciones anormalmente bajas de linfocitos y anticuerpos. Los microorganismos o las sustancias invasoras tienen más probabilidades de causar enfermedad cuando estas concentraciones están bajas. Además, el ejercicio intenso durante una enfermedad puede afectar la capacidad para reaccionar contra la infección y aumentar el riesgo de complicaciones aún más graves.[17]

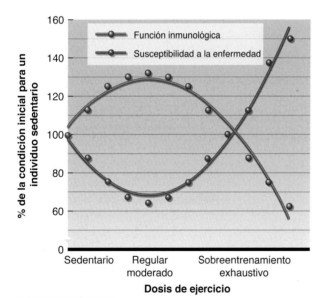

FIGURA 14.7 Modelo en forma de J invertida que muestra la relación entre la intensidad del ejercicio y la función inmunológica. Este modelo sugiere que el ejercicio moderado puede disminuir el riesgo de infección o enfermedad, mientras que el sobreentrenamiento puede aumentarlo.
Datos de D.C. Nieman, 1997, "Immune response to heavy exertion", *Journal of Applied Physiology* 82: 1385-1394.

Predicción del síndrome de sobreentrenamiento

Debe recordarse que la causa o las causas subyacentes del síndrome de sobreentrenamiento no se conocen completamente, aunque es probable que una sobrecarga físi-

ca o psicológica (emocional) o una combinación de ambas pueda desencadenar esta condición. Resulta difícil no exceder la tolerancia al estrés del deportista regulando el grado de estrés fisiológico y psicológico experimentado durante el entrenamiento. La mayoría de los entrenadores y deportistas determinan intuitivamente el volumen y la intensidad del entrenamiento, pero pocos de ellos pueden calcular con precisión el verdadero impacto de una carga de trabajo en un deportista. El deportista no presenta síntomas preliminares que le adviertan que se encuentra al límite del sobreentrenamiento. Cuando los entrenadores se dan cuenta de que han exigido al deportista en forma desmedida, ya es demasiado tarde. El daño generado tras días sucesivos de entrenamiento excesivo o estrés puede repararse sólo con el tiempo, pero en ciertos casos se requieren semanas o meses de reducción del entrenamiento e incluso descanso absoluto.

Muchos investigadores intentaron identificar marcadores que predijeran la aparición del síndrome de sobreentrenamiento en sus etapas iniciales usando varias mediciones fisiológicas y psicológicas. En el Cuadro 14.1 se mencionan algunos marcadores potenciales. Por desgracia, ninguno tiene eficacia total. A menudo resulta difícil determinar si las mediciones obtenidas están relacionadas con el sobreentrenamiento o si sólo reflejan las respuestas normales a la sobrecarga o el sobreesfuerzo.

Un buen método para identificar el síndrome de sobreentrenamiento es monitorizar la frecuencia cardíaca del deportista durante un esfuerzo estandarizado, como la carrera o la natación a una velocidad prefijada,

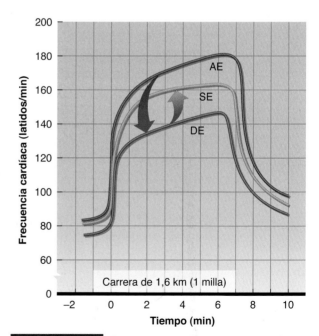

FIGURA 14.8 Respuestas de la frecuencia cardíaca de un corredor durante una prueba en cinta ergométrica a una velocidad fija de 16 km/h (10 mph) antes del entrenamiento (AE), después del entrenamiento (DE) y cuando el corredor experimentó síntomas de sobreentrenamiento (SE).

CUADRO 14.1 Posibles marcadores del sobreesfuerzo (S), el sobreentrenamiento (SE) y el síndrome de sobreentrenamiento (SSE)

Marcador fisiológico y psicológico	Respuesta	S	SE	SSE
FC de reposo y $FC_{máx}$	Disminución		X	X
FC submáxima y $\dot{V}O_{2submáx}$	Aumento	X		X
$\dot{V}O_{2submáx}$	Disminución			X
Metabolismo anaeróbico	Compromiso		X	
Tasa metabólica basal	Aumento			X
$RER_{submáx}$ y $RER_{máx}$	Disminución		X	X
Balance de nitrógeno	Negativo			X
Excitabilidad nerviosa	Aumento			X
Respuesta nerviosa simpática	Aumento			X
Estado de ánimo psicológico	Alteración	X		
Riesgo de infección	Aumento	X		
Hematocrito y hemoglobina	Disminución		X	
Leucocitos e inmunofenotipos	Disminución		X	
Concentraciones séricas de hierro y ferritina	Disminución		X	
Niveles séricos de electrolitos	Disminución			X
Glucemia y ácidos grasos libres	Disminución		X	
Concentración plasmática de lactato, submáxima y máxima	Disminución		X	X
Amoníaco	Aumento		X	
Niveles séricos de testosterona y cortisol	Disminución	X		
ACTH, hormona de crecimiento, prolactina	Disminución			X
Catecolaminas, descanso, noche	Disminución			X
Creatincinasa	Aumento			X

FC = frecuencia cardíaca; RER = índice de intercambio respiratorio; ACTH = hormona adrenocorticotropina.
Adaptado de Armstrong y VanHeest, 2002.

usando un monitor digital de frecuencia cardíaca (véase la Figura 9.5). Los datos presentados en la Figura 14.8 ilustran la respuesta de la frecuencia cardíaca de un corredor durante una prueba de 1,6 km (1 milla) llevada a cabo a una velocidad fija de 3,7 min/km (6 min/milla), o sea, 16 km/h (10 mph). Esta respuesta se registró en corredores desentrenados (AE), después de que estos corredores participaran en un programa de entrenamiento (DE) y durante un período con síntomas de sobreentrenamiento (SE). Esta figura muestra que la frecuencia cardíaca fue mayor cuando el corredor estaba sobreentrenado que cuando respondió bien al entrenamiento. Se han reportado hallazgos similares en nadadores.[5] Esta prueba proporciona un modo objetivo y simple para monitorizar el entrenamiento y puede ofrecer una señal de alerta temprana que advierte la aparición del síndrome de sobreentrenamiento.

Concepto clave

El mejor factor predictivo del síndrome de sobreentrenamiento parece ser la respuesta de la frecuencia cardíaca a una sesión estandarizada de ejercicio a intensidad submáxima. El deterioro del rendimiento también es buen indicador, pero a menudo se presenta en forma más tardía.

Sobreentrenamiento, fatiga crónica y fibromialgia

El **síndrome de fatiga crónica** es muy semejante al de sobreentrenamiento.[20] Es probable que exista una superposición significativa entre ellos. Asimismo, se observa una superposición notable entre el síndrome de fatiga crónica y la **fibromialgia**. No obstante, estas dos últimas entidades pueden ocurrir en no deportistas, incluso en personas que no realizan actividad física. Aparte de esto, es posible identificar diversas similitudes entre las tres condiciones. Estas similitudes incluyen: fatiga crónica en reposo y durante el ejercicio, tensión psicológica, disfunción del sistema inmunológico, disfunción hormonal, trastornos del eje hipotalámico-pituitario-adrenocortical y alteraciones de neurotransmisores. Asimismo, los tres síndromes son difíciles de diagnosticar y, en general, su causa o causas específicas no pueden determinarse.

Reducción del riesgo y tratamiento del síndrome de sobreentrenamiento

La recuperación de un síndrome de sobreentrenamiento es posible si se reduce marcadamente la intensidad del entrenamiento o con descanso absoluto. Aunque la mayoría de los entrenadores recomienda unos pocos días de entrenamiento liviano, los deportistas sobreentrenados requieren mucho más tiempo para lograr la recuperación total, incluso con interrupción del entrenamiento durante semanas o meses. En algunos casos puede ser necesaria terapia psicológica para ayudar a los deportistas a afrontar otras tensiones de su vida que podrían contribuir a este problema.

La mejor manera de minimizar el riesgo de desarrollar un sobreentrenamiento es respetar los procedimientos de periodización del entrenamiento, que alternan períodos de ejercicio suave, moderado e intenso, como vimos en el Capítulo 9. Si bien la tolerancia al estrés presenta una gran variación interindividual, incluso los deportistas más fuertes tienen períodos en los cuales son susceptibles al síndrome de sobreentrenamiento. Como regla general, después de 1 o 2 días de entrenamiento duro se debe

implementar un número igual de días de entrenamiento liviano. De la misma manera, tras 1 semana o 2 de entrenamiento intenso se debería prescribir una semana de esfuerzo reducido con poco o ningún énfasis en el ejercicio anaeróbico.

Los deportistas de resistencia (como nadadores, ciclistas y corredores) deben prestar especial atención a su ingesta de calorías y carbohidratos. El entrenamiento intenso durante varios días sucesivos reduce gradualmente el glucógeno muscular. Salvo que estos deportistas consuman raciones adicionales de carbohidrato durante estos períodos, sus reservas de glucógeno muscular y hepático pueden agotarse. Como consecuencia, las fibras musculares que se ejercitan más no son capaces de generar la energía necesaria para el ejercicio.

Puesta a punto para alcanzar el máximo rendimiento (*tapering*)

El rendimiento máximo requiere una tolerancia física y psicológica máxima al estrés que genera la actividad. Sin embargo, los períodos de entrenamiento intenso re-

⬤ Revisión

➤ El sobreentrenamiento estresa al cuerpo más allá de su capacidad de adaptación, lo que deteriora el rendimiento y la capacidad fisiológica.

➤ Los síntomas del síndrome de sobreentrenamiento son subjetivos y varían de un individuo a otro. La prevención y el diagnóstico del síndrome de sobreentrenamiento son difíciles, ya que muchos de sus síntomas también pueden acompañar al entrenamiento regular.

➤ Las posibles causas del síndrome de sobreentrenamiento son cambios en la función de las divisiones del sistema nervioso autónomo, alteración de las respuestas endocrinas, depresión de la función inmunitaria y alteración de los neurotransmisores encefálicos.

➤ Se han propuesto diversos signos y síntomas para el diagnóstico del sobreentrenamiento en sus primeras etapas. Si embargo, en la actualidad, la respuesta de la frecuencia cardíaca a una prueba de ejercicio realizada a un ritmo fijo parece ser la manera más sencilla y precisa de lograr esta valoración.

➤ El tratamiento del síndrome de sobreentrenamiento consiste en una reducción significativa de la intensidad del entrenamiento o reposo absoluto durante semanas o meses. La mejor forma de prevenir el sobreentrenamiento es mediante la periodización, lo que implica planificar las variaciones en la intensidad y el volumen de entrenamiento.

➤ En los deportistas de resistencia, es importante asegurar una ingesta adecuada de calorías y carbohidratos para satisfacer las necesidades de energía.

ducen la fuerza muscular y, por ende, la capacidad de rendimiento de los deportistas. Por esta razón, para competir en su pico de rendimiento, antes de una de sus principales competencias muchos atletas reducen la intensidad y el volumen de entrenamiento, lo cual les permite recuperarse del rigor del entrenamiento intenso, una práctica comúnmente denominada **puesta a punto** (*tapering*). La **fase de puesta a punto**, durante la cual disminuyen la intensidad y el volumen de la actividad, proporciona un tiempo adecuado para que se cicatrice el tejido dañado por el entrenamiento excesivo y se recuperen completamente las reservas energéticas del cuerpo. Los períodos de puesta a punto oscilan entre 4 y 28 o más días,[16] lo que depende del deporte, el evento y las necesidades del deportista. La puesta a punto no es apropiada para todos los deportes, en particular los que compiten una vez por semana o con mayor frecuencia. Aun así, los deportistas descansados en general se desempeñan mejor.

El cambio más notable durante el período de puesta a punto es el aumento significativo de la fuerza muscular, lo que explica al menos parte de la mejora en el rendimiento. Es difícil determinar si el incremento de la fuerza es el resultado de cambios en los mecanismos contráctiles de los músculos o de un mayor reclutamiento de las fibras musculares. Sin embargo, el análisis de fibras musculares individuales tomadas de brazos de nadadores antes y 10 días después de un entrenamiento intenso mostró en las fibras tipo II (contracción rápida) una reducción significativa de su velocidad de acortamiento máxima.[8] Este cambio se atribuyó a modificaciones en las moléculas de miosina de las fibras. En estos casos, la miosina de las fibras tipo II se volvió más parecida a la de las fibras tipo I. A partir de estos datos, podemos inferir que dichos cambios en las fibras musculares causan la pérdida de fuerza que los nadadores y los corredores experimentan durante períodos prolongados de entrenamiento intenso. También se puede asumir que la recuperación de la fuerza y la potencia que ocurre con el período de puesta a punto está ligada a modificaciones en los mecanismos contráctiles de los músculos. Este período también permite que los músculos se reparen de cualquier

Rabdomiólisis asociada con el ejercicio

La **rabdomiólisis** es una enfermedad aguda que puede ser fatal y se caracteriza por la necrosis de las fibras del músculo esquelético. La rabdomiólisis asociada con el ejercicio es la necrosis de las fibras musculares en respuesta al ejercicio extenuante en un individuo que no está acostumbrado a practicarlo. En condiciones normales, no suele ser peligrosa y los síntomas son tolerables, similares a los del dolor muscular de aparición tardía (véase el Capítulo 10). Sin embargo, la rabdomiólisis asociada con el ejercicio adquiere relevancia clínica cuando el daño muscular es grave, lo que suele ocurrir cuando salen proteínas del músculo dañado y precipitan en los riñones, lo cual causa insuficiencia renal aguda e incluso la muerte.

Los signos y los síntomas más frecuentes de la rabdomiólisis son los siguientes:

- dolor muscular intenso en todo el cuerpo,
- debilidad muscular y
- orina oscura o del color de la bebida "cola".

Los casos clínicos relevantes de rabdomiólisis asociada con el ejercicio representan un porcentaje relativamente pequeño de todos los casos y suelen reportarse en estudios de casos, dado que se trata de una enfermedad infrecuente. Los estudios de casos publicados hasta la fecha describen incidentes ocurridos durante entrenamiento militar y normal. Dos casos reportados en 2003 correspondieron a dos adultos a quienes se los alentó a realizar ejercicios extenuantes en un gimnasio. Ambos desarrollaron síntomas y fueron internados para evitar la insuficiencia renal.[22] Los síntomas incluían dolor y debilidad muscular intensos, edema muscular y orina color marrón oscuro, compatible con la presencia de mioglobina. En los casos graves, los pacientes pueden presentar fiebre, leucocitosis, insuficiencia renal y alteraciones electrolíticas. La rabdomiólisis asociada con el ejercicio clínicamente relevante puede precipitarse cuando se practica ejercicio muy intenso, sobre todo ejercicio excéntrico excesivo, y se exacerba cuando se realiza en ambientes cálidos o a gran altura.[14] Cuando se entrena a personas que no están en buen estado físico, debe tenerse especial cuidado de no forzarlas a realizar ejercicios que les provoquen molestias. Lo ideal es comenzar con ejercicios de baja intensidad y volumen y aumentar gradualmente el estrés de entrenamiento a lo largo de semanas o meses.

La rabdomiólisis puede deberse a la combinación del ejercicio intenso con el consumo de algunos fármacos. Los individuos que toman estatinas para reducir el colesterol pueden experimentar mialgias intensas y ser más susceptibles al desarrollo de rabdomiólisis. Este trastorno también puede ser secundario al consumo de alcohol, heroína o cocaína. La deshidratación exacerba el problema.

daño ocurrido durante el entrenamiento intenso y que se repongan las reservas de energía (o sea, glucógeno muscular y hepático).

En algunos deportes, la puesta a punto (*tapering*) es crucial para lograr un rendimiento óptimo. La disminución del volumen y la intensidad del entrenamiento, junto con un descanso de calidad, son necesarios para permitir la reparación del músculo y la reposición de las reservas de energía para la competencia.

Si bien en muchos deportes se realiza un período de puesta a punto, muchos entrenadores temen que la reducción del entrenamiento durante un período prolongado previo a una competencia importante reduzca el acondicionamiento y comprometa el rendimiento. No obstante, numerosos estudios demostraron que este temor es infundado. El desarrollo óptimo del consumo máximo de oxígeno ($\dot{V}O_{2máx}$) requiere en principio de un entrenamiento prolongado, pero una vez alcanzado, se necesita mucho menos entrenamiento para mantenerlo en su nivel más elevado. De hecho, el $\dot{V}O_{2máx}$ alcanzado con el entrenamiento puede mantenerse, incluso, si se reduce en dos tercios la frecuencia de entrenamiento.[10]

Los corredores y los nadadores que reducen su entrenamiento alrededor del 60% durante 15 a 21 días no pierden $\dot{V}O_{2máx}$ ni disminuyen su rendimiento en pruebas de resistencia.[4,11] Un estudio mostró que las concentraciones sanguíneas de lactato después de una prueba de natación estándar fueron más bajas tras un período de puesta a punto que antes. Más importante aún, los nadadores mejoraron su rendimiento en un 3% como resultado de la reducción del entrenamiento y exhibieron un incremento de entre 18 y 25% en la fuerza y la potencia de los brazos.[4]

En un estudio llevado a cabo con corredores de fondo, se observó que aquellos que realizaron una fase de puesta a punto de siete días de duración exhibieron una mejora del 3% en el tiempo para completar una prueba de 5 km comparados con aquellos que no realizaron la puesta a punto. El consumo de oxígeno submáximo durante una carrera al 80% del $\dot{V}O_{2máx}$ se redujo en un 6% en aquellos que realizaron la puesta a punto, lo que sugiere una mejor economía de esfuerzo. Por otra parte, la concentración de lactato en sangre durante la carrera al 80% del $\dot{V}O_{2máx}$ se mantuvo sin cambios, y lo mismo ocurrió con el $\dot{V}O_{2máx}$ y la fuerza pico durante la extensión de rodillas.[12]

Por desgracia, hay poca información que muestre los efectos de la puesta a punto sobre el rendimiento en deportes en equipo y en pruebas de resistencia de larga duración, como el ciclismo o la maratón. Antes de elaborar recomendaciones para estos deportistas, es necesario investigar si es posible obtener beneficios similares con estos períodos de reducción del entrenamiento.

➤ Muchos deportistas disminuyen la intensidad y el volumen del entrenamiento antes de una competencia para aumentar la fuerza, la potencia y la capacidad de rendimiento. Esta práctica se denomina puesta a punto (*tapering*).

➤ La duración óptima del período de puesta a punto es entre 4 y 28 días o más, y depende del deporte o evento y de las necesidades de los deportistas.

➤ Durante la puesta a punto, se produce un incremento significativo de la fuerza muscular.

➤ La puesta a punto permite que los músculos se reparen de cualquier daño sufrido durante el entrenamiento intenso y que se repongan las reservas de energía (esto es, glucógeno muscular y hepático).

➤ Se requiere menos entrenamiento para mantener las ganancias obtenidas con éste de lo que se necesitó originalmente para alcanzarlas, por lo que la puesta a punto no disminuye la aptitud física.

➤ Mediante una puesta a punto apropiada, pueden observarse mejoras de hasta el 3% en el rendimiento de resistencia.

Desentrenamiento

La fase de puesta a punto, mediante la reducción del estímulo de entrenamiento, puede facilitar la mejora del rendimiento. ¿Qué ocurre con los deportistas muy entrenados que han alcanzado su máximo rendimiento y luego llegan al fin de su temporada de competencias? Muchos deportistas esperan con ansias la oportunidad de relajarse completamente y evitan luego toda actividad física extenuante. Pero ¿cómo afecta fisiológicamente la inactividad a los deportistas muy entrenados?

El **desentrenamiento** se define como la pérdida parcial o total de las adaptaciones inducidas por el entrenamiento en respuesta a su interrupción o una disminución significativa de la carga del entrenamiento. Este proceso debe distinguirse de la puesta a punto o *tapering*, que es la reducción gradual de la carga pico de entrenamiento durante unos pocos días o semanas. Parte de nuestro conocimiento actual sobre el desentrenamiento proviene de investigaciones clínicas en pacientes forzados a la inactividad física debido a lesiones o a cirugía. Muchos deportistas temen perder todo lo que ganaron con el entrenamiento arduo durante incluso un breve período de inactividad. Sin embargo, estudios recientes revelaron que unos pocos días de descanso o de entrenamiento reducido no comprometen e incluso podrían mejorar el rendimiento, algo como lo que vemos con el período de puesta a punto.

No obstante, en algún momento la reducción del entrenamiento o la inactividad completa disminuirá las funciones fisiológicas y el rendimiento.

Fuerza y potencia muscular

Cuando un miembro fracturado se inmoviliza con una escayola o yeso rígido, comienzan a desarrollarse cambios en los huesos y los músculos circundantes casi de inmediato. Después de pocos días, el escayolado o el yeso ajustado alrededor del miembro lesionado queda holgado. Tras varias semanas, se observa un gran espacio entre

el vendaje rígido y el miembro. Los músculos esqueléticos experimentan una disminución significativa de su tamaño conocida como atrofia por inactividad. No resulta sorprendente que la atrofia promueva una pérdida considerable de la potencia y la fuerza muscular. La inactividad total produce pérdidas rápidas, pero incluso períodos prolongados de actividad reducida ocasionan pérdidas graduales que, en definitiva, pueden llegar a ser bastante significativas.

Asimismo, la investigación confirma que la fuerza y la potencia muscular disminuyen cuando el deportista deja de entrenar. La velocidad y la magnitud de la pérdida varían de acuerdo con el nivel de entrenamiento. Los

Desentrenamiento en el espacio

Cuando los astronautas orbitan la Tierra, se encuentran en un ambiente en el cual las fuerzas gravitacionales son mucho menores a las de la Tierra, o sea, en la microgravedad. Mientras los astronautas experimentan una sensación de liviandad en órbita, las fuerzas gravitacionales de la Tierra (es decir, 1 g) no alcanzan los 0 g. Durante una estadía prolongada en la microgravedad, los astronautas experimentan cambios fisiológicos casi idénticos a los del desentrenamiento. Lo que podría percibirse como una alteración de la adaptación, en realidad podría ser una adaptación necesaria a la microgravedad. A continuación se analizarán brevemente los cambios que se producen cuando los astronautas dejan el ambiente con 1 g de la Tierra para pasar semanas o meses en el espacio.

La fuerza y la masa muscular disminuyen con la microgravedad, en particular en los músculos posturales, o sea los que mantienen el cuerpo en posición erecta contrarrestando la fuerza de gravedad. El área de sección transversal de las fibras musculares tipo I y tipo II también se reduce. El grado de reducción depende del grupo muscular, la duración del vuelo y el tipo y duración del programa de ejercicios que se realice durante el vuelo. La microgravedad también afecta los huesos, con una pérdida promedio de densidad mineral ósea de alrededor del 4% en los huesos que soportan el peso corporal, aunque la magnitud de esta pérdida depende de la duración de la exposición a la microgravedad.

El aparato cardiovascular también experimenta adaptaciones mayores a la microgravedad. Cuando el cuerpo soporta la microgravedad, se reducen las presiones hidrostáticas, de manera que la sangre no se acumula en los miembros inferiores como cuando la fuerza de gravedad es de 1 g. En consecuencia, aumenta el volumen de sangre que retorna al corazón, con elevación transitoria del volumen sistólico. Con el paso del tiempo, disminuye el volumen plasmático, probablemente como resultado de una reducción de la ingesta de líquido más que por un aumento de la producción de orina (diuresis) en los riñones. Los desplazamientos transcapilares de líquido entre la microcirculación y los tejidos circundantes también pueden ser responsables en parte de la disminución del volumen plasmático, probablemente por filtración de líquidos desde el tren superior. Por ejemplo, la sangre se localiza en los tejidos faciales, dándole al rostro un aspecto edematizado. La masa eritrocitaria también disminuye, de manera que la volemia se reduce.[24] Este menor volumen sanguíneo resulta útil a los astronautas mientras se hallan sometidos a la microgravedad. No obstante, esta adaptación representa un problema grave cuando los astronautas regresan a un ambiente con 1 g, donde el cuerpo vuelve a someterse al efecto de la presión hidrostática. Los astronautas experimentan hipotensión postural (ortostática) y desmayos durante sus primeras horas en un ambiente con gravedad normal 1 g porque su volumen sanguíneo es insuficiente para satisfacer todas sus necesidades circulatorias.

La potencia aeróbica máxima ($\dot{V}O_{2máx}$) suele descender de inmediato tras un vuelo, es probable que debido a la reducción del volumen plasmático y la fuerza de las piernas durante el viaje espacial. Sin embargo, los datos se limitan a mediciones directas del $\dot{V}O_{2máx}$ en astronautas antes, durante y después de un vuelo. Cuando se mantiene a un individuo en reposo en cama con la cabeza inclinada hacia abajo (-6°) para simular la microgravedad en Tierra se observan reducciones constantes del $\dot{V}O_{2máx}$ asociadas con descensos de la volemia, el volumen plasmático y, en consecuencia, el volumen sistólico máximo. El modelo de microgravedad simulada aportó datos de $\dot{V}O_{2máx}$ (o $\dot{V}O_{2pico}$) comparables con los cambios reales previos y posteriores a un vuelo.[23]

Es importante destacar que la comprensión del mecanismo a través del cual se produce la disminución general de la función fisiológica durante los vuelos espaciales ha orientado a la comunidad médica y científica a advertir que los programas de ejercicio durante el vuelo son esenciales para preservar la salud de los astronautas a largo plazo. En la actualidad se realizan investigaciones para diseñar programas y equipamientos apropiados para realizar ejercicios y lograr este objetivo.

culturistas muy entrenados parecen experimentar un descenso rápido de la fuerza unas pocas semanas después de suspender un entrenamiento intenso.[9] En personas sin entrenamiento, el aumento de la fuerza puede mantenerse desde algunas semanas hasta más de 7 meses. En un estudio realizado con adultos jóvenes (20-30 años) y adultos mayores (65-75 años) de ambos sexos que entrenaron durante 9 semanas, el aumento promedio de la fuerza (1 repetición máxima) fue del 34% en los adultos jóvenes y del 28% en los adultos mayores, independientemente del sexo. Después de 12 semanas de desentrenamiento, ninguno de los 4 grupos había experimentado pérdidas significativas de la fuerza respecto de los valores medidos al final de la novena semana del programa de entrenamiento. Tras 31 semanas de desentrenamiento, sólo se observó un 8% de pérdida en los individuos más jóvenes y un 13% de descenso en los adultos mayores.[15]

Un estudio realizado en nadadores universitarios reveló que, incluso tras 4 semanas de inactividad, la suspensión del entrenamiento no afectó la fuerza en los brazos ni en los hombros.[2] No se hallaron cambios en la fuerza de estos nadadores, tanto después de 4 semanas en reposo absoluto como al reducir su frecuencia de entrenamiento hasta 1 a 3 sesiones por semana. No obstante, la potencia de nado se redujo entre un 8 y un 14% durante las 4 semanas de actividad reducida, independientemente de que se permaneciera en reposo absoluto o sólo se redujera la frecuencia del entrenamiento. Si bien la fuerza muscular podría no haber disminuido durante las 4 semanas de reposo o entrenamiento reducido, es probable que los nadadores hayan perdido su habilidad para aplicar la fuerza durante la natación, lo que podría atribuirse a una pérdida de la destreza.

Todavía no se definieron completamente los mecanismos fisiológicos responsables de la pérdida de la fuerza muscular como consecuencia de la inmovilización o la inactividad. La atrofia muscular causa un descenso notable de la masa muscular y el contenido de agua, lo que podría explicar en parte la incapacidad de la fibra muscular para desarrollar tensión máxima. Se producen cambios en las tasas de síntesis y degradación proteica, así como también en las características específicas de los tipos de fibras. Cuando los músculos no se usan, se reduce la frecuencia de estimulación neural y se ve afectado el reclutamiento normal de las fibras. De este modo, parte de la pérdida de fuerza asociada con el desentrenamiento podría deberse a la incapacidad de activar algunas fibras musculares.

El mantenimiento de la fuerza, la potencia y el tamaño muscular es muy importante para el deportista lesionado. Se puede ahorrar mucho tiempo y esfuerzo durante la rehabilitación si se practican ejercicios de baja intensidad con el miembro lesionado desde los primeros días de la recuperación. Las contracciones isométricas son muy efectivas para la rehabilitación porque su intensidad puede graduarse y no es preciso movilizar la articulación. No obstante, todos los programas de rehabilitación deben diseñarse con la cooperación del médico y el fisioterapeuta.

Resistencia muscular

La resistencia muscular desciende tras sólo 2 semanas de inactividad. Hasta la fecha, no existe evidencia suficiente para definir si la disminución del rendimiento es una consecuencia de cambios en el músculo o en la capacidad cardiovascular. En esta sección se examinarán los cambios musculares que acompañan el desentrenamiento y que podrían disminuir la resistencia muscular.

Las adaptaciones musculares localizadas que se producen durante los períodos de inactividad están bien documentadas, pero aún no se definió con precisión el papel exacto de estos cambios en la pérdida de la resistencia muscular. Sabemos, a partir de datos obtenidos con pacientes posquirúrgicos, que luego de una o dos semanas de inmovilización se produce una reducción del 40-60% en la actividad de las enzimas oxidativas, tales como la succinato deshidrogenasa (SDH) y la citocromo oxidasa.

Los datos obtenidos de nadadores que se muestran en la Figura 14.9 indican que, con el desentrenamiento, el potencial oxidativo de los músculos se reduce mucho más rápido que el consumo máximo de oxígeno. Se cree que la menor actividad enzimática oxidativa afecta la resistencia muscular, lo que se relacionaría con la capacidad de resistencia submáxima más que con el consumo máximo de oxígeno o $\dot{V}O_{2máx}$.

En cambio, cuando los deportistas dejan de entrenar, las enzimas glucolíticas musculares como la fosforilasa y fosfofructocinasa, cambian muy poco o nada durante al menos cuatro semanas. De hecho, Coyle y cols.[7] no observaron cambios en la actividad de las enzimas glucolíticas tras hasta 84 días de desentrenamiento en comparación con un descenso de casi el 60% en la actividad de varias enzimas oxidativas. Esto podría explicar, al menos en parte, por qué un mes o más de inactividad no afecta los tiempos en pruebas de velocidad pero el rendimiento en eventos de resistencia puede reducirse significativamente con un período de sólo dos semanas de desentrenamiento.

Un efecto muscular notable asociado con el desentrenamiento es el cambio en el contenido de glucógeno. Los músculos sometidos a entrenamiento de resistencia tienden a incrementar sus reservas de glucógeno. Sin embargo, se ha mostrado que 4 semanas de desentrenamiento disminuyen el glucógeno muscular en un 40%.[3] En la Figura 14.10 se ilustra el descenso del glucógeno

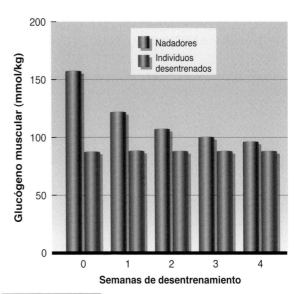

FIGURA 14.10 Cambios en el contenido de glucógeno en el músculo deltoides de nadadores de alto rendimiento durante 4 semanas de desentrenamiento. Hacia el final de este período, el contenido de glucógeno muscular casi retornó a los niveles preentrenamiento.

muscular que se observa después de 4 semanas de desentrenamiento en nadadores universitarios que compiten y en individuos no entrenados (que sirvieron de grupo de control). Las personas no entrenadas no presentaron cambios en el contenido muscular de glucógeno después de 4 semanas de inactividad, pero los valores de los nadadores, que eran elevados en la medición inicial, descendieron hasta casi igualar a los de las personas no entrenadas. Esto indica que el aumento de la capacidad de acumulación de glucógeno en el músculo de los nadadores entrenados parece revertirse al abandonar el entrenamiento.

Para valorar los cambios fisiológicos que acompañan el entrenamiento y el desentrenamiento, se han utilizado los valores de pH y de lactato en sangre registrados luego de una prueba estandarizada de ejercicio. Por ejemplo, se le pidió a un grupo de nadadores universitarios que completaran una prueba de 183 m (200 yardas) a un ritmo equivalente al 90% de la mejor marca registrada durante esta temporada después de 5 meses de entrenamiento y que repitiesen esta prueba una vez por semana durante las 4 semanas siguientes a la interrupción del entrenamiento. En el Cuadro 14.2 se muestran los resultados. Las concentraciones de lactato en sangre, medidas inmediatamente después del ejercicio, se incrementaron semana a semana durante el mes de inactividad. Al final de la cuarta semana de desentrenamiento, se observó una alteración significativa del equilibrio ácido-base de los nadadores, lo que se refleja en una elevación marcada de los niveles sanguíneos de lactato y en una caída importante de las concentraciones de bicarbonato (un amortiguador).

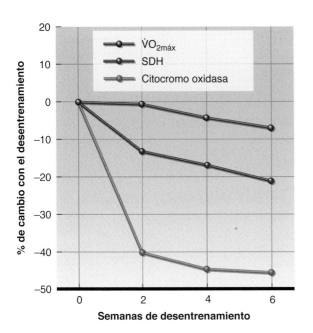

FIGURA 14.9 Reducción porcentual en el $\dot{V}O_{2máx}$ y en la actividad de la succinato deshidrogenasa (SDH) y la citocromo oxidasa durante 6 semanas de desentrenamiento. Estos hallazgos sugieren que los músculos experimentan una reducción del potencial metabólico, aunque la evaluación de la $\dot{V}O_{2máx}$ evidencia pocos cambios durante este período de desentrenamiento.

CUADRO 14.2 Concentraciones sanguíneas de lactato, pH y bicarbonato (HCO$_3^-$) en nadadores universitarios durante la fase de desentrenamiento

Medición	SEMANAS DE DESENTRENAMIENTO			
	0[a]	1[b]	2	4
Lactato (mmol/L)	4,2	6,3	6,8	9,7[c]
pH	7,26	7,24	7,24	7,18[c]
HCO$_3^-$ (mmol/L)	21,1	19,5[c]	16,1[c]	16,3[c]
Tiempo de natación (s)	130,6	130,1	130,5	130

Nota: las mediciones se tomaron inmediatamente después de una prueba de natación a velocidad fija.

[a] Los valores en la semana 0 representan las mediciones tomadas al final de 5 meses de entrenamiento.

[b] Los valores en las semanas 1, 2 y 4 son los resultados obtenidos después de 1, 2 y 4 semanas de desentrenamiento, respectivamente.

[c] Diferencia significativa respecto del valor al final del entrenamiento.

Velocidad, agilidad y flexibilidad

El entrenamiento es menos efectivo para mejorar la velocidad y la agilidad que la fuerza, la potencia, la resistencia muscular, la flexibilidad y la resistencia cardiorrespiratoria. En consecuencia, las pérdidas de velocidad y agilidad generadas por la inactividad son relativamente pequeñas, y los niveles máximos de ambas pueden mantenerse con entrenamiento limitado. No obstante, esto no implica que el velocista logre tener éxito con sólo unos pocos días de entrenamiento por semana. Además de la velocidad y la agilidad, el éxito competitivo dependerá de otros factores tales como una técnica correcta y la capacidad de realizar un fuerte esprín final. Se requieren muchas horas de práctica para alcanzar el nivel óptimo de rendimiento, pero la mayor parte del tiempo se emplea para el desarrollo de cualidades del rendimiento distintas de la velocidad y la agilidad.

Por otro lado, la flexibilidad se pierde con bastante rapidez durante la inactividad. Deben incorporarse ejercicios de estiramiento en los programas de entrenamiento durante la temporada y fuera de ésta. Se ha sugerido que la menor flexibilidad aumentaría la susceptibilidad de los deportistas a sufrir lesiones graves.

Resistencia cardiorrespiratoria

El corazón, al igual que otros músculos del cuerpo, se fortalece con el entrenamiento de resistencia. En cambio, la inactividad puede causar un desacondicionamiento significativo del corazón y el aparato cardiovascular. Los ejemplos más notables de esta situación se observaron en un estudio clásico realizado en individuos sometidos a largos períodos de reposo absoluto en cama, sin la posibilidad de abandonarla y con actividad física mínima.[18] Las funciones metabólicas y cardiovasculares se valoraron a un ritmo constante de trabajo submáximo y máximo antes y después de un período de 20 días de reposo en cama. Los efectos cardiovasculares generados por el reposo en cama son los siguientes:

- incremento considerable de la frecuencia cardíaca submáxima,
- disminución del 25% en el volumen sistólico submáximo,
- reducción del 25% en el gasto cardíaco máximo y
- reducción del 27% en el consumo máximo de oxígeno.

Las reducciones en el gasto cardíaco y el $\dot{V}O_{2máx}$ parecen ser el resultado de un menor volumen sistólico, lo cual se debería a una disminución del volumen plasmático, con una contribución menor de la reducción del volumen cardíaco y de la contractilidad ventricular.

Cabe destacar que los 2 individuos mejor acondicionados en este estudio (los dos que tenían los valores más elevados de $\dot{V}O_{2máx}$) experimentaron una mayor reducción en el $\dot{V}O_{2máx}$ que las 3 personas con menor condición física, como se muestra en la Figura 14.11. Asimismo, los individuos no entrenados recuperaron sus niveles de acondicionamiento iniciales (antes del reposo en cama) durante los primeros 10 días de reacondicionamiento, pero los más entrenados necesitaron alrededor de 40 días para recuperarse completamente. Esto indica que los individuos con mayor nivel de entrenamiento no pueden permitirse largos períodos con escaso o nulo entrenamiento de resistencia. El deportista que se abstiene totalmente del entrenamiento físico de resistencia al finalizar la temporada experimentará grandes dificultades para recuperar su condición aeróbica máxima cuando comience la nueva temporada.

La inactividad puede reducir de manera significativa el $\dot{V}O_{2máx}$. ¿Cuánta actividad se necesita para evitar estas pérdidas considerables de acondicionamiento físico? Aunque la disminución de la frecuencia y la duración del

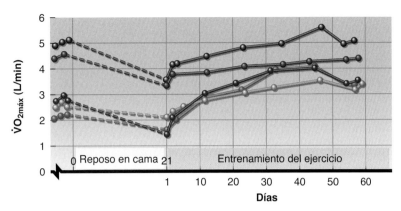

FIGURA 14.11 Cambios en el $\dot{V}O_{2máx}$ tras 20 días de reposo en cama. Cabe destacar que las personas con menor preparación física (valores más bajos de $\dot{V}O_{2máx}$) al comienzo del reposo en cama experimentaron menores deterioros con la inactividad y más beneficios cuando se entrenaron después del reposo en cama. En cambio, las personas muy entrenadas mostraron un deterioro mucho mayor como resultado de la inactividad.

Adaptado, con autorización, de B. Saltin et al., 1968, "Response to submaximal and maximal exercise after rest and training". *Circulation* 38(7):75.

entrenamiento reducen la capacidad aeróbica, las pérdidas sólo son significativas cuando la frecuencia y la duración se reducen dos terceras partes respecto de la carga regular de entrenamiento.

No obstante, la intensidad del entrenamiento cumpliría un rol más crucial en el mantenimiento de la capacidad aeróbica durante períodos de entrenamiento reducido. Se requiere un entrenamiento al 70% del $\dot{V}O_{2máx}$ para mantener la capacidad aeróbica máxima.[10]

Concepto clave

El cuerpo pierde rápidamente muchos de los beneficios del entrenamiento cuando éste se interrumpe. Es necesario un nivel mínimo de entrenamiento para prevenir estas pérdidas. Las investigaciones indican que se requieren al menos 3 sesiones de entrenamiento por semana a una intensidad del 70% del $\dot{V}O_{2máx}$ para mantener el acondicionamiento aeróbico.

Revisión

➤ El desentrenamiento se define como la pérdida parcial o completa de las adaptaciones inducidas por el entrenamiento en respuesta tanto a su suspensión como a un descenso importante de la carga del entrenamiento.

➤ El desentrenamiento causa atrofia muscular, que se asocia con pérdida de la fuerza y la resistencia muscular. Sin embargo, el músculo sólo requiere un mínimo estímulo para conservar estas cualidades durante períodos de actividad reducida.

➤ La resistencia muscular disminuye sólo después de 2 semanas de inactividad. Las posibles explicaciones son:

    1. disminución de la actividad de las enzimas oxidativas,
    2. reducción de las reservas musculares de glucógeno, o
    3. alteración del equilibrio ácido-base.

➤ Las pérdidas en la velocidad y la agilidad inducidas por el desentrenamiento son escasas, pero la flexibilidad parece perderse rápidamente.

➤ Con el desentrenamiento, las pérdidas de la resistencia cardiorrespiratoria son mucho mayores que las pérdidas de la fuerza, la potencia y la resistencia muscular en el mismo período.

➤ Para mantener la resistencia cardiorrespiratoria, el entrenamiento debe efectuarse al menos tres veces por semana, y la intensidad debería ser al menos del 70% del $\dot{V}O_{2máx}$.

Conclusión

En este capítulo vimos cómo la cantidad de entrenamiento puede afectar el rendimiento. Vimos que el entrenamiento excesivo o el sobreentrenamiento pueden, de hecho, perjudicar el rendimiento. Luego, analizamos los efectos del entrenamiento insuficiente (desentrenamiento) como resultado de la inactividad o de la inmovilización tras una lesión. Por último vimos que con la reducción del entrenamiento muchos de los beneficios logrados durante el entrenamiento regular se pierden rápidamente, en especial la resistencia cardiovascular.

Una vez disipado el mito de que más entrenamiento siempre significa mayor rendimiento, ¿de qué otra manera pueden los deportistas tratar de optimizar su rendimiento? En el siguiente capítulo, la atención se enfocará en la composición corporal óptima y la nutrición del deportista.

Palabras clave

desentrenamiento

entrenamiento excesivo

fase de puesta a punto (*tapering*)

fibromialgia

función inmunológica

puesta a punto (*tapering*)

rabdomiólisis

síndrome de fatiga crónica

síndrome de sobreentrenamiento

sobrecarga aguda

sobreentrenamiento

sobreesfuerzo (*overreaching*)

subentrenamiento

Preguntas

1. Describa el modelo utilizado para optimizar el entrenamiento. Defina los términos subentrenamiento, sobrecarga aguda, sobreesfuerzo y sobreentrenamiento.
2. ¿Qué es el entrenamiento excesivo? ¿Cómo se relaciona con el modelo de optimización del entrenamiento?
3. Defina y describa el síndrome de sobeentrenamiento. ¿Cuáles son los síntomas generales del síndrome de sobreentrenamiento? ¿Cuáles son las diferencias entre el sobreentrenamiento simpático y el parasimpático?
4. ¿Cuál es la relación entre el hipotálamo y el síndrome de sobreentrenamiento? ¿Qué rol podrían jugar las citocinas?
5. Describa la relación entre la actividad física, la función inmunológica y la susceptibilidad a las enfermedades.
6. ¿Cuál parece ser el factor que mejor predice el síndrome de sobreentrenamiento?
7. ¿Cómo se trata el síndrome de sobreentrenamiento?
8. ¿Cuáles son los cambios fisiológicos que se producen durante la fase de puesta a punto a los que se les puede atribuir el mérito del aumento del rendimiento?
9. ¿Cuáles son las alteraciones que se producen en la fuerza, la potencia y la resistencia muscular asociadas con el desentrenamiento físico?
10. ¿Cuáles son las alteraciones que se producen en la velocidad, la agilidad y la flexibilidad asociadas con el desentrenamiento físico?
11. ¿Qué cambios tienen lugar en el aparato cardiovascular cuando un individuo se desacondiciona?
12. ¿Qué similitudes se observan entre el desentrenamiento y los viajes espaciales? ¿Por qué el cuerpo realiza estas adaptaciones durante los viajes espaciales?

Composición corporal y nutrición para el deporte

15

En este capítulo

Composición corporal en el deporte   **356**
   Evaluación de la composición corporal 357
   Composición corporal y rendimiento deportivo 360
   Estándares de peso 361
   Logro del peso óptimo 365

Nutrición y deporte   **367**
   Clasificación de los nutrientes 367
   Balance hídrico y electrolítico 380
   Deshidratación y rendimiento durante el ejercicio 381
   La dieta del deportista 386
   Bebidas deportivas 390

Conclusión   **392**

Un exjugador, jugador de la Liga Mayor de Béisbol, ganaba un salario mínimo durante sus primeros años en el equipo. Las primeras encuestas antes de la temporada proyectaban a su equipo como uno de los perdedores de la categoría, pero el equipo terminó en una de las primeras posiciones en la Serie Mundial. Este jugador se convirtió en uno de los mejores en la Liga Nacional durante esa temporada y, una vez finalizada la Serie Mundial, pidió un aumento considerable de su salario (75 000 dólares a mediados de la década de 1970). La administración del equipo accedió a pagarle ese salario, ¡con la condición de que perdiera 11 kg (25 libras) de peso! El jugador se negó a adelgazar, por lo que las negociaciones llegaron a un punto muerto.

El médico del equipo sugirió que enviaran al jugador a una universidad importante para evaluar con exactitud su composición corporal y ambas partes accedieron. Se realizó un pesaje hidrostático y los resultados mostraron que el jugador tenía menos del 6% de grasa corporal, ¡lo que representaba sólo 5 kg (11 libras) de grasa! Como se requiere entre 3 y 4% de grasa corporal para vivir, este jugador sólo tenía 2 kg (entre 4 y 5 libras) de grasa para perder y tampoco se recomendaba que lo hiciera porque ya estaba en el intervalo más bajo de los niveles recomendados para deportistas. La gerencia quedó satisfecha, el jugador recibió su aumento de salario y no tuvo que perder peso.

El peso de este deportista estaba muy por encima de lo recomendado para su talla y tenía una forma de caminar particular, que se conoce como "marcha de pato". La combinación del sobrepeso, según las tablas estándar de relación entre peso y talla, y la marcha característica llevó a la gerencia a solicitar la pérdida de 11 kg. Si el deportista hubiera accedido a esta demanda, es probable que hubiera destruido su carrera profesional. ¿Cuántos deportistas han enfrentado situaciones similares? ¿Cuántos se han dado por vencidos?

En la actualidad, los deportistas y los entrenadores son muy conscientes de la importancia de alcanzar y mantener un peso corporal óptimo para lograr el mejor rendimiento posible en el deporte. El tamaño, la contextura y la composición corporal adecuados son críticos para tener éxito en casi cualquier emprendimiento deportivo. Resulta útil comparar los requerimientos específicos de rendimiento de una gimnasta olímpica de 152 cm y 45 kg (5 pies, 100 libras) con los de un jugador profesional de fútbol americano que ocupa una posición defensiva y tiene 206 cm y 147 kg (6 pies, 9 pulgadas, 325 libras). Aunque el tamaño y la contextura corporal pueden alterarse sólo levemente, la composición corporal puede cambiar en forma significativa con la dieta y el ejercicio. El entrenamiento con sobrecarga puede aumentar la masa muscular de manera notable, y una dieta adecuada combinada con ejercicio intenso pueden reducir de manera significativa la grasa corporal. Estos cambios pueden ser de gran importancia para lograr un desempeño deportivo óptimo.

Alcanzar el máximo rendimiento posible también requiere un balance cuidadoso de los nutrientes esenciales. El gobierno de los Estados Unidos estableció estándares para la ingesta óptima de nutrientes, que se incluyen en las *Dietary Reference Intakes* (Ingestas Dietéticas de Referencia, DRI). Éstas representan estimaciones de requerimientos de varias sustancias alimenticias necesarias para mantener una buena salud.

Las necesidades nutricionales de los deportistas muy activos pueden exceder en forma considerable las DRI. Las necesidades calóricas individuales son bastante variables y dependen del tamaño del deportista, su sexo y el deporte elegido. Se ha reportado que los ciclistas que compiten en el *Tour de France* y los es-

quiadores de fondo de Noruega gastan hasta 9 000 kcal por día. ¡Un corredor de ultrarresistencia consumió un promedio de 10 750 kcal por día durante una carrera de 966 km (600 millas) realizada en 5,2 días![20] Asimismo, algunos deportes competitivos requieren el cumplimiento de estándares de peso estrictos. Los atletas que participan en estos deportes deben monitorear cuidadosamente su peso y, por ende, su ingesta calórica. Muy a menudo, esto lleva a los deportistas a cometer abusos nutricionales, consumir drogas, deshidratarse y correr graves riesgos para su salud. Además, las tácticas nutricionales utilizadas por algunos deportistas para lograr una pérdida de peso excesiva son preocupantes dada la posible asociación con trastornos alimentarios, como la anorexia y la bulimia nerviosas.

Composición corporal en el deporte

La **composición corporal** es la constitución química del cuerpo. En la Figura 15.1 se ilustran tres modelos de

FIGURA 15.1 Tres modelos de composición corporal (véase el texto para obtener una descripción).

Adaptada, con autorización, de J. H. Wilmore, 1992, Body weight and body composition. En *Eating, body weight, and performance in athletes: Disorders of modern society,* editado por K.D. Brownell, J. Rodin y J. H. Wilmore (Filadelfia, Pennsylvania: Lippincott, Williams y Wilkins), 77-93.

composición corporal. Los dos primeros dividen el cuerpo en sus distintos componentes químicos o anatómicos y el último simplifica la composición corporal en dos componentes, la masa grasa y la masa libre de grasa. Este último modelo es el que se utiliza en este libro. La **masa grasa,** mencionada a menudo en términos de **grasa corporal relativa,** es el porcentaje de la masa corporal total compuesto por grasa. La **masa libre de grasa** es simplemente el resto de los tejidos corporales que no corresponden a tejido adiposo.

Concepto clave

La masa libre de grasa está compuesta por todos los tejidos corporales no grasos e incluye los huesos, los músculos, los órganos y el tejido conectivo.

Evaluación de la composición corporal

La evaluación de la composición corporal brinda información adicional más allá de las medidas básicas de talla y peso y resulta útil tanto para el deportista como para el entrenador. Por ejemplo, si el jardinero central de un equipo de Ligas Mayores de Béisbol mide 188 cm (6 pies 2 pulgadas) y pesa 91 kg (200 lb), ¿tiene su peso ideal? Con el dato de que 4,5 kg (10 lb) de un peso total de 91 kg representan grasa y que los restantes 86,5 kg (190 lb) corresponden a masa libre de grasa, se obtiene una visión mucho más completa que con el peso y la talla aislados. En este ejemplo, sólo el 5% de su peso corporal corresponde a grasa, que es aproximadamente el mínimo que debería tener un deportista, como se explicó en la introducción de este capítulo. Sobre la base de este conocimiento, tanto el deportista como el entrenador pueden reconocer que la composición corporal del primero es la ideal. No deberían preocuparse por una disminución del peso, aún cuando las tablas estándares de relación entre peso y talla indiquen que el deportista tiene sobrepeso. Sin embargo, otro jugador de béisbol con la misma talla y peso, que tiene 23 kg (50 lb) de grasa, tendría un 25% de masa grasa. Esto representaría un grave problema de peso para un deportista de alto rendimiento y se consideraría sobrepeso.

En la mayoría de los deportes, cuanto mayor es el porcentaje de grasa corporal, peor es el desempeño. Una valoración precisa de la composición corporal del deportista brinda información valiosa respecto de cuál es el peso óptimo que permitirá alcanzar el mayor rendimiento. Pero ¿cómo se determina la composición corporal de un deportista?

Densitometría

La **densitometría** consiste en la medición de la densidad corporal del deportista. La densidad (D) se define como la masa (M) dividida por el volumen (V):

$$D_{cuerpo} = M_{cuerpo}/V_{cuerpo}$$

Concepto clave

Aunque el tamaño corporal total y el peso son importantes para la mayoría de los deportistas, la composición corporal suele ser la variable más relevante. Las tablas estándares de peso y talla no proveen estimaciones precisas acerca de cuál sería el peso ideal de un atleta, ya que no tienen en cuenta la composición corporal. De acuerdo con estas tablas, un atleta podría presentar sobrepeso y sin embargo tener muy poca grasa corporal.

La masa corporal del deportista es su peso de balanza. El volumen corporal se puede estimar mediante varias técnicas diferentes, pero la usada con mayor asiduidad es el **pesaje hidrostático,** también llamado pesaje subacuático, en el cual el deportista se pesa mientras está completamente sumergido en agua. La diferencia entre el peso de balanza y el peso bajo el agua, corregido por la densidad del agua, representa al volumen corporal. Este volumen también puede corregirse teniendo en cuenta el aire atrapado en el cuerpo. La cantidad de aire atrapado en el tubo digestivo es escasa, difícil de medir y suele ignorarse. En cambio, el gas atrapado en los pulmones debe medirse porque su volumen suele ser grande.

En la Figura 15.2 se muestra la técnica de pesaje hidrostático. La densidad de la masa libre de grasa es mayor que la densidad del agua, mientras que la de la masa grasa es menor a la del agua. A modo de ejemplo, puede observarse una piscina llena de personas con diferentes tipos de cuerpo. Aquellos con abundante grasa corporal tienen menor densidad corporal y pueden flotar con facilidad, mientras que los que son muy delgados tienen mayor densidad corporal total y tienden a hundirse. Esta es una simplificación, pero podría ser útil para comprender el concepto.

Desde hace mucho tiempo, la densitometría es la técnica de elección para evaluar la composición corporal. Por lo general, las técnicas más nuevas se comparan con la densitometría para determinar su exactitud. Sin embargo,

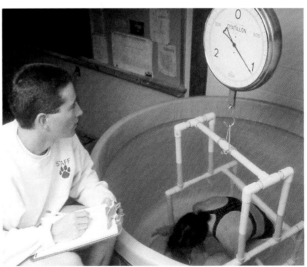

FIGURA 15.2 Técnica de pesaje hidrostático (subacuático) para determinar la densidad corporal.

la densitometría tiene sus limitaciones. Si las mediciones del peso corporal, el peso subacuático y el volumen pulmonar durante el pesaje bajo el agua son correctas, el valor resultante de la **densidad corporal** es exacto. La mayor debilidad de la densitometría es la conversión de la densidad corporal en una estimación de la grasa corporal relativa. Cuando se utiliza el modelo de composición corporal de dos componentes, se necesitan estimaciones exactas de las densidades de la masa grasa y la masa libre de grasa. La ecuación utilizada más a menudo para convertir la densidad corporal en una estimación de la grasa corporal relativa o porcentual es la ecuación estándar de Siri:

$$\% \text{ de grasa corporal} = (495/D_{corporal}) - 450.$$

Esta ecuación supone que las densidades de la masa grasa y la masa libre de grasa son relativamente constantes en todas las personas. De hecho, la densidad de la masa grasa en distintos sitios corporales se mantiene constante en el mismo individuo y es bastante parecida en personas diferentes. El valor que suele usarse es de 0,9007 g/cm. No obstante, la determinación de la densidad de la masa libre de grasa (D_{MLG}), que según la ecuación de Siri es 1,1, es más compleja. Para estimar esta masa, se deben hacer dos suposiciones:

1. La densidad de cada tejido que forma parte de la masa libre de grasa es conocida y permanece constante.
2. Cada tipo de tejido representa una proporción constante de la masa libre de grasa (por ejemplo, asumimos que el hueso siempre representa el 17% de la masa libre de grasa).

Las excepciones a cualquiera de estas suposiciones generan un error cuando se convierte la densidad corporal en grasa corporal relativa. Desafortunadamente, la densidad de la masa libre de grasa varía de una persona a otra.

Otras técnicas de laboratorio

Se dispone de muchas otras técnicas de laboratorio para evaluar la composición corporal, como por ejemplo la radiografía, la tomografía computarizada (TC), la resonancia magnética (RM), la hidrometría (para medir el agua corporal total), la conductividad eléctrica corporal total y la activación de neutrones. La mayoría de estas técnicas son complejas y requieren equipamientos costosos. Es probable que ninguna de ellas se utilice para la evaluación general de la población deportiva, por lo que no se mencionarán más en este capítulo; sin embargo, se hablará de la TC en el Capítulo 22. Otras dos técnicas son promisorias: la absorciometría dual de rayos X y el desplazamiento del aire.

La **absorciometría dual de rayos X** evolucionó a partir de las primeras técnicas de absorciometría de fotones simple y dual utilizadas entre 1963 y 1984. Las primeras técnicas se utilizaban para estimar el contenido mineral óseo regional y la densidad mineral ósea, sobre todo en la columna vertebral, la pelvis y el fémur. La nueva técnica de absorciometría dual de rayos X (véase la Figura 15.3) permite cuantificar no sólo el tejido óseo, sino también la composición de los tejidos blandos. Asimismo, no se limita a estimaciones regionales, sino que también puede brindar estimaciones corporales totales. Las investigaciones realizadas hasta la fecha indican que la absorciometría dual de rayos X logra estimaciones precisas y

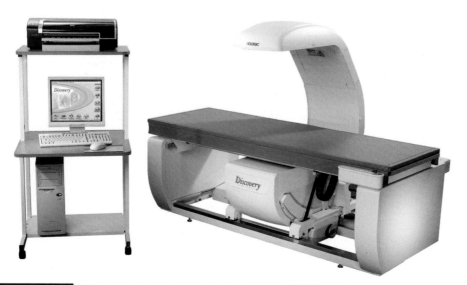
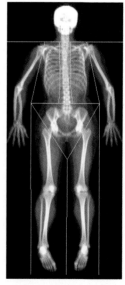

FIGURA 15.3 Máquina de absorciometría dual de rayos X (DXA) usada para estimar la densidad ósea y el contenido mineral óseo, así como la composición corporal total (masa grasa y masa libre de grasa): (*a*) máquina, (*b*) barrido regional del cuerpo.

fiables de la composición corporal. Las ventajas de este método respecto de la técnica de pesaje subacuático incluyen su capacidad de estimar la densidad ósea y el contenido mineral óseo, además de la masa grasa y la masa libre de grasa. También es una técnica que no requiere participación del deportista, en la cual sólo debe permanecer en una camilla durante la evaluación, a diferencia de tener que sumergirse bajo el agua varias veces. La desventaja es el costo del equipo y del soporte técnico.

La **pletismografía de aire** es una técnica densitométrica. El volumen se determina a partir del desplazamiento del aire en lugar de la inmersión en agua. Esta técnica, desarrollada a inicios de la década de 1900, se utilizó en los laboratorios de investigación hasta la década de 1990, cuando se dispuso de un modelo comercial (véase la Figura 15.4). El principio de operación es bastante simple: consiste en una cámara cerrada llena de aire a la presión atmosférica que tiene un volumen conocido. El individuo que va a evaluarse abre la puerta de la cámara, se

introduce en ella, se sienta en una posición fija y luego cierra la puerta, que se sella en forma hermética. Se determina el nuevo volumen de aire en la cámara, que se resta de su volumen total para obtener una estimación del volumen de la persona.

Aunque es una técnica relativamente simple para el individuo, requiere una exactitud considerable en el control de los cambios de temperatura, composición de gases y respiración del individuo mientras permanece en la cámara. Los estudios confirmaron la exactitud de esta técnica en la mayoría de las condiciones. Se cree que brinda una medida relativamente precisa del volumen corporal. Al igual que con la técnica de pesaje subacuático, pueden obtenerse medidas relativamente exactas del volumen corporal total y, por ende, estimaciones precisas de la densidad corporal total. Sin embargo, también debe usarse la densidad corporal del individuo en una ecuación para estimar la grasa corporal relativa, reconociendo las inexactitudes de la D_{MLG} para ese individuo.

Técnicas de campo

Se dispone también de varias técnicas de campo para evaluar la composición corporal. Estas técnicas son más accesibles que las de laboratorio porque el equipamiento es menos costoso y complejo; por ende, son técnicas que el entrenador, el preparador físico o incluso el deportista pueden utilizar con mayor facilidad fuera del laboratorio.

Grosor del pliegue cutáneo La técnica de campo más ampliamente utilizada consiste en medir el **grosor del pliegue cutáneo** (véase la Figura 15.5) en uno o más sitios corporales y emplear los valores obtenidos para estimar la composición corporal. En general, se recomienda sumar tres o más mediciones de pliegues cutáneos en una ecuación polinómica de segundo grado para estimar la densidad corporal. La ecuación de segundo grado describe con mayor exactitud la relación entre la suma de las mediciones de los pliegues cutáneos y la densidad corporal. Las ecuaciones lineales subestiman la densidad de las personas más delgadas, lo que conduce a una sobrestimación de la grasa corporal. En las personas obesas, ocurre justo lo contrario: la densidad corporal se sobrestima y la grasa corporal se subestima. Las mediciones del grosor de los pliegues cutáneos que utilizan ecuaciones de segundo grado brindan una estimación bastante precisa de la grasa corporal total o de la grasa relativa.

Impedancia bioeléctrica La **impedancia bioeléctrica** es un procedimiento simple introducido en la década de 1980, que se realiza en solo unos pocos minutos. Se utilizan cuatro electrodos que se colocan en el cuerpo, en el tobillo, el pie, la muñeca y el dorso de la mano, como se muestra en la Figura 15.6. Luego se envía una corriente indetectable a través de los electrodos distales (mano y pie). Los electrodos proximales (muñeca y tobillo) reciben el flujo de corriente. La conducción eléctrica entre los electrodos a través de los tejidos depende de la distribu-

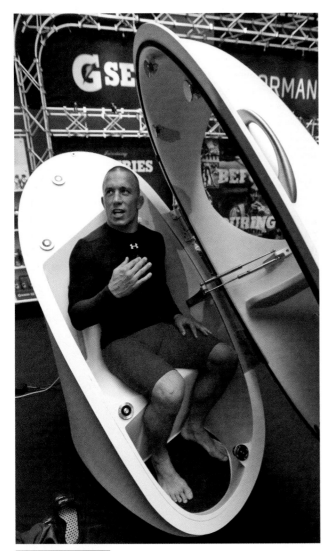

FIGURA 15.4 El dispositivo de pletismografía de aire Bod Pod® utiliza la técnica de desplazamiento del aire para estimar el volumen corporal total.

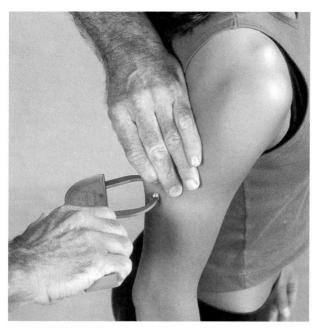

FIGURA 15.5 Medición del grosor del pliegue cutáneo tricipital.

ción de agua y electrolitos en cada tejido. La masa libre de grasa contiene casi toda el agua corporal y los electrolitos conductores, por lo cual la conductividad es mucho mayor en la masa libre de grasa que en la masa grasa. La masa grasa tiene una impedancia mucho mayor, lo que significa que el flujo de corriente encuentra muchas más dificultades para atravesar la masa grasa. De esta manera, la cantidad de corriente que fluye a través de los tejidos refleja la cantidad relativa de grasa contenida en ellos.

En la técnica de impedancia bioeléctrica, las mediciones de la impedancia, la conductividad o de ambas permiten estimar la grasa corporal relativa. Las estimaciones de la grasa corporal relativa basadas en la impedancia

bioeléctrica se correlacionan con las mediciones obtenidas con el pesaje hidrostático. Sin embargo, la técnica de impedancia bioeléctrica tiende a sobreestimar los valores relativos de grasa corporal en poblaciones de deportistas magros debido a la naturaleza de las ecuaciones utilizadas. Asimismo, la hidratación altera la bioimpedancia, por lo que se debe controlar en forma estricta. En la actualidad, están desarrollándose ecuaciones más específicas para cada deporte y existe una técnica nueva, la espectroscopia por impedancia bioeléctrica de multifrecuencia, que posiblemente pueda aumentar la precisión de las mediciones en estas poblaciones de deportistas.

Composición corporal y rendimiento deportivo

Muchos deportistas de ciertas disciplinas (por ejemplo, fútbol americano y baloncesto) creen que deben ser corpulentos para ser buenos en su deporte, porque siempre se relacionó el tamaño con la calidad del rendimiento: cuanto más grande es el deportista, mayor es su rendimiento. No obstante, grande no siempre significa mejor. En algunos otros deportes, se considera mejor ser más pequeño y liviano (por ejemplo, en la gimnasia deportiva, el patinaje artístico y saltos ornamentales). Incluso esto puede llevarse al extremo, comprometiendo la salud del deportista y su rendimiento. En las siguientes secciones se considerará la forma en que la composición corporal puede afectar el rendimiento.

Masa libre de grasa

En lugar de preocuparse por el tamaño corporal o el peso, la mayoría de los deportistas debería concentrarse en forma específica en la masa libre de grasa. En los deportistas que practican disciplinas que requieren fuerza, potencia y resistencia muscular, lo ideal es obtener un

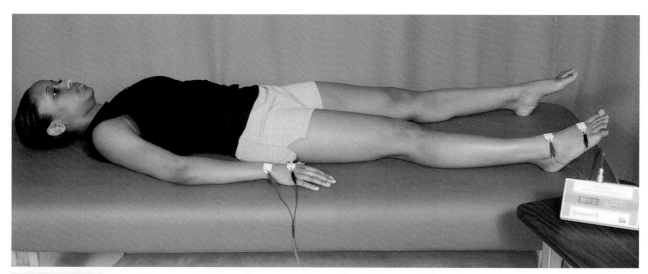

FIGURA 15.6 Técnica de impedancia bioeléctrica para evaluar la grasa corporal relativa.

nivel máximo de masa libre de grasa. No obstante, es probable que el aumento de la masa libre de grasa no sea beneficioso en deportistas de resistencia, como los corredores de fondo, que deben desplazar toda su masa corporal en sentido horizontal durante períodos prolongados. Una masa libre de grasa más abundante es una carga adicional que debe llevarse y puede afectar el desempeño del deportista. Esto también puede aplicarse a los que practican salto en alto, salto en largo, saltos triples y saltos con garrocha, que deben maximizar sus distancias de desplazamiento vertical, horizontal o ambas. En estas disciplinas, un peso adicional, aunque se trate de masa libre de grasa activa, podría disminuir el rendimiento en lugar de facilitarlo.

En el futuro es posible que surjan técnicas para estimar no solo la masa grasa y la masa libre de grasa del deportista, sino también su posibilidad de aumentar su masa libre de grasa. Estas técnicas permitirían a los deportistas diseñar programas de entrenamiento que desarrollen su masa libre de grasa hasta un máximo deseable, mientras mantienen su masa grasa en niveles relativamente bajos. La combinación de entrenamiento con sobrecarga e ingesta de carbohidratos o carbohidratos y proteínas durante la recuperación posterior al entrenamiento con sobrecarga parece ser una forma efectiva para incrementar la masa libre de grasa.[17,30] Esta práctica parece estimular la liberación de hormonas anabólicas.

Grasa corporal relativa

La grasa corporal relativa es una de las principales preocupaciones de los deportistas. El agregado de más grasa al cuerpo simplemente para aumentar el peso y el tamaño del deportista suele ser perjudicial para su rendimiento. Muchos estudios demostraron que a mayor porcentaje de grasa corporal, por encima de los valores óptimos, peor es el rendimiento de la persona. Esto se aplica a todas las actividades en las cuales el peso del cuerpo debe moverse a través del espacio, como correr o saltar. Es menos importante para actividades más estáticas, como arquería y tiro. En general, los deportistas más magros exhiben mejores resultados.

Los deportistas de resistencia tratan de minimizar sus depósitos de grasa porque se ha comprobado que el exceso de peso afecta su rendimiento. Tanto la grasa total como la grasa corporal relativa pueden afectar significativamente el rendimiento de corredores de fondo altamente entrenados. Por lo general, menos grasa se asocia a un mejor rendimiento.

Los halterófilos de mayor peso podrían ser una excepción a la regla general de que menos grasa es mejor. Previamente a una competencia, estos deportistas suelen aumentar su peso corporal a expensas de un incremento significativo en su grasa corporal, con la premisa de que esto bajará su centro de gravedad y les proporcionará una mayor ventaja mecánica durante el levantamiento. El luchador de sumo es otra excepción notable a la teoría

de que el tamaño excesivo no es el mayor determinante del éxito deportivo. En este deporte, el individuo más grande tiene una ventaja decisiva; aun así, el luchador con mayor masa libre de grasa debería lograr el mayor éxito. El rendimiento en natación también parece ser una excepción a esta regla general. La grasa corporal podría brindar cierta ventaja al nadador porque aumenta su flotabilidad, lo que puede reducir el arrastre del cuerpo en el agua y disminuir el gasto metabólico de la permanencia en la superficie.

Revisión

➤ El conocimiento de la composición corporal de una persona es más útil para predecir su potencial de rendimiento que conocer su peso y su talla.

➤ La densitometría es uno de los mejores métodos para evaluar la composición corporal y es considerado como uno de los métodos más precisos, aunque se asocia con cierto riesgo de error. Consiste en el cálculo de la densidad corporal del deportista dividiendo su masa corporal por su volumen, que se determina en forma típica a través del pesaje hidrostático o del desplazamiento de aire. La composición corporal puede calcularse, pero existe cierto margen de error.

➤ La absorciometría dual de rayos X, desarrollada originalmente para estimar la densidad ósea y el contenido mineral óseo, permite en la actualidad brindar estimaciones exactas no sólo de la composición corporal total (masa grasa y masa libre de grasa), sino también de la composición corporal segmentaria y la masa ósea.

➤ Las técnicas de campo para evaluar la composición corporal incluyen la medición del grosor de los pliegues cutáneos y la impedancia bioeléctrica. Estas técnicas son menos costosas y más accesibles para el deportista y el entrenador que las técnicas de laboratorio.

➤ En los deportistas que practican disciplinas que requieren fuerza, potencia y resistencia muscular resulta ideal aumentar al máximo la masa libre de grasa, pero podría ser un problema para los deportistas de resistencia, que deben ser capaces de mover su masa corporal total durante períodos prolongados, y para los que practican saltos, ya que deben mover su masa corporal en sentido vertical u horizontal a través de cierta distancia.

➤ El grado de adiposidad tiene mayor influencia sobre el rendimiento que el peso corporal total. En general, cuanto mayor es la grasa corporal relativa, peor es el rendimiento. Las posibles excepciones son la halterofilia, el sumo y la natación.

Estándares de peso

Los estándares de peso se han utilizado en muchos deportes durante muchos años. Más recientemente, su utilización se ha extendido a la mayoría de los deportes, que en la actualidad han adoptado estándares de peso para asegurar que los deportistas posean un tamaño y composición corporal óptimos para alcanzar el máximo rendimiento. Por desgracia, este no es siempre el resultado.

Los atletas de elite han sido considerados como representativos de las características físicas y fisiológicas más deseables para el rendimiento en un deporte o actividad. En teoría, la constitución genética del deportista de elite y los años de entrenamiento intenso se combinan para lograr el mejor perfil para un deporte determinado. Estos deportistas de alto rendimiento establecen los estándares a los cuales aspiran los demás. Sin embargo, estos valores pueden generar confusión, como puede observarse en la Figura 15.7.[28] La figura muestra valores de porcentajes de grasa corporal en atletas de elite de sexo femenino que compiten en diferentes eventos del atletismo. Si se observan solo los datos de las corredoras de fondo, muchas de las mejores representantes tenían menos de 12% de grasa corporal. Las dos mejores corredoras tenían solo alrededor de 6% de grasa corporal. Una de ellas había ganado seis campeonatos internacionales consecutivos y la otra había batido el récord en maratón en su momento. A partir de estos resultados, se podría sugerir que toda corredora de fondo debería tener entre 6 y 12% de grasa corporal relativa si aspira a ganar competencias mundiales. Sin embargo, una de las mejores corredoras de fondo de los Estados Unidos en ese momento, que estaba a dos años de conseguir el título mundial, tenía un porcentaje de grasa corporal del 17%. Asimismo, una de las mujeres de este estudio tenía un porcentaje de grasa corporal relativa de 37% y ¡obtuvo el récord mundial en la carrera de 80 km

(50 millas) dentro de los seis meses siguientes a su evaluación! Es muy probable que estas mujeres no hubiesen obtenido ventajas si se las hubiera forzado a bajar de peso para lograr un 12% de grasa corporal o menos.

Uso inadecuado de los estándares de peso

Se ha abusado mucho de los estándares de peso. Los entrenadores observaron que el rendimiento de los deportistas suele mejorar cuando su peso corporal disminuye. Esto derivó en que algunos entrenadores adoptaran la filosofía de que si una pequeña reducción en el peso corporal provocaba una pequeña mejora en el rendimiento, entonces una gran pérdida del peso corporal debería provocar una mejora aún mayor del rendimiento. No sólo los entrenadores son culpables de hacer esta suposición: los deportistas y sus padres también se ven atraídos a pensar de esta manera. Por ejemplo, una deportista universitaria, considerada una de las mejores en su disciplina en los Estados Unidos, hizo dieta y ejercicios hasta disminuir tanto su peso que su grasa corporal relativa se redujo a menos del 5%. Si se unía una nueva integrante al equipo que parecía ser más delgada, ella entrenaba aún más para reducir su peso y su porcentaje de grasa. El rendimiento de esta deportista comenzó a deteriorarse y empezó a desarrollar lesiones que parecían no cicatrizar. Por último, se le diagnosticó anorexia nerviosa (Capítulo 19) y se le indicó un tratamiento profesional. Su carrera como deportista de alto rendimiento había terminado.

● Concepto clave

Muchos deportes aplican los estándares de peso con el objetivo de asegurar que los deportistas tengan el tamaño corporal óptimo para participar. Por desgracia, los deportistas suelen utilizar métodos cuestionables, ineficaces o incluso peligrosos para adelgazar y alcanzar su objetivo de peso.

Riesgos de la pérdida excesiva de peso corporal

Muchas escuelas, distritos u organizaciones estatales y nacionales dividen las competencias deportivas en categorías (por ejemplo, lucha) en función del tamaño, siendo el peso el factor más importante. A menudo, los deportistas que participan en estas disciplinas intentan lograr el menor peso posible para obtener una ventaja sobre sus oponentes. En esta tarea, muchos ponen en riesgo su salud. En las secciones siguientes, se examinarán algunas de las consecuencias de la pérdida excesiva de peso en los deportistas de ambos sexos.

Deshidratación El ayuno o las dietas con contenido calórico muy bajo logran reducciones importantes de peso, sobre todo por deshidratación. Como se mencionará más adelante en este capítulo, por cada gramo de carbohidrato

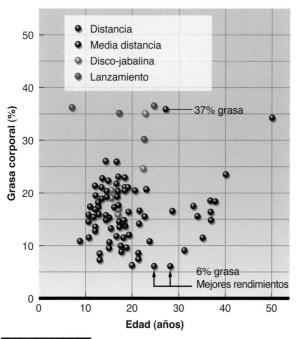

FIGURA 15.7 Porcentaje de grasa corporal en atletas de sexo femenino que compiten en diferentes eventos del atletismo (véase el texto para obtener una explicación más detallada). Datos de Wilmore et al., 1977.

almacenado, se produce una ganancia obligada de 2,6 g de agua. Cuando se utilizan los carbohidratos para obtener energía, se pierde agua. En consecuencia, durante el ayuno y las dietas con muy pocas calorías, los depósitos de carbohidratos se agotan con rapidez en los primeros días, lo que produce una pérdida significativa de peso atribuible a la pérdida de agua corporal.

Asimismo, los deportistas que tratan de perder peso podrían entrenar con trajes de goma especiales para promover la sudoración, tomar baños de vapor o sauna, morder toallas para perder saliva y minimizar su ingesta de líquidos. Estas pérdidas significativas de agua comprometen las funciones renal y cardiovascular y pueden ser peligrosas. La pérdida de tan sólo el 2% del peso corporal del deportista debido a deshidratación puede alterar su rendimiento e incluso desmejorar el rendimiento durante la ejecución de diferentes destrezas en deportes de corta duración y alta intensidad como el tenis, el fútbol y el baloncesto.[12]

Fatiga crónica   Forzar la pérdida de peso corporal puede tener repercusiones importantes. Si el peso corporal de un deportista disminuye por debajo de un nivel óptimo, es posible que éste experimente una reducción en su rendimiento y un incremento en la incidencia de lesiones y enfermedades. Esta reducción en el rendimiento puede atribuirse a diversos factores, entre los que se incluye la fatiga crónica que acompaña a una reducción significativa del peso corporal. Aún no se han establecido claramente las causas de esta fatiga, pero existen varias posibilidades.

Los síntomas que experimenta un deportista que permanece por debajo de su peso (por debajo del peso competitivo óptimo) en forma crónica se asemejan a los que se observan con el sobreentrenamiento (véase el Capítulo 14). El sobreentrenamiento parece estar asociado con componentes tanto neurológicos como hormonales. En

algunos casos, el sistema nervioso simpático parece estar inhibido y predomina la actividad del sistema parasimpático. Además, el hipotálamo no funciona en forma normal y es probable que la función inmunológica esté afectada. Estas alteraciones desencadenan una cascada de síntomas que incluyen fatiga crónica.

Esta fatiga crónica también puede atribuirse a la depleción de sustratos. La energía requerida para casi todas las actividades deportivas proviene en su mayor parte de los carbohidratos, que también representan la fuente de energía almacenada más pequeña. En conjunto, las reservas de carbohidratos de los músculos, el hígado y el líquido extracelular representan aproximadamente 2 500 kcal de energía almacenada. Cuando los deportistas entrenan en forma intensa y no realizan una dieta adecuada (deficiente en calorías totales o en calorías de carbohidratos), se producirá la depleción de las reservas de carbohidratos. Esto adquiere una gran importancia para los atletas ya que se reducirán los niveles de glucógeno musculares y hepáticos, lo que a su vez reducirá los niveles circulantes de glucosa. El efecto combinado de la reducción del peso corporal y de las reservas de carbohidratos puede derivar en fatiga crónica y en una declinación considerable del rendimiento. Asimismo, en estas condiciones, el cuerpo también usa sus reservas de proteínas como sustrato de energía durante el ejercicio. Esto puede, con el tiempo y en forma gradual, provocar la depleción de las proteínas musculares.

Durante la década de 1990, se comenzaron a diagnosticar casos de deportistas con síndrome de fatiga crónica. Este síndrome podría estar relacionado o no con lo que hemos definido como fatiga crónica. En este momento, se sabe poco sobre el síndrome de fatiga crónica, aunque se cree que implicaría una disfunción del sistema inmunoló-

gico (véase el Capítulo 14). Los pacientes experimentan una fatiga incapacitante y los síntomas pueden presentar una gravedad variable con el tiempo, aunque en general duran entre meses y años. Los síntomas abarcan fatiga prolongada y debilitante, dolor de garganta, hipersensibilidad o dolor muscular (mialgia) y disfunciones cognitivas.

Trastornos alimentarios Si un individuo centra toda su atención en alcanzar y mantener los objetivos prescritos respecto de su peso corporal, es probable que pueda desarrollar un desorden alimentario, particularmente si estos objetivos son inadecuados. Una alta proporción de deportistas, en especial mujeres, presenta trastornos alimentarios. Si bien el término desorden alimentario puede hacer referencia a una simple restricción calórica hasta niveles que se encuentran por debajo del gasto energético, también puede implicar comportamientos patológicos para el control del peso corporal, tales como la autoinducción del vómito y el abuso de laxantes. Los trastornos alimentarios pueden generar trastornos clínicos, como anorexia o bulimia nerviosas. Estos trastornos son más frecuentes en mujeres deportistas. Cada uno de ellos tiene criterios estrictos para distinguirlos de los trastornos alimentarios en general.

Más del 90% de las personas con trastornos de la alimentación corresponde a niñas y mujeres. Entre las deportistas, las que participan en deportes que requieren de un físico magro (como gimnasia, patinaje artístico, saltos ornamentales y danza) y en deportes de resistencia (como carrera y natación) parecen tener mayor riesgo.[25] En algunos equipos, en especial en estos deportes, la prevalencia de trastornos alimentarios en atletas de elite o de nivel mundial puede aproximarse o incluso superar el 50%. Las deportistas y los entrenadores deben advertir el posible vínculo entre los estándares de peso y los trastornos alimentarios. Los aspectos relacionados con los trastornos alimentarios en las deportistas son uno de los temas centrales del Capítulo 19.

La deportista que tiene tendencia a experimentar problemas alimentarios es vulnerable a desarrollar varios trastornos que podrían estar interrelacionados, como disminución de la disponibilidad de energía, trastornos menstruales y trastornos de la mineralización ósea. Este grupo de trastornos se conoce en la actualidad como **tríada de la deportista** y se explicará con mayor detalle en el Capítulo 19.

Concepto clave

Los trastornos alimentarios parecen ser más prevalentes entre deportistas mujeres, en particular las que participan en deportes que requieren de un físico magro, como las carreras de cross country, el patinaje artístico, la gimnasia y el ballet, que en la población general.[1,25] Es importante analizar los requerimientos nutricionales para cubrir las demandas de energía asociadas con el entrenamiento en un esfuerzo por maximizar el rendimiento y minimizar el riesgo de desarrollar un trastorno alimentario.

Disfunción menstrual No es infrecuente observar que las mujeres deportistas presentan disfunciones menstruales, caracterizadas por patrones y ciclos menstruales anormales.[10] Aquellos deportes que enfatizan un bajo peso corporal o bajos porcentajes de grasa corporal están asociados con una alta prevalencia de oligomenorrea (ciclos menstruales irregulares e inconsistentes con duraciones de hasta 36-90 días), amenorrea (interrupción del ciclo menstrual por tres meses) y retraso en la menarca (primera menstruación).[11] Con frecuencia, las deportistas de resistencia también combinan la restricción calórica con una dieta vegetariana.[1]

La causa de estos trastornos menstruales está relacionada con el hecho de que las deportistas no alcanzan a consumir la cantidad de calorías necesarias para satisfacer las demandas de energía asociadas con el entrenamiento.[1] Como consecuencia, la deportista entra en un estado de deficiencia de energía o de baja disponibilidad energética. La disfunción menstrual es la adaptación del cuerpo a un déficit energético, que se desvía de las funciones de crecimiento y reproducción para mantener procesos más esenciales como la termorregulación, la función inmunológica y la preservación celular. Esto se analizará con mayor detalle en el Capítulo 19.

Existe un fuerte vínculo entre la anorexia nerviosa y la disfunción menstrual. De hecho, la amenorrea es uno de los criterios estrictos necesarios para el diagnóstico de la anorexia nerviosa en las mujeres. Aún no se ha establecido una relación similar con la bulimia (véase el Capítulo 19), pero se ha detectado un número creciente de deportistas que padecen bulimia y amenorrea.

Trastornos de la mineralización ósea Los trastornos de la mineralización ósea pueden ser una consecuencia grave de la disfunción menstrual. La conexión entre ambos fue reportada por primera vez en 1984. En la actualidad, muchos científicos investigan la relación entre la amenorrea inducida por el deporte y el bajo contenido mineral óseo o la baja densidad ósea. Los primeros estudios en esta área sugirieron que, una vez reanudada la menstruación normal, la densidad mineral ósea volvía a incrementarse; sin embargo, observaciones más recientes sugieren que la cantidad de tejido óseo que se recupera es limitada y que la densidad mineral ósea permanece muy por debajo de los niveles normales, incluso con el restablecimiento de la función menstrual normal. Aún no se ha establecido cuáles son las consecuencias a largo plazo de una baja densidad mineral ósea en poblaciones deportivas respecto de los riesgos de fractura; no obstante, sí está establecido que en mujeres anoréxicas la tasa de fractura es siete veces mayor que la observada en aquellas que no presentan esta condición.

Determinación de estándares apropiados para el peso corporal

En la actualidad, el mundo es testigo del abuso de los estándares de peso. Si estos no se establecen de manera adecuada, los deportistas pueden verse obligados a estar muy por debajo de su peso óptimo. Por lo tanto, es muy importante establecer estos valores en forma apropiada.

Los estándares de peso deben basarse en la composición corporal del deportista. De esta manera, los estándares de peso deben utilizarse para determinar estándares de grasa corporal relativa para cada deporte y, cuando corresponda, para cada evento dentro de un deporte. Con esto en mente, ¿cuáles son los valores recomendados de grasa corporal relativa para un deportista de alto rendimiento que practica un deporte determinado? Para cada deporte, se debe definir un intervalo de valores óptimos de grasa corporal relativa, fuera del cual es probable que se afecte su rendimiento. Asimismo, como la distribución de grasas es muy diferente en ambos sexos, los estándares deben ser específicos para hombres y mujeres. En el Cuadro 15.1 se muestran los rangos representativos para hombres y mujeres en varios deportes. En la mayoría de los casos, estos valores representan a los deportistas de alto rendimiento de cada disciplina.

Los valores recomendados podrían no ser apropiados para todos los deportistas que participan en una actividad específica. Como se ha mencionado previamente, las técnicas existentes para medir la composición corporal tienen errores inherentes. Aún con las mejores técnicas de laboratorio, la medición de la densidad corporal puede introducir un error de entre el 1 y el 3%, y un error aún mayor al convertir esa densidad en grasa corporal relativa. Además, se debe comprender el concepto de variabilidad individual. No todas las corredoras de fondo logran su mejor rendimiento con un 12% o menos de grasa corporal. Si bien algunas mejoran su rendimiento con estos valores bajos, otras no podrán alcanzarlos o verán que su rendimiento comienza a declinar antes de llegar a los valores sugeridos. Debido a estas razones, debería establecerse un rango de valores para hombres y mujeres que practican actividades específicas, reconociendo la variabilidad individual, el error metodológico y las diferencias entre sexos.

Logro del peso óptimo

Muchos deportistas descubren que están muy por encima de su peso asignado para el deporte unas pocas semanas antes de comenzar la concentración previa a la temporada. A modo de ejemplo, se puede considerar un jugador de baloncesto profesional, de 25 años, que se da cuenta de que su peso está 9 kg (20 libras) por encima del peso que tenía al jugar en la temporada anterior. Debe perder este exceso de peso antes del comienzo de la pretemporada, para la que faltan sólo cuatro semanas. Si no lo hace, deberá pagar una multa de 1 000 dólares por día por cada libra por encima de su peso asignado. El ejercicio aislado no resulta suficiente porque necesitaría entre 9 y 12 meses para perder todo ese peso sólo a través de ese medio. ¿Cómo logrará este deportista su objetivo?

Evitar el ayuno y las dietas de choque

Nuestro jugador de baloncesto debe perder 2,3 kg (5 libras) por semana durante las siguientes cuatro semanas, por lo que decide empezar una dieta de choque (*crash diet*), de las cuales elige una cualquiera entre las que están

---

CUADRO 15.1 Rango de valores para la grasa corporal relativa en hombres y mujeres que practican distintos deportes

Grupo o deporte	% GRASA		Grupo o deporte	% GRASA	
	Hombres	Mujeres		Hombres	Mujeres
Béisbol o sóftbol	8-14	12-18	Rugby	6-16	*
Baloncesto	6-12	10-16	Patinaje	5-12	8-16
Fisicoculturismo	5-8	6-12	Esquí (alpino y nórdico)	7-15	10-18
Canotaje o kayak	6-12	10-16	Saltos de esquí	7-15	10-18
Ciclismo	5-11	8-15	Fútbol	6-14	10-18
Esgrima	8-12	10-16	Natación	6-12	10-18
Fútbol americano	5-25	–	Natación sincronizada	–	10-18
Golf	10-16	12-20	Tenis	6-14	10-20
Gimnasia deportiva	5-12	8-16	Atletismo, eventos de campo	8-18	12-20
Equitación (jockey)	6-12	10-16	Atletismo, eventos de pista	5-12	8-15
Hockey sobre hielo o césped	8-16	12-18	Triatlón	5-12	8-15
Orientación	5-12	8-16	Voleibol	7-15	10-18
Pentatlón	*	8-15	Halterofilia	5-12	10-18
Ráquetbol	6-14	10-18	Lucha	5-16	–
Remo	6-14	8-16			

*Datos no disponibles.

de moda, con el conocimiento de que una persona puede perder entre 2,7 y 3,6 kg (6-8 libras) por semana de esta manera. Este deportista no es el único que elige esta clase de dieta. Muchos deportistas advierten el exceso de peso debido a una ingesta excesiva de alimentos y a la reducción de la actividad física durante los períodos entre las temporadas y, en general, esperan hasta las últimas semanas para enfrentar el problema. En nuestro ejemplo, el jugador de baloncesto podría ser capaz de bajar 9 kg en cuatro semanas con su dieta de choque. No obstante, gran parte del peso que pierda será del agua corporal y muy poco de su grasa almacenada. Varios estudios han demostrado que se producen reducciones de peso importantes con dietas muy hipocalóricas (500 kcal por día o menos) durante las primeras semanas, pero que más del 60% del peso perdido proviene de los tejidos magros del cuerpo y menos del 40% de los depósitos de grasa.

Si bien gran parte del peso del jugador de baloncesto se pierde a expensas de los depósitos de agua, también se pierde una cantidad importante de proteínas. Asimismo, la mayoría de las dietas de choque se basan en una reducción importante de la ingesta de carbohidratos. La ingesta reducida de carbohidratos será insuficiente para cubrir las necesidades corporales de este nutriente, y como resultado se producirá la depleción de las reservas corporales. Tal como se explicó en una sección previa de este capítulo, debido a que el almacenamiento de carbohidratos está acompañado por el almacenamiento de agua, al reducirse las reservas de carbohidratos también lo harán las reservas de agua.

Además, debido a la depleción de las reservas de carbohidratos, el cuerpo dependerá en mayor medida de los ácidos grasos libres para la producción de energía. Como consecuencia, se producirá un incremento de la concentración sanguínea de cuerpos cetónicos, un producto derivado del metabolismo de los ácidos grasos, lo cual provocará un trastorno denominado cetosis. Este cuadro aumenta aún más la pérdida de agua. Gran parte de esta pérdida de agua se produce durante la primera semana de dieta. Aquellos atletas que tomen este desaconsejado "atajo" para reducir su peso corporal experimentarán una pérdida substancial de peso; sin embargo, debido a que la mayor parte del peso perdido es masa libre de grasa, su rendimiento se verá severamente comprometido.

Optimización de la pérdida de peso corporal: disminución de la masa grasa y aumento de la masa libre de grasa

El método más sensato para reducir los depósitos corporales de grasa consiste en combinar una restricción calórica moderada con un incremento del ejercicio.

Cuando los atletas exceden el límite superior del rango de peso para su deporte, deben trabajar para volver al rango de peso en forma lenta, perdiendo no más de 0,5 a 1 kg (menos de 2,2 lb) de peso corporal por semana. Cuando la pérdida de peso corporal es mayor a la indica-

da, se produce una reducción de la masa libre de grasa, lo cual es un efecto no deseado. Una vez alcanzado el límite superior del rango de peso corporal, sólo se debe seguir con la reducción del peso bajo la estrecha supervisión del entrenador, el preparador físico o el médico del equipo. Esta continuación en la pérdida de peso corporal debe llevarse a cabo a una tasa mucho menor –menos de 0,5 kg (1,1 lb) por semana– para asegurar que no se producirán efectos negativos sobre el rendimiento. Si se registra una reducción en el rendimiento o se observan síntomas médicos, puede reducirse aún más la tasa de pérdida de peso o incluso puede darse por terminado el programa para la pérdida de peso corporal.

La disminución de la ingesta calórica en 200 a 500 kcal por día permite una reducción del peso de alrededor de 0,5 kg (1,1 libra) por semana, en especial si se la combina con un programa de ejercicios adecuado. Éste es un objetivo realista y con el tiempo se logra una pérdida importante de peso corporal. Cuando tratan de perder peso, los deportistas deben consumir sus calorías totales diarias distribuidas en al menos tres comidas. Muchos deportistas cometen el error de hacer sólo una o dos comidas por día, evitando el desayuno, el almuerzo o ambos, para luego consumir una cena importante. Las investigaciones realizadas en animales demostraron que, con la misma cantidad total de calorías, los animales que recibían su ración diaria en una o dos comidas aumentaban más de peso que los que repartían esa ración a lo largo del día. Las investigaciones en seres humanos son menos concluyentes.

Concepto clave

Los deportistas cuyo peso corporal se encuentra por encima del ideal de rendimiento deberían perder peso gradualmente, no más de 1 kg (alrededor de 2 libras) por semana, para preservar su masa libre de grasa. Este objetivo debe lograrse mediante la integración de una dieta apropiada que contenga entre 200 y 500 kcal menos que su consumo diario de energía, y el incremento de los entrenamientos de fuerza y resistencia.

El propósito de los programas de pérdida de peso corporal es reducir la grasa corporal, no la masa libre de grasa. Por lo tanto, la combinación de dieta y ejercicio es el esquema de elección. Cuando se combina un aumento de la actividad con reducción de las calorías, se previene toda pérdida significativa de masa libre de grasa. De hecho, la composición corporal puede alterarse en forma significativa con el entrenamiento físico. El ejercicio crónico puede aumentar la masa libre de grasa y disminuir la masa grasa. La magnitud de estos cambios varía con el tipo de ejercicios realizados durante el entrenamiento. El entrenamiento con sobrecarga promueve un aumento de la masa libre de grasa, y tanto el entrenamiento con sobrecarga como el entrenamiento de la resistencia promueven la pérdida de grasa. Para bajar de peso, los deportistas deben combinar un programa de entrenamiento moderado de resistencia y fuerza con una restricción calórica sensata.

Como último punto, es evidente que una dieta balanceada es esencial para asegurar que el deportista reciba todas las vitaminas y minerales necesarios. Los suplementos vitamínicos pueden ser o no necesarios. Los resultados de las investigaciones realizadas hasta el momento son controversiales. No obstante, si la calidad nutricional de la dieta es cuestionable, se sugiere un suplemento multivitamínico común para cubrir las necesidades de la persona.

⬤ Revisión

➤ La pérdida excesiva de peso en los deportistas puede producir problemas de salud, como deshidratación, fatiga crónica, trastornos de la alimentación, disfunciones menstruales y alteraciones de la mineralización ósea.

➤ Los síntomas de la fatiga crónica que a menudo acompañan la pérdida excesiva de peso se asemejan a los del sobreentrenamiento. Esta fatiga también puede ser secundaria a deficiencia de sustratos.

➤ Los estándares de peso deben basarse en la composición corporal y deberían poner énfasis en la grasa corporal relativa en lugar de hacerlo en la masa corporal total.

➤ Para cada deporte, debe establecerse un rango de valores reconociendo la importancia de las variaciones individuales, el error metodológico y las diferencias entre sexos.

➤ Cuando se realiza una dieta muy extrema (muy hipocalórica), gran parte de la pérdida de peso se produce a expensas del agua y no de la grasa.

➤ La mayoría de las dietas extremas limita la ingesta de carbohidratos y, en consecuencia, agota sus reservas. Junto con los carbohidratos se pierde agua, lo que exacerba el problema de la deshidratación. Además, el aumento en la dependencia de los ácidos grasos libres puede generar cetosis, que incrementa aún más la pérdida de agua.

➤ La combinación de dieta y ejercicio es el esquema de elección para la pérdida de peso óptima.

➤ Los deportistas no deben perder más de alrededor de 1 kg (2 libras) por semana hasta alcanzar el límite superior del rango de peso deseado. Luego, la reducción debe ser menor a 0,5 kg (1 libra) por semana hasta alcanzar el objetivo deseado. Las disminuciones más rápidas se asocian con pérdida de masa libre de grasa. La disminución de peso a la tasa recomendada puede lograrse reduciendo la ingesta diaria en 200 a 500 kcal por día, en especial en combinación con un programa de ejercicios adecuado.

➤ La combinación del entrenamiento con sobrecarga y el entrenamiento de la resistencia ha mostrado ser efectiva para provocar la pérdida de grasa. Además, el entrenamiento con sobrecarga promueve ganancias en la masa libre de grasa.

Nutrición y deporte

Una vez establecidos los estándares de peso y de composición corporal, a continuación se pasará a describir los aspectos nutricionales de la preparación del deportista para un rendimiento óptimo. Como se verá en esta sección, es importante mantener una dieta que brinde beneficios para la salud general, conserve un peso y una composición corporal adecuados, y maximice el rendimiento del deportista.

La dieta de una persona debe contener proporciones equilibradas de carbohidratos, grasas y proteínas. Del total de calorías consumidas, la proporción recomendada para la mayoría de las personas es:

- carbohidratos: 55 a 60%
- grasas: no más de 35% (menos del 10% saturadas) y
- proteínas: 10 a 15%

Resulta interesante señalar que esta distribución porcentual de las calorías totales consumidas parece ser óptima tanto para el rendimiento deportivo como para la salud. Se recomienda una distribución similar de las calorías para prevenir enfermedades cardiovasculares, diabetes, obesidad y cáncer, como se comentará con mayor detalle más adelante en este capítulo. Aunque, en definitiva, todos los alimentos pueden metabolizarse a carbohidratos, grasas o proteínas, estos nutrientes no son todo lo que el organismo necesita, como se verá en la siguiente sección.

Clasificación de los nutrientes

La energía aportada por los alimentos ingeridos es esencial para sostener la actividad física, pero los alimentos proporcionan mucho más que energía. Los alimentos pueden clasificarse en seis clases de nutrientes, cada una con funciones específicas en el organismo:

- Carbohidratos
- Grasas (lípidos)
- Proteínas
- Vitaminas
- Minerales
- Agua

En la siguiente sección, se analizará la importancia fisiológica de cada clase de nutriente para el deportista.

Carbohidratos

Los carbohidratos se clasifican como monosacáridos, disacáridos o polisacáridos. Los monosacáridos son azúcares simples de una unidad, como la glucosa, la fructosa o la galactosa, que no pueden reducirse a una forma más simple. Los disacáridos (como la sacarosa, la maltosa y la lactosa) están compuestos por dos monosacáridos. Por ejemplo, la sacarosa (el azúcar que consumimos) está formada por glucosa y fructosa. Los oligosacáridos son cadenas cortas de 3 a 10 monosacáridos unidos entre sí. Los polisacáridos están compuestos por cadenas largas de monosacáridos unidos. El glucógeno es un polisacárido presente en los animales, incluso en el ser humano, y se deposita en el músculo y el hígado. El almidón y las fibras son los dos polisacáridos de las plantas y suelen denominarse carbohidratos complejos. Los carbohidratos simples son los derivados de los alimentos procesados o de alimentos ricos en azúcares. Todos los carbohidratos deben reducirse a monosacáridos antes de que el organismo pueda utilizarlos.

Los carbohidratos cumplen muchas funciones en el organismo:

- Son una importante fuente de energía, especialmente durante el ejercicio intenso.
- Su presencia regula el metabolismo de las gasas y las proteínas.
- El sistema nervioso depende en forma exclusiva de los carbohidratos para obtener energía.
- El glucógeno de los músculos y el hígado se sintetiza a partir de carbohidratos.

Las principales fuentes de carbohidratos son los cereales, las frutas, los vegetales, la leche y los dulces. El azúcar refinado, los almíbares o jarabes y el almidón de maíz son carbohidratos casi puros. Muchos dulces concentrados, como los caramelos, la miel, las gelatinas, la melaza y las bebidas sin alcohol, contienen pocos nutrientes además de carbohidratos.

Consumo de carbohidratos y almacenamiento del glucógeno

El organismo almacena el exceso de carbohidratos en forma de glucógeno, sobre todo en los músculos y el hígado. Debido a esto, el consumo de carbohidratos influye de manera directa sobre los depósitos musculares y sobre la capacidad de entrenar y competir en deportes de resistencia. Como se muestra en la Figura 15.8, los deportistas que entrenan en forma intensa tres días consecutivos y consumen una dieta deficiente en carbohidratos (40% de las calorías totales) experimentan una dis-

minución diaria del glucógeno muscular.[8] Cuando los mismos deportistas consumen una dieta rica en carbohidratos (70% de las calorías totales), sus niveles de glucógeno muscular se recuperan casi por completo dentro de las 22 horas entre las sesiones de entrenamiento. Asimismo, los deportistas perciben al entrenamiento como más sencillo cuando su nivel de glucógeno muscular se mantiene durante la práctica del ejercicio.

Los primeros estudios demostraron que, cuando los hombres consumen una dieta con una cantidad normal de carbohidratos (alrededor del 55% del total de las calorías ingeridas), sus músculos almacenan aproximadamente 100 mmol de glucógeno por kilogramo de músculo. En un estudio se observó que las dietas que contienen menos del 15% de carbohidratos sólo permiten el almacenamiento de 53 mmol/kg, mientras que las dietas ricas en carbohidratos (60 a 70% de hidratos de carbono) permiten almacenar hasta 205 mmol/kg. En un grupo de atletas que se ejercitó al 75% de su consumo máximo de oxígeno, se observó que el tiempo de ejercicio hasta el agotamiento era proporcional a la cantidad de glucógeno almacenado en sus músculos antes del comienzo del test, como se muestra en la Figura 15.9.

La mayoría de los estudios ha mostrado que la restauración de las reservas de glucógeno muscular no solo está determinada por la ingesta de carbohidratos. El ejercicio con un componente excéntrico (estiramiento muscular), como la carrera o el levantamiento de pesas, puede inducir cierto grado de lesión muscular y alterar la resíntesis de glucógeno. En estas situaciones, los niveles musculares de glucógeno pueden parecer bastante normales en las primeras 6 a 12 horas posteriores al ejercicio, pero su resíntesis se hace más lenta o se detiene por completo cuando comienza la reparación del músculo.

Aún no se conocen los mecanismos detrás de esta respuesta, pero ciertas condiciones del músculo podrían

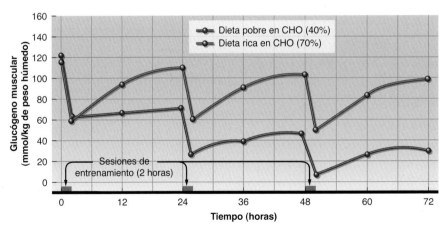

FIGURA 15.8 Influencia de la ingesta de carbohidratos (CHO) sobre las reservas musculares de glucógeno durante tres días consecutivos de entrenamiento. Obsérvese que con una dieta baja en CHO se produce una declinación progresiva en las reservas de glucógeno a lo largo de los tres días de estudio, mientras que el consumo de una dieta rica en CHO permitió que los niveles de glucógeno retornaran a valores próximos a los normales en cada día.

D.L. Costill y J.M. Miller, "Nutrition for endurance sport: Carbohydrate and fluid balance", 1980, *International Journal of Sports Medicine*, 1: 2-14. Reproducida con autorización.

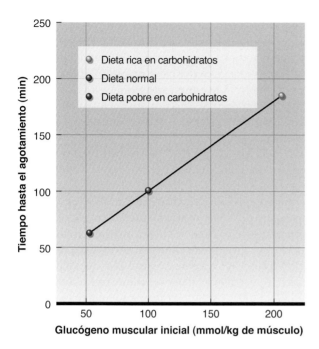

FIGURA 15.9 Relación entre el contenido muscular de glucógeno previo al ejercicio y la duración del ejercicio hasta el agotamiento. Ambos valores casi se cuadruplicaron cuando los individuos consumieron una dieta rica en carbohidratos, en comparación a cuando la dieta ingerida estuvo compuesta principalmente por grasas y proteínas.

inhibir la captación de glucosa y el depósito de glucógeno en el músculo. Por ejemplo, entre 12 y 24 horas después del ejercicio excéntrico intenso, las fibras musculares dañadas son infiltradas por células inflamatorias (leucocitos, macrófagos) que eliminan los detritos celulares producidos por el daño de las membranas celulares (véanse los Capítulos 10 y 14). Este proceso de reparación puede requerir un nivel de glucemia determinado, y disminuir la cantidad de glucosa disponible para la síntesis de glucógeno muscular. Asimismo, ciertas evidencias sugieren que el músculo que se ejercita en forma excéntrica es menos sensible a la insulina, lo que limitaría la captación de glucosa por parte de las fibras musculares. Es probable que los estudios que se realicen en el futuro puedan explicar mejor por qué las actividades de tipo excéntrico retrasan la resíntesis de glucógeno. No obstante, hasta el momento, sólo se observó que la recuperación de glucógeno tras varias formas de ejercicio puede ser diferente y que esto se debe tener en cuenta para optimizar la nutrición, el entrenamiento y la competencia.

Cuando los deportistas ingieren la cantidad de alimentos que les dicta su apetito, a menudo no consumen la cantidad de carbohidratos necesaria para compensar la utilizada durante el entrenamiento o la competencia. Este desequilibrio entre el uso de glucógeno y la ingesta de carbohidratos podría explicar en parte la razón por la cual algunos deportistas experimentan fatiga crónica y necesitan 48 h o más para recuperar sus niveles de glucógeno muscular. Los deportistas que entrenan en forma

exhaustiva en días sucesivos necesitan una dieta rica en carbohidratos para reducir la sensación de pesadez y cansancio asociada con el agotamiento del glucógeno muscular.

Concepto clave

Los carbohidratos son la principal fuente de energía que utilizan la mayoría de los deportistas y deben constituir al menos el 50% de su ingesta calórica total. Los deportistas de resistencia podrían requerir una ingesta de carbohidratos mayor que, expresada como porcentaje de la ingesta calórica total, puede oscilar entre 55 y 65%. Sin embargo, al parecer es más importante la cantidad de gramos de carbohidratos ingeridos. Se considera que los deportistas necesitan entre 5 y 13 g/kg de peso corporal por día para poder mantener las reservas de glucógeno. Dentro de este amplio rango, es necesario tener en cuenta la intensidad del entrenamiento y el gasto diario total de energía, el sexo y las condiciones ambientales. Por ejemplo, durante períodos de entrenamiento de intensidad moderada, 5 a 7 g/kg por día deberían ser adecuados. Sin embargo, con entrenamientos prolongados, de alta o muy alta intensidad, la ingesta debe aumentarse hasta 7 a 10 g/kg diarios y 10 a 13 g/kg diarios, respectivamente.[20]

Índice glucémico Desde hace tiempo, se reconoce que el aumento rápido de la concentración de azúcares en sangre (hiperglucemia) con la ingesta de carbohidratos suele asociarse con el consumo de carbohidratos simples, como glucosa, sacarosa, fructosa, y jarabe de maíz con elevado contenido de fructosa. Sin embargo, no siempre es así. Los científicos descubrieron que la respuesta glucémica (es decir, el aumento de la glucemia) frente a la ingesta de carbohidratos varía de manera considerable tanto con los carbohidratos simples como con los complejos. Esto condujo al uso de lo que se conoce como índice glucémico de los alimentos (IG). La ingesta de glucosa o de pan blanco produce un aumento rápido de la glucemia. Esta respuesta se toma como estándar y se le asignó un valor arbitrario de IG de 100. La respuesta glucémica de todos los demás alimentos se compara con la respuesta a la glucosa o el pan blanco, utilizando 50 g del alimento en cuestión y 50 g de glucosa o pan blanco como estándar. El IG se calcula con la siguiente ecuación: IG = 100 Ü (respuesta glucémica después de 2 horas de ingerir 50 g del alimento de prueba/respuesta glucémica después de 2 h de ingerir 50 g de glucosa o pan blanco). Se establecieron tres categorías de IG[20]:

- Alimentos con alto índice glucémico (IG >70) como las bebidas para deportistas, los dulces de gelatina (*jellies*), las patatas cocidas, las patatas fritas, el pochoclo o las palomitas de maíz, los cereales en escamas, los Corn Chex (marca de cereales) y las galletas saladas (*pretzels*).
- Alimentos con índice glucémico moderado (IG de 56 a 70) como los pasteles, el pan pita, el arroz blan-

co hervido, las bananas, la Coca-Cola® y el helado no dietético.

- Alimentos con bajo índice glucémico (IG ≤55) como los espaguetis blancos hervidos, los frijoles cocidos, la leche, las uvas, las manzanas, las peras, los cacahuetes (maníes), los confites M&M® y el yogur.

Los alimentos se clasificaron según los valores del *2002 International Table of Glycemic Index and Glycemic Load Values* (Cuadro Internacional de Índices Glucémicos y Valores de Cargas Glucémicas).[14]

Aunque el IG es una herramienta útil para clasificar los alimentos, también presenta inconvenientes. En primer lugar, el IG para un alimento dado puede variar en forma considerable entre los distintos individuos, así como también entre las medias obtenidas en diferentes estudios de investigación con gran número de sujetos. En segundo lugar, algunos hidratos de carbono complejos tienen IG altos. En tercer lugar, el agregado de pequeñas cantidades de grasas a un alimento con alto contenido de carbohidratos puede reducir en gran medida el IG de ese alimento. Por último, los valores de IG difieren en forma significativa en función de si se usa glucosa o pan blanco como referencia, ya que el pan blanco produce valores mucho más elevados.[14,20] Se propuso otro índice que podría ser importante durante el ejercicio. La carga glucémica (CG) considera tanto al IG como a la cantidad de carbohidratos (CHO) en una porción y se calcula de la siguiente manera: CG = (IG × CHO, g)/100.

Con esto en mente, se pueden considerar las implicancias del IG para la nutrición del deportista. Antes del ejercicio, se deben preferir alimentos con bajo IG para redu-

cir la probabilidad de generar hiperinsulinemia. Sin embargo, los alimentos con alto IG pueden ser una ventaja durante el ejercicio porque ayudan a mantener los niveles de glucemia. Esto también se aplica durante la recuperación posterior a un ejercicio intenso y prolongado, ya que el aumento de la glucemia debe incrementar los depósitos musculares y hepáticos de glucógeno.

Ingesta de carbohidratos y rendimiento
Como se mencionó, el glucógeno muscular representa una fuente importante de energía durante el ejercicio. Se ha mostrado que la depleción del glucógeno muscular es una causa importante de fatiga y agotamiento durante la realización de ejercicios de alta intensidad y corta duración o de intensidad moderada con una duración mayor a una hora. Esto se ilustra con claridad en la Figura 15.10, que muestra una depleción marcada de glucógeno muscular a intensidades muy altas (150 y 120% del $\dot{V}O_{2máx}$) con duraciones menores de 30 min y a intensidades menores (83, 64 y 31% del $\dot{V}O_{2máx}$) con duraciones de entre 1 y 3 horas. Los datos originales de esta figura se obtuvieron del estudio de Gollnick, Piehl y Saltin.[16] Los científicos propusieron que la carga del músculo con glucógeno adicional antes de comenzar el ejercicio debería mejorar el rendimiento.

Los estudios realizados en la década de 1960 demostraron que los hombres que consumen una dieta rica en carbohidratos durante tres días almacenan casi el doble de sus cantidades normales de glucógeno en el músculo.[4] Cuando se les pidió que se ejercitaran hasta el agotamiento al 75% de su $\dot{V}O_{2máx}$, sus tiempos de ejercicio aumentaron en forma significativa (véase la Figura 15.9). Esta práctica, llamada **carga de glucógeno** o **carga de car-**

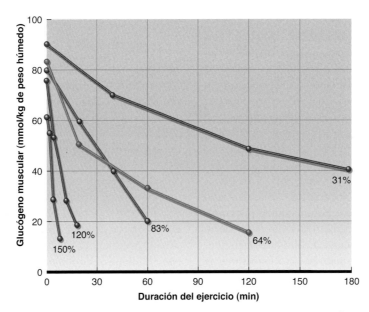

FIGURA 15.1 Influencia de la intensidad del ejercicio (31, 64, 83, 120 y 150% del $\dot{V}O_{2máx}$) sobre la reducción de los depósitos musculares de glucógeno. A intensidades relativamente altas, la tasa de utiización del glucógeno muscular es muy alta en comparación con intensidades moderadas o más bajas.

Adaptada, con autorización, de A. Jeukendrup y M. Gleeson, 2004, *Sport Nutrition: An introduction to energy production and performance* (Champaign, Illinois: Human Kinetics). Datos originales de Gollnick, Piehl y Saltin.

bohidratos, se utiliza en forma amplia en corredores de fondo, ciclistas y otros deportistas que deben realizar ejercicio durante varias horas. Esta práctica se comentará con mayor detalle más adelante en este capítulo.

Durante el ejercicio exhaustivo de alta intensidad y larga duración, se produce una reducción de la glucemia (hipoglucemia), lo que podría contribuir al desarrollo de fatiga. Numerosos estudios han mostrado que la ingesta de carbohidratos mejora el rendimiento durante la realización de ejercicios con una duración de entre 1 y 4 horas. En general, las comparaciones entre individuos que ingirieron carbohidratos y aquellos que recibieron placebo no muestran diferencias en los rendimientos durante las primeras etapas del ejercicio, pero en las etapas finales aquellos que ingirieron carbohidratos exhiben una gran mejora en su rendimiento.

Si bien no se comprenden por completo los mecanismos precisos a través de los cuales los carbohidratos mejoran el rendimiento, el mantenimiento de la glucemia cerca de los niveles normales permite a los músculos obtener más energía de este combustible. La ingesta de carbohidratos durante el ejercicio no suele evitar la utilización del glucógeno muscular. En cambio, podría ayudar a preservar el glucógeno hepático e incluso promover la síntesis de glucógeno durante el ejercicio, permitiendo a los músculos activos depender más de la glucosa sanguínea para la obtención de energía durante las etapas tardías del ejercicio. Los alimentos ricos en carbohidratos también pueden mejorar las funciones del sistema nervioso central, reduciendo la percepción del esfuerzo. Es posible observar mejoras en el rendimiento durante ejercicios de resistencia (más de 1 h) cuando la ingesta de carbohidratos se realiza dentro de los 5 minutos previos al comienzo del ejercicio, más de 2 horas antes de él (como en una comida previa a una competencia) y a intervalos frecuentes durante la actividad.

El deportista debe ser cuidadoso cuando ingiere alimentos con carbohidratos entre 15 y 45 minutos antes del ejercicio, ya que esto podría causar hipoglucemia poco después de comenzar a ejercitarse, lo que podría generar un agotamiento temprano por privación del músculo de sus principales fuentes de energía. Los carbohidratos ingeridos durante ese período estimulan la secreción de insulina y elevan su concentración al iniciar la actividad.[9] En respuesta a la elevación de los niveles de insulina, la captación de glucosa en los músculos alcanza una tasa anormalmente alta, lo que provoca hipoglucemia y fatiga temprana (Figura 15.11). No todas las personas experimentan esta reacción, pero existen evidencias suficientes que indican que se deben evitar o reducir los hidratos de carbono con alto IG (que producen mayores aumentos en la concentración sanguínea de insulina) durante los 15 a 45 minutos previos al ejercicio.

¿Por qué el consumo de alimentos con hidratos de carbono durante el ejercicio no produce los mismos efectos hipoglucemiantes que su consumo previo al ejercicio? La ingesta de alimentos azucarados durante el ejercicio produ-

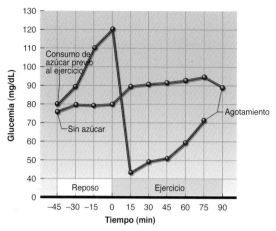

FIGURA 15.11 Efectos de la ingesta de carbohidratos (azúcar) en los momentos previos al ejercicio sobre la concentración de glucosa en sangre durante el ejercicio. Obsérvese la reducción de la glucemia hasta niveles hipoglucémicos con la ingesta de azúcar 45 minutos antes del ejercicio. Asimismo, los individuos que consumieron azúcar no pudieron completar los 90 minutos de ejercicio al 70% del $\dot{V}O_{2máx}$, y sólo lograron completar 75 minutos.

Adaptada, con autorización, de D.L. Costill et al., 1977, "Effects of elevated plasma FFA and insulin on muscle glycogen usage during exercise", *Journal of Applied Physiology*, 43(4): 695-699. Utilizada con autorización.

ce aumentos menores tanto de la glucemia como de la insulinemia, y disminuye así el riesgo de una reacción exagerada que provoque una disminución brusca de la glucemia. Este control más fino de la glucemia durante el ejercicio podría atribuirse a un aumento de la permeabilidad de las fibras musculares que disminuye la necesidad de insulina, o a la alteración de los sitios de unión de la insulina durante la actividad muscular. En forma independiente de la causa, la ingesta de carbohidratos durante el ejercicio parece suplementar el aporte necesario para la actividad muscular.

Por último, es importante destacar la importancia del consumo de carbohidratos inmediatamente después de ejercicios de alta intensidad y larga duración, durante los cuales se ha producido la reducción o depleción de las reservas de carbohidratos. La tasa de resíntesis de glucógeno es muy alta durante las primeras 2 horas de la recuperación, luego de lo cual se reduce progresivamente. En un estudio llevado a cabo por Ivy y cols.[18], un grupo de ciclistas se ejercitó en forma continua durante 70 minutos en un cicloergómetro en dos ocasiones, con una semana de diferencia, a un ritmo de trabajo entre moderado y alto, con el fin de agotar las reservas musculares de glucógeno. En una de las pruebas, los individuos ingirieron una solución al 25% de carbohidratos inmediatamente después del ejercicio, mientras que en la otra prueba la solución se ingirió después de 2 horas de recuperación. Las tasas de resíntesis de glucógeno fueron tres veces más altas durante las 2 primeras horas de la prueba en la cual la solución se administró inmediatamente después del ejercicio, en comparación con las medidas cuando la solución no se ingirió sino hasta 2 horas después de la recuperación. Las tasas de resíntesis fueron iguales en las dos pruebas durante las siguientes 2 horas (véase la Figura 15.12). En etapa más reciente, se ha demostrado que la adición de proteínas al suplemento de carbohidratos mejora la resíntesis de glucógeno muscular durante el período de recuperación. La adición de proteínas a los suplementos de carbohidratos maximiza la resíntesis de glucógeno, lo cual requiere una suplementación menos frecuente y menores cantidades de carbohidratos.[20] Asimismo, esta práctica parece estimular la reparación del tejido muscular.

La importancia de maximizar las reservas hepáticas y musculares de carbohidratos antes del ejercicio, y de aportar carbohidratos durante e inmediatamente después del ejercicio, ha llevado a las compañías de alimentos y nutrición a desarrollar productos que cubran estas necesidades, como se explicará al final de este capítulo.

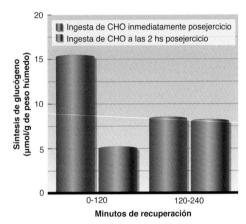

FIGURA 15.12 Reposición de los depósitos musculares de glucógeno después de 70 minutos de ejercicio agotador con dos regímenes diferentes de carbohidratos. En la prueba en la cual se administró la solución de carbohidratos inmediatamente después del ejercicio (izquierda), la tasa de resíntesis de glucógeno muscular fue tres veces mayor durante las primeras 2 horas de recuperación, en comparación con la otra prueba, en la cual la solución recién se administró 2 horas más tarde (derecha). No se hallaron diferencias en la tasa de resíntesis de glucógeno muscular durante las 2 horas siguientes.

Adaptada, con autorización, de J.L. Ivy et al., 1988, "Muscle glycogen synthesis after exercise: Effect of time of carbohydrate ingestion", *Journal of Applied Physiology*, 64:1.480-1.485. Utilizada con autorización.

Grasas

La **grasa**, también llamada lípido, es una clase de compuesto orgánico con solubilidad limitada en el agua. Las grasas se encuentran en el organismo bajo muchas formas, como triglicéridos, ácidos grasos libres (AGL), fosfolípidos y esteroles. El cuerpo almacena la mayor parte de las grasas en forma de triglicéridos, formados por tres moléculas de ácidos grasos y una de glicerol. Los triglicéridos constituyen la fuente de energía más concentrada.

La grasa de la dieta, en especial el colesterol y los triglicéridos, cumple un papel importante en las enfermedades cardiovasculares (Capítulo 21) y se han establecido

vínculos entre la ingesta excesiva de grasas y otras enfermedades como cáncer, diabetes y obesidad. No obstante, a pesar de su publicidad negativa, la grasa cumple varias funciones vitales en el organismo:

- Es un componente esencial de las membranas celulares y las fibras nerviosas.
- Es una fuente de energía importante y aporta hasta el 70% de la energía corporal total en estado de reposo.
- Sostiene y protege los órganos vitales.
- Todas las hormonas esteroides del organismo se producen a partir de colesterol.
- Las vitaminas liposolubles acceden al organismo con las grasas, se almacenan y se transportan con ellas.
- La pérdida del calor corporal se reduce gracias al efecto aislante de la grasa subcutánea.

La unidad más básica de las grasas es el ácido graso, que es la parte utilizada para la producción de energía. Los ácidos grasos existen en dos formas: saturados e insaturados. Las grasas insaturadas contienen uno (monoinsaturadas) o más (poliinsaturadas) enlaces dobles entre los átomos de carbono, y cada enlace doble ocupa el lugar de dos átomos de hidrogeno. Un ácido graso saturado no posee enlaces dobles, por lo que tiene la cantidad máxima posible de hidrógenos unidos a los átomos de carbono. El consumo excesivo de grasas saturadas es un factor de riesgo para numerosas enfermedades.

Las grasas de origen animal suelen contener más ácidos grasos saturados que las grasas vegetales. Las grasas que están más saturadas tienden a ser sólidas a temperatura ambiente, mientras que las menos saturadas tienden a ser líquidas. Los aceites tropicales son excepciones notables: los aceites de palma, de nuez de palma y de coco son grasas de origen vegetal en estado líquido a temperatura ambiente, pero que son muy ricas en grasas saturadas. No obstante, aunque muchos aceites vegetales tienen pocas grasas saturadas, a menudo se los utiliza en alimentos como mantecas hidrogenadas. El proceso de hidrogenación agrega átomos de hidrogeno a la grasa, y aumenta así su saturación.

Consumo de grasas Las grasas pueden mejorar el gusto de los alimentos absorbiendo y reteniendo los sabores y modificando su textura. Debido a esta razón, son bastante abundantes en nuestra dieta. La ingesta de grasas en hombres y mujeres alcanzaba hasta el 45% de las calorías totales consumidas en 1965, pero se redujo hasta alrededor del 33% en 2000. Lo más probable es que esta reducción se atribuya a la atención reciente de los medios de comunicación sobre los riesgos para la salud que representan las grasas ingeridas en la dieta. La mayoría de los nutricionistas recomienda que el consumo de grasas no exceda el 35% de las calorías totales. Las *Dietary Guidelines for Americans 2005* (Pautas Nutricionales para Estadounidenses de 2005), publicadas por los Departamentos de Salud y Servicios Humanos y de Agricultura de los Estados Unidos, recomiendan limitar las grasas saturadas a menos del 10% de la ingesta calórica total, el colesterol a menos de 300 mg por día y los ácidos grasos *trans* al nivel más bajo posible.

Ingesta de grasas y rendimiento Para el deportista, la grasa es importante, sobre todo como fuente de energía. Debido a que las reservas musculares y hepáticas de glucógeno son limitadas, la utilización de ácidos grasos libres (AGL) para la producción de energía puede retrasar la depleción glucogénica. Es evidente que todo cambio que permita al organismo utilizar más grasas sería una ventaja, especialmente para el rendimiento de resistencia. De hecho, una adaptación que se produce en respuesta al entrenamiento de resistencia es el aumento de la capacidad de utilizar grasas como fuente de energía. Por desgracia, el simple hecho de consumir grasas no estimula su combustión en los músculos. En lugar de ello, el consumo de alimentos grasos tiende sólo a incrementar los niveles plasmáticos de triglicéridos, que luego deben degradarse para poder utilizar los AGL para la producción de energía. Con el fin de incrementar el uso de las grasas, debe aumentar la concentración sanguínea de AGL, pero no de triglicéridos.

Los deportistas muy entrenados pueden adaptarse a una dieta rica en grasas. Sin embargo, ¿es esto beneficioso para el rendimiento general? Se describió la forma en que la carga de glucógeno puede mejorar el rendimiento de resistencia. ¿Produce la "carga de grasas" el mismo beneficio? Si bien varios estudios mostraron beneficios limitados con dietas ricas en grasas en comparación con dietas ricas en carbohidratos, la mayoría han demostrado que una alta ingesta de grasa no produce beneficios o, incluso, que reduce el rendimiento. El organismo se adapta a la alimentación rica en grasas aumentando el aporte de grasas al músculo y su capacidad de oxidación, lo que permite incrementar la oxidación de grasas durante el ejercicio. No obstante, esto suele producirse a expensas de una reducción de los depósitos musculares de glucógeno, lo que contrarresta cualquier efecto beneficioso. Los estudios realizados hasta el momento no permiten llegar a conclusiones definitivas debido a las grandes variaciones en los tipos de grasas (triglicéridos de cadena mediana o larga) y la duración de las dietas con alto contenido de grasas (menos de una semana hasta varias semanas o más).

Proteínas

Las **proteínas** son una clase de compuesto nitrogenado formado por aminoácidos. Las proteínas cumplen numerosas funciones en el organismo:

- Son los principales componentes estructurales de las células.
- Se utilizan para el crecimiento, la reparación y el mantenimiento de los tejidos corporales.
- La hemoglobina, las enzimas y muchas hormonas se producen a partir de proteínas.
- Son uno de los tres principales amortiguadores para el mantenimiento del equilibrio ácido-base.

- Las proteínas plasmáticas mantienen la presión osmótica normal de la sangre.
- Los anticuerpos que protegen contra las enfermedades están formados por proteínas.
- Puede producirse energía a partir de las proteínas.

Se identificaron veinte aminoácidos necesarios para el crecimiento y el metabolismo del ser humano (Cuadro 15.2). Once de ellos (en los niños) o 12 (en los adultos) se denominan **aminoácidos no esenciales**, lo que significa que el organismo puede sintetizarlos, por lo que no depende de la ingesta de estos aminoácidos para obtenerlos. Los restantes ocho o nueve se denominan **aminoácidos esenciales** porque el organismo no puede sintetizarlos; por lo tanto, son una parte esencial de nuestra dieta. La ausencia de uno de estos aminoácidos esenciales en la dieta impide la formación de cualquier proteína que los contenga, y por ende, el tejido que requiere esas proteínas no puede mantenerse.

Una fuente de proteínas que contiene todos los aminoácidos esenciales se llama proteína completa, como por ejemplo carne, pescado, pollo, huevos y leche. Las proteínas de los vegetales y los cereales se denominan incompletas porque no aportan todos los aminoácidos esenciales. Este concepto es importante para las personas vegetarianas (se comentará más adelante en este capítulo). Sin embargo, la combinación de varias fuentes proteicas incompletas en una misma comida debe resolver este problema.

Ingesta de proteínas Las proteínas representan alrededor del 15% de las calorías totales consumidas por día en los Estados Unidos. La ingesta recomendada de proteínas es de 0,95 g/kg de peso corporal por día para los niños de entre 4 y 13 años, de 0,85 g/kg por día para los jóvenes de entre 14 y 18 años y de 0,80 g/kg diarios para los adul-

CUADRO 15.2 Aminoácidos esenciales y no esenciales

Esenciales	No esenciales
Isoleucina	Alanina
Leucina	Arginina
Lisina	Asparagina
Metionina	Ácido aspártico
Fenilalanina	Cisteína
Treonina	Ácido glutámico
Triptófano	Glutamina
Valina	Glicina
Histidina (niños)[a]	Prolina
	Serina
	Tirosina
	Histidina (adultos)[a]

[a]Los lactantes y los niños pequeños no sintetizan histidina, por lo cual se considera un aminoácido esencial en los niños pero no en los adultos.

tos. En forma típica, los hombres necesitan más proteínas que las mujeres, ya que suelen pesar más y tener mayor masa muscular. No obstante, los hombres suelen comer más alimentos por día para sostener este mayor peso y masa muscular. Por ende, un aporte de 0,8 g/kg se considera adecuado tanto en los hombres como en las mujeres.

Ingesta de proteínas y rendimiento ¿Deben aumentar su ingesta de proteínas los deportistas que se están entrenando para incrementar su fuerza y su resistencia muscular y su resistencia aeróbica? Los aminoácidos son los bloques de construcción del organismo, por lo que las proteínas son esenciales para el crecimiento y el desarrollo de los tejidos. Durante muchos años, se creyó que los suplementos de proteínas eran esenciales para los deportistas. De hecho, se creía que el músculo se consumía a sí mismo como combustible para sus propias acciones, de manera que los suplementos de proteínas se consideraban necesarios para evitar la degradación muscular. Durante muchos años, nutricionistas y fisiólogos se han opuesto a la necesidad de utilizar suplementos a base de proteínas para alcanzar el rendimiento óptimo. La creencia general indicaba que la recomendación de 0,8 g de proteína por kilogramo de peso corporal por día era suficiente para satisfacer las demandas del entrenamiento intenso.

Más recientemente, los estudios que han utilizado trazadores isotópicos y tecnologías para la valoración del balance nitrogenado han mostrado que los requerimientos de proteínas en general y de aminoácidos específicos son mayores en los individuos que realizan entrenamientos comparados con aquellos que tienen un nivel de actividad normal. El papel de las proteínas difiere entre los deportistas de resistencia y de fuerza. Se cree que los individuos sometidos a entrenamiento de fuerza necesitan hasta 2,1 veces la recomendación dietética diaria, o aproximadamente entre 1,6 y 1,7 g de proteínas por kilogramo de peso corporal por día, mientras que los deportistas que entrenan la resistencia necesitan entre 1,2 y 1,4 g de proteínas por kilogramo de peso corporal por día.[2] Si bien el entrenamiento de la resistencia requiere más proteínas como fuente auxiliar de energía, el entrenamiento de fuerza requiere más aminoácidos como bloques de construcción para el desarrollo de los músculos. Por supuesto, pueden surgir excepciones en los deportistas que recién comienzan un programa de entrenamiento nuevo y riguroso o en quienes realizan sesiones de ejercicios muy intensos y de larga duración.

¿Es necesario suplementar la dieta de los deportistas para optimizar su ingesta de proteínas? Dado que la mayoría de los deportistas ingiere gran cantidad de calorías por día, es posible obtener proteínas adicionales consumiendo apenas un 10% de las calorías totales como proteínas. A pesar de la creencia que indica que un consumo ligeramente excesivo de proteína es bueno, por lo cual las dietas

⬤ Revisión

➤ Los carbohidratos abarcan los azúcares y los almidones. En el organismo hay monosacáridos, disacáridos, oligosacáridos y polisacáridos. Todos los carbohidratos deben degradarse en monosacáridos para que el organismo pueda utilizarlos como fuente de energía.

➤ La ingesta insuficiente de carbohidratos durante períodos de entrenamiento intenso puede llevar a la depleción de las reservas de glucógeno. En cambio, la carga muscular de glucógeno lograda a través de una dieta rica en carbohidratos aporta beneficios importantes para el rendimiento.

➤ El rendimiento en ejercicios de resistencia se puede mejorar si se consumen carbohidratos hasta una hora antes del ejercicio, dentro de los primeros 5 minutos del inicio del ejercicio y durante su desarrollo. Los individuos pueden recuperar rápidamente sus reservas de carbohidratos ingiriendo estos nutrientes durante las primeras 2 horas de recuperación. Esto puede facilitarse a través del agregado de proteínas a los suplementos de carbohidratos.

➤ Las grasas, o lípidos, existen en el organismo en forma de triglicéridos, ácidos grasos libres (AGL), fosfolípidos y esteroles. Se almacenan sobre todo como triglicéridos, que son la fuente de energía más concentrada del organismo. Una molécula de triglicérido puede degradarse en una molécula de glicerol y tres de ácidos grasos. El organismo sólo utiliza los AGL para la producción de energía.

➤ Aunque las grasas son una fuente importante de energía, las dietas hiperlipídicas para mejorar el rendimiento de resistencia al conservar el glucógeno en general son poco exitosas.

➤ Los aminoácidos son las unidades más pequeñas de las proteínas. Todas las proteínas deben degradarse en aminoácidos para que el cuerpo pueda utilizarlas. Sólo los aminoácidos no esenciales pueden sintetizarse en el organismo. Los aminoácidos esenciales deben obtenerse de la dieta.

➤ Las proteínas no son una fuente importante de energía para el organismo, pero pueden utilizarse con este fin durante el ejercicio de resistencia.

➤ Las recomendaciones actuales para la ingesta de proteínas (0,8 g/kg por día) pueden ser demasiado bajas para los deportistas que realizan entrenamientos intensos de resistencia (1,6-1,7 g/kg diarios) o para deportistas que practican ejercicios de fuerza (1,2-1,6 g/kg diarios). Durante los primeros días del entrenamiento o en los períodos de trabajo muy intenso, los requerimientos pueden ser mayores. Sin embargo, las dietas muy hiperproteicas no ofrecen beneficios adicionales y pueden representar un riesgo para la función renal normal.

➤ Los suplementos de proteínas durante la recuperación posterior al entrenamiento con sobrecarga pueden estimular la síntesis de proteínas en el músculo.

muy hiperproteicas o con abundantes aminoácidos específicos deberían ser mejores, no hay evidencias científicas que avalen que una ingesta de proteínas mayor a 1,7 g/kg por día aporta una ventaja adicional. De hecho, la ingesta excesiva de proteínas puede asociarse con algunos riesgos para la salud ya que se aumenta la demanda sobre los riñones, que deben excretar los aminoácidos no utilizados. Una dieta con 10%, o a lo sumo 15%, de las calorías aportadas por las proteínas sería adecuada para la mayoría de los deportistas, a menos que su ingesta calórica total sea deficiente. Por ejemplo, un culturista de 100 kg (220 libras) que consume una dieta de 4 500 kcal diarias con 15% de proteínas consumiría 675 kcal de proteínas, o alrededor de 165 g por día. De esta manera, la ingesta total de proteínas del culturista sería de 1,65 g/kg por día (165 g/100 kg).

En una sección previa, se mencionó que el agregado de proteínas a las soluciones de carbohidratos promovía la síntesis de glucógeno durante la recuperación posterior a un ejercicio aeróbico intenso. La suplementación de la ingesta proteica luego del entrenamiento de la fuerza también parece tener un efecto beneficioso. En etapa reciente, los estudios demostraron que la elevación de los niveles plasmáticos de aminoácidos durante la recuperación estimula la síntesis de proteínas en el músculo.[17,30]

Vitaminas

Las **vitaminas** son un grupo de compuestos orgánicos no relacionados que desempeñan funciones específicas para promover el crecimiento y mantener la salud. Son necesarias en cantidades relativamente pequeñas, pero sin ellas no se podrían utilizar los demás nutrientes presentes en la dieta. Las vitaminas actúan sobre todo como catalizadores o cofactores en reacciones químicas. Son esenciales para la liberación de energía, la formación de tejidos y la regulación del metabolismo. Las vitaminas se pueden clasificar en dos categorías principales: liposolubles o hidrosolubles. Las vitaminas liposolubles (A, D, E y K) se absorben a través del tubo digestivo unidas a lípidos (grasas). Estas vitaminas se almacenan en el organismo, por lo que su ingesta excesiva puede producir una acumulación tóxica. Las vitaminas del complejo B, esto es la biotina, el ácido pantoténico, el folato y la vitamina C, son hidrosolubles. Se absorben a través del tubo digestivo junto con agua. El exceso de estas vitaminas se excreta, principalmente, a través de la orina, aunque se han reportado toxicidades con algunas de ellas. En el Cuadro 15.3 se enumeran las distintas vitaminas y sus recomendaciones de ingesta de referencia o la ingesta adecuada cuando no hay valores de referencia disponibles.

La mayoría de las vitaminas tiene alguna función importante para el deportista:

- La vitamina A es fundamental para el crecimiento y el desarrollo normal, ya que cumple un papel importante en el desarrollo óseo.
- La vitamina D es crucial para la absorción intestinal del calcio y del fósforo y, por ende, para el desarrollo y la fuerza de los huesos. A través de la regulación de la absorción de calcio, esta vitamina también cumple un papel importante en la función neuromuscular.
- La vitamina K es un intermediario en la cadena de transporte de electrones, lo que la hace importante para la fosforilación oxidativa.

No obstante, sólo se investigaron en forma amplia las vitaminas del complejo B, la vitamina C y la vitamina E en relación con su capacidad para mejorar el rendimiento deportivo. En las secciones siguientes, se analizarán estas vitaminas brevemente.

Vitaminas del complejo B En el pasado, se creía que las vitaminas del complejo B eran una sola vitamina. Sin embargo, hasta la fecha se identificaron más de una docena de compuestos en este grupo. Estas vitaminas cumplen funciones importantes en el metabolismo celular. Entre sus distintas funciones, sirven como cofactores en diversos sistemas enzimáticos que participan en la oxidación de los alimentos y en la producción de energía. A continuación, se mencionarán algunos ejemplos. La vitamina B_1 (tiamina) es necesaria para la conversión del ácido pirúvico en acetilcoenzima A. La vitamina B_2 (riboflavina) se transforma en dinucleótido de flavina adenina (FAD), que actúa como aceptor de hidrógeno durante la oxidación. La vitamina B_3 (niacina) forma parte del dinucleótido de adenina nicotinamida fosfato (NADP), una coenzima de la glucólisis. La vitamina B_{12} cumple un papel en el metabolismo de los aminoácidos y también es necesaria para la producción de eritrocitos, que transportan oxígeno a las células para la oxidación. Las vitaminas del complejo B están interrelacionadas en forma tan estrecha que una deficiencia en una de ellas puede afectar la utilización de las otras. Los síntomas de las deficiencias dependen de las vitaminas involucradas.

Varios estudios indicaron que los suplementos de una o más vitaminas del complejo B facilitan el rendimiento deportivo. Sin embargo, la mayoría de los investigadores está de acuerdo en que el suplemento sólo es útil si el individuo sufre una deficiencia previa de estas vitaminas. La aparición de una deficiencia de una o más vitaminas del complejo B suele afectar el rendimiento, pero esto se revierte cuando la deficiencia se corrige con un suplemento. No hay evidencias claras que apoyen la suplementación cuando no hay deficiencia.

Vitamina C La vitamina C (ácido ascórbico) se encuentra en abundancia en nuestros alimentos, pero puede producirse una deficiencia en las personas que fuman, que toman anticonceptivos orales, que se someten a una cirugía o que tienen fiebre. Esta vitamina es importante para la formación y el mantenimiento del colágeno, una proteína crucial que se encuentra en el tejido conectivo, por lo cual es esencial para la salud de

CUADRO 15.3 Dosis diarias recomendadas (*Recommended daily allowance*, RDA) o ingesta adecuada (IA) de vitaminas y minerales

	Dosis	9 A 13 AÑOS		14 A 18 AÑOS		19 A 50 AÑOS		51 A 70 AÑOS	
		Hombre	Mujeres	Hombres	Mujeres	Hombres	Mujeres	Hombres	Mujeres
VITAMINAS									
A (retinol)	µg/día	600	600	900	700	900	700	900	700
B_1 (tiamina)	mg/día	0,09	0,09	1,2	1	1,2	1,1	1,2	1,2
B_2 (riboflavina)	mg/día	0,9	0,9	1,3	1	1,3	1,1	1,3	1,1
B_3 (niacina)	mg/día	12	12	16	14	16	14	16	14
B_6	mg/día	1	1	1,3	1,2	1,3	1,3	1,7	1,5
B_{12}	µg/día	1,8	1,8	2,4	2,4	2,4	2,4	2,4	2,4
C	mg/día	45	45	75	65	90	75	90	75
D	µg/día	5[a]	5[a]	5[a]	5[a]	5[a]	5[a]	10[a]	10[a]
E	mg/día	11	11	15	15	15	15	15	15
Biotina (H)	µg/día	20[a]	20[a]	25[a]	25[a]	30[a]	30[a]	30[a]	30[a]
K	µg/día	60[a]	60[a]	75[a]	75[a]	120[a]	90[a]	120[a]	90[a]
Folato	µg/día	300	300	400	400	400	400	400	400
Ácido pantoténico	mg/día	4[a]	4[a]	5[a]	5[a]	5[a]	5[a]	5[a]	5[a]
MINERALES									
Calcio	mg/día	1 300[a]	1 300[a]	1 300[a]	1 300[a]	1 000[a]	1 000[a]	1 200[a]	1 200[a]
Cloruro	g/día	2,3[a]	2,3[a]	2,3[a]	2,3[a]	2,3[a]	2,3[a]	2[a]	2[a]
Cromo	µg/día	25[a]	21[a]	35[a]	24[a]	35[a]	25[a]	30[a]	20[a]
Cobre	µg/día	700	700	890	890	900	900	900	900
Fluoruro	mg/día	2[a]	2[a]	3[a]	3[a]	4[a]	3[a]	4[a]	3[a]
Yodo	µg/día	120	120	150	150	150	150	50	150
Hierro	mg/día	8	8	11	15	8	18	8	8
Magnesio	mg/día	240	240	410	360	410[b]	315[b]	420	320
Manganeso	mg/día	1,9[a]	1,6[a]	2,2[a]	1,6[a]	2,3[a]	1,8[a]	2,3[a]	1,8[a]
Molibdeno	µg/día	34	34	43	43	45	45	45	45
Fósforo	mg/día	1 250	1 250	1 250	1 250	700	700	700	700
Potasio	g/día	4,5[a]	4,5[a]	4,7[a]	4,7[a]	4,7[a]	4,7[a]	4,7[a]	4,7[a]
Selenio	µg/día	40	40	55	55	55	55	55	55
Sodio	g/día	1,5[a]	1,5[a]	1,5[a]	1,5[a]	1,5[a]	1,5[a]	1,3[a]	1,3[a]
Cinc	mg/día	8	8	11	9	11	8	11	8

[a]IA (RDA no disponible).
[b]Hombres: edad 19-30 años = 400 y edad 31-50 años = 420; mujeres: edad 19-30 años = 310 y edad 31-50 años = 320.
Se pueden obtener los informes completos en el sitio web del gobierno de los Estados Unidos: www.nal.usda.gov/fnic.
Nota: existen valores disponibles para lactantes y niños pequeños y durante el embarazo y la lactancia.
Food and Nutrition Board of the National Academy of Sciences y Health Canada: 1997-2005.

huesos, ligamentos y vasos sanguíneos. La vitamina C también participa en:

- El metabolismo de los aminoácidos.
- La síntesis de algunas hormonas, como las catecolaminas (adrenalina y noradrenalina) y los corticoides antiinflamatorios.
- La promoción de la absorción de hierro en el intestino.

Muchas personas también creen que la vitamina C contribuye a la curación, combate la fiebre y las infecciones y previene o cura el resfriado común. Si bien hasta el momento las evidencias no son concluyentes, el papel de la vitamina C en el combate contra las enfermedades es un área de investigación de gran interés.

El uso de suplementos de vitamina C para mejorar el rendimiento produjo resultados ambiguos en las investigaciones realizadas hasta el momento. Sin embargo, los investigadores que evaluaron este tema en general coinciden en que, aún con los mayores requerimientos del entrenamiento, los suplementos de vitamina C no mejoran el rendimiento en ausencia de una deficiencia previa. Como se menciona en el recuadro, se propuso que las vitaminas, incluso la C, podrían también actuar como antioxidantes para combatir el daño celular generado por los radicales libres producidos durante el metabolismo.

Vitamina E La vitamina E se almacena en el músculo y en la grasa. Las funciones de esta vitamina no están bien definidas, aunque se sabe que aumenta la actividad de las vitaminas A y C, y previene su oxidación. Sin lugar a dudas, el papel más importante de la vitamina E es su acción como antioxidante. Esta vitamina inactiva los radicales libres (moléculas muy reactivas) que, de lo contrario, podrían dañar gravemente a las células e interrumpir los procesos metabólicos. Se ha observado que el ejercicio causa daños en el ADN de las células y que la suplementación con vitamina E podría reducir ese daño. Sin embargo, no se observaron beneficios de 30 días de suplementación con vitamina E respecto del daño muscular resultante de la realización de 240 flexo-extensiones isocinéticas de rodilla (24 series de 10 repeticiones) en comparación con la condición controlada con placebo.[5]

La vitamina E recibió mucha atención en los medios de comunicación durante años como posible vitamina milagrosa, que podría prevenir o aliviar varias enfermedades, como la fiebre reumática, la distrofia muscular, la cardiopatía isquémica, la esterilidad, los trastornos menstruales y los abortos espontáneos. También se sugirió que los suplementos de vitamina E podrían prevenir el daño pulmonar causado por muchos de los contaminantes que inhalamos. En general, estas afirmaciones carecen de soporte científico.

Muchos deportistas consumen dosis suplementarias de vitamina E desde que se postuló que podría mejorar el

Una gran transición: de las RDA a las DRI

A comienzos de la década de 1940, el *Food and Nutrition Board* (Comité de Alimentación y Nutrición) de la *Nacional Academy of Science* (Academia Nacional Estadounidense de Ciencias) estableció en los Estados Unidos las *Recommended Daily Allowance* (Dosis Diarias Recomendadas, RDA) para todos los nutrientes. Su última edición original se publicó en 1989. Las RDA brindan estimaciones de ingestas diarias seguras y adecuadas y de los requerimientos mínimos de vitaminas y minerales seleccionados. A principios de la década de 1990, se inició una gran revisión de las DDR, que se reemplazaron por nuevas recomendaciones llamadas *Dietary Reference Intake* (Ingesta Dietética de Referencia, DRI). La DRI refleja un esfuerzo conjunto de los Estados Unidos y Canadá para brindar recomendaciones para la ingesta, agrupadas según la función y la clasificación de los nutrientes.

Las nuevas DRI se publicaron en una serie de informes desde 1997 hasta 2005, que incluyen cuatro diferentes valores de referencia:

- Requerimientos promedio estimados (*Estimated Average Requirement,* EAR): valor de la ingesta estimada que cubre los requerimientos del 50% de los individuos sanos en cada grupo etario y en ambos sexos.
- Dosis diaria recomendada (RDA): valor de ingesta suficiente para cubrir los requerimientos de un nutriente en casi todos (97-98%) los individuos de un grupo determinado.
- Nivel superior de ingesta tolerable (NS): máximo nivel de ingesta diaria de un nutriente que es probable que no se asocie con un riesgo elevado de provocar efectos adversos para la salud en casi todos los individuos de un grupo determinado.
- Ingesta adecuada (IA): valor de ingesta recomendado de la ingesta de nutrientes, basado en aproximaciones o estimaciones observadas o experimentales, en individuos sanos de un grupo determinado, que se asume como adecuada. Este valor se utiliza cuando no es posible determinar una RDA.

Para obtener más información sobre las DRI y recomendaciones específicas para cada una de las clasificaciones de nutrientes según edad y sexo, consulte al *Food and Nutrition Information Center* (Centro de Información sobre Alimentos y Nutrición) del *U.S. Department of Agriculture* (Departamento de Agricultura de los Estados Unidos), en *www.nal.usda.gov/fnic*.

rendimiento dada su relación con el uso de oxígeno y el aporte de energía. No obstante, las revisiones de las investigaciones en general indican que los suplementos de vitamina E no mejoran el rendimiento deportivo.

Minerales

Varias sustancias inorgánicas conocidas como minerales son fundamentales para las funciones celulares normales. Los minerales representan alrededor del 4% del peso corporal. Algunos están presentes en altas concentraciones en el esqueleto y los dientes, pero también se localizan en el resto del cuerpo, dentro y fuera de las células, disueltos en los líquidos corporales. Pueden hallarse como iones o combinados con varios compuestos orgánicos. Los compuestos minerales que se pueden disociar en iones en el organismo se denominan **electrolitos**.

Por definición, los **macrominerales** son los minerales que el organismo necesita en dosis de más de 100 mg diarios. Los **microminerales** u **oligoelementos** son sustancias que se requieren en menores cantidades. En el Cuadro 15.3 enumeran los minerales esenciales y sus ingestas recomendadas o adecuadas.

Los deportistas tienen menos probabilidades de recibir suplementos de minerales que de vitaminas, tal vez porque se promocionan mucho más las cualidades beneficiosas de minerales específicos para el rendimiento deportivo. De todos los minerales, el calcio y el hierro han sido investigados ampliamente.

Calcio El calcio es el mineral más abundante en el organismo y representa alrededor del 40% del contenido mineral total. Es reconocido por su importancia en la formación y el mantenimiento de huesos sanos, y en ellos se almacena el mayor porcentaje del organismo. Asimismo, el calcio es esencial para la transmisión de los impulsos nerviosos. Cumple un papel importante en la activación de las enzimas y en la regulación de la permeabilidad de las membranas celulares, ambas funciones importantes para el metabolismo, y también es necesario para la función muscular normal: en el Capítulo 1 se mencionó que el calcio se almacena en el retículo sarcoplásmico de los músculos y se libera tras el estímulo de las fibras musculares. Esto es necesario para la formación de los puentes cruzados de actina y miosina, que causan la contracción de las fibras.

La ingesta suficiente de calcio es crucial para la salud. Si no se consume una cantidad suficiente, éste se obtiene de sus sitios de almacenamiento en el organismo, en especial los huesos. Esta condición se denomina osteopenia. La osteopenia debilita los huesos y puede provocar osteoporosis, un problema frecuente en las mujeres menopáusicas y en hombres y mujeres de edad avanzada. Por desgracia, se realizaron pocos estudios sobre la utilidad de los suplementos de calcio, y sus resultados sugieren que no son beneficiosos cuando se ingiere una cantidad diaria adecuada de este mineral.

Fósforo El fósforo está estrechamente ligado al calcio y constituye alrededor del 22% del contenido mineral total del cuerpo. Aproximadamente el 80% del fósforo se combina con calcio (fosfato de calcio), aportando fuerza y rigidez a los huesos. El fósforo es una parte esencial del metabolismo, la estructura de las membranas celulares y los sistemas de amortiguación que mantienen constante el pH sanguíneo. El fósforo cumple un papel importante en bioenergética: es un componente esencial del adenosintrifosfato (ATP). No hay evidencias que sugieran que los deportistas necesitan recibir suplementos de fósforo.

Hierro El hierro (un oligoelemento) está presente en el organismo en cantidades relativamente pequeñas (35-50 mg/kg de peso corporal). Cumple un papel destacado en el transporte de oxígeno: es necesario tanto para la formación de hemoglobina como para la de mioglobina. La hemoglobina, ubicada en los eritrocitos, fija oxígeno en los pulmones y lo transporta a los tejidos a través de la sangre. La mioglobina, que se encuentra en los músculos, se combina con el oxígeno y lo almacena hasta que se lo necesite.

La deficiencia de hierro es prevalente en todo el mundo. Según algunas estimaciones, hasta el 25% de la población mundial tiene deficiencia de hierro. En los

Radicales libres y antioxidantes

La mayor parte del oxígeno consumido durante el ejercicio aeróbico se utiliza en las mitocondrias para la fosforilación oxidativa y se reduce para formar agua. Sin embargo, un pequeño número de intermediarios de oxígeno univalentes denominados **radicales libres** pueden escapar de la cadena de transporte de electrones. Las pruebas de laboratorio demostraron que la generación de radicales libres aumenta después del ejercicio agudo y se propuso que esto coincide con el daño oxidativo de los tejidos. Como estos radicales libres son muy reactivos, se cree que modulan la función muscular y aceleran el proceso productor de fatiga. Por fortuna, en condiciones normales las fibras musculares poseen enzimas antioxidantes que actúan como un eficiente sistema de defensa para prevenir la acumulación del daño producido por los radicales libres. Asimismo, los antioxidantes de la dieta, como la vitamina E y el β-caroteno, también capturan radicales libres en forma directa, e impiden que interfieran con la función celular. Algunos investigadores propusieron que estos suplementos dietéticos podrían ayudar a bloquear los efectos negativos de la liberación de radicales libres inducida por el ejercicio. En consecuencia, la importancia de las vitaminas antioxidantes se convirtió en tema de debate e investigación en los campos de la nutrición y la biología celular.

Estados Unidos, alrededor del 20% de las mujeres y el 3% de los hombres tienen deficiencia de hierro, así como el 50% de las embarazadas. El principal problema asociado con este cuadro es la anemia por deficiencia de hierro (ferropénica), que se caracteriza por un descenso de las concentraciones de hemoglobina, lo que disminuye la capacidad de transporte de oxígeno en la sangre. Esto causa fatiga, cefaleas y otros síntomas. La deficiencia de hierro es un problema más frecuente en las mujeres que en los hombres porque tanto la menstruación como el embarazo causan pérdidas que deben reponerse. Este problema se agrava por el hecho de que las mujeres, en general, consumen menos alimentos y, por ende, menos hierro que los hombres.

El hierro recibió mucha atención en investigaciones. Las mujeres sólo se consideran anémicas cuando su concentración de hemoglobina es menor de 10 g cada 100 mL de sangre. En los hombres, el valor es de 12 g cada 100 mL de sangre. En general, los estudios indican que el 22 al 25% de las mujeres y el 10% de los hombres que practican deportes tienen deficiencias de hierro. Pero estas cifras podrían ser conservadoras. Estas investigaciones también indican que la hemoglobina no es el único marcador de anemia, ni necesariamente el mejor. Las concentraciones plasmáticas de ferritina son un buen marcador de las reservas de hierro del organismo. Los valores por debajo de 20 a 30 µg/L indican que las reservas de hierro son bajas.

Cuando se administran suplementos de hierro a individuos con deficiencia (es decir, que tienen concentraciones plasmáticas bajas de ferritina), suelen mejorar los índices que reflejan el rendimiento, en especial la capacidad aeróbica. Sin embargo, la suplementación de hierro en individuos sin deficiencia parece proveer pocos o ningún beneficio. De hecho, los suplementos de hierro pueden representar un riesgo para la salud, ya que su exceso es tóxico para el hígado, y las concentraciones de ferritina mayores de 200 µg/L se asocian con un aumento del riesgo de padecer cardiopatía isquémica.

Sodio, potasio y cloruro El sodio, el potasio y el cloruro son electrolitos importantes distribuidos en todos los líquidos y tejidos del organismo. El sodio y el cloruro se hallan sobre todo en el líquido extracelular y en el plasma, pero el potasio se localiza sobre todo en el espacio intracelular. Esta distribución selectiva de estos tres minerales determina la separación de cargas eléctricas a través de las membranas celulares neuronales y musculares. En consecuencia, estos minerales permiten que los impulsos nerviosos controlen la actividad muscular (véase el Capítulo 3). Asimismo, son responsables del mantenimiento del balance y la distribución del agua en el organismo, el equilibrio osmótico normal, el equilibrio ácido-base (pH) y el ritmo cardíaco normal.

Las dietas occidentales son muy ricas en sodio, por lo cual su deficiencia dietética es muy poco probable. Sin embargo, los minerales se pierden con el sudor, por lo

que cualquier condición que cause sudoración excesiva, como ejercicio muy intenso o en un ambiente caluroso, puede agotar estos minerales. Cuando se analizan los desequilibrios minerales, en general se pone énfasis en las deficiencias. Sin embargo, muchos de estos minerales provocan efectos negativos cuando se ingieren en exceso. De hecho, ¡el exceso de potasio puede provocar insuficiencia cardíaca! Las necesidades individuales son variables, pero las megadosis nunca son recomendables.

Para concluir esta sección sobre vitaminas y minerales, se puede decir que si bien la actividad física incrementa los requerimientos de ambos, en general se cubre a través de una mayor ingesta de alimentos. Los deportistas que consumen una alimentación balanceada para satisfacer el aumento de las necesidades calóricas de su organismo tienen grandes probabilidades de que todas las necesidades de vitaminas y minerales estén cubiertas y que la suplementación no produzca efectos beneficiosos sobre el rendimiento. Sin embargo, los deportistas que consumen una dieta pobre en energía o desequilibrada de manera intencional podrían requerir de la suplementación para mantener el rendimiento. En caso de no poder confirmar si la dieta de un deportista es adecuada, la administración de un suplemento con dosis bajas de vitaminas y minerales puede resultar apropiada. Asimismo, la nueva ingesta dietética recomendada (IDR) tiene una categoría para los límites superiores de la mayoría de los micronutrientes que se puede utilizar como guía para evitar excesos.

Revisión

➤ Las vitaminas cumplen numerosas funciones en nuestro organismo y son esenciales para el crecimiento y el desarrollo normales. Muchas de ellas participan en procesos metabólicos, como los que conducen a la producción de energía.
➤ Las vitaminas A, D, E y K son liposolubles y pueden acumularse hasta niveles tóxicos en el organismo. Las vitaminas del complejo B, o sea la biotina, el ácido pantoténico y el folato, y la vitamina C son hidrosolubles. Su exceso se excreta, por lo que no suelen identificarse casos de toxicidad. Varias de las vitaminas del complejo B participan en el proceso de producción de energía.
➤ Los macrominerales son minerales cuyo requerimiento diario es superior a 100 mg. Los oligoelementos (microminerales) se necesitan en menor cantidad.
➤ Los minerales participan en numerosos procesos fisiológicos, como la contracción muscular, el transporte de oxígeno, el balance hídrico y la bioenergética. Los minerales pueden disociarse en iones, que participan en numerosas reacciones químicas. Los minerales que se pueden disociar en iones se denominan electrolitos.
➤ Las vitaminas y los minerales no parecen tener utilidad alguna para mejorar el rendimiento. Su consumo en cantidades mayores a las recomendadas no mejora el rendimiento y podría provocar efectos no deseados.

Agua

El agua rara vez se considera un nutriente porque no tiene valor calórico. Aun así, su importancia para el mantenimiento de la vida es casi tan importante como la del oxígeno. El agua constituye alrededor del 60% del peso total de un hombre joven promedio y el 50% del de una mujer joven, pero esto varía en función de la composición corporal, ya que la masa libre de grasa tiene un contenido de agua mucho mayor (alrededor de 73%) que la masa grasa (alrededor de 10% de agua). Se estima que es posible sobrevivir a la pérdida de hasta el 40% del peso corporal en grasas, carbohidratos y proteínas. En cambio, una pérdida de agua que sólo represente entre el 9 y el 12% del peso corporal puede ser mortal.

Concepto clave

Los deportistas suelen perder entre el 1 y el 6% de su agua corporal durante el ejercicio prolongado e intenso. Sin embargo, una pérdida de agua superior al 9% del peso corporal total puede provocar la muerte.

Aproximadamente dos tercios del agua corporal están contenidos en las células y constituyen el **líquido intracelular**. El resto está fuera de las células y se denomina **líquido extracelular**. El líquido extracelular está compuesto por el líquido intersticial que rodea las células, el plasma, la linfa y otros líquidos corporales.

El agua cumple varias funciones importantes durante el ejercicio. Entre sus funciones más relevantes, el agua permite el transporte de sustancias entre y hacia los distintos tejidos del cuerpo, regula la temperatura corporal y mantiene la presión arterial para lograr una función cardiovascular apropiada. En las siguientes secciones, se examinará con mayor detalle la influencia del agua sobre el ejercicio y el rendimiento.

Balance hídrico y electrolítico

Para alcanzar un rendimiento óptimo, el contenido corporal de agua y electrolitos del cuerpo debe mantenerse relativamente constante. Por desgracia, esto no siempre ocurre durante el ejercicio. En las siguientes secciones, se analizará el contenido de agua y el balance electrolítico en reposo, sus modificaciones durante el ejercicio y el impacto sobre el rendimiento cuando se afecta el balance hídrico o electrolítico.

Balance hídrico en reposo

En condiciones normales de reposo, el contenido corporal de agua es relativamente constante: la ingesta de agua iguala su pérdida. Alrededor del 60% de la ingesta diaria de agua se obtiene de los líquidos que se beben y el 30%, de los alimentos consumidos. El 10% restante se produce en las células a través del metabolismo (véase el Capítulo 2, donde se explica que el agua es un producto derivado de la fosforilación oxidativa). La producción de agua durante los procesos metabólicos oscila entre 150 y 250 mL por día, dependiendo del gasto de energía: tasas metabólicas más altas producen más agua. La ingesta total diaria de agua de todos los orígenes alcanza en promedio alrededor de 33 mL por kilogramo de peso corporal por día. En una persona de 70 kg, la ingesta promedio es de 2,3 L por día. La excreción o pérdida de agua se produce a través de las siguientes vías:

- Evaporación por la piel
- Evaporación de las vías respiratorias
- Excreción por los riñones
- Excreción por el intestino grueso

La piel del ser humano es permeable al agua. El agua difunde hasta su superficie, donde se evapora hacia el medioambiente. Asimismo, los gases respirados se humidifican con agua en forma continua a medida que atraviesan las vías respiratorias. Estos dos tipos de pérdida de agua (por la piel y la respiración) se producen en forma inconsciente (sin que la persona lo advierta). Debido a esta razón, se denominan pérdidas insensibles de agua. En condiciones de reposo en un ambiente fresco, estas pérdidas representan alrededor del 30% de la pérdida diaria de agua.

La mayor parte de la pérdida de agua por día (60% en reposo) se produce a través de los riñones, que excretan agua y productos de deshecho en forma de orina. En condiciones de reposo, los riñones excretan entre 50 y 60 mL de agua por hora. Otro 5% del agua se pierde durante la sudoración (aunque a menudo el sudor se considera junto con las pérdidas insensibles de agua) y el 5% restante se excreta por el intestino grueso con las heces. En la Figura 15.3 se ilustran las fuentes de ganancia y pérdida de agua en reposo.

Balance hídrico durante el ejercicio

La pérdida de agua se acelera durante el ejercicio, como se observa en el Cuadro 15.4. La capacidad de disipar el calor producido durante el ejercicio depende sobre todo de la formación y la evaporación del sudor. A medida que la temperatura del cuerpo aumenta, se incrementa el sudor en un esfuerzo para evitar el sobrecalentamiento (véase el Capítulo 12). No obstante, en forma simultánea se produce más agua durante el ejercicio debido al aumento del metabolismo oxidativo. Por desgracia, la cantidad de agua producida incluso durante el ejercicio más intenso ejerce sólo un pequeño impacto sobre el desarrollo de **deshidratación**, o pérdida de agua, que se produce en caso de abundante sudoración.

En general, la cantidad de sudor producido durante el ejercicio está determinada por:

- temperatura del ambiente, carga de calor radiante, humedad y velocidad del aire;
- tamaño corporal; y
- tasa metabólica.

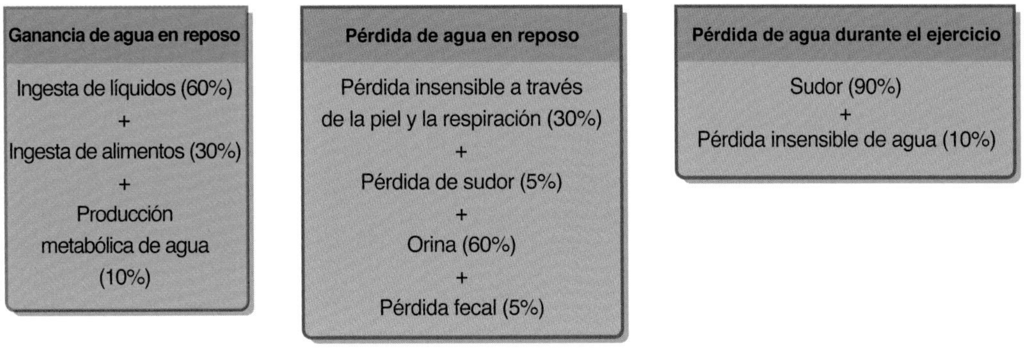

Ganancia de agua en reposo
Ingesta de líquidos (60%)
+
Ingesta de alimentos (30%)
+
Producción metabólica de agua (10%)

Pérdida de agua en reposo
Pérdida insensible a través de la piel y la respiración (30%)
+
Pérdida de sudor (5%)
+
Orina (60%)
+
Pérdida fecal (5%)

Pérdida de agua durante el ejercicio
Sudor (90%)
+
Pérdida insensible de agua (10%)

FIGURA 15.13 Orígenes y porcentajes de las pérdidas y ganancias de agua corporal en reposo y durante el ejercicio.

CUADRO 15.4 **Valores típicos de pérdida de agua corporal en reposo en un ambiente fresco y durante el ejercicio prolongado y agotador**

Origen de la pérdida	EN REPOSO		EJERCICIO PROLONGADO	
	mL/h	% total	mL/h	% total
Piel (pérdida insensible)	15	15	15	1
Respiración (pérdida insensible)	15	15	100	7
Sudor	4	5	1 200	91
Orina	58	60	10	1
Heces	4	5	–	0
Total	96	100	1 325	100

Estos factores influyen sobre la acumulación de calor en el cuerpo y la regulación de la temperatura. El calor se transfiere desde las áreas más calientes hacia las más frías, por lo que la pérdida de calor se ve afectada por las temperaturas ambientales elevadas, la radiación, la humedad elevada y el aire estático. El tamaño corporal, específicamente la relación entre la superficie y la masa corporal, es importante porque los individuos más grandes a menudo gastan más energía para realizar una tarea dada, por lo que en forma característica tienen tasas metabólicas más altas y producen más calor. No obstante, también tienen más superficie (piel), lo que permite mayor formación y evaporación de sudor. A medida que aumenta la intensidad del ejercicio, también lo hace la tasa metabólica. Esto incrementa la producción corporal de calor, lo que a su vez aumenta la sudoración. Para conservar agua durante el ejercicio, el flujo sanguíneo hacia los riñones disminuye en un intento de prevenir la deshidratación, aunque al igual que el aumento de la producción metabólica de agua, también este factor puede ser insuficiente. Durante el ejercicio muy intenso en condiciones de calor extremo, el sudor puede causar pérdidas de hasta 2 a 3 L de agua por hora. (El capítulo 12 contiene información adicional sobre las pérdidas de agua durante el ejercicio en ambientes calurosos).

Concepto clave

Durante una competencia como una maratón, la sudoración puede reducir el contenido corporal de agua en un 6% o más. En ambientes fríos y secos o en la altura, la pérdida de agua procedente de la respiración también contribuye a la pérdida total de agua corporal.

Deshidratación y rendimiento durante el ejercicio

El rendimiento de resistencia puede verse afectado incluso por cambios mínimos en el contenido de agua corporal. Sin un reemplazo adecuado de líquidos, la tolerancia de un deportista al ejercicio disminuye en forma pronunciada durante la actividad prolongada debido a la pérdida de agua a través de la sudoración. El impacto de la deshidratación sobre los sistemas cardiovascular y termorregulador es bastante predecible. La pérdida de líquidos disminuye el volumen plasmático, lo que a su vez reduce la presión arterial y el flujo sanguíneo hacia los músculos y la piel. En un esfuerzo por contrarrestar esta situación, se produce un incremento en la frecuencia cardíaca. Como llega menos sangre a la piel, la disipación de calor se dificulta y el cuerpo retiene más calor. Por lo tanto, cuando un individuo exhibe una deshidratación del 2% o más de su peso corporal, los valores de la frecuencia cardíaca y la temperatura corporal serán significativamente mayores que cuando los individuos se encuentran normalmente hidratados.

Como es de esperarse, estos cambios fisiológicos afectarán el rendimiento durante el ejercicio. En la Figura 15.4 se ilustran los efectos de una reducción aproximada del 2% del peso corporal atribuible a deshidratación por el uso de un diurético sobre el rendimiento de corredores en pruebas de 1 550, 5 000 y 10 000 m en una pista al aire libre.[3] La deshidratación produjo una reducción de entre el 10 y el 12% en el volumen plasmático. Si bien no se observaron diferencias en el $\dot{V}O_{2máx}$ entre las pruebas con hidratación normal y con deshidratación, la velocidad media de carrera disminuyó un 3% en la prueba de 1 500 m y en más del 6% en las de 5 000 y 10 000 m. Cuanto mayor fue la duración de la competencia, mayor fue el deterioro del rendimiento para un mismo grado de deshidratación. Estas pruebas se realizaron a una temperatura ambiente relativamente baja. A mayor temperatura, humedad y radiación, se esperaría una mayor reducción del rendimiento para un mismo grado de deshidratación. La disminución del rendimiento es progresivamente mayor con mayores niveles de deshidratación.

El efecto de la deshidratación sobre el rendimiento en las actividades de fuerza y resistencia muscular y de tipo

anaeróbicas no es tan claro. Algunos estudios han observado la reducción del rendimiento en estas actividades, mientras que otros no han registrados cambios en el rendimiento. En uno de los estudios mejor controlados, los investigadores de la Penn State University informaron que una deshidratación del 2% produjo un deterioro significativo en las habilidades motoras del baloncesto en varones de entre 12 y 15 años que se consideraban jugadores destacados.[12]

Los luchadores y otros deportistas en disciplinas con categorías por peso suelen deshidratarse para obtener una ventaja en los pesajes previos a las competencias. La mayoría se rehidrata después del pesaje antes de competir y experimenta sólo pequeñas disminuciones del rendimiento. En el Cuadro 15.5 se presenta un resumen de los efectos de la deshidratación sobre el rendimiento durante el ejercicio.

Revisión

➤ El balance hídrico depende del balance electrolítico y viceversa.

➤ En reposo, la ingesta de agua es igual a su pérdida. La incorporación de agua proviene de la ingesta de alimentos y bebidas y de la producción metabólica. La mayor parte del agua eliminada en reposo ocurre a través de los riñones, pero también se pierde agua a través de la piel, las vías respiratorias y las heces.

➤ Durante el ejercicio, la producción metabólica de agua aumenta a medida que se incrementa la tasa metabólica.

➤ La pérdida de agua durante el ejercicio aumenta porque, a medida que se incrementa la temperatura corporal, se pierde más agua con la mayor sudoración. En esta situación, el sudor es el principal mecanismo por el cual se pierde agua durante el ejercicio. De hecho, los riñones disminuyen la producción de orina en un esfuerzo para prevenir la deshidratación.

➤ Cuando la deshidratación alcanza el 2% del peso corporal, se produce una reducción significativa del rendimiento en ejercicios de resistencia aeróbica e incluso en destrezas motoras deportivas como el lanzamiento libre en el baloncesto. La frecuencia cardíaca y la temperatura corporal aumentan en respuesta a la deshidratación.

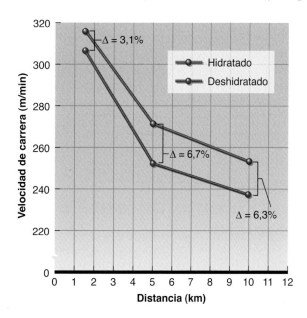

FIGURA 15.14 Disminución de la velocidad de carrera (metros por minuto) con una deshidratación aproximada del 2% del peso corporal en pruebas de 1 500, 5 000 y 10 000 m, en comparación con la velocidad en condiciones de hidratación normal.

Reproducida, con autorización, de L.E. Armstrong, D. L. Costill y W.J. Fink, 1985, "Influence of diuretic-induced dehydration on competitive running performance", *Medicine and Science in Sports and Exercise*, 17: 456-461.

Balance electrolítico durante el ejercicio

La función corporal normal depende del equilibrio hidroelectrolítico. En la sección anterior, se analizaron los efectos de la pérdida de agua sobre del rendimiento. A continuación, se centrará la atención en los efectos del otro componente de este delicado equilibrio: los electrolitos. Cuando se pierden grandes cantidades de agua del organismo, como durante el ejercicio, el equilibrio entre el contenido corporal de agua y de electrolitos puede alterarse con rapidez. En las siguientes secciones se exa-

CUADRO 15.5 Alteraciones de las funciones fisiológicas y del rendimiento provocadas por una deshidratación igual o mayor al 2%

Variable	Deshidratación
CARDIOVASCULAR	
Volemia/volumen plasmático	Disminuida
Gasto cardíaco	Disminuida
Volumen sistólico	Disminuida
Frecuencia cardíaca	Aumentada
METABOLISMO	
Capacidad aeróbica ($\dot{V}O_{2máx}$)	Sin cambios o disminuida
Potencia anaeróbica (test de Wingate)	Sin cambios o disminuida
Capacidad anaeróbica (test de Wingate)	Sin cambios o disminuida
Lactato en sangre, valor máximo	Disminuida
Capacidad amortiguadora de la sangre	Disminuida
Umbral de lactato, velocidad	Disminuida
Glucógeno muscular y hepático	Disminuido
Glucemia durante el ejercicio	Posiblemente disminuida
Degradación de proteínas durante el ejercicio	Posiblemente disminuida
TERMORREGULACIÓN Y EQUILIBRIO DE LÍQUIDOS	
Electrolitos, músculo y sangre	Disminuido
Temperatura corporal central durante el ejercicio	Aumentado
Tasa de sudoración	Disminuido, aparición retrasada
Flujo sanguíneo cutáneo	Disminuido
RENDIMIENTO	
Fuerza muscular	Sin cambios o disminuido
Resistencia muscular	Sin cambios o disminuido
Potencia muscular	Desconocido
Velocidad de movimiento	Sin cambios o disminuido
Tiempo total de carrera hasta el agotamiento	Disminuido
Trabajo total realizado	Disminuido
Atención y concentración	Disminuido
Aspectos relacionados con el rendimiento en habilidades motoras	Disminuido

Nota. Los datos de este cuadro se obtuvieron de las siguientes revisiones: M. Fogelholm, 1994, "Effects of bodyweight reduction on sports performance", *Sports Medicine* 18: 249-267; C.A. Horswill, 1994, Physiology and nutrition for wrestling, en D.R. Lamb, H.G. Knutten y R. Murray (eds.), *Physiology and nutrition for competitive sport* (Vol 7, pp. 131-174); H.L. Keller, S.E. Tolly y P.S. Freedson, 1994, "Weight loss in adolescent wrestlers", *Pediatric Exercise Science* 6: 211-224 y R. Opplinger, H. Case, C. Horswill, G. Landry y A. Shelter, 1996, "Weight loss in wrestlers: An American College of Sports Medicine position stand", Medicine and Science in Sports and Exercise 28: ix-xii.

minarán los efectos del ejercicio sobre el balance electrolítico y se pondrá énfasis en las dos vías principales para la pérdida de electrolitos: el sudor y la orina.

Pérdida de electrolitos en el sudor

En los humanos, el sudor proviene de la filtración del plasma sanguíneo, de manera que contiene muchas sustancias allí presentes, como sodio (Na^+), cloruro (Cl^-), potasio (K^+), magnesio (Mg^{2+}) y calcio (Ca^{2+}). Aunque el sudor tiene un sabor salado, contiene mucho menos minerales que el plasma y otros líquidos corporales. De hecho, el 99% del sudor es agua.

El sodio y el cloruro son los iones principales en la sangre y el sudor. Como se indica en el Cuadro 15.6, las concentraciones de sodio y cloruro en el sudor representan aproximadamente una tercera parte de la concentración en el plasma y son cinco veces mayores que las del músculo. También se muestra la **osmolaridad** de estos tres líquidos, que es la relación entre los solutos (como los electrolitos) y el líquido. La concentración de electrolitos en el sudor presenta una gran variación interindividual y depende sobre todo de factores genéticos, de la tasa de sudoración, del estatus de entrenamiento y del estatus de aclimatación al calor.

El sudor producido cuando las tasas de sudoración son elevadas, como las reportadas para eventos de resistencia, contiene grandes cantidades de sodio y cloruro pero escaso potasio, calcio y magnesio. Sobre la base de las estimaciones del contenido total de electrolitos del deportista, estas pérdidas reducirían el contenido corporal de sodio y cloruro sólo entre un 5 y 7%. Las concentraciones corporales totales de potasio y magnesio, dos iones intracelulares predominantes, sólo se reducirían alrededor del 1%. Es probable que estas pérdidas no provoquen un efecto detectable sobre el rendimiento del deportista.

A medida que se pierden electrolitos con el sudor, los iones remanentes se redistribuyen entre los tejidos corporales. A modo de ejemplo, consideremos lo que ocurre con el potasio. Este catión difunde desde las fibras musculares activas a medida que se contraen e ingresa en el líquido extracelular. El aumento que produce este ingreso en los niveles extracelulares de potasio no es igual a la cantidad de potasio liberada por los músculos activos, ya que éste es captado por los músculos inactivos y otros tejidos en el momento en que los músculos activos lo pierden. Durante la recuperación, las concentraciones intracelulares de potasio se normalizan con rapidez. Algunos investigadores sugieren que estas alteraciones en el potasio muscular durante el ejercicio podrían contribuir al desarrollo de la fatiga, ya que alteran los potenciales de membrana de las neuronas y las fibras musculares, lo que dificulta la transmisión de los impulsos.

Pérdida de electrolitos en la orina

Además de eliminar los desechos de la sangre y regular los niveles de agua, los riñones también controlan el contenido corporal de electrolitos. La producción de orina es la otra fuente principal a través de la cual se pierden electrolitos. En reposo, los electrolitos se excretan en la orina según sea necesario para mantener los niveles homeostáticos y ésta es su vía de salida principal. No obstante, a medida que se incrementan las pérdidas de agua durante el ejercicio, la tasa de producción de orina disminuye de manera considerable en un esfuerzo por conservar agua. En consecuencia, durante el ejercicio se produce muy poca orina, y se minimiza así la pérdida de electrolitos a través de esta vía.

Los riñones cumplen otro papel en el manejo de los electrolitos. Por ejemplo, si una persona consume 250 mEq de sal (NaCl), normalmente los riñones excretarán 250 mEq de esos electrolitos para mantener el contenido corporal de NaCl constante. Sin embargo, la sudoración profusa y la deshidratación estimulan la liberación de la hormona aldosterona desde las glándulas suprarrenales. Esta hormona promueve la reabsorción renal de sodio. En consecuencia, el organismo retiene más sodio de lo habitual durante las horas y los días posteriores a un ejercicio prolongado, lo que a su vez eleva el contenido corporal de sodio y aumenta la osmolaridad de los líquidos extracelulares.

Este aumento del contenido de sodio activa el mecanismo de la sed, e impulsa a la persona a consumir más agua, que se retiene en el compartimento extracelular. El aumento del consumo de agua restablece la osmolalidad normal de los líquidos extracelulares, pero con expansión de ese compartimento, por lo cual se diluyen otras sustancias contenidas en éste. Esta expansión de los líquidos extracelulares no produce efectos negativos y es temporaria. De hecho, es uno de los principales mecanismos para el aumento del volumen plasmático asociado con el entrenamiento y con la aclimatación al ejercicio en am-

---

CUADRO 15.6 Concentraciones de electrolitos y osmolaridad del sudor, el plasma y el músculo en hombres 2 horas después de realizar ejercicio en un ambiente caluroso

Sitio	ELECTROLITOS (mEq/L)				
	Na+	Cl⁻	K⁺	Mg²⁺	Osmolaridad (mOsm/L)
Sudor	40-60	30-50	4-6	1,5-5	80-185
Plasma	140	101	4	1,5	295
Músculo	9	6	162	31	295

Nota. mEq/L = miliequivalentes por litro (milésimas de 1 g de soluto cada litro de solvente).

bientes calurosos. Los niveles de líquido se normalizan durante las 48 a 72 horas posteriores al ejercicio, siempre que no se realice otro ejercicio posterior.

Reposición de las pérdidas de líquidos corporales

Durante la sudoración profusa, el organismo pierde más agua que electrolitos, lo que genera un aumento de la presión osmótica en los líquidos corporales debido a la mayor concentración de electrolitos. La necesidad del organismo de reponer el agua es mayor que la de reponer electrolitos, porque sólo con la reposición del contenido de agua se pueden normalizar las concentraciones de electrolitos. Pero ¿cómo sabe el organismo cuando esta acción es necesaria?

Sed Cuando las personas están sedientas, beben. La sensación de la sed se regula sobre todo por la acción de los osmorreceptores del hipotálamo. Las señales sensitivas asociadas con la sed se envían cuando la osmolalidad del plasma supera cierto valor umbral. Además, debido a la hipovolemia, se genera una segunda serie de señales provenientes de los barorreceptores de baja presión. No obstante, en relación con el control osmolar de la sed, se necesita un descenso importante de la volemia para activar este sistema de control por retroalimentación. Por desgracia, el **mecanismo de la sed** no calcula con exactitud el estado de deshidratación del organismo. La sed no se percibe hasta que el individuo alcanza un grado moderado de deshidratación. Incluso estando deshidratada, la persona podría desear beber líquido sólo en forma intermitente.

Aún no se han llegado a comprender completamente los mecanismos que controlan la sed. Cuando se le permite a una persona beber agua en función de su sed, podría necesitar entre 24 y 48 horas para reponer por completo el agua perdida a través de la sudoración profusa. En cambio, los perros y los burros pueden beber hasta el 10% de su peso corporal total durante los primeros minutos posteriores al ejercicio o a la exposición al calor, lo que permite reemplazar toda el agua perdida. Debido a que los humanos tienden a retrasar la reposición de agua corporal y así prevenir la deshidratación crónica, se recomienda consumir más líquido de los que dicta la sed. Dado que durante el ejercicio se pierde más agua, resulta crucial que la ingesta del deportista sea suficiente para cubrir las necesidades de su cuerpo y que se rehidrate después de realizar ejercicio.

Beneficios de la ingesta de líquidos durante el ejercicio El consumo de líquidos durante el ejercicio prolongado, en especial en ambientes calurosos, ofrece beneficios evidentes. La ingesta de agua disminuye al mínimo la deshidratación, los aumentos de la temperatura corporal, el estrés cardiovascular y el deterioro del rendimiento. Como se observa en el Figura 15.15, cuando los individuos del estudio se deshidratan tras varias horas de carrera en cinta a temperatura elevada (40°C o 104°F) sin reposición de líquido, su frecuencia cardíaca aumenta progresivamente a lo largo del ejercicio.[4] Si se les impide consumir líquidos, los individuos se agotan y no pueden completar las 6 horas de ejercicio. La ingesta de una

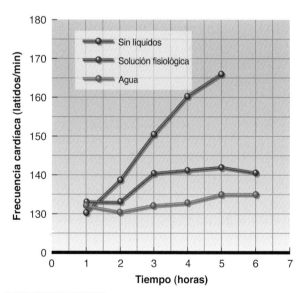

FIGURA 15.15 Efectos de 6 horas de carrera en tapiz rodante en un ambiente caluroso sobre la frecuencia cardíaca. Los individuos no recibieron líquido o recibieron solución fisiológica o agua. Los que se privaron de líquido se agotaron y no pudieron completar las 6 horas de ejercicio.

Datos de S.I. Barr, D.L. Costill y W.J. Fink, 1991, "Fluid replacement during prolongad exercise: Effects of water, saline or no fluid", *Medicine and Science in Sports and Exercise*, 23, 811-817.

cantidad de agua o solución fisiológica equivalente a la pérdida de peso previene la deshidratación y mantiene la frecuencia cardíaca en un valor más bajo. Incluso los líquidos calientes (a una temperatura cercana a la corporal) brindan cierta protección contra el sobrecalentamiento, pero los líquidos fríos mejoran el enfriamiento del cuerpo porque parte del calor corporal central se utiliza para calentar las bebidas frías hasta la temperatura del organismo.

Hiponatremia

La reposición de líquidos es beneficiosa, pero si es excesiva puede trasformarse en nociva. En la década de 1980, se reportaron los primeros casos de hiponatremia en deportistas de resistencia. En términos clínicos, la **hiponatremia** se define como la disminución de la concentración sérica de sodio por debajo del intervalo normal de 135-145 mmol/L. Los síntomas de la hiponatremia suelen aparecer cuando el nivel sérico de sodio disminuye por debajo de 130 mmol/L. Los primeros signos y síntomas abarcan edema, náuseas, vómitos y cefaleas. A medida que aumenta la gravedad del cuadro y a causa del edema cerebral (inflamación del encéfalo), se agregan confusión, desorientación, agitación, convulsiones, edema pulmonar, coma y muerte.[17] ¿Cuál es la probabilidad de que una persona desarrolle hiponatremia?

Los procesos que regulan los volúmenes hídricos y las concentraciones de electrolitos son muy eficaces, de manera que en condiciones normales resulta difícil consumir una cantidad de agua suficiente para diluir los electrolitos del plasma. Los maratonistas que pierden entre 3 y 5 L de sudor y beben entre 2 y 3 L de agua mantienen concentraciones plasmáticas normales de sodio, cloruro y potasio, y los corredores de fondo que recorren entre 25 y 40 km (15,5-24,9 millas) por día en climas cálidos y no agregan sal a sus alimentos no desarrollan deficiencias de electrolitos.

Algunas investigaciones sugirieron que durante las ultramaratones (más de 42 km, 26,2 millas), los deportistas pueden desarrollar hiponatremia. El estudio de un caso de dos corredores que colapsaron después de una competencia de este tipo (de 160 km, 100 millas) en 1983 reveló que sus concentraciones sanguíneas de sodio habían disminuido desde un valor normal de 140 mmol/L hasta valores de 123 y 118 mmol/L.[15] Uno de los corredores experimentó una crisis convulsiva generalizada y el otro presentó desorientación y confusión. El análisis de la ingesta de líquidos de los dos corredores y la estimación de su ingesta de sodio durante la carrera indicó que habían diluido sus contenidos de sodio al consumir demasiado líquido con escaso contenido de este electrolito.

La solución ideal para prevenir la hiponatremia sería reponer el agua a la misma velocidad con la que se pierde o agregar sodio al líquido ingerido. El problema con este último esquema es que la mayoría de las bebidas para deportistas contiene no más de 25 mmol/L de sodio, por lo cual no serían suficientes para prevenir la dilución del

sodio, aunque el organismo no tolera concentraciones superiores. La hiponatremia inducida por ejercicio parece ser el resultado de una sobrecarga de líquido debido a un consumo excesivo, de una reposición insuficiente de las pérdidas de sodio o ambos. Hasta el momento sólo se ha reportado un pequeño número de casos. Por lo tanto, es probable que no sea adecuado sacar conclusiones a partir de esta información para diseñar un régimen de reposición de líquidos para los individuos que deben ejercitarse durante períodos prolongados en ambientes calurosos.

Revisión

➤ La necesidad de reponer el líquido corporal perdido es mayor que la necesidad de reponer los electrolitos, porque el sudor es muy diluido.

➤ El mecanismo de la sed no refleja con exactitud el estado de hidratación del organismo, por lo que en general se debe consumir más líquido que lo que dicta la sed para mantener el peso corporal.

➤ La ingesta de agua durante el ejercicio prolongado reduce el riesgo de deshidratación y optimiza las funciones cardiovascular y termorreguladora.

➤ En algunos casos poco usuales, la ingesta de demasiado líquido con poco sodio genera hiponatremia (baja concentración plasmática de sodio), que puede ocasionar confusión, desorientación e incluso convulsiones, coma y muerte.

La dieta del deportista

En cada entrenamiento o competencia, los deportistas experimentan una considerable exigencia corporal. Por esta razón, el cuerpo de un deportista debe alcanzar un alto grado de refinamiento y esto necesariamente debe incluir una nutrición óptima. Muy a menudo, los deportistas invierten mucho tiempo y esfuerzo en el perfeccionamiento de sus habilidades y en lograr una condición física superior, pero ignoran la necesidad de una nutrición y descanso adecuados. Muchas veces, el deterioro del rendimiento puede deberse a una nutrición inapropiada.

En las secciones anteriores de este capítulo se aportaron recomendaciones para cada uno de los nutrientes y, en algunos casos, las modificaciones según los requerimientos del entrenamiento. La mayoría de los deportistas necesita una guía para seleccionar los alimentos que le ayudarán a cubrir estos requerimientos. Como se mencionó al comienzo de este capítulo, el sitio web del Centro de Información sobre Alimentos y Nutrición del Departamento de Agricultura de los Estados Unidos (*www.nal.usda.gov/fnic*) es una fuente excelente de información para el entrenador, el preparador físico y el deportista, que ayuda a personalizar sus dietas con el fin de cubrir las necesidades nutricionales de cada uno en particular.

Sin embargo, hay situaciones especiales en las cuales se necesita información adicional. A continuación se analizarán las dietas vegetarianas, las comidas previas a la competencia y la reposición y la carga de glucógeno muscular.

Recomendaciones para la reposición de líquidos antes, durante y después del ejercicio

Los deportistas que entrenan y compiten durante períodos prolongados o en ambientes calurosos y húmedos pueden deshidratarse. Para lograr un nivel de hidratación adecuado, el *American College of Sports Medicine* (Colegio Estadounidense de Medicina del Deporte), la *American Dietetic Association* (Asociación Estadounidense de Nutrición) y la organización *Dietitians of Canada* (Dietistas de Canadá) publicaron pautas para lograr una ingesta de líquidos adecuada antes, durante y después del ejercicio. Las recomendaciones principales son las siguientes:

- Para asegurar la correcta hidratación, los deportistas deberían consumir 400 a 600 mL (14 a 22 oz) de líquidos en las dos horas previas al ejercicio. Asimismo, este es un tiempo prudencial para permitir la excreción de cualquier exceso de agua.
- Durante el ejercicio, el deportista debe consumir suficiente líquido para evitar que las pérdidas de agua corporal superen el 2% de su peso corporal. Es importante evitar el aumento de peso debido al consumo excesivo de líquidos.
- Durante la realización de ejercicios intensos con una duración mayor a una hora, es recomendable la utilización de bebidas deportivas con una concentración de carbohidratos del 4-8% y una concentración de sodio del 0,5-0,7%.
- Se recomienda el consumo de bebidas para deportistas con concentraciones de hidratos de carbono de entre 4 y 8% y concentraciones de sodio de entre 0,5 y 0,7 g/L durante el ejercicio intenso que dura más de 1 hora.
- La inclusión de sodio en las bebidas o el consumo de alimentos con elevado contenido de sodio durante el período de recuperación puede ayudar al proceso de rehidratación.[2]

Dieta vegetariana

En un esfuerzo por consumir una dieta sana o aumentar la ingesta de carbohidratos, muchos deportistas adoptan el vegetarianismo. Los vegetarianos estrictos o veganos consumen sólo alimentos de origen vegetal. Los lactovegetarianos también consumen productos lácteos. Los ovovegetarianos agregan huevos a su dieta de vegetales y los ovolactovegetarianos consumen alimentos vegetales, lácteos y huevos.

¿Pueden los deportistas alcanzar un máximo rendimiento con una dieta vegetariana? Los deportistas vegetarianos estrictos deben tener mucho cuidado al seleccionar los vegetales que consumen para poder obtener un equilibrio adecuado de aminoácidos esenciales, suficientes calorías y fuentes de vitamina A, riboflavina, vitamina B_{12}, vitamina D, calcio, cinc y hierro. La ingesta adecuada de hierro es un problema especial en las deportistas vegetarianas, debido a la escasa biodisponibilidad del hierro en las dietas basadas en vegetales y por el mayor riesgo que presentan las mujeres de desarrollar anemia y presentar escasos depósitos corporales de hierro. Algunos deportistas profesionales experimentan un deterioro significativo del rendimiento deportivo después de iniciar una dieta vegetariana estricta. El problema suele originarse en una selección inadecuada de los alimentos. La inclusión de leche y huevos en la dieta disminuye el riesgo de padecer deficiencias nutricionales. Todo individuo que desee transformar su dieta a vegetariana debe recurrir a publicaciones autorizadas sobre el tema, escritas por nutricionistas calificados, o consultar a un dietista o un nutricionista especializado en deporte.

Alimentación previa a la competencia

Durante muchos años, los deportistas consumieron la tradicional cena con carne varias horas antes de la competencia. Esta práctica puede haberse originado en la antigua creencia de que el músculo se consume a sí mismo para sustentar su actividad y que la carne proveería las proteínas necesarias para contrarrestar esta pérdida. No obstante, en la actualidad sabemos que la carne es probablemente el peor alimento que un atleta puede ingerir antes de una competencia. El bistec (bife) contiene un porcentaje relativamente alto de grasas, que requieren varias horas para digerirse por completo. Durante la competencia, esto podría determinar que el aparato digestivo compita con los músculos por el flujo sanguíneo disponible. Asimismo, la tensión nerviosa suele ser elevada antes de una gran competencia, por lo que incluso la comida mejor seleccionada podría no disfrutarse en ese momento. Es más probable que la carne provoque más satisfacción y altere menos el rendimiento si el deportista la consume la noche anterior o después de la competencia. No obstante, si se descarta la carne, ¿qué debe comer el deportista antes de competir?

Aunque los alimentos ingeridos unas pocas horas antes de la competencia no contribuyen a incrementar las reservas musculares de glucógeno, pueden asegurar una glucemia normal y evitar el hambre. Esta comida debe contener sólo alrededor de 200 a 500 kcal y estar compuesta sobre todo por carbohidratos, que se digieren con facilidad. Los alimentos como los cereales, la leche, el jugo y las tostadas se digieren rápidamente y no ocasionan molestias gastrointestinales durante la competencia. En general, esta comida debe consumirse al menos 2 horas antes de competir. La rapidez con la cual se digieren los alimentos y se absorben los nutrientes presenta una gran variación interindividual, de manera que el horario de la comida previa a la competencia depende de las experiencias anteriores del deportista. En un estudio llevado a cabo con ciclistas de ruta, los sujetos completaron una prueba de ciclismo prolongado a una intensidad del 70% del $\dot{V}O_{2máx}$ individual en dos condiciones experimentales diferentes separadas por 14 días. En una de las condiciones experimentales, los sujetos consumieron un desayuno con 100 g de carbohidratos 3 horas antes del ejercicio (alimento) y en la otra, los sujetos no consumieron alimentos (ayuno). Los individuos que recibieron alimentos se ejercitaron durante 136 minutos antes de llegar al agotamiento, en comparación con los 109 min completados por el grupo que no recibió alimentos, lo que confirma la importancia de la comida previa a la competencia.[22]

Es probable que un alimento líquido antes de la competencia cause menos indigestión nerviosa, náuseas, vómitos y calambres abdominales. Estos alimentos están a la venta y en general se demostró su utilidad tanto antes como entre competencias. A menudo, el deportista encuentra dificultades para hallar el momento oportuno para comer cuando debe participar en varias competencias preliminares y finales. En estas circunstancias, un alimento líquido con bajo contenido de grasas y alto contenido de carbohidratos podría ser la única solución.

Reemplazo y carga del glucógeno muscular

Previamente en este capítulo, hemos establecido que las diferentes composiciones de la dieta pueden influenciar marcadamente las reservas musculares de glucógeno y que el rendimiento en eventos de resistencia depende principalmente de estas reservas. La teoría indica que a mayor cantidad de glucógeno almacenado, mejor es el rendimiento de resistencia porque se retrasa la aparición de fatiga. De esta manera, el objetivo del deportista es iniciar un ejercicio o una competencia con tanto glucógeno almacenado como sea posible.

Sobre la base de estudios de biopsias musculares realizados a mediados de la década de 1960, Åstrand[4] propuso un plan para ayudar a los corredores a almacenar la máxima cantidad de glucógeno. Este proceso se conoce como carga de glucógeno o de carbohidratos. De acuerdo con el régimen de Åstrand, los deportistas deben prepararse para una competencia de resistencia con un entrenamiento exhaustivo siete días antes del evento. Durante los siguientes tres días, deben alimentarse casi en forma exclusiva con grasas y proteínas para privar a los músculos de carbohidratos, lo que aumenta la actividad de la glucógeno sintasa, una enzima responsable de la síntesis y el almacenamiento de glucógeno. Luego, los deportistas deben seguir una dieta rica en carbohidratos durante los tres días restantes previos a la competencia. Como la actividad de la

glucógeno sintasa está aumentada, la mayor ingesta de carbohidratos conduce a un mayor depósito de glucógeno muscular. La intensidad y el volumen del entrenamiento durante estos seis días deben reducirse significativamente para prevenir la depleción adicional del glucógeno muscular, y maximizar así las reservas musculares y hepáticas. En el plan original, se indicaba un entrenamiento intenso durante los cuatro días previos a la competencia.

Este régimen logró elevar los depósitos musculares de glucógeno al doble de sus valores normales, pero es poco práctico para la mayoría de los competidores muy entrenados. Durante los tres días de ingesta reducida de carbohidratos, los deportistas suelen presentar dificultades para entrenar, se sienten irritables e incapaces de desarrollar tareas mentales y, típicamente, experimentan signos de hipoglucemia, como debilidad muscular y desorientación. Asimismo, el ejercicio exhaustivo realizado siete días antes de la competencia es poco útil para el entrenamiento y puede comprometer las reservas de glucógeno en lugar de aumentarlas. Este ejercicio que conduce al agotamiento también expone al deportista a una posible lesión o a un sobreentrenamiento.

Con estas limitaciones en mente, en la actualidad muchos autores proponen la eliminación del ejercicio exhaustivo y los días de baja ingesta de carbohidratos del régimen de Åstrand. En cambio, el deportista sólo debería reducir la intensidad del entrenamiento una semana antes

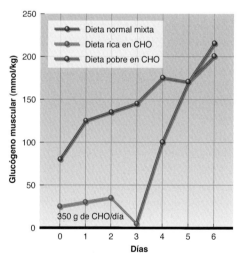

FIGURA 15.16 Dos regímenes para la carga de glucógeno muscular. En uno de ellos se indujo la depleción del glucógeno muscular de los participantes (día 0) y luego se les proveyó una dieta baja en carbohidratos (CHO) durante 3 días. A continuación, recibieron una dieta rica en CHO, que produjo un aumento del glucógeno muscular hasta alrededor de 200 mmol/kg. En el otro régimen, los individuos consumieron una dieta normal mixta y redujeron su volumen de entrenamiento durante los primeros tres días; luego pasaron a una dieta rica en CHO con una reducción mayor del volumen de entrenamiento durante 3 días, lo que también produjo un incremento del glucógeno muscular de alrededor de 200 mmol/kg.

Datos de P.O. Åstrand, 1979, Nutrition and physical performance. En *Nutrition and the world food problem*, editada por M. Rechcigl (Basilea, Suiza: S. Karger) y W.M. Sherman et al., 1981.

de la competencia y seguir una dieta mixta normal, con 55% de las calorías aportadas por carbohidratos, hasta tres días antes de la competencia. Durante estos últimos tres días, el entrenamiento debe reducirse a una entrada en calor diaria consistente en 10 a 15 min de actividad, acompañado por una dieta rica en carbohidratos. Si se sigue este plan, como se muestra en la Figura 15.16, el nivel de glucógeno se eleva hasta casi 200 mmol/kg de músculo, que es el mismo nivel logrado con la dieta de Åstrand, y el deportista está más descansado para la competencia.

Es posible incrementar rápidamente las reservas de carbohidratos incluso después de un ejercicio de intensidad casi máxima y muy corta duración. En un estudio llevado a cabo con siete atletas de resistencia, se observó que 150 s de ciclismo al 130% del $\dot{V}O_{2máx}$ seguido por un esprín máximo de 30 s en cicloergómetro combinado con una alta ingesta de carbohidratos por un período de 24 horas fue suficiente para duplicar las reservas de glucógeno en solo un día.[13]

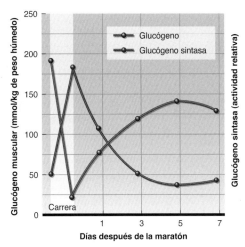

FIGURA 15.17 La resíntesis de glucógeno muscular es un proceso lento. Se requieren varios días antes de que las reservas musculares de glucógeno retornen a los valores normales luego de un ejercicio agotador. Obsérvese que la reducción del glucógeno muscular con el ejercicio intenso (carrera) está acompañada por un incremento en la actividad de la glucógeno sintasa. Esto estimula el almacenamiento de glucógeno en los músculos a partir de los carbohidratos ingeridos hasta que la actividad de la glucógeno sintasa retorne a los valores basales.

Concepto clave

Una dieta rica en carbohidratos es crucial para el éxito de los deportistas de resistencia. Asimismo, la carga de carbohidratos es una técnica muy eficaz para aumentar los depósitos de glucógeno tanto en el músculo como el hígado.

La dieta también es importante para preparar al hígado para las demandas del ejercicio de resistencia. Los depósitos hepáticos de glucógeno disminuyen en forma rápida cuando una persona no ingiere carbohidratos durante sólo 24 horas, incluso aunque permanezca en reposo. Tras 1 hora de ejercicio agotador, el glucógeno hepático disminuye un 55%. En consecuencia, el entrenamiento intenso combinado con una dieta deficiente en carbohidratos puede provocar la depleción de las reservas hepáticas de glucógeno. No obstante, una sola comida rica en carbohidratos normaliza en poco tiempo estos depósitos. Es evidente que una dieta rica en carbohidratos durante los días previos a una competencia permite maximizar la reserva hepática de glucógeno y disminuye al mínimo el riesgo de hipoglucemia durante el evento.

Cada gramo de glucógeno que se almacena en el cuerpo está acompañado por el almacenamiento de aproximadamente 2,6 g de agua. En consecuencia, el aumento o la disminución del contenido hepático o muscular de glucógeno suele provocar un cambio en el peso corporal de entre 0,5 y 1,4 kg (1-3 libras). Algunos investigadores propusieron controlar los cambios en los depósitos musculares y hepáticos de glucógeno mediante el registro del peso del deportista en horas de la mañana, inmediatamente después de levantarse, vaciar la vejiga pero antes de desayunar. Una reducción súbita del peso corporal podría reflejar que no están reponiéndose adecuadamente las reservas de glucógeno, un déficit en el agua corporal o ambos.

Los deportistas que deben entrenarse o competir en actividades agotadoras durante días sucesivos deben re-

poner las reservas de glucógeno muscular y hepático tan rápido como sea posible. Si bien el glucógeno hepático se puede agotar por completo después de 2 horas de ejercicio al 70% del $\dot{V}O_{2máx}$, se recupera en unas pocas horas cuando se consume una comida rica en carbohidratos. En cambio, la síntesis de glucógeno en el músculo es un proceso más lento, que tarda varios días en normalizarse después de un ejercicio agotador como una maratón (véase Figura 15.17). Algunos estudios de fines de la década de 1980 revelaron que la síntesis de glucógeno muscular es más rápida cuando los individuos consumen al menos 50 g (aproximadamente 0,7 g/kg de peso corporal) de glucosa cada 2 horas después del ejercicio.[19] El consumo de cantidades mayores a ésta no parece acelerar la resíntesis del glucógeno muscular. Durante las primeras dos horas posteriores al ejercicio, la tasa de resíntesis de glucógeno muscular es mucho más alta que en las horas posteriores, como ya se mencionó en este capítulo. Por ende, un deportista que se recupera de un ejercicio de resistencia agotador debe ingerir suficientes carbohidratos tan pronto como sea posible. El agregado de proteínas y aminoácidos a los carbohidratos consumidos durante el período de recuperación promueve una mayor resíntesis de glucógeno muscular que sólo la ingesta de carbohidratos.

Revisión

➤ Algunos deportistas adoptan dietas vegetarianas y parecen tener un buen rendimiento. Sin embargo, deben seleccionarse cuidadosamente las fuentes de proteínas y el consumo de cantidades adecuadas de hierro, cinc, calcio y varias vitaminas.

> ➤ La comida previa a una competencia debe ingerirse no menos de 2 horas antes de ésta, debe tener escaso contenido de grasa y abundantes carbohidratos y debe poder digerirse con facilidad. Una comida líquida con pocas grasas y abundantes carbohidratos resulta beneficiosa antes de la competencia.

> ➤ La carga de carbohidratos aumenta el contenido muscular de glucógeno, lo que a su vez incrementa el rendimiento de resistencia.

> ➤ Después del entrenamiento o la competencia de resistencia, es importante consumir una cantidad abundante de carbohidratos, suficiente para reemplazar el glucógeno utilizado durante la actividad. La reposición del glucógeno durante las primeras horas posteriores al entrenamiento o la competencia resulta óptima debido a la elevada actividad de la glucógeno sintasa.

Bebidas deportivas

En una sección anterior se mencionó que la ingesta de carbohidratos antes, durante y después del ejercicio beneficia el rendimiento, ya que asegura del combustible necesario para la producción de energía durante el ejercicio y para el reemplazo de los depósitos de glucógeno después de éste. Si bien la selección de una dieta adecuada puede cubrir la mayor parte de las necesidades nutricionales del deportista, los suplementos nutricionales también pueden ser útiles. Además, es necesaria una ingesta adecuada de líquidos para la hidratación pre e intraejercicio, así como para la rehidratación posejercicio. Las bebidas deportivas están diseñadas en forma específica para satisfacer las necesidades de energía y líquidos de los deportistas. Existe un gran cuerpo de evidencia que muestra los beneficios de estas bebidas no solo para las actividades de resistencia, sino también para los deportes de prestación intermitente (por ejemplo, fútbol y baloncesto).[7, 12]

Composición de las bebidas deportivas

Las bebidas deportivas se diferencian entre sí en varios aspectos, no sólo en su sabor. Sin embargo, la principal diferencia es la rapidez con la que aportan energía y agua. El aporte de energía depende principalmente de la concentración de carbohidratos en el producto, y la reposición de líquido depende de la concentración de sodio en la bebida.

Aporte de energía: concentración de carbohidratos Un aspecto importante es la rapidez con que la bebida abandona el estómago, o sea, la tasa de **vaciado gástrico**. En general, las soluciones de carbohidratos abandonan el estómago con mayor lentitud que el agua o que una solución débil de cloruro de sodio (sal). Las investigaciones indican que el contenido calórico de una solución, que refleja su concentración, podría ser uno de los determinantes de la velocidad del vaciamiento del estómago y la absorción en el intestino. Como las soluciones a base de carbohidratos permanecen en el estómago durante más tiempo que el agua o las soluciones débiles, al aumentar la concentración de glucosa en una bebida deportiva se reduce en forma significativa la tasa de vaciado gástrico. Por ejemplo, 400 mL (14 oz) de una solución débil de glucosa (139 mmol/L) abandonan casi por completo el estómago en 20 minutos, pero el vaciamiento de un volumen similar de una solución fuerte de glucosa (834 mmol/L) puede requerir casi 2 horas.[9] Sin embargo, cuando una pequeña cantidad de una bebida rica en glucosa abando-

La dieta de La zona

Durante los últimos 20 años, se propusieron numerosas dietas con bajo contenido de carbohidratos destinadas al descenso de peso del público general. A mediados de la década de 1990, muchos deportistas se sintieron atraídos por una nueva dieta propuesta para mejorar el rendimiento deportivo, presentada en un popular libro escrito por el Dr. Barry Sears, The Zone (La zona).[23] Esta dieta se opone a la dieta rica en carbohidratos recomendada comúnmente para los deportistas y la población general. Esta dieta se centra en la premisa de que las personas deberían consumir entre 1,8 y 2,2 g de proteína por kilogramo de masa libre de grasa. La dieta contiene alrededor de 40% de carbohidratos, 30% de grasas y 30% de proteínas. Sin embargo, para los deportistas se recomienda un porcentaje mucho mayor de calorías aportadas por grasas.[24] Se supone que esta dieta pobre en carbohidratos promueve una relación más favorable entre la insulina y el glucagón, y favorece, en última instancia, la llegada de oxígeno a los músculos activos.[6]

Si bien muchos reportes anecdóticos avalan las propiedades de la dieta de "La zona" para mejorar del rendimiento, su eficacia aún no se ha establecido en forma concluyente en estudios de investigación bien diseñados. De hecho, muchos datos de la bibliografía sobre nutrición deportiva contraindican fuertemente la prescripción de esta dieta. La dieta promueve una ingesta de proteínas demasiado elevada y una ingesta de carbohidratos relativamente baja. Asimismo, si la dieta se lleva al extremo, el porcentaje de calorías totales aportadas por la grasa aumenta. Por lo tanto, hasta que estudios controlados no apoyen las supuestas cualidades de esta dieta, el deportista debe seguir las recomendaciones propuestas en este capítulo, avaladas por numerosos estudios realizados durante muchos años.[2]

na el estómago, puede contener más azúcar que una cantidad mayor de una solución más débil, simplemente debido a su concentración. No obstante, si el deportista intenta evitar la deshidratación, con esta solución aporta menos agua, lo cual resulta contraproducente.

La mayoría de las bebidas deportivas a la venta en la actualidad contiene entre 6 y 8 g de hidratos de carbono cada 100 mL (3,5 oz) de líquido (6 a 8%). La fuente de carbohidratos suele ser glucosa, polímeros de glucosa o una combinación de ambos, aunque también se utilizó fructosa o sacarosa.[20] Los estudios de investigación han mostrado que, en comparación con la ingesta de agua, ingerir soluciones que contengan concentraciones de carbohidratos en el rango mencionado y con las fuentes de carbohidratos citadas parece mejorar el rendimiento de resistencia.[2] Las soluciones con concentraciones de carbohidratos mayores al 6% retrasan el vaciado gástrico y limitan la disponibilidad inmediata de líquido. Sin embargo, estas soluciones pueden aportar mayor cantidad de carbohidratos en un período determinado para cubrir la mayor demanda de energía.[2, 20]

Rehidratación con bebidas deportivas: concentración de sodio El simple aporte de líquido al organismo durante el ejercicio reduce el riesgo de deshidratación grave. No obstante, las investigaciones indican que el agregado de glucosa y sodio a las bebidas deportivas, además de aportar una fuente de energía, estimula la absorción tanto de agua como de sodio. El sodio incrementa la sed y mejora el sabor de la bebida. Se debe recordar que cuando se retiene sodio, también se retiene agua. Cuando se busca rehidratar al deportista, tanto durante como después del ejercicio, la concentración de sodio debe oscilar entre 20 y 60 mmol/L.[20] Durante la sudoración, se produce una pérdida importante de sodio corporal. Cuando la sudoración es abundante y se ingieren grades volúmenes de agua, puede producirse una reducción crítica de la concentración sanguínea de sodio e incluso hiponatremia, como se comentó en una sección anterior de este capítulo.

¿Qué es lo mejor?

Los deportistas nunca beberían soluciones con sabor desagradable. Es cierto que cada persona tiene una preferencia diferente en cuanto al sabor. Para complicar más el tema, una bebida que sabe bien antes y después de un ejercicio prolongado no siempre resulta agradable durante una competencia. Los estudios sobre preferencias de sabor en corredores y ciclistas durante 60 minutos de ejercicio demostraron que la mayoría elige una bebida con sabor suave, que no deje una sensación fuerte en la boca después de beberla. Pero ¿beberán más los deportistas si se les da una bebida especial en lugar de agua? En un estudio, los participantes corrieron en una cinta durante 90 minutos y luego se recuperaron sentados durante 90 minutos adicionales. Tanto las condiciones del ejercicio como las de recuperación fueron controladas en una cámara especial a una temperatura de 32°C (86°F) con 50% de humedad. Se realizaron tres estudios clínicos, dos con dos bebidas diferentes (6 y 8% de hidratos de carbono) y una con agua. Se alentó a los participantes a beber durante toda la prueba. El volumen consumido durante el ejercicio fue similar en las tres pruebas, pero durante la recuperación, los corredores bebieron un 55% más de las dos bebidas especiales que de agua.[29]

Concepto clave

Las bebidas deportivas ofrecen beneficios adicionales a los del agua corriente. El agregado de carbohidratos a estas bebidas aporta una importante fuente de energía, y el aporte de sodio y la optimización del sabor podría aumentar el consumo de líquido, y retrasar así el desarrollo de deshidratación.

Revisión

➤ Se ha mostrado que las bebidas deportivas disminuyen el riesgo de deshidratación y aportan una fuente de energía importante. También pueden mejorar el rendimiento del deportista tanto en actividades de resistencia como en deportes de prestación intermitente, como por ejemplo en fútbol y baloncesto.
➤ La concentración de carbohidratos en una bebida deportiva no debe exceder del 6 al 8% para maximizar la ingesta tanto de azúcares como de líquido.[2]
➤ La inclusión de sodio en las bebidas deportivas facilita la ingesta y el almacenamiento de agua.
➤ El sabor es un factor importante cuando se considera una bebida deportiva. La mayoría de los deportistas prefiere un sabor suave que no deje una sensación fuerte en la boca. Cada deportista debe elegir la bebida que más le guste, siempre que los ingredientes nutricionales sean los mismos.

Conclusión

En este capítulo se examinaron la composición corporal y las necesidades nutricionales de los deportistas, así como también la importancia de optimizar la composición corporal y alimentarse bien para mejorar el rendimiento deportivo. Se analizó la importancia de cada una de las seis categorías de nutrientes y la forma en que pueden ajustarse para cubrir las necesidades del entrenamiento y la competencia. Se describió la comida previa a la competencia, la reposición efectiva y la carga de glucógeno en el músculo y la eficacia de las bebidas deportivas comerciales. Con el conocimiento actual de la importancia de un peso apropiado y una dieta balanceada, se centrará la atención en otro aspecto de la búsqueda del éxito deportivo. En el siguiente capítulo, se evaluarán las sustancias propuestas para mejorar el rendimiento deportivo: las ayudas ergogénicas.

Palabras clave

absorciometría dual de rayos X

aminoácidos esenciales

aminoácidos no esenciales

carga de glucógeno

carga de carbohidratos

composición corporal

densidad corporal ($D_{corporal}$)

densitometría

deshidratación

electrolitos

grasa

grasa corporal relativa

grosor del pliegue cutáneo

hiponatremia

impedancia bioeléctrica

líquido extracelular

líquido intracelular

macrominerales

masa grasa

masa libre de grasa

mecanismo de la sed

microminerales

oligoelementos (microminerales)

osmolaridad

pesaje hidrostático

pletismografía de aire

proteínas

radicales libres

tríada de la deportista

vaciado gástrico

vitaminas

Preguntas

1. Señale las diferencias entre tamaño y composición corporal.
2. ¿Qué tejidos del cuerpo constituyen la masa libre de grasa?
3. ¿Qué es la densitometría? ¿Cómo se utiliza para evaluar la composición corporal del deportista? ¿Cuál es el mayor inconveniente de la densitometría respecto de su exactitud?
4. ¿Cuáles son las distintas técnicas de campo para la estimación de la composición corporal? ¿Cuáles son sus ventajas y desventajas?
5. ¿Cuál es la relación entre la masa libre de grasa relativa, la grasa relativa y el rendimiento deportivo?
6. ¿Qué pautas deben utilizarse para determinar el peso ideal de un deportista?
7. ¿Cuáles son las seis categorías de nutrientes?
8. ¿Qué papel cumplen los carbohidratos de la dieta en el rendimiento de resistencia? ¿Qué papel cumplen las grasas? ¿Y las proteínas?
9. ¿Cuál es la ingesta apropiada de proteínas para un hombre adulto que realiza una actividad normal? ¿Y para una mujer?
10. Comente la utilidad de los suplementos de proteínas para mejorar el rendimiento en competencias de fuerza y resistencia.
11. ¿Debe el deportista recibir suplementos de vitaminas y minerales?
12. ¿Cómo afecta la deshidratación el rendimiento durante el ejercicio? ¿Qué efecto tiene la deshidratación sobre la frecuencia cardíaca y la temperatura corporal durante el ejercicio?
13. Describa la comida recomendada antes de una competencia.
14. Describa el método utilizado para maximizar las reservas musculares de glucógeno (carga de glucógeno).
15. Comente la utilidad de consumir carbohidratos durante y después del ejercicio de resistencia. ¿Cuáles son los beneficios potenciales de las bebidas deportivas?

Ayudas ergogénicas y deporte

16

En este capítulo

Los estudios sobre ayudas ergogénicas   **397**
Efecto placebo   398
Limitaciones de la investigación   399

Agentes farmacológicos   **399**
Aminas simpaticomiméticas   400
Betabloqueantes   402
Cafeína   402
Diuréticos   403
Drogas utilizadas con fines recreativos   405

Agentes hormonales   **405**
Esteroides anabólicos   405
Hormona de crecimiento humana   409

Agentes fisiológicos   **411**
Dopaje sanguíneo   411
Eritropoyetina   413
Suplementos de oxígeno   414
Carga de bicarbonato   415
Carga de fosfato   416

Agentes nutricionales   **417**
Aminoácidos   417
L-carnitina   418
Creatina   418

Conclusión   **420**

En mayo de 2006, apenas algunas semanas antes del inicio del Tour de France, la policía de España hizo una requisa en la clínica de un médico madrileño. Allí descubrieron una serie de sustancias y drogas para mejorar el rendimiento, entre las que se encontraron eritropoyetina (EPO), bolsas de sangre congelada, hormona de crecimiento humana y esteroides anabólicos. En este episodio se vieron implicados 58 ciclistas de elite, tanto españoles como de otras nacionalidades, incluidos 13 que se habían inscripto para competir en la edición 2006 del Tour de France. Dos de ellos estaban entre los mejores ciclistas del mundo, pero a ninguno de los 13 se les permitió competir. La eritropoyetina y el dopaje sanguíneo aumentan la cantidad de glóbulos rojos en la circulación y, en consecuencia, la capacidad de transporte de oxígeno de la sangre. Se de-

El consumo de sustancias ilegales con la esperanza de mejorar el rendimiento es una práctica que puede encontrarse entre los deportistas de las más variadas disciplinas.

mostró que este incremento aumenta el $\dot{V}O_{2máx}$ y el rendimiento durante las competencias de resistencia. La hormona de crecimiento y los esteroides anabólicos presuntamente aumentan la masa y la fuerza muscular y disminuyen la cantidad de grasa corporal, lo que incrementa el rendimiento en aquellas actividades que exigen fuerza y resistencia. Los organismos nacionales e internacionales que regulan el deporte prohibieron el uso de esas cuatro sustancias para actividades deportivas. Lamentablemente, el ganador del Tour de France 2006, Floyd Landis, arrojó una prueba de dopaje positiva para esteroides anabólicos durante la 17.ª etapa. Landis fue suspendido e inhabilitado para competir hasta principios de 2009, aunque el ciclista continuó alegando inocencia hasta mayo de 2010, cuando después de casi cuatro años de rechazar las acusaciones de dopaje admitió finalmente haber consumido sustancias prohibidas. Desafortunadamente, el uso de sustancias ilegales para mejorar el rendimiento no se limita al ciclismo de alta competencia, sino que afecta virtualmente a todos los deportes.

Los deportistas a menudo están dispuestos a intentar lo que sea para mejorar su rendimiento. Algunos piensan que los suplementos nutricionales especiales pueden marcar la diferencia; algunos utilizan estrategias fisiológicas, como suplementos de oxígeno o el dopaje sanguíneo; y otros recurren a fármacos u hormonas.

Las sustancias o los procedimientos (por ejemplo, la hipnosis) que mejoran el rendimiento de un deportista se denominan ayudas ergogénicas. Existe una enorme variedad de ayudas ergogénicas potenciales, y los efectos de muchas sustancias **ergogénicas** (que producen trabajo) pertenecen al reino de los mitos. La mayoría de los deportistas ha recibido consejos sobre ayudas ergogénicas por parte de un amigo o del entrenador y asumen que la información es correcta, pero no siempre es así. Algunos deportistas experimentan con estas sustancias esperando lograr aunque más no sea una leve mejoría sin pensar en las posibles consecuencias nocivas. La obsesión por maximizar el rendimiento, sumada a la falta de conocimiento sobre las sustancias ergogénicas, puede llevar a un deportista a tomar decisiones imprudentes.

La lista de ayudas ergogénicas potenciales es larga, pero las que realmente ejercen propiedades ergogénicas son muchas menos. En realidad, algunas de las sustancias o procedimientos a los que se les atribuyen propiedades ergogénicas pueden disminuir el rendimiento. Por lo general, se trata de fármacos a los que Eichner ha denominado **ergolíticos** (que reducen la producción de trabajo).[17] Paradójicamente, y algunas veces con consecuencias trágicas, distintos agentes ergolíticos se promocionaron como ayudas ergogénicas.

⬤ Concepto clave

Se considera ayuda ergogénica cualquier sustancia o procedimiento que mejore el rendimiento físico. Un agente ergolítico es aquel que ejerce un efecto perjudicial sobre el rendimiento. Algunas sustancias que por lo general se consideran ergogénicas en realidad son ergolíticas.

Muchos deportistas toman suplementos nutricionales e ingieren fármacos y otras sustancias en forma indiscriminada con la esperanza de mejorar su rendimiento. Un estudio llevado a cabo con 53 entrenadores y preparadores físicos de la División I universitaria reveló que el 94% de ellos suministraba suplementos nutricionales a sus deportistas a pesar de que la NCAA recomienda la educación nutricional y la utilización de productos alimenticios en lugar de recurrir a los suplementos nutricionales.[37] Podría pensarse que los suplementos nutricionales son

CUADRO 16.1 Ayudas ergogénicas propuestas y mecanismos de acción posibles

Agente	Ejerce efectos sobre el corazón, la sangre, la circulación y la resistencia aeróbica	Mejora el transporte de oxígeno	Suministra energía a los músculos para la función muscular general	Actúa sobre la masa muscular y la fuerza	Determina una disminución o un aumento del peso corporal	Contrarresta o retarda la sensación de fatiga	Contrarresta la inhibición del sistema nervioso central	Promueve la relajación y reduce el estrés
FARMACOLÓGICAS								
Anfetaminas	✓					✓	✓	
Betabloqueantes	✓							✓
Cafeína	✓		✓			✓		
Diuréticos	✓				✓			
HORMONAS								
Esteroides anabólicos				✓	✓			
Hormona de crecimiento humana			✓	✓	✓			
FISIOLÓGICAS								
Carga de bicarbonato						✓		
Dopaje sanguíneo	✓	✓				✓		
Eritropoyetina	✓	✓				✓		
Oxígeno	✓	✓				✓		
Carga de fosfato	✓	✓				✓		
NUTRICIONALES								
Aminoácidos	✓		✓	✓	✓	✓		
Creatina			✓	✓	✓	✓		
L-carnitina			✓			✓		

totalmente inocuos, pero como se verá más adelante en este mismo capítulo, un alto porcentaje de ellos está contaminados e incluso se ha descubierto que algunos contienen sustancias prohibidas. Los reportes anecdóticos sugieren que entre un 20 y un 90% de todos los deportistas del mundo especializados en ciertas disciplinas utilizan o han utilizado esteroides anabólicos. No obstante, los estudios científicos consignan un porcentaje mucho menor (6%).[6] Se ha reportado que el porcentaje de personas que consumen esteroides anabólicos en la población general de estudiantes secundarios de los EE. UU. varía entre 4 y 11% entre los varones y llega hasta el 3% en las niñas.[13]

El Cuadro 16.1 presenta una lista de sustancias y agentes a los que se les atribuyen propiedades ergogénicas y que serán comentados en el presente capítulo. El cuadro también enuncia los mecanismos de acción propuestos para estas ayudas ergogénicas. Estos agentes fueron objeto de estudios detallados para evaluar su eficacia. Se han propuesto muchas otras sustancias que no han sido investigadas en forma adecuada.

Este capítulo se concentra en agentes farmacológicos, hormonas, agentes fisiológicos y agentes nutricionales. Los enfoques nutricionales más generales se comentan en el Capítulo 15. Los fenómenos psicológicos y los factores mecánicos exceden el alcance de este libro, pero han sido analizados en profundidad en el libro de Williams, *Ergogenic Aids in Sport.*[44]

Los estudios sobre ayudas ergogénicas

Supongamos que un deportista profesional consume una sustancia particular varias horas antes de la competencia y que luego tiene una actuación exitosa. El deportista probablemente atribuirá su rendimiento a esta sustancia, aun cuando no existan pruebas de que la ingesta de la sustancia garantizará un rendimiento similar a otros deportistas.

Cualquier persona puede declarar que una cierta sustancia es ergogénica (muchas sustancias recibieron este rótulo exclusivamente sobre la base de la especulación), pero para que una sustancia pueda ser legítimamente clasificada como ergogénica, debe comprobarse que mejora el rendimiento. En este aspecto, los estudios científicos son esenciales para diferenciar una respuesta verdaderamente ergogénica de una seudoergogénica, la cual consiste en una mejoría del rendimiento simplemente porque el deportista tiene la expectativa de mejorar.

Efecto placebo

Como se comentó en el capítulo introductorio, el fenómeno por el cual las expectativas acerca de la acción de una sustancia determinan las respuestas corporales a esa sustancia se denomina **efecto placebo**. Este efecto puede complicar en forma significativa el estudio de las propiedades ergogénicas en la medida en que los investigadores están obligados a distinguir entre el efecto placebo y las respuestas verdaderas a la sustancia evaluada.

El efecto placebo se demostró con claridad en uno de los primeros estudios sobre esteroides anabólicos.[4] Quince halterófilos de sexo masculino que habían entrenado con altas cargas durante los dos años previos se ofrecieron como voluntarios para participar en un estudio de entrenamiento de la fuerza y utilización de anabólicos esteroides. Se les informó que aquellos que lograran los mayores aumentos de la fuerza durante un período preliminar de cuatro meses de entrenamiento serían seleccionados para la segunda parte del estudio, en la que recibirían los anabólicos esteroides.

Una vez transcurrido el período inicial, 8 de los 15 sujetos fueron elegidos en forma aleatoria para que ingresaran en la fase de tratamiento. Sólo 6 de esos sujetos pasaron satisfactoriamente los exámenes médicos de selección y fueron autorizados a continuar en la fase de tratamiento del estudio. Esta fase consistió en un período de cuatro semanas en las cuales se les informó a los sujetos que recibirían 10 mg de Dianabol (un esteroide anabólico) por día, cuando en realidad recibieron un **placebo**; es decir, una sustancia inactiva que se suministra con una presentación idéntica a la del fármaco genuino.

Durante las últimas siete semanas del período de cuatro meses de entrenamiento previo a la fase de tratamiento y durante las cuatro semanas del período de tratamiento (placebo), se recolectaron datos relacionados con la fuerza muscular (véase la Figura 16.1). Aun cuando los sujetos eran halterófilos experimentados, continuaron exhibiendo mejoras significativas en la fuerza durante el período de entrenamiento pretratamiento. Sin embargo, durante el período de tratamiento con placebo las mejoras en la fuerza fueron sustancialmente mayores que durante el período pretratamiento. El aumento promedio en el grupo experimental fue de 11 kg (24 lb) durante las siete semanas del período previo al tratamiento y de 45 kg (aproximadamente 100 lb) durante el período de cuatro semanas de tratamiento (placebo). Estos valores representan una ganancia promedio de fuerza muscular de 1,6 kg (3,5 lb) por semana durante el período de entrenamiento pretratamiento y de 11,3 kg (25 lb) por semana durante el período con placebo; es decir, durante tratamiento con placebo (presunto esteroide) el aumento de la fuerza muscular fue siete veces mayor que el registrado durante el período de entrenamiento previo al tratamiento. Además, el placebo es barato, está desprovisto de riesgos y es legalmente admitido entre los deportistas.

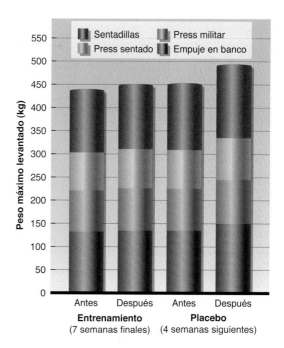

FIGURA 16.1 Efectos de la ingesta de placebo sobre las ganancias de fuerza muscular. Se comparan los incrementos en la fuerza total y en la fuerza en 1RM evaluada en cuatro ejercicios, luego de las últimas siete semanas de un programa de entrenamiento de alta intensidad de cuatro meses previos al tratamiento con placebo, con los incrementos en la fuerza observados durante el período subsiguiente de cuatro semanas en el cual los sujetos que consumieron placebo pensaban que estaban consumiendo anabólicos esteroides mientras continuaban con el entrenamiento de la fuerza.
Datos extraídos de Ariel y Saville, 1972.

Uno de los autores de este libro (Jack H. Wilmore) observó repetidamente el efecto placebo mientras llevaba a cabo una serie de estudios para investigar los efectos de los betabloqueantes sobre la capacidad para realizar series únicas de ejercicio o sobre el entrenamiento aeróbico. El Comité de Ética para la Investigación con Humanos (*Human Subjects Committee*), organismo creado por el gobierno federal para supervisar todos los estudios de experimentación con seres humanos que se llevan a cabo en los EE. UU., exige que todos los sujetos participantes sean exhaustivamente informados acerca de los riesgos asociados con cualquier intervención experimental de manera que puedan dar su consentimiento informado por escrito antes de participar en el estudio. Antes de comenzar cada estudio, un cardiólogo informó a todos los sujetos acerca de las características principales de los fármacos betabloqueantes, incluido la importancia de estos fármacos en el tratamiento de varias enfermedades cardiovasculares y los posibles efectos secundarios asociados con su uso. Resultó asombroso observar que, durante el transcurso de los seis años que duró el estudio, los efectos secundarios más graves casi siempre aparecieron en sujetos que recibían placebo.

El hecho de observar un efecto ergogénico no prueba necesariamente que la sustancia sea en verdad ergogénica. Todos los estudios de sustancias potencialmente ergogénicas deben incluir un grupo placebo de manera que los investigadores puedan comparar las respuestas reales causadas por la sustancia en estudio con las respuestas asociadas con el placebo. En muchos estudios se utiliza un diseño experimental doble ciego en el cual ni los sujetos ni los investigadores saben quién está recibiendo la sustancia supuestamente ergogénica y quién, el placebo. Este enfoque tiene por finalidad eliminar el "sesgo del investigador"; es decir, la creencia del investigador que podría afectar el resultado del estudio. En este diseño, las sustancias son codificadas y sólo una persona independiente que no esté asociada al proyecto tiene acceso a los códigos. Para mayor información acerca del control adecuado de los estudios experimentales, véase el capítulo introductorio.

Concepto clave

Si bien el efecto placebo tiene un origen psicológico, la respuesta fisiológica del cuerpo al placebo es real. Este fenómeno ilustra con claridad hasta qué punto el estado mental puede influir sobre el estado físico.

Limitaciones de la investigación

Con la finalidad de satisfacer las exigencias de la comunidad científica, los investigadores a menudo recurren a técnicas de laboratorio para evaluar la eficacia de una ayuda ergogénica potencial. Sin embargo, con frecuencia los estudios científicos no pueden dar respuestas absolutamente inequívocas a los interrogantes del estudio. En el caso de los deportistas de elite, el éxito o el fracaso se define en fracciones de segundo o en milímetros y, en general, las pruebas de laboratorio no permiten detectar esas sutiles diferencias de rendimiento.

La tarea de los científicos puede verse limitada por la precisión de los equipamientos o las técnicas utilizadas. Todos los métodos de investigación tienen algún margen de error. Si los resultados caen dentro de este margen de error, el investigador no podrá saber si el resultado es realmente un efecto de la sustancia que está siendo evaluada. Los resultados podrían reflejar las limitaciones en la metodología de investigación. Desafortunadamente, debido a los errores de medición, las diferencias individuales y la variabilidad diaria de la respuesta de los sujetos, una ayuda ergogénica potencial debe ejercer un efecto de gran magnitud para que las pruebas experimentales puedan demostrar que es realmente ergogénica.

El ámbito del estudio también puede también limitar su precisión. El rendimiento dentro de un laboratorio es considerablemente diferente del que se logra en el entorno deportivo habitual, de manera que no siempre los resultados de laboratorio reflejarán con exactitud los resultados en el ámbito deportivo natural. Aun así, la venta-ja de la evaluación en laboratorio es que permite controlar estrictamente el entorno. Esto no siempre es posible en los estudios de campo llevados a cabo en el entorno natural del deportista, donde las diversas variables que no pueden controlarse –tales como temperatura, humedad, viento y las distracciones– pueden afectar los resultados. La evaluación completa de una potencial ayuda ergogénica debe incluir tanto estudios de campo como de laboratorio. La única manera de arribar a una conclusión definitiva acerca del potencial ergogénico o de las propiedades ergolíticas de una sustancia consiste en contar con numerosos estudios cuyos resultados sean consistentes o similares.

Teniendo presente que la capacidad de la ciencia para determinar en forma inequívoca si la eficacia de una sustancia es limitada, podemos pasar a describir algunas de las ayudas ergogénicas propuestas. Las sustancias ergogénicas pueden dividirse en las cuatro clases siguientes:

- Agentes farmacológicos
- Agentes hormonales
- Agentes fisiológicos
- Agentes nutricionales

Agentes farmacológicos

Se propusieron numerosos **agentes farmacológicos**, o fármacos, como posibles agentes ergogénicos. El Comité Olímpico Internacional (COI), el Comité Olímpico de los Estados Unidos (USOC), la Federación Internacional de Atletismo Amateur (IAAF) y la Asociación Nacional de Deporte Universitario (NCAA) publican extensas listas de sustancias prohibidas, la mayoría de las cuales son agentes farmacológicos. En la actualidad, el COI y el USOC utilizan las normas establecidas por la Agencia Mundial Antidopaje (AMA o WADA). En los EE. UU., estas normas se aplican a través de la Agencia Antidopaje de los Estados Unidos, o USADA. El USOC cuenta con una línea directa que suministra información actualizada (1-800-233-0393) y los sitios web de la WADA (www.wada-AMA.org/en/) y de la USADA (www.usantidoping.org/) cumplen la misma finalidad.

Todos los deportistas, entrenadores, preparadores físicos y médicos del equipo deben estar al tanto de los fármacos que se le prescriben al deportista y de las sustancias que éste ingiere y deben consultar en forma periódica los listados de sustancias prohibidas, porque se modifican con frecuencia. El USOC tiene una línea gratuita de educación sobre fármacos a través de la cual brinda información actualizada (1-800-233-0393) y la WADA (www.wada.ama.org/en/) y la USADA (www.usantidoping.org) tienen páginas web que cumplen un propósito similar.

En algunos casos, un deportista puede recibir una **exención por uso terapéutico** que le permita utilizar una sustancia prohibida si existe una indicación médica para ello (p. ej., un broncodilatador en el caso de un deportista asmático). Estas excepciones deben ser aprobadas por las autoridades del consejo de administración de la disciplina correspondiente. Se conocen muchos casos de deportistas que fueron descalificados y debieron renunciar a medallas, galardones, trofeos y premios después de un análisis positivo para una sustancia prohibida contenida en una medicación legítima cuyo uso no había sido aprobado antes de la competencia.

En este capítulo comentaremos sólo las sustancias avaladas por estudios científicos. Muchos otros agentes fueron promocionados como ergogénicos, pero hasta el momento no se llevaron a cabo estudios controlados para evaluar su eficacia. Las sustancias que comentaremos a continuación pertenecen a las siguientes categorías:

- aminas simpaticomiméticas,
- betabloqueantes,
- cafeína,
- diuréticos,
- drogas de uso recreacional.

Aminas simpaticomiméticas

Las **anfetaminas** y sus compuestos relacionados son estimulantes del sistema nervioso central (SNC). Estas sustancias también son consideradas aminas simpaticomiméticas, lo que significa que su actividad es similar a la del sistema nervioso simpático. Durante muchos años, las anfetaminas se utilizaron como supresoras del apetito en programas para la reducción del peso corporal bajo supervisión médica. Durante la Segunda Guerra Mundial, las tropas del ejército estadounidense usaban las anfetaminas para combatir la fatiga y aumentar la resistencia. En la actualidad, se las utiliza para tratar el déficit de atención y los trastornos de hiperactividad (ADHD). Conocidas también como *speed*, las anfetaminas invadieron con rapidez el ámbito del deporte, donde se las consideró estimulantes con posibles propiedades ergogénicas. Recientemente, se han propuesto otras dos aminas simpaticomiméticas como ayudas ergogénicas: la **efedrina** y la **seudoefedrina**. La efedrina deriva de la hierba efedra (también conocida como *ma huang*) y se utiliza como descongestivo y como broncodilatador en el tratamiento del asma. La seudoefedrina se utiliza en medicamentos de venta libre, principalmente como descongestivo, y en la fabricación ilícita de metanfetamina. En la descripción de las aminas simpaticomiméticas presentada a continuación, centraremos la atención en las anfetaminas, puesto que estas sustancias son las que se han estudiado de manera más exhaustiva.

Código Mundial Antidopaje

Las sustancias destinadas a mejorar el rendimiento deportivo comenzaron a utilizarse hace más de un siglo. En 1968, el Comité Olímpico Internacional (COI) instauró las pruebas de dopaje para los deportistas durante los Juegos de Verano e Invierno de ese año. A medida que los problemas relacionados con la utilización de sustancias para aumentar el rendimiento se agravaron durante las décadas de 1970 y 1980, una iniciativa del COI dio lugar a la promulgación del Código Mundial Antidopaje, adoptado en 2003. Este Código es un documento clave que permite uniformar las políticas, las normas y los reglamentos antidopajes en el seno de las organizaciones deportivas y entre las autoridades públicas. En la actualidad, este Código ha sido adoptado por más de 600 organizaciones reguladoras del deporte.

Uno de los componentes importantes del Código es la lista de sustancias prohibidas, la cual se actualiza una vez por año. Se consideran pasibles de inclusión en esta lista todas las sustancias o las prácticas que cumplan dos de los tres criterios siguientes:

1. Que haya evidencia de que podrían aumentar el rendimiento deportivo.
2. Que haya evidencia de que podrían perjudicar al deportista.
3. No se condicen con el espíritu deportivo.

El tráfico de cualquier sustancia o práctica que mejore el rendimiento deportivo se considera una violación al Código.

El cumplimiento de las disposiciones del Código se controla mediante un programa de pruebas implementadas junto con el organismo regulador del deporte. Se llevan a cabo más de 100 000 pruebas antidopaje por año en todo el mundo, lo que representa un costo de aproximadamente 30 millones de dólares. Este programa es riguroso, abarca múltiples niveles y su calidad es estrictamente supervisada. Los deportistas deben informar acerca de su paradero a una hora determinada del día en caso de que se decida realizar una prueba aleatoria. Los deportistas asociados con una prueba positiva para una sustancia o una práctica prohibidas pueden sufrir una diversidad de sanciones que abarcan desde un control más regular hasta la prohibición de competir en sus respectivas disciplinas de por vida.

El Código se basa en el principio de responsabilidad estricta, es decir, los deportistas se consideran responsables del consumo de cualquier sustancia prohibida detectada en sus organismos, aun cuando no sean concientes de haberla consumido. Los deportistas afectados por trastornos médicos que requieren la administración de una sustancia prohibida pueden solicitar una exención por uso terapéutico. Los deportistas que consideren que la prueba positiva o la sanción recibida son producto de un error o son injustas pueden apelar a través de la organización deportiva que corresponda y presentarse ante el Tribunal de Arbitraje Deportivo.

Para mayor información acerca de la WADA o del Código, dirigirse a: htttp://www.wada-ama.org.

Beneficios ergogénicos propuestos

Los deportistas no han tenido mayores problemas para acceder a las anfetaminas, a pesar de que estos fármacos se venden bajo receta médica. Los deportistas utilizan anfetaminas por muchas razones aparte del deseo de adelgazar. Desde una perspectiva psicológica, se piensa que las anfetaminas aumentan la concentración y el grado de alerta. El efecto estimulante disminuye la fatiga mental. Los deportistas que las consumen experimentan un mayor grado de energía y motivación y, a menudo, se sienten más competitivos. Estos compuestos también producen un estado de euforia, que es parte de su atractivo como droga recreacional. Los deportistas que utilizan anfetaminas con frecuencia refieren una sensación de invulnerabilidad que aumenta el nivel de rendimiento. En otros casos, los deportistas buscan la estimulación simpática para aumentar la tasa metabólica y promover la pérdida de tejido adiposo.

En términos de rendimiento real, se cree que las anfetaminas ayudan a los deportistas a correr más rápido, a hacer lanzamientos más largos, a saltar más alto y a demorar el inicio de la fatiga extrema o del agotamiento. Los deportistas que utilizan estos fármacos tienen la expectativa de mejorar virtualmente todos los aspectos de su rendimiento. La efedrina y la seudoefedrina se asociaron con propiedades y expectativas similares.

Efectos comprobados

En general, para todas las variables fisiológicas, psicológicas o de rendimientos evaluadas, algunos estudios muestran que las anfetaminas no ejercen ningún efecto, otros estudios muestran un efecto ergogénico y otros indican que sus efectos son ergolíticos. En tanto potentes estimulantes del SNC, las anfetaminas realmente incrementan el estado de alerta, lo que determina una sensación de mayor energía y confianza en sí mismo y a una mayor rapidez en la toma de decisiones. Los deportistas que las consumen experimentan una menor sensación de fatiga y presentan una aceleración de la frecuencia cardíaca, un aumento de los valores de presión arterial sistólica y diastólica, una mayor irrigación sanguínea de los músculos esqueléticos y un aumento de los niveles séricos de glucosa y ácidos grasos libres.

¿Estos efectos mejoran el rendimiento físico? Aunque los resultados obtenidos no son por completo uniformes, los estudios más recientes en los que se utilizaron mejores diseños y controles muestran que las anfetaminas pueden inducir los siguientes efectos que ayudan a mejorar el rendimiento deportivo:

- pérdida de peso corporal;
- reducción del tiempo de reacción y aumento de la aceleración y la velocidad;
- aumento de la fuerza, la potencia y la resistencia muscular;
- posiblemente, aumento de la resistencia aeróbica, pero no del $\dot{V}O_{2máx}$;
- mayor frecuencia cardíaca y una mayor concentración pico de lactato al momento del agotamiento;
- mayor concentración; y
- mejoría de la coordinación motora fina.

Los resultados obtenidos con la efedrina y la seudoefedrina no son tan claros. Si bien varios estudios con estas sustancias revelaron pequeñas mejoras en los indicadores de rendimiento deportivo, en general se piensa que estos beneficios no son consistentes y que probablemente no sean significativos en lo que se refiere a la velocidad, la fuerza, la potencia y la resistencia.[1, 13]

Los riesgos de consumir aminas simpaticomiméticas

La utilización abusiva de anfetamina y efedrina es potencialmente letal. La aceleración de la frecuencia cardíaca y el aumento de la presión arterial implican una sobrecarga del sistema cardiovascular. Estos fármacos pueden desencadenar arritmias cardíacas en personas susceptibles. Además, las anfetaminas no postergan el comienzo de la fatiga, sino que en realidad retardan su percepción, lo que determina que los deportistas se esfuercen más allá del umbral de agotamiento asociado con riesgo de insuficiencia cardíaca. La muerte sobrevino en aquellos casos en los que los deportistas superaron por mucho el punto de agotamiento extremo. Por ejemplo, durante su entrenamiento en la primavera de 2003, Steve Bechler, un promisorio lanzador de los Orioles de Baltimore, sufrió un desvanecimiento durante el entrenamiento y falleció en el transcurso de las 24 horas siguientes por complicaciones de un golpe de calor. Bechler había estado tomando un suplemento con efedrina de venta libre que, según el médico forense que realizó la autopsia, habría potenciado al golpe de calor.

Las anfetaminas pueden ser psicológicamente adictivas debido a las sensaciones de euforia y vigor que provocan, pero también pueden crear adicción física si se consumen con regularidad. La tolerancia a estos compuestos aumenta con el uso, lo que obliga a ingerir dosis cada vez mayores para obtener los mismos efectos. Las anfetaminas también pueden ser tóxicas. A menudo, el consumo habitual de anfetaminas se ha asociado con nerviosismo extremo, ansiedad aguda, comportamiento agresivo e insomnio. Los efectos colaterales de la efedrina son similares a los de las anfetaminas, y este fármaco se asocia con una alta incidencia de episodios cardiovasculares y trastornos provocados por el calor.

Concepto clave

Las anfetaminas pueden mejorar el rendimiento en ciertos deportes o actividades, pero además de ser ilegales, estas sustancias acarrean riesgos que exceden largamente sus beneficios. Las anfetaminas pueden ser adictivas y enmascarar señales aferentes y eferentes importantes que tienen por finalidad evitar lesiones. Por lo general, la efedrina y la seudoefedrina no mejoran el rendimiento, y la efedrina ha sido implicada en numerosos casos fatales y episodios graves, incluidos golpe de calor y trastornos cardíacos, que se produjeron en deportistas.

Betabloqueantes

El sistema nervioso simpático afecta todas las funciones corporales a través de los nervios adrenérgicos, es decir, los nervios que utilizan noradrenalina como neurotransmisor. Los impulsos neurales que viajan a través de estos nervios desencadenan la liberación de noradrenalina, la cual atraviesa la zona de sinapsis y se une a los receptores adrenérgicos en las células diana. Estos receptores adrenérgicos se clasifican en dos grupos: receptores α-adrenérgicos y receptores β-adrenérgicos.

Los bloqueantes β-adrenérgicos, o **betabloqueantes**, constituyen una clase de fármacos que bloquean los receptores β-adrenérgicos y evitan la unión del neurotransmisor noradrenalina. Existen betabloqueantes inespecíficos y otros específicos (es decir, cardioselectivos) en distintas formulaciones. Estos fármacos atenúan en gran medida los efectos de la estimulación del sistema nervioso simpático. Por lo general, los betabloqueantes se prescriben para el tratamiento de la hipertensión, la angina de pecho y ciertas arritmias cardíacas. Estos compuestos también están indicados para el tratamiento profiláctico de la migraña, para atenuar los síntomas de ansiedad y miedo escénico y en la fase temprana de recuperación de un ataque cardíaco.

Beneficios ergogénicos propuestos

El uso de betabloqueantes en el ámbito del deporte en general se ha visto limitado a las disciplinas en las cuales la ansiedad y el temblor podrían perjudicar el rendimiento. Con este mismo fundamento racional, los betabloqueantes fueron utilizados en forma abusiva por los músicos con el objetivo de atenuar el miedo escénico y la ansiedad durante un recital. Cuando una persona está parada en una plataforma de fuerza (un dispositivo sumamente sofisticado que mide las fuerzas mecánicas), es posible detectar un movimiento mensurable del cuerpo que acompaña cada latido cardíaco. Este movimiento es suficiente para afectar la puntería de un tirador. En los deportes de tiro, la precisión es mayor si se logra disparar el arma de fuego o lanzar las fle-

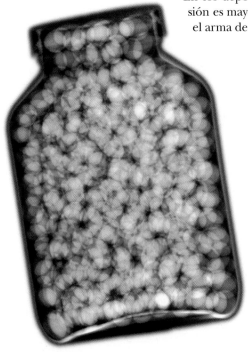

chas durante el intervalo entre latidos cardíacos. Los betabloqueantes pueden aminorar la frecuencia cardíaca del tirador y darle más tiempo entre los latidos cardíacos para apuntar antes de disparar o lanzar la flecha. Presuntamente, estos fármacos también fueron utilizados por los golfistas para afirmar el pulso, sobre todo durante el golpe del putting.

Efectos comprobados

Los betabloqueantes atenúan los efectos del sistema nervioso simpático. Esta propiedad se ilustra en forma cabal por la marcada reducción de la frecuencia cardíaca máxima que se observa después de la administración de estos fármacos. No es inusual que un deportista de sexo masculino de 20 años con una frecuencia cardíaca máxima normal de 190 latidos/min presente una frecuencia cardíaca máxima de solamente 130 latidos/min durante el tratamiento con betabloqueantes. Estos fármacos también reducen la frecuencia cardíaca submáxima y la de reposo. En teoría, el intervalo más prolongado transcurrido entre los latidos cardíacos estabilizaría el pulso. Por este motivo, la WADA y la NCAA prohibieron el uso de betabloqueantes para la práctica de estas disciplinas.

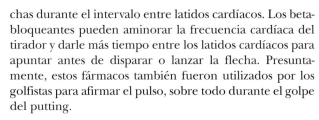

Concepto clave

Los betabloqueantes pueden mejorar el rendimiento en disciplinas deportivas como el golf y el tiro y, por lo tanto, han sido prohibidos.

Los riesgos de usar betabloqueantes

Muchos de los riesgos de los betabloqueantes se asocian con su uso prolongado y no con el esporádico, como puede ocurrir en el ámbito deportivo. Los betabloqueantes pueden inducir broncoespamo en personas con asma debido a su efecto relajante sobre el músculo liso. Estos fármacos también pueden provocar insuficiencia cardíaca en personas con trastornos cardíacos subyacentes y bloqueo cardíaco en personas con bradicardia. La disminución de la presión arterial puede causar mareos. En pacientes con diabetes de tipo 2, los betabloqueantes pueden inducir hipoglucemia secundaria a la desinhibición de la secreción de insulina. Como consecuencia de sus diversos efectos, estos fármacos pueden causar una fatiga pronunciada que interfiera con la actuación deportiva y disminuya la motivación. En el caso de deportistas que requieren betabloqueantes por algún trastorno médico, como la hipertensión o una arritmia, generalmente se prefieren los bloqueantes selectivos β-1 debido a la menor incidencia de efectos negativos sobre el rendimiento.

Cafeína

La **cafeína**, una de las drogas más consumidas en el mundo, se encuentra en el café, el té, el cacao, las bebidas gaseosas y las denominadas bebidas energizantes. También está presente en diversos medicamentos de venta libre y aún en los preparados simples de ácido acetilsalicílico. La cafeína es un estimulante del SNC que actúa sobre los receptores cerebrales de adenosina, y sus efectos simpaticomiméticos son similares a los ya mencionados para las anfetaminas, aunque de menor intensidad.

Beneficios ergogénicos propuestos

Al igual que en el caso de las aminas simpaticomiméticas, se considera que, en general, la cafeína mejora el estado de alerta, la concentración, el tiempo de reacción y el nivel de energía. Los deportistas que ingieren cafeína a menudo se sienten más fuertes y competitivos y piensan que pueden competir durante un lapso más prolongado antes de la aparición de la fatiga y que, si están fatigados, el cansancio será atenuado. Se sabe que la cafeína ejerce efectos metabólicos sobre en el tejido adiposo y los músculos esqueléticos, además del SNC, y se ha sugerido que aumentaría la movilización y la utilización de los ácidos grasos libres, lo que permitiría ahorrar glucógeno muscular y prologar la actividad de resistencia.

Efectos comprobados

Debido a su acción sobre el SNC, los efectos generales de la cafeína incluyen:

- incremento del estado de alerta mental;
- aumento de la concentración;
- mejoría del estado de ánimo;
- disminución de la fatiga y retraso de su instalación;
- reducción del tiempo de reacción (es decir, respuesta más rápida ante un estímulo);
- aumento de liberación de catecolaminas;
- aumento de la movilización de ácidos grasos libres;
- aumento de la utilización de triglicéridos musculares.

Respecto de las propiedades ergogénicas, inicialmente se estudió la cafeína para identificar posibles efectos beneficiosos en las actividades de resistencia. Los primeros estudios, conducidos por Costill, Ivy y cols.,[14,28] mostraron que aquellos ciclistas que consumieron una bebida cafeinada exhibieron una marcada mejora del rendimiento de resistencia en comparación con el grupo control tratado con placebo. La ingesta de cafeína estuvo asociada con un incremento en el tiempo de resistencia en tests de ejercicio completados a un ritmo fijo y con la reducción del tiempo de ejercicio en pruebas sobre distancias fijas.

Si bien varios estudios subsiguientes no lograron reproducir estos resultados, en estudios más recientes se llegó a la conclusión de que la cafeína ejerce un efecto ergogénico significativo durante las actividades de resistencia aeróbica.[24,32] Inicialmente, se propuso que esta mejoría era el resultado de una mayor movilización de los ácidos grasos libres con ahorro del glucógeno muscular para su uso posterior. En realidad, los mecanismos mediante los cuales la cafeína mejora el rendimiento de resistencia parecen ser más complejos, ya que no siempre se produce el ahorro de glucógeno. Una cantidad creciente de estudios recientes muestran que la cafeína ejerce su efecto directamente sobre el SNC.[39] En la actualidad, se sabe con certeza que la cafeína disminuye la percepción del esfuerzo ante una carga de trabajo dada y, en consecuencia, permite que el deportista se entrene con mayor intensidad sin percibir el esfuerzo como agotador.

También se ha demostrado que la cafeína mejora el rendimiento en actividades de esprín, fuerza y en acciones de alta intensidad en los deportes de equipo. Lamentablemente, los estudios realizados para evaluar este efecto son muy escasos, pero la cafeína podría facilitar el intercambio de calcio en el retículo sarcoplasmático y aumentar la actividad de la bomba sodio/potasio, lo que redundaría en un mantenimiento más prolongado del potencial de la membrana muscular.[24]

Riesgos del uso de cafeína

En personas que no están acostumbradas a consumir cafeína, que son sensibles a ella o que la consumen en dosis elevadas, la cafeína puede producir nerviosismo, inquietud, insomnio, dolor de cabeza, trastornos digestivos y temblores. La cafeína también actúa como diurético, lo que podría aumentar el riesgo de deshidratación y de trastornos cardíacos relacionados con el calor durante la competencia en ambientes muy calurosos, y puede alterar el patrón normal del sueño y contribuir a la fatiga. La cafeína también crea adicción física; la interrupción abrupta de su ingesta puede causar cefalea intensa, fatiga, irritabilidad y trastornos digestivos. En épocas pasadas, la cafeína formaba parte de la lista de sustancias prohibidas de la WADA. En 2004, fue retirada de esta lista, pero su consumo sigue siendo controlado. La prohibición de la cafeína en el ámbito deportivo ha sido y aún es motivo de debate.

⬤ Concepto clave

La cafeína puede mejorar el rendimiento en deportes de resistencia e incluso puede ser beneficiosa en actividades de duración mucho más corta (de 1 a 6 min). Sin embargo, algunos deportistas pueden presentar una reacción negativa a la cafeína, en cuyo caso el compuesto sería considerado ergolítico.

Diuréticos

Los **diuréticos** actúan en el nivel renal aumentando la producción de orina. Cuando se los utiliza en forma apropiada, estos fármacos reducen la volemia y la cantidad total de agua corporal. Por lo general, los diuréticos se prescriben para controlar la hipertensión y disminuir el edema (retención de agua) asociado con la insuficiencia cardíaca congestiva y otros trastornos.

Beneficios ergogénicos propuestos

A menudo, los diuréticos se utilizan como ayuda ergogénica para controlar el peso corporal. Tradicionalmente, fueron usados por los jockeys, los luchadores y los gimnastas para no aumentar de peso. Más recientemente, los diuréticos comenzaron a ser utilizados por las personas anoréxicas y bulímicas para bajar de peso (sin disminución de la grasa corporal).

Algunos deportistas que toman drogas prohibidas también recurren a los diuréticos, pero no para mejorar su rendimiento. Dado que los diuréticos aumentan la eliminación de líquido, estos deportistas tienen la esperanza de que el exceso de líquido en la orina diluya el compuesto prohibido, lo que disminuiría su concentración y la probabilidad de detección durante las pruebas de dopaje. Esta práctica y otros métodos utilizados para alterar la orina a fin de evitar la detección de sustancias prohibidas se denomina enmascaramiento.

Efectos comprobados

Los diuréticos inducen una pérdida transitoria pero significativa del peso corporal, pero no existe ningún indicio de que ejerzan otros efectos ergogénicos. En realidad, varios de sus efectos colaterales los convierten en compuestos ergolíticos. El aumento de la diuresis se debe sobre todo a la eliminación de líquido extracelular, incluido el plasma. Para los deportistas, principalmente aquellos que dependen de un nivel moderado a alto de resistencia aeróbica, esta reducción del volumen plasmático se acompaña de una disminución del gasto cardíaco máximo, lo que a su vez reduce la capacidad aeróbica y disminuye el rendimiento.

Riesgos del uso de diuréticos

Además de reducir el volumen plasmático, los diuréticos pueden interferir con el mecanismo termorregulador. A medida que aumenta el calor corporal interno, es necesario un incremento correspondiente de la irrigación sanguínea cutánea para poder eliminar el calor hacia el medioambiente. Sin embargo, cuando el volumen plasmático disminuye, como ocurre con el uso de diuréticos, la sangre permanece en las regiones centrales del cuerpo para mantener la presión de llenado cardíaco, la presión arterial y la irrigación sanguínea de los órganos vitales. Por lo tanto, la cantidad de sangre que se puede desviar hacia la piel es menor y ello puede interferir con la eliminación de calor.

Los diuréticos también pueden provocar un desequilibrio electrolítico. Muchos diuréticos aumentan la diuresis a través de una mayor eliminación de electrolitos. Un diurético llamado furosemida inhibe la reabsorción de sodio en los riñones, lo que permite la excreción de una mayor cantidad de sodio en la orina. Dado que el agua acompaña al sodio, también aumenta la excreción de líquido. Los desequilibrios electrolíticos pueden ser consecuencia de la pérdida de sodio o de potasio. Estas alteraciones pueden causar fatiga y calambres musculares. Los desequilibrios más graves pueden provocar agotamiento, arritmias cardíacas e incluso, paro cardíaco. La

◯ Revisión

➤ Las anfetaminas son estimulantes del SNC que aumentan el estado de alerta mental, mejoran el humor, disminuyen la sensación de fatiga y producen euforia.

➤ Los estudios indican que las anfetaminas pueden mejorar la concentración, el tiempo de reacción, la aceleración, la velocidad y la fuerza muscular; incrementar la frecuencia cardíaca máxima; aumentar la concentración pico de lactato durante un ejercicio agotador y retardar la sensación de agotamiento.

➤ Las anfetaminas incrementan la frecuencia cardíaca, aumentan la presión arterial y pueden desencadenar arritmias cardíacas. El abuso de anfetaminas se relacionó con algunas muertes de deportistas; estos fármacos pueden crear adicción psicológica y física.

➤ La efedrina y la seudoefedrina poseen características similares a las de las anfetaminas, pero son mucho menos eficaces como ayudas ergogénicas. La efedrina se asoció repetidamente con efectos colaterales graves.

➤ Los fármacos betabloqueantes bloquean los receptores β-adrenérgicos, lo que limita la fijación de catecolaminas.

➤ Los betabloqueantes reducen la frecuencia cardíaca en reposo, lo que redunda en un claro beneficio para los arqueros o los tiradores que intentan lanzar la flecha o apretar el gatillo entre latidos cardíacos para minimizar el leve temblor asociado con cada latido; estos fármacos también podrían asociarse con ventaja deportiva en el caso de los golfistas cuando están ejecutando golpes de *chipping* o de *putting*.

➤ Los betabloqueantes pueden provocar bloqueo cardíaco, hipotensión, broncoespasmo, fatiga pronunciada y una disminución de la motivación. Los betabloqueantes selectivos parecen provocar menos efectos colaterales que los no selectivos.

➤ La cafeína, una de las drogas más utilizadas en todo el mundo, ejerce efectos centrales y periféricos. La cafeína es un estimulante del SNC y sus efectos son similares a los de las anfetaminas, pero más leves.

➤ La cafeína aumenta el nivel de alerta y de concentración, mejora el humor, disminuye la fatiga y retrasa su aparición, estimula la liberación de catecolaminas y la movilización de ácidos grasos libres, y presuntamente incrementa la utilización muscular de los ácidos grasos libres con ahorro de glucógeno.

➤ La cafeína puede provocar nerviosismo, inquietud, insomnio y temblores.

➤ Los diuréticos actúan a nivel renal aumentando la producción y la excreción de orina. Estos fármacos son utilizados con frecuencia por los deportistas para bajar de peso en forma transitoria y para enmascarar el uso de otras sustancias durante las pruebas de dopaje.

➤ La pérdida de peso es el único efecto ergogénico comprobado de los diuréticos, pero esta acción se debe en esencia a la eliminación de líquido extracelular, incluyendo el plasma sanguíneo. Este mecanismo puede causar deshidratación, sobrecarga cardíaca y desequilibrios electrolíticos.

hiponatremia ya se comentó en el Capítulo 15. La muerte de algunos deportistas se ha atribuido al desequilibrio electrolítico causado por el uso de diuréticos.

Concepto clave

Muchos agentes farmacológicos no poseen ninguna propiedad ergogénica, aunque algunos deportistas los consideran ayudas ergogénicas. La prohibición de algunas sustancias no obedece al hecho de que sean ergogénicas, sino al alto riesgo asociado con su utilización. El propósito de la prohibición es evitar que los deportistas recurran al uso de sustancias nocivas con la creencia equivocada de que mejorarán el rendimiento, cuando algunas de estas sustancias en realidad pueden causar la muerte. La responsabilidad de asegurarse de que las sustancias ingeridas no contengan un compuesto prohibido corre por cuenta de los propios deportistas.

Drogas utilizadas con fines recreativos

A menudo, los deportistas recurren a drogas que se clasifican como "sustancias recreacionales", tanto con fines recreativos como por sus presuntas propiedades ergogénicas. Estas sustancias comprenden el alcohol, la cocaína, la marihuana y la nicotina. No se ha demostrado que estas sustancias tengan propiedades ergogénicas y la mayoría son ergolíticas. Las mezclas que combinan alcohol con bebidas que contienen cafeína también son ergolíticas. A pesar de su popularidad, sus efectos negativos sobre el rendimiento son inequívocos.

Agentes hormonales

El uso de **agentes hormonales** como ayudas ergogénicas en el ámbito del deporte comenzó entre fines de la década de 1940 y principios de la década de 1950. Los esteroides anabólicos fueron las hormonas utilizadas con mayor frecuencia por los deportistas entre las décadas de 1950 y 1980. Durante la última mitad de la década de 1980, surgió una nueva ayuda ergogénica potencial con la introducción de la hormona de crecimiento humana sintética.

Si bien se llevaron a cabo numerosos estudios científicos sobre los esteroides anabólicos y el deporte, se sabe muy poco sobre los efectos de la hormona de crecimiento humana sobre el rendimiento deportivo. Tanto los esteroides anabólicos como la hormona de crecimiento humana están prohibidos en todos los deportes, y su utilización se asocia con un alto riesgo médico.

Esteroides anabólicos

Los esteroides anabólicos androgénicos, con frecuencia denominados simplemente **esteroides anabólicos**, son casi idénticos a las hormonas sexuales masculinas. Las propiedades anabólicas (de crecimiento) de estas hormonas esteroides aceleran el crecimiento mediante el aumento de la tasa de maduración ósea y del desarrollo muscular. Durante muchos años, los esteroides anabólicos se utilizaron para normalizar la curva de crecimiento de adolescentes con retraso del crecimiento. Se sintetizaron literalmente decenas de esteroides, y la alteración de la composición química natural de estas hormonas permitió reducir sus propiedades androgénicas (masculinizantes) e incrementar sus efectos anabólicos sobre los músculos.

Beneficios ergogénicos propuestos

Se sabe que los esteroides incrementan la masa libre de grasa y la fuerza muscular y reducen la masa de tejido adiposo. Por lo tanto, todo deportista que dependa del volumen muscular, del tamaño corporal o de la fuerza muscular podría experimentar la tentación de consumir esteroides. Las primeras observaciones acerca de la posibilidad de mejorar la capacidad aeróbica con esteroides anabólicos llamó la atención de los deportistas dedicados a disciplinas de resistencia. También se ha propuesto que los esteroides anabólicos facilitarían la recuperación posterior a un entrenamiento agotador, lo que permitiría mantener una alta intensidad de entrenamiento en los días siguientes. Este beneficio potencial ha despertado el interés en deportistas de casi todas las disciplinas.

El beneficio potencial del uso de los esteroides anabólicos entre los deportistas abarca un espectro muy amplio, por lo que el consumo de estas sustancias continúa siendo un problema importante en disciplinas como el fútbol, el béisbol y el atletismo. Los resultados de las pruebas de dopaje indican que el porcentaje de consumidores de esteroides anabólicos en realidad es bajo, pero los deportistas que los usan adquirieron gran destreza para evitar que los esteroides sean detectados. Para ello recurren a diversos agentes de enmascaramiento e incluso a muestras de orina de amigos que no han consumido esteroides. Los nuevos esteroides de diseño que se introdujeron a principios de 2000 fueron concebidos para ayudar a los deportistas a evitar su detección. Las pruebas de dopaje aleatorias (tanto en épocas de competencia como fuera de temporada), junto con los progresos de las técnicas analíticas, aumentaron la probabilidad de detectar a los consumidores de esteroides. No obstante, la mejor estrategia a largo plazo para disminuir el consumo abusivo de esteroides sigue siendo la información actualizada acerca de los riesgos asociados con estas sustancias.

Efectos comprobados

Los resultados de las primeras investigaciones fueron contradictorios. En muchos de esos estudios, no se observaron modificaciones importantes del tamaño corporal o del rendimiento físico atribuibles a los esteroides, mientras que en varios de los primeros estudios y en todos los estudios recientes se llegó a la conclusión de que los esteroides se asociaban con un aumento importante de la masa y la fuerza muscular. En la actualidad, se ha demostrado claramente la relación dosis-respuesta entre el uso de esteroides y los incrementos en la masa libre de grasa, la masa muscular y la fuerza. Este hallazgo convierte a los esteroides en uno de los agentes ergogénicos más convincentes.

Uno de los problemas básicos en casi todos los estudios llevados a cabo hasta el día de la fecha es la imposibilidad de observar en el laboratorio de investigación los efectos de las dosis que se usan en el ámbito del deporte. Se estima que los deportistas utilizan dosis entre 5 y 20 veces mayores que la dosis diaria máxima recomendada.[25] Existen muy pocos estudios en los que se utilizaron dosis dentro de este rango. Sin embargo, algunos investigadores lograron comparar el rendimiento de algunos deportistas que utilizaron dosis altas de esteroides con el rendimiento de esas mismas personas cuando no los habían consumido. Las distintas observaciones demostraron los siguientes efectos de los esteroides sobre el rendimiento.

Masa muscular y fuerza

En uno de los primeros estudios que incluyó deportistas que consumían esteroides por decisión propia, se observaron los efectos de dosis relativamente elevadas en siete halterófilos (levantadores de pesas) de sexo masculino.[27] El régimen consistió en dos períodos de tratamiento de seis semanas de duración cada uno separados por un intervalo de seis semanas sin tratamiento. La mitad de los sujetos recibió placebo durante el primer período de tratamiento y un esteroide durante el segundo período. La otra mitad recibió el tratamiento en orden inverso: primero el esteroide y luego el placebo. El análisis de los datos derivados de la totalidad de los sujetos reveló que, mientras recibían esteroides, los halterófilos mostraron un aumento significativo de:

- la masa corporal y la masa libre de grasa,
- las concentraciones corporales totales de potasio y nitrógeno (marcadores de la masa corporal magra),
- el volumen muscular, y
- la fuerza de las piernas.

Estos aumentos no se produjeron durante el período en el que recibieron placebo. Los resultados de este estudio se resumen en la Figura 16.2.

En un segundo estudio, Forbes[21] observó los cambios de la composición corporal en un fisicoculturista profesional y en un halterófilo de elite. Ambos se habían automedicado con dosis elevadas de esteroides. El fisicoculturista había utilizado esteroides en altas dosis durante 140 días y el halterófilo lo había hecho durante 125 días. La masa libre de grasa aumentó un promedio de 19,2 kg (42,3 lb) y masa grasa disminuyó casi 10 kg (22 lb). Forbes representó gráficamente los resultados de varios estudios en los que se utilizaron distintas dosis de esteroides (Figura 16.3) y observó que las dosis bajas de estos compuestos se asociaban con un aumento mínimo (1-2 kg o 2,2-4,4 lb) de la masa libre de grasa corporal, pero las dosis elevadas se acompañaban de un aumento muy pronunciado de este parámetro. Los resultados de este investigador sugieren la existencia de un nivel umbral para las dosis de esteroides, y que sólo las dosis elevadas repetidas inducen un aumento sustancial de la masa libre de grasa corporal. Asimismo, un aumento de la concentración de testosterona durante un lapso breve, como el que puede tener lugar después de un entrenamiento con ejercicios de fuerza, no ejercería un efecto significativo sobre la composición corporal.

En un tercer estudio se evaluaron los efectos de dosis suprafisiológicas de testosterona sobre el volumen y la fuerza muscular en un grupo de hombres que no eran deportistas pero que poseían cierta experiencia en el entrenamiento de la fuerza.[7] Cuarenta varones completaron el estudio y fueron asignados a uno de los siguientes grupos: placebo sin ejercicio, placebo más ejercicio, testosterona sin ejercicio y testosterona más ejercicio. Los sujetos recibieron 600 mg de enantato de testosterona o de placebo por vía intramuscular todas las semanas durante 10 semanas. Los dos grupos que realizaron ejercicio completaron un programa de entrenamiento de la

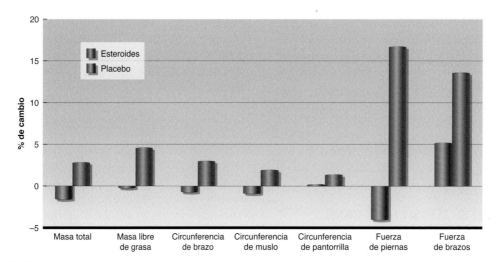

FIGURA 16.2 Cambios porcentuales en el tamaño corporal, la composición corporal y la fuerza después del tratamiento con esteroides anabólicos o con placebo.
Adaptado de Hervey et al., 1981.

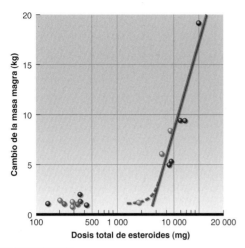

FIGURA 16.3 Relación entre la dosis total de esteroides (mg/día) y la modificación de la masa libre de grasa corporal expresada en kilogramos. Los símbolos representan diferentes esteroides anabólicos. La dosis de esteroides se graficó en una escala logarítmica.
De un artículo publicado en *Metabolism*, vol. 34, G.B. Forbes, "The effect of anabolic steroids on lean body mass: The dose response curve", pp. 271-573, Copyright 1985, con autorización de Elsevier.

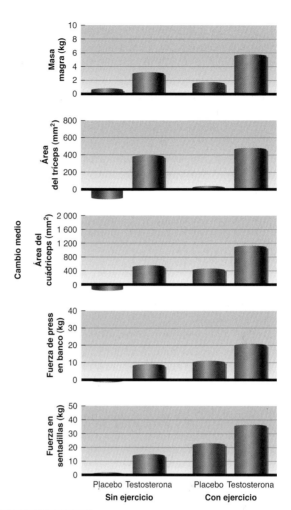

FIGURA 16.4 Cambios en la masa libre de grasa, en el área de sección transversal de los músculos tríceps y cuádriceps (evaluado mediante resonancia magnética) y en la fuerza en 1RM en los ejercicios de press en banco y sentadilla a lo largo de 10 semanas de tratamiento con esteroides o placebo, con o sin entrenamiento.
Reimpreso, con autorización, de S. Bhasin et al., 1996, "The effects of supraphysiologic doses of testosterone on muscle size and strength in normal men", *New England Journal of Medicine* 335:1-7. Copyright© 1996 Massachussetts Medical Society. Se reservan todos los derechos.

fuerza de diez semanas. La composición corporal fue evaluada utilizando la técnica de pesaje hidrostático, el volumen de los músculos tríceps y cuádriceps mediante imágenes de resonancia magnética y la fuerza en el tren superior y el tren inferior del cuerpo mediante el test de 1RM (repetición máxima). El grupo con la combinación testosterona-ejercicio exhibió los mayores incrementos en la masa libre de grasa, el área de sección transversal del tríceps y el cuádriceps, y en la fuerza en 1RM, mientras que en el grupo con la combinación placebo-sin ejercicio no se observó ningún cambio (Figura 16.4). En el grupo con la combinación placebo-ejercicio se registró un aumento de la fuerza, del área del cuádriceps y de la masa libre de grasa corporal, mientras que en el grupo con la combinación testosterona-sin ejercicio se observó un aumento de la fuerza en sentadillas y del área del tríceps y el cuádriceps. Se considera que este estudio es uno de los mejor diseñados de todos los que se llevaron a cabo para evaluar los efectos del uso combinado de esteroides y entrenamiento con sobrecarga, porque se utilizaron grupos de control que recibieron placebo y no realizaron ejercicios.

Por lo general, el aumento de la masa muscular se acompaña de un aumento del diámetro de las fibras musculares tipo I y II y de un incremento de la cantidad de mionúcleos. Estos cambios son dependientes de la dosis y probablemente sean consecuencia del aumento de la síntesis de proteínas musculares.[20]

Resistencia cardiorrespiratoria

En varios estudios iniciales, se registró un aumento del $\dot{V}O_{2máx}$ asociado con el uso de esteroides anabólicos. Estos resultados son compatibles con los efectos positivos conocidos de los esteroides sobre la producción de glóbulos rojos y el volumen total de sangre. Sin embargo, en estos estudios, el $\dot{V}O_{2máx}$ se estimó en forma indirecta. En estudios ulteriores mejor controlados, el $\dot{V}O_{2máx}$ se midió en forma directa y se llegó a la conclusión de que los esteroides anabólicos no se asociaron con ningún beneficio. No obstante, ninguno de los estudios en los que se evaluó el uso de esteroides anabólicos y la mejoría de la capacidad aeróbica incluyó a deportistas de resistencia entrenados.

Recuperación posentrenamiento

La posibilidad de que los esteroides anabólicos faciliten la recuperación posterior al entrenamiento de alta intensidad sin duda es atractiva. Una de las mayores preocupaciones actuales relacionada con el entrenamiento de deportistas de alta competencia consiste en reducir los efectos fisiológicos y psicológicos negativos asociados con el entrenamiento de alta intensidad, de manera que el deportista pueda continuar entrenando diariamente a un nivel de intensidad pico. Hasta el momento, se cuenta con escasos datos que avalen la posibilidad de que el uso de esteroides facilite la recuperación posejercicio. Tamaki y cols.[40] observaron un menor grado de daño fibrilar luego de una única serie de entrenamiento exhaustivo con sobrecarga en un grupo de ratas que recibieron una dosis única de decanoato de nandrolona (un anabólico esteroide de acción prolongada) en comparación con el grupo control que fue tratado con placebo. Los autores también notaron que en las ratas tratadas con esteroides tuvo lugar un aumento de la síntesis de proteínas durante la fase de recuperación, frente a lo observado en el grupo control.

◯ Concepto clave

El uso de esteroides anabólicos incrementa la masa y la fuerza muscular y disminuye la cantidad de grasa corporal, lo que podría mejorar el rendimiento en deportes o actividades de fuerza. En apariencia, el uso de esteroides no afecta la resistencia aeróbica. El consumo de esteroides en el ámbito deportivo es ilegal y ha sido prohibido por todas las autoridades reguladoras del deporte. Además, los riesgos para la salud asociados pueden ser considerables.

Riesgos del uso de esteroides anabólicos

A pesar de que el consumo de esteroides anabólicos puede aumentar el rendimiento en ciertas disciplinas deportivas, existen varios problemas que se deben tener presentes. Evidentemente, no es ni moral ni ético que los deportistas utilicen sustancias que mejoren sus posibilidades en una competencia. La mayoría de los deportistas piensa que no es correcto que sus competidores mejoren el rendimiento de manera artificial. Sin embargo, muchos de estos mismos deportistas se sienten obligados a utilizar esteroides para estar en igualdad de condiciones con otros competidores que recurren a estas sustancias en forma sistemática. Es indudable que no puede haber una competencia limpia cuando en un evento dado hay un solo deportista que no usó esteroides. Éste es uno de los principios rectores del Código Mundial Antidopaje.

Los riesgos médicos asociados con el consumo de esteroides son significativos, en especial con las dosis masivas utilizadas habitualmente por los deportistas. El consumo de esteroides por parte de personas que no alcanzaron la madurez física puede causar el cierre prematuro de las epífisis de los huesos largos, con una reducción resultante de la talla definitiva. Los esteroides anabólicos suprimen la secreción de hormonas gonadotrópicas, responsables del control del desarrollo, y la función de las gónadas (testículos y ovarios). En los varones, la disminución de la secreción de gonadotropina puede causar atrofia de los testículos, disminuir la secreción de testosterona y la cantidad de espermatozoides y causar impotencia; estos trastornos persisten durante mucho tiempo después de interrumpido el tratamiento con esteroides. El exceso de testosterona tam-

bién puede asociarse con un incremento de la producción de estrógenos, lo que provoca un aumento del tamaño de las mamas masculinas. En las mujeres, las gonadotropinas son necesarias para la ovulación y la secreción de estrógenos, de manera que la disminución de estas hormonas interfiere con estos procesos y con la menstruación. Además, en las mujeres estas alteraciones hormonales se pueden asociar con rasgos de virilización, como regresión de las mamas, aumento de tamaño del clítoris, profundización de la voz y crecimiento de vello facial.

Otro de los posibles efectos del uso de esteroides en hombres es el incremento en el tamaño de la glándula prostática, con aumento del riesgo de cáncer de próstata. Muchos esteroides se metabolizan en el hígado. La acumulación hepática de esteroides puede provocar una forma de hepatitis química que, a su vez, puede evolucionar hacia un tumor hepático.

En consumidores crónicos de esteroides, se han reportado casos de hipertrofia cardíaca (aumento del tamaño del corazón) anormal, miocardiopatía (enfermedad del músculo cardíaco), infarto de miocardio (ataque cardíaco), trombosis, arritmias e hipertensión. Se sospecha que el consumo de esteroides fue al menos parcialmente responsable de la enfermedad padecida por un liniero ofensivo de la Liga Nacional de Fútbol Americano que se encontraba en lista de espera para un trasplante cardíaco. Los científicos han hallado una marcada reducción (del 30% o más) en los niveles de lipoproteínas de baja densidad (HDL) en atletas que han utilizado dosis moderadas de esteroides. El colesterol unido a lipoproteínas de alta densidad posee propiedades antiaterógenas, es decir, previene el desarrollo de ateroesclerosis. Un bajo nivel de HDL se asocia con un mayor riesgo de coronariopatía y de ataque cardíaco (véase el Capítulo 21). Además, el consumo de esteroides induce un aumento del nivel de colesterol unido a lipoproteínas de baja densidad (LDL), el cual posee propiedades aterógenas.

El consumo de esteroides está asociado con importantes alteraciones de la personalidad. El cambio más notable consiste en un marcado aumento del comportamiento agresivo, efecto que en inglés se designa con la expresión *roid rage*. Algunos adolescentes desarrollaron una conducta extremadamente violenta, y esta alteración aguda de la personalidad ha sido atribuida al consumo de esteroides. Los datos disponibles también sugieren que el consumo de esteroides puede generar adicción.

Es importante destacar que no todos los que consumen esteroides anabólicos son deportistas. En realidad, parece ser que la mayoría de los que consumen esteroides no son deportistas, sino que los utilizan por motivos "estéticos". Más aún, muchos hombres se autoinyectan esteroides y varios de ellos utilizan una misma aguja, lo que aumenta el riesgo de contraer una infección por el virus de la hepatitis o el VIH.

Ni los investigadores ni los médicos conocen los efectos potenciales a largo plazo del consumo crónico de esteroides. Un estudio llevado a cabo en ratones macho tratados con cuatro esteroides anabólicos diferentes en las dosis que utilizan los deportistas mostraron una disminución marcada de la esperanza de vida.[10] Varios depor-

"Andro®", ¿combustible para los bateadores?

Durante la temporada de la Liga Mayor de Béisbol de 1998, Mark McGuire anotó 70 cuadrangulares (*home runs*) y superó el record anterior de 61 cuadrangulares establecido por Roger Maris en 1961. Durante la temporada, McGuire admitió que utilizaba androstenediona ("Andro®"), una prohormona precursora de la testosterona. Andro® se comercializó con el objetivo de aumentar los niveles de testosterona y, por consiguiente, la masa muscular. Después de la revelación de McGuire, las ventas de Andro® se incrementaron en forma notable. ¿Es realmente útil el producto Andro®? King y sus colegas de la Universidad Estatal de Iowa fueron los primeros en investigar los efectos combinados de la administración de Andro® y el entrenamiento con sobrecarga en veinte varones de 19 a 29 años de edad.[30] Todos los sujetos completaron un programa de entrenamiento con sobrecarga, pero diez de ellos fueron tratados con Andro® y los diez restantes, con placebo. El tratamiento con Andro® no provocó efectos sobre los niveles séricos de testosterona, y las mejoras en la fuerza y la masa muscular fueron similares entre los grupos. No obstante, hubo un hallazgo inesperado: el tratamiento con Andro® provocó un incremento de las concentraciones séricas de estradiol y estrona, es decir, de hormonas femeninas que promueven el desarrollo de los caracteres sexuales secundarios femeninos. Otros estudios han corroborado estos hallazgos en hombres jóvenes, de mediana edad y de edad avanzada.[9,33] En 2004, Andro® fue objeto de estudios que condujeron a la modificación de varias leyes y normas reguladoras. Después de la popularidad de Andro® como suplemento nutricional en la década de 1990, en la actualidad la posesión de esta sustancia se considera un delito federal en los EE. UU.

La dehidroepiandrosterona (DHEA) es otra hormona esteroide, al igual que su derivado conjugado con sulfato (DHEAS). La DHEA circulante pude ser convertida en androstenediona o en androstenediol, sustancias que a su vez pueden ser convertidas en testosterona. Se ha propuesto que la DHEA incrementa la masa muscular. Brown y colegas investigaron los potenciales beneficios del tratamiento con DHEA para incrementar los niveles séricos de testosterona y la fuerza muscular en 19 hombres jóvenes que participaron de un programa de entrenamiento con sobrecarga de ocho semanas, 9 de los cuales fueron tratados con DHEA y 10, con placebo.[11] Al igual que con el estudio de Andro®, no se observaron cambios de las concentraciones séricas de testosterona después de la administración de DHEA, y las modificaciones de la fuerza y la masa muscular fueron similares en los grupos tratados con DHEA y con placebo. En otros estudios realizados con hombres y mujeres jóvenes y de mediana edad, se registraron resultados similares.[33] No obstante, en un estudio realizado en hombres y mujeres de edad avanzada (65-78 años), la administración de DHEA durante 10 meses estuvo asociada con el incremento de la fuerza y del volumen muscular de los muslos cuando se la combinó con entrenamiento de fuerza durante los últimos cuatro meses del estudio.[43] En la actualidad, se considera que las administración de suplementos con DHEA no afecta el volumen ni la fuerza muscular en personas jóvenes y de mediana edad de ambos sexos.

Los jugadores de las ligas mayores de béisbol deben haber previsto los resultados de estos estudios sobre Andro® y DHEA. La tapa de la revista *Sports Illustrated* del 3 de junio de 2002 anunciaba: "Informe especial. Los esteroides en el béisbol: confesiones de un MVP (jugador más valioso)". Después de la publicación de este número, un porcentaje significativo de jugadores profesionales de béisbol no utilizaron Andro® ni DHEA y pasaron directamente a los esteroides anabólicos. Si bien se desconoce el porcentaje real de jugadores que utilizan esteroides, algunos jugadores estiman que poco antes de la instauración de controles de dopaje obligatorios se aproximaba al 50%. Como dijo Curt Schilling, exlanzador de los Arizona Diamondback y uno de los dos jugadores más valiosos de la Serie Mundial 2001: "Algunos jugadores se parecen al Sr. Cabeza de Papa (un juguete de la serie *Toy story*), con seis o siete partes del cuerpo que simplemente desentonan con el resto".

tistas de la ex Alemania oriental que habían utilizado esteroides durante sus carreras deportivas notificaron una mayor incidencia de malformaciones congénitas, pero se desconocen las causas y la frecuencia real de estas anomalías. Es esencial crear una gran base de datos de exconsumidores de esteroides que puedan ser seguidos durante toda la vida. Es importante recordar que la mayoría de las enfermedades comienza varios años antes de la aparición de sus síntomas. Es posible que los riesgos médicos más importantes asociados con los esteroides no se manifiesten antes de transcurridos 20 o 30 años.

Revisiones publicadas en fecha reciente ofrecen más detalles sobre los efectos ergogénicos potenciales y los riesgos médicos asociados con el consumo de esteroides anabólicos.[13, 20, 25, 29, 34, 48] La mayoría de los organismos reguladores de las actividades deportivas con mayores probabilidades de verse afectadas por el consumo de esteroides anabólicos han desarrollado material educati-

vo para sus deportistas con la esperanza de evitar el uso de estos compuestos. Además, los organismos nacionales reguladores de la mayoría de las disciplinas deportivas instituyeron programas intensivos anuales de pruebas de dopaje en los cuales los deportistas son sometidos a análisis aleatorios para detectar el consumo de esteroides.

Hormona de crecimiento humana

Durante años, el tratamiento médico para el enanismo hipofisario consistió en la administración de la **hormona de crecimiento humana (hGH)**, una hormona secretada por el lóbulo anterior de la glándula hipófisis. Hasta 1985, esta hormona se obtenía a partir de extractos de hipófisis de cadáveres y su disponibilidad era muy limitada. A partir de la introducción de hGH producida mediante ingeniería genética a mediados de la década de

1980, la disponibilidad de la hormona dejó de ser un problema, pero su costo sigue siendo elevado.

Durante la década de 1980, los deportistas tomaron conciencia de las numerosas funciones de esta hormona y comenzaron a pensar en ella como un posible sustituto de los esteroides anabólicos o como un complemento de estas sustancias. Al mismo tiempo que las pruebas para la detección de esteroides anabólicos se perfeccionaban, los deportistas comenzaron a buscar alternativas que no pudiesen ser detectadas mediante las pruebas de dopaje. La hormona de crecimiento se convirtió en la sustancia alternativa para aquellos deportistas que deseaban incrementar la fuerza y la masa muscular.

Beneficios ergogénicos propuestos

La hormona de crecimiento (GH) ejerce seis efectos que revisten interés para los deportistas:

- Estimulación de la síntesis de proteínas y de ácidos nucleicos en los músculos esqueléticos.
- Estimulación del crecimiento óseo (elongación) en huesos que aún no se fusionaron (efecto importante en los deportistas jóvenes).
- Estimulación de la síntesis del factor de crecimiento tipo insulínico (IGF-1).
- Aumento de la lipólisis, lo que determina un incremento de los ácidos grasos libres y una disminución general de la grasa corporal.
- Aumento de la glucemia.
- Facilitación de la curación de lesiones osteomusculares.

Los deportistas han elegido esta hormona pensando que incrementaría el desarrollo muscular y, por lo tanto, la masa libre de grasa corporal. La GH se utiliza a menudo junto con los esteroides anabólicos para maximizar los efectos anabólicos.

Efectos comprobados

Se ha observado que la administración de GH a hombres mayores de 60 años aumenta la masa libre de grasa corporal, disminuye la masa grasa e incrementa la densidad ósea.[36] Sin embargo, los estudios efectuados en hombres jóvenes y halterófilos experimentados revelaron que los beneficios significativos eran mínimos o nulos.[47] El hallazgo observado con mayor frecuencia fue la disminución de la masa grasa corporal, lo que sugiere que la GH sería más eficaz como reductor de la masa de tejido adiposo corporal que como agente anabólico.

En un estudio, se asignaron en forma aleatoria hombres jóvenes a un grupo tratado con GH y a un grupo tratado con placebo. Después de 12 semanas de entrenamiento con sobrecarga, ambos grupos exhibieron cambios similares en el volumen muscular, la fuerza muscular y la tasa de síntesis de proteínas musculares en el músculo cuádriceps. En un segundo estudio, halterófilos experimentados recibieron un tratamiento con GH durante 14 días mientras continuaban con el entrenamiento de fuerza. Los investigadores llegaron a la conclusión de que la GH no alteró la tasa de síntesis de proteínas musculares ni la tasa de degradación de proteínas corporales totales, los dos factores que promueven el incremento de la masa muscular. En aquellos casos en los que la administración de GH provocó modificaciones de la composición corporal, el aumento en la masa muscular y la masa libre de grasa corporal estuvo asociado a un aumento en la retención de líquido.

Concepto clave

Se llegó a la conclusión de que la hormona de crecimiento humana no ejerce efectos ergogénicos en deportistas jóvenes y sanos. Por otra parte, la utilización de hormona de crecimiento se asocia con un alto riesgo médico.

Revisión

➤ Los esteroides anabólicos deberían denominarse esteroides anabólicos-androgénicos, dado que en su estado natural poseen propiedades androgénicas (masculinización) y anabólicas (crecimiento muscular). Los esteroides sintéticos han sido diseñados para potenciar los efectos anabólicos y minimizar los efectos androgénicos.

➤ Los esteroides anabólicos incrementan la masa muscular, la fuerza y la resistencia muscular.

➤ Los esteroides anabólicos pueden incrementar la masa y la fuerza muscular, pero el efecto depende de la dosis. Estos compuestos también disminuyen la cantidad de tejido adiposo corporal. Los esteroides anabólicos no mejoran la resistencia aeróbica, y su capacidad para facilitar la recuperación luego de ejercicios exhaustivos es cuestionable.

➤ La Andro® y la DHEA, precursores de la testosterona, presuntamente poseen propiedades ergogénicas (aumentos de la masa y la fuerza muscular), pero la mayoría de los estudios de investigación no avalan esta presunción.

➤ Los riesgos asociados con el uso de esteroides anabólicos comprenden alteraciones de la personalidad, comportamiento agresivo (roid rage), atrofia testicular en los hombres, disminución del recuento espermático en los hombres, aumento de tamaño de las mamas en los hombres, regresión mamaria en las mujeres, aumento del tamaño de la próstata en los hombres, masculinización en las mujeres, alteraciones del ciclo menstrual, lesiones hepáticas y trastornos cardiovasculares en personas de ambos sexos.

➤ Los posibles efectos ergogénicos de la hormona del crecimiento no se estudiaron en forma exhaustiva. Los escasos datos disponibles indican que la GH aumenta la masa libre de grasa corporal y reduce la masa grasa en hombres de edad avanzada, pero aparentemente no ejerce ningún efecto sobre la masa y la fuerza muscular en hombres jóvenes. La mayor parte del aumento de la masa muscular y la masa libre de grasa se asocia con un aumento de la retención de agua.

➤ Los riesgos asociados con la utilización de GH comprenden acromegalia, hipertrofia de los órganos internos, debilidad articular y muscular, diabetes, hipertensión y cardiopatías.

Algunos deportistas también utilizan otras sustancias y ciertos suplementos de aminoácidos para estimular la liberación hipofisaria de GH. Hasta la fecha, los datos que avalan la eficacia de este enfoque son muy escasos.

Riesgos asociados con la utilización de hormona de crecimiento

Tal como ocurre con los esteroides, el uso de GH se asocia con ciertos riesgos médicos. El uso de GH después de producida la fusión ósea puede causar acromegalia. Esta enfermedad se manifiesta con un aumento del ancho de los huesos que determina un ensanchamiento de las manos, los pies y la cara; un aumento del espesor cutáneo y crecimiento de los tejidos blandos. También se observa un aumento en el tamaño de los órganos internos. Con el transcurso del tiempo, el paciente refiere debilidad muscular y articular, y a menudo padece una cardiopatía. La causa de muerte más frecuentemente asociada con el uso de GH es la miocardiopatía. El uso de GH también se puede asociar con intolerancia a la glucosa, diabetes e hipertensión.

Agentes fisiológicos

Se han propuesto numerosos **agentes fisiológicos** como posibles ayudas ergogénicas. Se supone que estos agentes mejoran las respuestas fisiológicas durante el ejercicio. Es muy frecuente que los deportistas recurran a una sustancia producida en forma natural por el organismo para tratar de mejorar su rendimiento. El fundamento racional es que, si los niveles naturales de la sustancia son beneficiosos para el rendimiento, un nivel aún mayor debería asociarse con resultados aún mejores. Varios agentes fisiológicos han demostrado ser eficaces, pero sólo en determinadas condiciones o para cierto tipo de competencias o deportes.

Los deportistas pueden suponer que el hecho de que estas sustancias se encuentren presentes en forma natural en el cuerpo implica una ausencia de riesgo. Esta presunción puede resultar fatal.

A continuación, comentaremos únicamente algunos de los agentes fisiológicos principales que en la actualidad se utilizan como ayudas ergogénicas:

- Dopaje sanguíneo
- Eritropoyetina
- Suplementos de oxígeno
- Carga de bicarbonato
- Carga de fosfato

Dopaje sanguíneo

Si bien cualquier intento de alterar la composición de la sangre puede incluirse dentro de la categoría **dopaje sanguíneo**, esta expresión posee un significado más específico y designa cualquier intervención que aumente el volumen total de eritrocitos de una persona. A menudo, este objetivo se cumple mediante una transfusión de glóbulos rojos previamente donados por el receptor (trans-fusiones autólogas) o por otra persona con el mismo tipo de sangre (transfusiones homólogas). El dopaje sanguíneo también incluye el uso de eritropoyetina, pero este tema se tratará por separado en la próxima sección.

Beneficios ergogénicos propuestos

El principio subyacente al dopaje sanguíneo es sencillo. Dado que la mayor parte del oxígeno se transporta en la sangre unida a la hemoglobina, es lógico suponer que el aumento de la cantidad de glóbulos rojos disponibles para transportar el oxígeno hacia los tejidos podría mejorar el rendimiento. Este mecanismo podría aumentar en forma significativa la resistencia aeróbica y, por lo tanto, el rendimiento general.

Efectos comprobados

Ekblom y cols.[19] causaron gran conmoción en el mundo del deporte a principios de la década de 1970. En un estudio referencial, estos investigadores extrajeron entre 800 y 1 200 ml de sangre de los sujetos de estudio, refrigeraron la muestra y luego reinyectaron los glóbulos rojos en los mismos sujetos aproximadamente cuatro semanas más tarde. Los resultados mostraron una considerable mejoría del $\dot{V}O_{2máx}$ (9%) y en el tiempo de ejercicio en la cinta ergométrica (23%) después de la reinfusión. En el curso de los años siguientes, varios de los estudios realizados confirmaron estos hallazgos, pero en otros no se logró demostrar ningún efecto ergogénico.

Por lo tanto, la bibliografía científica relacionada con el dopaje sanguíneo presentaba resultados contradictorios hasta que en 1980 tuvo lugar un avance muy importante como resultado de un estudio llevado a cabo por Buick y cols.[12] En este estudio, se evaluaron once maratonistas de elite en diferentes momentos: (1) antes de la extracción de sangre; (2) después de extraer la sangre y de dejar transcurrir un tiempo suficiente para restablecer los niveles de glóbulos rojos, pero antes de reinfundir la sangre extraída; (3) después de la reinfusión simulada con 50 ml de solución fisiológica (placebo); (4) después de la reinfusión de 900 ml de la propia sangre del sujeto originalmente extraída y conservada mediante congelación; y (5) después de la normalización de la cantidad de glóbulos rojos.

Como se muestra en la Figura 16.5, luego de la reinfusión de los glóbulos rojos, se observó un incremento sustancial en el $\dot{V}O_{2máx}$ y en el tiempo de carrera en cinta hasta el agotamiento, mientras que no se observaron cambios luego de la reinfusión simulada con solución fisiológica. Este incremento en el $\dot{V}O_{2máx}$ se mantuvo hasta 16 semanas, pero la mejora en el tiempo de carrera hasta el agotamiento se perdió en los primeros siete días.

Maximizar los beneficios ¿Por qué el estudio de Buick revistió tanta importancia? Gledhill[22] contribuyó a clarificar la confusión generada por los resultados contradictorios de los primeros estudios. En muchos de los primeros estudios que no habían revelado ninguna mejoría asociada con el dopaje sanguíneo, se habían reinfundido volúmenes muy pequeños de glóbulos rojos y la reinfusión

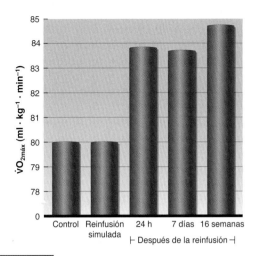
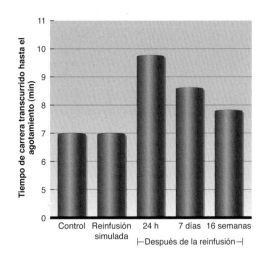

FIGURA 16.5 Cambios del $\dot{V}O_{2máx}$ y en el tiempo de carrera hasta el agotamiento después de la reinfusión de glóbulos rojos.
Adaptado de F.J. Buick y et al.,1980, "Effect of induced erythocythemia on aerobic work capacity", *Journal of Applied Physiology* 48: 636-642. Reproducido con autorización.

se había llevado a cabo dentro de las tres a cuatro semanas posteriores a la extracción de sangre. En primer lugar, para que la técnica arroje resultados positivos es necesario reinfundir 900 ml o más de sangre entera. La reinfusión de un volumen menor no se acompaña de aumentos significativos en el $\dot{V}O_{2máx}$ ni en el rendimiento. De hecho, en algunos estudios en los que se reinfundieron volúmenes menores no se logró demostrar ninguna diferencia.

En segundo término, es necesario esperar por lo menos cinco a seis semanas y posiblemente hasta diez semanas antes de proceder a la reinfusión. Esta recomendación se basa en el tiempo necesario para restablecer el hematocrito existente antes de la extracción.

Por último, los investigadores que llevaron a cabo los primeros estudios refrigeraron la sangre extraída. En la sangre refrigerada se destruyen o desaparecen aproximadamente el 40% de los glóbulos rojos; el tiempo máximo de almacenamiento de la sangre refrigerada es de aproximadamente cinco semanas. En los estudios ulteriores, se procedió a congelar la sangre extraída. El congelamiento permite un tiempo de almacenamiento casi ilimitado y se asocia con la destrucción de sólo un 15% de los glóbulos rojos. Gledhill[22] llegó a la conclusión de que el dopaje sanguíneo aumenta de manera significativa el $\dot{V}O_{2máx}$ y el rendimiento durante ejercicios de resistencia cuando se utiliza la técnica adecuada:

- Reinfundir como mínimo de 900 mL de sangre.
- Dejar transcurrir un intervalo de por lo menos cinco a seis semanas entre la extracción y la reinfusión.
- Almacenar la sangre mediante congelación.

Gledhill también mostró que esas mejoras son el resultado directo del aumento en el contenido de hemoglobina de la sangre y no del incremento del gasto cardíaco secundario a la expansión del volumen plasmático.

Dopaje sanguíneo y rendimiento de resistencia

¿El aumento del $\dot{V}O_{2máx}$ y del tiempo de ejercicio en cinta ergométrica inducidos por el dopaje sanguíneo se traducen realmente en una mejoría del rendimiento de resistencia? Varios estudios intentaron responder a esta pregunta. En uno de ellos, los investigadores evaluaron el tiempo de carrera en cinta ergométrica durante un test de 8 km (5 millas) en 12 corredores de fondo experimentados.[45] Los tiempos se midieron antes y después de la infusión de solución fisiológica (placebo) y antes y después de la infusión de sangre. Luego de la infusión de sangre, se observó una reducción significativa en el tiempo para completar el test de 8 km (5 millas); no obstante, la diferencia fue aparente sólo en la segunda mitad del test. En comparación con la infusión de placebo, la de sangre estuvo asociada con una reducción de 33 s (3,7%) en el tiempo para completar los últimos 4 km (2,5 millas) del test y una reducción de 51 s (2,7%) en el tiempo para completar la totalidad del test de 8 km.

En un segundo estudio, se evaluó el rendimiento durante un test de 4,8 km (3 millas) en un grupo de seis corredores de fondo entrenados y se observó una reducción de 23,7 s luego del dopaje sanguíneo en comparación con las pruebas de control.[23]

Estudios subsiguientes confirmaron que el dopaje sanguíneo mejora el rendimiento en carreras de fondo y en el esquí cross country.[38] La Figura 16.6 ilustra la mejoría del tiempo de carrera asociada con el dopaje sanguíneo para distancias de hasta 11 km (6,8 millas).

Riesgos del dopaje sanguíneo

Aunque en términos relativos este procedimiento es seguro en manos de médicos competentes, existen algunos riesgos inherentes al método propiamente dicho. El agregado de glóbulos rojos al sistema cardiovascular puede inducir una sobrecarga secundaria al incremento de la viscosidad sanguínea y aumentar el riesgo de formación de coágulos y, probablemente, de insuficiencia cardíaca. Con la intención de abolir la práctica del dopaje sanguíneo, algunas autoridades reguladoras de ciertas disciplinas deportivas, como el ciclismo profesional, no permiten competir a deportistas con un hematocrito muy ele-

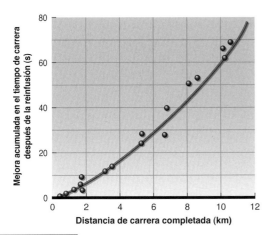

FIGURA 16.6 Mejoras en los tiempos de carrera para distancias de hasta 11 km (6,8 millas) después de la reinfusión de glóbulos rojos provenientes de dos unidades de sangre preservada por congelación. Los valores consignados en la ordenada reflejan la reducción del tiempo necesario para correr una distancia específica en la abcisa *x*. Por ejemplo, para una carrera de 10 km (6,2 millas), la reinfusión permitiría acortar el tiempo de carrera en 60 s.

Adaptado, con autorización, de L.L. Spriet, 1991, Blood doping and oxygen transport. En *Ergogenics – Enhancement of performance in exercise and sport*, dirigido por D.R. Lamb y M.H. Williams (Dubuque, IA: Brown y Benchmark), 213-242, Copyright 1991 Cooper Publishing Group, Carmel, IN.

vado. En el caso de transfusiones de sangre autólogas, en las que el receptor recibe su propia sangre, existe el riesgo de un error de rotulado de la sangre. En el caso de transfusiones homólogas, en las que la sangre proviene de un donante compatible, pueden tener lugar otras complicaciones. Por ejemplo, la sangre reinfundida puede ser rotulada erróneamente en lo que concierne a la compatibilidad, puede desencadenarse una reacción alérgica, el deportista puede padecer un cuadro de escalofríos, fiebre y náuseas y existe el riesgo de infección por el virus de la hepatitis o el VIH.[41] Los riesgos del dopaje sanguíneo, aún sin considerar los aspectos legales, morales y éticos relacionados, contrarrestan cualquier posible beneficio.

Eritropoyetina

Como se mencionó en la sección precedente, la eritropoyetina se clasifica dentro de la categoría de dopaje sanguíneo, pero la comentaremos por separado porque el mecanismo de acción es ligeramente distinto. La eritropoyetina (EPO) es una hormona producida en forma natural por los riñones que estimula la producción de glóbulos rojos en la médula ósea. En realidad, esta hormona es responsable del aumento de la producción de glóbulos rojos que se observa durante el entrenamiento en la altura; el entrenamiento en presencia de una presión parcial de oxígeno reducida estimula la liberación de EPO.

En la actualidad, la EPO humana se puede clonar mediante ingeniería genética, de manera que se encuentra ampliamente disponible. Existen varias formas de EPO disponibles que se diferencian por la duración de sus efectos (de algunos días a más de una semana). Todas estas formas pueden detectarse con facilidad en una muestra de orina o de sangre.

Beneficios ergogénicos propuestos

La EPO induce un aumento significativo del hematocrito cuando se la administra a pacientes con insuficiencia renal, quienes a menudo presentan anemia como consecuencia de la enfermedad. Por lo tanto, en teoría la administración de EPO humana a deportistas se asociaría con los mismos efectos que la reinfusión de glóbulos rojos. El objetivo de su utilización es el aumento del volumen de glóbulos rojos y, por lo tanto, de la capacidad transportadora de oxígeno de la sangre.

Efectos comprobados

La capacidad de la eritropoyetina para incrementar la capacidad de transporte de oxígeno de la sangre se demostró en 1991, cuando se llevó a cabo el primer estudio acerca de los efectos de la inyección subcutánea de dosis bajas de EPO humana sobre el $\dot{V}O_{2máx}$ y el tiempo máximo de carrera en cinta ergométrica[18] En este estudio, participaron sujetos medianamente entrenados y sujetos altamente entrenados. Seis semanas después de la administración de la EPO, se observaron los siguientes efectos:

- Un aumento del 10% de la concentración de hemoglobina y del hematocrito.
- Un aumento del 6 al 8% en el $\dot{V}O_{2máx}$.
- Un aumento del 13 al 17% del tiempo de ejercicio hasta el agotamiento en cinta ergométrica.

Siete de los 15 sujetos de este estudio habían participado de un estudio previo de reinfusión de glóbulos rojos llevado a cabo cuatro meses antes. En estos sujetos, los incrementos en el $\dot{V}O_{2máx}$ y en el tiempo de ejercicio en cinta ergométrica fueron casi idénticos en los dos estudios, y estas mejoras se atribuyeron directamente al incremento de la hemoglobina.

En un segundo estudio en el que participaron 20 atletas varones altamente entrenados en resistencia, 10 participantes recibieron inyecciones de EPO tres veces por semana durante 30 días o hasta llegar a un hematocrito de 50% (el límite de seguridad establecido por algunos organismos reguladores), y los otros 10 recibieron inyecciones de solución fisiológica (placebo).[8] En el grupo tratado con EPO, el hematocrito aumentó de 42,7 a 50,8% y el $\dot{V}O_{2máx}$ aumentó de 63,6 a 68,1 ml · kg^{-1} · min^{-1}. En el grupo que recibió placebo, no se observó ningún cambio. Cabe señalar que las inyecciones de EPO se interrumpieron una vez que el hematocrito llegó a 50%. Los valores de hematocrito asociados con un régimen prolongado de inyecciones de EPO pueden superar con amplitud este valor.

Riesgos asociados con el uso de eritropoyetina

El uso de EPO puede tener consecuencias graves. Se conocen hasta 18 casos de muerte entre ciclistas de alta competencia ocurridas entre 1987 y 1990 que se consideraron relacionadas con el uso de EPO, aunque esta asociación no fue confirmada.[3]

El resultado del uso de EPO es menos predecible que el de la reinfusión de glóbulos rojos. Una vez que la hormona ha ingresado en el cuerpo, es imposible predecir la magnitud de la producción de glóbulos rojos resultante. Este fenómeno determina un alto riesgo de hiperviscosidad sanguínea. Los riesgos asociados comprenden trombosis (coágulos sanguíneos), infarto de miocardio (ataque cardíaco), insuficiencia cardíaca congestiva, hipertensión, accidente cerebrovascular y embolia pulmonar.

Concepto clave

El dopaje sanguíneo y la EPO pueden mejorar la capacidad aeróbica y el rendimiento en deportes o actividades aeróbicas. Este efecto tiene lugar mediante un incremento de la capacidad transportadora de oxígeno de la sangre, principalmente atribuible al aumento de la cantidad de glóbulos rojos. Ambos procedimientos implican un altísimo riesgo para la salud.

Suplementos de oxígeno

Durante un partido de fútbol americano transmitido por televisión, pudo observarse que, luego de realizar una carrera de 32 m (35 yd) para concretar una anotación, el corredor que acababa de anotar retornó a la banca, tomó una mascarilla y comenzó a respirar oxígeno al 100% para facilitar su recuperación. ¿Cuánto ganó utilizando este suplemento de oxígeno en lugar de respirar simplemente el aire normal?

Beneficios ergogénicos propuestos

Es obvio que el principio subyacente a la inspiración de una mayor cantidad de oxígeno es aumentar su contenido en sangre, al igual que en el caso del dopaje sanguíneo. En este último, el objetivo se logra mediante el incremento de la capacidad transportadora de oxígeno de la sangre; en el caso de la administración de **suplementos de oxígeno** se intenta lograrlo mediante el agregado directo de una cantidad adicional de oxígeno a la sangre y a los tejidos. Sin embargo, en comparación con la cantidad de oxígeno unido a la hemoglobina, la cantidad de oxígeno disuelto en la sangre es relativamente reducida. La inspiración de oxígeno al 100% a nivel del mar aumentaría su contenido total en sangre en un 10%. Mediante el aumento del oxígeno disponible, los deportistas esperan poder competir con mayor intensidad y evitar la fatiga por períodos más prolongados. Esta técnica también ha sido sugerida para provocar una recuperación más rápida entre series de ejercicio.

Efectos comprobados

Los primeros intentos realizados para evaluar las propiedades ergogénicas del oxígeno puro comenzaron a principios del siglo XX, pero recién en los Juegos Olímpicos de 1932 comenzó a considerarse al oxígeno como una ayuda ergogénica potencial para el rendimiento deportivo. Ese año, los nadadores japoneses tuvieron victorias impresionantes y muchos atribuyeron su éxito a la inspiración de oxígeno puro antes de la competencia. Sin embargo, no se sabe con certeza si estos resultados deportivos exitosos se debieron a los suplementos de oxígeno o a la destreza de los deportistas.

Como observación histórica, uno de los primeros estudios para observar los efectos de la inspiración de oxígeno sobre el rendimiento fue llevado a cabo por Sir Roger Bannister, un científico médico reconocido a nivel mundial por sus investigaciones en el campo de los trastornos neurológicos.[5] Como deportista, el Dr. Bannister fue la primera persona en el mundo en superar la barrera de los 4 minutos en la prueba de la milla.

El oxígeno puede administrarse inmediatamente antes de la competencia, durante su transcurso, durante la recuperación del esfuerzo deportivo o en cualquier combinación de estos tres momentos.

La inspiración de oxígeno antes del ejercicio ejerce un efecto limitado sobre el rendimiento durante esa serie de ejercicios. La inspiración de oxígeno puede aumentar la cantidad total de trabajo o la tasa de trabajo (intensidad del ejercicio) si la serie es de corta duración y los ejercicios se realizan dentro de unos pocos segundos de la inspiración de oxígeno. Durante estas series cortas, la inspiración de oxígeno puede permitir efectuar un trabajo submáximo con una frecuencia cardíaca más baja. No obstante, las mejoras no tienen lugar a menos que el ejercicio se ejecute inmediatamente después de la inspiración de oxígeno.

En el caso de series de ejercicios que superen los 2 min, o cuando transcurren más de 2 min entre la inspiración de oxígeno y la ejecución de los ejercicios, los efectos de los suplementos de oxígeno disminuyen en forma significativa. Este fenómeno es un reflejo de la capacidad limitada de almacenamiento de oxígeno del cuerpo humano. El exceso de oxígeno se disipa con rapidez y la cantidad almacenada es mínima o nula.

Cuando el oxígeno se administra durante el ejercicio, el aumento del rendimiento es inequívoco. La cantidad total y la tasa de trabajo efectuado aumentan en forma sustancial. Asimismo, el trabajo submáximo se lleva a cabo con mayor eficiencia metabólica. Los niveles sanguíneos máximos de lactato disminuyen si la persona respira oxígeno durante la realización de un ejercicio agotador, aun cuando la cantidad de trabajo efectuado aumente en forma considerable.

Los estudios realizados hasta el momento no han podido demostrar una clara ventaja asociada con la inspiración de oxígeno durante el período de recuperación. Los suplementos de oxígeno no aceleran la recuperación ni mejoran el rendimiento subsiguiente. En un estudio llevado a cabo con jugadores profesionales de fútbol que se ejercitaron en cinta ergométrica, no se observaron mejoras en la recuperación o en el rendimiento durante una segunda prueba de ejercicio hasta el agotamiento como resultado de la respiración de oxígeno.[46]

Desde un punto de vista práctico, la administración de oxígeno antes del ejercicio no sería muy eficaz debido al lapso relativamente breve durante el cual las reservas de oxígeno se mantienen elevadas. Las características de la mayoría de las disciplinas deportivas no permiten que el deportista pase de inmediato de la respiración de oxígeno a la competencia. Con independencia de los efectos ergogénicos de la inhalación de oxígeno durante la competencia, la administración de suplementos de oxígeno durante el ejercicio tiene un valor limitado por razones obvias: además del montañismo en las grandes alturas, ¿qué disciplina deportiva permite que el competidor cargue con un tubo de oxígeno?

⬤ Concepto clave

Los suplementos de oxígeno pueden aumentar el rendimiento aeróbico, pero sólo si se los administra durante el ejercicio, lo que le resta utilidad en el ámbito deportivo. Los suplementos de oxígeno no ejercen efectos ergogénicos durante la recuperación.

El período de recuperación parece ser el único momento adecuado para la administración de oxígeno, pero esta medida sólo sería beneficiosa si se supiera con certeza que la inhalación de suplementos de oxígeno acelera el proceso de recuperación y permite que el deportista reanude la competencia más plenamente recuperado. Sin embargo, los estudios realizados no permiten llegar a tal conclusión.

⬤ Revisión

➤ El término dopaje sanguíneo designa el incremento artificial del volumen total de glóbulos rojos de una persona. Se ha sugerido que este método mejoraría el rendimiento en actividades de resistencia mediante el aumento de la capacidad transportadora de oxígeno de la sangre.

➤ Los resultados de diversos estudios han mostrado que el dopaje sanguíneo provoca incrementos significativos en el consumo máximo de oxígeno, el tiempo hasta el agotamiento y en el rendimiento en deportes tales como el esquí cross country, el ciclismo de ruta y las pruebas de fondo en el pedestrismo.

➤ Los riesgos asociados con el dopaje sanguíneo incluyen la formación de coágulos sanguíneos, la insuficiencia cardíaca y, si se utiliza sangre de otro donante en forma accidental o intencional, las reacciones a la transfusión y la transmisión del virus de la hepatitis y el VIH.

➤ La eritropoyetina es una hormona presente en forma natural en el cuerpo que estimula la producción de glóbulos rojos. La EPO induce un aumento de la cantidad de glóbulos rojos y, por lo tanto, de la capacidad transportadora de oxígeno de la sangre.

➤ Los estudios han mostrado un claro incremento en el consumo máximo de oxígeno y en el tiempo de ejercicio hasta el agotamiento luego de la administración de EPO.

➤ La administración de EPO puede ser peligrosa en la medida en que es imposible predecir la magnitud de la respuesta del cuerpo a la hormona. La EPO puede causar la muerte asociada con una producción excesiva de glóbulos rojos y el aumento secundario de la viscosidad sanguínea. Los riesgos conocidos comprenden trombosis, infarto de miocardio, insuficiencia cardíaca congestiva, hipertensión, accidente cerebrovascular y embolia pulmonar.

➤ La administración de oxígeno durante el ejercicio mejora el rendimiento, pero este enfoque genera innu-

merables problemas prácticos. No se ha demostrado con certeza que la administración de oxígeno antes o después del ejercicio sea eficaz desde una perspectiva ergogénica. La inhalación de oxígeno no se asocia con riesgos importantes.

Riesgos de los suplementos de oxígeno

Hasta el momento, no se conocen riesgos asociados con los suplementos de oxígeno, pero se requieren estudios adicionales para establecer la seguridad de esta práctica. No obstante, el oxígeno envasado en tubos está sometido a una presión elevada y es un material inflamable, de manera que el equipo de oxígeno debe estar lejos de cualquier fuente de calor o llama ni se debe permitir que se acerque a éste una persona que esté fumando.

Carga de bicarbonato

Recuérdese del Capítulo 7 que los bicarbonatos son una parte importante del sistema amortiguador, necesario para mantener el equilibrio ácido-base de los líquidos corporales. Los investigadores comenzaron a estudiar la posibilidad de mejorar el rendimiento en competencias esencialmente anaeróbicas (durante las cuales se forman grandes cantidades de ácido láctico) mediante el aumento de la capacidad amortiguadora del cuerpo a través del incremento de la concentración sérica de bicarbonato, procedimiento que se designa con el nombre de **carga de bicarbonato**.

Beneficios ergogénicos propuestos

Mediante la ingesta de agentes que incrementan las concentraciones de bicarbonato en el plasma sanguíneo, como el bicarbonato de sodio (polvo para hornear), se puede inducir un aumento del pH sanguíneo, lo que aumenta la alcalinidad de la sangre. Se propuso que el incremento del nivel plasmático de bicarbonato aumentaría la capacidad amortiguadora y, por lo tanto, permitiría la acumulación de una mayor cantidad de lactato en la sangre. En teoría, esto podría retardar la aparición de la fatiga en ejercicios anaeróbicos intensos de corta duración, como el esprín.

Efectos comprobados

La ingesta oral de bicarbonato de sodio induce un aumento de la concentración plasmática de bicarbonato. Sin embargo, este fenómeno no afecta demasiado la concentración intracelular de bicarbonato en los músculos. Por esta razón, se pensó que los potenciales beneficios de la ingesta de bicarbonato se limitarían a series de ejercicio anaeróbico de más de dos minutos de duración, dado que las series de menos de dos minutos serían demasiado breves como para permitir que una cantidad significativa de iones hidrógeno (H^+, derivados del ácido láctico) difundan desde las fibras musculares hacia el líquido extracelular, donde podrían ser amortiguados.

Sin embargo, en 1990, Roth y Brooks[35] describieron un sistema transportador de membrana celular para el lactato que opera en respuesta al gradiente de pH. El

415

aumento de la capacidad amortiguadora extracelular mediante la ingesta de bicarbonato determina un incremento del pH extracelular, lo que, a su vez, aumenta el transporte de lactato desde la fibra muscular a través de este transportador de membrana hacia el plasma sanguíneo y otros líquidos extracelulares. Este mecanismo aumentaría el rendimiento durante esfuerzos anaeróbicos máximos, aun cuando su duración sea menor a los dos minutos.

Aunque la teoría que propone la ingesta de bicarbonato como una ayuda ergogénica para el ejercicio anaeróbico se sustenta sobre bases sólidas, los datos bibliográficos son contradictorios. No obstante, Linderman y Fahey[31] efectuaron una revisión bibliográfica y hallaron varios patrones experimentales que podrían explicar estas contradicciones. Los autores llegaron a la conclusión de que la ingesta de bicarbonato ejercía un efecto mínimo o nulo sobre los esfuerzos físicos de menos de 1 minuto o de más de 7 minutos de duración, pero se asociaba con un efecto ergogénico inequívoco en el caso de un esfuerzo físico de 1 a 7 minutos. Además, estos investigadores observaron que la dosis administrada revestía importancia. En la mayoría de los estudios en los que se utilizó una dosis de bicarbonato de 300 mg/kg de masa corporal, se registró un efecto beneficioso, mientras que en los estudios en los que se administraron dosis inferiores, el beneficio fue mínimo o nulo. Por lo tanto, la ingesta de una dosis de bicarbonato de 300 mg/kg de masa corporal podría aumentar el rendimiento en esfuerzos máximos anaeróbicos de 1 a 7 minutos de duración.

La Figura 16.7 muestra los resultados de un estudio que sustenta estas conclusiones. En este estudio, las concentraciones sanguíneas de bicarbonato se incrementaron artificialmente mediante la ingesta de bicarbonato antes y durante cinco esprines en cicloergómetro de 1 min de duración (véase la Figura 16.7a).[15] Durante la serie final, se observó una mejoría del rendimiento del 42%. El aumento de la concentración plasmática de bicarbonato redujo la concentración de H+ libres, tanto durante el ejercicio como después de éste (véase la Figura 16.7b), lo que se acompañó de un aumento del pH sanguíneo. Los autores concluyeron que, además de mejorar la capacidad amortiguadora, el suplemento de bicarbonato aceleró la remoción de los iones H+ desde las fibras musculares, con una disminución resultante del pH intracelular. Esencialmente, esta conclusión anticipó el descubrimiento de los transportadores de lactato en las células musculares por parte de Roth y Brooks[35] seis años más tarde.

Riesgos de la carga de bicarbonato

Si bien el bicarbonato de sodio se utilizó durante mucho tiempo para combatir la indigestión, muchos autores que estudiaron la carga de bicarbonato observaron trastornos digestivos significativos, como diarrea, dolores cólicos y distensión abdominal, en algunos de los sujetos tratados con dosis elevadas de bicarbonato. Estos síntomas se pueden prevenir mediante la ingesta de agua a voluntad y la división de la dosis total de bicarbonato de 300 mg/kg de peso corporal o más en cinco partes iguales en el curso de un período de 1 a 2 horas.[31] Además, varios estudios demostraron que el citrato de sodio posee una capacidad amortiguadora similar y ejerce un efecto semejante sobre el rendimiento sin provocar trastornos digestivos.

Carga de fosfato

A principios del siglo XX, los científicos comenzaron a evaluar la posibilidad de incrementar el consumo alimentario de fósforo para mejorar las funciones cardiovascular y metabólica durante el ejercicio. Los resultados de algunos de estos estudios pioneros sugirieron que la **carga de fosfato**, la cual consiste en la ingesta de fosfato de sodio como suplemento nutricional, era una ayuda ergogénica eficaz.

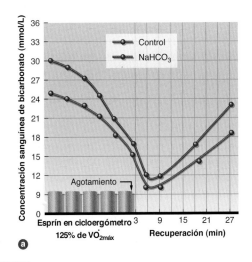

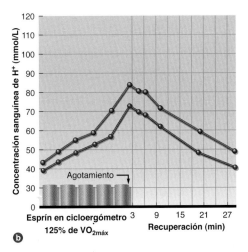

FIGURA 16.7 Concentraciones sanguíneas de (a) bicarbonato (HCO₃⁻) y (b) ion hidrógeno (H+) antes, durante y después de cinco series de esprín en cicloergómetro con y sin ingestión de bicarbonato de sodio (NaHCO₃). El quinto esprín se prolongó hasta el agotamiento. El incremento en la concentración plasmática de HCO₃⁻ estuvo asociada con un menor aumento de la concentración sanguínea de H+, un menor descenso del pH sanguíneo, un incremento del 42% en el tiempo de ejercicio hasta el agotamiento en el quinto esprín y una recuperación más rápida después de las series de esprín.

Adaptado, con autorización, de D.L. Costill y et al.,1984, "Acid-base balance during repeated bouts of exercise: Influence of HCO₃," *International Journal of Sports Medicine* 5: 228-231.

Beneficios ergogénicos propuestos

Se ha sugerido que la carga de fosfato podría ser sumamente beneficiosa durante el ejercicio. Uno de los presuntos efectos positivos de este enfoque sería el aumento de los niveles de fosfato extracelular e intracelular, lo que incrementaría la disponibilidad de fosfato para la fosforilación oxidativa y la síntesis de la fosfocreatina y, por lo tanto, también la producción de energía. A su vez, se piensa que la carga de fosfato estimularía la síntesis de 2,3-difosfoglicerato (2,3-DPG) en los glóbulos rojos. Este efecto desviaría la curva de disociación de oxihemoglobina hacia la derecha, lo que aumentaría la oferta de oxígeno a los músculos activos. Al reducir la afinidad de la hemoglobina por el oxígeno, el aumento de la producción de 2,3-DPG promueve la liberación de oxígeno desde los glóbulos rojos. Por lo tanto, se postuló que la carga de fosfato mejora la respuesta cardiovascular al ejercicio, aumenta la capacidad amortiguadora y, en consecuencia, mejora el rendimiento durante ejercicios de resistencia.

Efectos comprobados

Los estudios realizados para evaluar los beneficios ergogénicos de la carga de fosfato son muy escasos y, lamentablemente, sus resultados son contradictorios. En varios estudios, se registró una mejoría significativa del $\dot{V}O_{2máx}$ y del tiempo de ejercicio hasta el agotamiento. No obstante, en otros estudios no se observó ningún efecto. Es posible que la carga de fosfato se asocie con algunos efectos positivos, pero se requieren nuevos estudios que confirmen esta presunción.

Riesgos de la carga de fosfato

Hasta el momento, no se conoce ningún riesgo asociado con la carga de fosfato. No obstante, la confirmación de la seguridad de este método requiere nuevos estudios.

Agentes nutricionales

Si bien los conceptos fundamentales de nutrición y las propiedades específicas de los hidratos de carbono, las grasas, las proteínas, las vitaminas y los minerales para mejorar el rendimiento se comentan en profundidad en el Capítulo 15, se ha sugerido que muchos **agentes nutricionales** poseerían propiedades ergogénicas específicas. Consideramos pertinente comentar varios de estos agentes en el presente capítulo debido a su enorme repercusión mediática y a la publicidad que reciben, tanto por parte de sus fabricantes como de los consumidores. Sin embargo, la mayoría de estos agentes nutricionales no han sido debidamente evaluados y, en consecuencia, serán comentados brevemente.

Aminoácidos

Se ha postulado que ciertos **aminoácidos** o grupos de aminoácidos específicos poseerían propiedades ergogénicas especiales. Por ejemplo, el **L-triptófano**, un aminoácido esencial, aumentaría el rendimiento en competencias de resistencia aeróbica a través de sus efectos sobre el SNC; se presume que este aminoácido ejerce una acción

analgésica y retarda la aparición de fatiga. El L-triptófano es el primer precursor de la serotonina, un potente neurotransmisor del SNC. Aunque un estudio inicial sobre los efectos de suplementos de L-triptófano reveló notables incrementos del rendimiento durante pruebas de resistencia, los estudios ulteriores no confirmaron estos resultados y no mostraron un aumento del rendimiento durante competencias de resistencia.

Se ha postulado que los **aminoácidos de cadena ramificada (AACR)** (leucina, isoleucina y valina) actuarían en forma sinérgica con el L-triptófano para retardar la fatiga, principalmente a través de mecanismos nerviosos centrales. Se cuenta con indicios convincentes de que el aumento inducido por el ejercicio de la relación triptófano libre/AACR en el plasma se acompaña de un incremento de la concentración cerebral de serotonina y la aparición de fatiga durante el ejercicio prolongado.[16] En teoría, el aumento de los AACR reduciría el valor de este cociente y retardaría la aparición de fatiga. En un estudio se evaluó el tiempo hasta el agotamiento durante la realización de ejercicio en cicloergómetro al 70-75% del $\dot{V}O_{2máx}$ en distintas condiciones tendientes a alterar la relación triptófano/AACR y que consistieron en el incremento los niveles de triptófano, el aumento de los niveles de AACR o la reducción los niveles de AACR.[42] El tiempo transcurrido hasta el agotamiento fue similar en los tres grupos de tra-

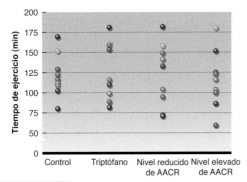

FIGURA 16.8 Tiempo transcurrido hasta el agotamiento para cada sujeto (cada uno de ellos representado por un símbolo de diferente color) durante la realización de ejercicio en cicloergómetro al 70-75% del $\dot{V}O_{2máx}$. Cada sujeto fue evaluado en la condición de control y con cada uno de los tratamientos experimentales consistentes en: el incremento de los niveles de triptófano, la reducción de los niveles de aminoácidos de cadena ramificada (AACR) o el incremento de los niveles e AACR. El tiempo hasta el agotamiento no difirió significativamente entre la prueba de control y las diferentes condiciones experimentales.
Adaptado de G. van Hall et al., 1995, "Ingestion of branched-chain amino acids and tryptophan during sustained exercise in man: Failure to affect performance", Journal of Physiology 486: 789-794. Reproducido con autorización.

tamiento (véase la Figura 16.8). Los resultados de este estudio y de otros similares arrojaron un manto de duda sobre la eficacia de los suplementos, ya sea de triptófano o de AACR, para aumentar el rendimiento durante ejercicios de resistencia.[16]

Otros autores postularon que la administración de suplementos de ciertos aminoácidos específicos aumentaría la liberación de GH desde la hipófisis anterior. Esta hipótesis tampoco ha sido corroborada con claridad por los estudios realizados. Sin embargo, se cuenta con algunos datos que indican que la administración de suplementos de un metabolito de la leucina (β-hidroxi-βmetilbutirato, o HMB) incrementaría realmente la masa libre de grasa corporal y la fuerza. Este compuesto actúa a través de la disminución de la degradación proteica asociada con el entrenamiento de sobrecarga. En una revisión reciente de los efectos del HMB sobre la masa libre de grasa y la fuerza de individuos no deportistas, se observó que sólo la mitad de los estudios realizados mostraron un efecto positivo. El riesgo asociado con la administración de suplementos de HMB aparentemente es muy escaso; en realidad, se observó que los suplementos de HMB se asocian con una disminución de los niveles séricos de colesterol total y LDL y de la presión arterial sistólica.[33]

L-carnitina

Los ácidos grasos de cadena larga son la mayor fuente de energía corporal, y la oxidación de los ácidos grasos suministra energía tanto en reposo como durante el ejercicio. La **L-carnitina** reviste importancia en el metabolismo de los ácidos grasos porque colabora con la transferencia de los ácidos grasos desde el citosol (la porción líquida del citoplasma, salvo por las organelas) a través de la membrana mitocondrial interna para que tenga lugar la β-oxidación. En condiciones normales, esta membrana es impermeable a los ácidos grasos de cadena larga, de modo que la disponibilidad de L-carnitina puede ser un factor limitante para la tasa de oxidación de los ácidos grasos.

Se ha teorizado que una mayor disponibilidad de L-carnitina facilitaría la oxidación de los lípidos. La mayor utilización de los lípidos como fuente de energía permitiría ahorrar glucógeno e incrementar la capacidad de resistencia. Los resultados de los estudios sobre la L-carnitina son variados: algunos muestran indicios indirectos de un incremento de la oxidación de las grasas asociado con la administración de suplementos de L-carnitina, pero en la mayoría no se observó ningún efecto sobre la oxidación de las grasas utilizando indicadores directos e indirectos. Los estudios demostraron que los suplementos de L-carnitina no incrementan la reserva muscular de carnitina, no estimulan la oxidación de los ácidos grasos, no ahorran glucógeno ni retardan la aparición de la fatiga durante el ejercicio; tampoco se ha demostrado en forma fehaciente que los suplementos de L-carnitina aumenten el rendimiento de los deportistas.[26]

Creatina

La utilización de la **creatina** como ayuda ergogénica se ha popularizado ampliamente entre los deportistas, y esta práctica, que en un inicio era frecuente en el ámbito recreativo, se incorporó al profesional. El principal fundamento de la utilización de creatina es la función que este compuesto cumple en los músculos esqueléticos, donde aproximadamente dos tercios del total se encuentra presente en la forma de fosfocreatina (PCr). Se especula que el aumento del contenido de creatina en el músculo esquelético mediante la administración de suplementos de creatina induciría un aumento de los niveles de PCr muscular mejorando la producción de energía a través del sistema ATP-PCr y preservando los niveles musculares de ATP. A su vez, esto mejoraría la producción pico de potencia durante ejercicios intensos y posiblemente facilitaría la recuperación posterior al ejercicio de alta intensidad. La creatina también sirve como amortiguador, lo que contribuye a la regulación del equilibrio ácido-base, y participa de las vías de oxidación metabólica.

Debido a la popularidad que los suplementos de creatina alcanzaron en los años 90 y a la amplia gama de propiedades ergogénicas que se les atribuye, el Colegio Americano de Medicina del Deporte (*American College of Sports Medicine*, o ACSM) publicó en el 2000 una declaración consensuada titulada "Los efectos psicológicos y sanitarios de los suplementos de creatina por vía oral" (*The Physiological and Health Effects of Oral Creatine Supplementation*).[2] Un grupo de científicos eminentes especializados en el deporte y el ejercicio revisaron toda la bibliografía publicada hasta el momento sobre la creatina y el rendimiento a fin de lograr un consenso acerca de los beneficios ergogénicos reales de la creatina. Los autores llegaron a las siguientes conclusiones:

- Los suplementos de creatina pueden incrementar el contenido muscular de fosfocreatina, pero ese efecto no se observa en todos los casos.

Contaminación de los suplementos nutricionales

Una gran cantidad de deportistas utilizan uno o más tipos de suplementos nutricionales, y la gran mayoría de ellos piensan que están ingiriendo una sustancia cuyos componentes son exactamente los mismos que figuran en la lista de ingredientes consignada en el envase. La industria de los suplementos nutricionales para su uso en el ámbito deportivo ha adquirido una magnitud tal que en la actualidad existen comercios y sitios de Internet que se especializan con exclusividad en la venta de estos productos. Lamentablemente, las normas que regulan la composición de estos productos son muy permisivas y muchos de sus supuestos componentes y acciones no están realmente avalados por estudios de investigación clínica. Esta laguna reglamentaria por parte de la FDA ha tenido como consecuencia un grave problema de contaminación de los suplementos nutricionales. En el 2000, los investigadores comenzaron a evaluar la pureza de muchos de estos suplementos con resultados que obligan a la prudencia. En algunos casos, los productos no contenían las sustancias enunciadas en el rótulo en cantidades mensurables y en otros casos la cantidad real de una sustancia superaba en hasta un 150% la dosis enunciada. Muchos suplementos de uso frecuente se encontraban contaminados con sustancias prohibidas que podrían dar lugar a resultados positivos en las pruebas de dopaje y a la exclusión del deportista de la competencia. Los contaminantes detectados comprendieron esteroides anabólicos, efedrina y cafeína. En la actualidad, se conocen numerosos estudios que corroboraron estos hallazgos y la gran importancia de este problema. Por ejemplo, en un estudio llevado a cabo en el laboratorio acreditado del COI en Colonia, Alemania, los investigadores analizaron 634 suplementos nutricionales no hormonales derivados de 13 países y de 215 proveedores diferentes. De las 634 muestras, 94 (14,8%) contenían hormonas o prohormonas que no habían sido mencionadas en el rótulo del producto y 23 muestras contenían compuestos relacionados con la nandrolona y la testosterona. Conclusión: los deportistas son responsables de las sustancias que ingieren; los deportistas que usan suplementos nutricionales corren un riesgo extremadamente alto.

Información recopilada por el Dr. Ron J. Maughan, de la Universidad Loughborough. Para mayor información y referencias, remitirse a Maughan, R.J. (2004). Contamination of dietary supplements and positive drug tests in sport. Journal of Sports Sciences, 23: 883-889.

- La combinación de creatina con una gran cantidad de hidratos de carbono podría incrementar la captación muscular de creatina.
- La suplementación con creatina puede mejorar el rendimiento durante actividades de corta duración y con altas producciones de potencia, particularmente durante series repetidas, y este hallazgo es coherente con la función que cumple la PCr en este tipo de actividad.
- La suplementación con creatina no mejora la fuerza isométrica máxima, la tasa de producción de fuerza máxima ni la capacidad aeróbica máxima.
- La suplementación con creatina inducen un aumento del peso corporal dentro de los primeros días posteriores a su administración, probablemente debido a la acumulación de agua asociada con la captación muscular de creatina.
- La combinación de suplementación con creatina y entrenamiento de la fuerza está asociada a un incremento de la fuerza muscular, posiblemente debido al incremento en la capacidad para entrenar a mayores intensidades.
- Las altas expectativas relacionadas con el aumento del rendimiento superan los beneficios ergogénicos reales de la suplementación con creatina.

Las revisiones científicas que se publicaron después de esta declaración consensuada del ACSM en general concuerdan en sus conclusiones. La creatina es uno de los pocos suplementos que efectivamente incrementan la masa libre de grasa y la fuerza muscular.[33] Respecto del aumento del rendimiento deportivo, los resultados son contradictorios. Es probable que ello se deba a dos factores: las demandas fisiológicas de una disciplina deportiva o una competencia dadas y la variabilidad individual en la respuesta a la suplementación con creatina. El aumento del rendimiento es más probable en aquellas disciplinas deportivas que requieran períodos breves de ejercicio de alta intensidad. En lo que respecta a las variaciones individuales, en el Capítulo 8 se comentó el principio de individualidad, es decir, el hecho de que existan sujetos que responden en mayor o menor medida a cualquier intervención dada. En estudios en los que sólo participaron unos pocos sujetos (por ejemplo, <10), es posible que en una muestra dada haya una representación desigual de sujetos con un alto nivel de respuesta o con uno bajo. Por último, es posible que los suplementos de creatina estimulen el crecimiento muscular a través de un aumento de la síntesis proteica.

Concepto clave

Los suplementos de creatina se asocian con beneficios ergogénicos, sobre todo respecto del aumento de la concentración muscular de creatina y la mejoría del rendimiento en series de ejercicios de máxima intensidad y corta duración (30 a 150 s).

Por lo tanto, los suplementos de creatina podrían asociarse con beneficios ergogénicos. Además, el riesgo asociado con el uso de suplementos de creatina, sobre todo en dosis reducidas, en apariencia es mínimo siempre que se mantenga una hidratación suficiente. Existe el riesgo de aumento de peso corporal secundario a la retención de líquido, lo que podría ser un efecto indeseable para algunas personas.

Revisión

➤ El uso de suplementos nutricionales acarrea un riesgo significativo debido a la posible contaminación de los ingredientes.

➤ Si bien los suplementos de aminoácidos, sobre todo L-triptófano y AACR, presuntamente poseen propiedades ergogénicas, los datos que avalan esta presunción son muy escasos. No obstante, el HMB se asocia con beneficios ergogénicos.

➤ Aunque la L-carnitina es importante en el metabolismo de los ácidos grasos, la mayoría de los estudios muestran que el uso de suplementos de L-carnitina no incrementa la reserva muscular de carnitina, no aumenta la oxidación de los ácidos grasos, no ahorra glucógeno ni retarda la aparición de fatiga durante el ejercicio.

➤ Se ha demostrado que los suplementos de creatina incrementan los niveles musculares de creatina y mejoran el rendimiento en deportes que involucran acciones de alta intensidad y corta duración.

Conclusión

En este capítulo se efectuó una revisión de algunos compuestos y formas de empleo frecuente a los que se les atribuyen propiedades ergogénicas. Todos los deportistas deben ser conscientes de las consecuencias legales, éticas, morales y médicas que acarrea el uso de cualquier agente ergogénico. La lista de sustancias prohibidas es cada vez más extensa. Los deportistas que utilizan sustancias prohibidas se arriesgan a ser descalificados de una competencia y a que se les prohíba competir en sus respectivas disciplinas durante un año o más. En la búsqueda del máximo rendimiento, los deportistas pueden caer con facilidad en la trampa de las sustancias promocionadas y de los supuestos beneficios asociados a éstas. Lamentablemente, demasiados deportistas están cegados por la ambición y no consideran las consecuencias de sus acciones hasta ver amenazadas sus carreras o hasta padecer trastornos médicos graves.

Hemos analizado las ayudas ergogénicas farmacológicas, hormonales y fisiológicas y algunos compuestos nutricionales específicos. En la próxima parte del libro, el foco de atención se desplazará desde los deportistas en general hacia las singularidades de aquellos más jóvenes, los de edad avanzada y las deportistas de sexo femenino dentro de las categorías más amplias de crecimiento y el desarrollo, envejecimiento y diferencias sexuales en el rendimiento deportivo. Este enfoque comienza en el Capítulo 17, dedicado a los aspectos específicos del ejercicio en los niños y los adolescentes.

Palabras clave

agentes farmacológicos

agentes fisiológicos

agentes hormonales

agentes nutricionales

aminoácidos

aminoácidos de cadena ramificada (AACR)

anfetaminas

betabloqueantes

cafeína

carga de bicarbonato

carga de fosfato

creatina

diuréticos

dopaje sanguíneo

efecto placebo

efedrina

ergogénicas

ergolíticos

esteroides anabólicos

exención por uso terapéutico

hormona de crecimiento humana (hGH)

L-carnitina

L-triptófano

placebo

seudoefedrina

suplementos de oxígeno

Preguntas

1. ¿Cuál es el significado del término *ayuda ergogénica*? ¿Qué es un efecto ergolítico?
2. ¿Por qué es importante incluir grupos de control y grupos tratados con placebo en los estudios sobre las propiedades ergogénicas de cualquier sustancia o procedimiento?
3. ¿Qué se sabe en la actualidad sobre el uso de anfetaminas en la competencia deportiva? ¿Cuáles son los riesgos de su uso?
4. ¿En qué circunstancias los betabloqueantes podrían ser ayudas ergogénicas?
5. ¿De qué manera la cafeína podría mejorar el rendimiento deportivo?
6. ¿Son ergogénicos los diuréticos? ¿Cuáles son algunos de los riesgos asociados con su uso?
7. ¿Qué se sabe del alcohol, la nicotina, la cocaína y la marihuana en tanto ayudas ergogénicas?
8. ¿Cuáles son los efectos del uso de esteroides anabólicos en la competencia deportiva? ¿Cuáles son algunos de los riesgos médicos del uso de esteroides?
9. ¿Qué se sabe sobre la hormona de crecimiento humana en tanto posible ayuda ergogénica? ¿Cuáles son los riesgos asociados con su uso?
10. ¿Qué es el dopaje sanguíneo? ¿Mejora el rendimiento deportivo?
11. ¿Cuál es el mecanismo por el cual la eritropoyetina mejoraría el rendimiento?
12. ¿Hasta qué punto es beneficioso inhalar oxígeno antes de iniciar la competencia, durante su transcurso y durante la recuperación posterior a la competencia?
13. ¿Cuáles son las propiedades ergogénicas potenciales del bicarbonato, el fosfato, el HMB y la creatina?

PARTE VI

Consideraciones relacionadas con la edad y el sexo en el deporte y el ejercicio

En las partes anteriores de este libro hemos visto los principios generales de la fisiología del esfuerzo y el deporte. Históricamente, una gran parte de la literatura relacionada con la fisiología del ejercicio básica y aplicada se enfocó en las respuestas de los hombres jóvenes. A partir de ahora, enfocaremos la atención en la forma en la que estos principios se aplican a los niños y los adolescentes, a los ancianos y a las mujeres. En el Capítulo 17, "Niños y adolescentes en el deporte y el ejercicio", examinamos los procesos del crecimiento y el desarrollo humano y el modo en que las diferentes etapas evolutivas afectan el rendimiento y la capacidad fisiológica de un niño. También consideraremos de qué manera las etapas de crecimiento y desarrollo pueden alterar las estrategias de entrenamiento de los jóvenes deportistas para la competición. En el Capítulo 18, "Deporte y ejercicio en adultos mayores", analizaremos los cambios que se producen con el envejecimiento en la capacidad de ejercicio y en el rendimiento deportivo, tratando de determinar cuáles de estos cambios podrían atribuirse principalmente al envejecimiento y cuáles a un estilo de vida cada vez más sedentario y al incremento de la incidencia de enfermedades crónicas. Veremos la importante función que puede cumplir el entrenamiento para minimizar la disminución asociada con el envejecimiento en el rendimiento y la aptitud física. En el Capítulo 19, "Diferencias sexuales en el deporte y el ejercicio", examinaremos las diferencias entre hombres y mujeres respecto de las respuestas al ejercicio agudo y al entrenamiento, y analizaremos hasta qué punto estas diferencias están determinadas biológicamente. También veremos aspectos fisiológicos y clínicos específicamente relacionados con deportistas de sexo femenino, como la función menstrual, el embarazo, la osteoporosis y la elevada prevalencia de trastornos alimentarios.

Niños y adolescentes en el deporte y el ejercicio

17

En este capítulo

Crecimiento, desarrollo y maduración   **426**
Talla y peso   427
Los huesos   427
Los músculos   428
El tejido adiposo   429
El sistema nervioso   429

Respuestas fisiológicas al ejercicio agudo   **430**
Fuerza   430
Función cardiovascular y respiratoria   430
Función metabólica   433
Respuestas endocrinas y utilización de sustratos durante el ejercicio   436

Adaptaciones fisiológicas al entrenamiento   **437**
Composición corporal   437
Fuerza   438
Capacida aeróbica   438
Capacidad anaeróbica   439

Habilidad motora y rendimiento deportivo   **440**

Tópicos especiales   **440**
Estrés térmico   442
Efectos del entrenamiento sobre el crecimiento y la maduración   443

Conclusión   **444**

El hombre más rápido y la mujer más rápida del mundo provienen de un pequeño país de tan sólo 2,8 millones de personas. Usain Bolt y Shelly-Ann Fraser ganaron medallas de oro en las carreras de 100 m llanos de Beijing 2008. ¿A qué se debe que una isla diminuta famosa por el sol, las playas y el reggae produzca tantos corredores campeones? Si bien se postularon innumerables teorías, un factor que diferencia a los deportistas jamaiquinos es el interés por el atletismo desde la infancia temprana, alimentado por una cultura que promueve y apoya el ejercicio desde la infancia.

En la actualidad, los programas de actividad física regular en las escuelas estadounidenses y en otros países enfrentan retos importantes, pero este no es el caso en Jamaica. El sistema educativo de este país, a través de un programa de educación física riguroso con profesores de educación física especializados, continúa en la senda de la tradición olímpica de la isla. El ejercicio y, en particular, la carrera, forma parte de la cultura y se promueve abiertamente entre los niños de la isla.

La competencia alienta a los niños para que permanezcan activos, se entrenen regularmente y comparen sus habilidades deportivas con las de otros compañeros. Los niños comienzan a entrenar y a prepararse para uno de los eventos escolares más ansiosamente esperados, el Día del Deporte, desde los 3 años de edad. El Día del Deporte se festeja en todas las escuelas primarias y secundarias y en la universidad. Niños y niñas comienzan a participar de carreras patrocinadas por el Estado desde los 5 años y, al llegar a la adolescencia, los velocistas de alto rendimiento compiten ante una multitud de personas en el *National Stadium* como parte del Campeonato Atlético para niños y niñas patrocinado por la *Secondary School Sports Association* (ISSA) durante la primera semana de abril de cada año.

No todos los niños se convertirán en nuevas versiones de Asafa Powell o Usain Bolt, pero la experiencia jamaiquina puede enseñarnos una lección: la actividad física regular es buena para todos los niños independientemente de que se conviertan en deportistas de alto rendimiento o simplemente en adultos con un buen estado físico.

A lo largo de los capítulos precedentes hemos examinado las respuestas fisiológicas corporales al ejercicio agudo y las adaptaciones al entrenamiento en condiciones normales y en diferentes condiciones ambientales. Sin embargo, siempre la atención se centró en los adultos. Durante muchos años, se dio por sentado que los niños y los adolescentes respondían y se adaptaban de igual forma que los adultos, pero en realidad los estudios en la población de niños y adolescentes eran muy escasos. En la actualidad, existe un nuevo grupo de investigadores (fisiólogos del ejercicio pediátrico) que han volcado su atención hacia el estudio de las respuestas y adaptaciones al ejercicio en niños y adolescentes. La comprensión cabal de la forma en que los niños y los adolescentes reaccionan al ejercicio reviste especial importancia porque la actividad física es un esencial para combatir la epidemia de obesidad infantil y para que los niños aprendan a desarrollar hábitos saludables para el resto de sus vidas. En la actualidad, existe una noción más precisa de las diferencias y las semejanzas existentes entre los adultos y los niños y adolescentes, y este será el tema que abordaremos en este capítulo.

Crecimiento, desarrollo y maduración

Crecimiento, desarrollo y maduración son términos que se emplean para describir cambios que se producen en el cuerpo a partir del momento de la concepción y durante toda la edad adulta. El término **crecimiento** designa un aumento del tamaño corporal o de cualquiera de sus partes. El término **desarrollo** se refiere a la diferenciación celular para cumplir distintas funciones especializadas (sistemas orgánicos) y, por lo tanto, refleja los cambios funcionales que acompañan el crecimiento. Por último, por **maduración** se entiende el proceso mediante el cual el cuerpo adquiere la configuración adulta y deviene completamente funcional. Este término se defi-

ne por el sistema o la función que está en consideración. Por ejemplo, la madurez ósea implica la presencia de un sistema esquelético plenamente desarrollado en el que todos los huesos alcanzaron el crecimiento y la osificación esperados, mientras que la madurez sexual implica la existencia de un aparato reproductor completamente funcional. El estado de madurez de un niño o de un adolescente puede definirse por los siguientes factores:

- la edad cronológica,
- la edad ósea, y
- el estadio de maduración sexual.

A lo largo de este capítulo, nos referiremos a los niños y los adolescentes. Por lo general, el período de vida comprendido entre el nacimiento y el comienzo de la adultez se divide en 3 fases: infancia, niñez y adolescencia. La **infancia** se define como el primer año de vida. La **niñez** abarca el período comprendido entre el fin de la infancia (el primer cumpleaños) y el inicio de la **adolescencia**; usualmente, se la divide en niñez temprana (edad preescolar) y niñez intermedia (escuela primaria). El período de la adolescencia es más difícil de definir en años cronológicos debido al carácter variable de su comienzo y de su finalización. En general, su comienzo suele coincidir con el inicio de la **pubertad**, momento en el cual aparecen las características sexuales secundarias y en el cual una persona se torna físicamente apta para la reproducción, y su finalización coincide con la culminación de los procesos de crecimiento y desarrollo, como el momento en el que se alcanza la estatura final adulta. En la mayoría de las niñas, la adolescencia comprende de los 8 a los 19 años, mientras que en la mayoría de los varones se extiende de los 10 a los 22 años.[20]

A raíz de la creciente popularidad de la práctica deportiva durante la niñez y la adolescencia y de la importancia creciente del ejercicio para combatir la obesidad infantil, es necesario tener una comprensión cabal de los aspectos fisiológicos del crecimiento y el desarrollo. Los niños y los adolescentes no deben ser considerados meras versiones en miniatura de los adultos. El crecimiento y el desarrollo de los huesos, los músculos, los nervios y los órganos determinan en gran medida las capacidades fisiológicas y el rendimiento físico de los niños y los adolescentes. A medida que los niños crecen, aumentan la mayoría de sus capacidades funcionales. Esta afirmación es válida para la habilidad motora, la fuerza, las funciones cardiovascular y respiratoria y la capacidad aeróbica y anaeróbica. En las siguientes secciones se discutirán los cambios relacionados con la edad en las capacidades físicas de los niños.

Para poder comprender las capacidades físicas de los niños y la posible repercusión de la actividad deportiva sobre los jóvenes, es necesario considerar en primer término el estatus físico de la población estudiada. En esta sección se analizarán los diferentes aspectos del crecimiento y el desarrollo de determinados tejidos corporales.

Talla y peso

Los especialistas del crecimiento y el desarrollo han dedicado buena parte de su tiempo a analizar los cambios relacionados con el crecimiento en la talla y el peso corporal. Estas dos variables son sumamente útiles para evaluar la rapidez de los cambios producidos. La modificación de la talla se mide en centímetros por año, y el cambio del peso corporal se mide en kilogramos por año. La Figura 17.1 muestra que la talla aumenta rápidamente durante los primeros dos años de vida. De hecho, el niño alcanza un 50% de la estatura adulta durante los dos primeros años de la vida. Durante la niñez, la talla se incrementa a una tasa progresivamente menor, es decir, se produce una reducción de la tasa de cambio en la talla. Inmediatamente antes de la pubertad, la tasa de cambio en la talla se incrementa marcadamente, y este fenómeno es seguido de una disminución exponencial de la velocidad hasta alcanzar la talla definitiva, a una edad promedio aproximada de 16 años en

las mujeres y de 18 años en los hombres. Algunos varones recién alcanzan la estatura definitiva entre los 20 y los 25 años. El pico de velocidad de crecimiento en la talla se produce cerca de los 12 años en las mujeres y de los 14 años en los varones. El pico de velocidad de crecimiento en el peso corporal tiene lugar aproximadamente a los 12,5 años en las mujeres y a los 14,5 años en los varones.

Concepto clave

Desde el punto de vista fisiológico, las niñas maduran aproximadamente 2 años antes que los niños.

Los huesos

Los huesos, las articulaciones, los cartílagos y los ligamentos conforman el soporte estructural del cuerpo. Los huesos proporcionan puntos de fijación para los músculos, protegen tejidos delicados, funcionan como depósitos de calcio y fósforo y algunos participan en la formación de glóbulos rojos. Durante las primeras etapas de la evolución fetal, los huesos comienzan a formarse a partir de cartílago. Algunos huesos planos, como los del cráneo, se desarrollan a partir de membranas fibrosas, pero la gran mayoría de ellos se forman a partir del cartílago hialino. Durante la evolución fetal, al igual que durante los primeros 14 a 22 años de vida, las membranas y los cartílagos se transforman en hueso por medio del proceso de **osificación**, o formación ósea. La línea cartilaginosa en los huesos también se conoce con el nombre de placa de crecimiento. La edad promedio en la que la placa de crecimiento ósea se cierra y se completa la osificación es sumamente variable, pero los huesos por lo general comienzan a fusionarse durante la preadolescencia y terminan de hacerlo a principios del segundo decenio de la vida. En promedio, las niñas alcanzan la madurez ósea varios años antes que los niños. Este fenómeno se debe a la acción de distintas hormonas, incluidos los estrógenos, responsables de enviar señales a la placa de crecimiento para que se cierre.

La estructura de los huesos largos maduros es compleja. El hueso es un tejido vivo que requiere nutrientes esenciales, por lo que recibe abundante irrigación sanguínea. Los huesos están compuestos por células distribuidas a través de una matriz o con una disposición reticular, y la densidad y la rigidez es consecuencia de depósitos de sales de calcio, sobre todo fosfato de calcio y carbonato de calcio. Por este motivo, el calcio es un nutriente esencial, sobre todo durante los períodos de crecimiento óseo y durante la última fase de la vida, por el cual los huesos se tornan quebradizos debido a la pérdida asociada con el envejecimiento en el contenido mineral óseo. Los huesos también actúan como reservorios de calcio. En presencia de una concentración sanguínea de calcio elevada, el exceso de calcio puede ser almacenado en los huesos; por el contrario, si la concentración sanguínea de calcio es demasiado baja, los procesos de resorción o degradación óseas permiten la

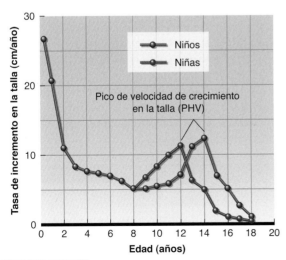

FIGURA 17.1 Cambios asociados con la edad en la velocidad de incremento de la talla (cm/año).

liberación de calcio hacia la sangre. En presencia de una lesión ósea, el depósito de calcio aumenta. En general, el estado de salud de un hueso se determina mediante la evaluación de la **densidad mineral ósea (DMO)** y los indicadores sanguíneos de formación y resorción óseas. Durante la infancia y la adolescencia, la DMO aumenta significativamente y por lo general alcanza un pico durante la segunda década de vida para luego disminuir progresivamente durante el resto de la vida. Este concepto puede observarse en el gráfico correspondiente a las mujeres de la Figura 17.2. Por lo tanto, la adolescencia representa una ventana de oportunidad para incrementar la DMO mediante una nutrición apropiada y el estrés físico de los huesos en ejercicios que requieren soportar el peso corporal.[21]

Un reciente estudio longitudinal que incorporó ejercicios de salto (saltos al cajón) para niños y niñas prepúberes de 8 y 9 años de edad mostró que los ejercicios simples de alto impacto confieren beneficios a largo plazo. Los niños y niñas que participaron en este programa de entrenamiento con saltos al cajón durante su clase de educación física exhibieron un incremento de la DMO luego de siete meses, y este incremento se mantuvo por cuatro años luego de la intervención. El aumento de la DMO superó el asociado con el crecimiento y el desarrollo normales. Si los beneficios asociados con este tipo de ejercicios lograran mantenerse hasta que la DMO alcance la meseta observada en una fase temprana de la adultez, es posible que disminuyese significativamente el riesgo de fractura en una fase ulterior de la vida en la que la DMO declina.[12]

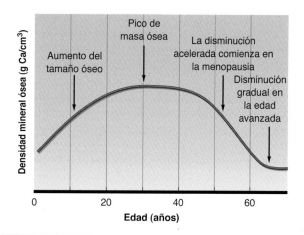

FIGURA 17.2 Cambios de la densidad mineral ósea a lo largo de la vida de una mujer. La disminución de la DMO a partir de los 50 años es menos rápida en los hombres

Concepto clave

El ejercicio, acompañado de una alimentación equilibrada, es fundamental para que el crecimiento óseo sea el adecuado. El ejercicio afecta el ancho, la densidad y la fuerza de los huesos.

Revisión

➤ La talla aumenta rápidamente durante los primeros 2 años de vida: el niño alcanza un 50% de la talla adulta antes de cumplir 2 años. A partir de ese momento, la talla se incrementa a un ritmo cada vez más lento durante toda la infancia, hasta que se produce un marcado aumento poco antes de la pubertad.

➤ El pico de velocidad de crecimiento en la talla se produce a los 12 años en el caso de las mujeres y a los 14 años en el caso de los varones. Por lo general, las mujeres alcanzan la estatura definitiva a los 16 años y los varones lo hacen a los 18 años.

➤ El aumento de peso sigue la misma tendencia que la talla. El pico de velocidad de crecimiento en el peso se produce a los 12,5 años en el caso de las mujeres y a los 14,5 años en el caso de los hombres.

➤ La densidad mineral ósea aumenta significativamente durante la infancia y la adolescencia, y alcanza un valor máximo en la adultez temprana. Los ejercicios de alta energía con soporte de carga pueden aumentar considerablemente la DMO.

Los músculos

Desde el nacimiento hasta la adolescencia, la masa muscular del cuerpo aumenta a un ritmo constante, fenómeno que se acompaña del incremento paralelo del peso corporal. En los varones, la masa muscular esquelética aumenta desde un 25% del peso corporal total al nacer hasta un 40 a 45% o más en los hombres jóvenes (20 a 30 años). Gran parte de este incremento se produce cuando la tasa de desarrollo muscular alcanza su punto culminante en la pubertad. Este valor máximo se corresponde con un aumento brusco en el orden de casi 10 veces de la producción de testosterona. Las mujeres no experimentan una aceleración tan rápida del crecimiento muscular en la pubertad, pero la masa muscular continúa aumentando, aunque más lentamente que en los hombres, hasta representar entre el 30 y el 35% del peso corporal total en la adultez temprana. Esta diferencia de velocidad de desarrollo se atribuye parcialmente a las diferencias hormonales que se producen durante la pubertad (véase el Capítulo 19). Estos porcentajes disminuyen con la edad en hombres y mujeres como consecuencia de la pérdida de masa muscular y el aumento de la masa adiposa.

El incremento de la masa muscular asociado con la edad se debe principalmente a la hipertrofia (aumento de tamaño) de las fibras existentes, dado que la hiperplasia (aumento de la cantidad de fibras) es mínima o nula.

Concepto clave

El aumento de masa muscular con el crecimiento y el desarrollo es producto, en primer lugar, de hipertrofia de fibras musculares individuales mediante el aumento de miofilamentos y miofibrillas. La longitud muscular aumenta por el agregado de sarcómeros y por el incremento en la longitud de sarcómeros existentes.

La hipertrofia fibrilar es consecuencia del aumento de la cantidad de miofilamentos y miofibrillas. El aumento de la longitud de los músculos a medida que crecen los huesos se debe al aumento de la cantidad de sarcómeros (que se agregan en la zona de unión entre el músculo y el tendón) y al incremento en la longitud de los sarcómeros existentes. La masa muscular alcanza su pico entre los 16 y los 20 años en las mujeres y entre los 18 y los 25 años en los varones, salvo que se estimule un crecimiento muscular ulterior mediante el ejercicio o la dieta.

El tejido adiposo

La formación de los adipocitos y el depósito de grasa en estas células tienen lugar en una fase temprana de la evolución fetal, y estos procesos continúan indefinidamente a partir de entonces. Los adipocitos pueden aumentar de tamaño a cualquier edad. La cantidad de grasa que se acumula con el crecimiento y el envejecimiento depende de:

- la alimentación,
- los hábitos de ejercicio,
- los factores hereditarios.

Los factores hereditarios son inalterables, pero la alimentación y el ejercicio pueden modificarse a fin de aumentar o reducir los depósitos de grasa.

Al nacer, el tejido adiposo representa entre el 10 y el 12% de peso corporal total. Durante la fase de **madurez física**, la masa adiposa representa aproximadamente un 15% del peso corporal total en los varones y un 25% en las mujeres. Al igual que en el caso del crecimiento muscular, esta diferencia entre los sexos se debe principalmente a diferencias hormonales. Cuando las niñas llegan a la pubertad, se produce un aumento de la concentración de estrógenos y de la exposición tisular a esta hormona, lo que favorece la acumulación de grasa corporal. La Figura 17.3 muestra los cambios en el porcentaje de grasa, en la masa grasa y en la masa libre de grasa corporal para varones y mujeres entre los 8 y 20 años de edad.[20] Es importante señalar que tanto la masa grasa como la masa libre de grasa se incrementan durante este período, por lo que el incremento en la cantidad absoluta de grasa no implica necesariamente un aumento en la cantidad relativa de grasa.

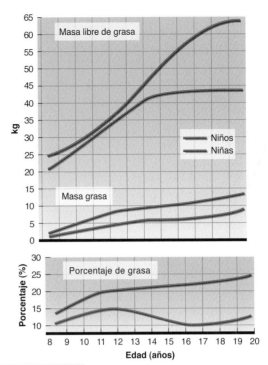

FIGURA 17.3 Cambios en el porcentaje de grasa, en la masa grasa y en la masa libre de grasa en mujeres y hombres desde el nacimiento hasta los 20 años de edad.
Reproducido, con autorización, de R. M. Malina, C. Bouchard y O. Bar-Or, 2004, *Growth, maturation and physical activity*, 2.ª ed. (Champaign, IL: Human Kinetics), 114.

dos y hábiles requiere la mielinización completa de las fibras nerviosas, puesto que la conducción de un impulso a lo largo de una fibra nerviosa es considerablemente más lenta si la fibra está desmielinizada o la mielinización es incompleta (Capítulo 3). La **mielinización** de la corteza cerebral tiene lugar con mayor rapidez durante la infancia, pero continúa hasta mucho después de la pubertad. Si bien la práctica repetida de una actividad o de una destreza puede mejorar la ejecución hasta un cierto punto, el dominio óptimo de la actividad o del movimiento depende de la maduración completa (y de la mielinización) del sistema nervioso. El desarrollo de la fuerza también depende en cierta medida de la mielinización.

Concepto clave

El incremento del tejido adiposo se produce debido al aumento del tamaño de los adipocitos existentes y al aumento en el número de adipocitos. Aparentemente, cuando un adipocito se "llena", envía la señal para el desarrollo de nuevos adipocitos.

El sistema nervioso

A medida que crecen, los niños adquieren mayor equilibrio, agilidad y coordinación conforme se va desarrollando el sistema nervioso. La realización de gestos rápi-

Revisión

➤ La masa muscular aumenta a un ritmo constante desde el nacimiento hasta la adolescencia, en paralelo con el incremento del peso corporal.

➤ En los varones, la tasa de desarrollo muscular alcanza su punto máximo en la pubertad, cuando la producción de testosterona aumenta considerablemente. Las niñas no experimentan este aumento acelerado de la masa muscular.

➤ El incremento de masa muscular en niños y niñas es consecuencia principalmente de la hipertrofia fibrilar, acompañada de un grado mínimo o nulo de hiperplasia.

➤ La masa muscular alcanza su punto máximo entre los 16 y los 20 años en el caso de las mujeres y entre los 18 y los 25 años en el caso de los varones, a menos que el aumento persista como consecuencia del ejercicio o la dieta.

➤ Los adipocitos pueden aumentar de tamaño y en cantidad en cualquier fase de la vida.

➤ El grado de acumulación de tejido adiposo depende de la alimentación, los hábitos de ejercicio y factores hereditarios.

➤ En la madurez física, el tejido adiposo corporal representa en promedio un 15% del peso corporal total en los varones jóvenes y un 25% del peso corporal en las mujeres jóvenes. Esta diferencia se debe principalmente al mayor nivel de testosterona en los varones y al mayor nivel de estrógenos en las mujeres.

➤ El equilibrio, la agilidad y la coordinación mejoran a medida que se desarrolla el sistema nervioso de los niños.

➤ La presencia de reacciones rápidas y movimientos diestros requiere de la mielinización completa de las fibras nerviosas, puesto que la mielinización acelera la transmisión de los impulsos eléctricos.

Respuestas fisiológicas al ejercicio agudo

La función de casi todos los sistemas fisiológicos mejora progresivamente hasta que se alcanza la madurez completa o un poco antes. A partir de entonces, las funciones fisiológicas se estabilizan durante un tiempo antes de empezar a disminuir con el envejecimiento. En esta sección nos enfocaremos en algunos de los aspectos que se modifican durante el crecimiento y el desarrollo en los niños y los adolescentes, tales como:

- Fuerza
- Funciones cardiovascular y respiratoria
- Función metabólica, incluidas la capacidad aeróbica, la economía de carrera, la capacidad anaeróbica y la utilización de sustratos

Fuerza

La fuerza aumenta a medida que se incrementa la masa muscular. En general, el pico de fuerza se alcanza antes de los 20 años en las mujeres y entre los 20 y los 30 en los hombres. Los cambios hormonales que acompañan la pubertad se asocian con un marcado incremento de fuerza en varones púberes debido al aumento de masa muscular mencionado previamente. Además, el grado de desarrollo y de capacidad de rendimiento de los músculos también depende de la maduración relativa del sistema nervioso. Resulta imposible alcanzar altos niveles de fuerza, potencia y habilidad si la maduración del sistema nervioso es incompleta. La mielinización de muchos ner-

vios motores recién se completa en el momento de la madurez sexual, de modo que hasta ese momento el control nervioso de la función muscular es limitado.

La Figura 17.4 ilustra los cambios en la fuerza de las piernas en un grupo de varones del Medford Boys' Growth Study.[5] En este estudio, se realizó el seguimiento longitudinal de los niños desde los 7 hasta los 18 años. Como puede observarse en la figura, la tasa de mejora en la fuerza (pendiente de la curva) se incrementa significativamente alrededor de los 12 años, la edad característica de la pubertad. No se dispone de datos longitudinales similares para niñas dentro de este mismo rango de edades, pero los datos transversales indican que en las niñas el aumento de la fuerza absoluta es más gradual y lineal y no se observa un cambio significativo de la fuerza relativa al peso corporal después de la pubertad,[11] como lo muestra la Figura 17.5.

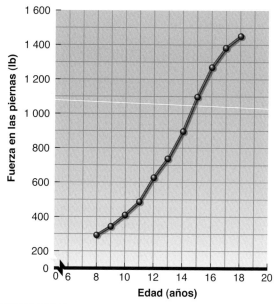

FIGURA 17.4 Mejoras asociadas con la edad en la fuerza de las piernas de niños que fueron seguidos longitudinalmente durante 12 años. Obsérvese el incremento en la pendiente de la curva entre los 12 y 16 años de edad. Datos obtenidos de Clarke, 1971.

Función cardiovascular y respiratoria

La función cardiovascular sufre numerosos cambios a medida que el niño crece. Debido a los cambios significativos en la potencia aeróbica que se producen con el crecimiento y el desarrollo, es necesario que consideremos estos cambios tanto durante el ejercicio submáximo como durante el ejercicio máximo.

Reposo y ejercicio submáximo

La presión arterial en reposo y durante el ejercicio submáximo es más baja en los niños que en los adultos,

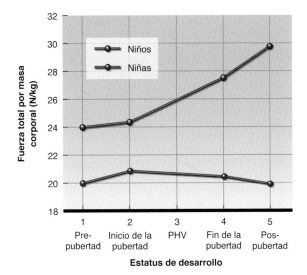

FIGURA 17.5 Cambios en la fuerza según el estatus de desarrollo de niños y niñas. La fuerza se expresa como un puntaje compuesto por la fuerza estática valorada en diversos sitios, y los valores están expresados por kilogramo de peso corporal para dar cuenta de las diferencias de tamaño entre niños y niñas. PHV = pico de velocidad de crecimiento en talla.

Reproducido, con autorización, de K. Froberg y O. Lammert, 1996, "Development of muscle strength during childhood". En *The child and adolescent athlete* (Londres: Blackwell Publishing Company) 28. Copyright 1996 por Blackwell Publishing. Reproducido con autorización de Blackwell Publishing Ltd.

pero aumenta progresivamente hasta alcanzar valores adultos durante los últimos años de la adolescencia. Además, la presión arterial es directamente proporcional al tamaño del cuerpo. En las personas de mayor tamaño, por lo general el corazón es más grande y la presión arterial es más elevada, de manera que el tamaño es al menos parcialmente responsable del menor valor de presión arterial registrado en los niños. Además, en los niños el flujo sanguíneo hacia los músculos activos durante el ejercicio y para un volumen muscular dado puede ser mayor que en los adultos debido a que los niños tienen una menor resistencia periférica. Por lo tanto, ante una carga de trabajo submáxima, la presión arterial es menor y la perfusión muscular, mayor.

Recordemos que el gasto cardíaco es el producto de la frecuencia cardíaca y del volumen sistólico. La menor magnitud del tamaño cardíaco y del volumen sanguíneo total de un niño determina un menor volumen sistólico, tanto en reposo como durante el ejercicio, en comparación con los adultos. En un intento por compensar el menor volumen sistólico y preservar el gasto cardíaco, la respuesta de la frecuencia cardíaca de los niños ante una carga de trabajo submáxima dada (p. ej., en cicloergómetro) con el mismo requerimiento absoluto de oxígeno será mayor que la de los adultos. A medida que el niño crece, el tamaño del corazón y el volumen sanguíneo aumentan en relación con el tamaño corporal. En consecuencia, a medida que aumenta el tamaño corporal, tam-

bién lo hace el volumen sistólico para una misma carga absoluta de trabajo, y la frecuencia cardíaca disminuye.

No obstante, la frecuencia cardíaca submáxima de un niño no puede compensar totalmente el menor volumen sistólico. Por esta razón, el gasto cardíaco de los niños, para una carga de trabajo o un consumo de oxígeno dados, es algo menor que el de los adultos. Para mantener los niveles adecuados de consumo de oxígeno durante el ejercicio submáximo, los niños poseen una incrementada diferencia arterio-venosa mixta de oxígeno o diferencia $(a-\bar{v})O_2$, lo cual compensa adicionalmente el menor volumen sistólico. El aumento de la diferencia $(a-\bar{v})O_2$ muy probablemente se deba a un incrementado flujo sanguíneo hacia los músculos activos: un porcentaje mayor del gasto cardíaco se destina a los músculos activos.[35] Estas relaciones submáximas se ilustran en la Figura 17.6, donde se comparan las respuestas de un niño de 12 años con las observadas en un adulto.

Ejercicio máximo

La frecuencia cardíaca máxima ($FC_{máx}$) es más alta en los niños que en los adultos, pero se reduce linealmente con la edad. Por lo general, los menores de 10 años presentan una frecuencia cardíaca máxima superior a 210 latidos/min, mientras que en un hombre de 20 años promedio es de aproximadamente 195 latidos/min. No obstante, en una fase ulterior de la vida (a partir de 25-30 años), los resultados de estudios transversales indican que la frecuencia cardíaca máxima disminuye algo menos de 1 latido/min por año. Los resultados de los estudios longitudinales sugieren que la disminución de la frecuencia cardíaca máxima es de solamente 0,5 latidos/min por año. Esta declinación de la frecuencia cardíaca máxima con el transcurso del tiempo se debe a la disminución progresiva de la sensibilidad de los receptores β-adrenérgicos cardíacos.

Al igual que durante el ejercicio submáximo, durante el ejercicio máximo el menor tamaño cardíaco y el menor volumen sanguíneo limitan el volumen sistólico máximo que puede alcanzar un niño. Una vez más, la mayor $FC_{máx}$ es insuficiente para compensar este fenómeno, lo que determina que en el niño el gasto cardíaco máximo sea menor que en el adulto. Esta situación limita el rendimiento del niño ante una carga de trabajo absoluta elevada (p. ej., pedalear a 100 W en un cicloergómetro o tratar de alcanzar el mismo $\dot{V}O_2$ absoluto), ya que la capacidad de transporte de oxígeno del niño es inferior a la del adulto. Sin embargo, durante la realización de ejercicios a una alta intensidad relativa en los cuales el niño es responsable de mover sólo su masa corporal (p. ej., correr en una cinta ergométrica a la misma velocidad y sin inclinación), el menor gasto cardíaco máximo observado en los niños no representa una limitación seria. Por ejemplo, durante la carrera, un niño de 25 kg (55 lb) de peso requiere mucho menos oxígeno (en relación con su tamaño corporal) que un hombre de 90 kg (198 lb); sin embargo, la tasa de consumo de oxí-

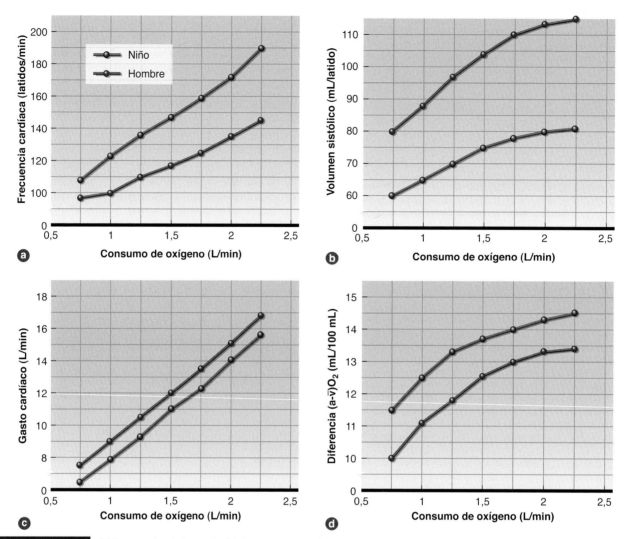

FIGURA 17.6 Valores submáximos de (a) frecuencia cardíaca, (b) volumen sistólico, (c) gasto cardíaco y (d) diferencia arterio-venosa de oxígeno, o diferencia (a-v̄)O₂ en un niño de 12 años y en un adulto totalmente maduro, medidos a la misma tasa de consumo de oxígeno.

geno en relación con el tamaño corporal es casi igual en ambos casos.

Concepto clave

El tamaño del corazón es directamente proporcional al del cuerpo; por lo tanto, el corazón de los niños es más pequeño que el de los adultos. Como consecuencia de ello y de un menor volumen sanguíneo, el volumen sistólico de los niños es menor que el de los adultos. La frecuencia cardíaca máxima de un niño sólo logra compensar en parte esta disminución del volumen sistólico; por lo tanto, el gasto cardíaco máximo es menor que el de un adulto igualmente entrenado.

Función pulmonar

La función pulmonar sufre cambios significativos con el crecimiento. Todos los volúmenes pulmonares aumentan progresivamente hasta que se completa el crecimiento. La tasa pico de flujo respiratorio también muestra un patrón similar. Los cambios en los volúmenes pulmonares y en la tasa de flujo respiratorio se corresponden con los cambios en la máxima ventilación que se puede lograr durante la realización de ejercicios muy intensos, la cual se designa con los términos ventilación espiratoria máxima ($\dot{V}_{Emáx}$) o ventilación minuto máxima. La $\dot{V}_{Emáx}$ aumenta progresivamente con la edad hasta la madurez física y luego disminuye con el envejecimiento. Según datos transversales, la $\dot{V}_{Emáx}$ promedio es de unos 40 L/min entre los 4 y 6 años de edad y aumenta hasta llegar a 110-140 L/min en plena madurez. En las mujeres se observa el mismo patrón general, pero los valores absolutos pospuberales son mucho menores, sobre todo debido al menor tamaño corporal. Estos cambios se asocian con el crecimiento del aparato pulmonar, cuyo patrón es similar al patrón de crecimiento general de los niños. Así, a medida que el tamaño del cuerpo aumenta con el crecimiento y el desarrollo, también lo hace la función y el tamaño de los pulmones.

Revisión

➤ La fuerza de los niños aumenta a medida que lo hace la masa muscular con el crecimiento y el desarrollo.

➤ El aumento de fuerza asociado con el crecimiento también depende de la maduración nerviosa, dado que el control neuromuscular es limitado hasta que se completa la mielinización, por lo general, al llegar la madurez sexual.

➤ La presión arterial es directamente proporcional al tamaño corporal: es más baja en los niños que en los adultos, pero aumenta hasta alcanzar valores adultos durante los últimos años de la adolescencia, tanto en reposo como durante la actividad física.

➤ Durante el ejercicio de intensidad máxima y submáxima, el menor tamaño del corazón y del volumen sanguíneo del niño determina un menor volumen sistólico que en el adulto. A modo de compensación parcial, la frecuencia cardíaca de los niños es más alta que la de los adultos durante un esfuerzo de intensidad similar.

➤ A pesar de la incrementada frecuencia cardíaca, el gasto cardíaco de un niño sigue siendo inferior al de un adulto. Durante el ejercicio submáximo, la mayor diferencia $(a-\bar{v})O_2$ asegura el adecuado transporte de oxígeno hacia los músculos activos. Sin embargo, durante un esfuerzo de intensidad máxima, el transporte de oxígeno limita el rendimiento en actividades que exigen algo más que mover la masa corporal, tal como correr.

➤ Los volúmenes pulmonares aumentan en forma progresiva hasta llegar a la madurez física.

➤ Hasta la madurez física, durante el ejercicio de máxima intensidad la capacidad ventilatoria máxima y la ventilación espiratoria máxima aumentan en proporción directa al incremento del tamaño corporal.

Función metabólica

La función metabólica y la utilización de sustratos en reposo y durante el ejercicio también cambian a medida que los niños y los adolescentes crecen, como se esperaría a partir de los cambios previamente comentados en la masa muscular, la fuerza y la función cardiorrespiratoria.

Capacidad aeróbica

El objetivo de las adaptaciones respiratorias y cardiovasculares básicas que se producen en respuesta a los diversos niveles de ejercicio (carga de trabajo) consiste en satisfacer la necesidad de oxígeno de los músculos activos. Por lo tanto, el aumento de las funciones respiratoria y cardiovascular que acompaña el crecimiento sugiere que también tiene lugar un aumento de la capacidad aeróbica ($\dot{V}O_{2máx}$). En 1938, Robinson[24] dio cuenta de este fenómeno en una muestra transversal de niños y hombres de 6 a 91 años. Este investigador observó que el $\dot{V}O_{2máx}$ alcanza los valores pico entre los 17 y los 21 años, para luego disminuir linealmente con la edad. Estudios porteriores confirmaron estas observaciones. Los estudios realizados en niñas y mujeres mostraron esencialmente la misma tendencia, aunque en esta población la disminución comienza a una edad mucho más temprana, por lo general entre los 12 y los 15 años (véase el Capítulo 19). Es probable que esto se deba a la adopción más temprana de un estilo de vida más sedentario. La Figura 17.7a ilustra los cambios asociados con la edad en el $\dot{V}O_{2máx}$ expresado en litros por minuto.

La expresión de la $\dot{V}O_{2máx}$ en relación con el peso corporal ($mL \cdot kg^{-1} \cdot min^{-1}$) brinda un panorama muy distinto, tal como puede observarse en la Figura 17.7b. Los valores se modifican en muy escasa medida entre los 6 años y la adultez temprana. En el caso de las niñas, los cambios son pocos entre los 6 y los 13 años, pero a partir de esa edad la capacidad aeróbica disminuye gradualmente. Si bien estas observaciones revisten un interés general, es posible que no reflejen con precisión el desarrollo del apa-

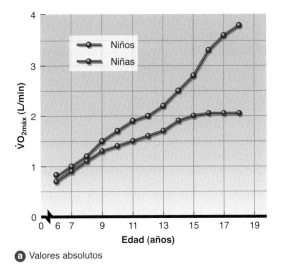

(a) Valores absolutos

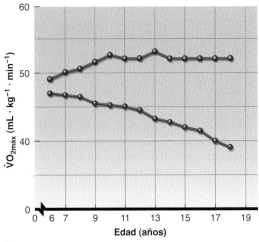

(b) En relación con el peso corporal

FIGURA 17.7 Cambios del consumo máximo de oxígeno asociados con la edad en niños y en adolescentes.

rato cardiorrespiratorio a medida que los niños crecen ni los cambios que se producen en sus niveles de actividad física. En este sentido, se ha puesto en duda la validez de la utilización del $\dot{V}O_{2máx}$ relativo al peso corporal para explicar los cambios en los sistemas cardiorrespiratorio y metabólico durante el período de crecimiento y desarrollo. En cambio, las diferencias sexuales que comienzan a emerger en la pubertad podrían reflejar diferencias sexuales respecto del incremento de la masa corporal y los cambios en la composición corporal. El aumento de la masa grasa en las niñas púberes como consecuencia de la exposición a una mayor cantidad de estrógenos determina que el valor del $\dot{V}O_2$ relativo al peso corporal ($\dot{V}O_2$ por kilogramo) disminuya, pero es posible que este cambio no resulte ser significativo después de la normalización por la masa libre de grasa corporal.

Entre los argumentos que se oponen a la utilización del $\dot{V}O_{2máx}$ relativo al peso corporal para normalizar las diferencias en el tamaño corporal, se incluyen los siguientes. En primer lugar, aunque los valores del $\dot{V}O_{2máx}$ relativos al peso corporal permanecen relativamente estables o disminuyen con la edad, la capacidad de resistencia aumenta en forma constante. Un niño promedio de 14 años puede correr 1,6 km (1 milla) casi al doble de velocidad que un niño promedio de 5 años; sin embargo, los valores del $\dot{V}O_{2máx}$ expresados relativos al peso corporal son similares en ambos niños.[27] En segundo lugar, si bien el incremento en el $\dot{V}O_{2máx}$ que acompaña al entrenamiento de la resistencia en niños es relativamente pequeño en comparación con el incremento observado en adultos, la mejora del rendimiento de resistencia en los niños es relativamente grande. Por consiguiente, es probable que el peso corporal no sea la variable más adecuada para normalizar los valores del $\dot{V}O_{2máx}$ según las diferencias de tamaño corporal en los niños y los adolescentes. Las relaciones entre el $\dot{V}O_{2máx}$, el tamaño corporal y las funciones sistémicas durante el crecimiento son extraordinariamente complejas.[6, 28] Este punto se analiza con mayor profundidad más adelante en este capítulo.

Concepto clave

Expresada en litros por minuto, la capacidad aeróbica ($\dot{V}O_{2máx}$) es inferior en los niños que en los adultos a niveles similares de entrenamiento. Esto se debe principalmente al menor gasto cardíaco máximo. Cuando se corrigen los valores del $\dot{V}O_{2máx}$ para normalizar las diferencias de tamaño corporal entre niños y adultos, las diferencias entre éstos respecto de la potencia aeróbica suele ser pequeña o nula.

Economía de carrera

¿Cómo afectan el rendimiento de un niño los cambios relacionados con el crecimiento en la capacidad aeróbica? Para cualquier actividad que requiera una tasa de trabajo fija, como pedalear en un cicloergómetro, el menor $\dot{V}O_{2máx}$ de un niño limita el rendimiento de resistencia. No obstan-

te, según se observó anteriormente, en el caso de actividades en las que el peso corporal constituye la principal resistencia al movimiento, como la carrera de fondo, este factor no debería representar una desventaja, puesto que los valores del $\dot{V}O_{2máx}$ expresados en relación con el peso corporal son iguales o casi iguales a los valores adultos.

Aun así, los niños no pueden mantener un ritmo de carrera tan veloz como los adultos debido a las diferencias fundamentales en la economía del esfuerzo. A una velocidad determinada sobre una cinta ergométrica, el consumo de oxígeno submáximo de un niño será muy superior al de un adulto cuando se lo expresa en relación con el peso corporal. A medida que el niño crece, las piernas aumentan de longitud, los músculos se fortalecen y la destreza para correr se incrementa. Todos estos cambios reflejan una mejoría de la economía de carrera y, en consecuencia, una mejoría del ritmo de carrera aun cuando el niño no se entrene regularmente y los valores del $\dot{V}O_{2máx}$ no aumenten.[7,16] También es posible que la relación entre el consumo de oxígeno y el peso corporal durante el crecimiento y el desarrollo sea inadecuada, como se comentó en la sección precedente.[25]

Revisión

➤ A medida que mejoran las funciones pulmonar y cardiovascular con el desarrollo, también lo hace la capacidad aeróbica.

➤ El $\dot{V}O_{2máx}$ expresado en litros por minuto alcanza un valor máximo entre los 17 y los 21 años en los varones y entre los 12 y los 15 años en las mujeres. A partir de entonces, este parámetro se estabiliza durante varios años hasta que comienza a disminuir progresivamente.

➤ Cuando el $\dot{V}O_{2máx}$ se expresa en relación con el peso corporal, en los varones los valores se estabilizan entre los 6 y los 25 años y luego comienzan a declinar. En el caso de las niñas, los cambios son imperceptibles entre los 6 y los 12 años, pero se tornan más notables a partir de los 13 años. Sin embargo, la expresión del $\dot{V}O_{2máx}$ en relación con el peso corporal puede no representar una estimación precisa de la capacidad aeróbica. Estos valores del $\dot{V}O_{2máx}$ no reflejan el aumento significativo del rendimiento de resistencia asociado con la maduración y el entrenamiento.

➤ Los menores valores del $\dot{V}O_{2máx}$ (L/min) en los niños limitan la capacidad de resistencia, a menos que el factor de mayor resistencia al movimiento sea el peso corporal, como ocurre en las pruebas de fondo del pedestrismo.

➤ Expresados en relación con el peso corporal, los valores del $\dot{V}O_{2máx}$ en un niño son similares a los valores adultos. No obstante, en actividades como la carrera de fondo, el rendimiento de un niño se encuentra muy por debajo del rendimiento de un adulto.

➤ La economía de carrera expresada como el $\dot{V}O_2$ relativo al peso corporal es menor en los niños que en los adultos. Uno de los factores que podría explicar esta diferencia es que los niños poseen una menor frecuencia de zancada a un ritmo fijo de carrera en comparación con los adultos.

Capacidad anaeróbica

Los niños tienen una capacidad limitada para realizar actividades anaeróbicas como consecuencia de una menor capacidad glucolítica. Este fenómeno se refleja en diferentes hallazgos. En primer lugar, el contenido de glucógeno muscular en los niños equivale a un 50 a 60% del de los adultos.[8] Los niños no pueden alcanzar las mismas concentraciones musculares o sanguíneas de lactato que los adolescentes o los adultos durante ejercicios de intensidad máxima o supramáxima[3], lo cual sugiere una menor capacidad glucolítica. Las menores concentraciones de lactato podrían reflejar una menor concentración de fosfofrutocinasa (la enzima limitante de la tasa glucolítica) y una disminución significativa (aproximadamente 3,5 veces) de la actividad de la enzima lactato deshidrogenasa.[14] La menor concentración sérica de lactato después del ejercicio intenso en los niños podría reflejar su menor masa muscular relativa, una mayor tasa de eliminación de lactato, una mayor dependencia en el metabolismo aeróbico o una combinación de estos factores.[23] Respecto de las otras vías del metabolismo anaeróbico, en reposo, las reservas de trifosfato de adenosina (ATP) y fosfocreatina (PCr) son similares entre los niños y los adultos, por lo que el rendimiento en actividades de duración menor a 10-15 segundos no se vería comprometido. Por lo tanto, sólo se verán limitadas aquellas actividades que pongan a prueba el sistema glucolítico anaeróbico, es decir, las actividades de 15 segundos a 2 minutos de duración.

⬤ Concepto clave

La capacidad anaeróbica es menor en los niños que en los adultos, lo cual puede reflejar una menor concentración muscular de glucógeno, una menor concentración de fosfofrutocinasa, la enzima limitante de la tasa glucolítica, o una menor actividad de la enzima lactato deshidrogenasa.

Los valores de potencia anaeróbica pico y la potencia anaeróbica media, determinados mediante el test anaeróbico de Wingate (que consiste de un esfuerzo máximo de 30 s en cicloergómetro), también son menores en los niños. La Figura 17.8 muestra los resultados obtenidos en un test de potencia anaeróbica en cicloergómetro similar al test de Wingate.[32] En esta figura se ha realizado el ajuste estadístico de la potencia pico por la masa corporal para dar cuenta de las diferencias en el tamaño corporal al comparar los valores en preadolescentes, adolescentes y adultos. Esta figura ilustra los valores muy bajos de potencia pico en los preadolescentes (9-10 años) frente a los registrados en los adolescentes (14-15 años) y en los adultos (edad media: 21 años). En los adolescentes, los valores registrados se encuentran mucho más cerca de los observados en los adultos que en los preadolescentes.

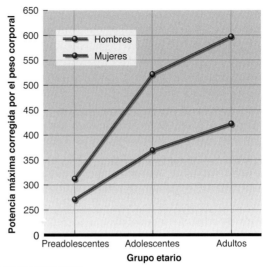

FIGURA 17.8 Valores óptimos de potencia-pico (energía anaeróbica) corregida estadísticamente por la masa corporal en preadolescentes (9-10 años), adolescentes (14-15 años) y adultos (edad media de 21 años). Estos valores representan la potencia anaeróbica independientemente del tamaño corporal.
Datos obtenidos de Santos et al., 2002.

Bar-Or[1] resumió el desarrollo de las propiedades aeróbicas y anaeróbicas de niños y niñas de 9 a 16 años y se basó en los valores registrados a los 18 años como referencia que expresa el 100% del valor de los adultos. En la Figura 17.9, es posible observar los cambios asociados

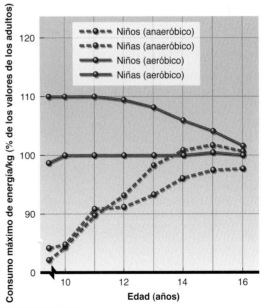

FIGURA 17.9 Desarrollo de las características aeróbicas y anaeróbicas en niños y niñas de 9 a 16 años. Los valores están expresados como un porcentaje de los valores de los adultos (a los 18 años).
Adaptado, con autorización, de O. Bar-Or, 1983, *Pediatric sports medicine for the practitioner: From physiologic principles to clinical applications* (Nueva York: Springer-Verlag).

con la edad. La potencia aeróbica está representada por el $\dot{V}O_{2máx}$ del niño, y la potencia anaeróbica está representada por el rendimiento del niño en en el test de esprín en escalera de Margaria (una prueba de campo). El gasto energético máximo por kilogramo de peso corporal representa la máxima capacidad de producción de energía por parte de los sistemas aeróbico y anaeróbico, corregida por el peso corporal, para dar cuenta de las diferencias en el tamaño corporal con el crecimiento. En la figura puede observarse que la aptitud aeróbica de los niños se mantiene relativamente constante, pero las niñas exhiben una clara reducción entre los 12 y 16 años de edad. Esto es, la capacidad aeróbica de las niñas de 12 años es mayor que la capacidad de referencia en el adulto medida a los 18 años (110% de los valores de los adultos). La capacidad anaeróbica aumenta entre los 9 y los 15 años tanto en las niñas como en los niños.

Respuestas endocrinas y utilización de sustratos durante el ejercicio

Como vimos en los capítulos precedentes, la actividad física induce la liberación de distintas hormonas reguladoras del metabolismo con la finalidad de movilizar los carbohidratos y las grasas para utilizarlos como combustibles. Muchas de las hormonas reguladoras del metabolismo durante el ejercicio también afectan el crecimiento y el desarrollo. Por ejemplo, el ejercicio es un estímulo potente para la liberación de la hormona del crecimiento (GH) y los factores de crecimiento tipo insulínicos. En los niños, el ejercicio de alta intensidad puede asociarse con picos muy elevados de secreción de GH e influenciar el ciclo diario normal de esta hormona. En el pasado se postuló que el aumento de la secreción de GH asociado con el ejercicio intenso contribuiría al crecimiento acelerado que se observa durante la adolescencia. Si bien esta hipótesis no fue confirmada, se sabe que los niños y los adolescentes presentan distintas concentraciones de hormonas reguladoras del metabolismo durante el ejercicio.

En general, los estudios centrados en la población pediátrica sugieren que la respuesta insulínica al ejercicio es diferente según el estadio puberal y el sexo[23] y que en los niños la respuesta al ejercicio

es de mayor magnitud que en los adolescentes. Este fenómeno se acompaña de diferencias en el control de la glucemia. En una fase inicial del ejercicio, los niños presentan una hipoglucemia relativa. Las causas de este fenómeno no son claras, pero además de la menor concentración de glucógeno en los músculos, se piensa que en los niños la capacidad de glucogenólisis hepática aún no alcanza su óptimo desarrollo. Por lo tanto, no debe sorprender que el metabolismo infantil se base en mucho mayor medida en la oxidación de las grasas como fuente de combustible durante el ejercicio. No obstante, la oxidación de la glucosa exógena es relativamente importante, muy probablemente debido a la disminución de la producción de glucosa endógena. El perfil de utilización de combustible se modifica durante la pubertad, lo que determina que en los adolescentes la tasa de oxidación de grasas sea menor y se acerque a los valores registrados en los adultos. Esta modificación en la utilización de sustratos durante el ejercicio podría afectar la composición corporal durante el desarrollo y, desde una perspectiva práctica, también podría afectar los requerimientos nutricionales para obtener un rendimiento óptimo en los niños.

Corrección de los parámetros fisiológicos para dar cuenta de las diferencias en el tamaño corporal

A lo largo de este capítulo y de otros previos, comentamos la importancia de expresar los datos fisiológicos en relación con el tamaño de las personas. En el Capítulo 5 se introdujo el concepto de $\dot{V}O_{2máx}$ y se mencionó que, en general, los valores de este parámetro se expresan en relación con la masa corporal dividiendo el valor absoluto de $\dot{V}O_{2máx}$ (expresado en L/min) por el peso corporal ($mL \cdot kg^{-1} \cdot min^{-1}$). No obstante, en la opinión de varios científicos, esta división no es suficiente para dar cuenta de las diferencias de tamaño, factor que adquiere una importancia fundamental cuando se trata de comparar los valores de los niños con los de los adultos o los valores de los hombres con los de las mujeres, como se verá en el Capítulo 19.

Se han presentado argumentos convincentes para corregir el $\dot{V}O_2$, el gasto cardíaco, el volumen sistólico y otras variables fisiológicas relacionadas con la superficie corporal, medida en metros cuadrados, o con el peso corporal, elevado a la potencia de 0,67 o a la potencia de 0,75 ($wt^{0,67}$ o $wt^{0,75}$). Durante años, los cardiólogos expresaron el volumen cardíaco en relación con la superficie corporal. Los resultados de estudios recientes sugieren que la utilización de la superficie corporal ($mL \cdot m^{-2} \cdot min^{-1}$) o de $wt^{0,75}$ ($mL \cdot kg^{-0,75} \cdot min^{-1}$) es la mejor manera de expresar los datos y minimizar el efecto del tamaño corporal.[25] En un estudio de seguimiento longitudinal en el que participaron varones de 12 a 20 años, un grupo no recibió entrenamiento pero se mantuvo activo, y el otro grupo entrenó.[33] El entrenamiento para la carrera se asoció con un aumento mínimo o nulo del $\dot{V}O_{2máx}$ expresado en $mL \cdot kg^{-1} \cdot min^{-1}$, mientras que el $\dot{V}O_2$ submáximo expresado del mismo modo disminuyó en relación lineal con la edad, lo que sugiere la ausencia de cambios en la capacidad aeróbica pero una mejoría de la economía de carrera. Cuando estos mismos datos se expresaron en $mL \cdot kg^{-0,75} \cdot min^{-1}$, los jóvenes entrenados mostraron una mejoría de la capacidad aeróbica a medida que aumentaba el entrenamiento y la edad, pero no se observó ningún cambio de la economía de carrera. Este hallazgo es intuitivamente más lógico y sugiere que el uso de $wt^{0,75}$ es la mejor forma de expresar los datos.

Revisión

➤ La capacidad de los niños para realizar actividades anaeróbicas es limitada. Los niños tienen una menor capacidad glucolítica, lo que posiblemente se deba a la menor cantidad de fosfofrutocinasa o de lactato deshidrogenasa.

➤ Los niños presentan concentraciones de lactato más bajas, tanto en la sangre como en los músculos, durante ejercicios de intensidad máxima y supramáximas.

➤ Los valores de potencia anaeróbica pico y potencia anaeróbica media son menores en los niños que en los adultos, incluso luego de la corrección por la masa corporal.

➤ Los niños presentan respuestas diferentes respecto de la producción de insulina y la respuesta hormonal al estrés y recurren en mayor medida a la oxidación de las grasas para generar combustible durante el ejercicio.

Adaptaciones fisiológicas al entrenamiento

Como vimos, los niños distan de ser adultos en miniatura. Tienen diferencias fisiológicas con relación a los adultos y por este motivo deben considerarse por separado. Cabe preguntarse de qué manera estas diferencias afectan los programas de entrenamiento individualizados para ellos. El entrenamiento puede mejorar la fuerza, la capacidad aeróbica y la capacidad anaeróbica de los niños. Por lo general, se adaptan bien al mismo tipo de rutina de entrenamiento de los adultos, pero los programas de entrenamiento destinados a los niños y los adolescentes deben ser específicos para cada grupo etario teniendo en cuenta los factores evolutivos asociados con la edad. En esta sección, estudiaremos los cambios inducidos por el entrenamiento en cada uno de los siguientes aspectos:

- Composición corporal
- Fuerza
- Capacidad aeróbica
- Capacidad anaeróbica

En las secciones correspondientes, analizaremos los procedimientos adecuados de entrenamiento para optimizar el rendimiento y disminuir el riesgo de lesión.

Composición corporal

Frente al entrenamiento físico, los niños y los adolescentes responden de un modo similar al de los adultos en lo que respecta a los cambios en el peso y la composición corporal. Tanto el entrenamiento con sobrecarga como el entrenamiento de la resistencia parecen ser efectivos para provocar la reducción del peso y la masa grasa corporal e incrementar la masa libre de grasa en niños de ambos sexos; no obstante, el incremento en la masa libre de grasa parece ser menor en los niños, comparados con los adolescentes y adultos. Como ya se mencionó, también existe evidencia de que el entrenamiento de alto impacto, con actividades en las que se debe soportar el peso corporal[12], provoca un crecimiento óseo mayor al observado con el crecimiento normal.[12]

Fuerza

Durante muchos años, el uso del entrenamiento con sobrecarga para aumentar la fuerza y la resistencia musculares en preadolescentes y adolescentes fue un tema sumamente controvertido. Se recomendaba que los niños no se ejercitaran con pesos libres debido al presunto riesgo de lesión y de interrupción prematura del desarrollo. Además, muchos investigadores sostenían que el entrenamiento con sobrecarga prácticamente no incidiría en los músculos de los niños prepúberes debido a que las concentraciones de andrógenos circulantes aún eran insuficientes. En la actualidad, está ampliamente aceptado que ciertos tipos de ejercicios con sobrecarga no implican riesgos y serían beneficiosos para los niños y los adolescentes.[34] Kraemer y Fleck[15] llegaron a la conclusión de que el riesgo de lesión asociado con el entrenamiento con sobrecarga en jóvenes es muy bajo. En realidad, este tipo de entrenamiento podría llegar a conferir una cierta protección contra las lesiones, por ejemplo, fortaleciendo los músculos que atraviesan una articulación. De todas maneras, cuando se planifique un programa de entrenamiento con sobrecarga para niños y, sobre todo, para prepúberes, se recomienda un enfoque conservador.

Diversos estudios efectuados en niños y adolescentes demostraron claramente que el entrenamiento con sobrecarga es muy eficaz para aumentar la fuerza. Este aumento depende, en gran medida, del volumen y la intensidad del entrenamiento. Además, los incrementos porcentuales observados en los niños y adolescentes son similares a los registrados en los adultos jóvenes.[9]

Los mecanismos responsables de los cambios de la fuerza muscular en los niños son similares a los de los adultos, con una pequeña excepción: el incremento de la fuerza en los niños prepúberes no está acompañado por cambios en el tamaño muscular y probablemente implique mejoras a nivel neuromuscular, tales como la mejora de la coordinación motora, el incremento en la activación de unidades motoras y otros mecanismos neurales aún no determinados.[22] El aumento de la fuerza en los adolescentes es consecuencia, sobre todo, de adaptaciones neurales e incrementos en el tamaño y la tensión específica de los músculos.

En la práctica, los programas de entrenamiento con sobrecarga para niños deben planificarse en forma muy similar al de los adultos, haciendo hincapié en los aspectos técnicos del levantamiento de pesos. Una serie de entidades profesionales, entre ellas la *American Orthopaedic Society for Sports Medicine*, la *American Academy of Pediatrics*, el *American College of Sports Medicine*, la *National Athletic Trainers' Association*, la *National Strength and Conditioning Association*, el *President's Council on Physical Fitness and Sports*, el *U.S. Olympic Committee* y la *Society of Pediatric Orthopaedics*, establecieron recomendaciones específicas básicas para los programas de entrenamiento con sobrecarga en los niños; estas recomendaciones se presentan en el Cuadro 17.1.[15] Existe información adicional disponible acerca de los diseños de programas de entrenamiento con sobrecarga para niños.[10,15]

Capacidad aeróbica

¿El entrenamiento aeróbico provoca cambios a nivel cardiorrespiratorio en los niños prepúberes? Este tema también ha sido motivo de acalorados debates debido a que varios estudios pioneros indicaron que el entrena-

---

CUADRO 17.1 Recomendaciones básicas para la progresión del entrenamiento con sobrecarga en niños

Edad	Consideraciones
7 años o menos	Introducir al niño en los ejercicios básicos sin peso o con un peso mínimo; inculcar el concepto de una sesión de entrenamiento; enseñar las técnicas de los ejercicios; progresar desde ejercicios realizados con el peso corporal a ejercicios con un compañero y ejercicios con cargas bajas; mantener bajo el volumen de entrenamiento.
8-10 años	Aumentar gradualmente la cantidad de ejercicios; practicar las técnicas en todos los ejercicios de levantamiento de pesas; comenzar con la progresión gradual de la carga de trabajo; limitarse a ejercicios sencillos; aumentar de a poco el volumen del entrenamiento; vigilar de cerca la tolerancia al ejercicio.
11-13 años	Enseñar todas las técnicas básicas de los ejercicios; continuar con la progresión de la carga en todos los ejercicios; hacer hincapié en los aspectos técnicos; introducir ejercicios más avanzados con resistencia mínima o nula. Progresar hacia programas más avanzados de entrenamiento; agregar componentes específicos para cada deporte; hacer hincapié en los aspectos técnicos; aumentar el volumen de entrenamiento.
14-15 años	Progresar hacia programas más avanzados de entrenamiento con sobrecarga; agregar componentes específicos para cada deporte; hacer hincapié en los aspectos técnicos; aumentar el volumen de entrenamiento.
16 años o más	Pasar al niño a programas para adultos de nivel inicial una vez que domine todos los conocimientos generales y que haya adquirido un nivel básico de experiencia de entrenamiento.

Nota. Si un niño de cualquier edad comienza un programa sin experiencia previa, colóquelo en el nivel correspondiente a la categoría de edad anterior y páselo a niveles más avanzados en la medida en que la tolerancia al ejercicio, la adquisición de destreza, el tiempo de entrenamiento y la comprensión lo permitan.
Reimpreso, con autorización, de W. J. Kraemer y S. J. Fleck, 2005, *Strength training for young athletes,* 2ª ed. (Champaign, IL: Human Kinetics), 5.

Concepto clave

El entrenamiento con sobrecarga es efectivo para mejorar la fuerza en niños prepúberes. Este aumento de fuerza es atribuible en gran medida a factores neurológicos y se asocia con cambios mínimos o nulos del tamaño muscular.

miento físico de niños prepúberes no modificaba los valores del $\dot{V}O_{2máx}$.[26] Es interesante señalar que, incluso sin que se produjesen aumentos significativos del $\dot{V}O_{2máx}$, el rendimiento de carrera de los niños estudiados mejoró considerablemente.[30] Luego del programa de entrenamiento, los niños pudieron completar una distancia fija en un menor tiempo. Es probable que esta diferencia se debiera a una mejora en la economía de carrera. Otros estudios mostraron pequeños aumentos en la capacidad aeróbica asociados con el entrenamiento de niños prepúberes, pero de menor magnitud que la observada en los adolescentes o en los adultos: aproximadamente 5-15% en niños, frente a 15-25% en adolescentes y adultos.

Los cambios del $\dot{V}O_{2máx}$ son de mayor magnitud una vez que los niños llegan a la pubertad, aunque se desconocen los motivos. Dado que en este grupo etario la principal limitación al rendimiento aeróbico aparentemente es el volumen sistólico, es muy probable que el aumento ulterior de la capacidad aeróbica dependa del crecimiento del corazón. Asimismo, como vimos en este capítulo, es necesario corregir estas variables. El estudio[33] presentado en la página 437 indica claramente la importancia de esta corrección.

Capacidad anaeróbica

El entrenamiento anaeróbico parece mejorar la capacidad anaeróbica de los niños. Después del entrenamiento se observa:

- un incremento en los niveles de reposo de PCr, ATP y glucógeno,
- una mayor actividad de la enzima fosfofrutocinasa, y
- un incremento en los niveles máximos de lactato en sangre.[1,8]

El umbral ventilatorio, un marcador no invasivo del umbral de lactato, aumenta con el entrenamiento de la resistencia en varones de 10 a 14 años.[18]

Cuando se diseñan programas de entrenamiento aeróbico y anaeróbico para niños y adolescentes, se pueden

Enfoque de la obesidad infantil

En la actualidad hay una epidemia de obesidad en los Estados Unidos, en Canadá, en gran parte de Europa y en otros países occidentalizados, tal como pasaremos a describir en el Capítulo 22. Este problema no sólo afecta a los adultos, sino también a los niños y los adolescentes.

Entre los numerosos elementos que contribuyen a la obesidad infantil, se pueden mencionar: factores genéticos y nutricionales, aumento del tiempo transcurrido frente a la pantalla (televisión y videojuegos) y disminución de la actividad física. Al igual que en el caso de los adultos, los niños con sobrepeso u obesos corren un mayor riesgo de síndrome metabólico, dislipidemia, hipertensión y diabetes tipo 2.[13]

En la actualidad, se están llevando a cabo numerosos estudios para dilucidar las causas y el tratamiento adecuado de la obesidad infantil. Los hallazgos derivados de estudios en gemelos, hermanos y familiares sugieren que el riesgo de obesidad infantil aumenta en familias con parientes obesos y que la herencia puede ser un factor importante en un 25 a un 85% de los casos. Sin embargo, los factores genéticos no son la única causa de la epidemia de obesidad infantil que se observa en muchos países del mundo. Es muy probable que la mayoría de la población de los países occidentalizados sea portadora de genes que evolucionaron para adaptarse a la escasez de alimentos. Este fenómeno, sumado al exceso de alimentos ricos en calorías y el bajo gasto energético, determinó una epidemia que se asocia con importantes consecuencias financieras y sanitarias para toda la humanidad.[17]

El tratamiento principal de la obesidad infantil y de las enfermedades asociadas con ella comprende una modificación de los hábitos nutricionales, un aumento de la actividad física y la adopción de un estilo de vida más sano. Los programas terapéuticos que incluyen intervenciones nutricionales combinadas con programas de ejercicio son mucho más eficaces que la modificación de los hábitos nutricionales solamente. Sin embargo, el aumento del tiempo que los niños dedican a la actividad física representa un verdadero desafío. Los niños y los adolescentes transcurren una gran parte de las horas diurnas en la escuela, pero la cantidad de horas de clase de educación física muestra una tendencia claramente decreciente. La publicación estadounidense Healthy People 2010 recomienda aumentar la cantidad diaria de ejercicio físico, pero una encuesta realizada en el 2000 en los EE. UU. para evaluar la política sanitaria escolar mostró que sólo un 8% de las escuelas primarias, un 6,4% de las escuelas secundarias y un 5,8% de las universidades con programas de educación física contaban con clases diarias de educación física en todos los cursos.[4] Los especialistas en la fisiología del ejercicio pueden cumplir una función importante en el combate contra esta epidemia mostrando a los niños el beneficio asociado con el ejercicio y convirtiendo a la actividad deportiva en una práctica divertida y duradera.

aplicar los mismos principios del entrenamiento que se aplican para los adultos. Los niños y los adolescentes no han sido estudiados en detalle, pero los datos disponibles indican que pueden recibir un entrenamiento similar al de los adultos. Es importante recordar que, puesto que los niños y los adolescentes no son adultos, se recomienda un enfoque conservador para disminuir el riesgo de lesiones, sobreentrenamiento y pérdida de interés en el deporte. El enfoque descrito anteriormente para el entrenamiento con sobrecarga constituye un modelo adecuado para el entrenamiento aeróbico y anaeróbico. Esta etapa de la vida es el momento oportuno para el aprendizaje de una variedad de habilidades motoras a través de la práctica de distintas actividades físicas y deportivas.

Revisión

➤ Los cambios en la composición corporal producto del entrenamiento en niños y adolescentes son similares a los que se observan en los adultos: disminución del peso y la masa grasa corporal y aumento de la masa libre de grasa.

➤ El riesgo de lesiones por entrenamiento con sobrecarga en los deportistas jóvenes es relativamente bajo, y los programas que deben seguir se asemejan a los de los adultos.

➤ El aumento de la fuerza asociado con el entrenamiento con sobrecarga en niños y adolescentes se debe principalmente a una mayor coordinación motora, una mayor activación de las unidades motoras y otras adaptaciones neurológicas. A diferencia de los adultos, los niños prepúberes que participan en un programa de entrenamiento con sobrecarga muestran escasos cambios del tamaño muscular. Los mecanismos responsables del aumento de la fuerza en los adolescentes son similares al de los adultos.

➤ El entrenamiento aeróbico de niños prepúberes no altera el $\dot{V}O_{2máx}$ en la medida que cabría esperar como consecuencia del estímulo representado por el entrenamiento, posiblemente porque el $\dot{V}O_{2máx}$ depende del tamaño del corazón. Sin embargo, el entrenamiento aeróbico mejora el rendimiento de la resistencia. En este aspecto, la mejoría observada en los adolescentes es similar a la observada en los adultos.

➤ La capacidad anaeróbica de un niño aumenta con el entrenamiento anaeróbico.

Habilidad motora y rendimiento deportivo

Como se aprecia en la Figura 17.10, la habilidad motora de los niños en general aumenta con la edad durante los primeros 17 años de vida, aunque en el caso de las niñas, la curva correspondiente a la mayoría de las habilidades motoras evaluadas muestra una meseta cerca de la pubertad. Estos progresos se deben sobre todo al desarrollo de los sistemas neuromuscular y endocrino y, secundariamente, al aumento de la actividad física.

Es probable que la meseta observada en las niñas al alcanzar la pubertad se deba a 3 factores. En primer lugar, como ya se mencionó, el aumento de la concentración de estrógenos o de la relación estrógenos/testosterona que se produce en la pubertad determina una mayor acumulación de tejido adiposo. A medida que aumenta la cantidad de grasa, el rendimiento disminuye. En segundo lugar, las niñas tienen menos masa muscular. Por último, y como factor probablemente más importante, cerca de la pubertad la mayoría de las niñas adoptan un estilo de vida mucho más sedentario que los niños. Este fenómeno es esencialmente un condicionamiento social, dado que por lo general se estimula más a los varones que a las mujeres para que desempeñen actividades deportivas. A medida que disminuye la actividad física, la habilidad motora tiende a estabilizarse. Esta tendencia se está modificando debido a cambios del paradigma social y a la mayor cantidad de oportunidades para que las niñas desarrollen actividades deportivas (véase el Capítulo 19).

El rendimiento deportivo de los niños y los adolescentes mejora con el crecimiento y la maduración, como se aprecia en los récords relacionados con grupos etarios registrados en deportes como la natación y el atletismo. La Figura 17.11 ilustra la mejoría de los récords estadounidenses en relación con distintos grupos etarios.

Esta figura muestra los récords para las pruebas de natación de 100 y 400 m y para las pruebas de 100 y 1 500 m en el atletismo. Se seleccionaron estas pruebas porque representan una actividad predominantemente anaeróbica en natación y en atletismo (prueba de natación y carrera de 100 m) y una actividad predominantemente aeróbica (prueba de natación de 400 m y carrera de 1 500 m). Tanto el rendimiento anaeróbico como el aeróbico mejoran progresivamente a medida que aumenta la edad, con la excepción de la carrera de 1 500 m en el caso de las mujeres de 17 y 18 años. No se dispone de récords relacionados con grupos etarios similares para la halterofilia, ya que las competencias de este deporte se organizan por pesos en categorías más amplias, tales como hasta 16 años, de 17 a 20 años y adultos. Teniendo en cuenta el aumento de fuerza normalmente asociado con el crecimiento y el desarrollo, se supone que los récords de halterofilia deberían mejorar considerablemente entre la fase tardía de la infancia y el transcurso de la adolescencia, sobre todo entre los varones.

Tópicos especiales

Durante el período de crecimiento y desarrollo comprendido entre la infancia y la adolescencia, se deben tener presentes los siguientes factores:

- Estrés térmico
- Crecimiento y maduración con el entrenamiento

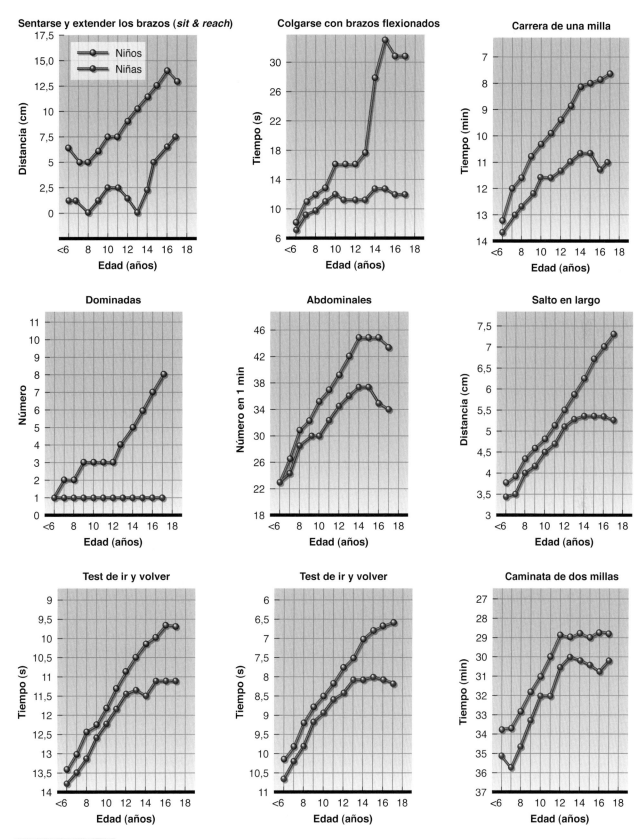

FIGURA 17.10 Cambios de las normas de rendimiento para diversos ejercicios y actividades entre los 6 y los 17 años.

Datos obtenidos del President's Council on Physical Fitness and Sports, 1985.

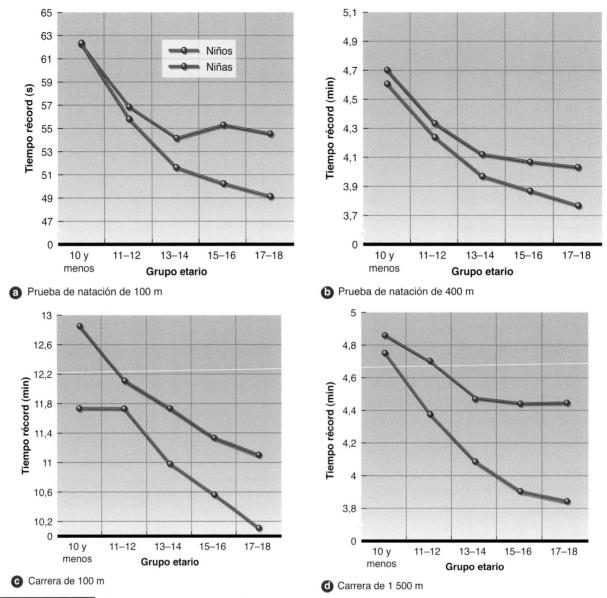

a Prueba de natación de 100 m

b Prueba de natación de 400 m

c Carrera de 100 m

d Carrera de 1 500 m

FIGURA 17.11 Récords nacionales de los EE. UU. obtenidos por niños y niñas de 10 años o menos de 17-18 años en pruebas de natación y atletismo. Las marcas se obtuvieron de USA Track & Field (desde marzo de 2011; www.usatf.org) y de United States Swimming (desde marzo de 2011; www.usaswimming.org).

Estrés térmico

Los experimentos realizados en el laboratorio indican que los niños son más propensos que los adultos a padecer enfermedades o lesiones inducidas por el calor y el frío. No obstante, la cantidad de casos registrados de lesiones o trastornos térmicos no confirma esta observación.[31] Un factor que causa gran preocupación es la capacidad aparentemente menor de los niños para disipar el calor mediante la sudoración mientras realizan ejercicios en ambientes calurosos. Los niños parecen depender en mayor medida de los procesos de convección y radiación, los cuales se intensifican como consecuencia de un mayor grado de vasodilatación periférica.[2] En comparación con los adultos, los niños tienen

una mayor relación entre la superficie corporal y la masa corporal, lo que implica que tienen una mayor superficie cutánea a través de la cual ganar o perder calor por cada kilogramo de peso corporal. Si el ambiente no es caluroso, este fenómeno representa una ventaja, puesto que favorece la pérdida de calor mediante los procesos de radiación, convección y conducción. Sin embargo, una vez que la temperatura ambiental excede la temperatura de la piel, los niños adquieren calor del ambiente con mayor facilidad, lo cual representa una clara desventaja. La menor capacidad de los niños para eliminar calor por evaporación se debe en gran parte a una menor tasa de sudoración. Las glándulas sudoríparas de los niños producen sudor más lentamente y son menos sensibles a los aumentos en la temperatura central del cuerpo que en los adultos. Si bien los niños varones pueden aclimatarse al ejercicio en ambientes calurosos, la adaptación es más lenta que en el caso de los adultos. No se dispone de datos relacionados con la aclimatación de las niñas.

Hay pocos estudios dedicados a evaluar los efectos del ejercicio en ambientes fríos sobre los niños. La poca información disponible indica que éstos eliminan una mayor cantidad de calor por conducción que los adultos debido al aumento del cociente superficie corporal/masa corporal. Es lógico suponer que este fenómeno aumenta el riesgo de hipotermia, por lo que los niños requerirían una mayor cantidad de capas de ropa durante el ejercicio en un clima frío.

Se realizaron pocos estudios para evaluar el estrés por calor o frío en los niños, y las conclusiones extraídas de los estudios disponibles a veces son contradictorias. Se requieren estudios más detallados para determinar los riesgos que corren los niños expuestos al frío o al calor durante el ejercicio. Mientras tanto, se recomienda un enfoque conservador. Es posible que los niños corran un mayor riesgo de sufrir lesiones producto del frío o el calor en comparación con los adultos.[2]

Efectos del entrenamiento sobre el crecimiento y la maduración

Muchas personas se preguntan cuáles son los efectos del entrenamiento físico sobre el crecimiento y la maduración. ¿El entrenamiento físico intensivo retrasa o acelera el crecimiento y la maduración? En un análisis exhaustivo de esta cuestión, Malina efectuó algunas observaciones interesantes y significativas.[19] En apariencia, el entrenamiento regular no ejerce efectos sobre el crecimiento en talla, pero afecta el peso y la composición corporal, como ya vimos en este capítulo.

Respecto de la maduración, el entrenamiento regular no afecta la edad en la que se produce el pico de velocidad de crecimiento en la talla ni la velocidad de maduración ósea. Los datos disponibles acerca de la influencia del entrenamiento regular sobre los índices de maduración sexual no son tan claros. Si bien algunos hallazgos indican que el entrenamiento de alto rendimiento retrasaría la menarca (la primera menstruación), el análisis de estos datos se complica por una serie de factores que por lo general no han sido debidamente controlados durante la realización de los estudios. La menarca se analiza en el Capítulo 19.

⬤ Revisión

➤ Los estudios experimentales indican que los niños son más propensos a padecer enfermedades o lesiones como consecuencia del estrés térmico debido a la mayor relación superficie corporal/masa corporal en comparación con los adultos. Sin embargo, la cantidad de casos registrados no confirma esta presunción teórica.

➤ Los niños poseen una menor capacidad de eliminar calor por evaporación que los adultos porque transpiran menos (cada glándula sudorípara activa produce una menor cantidad de sudor).

➤ Los varones se adaptan más lentamente al calor que los adultos. No se disponen de datos para las niñas.

➤ Los niños eliminan más calor por conducción que los adultos, lo que supone un riesgo mayor de hipotermia en ambientes fríos.

➤ Hasta que se estudie más pormenorizadamente la susceptibilidad de los niños al estrés térmico, se recomienda un enfoque conservador cuando éstos deban realizar ejercicios en ambientes de temperaturas extremas.

➤ El entrenamiento físico aparentemente no ejerce ningún efecto negativo sobre el crecimiento y el desarrollo normales. Sus efectos sobre los indicadores de maduración sexual son menos claros.

Conclusión

En este capítulo nos ocupamos del deporte en relación con los niños y los adolescentes y hemos visto cómo los niños adquieren mayor control de los movimientos a medida que crecen y se desarrollan sus aparatos y sistemas. También vimos cómo los aparatos y sistemas en vías de desarrollo pueden limitar el rendimiento físico y de qué manera el entrenamiento puede mejorar los resultados.

Se observó que, en general, el rendimiento aumenta a medida que los niños alcanzan la madurez física. También vimos que, a partir del momento en que se alcanza la madurez física, el rendimiento fisiológico comienza a declinar. Después de haber considerado el proceso de desarrollo, estamos en condiciones de analizar el proceso de envejecimiento. ¿Cómo resulta afectado el rendimiento al dejar atrás nuestro momento fisiológico óptimo? Éste será el tema del próximo capítulo, en el cual se estudiarán el envejecimiento y los efectos del ejercicio a medida que una persona envejece.

Palabras clave

adolescencia

crecimiento

densidad mineral ósea (DMO)

desarrollo

infancia

maduración

madurez física

mielinización

niñez

osificación

pubertad

Preguntas

1. Explique los conceptos de crecimiento, desarrollo y maduración. ¿Cómo se diferencian entre sí?
2. ¿A qué edad la estatura y el peso alcanzan su ritmo máximo de crecimiento en hombres y mujeres?
3. ¿Qué cambios característicos se producen en los adipocitos asociados con el crecimiento y el desarrollo?
4. ¿En qué medida el crecimiento modifica la función pulmonar?
5. ¿Qué cambios se producen en la frecuencia cardíaca y el volumen sistólico a una carga de trabajo determinada a medida que el niño crece? ¿Qué factores explican estos cambios? ¿Qué cambios causa el entrenamiento aeróbico en estas dos variables?
6. ¿Qué cambios se producen en el gasto cardíaco a una carga de trabajo determinada a medida que el niño crece? ¿Qué factores explican estos cambios? ¿Qué cambios se producen con el entrenamiento aeróbico?
7. ¿Qué cambios se producen en la frecuencia cardíaca máxima a medida que el niño crece?
8. ¿Qué variables fisiológicas son responsables del aumento del $\dot{V}O_{2max}$ entre los 6 y los 20 años?
9. ¿Qué recomendaría a los niños que desean aumentar su fuerza? ¿Es posible lograrlo? De ser posible, ¿cómo se logra?
10. ¿Cómo influye el entrenamiento aeróbico de un niño prepúber sobre la capacidad aeróbica?
11. ¿Cómo influye el entrenamiento anaeróbico de un niño prepúber sobre la capacidad anaeróbica?
12. ¿Qué diferencias existen entre los niños y los adultos respecto de la termorregulación?
13. ¿De qué manera la actividad física y el entrenamiento regular afectan el proceso de crecimiento y maduración?

Deporte y ejercicio en adultos mayores

18

En este capítulo

Talla, peso y composición corporal   449

Respuestas fisiológicas al ejercicio agudo   452
Fuerza y función neuromuscular   452
Función cardiovascular y respiratoria   454
Función aeróbica y anaeróbica   457

Adaptaciones fisiológicas al entrenamiento   461
Fuerza   461
Capacidad aeróbica y anaeróbica   462

Rendimiento deportivo   463
Rendimiento en pedestrismo   463
Rendimiento en natación   464
Rendimiento en ciclismo   464
Levantamiento de pesas   464

Tópicos especiales   465
Estrés ambiental   465
Longevidad y riesgos de lesión y muerte   466

Conclusión   468

Pocos deportistas siguen compitiendo a nivel nacional contra oponentes más jóvenes cuando alcanzan la adultez o la vejez. Una excepción fue Clarence DeMar, que ganó su séptima maratón en Boston a los 42 años, salió séptimo a los 50, y 78vo en una carrera con 153 competidores a los 65 años. En total, completó más de 1 000 carreras de distancia, entre ellas, más de 100 maratones entre 1909 y 1957, período en el cual no se consideraba habitual que una persona mayor practicara ejercicio o participara en una competencia. Compitió en las maratones de Boston durante 48 años, entre los 20 y los 68 años, y su última carrera, en 1957, fue de 15 km (9,3 millas), en la cual compitió a pesar de padecer un cáncer de intestino avanzado y de haberse sometido a una colostomía. Su récord en el maratón de Boston fue de 2:29:42 a los 36 años. A partir de entonces, su velocidad se redujo de manera gradual hasta alcanzar 3:58:37 a los 66 años.

El número de mujeres y hombres de 50 años en promedio que se ejercitan de manera regular o participan en deportes competitivos aumentó en forma significativa durante los últimos 30 años. De acuerdo con los pronósticos actuales, la cantidad de adultos mayores aumentará en todo el mundo desde 6,9% de la población en 2000 hasta un valor proyectado de 19,3% en 2050. En paralelo con este incremento global de los adultos mayores, también es de esperar que se eleve el número de deportistas de mediana y avanzada edad.[35] Muchos de estos competidores, a menudo conocidos como deportistas *master* (maestros) o *senior*, participan en competencias para divertirse, para ocupar su tiempo y para mejorar su estado físico, mientras que otros entrenan con el mismo entusiasmo e intensidad que para los Juegos Olímpicos. En la actualidad, los adultos mayores pueden competir en actividades que abarcan desde maratones hasta la halterofilia. El éxito logrado y las puntuaciones máximas obtenidas por muchos deportistas de edad avanzada son extraordinarios. No obstante, aunque estos individuos tienen mucha más fuerza y resistencia que los de otras personas no entrenadas de su misma edad, los deportistas de edad avanzada muy entrenados experimentan un deterioro en el rendimiento después de la cuarta o la quinta década de la vida.

En las sociedades modernas, el nivel de actividad física voluntaria comienza a disminuir poco después de que la persona alcanza la madurez física. La tecnología determinó que casi todos los aspectos de la vida requieran escaso esfuerzo físico. La participación voluntaria en la actividad física intensa y regular representa un patrón poco habitual de conducta que no se observa en la mayoría de los animales de laboratorio de edad avanzada. Los estudios demostraron que los seres humanos y otros animales tienden a disminuir su actividad física a medida que envejecen. Como se muestra en la Figura 18.1, las ratas que pudieron comer con libertad corrieron en promedio más de 4 000 m (4 374 yardas) por semana durante sus primeros meses de vida, mientras que sólo lo hicieron 1 000 m (1 094 yardas) por semana durante sus meses finales.

En consecuencia, los hombres y las mujeres mayores que deciden participar en deportes competitivos o entrenar en forma intensa no siguen patrones de conducta humanos o animales normales. ¿Por qué algunos individuos mayores mantienen su actividad física cuando la tendencia natural es a volverse sedentario? Los factores psicológicos que motivan a estos deportistas de edad avanzada a competir no se definieron con precisión, pero

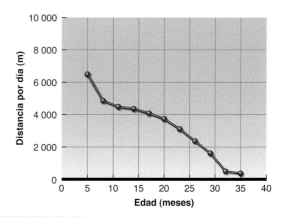

FIGURA 18.1 Actividad voluntaria tipo carrera evaluada en ratas durante toda su vida.
Adaptada de J.O. Holloszy, 1997, "Mortality rate and longevity of food-restricted exercising male rats: A reevaluation", *Journal of Applied Physiology* 82: 399-403. Usada con autorización.

es probable que sus objetivos no sean demasiado diferentes de los que mueven a los competidores más jóvenes.

Si se tiene en cuenta la importancia del ejercicio para el mantenimiento de la aptitud muscular y cardiorrespiratoria, no resulta sorprendente que la inactividad pueda conducir al deterioro de la capacidad de un individuo para realizar esfuerzos exhaustivos. Debido a esta razón, resulta difícil distinguir entre los efectos del envejecimiento propiamente dicho (denominado envejecimiento primario) y los de la reducción de la actividad y los trastornos asociados que a menudo se identifican en los adultos mayores. Los investigadores del envejecimiento emplean con mayor frecuencia diseños transversales en sus estudios, que tienen algunas limitaciones importantes cuando se comparan con los estudios longitudinales. Por ejemplo, los cambios históricos en la atención médica, la dieta y el ejercicio y otras variables relacionadas con el estilo de vida podrían afectar las cohortes de manera diferente. También se debe tener en cuenta la mortalidad selectiva, es decir el hecho de que la población esté compuesta por sobrevivientes de una cohorte de la que muchos de sus miembros ya murieron. Por último, cuando en los estudios sobre ejercicio en adultos mayores se excluyen a todos aquellos sujetos que presentan alguna condición patológica, se torna difícil aplicar los hallazgos de la investigación a una mayor población de adultos mayores con patologías subyacentes, que utilicen medicamentos o ambos. Resulta importante comprender el impacto del envejecimiento primario propiamente dicho sobre la función fisiológica, aunque la interpretación y la aplicabilidad de los resultados dependen del diseño del estudio y de la población específica evaluada.

Talla, peso y composición corporal

A medida que las personas envejecen, tienden a perder altura y aumentar de peso, como se ilustra en la Figura 18.2.[33] La reducción de la talla suele comenzar alrededor de los 35 a 40 años y se atribuye en forma principal a la compresión de los discos intervertebrales y a la adopción de posturas inadecuadas desde las primeras etapas de la vejez. Entre los 40 y los 50 años en las mujeres y entre los 50 y los 60 años en los hombres, comienza a identificarse osteopenia y osteoporosis. La **osteopenia** es la reducción de la densidad mineral ósea por debajo del nivel normal y precede a la **osteoporosis**, que es la pérdida significativa de masa ósea con deterioro de la microestructura del hueso y aumento del riesgo de fracturas óseas (véase el Capítulo 19). Los factores genéticos y los malos hábitos en relación con la dieta y el ejercicio durante toda la vida contribuyen al desarrollo de la osteoporosis tanto en los hombres como en las mujeres, mientras que la disminución en la concentración de estrógenos después de la menopausia parece ser responsable de la mayor incidencia de pérdida ósea en las mujeres. Durante la vida adulta, el aumento del peso corporal característicamente se produce entre los 25 y los 45 años, y está asociado tanto a la reducción de la actividad física como a la ingesta excesiva de calorías. Después de los 45 años, el peso se estabiliza durante alrededor de 10 a 15 años y luego disminuye a medida que el cuerpo pierde el calcio de los huesos y la masa muscular. Muchas personas mayores de 65 a 70 años tienden a perder su apetito y, en consecuencia, no consumen suficientes calorías para mantener el peso corporal. No obstante, un estilo de vida activo contribuye a estimular el apetito, de manera que la ingesta calórica se aproxime bastante al gasto calórico y permita mantener el peso y prevenir la fragilidad en la vejez.

Desde los 20 años, los seres humanos tienden a acumular grasa, sobre todo como resultado de tres factores: dieta, inactividad física y disminución de la capacidad de movilizar los depósitos de grasa. Sin embargo, el contenido corporal de grasa de los adultos mayores que mantienen su actividad física, como por ejemplo los deportistas de edad avanzada, es bastante menor que el de individuos sedentarios de la misma edad. Asimismo, el envejecimiento primario tiende a modificar la localización de los depósitos de grasa corporal desde la periferia hacia el centro del cuerpo alrededor de los órganos. Esta adiposidad centralizada se asocia con enfermedades cardiovasculares y metabólicas. Si bien la actividad física no puede evitar por completo el aumento de la masa grasa relacionado con la edad, los hombres y mujeres activos presentan menos modificaciones en los depósitos de grasa cuando envejecen, lo cual produce beneficios al reducir el riesgo de desarrollar enfermedades cardiovasculares y metabólicas.[24]

⬤ Concepto clave

Con el envejecimiento, el contenido corporal de grasa aumenta y se redistribuye desde la periferia hacia el centro del cuerpo, mientras que la masa libre de grasa disminuye. Principalmente, estos cambios pueden atribuirse a los menores niveles de actividad física de los adultos mayores.

La masa libre de grasa se reduce de manera progresiva tanto en los hombres como en las mujeres a partir de los 40 años. Esta reducción se debe principalmente a una disminución de la masa muscular y ósea, aunque el mayor efecto procede de la pérdida de masa muscular porque constituye alrededor del 50% de la masa libre de grasa. La **sarcopenia** es el término que se utiliza para describir la pérdida de la masa muscular asociada con el proceso de envejecimiento. La Figura 18.3 muestra los cambios en la masa muscular asociados con el envejecimiento, registrados en un estudio transversal en el que participaron 468 hombres

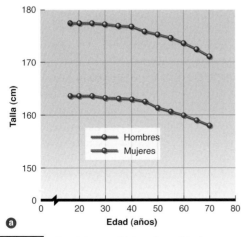

(a)

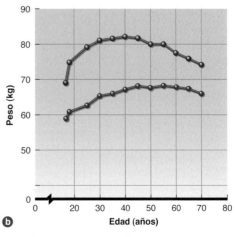

(b)

FIGURA 18.2 Cambios en (a) la talla y (b) el peso corporal en hombres y mujeres de hasta 70 años.
Adaptada, con autorización, de W.W. Spirduso, 1985, *Physical dimensions of aging* (Champaign, Illinois: Human Kinetics), 59.

y mujeres de entre 18 y 88 años.[19] En la figura puede observarse que la masa muscular se mantiene relativamente constante hasta aproximadamente los 40 años, momento en el cual comienza a incrementarse la tasa de declinación de la masa muscular, siendo ésta mayor en las mujeres que en los hombres. Es evidente que la reducción de la actividad física es la causa principal de este descenso de la masa muscular con la edad, aunque también hay otros factores. Si bien existe cierta controversia respecto de los mecanismos subyacentes a la declinación de la masa muscular asociada con el envejecimiento, se cree que la reducción en la tasa de síntesis proteica y el mantenimiento o la aceleración en la tasa de degradación proteica con el envejecimiento derivan en un balance nitrogenado negativo y en la pérdida neta de tejido muscular. Se ha hallado que, entre los 60 y 80 años de edad, la tasa de síntesis proteica es un 30% menor que la observada a los 20 años de edad. Esta reducción en la tasa de síntesis proteica en los adultos mayores probablemente está relacionada con una declinación en la producción de la hormona de crecimiento y de los factores de crecimiento tipo insulínico-1,[13] y la desmejora de los procesos de señalización celular. Los datos longitudinales sugieren que la pérdida de masa libre de grasa y el aumento de la masa libre de grasa se compensan entre sí. Como consecuencia, el porcentaje de grasa aumenta, mientras que la masa corporal total permanece relativamente estable.

El envejecimiento también se asocia con un descenso significativo del contenido mineral óseo a partir de los 30 o 35 años en las mujeres y de los 40 a 50 años en los hombres. Durante toda la vida, los osteoblastos forman hueso y los osteoclastos lo reabsorben. En un período temprano de la vida, la resorción es más lenta que la síntesis y la masa ósea aumenta. Con el avance de la edad, la resorción supera a la síntesis, lo que produce una pérdida neta de hueso.

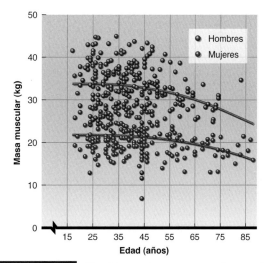

FIGURA 18.3 Cambios en la masa muscular asociados con el envejecimiento en 468 hombres y mujeres de entre 18 y 88 años. La tasa de declinación es mayor en los hombres que en las mujeres y es más aguda después de los 45 años.
Adaptada de I. Janssen et al., 2000, "Skeletal muscle mass and distribution in 468 men and women aged 18-88 yr.", *Journal of Applied Physiology* 89: 81-88. Utilizada con autorización.

Concepto clave

Se cree que la sarcopenia asociada con el envejecimiento es el resultado de la reducción en la tasa de síntesis de proteínas musculares, junto con el mantenimiento o el aumento de la tasa de degradación de las proteínas musculares.

La pérdida tanto de masa muscular como de masa ósea se debe, al menos en parte, a la disminución de la actividad física, en especial de ejercicios en los que se debe soportar el peso corporal. Dado que los minerales óseos representan menos del 4% de la masa corporal total en los adultos jóvenes, la contribución de la osteopenia a la pérdida de la masa libre de grasa total es pequeña cuando se compara con la de la sarcopenia.

Estas diferencias asociadas con el envejecimiento en el peso corporal, la grasa corporal relativa (%), la masa grasa y la masa libre de grasa se ilustran en la Figura 18.4.[23] Estos datos provienen de un estudio realizado en hombres y mujeres jóvenes (18-31 años) y mayores (58-72 años) sedentarios o atletas de resistencia. Los resultados de este estudio mostraron que sujetos sedentarios de mayor edad tenían mayores valores de peso corporal, grasa corporal relativa y masa grasa, y menores valores de masa libre de grasa. Se observaron tendencias similares en los deportistas de resistencia, salvo para el peso corporal. No obstante, los deportistas de resistencia jóvenes y mayores tuvieron valores de peso corporal total, grasa corporal relativa y masa grasa mucho menores que los individuos sedentarios de la misma edad.

Con el entrenamiento, los hombres y las mujeres jóvenes pueden perder peso, porcentaje de grasa corporal y masa grasa. Asimismo, su masa libre de grasa puede incrementarse pero, al igual que en las personas más jóvenes, esto es más probable con el entrenamiento de la fuerza que con el entrenamiento aeróbico. Los hombres parecen experimentar mayores cambios en la composición corporal que las mujeres, pero las razones de estas observaciones aún no se han definido con exactitud.

Los cambios más significativos en la composición corporal son el resultado de una combinación de dieta y ejercicio, y el abordaje de elección para lograrlos consiste en una reducción modesta de la ingesta calórica (500-1 000 kcal/día). Una mayor reducción de la ingesta calórica (>1 000 kcal/día) podría ocasionar una pérdida de la masa libre de grasa además de la masa grasa. Este efecto no es beneficioso, dado que la pérdida de masa libre de grasa se asocia con una reducción de la tasa metabólica de reposo, lo que a su vez afecta la tasa de pérdida de peso y grasa. Es probable que aquellos ejercicios que provoquen el incremento de la masa libre de grasa aumenten la tasa metabólica de reposo, lo cual derivaría en el incremento de la tasa de pérdida de peso corporal. Se cree que los adultos mayores experimentan cambios en la composición corporal secundarios al entrenamiento que son similares a los observados en los adultos más jóvenes.

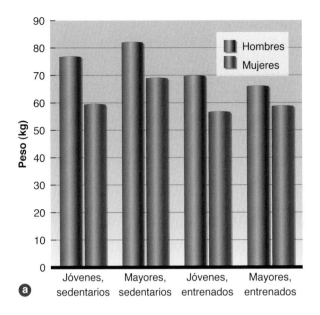

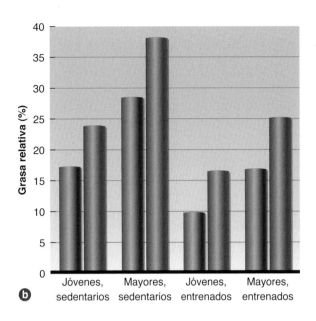

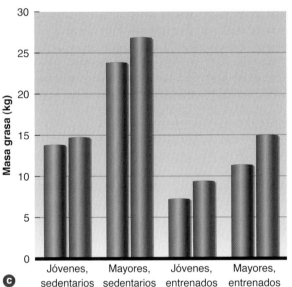

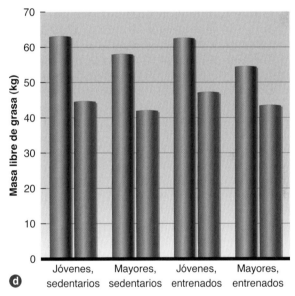

FIGURA 18.4 Diferencias en (a) el peso corporal total, (b) la grasa corporal relativa, (c) masa grasa y (d) masa libre de grasa en adultos jóvenes y adultos mayores de ambos sexos, sedentarios y entrenados en resistencia.

Adaptada, con autorización, de W.W. Kohrt et al., 1992, "Body composition of healthy sedentary and trained, young and older men and women", *Medicine and Science in Sports and Exercise* 24: 832-837.

⬤ Revisión

➤ El peso corporal tiende a aumentar con el avance de la edad, mientras que la talla disminuye.

➤ La grasa corporal aumenta con la edad, sobre todo debido a la mayor ingesta de calorías, la menor actividad física y la reducción de la capacidad de movilizar las grasas.

➤ Luego de los 45 años se produce la disminución de la masa libre de grasa, principalmente debido a la reducción de la masa muscular y la masa ósea. Esto es producto, al menos en parte, de la reducción en los niveles de actividad física.

➤ El entrenamiento puede reducir estos cambios en la composición corporal, incluso en individuos de hasta 80 o 90 años.

Respuestas fisiológicas al ejercicio agudo

El envejecimiento suele estar asociado con la reducción de la resistencia muscular, la resistencia cardiovascular y la fuerza muscular. La magnitud de estas reducciones depende de la actividad física y la genética. Con la reducción de la actividad, lo que parece ser un fenómeno natural tanto en animales como en seres humanos, esta declinación en las funciones fisiológicas parece ser mucho más sustancial.

Fuerza y función neuromuscular

Las requerimientos de fuerza necesarios para cubrir las demandas de las actividades cotidianas (actividades de la vida diaria) no se modifican a lo largo de la vida. Sin embargo, la fuerza máxima de un individuo, que generalmente es mayor a la requerida por las actividades cotidianas de la vida adulta, se reduce de manera progresiva con el paso de los años. Eventualmente, la fuerza podría disminuir hasta el punto en el cual las actividades simples de la vida cotidiana se conviertan en un desafío. Por ejemplo, la capacidad de ponerse de pie desde la posición sedente en una silla empieza a comprometerse a los 50 años y algunas personas encuentran esta tarea casi imposible antes de los 80 años (véase la Figura 18.5*a*). A modo de ejemplo adicional, abrir la tapa de un frasco que posee una resistencia determinada es una tarea que pueden cumplir con facilidad casi todos los hombres y mujeres menores de 60 años. Después de esta edad, la tasa de fracaso para llevar a cabo esta acción aumenta de manera significativa.

En la Figura 18.5*b* se describen los cambios en la fuerza asociados con el envejecimiento en los hombres. Se ha observado que la fuerza en la extensión de rodillas en hombres y mujeres que realizan actividad normal comienza a reducirse aproximadamente a los 40 años. Sin embargo, el entrenamiento de los músculos extensores de la rodilla con ejercicios de sobrecarga permite que los hombres tengan un mejor rendimiento a los 60 años que los hombres activos de la mitad de edad. La reducción de la fuerza asociada con el envejecimiento se correlaciona estrechamente con la disminución del área transversal de los músculos comprometidos. La reducción en la fuerza relacionada con el envejecimiento parece ser específica del tipo de fuerza valorada, ya que las pérdidas en la fuerza isocinética son máximas con velocidades angulares elevadas y las pérdidas en la fuerza concéntrica son mayores que las pérdidas en la fuerza excéntrica.

La reducción en la fuerza muscular asociada con la edad se debe sobre todo a la pérdida significativa de masa muscular relacionada con el envejecimiento o a la reducción de la actividad física (o ambos), como se comentó en una sección anterior de este capítulo. En la Figura 18.6 se muestra una tomografía computarizada (TC) de los miembros superiores de tres hombres de 57 años con una masa corporal similar (entre 78 y 80 kg o entre 172 y 176 libras). En la imagen de la Figura 18.6, puede observarse que el sujeto desentrenado posee una masa muscular sustancialmente menor y más tejido adiposo que los otros dos sujetos. En la Figura 18.6 también puede observarse que el sujeto entrenado en natación posee menos grasa y un músculo tríceps marcadamente más grande que el sujeto desentrenado; sin embargo su músculo bíceps (que rara vez se utiliza durante la natación) no es muy diferente al del resto. Por otra parte, tanto el tríceps como el bíceps son de mayor tamaño en el sujeto entrenado en la fuerza. Las diferencias entre estos hombres probablemente puedan atribuirse a una combinación de factores genéticos y a su volumen y tipo de entrenamiento.

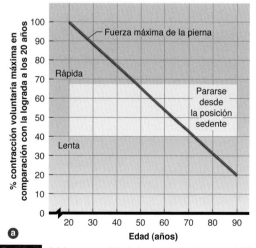

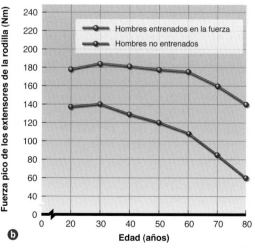

FIGURA 18.5 (*a*) La capacidad de pararse de la posición sedente se compromete a los 50 años, y hacia los 80 años esta tarea es casi imposible para algunas personas. (*b*) Cambios en la fuerza pico de los extensores de la rodilla en hombres no entrenados y entrenados de diferentes edades. Obsérvese que los hombres de mayor edad (p. ej., 60-80 años) y que entrenaban la fuerza exhibieron mayores valores de fuerza pico en la extensión de rodillas que los individuos que tenían un tercio de su edad.

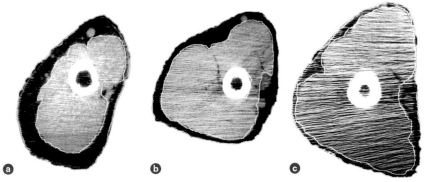

FIGURA 18.6 Tomografía computarizada de los miembros superiores de tres hombres de 57 años con pesos corporales similares. Las imágenes muestran el hueso (centro oscuro rodeado por un anillo blanco), el músculo (área gris estriada) y la grasa subcutánea (perímetro oscuro). Obsérvese la diferencia en las áreas musculares de (*a*) el hombre desentrenado, (*b*) el hombre entrenado en natación y (*c*) el hombre entrenado en fuerza.

El envejecimiento provoca un efecto notable sobre la masa y la fuerza muscular, pero ¿qué ocurre con el tipo de fibra muscular? Los resultados de los estudios respecto de los efectos del envejecimiento sobre las fibras tipo I y II son controversiales. Los estudios transversales en los que se realizaron autopsias del músculo vasto lateral (cuádriceps) entero en sujetos de 15-83 años de edad sugieren que los tipos de fibras se mantienen sin cambios a lo largo de la vida.[20] Sin embargo, los resultados de los estudios longitudinales llevados a cabo durante un período de 20 años indican que el volumen o la intensidad de la actividad o tal vez ambas podrían cumplir un papel importante en la distribución de los tipos de fibras asociada con el envejecimiento.[36,37] Las biopsias de muestras del músculo gastrocnemio (pantorrilla) de un grupo de corredores de larga distancia de alto rendimiento, obtenidas entre 1970 y 1974 y otra vez en 1992, demostraron que los corredores que redujeron su actividad (entrenados) o se volvieron sedentarios (desentrenados) presentaron una proporción mucho mayor de fibras tipo I que la registrada 18-22 años antes (Figura 18.7). Los individuos que conservaron su estatus de entrenamiento no presentaron cambios. Si bien algunos de los deportistas de alto rendimiento que aún competían en carreras de fondo (altamente entrenados) exhibieron un pequeño aumento del porcentaje de fibras de tipo I, estas personas no mostraron cambios en su composición promedio de fibras en los músculos de la pantorrilla en el período del estudio.

Se ha sugerido que el incremento aparente en el número de fibras tipo I puede atribuirse, en realidad, a la reducción en el número de fibras tipo II, lo cual resulta en una mayor proporción relativa de fibras tipo I. Si bien se desconocen las causas precisas de la pérdida de fibras tipo II, se ha sugerido que el envejecimiento está asociado con una reducción en el número de motoneuronas tipo II, lo que eliminaría la inervación de estas fibras musculares. Esto podría ser el resultado de la apoptosis de las motoneuronas en la médula espinal, lo que a su vez determina que las fibras inervadas por estas motoneuronas se atrofien en forma gradual. No obstante, en las motoneu-

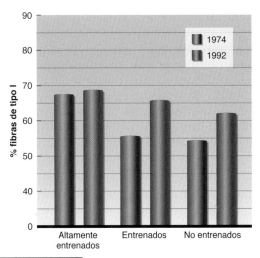

FIGURA 18.7 Cambios en la composición de los tipos de fibras musculares del gastrocnemio en fondistas de elite que mantuvieron su estatus de entrenamiento elevado, permanecieron entrenados en forma moderada o dejaron de entrenar durante el intervalo de 18 a 22 años entre las pruebas. Se debe destacar que los corredores que siguieron compitiendo casi no presentaron cambios en el porcentaje de fibras tipo I, mientras que los menos entrenados y los no entrenados experimentaron un aumento del porcentaje de fibras tipo I.

ronas tipo I podrían aparecer brotes axónicos que reinervan algunas de las fibras musculares antes inervadas por las motoneuronas tipo II muertas. En consecuencia, aumenta el tamaño de las unidades motoras remanentes, con más fibras musculares por neurona motora.

Numerosas investigaciones demostraron una disminución tanto del número como del tamaño de las fibras musculares con el paso de los años. Un estudio reportó una pérdida de alrededor del 10% del número total de fibras musculares por década después de los 50 años.[25] Esto explica en parte la atrofia muscular asociada con el envejecimiento. Asimismo, se cree que el tamaño tanto de las fibras tipo I como de las tipo II disminuye con el avance de la edad. El entrenamiento de resistencia (por ejemplo, las carreras de fondo en el pedestrismo) no provoca mayores efectos sobre la reducción de la masa muscular asociada con el envejecimiento. En cambio, el entrenamiento de fuerza reduce la atrofia muscular en adultos mayores y puede, en realidad, aumentar el área de sección transversal de sus músculos.[25]

Concepto clave

La fuerza muscular disminuye con el envejecimiento, lo cual es el resultado de los menores niveles de actividad física y de la reducción de la masa muscular. A su vez, esto último es producto de la reducción en la tasa de síntesis proteica y de la pérdida de unidades motoras tipo II asociada con el envejecimiento. Si bien el entrenamiento de resistencia no es muy útil para prevenir la pérdida de masa muscular asociada con la edad, el entrenamiento de fuerza puede mantener o aumentar el área de sección transversal de las fibras musculares en hombres y mujeres de la tercera edad.

El envejecimiento provoca cambios significativos en la capacidad del sistema nervioso para procesar la información y activar los músculos. Específicamente, el proceso de envejecimiento afecta la habilidad para detectar un estímulo, procesar la información y producir la respuesta adecuada. Los movimientos simples y complejos se enlentecen con el paso de los años, aunque las personas que siguen en actividad sólo son un poco más lentas que las personas más jóvenes entrenadas. La activación de las unidades motoras es menor en los adultos mayores. Por ejemplo, un estudio mostró que los hombres mayores (de alrededor de 80 años) exhibieron una menor frecuencia de estimulación y una respuesta contráctil más prolongada, mientras que los hombres más jóvenes (de alrededor de 20 años) exhibieron una mayor frecuencia de estimulación y respuestas contráctiles más cortas.[2] Sin embargo, otros autores indicaron que los adultos mayores conservan la capacidad para activar al máximo sus músculos esqueléticos, lo que sugiere que la reducción de la fuerza es secundaria a factores musculares locales más que a factores neurales.[6]

Los cambios neuromusculares asociados con el envejecimiento son, al menos en parte, responsables de la reducción de la fuerza y la resistencia, pero la participación activa en programas de ejercicio y deporte tiende a disminuir el impacto del envejecimiento sobre el rendimiento. Esto no significa que la actividad física regular pueda detener el envejecimiento biológico, pero un estilo de vida activo es capaz de reducir de manera significativa gran parte de los deterioros en la capacidad de trabajo físico.

Saltin[30] señaló que, a pesar de la pérdida de la masa muscular en los hombres mayores activos, las propiedades estructurales y bioquímicas de la masa muscular remanente se mantienen en forma apropiada. El número de capilares por unidad de superficie es similar en corredores de resistencia jóvenes y ancianos. Las actividades de las enzimas oxidativas en los músculos de deportistas de resistencia de mayor edad sólo son entre 10 y 15% menores que las de deportistas de resistencia jóvenes. En consecuencia, la capacidad oxidativa del músculo esquelético de corredores de resistencia de edad avanzada sólo es un poco menor que la de corredores jóvenes de alto rendimiento, lo que sugiere que el envejecimiento no afecta en gran medida la adaptabilidad del músculo esquelético al entrenamiento de resistencia.

Revisión

➤ La fuerza máxima disminuye en forma progresiva con el envejecimiento.

➤ Las pérdidas de fuerza relacionadas con la edad se deben principalmente a una pérdida significativa de la masa muscular.

➤ En general, en las personas activas normales se produce un aumento del porcentaje de fibras musculares de tipo I con el paso de los años, posiblemente como consecuencia de la reducción en el número de fibras tipo II.

➤ El número total de fibras musculares y el área de sección transversal de las fibras disminuyen con el paso de los años, pero el entrenamiento con sobrecarga parece amortiguar la reducción del área fibrilar.

➤ El envejecimiento enlentece la capacidad del sistema nervioso de responder a un estímulo, procesar la información y producir una contracción muscular.

➤ El entrenamiento no puede detener el proceso del envejecimiento biológico, pero sí disminuir el impacto del envejecimiento sobre el rendimiento.

Función cardiovascular y respiratoria

Los cambios en el rendimiento de resistencia asociados con el envejecimiento pueden atribuirse sobre todo al deterioro de la función cardiovascular central y periférica. Es probable que los cambios en la función respiratoria cumplan un papel menor. En esta sección se analizarán los efectos tanto sobre el sistema cardiovascular como sobre el respiratorio.

Función cardiovascular

De la misma manera que la función muscular, la función cardiovascular disminuye con el envejecimiento. Uno de los cambios más notables asociado con el envejecimiento es la reducción de la frecuencia cardíaca máxima ($FC_{máx}$). Mientras que el rango habitual de valores en los niños oscila entre 195 y 215 latidos/min, el individuo promedio de 60 años tiene una $FC_{máx}$ de alrededor de 166 latidos/min. Se cree que la $FC_{máx}$ disminuye un poco menos de 1 latido/min por año. Tradicionalmente, la $FC_{máx}$ promedio a cualquier edad se estima a partir de la ecuación $FC_{máx}$ = 220 – edad. No obstante, Tanaka y cols. desarrollaron una ecuación más precisa[34]:

$$FC_{máx} = [208 - (0,7 \times edad)].$$

Esta ecuación parece ser apropiada para todas las personas y no depende del sexo ni del nivel de actividad. La ecuación anterior tendía a sobreestimar la $FC_{máx}$ en los niños y los adultos jóvenes y a subestimarla en los adultos mayores. Cuando se usa la primera ecuación ($FC_{máx}$ = 220 – edad), los valores individuales presentan una desviación de ± de 20 latidos/minuto o más del valor estimado. Por ejemplo, esta ecuación predice que un individuo promedio de 60 años tendría una $FC_{máx}$ de 160 latidos/min; sin embargo, la $FC_{máx}$ real de una persona podría ser tan baja como de 140 latidos/min o tan elevada como de 180 latidos/min. Aunque la ecuación propuesta por Tanaka permite una mejor estimación de la frecuencia cardíaca promedio de un individuo, aún se observa un grado significativo de variabilidad. En el Capítulo 20 se explicará que la sobre y la subestimación hacen una gran diferencia cuando se emplea la $FC_{máx}$ para la prescripción del ejercicio.

⬤ Concepto clave

Una ecuación más precisa para estimar la $FC_{máx}$ es $FC_{máx}$ = [208 - (0,7 edad)]. No obstante, las ecuaciones sólo estiman un valor promedio para las personas de una edad determinada.

La reducción de la $FC_{máx}$ con el paso de los años parece ser similar en adultos sedentarios y bien entrenados. Por ejemplo, a los 50 años, los hombres activos normales tienen la misma $FC_{máx}$ que corredores de fondo aún activos de la misma edad. Esta disminución de la $FC_{máx}$ podría atribuirse a alteraciones morfológicas y electrofisiológicas del sistema de conducción cardíaco, en forma específica en el nodo sinoatrial y el fascículo atrioventricular, que podrían enlentecer la conducción cardíaca. La regulación en baja de los receptores β_1-adrenérgicos en el corazón también reduce la sensibilidad cardíaca a la estimulación catecolaminérgica.

El volumen sistólico máximo ($VS_{máx}$) disminuye poco (entre 10 y 20%) en los adultos mayores muy entrenados. Las respuestas a la estimulación adrenérgica y la contractilidad miocárdica se reducen y hay evidencias recientes proporcionadas por técnicas Doppler más sofisticadas que indican que el corazón no conserva el mecanismo de Frank-Starling en toda su expresión. Es probable que esto se deba a la menor flexibilidad (mayor rigidez) del ventrículo izquierdo y las arterias.[32] El entrenamiento diario que se inicia a edad temprana podría ayudar a disminuir esta alteración, aunque este efecto es limitado y bastante variable cuando el entrenamiento se inicia a una edad más avanzada. La disminución del gasto cardíaco máximo asociada con el envejecimiento en hombres y mujeres muy entrenados se atribuye sobre todo al descenso de la frecuencia cardíaca y, en menor medida, del volumen sistólico. Los estudios realizados en corredores de resistencia demostraron que el menor consumo máximo de oxígeno ($\dot{V}O_{2máx}$) observado en deportistas de edad avanzada es el resultado de la disminución del gasto cardíaco máximo, a pesar de que los volúmenes cardíacos de los deportistas de edad avanzada son similares a los de los

deportistas más jóvenes, lo que confirma que la reducción de la frecuencia cardíaca máxima es la causa principal de la disminución del $\dot{V}O_{2máx}$. En hombres y mujeres no entrenados, varios estudios demostraron un descenso evidente del volumen sistólico máximo asociado con el envejecimiento.

El **flujo sanguíneo periférico**, como el que se dirige a las piernas, disminuye con el paso de los años, incluso a pesar de que la densidad capilar en los músculos no se modifica. Los resultados de diversos estudios sugieren que, para una carga de trabajo dada, los deportistas de mediana edad exhiben una reducción de entre el 10-15% en el flujo sanguíneo hacia los músculos activos de las piernas, en comparación con atletas jóvenes bien entrenados (Figura 18.8).[30] Esta disminución del flujo sanguíneo se debe a numerosos factores periféricos, como una menor simpaticolisis funcional (o sea, mayor estimulación simpática hacia los músculos que se ejercitan) y una reducción de la concentración de sustancias vasodilatadoras locales.[31] No obstante, la disminución del flujo sanguíneo hacia las piernas en los corredores de resistencia de mediana edad y de edad avanzada durante el ejercicio submáximo se compensaría con un aumento de la diferencia arteriovenosa mixta de oxígeno [diferencia (a-v̄)O_2] (los músculos extraen más oxígeno). Como consecuencia, a pesar de que los adultos mayores tienen un menor flujo sanguíneo, el consumo de oxígeno de los músculos activos a una intensidad submáxima de trabajo es similar al observado en adultos jóvenes. Esto fue confirmado en un estudio llevado a cabo con hombres entrenados en resistencia, que comparó individuos de entre 22 y 30 años con otros de entre 55 y 68 años. El flujo sanguíneo hacia las piernas, la conductancia vascular y la saturación venosa

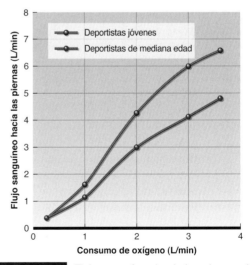

FIGURA 18.8 Flujo sanguíneo hacia las piernas durante un ejercicio de ciclismo en individuos jóvenes y de mediana edad que practican orientación.

Adaptada, con autorización, de B. Saltin, 1986, The aging endurance athlete. En *Sports medicine for the mature athlete*, editada por J.R. Sutton y R.M. Brock (Indianápolis: Benchmark Press). Copyright 1986 Copper Publishing Group, Carmel, Indiana.

Ejercicio habitual y envejecimiento vascular

La práctica habitual de ejercicio aeróbico se asocia con una disminución del riesgo de enfermedad cardiovascular en adultos de mediana edad y edad avanzada. En general, los adultos mayores sedentarios exhiben una reducida distensibilidad cardíaca y arterial causada por el endurecimiento del corazón y las grandes arterias elásticas. Asimismo, con el envejecimiento los vasos sanguíneos también experimentan un cambio en el control local del flujo sanguíneo, que consiste en una disfunción del endotelio para liberar y responder a los vasodilatadores, como el óxido nítrico y las prostaglandinas, y que se denomina **disfunción endotelial**. Este cambio contribuye a la incapacidad de los vasos sanguíneos de dilatarse y a la reducción del flujo sanguíneo hacia los músculos periféricos durante el ejercicio.

Los adultos mayores de ambos sexos que entrenan habitualmente exhiben una menor rigidez arterial y disfunción endotelial. Una de las razones de esta preservación de la función vascular con el ejercicio regular es la conservación o la recuperación de la señal vasodilatadora, que incluye un aumento de la biodisponibilidad de óxido nítrico. Asimismo, los mecanismos a través de los cuales el ejercicio aeróbico regular influye de manera favorable sobre la función vascular central y periférica no sólo son el resultado de cambios en otros factores de riesgo para la enfermedad cardiovascular.[31] En cambio, se cree que el ejercicio regular puede mejorar en forma directa la función de los vasos sanguíneos en poblaciones con uno o más factores de riesgo.[31] En la actualidad, se realizan investigaciones para determinar la dosis apropiada de ejercicio (tiempo, duración e intensidad) necesaria para lograr estos beneficios cardiovasculares en población sanas y con problemas de salud.

de oxígeno femoral fueron entre 20 y 30% menores en los hombres de mayor edad con todas las cargas de trabajo submáximo, mientras que la diferencia (a-v̄)O$_2$ de la pierna fue mayor en este grupo.[28]

Resulta difícil determinar la responsabilidad del proceso de envejecimiento sobre los cambios en el volumen sistólico, el gasto cardíaco y el flujo sanguíneo periférico observados con el paso de los años y la proporción de estos cambios secundaria al **desacondicionamiento cardiovascular** generado por la reducción de la actividad. Los estudios sugieren que ambos factores están comprometidos, pero se desconoce el porcentaje de responsabilidad de cada uno. Sin embargo, incluso los deportistas de edad avanzada entrenan con un volumen e intensidad menor que los deportistas de 20 años. El envejecimiento por sí solo podría reducir la función cardiovascular y la resistencia, pero en menor medida menos que el desacondicionamiento asociado con la inactividad, la disminución de la actividad o de la intensidad del entrenamiento. Este deterioro de la función cardiovascular asociado con la edad es responsable en gran medida de la reducción en los valores del $\dot{V}O_{2máx}$, que se describirán más adelante en este capítulo.

Función respiratoria

La función pulmonar se modifica en forma considerable con el envejecimiento en las personas sedentarias. Tanto la capacidad vital (CV) como el **volumen espiratorio forzado en 1 segundo (VEF$_{1,0}$)** disminuyen en linealmente con el paso de los años a partir de los 20 o 30 años. Si bien estas medidas disminuyen, el volumen residual (VR) aumenta y la capacidad pulmonar total (CPT) permanece constante. Como consecuencia, el índice entre el volumen residual y la capacidad pulmonar total (VR/CPT) aumenta, lo que determina un menor intercambio de aire. Al comienzo de la tercera década de la vida, el VR representa entre el 18 y el 22% de la CPT, pero aumenta hasta 30% o más cuando el individuo alcanza los 50 años. El tabaquismo parece acelerar este incremento.

Estos cambios se asocian con modificaciones en la capacidad ventilatoria máxima durante el ejercicio intenso. La **ventilación espiratoria máxima ($\dot{V}_{Emáx}$)** aumenta durante el crecimiento hasta alcanzar la madurez física y a partir de entonces disminuye. La $\dot{V}_{Emáx}$ corresponde en promedio a 40 L/min entre los 4 y 6 años en varones, aumenta hasta alcanzar entre 110 y 140 L/min en hombres maduros y luego disminuye hasta 70 a 90 L/min entre los 60 y los 70 años. Las niñas y las mujeres siguen el mismo patrón general, aunque los valores absolutos son bastante menores a cada edad, sobre todo debido al menor tamaño corporal. En el Capítulo 7 se mencionó que la CPT es directamente proporcional a la talla, razón por la cual los hombres suelen tener valores más elevados que las mujeres.

Los cambios en la función pulmonar asociados con el envejecimiento son el resultado de varios factores. El más importante de ellos es la pérdida de elasticidad del tejido pulmonar y la caja torácica asociada con el paso de los años, lo que provoca un aumento del trabajo necesario para respirar. El incremento en la rigidez de la pared torácica parece ser responsable de la mayor parte de la reducción de la función pulmonar. No obstante, a pesar de todos estos cambios, los pulmones aún conservan una gran reserva y mantienen una capacidad de difusión adecuada que permitiría un ejercicio máximo y no parecería limitar la capacidad para ejercitarse.

Los deportistas de edad avanzada entrenados en resistencia sólo presentan un pequeño descenso de la capacidad ventilatoria pulmonar. Lo más importante que se debe señalar es que la reducción de la capacidad aeróbica observada en deportistas de edad avanzada no puede atribuirse a cambios en la ventilación pulmonar. Asimismo, durante el ejercicio extenuante, tanto las personas mayores que realizan actividad normal como los deportistas pueden mantener una saturación arterial de oxígeno casi máxima. Por ende, los cambios en los pulmones y en la capacidad de transporte de oxígeno de la sangre no parecen ser responsables de la disminución del

$\dot{V}O_{2máx}$ observada en los deportistas de edad avanzada. En cambio, la limitación principal estaría relacionada con el transporte de oxígeno hacia los músculos, o sea, a cambios cardiovasculares. Como se comentó en este capítulo, el envejecimiento disminuye la frecuencia cardíaca máxima, lo que a su vez reduce el gasto cardíaco máximo y el flujo sanguíneo hacia los músculos activos. La diferencia $(a-\bar{v})O_2$ submáxima se mantiene en los deportistas de edad avanzada, lo que sugiere que la extracción de O_2 permanece bastante bien conservada a pesar del paso de los años.

⬤ Revisión

➤ Gran parte de la reducción del rendimiento de resistencia asociada con el envejecimiento se puede atribuir al deterioro de la función cardiovascular.

➤ La frecuencia cardíaca máxima disminuye alrededor de 1 latido/minuto por año. La $FC_{máx}$ promedio para una edad determinada se puede calcular con la siguiente ecuación: $FC_{máx} = [208 - (0,7 - edad)]$.

➤ El volumen sistólico máximo sólo se reduce levemente en los deportistas de edad avanzada, pero su gasto cardíaco disminuye con el paso de los años como consecuencia, sobre todo, de la reducción de la $FC_{máx}$. En personas no entrenadas, el volumen sistólico máximo disminuye debido al incremento de la rigidez del ventrículo izquierdo y las arterias asociado con el envejecimiento.

➤ El flujo sanguíneo periférico también se reduce con la edad; no obstante, en los deportistas entrenados, esta reducción se compensa con un aumento de la diferencia $(a-\bar{v})O_2$.

➤ El ejercicio regular puede revertir en forma parcial o prevenir muchos de los cambios vasculares nocivos asociados con el envejecimiento, incluyendo la reducción de la rigidez arterial y la mejora de la función endotelial.

➤ Aún no ha podido determinarse claramente qué proporción de la reducción en la función cardiovascular puede atribuirse al proceso de envejecimiento por sí solo, y qué proporción puede atribuirse al desacondicionamiento asociado con la reducción de la actividad física. Sin embargo, muchos estudios indican que estos cambios están atenuados en deportistas de edad avanzada que siguen entrenando, lo que implica que la inactividad cumple un papel crucial.

➤ Tanto la capacidad vital como el volumen espiratorio forzado disminuyen en forma lineal con el paso de los años. El volumen residual aumenta, de manera que la capacidad pulmonar total permanece constante. En consecuencia, aumenta el índice entre VR/CPT, lo que determina un menor intercambio de aire en los pulmones en cada respiración.

➤ La ventilación espiratoria máxima también disminuye con la edad.

➤ Los cambios pulmonares asociados con el envejecimiento se deben principalmente a la pérdida de la elasticidad del tejido pulmonar y la pared torácica. No obstante, los deportistas de edad avanzada sólo presentan una reducción leve de la capacidad ventilatoria pulmonar.

Función aeróbica y anaeróbica

Para investigar el efecto del envejecimiento sobre las funciones aeróbica y anaeróbica durante el ejercicio, se evaluarán dos variables principales: el $\dot{V}O_{2máx}$ y el umbral de lactato.

$\dot{V}O_{2máx}$

Para estimar los cambios en el $\dot{V}O_{2máx}$ con el paso de los años, se deben tener en cuenta varios factores importantes. En primer lugar, se debe decidir la forma de expresar los valores de $\dot{V}O_{2máx}$, o sea, en litros por minuto (L/min) o en mililitros por kilogramo de peso corporal por minuto $(mL \cdot kg^{-1} \cdot min^{-1})$ para dar cuenta de las diferencias en el tamaño corporal. En ciertos casos, el $\dot{V}O_{2máx}$ expresado en litros por minuto no disminuye demasiado durante un período de 10 o 20 años, pero cuando se expresan los valores del mismo individuo en relación con el peso corporal, se observa una reducción importante. Esta aparente discrepancia se atribuye sólo al aumento de peso de la persona durante el período de 10 o 20 años entre la evaluación inicial y la final. Cuando se evalúan individuos que realizan actividades en donde no debe soportarse el peso corporal, como por ejemplo el ciclismo, el uso de litros por minuto suele ser más apropiado. En cambio, para las actividades en las que debe soportarse el peso corporal, como correr, en general lo ideal es expresar los valores por unidad de peso corporal $(ml \cdot kg^{-1} \cdot min^{-1})$.

Un segundo factor se relaciona con la cuestión de si los cambios asociados con el envejecimiento en las diferentes variables deben expresarse en términos absolutos $(1/min \text{ o } ml \cdot kg^{-1} \cdot min^{-1})$ o como porcentaje, donde

$$\% \text{ cambio} = [(\text{valor final} - \text{valor inicial})/\text{valor inicial}] \times 100$$

Este podría parecer un tema menor, pero no lo es. A modo de ejemplo, se presentará el caso de un hombre de 30 años que posee un $\dot{V}O_{2máx}$ inicial de 50 $ml \cdot kg^{-1} \cdot min^{-1}$ y a los 50 años, un $\dot{V}O_{2máx}$ de 40 $ml \cdot kg^{-1} \cdot min^{-1}$. Un hombre de 60 años tiene un $\dot{V}O_{2máx}$ inicial de 35 $ml \cdot kg^{-1} \cdot min^{-1}$ y a los 80 años éste se reduce a 25 $ml \cdot kg^{-1} \cdot min^{-1}$. En este ejemplo, ambos hombres experimentaron una disminución del $\dot{V}O_{2máx}$ de 10 $ml \cdot kg^{-1} \cdot min^{-1}$ en un período de 20 años, lo que representa una reducción de 0,5 $ml \cdot kg^{-1} \cdot min^{-1}$ por año. No obstante, el hombre más joven tuvo un descenso del 20% $(10/50 = 0,2 \text{ o } 20\%)$ en 20 años o del 1% por año, mientras que el hombre mayor tuvo un descenso del 29% $(10/35 = 0,29)$ o del 1,4% por año. Aunque los dos hombres experimentaron reducciones idénticas del $\dot{V}O_{2máx}$ cuando se expresaron en $ml \cdot kg^{-1} \cdot min^{-1}$, el sujeto mayor de edad presentó una disminución mucho mayor cuando se expresó como porcentaje. Muchos estudios comunican tanto la disminución absoluta $(ml \cdot kg^{-1} \cdot min^{-1})$ como la relativa $(\%)$. Con esto en mente, se considerarán los cambios en el $\dot{V}O_{2máx}$ asociados con el envejecimiento, primero los cambios en personas que realizan actividad normal y luego los que experimentan deportistas de resistencia muy entrenados.

Concepto clave

La disminución del $\dot{V}O_{2máx}$ asociada con el envejecimiento y la inactividad se explica en gran medida por la reducción del gasto cardíaco máximo ($\dot{Q}_{máx}$) asociado a la disminución de la $FC_{máx}$. El volumen sistólico máximo disminuye en forma leve ($VS_{máx}$) y la diferencia $(a-\bar{v})O_2$ máxima no cambia demasiado con el paso de los años. La reducción de la $FC_{máx}$ se atribuye sobre todo a la disminución de la frecuencia intrínseca del corazón, pero también podría ser el resultado de un descenso de la actividad del sistema nervioso simpático y de alteraciones en el sistema de conducción cardíaco. La disminución del $\dot{V}O_{2máx}$ asociada con el envejecimiento es, principalmente, una consecuencia de la reducción del flujo sanguíneo hacia los músculos activos, lo que a su vez se debe al descenso del gasto cardíaco máximo.

CUADRO 18.1 Cambios en el $\dot{V}O_{2máx}$ en hombres activos sanos

Edad (años)	$\dot{V}O_{2máx}$ (ml · kg^{-1} · min^{-1})	% de cambio desde los 25 años
25	47,7	–
35	43,1	–10
45	39,5	–17
52	38,4	–20
63	34,5	–28
75	25,5	–47

Datos de Robinson, 1938.

Personas con actividad normal Sid Robinson[29] realizó los primeros estudios sobre envejecimiento y rendimiento físico a fines de la década de 1930. Este autor demostró que el $\dot{V}O_{2máx}$ de los hombres que realizaban actividad normal disminuía en forma progresiva desde los 25 hasta los 75 años (Cuadro 18.1). Sus datos transversales indican que la capacidad aeróbica se reduce un promedio de 0,44 ml · kg^{-1} · min^{-1} por año hasta los 75 años, lo que representa alrededor de 1% por año o 10% por década. En las mujeres de entre 25 y 60 años, el descenso también se aproxima al 1% por año.[1] Una revisión de 11 estudios transversales realizados en hombres, la mayoría menores de 70 años, demostró que la tasa promedio de disminución del $\dot{V}O_{2máx}$ fue de 0,41 ml · kg^{-1} · min^{-1} por año.[1] En esta misma revisión, el análisis de seis estudios transversales que evaluaron mujeres indicó una tasa promedio de disminución de 0,3 ml · kg^{-1} · min^{-1} por año. Lamentablemente, en esta revisión no se reportó la tasa promedio de disminución expresada como porcentaje del $\dot{V}O_{2máx}$ inicial. A mediados de la década de 1990, la NASA y el Centro Espacial Johnson (Houston, Texas) llevaron a cabo un estudio transversal para valorar los cambios en el $\dot{V}O_{2máx}$ asociados con el envejecimiento en una gran cohorte de sujetos. Para este estudio, se reclutaron 1 499 hombres y 409 mujeres saludables que completaron un test máximo hasta el agotamiento en cinta ergométrica para la medición directa del $\dot{V}O_{2máx}$.[17,18] Los autores reportaron una reducción del $\dot{V}O_{2máx}$ de 0,46 ml · kg^{-1} · min^{-1} por año en los hombres (1,2% por año) y de 0,54 ml · kg^{-1} · min^{-1} por año en las mujeres (1,7% por año).

Desafortunadamente, se han llevado a cabo pocos estudios longitudinales sobre este tema. Los estudios en los cuales se han evaluado a los sujetos en diferentes etapas de sus vidas revelan un amplio rango de valores para la declinación de la capacidad aeróbica. Al menos parte de estas variaciones puede atribuirse a los diferentes niveles de actividad de los individuos y a la edad al comienzo del estu-

dio. No obstante, en general se acuerda que la tasa de declinación en el $\dot{V}O_{2máx}$ es de aproximadamente un 10% por década o 1% por año (–0,4 ml · kg^{-1} · min^{-1} por año) en hombres relativamente sedentarios. Los resultados son similares para las mujeres, aunque se evaluó un menor número de individuos.

Concepto clave

El $\dot{V}O_{2máx}$ disminuye alrededor de 10% por década desde la mitad de la adolescencia en las mujeres y a mediados de la tercera década en los hombres. Este descenso se asocia en gran medida al deterioro de la función cardiorrespiratoria.

Deportistas de edad avanzada D.B. Hill y cols. del Harvard Fatigue Laboratory (Laboratorio de fatiga de Harvard) realizó uno de los estudios más renombrados y de mayor duración sobre corredores de fondo y envejecimiento.[4] Don Lash, el poseedor del récord mundial en la carrera de 3,2 km (2 millas) (8 min 58 seg) en 1936, fue uno de los deportistas evaluados por el grupo de Harvard. Aunque pocos excorredores siguieron entrenando después de abandonar la universidad, Lash aún corría alrededor de 45 minutos por día a los 49 años. A pesar de esta actividad, su $\dot{V}O_{2máx}$ había disminuido desde 81,4 ml · kg^{-1} · min^{-1} a los 24 años hasta 54,4 ml · kg^{-1} · min^{-1} a los 49 años, o sea que experimentó una disminución del 33%. Los corredores que no siguieron entrenando durante la adultez media presentaron descensos mucho mayores. En promedio, la capacidad aeróbica de estos sujetos disminuyó alrededor de 43% desde los 23 hasta los 50 años (desde 70 hasta 40 ml · kg^{-1} · min^{-1}). Estos datos sugieren que el entrenamiento previo no atenuará la reducción de la capacidad aeróbica en las etapas posteriores de la vida, a menos que la persona continúe realizando algún tipo de actividad vigorosa. No obstante, debido a sus valores iniciales elevados, estos individuos tienen una reserva funcional alta, y la gran disminución de la capacidad aeróbica no afecta en gran medida la capacidad de realizar las actividades de la vida cotidiana. Asimismo, se observaron grandes diferencias individuales respecto de la tasa de declinación del $\dot{V}O_{2máx}$ asociada con el envejecimiento, lo cual sugiere que los factores genéticos contribuyen significativamente a esta variabilidad.

Estudios longitudinales más recientes realizados en corredores y remeros de edad avanzada y sexo masculino demostraron una disminución de la capacidad aeróbica y la función cardiovascular y cambios en la composición de los tipos de fibra muscular asociados con la edad. Estos deportistas fueron evaluados durante 20 a 28 años, tiempo durante el cual algunos siguieron entrenando para la competencia, mientras que otros se tornaron bastante sedentarios. Los deportistas que entrenaron con un alto volumen e intensidad experimentaron una disminución del $\dot{V}O_{2máx}$ de entre 5 y 6% por década. En cambio, los corredores de alto rendimiento que dejaron de entrenar experimentaron una reducción de casi el 15% en su capacidad aeróbica por década (1,5% por año), lo cual parece ser el resultado de un efecto combinado del desacondicionamiento y el envejecimiento.

Hasta el momento, se publicaron pocos estudios en mujeres, pero los resultados demuestran ciertas tendencias. En un estudio en el que participaron 86 hombres y 49 mujeres, todos corredores de resistencia de categoría "master" (adultos mayores), los autores registraron los cambios asociados con el envejecimiento en el $\dot{V}O_{2máx}$, tanto en forma transversal como longitudinal (aproximadamente 8,5 años).[14] En la Figura 18.9 se ilustran sus resultados. La tasa promedio de declinación en el $\dot{V}O_{2máx}$, como se ilustra en la línea de regresión de los datos transversales, fue de 0,47 ml · kg^{-1} · min^{-1} por año en los hombres (0,8% por año) y de 0,44 ml · kg^{-1} · min^{-1} en las mujeres (0,9% por año). No obstante, la figura muestra que cuando se registran los cambios en el $\dot{V}O_{2máx}$ en forma longitudinal la declinación en esta variable suele ser mayor que la observada cuando se registran los datos en forma transversal. En un estudio transversal realizado en mujeres sedentarias ($n = 2\,256$), mujeres activas ($n = 1\,717$) y mujeres entrenadas en resistencia ($n = 911$) de entre 18 y 89 años, se determinó que la declinación en el $\dot{V}O_{2máx}$ fue de 0,35 ml · kg^{-1} · min^{-1} por año en las mujeres sedentarias (1,2% por año), 0,44 ml · kg^{-1} · min^{-1} por año en las mujeres activas (1,1% por año) y 0,62 ml · kg^{-1} · min^{-1} por año en las mujeres entrenadas en resistencia (1,2%).[7]

A principios de la década del 2000, un estudio de seguimiento de 25 años reexaminó a corredores de fondo de sexo masculino y edad avanzada muy competitivos.[37,38] Estos hombres fueron evaluados inicialmente cuando tenían entre 18 y 25 años de edad. Durante el intervalo entre las instancias de evaluación, los corredores entrenaron con la misma intensidad relativa que cuando eran más jóvenes. Como consecuencia, sus valores de $\dot{V}O_{2máx}$ (L/min) sólo disminuyeron 3,6% durante el período de 25 años[38], como se muestra en el Cuadro 18.2. Si bien su consumo máximo de oxígeno disminuyó desde 69 hasta 64,3 ml · kg^{-1} · min^{-1}, esto sólo representa un descenso de 0,19 ml · kg^{-1} · min^{-1} por año o 0,3% por año, y la mayor parte de este cambio se podría atribuir a un incremento de 2,1 kg (4,6 lb) en el peso corporal.

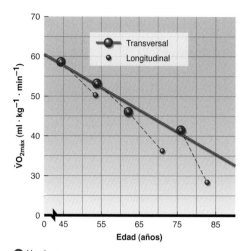

a Hombres

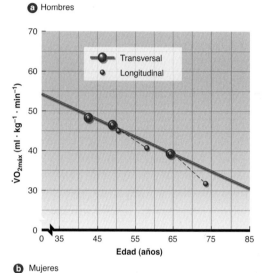

b Mujeres

FIGURA 18.9 Declinación en el $\dot{V}O_{2máx}$ asociada con el envejecimiento en un grupo de 86 hombres y 49 mujeres corredores de resistencia de categoría "master". Los datos fueron registrados transversal y longitudinalmente.
Adaptada de Hawkins et al., 2001.

La tasa de declinación en el $\dot{V}O_{2máx}$ de estos corredores de edad avanzada es significativamente menor que la observada tanto en sujetos sedentarios como en aquellos que entrenan sólo para mantener su aptitud física, con volúmenes e intensidades menores a las utilizadas por los corredores. En 1992, uno de estos corredores registró un tiempo de 4 min 11 s para la milla y de 2:29 para la maratón. En ese momento, el corredor tenía ¡46 años! y el rendimiento en estas dos pruebas superó su mejor marca registrada en 1966. Se han reportado hallazgos similares en otros deportistas que siguieron entrenando con la misma intensidad y volumen relativos que en la universidad.

¿Son estos desempeños excepciones a las reglas naturales del envejecimiento? ¿Pueden otros deportistas reducir los efectos del envejecimiento sobre su rendimiento si continúan entrenando con intensidad? Gran parte de este efecto depende de la adaptabilidad al entrenamiento del deportista en particular, factor que podría depender de la herencia o del régimen del entrenamiento. No

CUADRO 18.2 **Cambios en la capacidad aeróbica media y la frecuencia cardíaca máxima asociados con el envejecimiento en un grupo de 10 corredores de fondo altamente entrenados de categoría "master"**

Edad (años)	Peso (kg)	$\dot{V}O_{2máx}$ (mL/min)	$\dot{V}O_{2máx}$ (ml · kg^{-1} · min^{-1})	$FC_{máx}$ (latidos/min)
21,3	63,9	4,41	69	189
46,3	66	4,25	64,3	180

obstante, los avances en la nutrición y en los métodos de entrenamiento han contribuido a mejorar el rendimiento de los deportistas de edad avanzada.

Concepto clave

A menudo, resulta difícil distinguir entre los resultados del envejecimiento biológico y de la inactividad física. El envejecimiento provoca un deterioro natural de la función fisiológica, pero esto se complica porque la mayoría de las personas también son más sedentarias a esa edad.

Los efectos del envejecimiento y el entrenamiento sobre el $\dot{V}O_{2máx}$ en los hombres se resumen en la Figura 18.10. Si bien el número de estudios en mujeres es mucho menor, es de esperar que la tendencia sea similar. Se debe señalar que, si bien el entrenamiento intenso atenúa la declinación normal asociada con el envejecimiento en el $\dot{V}O_{2máx}$, la capacidad aeróbica se reduce progresivamente. En consecuencia, se cree que el entrenamiento muy intenso disminuye la tasa de pérdida de la capacidad aeróbica durante la adultez temprana y media (p. ej., 30-50 años), pero con un efecto menor después de los 50 años.

En resumen, el $\dot{V}O_{2máx}$ disminuye con el paso de los años, y la tasa de declinación es de alrededor de 1% por año. La tasa de declinación en el $\dot{V}O_{2máx}$ está influenciada por diversos factores, entre los que se incluyen:

- Genética
- Nivel de actividad general
- Intensidad del entrenamiento
- Volumen del entrenamiento
- Aumento del peso corporal y la masa grasa, disminución de la masa libre de grasa
- Intervalo de edades, con mayores descensos en los individuos mayores

No hay un acuerdo universal acerca de los factores más importantes. En la Figura 18.11 se presenta una visión integral de los mecanismos fisiológicos que contribuyen a la reducción del rendimiento de resistencia asociada con el envejecimiento.

Umbral de lactato

En adultos jóvenes entrenados en resistencia, el umbral de lactato es un parámetro que permite estimar el rendimiento en pruebas de fondo que van desde las 2 millas a la maratón. Pocos estudios abordaron los cambios en el

umbral de lactato, o en el umbral anaeróbico estimado a partir de variables ventilatorias, en relación con el envejecimiento. El umbral de lactato se determinó en un estudio transversal que incluyó a un grupo de corredores de resistencia mayores, de entre 40 y 70 o más años (111 hombres y 57 mujeres).[39] El umbral de lactato expresado como porcentaje del $\dot{V}O_{2máx}$ (LT-% $\dot{V}O_{2máx}$) es el mejor marcador del rendimiento de resistencia en individuos con valores similares de $\dot{V}O_{2máx}$. Resulta interesante señalar que el LT-% $\dot{V}O_{2máx}$ no fue diferente en los hombres que en las mujeres, aunque aumentó con la edad. Estudios longitudinales más recientes realizados en deportistas de edad avanzada han reportado que el cambio en el umbral de lactato durante el período de seguimiento de seis años no pudo predecir el rendimiento de carrera cuando se expresó como porcentaje de el $\dot{V}O_{2máx}$.[26] Otro estudio reportó resultados similares en 152 hombres y 146 mujeres no entrenados.[27] Sin embargo, en ambos estudios, el $\dot{V}O_{2máx}$ fue menor en los grupos de personas mayores, lo que ayuda a explicar el aumento del LT-% $\dot{V}O_{2máx}$. Cuando se comparó el umbral de lactato expresado en valores absolutos de $\dot{V}O_2$ entre los grupos de diferentes edades, se observó la reducción del umbral de lactato con el envejecimiento.

Revisión

➤ La capacidad aeróbica suele disminuir alrededor de 10% por década o 1% por año en hombres y mujeres relativamente sedentarios.

➤ Se obtuvieron resultados similares en deportistas de resistencia altamente entrenados, aunque se observa una variación mucho mayor en los resultados de los distintos estudios. Asimismo, dado que la mayoría de los atletas poseen valores muy elevados de $\dot{V}O_{2máx}$ y que la tasa de declinación en el $\dot{V}O_{2máx}$ es similar entre sujetos entrenados y sedentarios, al llegar a la tercera edad los atletas siempre tendrán valores de $\dot{V}O_{2máx}$ mayores que los sujetos sedentarios.

➤ Los estudios realizados en deportistas de edad avanzada y en personas menos activas de la misma edad indican que la reducción del $\dot{V}O_{2máx}$ no se relaciona estrictamente con la edad. Los deportistas que continúan con el entrenamiento exhiben una reducción significativamente menor del $\dot{V}O_{2máx}$ con el envejecimiento, en particular si el entrenamiento es muy intenso.

➤ El umbral de lactato, expresado como porcentaje del $\dot{V}O_{2máx}$, aumenta con el avance de la edad, pero disminuye si se expresa en valores absolutos de $\dot{V}O_{2máx}$.

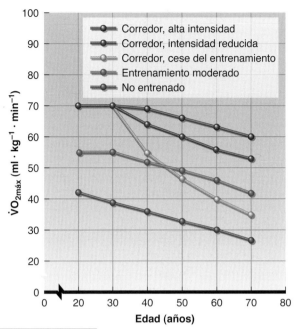

FIGURA 18.10 Cambios en el $\dot{V}O_{2máx}$ en función de la edad en hombres entrenados y no entrenados.

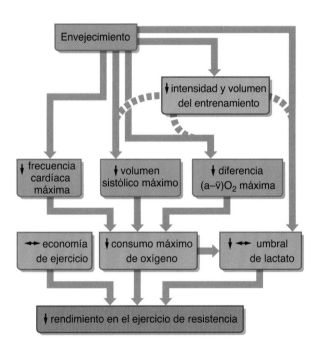

FIGURA 18.11 Factores y mecanismos fisiológicos que contribuyen a la reducción del rendimiento de resistencia con el paso de los años en los seres humanos. El envejecimiento primario influye sobre el deterioro de los factores cardiovasculares que determinan el $\dot{V}O_{2máx}$; no obstante, también tiende a observarse un descenso del volumen y la intensidad del entrenamiento con el paso de los años (líneas de puntos), por lo que no es sencillo determinar cuál es la contribución relativa de cada una de estas variables a la reducción del rendimiento de resistencia.

Reproducida, con autorización, de H. Tanaka y D.R. Seals, 2008, "Endurance exercise performance in Masters athletes: Age-associated changes and underlying physiological mechanisms", *Journal of Physiology* 586(1): 55-63.

Adaptaciones fisiológicas al entrenamiento

A pesar de los cambios en la composición corporal y el rendimiento durante el ejercicio asociados con el envejecimiento, los deportistas de mediana edad y edad avanzada bien entrenados son capaces de lograr rendimientos excepcionales. Asimismo, aquellos que entrenan para mantener su nivel de aptitud física general experimentan mejoras en la fuerza muscular y la resistencia similares a las observadas en adultos jóvenes. De hecho, entre cuatro y seis meses de entrenamiento aeróbico o dos o tres meses de entrenamiento con sobrecarga en individuos mayores previamente sedentarios pueden restablecer el $\dot{V}O_{2máx}$ y la fuerza muscular a los niveles de individuos 20 años más jóvenes.

Fuerza

Al igual que casi todas las demás funciones fisiológicas, la pérdida de la fuerza asociada con el envejecimiento podría deberse a una combinación del proceso natural de envejecimiento y la reducción de la actividad física, que disminuye la masa y la función de los músculos. Si bien resulta difícil comparar las adaptaciones al entrenamiento al entrenamiento con sobrecarga entre individuos jóvenes e individuos de edad avanzada, el envejecimiento parece no comprometer la capacidad de aumentar la fuerza muscular ni evitar la hipertrofia de los músculos. Por ejemplo, en un estudio en el que participaron adultos mayores (60-72 años de edad) que completaron un programa de enteramiento con sobrecarga de 12 semanas consistente en ejercicios de extensión y flexión bilateral de rodillas al 80% de su repetición máxima (1RM), se observó que la fuerza en la extensión bilateral de rodilla se incrementó en un 107% mientras que la fuerza en la flexión bilateral de rodillas lo hizo en un 227%.[8] Estas mejoras fueron atribuidas al incremento de la hipertrofia muscular, lo cual fue confirmado mediante imágenes de tomografía computada (TC) tomadas en la la porción media del muslo. Las biopsias del músculo vasto lateral (en el cuádriceps) revelaron que el área de sección transversal de las fibras tipo I aumentó 34% y que la de las fibras tipo II aumentó 28%. El mayor incremento en la fuerza, en comparación con el tamaño muscular, se debió que los participantes exhibieron valores relativamente bajos de fuerza antes de comenzar con el entrenamiento y, es probable, a las adaptaciones neurales que experimentaron estos hombres previamente sedentarios. En otro estudio llevado a cabo con adultos mayores no entrenados (64 años de edad), se observó que un programa de entrenamiento con sobrecarga de 16 semanas de duración provocó incrementos significativos en la fuerza (50% en el ejercicio de extensión de rodillas, 72% en la prensa de piernas y 83% en la media sentadilla) e incrementos en el área se sección transversal media de todos los tipos de fibras principales (46% paras las fibras tipo I, 34% para las fibras tipo IIx y 52% para las fibras tipo IIb).[10,15]

En un estudio llevado a cabo con mujeres de edad avanzada (edad promedio, 64 años), el programa de entrenamiento con sobrecarga de 21 semanas de duración resultó en un incremento del 37% en la tasa de desarrollo de la fuerza de los extensores de la rodilla, en una mejora del 29% en la fuerza en 1RM en el ejercicio de extensiones de rodilla, un incremento en el área de sección transversal de los músculos extensores de la rodilla y un aumento del 22 al 36% en el área de sección transversal de las fibras tipo I, tipo IIa y tipo IIb.[12]

En otro estudio, se investigaron los cambios en la fuerza de piernas, el tiempo necesario para levantarse de una silla y la composición de los tipos de fibras musculares en hombres y mujeres de 60-75 años de edad que completaron un programa de entrenamiento de la fuerza con cargas altas y de entrenamiento de la potencia, utilizando el ejercicio de sentadilla dos veces por semana durante 24 semanas.[11] La fuerza en 1RM se incrementó 26% en las mujeres y 35% en los hombres, mientras que el tiempo necesario para levantarse tres veces en sucesión rápida desde una silla a 40 cm (alrededor de 16 pulgadas) (tiempo de elevación de la silla) disminuyó 24% en las mujeres y 25% en los hombres. Este estudio muestra las mejoras en el rendimiento funcional que pueden lograrse con el entrenamiento de la fuerza.

En general, los adultos mayores pueden experimentar un beneficio significativo con el entrenamiento de sobrecarga. Los deportistas de edad avanzada entrenados en la fuerza tienden a poseer mayor masa muscular, en general son más delgados y son entre 30 y 50% más fuertes que sus compañeros sedentarios.[40] Asimismo, en comparación con los individuos de la misma edad que participaron en un programa de entrenamiento aeróbico, los deportistas que participaron en un programa de entrenamiento con sobrecarga exhibieron una mayor masa muscular, mayores densidades minerales óseas y mantuvieron mayor fuerza y potencia muscular. Aunque no en la misma magnitud que los deportistas de edad avanzada, los individuos mayores sedentarios también experimentan aumentos significativos de la fuerza con el entrenamiento de la fuerza, lo que a su vez mejora en gran medida su capacidad para desarrollar las actividades de la vida cotidiana y ayuda a prevenir las caídas.[40]

Capacidad aeróbica y anaeróbica

Estudios recientes demostraron que el aumento del $\dot{V}O_{2máx}$ asociado con el entrenamiento es similar en los hombres y las mujeres más jóvenes (21-25 años) que en los mayores (60-71 años).[22,27] Si bien los valores de $\dot{V}O_{2máx}$ previos al entrenamiento fueron, en promedio,

más bajos en los adultos mayores, ambos grupos exhibieron incrementos similares en el $\dot{V}O_{2máx}$ de aproximadamente 5,5-6 mL·kg-1·min-1. Adicionalmente, luego de participar en un programa de entrenamiento de 9-12 meses que consistió en completar 6 km (4 millas) por día ya sea caminando, corriendo o realizando ambas actividades, los adultos mayores de ambos sexos experimentaron incrementos similares en el $\dot{V}O_{2máx}$, promediando un 21% en los hombres y un 19% en las mujeres. Las personas mayores antes sedentarias parecieron experimentar un pico en la adaptación cardiovascular después de tres a seis meses de entrenamiento moderado.[32] En conjunto, los resultados de estos estudios sugieren que el entrenamiento de resistencia logra beneficios similares en la capacidad aeróbica de las personas sanas entre los 20 y los 70 años y que esta adaptación es independiente de la edad, el sexo y del nivel inicial de aptitud física. No obstante, eso no significa que el entrenamiento de resistencia permita a los individuos mayores lograr los estándares de rendimiento de los deportistas más jóvenes.

En la actualidad no se han determinado con precisión los mecanismos que estimulan las adaptaciones corporales al entrenamiento a cualquier edad, por lo que no es posible establecer si las mejoras observadas con el entrenamiento se obtienen de la misma manera a lo largo de la vida. Por ejemplo, gran parte de las mejoras en el $\dot{V}O_{2máx}$ observadas en los adultos jóvenes están asociadas al incremento en el gasto cardíaco máximo. Sin embargo, los adultos mayores exhiben mejoras significativamente mayores en la actividad de las enzimas oxidativas

musculares, lo cual sugiere que, en los adultos mayores, las adaptaciones periféricas al entrenamiento son más importantes que en los adultos jóvenes.

Poco se sabe acerca de la entrenabilidad de la capacidad anaeróbica en adultos mayores. Hemos visto previamente en este capítulo que el umbral de lactato, expresado como un porcentaje del $\dot{V}O_{2máx}$ del individuo, se incrementa con el envejecimiento y no está asociado al rendimiento de carrera. En los adultos jóvenes y de mediana edad, el LT-% $\dot{V}O_{2máx}$ es el mejor pronosticador del rendimiento en eventos de resistencia tales como el pedestrismo, el ciclismo, la natación y el esquí cross country. Como hemos señalado, las diferentes tasas de envejecimiento del sistema de transporte de oxígeno y de los sistemas amortiguadores del ácido láctico probablemente expliquen estas diferencias entre los adultos mayores y los adultos jóvenes y de mediana edad. Un tema relacionado es que, cuando se compara el umbral de lactato de individuos con diferentes valores de $\dot{V}O_{2máx}$, es probable que resulte más apropiado considerar el valor absoluto de $\dot{V}O_{2máx}$ al que corresponde ese umbral para intentar explicar el rendimiento de resistencia.

Concepto clave

En el pasado, se creía que la capacidad de adaptarse al entrenamiento disminuye en forma significativa con el paso de los años. No obstante, en la actualidad se sabe que cuando las personas mayores entrenan a intensidades relativamente altas pueden incrementar su capacidad de resistencia y su fuerza.

Revisión

➤ Los adultos mayores parecen obtener los mismos beneficios con el entrenamiento que los adultos jóvenes y de mediana edad; y ellos son el mantenimiento del peso corporal, la disminución del porcentaje de grasa corporal y de la masa grasa y un aumento de la masa libre de grasa.

➤ Se cree que el envejecimiento no afecta la capacidad de incrementar la fuerza muscular o la hipertrofia muscular. Las fibras musculares de los adultos mayores también pueden aumentar de tamaño.

➤ El entrenamiento de resistencia produce beneficios absolutos similares en las personas sanas, en forma independiente de su edad, sexo o nivel inicial de aptitud física. Sin embargo, el aumento porcentual es mayor en las personas con niveles iniciales más bajos.

➤ El entrenamiento de resistencia aumenta el $\dot{V}O_{2máx}$ en deportistas de edad avanzada como consecuencia, sobre todo, de un aumento de la actividad de las enzimas oxidativas del músculo (adaptación periférica), mientras que en las personas más jóvenes este aumento se debe en mayor medida a un incremento del gasto cardíaco máximo (adaptación central).

Rendimiento deportivo

Los récords mundiales y nacionales en atletismo, natación, ciclismo y halterofilia sugieren que las personas se encuentran en su mejor estado físico en la tercera década o al comienzo de la cuarta. Con un estudio transversal que compare estos registros con otros nacionales y mundiales de deportistas de edad avanzada en las mismas disciplinas, se pueden examinar los efectos del envejecimiento sobre los deportistas con mejor desempeño. Por desgracia, se cuenta con escasa información longitudinal porque pocos estudios permitieron controlar el rendimiento físico de individuos seleccionados durante toda su carrera deportiva. Sin embargo, es posible analizar históricamente los rendimientos en algunos eventos deportivos con el fin de obtener información acerca de la influencia de la función fisiológica sobre el rendimiento con el paso de los años. En las siguientes secciones, se considerará el impacto del envejecimiento sobre algunos tipos de rendimiento deportivo.

Rendimiento en pedestrismo

En 1954, Roger Bannister, un estudiante de medicina de 21 años, sorprendió al mundo del deporte cuando se convirtió en la primera persona en correr 1 milla (1,61 km) en menos de 4 minutos (3 min 59,4 seg). El récord actual para esta misma distancia es de 3:43:13, establecido por Hicham El Guerrouj de Marruecos en 1999 y es más de 16 segundos más rápido que el récord de Bannister, brecha que habría colocado a éste a más de 100 m (109 yardas) detrás del ganador actual. En 1954, habría parecido inconcebible que una persona de más de 30 años lograra correr esa distancia en menos de 4 minutos. El individuo de mayor edad en registrar un tiempo menor a 4 minutos en la milla fue Eamonn Coghlan, que tenía 41 años cuando recorrió esta distancia en una pista cubierta en 3:58:13. El individuo de mayor edad en registrar un tiempo menor a los 5 minutos en la milla tenía 65 años.

Si bien los corredores de edad avanzada han logrado registros excepcionales, el rendimiento en la carrera suele disminuir con la edad y la tasa a la que se produce este deterioro parece ser independiente de la distancia. Los estudios longitudinales llevados a cabo con corredores de fondo indican que, a pesar del elevado nivel de entrenamiento, el rendimiento en pruebas que van desde la milla hasta la maratón (42 km o 26 millas) disminuye a una tasa de alrededor de 1% por año entre los 27 y los 47 años.[37,38] Resulta interesante que los récords mundiales para las pruebas de 100 m y 10 km también declinan a una tasa de aproximadamente 1% por año entre los 25 y 60 años[3], como se muestra en la Figura 18.12. No obstante, después de los 60 años los récords en hombres disminuyen a una tasa aproximada al 2% por año. Un test de esprín llevado a cabo con 560 mujeres de entre 30 y 70 años de edad reveló una reducción relativamente estable

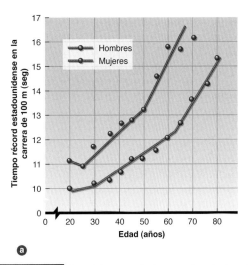

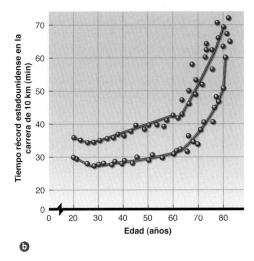

FIGURA 18.12 Cambios asociados con la edad en los récords mundiales para las pruebas de (a) 100 m y (b) 10 000 m, tanto en hombres como en mujeres. Obsérvese que los récords en estas pruebas muestran una tasa de declinación mucho mayor luego de los 50-60 años.

en la velocidad máxima de carrera de aproximadamente 8,5% por década (0,85% por año).[27] Los patrones de cambio en el rendimiento de velocidad y el rendimiento de resistencia son muy similares.

Rendimiento en natación

Un estudio retrospectivo del rendimiento registrado en pruebas de estilo libre en los campeonatos de veteranos de los Estados Unidos entre 1990 y 1995 reveló que el rendimiento tanto de hombres como de mujeres en la prueba de 1 500 m declinó progresivamente desde los 35 hasta los 70 años, luego de lo cual el rendimiento declinaba a una tasa aún mayor.[33] Sin embargo, se ha observado que la tasa y la magnitud de la declinación asociada al envejecimiento en el rendimiento de las pruebas de 50 y 1 500 m son mayores en las mujeres que en los hombres.

Rendimiento en ciclismo

Al igual que en otros deportes de fuerza y resistencia, los récords en el ciclismo generalmente se establecen entre los 25 y 35 años de edad. Los récords de ciclistas de ambos sexos en la prueba de 40 km (24,9 millas) disminuyen una tasa similar en función de la edad, es decir, un promedio de 20 segundos (alrededor de 0,6%) por año. Los récords nacionales estadounidenses para la prueba de 20 km (12,4 millas) muestran un patrón similar tanto para ciclistas masculinos como femeninos. En esta distancia, la velocidad disminuye alrededor de 12 segundos (0,7%) por año desde los 20 hasta casi los 65 años.

◯ Concepto clave

A medida que el individuo envejece, el rendimiento máximo tanto en eventos de resistencia como de fuerza disminuye entre 1 y 2% por año, comenzando a los 25-35 años de edad.

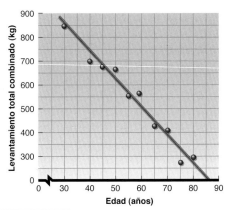

FIGURA 18.13 Cambios asociados con la edad en los récords del levantamiento de potencia (*powerlifting*) registrados durante el Campeonato Nacional Máster de los Estados Unidos en hombres y mujeres. Los valores reportados en la figura combinan los totales para los ejercicios de sentadilla, press en banco y peso muerto.

Levantamiento de pesas

En general, la máxima fuerza muscular se alcanza entre los 25 y los 35 años. Después de esta edad, como se muestra en la Figura 18.13, los récords de los hombres cuando suman tres levantamientos de potencia disminuyen a una tasa constante de alrededor de 12,1 kg (26,7 libras), o sea, alrededor de 1,8% por año. Por supuesto, al igual que otras mediciones del rendimiento humano, los rendimientos de fuerza exhiben una gran variación interindividual. Por ejemplo, algunas personas tienen más fuerza a los 60 años que otras a la mitad de esa edad.

En general, el rendimiento deportivo declina a una tasa constante entre la adultez media y la tercera edad. Tal como se mencionó previamente, esta disminución del rendimiento deportivo se debe a la reducción de la resistencia muscular, de la resistencia cardiovascular y de la fuerza.

Revisión

➤ Los récords en atletismo, natación, ciclismo y levantamiento de pesas indican que el mejor estado físico y fisiológico se produce durante la tercera década de la vida y el comienzo de la cuarta.

➤ En todos estos deportes, el rendimiento suele disminuir con el envejecimiento después de los 30 o 35 años.

➤ En la mayoría de los deportes, el rendimiento disminuye progresivamente y a una tasa constante entre la adultez media y la tercera edad, sobre todo debido a la disminución de la resistencia y la fuerza.

Tópicos especiales

Hay varios factores relacionados con el envejecimiento que se deben considerar, ya que afectan en forma directa el rendimiento cuando se practican diversas actividades deportivas. A continuación se describirán en forma breve los factores ambientales que producen estrés y luego se tendrán en cuenta la longevidad, la lesión y el riesgo de muerte asociado con el ejercicio y el deporte.

Estrés ambiental

Dado que una variedad de procesos de control fisiológico se tornan menos eficientes con el envejecimiento, es lógico pensar que los adultos mayores sean menos tolerantes a los factores ambientales que los más jóvenes. Como se señaló en otra sección de este capítulo, resulta difícil determinar los efectos separados del envejecimien-

to y la aptitud física. En la siguiente sección, se compararán las respuestas de adultos jóvenes y adultos mayores al ejercicio en el calor y se analizará el estrés relacionado con la exposición al frío y a la altura en deportistas de edad avanzada.

Exposición al calor

La exposición al calor representa un problema para los adultos mayores. Los mayores de 70 años tienen mayor riesgo de morir durante las olas de calor. La tasa de producción de calor metabólico está relacionada con la intensidad absoluta de ejercicio, mientras que los mecanismos de pérdida de calor se relacionan con la intensidad relativa de ejercicio. Por lo tanto, para comparar adultos jóvenes con adultos mayores es importante que ambos tengan valores similares de $\dot{V}O_{2máx}$. Cuando se comparan adultos jóvenes y adultos mayores con valores similares de composición corporal y $\dot{V}O_{2máx}$, no se observan diferencias en la temperatura central durante el ejercicio en condiciones calurosas. Sin embargo, cuando se comparan adultos mayores (con valores de $\dot{V}O_{2máx}$ normales para su edad) con adultos jóvenes, se observa que los adultos mayores exhiben una mayor temperatura central (véase la Figura 18.14).[21]

Estos resultados indican que el entrenamiento físico afecta ciertas respuestas termorregulatorias. El proceso de envejecimiento no parece afectar la densidad de glándulas sudoríparas, pero sí parece afectar la producción de sudor; y la investigación indica que la tasa de sudoración está más estrechamente relacionada al $\dot{V}O_{2máx}$ que a la edad. Como se señaló en el Capítulo 12, se requiere un aumento del flujo sanguíneo cutáneo para transferir el calor desde el centro del cuerpo hacia la superficie para

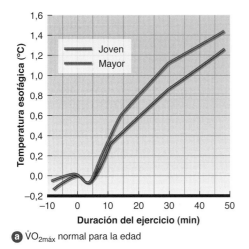

(a) $\dot{V}O_{2máx}$ normal para la edad

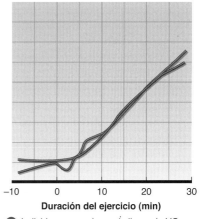

(b) Individuos con valores similares de $VO_{2máx}$

FIGURA 18.14 Cambios en la temperatura corporal central en respuesta al ejercicio en un ambiente caluroso en individuos jóvenes (línea roja) y adultos mayores (línea azul). Cuando los individuos de cada grupo etario tienen un nivel normal de aptitud física para su edad (a), la temperatura central aumenta en forma más abrupta que en los adultos mayores. No obstante, cuando se seleccionan dos grupos etarios con valores de $\dot{V}O_{2máx}$ similares, la diferencia en la temperatura central desaparece (b), lo que sugiere que el $\dot{V}O_{2máx}$ es más importante que la edad cronológica en la determinación de esta respuesta.

Adaptada, con autorización, de W.L. Kenney, 1997, "Thermoregulation at rest and during exercise in healthy older adults", *Exercise and Sport Sciences Reviews* 25:41-77.

su disipación mediante la evaporación del sudor. Sin embargo, incluso cuando se comparan adultos jóvenes y adultos mayores con valores similares de $\dot{V}O_{2máx}$, se observa que los adultos mayores exhiben un menor flujo sanguíneo cutáneo. A pesar de esto, los adultos mayores con altos niveles de aptitud física exhiben un mayor flujo sanguíneo cutáneo que aquellos con un nivel normal de actividad, lo que indica que el entrenamiento aeróbico regular puede mejorar la disipación de calor. Asimismo, el ejercicio en ambientes calurosos requiere un aumento significativo del flujo sanguíneo tanto hacia la piel como hacia los músculos activos, lo cual se logra a través del incremento del gasto cardíaco y la reducción del flujo sanguíneo hacia las regiones renal y esplácnica. Esta redistribución del flujo sanguíneo es menos eficaz en los adultos mayores, pero en forma similar a lo que sucede con el flujo sanguíneo cutáneo, la mejora en la aptitud aeróbica parece mejorar esta respuesta. En un estudio llevado a cabo con hombres de edad avanzada, se observó que cuatro semanas de entrenamiento de la resistencia, que provocaron una mejora en el $\dot{V}O_{2máx}$ del 25%, también provocaron una mejora de la redistribución regional del flujo sanguíneo; esto es, con el entrenamiento se produjo una reducción de aproximadamente 200 mL en el flujo sanguíneo renal y esplénico, lo cual redujo el impacto cardiovascular.

Concepto clave

El envejecimiento reduce la capacidad de adaptarse al ejercicio en ambientes calurosos, en gran medida como resultado de la menor capacidad aeróbica. El aumento de la capacidad aeróbica puede incrementar el flujo sanguíneo cutáneo y la tasa de sudoración a través de una mayor producción de sudor en las glándulas correspondientes y mejorar la redistribución de la sangre hacia la piel y los músculos activos.

Exposición al frío y la altura

A diferencia de lo que sucede cuando el organismo se expone al calor, el ejercicio en ambientes fríos por lo general implica un menor riesgo para la salud. Debido a la menor aptitud aeróbica y a la pérdida de masa muscular, los adultos mayores tienen menor capacidad de generar calor metabólico. Asimismo, la habilidad de los vasos cutáneos de contraerse disminuye con el paso de los años, lo que a su vez podría aumentar la pérdida de calor. Como consecuencia de estos cambios, las personas mayores no pueden mantener una temperatura central apropiada en ambientes muy fríos. Esto sucede cuando un adulto mayor se expone a lo que se considera un estrés leve por frío.[5] Sin embargo, las personas pueden contrarrestar con facilidad esta disminución de la temperatura vistiendo ropa apropiada para las condiciones ambientales y el nivel de actividad. A través de la denominada termorregulación conductual, los deportistas de edad avanzada pueden neutralizar los efectos del deterioro de la termorregulación fisiológica y continuar con el ejercicio en forma segura en ambientes fríos.

Durante la exposición a la altura, hay escasas razones por las cuales los deportistas de edad avanzada deberían responder de manera diferente que los más jóvenes. Desafortunadamente, no existen muchos datos respecto de los efectos del envejecimiento sobre la rapidez y la magnitud de la aclimatización a la altura. Asimismo, no se sabe con claridad si el envejecimiento propiamente dicho aumenta la incidencia de alguna de las enfermedades relacionadas con la altura. Es de esperar que el rendimiento a mayor altitud de un deportista de edad avanzada sea similar al de un deportista más joven con estado físico comparable.

Longevidad y riesgos de lesión y muerte

La actividad física regular es un factor importante que contribuye a mantener un buen estado de salud. ¿Afecta la longevidad el entrenamiento durante la vida adulta? Debido a que la tasa de envejecimiento de las ratas es mayor que la de los humanos, éstas han sido utilizadas como sujetos experimentales en los estudios llevados a cabo para determinar la influencia del ejercicio crónico (entrenamiento) sobre la **longevidad** (duración de la vida de un individuo). Un estudio de Goodrick[9] demostró que las ratas que se ejercitaban libremente vivían un 15% más que las sedentarias. No obstante, una investigación realizada en la Washington University de St. Louis no halló un aumento significativo de la expectativa de vida en las ratas que corrieron en forma voluntaria en una rueda de ejercicio.[16] Un mayor porcentaje de las ratas activas vivió hasta una edad avanzada, pero, en promedio, murieron a la misma edad que sus compañeras sedentarias. Resulta interesante señalar que las ratas sometidas a una dieta restringida, que mantuvieron un peso corporal más bajo, vivieron un 10% más que las que pudieron comer con libertad y eran sedentarias. Aunque el entrenamiento es un componente clave del balance energético, la única forma documentada de aumentar la longevidad es a través de la restricción calórica.[31]

Es evidente que estos hallazgos no pueden extrapolarse directamente a los humanos, pero de ellos surgen interesantes debates acerca de lo que podría ser relevante para la salud y la longevidad. Si bien es verdad que la implementación de un programa de entrenamiento de resistencia puede reducir varios factores de riesgo asociados con la enfermedad cardiovascular, sólo se cuenta con información limitada para avalar la afirmación de que las personas viven más si se ejercitan en forma regular. Los datos obtenidos de alumnos de la Universidad de Harvard y de la de Pennsylvania y de participantes del Centro Aeróbico de Dallas sugieren que se produce un descenso en la tasa de mortalidad y un pequeño aumento de la longevidad (alrededor de 2 años) en las personas que permanecen activas durante toda la vida. En consecuencia, la actividad física regular puede aumentar la expectativa de vida activa, o sea el número de años que el individuo puede vivir en forma independiente sin discapacidad. A veces, este concepto se denomina compresión de la mortalidad o rectangularización de la curva de supervivencia. Es probable que estudios longitudinales que se realicen en el futuro logren definir mejor la relación entre el ejercicio prolongado y la longevidad.

¿Qué se sabe acerca del riesgo de lesión y muerte asociado con el ejercicio en adultos mayores? Los estudios demostraron que a medida que las personas envejecen aumenta su riesgo de desarrollar lesiones en los tendones, los cartílagos y los huesos. Las lesiones traumatológicas más frecuentes son los desgarros del manguito rotador, las roturas del tendón del cuádriceps y del tendón calcáneo, los desgarros degenerativos de los meniscos, los defectos y las lesiones localizadas en los cartílagos articulares y las fracturas por esfuerzo. Asimismo, cuando se produce una lesión, el proceso de cicatrización suele ser más prolongado y la recuperación completa puede demorar hasta un año.[27] Por otro lado, el aumento de la fuerza y la resistencia en las personas mayores reduce el riesgo de caídas y de lesiones relacionadas, de manera que los beneficios del mantenimiento de un programa regular de ejercicios con el avance de los años supera los riesgos potenciales.

El riesgo de muerte durante el ejercicio parece no ser mayor en los deportistas de edad avanzada que en los más jóvenes o de mediana edad. No obstante, en las personas mayores que no practican ejercicio en forma regular, el riesgo sí es mayor, tal vez debido a la presencia de enfermedades subclínicas o no diagnosticadas.[30] Es importante señalar que el estilo de vida activo reduce el riesgo de muerte debido a muchas enfermedades crónicas, tema que se comentará en los capítulos 20 al 22.

Revisión

➤ La menor tolerancia al ejercicio en ambientes calurosos de los adultos mayores se debe principalmente a la disminución del $\dot{V}O_{2máx}$ y a la desmejora de las adaptaciones cardiovasculares, más que un efecto directo del envejecimiento sobre el control termorregulatorio o la sudoración.

➤ El entrenamiento regular puede aumentar el flujo sanguíneo cutáneo y la tasa de sudoración y mejorar la redistribución del gasto cardíaco en las personas mayores, así como también en los hombres y mujeres jóvenes.

➤ Los adultos mayores suelen presentar una menor capacidad de tolerar el frío, pero pueden compensarlo mediante el uso de prendas apropiadas.

➤ La adaptación a la altura parece ser independiente de la edad.

➤ Un estilo de vida activo parece estar asociado con un pequeño aumento de la longevidad. También es importante destacar que ¡un estilo de vida activo mejora la calidad de vida!

➤ El envejecimiento se asocia con un aumento del riesgo de desarrollar lesiones, que tienden a curar con mayor lentitud.

➤ El riesgo de muerte durante el ejercicio no es mayor en las personas de edad avanzada que practican ejercicio en forma regular, pero aumenta en las que rara vez realizan actividad.

Conclusión

En este capítulo se examinaron los efectos del envejecimiento sobre el rendimiento físico. Se evaluaron los cambios en la resistencia cardiorrespiratoria y la fuerza con el paso de los años. Se consideró el efecto del envejecimiento sobre la composición corporal, que se sabe puede afectar el rendimiento. Asimismo, se dejó claro que gran parte de los cambios asociados con el envejecimiento se atribuyen en gran medida a la inactividad que suele asociarse con este período de la vida. Cuando las personas mayores participan en entrenamientos, la mayor parte de los cambios asociados con la edad disminuyen y el grado de avance resultante es similar al observado en adultos jóvenes o de mediana edad. En consecuencia, se descartaron muchos de los mitos relacionados con la capacidad de los adultos mayores para realizar actividad física.

En el siguiente capítulo se centrará la atención en las mujeres, que constituyen un grupo muchas veces considerado menos capaz de realizar actividad física en comparación con los hombres. Se analizará la fisiología de las niñas y las mujeres, el impacto de la fisiología sobre la habilidad deportiva, la comparación entre el desempeño de las deportistas y el de los hombres que practican el mismo deporte y algunos aspectos especiales relacionados con el sexo femenino.

Palabras clave

desacondicionamiento cardiovascular

disfunción endotelial

flujo sanguíneo periférico

longevidad

osteopenia

osteoporosis

sarcopenia

ventilación espiratoria máxima ($\dot{V}_{E\text{máx}}$)

volumen espiratorio forzado en 1 segundo ($VEF_{1,0}$)

Preguntas

1. ¿Qué cambios se producen en la talla, el peso y la composición corporal con el envejecimiento? ¿Cuál es la causa de estos cambios? ¿Cómo afectan estos cambios al consumo máximo de oxígeno?

2. ¿Qué modificaciones se producen en el músculo con el envejecimiento? ¿Cómo afectan la fuerza y el rendimiento deportivo?

3. Describa los cambios en la $FC_{máx}$ con la edad. ¿Cómo altera el entrenamiento esta relación?

4. ¿Cómo afecta el envejecimiento el volumen sistólico máximo y el gasto cardíaco máximo? ¿Qué mecanismos podrían explicar estos cambios?

5. ¿Cómo cambia el aparato respiratorio con el paso de los años? ¿Qué sucede con la capacidad vital, el $VEF_{1,0}$, el volumen residual, la capacidad pulmonar total y el índice VR/CPT?

6. El $\dot{V}O_{2máx}$ disminuye con el paso de los años en toda la población. Describa los mecanismos fisiológicos responsables de este descenso. ¿Cómo mantienen los adultos mayores entrenados un $\dot{V}O_{2máx}$ relativamente alto?

7. ¿Cómo afectan el envejecimiento y el ejercicio regular la función de los vasos sanguíneos?

8. ¿Cómo afecta el envejecimiento la función anaeróbica?

9. Diferencie entre el envejecimiento biológico y la inactividad física.

10. ¿Qué influencia ejercen el envejecimiento y el entrenamiento sobre la composición corporal?

11. Describa la capacidad de entrenamiento de los adultos mayores tanto en relación con la fuerza como la resistencia aeróbica.

12. Describa los cambios en el rendimiento de fuerza y resistencia asociados con el envejecimiento.

13. ¿Qué recaudos se deben guardar cuando los adultos mayores se ejercitan en ambientes calurosos y fríos o en la altura?

14. Describa el riesgo de lesión y muerte asociado con el ejercicio en los adultos mayores.

15. ¿Cuál es el efecto del ejercicio sobre la longevidad?

Diferencias sexuales en el deporte y el ejercicio

19

En este capítulo

Tamaño y composición corporal   473

Respuestas fisiológicas al ejercicio agudo   474
Fuerza   474
Función cardiovascular y respiratoria   476
Función metabólica   477

Adaptaciones fisiológicas al entrenamiento   480
Composición corporal   480
Fuerza   480
Función cardiovascular y respiratoria   481
Función metabólica   481

Rendimiento deportivo   482

Tópicos especiales   482
Menstruación y disfunción menstrual   482
Embarazo   487
Osteoporosis   489
Trastornos alimentarios   490
Factores ambientales   493

Conclusión   494

Hasta la década de 1960, las niñas y las mujeres tenían prohibido participar en carreras de más de 800 m. Hasta 1972, también estaba prohibida su participación oficial en la mayoría de las maratones, incluso en la de Boston. Ambas restricciones se basaban en el concepto erróneo de que la fisiología femenina no estaba preparada para las actividades de resistencia. Sin embargo, en los Juegos Olímpicos que se desarrollaron en Los Ángeles en 1984, la corredora estadounidense Joan Benoit ganó la medalla de oro en la primera maratón olímpica para mujeres con un tiempo de 2:24:52. ¡Su tiempo podría haber ganado 11 de las 20 maratones olímpicas para hombres realizadas con anterioridad!

Otro mito que comienza a desaparecer en la actualidad es que las mujeres embarazadas no deben hacer ejercicio. La historia que se narra a continuación apareció en la publicación *Austin American Statesman* (revista deportiva de Austin, Texas, EE. UU.) el 17 de junio de 1995. «Cuando Sue Olsen se anotó para la maratón *Grandma* en St Paul, Minnesota, que recorre la ribera norte del lago Superior, le faltaban 16 días para llegar al término del embarazo de su primer hijo. "Me dieron muchos consejos contrapuestos". Olsen, de 38 años, dijo riéndose: "Alguna gente piensa que estoy loca y que no debería estar aquí y también hay muchas otras personas que me apoyan... El esposo de Olsen recorrerá un camino paralelo a la ruta de la maratón en su automóvil con un teléfono celular, preparado para llevarla con rapidez al hospital si surge un contratiempo». Aunque muchos individuos cuestionarían el sentido común de esta decisión, la realidad es que Olsen fue capaz de terminar el maratón en 4 horas. El fin de semana posterior completó una carrera de 24 horas y dio a luz a un varón el día siguiente. En 2005, el hijo de Olsen, John "Miles" Olsen, corrió una carrera de 52,6 km (32,7 millas) en 24 horas, justo unas pocas semanas antes de su décimo cumpleaños. Su madre sumó en sus carreras casi 200 km (192,6 millas) (Doug Grow, *Star Tribune*, Minneapolis, Minnesota, 7 de junio de 2005).

asta hace poco tiempo, las niñas eran prácticamente desalentadas a participar en actividades físicas intensas y, en cambio, los niños trepaban árboles, corrían carreras entre ellos y participaban en diversos deportes. El fundamento era que los niños debían ser activos y atléticos, mientras que las niñas eran más débiles y menos dotadas para la actividad física y la competencia. Las clases de educación física coincidían con este concepto al hacer ejercitar a las niñas en forma diferente de los niños, haciéndolas correr distancias más cortas y modificando los ejercicios de entrenamiento. Se esperaba que las niñas realizarían menos actividad física y, a medida que avanzaran en sus estudios, la mayoría no podría competir en igualdad de condiciones con los niños de su misma edad, aún cuando se les diera la oportunidad. En atletismo, no se permitía que las niñas y las mujeres participaran en carreras de fondo, y en baloncesto estaban limitadas a la mitad de la cancha y cada equipo sólo tenía jugadoras ofensivas o defensoras.

En la actualidad, las niñas y las mujeres tienen acceso a más actividades y programas deportivos que en el pasado, y los resultados han sido asombrosos. Sus logros son similares a los de los niños y los hombres, con diferencias en el rendimiento del 15% o menos en la mayoría de los deportes y eventos. Esto se ilustra en el Cuadro 19.1, en el que se comparan los récords mundiales de hombres y mujeres (2006) en eventos representativos tanto en atletismo en pista y campo como en natación. ¿Estas diferencias en el rendimiento representan variaciones biológicas verdaderas o existen otros factores que deben considerarse? El objetivo de este capítulo es determinar el impacto de las diferencias biológicas entre mujeres y hombres sobre el rendimiento deportivo.

CUADRO 19.1 Récords mundiales de hombres y mujeres seleccionados hasta 2010			
Evento	**Hombres**	**Mujeres**	**Diferencia**
ATLETISMO EN PISTA Y EN CAMPO			
100 m	9,58 s	10,49 s	9%
1 500 m	3:26:00 min:s	3:50:46 min:s	12%
10 000 m	26:17:53 min:s	29:31:78 min:s	12%
Salto en alto	2,45 m	2,09 m	15%
Salto en largo	8,95 m	7,52 m	16%
NATACIÓN (ESTILO LIBRE)			
100 m	46,91 s	52,07 s	11%
400 m	3:40:07 min:s	3:59:15 min:s	9%
1 500 m	14:34:56 min:s	15:42:54 min:s	8%

Tamaño y composición corporal

El tamaño y la composición corporal son similares en los niños y las niñas durante la primera infancia. Como hemos señalado en el Capítulo 17, durante la segunda infancia (hacia el final de la niñez) las niñas comienzan a acumular más grasa que los varones y, desde el inicio de la adolescencia, los niños empiezan a incrementar su masa libre de grasa a tasas mucho mayores que las niñas (véase la Figura 17.3, p. 429).

⬤ Concepto clave

Las principales diferencias en el tamaño y la composición corporal entre las niñas y los niños recién se evidencian en la segunda infancia y el inicio de la adolescencia.

Estas diferencias sexuales en la composición corporal se deben principalmente a los cambios endocrinos asociados con el desarrollo. Antes de la pubertad, el lóbulo anterior de la glándula hipófisis (adenohipófisis) secreta una cantidad muy escasa de hormonas gonadotrópicas: hormona foliculoestimulante (FSH) y hormona luteinizante (LH). Estas hormonas estimulan a las gónadas (ovarios y testículos). No obstante, durante la pubertad, la adenohipófisis empieza a secretar cantidades significativamente mayores de estas dos hormonas. En las mujeres, la secreción de una cantidad suficiente de FSH y LH promueve el desarrollo de los ovarios, que producen estrógeno. En los varones, estas mismas hormonas estimulan el desarrollo de los testículos, que a su vez sintetizan testosterona. En la Figura 19.1 se ilustran estos cambios en los estrógenos (estradiol, que es el estrógeno más potente) y la testosterona a partir del inicio de la pubertad (S1) hasta su finalización (S5). La **testosterona** estimula la formación de hueso, con aumento de su tamaño, y la síntesis de proteínas, que incrementa la masa muscular. Como consecuencia, los adolescentes varones son más altos y musculosos que las adolescentes y estas características continúan en la edad adulta. Al alcanzar la madurez plena, los hombres no sólo tienen mayor masa muscular, sino que además la distribución de la masa muscular difiere de la de las mujeres. Los hombres tienen mayor porcentaje de masa muscular en la parte superior del cuerpo en comparación con las mujeres (42,9 versus 39,7%).[22] La testosterona también estimula la producción de eritropoyetina en los riñones, que incrementa la producción de eritrocitos, tema que se analizará más adelante en este capítulo.

Los **estrógenos** también influencian significativamente el crecimiento corporal al ensanchar la pelvis, estimular el desarrollo de las mamas e incrementar la deposición de grasa, en particular en los muslos y las caderas, donde

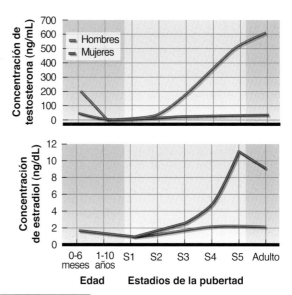

FIGURA 19.1 Cambios en las concentraciones sanguíneas de testosterona y estrógenos (estradiol) desde el nacimiento hasta la adultez. Los símbolos S1 hasta S5 representan las etapas de la pubertad basadas en las características sexuales secundarias, donde S1 representa las etapas iniciales de la pubertad y S5 las etapas finales.

Reproducida, con autorización, de R.M. Malina, C. Bouchard y O. Bar-Or. 2004, *Growth, maturation, and physical activity,* 2ª ed. (Champaign, Illinois: Human Kinetics), 414.

esta mayor acumulación de grasa es el resultado del aumento de la actividad local de la lipoproteinlipasa. Se considera que esta enzima es la encargada de regular el almacenamiento de grasa en el tejido adiposo. La **lipoproteinlipasa** se sintetiza en las células grasas (adipocitos) pero se une a las paredes de los capilares, donde actúa sobre los quilomicrones, que son los principales transportadores de triglicéridos en la sangre. Cuando la actividad de la lipoproteinlipasa aumenta en alguna parte del cuerpo, los quilomicrones quedan atrapados y sus triglicéridos son hidrolizados y transportados hacia los adipocitos de esa área para su almacenamiento.

Los estrógenos también incrementan la tasa de crecimiento óseo, y permiten que alcance su longitud final entre dos y cuatro años después del inicio de la pubertad. Como consecuencia, las mujeres crecen más rápido durante los primeros años posteriores a la pubertad y luego dejan de hacerlo. Los varones experimentan una fase de crecimiento mucho más prolongada, lo que les permite lograr mayor altura. Debido a estas diferencias, en comparación con los varones maduros, las mujeres maduras son, en promedio:

- 13 cm (5 in) más bajas;
- su masa corporal total es entre 14 y 18 kg (30-40 lb) menor;
- su masa grasa es entre 3 y 6 kg (7-13 lb) mayor; y
- su grasa corporal relativa es entre 6 y 10% mayor.

Revisión

➤ Hasta la pubertad, los niños y las niñas no presentan diferencias significativas respecto de la mayoría de los parámetros de tamaño y composición corporal.

➤ En la pubertad, a causa de los efectos de los estrógenos y la testosterona, la composición corporal comienza a cambiar en forma significativa.

➤ La testosterona incrementa la formación de hueso y la síntesis de proteínas, lo que deriva en el incremento de la masa libre de grasa. Esta hormona también estimula la producción de eritropoyetina, que incrementa la producción de eritrocitos.

➤ Los estrógenos promueven la deposición de grasa en las mujeres, en particular en las caderas y los muslos, e incrementan la tasa de crecimiento óseo, de manera que en las mujeres los huesos alcanzan su longitud final antes que en los varones.

Respuestas fisiológicas al ejercicio agudo

Cuando hombres y mujeres se exponen a un estímulo agudo de ejercicio, ya sea una carrera máxima hasta el agotamiento en la cinta o un único intento de levantar el mayor peso posible, las respuestas en cada sexo son diferentes. En el Capítulo 17 se comentaron las diferencias entre los niños y los adolescentes varones y mujeres. En esta sección analizaremos las diferencias en la fuerza y en las respuestas cardiovasculares, respiratorias y metabólicas al ejercicio entre hombres y mujeres adultos.

Fuerza

En términos de fuerza, las mujeres siempre se consideraron el sexo débil. De hecho, cuando se compara la fuerza del tren superior entre hombres y mujeres, éstas son entre un 40 y un 60% más débiles; sin embargo, las diferencias de fuerza en el tren inferior sólo son de aproximadamente un 25-30%. No obstante, debido a la considerable diferencia de tamaño entre el hombre y la mujer promedio, resulta más apropiado expresar la fuerza en términos relativos a la masa corporal (fuerza absoluta/

peso corporal) o a la masa libre de grasa, que refleja la masa muscular (fuerza absoluta/masa libre de grasa). Si se expresa la fuerza del tren inferior en términos relativos a la masa corporal, veremos que las mujeres aún exhiben valores entre 5 y 15% inferiores a los hombres; sin embargo, al expresar la fuerza en términos relativos a la masa libre de grasa, esta diferencia desaparece. Esto sugiere que las propiedades intrínsecas del músculo y sus mecanismos de control motor son similares en mujeres y hombres, hecho que fue confirmado mediante imágenes con tomografía computarizada (TC) de los brazos y los muslos de profesores de educación física de ambos sexos y de culturistas de sexo masculino.[32] Las imágenes de TC permiten hacer una estimación real de la masa muscular. Si bien los dos grupos de hombres exhibieron mayores niveles de fuerza absoluta en comparación con las mujeres, no se observaron diferencias entre los grupos cuando la fuerza de los extensores de la rodilla (Figura 19.2a) y de los flexores del codo (Figura 19.2b) fue expresada en términos relativos al área de sección transversal de estos músculos.

Concepto clave

Si dos personas de distinto sexo tienen la misma cantidad de masa muscular, no se observan diferencias en la fuerza que pueden realizar; no obstante, las mujeres tienen fibras musculares con menor área de sección transversal que los hombres y, en general, su masa muscular es menor.

Si bien al expresar la fuerza del tren superior en términos relativos a la masa corporal total y a la masa libre de grasa las diferencias entre hombres y mujeres se reducen, todavía persisten diferencias significativas entre los sexos. Se han sugerido al menos dos posibles explicaciones para este fenómeno. En comparación con los hombres, las mujeres tienen un mayor porcentaje de su masa muscular en el tren inferior.[22] Además, y probablemente relacionado con esta distribución de la masa muscular, las mujeres utilizan mucho más la musculatura del tren inferior que la del tren superior, particularmente en comparación con los hombres. Algunas mujeres de tamaño promedio exhiben altísimos niveles de fuerza, que pueden superar incluso a los de un hombre promedio. Esta observación confirma la

Deposición de grasa: ¿por qué en las caderas y los muslos?

Muchas mujeres luchan continuamente contra la acumulación de grasa en los muslos y las caderas, pero en general libran una batalla perdida. La actividad de la lipoproteinlipasa es muy alta, y la actividad lipolítica (degradación de la grasa) es menor en las caderas y los muslos de las mujeres en comparación con otras áreas donde acumulan grasa , y con las caderas y los muslos de los hombres. Esto conduce a una rápida deposición de grasa en los muslos y las caderas de las mujeres y la menor lipólisis dificulta la pérdida de grasa en esas áreas. Durante el último trimestre del embarazo y a lo largo de la lactancia, la actividad de la lipoproteinlipasa disminuye y la lipólisis aumenta con intensidad, lo que sugiere que la grasa se almacena en las caderas y los muslos con fines reproductivos.

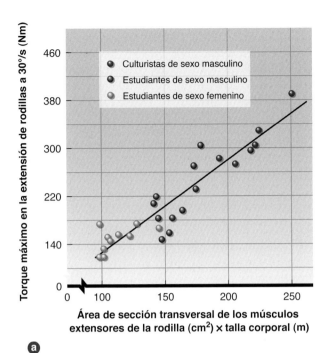

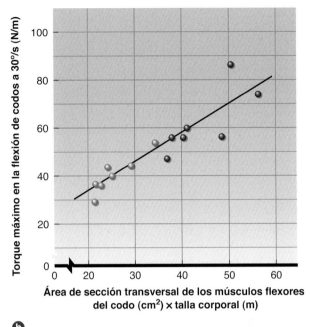

a   **b**

FIGURA 19.2 (a) Torque máximo en la extensión de rodillas y (b) torque máximo en la flexión de codos. Nótese que cuando la fuerza es expresada por unidad de área de sección transversal del músculo, no se observan diferencias entre los hombres y las mujeres.

Reproducida, con autorización, de P. Schantz et al., 1983, "Muscle fibre type distribution, muscle cross-sectional area and maximal voluntary strength in humans", *Acta Physiologica Scandinavica* 117: 219-226.

importancia del reclutamiento y la sincronización de unidades motoras como factores determinantes del desarrollo de la fuerza (véase el Capítulo 3).

En las últimas décadas, la utilización de biopsias musculares se ha vuelto más común en los estudios de investigación con mujeres deportistas. Esto ha permitido comparar la composición de los tipos de fibras musculares entre hombres y mujeres que participan de los mismos eventos o en el mismo deporte. Con estos datos, se pudo determinar que los hombres y las mujeres tienen una distribución similar de los tipos de fibras, como se ilustra en la Figura 19.3, aunque en un estudio los hombres exhibieron mayores valores extremos [más del 90% de fibras de contracción lenta (tipo I) o más del 90% de fibras de contracción rápida (tipo II)]. Como se muestra en la Figura 19.3, en una biopsia del músculo vasto lateral de fondistas y velocistas de sexo masculino, la distribución de las fibras de tipo I varió aproximadamente entre 15 y 85%, en comparación con las mujeres, cuyas distribuciones oscilaron entre 25 y 75%.[31] Sin embargo, otros dos estudios, uno realizado en corredoras de fondo de alto rendimiento y otro en hombres que practicaban el mismo deporte con el mismo nivel de rendimiento, obtuvieron resultados diferentes.[17] En estos corredores de elite, los rangos porcentuales de fibras tipo I fueron similares (41-96% para las mujeres y 50-98% para los hombres), aun cuando los valores medios fueron diferentes: las mujeres exhibieron un valor medio del 69% para las fibras tipo I en comparación con el 79% exhibido por los

hombres. Además, se observó que el área de sección transversal de las fibras tipo I y tipo II era menor en las

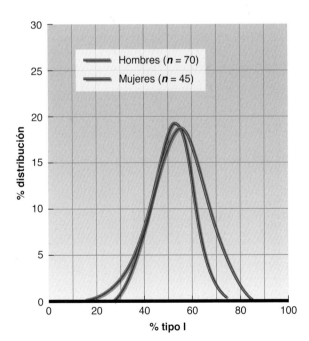

FIGURA 19.3 Distribución de las fibras tipo I en el músculo vasto lateral en corredores de ambos sexos.

Adaptada, con autorización, de B. Saltin et al., 1977, "Fiber types and metabolic potentials of skeletal muscles in sedentary man and endurance runners", *Annals of the New York Academy of Sciences* 301: 3-29

mujeres (valores medios menores a 4 500 μm² en las mujeres y mayores a 8 000 μm² en los hombres). A pesar del menor tamaño de las fibras musculares en las mujeres, la capilarización parece ser similar en ambos sexos.

La investigación indica que las mujeres tienen mayor resistencia a la fatiga que los hombres. La fatiga comúnmente se evalúa haciendo que el individuo mantenga, por el mayor tiempo, una tensión equivalente a un porcentaje dado de la fuerza registrada durante una contracción isométrica voluntaria máxima. Por ejemplo, las mujeres son capaces de mantener constante una tensión equivalente al 50% de su fuerza isométrica máxima durante más tiempo que los hombres, al mismo 50% de su fuerza isométrica máxima. Como los hombres son más fuertes, tienen que aplicar mayor fuerza absoluta para lograr el mismo 50% de fuerza relativa. Aún no se han determinado las causas de esta mayor resistencia a la fatiga, pero podría estar relacionada con la masa muscular reclutada y con la compresión de los vasos sanguíneos, la utilización de sustratos, el tipo de fibra muscular y la activación neuromuscular.

Función cardiovascular y respiratoria

Durante la realización de ejercicio en cicloergómetro, donde puede controlarse con precisión la producción de potencia independientemente de la masa corporal (p. ej., 50 W), las mujeres exhiben una mayor respuesta de la frecuencia cardíaca (FC) para cualquier nivel absoluto de intensidad submáxima. No obstante, la frecuencia cardíaca máxima (FC$_{máx}$) en general es la misma en ambos sexos. El volumen sistólico (VS) es menor en las mujeres, pero el gasto cardíaco (Q̇) tiende a ser el mismo en hombres y mujeres independientemente de la potencia submá-

xima absoluta generada. La mayor respuesta de la FC a la potencia submáxima observada en las mujeres parece compensar el menor VS, permitiendo un Q̇ similar para la misma potencia, ya que Q̇ = FC × VS. El menor VS se debe al menos a dos factores:

- Las mujeres tienen corazones más pequeños y, por ende, ventrículos izquierdos de tamaño inferior debido a su menor tamaño corporal y, tal vez, a menores concentraciones de testosterona.
- Las mujeres tienen menor volumen sanguíneo, lo que también está relacionado con su tamaño (menor masa libre de grasa).

En general, la mujer promedio realiza menos actividades aeróbicas y, por lo tanto, su nivel de acondicionamiento aeróbico puede ser menor.

Aun controlando la producción de potencia para proveer la misma intensidad relativa de ejercicio, comúnmente expresada como un porcentaje fijo del consumo máximo de oxígeno (V̇O$_{2máx}$), se observa que las mujeres exhiben valores significativamente mayores de frecuencia cardíaca y menores valores de volumen sistólico que los hombres. Por ejemplo, al 60% del V̇O$_{2máx}$, el gasto cardíaco, el volumen sistólico y el consumo de oxígeno de una mujer suelen ser menores que los de un hombre, y su frecuencia cardíaca es ligeramente mayor. Con excepción de la FC$_{máx}$, estas diferencias también se observan durante ejercicios máximos.

Estas relaciones entre la FC, el VS y el Q̇ para la misma potencia absoluta (50 W) y relativa (60% V̇O$_{2máx}$) se ilustran en la Figura 19.4. Estos datos proceden del estudio familiar HERITAGE.[37] Resulta interesante señalar que, cuando se realiza la misma comparación entre niños y niñas de entre 7 y 9 años, no se observan diferencias entre sexos.[35]

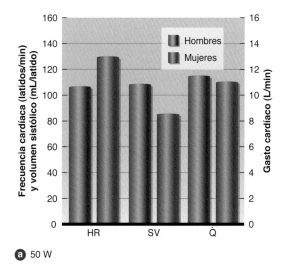

ⓐ 50 W

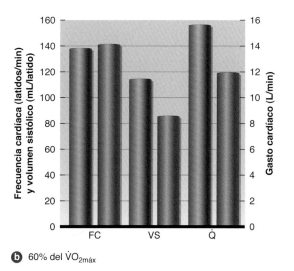

ⓑ 60% del V̇O$_{2máx}$

FIGURA 19.4 Comparación de la frecuencia cardíaca submáxima (FC), el volumen sistólico (VS) y el gasto cardíaco (Q̇) entre hombres y mujeres durante la realización de ejercicios a la misma potencia absoluta (50 W) y la misma intensidad relativa (60% V̇O$_{2máx}$).
Datos de Wilmore et al., 2001.

Concepto clave

A igual intensidad de ejercicio submáximo, el gasto cardíaco de las mujeres suele ser similar al de los hombres. Por lo tanto, la mayor frecuencia cardíaca en las mujeres parece compensar el menor volumen sistólico. El menor volumen sistólico se debe sobre todo al menor tamaño del ventrículo izquierdo y a la menor volemia, ambos secundarios al menor tamaño corporal de la mujer.

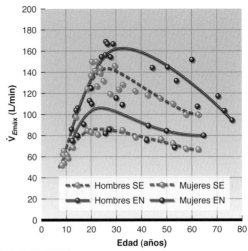

FIGURA 19.5 Diferencias en los volúmenes ventilatorios máximos en función de la edad en mujeres y hombres sin entrenamiento (SE) y entrenados (EN).

Si bien diversos estudios han reportado que, a una potencia submáxima idéntica, las mujeres exhiben mayores valores de $\dot{Q}$ que los hombres (lo cual compensaría su menor concentración de hemoglobina), estudios más recientes han observado consistentemente que no existen diferencias sexuales en esta variable.[19,37] Se cree que las mujeres pueden compensar sus menores niveles de hemoglobina con un aumento agudo de la diferencia arterio-venosa mixta de oxígeno [diferencia $(a-\bar{v})O_2$] para una potencia determinada.

Las mujeres también tienen menor capacidad de incrementar su diferencia $(a-\bar{v})O_2$ máxima. Es posible que esto se atribuya a su menor contenido de hemoglobina, que se asocia con menor contenido arterial de oxígeno y con una reducción del potencial oxidativo muscular. El menor contenido de hemoglobina es uno de los factores determinantes de las **diferencias sexuales específicas** en el $\dot{V}O_{2máx}$ debido a que suministra menos oxígeno al músculo en actividad para un volumen determinado de sangre.

Las diferencias sexuales en las respuestas respiratorias al ejercicio se atribuyen sobre todo a las variaciones en el tamaño corporal. La frecuencia respiratoria durante el ejercicio a la misma potencia relativa (p. ej., 60% del $\dot{V}O_{2máx}$) es bastante similar en ambos sexos. Sin embargo, a la misma potencia absoluta, las mujeres tienden a exhibir una mayor frecuencia ventilatoria que los hombres, probablemente debido a que cuando hombres y mujeres se ejercitan a la misma potencia absoluta, las mujeres están requiriendo un mayor porcentaje de su $\dot{V}O_{2máx}$.

Tanto a la misma potencia absoluta como relativa durante ejercicios submáximos, e incluso durante el ejercicio máximo, el volumen corriente y el volumen ventilatorio suelen ser menores en las mujeres que en los hombres. La mayoría de las deportistas de alto rendimiento tiene volúmenes ventilatorios máximos menores de 125 L/min, pero los hombres más entrenados tienen valores máximos de 150 L/min y superiores, algunos de ellos superiores a 250 L/min (Figura 19.5). Otra vez se debe destacar que estas diferencias están relacionadas en forma estrecha con el tamaño corporal.

Función metabólica

La mayoría de los científicos especializados en deporte considera que el $\dot{V}O_{2máx}$ es el mejor marcador de la capacidad de resistencia cardiorrespiratoria. Se debe recordar que el $\dot{V}O_2$ es el producto entre el gasto cardíaco y la diferencia $(a-\bar{v})O_2$, lo que significa que el $\dot{V}O_{2máx}$ representa el punto, durante un ejercicio hasta el agotamiento, en el cual el sujeto ha alcanzado la máxima capacidad de transporte y utilización de oxígeno. La mujer promedio tiende a alcanzar su pico de $\dot{V}O_{2máx}$ entre los 12 y los 15 años, pero el varón promedio no lo hace hasta los 17 a 21 años (véase el Capítulo 17). Después de la pubertad, el $\dot{V}O_{2máx}$ de la mujer promedio corresponde sólo al 70 o 75% del valor registrado para un hombre promedio.

Las diferencias en el $\dot{V}O_{2máx}$ entre las mujeres y los hombres se deben interpretar con precaución. Un estudio clásico publicado en 1965 mostró una variabilidad considerable en el $\dot{V}O_{2máx}$ entre sexos y una superposición notable de los valores entre hombres y mujeres.[21] En el estudio participaron mujeres y hombres de entre 20 y 30 años, y abarcó a los siguientes grupos

- deportistas de alto rendimiento de sexo femenino,
- mujeres no deportistas,
- deportistas de alto rendimiento de sexo masculino,
- hombres no deportistas.

Cuando se compararon las respuestas fisiológicas de los individuos al ejercicio submáximo y máximo, el 76% de las mujeres no deportistas presentaron valores que se superpusieron con los del 47% de los hombres no deportistas, y el 22% de las mujeres deportistas presentaron valores que se superpusieron con los del 7% de los hombres deportistas. Las relaciones se ilustran en la Figura 19.6. Estos datos demuestran la importancia de ver más allá de los valores medios cuando se considera el nivel de aptitud física de los sujetos y el grado de superposición entre los grupos comparados.

Si bien los valores del $\dot{V}O_{2máx}$ en mujeres y varones son similares hasta la pubertad, las comparaciones de estos valores entre las mujeres y los hombres pospuberales normales no deportistas podrían no ser válidas. Es probable

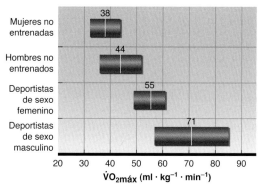

FIGURA 19.6 Intervalo de valores de $\dot{V}O_{2\text{máx}}$ (media ± 2 desviaciones estándar) en mujeres y hombres no deportistas y deportistas de alto rendimiento. El valor medio del $\dot{V}O_{2\text{máx}}$ se presenta sobre cada barra. Esta figura indica que aunque las diferencias en el promedio de $\dot{V}O_{2\text{máx}}$ entre los grupos en ocasiones es significativa, también puede observarse una considerable superposición entre ellos.
Datos de Hermansen y Andersen, 1965.

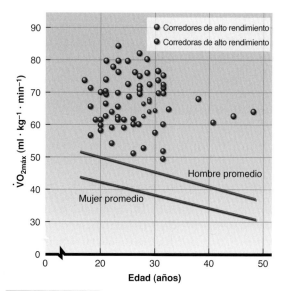

FIGURA 19.7 Valores de $\dot{V}O_{2\text{máx}}$ reportados en la bibliografía pertenecientes a corredores de fondo de alto rendimiento de ambos sexos en comparación con los valores promedio de mujeres y hombres no entrenados.

que estos datos reflejen una comparación injusta entre mujeres relativamente sedentarias y hombres bastante activos. Por lo tanto, las diferencias reportadas reflejarían el nivel de acondicionamiento, así como posibles diferencias sexuales específicas. Para solucionar este problema, los investigadores comenzaron a examinar a deportistas de alto rendimiento de ambos sexos, con la presunción de que el nivel de entrenamiento es similar para ambos, lo que permitiría una valoración más precisa de las verdaderas diferencias sexuales específicas.

Saltin y Åstrand[30] compararon los valores de $\dot{V}O_{2\text{máx}}$ en deportistas de ambos sexos de los equipos nacionales suecos. En eventos comparables, las mujeres exhibieron valores del $\dot{V}O_{2\text{máx}}$ entre 15 y 30% menores. Sin embargo, datos más recientes sugieren una diferencia menor. En la Figura 19.7 se compararon los valores de $\dot{V}O_{2\text{máx}}$ de un grupo de corredoras de fondo de alto rendimiento con los de corredores de fondo de alto rendimiento de sexo masculino y de hombres y mujeres normales no entrenados. Las corredoras de alto rendimiento presentaron valores mucho mayores que los hombres y las mujeres no entrenados. Los valores de algunas mujeres resultaron incluso mayores que los de algunos corredores de alto rendimiento de sexo masculino, pero cuando se consideró el promedio de cada grupo de alto rendimiento, los valores de las mujeres aún fueron entre 8 y 12% menores que los de los hombres deportistas.

En un intento por comparar más objetivamente los valores del $\dot{V}O_{2\text{máx}}$ entre hombres y mujeres, diversos estudios han expresado los valores el $\dot{V}O_{2\text{máx}}$ corregidos por la talla, la masa corporal, la masa libre de grasa o el volumen de las extremidades. Algunos de esos estudios mostraron que las diferencias entre sexos desaparecen cuando el $\dot{V}O_{2\text{máx}}$ se expresa en relación con la masa libre de grasa o la masa de los músculos activos, aunque otros estudios siguen demostrando diferencias aún cuando se realicen ajustes para la masa grasa.[9]

Concepto clave

Si bien existen diferencias sexuales evidentes respecto de los valores medios de $\dot{V}O_{2\text{máx}}$ entre hombres y mujeres de la misma edad y nivel actividad, se observa una superposición considerable en el intervalo de estos valores.

En un estudio, los investigadores utilizaron un abordaje novedoso para este problema.[8] Estos autores examinaron las respuestas a las carreras máximas y submáximas en cinta en diversas condiciones en un grupo de 10 mujeres y 10 hombres que corrían carreras de fondo en forma regular. Las mujeres sólo se ejercitaron en condiciones de peso normal, pero los hombres lo hicieron tanto con peso normal como con peso externo agregado a sus troncos, de manera que el porcentaje total de exceso de peso, definido como el peso de la grasa del hombre sumado al peso agregado, se equiparó con el porcentaje de grasa de las mujeres con las que se compararon. Al equiparar las condiciones entre ambos sexos en términos de exceso de peso, se redujeron las diferencias sexuales específicas en

- tiempo de carrera en cinta (reducción del 32% en la diferencia sexual);
- $\dot{V}O_{2\text{máx}}$ expresada en mililitros por kilogramo de masa magra a diversas velocidades submáximas de carrera (reducción del 38%); y
- $\dot{V}O_{2\text{máx}}$ (reducción del 65%).

Los investigadores llegaron a la conclusión de que los mayores depósitos de grasa corporal en las mujeres son los principales determinantes de las diferencias sexuales específicas en las respuestas metabólicas asociadas con la carrera.

Las mujeres tienen menores niveles de hemoglobina que los hombres, lo que también se propuso como factor que contribuye a generar valores más bajos de $\dot{V}O_{2máx}$. En un estudio, los investigadores intentaron equiparar las concentraciones de hemoglobina de un grupo de 10 hombres y 11 mujeres físicamente activos pero no altamente entrenados.[7] Se extrajo cierta cantidad de sangre de los hombres para equiparar sus concentraciones de hemoglobina con las de las mujeres, lo que redujo de manera significativa los valores del $\dot{V}O_{2máx}$ en los hombres, aunque esta reducción fue responsable de un porcentaje relativamente pequeño de las diferencias sexuales en la $\dot{V}O_{2máx}$.

También es importante comprender que el menor gasto cardíaco de las mujeres cuando se ejercitan a intensidad máxima es una limitación para alcanzar altos valores de $\dot{V}O_{2máx}$. La mujer tiene un corazón más pequeño y menor volemia, lo que limita en gran medida su capacidad de lograr un volumen sistólico máximo. En realidad, los resultados de varios estudios sugieren que las mujeres tienen una capacidad limitada para aumentar su volumen sistólico máximo mediante el entrenamiento de resistencia de alta intensidad. Sin embargo, estudios más recientes revelaron que las mujeres jóvenes premenopáusicas son capaces de incrementar su volumen sistólico con entrenamiento igual que los hombres. Asimismo, las mujeres no entrenadas en las cuales se aumentó la volemia de manera artificial con un expansor del volumen plasmático y tras la administración de β-bloqueantes (lo que redujo la frecuencia cardíaca para una carga de trabajo dada y permitió un mayor tiempo para el llenado del ventrículo izquierdo) exhibieron un incremento en el volumen sistólico de magnitud similar a la observada en hombres que realizaron una serie aguda de ejercicio.[25,26]

Si en lugar de considerar el $\dot{V}O_{2máx}$ se considera el consumo de oxígeno ($\dot{V}O_2$), no se observan diferencias significativas entre los hombres y las mujeres para una misma potencia absoluta de trabajo. No obstante, debemos recordar que, a la misma carga absoluta submáxima de trabajo, las mujeres utilizan un mayor porcentaje de su $\dot{V}O_{2máx}$. Como consecuencia, sus concentraciones sanguíneas de lactato son más elevadas y el umbral de lactato se alcanza a una potencia absoluta menor. La concentración pico de lactato en sangre suele ser más baja en mujeres físicamente activas pero no entrenadas que en hombres activos pero no entrenados. Asimismo, hay datos limitados que sugieren que las corredoras de mediana y larga distancia de elite presentan concentraciones pico de lactato aproximadamente 45% más bajas que las de los corredores de elite entrenados en forma similar. Estas diferencias sexuales en los valores pico de lactato en sangre son inesperadas, y aún no se ha propuesto una explicación posible.

El umbral de lactato parece ser similar en los hombres y las mujeres con igual nivel de entrenamiento si se expresa en términos relativos (% del $\dot{V}O_{2máx}$) y no absolutos. Este umbral parece estar relacionado de manera

estrecha con la forma de evaluación y el nivel de entrenamiento del individuo. Por lo tanto, no es de esperar que surjan diferencias sexuales específicas.

Concepto clave

En comparación con los hombres, las mujeres suelen tener valores más bajos de $\dot{V}O_{2máx}$ cuando se expresan en $mL \cdot kg^{-1} \cdot min^{-1}$. Parte de esta diferencia en los valores de $\dot{V}O_{2máx}$ entre las mujeres y los hombres se relaciona con la mayor cantidad de grasa corporal en las mujeres y, en menor medida, con la menor concentración de hemoglobina, lo que genera un menor contenido de oxígeno en la sangre arterial.

Revisión

➤ Las propiedades intrínsecas del músculo y los mecanismos de control motor son similares en las mujeres y los hombres.

➤ No existen diferencias en la fuerza del tren inferior entre hombres y mujeres cuando ésta es expresada en términos relativos a la masa corporal o a la masa libre de grasa. No obstante, en términos relativos a la masa corporal o a la masa libre de grasa, las mujeres exhiben menores niveles de fuerza en el tren superior, sobre todo porque gran parte de la masa muscular femenina se encuentra debajo de la cintura y porque las mujeres utilizan más los músculos del tren inferior que los del tren superior.

➤ A intensidades submáximas de ejercicio, las mujeres exhiben una mayor frecuencia cardíaca que los hombres; no obstante, para la misma intensidad de ejercicio, el gasto cardíaco de las mujeres es similar al de los hombres. Esto indica que las mujeres tienen un menor volumen sistólico, principalmente debido a su menor tamaño cardíaco y a su menor volumen sanguíneo.

➤ Las mujeres también exhiben una menor capacidad para incrementar la diferencia $(a-\bar{v})O_2$, probablemente como resultado de su menor contenido de hemoglobina, lo que a su vez reduce el aporte de oxígeno a los músculos activos por unidad de sangre.

➤ Las diferencias sexuales en las respuestas respiratorias se atribuyen principalmente a las variaciones en el tamaño corporal.

➤ Después de la pubertad, el $\dot{V}O_{2máx}$ de la mujer promedio sólo corresponde al 70 a 75% del $\dot{V}O_{2máx}$ del hombre promedio. Sin embargo, parte de esta diferencia se podría atribuir al estilo de vida menos activo de las mujeres. La investigación llevada a cabo en deportistas muy entrenados revela una diferencia de entre 8 y 15% y gran parte de esta diferencia se debe a la mayor cantidad de masa grasa, a los niveles más bajos de hemoglobina y al menor gasto cardíaco máximo de las mujeres.

➤ Las diferencias entre hombres y mujeres respecto del umbral de lactato son mínimas o inexistentes; sin embargo, las concentraciones pico de lactato en sangre son generalmente mayores en los hombres.

Adaptaciones fisiológicas al entrenamiento

Las funciones fisiológicas básicas tanto en reposo como durante el ejercicio cambian en forma significativa con el entrenamiento físico. En esta sección se analizarán las adaptaciones de las mujeres al ejercicio crónico, con énfasis en las áreas en las cuales sus respuestas podrían diferir de las de los hombres.

Composición corporal

Ya sea con el entrenamiento de la resistencia cardiorrespiratoria o con el entrenamiento de la fuerza, tanto hombres como mujeres experimentan:

- disminución de la masa corporal total,
- reducción de la masa grasa,
- disminución de la grasa relativa, y
- aumento de la masa libre de grasa.

La magnitud del cambio en la composición corporal parece tener una mayor relación con el gasto energético total asociado al entrenamiento que con el sexo del individuo. El entrenamiento con sobrecarga provoca mayores ganancias en la masa libre de grasa que el entrenamiento de la resistencia, y la magnitud de este incremento es similar entre ambos sexos.

El entrenamiento provoca cambios en el tejido óseo y conectivo; sin embargo, estas adaptaciones no se comprenden por completo. En general, los estudios en animales y los pocos estudios en seres humanos demostraron un incremento de la densidad de los huesos largos que soportan el peso corporal, sobre todo en animales en vías de crecimiento y en niños prepúberes y púberes. Esta adaptación parece ser independiente del sexo. En adultos, los ejercicios que requieren soportar el peso corporal son críticos para el mantenimiento de la masa y la densidad ósea. Más adelante en este capítulo se comentarán algunas excepciones.

El tejido conectivo parece fortalecerse con el entrenamiento de resistencia y no se identificaron diferencias sexuales específicas en esta respuesta. La mayor tasa de lesiones en las mujeres parece indicar la posibilidad de que, durante la práctica de actividades físicas o deportivas, sean más susceptibles a la lesión que los hombres. A partir de esto, ha surgido cierto interés por determinar si existen diferencias sexuales específicas respecto de la integridad y laxitud articular y respecto de la fuerza de los ligamentos, tendones y huesos. Desafortunadamente, la bibliografía contribuye muy poco a la confirmación o el rechazo de estas afirmaciones. En los estudios en los que se observaron diferencias en la incidencia de lesiones, ésta podría estar más relacionada con el nivel de acondicionamiento físico que con el sexo del participante. Los individuos menos acondicionados son más propensos a la lesión. Resulta muy difícil obtener datos objetivos sobre este tema, aunque es un área importante que necesita investigarse mejor.

Fuerza

Hasta comienzos de la década de 1970, se consideraba inapropiado prescribir programas de entrenamiento de la fuerza a las niñas y las mujeres. No se creía que las mujeres fueran capaces de aumentar su fuerza debido a sus concentraciones bajas de hormonas masculinas anabólicas. Resulta paradójico que muchas personas teman que el entrenamiento de fuerza pueda masculinizar a una mujer. Sin embargo, durante las décadas de 1960 y 1970 se evidenció que muchas de las mejores deportistas de los Estados Unidos no se desempeñaban bien en competencias internacionales, sobre todo porque eran más débiles que sus competidoras. Con el tiempo, la investigación comenzó a demostrar que las mujeres podían beneficiarse significativamente de un programa de entrenamiento de fuerza, a pesar de que el incremento de la fuerza resultante no suele asociarse con grandes aumentos de la masa muscular.

En parte debido a sus bajas concentraciones de testosterona, las mujeres tienen menor masa muscular total que los hombres. Si la masa muscular es el principal determinante de la fuerza, entonces las mujeres están en desventaja. No obstante, si los factores neurales son tanto o más importantes que el tamaño, la posibilidad de las mujeres de aumentar su fuerza absoluta debe ser significativa. Asimismo, algunas pueden lograr una hipertrofia muscular notable, lo cual se demostró en mujeres culturistas que no consumen esteroides anabólicos. Varios estudios también revelaron incrementos similares en la masa libre de grasa y la masa muscular en hombres y mujeres, así como también hipertrofia de las fibras musculares tipo I, IIa y IIx después del entrenamiento con sobrecarga.

Si se tiene en cuenta toda esta información, resulta interesante analizar los récords mundiales de hombres y mujeres en levantamiento de pesas (halterofilia) en función del peso corporal. En la Figura 19.8 se muestran estos récords mundiales en función del del peso levantado en arranque y envío (sumatoria del peso levantado en arranque y envío) correspondientes a 2011. Como se observa en esta figura, los hombres son considerablemente más fuertes en cada categoría de peso. Si bien las categorías por peso difieren poco entre los hombres y las mujeres, los hombres suelen levantar al menos 75 kg (165 lb) más que las mujeres con el mismo peso corporal. Parte de estas diferencias se deberían a que, para un peso corporal determinado, los hombres probablemente ten-

> ### ⦿ Concepto clave
>
> Las mujeres pueden experimentar un mayor aumento de la fuerza (20-40%) como resultado del entrenamiento de resistencia, y la magnitud de esos cambios es similar a la observada en hombres. Estos aumentos se atribuyen tanto a la hipertrofia muscular como a factores neurales.

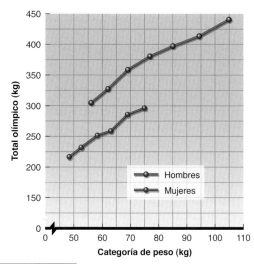

FIGURA 19.8 Récords mundiales masculinos y femeninos de levantamiento de pesas (halterofilia) hasta enero de 2011 para el total olímpico (sumatoria de los pesos levantados en arranque y envión) por categoría de peso. No se incluye la máxima categoría de peso tanto para hombres como para mujeres porque no se define por peso. Cuando se comparan hombres y mujeres de categorías de peso similares, se observa que el peso total levantado (total olímpico) por los hombres es considerablemente mayor que el levantado por las mujeres. International Weightlifting Federation, marzo de 2011 (www.iwf.net/results/record_cur.php).

gan una mayor masa libre de grasa. Además, hay menos mujeres que participan competitivamente en halterofilia. A mayor número de participantes, aumentan las posibilidades de lograr mayores récords mundiales. No obstante, las diferencias son tan grandes que deberían identificarse otros factores comprometidos.

Función cardiovascular y respiratoria

Las adaptaciones cardiovasculares y respiratorias fundamentales son el resultado del entrenamiento de la resistencia, y estas adaptaciones no parecen ser específicas de cada sexo. El entrenamiento produce incrementos notables en el gasto cardíaco máximo ($\dot{Q}_{máx}$). La frecuencia cardíaca máxima no suele cambiar ni disminuir con el entrenamiento, de manera que este aumento del $\dot{Q}_{máx}$ se debe a un gran incremento del volumen sistólico generado por dos factores. El volumen diastólico final (o sea, la cantidad de sangre presente en los ventrículos antes de la contracción) se incrementa con el entrenamiento a causa del aumento de la volemia y de un retorno venoso más eficiente. Asimismo, el volumen sistólico final (o sea, la cantidad de sangre remanente en los ventrículos después de la contracción) se reduce con el entrenamiento porque un miocardio más fuerte produce una contracción más fuerte, capaz de expulsar más sangre.

A intensidades submáximas de trabajo, el gasto cardíaco cambia poco o nada, aunque el volumen sistólico es considerablemente mayor en las mujeres para la misma carga absoluta de trabajo. En consecuencia, la frecuencia cardíaca asociada con una intensidad de trabajo determinada disminuye después del entrenamiento. La frecuencia cardíaca en reposo se puede reducir a 50 latidos/minuto o menos. Varias corredoras de fondo presentaron frecuencias cardíacas en reposo menores de 36 latidos/minuto, lo que se considera una respuesta clásica al entrenamiento y representa un volumen sistólico muy alto.

El incremento en el $\dot{V}O_{2máx}$ provocado por el entrenamiento de la resistencia, que se analizará a continuación, se debe sobre todo a grandes incrementos del gasto cardíaco máximo, con sólo pequeñas elevaciones de la diferencia (a-$\bar{v}$)O$_2$. Sin embargo, la limitación principal del $\dot{V}O_{2máx}$ es el transporte de oxígeno hacia los músculos activos. Si bien el gasto cardíaco es importante para el transporte de oxígeno, los investigadores creen que el aumento del $\dot{V}O_{2máx}$ asociado con el entrenamiento se atribuye principalmente al incremento en el flujo sanguíneo máximo hacia los músculos y en la densidad capilar de los músculos. Estos cambios se documentaron de manera consistente tanto en mujeres como en hombres. Si bien las mujeres también experimentan incrementos considerables en la ventilación máxima similares a los de los hombres, que reflejan incrementos tanto del volumen corriente como de la frecuencia respiratoria, se cree que estos cambios no estarían relacionados con la mejora del $\dot{V}O_{2máx}$.

Función metabólica

Con el entrenamiento de la resistencia, las mujeres experimentan el mismo incremento promedio relativo del $\dot{V}O_{2máx}$ que los hombres (15 a 20% en promedio). En general, la magnitud del cambio depende de la intensidad y la duración de las sesiones de entrenamiento, su frecuencia y la duración del estudio.

Concepto clave

Con el entrenamiento aeróbico, las mujeres logran aumentos promedio del $\dot{V}O_{2máx}$ similares a los de los hombres (15-25%).

El entrenamiento de la resistencia no parece provocar cambios en el consumo máximo de oxígeno de las mujeres, valorado a la misma intensidad absoluta de ejercicio, aunque varios estudios han reportado una reducción. Asimismo, con las mismas intensidades absolutas de trabajo submáximo, las concentraciones sanguíneas de lactato de las mujeres se reducen, las concentraciones máximas de lactato se incrementan y el umbral de lactato aumenta con el entrenamiento.

A partir de este comentario, resulta evidente que las mujeres responden al entrenamiento físico de la misma forma que los hombres. Si bien la magnitud de sus adaptaciones al entrenamiento podría diferir un poco de las de los hombres deportistas, las tendencias generales parecen ser idénticas. Es importante recordar este concepto cuando se prescribe actividad física, tema que se describirá en el Capítulo 20.

Rendimiento deportivo

El rendimiento masculino supera al femenino en todas las actividades deportivas en las cuales el rendimiento se puede medir en forma precisa y objetiva por medio de la distancia y el tiempo. La diferencia es más notable en actividades como lanzamiento de peso, en la cual la fuerza del tren superior es crucial para tener éxito. Sin embargo, en los Juegos Olímpicos de 1924, el tiempo registrado por la ganadora de los 400 m estilo libre en natación fue un 19% mayor que el tiempo registrado por el ganador de la prueba masculina, diferencia que se redujo a 15,9% en los Juegos Olímpicos de 1948 y a sólo el 7,0% en los Juegos Olímpicos de 1984. La mujer más rápida en los 800 m estilo libre en 1979 nadó más rápido que el poseedor del récord mundial para la misma distancia en 1972. A partir de estos resultados, se puede inferir que la brecha entre ambos sexos se está acotando. No obstante, como se puede observar en el Cuadro 19.1, la diferencia en récords mundiales entre hombres y mujeres en la prueba de 400 m estilo libre fue de 10,4% en 2006, y en la de 1 500 m estilo libre, la diferencia fue de 8,9%. Por desgracia, la realización de comparaciones válidas a través de los años es difícil porque la relevancia y la popularidad de una actividad no permanecen constantes a través del tiempo y por otros factores, como las oportunidades de participar, el entrenamiento, las instalaciones y los métodos de entrenamiento, que han variado en forma notable entre personas de distintos sexos con el paso de los años.

Como se comentó al comienzo de este capítulo, un gran número de niñas y mujeres no comenzaron a participar en deportes competitivos hasta la década de 1970. Incluso después de esta fecha, había una cierta reticencia a que las mujeres entrenaran del mismo modo que los hombres. Cuando las niñas y las mujeres comenzaron a entrenar igual que los niños y los hombres, sus rendimientos mejoraron de manera significativa. Esto se ilustra en la Figura 19.9, que muestra la evolución de los récords mundiales entre 1960 y 2011 en seis pruebas de atletismo tanto en hombres como en mujeres. En todo el espectro de carreras, desde las de 100 m hasta las maratones, las mujeres presentan récords mundiales entre 7 y 9% más lentos que los de los hombres. Asimismo, y como puede observarse en la figura, el aumento de las cifras en los récords, que en un principio fue notable, comienza a nivelarse en la actualidad, para equipararse a las curvas de los récords masculinos.

Tópicos especiales

Si bien las respuestas al ejercicio agudo y las adaptaciones al ejercicio crónico son muy similares en ambos sexos, se deben considerar varias áreas adicionales exclusivas de las mujeres. Específicamente, se tratarán los siguientes:

- menstruación y disfunción menstrual,
- embarazo,
- osteoporosis,
- trastornos alimentarios, y
- factores ambientales.

Menstruación y disfunción menstrual

¿Qué influencia ejerce el ciclo menstrual o el embarazo sobre la capacidad de realizar ejercicio y sobre el rendimiento deportivo? ¿Cómo influye la actividad física y la competencia sobre el ciclo menstrual o el embarazo? Estas dos preguntas son relevantes para las mujeres que realizan actividades físicas, en particular para las deportistas.

En la Figura 19.10 se ilustran las tres fases principales del **ciclo menstrual**. La primera es la fase menstrual (flujo menstrual), o **menstruación**, que dura entre tres y cinco días, durante los cuales se desprende el revestimiento uterino (endometrio) y se produce la menstruación o sangrado. La segunda es la fase proliferativa, que prepara al útero para la fertilización y dura alrededor de 10 días. Durante esta fase, el endometrio comienza a engrosarse y algunos de los folículos que hospedan al óvulo maduran. Estos folículos secretan estrógeno. La fase proliferativa termina cuando el folículo maduro se rompe y libera su óvulo (ovulación). La menstrual y la proliferativa corresponden a la fase folicular del ciclo ovárico.

La tercera y última fase del ciclo menstrual es la secretora, que corresponde a la fase lútea del ciclo ovárico. Dura entre 10 y 14 días, durante los cuales el endometrio se sigue engrosando, aumenta su irrigación y el aporte de nutrientes y el útero se prepara para un embarazo. Durante este período, los remanentes del folículo vacío (denominado ahora cuerpo lúteo, de donde procede el término *fase lútea*) secretan progesterona y también continúa la secreción de estrógeno. El ciclo menstrual com-

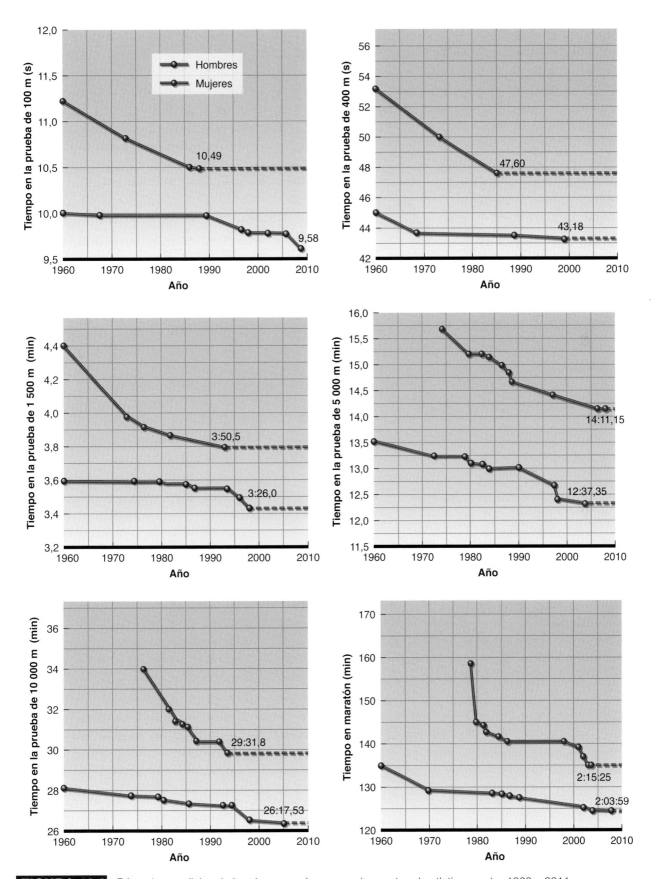

FIGURA 19.9 Récords mundiales de hombres y mujeres en seis eventos de atletismo entre 1960 y 2011.

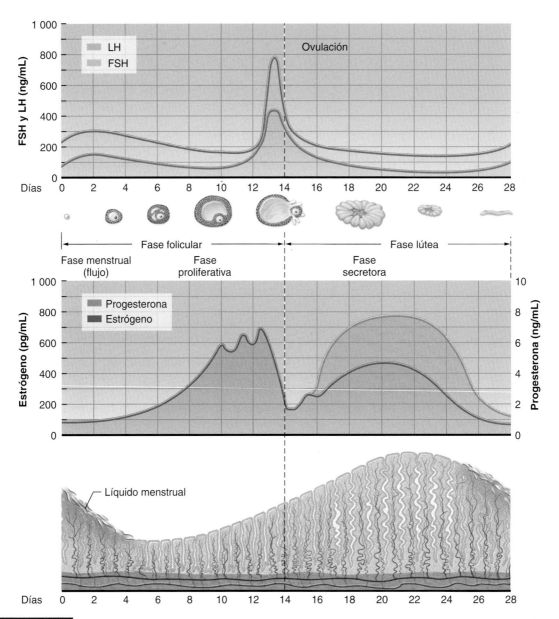

FIGURA 19.10 Fases del ciclo menstrual y cambios concomitantes en los niveles de progesterona y estrógenos (parte media de la figura) y de hormona foliculoestimulante (FSH) y hormona luteinizante (LH) (parte superior de la figura). El ciclo se divide con fines diversos en una fase folicular, que comienza con el inicio del sangrado durante el flujo menstrual, y una fase lútea, que se inicia con la ovulación.

pleto dura en promedio 28 días. Sin embargo, se observa una variación considerable en la duración del ciclo en las mujeres sanas, desde 23 hasta 36 días.

Menstruación y rendimiento deportivo

Las alteraciones experimentadas en el rendimiento deportivo durante las diferentes fases del ciclo menstrual presentan gran variabilidad entre los individuos. No hay datos fiables que confirmen el hallazgo de cambios significativos en el rendimiento deportivo en algún momento del ciclo menstrual.

Se han llevado a cabo varios estudios controlados en laboratorios de investigación que compararon las respuestas fisiológicas al ejercicio en diversos momentos del ciclo menstrual. En general, estos estudios no han mostrado diferencias fisiológicas en sus distintas fases. Asimismo, se informa que las deportistas tuvieron rendimientos excelentes en todas las fases del ciclo. En conclusión, a partir de la información obtenida tanto en los laboratorios como durante competencias deportivas, se puede afirmar que el ciclo menstrual no afecta en forma significativa las respuestas fisiológicas ni el rendimiento de la mayoría de las mujeres.

Concepto clave

En apariencia, no existiría un patrón general relacionado con la capacidad de las mujeres para lograr sus mejores rendimientos durante una fase específica de su ciclo menstrual. Las deportistas de alto rendimiento establecieron récords mundiales durante todas las fases del ciclo menstrual.

Menarca

Se ha reportado que algunas atletas jóvenes que participan en ciertas actividades y deportes, como la gimnasia artística y el ballet, exhiben un retraso en su **menarca** (primer período menstrual). Se considera un retraso en la menarca cuando se produce después de los 14 años; la mediana de edad para la menarca en niñas estadounidenses oscila entre 12,4 y 13 años y varía según la población evaluada. En las gimnastas, la mediana de edad parece aproximarse a los 14,5 años. Frisch[18] formuló la hipótesis de que la menarca se retrasa cinco meses por cada año de entrenamiento antes de la menarca, lo que implicaría que el entrenamiento se asocia con una menarca más tardía. No obstante, Malina[24] afirmó que las niñas que maduran más tarde, como las que tienen la menarca a mayor edad, tienen más probabilidades de tener éxito en deportes como gimnasia artística debido a su cuerpo más pequeño y delgado. Esto implica que las mujeres que experimentan una menarca tardía en forma natural tienen una ventaja y, por ende, más probabilidades de participar en algunos deportes específicos, en lugar de que el deporte sea el que demora la menarca.

Estos puntos de vista contrapuestos se pueden resumir a través de las siguientes preguntas: ¿es el entrenamiento intenso, necesario para ser una deportista de alto rendimiento, responsable de retrasar la menarca o la menarca tardía proporciona una ventaja que contribuye al éxito de una deportista de alto rendimiento? Stager y cols.[34] utilizaron un modelo computarizado para analizar esta cuestión y llegaron a la conclusión de que la menarca en deportistas se produce a mayor edad en forma natural, por lo cual no estaría "retrasada". Hasta el momento, no hay evidencia suficiente para respaldar la teoría de que el entrenamiento retrasa la menarca.

Concepto clave

Las deportistas de elite que participan en ciertos deportes, como la gimnasia artística, parecen tener una menarca tardía. Sin embargo, no existe evidencia contundente para respaldar la hipótesis de que el entrenamiento intenso retrasa la menarca.

Disfunción menstrual

Las deportistas pueden experimentar alteraciones en su ciclo menstrual normal. Estas alteraciones se conocen como **disfunción menstrual** y abarcan varias clases de tras-tornos. La **eumenorrea** es la función menstrual normal, que corresponde a un ciclo menstrual de entre 26 y 35 días. La **oligomenorrea** es la menstruación irregular e inconstante que se produce a intervalos superiores a 36 días e inferiores a 90 días. La **amenorrea** es la ausencia de menstruación; la **amenorrea primaria** corresponde a la ausencia de menarca después de los 15 años de edad, o sea que la mujer nunca comenzó a menstruar. Cuando una deportista con función menstrual normal previa informa la ausencia de menstruación durante 90 días o más, se considera que experimenta amenorrea secundaria. Por lo tanto, la **amenorrea secundaria** es la ausencia de menstruaciones durante 90 días o más en niñas y mujeres que ya menstruaron. Las mujeres que practican deportes o incluso las mujeres que realizan actividad física en forma recreativa pueden experimentar amenorrea, dado que su aparición es independiente de la intensidad del entrenamiento.

La prevalencia de amenorrea secundaria y de oligomenorrea entre deportistas está bien documentada y se estima que se encuentra entre el 5 y el 66% o más, dependiendo del deporte o actividad, el nivel de competición y la definición de amenorrea utilizada.[10] Por ejemplo, si la prevalencia se define como la ausencia de menstruación durante 6 meses o más, la tasa de prevalencia reportada tiende a ser menor; no obstante, cuando la prevalencia se define como la ausencia de menstruación durante tres meses, las tasas de prevalencia tienden a ser mayores. Los médicos y los investigadores definieron la amenorrea como la ausencia de menstruación durante 3 meses, dado que las consecuencias fisiológicas (que se describirán más adelante en este capítulo) aparecen poco después del inicio de la amenorrea. Sin embargo, la prevalencia de la amenorrea en deportistas es mucho mayor que el 2 al 5% de prevalencia estimada para la amenorrea y que el 10 al 12% de prevalencia estimada para la oligomenorrea en la población general (no deportista). La prevalencia parece ser mayor en las deportistas que participan en actividades que requieren de un físico delgado, como la gimnasia artística y las carreras de cross country.

Desde la década de 1970 los científicos realizan experimentos para determinar la causa primaria de la amenorrea secundaria en niñas y mujeres que realizan ejercicios y en deportistas. Algunos de los factores propuestos como causas potenciales son los siguientes:

- Antecedentes de disfunción menstrual
- Efectos agudos del estrés
- Gran volumen o intensidad del entrenamiento
- Bajo peso corporal o bajo porcentaje de grasa corporal
- Alteraciones hormonales
- Déficits energéticos debido a nutrición inadecuada, trastornos alimentarios o ambos

Cada uno de los factores propuestos ha sido investigado extensamente, y cinco de estos han sido eliminados

Amenorrea y control prenatal

Muchas mujeres con amenorrea se sienten felices al no tener que padecer la menstruación todos los meses. La mayoría de ellas también asume que obtuvo una forma simple pero eficaz de control prenatal. No obstante, las deportistas pueden quedar embarazadas mientras están amenorreicas, lo que indica que la ovulación y, por ende, la fertilidad, no siempre cesan con la falta de menstruación. Este tema justifica una explicación más detallada. Debido a que la amenorrea inducida por el deporte puede deberse al consumo inadecuado de calorías para cubrir las necesidades energéticas de las deportistas, es posible que el estatus energético cambie rápidamente mientras que la recuperación de la menstruación requiera más tiempo. Por lo tanto, cuando una mujer con amenorrea comienza a consumir más calorías para cubrir las demandas energéticas, podría seguir sin menstruar durante varios meses. La menstruación requiere algunos meses de exposición a calorías adecuadas para recuperarse, pero durante ese período, los ovarios podrían comenzar a sintetizar estrógenos y generar ovulaciones antes de que se presente una menstruación. Se debe informar sobre este tema a las deportistas susceptibles a desarrollar amenorrea para reducir la posibilidad de un embarazo no deseado.

como posibles factores primarios. Resulta tentador afirmar que el gran volumen de entrenamiento o el entrenamiento muy intenso (o una combinación de ambos) produce una disfunción menstrual, pero es probable que este factor no esté comprometido.

La evidencia actual indica que la causa principal de la amenorrea secundaria es la nutrición inadecuada, que deriva en un déficit energético. En este sentido, diversos estudios han mostrado que una ingesta calórica tan inadecuada que produzca un desequilibrio entre la ingesta energética y el gasto energético durante un período prolongado es la causa principal de la amenorrea secundaria.

⬤ Concepto clave

En las mujeres que practican ejercicio, la amenorrea es secundaria a una ingesta inadecuada de calorías que no alcanza para cubrir el aumento del gasto de energía asociado con el ejercicio intenso, lo que provoca una deficiencia neta de energía. A su vez, esta deficiencia de energía o disminución de su disponibilidad estimula el desarrollo de mecanismos compensadores como pérdida de peso y conservación de la energía, que promueven la inhibición de la función ovárica a nivel hipotalámico y generan amenorrea.

Las investigaciones recientes de la doctora Anne Loucks[23,29] y cols., de la *Ohio University* de Ohio, y la doctora Nancy Williams, de la *Penn State University*,[36] demostraron con claridad que si se induce un déficit energético en mujeres eumenorreicas, se producen alteraciones hormonales significativas asociadas con disfunción menstrual, incluso amenorrea. La doctora Loucks demostró que la reducción de la ingesta calórica asociada con el estrés, sumada al aumento del gasto de energía generado por el entrenamiento durante varios días o sin este adicional, redujo la frecuencia pulsátil de LH y la concentración de la hormona tiroidea triyodotironina (T_3), ambas asociadas con el compromiso de la función menstrual. En cambio, la doctora Williams reveló efectos más específicos del ejercicio sobre los perfiles hormonales y la función menstrual y demostró que si no se consume una cantidad suficiente de calorías durante tres meses de entrenamiento, disminuyen las concentraciones de estrógeno y progesterona. Asimismo, esta profesional determinó que cuanto mayor era la deficiencia de energía, más significativo era el impacto sobre la función menstrual.[36]

La privación de alimentos podría enviar señales que inhiben la secreción de LH y la función menstrual. La interrupción de la pulsatilidad de la LH y los menores niveles de estrógeno sugieren un trastorno en el generador de pulsos de la hormona liberadora de gonadotropinas (GnRH) en el hipotálamo.[29] Estas señales inhibitorias pueden proceder de varias vías diferentes, como la leptina secretada por los adipocitos, la grelina y el péptido YY secretados por el intestino, el cortisol proveniente de la corteza suprarrenal y otros factores metabólicos asociados con el déficit energético.[11, 12, 33]

Por lo tanto, el entrenamiento parecería no estar relacionado en forma directa con la disfunción menstrual sólo a través de su contribución a la deficiencia de energía. Este tipo de deficiencia, tanto en presencia como en ausencia de entrenamiento físico, se ha asociado con este tipo de alteraciones hormonales. El entrenamiento intenso o el gran volumen de entrenamiento no producen disfunción menstrual si la ingesta de calorías concuerda o supera el gasto de energía.

La relación entre los trastornos alimentarios con relevancia clínica y la disfunción menstrual es una preocupación más reciente, ya que varios estudios demostraron una fuerte relación entre ambos. En un estudio, 8 de 13 corredoras de fondo amenorreicas reportaron trastornos alimentarios, en comparación con ninguna de 19 corredoras eumenorreicas.[20] En otro estudio, en 7 de 9 corredoras de alto rendimiento en carreras de media y larga distancia se diagnosticó anorexia y bulimia nerviosas o ambas, en comparación con 0 de 5 corredoras eumenorreicas.[38] Los trastornos alimentarios se comentarán en detalle más adelante en este capítulo, pero se puede afirmar que, en general, se asocian con un déficit energético.

⬤ Revisión

➤ Los efectos de la competencia durante diferentes fases del ciclo menstrual sobre el rendimiento están sujetos a una considerable variabilidad individual. En general, no hay evidencias experimentales que demuestren consistentemente un efecto de la fase del ciclo menstrual sobre el rendimiento deportivo.

➤ Algunas atletas de determinados deportes pueden experimentar cierto retraso en la menarca. No obstante, la explicación más probable es que estas mujeres que maduran más tarde, debido a la contextura magra de su cuerpo tienden a participar en estas actividades con mayor éxito, y no que estas disciplinas son las responsables de postergar la menarca.

➤ Las deportistas pueden experimentar disfunción menstrual, la cual se presenta con mayor frecuencia en forma de amenorrea secundaria u oligomenorrea. La evidencia actual indica que la nutrición inadecuada o la deficiencia prolongada de energía es la causa principal de la amenorrea secundaria.

➤ Los cambios hormonales asociados con la deficiencia de energía podría retroalimentar al hipotálamo o a la hipófisis e inhibir la secreción de GnRH y LH, necesarias para dirigir el ciclo normal. Esto también se asocia con una deficiencia prolongada de energía.

Embarazo

¿Qué efectos produce el ejercicio durante el **embarazo**? Se postularon cuatro cuestiones principales asociadas con el ejercicio durante el embarazo:

1. Riesgo agudo asociado con la reducción del flujo sanguíneo hacia el útero (la sangre se desvía hacia los músculos activos de la madre), lo cual causa hipoxia fetal (aporte insuficiente de oxígeno).

2. Hipertermia fetal (aumento de la temperatura) asociada con el incremento de la temperatura corporal interna de la madre durante un ejercicio prolongado de tipo aeróbico o en ambientes calurosos.

3. Reducción de la disponibilidad de carbohidratos para el feto debido a que la madre usa una mayor cantidad como combustible para llevar a cabo su ejercicio.

4. Riesgo de aborto espontáneo y desenlace del embarazo.

En las siguientes secciones se describirá cada uno de estos temas.

Reducción del flujo sanguíneo e hipoxia uterina

Tanto en los animales como en los seres humanos, el flujo sanguíneo uterino se reduce un 25% o más durante el ejercicio moderado o intenso, y la magnitud de la reducción se relaciona en forma directa con la intensi-

dad y la duración del ejercicio.[39] En la actualidad no se ha definido claramente si esta reducción del flujo sanguíneo uterino causa hipoxia fetal. Se cree que un incremento en la diferencia $(a-\bar{v})O_2$ uterina compensa, al menos en forma parcial, toda reducción del flujo sanguíneo. Si bien el aumento de la frecuencia cardíaca fetal no es un hallazgo consistente durante el ejercicio materno, su identificación se interpretó como marcador de hipoxia en el feto. No obstante, aunque el incremento de la frecuencia cardíaca fetal podría reflejar un cierto grado de hipoxia, es más probable que represente una respuesta del corazón del feto al aumento de los niveles de catecolaminas en sangre, procedentes tanto del feto como de la madre.

Hipertermia

La hipertermia fetal es otra situación que puede ocurrir si la temperatura central de la madre se eleva de manera significativa durante e inmediatamente después del ejercicio. Se documentaron **efectos teratogénicos** (desarrollo anormal del feto) en animales tras su exposición crónica a estrés térmico y también se observaron estos efectos en seres humanos en caso de fiebre materna. Los trastornos más frecuentes son defectos del sistema nervioso central. Si bien en estudios con animales se demostró que la temperatura del feto aumenta con el ejercicio, no se pudo comprobar si este incremento es suficiente para convertirse en una preocupación.

Disponibilidad de carbohidratos

No se ha definido con exactitud si se reduce la disponibilidad de carbohidratos para el feto durante el ejercicio. Se sabe que en los deportistas de resistencia que entrenan o compiten durante períodos prolongados disminuyen los depósitos de glucógeno tanto en el hígado como en los músculos y que la glucemia también puede descender. No obstante, no pudo determinarse si este descenso podría representar un problema en las mujeres embarazadas.

Aborto espontáneo y desenlace del embarazo

También surgió la preocupación por la probabilidad de que el ejercicio induzca abortos espontáneos durante el primer trimestre o que provoque trabajos de parto prematuros o altere la evolución normal del desarrollo fetal. Por desgracia, se cuenta con escasa información relacionada con el riesgo de aborto espontáneo y trabajo de parto prematuro. Respecto de la evolución del embarazo, los datos también son pocos y contradictorios. Aunque existen reportes de bajo peso al nacer y períodos gestacionales más cortos, la mayoría de los estudios demostró efectos favorables del ejercicio (como reducción del aumento del peso materno y de la duración de la hospitalización posparto, así como una disminución de la tasa de cesárea) o ninguna diferencia entre el grupo control y el sometido a ejercicio.

Concepto clave

Aunque surgieron algunas preocupaciones por la salud del feto cuando la madre se ejercita, el ejercicio aeróbico durante el embarazo parece asociarse con una baja probabilidad de efectos nocivos sobre el feto, en particular si se respetan las pautas para realizar actividad física durante el embarazo.

Recomendaciones para la práctica de ejercicio durante el embarazo

En resumen, el ejercicio durante el embarazo podría asociarse con algunos riesgos (véase el Cuadro 19.2), pero los beneficios superan los riesgos potenciales si se toman ciertas precauciones cuando se diseña el programa de ejercicios. Es importante que la mujer embarazada coordine su programa de ejercicios con su obstetra de manera que pueda emplearse el criterio médico para determinar el modo, la frecuencia, la duración y la intensidad más apropiada de la actividad.

En 1985, el *American College of Obstetricians and Gynecologists* (Colegio Estadounidense de Obstetricia y Ginecología, ACOG) desarrolló una serie de guías que se revisaron en 1994. Pivarnik[28] resumió estas pautas de la siguiente manera:

- La práctica de ejercicio leve a moderado por lo menos tres veces por semana puede beneficiar la salud de las embarazadas.

- Después del primer trimestre, las mujeres deben evitar los ejercicios que se llevan a cabo en decúbito supino y de pie sin moverse, porque comprometen el retorno venoso, lo que a su vez disminuye el gasto cardíaco.

- Las mujeres deben dejar de ejercitarse cuando se sientan fatigadas, no deben ejercitarse hasta el agotamiento y deben modificar sus rutinas sobre la base de los síntomas. En ciertas circunstancias, se pueden continuar los ejercicios donde debe soportarse el peso corporal, pero se sugieren las actividades en las cuales esto no suceda, como ciclismo o natación, con el fin de reducir el riesgo de lesión.

- No se deben practicar deportes o ejercicios en los cuales puedan producirse caídas, pérdida del equilibrio o traumatismos abdominales no penetrantes.

- Como el embarazo requiere alrededor de 300 kcal (1 255 kJ) adicionales de energía por día, una mujer que practica ejercicios debe prestar atención especial a la dieta para asegurar que la ingesta de líquido sea suficiente y que las calorías que recibe sean adecuadas.

- La dispersión del calor es una preocupación importante durante el primer trimestre, por lo cual una mujer que practica actividad física debe utilizar vestimenta correcta, asegurarse de que la ingesta de líquido es suficiente y seleccionar las condiciones ambientales óptimas.

- La rutina habitual de ejercicio previa al embarazo se debe retomar en forma gradual después del parto, ya que los cambios asociados con el embarazo pueden persistir durante cuatro a seis semanas.

CUADRO 19.2 Riesgos hipotéticos y beneficios postulados del ejercicio durante el embarazo

Población	Riesgos hipotéticos	Beneficios postulados
Materna	Hipoglucemia aguda Fatiga crónica Lesión musculoesquelética	Aumento del nivel de energía (acondicionamiento aeróbico) Reducción del estrés cardiovascular Prevención del aumento excesivo de peso Facilitación del trabajo de parto Recuperación más rápida después del parto Promoción de una buena postura Prevención del dolor lumbar Prevención de la diabetes gestacional Mejora del estado de ánimo y la imagen corporal
Fetal	Hipoxia aguda Hipertermia aguda Reducción aguda de la disponibilidad de glucosa Aborto durante el primer trimestre Inducción del trabajo de parto prematuro Alteración del desarrollo fetal Período de gestación más breve Menor peso al nacer	Menos complicaciones asociadas con un parto dificultoso

Adaptado de L.A. Wolfe, P. Hall, K.A. Webb, L. Goodman, M. Monga y M.J.McGrath, 1989, "Prescription of aerobic exercise during pregnancy", *Sports Medicine* 8: 273-301.

En 2002, la ACOG publicó una breve "Opinión del Comité" sobre el ejercicio durante el embarazo y el período posparto que, en esencia, respaldó sus pautas previas.[1] Asimismo, esta publicación avaló la recomendación actual de los *Centers for Disease Control and Prevention* (Centros para el Control y la Prevención de las Enfermedades de los Estados Unidos) y del *American College of Sports Medicine* (Colegio Estadounidense de Medicina del Deporte) para la población general, que establece que las personas deben realizar 30 minutos o más de ejercicio moderado por día casi todos o todos los días de la semana (véase el Capítulo 20). Asimismo, establecieron que se debe evitar el buceo durante todo el embarazo, porque el feto se expone a un mayor riesgo de sufrir enfermedad por descompresión. También se ha reportado un aumento del riesgo cuando las embarazadas practican ejercicio a alturas superiores a 1 830 m (6 000 pies).

● Revisión

➤ Durante el ejercicio, los posibles riesgos a los que se expone una deportista embarazada son la hipoxia fetal, la hipertermia fetal, la reducción del aporte de carbohidratos al feto, el aborto espontáneo, el trabajo de parto prematuro, el bajo peso al nacer y el desarrollo fetal anormal.

➤ Los beneficios de un programa apropiado de ejercicios durante el embarazo superan los riesgos potenciales. El obstetra debe ser el encargado de coordinar este programa de ejercicios.

Osteoporosis

El mantenimiento de un estilo de vida saludable podría retrasar la aparición de una de las consecuencias perjudiciales del envejecimiento que representa una gran preocupación para la salud de las mujeres: la osteoporosis. La osteoporosis es la disminución del contenido mineral óseo que aumenta la porosidad de los huesos (véase la Figura 19.11). La osteopenia, que se describió en el Capítulo 18, es la pérdida de masa ósea asociada con el envejecimiento. La osteoporosis se caracteriza por una pérdida de masa ósea más grave, con deterioro de la microestructura del hueso, lo que aumenta su fragilidad y el riesgo de sufrir fracturas óseas. En forma típica, estos cambios comienzan al comienzo de la cuarta década. La incidencia de fracturas asociadas con osteoporosis se incrementa entre dos y cinco veces después de la menopausia. Los hombres también experimentan osteoporosis, pero en menor grado a edad temprana debido a la menor tasa de pérdida del contenido mineral óseo. Todavía quedan muchas dudas por resolver acerca de la etiología de la osteoporosis; sin embargo, tres de los factores más frecuentes que contribuyen a su desarrollo en las mujeres posmenopaúsicas son

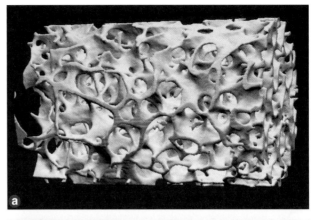

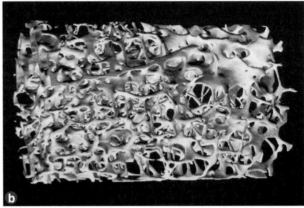

FIGURA 19.11 (*a*) Hueso sano y (*b*) hueso con mayor porosidad (disminución de la densidad, zonas más oscuras) como resultado de osteoporosis.

• deficiencia de estrógenos,
• ingesta inadecuada de calcio, y
• actividad física inadecuada.

Si bien el primero de estos factores es el resultado directo de la menopausia, los otros dos reflejan las conductas dietéticas y los patrones de actividad física durante toda la vida.

Además de las mujeres posmenopáusicas, las que tienen amenorrea y las que padecen anorexia nerviosa también suelen perder masa ósea y experimentar osteoporosis atribuible a una ingesta insuficiente de calcio, a bajas concentraciones séricas de estrógenos o tal vez a ambas. En los estudios realizados en mujeres con anorexia, los investigadores determinaron que la densidad ósea era significativamente menor en comparación con la del grupo control. Cann y cols.[5] fueron los primeros en reportar un contenido mineral óseo inferior al normal en mujeres que realizaban actividad física y en las cuales se había diagnosticado amenorrea hipotalámica.

En otro estudio, se comparó la densidad ósea del radio y las vértebras de 14 deportistas con amenorrea (corredoras en su mayoría) con los valores de 14 deportistas con menstruación normal (eumenorrea).[15] Los investigadores hallaron que la actividad física no protegió al grupo con amenorrea de la pérdida significativa de densidad ósea. Los valores de densidad ósea del grupo con amenorrea a una edad media de 24,9 años fueron iguales a los de mujeres que realizaban actividad normal a una edad promedio de 51,2 años. En un estudio de seguimiento, se hallaron incrementos de la densidad mineral ósea vertebral en mujeres que habían sido amenorreicas, pero cuya menstruación se había restituido.[16] Sin embargo, las densidades minerales óseas permanecieron bastante por debajo del promedio para su grupo etario, aún después de cuatro años de haber recuperado sus ciclos normales.[14]

⬤ Concepto clave

En las deportistas con amenorrea secundaria, el riesgo de perder masa ósea es mayor. La disminución de la masa ósea no parece revertirse en su totalidad con la recuperación de la función menstrual normal.

En general, se cree que el ejercicio influye en forma positiva sobre la salud ósea ya que produce un incremento de la masa ósea o al menos la mantiene en las mujeres de todas las edades. Por lo tanto, no se comprende bien la razón por la cual las corredoras amenorreicas tienen menor masa ósea. En la Figura 19.12 se intenta esclarecer esta aparente contradicción. En esta figura se observa que el contenido mineral óseo de las corredoras que menstrúan en forma normal tiende a ser mayor que el del grupo control formado por mujeres no corredoras con menstruación normal. Asimismo, las corredoras amenorreicas tienen mayor contenido mineral óseo que las mujeres amenorreicas sin entrenamiento físico. Por lo tanto, cuando se comparan mujeres en edades reproductivas similares, las que realizan ejercicio tienen mayor con-

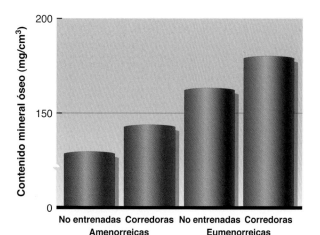

FIGURA 19.12 Contenido mineral óseo de corredoras y mujeres no entrenadas con amenorrea (Am) y eumenorrea (Eu). Se debe señalar que, cuando se comparan mujeres de edades reproductivas similares, las corredoras tienen mayor contenido mineral óseo que las mujeres no entrenadas.

Datos no publicados de la doctora Barbara Drinkwater.

tenido mineral óseo. Se debe tener precaución cuando se interpretan los datos que se presentan en esta sección, debido a que los resultados pueden recibir influencias de factores que generan confusión, como la composición corporal, la edad, la altura, el peso y la dieta.

Aunque se desconoce el mecanismo preciso, la deficiencia de estrógenos parece cumplir un papel fundamental en la osteoporosis. En el pasado, se prescribía estrógenos a las mujeres perimenopáusicas y posmenopáusicas en un esfuerzo por revertir los efectos degenerativos de la osteoporosis, pero esta terapia puede asociarse con efectos colaterales graves como un aumento del riesgo de cáncer de endometrio. Para reducir este riesgo, los estrógenos se indican combinados con un progestágeno (terapia de reposición hormonal o TRH). No obstante, el uso de TRH aún se asocia con aumento del riesgo de cáncer de mama, accidentes cerebrovasculares e infarto de miocardio. También se utilizan los bisfosfonatos, que son medicamentos antirresortivos. Asimismo, se propuso aumentar la ingesta de calcio hasta 1 200 a 1 500 mg por día para disminuir el riesgo de osteoporosis.

Las evidencias sugieren que el aumento de la actividad física y la ingesta adecuada de calcio combinados con una apropiada ingesta calórica representan un abordaje sensato para preservar la integridad de los huesos a cualquier edad. Sin embargo, el mantenimiento de una función menstrual normal resulta crucial para las mujeres que aún no alcanzaron la menopausia.

Trastornos alimentarios

Los **trastornos alimentarios** son un grupo de desórdenes que deben cumplir los criterios específicos establecidos por la *American Psychiatric Association* (Asociación Estadounidense de Psiquiatría).[3] Los dos trastornos alimentarios diagnosticados con mayor frecuencia son la anorexia y la bulimia nerviosas. En cambio, la **alimentación desordenada** abarca los patrones de alimentación que no se consideran normales pero que no cumplen con los criterios de diagnóstico específico para un trastorno alimentario.

Los trastornos alimentarios que se producen en niñas y mujeres atrajeron la atención de los investigadores al principio de la década de 1980. Los hombres representan alrededor del 10% o menos de los casos reportados. La anorexia nerviosa se considera un síndrome clínico desde finales del siglo XIX, pero la bulimia nerviosa recién se describió en 1976.

La **anorexia nerviosa** es un trastorno caracterizado por

- negativa a mantener un peso superior al mínimo normal para la edad y la talla;
- distorsión de la imagen corporal;
- miedo intenso a la obesidad o al aumento de peso; y
- amenorrea.

Las mujeres de entre 12 y 21 años presentan mayor riesgo de experimentar este trastorno. Su prevalencia en este grupo podría ser menor del 1%.

La **bulimia nerviosa**, que en un principio se conocía como bulimarexia, se caracteriza por

- episodios recurrentes de atracones;
- sentimiento de pérdida del control durante estos atracones; y
- conductas destinadas a eliminar los alimentos ingeridos, como vómitos autoinducidos, laxantes y diuréticos.

La prevalencia de bulimia en la población con mayor riesgo, o sea, otra vez las adolescentes y las mujeres jóvenes, suele oscilar alrededor del 4% y es probable que se aproxime al 1%.

Es importante destacar que una persona podría presentar una alimentación desordenada y, sin embargo, no cumplir con los criterios de diagnóstico estrictos para la anorexia y la bulimia. Por ejemplo, el diagnóstico de bulimia requiere que el individuo promedio experimente un mínimo de dos atracones de comida y episodios de purga por semana durante al menos tres meses. ¿Qué ocurre con las personas que cumplen con todos los criterios, pero los episodios de atracones-purgas se producen sólo una vez por semana? Si bien desde un punto de vista técnico este individuo no puede diagnosticarse como bulímico, no caben dudas de que existe una alimentación desordenada y que debe causar preocupación. Por lo tanto, el término "alimentación desordenada" se utiliza para describir a las personas que no cumplen con los criterios estrictos de un trastorno alimentario pero tienen patrones de alimentación anormales.

La prevalencia de los trastornos alimentarios en los deportistas es controversial. Numerosos estudios han utilizado reportes generados por el paciente o, por lo menos, uno de los dos cuestionarios desarrollados para diagnosticar los trastornos alimentarios: el *Eating Disorders Inventory* (Inventario de Trastornos Alimentarios, EDI) y el *Eating Attitudes Test* (Evaluación de las Actitudes Alimentarias, EAT). Los resultados son variados debido a que no todos los estudios utilizaron los criterios estándar de diagnóstico estrictos para la anorexia o la bulimia. Como en la población general, las deportistas característicamente presentan mayor riesgo que los hombres deportistas, y ciertos deportes se asocian con mayor riesgo que otros. Los deportes de alto riesgo suelen clasificarse en tres categorías:

1. Deportes en los que el aspecto físico es importante, como saltos ornamentales, patín artístico, gimnasia artística, culturismo y ballet.
2. Deportes de resistencia, como carrera de fondo y natación.
3. Deportes en los que se clasifica por peso, como equitación (jockey), boxeo y lucha libre.

Los informes respondidos por la paciente o los cuestionarios no siempre obtienen resultados exactos. En un estudio realizado en 110 deportistas de sexo femenino de alto rendimiento que participaban en siete deportes, los

resultados de la EAT indicaron que ninguna deportista estaba en el intervalo de trastornos alimentarios planteado por el cuestionario. No obstante, en el siguiente período de dos años, 18 de estas deportistas recibieron tratamiento para trastornos alimentarios tanto en internación como ambulatorio. En un segundo estudio realizado en 14 corredoras de media y larga distancia de nivel nacional que completaron la EDI, sólo se hallaron tres casos de posibles trastornos alimentarios, aunque ninguno con alimentación desordenada.[38] En el seguimiento, se diagnosticaron siete casos de trastornos alimentarios: cuatro de anorexia nerviosa, dos de bulimia nerviosa y uno combinado. Las personas con trastornos alimentarios tienen una personalidad reservada. Es evidente que estas personas no suelen identificarse a sí mismas, aún cuando se les asegure el anonimato. Para el deportista, esta necesidad de reserva podría ser mayor por miedo a que un entrenador o los padres se enteren del trastorno alimentario y no le permitan competir.

Aunque la investigación es limitada, parece apropiado concluir que los deportistas presentan mayor riesgo de experimentar trastornos alimentarios que la población general. Es probable que la evidencia actual no refleje la gravedad de este problema en la población de deportistas. Si bien aún no se cuenta con datos de investigaciones, la prevalencia podría ser tan alta como del 60% o más en las poblaciones específicas de deportistas con riesgo elevado que se mencionaron previamente.

Concepto clave

La alimentación desordenada es un problema importante entre deportistas. Algunos investigadores estimaron su prevalencia tan alta como el 60% o superior en deportistas de alto rendimiento que participan en ciertas disciplinas.

En general, los trastornos alimentarios se consideran adictivos y son muy difíciles de tratar. Las consecuencias fisiológicas son significativas, incluso con la muerte del individuo. Teniendo en cuenta este riesgo, además del su-frimiento emocional del deportista, los costos extraordinarios para el tratamiento (entre 5 y 25 mil dólares mensuales por tratamiento en internación) y el efecto que tiene sobre los allegados al deportista, se deben considerar entre los problemas más graves que enfrentan las deportistas en la actualidad, con gravedad similar al uso de esteroides anabólicos entre los deportistas de sexo masculino.

En 1990, la *National Collegiate Athletic Association* (Asociación Nacional Estadounidense de Deportes Universitarios) presentó un listado de signos de alarma para detectar la anorexia y la bulimia nerviosas (Cuadro 19.3). Cuando se sospecha de un trastorno alimentario, es importante reconocer su gravedad y derivar al deportista a una persona entrenada para un tratamiento específico. Muchos preparadores físicos, entrenadores e incluso algunos médicos no están entrenados para brindar ayuda profesional a individuos que padecen trastornos alimentarios graves. La mayoría de las deportistas que experimentan estos trastornos son muy inteligentes, provienen de la clase media o alta o tienen un nivel socioeconómico elevado y son muy buenas para negar que tienen un problema. Estas deportistas son las víctimas desafortunadas del énfasis poco saludable que los medios ponen en la extremada delgadez y de los desafíos para lograr el peso óptimo para el deporte que practican. El tratamiento es muy difícil y aún los profesionales mejor entrenados no siempre tienen éxito. Algunos casos extremos terminan en suicidio o muerte prematura debido a insuficiencia cardiovascular. Se debe buscar ayuda profesional inmediata cuando se sospecha que un deportista tiene un trastorno alimentario.

Las deportistas presentan mayor riesgo de sufrir un trastorno alimentario o de la alimentación que las mujeres que no practican deportes, debido a varias razones. Es probable que la razón más importante sea la enorme presión que soportan los deportistas, en especial las mujeres, para reducir su peso hasta niveles muy bajos, a menudo por debajo de lo que se considera apropiado. Este límite de peso puede ser impuesto por el preparador físico, el entrenador o uno de los padres, o incluso puede ser una

CUADRO 19.3 Señales de alerta para diagnosticar la anorexia y la bulimia nerviosas

Anorexia nerviosa	Bulimia nerviosa
Pérdida de peso significativa	Aumento o descenso notable de peso
Preocupación por la comida, las calorías y el peso	Preocupación excesiva por el peso
Uso de ropa muy holgada o varias prendas una sobre la otra	Visitas al baño después de las comidas
Entrenamiento excesivo sin descanso	Depresión
Cambios del estado de ánimo	Dieta estricta seguida de atracones
Ausencia en actividades sociales relacionadas con comida	Aumento de las críticas hacia el propio cuerpo

Nota. La presencia de una o dos de estas señales no indica en forma necesaria la existencia de un trastorno alimentario. El diagnóstico debe estar a cargo de profesionales de la salud apropiados.
Adaptado de un póster distribuido por el National Collegiate Atlethic Association, 1990.

Tríada de la deportista

A principios de la década de 1990, comenzó a evidenciarse una estrecha relación entre

- la alimentación desordenada, el déficit energético o la disminución de la disponibilidad de energía,
- la amenorrea secundaria, y
- la disminución de la masa ósea.

Este grupo de trastornos constituye la tríada de la deportista, que es un síndrome de entidades interrelacionadas caracterizado por alimentación desordenada o por disminución de la disponibilidad de energía (o ambos), disminución de la masa ósea y amenorrea en mujeres que realizan actividad física y en deportistas. No obstante, la alimentación desordenada no siempre forma parte de la tríada. En cambio, el elemento que siempre está presente es la disminución de la disponibilidad de energía, que podría o no ser el resultado de una alimentación inadecuada. De cualquier modo, la reducción de la disponibilidad de energía o su deficiencia se produce cuando la deportista no consume un volumen adecuado de calorías para satisfacer las demandas energéticas del ejercicio. Durante un período cuya duración no se determinó de manera concluyente y podría variar de una persona a otra, una deportista con deficiencia de energía podría empezar a experimentar una alteración de la función menstrual, que por último podría provocar amenorrea secundaria. Con el tiempo, la amenorrea secundaria podría reducir la masa ósea.

El *American College of Sports Medicine* describió este trastorno por primera vez en 1997 y afirmó que se asocia con riesgos significativos para la salud.[27] El trastorno es más frecuente en mujeres que participan en deportes o eventos que destacan la delgadez, como pruebas de fondo en el pedestrismo, gimnasia artística y patinaje artístico, aunque también puede afectar a mujeres que realizan actividad en forma recreativa y a deportistas de otras disciplinas.[13] La nutrición inadecuada precede a la aparición clínica de la amenorrea y la disminución de la masa ósea. Las deficiencias nutricionales suelen asociarse con presiones internas y externas que recaen sobre estas mujeres para mantener un peso corporal bajo.

Varios investigadores se interesaron en estas interesantes relaciones, y en la actualidad se desarrolla una cantidad considerable de investigaciones. En las últimas dos décadas, se avanzó bastante en los síntomas, los factores de riesgo, las causas y las estrategias terapéuticas para la tríada de la deportista y, en particular, para la amenorrea y la disminución de la masa ósea, aunque hasta el momento sólo se establecieron pautas clínicas limitadas. La recomendación clínica para prevenir y tratar la tríada de la deportista consiste en aumentar la ingesta calórica y, en ciertos casos, reducir el costo energético asociado con el ejercicio. El fundamento de la reducción del entrenamiento cuando la ingesta calórica es elevada podría originarse en un abordaje demasiado conservador, dado que el ejercicio propiamente dicho no representa una causa de amenorrea en las deportistas.

La revisión más reciente de la Position Stand on the Female Athlete Triad[2] (Declaración de Posición sobre la Tríada de la Deportista) del *American College of Sports Medicine*, publicada en 2007, destaca que los tres trastornos de la tríada pueden identificarse en forma aislada o combinados y que deben abordarse bastante tiempo antes de que se desarrollen consecuencias graves.

Los deportistas, los padres, los entrenadores y los profesionales de la salud interesados pueden buscar información adicional en el sitio web de Female Athlete Triad Coalition (Coalición sobre la Tríada de la Deportista) en www.femaleathletetriad.org.

autoimposición. Asimismo, la personalidad típica de las deportistas de alto rendimiento coincide con el perfil de las mujeres con riesgo elevado de padecer trastornos alimentarios (ya que son competitivas, perfeccionistas y están bajo el férreo control de uno de sus padres o de otra figura de peso, como su entrenador). La naturaleza del deporte o la actividad determina en gran medida qué individuos presentan mayor riesgo. Como se mencionó, las tres categorías de deportistas que presentan un riesgo elevado para esta condición son: deportes donde la apariencia física es importante, deportes de resistencia y deportes con categorías de peso. Sumado a estos riesgos se debe mencionar la presión normal que los medios y la cultura ejercen sobre las mujeres jóvenes, sean o no deportistas.

Factores ambientales

La práctica de ejercicio en ambientes calurosos, fríos o a gran altura agrega estrés y desafía las capacidades de adaptación del organismo (véanse los Capítulos 12 y 13). Muchos de los primeros estudios realizados sobre el tema indicaban que las mujeres eran menos tolerantes al calor que los hombres, en particular al practicar actividad física. No obstante, gran parte de esta diferencia se debe a los menores niveles de aptitud física de las mujeres incluidas en esos estudios, porque los hombres y las mujeres se evaluaron a una misma carga absoluta de trabajo. Cuando la carga de trabajo se ajusta en relación con los valores individuales del $\dot{V}O_{2máx}$, las respuestas de las mujeres son casi idénticas a las de los hombres. Durante la fase lútea del ciclo menstrual, las mujeres tardan más en empezar a sudar y los vasos cutáneos se dilatan en forma más tardía (es decir, las respuestas se desencadenan a mayor temperatura central). Sin embargo, esto no debe afectar el rendimiento hasta que la temperatura central se aproxime a 40°C. En comparación con los hombres y para el mismo ejercicio y estrés por calor, las mujeres suelen exhibir una menor tasa de sudoración: aunque poseen un número mayor de glándulas sudoríparas activas que los hombres, las mujeres producen menos sudor por glándula. Esto representa una pequeña desventaja en los ambientes calurosos y secos, pero ofrece una ligera ventaja en condiciones de humedad, en las cuales la evaporación del sudor es mínima.

La exposición repetida al estrés por calor provoca que el cuerpo se adapte considerablemente (aclimatación), lo cual permite soportar las futuras situaciones de estrés térmico en forma más eficiente. Después de la aclimatación, la temperatura interna a la cual se inicia la sudoración y la vasodilatación cutánea se reduce de manera similar en mujeres y hombres. Asimismo, la sensibilidad de la respuesta de la sudoración por unidad de aumento de la temperatura central se incrementa similarmente en ambos sexos después del entrenamiento físico y de la aclimatación al calor. Por lo tanto, la mayoría de las diferencias observadas entre mujeres y hombres en los primeros estudios pueden atribuirse a las variaciones iniciales en su acondicionamiento físico y la aclimatación, y no a su sexo.

Las mujeres tienen una ligera ventaja sobre los hombres durante la exposición al frío porque tienen más grasa subcutánea. No obstante, su menor masa muscular es una desventaja en el frío extremo porque el temblor es la principal adaptación para generar calor corporal. A mayor masa muscular activa, mayor es la generación subsiguiente de calor. Los músculos también proporcionan una capa aislante adicional.

Concepto clave

En general, las mujeres exhiben una tasa de sudoración ligeramente inferior a la exhibida por los hombres para el mismo estrés térmico, lo cual es el resultado de una menor producción de sudor por glándula sudorípara. Sin embargo, esta reducción en la máxima capacidad de sudoración por lo general afecta muy poco la termorregulación, especialmente en ambientes calurosos y húmedos.

Varios estudios han reportado diferencias sexuales en la respuesta a la hipoxia asociada con la altura, tanto en reposo como durante el ejercicio submáximo. El consumo máximo de oxígeno disminuye durante el trabajo hipóxico en ambos sexos, pero estas reducciones no parecen afectar de manera adversa la capacidad de la mujer de trabajar a gran altura. Los estudios sobre ejercicios máximos en regiones elevadas no hallaron diferencias en la respuesta entre ambos sexos.

Revisión

➤ Los tres factores principales que contribuyen a la osteoporosis son la deficiencia de estrógenos, la ingesta inadecuada de calcio y la actividad física inadecuada.

➤ Las mujeres posmenopáusicas, las amenorreicas y las que padecen de anorexia nerviosa tienen mayor riesgo de padecer osteoporosis. La actividad física y una adecuada ingesta calórica y de calcio son importantes para preservar el hueso a cualquier edad.

➤ Los trastornos alimentarios como la anorexia y la bulimia nerviosas son mucho más frecuentes en mujeres que en hombres y, en especial, en deportistas que participan de disciplinas donde se destaca la apariencia, en deportes de resistencia y en los que cuenta la clasificación por peso. Los deportistas parecen correr mayor riesgo de desarrollar trastornos alimentarios que la población general.

➤ Cuando la intensidad del ejercicio se ajusta en relación con el $\dot{V}O_{2máx}$ del individuo, las mujeres y los hombres responden en forma casi idéntica al estrés por calor. Muchas de las diferencias encontradas podrían atribuirse a los diferentes niveles iniciales de acondicionamiento.

➤ Debido a que poseen más grasa subcutánea aislante, las mujeres tienen una ligera ventaja sobre los hombres durante la exposición al frío, pero su menor masa muscular limita su capacidad de generar calor corporal.

➤ Los estudios indican que las respuestas máximas durante el ejercicio en la altura no difieren entre las mujeres y los hombres, aunque podrían existir diferencias en reposo y durante el ejercicio submáximo.

Conclusión

En este capítulo se analizaron las diferencias sexuales específicas en el rendimiento deportivo. La mayoría de las verdaderas diferencias entre sexos es el resultado del menor tamaño corporal de las mujeres, la menor masa libre de grasa y la mayor cantidad de grasa corporal relativa y absoluta. También se consideró la influencia del estilo de vida relativamente más sedentario de las mujeres, producto de una sociedad que tradicionalmente desalentó la participación de la mujer en actividades físicas, sobre los resultados de la investigación a lo largo de los años. La realización de comparaciones válidas entre rendimientos deportivos resulta difícil dada la popularidad de algunas disciplinas y otros factores como las oportunidades de participación, el entrenamiento, las instalaciones y los métodos de entrenamiento, que son muy diferentes en ambos sexos. Por último, se determinó que los deportistas, sean mujeres u hombres, no son tan diferentes entre sí como mucha gente piensa.

Al llegar al final de este capítulo, queda concluida la evaluación de los factores asociados con la edad y el sexo en relación con el deporte y el ejercicio. En la siguiente parte del libro, la atención se centrará en una aplicación diferente de la fisiología del ejercicio: el uso de la actividad física para la salud y el bienestar físico. En principio, se analizará la prescripción de ejercicio.

Palabras clave

alimentación desordenada

amenorrea

amenorrea primaria

amenorrea secundaria

anorexia nerviosa

bulimia nerviosa

ciclo menstrual

diferencias sexuales específicas

disfunción menstrual

efectos teratogénicos

embarazo

estrógenos

eumenorrea

lipoproteinlipasa

menarca

menstruación

oligomenorrea

testosterona

trastornos alimentarios

Preguntas

1. ¿Qué diferencias existen entre la composición corporal de las mujeres y la de los hombres? ¿En qué difieren los hombres y las mujeres que practican deportes de quienes no lo practican?
2. ¿Cuáles son las funciones de la testosterona y los estrógenos en el desarrollo de la fuerza, la masa libre de grasa y la masa grasa?
3. ¿Existen diferencias en la fuerza del tren superior entre hombres y mujeres? ¿Y en la fuerza del tren inferior? ¿Y en la masa libre de grasa? ¿Pueden las mujeres mejorar su fuerza mediante el entrenamiento con sobrecarga?
4. ¿Qué diferencias existen en el $\dot{V}O_{2máx}$ entre mujeres y hombres promedio? ¿Y entre las mujeres y los hombres muy entrenados? ¿Qué puede explicar estas diferencias?
5. ¿Qué diferencias cardiovasculares hay entre las mujeres y los hombres durante el ejercicio submáximo? ¿Y durante el ejercicio máximo?
6. ¿Cómo influye el ciclo menstrual sobre el rendimiento deportivo?
7. ¿Cuál es la razón principal por la cual algunas deportistas dejan de menstruar durante varios meses hasta varios años o más?
8. ¿Cuáles son los riesgos asociados con el entrenamiento durante el embarazo? ¿Cómo pueden evitarse estos riesgos?
9. ¿Qué efectos produce la amenorrea sobre la densidad mineral ósea? ¿Cómo afecta el ejercicio a la densidad mineral ósea?
10. ¿Cuáles son los dos trastornos alimentarios principales y qué riesgo corren las deportistas de alto rendimiento de padecerlos? ¿Cómo varía este riesgo según el deporte?
11. ¿Qué es la tríada de la deportista? ¿Qué factores están involucrados y cómo se desarrolla la tríada?
12. ¿Cuáles son las diferencias entre las mujeres y los hombres respecto de la exposición al calor intenso y la humedad? ¿Qué diferencias hay en relación con el frío? ¿Y la altura?

PARTE VII

Actividad física para la salud y la aptitud física

En las partes previas de este libro, nos centramos en las bases fisiológicas de la actividad física y el rendimiento deportivo, y describimos la respuesta fisiológica a una serie aguda de ejercicios, las adaptaciones al entrenamiento crónico y los medios para mejorar el rendimiento deportivo. En la Parte VII, dejaremos de lado el rendimiento deportivo y nos centraremos en un área especial de la fisiología del ejercicio: el rol de la actividad física como agente para mejorar y mantener la salud y la aptitud física. En el Capítulo 20, "Prescripción del ejercicio para la salud y la aptitud física", explicamos cómo diseñar un programa de ejercicios que pueda mejorar la salud y la condición física. Consideraremos los componentes esenciales, las formas de adaptar el programa de entrenamiento a las necesidades específicas de un individuo y el papel singular de la actividad física en la rehabilitación de los individuos que padecen alguna enfermedad. En el Capítulo 21, "Enfermedades cardiovasculares y actividad física", examinamos los principales tipos de enfermedad cardiovascular, sus bases fisiológicas y de qué modo la actividad física puede ayudar a prevenir o retardar la progresión de estas enfermedades. Por último, en el Capítulo 22, "Obesidad, diabetes y actividad física", examinamos las causas de la obesidad y la diabetes, los riesgos para la salud asociados con cada una de ellas, y las formas en las cuales se puede utilizar la actividad física para controlar ambos trastornos.

Prescripción del ejercicio para la salud y la aptitud física

En este capítulo

Beneficios del ejercicio para la salud: el gran despertar 500

Autorización médica 501
  Examen médico 503
  Test progresivo de ejercicio 504

Prescripción de ejercicios 508
  Modo de ejercicio 509
  Frecuencia del ejercicio 509
  Duración del ejercicio 510
  Intensidad del ejercicio 510

Control de la intensidad del ejercicio 510
  Frecuencia cardíaca de entrenamiento 510
  Equivalente metabólico 512
  Índice de esfuerzo percibido 514

Programa de ejercicios 516
  Entrada en calor y actividades de estiramiento 516
  Entrenamiento de la resistencia 517
  Vuelta a la calma y actividades de estiramiento 517
  Entrenamiento de la flexibilidad 517
  Entrenamiento de la fuerza (entrenamiento con sobrecarga) 517
  Actividades recreativas 518

Ejercicio y rehabilitación de individuos con enfermedades 518

Conclusión 519

Jason Walker, ejecutivo de 55 años, fue a realizar su examen físico anual con la promesa de comenzar un largamente aplazado programa de ejercicios. A causa de su obesidad, su hipertensión y el hábito de fumar un atado de cigarrillos diarios, su médico decidió realizar un test progresivo de ejercicio para determinar la normalidad de su electrocardiograma (ECG) durante el estrés del ejercicio. Cuando Jason estaba alcanzando el agotamiento en la cinta ergométrica, el médico observó cambios en el segmento ST de su ECG, que se consideran indicativos de arteriopatía coronaria. La siguiente semana, Jason, con miedo y temblando, se sometió a un procedimiento de arteriografía coronaria para controlar la presencia de una arteriopatía coronaria. Su arteriografía fue anormal e indicó que tenía una oclusión o bloqueo del 85% de la arteria coronaria circunfleja y una oclusión del 90% de la arteria coronaria derecha. Se le programó de inmediato una cirugía de bypass coronario que fue exitosa. Por fortuna, Jason se sintió tan afectado emocionalmente que dejó de fumar, perdió peso y comenzó un programa de ejercicios. Ahora tiene muy buen estado físico, compite en carreras de 10 km y su presión arterial está controlada.

Los patrones de la vida diaria han canalizado al estadounidense promedio hacia una existencia cada vez más sedentaria. Sin embargo, los seres humanos están diseñados y construidos para el movimiento. Desde el punto de vista fisiológico, no estamos bien adaptados a este estilo de vida inactivo. De hecho, durante lo que pareció ser el "boom" del *fitness* en las décadas de 1970 y 1980, menos del 20% de los estadounidenses adultos se ejercitaban a los niveles necesarios para incrementar o mantener la aptitud aeróbica y la fuerza muscular. Sin embargo, la investigación ha demostrado claramente que, para casi todos los individuos, un estilo de vida activo permite alcanzar un estatus de salud óptimo.

Beneficios del ejercicio para la salud: el gran despertar

La década de 1990 será recordada como aquella en la cual la profesión médica reconoció formalmente el hecho de que la actividad física es fundamental para la salud del cuerpo. Parece algo irónico que pasara tanto tiempo antes de que los médicos y los científicos alcanzaran esta conclusión, ya que Hipócrates (460-377 a. C.), médico y atleta sobresaliente, había apoyado con firmeza la actividad física y una nutrición adecuada como esenciales para la salud ¡más de 2 000 años antes!

El primer reconocimiento de la profesión médica moderna llegó en julio de 1992, cuando la *American Heart Association* proclamó que la inactividad física es uno de los principales factores de riesgo para la coronariopatía, y la ubicó a la par del tabaquismo, la alteración de los lípidos en sangre y la hipertensión.[10] En 1994, los *Centers for Disease Control and Prevention* (CDCP), en colaboración con el *American College of Sports Medicine* (ACSM), realizaron una conferencia de prensa para anunciar al público de los Estados Unidos la importancia de la actividad física como iniciativa de salud pública y posteriormente publicaron el texto completo de la declaración de consenso por un panel de expertos en este campo en febrero de 1995.[16] Los *National Institutes of Health* (*National Heart, Lung, and Blood Institute*) emitieron una declaración de consenso en diciembre de 1995, cuyo texto completo se publicó en 1996, recomendando la actividad física como un elemento esencial para la salud cardiovascular.[15] Finalmente, en julio de 1996, y en coincidencia con el inicio de los Juegos Olímpicos de Atlanta, el Director General de Sanidad de los Estados Unidos (*Surgeon General*) emitió un informe escrito sobre los beneficios para la salud de la actividad física.[20] Este informe fue un hito en el reconocimiento de la importancia de la actividad física para reducir el riesgo de las enfermedades degenerativas crónicas.

Gran parte de la investigación que apoya los beneficios de la actividad física para reducir el riesgo de sufrir enfermedades degenerativas crónicas proviene del campo de la epidemiología, en el cual se estudian grandes poblaciones y se determinan las asociaciones entre los niveles de actividad y el riesgo de enfermedad. En 2000, biólogos moleculares y fisiólogos del ejercicio comenzaron a dar batalla a lo que denominaron el "síndrome de la muerte sedentaria" al formar un grupo de acción que bregaba por el apoyo del gobierno para la investigación de las enfermedades y los trastornos asociados con un estilo de vida sedentario. El grupo "Investigadores contra los trastornos relacionados con la inactividad" ha sido muy eficaz para obtener el apoyo de líderes gubernamentales de alta jerarquía para realizar investigación básica sobre el rol de un estilo de vida activo en la prevención o el retardo de las enfermedades degenerativas crónicas. Se han publicado artículos científicos clave, varios de los cuales se citan en este capítulo,[3,4] y se ha creado una página web (http://hac.missouri.edu/rid).

Ya establecidos los beneficios para la salud de un estilo de vida activo, ¿cuál ha sido la respuesta de la población de los Estados Unidos en general? Debemos remontarnos algunos años para obtener una perspectiva histórica correcta. Las semillas para la revolución del *fitness* en los Estados Unidos fueron plantadas a fines de la década de 1960, con la publicación del libro *Aerobics*, escrito por el Dr. Kenneth Cooper (Figura 20.1).[7] Este libro sentó las bases médicas respecto de la importancia del ejercicio, particularmente el ejercicio aeróbico, para la salud y la aptitud física. El movimiento del *fitness* creció durante toda la década de 1970 y es posible que haya alcanzado su pico a comienzos de la década de 1980, momento en el cual los medios declararon que Estados Unidos era el centro del *boom* del *fitness*.

FIGURA 20.1 El Dr. Kenneth H. Cooper, fundador del Cooper Institute y autor de muchos libros y artículos de investigación sobre los beneficios para la salud asociados con un estilo de vida activo.

Entonces, en 1983, llegó un artículo incisivo de Kirshenbaum y Sullivan,[12] publicado en *Sports illustrated*, que puso todo en su correcta perspectiva. Los autores cuestionaban la existencia del boom del *fitness*, y sostenían que la participación se limitaba básicamente a un segmento pequeño pero muy visible de la población total. Ellos sostenían que el boom del *fitness* incluía principalmente adultos blancos, jóvenes o de mediana edad, con educación universitaria, de altos ingresos y nivel ejecutivo. Los resultados de varias encuestas confirmaron este análisis.

Las cosas no han mejorado mucho. Según el Departamento de Salud y Servicios Humanos de los Estados Unidos en su publicación *Healthy People 2010: Understanding and Improving Health*, hasta junio de 2004:

- Casi el 40% de la población de los Estados Unidos mayor de 18 años de edad reportó no realizar más de 10 min de actividad física recreativa de intensidad baja, moderada o vigorosa.
- Sólo el 22% ha reportado completar 20 o más minutos por día, tres o más días a la semana, de actividades físicas lo suficientemente intensas como para promover el desarrollo y mantenimiento de la aptitud aeróbica.
- Sólo el 20% reportó que realizaba actividades físicas específicamente ideadas para fortalecer los músculos como mínimo dos veces por semana.[21]

A pesar de estas estadísticas desalentadoras, la mayoría de los estadounidenses tienen conciencia de que el ejercicio es parte integral de la medicina preventiva. No obstante, las personas a menudo equiparan ejercicio con trotar 8 km al día o levantar pesos hasta que sus músculos no pueden hacer nada más. Muchos piensan que se necesita un entrenamiento de alto volumen e intensidad para alcanzar los beneficios relacionados con la salud; no obs-

tante, esto no es cierto. Este mito fue el enfoque principal del informe publicado en 1995 por el CDCP/ACSM,[16] que concluyó que pueden obtenerse beneficios importantes para la salud cuando se incluye una cantidad moderada de actividad física, como por ejemplo 30 minutos de caminata enérgica, 15 minutos de carrera o 45 minutos de jugar al vóleibol, la mayoría o todos los días de la semana. El principal énfasis de este informe fue que, con un incremento leve de la actividad diaria, la mayoría de las personas podían mejorar su salud y su calidad de vida. De hecho, en 2006 un estudio llevado a cabo con adultos mayores (70-82 años) mostró que simplemente el incremento en los niveles de actividad física reducía el riesgo de mortalidad, con independencia del programa formal de ejercicios.[14]

Sin embargo, el informe de 1996 del Director General de Sanidad de Estados Unidos[20] destacó que pueden obtenerse beneficios adicionales para la salud con una mayor actividad física. La investigación sugiere que los individuos que pueden mantener un régimen regular de actividad con ejercicios de duración prolongada y de intensidad vigorosa probablemente obtengan un mayor beneficio. En la actualidad, se sabe que el tipo apropiado de ejercicio y la intensidad adecuada para cada individuo varían con relación a las características individuales, el nivel de aptitud física y los problemas específicos de salud.

En 2008 el Departamento de Salud y Servicios Humanos de los Estados Unidos publicó las *2008 Physical Activity Guidelines for Americans*, que pueden descargarse de www.health.gov/paguidelines. Esta publicación es una rica fuente de información vinculada con los beneficios para la salud del ejercicio y las pautas específicas para niños y adolescentes, adultos, adultos mayores y aquellos con necesidades especiales. El recuadro resume los puntos clave de las pautas de 2008.

Teniendo esto en mente, ¿cómo deben iniciar los individuos los programas de ejercicios para mejorar su salud general y su aptitud física? El primer paso es decidir hacer algo. El siguiente es realizar una evaluación médica.

Autorización médica

¿Se necesita en realidad un examen médico antes de iniciar un programa de ejercicios? El Dr. Per-Olof Åstrand (véase la Figura 20.2, p. 503), eminente médico y fisiólogo sueco que ha logrado un impacto mundial al promover la actividad física para la salud, ha sugerido a modo de broma que aquellos individuos que han decidido mantenerse sedentarios deberían someterse a un examen médico para determinar si sus cuerpos pueden tolerar los rigores de un estilo de vida sedentario. La evaluación médica es percibida por muchos individuos como una barrera importante para iniciar un programa de ejercicios; no obstante, es útil e importante por las siguientes razones:

- Algunas personas se consideran en alto riesgo si realizan ejercicio y no deben realizarlo en absoluto o

Recomendaciones clave de las Pautas de la actividad física para estadounidenses de 2008

Se obtienen beneficios sustanciales para la salud al realizar actividad física según las siguientes pautas para diferentes grupos.

Niños y adolescentes (6-17 años)

- Los niños y adolescentes deben realizar 1 hora (60 minutos) o más de actividad física por día.
- La mayor parte de la hora o más de actividad física por día debe ser actividad aeróbica de intensidad moderada o alta.
- Como parte de su actividad física diaria, los niños y adolescentes deberían realizar actividades de alta intensidad al menos tres veces por semana. Además, deberían realizar ejercicios para el fortalecimiento muscular y óseo al menos tres veces por semana.

Adultos (18-64 años)

- Los adultos deben realizar 2 horas y 30 minutos por semana de actividad física aeróbica de intensidad moderada o 1 hora y 15 minutos (75 minutos) por semana de actividad física aeróbica de alta intensidad, o una combinación equivalente de actividad física aeróbica de intensidad moderada y alta. La actividad aeróbica debe realizarse en episodios de por lo menos 10 minutos, preferentemente distribuidos durante toda la semana.
- Se obtienen beneficios adicionales para la salud si se aumenta hasta 5 horas (300 minutos) por semana de actividad física aeróbica de intensidad moderada o 2 horas y 30 minutos por semana de actividad física vigorosa o una combinación equivalente de ambas.
- Los adultos, además, deberían realizar ejercicios de fortalecimiento muscular para los principales grupos musculares al menos 2 o más veces por semana.

Adultos de edad avanzada (65 años y mayores)

- Los adultos de edad avanzada deben seguir las pautas para los adultos. Si ello no es posible a causa de trastornos crónicos limitantes, deben ser tan activos físicamente como sus capacidades lo permitan. Deben evitar la inactividad. Deben realizar ejercicios para mantener o mejorar el equilibrio cuando corren riesgo de caídas.

Para todos los individuos, algo de actividad es mejor que ninguna. La actividad física es segura para casi todos, y los beneficios para la salud de la actividad física superan en mucho a los riesgos. Los individuos que no tienen un diagnóstico de trastornos crónicos (como diabetes, cardiopatía o artrosis) y que no tienen síntomas (p. ej., dolor o presión en el tórax, mareos o dolor articular) no necesitan consultar con un profesional de la salud para realizar actividad física.

Adultos con discapacidades

Siga las pautas para los adultos. Si no fuera posible, estos individuos deben ser tan activos físicamente como sus capacidades lo permitan. Deben evitar la inactividad.

Niños y adolescentes con discapacidades

Trabaje con el prestador de atención de la salud del niño para identificar los tipos y grados de actividad física apropiados para ellos. Siempre que sea posible, estos niños deben cumplir las pautas establecidas para los niños y adolescentes –o deben realizar tanta actividad como su estado lo permita–. Los niños y adolescentes deben evitar la inactividad.

Mujeres embarazadas y mujeres posparto

Las mujeres sanas que no se encuentran realizando actividades físicas vigorosas deberían realizar por lo menos 2 horas y 30 minutos (150 minutos) de actividad física aeróbica de intensidad moderada a la semana. Es preferible distribuir esta actividad durante toda la semana. Las mujeres que participan regularmente en actividades aeróbicas vigorosas o que realizan mucha actividad pueden seguir con la actividad siempre que su estado no se modifique y consulten con el profesional de la salud a su cargo sobre el nivel de actividad durante todo el embarazo.

Reimpreso de www.health.gob/paguidelines/factsheetprof.aspx.

El ejercicio es medicina

Durante la primera década del siglo XXI, el ACSM, en colaboración con la Asociación Médica Americana (AMA), lanzó una gran campaña con el objetivo de estimular a los proveedores de servicios de la salud para que aconsejaran a sus pacientes acerca de la importancia de la actividad física como medio para la promoción y el mantenimiento de la salud y la prevención de enfermedades. Con el conocimiento de que muchos médicos y trabajadores de la salud no poseían una amplia educación o entrenamiento en esta área, se desarrolló un programa formal para educar y entrenar a estos profesionales en los principios básicos de la prescripción de ejercicios. Robert E. Sallis, MD, expresidente del ACSM, dirigió el grupo de trabajo en colaboración con Ronald M. Davis, MD, expresidente de la AMA. Se puede obtener más información sobre esta iniciativa de atención de la salud en la página web de El ejercicio es medicina: www.exerciseis-medicine.org. Esta página web ofrece la "Guía de acción para trabajadores del área de la salud", que incluye el "Formulario para prescripción de ejercicios y derivación".

deben hacerlo sólo bajo una supervisión médica cuidadosa. Un amplio examen médico ayudará a identificar a estos individuos de alto riesgo.

- La información obtenida en un examen médico puede ser utilizado para la prescripción de ejercicios.
- Los valores obtenidos para ciertas medidas clínicas, como presión arterial, contenido de grasa corporal y concentración de lípidos en sangre, pueden ser utilizados para motivar a la persona a adherirse al programa de ejercicios.
- Una amplio examen médico, particularmente en individuos sanos, permite establecer un perfil inicial con el cual comparar los cambios en su estatus de salud.

FIGURA 20.2 El Dr. Per-Olof-Åstrand, eminente médico y fisiólogo sueco, andando en bicicleta a través del bosque.

- Los niños y adultos deberían adquirir el hábito de realizarse exámenes médicos en forma periódica debido a que muchos trastornos y enfermedades, tales como el cáncer y las enfermedades cardiovasculares, pueden ser identificados en sus primeros estadios (cuando las probabilidades de éxito del tratamiento son mucho mayores).

Examen médico

Si bien es útil y conveniente realizar un amplio examen médico antes de prescribir ejercicios, no todas las personas lo necesitan. Muchos no pueden afrontar el costo de esta evaluación, y el sistema médico no se encuentra preparado para proveer este servicio a toda la población, aun cuando disponga de dinero. Además, no se ha comprobado que la evaluación médica antes de prescribir ejercicios a una población que se presume sana disminuya los riesgos médicos asociados con el ejercicio. Por estas razones, se han establecido pautas o recomendaciones dirigidas a individuos de riesgo moderado y alto.[2,9] Los individuos de riesgo moderado son los que no presentan signos ni síntomas de enfermedad cardiovascular, pulmonar o metabólica, o que no han tenido un diagnóstico de estas enfermedades pero que presentan dos o más factores de riesgo para arteriopatía coronaria (Cuadro 20.1). Aquellos de alto riesgo son los individuos que presentan uno o más signos o síntomas de enfermedad cardiovascular, pulmonar o metabólica (véase el recuadro de la p. 505).

El ACSM ha publicado recomendaciones específicas para cada fase de la evaluación médica en *ACSM's Guidelines for Exercise Testing and Prescription.*[2] Este documento debe ser consultado cada vez que exista alguna duda sobre lo que debe incluirse. El examen físico debe incluir una conversación entre el médico y el paciente acerca del programa de ejercicios propuesto en caso de cualquier contraindicación médica asociada con la acti-

Factores de riesgo positivos	Criterios de definición
Edad	Hombres ≥ 45 años; mujeres ≥ 55 años
Antecedentes familiares	Infarto de miocardio, revascularización coronaria o muerte súbita antes de los 55 años en el padre u otro familiar de primer grado de sexo masculino o antes de los 65 años en la madre u otro familiar de primer grado de sexo femenino
Tabaquismo	Fumador actual o aquellos que dejan dentro de los seis meses previos, o exposición a humo de tabaco ambiental
Hipertensión	Presión arterial sistólica ≥ 140 mm Hg o presión arterial diastólica ≥ 90 mm Hg, confirmada con mediciones llevadas a cabo al menos en dos ocasiones separadas, o aquellos que reciben medicación antihipertensiva
Dislipidemia	Concentración de lipoproteínas de baja densidad (LDL) ≥ 130 mg/dL (3,4 mmol/L) o de lipoproteínas de alta densidad (HDL) < 40 mg/dL (1,04 mmol/L) o recibe una medicación hipolipemiante. Cuando sólo se dispone del colesterol total, utilizar ≥ 200 mg/dL (5,2 mmol/L)
Alteración de glucosa en ayunas (prediabetes)	Glucemia en ayunas ≥ 100 mg/dL (5,5 mmol/L) pero < 126 mg/dL (6,9 mmol/L) o deterioro de la tolerancia a la glucosa determinada por una prueba de tolerancia oral, confirmada en mediciones llevadas a cabo al menos en dos ocasiones separadas
Obesidad	Índice de masa corporal ≥ 30 kg/m^2; o circunferencia de la cintura > 102 cm para los hombres y > 88 cm para las mujeres o cociente cintura/cadera ≥ 0,95 para hombres y ≥ 0,86 para las mujeres
Estilo de vida sedentario	Personas que no participan por lo menos en 30 minutos de actividad física de intensidad moderada (40-60% del $\dot{V}O_2R$) por lo menos tres días de la semana durante por lo menos tres meses. Observación: $\dot{V}O_2R$ se refiere a $\dot{V}O_2$ de reserva, que se define como $\dot{V}O_{2máx} - \dot{V}O_{2reposo}$. Se asume que el $\dot{V}O_{2reposo}$ es de 3,5 mL · kg^{-1} · min^{-1}. Véanse más detalles en el Cuadro de la página 52

Factores de riesgo negativos	Criterios de definición
HDL-C elevados en suero	≥ 60 mg/dL (1,5 mmol/L)

Nota. Es frecuente sumar los factores de riesgo para realizar juicios clínicos. Cuando la concentración de las lipoproteínas de alta densidad (HDL) es alta, restar un factor de riesgo a la suma de los factores de riesgo positivos, porque el HDL elevado disminuye el riesgo de arteriopatía coronaria.
Adaptado, con autorización, de American College of Sports Medicine, 2010. *ACSM's guidelines for exercise testing and prescription*, 8ª ed. (Filadelfia, PA: Lippincott, Williams; y Wilkins), p. 28.

vidad propuesta. Por ejemplo, los individuos hipertensos deben ser advertidos respecto de las actividades que utilizan acciones isométricas. Las acciones isométricas tienden a aumentar la presión arterial en forma considerable y, por lo general, conducen a la maniobra de Valsalva, en la cual aumentan las presiones intraabdominal e intratorácica hasta el punto de restringir el flujo sanguíneo a través de la vena cava, lo que limita el retorno venoso al corazón. Ambas respuestas pueden conducir a complicaciones médicas graves, como la pérdida de conciencia o el accidente cerebrovascular. Además, incluso el entrenamiento de

la fuerza con acciones dinámicas puede producir una respuesta de hipertensión arterial durante la actividad.

Test progresivo de ejercicio

En condiciones ideales, el examen médico amplio incluirá un test de ejercicio, que habitualmente se lleva a cabo en una cinta ergométrica motorizada. También puede utilizarse un cicloergómetro, pero no es tan frecuente para la evaluación clínica en los Estados Unidos. Durante el ejercicio, se obtiene un **electrocardiograma de ejercicio (ECG)** (véase la Figura 6.7, p. 147) y lecturas de la presión arterial de ejercicio (Figura 20.3, p. 506). Se controla el ECG y la presión arterial mientras el individuo progresa desde un ejercicio de baja intensidad, como una caminata lenta, hasta un ejercicio de intensidad máxima. La intensidad máxima puede ser una caminata a paso vivo para un individuo desacondicionado de edad avanzada o una carrera en pendiente para un individuo más joven con

Concepto clave

Si bien casi todos los individuos deberían realizarse un examen médico general en forma regular, es poco práctico exigirle a todos los sujetos que comienzan un programa de entrenamiento llevar a cabo un examen de este tipo.

Estratificación del riesgo utilizando las pautas del Colegio Americano de Medicina del Deporte (ACSM)

Este modelo lógico de estratificación del riesgo permite a los profesionales de la salud y el *fitness* determinar el grado de salud o el riesgo clínico de un individuo para los siguientes propósitos:

- Identificar a los individuos que tengan contraindicaciones médicas para excluirlos de los programas de ejercicio hasta que estos trastornos hayan cedido o se encuentren controlados.
- Reconocer a las personas con enfermedad(es) o trastornos de importancia clínica que deben participar en un programa de ejercicio bajo supervisión médica.
- Detectar a los individuos que presentan un mayor riesgo de enfermedad debido a la edad. Determinar qué síntomas o factores de riesgo deberían evaluarse clínicamente y qué test de ejercicio se llevará a cabo antes de que los individuos comiencen un programa de entrenamiento o incrementen la frecuencia, intensidad o duración de su programa actual.
- Reconocer las necesidades especiales de los individuos que pueden afectar la elección de los tests y la prescripción del ejercicio.

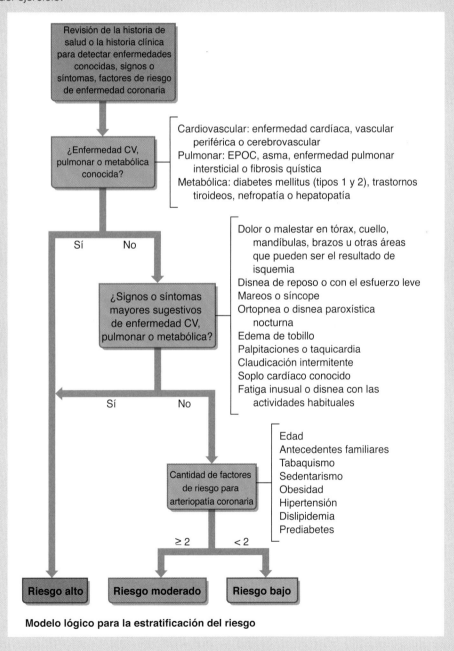

Modelo lógico para la estratificación del riesgo

Adaptado con autorización del *American College of Sports Medicine*, 2010, *ACSM's guidelines for exercise testing and prescription*, 8ª edición (Filadelfia, PA: Lippincott, Williams and Wilkins, 24).

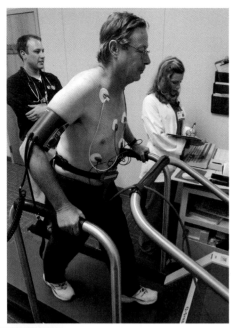

FIGURA 20.3 Medición de la presión arterial de ejercicio.

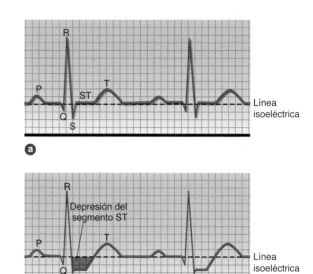

FIGURA 20.4 Ilustración de (a) un ECG normal y (b) un ECG con depresión del segmento ST, sugestivo de la presencia de una arteriopatía coronaria.

buena aptitud física. Por lo general, el ritmo de incremento en la carga de trabajo es de 1 a 3 min hasta alcanzar la carga máxima. Esta progresión se denomina **test progresivo de ejercicio** (*graded exercise test;* GXT). Durante estos tests suele controlarse el ECG para detectar anomalías en el ritmo cardíaco y la conductividad eléctrica. También suele controlarse la presión arterial para determinar si existe un incremento normal en la presión arterial sistólica y pocos cambios o ninguno en la diastólica a medida que la carga de trabajo progresa desde una intensidad baja hasta un nivel máximo o cuasi máximo. Asimismo, tanto durante como después del test de ejercicio, es importante interactuar con el sujeto para observar la presencia de signos y síntomas, como dolor u opresión en el tórax (angina), disnea inusual, mareos o vértigo y una respuesta inapropiada de la frecuencia cardíaca.

El ECG de ejercicio es una parte importante de la evaluación clínica porque una proporción pequeña pero significativa de la población adulta presenta anomalías en el ECG que se registra durante el ejercicio o después de éste, aun cuando los ECG de reposo sean normales. Estas anomalías incluyen arritmias (frecuencia cardíaca irregular) y cambios del segmento ST. La Figura 20.4 muestra un ECG normal y otro anormal con una depresión del segmento ST. En general, un segmento ST horizontal (plano) o en pendiente descendente de 1,0 mm o mayor por debajo de la línea isoeléctrica, de al menos 60 a 80 ms, es sugestivo de una isquemia miocárdica (insuficiencia de flujo sanguíneo al miocardio) y, por lo tanto, de la presencia de una **enfermedad coronaria**. Los resultados de un test de ejercicio se consideran positivos (cuando se registran anormalidades en el ECG) o negativos (lo que implica una respuesta normal y que no se ha detectado ninguna enfermedad). Pero algunas personas tienen prue-

bas de ejercicio normales o negativas y, no obstante, presentan enfermedad coronaria; éstas se denominan pruebas falsas negativas. Otros no tienen la enfermedad y presentan, no obstante, ECG de ejercicio positivos que sugieren una patología. Se trata de pruebas falsas positivas.

Habitualmente, una persona que presenta cambios anormales durante un test de ejercicio es derivada para que realice pruebas adicionales. Es posible determinar la presencia de una enfermedad coronaria mediante una arteriografía coronaria, en la que se inyecta un colorante radiopaco (colorante opaco a los rayos x) a través de un catéter en las arterias coronarias, lo que permite la visualización del interior de las arterias. También se están utilizando otras técnicas de imágenes, como la tomografía computarizada (TC) y la resonancia magnética (RM). Cuando hay estrechamiento de una o más arterias coronarias, es posible determinar el grado (%) de oclusión o estrechamiento.

Para determinar la exactitud de los resultados de un ECG de ejercicio, es necesario considerar la sensibilidad, la especificidad y el valor predictivo de una prueba de ejercicio. La **sensibilidad** se refiere a la capacidad de la prueba de ejercicio para identificar en forma correcta a los individuos que tienen la enfermedad en cuestión, como enfermedad coronaria. La **especificidad** se refiere a la capacidad de la prueba para identificar en forma correcta a los individuos que no tienen la enfermedad. Y el **valor predictivo de una prueba de ejercicio anormal** se refiere a la exactitud de los valores anormales de una evaluación para reflejar la presencia de la enfermedad.

Lamentablemente, tanto la sensibilidad como el valor predictivo de una prueba de ejercicio anormal para detectar una enfermedad coronaria son relativamente bajos en poblaciones sanas de individuos que no tienen

Concepto clave

Por lo general, la sensibilidad y el valor predictivo de una prueba de ejercicio anormal son bajos en una población joven y sana en la cual hay una baja prevalencia de enfermedad coronaria. En consecuencia, es cuestionable el valor del electrocardiograma de ejercicio para detectar la enfermedad coronaria en esta población.

síntomas de esta enfermedad. Estudios previos muestran que la sensibilidad promedia un 66% de aquellos con enfermedad coronaria en que los se identifica en forma correcta la enfermedad mediante un ECG de ejercicio. Por el contrario, el 34% de aquellos pacientes que padecen la enfermedad son incorrectamente diagnosticados como saludables sobre la base del ECG de ejercicio. La especificidad promedio es de un 84%, lo que indica que el 84% de los que no tienen la enfermedad son identificados correctamente como libres de ésta mediante la prueba. Pero esto indica que la prueba identifica la enfermedad en el 16% de los individuos que no la presentan.[9]

El valor predictivo de una prueba de ejercicio anormal varía en forma considerable con la prevalencia de enfermedad coronaria en la población. Asumiendo una sensibilidad promedio del 60% y una especificidad promedio del 90%, en una población con una prevalencia del 5% de enfermedad coronaria el valor predictivo de una prueba anormal es sólo del 24%. Esto indica que sólo el 24% de los individuos que tienen un ECG de ejercicio anormal presentan en realidad enfermedad coronaria. En otras palabras, en esta población más de tres de cada cuatro personas identificadas con una prueba de ejercicio anormal serán rotuladas como enfermas cuando en realidad ¡no tienen enfermedad coronaria! Pero si consideramos una población con una prevalencia del 50%, el valor predictivo de una prueba de ejercicio anormal es mucho mayor: 85,7%.

A partir de esta información, podemos concluir que los tests de ejercicio tienen un valor limitado para evaluar a individuos jóvenes y en apariencia sanos antes de prescribirles el ejercicio. Es cuestionable la exactitud de la interpretación de los resultados de un ECG de ejercicio, sobre todo en una población que tiene una prevalencia tan baja de enfermedad. Además, el riesgo real de muerte o paro cardíaco durante el ejercicio es realmente bajo. Otra consideración importante son los costos que tienen los tests clínicos de ejercicio, en general de unos 150 a 750 dólares por test. Por último, muy pocas instituciones cuentan con los equipamientos necesarios para llevar a cabo este tipo de test y así evaluar a todo aquel que deba participar en un programa de ejercicios. Por fortuna, el ACSM y la *American Heart Association* sólo han recomendado esta prueba de ejercicio para los grupos de alto riesgo que mencionamos antes. De hecho, en 2005 la *American Heart Association* declaró que en la actualidad no existe suficiente evidencia como para recomendar que los tests de ejercicio formen parte sistemáticamente de la evaluación médica de rutina de individuos asintomáticos.[13]

Sin embargo, desde una perspectiva médica y legal, se debe plantear la duda de si una recomendación dentro de un conjunto de pautas nacionales es equivalente a un estándar de práctica en la comunidad médica. Las pautas más recientes del ACSM indican que no es necesario realizar un examen clínico y una prueba de ejercicio en individuos con riesgo bajo o moderado cuando el ejercicio se lleva a cabo en forma progresiva desde una intensidad baja a una moderada, sin participación en competencias.[2] El ejercicio moderado se define como aquel que se encuentra dentro de la capacidad actual de un individuo (p. ej., 40-60% del $\dot{V}O_2$ de reserva o $\dot{V}O_2R$; para más detalles, referirse al recuadro de la p. 512) y se puede mantener con comodidad durante un período prolongado, como 45 min. Por el contrario, el ejercicio vigoroso se define como una intensidad mayor del 60% del $\dot{V}O_2R$ del individuo. Esta parece ser una premisa razonable, dado que el ejercicio de intensidad moderada se asocia con beneficios considerables para la salud y no representa grandes riesgos para los individuos. Pero como mencionamos antes, los tests de ejercicio ofrecen otros beneficios además del diagnóstico de una enfermedad coronaria: pueden aportar datos fisiológicos útiles, como la respuesta de la presión arterial al ejercicio, y gran parte de los datos obtenidos pueden utilizarse para la prescripción de ejercicios.

Revisión

➤ Antes de comenzar cualquier programa de ejercicios, los hombres mayores de 45 años, las mujeres mayores de 55 y todo aquel que sea considerado en alto riesgo de enfermedad coronaria deben someterse a una amplia evaluación médica.

➤ Es necesario seguir las pautas del ACSM en cada fase de la evaluación y, en el caso de que exista una contraindicación médica, debería consultarse al profesional responsable acerca de las actividades de entrenamiento propuestas.

➤ Se debe llevar a cabo un ECG de ejercicio en todo individuo que se encuentre en una de las categorías de alto riesgo mencionadas antes. Por lo general, esta prueba puede detectar una enfermedad coronaria existente no diagnosticada y otras anomalías cardíacas.

➤ La sensibilidad de la prueba se refiere a su capacidad para identificar correctamente a los individuos con una enfermedad dada. La especificidad de la prueba se refiere a su capacidad para identificar correctamente a los individuos que no tienen la enfermedad. El valor predictivo de una prueba de ejercicio anormal se refiere a la exactitud con la cual dicha prueba refleja la presencia de la enfermedad en una población dada.

➤ Las pautas más recientes del ACSM establecen que aquellos sujetos que no presenten síntomas de enfermedad cardiovascular, pulmonar o metabólica pueden no requerir de un examen médico y un test de ejercicio siempre que vayan a realizarse ejercicios de intensidad moderada en forma gradual y sin participación en competencias.

Prescripción de ejercicios

La **prescripción de ejercicios** comprende cuatro factores básicos:

1. Modo o tipo del ejercicio
2. Frecuencia de la participación
3. Duración de cada sesión de ejercicios
4. Intensidad de la sesión de ejercicios

En nuestra discusión, asumimos que el objetivo del programa de ejercicio es mejorar la capacidad aeróbica de los individuos que no han estado ejercitándose. Dado que la prescripción de un programa de entrenamiento con sobrecarga se describe detalladamente en el Capítulo 9, más adelante sólo mencionaremos brevemente la inclusión del entrenamiento con sobrecarga como parte del programa general de entrenamiento. El enfoque de esta sección es el entrenamiento aeróbico. Además, la información contenida en esta sección no es apropiada para idear programas de entrenamiento para atletas de resistencia competitivos o para aquellos que simplemente desean obtener los beneficios relacionados con la salud de la actividad moderada, pero no desean mejorar su capacidad aeróbica. En el Capítulo 9 se discutieron las pautas para el entrenamiento aeróbico y anaeróbico de los atletas de competencia.

Antes de examinar los componentes de la prescripción de ejercicios, debemos considerar qué cantidad de ejercicio es efectiva. Es necesario alcanzar un umbral mínimo de frecuencia, duración e intensidad del ejercicio antes de obtener algún beneficio aeróbico. Pero como se dicutiera previamente, las respuestas individuales a cualquier programa de entrenamiento dado son sumamente variables, de modo que el umbral necesario difiere de una persona a otra. Si utilizamos la intensidad del ejercicio como ejemplo, la declaración de posición del ACSM para desarrollar y mantener la capacidad aeróbica recomienda una intensidad de entrenamiento del 55 o 60% hasta 90% de la propia frecuencia cardíaca máxima ($FR_{máx}$) o un 40 a un 50% hasta 85% del $\dot{V}O_{2máx}$.[1] Si bien esta recomendación es apropiada para la mayoría de los adultos sanos, algunos podrían mejorar su capacidad aeróbica, por ejemplo, con intensidades por debajo del 40% de su $\dot{V}O_{2máx}$, mientras que otros deberían realizar ejercicios con intensidades mayores del 85% del $\dot{V}O_{2máx}$ para exhibir una mejoría. Es necesario exceder el umbral de frecuencia, duración e intensidad de cada individuo

¡Carreras paralelas, impacto en toda la vida!

Desde principios de la década de 1970, se ha progresado considerablemente en la obtención de datos experimentales que sirvan de base para comprender la relación entre un estilo de vida activo y la reducción de enfermedades crónicas debilitantes, así como también para identificar la relación entre la cantidad y el tipo de actividad necesaria para la promoción de la salud. Durante este período, dos científicos del ejercicio han tenido un impacto particularmente importante para ayudarnos a comprender mejor la relación entre la actividad física y la prevención de la enfermedad mediante sus investigaciones, apoyo y liderazgo profesional. Es interesante destacar que ambos tuvieron sus raíces en el área de Los Angeles, en el sur de California, y ambos se graduaron al mismo tiempo y obtuvieron sus grados de doctorado en fisiología del ejercicio en la University of Illinois. El Dr. William L. Haskel recibió su entrenamiento de pregrado en la University of California, Santa Barbara, mientras que el Dr. Michael L. Pollock jugaba béisbol y completaba sus estudios de pregrado en la University of Arizona. Ambos sirvieron en el ejército de los Estados Unidos antes de completar sus estudios de doctorado.

Dr. William L. Haskell.

Dr. Michael L. Pollock.

Durante sus carreras profesionales, ambos tuvieron un compromiso profundo con sus investigaciones y su organización profesional primaria, el ACSM, y cada uno de ellos fue presidente de dicha organización. Estos hombres fueron fundamentales en el desarrollo de las declaraciones de posición del ACSM sobre la cantidad y calidad de ejercicio recomendadas necesarias para promover la salud y prevenir la enfermedad crónica. Estos dos científicos tuvieron carreras paralelas y un impacto mutuo en su conocimiento de la importancia de un estilo de vida activo para promover la salud y prevenir la enfermedad crónica en la sociedad sedentaria actual.

para obtener ganancias en la capacidad aeróbica, y es probable que este umbral aumente a medida que mejora la capacidad aeróbica.

Concepto clave

Es necesario alcanzar un umbral mínimo de frecuencia, duración e intensidad del ejercicio para obtener beneficios con ese ejercicio. Además, los umbrales mínimos varían ampliamente, lo que torna necesaria la prescripción individualizada de ejercicios.

Modo de ejercicio

El programa de ejercicio prescrito debe estar enfocado en uno o más **modos** o tipos de actividades de resistencia cardiovascular. En forma tradicional, las actividades prescritas con mayor frecuencia son:

- marcha,
- trote,
- carrera,
- excursionismo,
- ciclismo,
- remo, y
- natación.

Dado que estas actividades no atraen a todos, se han identificado actividades alternativas que promueven mejoras similares en la resistencia cardiorrespiratoria. También se ha demostrado que los ejercicios de esprín, la danza aeróbica o el *stepping*, y la mayoría de los deportes con raqueta, mejoran la capacidad aeróbica.

Para la mayoría de las actividades deportivas competitivas, se aconseja un preacondicionamiento con una de las actividades de resistencia estándar, como trote/carrera o bicicleta, antes de llevar a cabo una competencia seria. Algunos investigadores, médicos y profesionales creen que para que los individuos puedan competir exitosamente en algunos deportes o actividades, es esencial un programa básico de preacondicionamiento que los lleve hasta el nivel de acondicionamiento necesario para el deporte o la actividad y reduzca el riesgo de lesión. En lugar de utilizar el deporte o la actividad para entrar en forma, los individuos realizan un preacondicionamiento antes de participar en ese deporte o actividad. Por ejemplo, si la actividad deseada requiere de un nivel moderado a alto de resistencia cardiovascular, tal como el básquetbol, el individuo podría participar en un programa de entrenamiento con actividades de pedestrismo o ciclismo durante varios meses hasta que alcance el nivel necesario de resistencia. En ese momento, se cambia por el deporte. Éste actúa entonces como una actividad de mantenimiento por medio de la cual se mantiene el nivel deseado de aptitud física. En algunos casos, en los deportes de alta intensidad, los individuos pueden seguir desarrollando su aptitud aeróbica.

Concepto clave

Las actividades deportivas y recreativas son apropiadas para mantener niveles convenientes de aptitud física, pero por lo general no representan la mejor opción para los individuos que no tienen buen estado físico. Estos individuos deben utilizar actividades de acondicionamiento para alcanzar el nivel deseado de estado físico y luego, pasar a una actividad deportiva o recreativa.

Los individuos deben seleccionar actividades que disfruten y que deseen continuar durante toda la vida. El ejercicio debe considerarse una actividad para toda la vida porque, como vimos en el Capítulo 14, los beneficios se pierden con rapidez cuando se suspende la actividad. Es probable que la motivación sea el factor más importante en un programa de ejercicios exitoso. La selección de una actividad que sea divertida, que represente un desafío y pueda producir los beneficios necesarios es una de las tareas fundamentales en la prescripción de ejercicios. Contar con distintas actividades disponibles es prudente en caso de un clima inclemente, un viaje u otro tipo de obstáculo. Otras consideraciones incluyen la ubicación geográfica, el clima y la disponibilidad de equipamiento e instalaciones. El ejercicio en el hogar se ha vuelto más frecuente a medida que más personas quedan confinadas a éste a causa de responsabilidades como crianza de los hijos o por consideraciones climáticas como calor, humedad, frío, lluvia, hielo y nieve. Se han popularizado los videos de ejercicio y el equipamiento para realizar ejercicios en el hogar, pero deben ser seleccionados con cuidado para evitar ejercicios inadecuados o equipamientos defectuosos. Los potenciales compradores deben buscar asesoramiento profesional y, siempre que sea posible, deben utilizar el video o el equipamiento durante un período de prueba antes de comprarlo.

Frecuencia del ejercicio

Por cierto, si bien la frecuencia de ejercicio es un factor importante por considerar, es probable que sea menos crítico que la duración o la intensidad. Algunos estudios de investigación llevados a cabo sobre la frecuencia del ejercicio muestran que tres a cinco días por semana es una frecuencia óptima. Esto no significa que seis o siete días por semana no brinden beneficios adicionales; simplemente, respecto de los beneficios relacionados con la salud, la ganancia óptima se logra con una inversión de tiempo de tres a cinco días por semana. En un inicio, el ejercicio debe limitarse a tres o cuatro días por semana y se debe aumentar hasta cinco días o más sólo cuando la actividad se disfruta y es físicamente tolerada. Es muy frecuente que un individuo comience con grandes intenciones, esté sumamente motivado y realice ejercicios todos los días durante las primeras semanas, sólo para suspender el entrenamiento por presentar fatiga manifiesta, dolores, una lesión o aburrimiento. Es obvio que los días adicionales por encima de la frecuencia de tres a cuatro días son beneficiosos para la pérdida de peso, pero no se debe estimular este nivel hasta establecer con firmeza el hábito de realizar ejercicio y hasta reducir el riesgo de lesiones.

Duración del ejercicio

Varios estudios han demostrado mejoras en el acondicionamiento cardiovascular con períodos de ejercicios de resistencia de tan sólo 5 a 10 minutos por día. La investigación más reciente ha indicado que 20 a 30 min por día es una cantidad óptima. Nuevamente, "óptimo" indica aquí la máxima ganancia en función del tiempo invertido, y el tiempo especificado se refiere al tiempo durante el cual uno se ejercita a la intensidad apropiada. No se puede explicar en forma adecuada la duración del ejercicio sin hablar también de la intensidad. Se obtienen mejoras similares en la capacidad aeróbica con un programa de ejercicios de alta intensidad y corta duración, o un programa de larga duración y baja intensidad siempre y cuando se supere el umbral mínimo tanto de duración como de intensidad. También se obtienen beneficios similares cuando la sesión diaria de entrenamiento de resistencia se realiza en múltiples sesiones más cortas (p. ej., tres sesiones de 10 minutos) o una única sesión prolongada (p. ej, una única sesión de 30 min). Obviamente, las sesiones más largas facilitan la pérdida de peso.

Intensidad del ejercicio

La intensidad de la sesión de ejercicios parece ser el factor más importante. ¿Cuánto debe esforzarse el individuo para obtener beneficios? Los exatletas tienen un recuerdo vivo de la preparación agotadora que resistieron a fin de acondicionarse para el deporte. Lamentablemente, este concepto también se transmite al programa de ejercicios realizado para obtener beneficios para la salud. En la actualidad, la evidencia sugiere que puede lograrse un efecto leve del entrenamiento en algunos individuos mediante una intensidad del 40% o menos de sus capacidades aeróbicas, y es posible que esto pueda ser beneficioso para la salud. Sin embargo, para la mayoría de los individuos, la intensidad mínima apropiada parece encontrarse alrededor del 50-60% del $\dot{V}O_{2máx}$. La utilización de intensidades mayores dependerá del objetivo de entrenamiento. Obviamente, un entrenamiento para la competencia requiere una gran intensidad (véase el Capítulo 14). Sin embargo, si el objetivo del entrenamiento es simplemente alcanzar y mantener un estatus óptimo de salud, rara vez se utilizarán intensidades que superen el 80% del $\dot{V}O_{2máx}$. Una serie de estudios recientes llevados a cabo en *McMaster University* en Hamilton, Ontario (Canadá) ha demostrado con claridad que el entrenamiento interválico de bajo volumen y altísima intensidad puede mejorar en gran medida la capacidad aeróbica. Se han observado mejoras significativas en la capacidad oxidativa del músculo y el rendimiento de resistencia con un período de entrenamiento de tan sólo dos semanas.[11] Estos estudios tienden

a cuestionar seriamente el concepto de especificidad del entrenamiento, como se explicó en el Capítulo 11.

Revisión

➤ Los cuatro factores básicos en un programa de ejercicios son el modo, la frecuencia, la duración y la intensidad del ejercicio. Se debe satisfacer un umbral mínimo para los tres últimos y así lograr cualquier beneficio aeróbico, y este umbral es muy variable de un individuo a otro.

➤ El programa debe incluir una o más actividades de resistencia cardiovascular. Cuando la actividad comprende competencia, se recomienda el precondicionamiento con una actividad de resistencia estándar antes de comenzar la participación deportiva para llevar al individuo hasta un nivel apropiado de acondicionamiento físico.

➤ Se deben ajustar las actividades a las necesidades y gustos individuales de modo de poder mantener la motivación.

➤ Una frecuencia óptima de ejercicios es tres a cinco días de entrenamiento por semana, aunque una frecuencia mayor podría proveer beneficios adicionales. El ejercicio debe comenzar con tres o cuatro sesiones por semana y luego debe progresar hasta más si se desea.

➤ Una duración de 20-30 min de trabajo es óptima si el ejercicio se realiza a la intensidad apropiada, pero la clave es alcanzar el umbral tanto de duración como de intensidad.

➤ La intensidad del ejercicio parece ser el factor más importante. En la mayoría de los individuos, la intensidad debe ser por lo menos del 50 al 60% del $\dot{V}O_{2máx}$. Sin embargo, algunos individuos pueden obtener beneficios para la salud entrenando a intensidades menores que las necesarias para el acondicionamiento aeróbico y también entrenando a intensidades muy altas.

Control de la intensidad del ejercicio

La intensidad del ejercicio puede cuantificarse sobre la base de la frecuencia cardíaca de entrenamiento (FCE), la utilización de los equivalentes metabólicos (MET) o el índice de esfuerzo percibido (RPE). Examinemos cada uno de ellos y sus fortalezas y debilidades para cuantificar la intensidad del ejercicio.

Frecuencia cardíaca de entrenamiento

El concepto de **frecuencia cardíaca de entrenamiento (FCE)** se basa en la relación lineal entre la frecuencia cardíaca y el $\dot{V}O_2$ con cargas crecientes de trabajo, como se muestra en la Figura 20.5. Cuando se realiza un test de ejercicio, se obtienen los valores de frecuencia cardíaca y $\dot{V}O_2$ cada minuto y se realiza un gráfico que relaciona un valor con el otro. La frecuencia cardíaca de entrenamiento se establece utilizando la FC, que es equivalente a un porcentaje establecido del $\dot{V}O_{2máx}$. Por ejemplo, si se desea una intensidad del 75% del $\dot{V}O_{2máx}$, se calcula un 75% de éste ($\dot{V}O_{2máx} \cdot 0{,}75$) y entonces se selecciona la frecuencia cardíaca correspondiente a este $\dot{V}O_2$ como la frecuencia cardíaca de entrenamiento. Un punto importante es que la intensidad del ejercicio necesaria para lograr un porcentaje dado de $\dot{V}O_{2máx}$ conduce a una frecuencia cardíaca mucho mayor que el mismo porcentaje de la $FC_{máx}$. Por ejemplo, una frecuencia cardíaca de entrenamiento establecida en el 75% del $\dot{V}O_{2máx}$ representa una intensidad del 87% de la $FC_{máx}$ (véase la Figura 20.5).

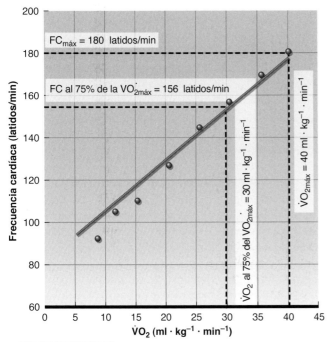

FIGURA 20.5 Relación lineal entre frecuencia cardíaca y consumo de oxígeno ($\dot{V}O_2$) con las cargas crecientes de trabajo y frecuencia cardíaca equivalente a un porcentaje preestablecido (75%) de $\dot{V}O_{2máx}$.

El método de Karvonen

También se puede establecer la frecuencia cardíaca de entrenamiento utilizando el concepto establecido por Karvonen conocido como frecuencia cardíaca máxima de reserva, o **método de Karvonen**. La **frecuencia cardíaca máxima de reserva** se define como la diferencia entre $FC_{máx}$ y la frecuencia cardíaca de reposo (FC_{rep}):

frecuencia cardíaca máxima de reserva = $FC_{máx} - FC_{rep}$

Con este método, la frecuencia cardíaca de entrenamiento se calcula tomando un porcentaje dado de la frecuencia cardíaca máxima de reserva y sumándolo a la

frecuencia cardíaca de reposo. Consideremos un ejemplo. Para el 75% de la frecuencia cardíaca máxima de reserva, la ecuación sería la siguiente:

$$\text{Frecuencia cardíaca en entrenamiento}_{75\%} = FC_{rep} + 0{,}75\,(FC_{máx} - FC_{rep})$$

El método de Karvonen ajusta la frecuencia cardíaca de entrenamiento de modo que ésta, como un porcentaje específico de la frecuencia cardíaca máxima de reserva, es casi idéntica a la frecuencia cardíaca equivalente a ese mismo porcentaje de $\dot{V}O_{2máx}$ con intensidades moderadas a altas.[8] Por lo tanto, una frecuencia cardíaca de entrenamiento computada como el 75% de la frecuencia cardíaca máxima de reserva es aproximadamente igual que la frecuencia cardíaca que corresponde al 75% del $\dot{V}O_{2máx}$. Sin embargo, existe una diferencia sustancial entre las dos a bajas intensidades de ejercicio.[19]

Rango de frecuencia cardíaca de entrenamiento

Recientemente, se ha establecido una intensidad apropiada del ejercicio estableciendo un rango de frecuencia cardíaca de entrenamiento, en lugar de un único valor. Es un enfoque más sensible, dado que el ejercicio a un porcentaje establecido del $\dot{V}O_{2máx}$ puede colocar a los individuos por encima de su umbral de lactato, lo que puede no permitir mantener el entrenamiento por períodos prolongados. Con el concepto de rango de frecuencia cardíaca de entrenamiento, se establecen valores bajos y altos que asegurarán una respuesta al entrenamiento. Se comienza en el extremo inferior del rango de frecuencia cardíaca de entrenamiento y se progresa según uno se sienta cómodo. Para ilustrarlo, mediante el uso del método de Karvonen para establecer la frecuencia cardíaca de entrenamiento, consideremos el siguiente ejemplo. Un hombre de 40 años tiene una frecuencia cardíaca de reposo de 75 latidos/min y una frecuencia cardíaca máxima de 180 latidos/min, y se le aconseja ejercitar dentro de un rango de frecuencia cardíaca de entrenamiento del 50 al 75% de su frecuencia cardíaca máxima de reserva. Su rango de frecuencia cardíaca de entrenamiento será el siguiente:

$$\text{Frecuencia cardíaca de entrenamiento}_{50\%} = 75 + 0{,}50\,(180 - 75) = 75 + 53 = 128 \text{ latidos/min.}$$

$$\text{Frecuencia cardíaca de entrenamiento}_{75\%} = 75 + 0{,}75\,(180 - 75) = 75 + 79 = 154 \text{ latidos/min.}$$

Este mismo método del rango de frecuencia cardíaca de entrenamiento se puede utilizar cuando se estima la $FC_{máx}$ $[208 - (0{,}7 \cdot \text{edad})]$ sin perder mucha exactitud cuando no se ha determinado la verdadera $FC_{máx}$.

El concepto de frecuencia cardíaca de entrenamiento es en extremo útil. La frecuencia cardíaca tiene una alta correlación con el trabajo que realiza el corazón. Es un buen índice del consumo de oxígeno en el miocardio y del flujo sanguíneo coronario. Con el uso del método de frecuencia cardíaca de entrenamiento para controlar la intensidad del ejercicio, el corazón trabaja a la misma frecuencia, aun cuando el costo metabólico del trabajo podría variar considerablemente. Como ejemplo, durante el ejercicio a grandes alturas o en el calor, la frecuencia cardíaca se elevará en forma significativa cuando el individuo intente mantener una frecuencia fija de trabajo, como correr a un ritmo de 6 min el km (9 min/mi). Con el método de frecuencia cardíaca de entrenamiento, para mantener la misma frecuencia cardíaca el sujeto simplemente debe entrenar con una menor carga de trabajo (frecuencia cardíaca de entrenamiento). Es un enfoque mucho más seguro para controlar la intensidad del ejercicio, sobre todo en pacientes de alto riesgo en los cuales se debe regular estrechamente el trabajo cardíaco. El método de frecuencia cardíaca de entrenamiento también permite una mejoría en la capacidad aeróbica con el entrenamiento. A medida que los individuos mejoran su acondicionamiento, su frecuencia cardíaca disminuye para la misma carga de trabajo, lo que indica que deben ejercitarse a una mayor carga de trabajo para alcanzar su frecuencia cardíaca de entrenamiento.

Es fundamental retomar un punto importante que hemos planteado en el primer párrafo de esta sección: a medida que aumentemos la intensidad del ejercicio, habrá un punto en que la tasa de producción de lactato exceda la tasa de eliminación, lo que conduce a concentraciones elevadas de lactato en sangre. Cuando los individuos se ejercitan a una intensidad superior a la asociada al umbral de lactato, limitan el período que pueden entrenar con comodidad a esa intensidad. Para aquellos que acaban de iniciar un programa de entrenamiento, es importante no exceder el umbral de lactato. Tener un rango de frecuencia cardíaca de entrenamiento permite a los individuos establecer el extremo inferior del rango en una intensidad que estaría por debajo del umbral de lactato esperado para un individuo no entrenado. Obviamente, en realidad sería mejor medir el umbral de lactato de modo que este rango pueda ser determinado con mayor exactitud. Sin embargo, ello es impráctico por la dificultad y el costo asociados con la determinación directa del umbral de lactato a partir de múltiples extracciones de sangre.

Concepto clave

La frecuencia cardíaca es el método preferido para controlar la intensidad del ejercicio porque se correlaciona altamente con el trabajo del corazón (o el estrés sobre el corazón) y permite el incremento progresivo en la frecuencia cardíaca de entrenamiento, con mejoras en la aptitud física para mantener la misma FC de entrenamiento. Cuando se prescribe la intensidad del ejercicio, es apropiado establecer un rango de frecuencia cardíaca de entrenamiento, comenzando el ejercicio en el extremo inferior del rango y progresando hasta el extremo superior con el tiempo.

Equivalente metabólico

La intensidad del ejercicio también se ha prescrito sobre la base del sistema del **equivalente metabólico (MET)**. La cantidad de oxígeno que consume el cuerpo es directamente proporcional al gasto energético durante la actividad física. En este sistema, se acepta que el cuerpo utiliza aproximadamente 3,5 mL de oxígeno por kilogramo de peso corporal por minuto ($3,5$ mL $\cdot$ kg^{-1} $\cdot$ min^{-1}) en reposo. Sin embargo, en el recuadro observa-

Prescripción de la intensidad del ejercicio utilizando el método del $\dot{V}O_2$ de reserva

En la declaración de posición del ACSM sobre prescripción de ejercicio,[1] se propuso un enfoque algo diferente para prescribir la intensidad del ejercicio. Ésta se prescribe sobre la base de lo que se ha denominado el método del $\dot{V}O_2$ de reserva ($\dot{V}O_2R$). En lugar de prescribir el ejercicio a un porcentaje dado del $\dot{V}O_{2máx}$, se basa la prescripción en un porcentaje dado del $\dot{V}O_2R$, donde éste se define como $\dot{V}O_{2máx} - \dot{V}O_{2rep}$. También se puede pensar como la reserva de $\dot{V}O_{2máx}$. Como ejemplo, con un $\dot{V}O_{2máx}$ de 40 mL $\cdot$ kg^{-1} $\cdot$ min^{-1} y un $\dot{V}O_{2rep}$ de 3,5 mL $\cdot$ kg^{-1} $\cdot$ min^{-1}, el $\dot{V}O_2R = 40 - 3,5$ mL $\cdot$ kg^{-1} $\cdot$ min^{-1} = 36,5 mL $\cdot$ kg^{-1} $\cdot$ min^{-1}.

Para prescribir un rango de intensidades de ejercicio entre el 60 y el 75% del $\dot{V}O_2R$, simplemente lo multiplicamos por el 60 y el 75%: $\dot{V}O_2R_{60\%} = 36,5$ mL $\cdot$ kg^{-1} $\cdot$ min^{-1} $\times 0,60 = 21,9$ mL $\cdot$ kg^{-1} $\cdot$ min^{-1} y $\dot{V}O_2R_{75\%} = 36,5$ mL $\cdot$ kg^{-1} $\cdot$ min^{-1} $\times 0,75 = 27,4$ mL $\cdot$ kg^{-1} $\cdot$ min^{-1}. La principal ventaja de utilizar el método del $\dot{V}O_2R$ es que ahora contamos con una equivalencia entre el porcentaje de frecuencia cardíaca máxima de reserva y el porcentaje del $\dot{V}O_{2máx}$ de reserva. Sin embargo, existe un problema potencial con este método, ya que el uso de 3,5 mL $\cdot$ kg^{-1} $\cdot$ min^{-1} como valor estándar para el $\dot{V}O_{2rep}$ asume que todos tienen el mismo valor de reposo. De hecho, no es así. Además, en un estudio se observó que una muestra grande de mujeres ($n = 642$) y hombres ($n = 127$) tenían valores promedio de $\dot{V}O_{2rep}$ de 2,5 y 2,7 mL $\cdot$ kg^{-1} $\cdot$ min^{-1}. El rango de valores varió entre 1,6 y 4,1 mL $\cdot$ kg^{-1} $\cdot$ min^{-1}.[6]

CUADRO 20.2 Actividades seleccionadas y sus valores respectivos en MET

Actividad	Valor en MET	Actividad	Valor en MET
ACTIVIDADES DE REPOSO Y CUIDADOS PERSONALES			
Descansar (decúbito dorsal)	1,0	Ducharse	2,0
Sentarse	1,5	Aseo general, de pie	2,0
Comer	1,5	Vestirse o desvestirse, de pie	2,5
Bañarse	1,5		
ACTIVIDADES DOMÉSTICAS			
Tejer o coser a mano, esfuerzo leve	1,3	Pasar la aspiradora (general, efecto moderado)	3,3
Lavar platos	1,8	Hacer las camas, cambiar la ropa de cama	3,3
Planchar	1,8	Limpiar (fregar el piso, lavar el auto, lavar ventanas)	3,5
Lavar la ropa, doblar o colgar ropa	2,0-2,3	Barrer, esfuerzo moderado	3,8
Cocinar o preparar alimentos	2,0-3,5	Mover muebles, transportar cajas	5,8
Coser a máquina	2,8	Fregar pisos con manos y pies, esfuerzo enérgico	6,5
OCUPACIONALES			
Tareas en posición de sentado, trabajo de oficina, trabajar en un ordenador	1,5	Construcción (exterior)	4,0
Conducir un camión de reparto, taxi, ómnibus escolar, etc.	2,0	Personal de mantenimiento de un hotel	4,0
Cocinero, chef	2,5	Trabajo en el patio	4,0
Tareas en posición de pie, esfuerzo leve a moderado	3,0-4,5	Trabajo manual no especializado	2,8-6,5
Trabajo de custodio	2,5-4,0	Granja, esfuerzo leve a enérgico	2,0-7,8
Carpintería (general, esfuerzo leve a moderado)	2,5-4,3	Bombero en su trabajo	6,8-9,0
ACONDICIONAMIENTO FÍSICO (equivalentes aproximados en km/h)			
Caminar			
2,5 mph, a nivel (4 km/h)	3,0	4,5 mph (7 km/h), a nivel	7,0
3,5 mph, a nivel (5,5 km/h)	4,3	5,0 mph (8 km/h), a nivel	8,3
4,0 mph, a nivel (6,5 km/h)	5,0	5,0 mph (8 km/h), inclinación del 3%	9,8
Trote o carrera sobre una superficie a nivel			
4,0 mph (6,5 km/h)	6,0	10,0 mph (16 km/h)	14,5
6,0 mph (9,5 km/h)	9,8	· 12,0 mph (19,3 km/h)	19,0
8,0 mph (13 km/h)	11,8	14,0 mph (22,5 km/h)	23,0
Natación			
Estilo libre, esfuerzo vigoroso	9,8	Pecho/recreativo/entrenamiento y competencia	5,3/10,3
Estilo libre, lento a moderado	5,8	Natación de costado (*sidestroke*), general	7,0
Espalda, recreativo/entrenamiento y competencia	4,8/9,5		

(continúa)

CUADRO 20.2 *(continuación)*

Actividad	Valor en MET	Actividad	Valor en MET
ACONDICIONAMIENTO FÍSICO (equivalentes aproximados en km/h)			
Ciclismo			
Placer, 5,5 mph (9 km/h)	3,5	Placer, 14,0-15,9 mph (22,5-25,5 km/h) (esfuerzo enérgico)	10,0
Placer, 10,0-11,9 mph (lento, esfuerzo leve) (16 - 19,25 km/h)	6,8	Carrera, 16,0-19,0 mph (26-30,5 km/h) (esfuerzo enérgico)	12,0
Placer, 12,0-13,9 mph (esfuerzo moderado) (19,30 – 22,30 km/h)	8,0	Carrera, > 20 mph (32 km/h) (esfuerzo enérgico)	15,8
ACTIVIDADES RECREATIVAS			
Danza aeróbica	5,0-7,3	Entrenamiento general de la fuerza	3,5-6,0
Actividades de videojuego	2,3-6,0	Máquinas de remo	4,8-12,0
Cicloergómetro estacionario	3,5-14,0	Aeróbico en agua	5,3
Entrenamiento en circuito	4,3-8,0	Rutinas de ejercicio en vídeos, leve a enérgico	2,3-6,0
ACTIVIDADES DEPORTIVAS			
Arquería	4,3	Escalada en roca o montaña	5,0-8,0
Badminton	5,5-7,0	Patinaje de ruedas	7,0
Básquet	6,0-9,3	Rugby	6,3-8,3
Bolos/bolos en césped	3,0-3,8	Patineta	5,0-6,0
Fútbol americano, "bandera" o "toque"	4,0-8,0	Fútbol	7,0-10,0
Golf	4,8	Softbol	5,0-6,0
Handbol	12,0	Squash	7,3-12,0
Hockey, campo	7,8	Tenis de mesa (ping pong)	4,0
Hockey, hielo	8,0-10,0	Tenis, single	7,3-8,0
Equitación	5,8-7,3	Tenis, doble	4,5-6,0
Lacrosse	8,0	Vóleibol	3,0-4,0
Orientación	9,0	Vóleibol , competitivo	8,0
Raquetbol	7,0-10,0	Vóleibol , de playa competitivo	6,0

Datos tomados de Ainsworth y cols. Healthy Lifestyles Research Center, College of Nursing and Health Innovation, Arizona State.University. Recuperado el 7/21/2011 de http://sites.google.com/site/compendiumofphysicalactivities.

mos que probablemente no sea así. No obstante, el sistema MET se basa en este valor, y el valor del índice metabólico en reposo de 3,5 mL · kg⁻¹ · min⁻¹ se denomina 1,0 MET. Todas las actividades pueden ser clasificadas por intensidad según sus requerimientos de oxígeno. Una actividad clasificada como actividad de 2,0 MET requeriría dos veces el índice metabólico de reposo, o 7 mL · kg⁻¹ · min⁻¹; y una actividad que es clasificada como 4,0 MET requeriría aproximadamente 14 mL · kg⁻¹ · min⁻¹. En el Cuadro 20.2 se presentan algunas actividades y sus valores en MET.

Estos valores son sólo aproximaciones debido al error potencial en el uso de un valor estándar de 3,5 mL · kg⁻¹ · min⁻¹ como valor de reposo constante. Además, la efi-ciencia metabólica varía en forma considerable de una persona a otra, e incluso en el mismo individuo. Si bien el sistema MET es útil como guía para el entrenamiento, no explica los cambios en las condiciones ambientales y no permite cambios en el condicionamiento físico, como se explicó en la sección anterior.

Índice de esfuerzo percibido

También se ha propuesto utilizar el **índice de esfuerzo percibido** para prescribir la intensidad del ejercicio. Con este método, los individuos valoran subjetivamente cuán duro sienten que están trabajando. Un índice numérico

◯ Concepto clave

Una forma simple de controlar la intensidad del ejercicio es conocida como el test del habla, que ha sido utilizado informalmente durante años como pauta para la valoración de la intensidad. En la actualidad, los científicos han confirmado que la mayor intensidad de ejercicio que apenas permite que los sujetos hablen con comodidad durante el ejercicio es un método muy consistente que se correlaciona con el umbral ventilatorio (véase el Capítulo 7) y se encuentra dentro del rango de la frecuencia cardíaca en entrenamiento.[17]

dado corresponde a la intensidad relativa percibida del ejercicio. Cuando se utiliza la escala en forma correcta, este método de control de la intensidad del ejercicio ha probado ser muy exacto. Cuando se utiliza el **índice de esfuerzo percibido de Borg**,[5] que es una escala de clasificación con valores de 6 a 20, la intensidad del ejercicio debe estar entre un valor de RPE 12 y 13 (algo difícil) y un valor de RPE 15 a 16 (difícil). Si bien a simple vista este método parecería demasiado simple, se ha observado que la mayoría de los sujetos pueden utilizar el método del RPE con gran precisión. Diversos estudios han mostrado que, cuando se le pide a los sujetos que seleccionen un ritmo de carrera en cinta ergométrica o una carga en cicloergómetro equivalente a una intensidad de ejercicio moderada a alta (ver Cuadro 20.3), son capaces de seleccionar un ritmo o una carga que se encuentra dentro del rango apropiado de frecuencia cardíaca. Se trata de una forma más natural de prescripción del ejercicio y muy eficiente cuando el individuo puede relatar con exactitud su percepción de la intensidad.

El Cuadro 20.3 compara los distintos métodos para clasificar la intensidad del ejercicio. Utilicémoslos para determinar una intensidad de ejercicio moderada. Como se observa en la segunda columna, nos gustaría trabajar con un rango del 60 al 79% de $FC_{máx}$. En cambio, cuando se controla la intensidad mediante el $\dot{V}O_{2máx}$ o el método de Karvonen, este rango de frecuencia cardíaca es equiva-

lente al 50-74% del $\dot{V}O_{2máx}$ o la $FC_{máx}$ de reserva, como se observa en la tercera columna. Al utilizar el índice de esfuerzo percibido, que se muestra en la cuarta columna, es equivalente a un valor de 12 a 13. Todos estos valores reflejan un ejercicio de intensidad moderada.

◯ Revisión

➤ La intensidad de ejercicio puede ser controlada sobre la base de la frecuencia cardíaca de entrenamiento, el equivalente metabólico o el índice de esfuerzo percibido.

➤ La frecuencia cardíaca de entrenamiento se puede establecer mediante el uso de la equivalencia entre la frecuencia cardíaca y un cierto porcentaje del $\dot{V}O_{2máx}$. También se puede determinar utilizando el método de Karvonen, que toma un porcentaje dado de la frecuencia cardíaca máxima de reserva y lo suma a la frecuencia cardíaca de reposo. Con este método, el porcentaje de frecuencia cardíaca máxima de reserva utilizado corresponde aproximadamente al mismo porcentaje de $\dot{V}O_{2máx}$ pero solamente a intensidades de ejercicio moderadas a altas.

➤ Un enfoque sensible es establecer un rango de frecuencia cardíaca de entrenamiento para trabajar con éste, en lugar de una única frecuencia cardíaca de entrenamiento, intentando estimar qué extremo inferior corresponde a una intensidad que se encuentre debajo del umbral de lactato.

➤ La cantidad de oxígeno consumido refleja el gasto energético durante una actividad. Se le ha asignado un valor de 3,5 mL · kg^{-1} · min^{-1} al $\dot{V}O_2$ en reposo, lo que es igual a 1,0 MET. Las intensidades de la actividad pueden clasificarse según sus requerimientos de oxígeno como múltiplos del índice metabólico de reposo.

➤ El método del índice de esfuerzo percibido exige que una persona evalúe subjetivamente la dificultad del trabajo, utilizando una escala numérica que se relaciona con la intensidad del ejercicio. El sujeto observa la escala estándar para determinar el número apropiado.

CUADRO 20.3 **Clasificación de la intensidad del ejercicio sobre la base de 20 a 60 minutos de actividad aeróbica: comparación de tres métodos**

Clasificación de intensidad	INTENSIDAD RELATIVA		Índice de esfuerzo percibido (RPE)
	$FC_{máx}$	$\dot{V}O_{2máx}$ o $FC_{máx}$ reserva	
Muy leve	< 35%	< 30%	< 9
Leve	35-59%	30-49%	10-11
Moderada	60-79%	50-74%	12-13
Pesada	80-89%	75-84%	14-16
Muy pesada	≥ 90%	≥ 85%	> 16

Datos tomados de *Exercises in health and disease: Evaluation and prescription for prevention and rehabilitation*. 2a edición. M.L. Pollock and J.H. Wilmore,

Programa de ejercicios

Una vez que se ha completado la prescripción del ejercicio, ésta debe integrarse en el programa global de entrenamiento, el cual es parte de un plan general para la mejora de la salud. La capacidad individual para realizar ejercicio varía ampliamente, incluso entre los individuos de edades y constituciones físicas similares. Por esta razón, cada programa debe ser individualizado sobre la base de los resultados de las pruebas fisiológicas y clínicas y, siempre que sea posible, las necesidades y los intereses individuales.

El programa total de ejercicios consiste en las siguientes actividades:

- Entrada en calor y actividades de estiramiento
- Entrenamiento de la resistencia cardiovascular
- Vuelta a la calma y actividades de estiramiento
- Entrenamiento de la flexibilidad
- Entrenamiento de la fuerza
- Actividades recreativas

En general, las tres primeras actividades se realizan tres o cuatro veces por semana. El entrenamiento de la flexibilidad puede ser incluido como parte de los ejercicios de entrada en calor, vuelta a la calma o como actividades de estiramiento, o puede realizarse por separado durante la semana. En forma habitual, el entrenamiento de la fuerza se realiza en días alternos cuando no se realiza el de resistencia cardiovascular; sin embargo, los dos pueden combinarse en la misma sesión.

Concepto clave

¡La actividad física debe considerarse una práctica de toda la vida! Los beneficios de un buen programa de ejercicio se pierden con rapidez una vez suspendido el programa.

Entrada en calor y actividades de estiramiento

La sesión debe comenzar con ejercicios de tipo calisténicos de baja intensidad y ejercicios de estiramiento. Este período destinado a la entrada en calor (o preacondicionamiento) permite que se incremente gradualmente la frecuencia cardíaca y la respiración, preparando al corazón, vasos sanguíneos, pulmones y músculos para que funcionen eficientemente durante el ejercicio vigoroso subsiguiente. Una buena entrada en calor puede reducir el grado de dolor muscular y articular que se experimenta durante las primeras etapas del programa de ejercicios. Una entrada en calor aceptable comenzaría con 5 a 10 minutos de estiramiento, seguidos por 5 a 10 minutos de actividad de baja intensidad utilizando el modo de ejercicios selec-

cionado para el entrenamiento de resistencia cardiovascular. Por ejemplo, aquellos que van a entrenar con carreras podrían comenzar con un estiramiento y luego realizar 5 a 10 minutos de trote liviano antes de comenzar a correr.

Entrenamiento de la resistencia

Las actividades físicas que desarrollan resistencia cardiovascular representan el corazón del programa de ejercicios. Están ideadas para mejorar tanto la capacidad como la eficiencia de los sistemas cardiovascular, respiratorio y metabólico. Estas actividades también ayudan a controlar o reducir el peso corporal. Caminar, trotar, correr, andar en bicicleta, nadar, remar, la danza aeróbica, el *stepping* y el excursionismo son buenas actividades de resistencia cardiovascular. Algunos deportes como hándbol, ráquetbol, tenis, bádminton y básquetbol también tienen potencial aeróbico si se practican vigorosamente. Las actividades como golf, bolos y softbol generalmente tienen poco valor para desarrollar capacidad aeróbica; pero son divertidas, tienen valor recreativo y pueden ofrecer beneficios relacionados con la salud. Por estas razones, estas actividades por cierto deben tener su lugar en el programa global de entrenamiento.

Vuelta a la calma y actividades de estiramiento

Toda sesión de entrenamiento de la resistencia cardiovascular concluye con un período de vuelta a la calma. La mejor forma de lograr la vuelta a la calma es reducir lentamente la intensidad de la actividad de resistencia cardiovascular durante los últimos minutos de una rutina. Por ejemplo, después de correr, una caminata lenta y descansada ayuda a evitar que la sangre se acumule en los miembros. Suspender en forma brusca después de un ejercicio de resistencia cardiovascular hace que la sangre se acumule en las piernas y puede producir mareos o desmayos. Además, las concentraciones de catecolaminas podrían estar elevadas durante el período de recuperación inmediata, y esto puede conducir a una arritmia cardíaca fatal.

Después del período de vuelta a la calma, pueden realizarse ejercicios de estiramiento para facilitar una mayor flexibilidad.

Entrenamiento de la flexibilidad

Habitualmente, los ejercicios de flexibilidad complementan los ejercicios realizados durante el período de entrada en calor o vuelta a la calma y son útiles para los que tienen poca flexibilidad o problemas musculares o articulares, como por ejemplo dolor dorsal bajo. Estos ejercicios deben realizarse en forma lenta. Los movimientos de estiramiento rápidos son potencialmente peligrosos y pueden conducir a contracturas o espasmos muscu-

lares. En una época se recomendaba realizar estos ejercicios antes del período de acondicionamiento cardiovascular. Sin embargo, en forma reciente se ha postulado que los músculos, los tendones, los ligamentos y las articulaciones son más adaptables y responden mejor a los ejercicios de flexibilidad cuando se realizan después de la fase de acondicionamiento cardiovascular. La investigación todavía no ha confirmado esta hipótesis.

Entrenamiento de la fuerza (entrenamiento con sobrecarga)

Se ha establecido con claridad la importancia del entrenamiento de la fuerza como parte de un programa general de ejercicios para la salud y la aptitud física. Se pueden obtener muchos beneficios para la salud a partir del entrenamiento de la fuerza. El ACSM ha recomendado la inclusión del entrenamiento con sobrecarga como parte del programa general de salud y aptitud física.[1]

Recordemos del Capítulo 9 que la cantidad máxima de peso que puede levantarse con éxito una sola vez se denomina 1 repetición máxima o 1RM. Cuando los individuos comienzan un programa de entrenamiento con sobrecarga, deben empezar con un peso que sea exactamente el 50% de su fuerza máxima o 1RM en cada ejercicio. Deben intentar levantar ese peso 10 veces consecutivas. Si pueden hacerlo justo 10 veces antes de fatigarse, es el punto de inicio correcto. Si pueden hacer más repeticiones, deberían incrementar el peso para la siguiente serie. En cambio, si pudieron levantar el peso menos de ocho veces en la primera serie, significa que el peso utilizado fue excesivo y deberían reducirlo en la siguiente serie.

Cuando un peso dado lleva al practicante a la fatiga en la 8.ª o 10.ª repetición en la primera serie, entonces el peso inicial es el adecuado. Los individuos deben intentar lograr tantas repeticiones como sea posible durante la segunda y tercera serie, pero la cantidad de repeticiones que puedan completar en estas últimas series probablemente disminuya a medida que sus músculos se fatiguen. A medida que la fuerza aumenta, se incrementará la cantidad de repeticiones que puedan completar por serie. Cuando se alcanzan 15 repeticiones en la primera serie, el individuo está listo para incrementar el peso levantado en cada serie. Este método suele denominarse entrenamiento progresivo de la fuerza. Para mayores detalles, referirse al Capítulo 9.

Si el objetivo es el control del peso corporal, pueden realizarse dos a tres series de cada ejercicio, dos a tres veces por semana. Sin embargo, aquellos sujetos sin entrenamiento previo parecen mejorar su fuerza muscular con tan solo una única serie en cada ejercicio.[18] Los individuos deben seleccionar diferentes ejercicios para estimular la mayoría o todos los grupos musculares principales del tren superior e inferior. Si se cuenta con poca disponibilidad de tiempo, es mejor reducir el número de series a una o dos para mantener la rutina de trabajo corporal total.

Actividades recreativas

Las actividades recreativas son importantes en cualquier programa completo de ejercicio. Si bien los individuos participan en estas actividades principalmente por gusto y para relajarse, muchas actividades recreativas también pueden mejorar la salud y la aptitud física. Actividades como excursionismo, tenis, handbol, squash y algunos deportes de conjunto pertenecen a esta categoría. Las pautas para seleccionar estas actividades incluyen las siguientes:

- ¿Puede usted aprender o realizar las actividades por lo menos con un cierto grado de éxito?
- ¿Las actividades incluyen oportunidades de desarrollo social?
- ¿Los costos asociados a la participación en actividades recreativas son razonables y están dentro de su presupuesto?
- ¿Las actividades varían lo suficiente como para mantener un interés continuo y prolongado?
- ¿Es segura la actividad para usted teniendo en cuenta su edad y su nivel de salud actual?

Existen muchas oportunidades excelentes para los individuos que no tienen pasatiempos o actividades recreativas y que desean participar en alguna. Los centros recreativos públicos locales, los distritos de parques, YMCA, YWCA, iglesias y algunas escuelas públicas, centros de educación superior comunitarios y universidades ofrecen clases de instrucción en una amplia variedad de actividades a bajo costo o ninguno. A menudo, toda la familia puede participar de estas clases, ¡un bono adicional al programa general para la mejora de la salud! Además, la cantidad de centros de *fitness* está aumentando y la mayoría de ellos emplean ahora personal entrenado que puede prescribir correctamente programas de ejercicios y ayudar a que los individuos den el puntapié inicial.

Ejercicio y rehabilitación de individuos con enfermedades

El ejercicio se ha convertido en un componente importante de los **programas de rehabilitación** para distintas enfermedades. Los programas de rehabilitación cardiovascular, que comenzaron en la década de 1950, se han vuelto más visibles (véase el Capítulo 21). Adelantos enormes en la rehabilitación cardiopulmonar han conducido a la formación de una asociación profesional, la *American Association of Cardiovascular and Pulmonary Rehabilitation* (Asociación Americana de Rehabilitación Cardiovascular y Pulmonar) y una revista de investigación profesional, el *Journal of Cardiopulmonary Rehabilitation and Prevention.*

El ejercicio también es importante en la rehabilitación de los individuos con:

- cáncer,
- obesidad,
- diabetes,
- nefropatías,
- osteoporosis,
- artrosis, síndrome de fatiga crónica y fibromialgia, y
- fibrosis quística.

Más recientemente, ha aumentado el énfasis en el uso del ejercicio en la rehabilitación de pacientes con trasplante, incluidos aquellos que han tenido trasplantes cardíacos, hepáticos y renales, porque el ejercicio ayuda a aliviar algunos efectos colaterales de los fármacos y mejora la salud general.

Revisión

➤ Una sesión de ejercicio debe comenzar con una entrada en calor que incluya actividades de tipo calisténico de baja intensidad y ejercicios de estiramiento a fin de preparar los sistemas cardiovascular, respiratorio y muscular para trabajar con mayor eficiencia.

➤ Se deben realizar actividades de resistencia cardiovascular tres o cuatro veces por semana.

➤ Cada sesión de resistencia debe finalizar con una vuelta a la calma que incluya ejercicios de estiramiento para evitar la acumulación de sangre en las extremidades y el dolor muscular.

➤ Los ejercicios de flexibilidad se deben realizar con lentitud, y podría ser mejor incluir esta fase del programa inmediatamente después del componente de resistencia cardiovascular.

➤ El entrenamiento de la fuerza debe comenzar con una carga equivalente al 50% de 1RM del individuo. Para establecer si el peso utilizado es el correcto, basta con observar que el individuo pueda realizar 10 repeticiones. Si es posible completar más de 10 repeticiones, se necesita más peso; si sólo se pueden realizar menos de 8 repeticiones, se necesita menos peso.

➤ El ejercicio es parte vital de la rehabilitación en la mayoría de las enfermedades. El tipo y los detalles del programa de rehabilitación dependen del paciente, la enfermedad específica involucrada y su extensión.

Concepto clave

El entrenamiento físico se ha convertido en una parte extremadamente importante de los programas de rehabilitación para distintas enfermedades. Si bien no se han definido con claridad los mecanismos fisiológicos específicos que explican los beneficios para cada una de estas enfermedades, el entrenamiento físico se acompaña de muchos beneficios para la salud general que parecen mejorar el pronóstico del paciente.

La forma en la cual se utiliza el ejercicio en la rehabilitación de individuos con enfermedades es sumamente específica de la naturaleza y la extensión de la enfermedad. Por lo tanto, se encuentra más allá del alcance de este capítulo presentar detalles específicos de cualquier enfermedad, pero ahora existen muchos recursos que proporcionan detalles para establecer programas de ejercicios para aquellos individuos con enfermedades específicas y los valores clínicos de estos programas.[2]

Conclusión

En este capítulo, hemos visto que en la actualidad la comunidad médica considera que la actividad física es fundamental para mantener la aptitud física y reducir el riesgo de sufrir una enfermedad. Consideramos la importancia y el valor práctico de un examen clínico y un ECG de ejercicio para la evaluación de adultos previamente sedentarios antes de prescribir el ejercicio. Explicamos los componentes de la prescripción de ejercicios y los métodos para controlar su intensidad. Por último, revisamos los componentes de un programa de ejercicios y el papel del ejercicio en la rehabilitación de los individuos que tienen enfermedades.

Ahora que hemos visto la importancia del ejercicio para prevenir enfermedades, analizaremos más cuidadosamente la actividad física en cuanto se relaciona con estados patológicos específicos. En el siguiente capítulo, enfocaremos nuestra atención en las enfermedades cardiovasculares.

Palabras clave

electrocardiograma de ejercicio (ECG)

enfermedad coronaria

equivalente metabólico (MET)

especificidad

frecuencia cardíaca de entrenamiento (FCE)

frecuencia cardíaca máxima de reserva

índice de esfuerzo percibido

índice de esfuerzo percibido de Borg

método de Karvonen

modos

prescripción de ejercicios

programas de rehabilitación

test progresivo de ejercicio

sensibilidad

valor predictivo de una prueba de ejercicio anormal

Preguntas

1. ¿Qué grado de actividad desarrollan los estadounidenses en la actualidad?
2. ¿Qué papel desempeñan los tests progresivos de ejercicio hasta el agotamiento en la evaluación médica? ¿Es esencial la prueba en los adultos?
3. Explique los conceptos de sensibilidad y especificidad de los tests de ejercicio y el valor predictivo de la prueba anormal. ¿Qué valor tiene esta información para establecer qué individuos deberían realizar un test de ejercicio?
4. ¿Cómo podemos hacer para que la población sea más activa? ¿Qué niveles de ejercicio debemos promover para ayudar a los individuos a obtener los beneficios relacionados con la salud asociados al ejercicio?
5. ¿Cuáles son los cuatro factores que deben considerarse en la prescripción de ejercicios? ¿Cuál es el más importante?
6. Discuta el concepto de umbral mínimo para iniciar los cambios fisiológicos asociados con el entrenamiento y su relación con la prescripción de ejercicios.
7. Explique las distintas formas de control de la intensidad del ejercicio, y describa las ventajas y desventajas de cada una.
8. Describa los componentes de un buen programa de ejercicio y su importancia para el programa total.
9. ¿De qué modo se motiva en forma eficaz a los individuos para mantener hábitos regulares de ejercicio?

Enfermedades cardiovasculares y actividad física

21

En este capítulo

Tipos de enfermedad cardiovascular   **523**
Enfermedad coronaria   524
Hipertensión   525
Accidente cerebrovascular   525
Insuficiencia cardíaca   526
Otras enfermedades cardiovasculares   526

Comprensión del proceso patológico   **527**
Fisiopatología de la enfermedad coronaria   527
Fisiopatología de la hipertensión   529

Determinación del riesgo individual   **530**
Factores de riesgo para la enfermedad coronaria   530
Factores de riesgo para la hipertensión   532

Reducción del riesgo a través de la actividad física   **532**
Reducción del riesgo de enfermedad coronaria   533
Reducción del riesgo de hipertensión   537

Riesgo de infarto de miocardio y muerte durante el ejercicio   **538**

Entrenamiento y rehabilitación de pacientes con enfermedad cardíaca   **539**

Conclusión   **542**

La tarde del sábado del 22 de junio de 2002, el lanzador Darryl Kile del equipo Los Cardenales de St. Louis fue encontrado muerto en su habitación de hotel en Chicago. Los Cardenales estaban en esa ciudad para jugar una serie de tres partidos contra los Cubs de Chicago. Él estaba programado para comenzar el último partido de la serie la noche del domingo. Kile era considerado uno de los mejores lanzadores de Los Cardenales y uno de los líderes del club. Este jugador, de sólo 33 años, aparentemente murió de un infarto de miocardio causado por ateroesclerosis coronaria –en la necropsia se encontró que dos de las tres principales arterias coronarias estaban estenosadas (estrechadas) en un 80 a 90%–. Aunque él no tenía antecedentes médicos ni síntomas de enfermedad, su padre había muerto de un infarto a los 44 años, y Kile se había quejado de dolor de espalda y fatiga durante la cena la noche anterior.

El 2 de noviembre de 2007 Ryan Shay, un corredor de distancia altamente ranqueado (campeón de los 10 000 m de la NCAA en 2001 y campeón de maratón de los Estados Unidos en 2003), colapsó durante las eliminatorias para el maratón olímpico en los Estados Unidos después de correr 5,5 millas. Los resultados de la necropsia mostraron que la muerte ocurrió a causa de una "arritmia cardíaca debida a una hipertrofia cardíaca con fibrosis focal de etiología indeterminada". En octubre de 2009, tres hombres colapsaron y murieron mientras corrían la 32.ª Detroit Free Press/Flagstar Marathon, todos en el transcurso de 16 minutos. Varias semanas antes dos corredores, un hombre y una mujer a mediados de la cuarta década de vida, murieron durante la Rock n'Roll San José Half Marathon. No contamos con los informes de la necropsia de estos cinco corredores, pero probablemente sus muertes estuvieron relacionadas con el corazón, dado que el golpe de calor no representó un problema.

Estas tragedias ilustran el hecho de que ser un buen atleta o un atleta sobresaliente durante la adolescencia o la adultez joven no confiere inmunidad para toda la vida contra la enfermedad coronaria. Aunque una predisposición genética para estas enfermedades es importante, no implica que resulte en la muerte prematura. Se torna de suma importancia prestar atención a todos los factores de riesgo de la enfermedad coronaria y saber cómo minimizarlos.

La mayoría de las personas nos consideramos saludables hasta que experimentamos algún signo manifiesto de enfermedad. Con las enfermedades degenerativas crónicas, como la cardiopatía, la mayoría de las personas ignora que el proceso de enfermedad está latente y es progresivo hasta el punto de que podría causar complicaciones importantes, incluida la muerte. Por fortuna, la detección temprana y el tratamiento adecuado de las enfermedades crónicas pueden reducir en forma sustancial su gravedad y, a menudo, impedir la discapacidad y la muerte. Más importante aún, al disminuir los factores de riesgo de una enfermedad, con frecuencia se puede tanto prevenir la enfermedad como retrasar su inicio. En este capítulo, se describirán las enfermedades cardiovasculares, enfocándose principalmente en la enfermedad coronaria y la hipertensión.

Las enfermedades crónicas y degenerativas del sistema cardiovascular son las principales causas de afecciones crónicas y muertes en los Estados Unidos (Figura 21.1). En 2006, 81,1 millones de estadounidenses sufrieron uno o más tipos de enfermedad cardiovascular, que causaron alrededor de 831 000 muertes.[4,5] Se estima que los costos

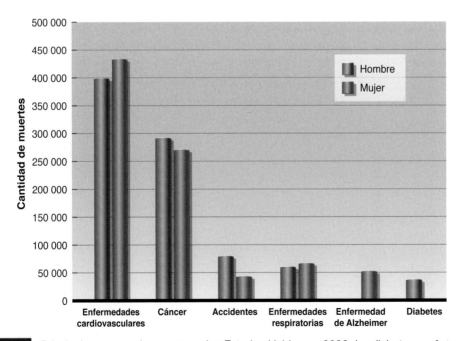

FIGURA 21.1 Principales causas de muerte en los Estados Unidos en 2006. La diabetes no fue una causa principal de muerte en las mujeres, y la enfermedad de Alzheimer no fue una causa destacada de muerte para los hombres.
Datos de la American Heart Association, 2010.

totales de la enfermedad cardiovascular en los Estados Unidos para 2010 serían de 503,2 mil millones de dólares.[4]

Desde comienzos del siglo XX hasta mediados de la década de 1960, se ha triplicado la cantidad relativa de muertes por cardiopatías, expresada por cada 100 000 personas. La población de los Estados Unidos aumentó más del doble durante ese tiempo, de manera tal que la cantidad absoluta de muertes por cardiopatías ascendió aún más espectacularmente de lo que indica la tasa relativa. Las enfermedades cardiovasculares continúan siendo un problema prioritario en ese país, donde en 2006 causaron una de cada 2,9 muertes o el 34,5% de todas las muertes.

Además, se estima que, en 2006, en los Estados Unidos se realizaron:

- alrededor 448 000 cirugías de bypass en 253 000 pacientes,
- alrededor de 1 313 000 intervenciones coronarias percutáneas (angioplastias coronarias), y
- cerca de 200 trasplantes de corazón.

Por fortuna, la tasa de mortalidad producto de enfermedad cardiovascular y de infartos de miocardio ha disminuido en forma constante desde su pico a mediados de la década de 1960. Las cardiopatías produjeron el 38,2% de todas las muertes en los Estados Unidos en 1980, pero sólo el 26,0% en 2006. En el mismo período, los porcentajes de todas las muertes atribuibles a un accidente cerebrovascular disminuyeron del 8,6 al 5,7%.[49] Las razones para este descenso se han debatido en extenso, pero es probable que incluyan un mayor foco en la prevención de la enfermedad, por ejemplo:

- Mejora de la conciencia pública acerca de los factores de riesgo y los síntomas
- Incremento en el uso de medidas preventivas, que incluyen cambios de estilo de vida (p. ej., nutrición, ejercicio y dejar de fumar) para reducir los riesgos individuales
- Diagnóstico más temprano y mejorado
- Mayor conocimiento y uso de las técnicas de reanimación cardiopulmonar

Otra razón probable es un mejor tratamiento de los enfermos, por ejemplo:

- Fármacos mejorados para tratamiento específico
- Angioplastias, stents recubiertos de fármacos y cirugía de bypass
- Mayor enfoque en la prevención secundaria

Si bien las tasas varían según el país y la región, la enfermedad cardiovascular sigue siendo una preocupación importante de salud pública en todo el mundo.

Concepto clave

En la década de 1970, las enfermedades cardiovasculares representaban alrededor del 50% de todas las muertes en los Estados Unidos. Mientras que las enfermedades cardiovasculares siguen siendo la causa subyacente número uno de muerte en los Estados Unidos, en 2006 representaron sólo el 34,5% de todas las muertes. Más aún, en 1979 la enfermedad coronaria determinó casi un tercio de todas las muertes en los Estados Unidos, y en 2006 había disminuido a alrededor del 17%. Desde 1976 hasta 2006 las tasas de mortalidad por enfermedades cardiovasculares disminuyeron el 29,2%.

El cuadro 21.1 muestra las tasas de mortalidad por enfermedad cardiovascular para 13 países, muchos de los cuales tienen tasas de mortalidad que se aproximan o exceden a las observadas en los Estados Unidos.

Tipos de enfermedad cardiovascular

Existen varias enfermedades cardiovasculares diferentes. En esta sección, se describirán principalmente aquellas que pueden prevenirse y que afectan a la mayor cantidad de estadounidenses cada año; éstas se ilustran en la Figura 21.2. La enfermedad coronaria representa la mayoría (53%) de las muertes por enfermedad cardiovascular, y el

CUADRO 21.1 Muertes por enfermedades cardiovasculares por 100 000 habitantes de países seleccionados del mundo en 2007

País	Hombres	Mujeres
Argentina	406	174
Australia	196	85
Canadá	212	92
China, rural/urbana	413/389	279/273
Inglaterra/Gales	301	138
Francia	183	66
Japón	170	69
México	235	166
Federación rusa	1 555	659
España	205	79
Suecia	247	107
Holanda	222	102
Estados Unidos	289	150

Los datos son para adultos de 35 a 74 años.
Datos de la American Heart Association. Disponibles en www.americanheart.org/downloadable/heart/1200594755071International%20Cardiovascular%20Disease%20%20Tables.pdf

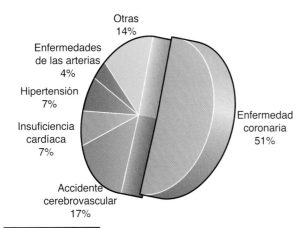

FIGURA 21.2 Principales causas de muerte por enfermedades cardiovasculares.
Datos de la American Heart Association, 2010.

accidente cerebrovascular ocupa un segundo lugar, alejado, con un 17%.

Enfermedad coronaria

A medida que la mayoría de los seres humanos envejecen, sus arterias coronarias (véase la Figura 6.4, p. 144), que irrigan el miocardio (músculo cardíaco) propiamente dicho, se tornan progresivamente más estrechas como resultado de la formación de la **placa ateromatosa** a lo largo de la pared interna de la arteria, como se observa en la figura 21.3. En general, este estrechamiento progresivo de las arterias se denomina **ateroesclerosis** o arteriopatía coronaria, y cuando están involucradas las arterias coronarias, se denomina **enfermedad coronaria**. A medida que la enfermedad progresa y las arterias coronarias se estrechan, la capacidad de suministrar sangre al miocardio se reduce de manera progresiva. Esto le sucedió al lanzador de béisbol y, posiblemente, a los corredores de larga distancia descritos al principio del capítulo.

Al incrementarse el estrechamiento, el miocardio (músculo cardíaco) finalmente no puede recibir suficiente sangre como para satisfacer todas sus necesidades. Cuando esto ocurre, la porción del miocardio que es irrigada por las arterias estenosadas se torna isquémica, lo que significa que sufre una deficiencia de sangre o **isquemia**. La isquemia del corazón suele causar dolor de pecho grave, que se denomina como *angina de pecho*. En general, esto se experimenta durante los períodos de ejercicio físico o de tensión, cuando las demandas del corazón son mayores.

Cuando la irrigación a una parte del miocardio se encuentra severa o totalmente restringida, la isquemia puede conducir a un ataque cardíaco, o **infarto de miocardio**, debido a que las células del músculo cardíaco que son privadas de sangre durante varios minutos también lo son de oxígeno, y esto lleva al daño irreversible y la necrosis (muerte celular). Esto puede producir una incapacidad leve, moderada o grave, o incluso la muerte, dependiendo de la localización del infarto y la extensión del daño. Algunas veces, un infarto de miocardio es tan leve que la víctima no se da cuenta de que lo ha sufrido. En tales casos, el infarto se descubre semanas, meses e incluso años más tarde, cuando se realiza un electrocardiograma durante un examen médico de rutina.

La ateroesclerosis no es una enfermedad de la vejez. En cambio, es más apropiado clasificarla como una enfermedad pediátrica debido a que los cambios patológicos que conducen a la ateroesclerosis comienzan en la infancia y progresan durante la niñez.[25] Las **estrías lipídicas**, o depósitos de lípidos, que se cree son los precursores probables de la ateroesclerosis, comúnmente se encuentran en las aortas de los niños a la edad de 3 a 5. Estas estrías lipídicas comienzan a aparecer en las arterias coronarias durante la adolescencia temprana, pueden convertirse en placas ateromatosas fibrosas a partir de los 20 años, y pueden progresar hasta lesiones inestables o complicadas durante las décadas de los 40 o 50 años.

El ritmo con el cual progresa la ateroesclerosis está determinado en gran parte por la genética y factores relacionados con el estilo de vida, que incluyen los antecedentes de tabaquismo, la dieta, la actividad física y el estrés. Para algunas personas, la enfermedad progresa con rapidez, con un infarto que se produce a una edad relativamente temprana (en las décadas de los 20 o 30 años). Para otros, la enfermedad progresa muy lentamente, con pocos síntomas o ninguno durante toda su vida. La mayoría de las personas se encuentra entre estos dos extremos.

Concepto clave

La ateroesclerosis comienza en la infancia y progresa a diferentes ritmos, dependiendo de la herencia y las elecciones de estilo de vida.

Para ilustrar esto, un estudio de decesos en combate durante la guerra de Corea reveló que el 77% de los soldados estadounidenses a los que se les practicó una necropsia, de edad promedio de 22,1, habían tenido alguna prueba macroscópica de ateroesclerosis coronaria.[19] La extensión de la enfermedad abarcaba desde el engrosamiento fibroso hasta la oclusión completa de una o más de las ramas principales de las arterias coronarias. Las necropsias de los soldados coreanos, sin embargo, estaban libres de enfermedad. La evidencia de ateroes-

FIGURA 21.3 Formación progresiva de placa ateromatosa en una arteria coronaria.

clerosis coronaria también se encontró en el 45% de los decesos estadounidenses de la guerra de Vietnam, y el 5% exhibió manifestaciones graves de la enfermedad.[33]

Hipertensión

La **hipertensión** es el término médico para la presión arterial elevada, una condición en la que la presión arterial se encuentra elevada de manera crónica por encima de los niveles considerados convenientes o saludables para la edad y el tamaño de una persona. La presión arterial depende principalmente del tamaño corporal, de manera tal que los niños y los adolescentes jóvenes tienen presiones arteriales más bajas que los adultos. Por esta razón, es difícil determinar qué constituye hipertensión en los niños y adolescentes en crecimiento. Clínicamente, la hipertensión en estos grupos se define como valores de presión arterial por encima del percentil 90 o 95 para los adolescentes. La hipertensión es infrecuente durante la niñez, pero puede aparecer durante la adolescencia media. Para los adultos, el Comité Nacional Conjunto sobre la Detección, Evaluación, y Tratamiento de la Presión Arterial establece pautas, que se presentan en el Cuadro 21.2, para la presión arterial sistólica, que es la presión más alta en las arterias en cualquier momento, y para la presión arterial diastólica, que es la presión más baja en las arterias en cualquier momento dado.[24]

La hipertensión causa que el corazón trabaje más duro que lo normal, debido a que tiene que expulsar sangre desde el ventrículo izquierdo contra una resistencia más grande. Aún más, la hipertensión impone una gran tensión en las arterias sistémicas y en las arteriolas. Con el transcurrir del tiempo, esta tensión puede causar que el corazón se agrande y las arterias, y las arteriolas se marquen con cicatrices, se endurezcan y se tornen menos elásticas. Finalmente, esto puede llevar a la ateroesclerosis, los infartos de miocardio, la insuficiencia cardíaca, el accidente cerebrovascular y la insuficiencia renal.

En 2003, se estimó que al menos 65 millones de adultos estadounidenses o alrededor del 32% de la población adulta tienen la presión arterial elevada (es decir, sistólica ≥ 140 mm Hg, diastólica ≥ 90 mm Hg, o ambos).[5] La prehipertensión (es decir, sistólica 120-139 mm Hg, diastólica 80–89 mm Hg, o ambos) representa un 28% adicional de la población adulta. La tasa de mortalidad ajus-

tada por edad de la hipertensión se incrementó un 29,3% desde 1993 hasta 2003, y la hipertensión fue la causa primaria o contribuyente de muerte en alrededor de 277 000 individuos. En comparación con los estadounidenses blancos, los estadounidenses negros desarrollan presión arterial alta a una edad más temprana, y es más grave en cualquier década de la vida. En consecuencia, los estadounidenses negros tienen una tasa de accidentes cerebrovasculares no letales 1,3 veces mayor, una tasa de accidentes cerebrovasculares letales 1,8 veces mayor, una tasa de muertes por enfermedad coronaria 1,5 veces mayor, y una tasa de enfermedad renal de estadio final 4,2 veces mayor en comparación con los estadounidenses blancos.[5] La prevalencia estimada ajustada por edad de la presión arterial en los adultos estadounidenses de 20 años de edad y mayores fue del 30,6% para hombres blancos no hispanos, 31,0% para mujeres blancas no hispanas, 41,8% para hombres negros no hispanos, 45,4% para mujeres negras no hispanas, 27,8% para hombres estadounidenses de origen hispano, y 28,7% para mujeres estadounidenses de origen hispano.[5]

Concepto clave

Alrededor de uno cada tres adultos norteamericanos tiene hipertensión.

Accidente cerebrovascular

El **accidente cerebrovascular** es una forma de enfermedad cardiovascular que afecta a las arterias cerebrales, que irrigan el encéfalo. En los Estados Unidos se producen aproximadamente 795 000 accidentes cerebrovasculares cada año, y fue la causa subyacente o contribuyente de alrededor de 232 000 muertes en 2006.[5] Al igual que con la enfermedad coronaria, la tasa de mortalidad de los accidentes cerebrovasculares ha disminuido en forma significativa en años recientes, con una reducción del 33,5% entre 1996 y 2006.

Por lo general, los accidentes cerebrovasculares se encuentran dentro de dos categorías: **accidente cerebrovascular isquémico** y **accidente cerebrovascular hemorrágico**. Los accidentes cerebrovasculares isquémicos son los

CUADRO 21.2 Clasificación de la presión arterial para adultos mayores de 18 años

Categoría	Sistólica (mm Hg)	Diastólica (mm Hg)
Normal	< 120	< 80
Prehipertensión	120-139	80-89
Hipertensión		
Estadio 1	140-159	90-99
Estadio 2	≥ 160	≥ 100

Reimpreso del Séptimo Informe del Joint National Committee on Pevention, Detection, Evaluation, and Treatment of High Blood Pressure, 2003. *Journal of the American Medical Association* 289: 2560-2572.

más frecuentes (alrededor de 87% de todos los casos) y son el resultado de una obstrucción dentro de un vaso sanguíneo cerebral que limita el flujo de sangre a la región del encéfalo. Las obstrucciones son el resultado de dos causas:

- Trombosis cerebral, la más frecuente, en la cual se forma un trombo (coágulo de sangre) en un vaso cerebral, a menudo en el sitio del daño ateroesclerótico del vaso.
- Embolia cerebral, en la cual un émbolo (una masa indisoluble de material, como glóbulos grasos, restos de tejido, o trombos –coágulos– de sangre) se rompe y se libera en algún sitio del cuerpo y se aloja en la arteria cerebral. Las arritmias cardíacas, como la fibrilación auricular, crean condiciones favorables a la formación de trombos en el corazón, que pueden desprenderse y circular hasta el cerebro.[4]

En los casos de accidentes cerebrovasculares isquémicos, el flujo sanguíneo más allá del bloqueo está restringido, y la parte del cerebro que depende de esa irrigación se torna isquémica, deficiente de oxígeno y puede morir.

Los accidentes cerebrovasculares hemorrágicos son de dos tipos principales:

- Hemorragia cerebral, en la que una de las arterias cerebrales se rompe en el cerebro.
- Hemorragia subaracnoidea, en la que se rompe uno de los vasos superficiales del cerebro y se derrama sangre en los espacios entre el encéfalo y el cráneo.

En ambos casos, el flujo sanguíneo más allá de la ruptura está disminuido debido a que la sangre deja el vaso en el sitio de la lesión. También, a medida que se acumula sangre fuera del vaso, ésta genera presión en el frágil tejido cerebral, que puede alterar la función del cerebro. Las hemorragias cerebrales suelen ser el resultado de aneurismas, que surgen a partir de puntos debilitados en la pared de los vasos que se expanden progresivamente; y las aneurismas a menudo surgen debido a la hipertensión o el daño ateroesclerótico de la pared del vaso. Las malformaciones arteriovenosas, aglomeraciones anormales de vasos sanguíneos, representan otra causa de accidentes cerebrovasculares hemorrágicos.

Al igual que con el infarto de miocardio, el accidente cerebrovascular produce la muerte del tejido afectado. Las consecuencias dependen en gran medida de la localización y la extensión de la lesión. El daño cerebral producto de un accidente cerebrovascular puede afectar los sentidos, el lenguaje, el movimiento corporal, los patrones del pensamiento y la memoria. Es común la parálisis de uno de los lados del cuerpo, al igual que la incapacidad para verbalizar pensamientos. La mayoría de los efectos de un accidente cerebrovascular indican el lado del cerebro que fue dañado. Cada lado del cerebro controla las funciones del lado opuesto del cuerpo. Un accidente cerebrovascular del lado derecho del cerebro tendrá las siguientes consecuencias:

- Parálisis del lado izquierdo del cuerpo
- Problemas visuales
- Estilo de conducta inquisidor y rápido
- Pérdida de memoria[4]

Un accidente cerebrovascular del lado izquierdo del cerebro tendrá las siguientes consecuencias:

- Parálisis del lado derecho del cuerpo
- Problemas en el habla y el lenguaje
- Estilo de conducta lento y cauto
- Pérdida de memoria[4]

Insuficiencia cardíaca

La **insuficiencia cardíaca** es un trastorno clínico crónico y progresivo en el cual el músculo cardíaco (miocardio) se torna tan débil que no puede mantener un gasto cardíaco suficiente para satisfacer las demandas de sangre y de oxígeno del cuerpo. Esto suele ser el resultado de daño, o de exceso de trabajo, del corazón. La hipertensión, la ateroesclerosis, la enfermedad valvular del corazón, las infecciones virales y el infarto de miocardio se encuentran entre las causas posibles de este trastorno. La hipertensión precede a la insuficiencia cardíaca en un 75% de todos los pacientes con insuficiencia cardíaca.[5]

Cuando el gasto cardíaco es insuficiente, la sangre comienza a acumularse en las venas. Esto causa un exceso de líquidos, en particular en las piernas y los tobillos. Esta acumulación de líquidos (edema) también puede afectar a los pulmones (edema pulmonar), desestabilizar la respiración y causar disnea. La insuficiencia cardíaca puede progresar hasta el punto de daño irreversible, y el paciente se convierte en un candidato al trasplante de corazón.

Otras enfermedades cardiovasculares

Otras enfermedades cardiovasculares incluyen enfermedades vasculares periféricas, valvulopatías, cardiopatía reumática y cardiopatías congénitas.

Las **enfermedades vasculares periféricas** afectan a las arterias sistémicas y las venas, en oposición a los vasos coronarios. La **arterioesclerosis** se refiere a numerosos trastornos en los que las paredes de las arterias se engrosan, se endurecen y se tornan menos elásticas. La ateroesclerosis es una forma de arterioesclerosis. La arterioesclerosis obliterante, en la que una arteria se obstruye por completo, es otra forma. Las enfermedades venosas periféricas incluyen las venas varicosas y la flebitis. Las venas varicosas son el resultado de la incompetencia de las válvulas en las venas, lo que permite que la sangre retorne hacia las venas y cause que se agranden, se tornen tortuosas y dolorosas. La flebitis es la inflamación de una vena y también es muy dolorosa.

Las **valvulopatías** afectan una o más de las cuatro válvulas que controlan la dirección del flujo sanguíneo hacia adentro y hacia afuera de las cuatro cámaras del corazón. La **cardiopatía reumática** es el resultado de una infección por estreptococos que causa fiebre reumática aguda, en general en niños entre los 5 y los 15 años. La fiebre reumática es una enfermedad inflamatoria del tejido conectivo y, por lo común, afecta al corazón, específicamente, a sus válvulas. Este daño suele causar dificultad en su apertura, lo que impide que el flujo sanguíneo fluya hacia afuera de la cámara, o dificultad en el cierre, lo que permite el reflujo de la sangre.

Las **cardiopatías congénitas** incluyen cualquier defecto cardíaco presente al nacimiento; de manera apropiada, también se denominan *defectos cardíacos congénitos*. Estos defectos se producen cuando el corazón o los vasos sanguíneos cercanos a éste no se desarrollan con normalidad antes del nacimiento. Se incluyen la coartación de la aorta, en la cual la aorta está anormalmente estrechada; estenosis valvular, en la cual las válvulas del corazón están estrechadas; y defectos de tabique, en los que se encuentran comunicaciones en el tabique que separa los lados derecho e izquierdo del corazón, lo cual permite que la sangre del lado sistémico se mezcle con la del lado pulmonar, y viceversa.

El resto del capítulo se concentra en las dos enfermedades principales en esta categoría: la enfermedad coronaria y la hipertensión.

Revisión

➤ La ateroesclerosis es un proceso en el cual las arterias se estrechan en forma progresiva. La enfermedad coronaria es la ateroesclerosis de las arterias coronarias.

➤ Cuando el flujo sanguíneo del corazón está lo suficientemente bloqueado, la parte del corazón irrigada por la arteria enferma sufre de falta de sangre (isquemia), y la falta de oxígeno resultante puede causar infarto de miocardio, que produce necrosis tisular.

➤ Los cambios ateroescleróticos en las arterias comienzan en la niñez, pero la extensión y la progresión de este proceso son muy variables.

➤ La hipertensión es el término clínico para la presión arterial elevada.

➤ El accidente cerebrovascular afecta las arterias del cerebro de manera tal que la parte del cerebro que irrigan recibe muy poca sangre. El accidente cerebrovascular isquémico es la forma más común, habitualmente secundario a trombosis o embolia cerebral. La otra causa de accidente cerebrovascular es la hemorragia cerebral (cerebral y subaracnoidea).

➤ La insuficiencia cardíaca es una afección en la que el músculo cardíaco se torna demasiado débil para mantener un gasto cardíaco suficiente, lo que produce que la sangre se acumule en las venas.

➤ Las enfermedades vasculares periféricas afectan a los vasos sistémicos, en lugar de las coronarias, e incluyen la arterioesclerosis, las venas varicosas y la flebitis.

➤ Las cardiopatías congénitas son todos los defectos del corazón presentes al nacimiento.

Comprensión del proceso patológico

La **fisiopatología** se refiere a la patología y a la fisiología de un proceso patológico específico o una función alterada. Comprender la fisiopatología de una enfermedad brinda indicios de cómo podría afectar la actividad física o alterar el proceso de enfermedad. En las siguientes secciones, se describirá la fisiopatología de la enfermedad coronaria y la hipertensión.

Fisiopatología de la enfermedad coronaria

¿Cómo se desarrolla la ateroesclerosis en las arterias coronarias? Las paredes de las arterias coronarias están compuestas de tres túnicas o capas diferentes, como se muestra en la figura 21.4: la túnica íntima (capa interna), la túnica media (capa intermedia), y la túnica adventicia (capa externa). Estas se denominan simplemente como la íntima, la media y la adventicia. La capa más interna de la íntima, el **endotelio**, está formada por un revestimiento delgado de células endoteliales que proporcionan una cubierta protectora suave entre el flujo sanguíneo que fluye a través de la arteria y la capa más interna de la pared de los vasos. El endotelio proporciona una barrera

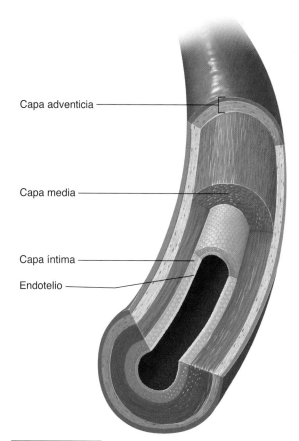

Capa adventicia

Capa media

Capa íntima

Endotelio

FIGURA 21.4 La pared de una arteria tiene tres capas: íntima, media y adventicia.

protectora entre las sustancias tóxicas en la sangre y las células del músculo liso vascular. Para los vasos de más de 1 mm de diámetro, la íntima también incluye la capa subendotelial, formada a partir de tejido conectivo. La media consiste principalmente de células de músculo liso, que controlan la constricción y la dilatación de los vasos, y de elastina. La adventicia está compuesta por fibras de colágeno que protegen el vaso y lo anclan a sus estructuras circundantes.

De acuerdo con una de las primeras teorías de la ateroesclerosis, la cual evolucionó a partir del trabajo del Dr. Russell Ross y sus colegas de la *University of Washington*, la lesión local, o la disfunción, de las células endoteliales parece ser un factor importante en la iniciación de la ateroesclerosis (véase la Figura 21.5a).[43] Las plaquetas sanguíneas y los monocitos se acumulan en el sitio de la lesión y se adhieren al tejido conectivo expuesto (véase la Figura 21.5b). Estas plaquetas liberan una sustancia que se denomina **factor de crecimiento derivado de plaquetas (PDGF)** que estimula la migración de las células del músculo liso desde la capa media hacia adentro de la íntima. En general, la íntima contiene pocas células de músculo liso. Una placa ateromatosa, que básicamente está compuesta por células de músculo liso, tejido conectivo y detritos, se forma en el sitio de la lesión (véase la Figura 21.5c). Finalmente, los lípidos de la sangre, espe-

cíficamente el colesterol asociado a lipoproteínas de baja densidad (LDL–C), se acumulan y depositan en la placa ateromatosa (véase la Figura 21.5d).

Más recientemente, los investigadores teorizaron que los monocitos, es decir, glóbulos blancos que son células efectoras del sistema inmunológico, se adhieren a las células endoteliales. Estos monocitos se diferencian en macrófagos, que ingieren el LDL-C oxidado, y se convierten lentamente en células espumosas grandes y forman estrías lipídicas. Después, las células de músculo liso se acumulan debajo de estas células espumosas. A continuación, las células endoteliales se separan o se desprenden, exponen el tejido conectivo subyacente y permiten así que las plaquetas se adhieran a éste.[43] En esta modificación de la teoría original, la lesión endotelial no siempre es el acontecimiento desencadenante. La lesión o interrupción del endotelio puede ser el resultado de altas concentraciones sanguíneas de la forma aterogénica del colesterol (LDL-C); los radicales libres causados por el tabaquismo, la hipertensión y la diabetes; la homocisteína plasmática elevada y los microorganismos infecciosos, entre otros factores. De hecho, en la actualidad se reconoce a la ateroesclerosis como una enfermedad inflamatoria.[44]

La placa ateromatosa consiste en una colección de células de músculo liso y células inflamatorias (macrófagos y linfocitos T), tanto con lípidos intracelulares como

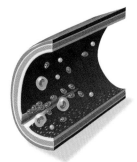

a Un irritante transportado por la sangre lesiona la pared arterial, deteriora la capa endotelial y expone el tejido conectivo subyacente.

b Las plaquetas sanguíneas y las células del sistema inmunológico circulantes, que se conocen como monocitos, son atraídos hacia el sitio de la lesión y se adhieren al tejido conectivo expuesto. Las plaquetas liberan una sustancia, el factor de crecimiento derivado de plaquetas (PDFG), que estimula la proliferación de células de músculo liso desde la capa media hacia la íntima.

c En el sitio de la lesión se forma una placa ateromatosa, compuesta de células de músculo liso, tejido conectivo y restos.

d A medida que la placa ateromatosa crece, estrecha la apertura arterial e impide el flujo sanguíneo. Los lípidos en la sangre, específicamente el colesterol de la lipoproteína de baja densidad (LDL-C), se depositan en la placa.

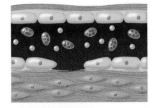
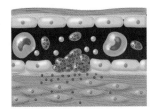
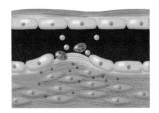
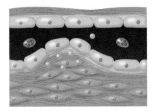

FIGURA 21.5 Cambios en la pared arterial con una lesión; se ilustra la interrupción del endotelio y las alteraciones subsiguientes que conducen a la ateroesclerosis.

extracelulares.[10] La placa ateromatosa también contiene una capa fibrosa. Ahora se reconoce que la composición de la placa y su capa fibrosa es crítica para su estabilidad. Las placas ateromatosas inestables son las que tienen capas fibrosas delgadas y están muy infiltradas por células espumosas. Estas placas son mucho más susceptibles a la rotura; cuando ésta se produce, se liberan enzimas proteolíticas que producen la degradación de la matriz celular que conduce a la coagulación de la sangre (trombo), como se ilustra en la Figura 21.6. Sobre la base de su tamaño, el trombo puede obstruir la arteria y producir un infarto de miocardio e incluso, un paro cardíaco. De hecho, la rotura de la placa ateromatosa y la trombosis representan hasta el 70% de los infartos de miocardio y los paros cardíacos. Es interesante señalar que las placas ateromatosas que se rompen suelen ser pequeñas y producen menos del 50% de estenosis o estrechamiento de una arteria coronaria.[10,15,44]

En la actualidad, existe evidencia de que la placa ateromatosa es una estructura dinámica, que atraviesa ciclos de erosión y reparación, que son los responsables de su crecimiento. Irónicamente, las células del músculo liso son importantes para la estabilidad de la placa ateromatosa, y la proliferación de estas células es potencialmente beneficiosa para el mantenimiento de su integridad. Los sitios de rotura de la placa ateromatosa se caracterizan por una baja densidad de células de músculo liso.[10]

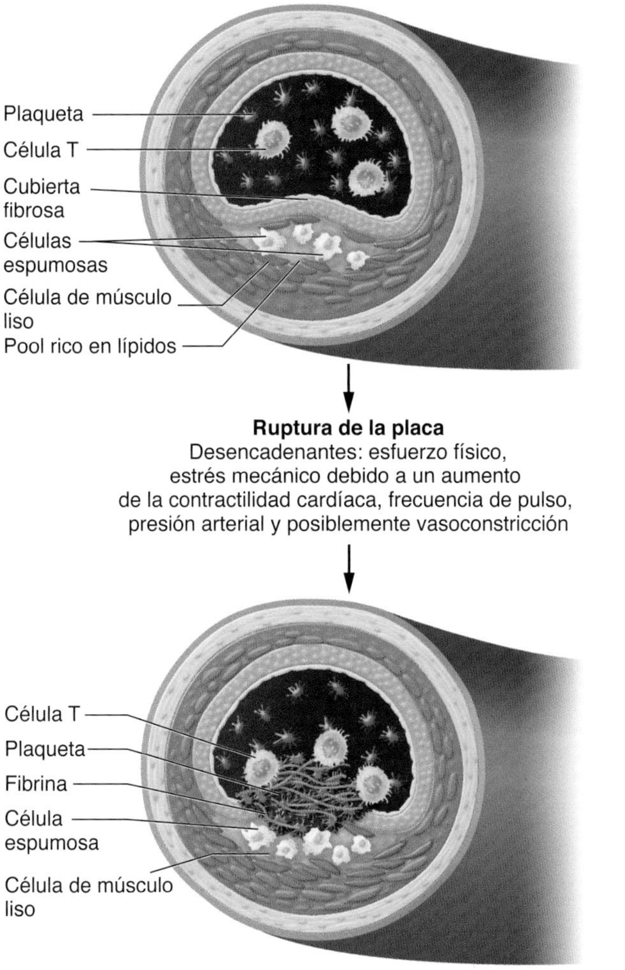

Fisiopatología de la hipertensión

La fisiopatología de la hipertensión no está del todo esclarecida. En realidad, se estima que entre el 90 y el 95% de los diagnosticados como hipertensos se clasifican como que padecen hipertensión idiopática, o de origen desconocido. La hipertensión idiopática también se denomina hipertensión esencial o primaria. El 5 al 10% restante se consideran como hipertensión secundaria, lo que significa que la causa es secundaria a otro problema de salud como nefropatías, tumores suprarrenales o defectos congénitos de la aorta.

Plaqueta
Célula T
Cubierta fibrosa
Células espumosas
Célula de músculo liso
Pool rico en lípidos

Ruptura de la placa
Desencadenantes: esfuerzo físico, estrés mecánico debido a un aumento de la contractilidad cardíaca, frecuencia de pulso, presión arterial y posiblemente vasoconstricción

Célula T
Plaqueta
Fibrina
Célula espumosa
Célula de músculo liso

FIGURA 21.6 Ilustración de la fisura o ruptura de una placa ateromatosa inestable en una arteria coronaria, que libera su contenido dentro del torrente sanguíneo y estimula la formación de un trombo (coágulo).

⬤ **Revisión**

➤ La fisiopatología se refiere a la patología y a la fisiología de un proceso patológico específico o una función alterada.

➤ Las primeras teorías sostenían que la enfermedad coronaria puede iniciarse por el daño al revestimiento endotelial de la capa íntima de la pared arterial. Este daño atrae plaquetas a la zona, las que a su vez liberan PDGF. El factor de crecimiento derivado de las plaquetas atrae células del músculo liso; como consecuencia comienza a formarse la placa ateromatosa, compuesta de células de músculo liso, tejido conectivo y residuos. Finalmente, los lípidos se depositan en la placa ateromatosa.

➤ La investigación más reciente indica que los monocitos, implicados en el sistema inmunológico, pueden adherirse entre las células endoteliales en la íntima y comenzar a formar estrías lipídicas; más tarde, esto conduce a la formación de la placa ateromatosa. De acuerdo con esta teoría, el daño endotelial no es necesario para la formación de la placa ateromatosa.

➤ En la actualidad, se sabe que la composición de la placa y su cubierta fibrosa es crítica respecto de los infartos de miocardio y los paros cardíacos. Las placas ateromatosas más pequeñas, donde existe menos del 50% de obstrucción de la arteria, que tienen capas fibrosas más delgadas y se infiltran más densamente con las células espumosas, son las más peligrosas.

➤ La fisiopatología de la hipertensión aún no se comprende totalmente.

➤ Más del 90% de los hipertensos tiene hipertensión idiopática o esencial, lo que significa que su causa es desconocida.

Determinación del riesgo individual

Con el transcurrir del tiempo, los científicos han intentado determinar la etiología básica o causa de la enfermedad coronaria y la hipertensión. La mayor parte del conocimiento de estas dos enfermedades proviene del campo de la epidemiología, una ciencia que estudia las relaciones de diversos factores de una enfermedad o proceso patológico específico. En diversos estudios, se han realizado observaciones de miembros seleccionados de diversas comunidades durante períodos extensos. Estas observaciones incluyen exámenes médicos y pruebas clínicas periódicas.

Con el tiempo, muchos de los participantes en tales estudios se enfermaron y algunos fallecieron. Todos aquellos que desarrollaron cardiopatías o hipertensión o quienes murieron de un infarto de miocardio o hipertensión se agruparon y se analizaron sus pruebas clínicas y médicas para determinar atributos o factores compartidos. A pesar de que este enfoque no define el mecanismo causal de la enfermedad, sí proporciona a los investigadores indicios valiosos respecto del proceso de la enfermedad. Tal como se ha identificado en los estudios poblacionales longitudinales a largo plazo, los factores que incrementan los riesgos de sufrir una enfermedad se denominan como **factores de riesgo**. A continuación se examinarán los factores de riesgo para las cardiopatías y la hipertensión.

Factores de riesgo para la enfermedad coronaria

Los factores asociados con un riesgo incrementado de desarrollar en forma prematura enfermedad coronaria pueden clasificarse en dos grupos: aquellos sobre los cuales una persona no tiene control y aquellos que pueden alterarse mediante cambios básicos en el estilo de vida. Los primeros incluyen la herencia (antecedentes familiares de enfermedad coronaria), la raza, el sexo masculino y la edad avanzada. De acuerdo con la American Heart Association, [4] los **factores de riesgo primarios** que pueden controlarse o alterarse incluyen

- tabaquismo,
- hipertensión,
- lípidos y lipoproteínas sanguíneas anormales,
- sedentarismo,
- obesidad y sobrepeso, y
- diabetes y resistencia a insulina.

El cuadro 21.3 muestra los rangos de valores de algunos de estos factores de riesgo, basados en las categorías "deseable", "límite" y "alto". Se trata de aproximaciones, y puede haber variantes por sexo y edad.

Se han propuesto otros factores de riesgo de enfermedad coronaria, pero aún no existe suficiente evidencia

para avalar su inclusión como factores de riesgo primarios según lo determinado por la *American Heart Association*. Los siguientes factores se consideran buenos candidatos para ser añadidos a la lista de factores de riesgo primarios:

- Proteína C reactiva: se produce en el hígado y las células del músculo liso dentro de las arterias coronarias en respuesta a una lesión o infección. La proteína C reactiva es un marcador de inflamación.
- Fibrinógeno: es una proteína de la sangre que interviene en el proceso de coagulación. Las concentraciones excesivas pueden conducir a una aglutinación anormal de las plaquetas. También es un indicador de inflamación.
- Homocisteína: es un aminoácido que se utiliza para sintetizar proteínas y formar los tejidos corporales. Los niveles excesivos se asocian con mayor riesgo de enfermedad coronaria y otras enfermedades cardiovasculares.
- Lipoproteína (a) [Lp(a)]: la lipoproteína (a) es similar en estructura a la LDL y podría reducir la capacidad del cuerpo para disolver coágulos de sangre. No se ha determinado aún su función específica en la ateroesclerosis, pero las concentraciones altas se asocian con incremento del riesgo de enfermedad coronaria.

Lípidos y lipoproteínas

La inclusión de **lípidos en sangre** elevados como un factor de riesgo primario exige una mejor definición. Durante muchos años, el colesterol y los triglicéridos fueron los únicos lípidos observados en estos estudios epidemiológicos. El público se confundió por información y opiniones conflictivas respecto del papel de los lípidos en el desarrollo de la ateroesclerosis. Más recientemente, los científicos estudiaron la manera en la que se transportan los lípidos en la sangre. Los lípidos por sí solos son insolubles en sangre; por lo tanto, son empaquetados con una proteína que permite su transporte por el cuerpo. Las **lipoproteínas** son las proteínas que transportan los lípidos en sangre. Dos tipos de lipoproteínas de interés principal para la enfermedad coronaria son la lipoproteína de baja densidad (LDL) y la lipoproteína de alta densidad (HDL). Las concentraciones altas del **colesterol asociado a lipoproteínas de baja densidad (LDL-C)** y las concentraciones bajas del **colesterol asociado a lipopro-**

CUADRO 21.3 Nivel de riesgo asociado con factores de riesgo seleccionados para la enfermedad coronaria

Factor de riesgo		NIVEL DE RIESGO		
		Deseable	En el límite	Alto
Presión arterial[a]				
Sistólica	mm Hg	< 120	120-139	≥ 140
Diastólica	mm Hg	< 80	80-89	≥ 90
Lípidos y lipoproteínas en sangre[a]				
Colesterol	mg/dL	< 200	200-239	≥ 240
LDL-C	mg/dL	< 130	130-159	≥ 160
HDL-C	mg/dL	≥ 60	40-59	< 40
Triglicéridos	mg/dL	< 150	150-199	≥ 200
Sobrepeso/obesidad (IMC) [a]	kg/m2	18,5-24,9	25,0-29,9	≥ 30
Glucemia en ayunas[b]	mg/dL	< 100	100-125	≥ 126
Inactividad física[a, c]	min/día	30-60	15-29	< 15

[a] American Heart Association, 2010.
[b] Datos de la American Diabetes Association: www.diabetes.org/diabetes-basics.
[c] Ejercicio de moderado a vigoroso en la mayoría de los días de la semana.

teínas de alta densidad (HDL-C) se asocian con un riesgo extremadamente alto de padecer un infarto de miocardio a una edad relativamente joven, por debajo de los 60 años. Por el contrario, un nivel alto de HDL-C y un nivel bajo de LDL-C se relacionan con un riesgo muy bajo. Se ha descrito una tercera clase de lipoproteínas, que se denominan lipoproteínas de muy baja densidad (VLDL). El **colesterol asociado a lipoproteínas de muy baja densidad (VLDL-C)** se encuentra cada vez más implicado como factor de riesgo para la enfermedad coronaria.

Evaluar el colesterol total no es suficiente. Una persona puede tener una concentración moderadamente alta de colesterol total (C-total) y aún así tener un riesgo relativamente bajo debido a una concentración alta de HDL-C y baja de LDL-C. Por el contrario, un individuo puede exhibir niveles moderadamente bajos de C-total y se puede estar en riesgo relativamente alto, debido a concentraciones altas de LDL-C y bajas de HDL-C.

¿Por qué estos dos transportadores de colesterol se asocian con diferentes niveles de riesgo? Una teoría es que el colesterol asociado a lipoproteínas de baja densidad es el responsable del depósito del colesterol en la pared arterial. Por el contrario, el colesterol asociado a lipoproteínas de alta densidad es considerado como un

barredor que remueve el colesterol de la pared arterial y lo transporta hasta el hígado para que sea metabolizado. Debido a estas funciones muy diferentes, es esencial conocer las concentraciones específicas de ambas lipoproteínas cuando se determina el riesgo individual de una persona. La razón entre C-total y el HDL-C puede ser el mejor índice de lípidos en sangre del riesgo para enfermedad coronaria. Valores de 3,0 o menores sitúan a una persona en un riesgo bajo, pero valores de 5,0 o mayores indican riesgo alto. Por ejemplo, una concentración de C-total de 225 mg/dL y de HDL-C de 45 mg/dL podrían dar una relación de 5,0 (225/45 = 5,0); pero con el mismo colesterol total y un HDL-C de 75 mg/dL, la relación sería de 3,0 (225/75 = 3,0). Otros utilizan la razón entre el C-total y el LDL-C o la razón entre el LDL-C y el HDL-C para establecer el grado de riesgo. Hasta el momento, no existe consenso respecto de cuál relación proporciona la mejor estimación del riesgo, aunque la mayoría utiliza la razón entre el C-total y el HDL-C.

Concepto clave

La razón entre el C-total y el HDL-C posiblemente es el índice de lípidos más preciso para determinar el riesgo de enfermedad coronaria; los valores de 5,0 o mayores indican mayor riesgo, y los valores de 3,0 o menores indican bajo riesgo.

Concepto clave

Las concentraciones altas de HDL-C y bajas de LDL-C disminuyen el riesgo de enfermedades coronarias. El colesterol asociado a lipoproteínas de baja densidad está involucrado en la formación de las placas ateromatosas, mientras que el HDL-C es probable que tenga relación con el retroceso de la placa.

Detección temprana de los factores de riesgo

Los factores de riesgo de enfermedad coronaria pueden identificarse a una edad temprana, y cuanto antes se detecte, más temprano puede comenzarse un

Framingham Heart Study

En julio de 1948, los *National Institutes of Health* (*National Heart, Lung, and Blood Institute*) comenzaron el Framingham Heart Study. Este estudio con diseño longitudinal tuvo el objetivo de identificar los factores que influyen en la aparición de enfermedades cardiovasculares. La población original del estudio, 5 209 personas de la localidad de Framingham, Massachusetts, fue examinada durante un período de 4 años; comenzó en septiembre de 1948 y fue reexaminada cada 2 años durante 48 años. Este estudio fue pionero en el concepto de factores de riesgo asociados con la enfermedad cardíaca. La inclusión de la descendencia, o segunda generación, del grupo original comenzó en 1971, y el estudio de la tercera generación se inició en 2002. El Framingham ha sido uno de los estudios longitudinales más exitosos en la historia de la investigación médica y ha producido más de 2 090 publicaciones basadas en la investigación. Como un ejemplo, este estudio fue el primero en indicar la importancia del colesterol como un factor de riesgo para la enfermedad coronaria y, posteriormente, en demostrar que el riesgo verdadero se asociaba con niveles altos de LDL-C y con niveles bajos de colesterol asociado a lipoproteínas de alta densidad (HDL-C).

tratamiento preventivo. En un estudio de 96 niños de entre 8 y 12 años,

- 19,8% tenía valores de C-total por encima del valor normal alto sugerido de 200 mg/dL;
- 5,2% tenía anormalidades en el electrocardiograma de reposo;
- 37,5% tenía más de 20% de grasa corporal relativa; y
- ninguno tenía presión arterial elevada.[55]

En un estudio más reciente de niños de entre 13 y 15 años, se obtuvieron resultados similares.[54] En general, los individuos con un riesgo elevado durante la niñez lo conservan en la adultez.

Además, deben considerarse los resultados del Bogalusa Heart Study. Éste fue un estudio longitudinal de factores de riesgo de enfermedad cardiovascular desarrollado desde el nacimiento hasta los 39 años. En 204 de los sujetos que murieron en forma prematura (principalmente por accidentes, homicidios o suicidios), los científicos encontraron una fuerte relación entre los factores de riesgo y la presencia de estrías lipídicas; a mayor cantidad de factores de riesgo, mayor es el desarrollo de estrías lipídicas en las arterias aorta y coronarias.[6]

Factores de riesgo para la hipertensión

Los factores de riesgo de hipertensión, al igual que los de enfermedad coronaria, son susceptibles de clasificarse como los que pueden controlarse y los que no. Los que no pueden controlarse son hereditarios (antecedentes familiares de hipertensión), sexo, edad avanzada y raza (riesgo incrementado para personas con ancestros africanos o hispanos). Los factores de riesgo que pueden controlarse son

- resistencia a la insulina,
- obesidad y sobrepeso,
- dieta (alcohol, sodio),

- tabaquismo,
- uso de anticonceptivos orales,
- estrés,
- sedentarismo.

Aunque la herencia es un factor de riesgo para la hipertensión, es probable que cumpla un papel mucho menor que muchos de los otros factores propuestos. Debe recordarse que los factores asociados con el estilo de vida suelen ser bastante similares dentro de una familia.

Recientemente, los científicos han mostrado gran interés en una posible conexión entre la hipertensión, la obesidad, la diabetes del tipo 2 y la enfermedad coronaria a través de la vía común de resistencia a la insulina o alteraciones en la acción de insulina (véase barra lateral). También se ha establecido a la obesidad como un factor de riesgo independiente para la hipertensión. Numerosos estudios han demostrado reducciones sustanciales en la presión arterial con pérdida de peso en pacientes hipertensos. Aunque la ingesta de sodio tradicionalmente se ha vinculado con la hipertensión, esta relación es probable que se limite a quienes son sensibles a la sal.

La inactividad física es un factor de riesgo para la hipertensión. Su función ha sido establecida en forma concluyente en estudios epidemiológicos. Aún más, existe evidencia considerable que indica que el incremento de actividad física tiende a reducir la presión arterial elevada.[3]

Reducción del riesgo a través de la actividad física

El papel que la actividad física podría cumplir en la prevención o el retraso del inicio de la enfermedad coronaria y la hipertensión ha sido de interés primordial para la comunidad médica durante muchos años. En las siguientes secciones, se tratará de develar el misterio al examinar las siguientes áreas:

- Evidencia epidemiológica
- Adaptaciones fisiológicas al entrenamiento que podrían reducir el riesgo
- Reducción de los factores de riesgo con el entrenamiento

Reducción del riesgo de enfermedad coronaria

La actividad física ha probado ser efectiva en reducir el riesgo de enfermedad coronaria. En las siguientes secciones, se analizará lo que se conoce acerca de este tema y los mecanismos fisiológicos que están involucrados.

Evidencia epidemiológica

Cientos de publicaciones científicas han tratado la relación epidemiológica entre la inactividad física y la enfermedad coronaria. En general, los estudios demuestran que el riesgo de infarto de miocardio en poblaciones masculinas sedentarias es alrededor del doble o el triple respecto de los hombres que son físicamente activos ya sea en sus trabajos como en sus momentos recreativos. Los estudios iniciales llevados a cabo por el Dr. J.N. Morris (véase la Figura 21.7) y sus colegas en Inglaterra en la década de 1950 estuvieron entre los primeros en demostrar esta relación.[37] En éstos, se comparó a los conductores de ómnibus sedentarios con los conductores activos que trabajaban en ómnibus de doble altura, y a los trabajadores postales sedentarios con los activos que caminaban sus rutas. La tasa de mortalidad por enfermedad coronaria era el doble de alta en los grupos sedentarios que en los grupos activos. Muchos estudios publicados durante los 20 años posteriores demostraron, en esencia, los mismos resultados: aquellos que eran sedentarios en sus ocupaciones tenían aproximadamente el doble de riesgo de morir por enfermedad coronaria que los que eran activos.

La mayoría de estos primeros estudios epidemiológicos se enfocaron con exclusividad en la actividad ocupacional. No fue sino hasta la década de 1970 cuando los investigadores comenzaron a tener en cuenta las actividades

Síndrome metabólico

El **síndrome metabólico** es un término que se utiliza para vincular la enfermedad coronaria, la hipertensión, las concentraciones anormales de lípidos en sangre, la diabetes tipo 2 y la obesidad abdominal, con la resistencia a la insulina y la hiperinsulinemia. Este síndrome también se denomina síndrome X y síndrome de resistencia a la insulina. No está del todo claro dónde comienza, pero se ha observado que la obesidad del hemicuerpo superior se asocia con resistencia a la insulina y que esta resistencia se correlaciona significativamente con aumento de riesgo para enfermedad coronaria, hipertensión y diabetes tipo 2. Sin embargo, parece ser que la obesidad o la resistencia a la insulina (o una combinación de ambos) es el desencadenante que inicia una cascada de acontecimientos que conducen al síndrome metabólico. También se ha sugerido a la inflamación sistémica como un factor causal. Esto se convirtió en un tema importante de investigación en la década de 1990 y continúa en la actualidad. Los resultados de esta investigación podrían contribuir a la mejor comprensión de la fisiopatología de estas enfermedades y sus interrelaciones.

que los sujetos realizaban en su tiempo libre. Nuevamente, los estudios del Dr. Morris y sus colegas[36, 38] estuvieron entre los primeros en observar la relación entre las actividades que realizaban los individuos en su tiempo libre y el riesgo de enfermedad coronaria: Las personas menos activas tenían el doble o el triple de riesgo. Estudios posteriores realizados por epidemiólogos como los Dres. Paffenbarger, Leon y Blair (Figura 21.7) proporcionaron resultados similares.[8, 9, 31, 32, 39] La inactividad física aproximadamente duplica el riesgo de padecer un infarto de miocardio mortal.[42] Mientras la mayoría de estos primeros estudios se llevaron a cabo en hombres, estudios posteriores demostraron resultados similares en las mujeres.[13]

Los científicos de los *Centers for Disease Control* en Atlanta realizaron una revisión exhaustiva de todos los estudios epidemiológicos publicados acerca de la inactividad física y la enfermedad coronaria hasta mediados de la década de 1980.[42] Utilizaron un criterio riguroso para la inclusión en los estudios en sus análisis, y también evaluaron la calidad de cada estudio. Encontraron que el riesgo relativo promedio de enfermedad asociada con inactividad se encontraba entre 1,5 y 2,4, con un valor medio de 1,9; esto significa que las personas inactivas tienen alrededor del doble de riesgo que más activas, como se describió con anterioridad. Además, estos investigadores encontraron que el riesgo relativo de inactividad física es similar al asociado con otros factores de riesgo para enfermedad coronaria. Los resultados de estos estudios epidemiológicos cumplieron un papel importante: en 1992, la American Heart Association declaró a la inactividad física como factor de riesgo primario para la enfermedad coronaria.

Otro asunto importante surgió a mediados de la década de 1980: ¿qué nivel de actividad o aptitud física es necesaria para reducir el riesgo de enfermedad coronaria? A partir de los estudios epidemiológicos, no se esclareció totalmente qué nivel de actividad era efectivo. De hecho, durante mediados de la década de 1980, los científicos habían comenzado a diferenciar entre nivel de actividad y aptitud física, y definieron la aptitud aeróbica o cardiovascular de una persona mediante el $\dot{V}O_{2máx}$. Distinguir estos dos términos fue crucial debido a que una persona puede ser activa aún sin acondicionamiento físico ($\dot{V}O_{2máx}$ bajo) o puede tener aptitud física ($\dot{V}O_{2máx}$ alto) y ser inactivo. El Dr. Ronald LaPorte y sus colegas de la University of Pittsburgh contribuyeron a reorientar el pensamiento y la investigación subsiguiente en esta área.[28] El Dr. LaPorte señaló que, sobre la base de diversos estudios epidemiológicos, los niveles de actividad asociados con un riesgo bajo para enfermedad coronaria en general eran bajos y, por cierto, no al nivel que se necesitaría para incrementar la capacidad aeróbica. Los estudios posteriores avalaron esto.[9, 31, 32] Niveles bajos de actividad, tales como caminar y realizar jardinería pueden proporcionar beneficios considerables al reducir el riesgo de enfermedad coronaria. Es probable que los ejercicios más vigorosos proporcionen incluso mayores beneficios.[30, 46]

⬤ Concepto clave

De los estudios epidemiológicos, se establece que la inactividad física duplica el riesgo de enfermedad coronaria. Sin embargo, en la actualidad está claro que la actividad de baja intensidad es suficiente para reducir el riesgo de esta enfermedad. Los beneficios para la salud no requieren ejercicios de alta intensidad, pero cuanto más vigoroso es el ejercicio, es probable que se obtengan mayores beneficios.

Adaptaciones al entrenamiento que podrían reducir el riesgo

La importancia de la actividad física regular para reducir el riesgo de enfermedad coronaria se torna evidente cuando se consideran las adaptaciones anatómicas y fisiológicas en respuesta al entrenamiento. Por ejemplo, co-

FIGURA 21.7 Epidemiólogos del ejercicio cuyas actividades de investigación contribuyeron a que la American Heart Association incluya la inactividad física como un factor de riesgo importante para la enfermedad coronaria: los doctores Steven Blair, Ralph Paffenbarger, Jerry Morris y Art Leon.

El tipo y la intensidad del ejercicio se relacionan con el riesgo de enfermedad coronaria

En 2002, un grupo de científicos de la *University of Harvard* informaron en el *Journal of the American Medical Association* los resultados de sus estudios epidemiológicos acerca de la relación del tipo y la intensidad del ejercicio con la enfermedad coronaria en más de 44 000 hombres reclutados en el Health Professionals's Follow-Up Study.[46] Estos hombres fueron seguidos cada dos años a partir de 1986 hasta 1998 para evaluar los factores de riesgo potenciales de enfermedad coronaria, identificar casos de diagnóstico reciente de enfermedad coronaria y evaluar los niveles de actividad física durante el tiempo libre. Los hombres que corrían a 9,7 km/h o más rápido durante 1 h o más por semana tenían una reducción del riesgo del 42% en comparación con los hombres que no corrían. Los hombres que se entrenaban con pesos durante 30 min o más por semana tenían una reducción del riesgo del 23% comparados con los que no lo hacían. La caminata enérgica durante 30 min o más por día estaba asociada con reducción del riesgo del 18%, al igual que el remo durante 1 hora o más por semana. Sorprendentemente, la natación y el ciclismo no se relacionaron con el riesgo. Este estudio fue el primero en demostrar los beneficios directos del entrenamiento de la fuerza respecto del riesgo de enfermedad coronaria y en indicar que la intensidad del ejercicio también es una consideración crítica: cuanto mayor es la intensidad, se obtiene una mayor reducción del riesgo de enfermedad coronaria.

mo se describió en el Capítulo 11, el ejercicio hace que el corazón se hipertrofie, principalmente a través de un aumento del tamaño de la cámara ventricular izquierda, pero también a través de un aumento del espesor de la pared ventricular izquierda. Esta adaptación puede ser importante para mejorar la contractilidad e incrementar la capacidad de trabajo cardíaco.

La capacidad de la circulación coronaria parece aumentar con el entrenamiento. Algunos estudios demuestran que el tamaño de los vasos coronarios más importantes se incrementa, lo cual implica un aumento en la capacidad del flujo sanguíneo hacia todas las regiones del corazón. De hecho, diversos estudios demostraron que el pico de velocidad de flujo en las principales arterias coronarias se incrementa con el entrenamiento. Un estudio importante a comienzos de la década de 1980 se enfocó en los efectos del entrenamiento de intensidad moderada sobre el desarrollo de enfermedad coronaria en los monos.[27] Los animales se dividieron en tres grupos: un grupo control que consumió alimentos bajos en grasas, un grupo que no se ejercitaba y se alimentaba con una dieta aterogénica (alta en grasas) que se sabía inducía la enfermedad cardíaca, y un grupo que se ejercitaba y también ingería la dieta aterogénica.

El grupo sedentario que consumió la dieta aterogénica desarrolló ateroesclerosis. Las arterias coronarias de los monos que se ejercitaban con la misma dieta tuvieron un diámetro interno mayor y, sustancialmente, menos ateroesclerosis que la de los animales sedentarios. Para el grupo que realizó ejercicio, la sección transversal de la luz (diámetro) de todos los principales vasos coronarios era dos a tres veces más grande que en los monos sedentarios. Se demostraron datos similares para las arterias coronarias de los corredores de maratón versus la de los hombres sedentarios después de una prueba con nitroglicerina.[22]

También comienza a acumularse evidencia que sugiere que el entrenamiento incrementa la función endotelial. La desmejora de la función endotelial es resultado, principalmente, de la disminución en la biodisponibili-dad de óxido nítrico. Se ha demostrado que el entrenamiento incrementa la biodisponibilidad de óxido nítrico.[50] Además, el entrenamiento ha demostrado tener un efecto antiinflamatorio, y acabamos de ver que la ateroesclerosis es una enfermedad inflamatoria.[40]

Cierta evidencia también sugiere que la circulación colateral del corazón mejora con el ejercicio. La circulación colateral es un sistema de vasos pequeños que se ramifican a partir de los vasos coronarios y son importantes para proporcionar sangre a todas las regiones del corazón, en particular cuando existen obstrucciones en las principales arterias coronarias. Sin embargo, es posible que el desarrollo de la circulación colateral sea más el resultado de las obstrucciones y la circulación comprometida que del entrenamiento.

Concepto clave

El entrenamiento aeróbico produce cambios anatómicos y fisiológicos favorables que disminuyen el riesgo de infarto de miocardio, que incluyen arterias coronarias más grandes, aumento del tamaño del corazón y mayor capacidad de bombeo. El entrenamiento aeróbico también tiene un efecto favorable en la mayoría de los otros factores de riesgo para enfermedad coronaria. Aunque no se ha estudiado con la misma extensión, el entrenamiento con sobrecarga parece proporcionar muchos de estos mismos beneficios.

Reducción del riesgo con el entrenamiento

Muchos estudios han investigado la función del ejercicio en la alteración de los factores de riesgo asociados con enfermedades cardíacas. A continuación se considerarán los principales factores de riesgo y cómo el ejercicio podría afectarlos.

Existe poca evidencia directa disponible que indique que el ejercicio conduce a dejar de fumar o reduce la cantidad de cigarrillos fumados. Información de gran

Actividad física versus aptitud física: ¿ambos son importantes?

En 2001, el Dr. Paul Williams, del Lawrence Berkeley National Laboratory, publicó un importante artículo que sugiere que tanto el nivel de aptitud física, valorada mediante el $\dot{V}O_{2máx}$, como el de actividad física, son factores de riesgo independientes para la enfermedad coronaria.[53] Este autor llevó a cabo un metaanálisis de una cantidad de estudios que se realizaron en poblaciones grandes. Los resultados de este metaanálisis mostraron que tanto el nivel de aptitud física como el nivel de actividad física se correlacionaban de manera independiente con el grado de riesgo de enfermedad coronaria y enfermedades cardiovasculares en general. Como se ilustra en la figura, a medida que se incrementa el percentil tanto para la actividad física como para la aptitud física, que van desde el percentil más bajo hasta el más alto, por encima de alrededor del 15% existe una reducción en el riesgo tanto para la enfermedad coronaria como para las enfermedades cardiovasculares. El nivel de aptitud física tuvo una mayor correlación con la reducción del riesgo de enfermedad cardiovascular que el nivel de actividad física. Estos hallazgos son controvertidos entre los epidemiólogos; por lo tanto, es probable que surjan más estudios y opiniones acerca de este tema.[8]

Reproducido, con autorización, de P.T. Williams, 2001, "Physical fitness and activity as separate heart disease risk factors: A metananalysis", *Medicine and Science in Sport and Excercise* 33: 754-761.

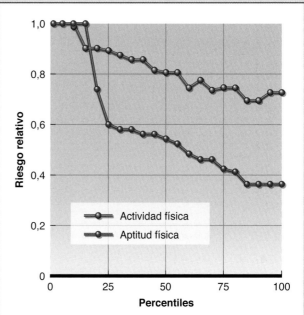

Reducción en el riesgo relativo tanto para la enfermedad coronaria como para la enfermedad cardiovascular, con niveles crecientes de actividad física y aptitud física. Esta es una curva dosis-respuesta que indica que a mayor dosis, mejor es la respuesta.

peso avala la eficacia del ejercicio en la reducción de la presión arterial en aquellos con hipertensión de leve a moderada. El entrenamiento de la resistencia puede reducir la presión arterial sistólica y diastólica en alrededor de 7 y 6 mm Hg, respectivamente, en individuos que son hipertensos y exhiben valores de presión arterial sistólica ≥ 140 o presión arterial diastólica ≥ 90 mm Hg.[3] Incluso, el ejercicio puede provocar una ligera reducción tanto en la presión sistólica como diastólica (de alrededor de 2 mm Hg cada una) en las personas con presión arterial normal.[3] Aún no se han determinado los mecanismos específicos responsables de la reducción en la presión arterial con el entrenamiento de la resistencia.

Es posible que el ejercicio ejerza su efecto más benéfico sobre las concentraciones de los lípidos en sangre.[17] Aunque las disminuciones en el C-total y el LDL-C con entrenamiento de la resistencia son relativamente pequeñas (en general, menores al 10%), parecen existir incrementos de relativa importancia en el HDL-C y disminuciones importantes de los triglicéridos. Diversos estudios transversales llevados a cabo con atletas y no atletas han mostrado inequívocamente que las personas con mayores niveles de actividad física o mayor capacidad aeróbica tienen concentraciones más elevadas de HDL-C y menores

de triglicéridos. Sin embargo, los resultados de los estudios longitudinales sobre el entrenamiento son bastante menos claros. Muchos estudios han mostrado que el entrenamiento provoca el incremento en los niveles de HDL-C y la reducción de la concentración de triglicéridos, mientras que otros han registrado cambios pequeños o nulos. Incluso, algunos estudios han registrado una reducción en la concentración de HDL-C. Sin embargo, la mayoría de los estudios han mostrado que el entrenamiento de la resistencia provoca la reducción de la razón entre el LDL-C y el HDL-C y de la razón entre el C-total y el HDL-C. Esto implica una reducción del riesgo.

Deben considerarse dos factores de confusión cuando se evalúan cambios en los lípidos con el entrenamiento físico, debido a que pueden tener un efecto independiente importante sobre estos cambios. Dado que los lípidos plasmáticos se expresan como una concentración (miligramos de lípidos por decilitro de sangre), cualquier cambio en el volumen plasmático afectará las concentraciones plasmáticas independientemente del cambio en los lípidos totales. Se debe recordar que el entrenamiento suele incrementar el volumen plasmático (Capítulo 11). Con esta expansión del plasma, la cantidad absoluta de HDL-C podría incrementarse; no obstante, la concentración de HDL-C podría no cambiar o incluso ser menor. Además, las concentraciones plasmáticas de lípidos se encuentran fuertemente asociadas a los cambios en el peso corporal. Cuando se evalúan los efectos del entrenamiento físico, deben considerarse los efectos independientes que un cambio en el peso corporal podría tener sobre los lípidos plasmáticos.

Respecto de los restantes factores de riesgo, el ejercicio cumple una importante función en la reducción y el control del peso corporal y de la diabetes. Estos temas se analizan en detalle en el Capítulo 22. También se ha informado que el ejercicio es eficaz para la reducción y el control del estrés y para reducir la ansiedad.[41] Algunos investigadores avalan el uso del entrenamiento físico para tratar la depresión, a pesar de que los resultados aún no son concluyentes.[16,35]

Reducción del riesgo de hipertensión

El papel de la actividad física en la reducción del riesgo de hipertensión no ha sido tan bien establecido como lo fue respecto de la enfermedad coronaria. Como se pudo observar en la sección anterior, el entrenamiento físico disminuye la presión arterial en las personas con hipertensión moderada, pero aún no se conocen totalmente los mecanismos precisos que permiten esta reducción. A continuación se consideran los que sí se conocen.

Evidencia epidemiológica

Muy pocos estudios epidemiológicos han tratado la relación entre la inactividad física y la hipertensión. En el Tecumseh Community Health Study, 1 700 hombres (a partir de los 16 años) completaron cuestionarios y encuestas para proporcionar estimaciones de sus gastos energéticos diarios promedio y pico, y las horas que pasaban en actividades particulares. Cuanto más activos eran, sus presiones arteriales sistólicas y diastólicas eran significativamente menores, con independencia de la edad.[34] Se han obtenido resultados similares cuando se analizó la presión arterial de reposo en función del nivel de aptitud física en casi 3 000 hombres adultos y más de 3 900 mujeres adultas, todos evaluados en la Clínica Cooper en Dallas.[14, 21] Los individuos con mayor aptitud física tenían menores presiones arteriales sistólica y diastólica. En un seguimiento de los participantes del estudio en la Clínica Cooper, los investigadores reportaron un riesgo relativo de 1,5 para el desarrollo de hipertensión en personas con niveles bajos de aptitud física en comparación con las personas con mayor aptitud física.[7] En una muestra de 2 205 adultos (20-49 años) de la *National Health and Nutrition Examination Survey* (NHANES), la hipertensión recientemente identificada estaba asociada con una menor aptitud física valorada mediante un test submáximo en cinta ergométrica, con un índice de probabilidad (OR) de 2,12 para las mujeres y de 1,83 para los hombres.[11] Los resultados de estos limitados estudios sugieren que las personas activas y las personas con buen estado físico tienen menor riesgo de sufrir hipertensión. Los estudios epidemiológicos también demostraron que mayores niveles de actividad física y de aptitud aeróbica se relacionan con menor riesgo de accidente cerebrovascular tanto en hombres[29] como en mujeres.[23]

Adaptaciones al entrenamiento que podrían reducir riesgos

Una cantidad de adaptaciones fisiológicas que acompañan al entrenamiento de la resistencia podrían afectar la presión arterial tanto en reposo como durante el ejercicio. Uno de los cambios más importantes asociados con el entrenamiento de la resistencia es el incremento en el volumen plasmático ya mencionado. Podría asumirse de manera lógica que cualquier incremento en el volumen plasmático aumentaría la presión arterial, en particular debido a que una de las primeras líneas de tratamiento farmacológico para la hipertensión es la prescripción de un diurético para reducir el agua total del cuerpo y, por lo tanto, el volumen plasmático. Sin embargo, recordemos del Capítulo 11 que el músculo entrenado exhibe un incremento notable en capilares. También el sistema venoso en una persona entrenada tiene una gran capacidad, lo cual le permite contener más sangre. Por estas razones, el aumento de volumen plasmático secundario al entrenamiento físico no incrementa la presión arterial.

Hasta el momento no se han establecido los mecanismos específicos responsables de la reducción de la presión arterial de reposo con el entrenamiento de la resistencia. Algunos estudios demostraron que el gasto cardíaco en reposo se reduce y que las demandas de oxígeno del cuerpo se satisfacen mediante el aumento de la diferencia arterio-venosa de oxígeno, o diferencia $(a\text{-}\bar{v})O_2$. Otros estudios, sin embargo, demostraron que el gasto cardíaco permanece inalterado. Sin una disminución del gasto cardíaco, las reducciones observadas en la presión arterial de reposo luego del entrenamiento deben ser el resultado de reducciones en la resistencia vascular periférica, que puede atribuirse a una disminución general de la actividad del sistema nervioso simpático. El aumento de la vasodilatación y la remodelación vascular de las arterias existentes y el crecimiento de nuevos vasos también son posibles mecanismos de reducción de la presión arterial. La pérdida de peso también esta asociada con disminuciones en la presión arterial.[3]

⬤ Concepto clave

El entrenamiento aeróbico reduce la presión arterial tanto en individuos saludables, como en hipertensos. No se han determinado por completo los mecanismos por los cuales el ejercicio reduce la presión arterial.

Reducción del riesgo con el entrenamiento

En la sección previa sobre enfermedad coronaria, se determinó que el entrenamiento disminuye la presión arterial de reposo en personas normotensas y aún más en los hipertensos. Estas reducciones no se relacionan con la duración del programa de entrenamiento; sin embargo, podrían ser mayores en respuesta al ejercicio de intensidad baja a moderada que al ejercicio de alta intensidad.

No sólo el ejercicio reduce la presión arterial propiamente dicha, sino que también afecta a otros factores de riesgo. El ejercicio es importante para reducir la grasa corporal e incrementar la masa muscular, lo que puede ser significativo para reducir las concentraciones sanguíneas de glucosa y, por ende, asistir a un mejor control de la glucemia (azúcar en sangre). Esto podría explicar en parte la reducción en la resistencia a la insulina, otro factor de riesgo para la hipertensión, que se ha observado en estudios de entrenamiento. El ejercicio también se asocia con reducción del estrés.

Riesgo de infarto de miocardio y muerte durante el ejercicio

Cuando una persona muere mientras realiza ejercicio, el incidente suele ser noticia en los titulares de los diarios. Las muertes durante la realización de ejercicio no ocurren a menudo, pero son muy publicitadas. Las historias del inicio del capítulo ofrecen algunos ejemplos. ¿Cuán seguro o cuán peligroso es el ejercicio? En una revisión de la literatura científica anterior a 1982, se estimó que se podría producir aproximadamente una muerte cada 7 620 corredores de mediana edad por año.[48] En un estudio varios años más tarde, la estimación fue de una muerte cada 18 000 hombres físicamente activos.[45] En un estudio publicado en 2000, el riesgo con el ejercicio vigoroso era de una muerte por cada 1,42 millones de horas de ejercicio.[1] La mayoría de los resultados de las investigación hasta la actualidad fueron predominantemente para los hombres. En 2006, un estudio en mujeres demostró un riesgo mucho menor, de una muerte cada 36,5 millones de horas de ejercicio de intensidad moderada a alta.[51] Por lo tanto, el riesgo general de infarto de miocardio y muerte durante el ejercicio es muy bajo. Aún más, aunque el riesgo de muerte se incrementa durante un período de ejercicio vigoroso, la práctica habitual de ejercicio vigoroso se asocia con una disminución general del riesgo de infarto de miocardio.[45] Esto se ilustra en la figura 21.8. Sin embargo, existe una preocupación por aquellos atletas que se dedican al ejercicio de ultrarresistencia, es decir, entrenamientos o competiciones que exceden las 4 horas. En teoría, se encuentran en mayor riesgo de sufrir trastornos cardiovasculares debido al estrés oxidativo asociado con este tipo de entrenamiento o competición.[26] Es insuficiente la información hasta el momento como para permitir una resolución de este problema potencial.

Cuando la muerte sobreviene durante el ejercicio en personas de 35 años o mayores, en general se produce a partir de una arritmia cardíaca causada por ateroesclerosis de las arterias coronarias. Por el otro lado, aquellas personas menores de 35 son más propensas a morir como resultado de una miocardiopatía hipertrófica (enfermedad de agrandamiento del corazón, que suele

---

● Revisión

➤ Por lo general, los estudios epidemiológicos han observado que el riesgo de enfermedad coronaria en poblaciones masculinas sedentarias es alrededor del doble o del triple que el de los hombres físicamente activos, y que la inactividad física aproximadamente duplica el riesgo de infarto de miocardio mortal .

➤ Los niveles de actividad asociados con menor riesgo de enfermedad coronaria pueden ser menores que aquellos necesarios para incrementar la capacidad aeróbica.

➤ El entrenamiento físico mejora la contractilidad del corazón, la capacidad de trabajo y la circulación coronaria.

➤ El ejercicio puede afectar significativamente las concentraciones de lípidos en sangre. Los estudios demuestran que el entrenamiento de la resistencia disminuye las razones entre LDL-C y HDL-C y entre C-total y HDL-C, principalmente debido al aumento del HDL-C.

➤ El ejercicio es antiinflamatorio y parece mejorar la función endotelial.

➤ El ejercicio puede ayudar a controlar la presión arterial, el peso y los niveles de glucosa sanguínea, y aliviar el estrés.

➤ Las personas que son activas y las que tienen buena aptitud física presentan menor riesgo de hipertensión.

➤ El aumento del volumen plasmático que acompaña al entrenamiento físico no eleva la presión arterial debido a que las personas entrenadas tienen más capilares y mayor capacidad venosa.

➤ La presión arterial en reposo en los hipertensos disminuye con el entrenamiento; es probable que esto sea consecuencia de la disminución de la resistencia periférica, pero se desconocen los mecanismos reales.

➤ El ejercicio también reduce la grasa corporal, los niveles de glucosa sanguínea y la resistencia a la insulina, factores relacionados con mayor riesgo de hipertensión.

● Concepto clave

El riesgo de infarto de miocardio se incrementa durante un período de ejercicio real. Sin embargo, durante el curso de un período de 24 h, aquellas personas que se ejercitan de manera regular tienen un riesgo mucho menor de sufrir un infarto de miocardio que las que no se ejercitan.

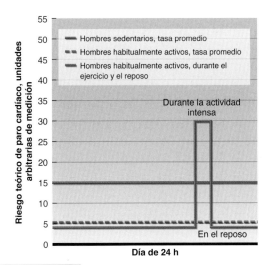

FIGURA 21.8 Riesgo de paro cardíaco primario durante el ejercicio vigoroso y en otros momentos a través de un período de 24 h, comparando hombres sedentarios con hombres habitualmente activos.

Datos de Siscovick y cols., 1984.

transmitirse genéticamente), anomalías congénitas de las arterias coronarias, un aneurisma aórtico o miocarditis (inflamación del miocardio).

Entrenamiento y rehabilitación de los pacientes con enfermedad cardíaca

La participación activa en un programa de rehabilitación cardíaca, que incluya un componente de ejercicio aeróbico y uno de sobrecarga, ¿puede ayudar a los sobrevivientes de un infarto de miocardio a sobrevivir a un infarto posterior o a evitarlo? El entrenamiento de la resistencia conduce a muchos cambios fisiológicos que reducen el trabajo o la demanda de oxígeno del corazón. Como se describió, muchos de estos cambios son periféricos, o sea, no afectan en forma directa al corazón. En resumen, el entrenamiento aumenta el cociente capilares/fibra muscular y el volumen plasmático. Debido a estos cambios, se produce un incremento del flujo sanguíneo hacia los músculos. Como ya se mencionó, en algunos casos esto permite una reducción en el gasto cardíaco, y las demandas de oxígeno del cuerpo se satisfacen por un aumento de la diferencia (a-v̄)O_2. Es posible que el entrenamiento también incremente o mantenga el suministro de oxígeno al corazón.

Sin embargo, también pueden producirse cambios significativos en el corazón propiamente dicho. Los estudios de pacientes con cardiopatías en la *Washington University*, en St. Louis, han proporcionado evidencia sorprendente acerca de que el condicionamiento aeróbico intenso no sólo puede cambiar en forma sustancial los factores periféricos, sino también alterar al corazón mismo, posible-

mente aumentando el flujo sanguíneo del corazón e incrementando la función ventricular izquierda.[18]

A partir de análisis anteriores en este capítulo, queda claro que el entrenamiento de la resistencia puede reducir en forma significativa el riesgo de enfermedad cardiovascular a través de su efecto independiente sobre los factores de riesgos individuales para la enfermedad coronaria y la hipertensión. Se han reportado cambios favorables en la presión arterial, las concentraciones de lípidos, la composición corporal, el control de la glucosa y el estrés en pacientes que participan de un programa de entrenamiento para la rehabilitación cardíaca. Hay muchas razones para creer que estos cambios son de tanta importancia para la salud de un paciente que ha atravesado un infarto de miocardio como para las personas que se presume son saludables.

El entrenamiento de la fuerza (con sobrecarga) también tiene beneficios sustanciales cuando se incluye como parte de un programa de rehabilitación amplio.[52] El cuadro 21.4 proporciona un resumen comparativo de los

CUADRO 21.4 Comparación de los efectos del entrenamiento de la resistencia aeróbica y el entrenamiento de la fuerza sobre las variables de salud y aptitud física

Variable	Entrenamiento aeróbico	Entrenamiento de la fuerza
Densidad mineral ósea	↑↑	↓↓
Composición corporal		
% de grasa	↓↓	↓
Masa libre de grasa	↔	↑↑
Fuerza	↔	↑↑↑
Metabolismo de la glucosa		
Respuesta de la insulina a una carga de glucosa	↓↓	↓↓
Concentración basal de insulina	↓	↓
Sensibilidad a la insulina	↑↑	↑↑
Lípidos séricos		
HDL-C	↑↔	↑↔
LDL-C	↑↔	↓↔
Frecuencia cardíaca de reposo	↓↓	↔
Volumen sistólico	↑↑	↔
Presión arterial en reposo		
Sistólica	↓↔	↔
Diastólica	↓↔	↓↔
$\dot{V}O_{2máx}$	↑↑↑	↑↑
Rendimiento de resistencia	↑↑↑	↑↑
Metabolismo basal	↑	↑↑

Observación. HDL-C: colesterol de lipoproteína de alta densidad; LDL-C: colesterol de lipoproteína de baja densidad; ↑ = aumento; ↓ = disminución; ↔ = poco o ningún cambio. A más flechas, mayor el cambio.

Reimpreso de M.L. Pollock y K.R. Vincent. 1996. "Resistance training for health". *Research Digest: Presidents' Council on Physical Fitness and Sports* 2(8): 1-6.

Adelanto importante en la reanimación cardiopulmonar-Compresión torácica aislada

El uso de la reanimación cardiopulmonar se remonta a 1740, cuando la *Paris Academy of Sciences* (Academia de Ciencia de París) recomendó en forma oficial la respiración boca a boca para las víctimas de ahogamiento. El primer uso de las compresiones torácicas en seres humanos data de 1891. En 1960 se desarrolló la reanimación cardiopulmonar (RCP) y la American Heart Association la apoyó formalmente en 1963. Es destacable que Leonard Cobb estableció el primer entrenamiento masivo de ciudadanos en RCP del mundo en Seattle, Washington, en 1972 y entrenó a más de 100 000 personas durante los dos primeros años del programa.

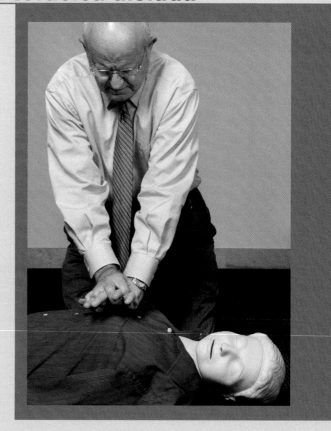

En la década de 1990, el Dr. Gordon A. Ewy, cardiólogo y director del *Sarver Heart Center en el University of Arizona College of Medicine*, y sus colegas comenzaron a investigar nuevas formas para mejorar las técnicas de RCP existentes con el fin de aumentar la cantidad de personas que deseaban aplicar la RCP y mejorar los resultados. Una barrera importante para las personas que brindan RCP fue y sigue siendo la respiración boca a boca. El Dr. Ewy y cols. comenzaron a investigar el concepto de las compresiones torácicas aisladas, excluyendo la respiración boca a boca. Una serie de ensayos de laboratorio apoyó su idea, de modo que comenzó a recomendar la RCP sólo con compresiones torácicas para todo el estado de Arizona, en 2004. Así, observaron que entre 2005 y 2010, cuando se recomendó y se enseñó al público lego en Arizona, la RCP sólo con compresiones torácicas, las tasas de supervivencia fueron el doble de altas en comparación con la RCP tradicional. Al parecer, cuando un rescatador suspende las compresiones torácicas por cualquier razón, incluso para respirar en la boca de la víctima, se detiene la circulación hacia el cerebro y otros órganos vitales. El mantenimiento de un flujo sanguíneo suficiente en el corazón y el encéfalo es fundamental para el éxito de la RCP. La RCP sólo con compresiones torácicas es para pacientes con paro cardíaco primario: personas que han sufrido un colapso inesperado frente a testigos, y no están respondiendo. La RCP estándar se aplica a pacientes con paro secundario a ahogamiento o paro respiratorio. El nuevo concepto de RCP sólo con compresiones torácicas es importante porque el 75% de los paros cardíacos extrahospitalarios son primarios.

beneficios del entrenamiento de la fuerza y el entrenamiento aeróbico sobre distintos marcadores fisiológicos y clínicos de salud y aptitud física. Es obvio que la combinación de los dos tipos de entrenamiento en un programa de rehabilitación amplio aumenta al máximo los beneficios globales del entrenamiento.

La rehabilitación cardíaca amplia debe considerar todos los aspectos de la recuperación del paciente, no sólo el ejercicio y la actividad física. El asesoramiento nutricional es de suma importancia para aquellos que no comen de forma apropiada, y se ocupa no sólo de las calorías totales consumidas en un día, sino (lo que es más importante) de una selección prudente de los alimentos para minimizar el riesgo y maximizar la salud. En algunos pacientes también puede ser necesario un asesoramiento psicológico y sexual. No es inusual que los pacientes estén ansiosos

por su corazón, y sus cónyuges a veces tienen temor de que las relaciones sexuales dañen aún más el corazón del esposo o la esposa que está recuperándose. Los programas de rehabilitación cardíaca bien organizados cuentan con grupos de apoyo para los pacientes, en los cuales éstos pueden conversar abiertamente sobre sus temores.

Algunos investigadores han tratado de determinar si la participación en un programa de rehabilitación cardíaca reduce el riesgo de un infarto de miocardio posterior o de muerte a partir de un infarto posterior. Es casi imposible diseñar un estudio para responder estas preguntas, principalmente debido a que podría ser necesario que participaran varios miles de personas en un estudio para tener una muestra lo bastante grande como para probar un efecto estadístico significativo. En consecuencia, diversos reportes publicados han combinado los resultados de los estudios más altamente controlados y han utilizado el metaanálisis, un tipo especial de análisis estadístico, para examinar esta información. El reporte más reciente (2004), el cual está compuesto por los pacientes de reportes previos más unos 4 000 pacientes adicionales (8 940 en total), concluyó que la inclusión del ejercicio en la rehabilitación reduce sustancialmente la tasa total de mortalidad (20% menor), así como también el riesgo de muerte por un paro cardíaco subsiguiente (26% menor). Sin embargo, el efecto sobre la reducción del riesgo de recurrencia de un infarto de miocardio no mortal, si bien fue sustancial (un 21% menor), no fue estadísticamente significativo.[47]

La evidencia de que la actividad física es importante en la rehabilitación del paciente cardíaco es lo suficientemente clara. El *American College of Sports Medicine* fijó su posición de la siguiente manera: "La mayoría de los pacientes con enfermedad coronaria deberían comprometerse en programas de ejercicios diseñados de manera individual para alcanzar un estatus óptimo de salud física y emocional" (p. iv).[2] La recomendación era que tales programas incluyeran un examen médico previo al ejercicio exhaustivo, incluyendo un test progresivo de ejercicio y la prescripción individualizada del entrenamiento. Tales programas deberían enfocarse en la modificación multifactorial de los factores de riesgo mediante el uso de dieta, fármacos y ejercitación para controlar los trastornos de lípidos en sangre, diabetes e hipertensión. Con un enfoque intensivo de rehabilitación, incluso es posible observar una leve regresión en la enfermedad.[20]

Revisión

➤ Aunque tienen mucha repercusión periodística, las muertes durante el ejercicio son raras.

➤ Las muertes durante el ejercicio en personas mayores de 35 años suelen ser causadas por una arritmia cardíaca resultante de la ateroesclerosis.

➤ Las muertes durante el ejercicio en personas menores de 35 años suelen ser causadas por miocardiopatía hipertrófica, anomalías congénitas de las arterias coronarias, aneurismas aórticos o miocarditis.

➤ Los programas de rehabilitación cardíaca están ideados para facilitar la recuperación de los infartos de miocardio y otros problemas de salud de origen cardiovascular, y para reducir el riesgo de nuevos infartos de miocardio o de otros problemas de salud.

➤ Estos programas deben incluir tanto componentes de entrenamiento aeróbico como de sobrecarga.

➤ Los beneficios de los programas de rehabilitación cardíaca amplios incluyen cambios favorables en la composición corporal, el metabolismo de la glucosa, los lípidos y lipoproteínas plasmáticos, la función cardíaca y la dinámica cardiovascular, el metabolismo, la calidad de vida relacionada con la salud y la reducción del riesgo de nuevos infartos de miocardio y muerte por infartos de miocardio.

Conclusión

En este capítulo se describió la importancia de la actividad física en la reducción del riesgo para enfermedades cardiovasculares, en especial la enfermedad coronaria y la hipertensión. Se analizó la prevalencia de estos trastornos, los factores de riesgo asociados con cada uno y las formas en las cuales la actividad física puede ayudar a reducir nuestros riesgos personales. En el siguiente capítulo continuarán examinándose los efectos del ejercicio en la salud cuando cambiamos nuestro foco de atención hacia la obesidad y la diabetes.

Palabras clave

accidente cerebrovascular

accidente cerebrovascular hemorrágico

accidente cerebrovascular isquémico

arterioesclerosis

ateroesclerosis

cardiopatías congénitas

cardiopatía reumática

colesterol asociado a lipoproteínas de alta densidad (HDL-C)

colesterol asociado a lipoproteínas de baja densidad (LDL-C)

colesterol asociado a lipoproteínas de muy baja densidad (VLDL-C)

endotelio

enfermedad coronaria

enfermedades vasculares periféricas

estrías lipídicas

factor de crecimiento derivado de plaquetas (PDGF)

factores de riesgo

factores de riesgo primarios

fisiopatología

hipertensión

infarto de miocardio

insuficiencia cardíaca

isquemia

lípidos en sangre

lipoproteínas

placa ateromatosa

síndrome metabólico

valvulopatías

Preguntas

1. ¿Cuáles son en la actualidad las principales causas de muerte en los Estados Unidos?
2. ¿Qué es la ateroesclerosis, cómo se desarrolla y a qué edad comienza?
3. ¿Qué es la hipertensión, cómo se desarrolla y a qué edad comienza?
4. ¿Qué es un accidente cerebrovascular? ¿Cómo se produce? ¿Cuáles son los resultados de un accidente cerebrovascular?
5. ¿Cuáles son los factores de riesgo básicos para la enfermedad coronaria? ¿Para la hipertensión?
6. ¿Cuál es el riesgo de muerte a partir de enfermedad coronaria asociada con un estilo de vida sedentario en comparación con un estilo de vida activo? ¿Cómo se ha establecido esto?
7. ¿Cuáles son las tres alteraciones fisiológicas básicas resultantes del entrenamiento que podrían reducir el riesgo de muerte por enfermedad coronaria?
8. ¿Dé que formas el entrenamiento de la resistencia altera los factores de riesgo para la enfermedad coronaria?
9. ¿Cuál es el riesgo de un individuo sedentario de sufrir hipertensión en comparación con el de un individuo activo?
10. ¿Cuáles son las tres alteraciones fisiológicas resultantes del entrenamiento que podrían reducir el riesgo de padecer hipertensión?
11. ¿Qué cambios en la presión arterial exhibirían los individuos hipertensos luego de participar en un programa de entrenamiento de la resistencia?
12. ¿Cuál es el valor de la rehabilitación cardíaca al tratar un paciente que ha tenido un infarto de miocardio?
13. ¿Cuál es el riesgo de muerte con el entrenamiento de la resistencia?

Obesidad, diabetes y actividad física

En este capítulo

Obesidad   **546**

Terminología y clasificación   546

Prevalencia de sobrepeso y obesidad   548

Control del peso corporal   551

Etiología de la obesidad   553

Problemas de salud asociados con el sobrepeso y la obesidad   554

Tratamiento general de la obesidad   557

Importancia de la actividad física en el control del peso corporal   559

Actividad física y reducción del riesgo para la salud   564

Diabetes   **565**

Terminología y clasificación   565

Prevalencia de la diabetes   566

Etiología de la diabetes   566

Problemas de salud asociados con la diabetes   567

Tratamiento general de la diabetes   567

Importancia de la actividad física en la diabetes   567

Conclusión   **570**

William Perry, apodado "El refrigerador", fue liniero defensivo del equipo profesional de fútbol americano Chicago Bears durante la década de 1980 y principios de la década de 1990. En el verano de 1988, Perry comunicó a las autoridades del campamento de entrenamiento de verano que su peso corporal era de 170 kg (375 lb), lo que representaba un sobrepeso de aproximadamente 25 kg (55 lb) con relación al valor prefijado. Si bien se expresaron obvias preocupaciones relacionadas con la capacidad de rendimiento en el terreno de juego con este peso excesivo, el mayor riesgo estaba representado por los trastornos médicos asociados con la obesidad. Chris Taylor, un competidor en lucha libre de *Iowa State University* y medalla de bronce del equipo Olímpico de Estados Unidos en 1972, compitió en la categoría de peso de 181 a 204 kg (400-450 lb). Taylor falleció mientras dormía a los 29 años, muy probablemente por causas relacionadas con la obesidad.

El peso excesivo de algunos deportistas amateurs y profesionales no sólo afecta el rendimiento, sino que también aumenta el riesgo médico.

Mientras millones de personas mueren de inanición cada año en distintas partes del mundo, muchos estadounidenses fallecen como consecuencia indirecta del consumo excesivo de alimentos. Cada año se gastan miles de millones de dólares para sobrealimentar al pueblo norteamericano. A su vez, este fenómeno implica el gasto de otros miles de millones de dólares anuales invertidos en los distintos métodos para adelgazar y otros miles de millones de dólares adicionales como consecuencia del aumento del costo de la atención médica de los trastornos asociados con la obesidad. Otro problema sanitario importante en los Estados Unidos es la diabetes mellitus, la cual afecta a casi 25 millones de personas. Esta alteración del metabolismo de los carbohidratos se relaciona en forma directa con la insulina. Es interesante señalar que los investigadores establecieron una relación entre la resistencia a la insulina y la obesidad, la enfermedad coronaria, la hipertensión y otros trastornos diversos.

Un estilo de vida sedentario se asocia con un riesgo aumentado de obesidad y de diabetes, y ambos trastornos, a su vez, se asocian inequívocamente con otras enfermedades que tienen tasas de mortalidad elevadas, como la enfermedad coronaria y el cáncer. Además, aproximadamente una tercera parte de las personas que viven en los EE. UU. padece obesidad, diabetes o ambos trastornos. Estas enfermedades son discapacitantes, y el costo asociado con su tratamiento es sumamente elevado. En este capítulo nos centraremos en la obesidad y la diabetes y analizaremos la prevalencia, la etiología y los problemas médicos asociados con ambos trastornos y las opciones terapéuticas generales. Por último, analizaremos la función que cumple la actividad física en la prevención y en el tratamiento de estas afecciones.

Obesidad

Los términos *sobrepeso* y *obesidad* suelen utilizarse como sinónimos, pero técnicamente tienen significados diferentes, como veremos a continuación.

Terminología y clasificación

El **sobrepeso** se define como un peso corporal que excede el valor convencional normal para una persona sobre la base de su estatura y su tamaño corporal. Estos valores convencionales se establecieron en 1959 y aún se utilizan en forma generalizada. En 1983 se diseñaron nuevas tablas de peso y talla corporal, pero fueron cuestionadas porque varios especialistas consideraron que los márgenes de peso admitidos eran demasiado amplios. Muchas organizaciones sanitarias profesionales se rehusaron a aceptar las tablas nuevas.

Los valores de peso en las tablas convencionales se basan exclusivamente en promedios poblacionales. Por esta razón, según esta tabla una persona puede tener sobrepeso aun cuando tenga una cantidad de grasa corporal normal o inferior a la normal. Por ejemplo, los jugadores de fútbol americano con frecuencia tienen sobrepeso según las tablas convencionales y sin embargo muchos de ellos son más magros que las personas de la misma edad, talla y tamaño corporal que se consideran de peso normal o incluso inferior al normal (véase el Capítulo 15). Otras personas se encuentran dentro de los parámetros normales de peso corporal para su talla y su tamaño de acuerdo con las tablas convencionales y, sin embargo, son obesos. Actualmente, se ha desaconsejado el uso de estas tablas estándar debido a que no permiten determinar con precisión una referencia de tamaño corporal y carecen de los datos representativos incluidos en las tablas originales

El término **obesidad** se refiere a la presencia de una cantidad excesiva de grasa corporal. Esta definición destaca la necesidad de calcular la cantidad absoluta de grasa corporal o el porcentaje de grasa en relación con el peso corporal total (véase el Capítulo 15 para las técnicas de medición). No se han establecido normas convencionales precisas para los porcentajes de grasas permitidos. Sin embargo, los hombres y las mujeres con porcentajes de grasa corporal que superen el 25 y el 35%, respectivamente, de la cantidad de grasa corporal total deberían considerarse obesos. Los hombres con una cantidad relativa de grasa del 20 al 25% y las mujeres con valores del 30 al 35% deberían considerarse como con obesidad fronteriza. Los márgenes aceptables son más amplios para las mujeres debido a la localización específica de los depósitos de tejido adiposo, como las mamas, las caderas, los glúteos y los muslos (véase más adelante).

En la actualidad, el parámetro clínico más utilizado para estimar la obesidad es el **índice de masa corporal (IMC)**. Para determinar el IMC de una persona, se divide la masa corporal en kilogramos por el cuadrado de su talla corporal en metros. Como un ejemplo, un hombre que pesa 104 kg (230 lb) y mide 1,83 m (6 pies) tendría un IMC de 31 kg/m^2 [104 kg/ (1,83m)^2 = 104 kg/ 3,35 m^2 = 31 kg/m^2]. En general, el IMC se correlaciona estrechamente con la grasa corporal y representa una estimación razonable de la obesidad. En el Cuadro 22.1 se presenta un método sencillo de determinar el IMC a partir de la talla y el peso.

En 1997, la Organización Mundial de la Salud propuso un sistema de clasificación para el bajo peso, el sobrepeso y la obesidad basado únicamente en valores de IMC.[47] Este sistema de clasificación fue adoptado por los Institutos Nacionales de Salud en 1998 con diversas modificaciones y se ha utilizado ampliamente desde el 2000.[30] En el Cuadro 22.2, los valores de IMC se dividieron en cinco categorías: peso subnormal, peso normal, sobrepeso, obesidad y obesidad extrema. Dentro de la clasificación de obesidad, existen dos subcategorías, de clase I y de clase II. La obesidad extrema se clasifica como de clase III. Este sistema incluye el grado de riesgo de enfermedad, el cual se establece mediante el IMC y la circunferencia de la cintura. Cuanto más grande es la circunferencia de la cintura, mayor será el riesgo para una categoría de IMC dada. La circunferencia de la cintura es un indicador de la cantidad de grasa visceral abdominal, la cual es un factor determinante del riesgo de enfermedad cardiovascular. En la actualidad, se sabe que las diferencias raciales y étnicas afectan la relación entre el IMC y la obesidad, lo que obliga a fijar diferentes umbrales de sobrepeso y de obesidad en los distintos grupos poblacionales. Por ejemplo, diversos estudios indicaron que para un mismo IMC, el riesgo médico es mayor en las poblaciones asiáticas porque los asiáticos presentan un mayor porcentaje de grasa corporal para un IMC dado. No obstante ello, un IMC de 30 o mayor casi siempre es un indicador de exceso de tejido adiposo o de obesidad cualesquiera sean las características raciales o étnicas de la población estudiada.

Este sistema de clasificación ha contribuido a una comprensión más cabal de la prevalencia verdadera de sobrepeso y de obesidad. Antes de adoptar este sistema, existía un amplio margen de estimaciones del porcentaje de adultos que tenían sobrepeso o eran obesos. Este fenómeno se debió a que en los distintos estudios se utilizaron diferentes umbrales para definir el sobrepeso y la obesidad, lo que generó una confusión considerable entre los científicos y el público general respecto de la prevalencia verdadera de los trastornos del peso corporal. En la actualidad, es más fácil establecer la prevalencia real de

CUADRO 22.1 Índice de masa corporal

IMC	19	20	21	22	23	24	25	26	27	28	29	30	31	32	33	34	35
ESTATURA (pies y pulgadas)								PESO (en libras)									
4'10" (58")	91	96	100	105	110	115	119	124	129	134	138	143	148	153	158	162	167
5' (60")	97	102	107	112	118	123	128	133	138	143	148	153	158	163	168	174	179
5'2" (62")	104	109	115	120	126	131	136	142	147	153	158	164	169	175	180	186	191
5'4" (64")	110	116	122	128	134	140	145	151	157	163	169	174	180	186	192	197	204
5'6" (66")	118	124	130	136	142	148	155	161	167	173	179	186	192	198	204	210	216
5'8" (68")	125	131	138	144	151	158	164	171	177	184	190	197	203	210	216	223	230
5'10" (70")	132	139	146	153	160	167	174	181	188	195	202	209	216	222	229	236	243
6' (72")	140	147	154	162	169	177	184	191	199	206	213	221	228	235	242	250	258
6'2" (74")	148	155	163	171	179	186	194	202	210	218	225	233	241	249	256	264	272
6'4" (76")	156	164	172	180	189	197	205	213	221	230	238	246	254	263	271	279	287

1lb = 0,454 kg, 1 in = 2,54 cm.
Informe de Clinical Guidelines on the Identification, Evaluation, and Treatment of Overweight and Obesity in Adults, 1998. NIH/National Heart, Lung, and Blood Institute (NHLBI).

CUADRO 22.2 Clasificación del sobrepeso y de la obesidad sobre la base del IMC, la circunferencia de la cintura, y el riesgo de enfermedad asociado[a]

Clasificación	IMC (kg/m^2)	Clase de obesidad	RIESGO DE ENFERMEDAD[b] Hombres ≥ 102 cm (40 pulgadas) Mujeres ≥ 88 cm (35 pulgadas)	Hombres > 102 cm (40 pulgadas) Mujeres > 88 cm (35 pulgadas)
Peso corporal subnormal	< 18.5		–	
Normal[c]	18,5-24,9		–	
Sobrepeso	25,0-29,9		Aumentado	Alto
Obesidad	30,0-34,9 35,0-39,9	I II	Alto Muy alto	Muy alto Muy alto
Obesidad extrema	≥ 40	III	Extremadamente alto	Extremadamente alto

[a]Riesgo de enfermedad para diabetes tipo 2, hipertensión, y enfermedad cardiovascular.
[b]En relación con valores normales de peso corporal y circunferencia de la cintura.
[c]El aumento de la circunferencia de la cintura también puede ser un indicador de riesgo aumentado, incluso en personas de peso normal.
Adaptado, con autorización, de la Organización Mundial de la Salud, 1998, "Obesity: Preventing and managing the global epidemic", *In Report of a WHO Consultation on Obesity* (Ginebra, OMS).

sobrepeso y de obesidad y apreciar los cambios que se produjeron a través del tiempo. Además, la determinación de una categoría de sobrepeso resultó ser muy útil en la medida en que define una zona de transición entre el peso corporal normal y la obesidad. Los individuos que caen dentro de esta categoría pueden ser clasificados con sobrepeso, ya sea debido a que poseen una masa libre de grasa corporal por encima del promedio, tal como los jugadores de fútbol americano mencionados previamente, o a que poseen un leve exceso de grasa corporal. Como se señaló antes, casi todas las personas con un IMC de 30 pueden considerarse obesas.

Prevalencia de sobrepeso y obesidad

La prevalencia de sobrepeso y de obesidad en los Estados Unidos aumentó significativamente desde la década de 1970 hasta la actualidad, como se ilustra en la Figura 22.1. Esta figura presenta datos derivados de encuestas nacionales realizadas en una gran cantidad de hombres y mujeres representativos de la población total de Estados Unidos dentro de los períodos 1960-1962, 1971-1974, 1976-1980, 1988-1994, 1999-2004 y 2007-2008.[15, 17, 31] El porcentaje de sobrepeso representa el de la población total con un IMC de 25 a 29,9 (Figura 22.1a), y el porcentaje de obesidad corresponde al de la población total con un IMC de 30 o mayor (Figura 22.1b), en concordancia con el sistema de clasificación de la Organización Mundial de la Salud y de los Institutos Nacionales de Salud. La Figura 22.1c presenta los datos correspondientes a las personas con sobrepeso y obesidad (IMC ≥ 25). Es interesante observar que hasta el 2008 un 32,2% de los hombres y un 35,5% de las mujeres residentes en los Estados Unidos eran obesas y que casi el 72% de los hombres y el 64% de las mujeres presentaban sobrepeso u obesidad.[17, 31] Además, la prevalencia de la obesidad aumentó un 62% en los hombres y en un 52% en las mujeres entre los períodos de colecta de datos comprendidos

entre 1976-1980 y 1988-1994,[15] y en otro 34% en los hombres y 31% en las mujeres entre los períodos 1988-1994 y 1999-2004.[16, 17] Cabe señalar que la prevalencia de sobrepeso permaneció relativamente constante durante esos mismos períodos cronológicos, lo que sugiere que la población de los EE. UU. se está desplazando en forma gradual del peso corporal normal al sobrepeso, y del sobrepeso a la obesidad. Por fortuna, la curva de prevalencia de sobrepeso y de obesidad aparentemente está llegando a una meseta. El análisis de estos datos desde una perspectiva racial indica que el problema es mucho más grave entre los hombres y mujeres estadounidenses de origen latinoamericano y entre las mujeres negras (Figura 22.2).

Estas tendencias no son privativas de los EE. UU. Se registraron aumentos similares en Canadá, en Australia y en la mayor parte de Europa, pero, salvo escasas excepciones, de menor magnitud que los registrados en Estados Unidos.[47] Los estudios más recientes demuestran que la obesidad está afectando progresivamente a todos los países del mundo. El Cuadro 22.3 presenta estimaciones de las tasas de obesidad en hombres y mujeres de 15 países. Estos datos pueden inducir a error debido a las grandes variaciones entre las fechas de las encuestas, que dificultan una comparación valedera. No obstante, se cuenta con datos que indican que las tasas de obesidad se incrementaron en forma progresiva en el curso de los últimos diez años y que ello ha dado lugar a una verdadera epidemia mundial de obesidad.

Lamentablemente, esta propensión de prevalencia creciente de sobrepeso y obesidad se registró entre los niños y los adolescentes que viven en los EE. UU.[31, 40] La Figura 22.3 presenta estas tendencias desde 1963 hasta 2008 en niños y niñas preadolescentes y adolescentes. Dado que el IMC es mucho menos preciso para estimar la grasa corporal en los niños y adolescentes, los científicos suelen usar como umbral de IMC un valor superior al percentil 95, es decir, todo valor que supere este límite indica que el niño muy probablemente tenga un exceso de grasa corporal. Al igual que la tendencia correspondiente a los

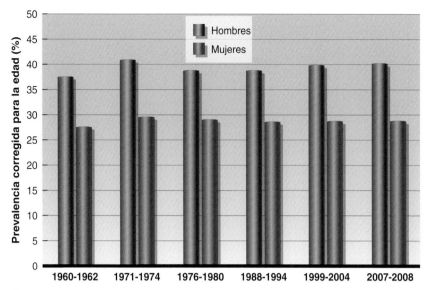

a Prevalencia de sobrepeso (IMC = 25,0–29,9)

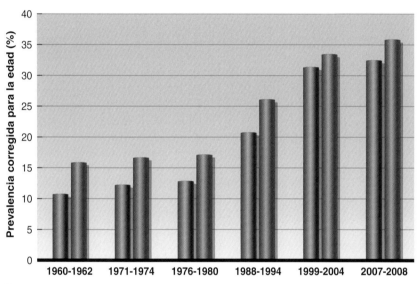

b Prevalencia de obesidad (IMC = 30,0 o mayor)

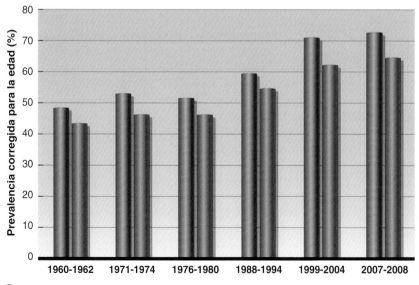

c Prevalencia de sobrepeso y obesidad (IMC = 25,0 o mayor)

FIGURA 22.1 El incremento de la prevalencia de sobrepeso (índice de masa corporal [IMC] = 25-29,9), de obesidad (IMC de 30 o mayor), y de la combinación de sobrepeso y obesidad (IMC de 25 y mayor) en los Estados Unidos desde 1960 hasta 2008 inclusive.

Datos derivados de Flegal et al., 1998; Flegal et al., 2002; Ogden et al., 2006 y Flegal et al., 2010.

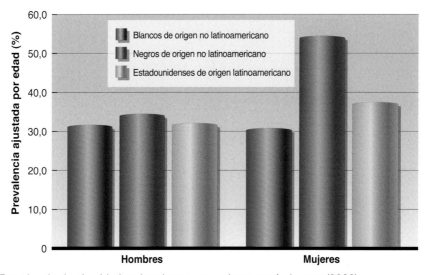

FIGURA 22.2 Prevalencia de obesidad en hombres y en mujeres según la raza (2008).
Datos derivados de *Morbidity and Mortality Weekly Report,* Volumen 58, Número 27, 17 de julio de 2009, pp. 740-744. Department of Health and Human Services, Centers for Disease Control.

adultos ilustrada en la Figura 22.1, la prevalencia de sobrepeso en los niños y adolescentes permaneció relativamente constante desde 1963 hasta 1980 y aumentó en forma significativa entre 1980 y 2004 hasta alcanzar una meseta durante el período 2007-2008.

Un habitante promedio de los Estados Unidos aumenta aproximadamente 0,3 a 0,5 kg (0,7 a 1,1 lb) de peso por año a partir de los 25 años. Sin embargo, este aumento en apariencia leve representa un exceso de 9 a 15 kg

Concepto clave

Más del 70% de los hombres y más del 64% de las mujeres que forman parte de la población adulta de los Estados Unidos padecen sobrepeso u obesidad, y la prevalencia de sobrepeso en la población pediátrica aumentó a una velocidad alarmante entre 1980 y 2004. Datos obtenidos durante el período 2007-2008 sugieren que la curva de prevalencia está alcanzando una meseta, tanto en los niños como en los adultos.

CUADRO 22.3 **Prevalencia de obesidad en adultos de algunos países**

País	Hombres	Mujeres	Fecha del estudio
Argentina	19,5%	17,5%	2003
Australia	25,6%	24,0%	2007-2008
Brasil	8,9%	13,1%	2002-2003
Canadá	27,6%	23,5%	2007-2009
China	2,4%	3,4%	2002
Inglaterra	22,1%	23,9%	2009
Francia	16,1%	17,6%	2006-2007
India	1,3%	2,8%	2005-2006
Japón	2,3%	3,4%	2000
México	24,2%	34,5%	2006
Federación rusa	10,3%	21,6%	2000
España	15,7%	21,5%	1990-2001
Suecia	14,8%	11,0%	2000
Holanda	10,4%	10,1%	1998-2002
Estados Unidos	32,2%	35,5%	2007-2008

Datos del grupo de trabajo internacional sobre obesidad:
www.iaso.org/iotf/obesity/

(13 a 33 lb) de peso a los 55 años. En forma simultánea, las masas ósea y muscular disminuyen en el orden de aproximadamente 0,1 kg (0,22 lb) por año como consecuencia de la disminución de la actividad física y del envejecimiento. De acuerdo con estas estimaciones, la masa grasa de una persona promedio en realidad aumenta alrededor de 0,4 kg (0,9 lb) por año, lo que implica un incremento de tejido adiposo de 12 kg (27 lb) en el curso de un período de 30 años. Si se tienen en cuenta estas observaciones, no resulta sorprendente que el adelgazamiento se haya convertido en una obsesión estadounidense. Cabe señalar que los valores mencionados representan meras aproximaciones y que varían según el sexo, la raza y la etnia.

Una de las mayores preocupaciones en vista del aumento en las tasas de obesidad, junto con su aparición en etapas tempranas de la vida, es el impacto que tendrá sobre la salud pública a nivel nacional e internacional. Al surgir en edades tempranas, la población estará expuesta a una mayor exposición al sobrepeso acumulado y esto probablemente acuse la aparición también temprana de enfermedades relacionadas con la obesidad, como por ejemplo, la diabetes.

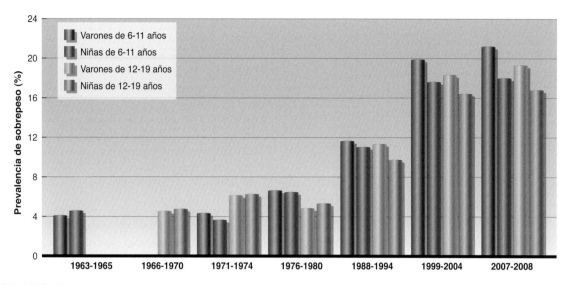

FIGURA 22.3 Prevalencia creciente de sobrepeso (percentil 95) en niños y adolescentes en los Estados Unidos desde 1963 hasta 2008 inclusive.

Datos derivados de C.L. Ogden, K.M. Flegal, M.D. Carroll y C.L. Johnson, 2002, "Prevalence and trends in overweight among US children and adolescents", *Journal of the American Medical Association* 288: 1728-1732, Ogden et al. 2006 y Ogden et al., 2010.

Control del peso corporal

Para poder comprender mejor cómo una persona evoluciona hacia la obesidad, es importante comprender los mecanismos de control o de regulación del peso corporal. La regulación del peso corporal ha desconcertado a los científicos durante años. Una persona promedio incorpora alrededor de 2 500 kcal por día; es decir, cerca de 1 millón de kcal por año. Un aumento promedio de 0,4 kg (0,9 lb) de grasa por año representa un desequilibrio de sólo 3 111 kcal por año entre la energía incorporada y la consumida (3 500 kcal es la energía equivalente a 0,45 kg [1 lb] de tejido adiposo). Esto se traduce en un excedente de menos de 9 kcal por día. Incluso con un aumento de peso de 0,7 kg (1,5 lb) de grasa por año, el cuerpo puede equilibrar la ingesta calórica dentro de un margen aproximado al equivalente energético de una patata frita de lo que se consume en forma diaria, lo que representa un ejemplo verdaderamente notable de homeostasis.

⬤ Concepto clave

El cuerpo tiene la capacidad de equilibrar la energía ingerida y la consumida dentro de un margen de 8 a 15 kcal por día, lo que representa aproximadamente el equivalente energético de una patata frita.

La capacidad corporal para equilibrar la ingesta y el gasto calórico dentro de un margen tan estrecho ha dado origen a la hipótesis que postula que el peso corporal se regularía alrededor de un valor de referencia dado, en forma similar a lo que ocurre con la regulación de la temperatura corporal. La bibliografía referida a los estudios experimentales sustenta con firmeza esta hipótesis.[24]

Cuando los animales son forzados a alimentarse o a pasar inanición por diversos períodos, el peso corporal aumenta o disminuye, respectivamente, en forma notable, pero cuando el patrón de alimentación se normaliza, los animales recuperan invariablemente el peso corporal original o el peso de los animales control, los cuales naturalmente continúan aumentando de peso a lo largo de toda su vida.

Se obtuvieron resultados similares en los seres humanos, aunque la cantidad de estudios es limitada debido sobre todo a las dificultades y al costo asociados con este tipo de estudios. Los sujetos sometidos a dietas de inanición parcial perdieron hasta el 25% de su peso corporal, pero recuperaron su peso en el curso de algunos meses después de reanudar una alimentación normal.[25] En un estudio realizado entre prisioneros de Vermont, se llegó a la conclusión que la sobrealimentación produjo un aumento de peso del 15 al 25%, pero los sujetos recuperaron el peso original poco tiempo después de finalizado el estudio.[37]

¿Cómo puede lograr esto el cuerpo humano? La cantidad total de energía consumida por día se puede expresar como la suma de los tres componentes del gasto energético (véase la Figura 22.4):

1. Tasa metabólica de reposo (TMR)
2. Efecto térmico de los alimentos (ETA)
3. Efecto térmico del ejercicio (ETE)

Como se comentó en el Capítulo 5, la tasa metabólica de reposo (TMR) es la tasa metabólica corporal a una hora temprana de la mañana después del ayuno nocturno y de 8 horas de sueño. Este parámetro también se denomina metabolismo basal (MB), pero en general este último término implica que la persona ayuna durante 12 a 18 h y duerme en una clínica donde se podría realizar

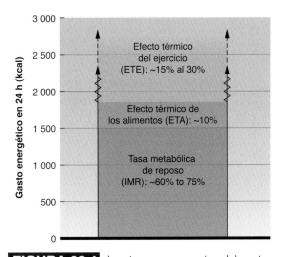

FIGURA 22.4 Los tres componentes del gasto energético. Véase el texto para una explicación más detallada.
Adaptado, con autorización, de E.T. Poehlman, 1989, "A review: Exercise and its influence on resting energy metabolism in man", *Medicine and Science in Sports and Exercise* 21:515-525.

la medición del MB. En la mayoría de los estudios que se realizan en la actualidad, se utiliza la TMR. Como también se mencionó en el Capítulo 5, este valor representa el gasto energético mínimo necesario para mantener los procesos fisiológicos básicos. Esto representa alrededor del 60 al 75% de la energía total que se gasta cada día.

El **efecto térmico de los alimentos (ETA)** representa el incremento de la tasa metabólica asociado con la digestión, la absorción, el transporte, el metabolismo y el almacenamiento de los alimentos ingeridos. El ETA representa aproximadamente el 10% del gasto energético diario. Este valor también incluye algo de energía desperdiciada, dado que el cuerpo puede incrementar su tasa metabólica por encima de lo necesario para procesar y almacenar los alimentos. El efecto térmico de los alimentos rara vez es percibido por una persona; sin embargo, después de una abundante comida familiar a menudo comenzamos a experimentar una sensación de calor y somnolencia y percibimos la formación de pequeñas gotas de sudor sobre la frente. Estos cambios reflejan un aumento considerable del metabolismo. El componente ETA del metabolismo podría ser deficiente en personas con obesidad, posiblemente debido a una disfunción del componente de desperdicio de energía, y asociarse con un exceso de calorías.

El **efecto térmico del ejercicio (ETE)** es simplemente el gasto extra de energía, por encima de la TMR, para realizar una tarea o una actividad, con independencia de que ésta consista en peinarse el cabello o en correr una carrera de 10 km. El ETE representa el 15 al 30% remanente del gasto energético.

El cuerpo se adapta a los grandes incrementos o reducciones en la ingesta energética modificando la energía gastada en cada uno de estos tres componentes (TMR, ETA y ETE). Los valores de estos tres parámetros disminuyen durante el ayuno o la ingesta de alimentos con muy escasa cantidad de calorías. El cuerpo intenta conservar los depósitos de energía. Este intento se refleja con claridad

en la disminución del 20 al 30% o más de la tasa metabólica de reposo en el curso de varias semanas después de comenzado el ayuno o de una dieta muy baja en calorías. Por el contrario, los tres componentes del gasto energético aumentan durante períodos de sobrealimentación. En este caso, el cuerpo intenta evitar el almacenamiento innecesario del exceso de calorías. Todas estas adaptaciones pueden estar bajo el control del sistema nervioso simpático y cumplir un papel importante, si no el principal, en el mantenimiento del peso alrededor de un valor de referencia dado. Estos mecanismos son un terreno fértil para realizar estudios en el futuro.

Concepto clave

Después de recibir una cantidad excesiva o insuficiente de alimento, el cuerpo intenta mantener su peso mediante el aumento o la disminución de los tres componentes del gasto energético: la TMR, el ETA y el ETE.

Si los mecanismos corporales giran alrededor de un valor de peso corporal de referencia, ¿cómo se puede explicar la prevalencia creciente de sobrepeso y obesidad? En apariencia, este valor de referencia puede cambiar, al menos en los animales que se estudiaron con mayor detalle. En diversos estudios, la duración de la sobrealimentación y la composición de la dieta durante este período modificaron el valor de referencia. Por ejemplo, el peso de referencia de las ratas alimentadas con una dieta de alto contenido graso durante un período de seis meses tiende a aumentar: cuando las ratas vuelven a ser alimentadas con una dieta baja en grasas, el peso corporal no regresa al valor basal sino que se estabiliza en un valor mucho más elevado. Si el período de sobrealimentación es menor de seis meses, el peso corporal generalmente regresa a su valor basal. Por lo tanto, se cree que la composición de la dieta es el principal factor determinante del aumento del valor de peso corporal de referencia, siempre que la duración de la intervención sea suficiente. El nivel de actividad física también es un factor determinante potencial. Es muy posible que un aumento del contenido de grasa en la alimentación y una disminución del nivel de actividad física durante un período prolongado se asocien con un incremento del peso corporal de referencia. Este fenómeno podría explicar, al menos en forma parcial, la prevalencia creciente de sobrepeso y obesidad que se observa en la actualidad en los Estados Unidos. También es importante tener en cuenta que, al igual que las ratas, los seres humanos en general consumen más calorías por día cuando ingieren una dieta con alto contenido graso.

Otro factor relacionado se originó durante la década del 90 en los EE. UU. y consiste en el aumento considerable de las porciones alimenticias. Los restaurantes de comida rápida y las cadenas de restaurantes comenzaron a servir porciones mucho más grandes, tendencia que en los EE. UU. se popularizó con el término *supersizing*. ¿Cuál es la diferencia entre una porción normal y una

¿Cuándo comenzó la tendencia a las porciones *supergrandes?*

Se supone que el consumo de porciones "supergrandes" es un fenómeno relativamente reciente que comenzó en el curso de los últimos 20 años. Un estudio publicado por el *International Journal of Obesity* en 2010 sugiere que la realidad podría ser diferente.[42] Los autores de este estudio pensaron que si el arte imita a la vida y si las porciones de alimentos aumentaron en forma progresiva en el curso del tiempo, este fenómeno debería verse reflejado en las obras pictóricas que representan alimentos. Basándose en el cuadro más famoso sobre una comida, *La última cena*, relatada en el Nuevo Testamento, los autores descubrieron que los tamaños relativos de la comida principal, del pan y de los platos propiamente dichos aumentaron en forma lineal en el curso del último milenio.

porción *supergrande?* En diversas cadenas de comida rápida, una sola comida que consiste en una hamburguesa con doble queso (alrededor de 900 kcal), un paquete supergrande de papas fritas (alrededor de 500 kcal), y una gaseosa supergrande de 1,24 L (42 oz, alrededor de 500 kcal) proporciona aproximadamente 1 900 kcal de energía. En el caso de una persona menuda y escasamente activa, ¡este menú sería suficiente para satisfacer la totalidad del requerimiento calórico diario!

La tendencia de disponibilidad y adquisición de alimentos en los Estados Unidos entre 1970 y 1998 reveló que la disponibilidad de calorías per capita se incrementó un 15%.[20] Además, la tendencia indica que una mayor cantidad de estadounidenses ingiere sus comidas fuera del hogar, lo que implica un mayor consumo de comidas

rápidas y "cómodas" y de porciones más grandes. Estas tendencias indican un aumento general de la ingesta calórica diaria durante los últimos 30 años.

Etiología de la obesidad

En una época se pensó que la obesidad era causada por un desequilibrio hormonal producto de la deficiencia de una o más glándulas endocrinas para regular de manera adecuada el peso corporal. En otros momentos se creyó que la principal causa de la obesidad era la gula y no una disfunción glandular. En el primer caso, la persona obesa no ejerce ningún control sobre la situación y en el segundo, ¡se la considera directamente responsable del trastorno! Los resultados de estudios médicos y fisiológicos recientes muestran que la obesidad puede ser el resultado de cualquiera de estos factores o de una combinación de varios. La etiología, o causa, de la obesidad es menos simple de lo que se pensaba antes.

Los estudios experimentales en animales han relacionado la obesidad con factores hereditarios (genéticos). Los estudios con seres humanos también muestran que existe una influencia genética directa sobre la talla, el peso corporal y el IMC. Un estudio realizado por científicos de la *Laval University*, en Quebec, proveyó evidencia contundente acerca de la importancia del componente genético en la obesidad.[6] Los investigadores seleccionaron 12 pares de gemelos monocigóticos (idénticos) adultos jóvenes de sexo masculino y los alojaron en un dormitorio bajo observación las 24 horas del día durante 120 días consecutivos. La alimentación de los sujetos fue supervisada durante los primeros 14 días para determinar la ingesta calórica basal. Durante los 100 días siguientes, los sujetos fueron alimentados con una dieta que contenía 1 000 kcal por encima del consumo basal seis días de cada siete. El séptimo día los sujetos recibieron solamente la dieta basal. Por lo tanto, los sujetos recibieron un exceso de 1 000 kcal/día 84 de los 100 días. También se controlaron estrictamente los niveles de actividad. Como se muestra en la Figura 22.5, al final del período de estudio, el aumento de peso individual varió ampliamente entre 4,3 y 13,3 kg (9,5-29,3 lb) para el consumo del mismo exceso de calorías. Sin embargo, las respuestas de ambos gemelos de un mismo par dado fueron muy similares; las variaciones principales se produjeron entre diferentes pares de gemelos. Se registraron resultados simila-

⬤ Revisión

➤ Se considera sobrepeso a un peso corporal que excede el peso convencional para una cierta talla y un cierto tamaño corporal. El término obesidad define un exceso de grasa corporal, es decir, más del 25% de grasa corporal en el caso de los hombres y más del 35% de grasa corporal en el caso de las mujeres.

➤ Para calcular el IMC de una persona, se divide el peso corporal en kilogramos por el cuadrado de la talla en metros. Este valor presenta una fuerte correlación con la cantidad relativa de grasa corporal y es un indicador razonable de obesidad. Un índice de masa corporal entre 25 y 25,9 es indicador de sobrepeso; un valor de IMC de 30 o más se corresponde con la obesidad.

➤ La prevalencia de obesidad y de sobrepeso en los Estados Unidos aumentó de manera significativa a partir de la década de 1970.

➤ La persona promedio aumenta 0,3 a 0,5 kg (0,7 a 1,1 lb) por año a partir de los 25 años, pero también pierde 0,1 kg (0,22 lb) de masa libre de grasa por año, lo que significa un aumento neto de 0,4 kg (0,9 lb) de grasa por año.

➤ El peso corporal aparentemente se regula alrededor de un valor de referencia.

➤ El gasto energético diario se estima sumando la TMR, el ETE y el ETA. El cuerpo se adapta a los cambios de la ingesta de energía mediante la corrección de cualquiera de estos tres componentes.

res para los aumentos de la masa grasa, el porcentaje de grasa corporal y el tejido adiposo subcutáneo. En estudios ulteriores, se obtuvieron resultados similares que indican que los factores genéticos son de importancia primordial como determinantes de la propensión a la obesidad. Sin embargo, como lo demuestran los datos individuales de la Figura 22.5, existen otros factores determinantes, dado que en todos los sujetos de este estudio ¡se registró un aumento de peso de por lo menos 4 kg!

Los desequilibrios hormonales, los factores emocionales y las alteraciones de los mecanismos homeostásicos básicos guardan una relación directa e indirecta con la obesidad. Como se señaló en la sección precedente, los factores ambientales, tales como los hábitos culturales, el sedentarismo y una alimentación inadecuada, son causas importantes de obesidad.

Por lo tanto, la obesidad responde a una etiología compleja, y las causas específicas sin duda son distintas en cada persona. Es importante tener presente estas observaciones, tanto para tratar el trastorno como para prevenirlo. Atribuir la obesidad en forma exclusiva a la glotonería es injusto y psicológicamente perjudicial para las personas afectadas por este trastorno que intentan corregirlo. De hecho, diversos estudios han demostrado que algunas personas obesas en realidad comen menos, aunque realizan mucha menos actividad física que otras personas del mismo sexo y de la misma edad con un contenido de grasa corporal promedio.

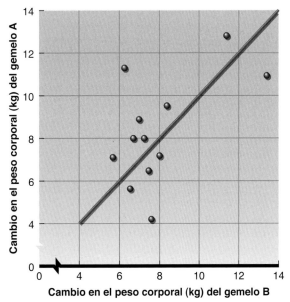

FIGURA 22.5 Similitud del aumento del peso corporal en gemelos en respuesta a un incremento de 1 000 kcal en la ingesta alimenticia durante 84 días de un estudio de 100 días de duración. Los puntos representan el aumento de peso para cada gemelo del par; los valores del gemelo A se muestran sobre el eje *y*, y los valores del gemelo B sobre el eje *x*. Véase el texto para una explicación más detallada de estos datos.

Adaptado, con autorización, de C. Bouchard et al., 1990, "The response to long-term overfeeding in identical twins", *New England Journal of Medicine* 322: 1477-1482. Copyright © 1990 Massachusetts Medical Society. Todos los derechos reservados.

Concepto clave

Estudios recientes confirman que existe un componente genético importante en la etiología de la obesidad. Sin embargo, es posible ser obeso en ausencia de antecedentes familiares (genéticos) de obesidad; en estos casos, la obesidad es atribuible principalmente al estilo de vida elegido. También es posible ser relativamente delgado aunque exista una predisposición genética a la obesidad si se consumen los alimentos adecuados y se realiza una actividad física en forma regular.

Problemas de salud asociados con el sobrepeso y la obesidad

Antes de analizar los trastornos médicos asociados con el sobrepeso y la obesidad, es necesario definir dos términos: morbilidad y mortalidad. Morbilidad se refiere a la presencia o a la frecuencia con la que se presenta una enfermedad dada; mortalidad se refiere a la muerte o a la tasa de muerte asociada con una enfermedad dada. El sobrepeso y la obesidad se asocian con un aumento de la tasa de mortalidad general (exceso de mortalidad general).[7,48] Como se observa en la Figura 22.6, esta relación es curvilínea. El aumento del riesgo es importante cuando el IMC excede los 30 kg/m^2, aunque los valores de IMC entre 25 y 29,9 kg/m^2 se asocian con un mayor riesgo de morbilidad para muchas enfermedades. En varios estudios más recientes, publicados entre 2005 y 2010, se ha informado que el exceso de mortalidad se asocia principalmente con valores de IMC de 35,0 y mayores. El exceso de morbilidad y mortalidad asociado con la obesidad y el sobrepeso se relaciona con las siguientes enfermedades:[9]

- Enfermedad coronaria
- Hipertensión
- Accidente cerebrovascular
- Diabetes tipo 2
- Ciertos tipos de cáncer (endometrial, mamario y colónico)
- Trastornos del hígado y la vesícula biliar
- Artrosis
- Apnea del sueño y trastornos respiratorios

Teniendo en cuenta el importante aumento de la prevalencia de obesidad en los Estados Unidos a partir de la década de 1970, no es sorprendente que también se observe una prevalencia muy alta del síndrome metabólico (Capítulo 21) en la población adulta de los EE. UU. Los datos derivados de la Encuesta Nacional de Examen de Salud y Nutrición realizada entre 2003 y 2006 muestran que el 34% de todos los adultos de los Estados Unidos cumplen los criterios para el diagnóstico de síndrome metabólico. Entre los adultos mayores de 60 años, se registró una prevalencia del 54%. Al igual que lo observado para la obesidad, la prevalencia fue mayor entre los hom-

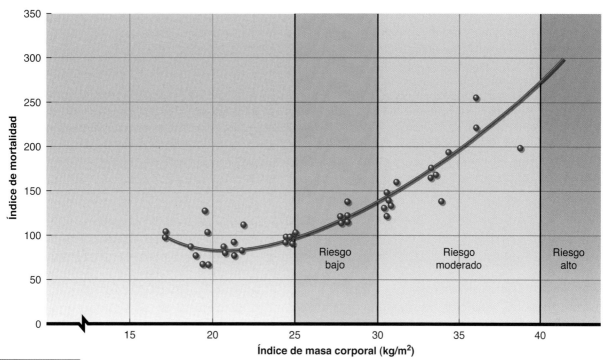

FIGURA 22.6 Relación entre el índice de masa corporal y el exceso de mortalidad. Un índice de mortalidad de 100 representa la mortalidad promedio. La porción inferior de la curva (índices de masa corporal menores de 25) indican un riesgo muy bajo.
Bray, G.A. "Obesity: Definition, diagnosis and disadvantages". MJA 1985; 142: S2-S8. ©Copyright 1985. *The Medical Journal of Australia*, reproducido con autorización.

bres y mujeres de origen latino.[14, 18] Además, la obesidad se relacionó directamente con alteraciones de las funciones corporales, aumento del riesgo de padecer ciertas enfermedades, efectos deletéreos sobre las enfermedades preexistentes y reacciones psicológicas adversas.

Alteraciones de las funciones corporales

La prevalencia y la magnitud de las alteraciones de las funciones corporales varían según la persona y el grado de obesidad. A menudo, las personas obesas padecen trastornos respiratorios, incluida la apnea del sueño. Esto puede llevar a otras consecuencias comunes de la obesidad, como la somnolencia, secundaria al aumento de la concentración sanguínea de dióxido de carbono, y la policitemia (producción incrementada de glóbulos rojos) en respuesta a la disminución de la oxigenación de la sangre arterial. Estas alteraciones pueden provocar la formación de coágulos anormales (trombosis), un aumento de tamaño del corazón e insuficiencia cardíaca congestiva. Las personas obesas suelen tener menor tolerancia al ejercicio debido a las dificultades respiratorias y a la mayor magnitud de la masa corporal que deben desplazar durante la actividad física. A medida que el peso corporal aumenta, disminuye el nivel de actividad y la tolerancia al ejercicio.

Aumento del riesgo para ciertas enfermedades

La obesidad también se asocia con un mayor riesgo de ciertas enfermedades degenerativas crónicas. La hiper-

tensión y la ateroesclerosis se relacionaron en forma directa con la obesidad (véase el Capítulo 21). La obesidad está asociada con diversos trastornos metabólicos y endocrinos, tales como las alteraciones en el metabolismo de los carbohidratos y la diabetes. La obesidad se asocia sobre todo con la diabetes tipo 2 (diabetes no insulinodependiente). Un gran adelanto de investigación ha permitido comprender mejor el papel de la obesidad como factor de riesgo para la mayoría de las enfermedades mencionadas. Desde la década de 1940, se han reconocido importantes diferencias sexuales en la forma en que se almacena o se distribuye la grasa en el cuerpo. Como lo ilustra la Figura 22.7, los hombres tienden a acumular grasa en la parte superior del cuerpo, en particular en la zona abdominal, mientras que las mujeres suelen acumular grasa en la parte inferior, sobre todo en las caderas, los glúteos y los muslos. La obesidad con un patrón masculino se denomina **obesidad del hemicuerpo superior (androide)** u obesidad en forma de manzana, mientras que la obesidad con un patrón femenino se conoce como **obesidad del hemicuerpo inferior (ginoide)** u obesidad en forma de pera.

Los estudios comenzados a fines de la década de 1970 y principios de la década de 1980 permitieron establecer que la obesidad del hemicuerpo superior es un factor de riesgo para los siguientes trastornos:

- Enfermedad coronaria
- Hipertensión
- Accidente cerebrovascular

- Aumento de la concentración sérica de lípidos
- Diabetes

Además, la obesidad del hemicuerpo superior reviste mayor importancia que la obesidad corporal total en tanto factor de riesgo para estas enfermedades. Las medi-

ciones de las circunferencias de la cadera y de la cintura, o circunferencia abdominal, permiten identificar personas con un riesgo aumentado. Un índice cintura/cadera de 0,90 para los hombres y de 0,85 para las mujeres indica un aumento del riesgo. En el caso de la obesidad del hemicuerpo superior, es posible que el aumento del riesgo se deba a la estrecha proximidad entre los depósitos de grasa visceral y el sistema circulatorio portal (circulación hepática). La Figura 22.8 muestra una mujer joven en el interior de un tomógrafo para evaluar la grasa abdominal visceral (Figura 22.8a) y las imágenes de tomografía computarizada (TC) en el nivel de la cuarta vértebra lumbar de dos hombres (Figura 22.8 b y c).[36] El sujeto de la Figura 22.8c presenta una cantidad considerablemente mayor de grasa abdominal visceral (profunda) que de grasa abdominal subcutánea.

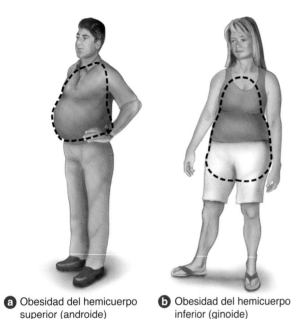

a Obesidad del hemicuerpo superior (androide)

b Obesidad del hemicuerpo inferior (ginoide)

FIGURA 22.7 Los patrones de obesidad son diferentes en ambos sexos.

Concepto clave

La obesidad aumenta significativamente el riesgo de hipertensión, accidente cerebrovascular, diabetes, enfermedad coronaria, distintos tipos de cáncer y diversos trastornos respiratorios, metabólicos y digestivos. Es muy probable que los riesgos médicos asociados con la obesidad se relacionen con la forma en la que la grasa se distribuye en el cuerpo; la obesidad del hemicuerpo superior (que representa un nivel elevado de grasa visceral) se asocia con un riesgo significativamente mayor.

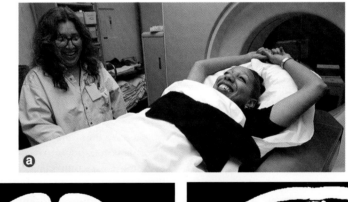

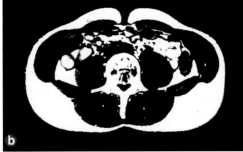

FIGURA 22.8 (*a*) Paciente evaluada con tomografía computada (TC). (*b* y *c*) Imagen de TC en el nivel de la cuarta vértebra lumbar de dos personas. El paciente ilustrado en *c* presenta una cantidad significativamente mayor de grasa visceral abdominal (áreas claras) que de tejido subcutáneo abdominal. El paciente ilustrado en *b* es más delgado y presenta una menor cantidad relativa de grasa visceral.

Efectos deletéreos sobre enfermedades preexistentes

Los efectos de la obesidad sobre las enfermedades preexistentes no se conocen con certeza. La obesidad puede agravar algunos trastornos en los que el adelgazamiento se recomienda como parte integral del tratamiento. Los trastornos que por lo general mejoran con la reducción del peso incluyen

- angina de pecho,
- hipertensión,
- insuficiencia cardíaca congestiva,
- infarto de miocardio (disminuye el riesgo de recidiva),
- várices venosas,
- diabetes, y
- problemas ortopédicos.

Reacciones psicológicas adversas

Los problemas psicológicos o emocionales podrían ser causa de obesidad en algunas personas. A la inversa, la obesidad puede ser la causa de problemas emocionales o psicológicos. En numerosas sociedades, la obesidad acarrea un estigma social que agrava los problemas de aquellos que la padecen. Los medios de información, sobre todo los occidentales, tienden a glorificar sólo a personas con cuerpos esbeltos. Todos estos factores determinan que en algunos casos sea necesaria una psicoterapia como parte integral del tratamiento de la obesidad. Por otra parte, a medida que la prevalencia de obesidad en la población general aumenta, es posible que lo que antes se consideraba "gordo" pase a considerarse normal.

Tratamiento general de la obesidad

En teoría, el control del peso corporal debería ser una cuestión sencilla. Para mantener el peso, la energía incorporada por el cuerpo en la forma de alimento debe ser igual a la energía total consumida, la cual a su vez es el resultado de la suma de la TMR, el ETA y el ETE. En condiciones ideales, el cuerpo mantiene un equilibrio entre la ingesta calórica y el gasto calórico, pero cuando este equilibrio se altera, la persona aumenta de peso o adelgaza. Podría pensarse que tanto la disminución como el aumento del peso corporal dependen en gran medida de sólo dos factores: la ingesta de alimentos y la actividad física. En la actualidad, se considera que este concepto es una sobresimplificación, sobre todo a la luz de los resultados del estudio de sobrealimentación de gemelos monocigóticos descrito antes, el cual reveló considerables variaciones del aumento de peso ante un mismo grado de sobrealimentación.[6] No todas las personas responden de igual manera a una misma intervención. Se deben tener presente estas diferencias cuando se

diseñan los programas de tratamientos para individuos que intentan perder peso, y las personas que tratan de adelgazar deben conocer este fenómeno para no desanimarse si la respuesta no es la esperada. En el pasado, solía pensarse que la ausencia de respuesta al tratamiento se debía al *incumplimiento* del paciente, pero en la actualidad se sabe que por lo general esta presunción es incorrecta.

La disminución del peso corporal no debería ser mayor de 0,45 a 0,90 kg (1-2 lb) por semana. Toda disminución que supere este límite requiere supervisión médica directa. La pérdida de tan solo 0,45 kg (1 lb) de grasa por semana significa la pérdida de 23,4 kg (52 lb) de grasa en un solo año. Pocas personas se tornan obesas con tanta rapidez. El adelgazamiento también debería ser considerado un proyecto a largo plazo. La investigación y la experiencia han probado que las pérdidas rápidas de peso suelen ser de corta duración porque, en general, son la consecuencia de una eliminación muy importante de agua corporal. El cuerpo posee mecanismos de seguridad inherentes para prevenir un desequilibrio hídrico, de manera que el agua eliminada tarde o temprano será repuesta. Por lo tanto, se recomienda que una persona que desea perder 9 kg (20 lb) de grasa intente alcanzar este objetivo en el curso de por lo menos 3 a 5 meses.

Muchas dietas especiales adquirieron notoriedad en el curso del tiempo, como la dieta del "Hombre que bebe", la dieta de Beverly Hills, la dieta de Cambridge, la dieta de California, la dieta del Dr. Stillman, la dieta de South Beach, la dieta Weight Watchers, la dieta mediterránea, la dieta de Pritikin y la dieta de Atkins. Los promotores de cada una de estas dietas afirman que el programa que ellos proponen es el más eficaz para adelgazar. Algunas dietas se aplicaron en hospitales o en el hogar bajo supervisión médica. Estas dietas se conocen como dietas muy hipocalóricas, dado que aportan solamente 350 a 500 kcal por día. La mayoría de estas dietas incorpora una cierta cantidad de proteínas y carbohidratos para minimizar la pérdida de masa libre de grasa corporal. La investigación ha demostrado que muchas de estas dietas son eficaces, pero ninguna ha demostrado ser mejor que otra. En todos los casos, el objetivo principal consiste en generar un déficit calórico con una dieta completa y equilibrada que satisfaga los requerimientos nutricionales del paciente. La mejor dieta es la que cumple estos criterios y mejor se adecua a las características individuales y a la personalidad del paciente.

En general, la mayoría de los problemas de peso se deben, al menos parcialmente, a malos hábitos alimenticios, lo que implica que ninguna de las dietas disponibles podrá resolver por sí sola el problema. Es importante aprender a realizar cambios permanentes de los hábitos de alimentación, en especial respecto de la disminución de la ingesta de grasa y de azúcares simples. En la mayoría de los casos, el simple hecho de ingerir una dieta hipograsa permite una disminución gradual del peso corporal hasta niveles aceptables. Sin embargo, el problema con las dietas hipograsas es que la persona supone erróneamente

Predisposición genética a la obesidad: los indios pima

Se ha establecido con claridad que la genética es un factor principal en el desarrollo de la obesidad. El Dr. Claude Bouchard, exdirector del Centro de Investigación Biomédica de Pennington (Sistema Universitario del Estado de Louisiana), ha realizado muchos estudios para evaluar el factor hereditario de la obesidad y ha llegado a la conclusión de que la heredabilidad de la masa grasa o de la cantidad relativa de grasa corporal (porcentaje de grasa) representa aproximadamente el 25% de la varianza corregida para la edad y el sexo.[5] ¿El hecho de tener una predisposición genética a la obesidad significa que esa persona está destinada inexorablemente a ser obesa? La respuesta es ¡no! Se obtuvieron datos muy valiosos derivados del estudio de los indios pima, quienes vivieron durante al menos 2 000 años cerca del río Gila, en el desierto de Sonora (en lo que actualmente es el sur de Arizona). Hasta principios de la década de 1900, los indios pima aparentemente eran personas delgadas, sanas y físicamente activas que consumían una dieta saluda-

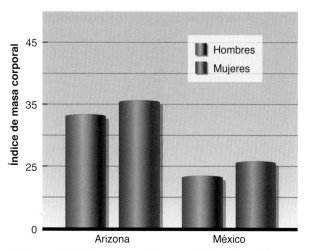

Valores de IMC correspondientes a indios pima de ambos sexos que viven en Arizona y en el norte de México (2006).

Datos derivados de Schulz et al., 2006.

ble. A medida que se desplazaron a las reservas, dejaron de cultivar la tierra y comenzaron a ingerir una dieta occidentalizada de alto contenido graso y a consumir alcohol, se volvieron muy obesos, con una prevalencia de la obesidad del 64% para los hombres y del 75% para las mujeres.[35] La alta prevalencia de obesidad se acompañó de una prevalencia elevada de diabetes (34% entre los hombres y 41% entre las mujeres). Los indios pima constituyen una población tan inusual debido a la prevalencia extremadamente alta de obesidad y de diabetes que los Institutos Nacionales de Salud establecieron un centro de investigación especial en Phoenix, Arizona, dedicado con exclusividad al estudio de esta población y de los trastornos médicos asociados.

Cabe señalar que otra comunidad de indios pima que vive en el norte de México se mantuvo activa trabajando en granjas pero sin utilizar maquinaria a motor. Además, esta población basó su alimentación en una dieta con alto contenido de carbohidratos y bajo contenido graso y ello les permitió mantenerse relativamente delgados. En la infografía se presentan los valores de IMC para estas dos poblaciones de indios. La conclusión principal es que una persona puede tener una predisposición genética a la obesidad, pero con una alimentación adecuada y una actividad física regular puede mantener un peso corporal relativamente normal. Los indios pima nos han enseñado una importante lección.

que hipograsa significa hipocalórica, y esto con frecuencia no es el caso. En la mayoría de las personas, la mera reducción de la ingesta calórica total en alrededor de 250 a 500 kcal por día, combinada con la ingesta de alimentos de bajo contenido graso y de azúcares simples, es suficiente para alcanzar el peso corporal deseado.

También se ha recurrido al uso de hormonas y fármacos para ayudar a bajar de peso mediante la disminución del apetito o el aumento de la TMR. Lamentablemente, estos compuestos se asocian con diversos efectos colaterales, algunos de ellos graves y potencialmente fatales. La obesidad extrema también se puede tratar mediante procedimientos quirúrgicos, pero sólo como último recurso después del fracaso de otros procedimientos o tratamientos y en casos en los que la obesidad implica un riesgo para la vida del paciente. La cirugía de derivación intestinal consiste en saltear quirúrgicamente un segmento ex-

tenso de intestino delgado para reducir la absorción de los alimentos. Si bien este procedimiento gozó de amplia aceptación en el pasado, en la actualidad rara vez se utiliza debido a las posibles complicaciones asociadas. Los procedimientos empleados con más frecuencia comprenden la cirugía de derivación gástrica y el bandeo gástrico; ambos procedimientos limitan la cantidad de alimento que puede ingresar en el estómago. Aunque sumamente eficaces, estas intervenciones son muy costosas y no están exentas de riesgo, aunque la tasa de mortalidad promedio no supera el 1 al 2%. Estos procedimientos deberían reservarse para los casos de obesidad extrema o de obesidad asociada con factores de riesgo significativos.

Se han propuesto las modificaciones de la conducta como parte de uno de los enfoques más eficaces para ayudar a personas con problemas de peso. La modificación de los patrones básicos de conducta asociados con la alimentación permite lograr pérdidas de peso importantes. Este enfoque atrae a la mayoría de las personas debido a que las técnicas son razonables y fáciles de incorporar a una rutina diaria normal. Por ejemplo, no es necesario que el paciente disminuya la cantidad de alimento ingerido, sino simplemente que ingiera todas sus comidas en el mismo lugar físico, lo que evita los bocadillos entre las comidas. Otra técnica consiste en permitir la ingesta de una cantidad de alimento ilimitada con la primera porción con la condición de no servirse una segunda vez. Muchos de estos cambios sencillos pueden ayudar a regular la conducta alimenticia y a adelgazar en forma sustancial.

Revisión

➤ La etiología de la obesidad no es simple; la causa puede ser un factor aislado o una combinación de varios.

➤ Los estudios realizados en animales y en seres humanos indican que existe un componente genético de la obesidad. La obesidad también se ha atribuido a desequilibrios hormonales, traumas psicológicos, desequilibrios homeostásicos, influencias culturales, inactividad física y alimentación inadecuada.

➤ El sobrepeso y la obesidad se asocian con un mayor riesgo de mortalidad excesiva en general.

➤ Los trastornos respiratorios son frecuentes en las personas obesas. Estos trastornos pueden provocar somnolencia y policitemia.

➤ La obesidad aumenta el riesgo de ciertas enfermedades degenerativas crónicas. La obesidad del hemicuerpo superior (visceral) incrementa el riesgo de enfermedad coronaria, hipertensión, accidente cerebrovascular, aumento de la concentración sanguínea de lípidos, diabetes y síndrome metabólico. Además, la obesidad puede agravar trastornos y enfermedades preexistentes.

➤ Los problemas emocionales y psicológicos pueden contribuir a la obesidad; a su vez, los estigmas sociales asociados con la obesidad puede causar problemas psicológicos.

➤ Respecto del tratamiento de la obesidad, es importante recordar que las personas responden de manera diferente a la misma intervención. Algunos adelgazan considerablemente en un período relativamente breve, mientras que otros parecen ser refractarios a las diversas modalidades de tratamiento y pierden muy poco peso.

➤ En general, la pérdida de peso no debería ser mayor de 0,45 a 0,90 kg (1-2 lb) por semana. Una modificación sencilla de la dieta disminuyendo la cantidad de grasa y de azúcares simples ingeridos es suficiente para adelgazar en la mayoría de los casos. La modificación de la conducta también es un método de adelgazamiento eficaz.

➤ El uso de fármacos o de procedimientos quirúrgicos para tratar la obesidad en general no se recomienda a menos que el médico lo considere necesario para mejorar la salud del paciente.

Importancia de la actividad física en el control del peso corporal

La inactividad es la principal causa de obesidad en los Estados Unidos. En realidad, ¡la falta de ejercicio físico puede ser un factor determinante de obesidad tan importante como la sobrealimentación! Por ende, el aumento del nivel de actividad física debe considerarse un componente esencial en cualquier programa de reducción o control del peso corporal.

Cambios en la composición corporal con el ejercicio

El entrenamiento físico puede alterar la composición corporal. Muchas personas piensan que la actividad física ejerce una influencia mínima o nula sobre la composición corporal y que incluso durante el ejercicio intenso la cantidad de calorías consumidas es demasiado escasa para producir una reducción importante de la grasa corporal. Sin embargo, los diversos estudios realizados demostraron en forma concluyente la eficacia del ejercicio para inducir alteraciones moderadas de la composición corporal.

Una persona que trota tres días por semana 30 minutos por día a un ritmo de 11 km/h (7 mph) (poco más de 5,4 min/km, o 8,5 min/mi) gastará alrededor de 14,5 kcal/min, o 435 kcal, durante los 30 min que corre cada día. Esto determina un gasto semanal total de alrededor de 1 305 kcal, lo que equivale a la pérdida de aproximadamente 0,15 kg (0,33 lb) de tejido adiposo (grasa más tejido conectivo y agua) por semana solamente por el hecho de realizar ejercicio. Esto podría determinar que algunas personas piensen que el ejercicio es un método excesivamente lento para reducir en forma significativa el nivel de grasa corporal y que existen caminos más fáciles y mejores para perder grasa. Sin embargo, suponiendo que la ingesta energética permanezca constante, ¡en 52 semanas esta persona podría adelgazar 7,8 kg (17 lb).

Cuando se estima el costo energético de una actividad, el gasto de energía promedio, o en estado estable para esa actividad, se multiplica por la cantidad de minutos que dure la actividad. Por ejemplo, si el gasto energético promedio durante la actividad de despejar el camino de nieve con una pala es de 7,5 kcal/min, durante 1 hora de trabajo se consumiría un total de 450 kcal. Este consumo implica la pérdida de aproximadamente 0,06 kg (0,13 lb) de tejido adiposo (450 kcal ÷ 3 500 kcal × 0,45 kg de tejido adiposo = 0,06 kg, o [450 kcal ÷ 3 500 kcal × 1 lb = 0,13 lb]).

No obstante, la estimación del gasto energético exclusivo del ejercicio es sólo una parte del problema. El metabolismo permanece elevado en forma transitoria al finalizar el ejercicio. En épocas pasadas, este fenómeno se conocía con el nombre de deuda de oxígeno, pero como se mencionó en el Capítulo 5, en la actualidad se denomina exceso de consumo de oxígeno posejercicio (EPOC). El retorno del metabolismo a los niveles basales previos al ejercicio puede requerir varios minutos después de un ejercicio leve (p. ej., una caminata), varias horas después de un ejercicio muy intenso (p. ej., un partido de fútbol) y hasta 12 a 24 h o más después de un ejercicio agotador prolongado (p. ej., un maratón en un ambiente caluroso y húmedo).

El EPOC puede requerir un gasto energético sustancial si se lo considera durante la totalidad del período de recuperación. Por ejemplo, si el exceso de consumo de oxígeno promedio después del ejercicio es de sólo 0,05 L/min, es-

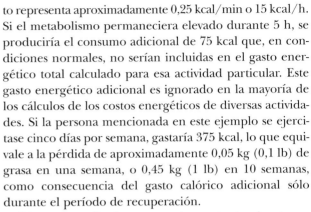

Concepto clave

La actividad física es importante para mantener el peso corporal y para adelgazar. Además de las calorías que se consumen durante el ejercicio, durante el período posterior al ejercicio también se gasta una cantidad significativa de calorías (EPOC).

to representa aproximadamente 0,25 kcal/min o 15 kcal/h. Si el metabolismo permaneciera elevado durante 5 h, se produciría el consumo adicional de 75 kcal que, en condiciones normales, no serían incluidas en el gasto energético total calculado para esa actividad particular. Este gasto energético adicional es ignorado en la mayoría de los cálculos de los costos energéticos de diversas actividades. Si la persona mencionada en este ejemplo se ejercitase cinco días por semana, gastaría 375 kcal, lo que equivale a la pérdida de aproximadamente 0,05 kg (0,1 lb) de grasa en una semana, o 0,45 kg (1 lb) en 10 semanas, como consecuencia del gasto calórico adicional sólo durante el período de recuperación.

Diversos estudios han mostrado que tanto el entrenamiento de la resistencia como el entrenamiento de la fuerza provocan cambios relativamente pequeños, pero significativos, en el peso y la composición corporal, entre los cuales se incluyen:

- disminución del peso corporal total,
- disminución de la masa grasa y de la masa grasa corporal relativa, y
- preservación o aumento de la masa libre de grasa corporal.

Considerados en su conjunto, estos cambios no son de gran magnitud. En un resumen de cientos de estudios individuales en los que se evaluaron los cambios en la composición corporal asociados con el entrenamiento aeróbico, las modificaciones previstas asociadas con un programa de entrenamiento de un año de duración (tres veces por semana, 30-45 min por día, al 55-75% del $\dot{V}O_{2máx}$) serían los siguientes: −3,2 kg (−7,1 lb) de masa corporal total, −5,2 kg (−11,5 lb) de masa grasa, y +2 kg (+4,4 lb) de masa libre de grasa.[44] Además, el porcentaje de grasa corporal disminuiría en alrededor de un 6% (p. ej., del 30% de grasa corporal al 24% de grasa corporal).

Para situar estos datos en un contexto adecuado, el Cuadro 22.4 presenta un ejemplo hipotético de pérdida de peso corporal prevista en el curso de seis meses y de pérdida de peso corporal mantenida un año después de completada la intervención en un paciente con sobrepeso y obesidad que presentaba un peso corporal inicial de 90 kg (198 lb), comparando la pérdida de peso corporal prevista con: 1) solo dietas hipocalóricas y muy hipocalóricas, 2) solo cambios de la conducta, 3) solo ejercicio y 4) una combinación de dietas hipocalóricas y muy hipocalóricas, cambios de la conducta y un programa formal de ejercicios. La pérdida de peso corporal correspondiente a un período de seis meses se estimó a partir de valores promedio derivados de los estudios disponibles para todos los factores mencionados.

Aunque en la mayoría de los estudios que evaluaron la pérdida de peso corporal se recurrió al entrenamiento aeróbico, en algunos se utilizó el entrenamiento con sobrecarga y se registraron importantes

CUADRO 22.4 Pérdida de peso prevista después de seis meses (26 semanas) de tratamiento y mantenimiento de la pérdida de peso después de un año de seguimiento como resultado de distintas intervenciones para adelgazar en un hombre con sobrepeso (90 kg)

Variables	Dieta hipocalórica o muy hipocalórica exclusivamente	Modificación de la conducta exclusivamente	Ejercicio exclusivamente	Combinación de las tres modalidades
Tasa de reducción del peso corporal, kg/semana	0,90	0,40	0,06	1,00
Pérdida de peso en seis meses, kg/libras	23,4/51,6	10,4/22,9	1,6/3,5[a]	26,0
Pérdida de peso, % del peso corporal inicial	26,0	11,6	1,8	28,9
Mantenimiento de la pérdida de peso un año después de finalizada la intervención, %	25	68	70[b]	75

[a]Este valor induce a error: la pérdida de grasa total sería de 2,6 kg (5,7 lb), dado que se produciría un aumento de la masa libre de grasa corporal de 1 kg (2,2 lb) durante la práctica del programa de ejercicios de seis meses.
[b]Se dispone de datos muy limitados provenientes de estudios en los que se evaluó exclusivamente el ejercicio.

disminuciones de la grasa corporal y aumentos considerables de la masa libre de grasa corporal. Los datos disponibles muestran que el ejercicio es una parte importante de cualquier programa de adelgazamiento. Sin embargo, para poder maximizar la pérdida de peso y de grasa corporal es necesario combinar el ejercicio con una disminución de la ingesta calórica.

⬤ Concepto clave

El intento de adelgazar tiene mucha más probabilidad de éxito cuando se pierden solamente 0,45 a 0,90 kg (1-2 lb) por semana y si las restricciones nutricionales se combinan con un programa de ejercicios de intensidad moderada (300-500 kcal por día). Esta combinación minimiza la pérdida de masa libre de grasa y maximiza la pérdida de masa grasa.

A partir de década de 1990, se sabe que la grasa visceral abdominal (Figura 22.8) es un importante factor de riesgo independiente para la enfermedad cardiovascular y la obesidad. En la actualidad, existen pruebas inequívocas de que la actividad física reduce la tasa de acumulación de grasa visceral y que el ejercicio realmente reduce los depósitos de grasa visceral.[38] Estos dos hallazgos podrían representar las principales ventajas de un estilo de vida activo.

Mecanismos responsables de los cambios en el peso y la composición corporal

Para explicar la forma en la que el ejercicio induce cambios en el peso y la composición corporal, es necesario considerar ambos lados de la ecuación del equilibrio energético. La valoración del gasto energético requiere considerar cada uno de los tres componentes del gasto energético: la tasa metabólica de reposo (TMR), el efecto térmico de los alimentos (ETA) y el efecto térmico del ejercicio (ETE). La valoración de la ingesta calórica

requiere considerar además la energía que se pierde en las heces (energía excretada), la cual en general representa menos del 5% de la ingesta calórica total. Sin perder de vista estas observaciones, en la sección siguiente se analizarán algunos mecanismos posibles a través de los cuales el ejercicio podría afectar el peso y la composición corporal.

⬤ Concepto clave

Ecuación de equilibrio energético:

energía incorporada
− energía excretada
= TMR + ETA + ETE

Ejercicio y apetito Algunas personas piensan que el ejercicio estimula el apetito y que el aumento de la ingesta calórica resultante contrarrestaría el gasto calórico. En 1954, Jean Mayer, un nutricionista mundialmente conocido, observó que los animales que se ejercitaban durante períodos de 20 min a 1 h por día ingerían menos alimentos que los animales control que no se ejercitaban.[29] A partir de estos hallazgos y de otros estudios, Mayer llegó a la conclusión de que cuando la actividad física no llega a alcanzar un cierto umbral la ingesta de alimentos no disminuye de manera correspondiente y el animal (o el ser humano) comienza a acumular grasa corporal. Estos resultados promovieron la teoría que postula la necesidad de un cierto nivel mínimo de actividad física para que el cuerpo regule en forma precisa la ingesta de alimentos y así equilibrar el gasto energético. Un estilo de vida sedentario puede reducir esta capacidad de regulación, lo que resultaría en un equilibrio energético positivo con aumento del peso corporal.

En realidad, el ejercicio disminuiría levemente el apetito, al menos durante las primeras horas que siguen a un ejercicio intenso. Además, diversos estudios demostraron que la cantidad total de calorías consumidas por día no

¿Qué grado de actividad es necesario para controlar el peso corporal?

En 2005, un grupo de científicos de la Clínica Mayo hicieron un descubrimiento importante respecto de los niveles de actividad física y el control del peso corporal.[27] Diez sujetos delgados y 10 sujetos obesos sedentarios fueron equipados con un sistema muy sofisticado para supervisar incluso las modificaciones más leves en la posición del cuerpo durante un período de 10 días. Si bien ambos grupos de sujetos eran sedentarios, las personas delgadas consumieron 350 kcal/día más que los sujetos obesos debido a los cambios y a los movimientos posturales. Sólo a título de ejemplo, los sujetos obesos permanecieron sentados 2 h más por día que los sujetos delgados. Estos resultados indican la importancia de simplemente mantenerse activos, independientemente de la realización de ejercicios formales.

se modifica después de comenzar un programa de ejercicios. Si bien algunos pueden interpretar este hallazgo como una prueba de que el ejercicio no afecta el apetito, una conclusión más correcta sería que el apetito fue afectado (en realidad fue abolido), dado que la ingesta calórica no aumentó proporcionalmente al gasto calórico adicional como consecuencia del ejercicio. En estudios realizados en ratas, se observó que los machos que realizaban ejercicio ingerían una menor cantidad de alimento, mientras que las hembras tendían a comer lo mismo o incluso más que los ratones de control que no se ejercitaban.[33] No existe una explicación clara para esta diferencia sexual y tampoco se sabe con certeza si es válida para los seres humanos.

Es posible que la disminución del apetito sólo tenga lugar con niveles intensos de ejercicio, en los que los elevados niveles de catecolaminas (adrenalina y noradrenalina) resultantes ejercerían un efecto anoréxico. El aumento de la temperatura corporal que acompaña la actividad física intensa o casi cualquier ejercicio realizado en condiciones de humedad y calor también podría suprimir el apetito. Todas las personas saben por experiencia que, cuando el clima es caluroso o cuando la temperatura corporal es elevada como consecuencia de una enfermedad, el deseo de ingerir alimentos disminuye. Esto también podría explicar por qué el hecho de correr en un ambiente caluroso se asocia con una disminución o una abolición del apetito, mientras que un ejercicio de natación intenso en el agua fría lo aumenta. En una piscina con agua cuya temperatura sea muy inferior a la temperatura corporal central, el calor generado por el ejercicio se elimina muy rápidamente y ello impide un aumento importante de la temperatura corporal.

◯ Concepto clave

La actividad física regular puede contribuir a controlar el apetito a fin de que la ingesta calórica se equilibre con el gasto calórico.

Ejercicio y tasa metabólica de reposo Los efectos del ejercicio sobre los componentes del gasto energético revistieron una gran importancia para los investigado-

res a fines de la década de 1980 y a principios de la década de 1990. Es importante determinar la forma en la que el ejercicio afecta la TMR, dado que este mecanismo es responsable del 60 al 75% del gasto energético total diario. Por ejemplo, si la ingesta calórica total diaria de un hombre de 25 años es de 2 700 kcal y la TMR es responsable del 60% del gasto energético total diario (0,60 × 2 700 = 1 620 kcal), un mero incremento del 1% en la TMR implicaría un gasto extra de 16 kcal/día, o 5 840 kcal por año. Este pequeño incremento en la TMR equivaldría por sí sólo a la pérdida de 0,8 kg (1,7 lb) de grasa por año.

Aún no se sabe con certeza si el ejercicio físico induce un aumento de la TMR. Diversos estudios transversales demostraron que los corredores de elite tienen una mayor TMR que las personas no entrenadas de edad y tamaño similares, pero los resultados de otros estudios no confirmaron estas observaciones.[34] Se realizaron pocos estudios longitudinales para determinar los cambios de la TMR en personas no entrenadas que siguieron un programa de entrenamiento durante un cierto período. Algunos de estos estudios sugieren que la TMR podría aumentar con el entrenamiento.[8] Sin embargo, en un estudio de 40 hombres y mujeres de 17 a 62 años (Estudio Familiar HERITAGE), la puesta en práctica de un programa de entrenamiento aeróbico de 20 semanas de duración (tres veces por semana, 35-55 minutos por día, al 55-75% del $\dot{V}O_{2máx}$) no se asoció con un aumento de la TMR incluso cuando el $\dot{V}O_{2máx}$ se incrementó en casi un 18%.[47] Dado que la TMR está estrechamente relacionada con la masa libre de grasa corporal (el tejido magro se asocia con una mayor actividad metabólica), en los últimos años ha crecido el interés por el entrenamiento con sobrecarga como medio para incrementar la masa libre de grasa y así aumentar la TMR.[8]

El ejercicio y el efecto térmico de los alimentos En diversos estudios, se evaluó el efecto de bloques individuales de ejercicio y de un programa de entrenamiento sobre el efecto térmico de los alimentos. Un bloque aislado de ejercicios, ya sea antes o después de una comida, aumenta el efecto térmico de esa comida. El efecto de un programa de entrenamiento sobre el ETA es menos claro. En algunos estudios se observó un aumento, en otros una disminución y en otros no se registró ningún efecto. Al igual que con las mediciones de los cambios en la tasa metabólica de reposo que acompañan al entrenamiento, las mediciones del ETA se deben temporizar en relación con el último bloque de ejercicios. Si la medición se lleva a cabo dentro de las 24 horas posteriores al último bloque de ejercicios, el ETA por lo general es menor que el registrado tres días después.[39]

Ejercicio y movilización de ácidos grasos Durante el ejercicio, los ácidos grasos se liberan de sus sitios de depósito para ser utilizados como energía. Diversos estudios sugieren que la hormona de crecimiento humana sería responsable de esta movilización de los ácidos grasos. Los niveles de hormona de crecimiento aumentan en forma significativa con el ejercicio y permanecen elevados varias horas durante el período de recuperación. Otro estudio sugiere que el ejercicio sensibilizaría el tejido adiposo a la acción de los nervios simpáticos o a los niveles crecientes de catecolaminas circulantes. En ambos casos, el resultado sería un aumento de la movilización de lípidos. Investigaciones más recientes sugieren que esta movilización se produce en respuesta a una sustancia específica movilizadora de lípidos y que tiene una alta respuesta ante el incremento en los niveles de actividad física. Por lo tanto, es imposible determinar con certeza cuáles son los factores de mayor importancia responsables de esta respuesta.

Reducción localizada

Muchas personas, incluidos numerosos deportistas, creen que al ejercitar una zona específica del cuerpo se consumirá grasa en esa zona y disminuirán los depósitos de grasa locales. Los hallazgos registrados en alguno de los primeros estudios experimentales sobre esta temática tendieron a avalar este concepto de **reducción localizada**, pero los resultados de estudios ulteriores sugieren que la reducción localizada es un mito y que el ejercicio, aun cuando sea localizado, consume grasa de casi todos los reservorios corporales de grasa y no sólo de los depósitos locales.

En uno de estos estudios, se incluyeron tenistas de alta competencia suponiendo que podrían ser sujetos ideales para estudiar la reducción localizada en la medida que podrían actuar como sus propios controles. En estos deportistas, el brazo dominante se ejercita con intensidad durante varias horas al día y el brazo no dominante se mantiene relativamente inactivo.[19] Los investigadores postularon que si la teoría de la reducción localizada de grasa

fuese valedera, el brazo no dominante (inactivo) debería tener una cantidad significativamente mayor de grasa que el brazo dominante (activo). Los resultados mostraron que la circunferencia del brazo dominante de los jugadores fue significativamente mayor que la del brazo inactivo, lo cual fue atribuido a la hipertrofia muscular provocada por el ejercicio; sin embargo, los valores del espesor del pliegue cutáneo fueron similares en ambos brazos.

En otro estudio, se evaluaron los efectos localizados de un programa de entrenamiento intenso con ejercicios para abdominales durante de 27 días. Los investigadores no encontraron diferencias de la tasa de cambio del diámetro celular de los adipocitos del abdomen, la región subescapular y la región glútea.[23] Estas observaciones indican que no existe una adaptación específica en el sitio localizado del ejercicio (en este caso, el abdomen). En la actualidad, los investigadores piensan que durante el ejercicio se movilizan grasas desde las zonas de mayor concentración o desde todos los depósitos por igual, lo que se opone a la teoría de reducción localizada. Es posible que el ejercicio se asocie con una disminución de la circunferencia de la zona ejercitada, pero este fenómeno es consecuencia de un aumento del tono muscular y no de la pérdida de grasa.

Ejercicio aeróbico de baja intensidad

Como se describió en los capítulos anteriores, cuanto mayor es la intensidad de ejercicio mayor será la dependencia en los carbohidratos como fuente de energía. En el caso de ejercicios aeróbicos de alta intensidad, los carbohidratos pueden aportar hasta el 90% o más de la energía requerida por el cuerpo. A fines de la década de 1980, diversos grupos de profesionales promocionaron los **ejercicios aeróbicos de baja intensidad** para incrementar la pérdida de grasa corporal. Estos profesionales pensaron que este tipo de entrenamiento permitiría utilizar más grasa como fuente de energía y de ese modo se aceleraría la pérdida de grasa corporal. En efecto, el cuerpo utiliza un mayor porcentaje de grasa como fuente de energía durante el ejercicio de baja intensidad. Sin embargo, el gasto calórico total no necesariamente se modifica como resultado de la utilización de grasa corporal.

Este fenómeno se ilustra en el Cuadro 22.5. En este ejemplo hipotético, una mujer de 23 años con un $\dot{V}O_{2máx}$ de 3 L/min se ejercita durante 30 min al 50% de su $\dot{V}O_{2máx}$ un día y durante 30 min al 75% de su $\dot{V}O_{2máx}$ otro día. Las

CUADRO 22.5 Estimación de las kilocalorías aportadas por las grasas y los carbohidratos durante bloques de ejercicio aeróbico de baja y alta intensidad de 30 min de duración

Intensidad del ejercicio	$\dot{V}O_2$ promedio (L/min)	RER promedio	% kcal de HC	% kcal de grasas	Kcal de HC en 30 min	Kcal de grasas en 30 min	Kcal totales en 30 min
Baja, 50%	1,50	0,85	50	50	110	110	220
Alta, 75%	2,25	0,90	67	33	222	110	332

Nota. RER, índice de intercambio respiratorio; HC, carbohidratos. El sujeto era una mujer de 23 años en buen estado físico pero no altamente entrenada ($\dot{V}O_{2máx}$ = 3,0 L/min).

calorías totales aportadas por las grasas son similares tanto con el ejercicio de baja como con de alta intensidad: en ambos casos, las grasas aportan aproximadamente 110 kcal durante los 30 min de ejercicio. Sin embargo, el ejercicio de mayor intensidad se asocia con un gasto calórico total aproximadamente 50% mayor durante el mismo período.

Los investigadores llegaron a la conclusión de que existe una zona óptima en la cual la tasa de oxidación de grasas alcanzan un valor máximo. La zona denominada Fat$_{máx}$ se define como aquella en la que la tasa de oxidación se encuentran dentro del 10% del valor máximo, varía entre el 55 y el 72% del $\dot{V}O_{2máx}$.[1] Este fenómeno se ilustra en la Figura 22.9.

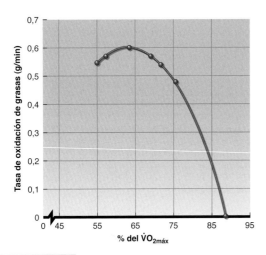

FIGURA 22.9 Tasa de oxidación de grasas en relación con distintas intensidades de ejercicio, expresada como un porcentaje del $\dot{V}O_{2máx}$.

Reproducido, con autorización, de J. Acten, M. Gleeson, y A.E. Jeukendrup, 2002, "Determination of the exercise intensity that elicits maximal fat oxidation", *Medicine and Science in Sports and Exercise* 34: 92-97.

Concepto clave

La actividad aeróbica de baja intensidad no necesariamente se asocia con un mayor aporte de calorías provenientes de las grasas. Más importante aún, el gasto calórico total durante un lapso dado es mucho menor que el asociado con la actividad aeróbica de alta intensidad.

Dispositivos de ejercicio

Rara vez se obtiene algo a cambio de nada. Un programa de ejercicio sin esfuerzo sería ideal, por supuesto, pero tal programa no produciría cambios significativos en la aptitud física, la composición corporal o las dimensiones físicas. La popularidad creciente del ejercicio físico determinó la comercialización de numerosos dispositivos y aparatos. Algunos de ellos son realmente eficaces, pero muchos no sirven para el acondicionamiento físico ni para adelgazar. Se evaluaron tres de estos dispositivos para determinar la veracidad de sus supuestas virtudes: el Mark II Bust Developer, el Astro-Trimmer Exercise Belt, y los Slim-Skins Vacuum Pants. El primer dispositivo estaba destinado al público femenino y supuestamente permitía aumentar el busto en 5 a 8 cm (2 a 3 pulgadas) en el curso de tres a siete días; los otros dos dispositivos supuestamente reducirían en varios centímetros las dimensiones del abdomen, las caderas, los muslos y los glúteos en cuestión de minutos. La evaluación de estos tres dispositivos mediante estudios científicos controlados con rigurosidad permitió establecer que ninguno de ellos produjo ningún cambio en absoluto.[45,46]

A menudo, las personas que piensan en adelgazar se acobardan al pensar que deberán aumentar su actividad física. ¿Quién no preferiría obtener resultados inmediatos en lugar de tener que esperar para poder apreciar algún beneficio? La realidad indica que para que el ejercicio sea beneficioso ¡es obligatorio realizar un esfuerzo!

Actividad física y reducción del riesgo para la salud

Durante la década de 1990, se descubrió una importante correlación que sugiere otro efecto beneficioso del ejercicio físico. En el caso de personas con sobrepeso u obesas, el riesgo general de muerte por enfermedad disminuye en gran medida si se mantienen físicamente activos.[2, 43] Ésta es una buena noticia para aquellos que aparentemente no pueden dejar de ser obesos o de padecer sobrepeso: un estilo de vida activo y los ejercicios de intensidad moderada o elevada pueden reducir en forma significativa el riesgo de muerte por enfermedades degenerativas crónicas, como la enfermedad coronaria o la diabetes.

Riesgo de obesidad y diabetes entre los deportistas

En el comienzo del capítulo, se utilizó el ejemplo de William "El refrigerador" Perry para alertar acerca del posible riesgo médico asociado con el hecho de ser un deportista de gran tamaño. En un estudio publicado en 2009, se estimó la prevalencia de síndrome metabólico, resistencia a la insulina y factores de riesgo asociados en un grupo de 90 jugadores de fútbol americano de la División I de la NCAA.[4] La prevalencia de obesidad, resistencia a la insulina y síndrome metabólico fueron 21, 21 y 9%, respectivamente. El puesto de "liniero" fue ocupado por 19 de los 19 sujetos obesos, 13 de los 19 sujetos con resistencia a la insulina y todos los jugadores con síndrome metabólico. Los autores llegaron a la conclusión de que los linieros corren un mayor riesgo de síndrome metabólico y resistencia a la insulina que los jugadores que se desempeñan en otras posiciones, y que este hallazgo se correlaciona principalmente con la obesidad.

Revisión

➤ La inactividad es una causa muy importante de obesidad en los Estados Unidos, tal vez tan importante como la sobrealimentación.

➤ El gasto calórico asociado con la actividad física incluye la tasa de gasto energético en estado estable durante la actividad y la energía consumida después del ejercicio, dado que la tasa metabólica permanece elevada durante un cierto tiempo después de finalizada la actividad física, fenómeno que se conoce con el nombre de exceso de consumo de oxígeno posejercicio (EPOC).

➤ La modificación de la dieta es suficiente por sí sola para perder grasa, pero con esta modalidad también se pierde masa libre de grasa. El ejercicio, ya sea solo o asociado con una dieta adecuada, ayuda a perder grasa pero preserva o incluso aumenta la masa libre de grasa corporal. Es probable que el principal beneficio asociado con la actividad física y un programa formal de ejercicio sea la disminución de la acumulación de grasa visceral o de los depósitos de grasa visceral.

➤ El mero hecho de mantenerse activo, independientemente de la puesta en práctica de un programa formal de ejercicio, es importante para prevenir la obesidad.

➤ Energía incorporada - energía excretada = TMR + ETA + ETE cuando una persona se encuentra en equilibrio energético.

➤ El cuerpo necesita un cierto grado de actividad para poder equilibrar el consumo y el gasto energético.

➤ Los estudios de investigación indican que el ejercicio puede suprimir el apetito.

➤ La tasa metabólica de reposo puede aumentar levemente con el entrenamiento, e incluso un bloque de ejercicio aislado puede incrementar la ETA.

➤ El ejercicio promueve la movilización de lípidos desde el tejido adiposo.

➤ La reducción localizada es un mito.

➤ El ejercicio aeróbico de baja intensidad no promueve una mayor oxidación de grasas que el ejercicio más intenso y cuanto más agotador es el ejercicio mayor será el gasto calórico total.

Diabetes

La **diabetes mellitus**, también denominada simplemente diabetes, es una enfermedad que se caracteriza por altos niveles de glucosa en sangre (hiperglucemia) como resultado de la producción insuficiente de insulina en el páncreas, la incapacidad de la insulina de facilitar el transporte de glucosa hacia el interior de las células o de ambas alteraciones. Recuérdese del Capítulo 4 que la insulina es una hormona que reduce la cantidad de glucosa circulante al facilitar su transporte hacia el interior de las células. En primer lugar, describiremos la terminología utilizada en la definición de la diabetes y de la alteración del control del azúcar en la sangre (control glucémico) y luego analizaremos la prevalencia de la diabetes en los Estados Unidos.

Terminología y clasificación

Históricamente, la diabetes mellitus ha clasificado dentro de dos categorías principales: la diabetes juvenil o diabetes insulinodependiente (en la actualidad conocida como diabetes tipo 1) y la diabetes de aparición en la adultez (hoy denominada diabetes tipo 2). Esta clasificación se basaba en la edad de aparición de la diabetes.[28] Lamentablemente, desde hace algún tiempo existe una epidemia de la diabetes tipo 2 en los niños, que en gran medida es atribuible al aumento de la tasa de obesidad infantil; por lo tanto, el término "de aparición en la adultez" dejó de ser adecuado.

La **diabetes tipo 1** se debe a la incapacidad del páncreas de producir suficiente insulina como resultado de una insuficiencia de las **células beta** del páncreas secundaria a su destrucción por el sistema inmunológico del paciente. Por lo tanto, este tipo de diabetes también se conoce con el nombre de **diabetes mellitus insulinodependiente (DMID)**. La diabetes tipo 1 es responsable de sólo un 5 a 10% de todos los casos de diabetes.

La **diabetes tipo 2** se debe a la incapacidad de la insulina de facilitar el transporte de la glucosa hacia el interior de las células y es una consecuencia de la resistencia a la insulina. Antes, este tipo de diabetes se conocía con el nombre de **diabetes mellitus no insulinodependiente (DMNID)**. La diabetes tipo 2 representa alrededor del 90 al 95% de todos los casos de diabetes. La **resistencia a la insulina** es un trastorno en el cual una concentración sanguínea de insulina "normal" induce una respuesta biológica de menor magnitud que la normal. La principal función de la insulina consiste en facilitar el transporte de la glucosa desde la sangre hacia el interior de las células, a través de la membrana plasmática. En presencia de resistencia a la insulina, el cuerpo necesita una mayor cantidad de insulina para transportar una cantidad dada de glucosa hacia el interior de la célula a través de la membrana celular. El término **sensibilidad a la insulina** está relacionado y es un indicador de la eficacia de una concentración sanguínea de insulina dada. A medida que la sensibilidad a la insulina aumenta, la resistencia a la insulina disminuye.

Un tercer tipo de diabetes, la gestacional, es una forma de diabetes que se manifiesta en la mujer embarazada y en el feto en aproximadamente un 4% de todos los embarazos. Por fortuna, el trastorno suele remitir después del parto, tanto en la madre como en el neonato. Lamentablemente, la diabetes gestacional puede asociarse con complicaciones durante el embarazo.

Otra categoría, denominada **prediabetes**, designa los casos de hiperglucemia en ayunas o de intolerancia a la glucosa. La diabetes tipo 1 y la diabetes tipo 2 se diagnostican sobre la base de una glucemia mayor de 125 mg/dl después de un ayuno de 8 horas. La **hiperglucemia en ayunas** se define por una glucemia de 100 a 125 mg/dl, también después de 8 horas de ayuno. La **intolerancia a la glucosa** se diagnostica mediante una prueba de tolerancia a la glucosa. Esta prueba consiste en ingerir una solución en la que se disuelven 75 g de glucosa anhidra en agua. La concentración plasmática de glucosa se determina a las dos horas de ingerida la solución. Una glucemia de 200 mg/dl o más establece el diagnóstico de diabetes. Valores de 140 a 199 mg/dl indican una intolerancia a la glucosa, y los valores inferiores a 140 mg/dl se consideran normales.

En los estudios de investigación, a menudo se realiza una prueba de tolerancia a la glucosa por vía intravenosa. Se coloca un catéter en ambos brazos, se inyecta una solución de glucosa en una vena de uno de los brazos, y se extraen muestras de sangre de una vena del otro brazo en el curso de 3 h. Las muestras de sangre se extraen con mayor frecuencia durante los primeros 15 a 45 min y a intervalos mayores entre los 60 y 180 min. Este procedimiento permite obtener una curva de las respuestas de la glucemia y la insulina a la carga de glucosa inyectada. La prueba de tolerancia a la glucosa intravenosa es más precisa que la prueba de tolerancia a la glucosa oral.

Algunos síntomas de la diabetes pueden utilizarse para identificar el riesgo de diabetes. Estas manifestaciones comprenden:

Diabetes tipo 1

- Micción frecuente
- Sed excesiva o inusual
- Pérdida de peso inusual sin explicación
- Apetito desmesurado
- Cansancio extremo e irritabilidad

Diabetes tipo 2

- Cualquiera de los síntomas mencionados para la diabetes tipo 1
- Infecciones frecuentes
- Visión borrosa o alteraciones bruscas de la visión
- Hormigueo o entumecimiento en manos y en los pies
- Cicatrización lenta de heridas o llagas
- Infecciones recidivantes de la piel, las encías o la vejiga

Prevalencia de la diabetes

Aproximadamente 17,9 millones de estadounidenses han sido diagnosticados con diabetes. Se estima que otros 5,7 millones de personas es probable que tengan diabetes no diagnosticada y que 57 millones de personas sean prediabéticas. La prevalencia de diabetes en los EE. UU. aumentó del 4,9% en 1990 al 7% en 2005; es decir, un incremento del 43%. Entre 1990 y 1998, el mayor incremento (76%) ocurrió en personas de 30 a 39 años. Más del 23% de las personas de 60 años o mayores padecen diabetes. Además, la prevalencia de diabetes diagnosticada entre las personas de 20 o más años es del 6,6% para los blancos de origen no latino, del 7,5% para los estadounidenses de origen asiático, del 11,8% para los negros de origen no latino y del 10,4% para las personas de origen latino. Las diferencias raciales en las tasas de diabetes son las mismas que las diferencias raciales en las tasas de obesidad mencionadas antes en este capítulo.

La prevalencia verdadera de la diabetes tipo 2 en los niños no se estimó mediante estudios epidemiológicos nacionales. Sin embargo, se estima que la prevalencia dentro de esta población aumentó hasta 10 veces en el curso de los últimos 20 años. Además, los estudios realizados en la población de 10 a 19 años demuestran que la diabetes tipo 2 representa entre el 33 y el 46% de todos los casos de diabetes.[28] Este hallazgo es sumamente preocupante si se piensa que hasta no hace mucho tiempo la diabetes tipo 2 era considerada la de aparición en la adultez.

Etiología de la diabetes

La herencia desempeña un papel importante en ambos tipos de diabetes. En el caso de la diabetes tipo 1, tiene lugar la destrucción de las células beta (células secretoras de insulina) pancreáticas. Esta destrucción puede ser consecuencia de la acción del sistema inmunológico del cuerpo, de un aumento de la susceptibilidad de las células beta a los virus o de la degeneración de las células beta.

En general, la diabetes tipo 1 comienza en forma brusca durante la infancia o la adultez temprana. Esta enfer-

Programa de estudio para la prevención de la diabetes

A mediados de la década de 1990, el *National Institute of Diabetes and Digestive and Kidney Diseases* (NIDDK) (Instituto Nacional de Diabetes y Enfermedades Digestivas y Renales) de los Institutos Nacionales de Salud de los Estados Unidos diseñó e inició un estudio para determinar si una modificación del estilo de vida (dieta y ejercicio) o un fármaco hipoglucemiante oral (metformina) podían prevenir o retardar la aparición de la diabetes tipo 2 en personas con intolerancia a la glucosa (prediabéticos). Tres mil doscientos treinta y cuatro (3 234) sujetos de 25 años o más fueron asignados en forma aleatoria a un grupo que recibió placebo, un grupo que recibió el fármaco y un grupo en el que se modificó el estilo de vida. Los objetivos del programa de modificación del estilo de vida consistieron en perder por lo menos el 7% del peso corporal y participar en algún tipo de actividad física durante al menos 150 min por semana. Ambas intervenciones resultaron ser muy exitosas y retardaron en 11 años la instalación de la diabetes en el grupo con modificación del estilo de vida y en 3 años en el grupo tratado con metformina.[26] Este estudio ilustra con claridad la importancia de la modificación del estilo de vida para disminuir el riesgo de una enfermedad debilitante y de sus graves consecuencias.

medad se asocia con una insuficiencia de insulina casi total, y su control requiere la administración diaria de inyecciones de insulina.

En la diabetes tipo 2, la aparición de la enfermedad es más gradual, y las causas son más difíciles de establecer. A menudo, la diabetes tipo 2 se manifiesta con una o más de las tres siguientes anormalidades metabólicas: secreción insuficiente o retardada de la insulina; acción deficiente de la insulina (resistencia a la insulina) en los tejidos corporales que responden a la insulina, incluidos los músculos; y producción hepática excesiva de glucosa.

La obesidad cumple un papel principal en el desarrollo de la diabetes tipo 2. En presencia de obesidad, las células beta del páncreas a menudo responden en menor medida a la estimulación inducida por concentraciones sanguíneas crecientes de glucosa. Además, las células diana de la totalidad del cuerpo, incluidos los músculos, con frecuencia presentan una disminución de la cantidad de receptores de insulina o del grado de activación de estos receptores, lo que determina una menor eficacia de la insulina circulante para trasportar glucosa hacia el interior de las células.

Problemas de salud asociados con la diabetes

La diabetes se asocia con una cantidad considerable de riesgos médicos. Las personas con esta enfermedad presentan una tasa de mortalidad relativamente elevada. La diabetes se asocia con un aumento del riesgo de[10]:

- Enfermedad coronaria
- Accidente cerebrovascular e ictus apopléjico
- Hipertensión
- Vasculopatía periférica
- Nefropatía
- Enfermedad del sistema nervioso
- Trastornos oculares, incluida la ceguera
- Problemas dentales
- Amputaciones
- Complicaciones durante el embarazo

A fines de la década de 1980, se establecieron importantes asociaciones entre la enfermedad coronaria, la hipertensión, la obesidad y la diabetes tipo 2. La **hiperinsulinemia** (niveles elevados de insulina en sangre) y la resistencia a la insulina representan importantes nexos

⬤ Concepto clave

La diabetes aumenta el riesgo de enfermedad coronaria, accidente cerebrovascular e ictus apopléjico, hipertensión y vasculopatía periférica. La enfermedad coronaria, la hipertensión, la obesidad y la diabetes pueden tener como denominador común el aumento del nivel sanguíneo de insulina o la resistencia a la insulina de las células diana. Sin embargo, en todos los casos el factor desencadenante sería la obesidad.

entre estos trastornos, posiblemente a través de la estimulación del sistema nervioso simpático mediada por la insulina (el aumento del nivel de insulina induce un aumento de la actividad del sistema nervioso simpático).[12] La obesidad también sería el principal factor desencadenante de esta reacción.

Tratamiento general de la diabetes

Las principales modalidades para el tratamiento de la diabetes tipo 1 comprenden la administración de insulina, la dieta y el ejercicio. La dosis de insulina se ajusta hasta normalizar el metabolismo de los carbohidratos, los lípidos y las proteínas. El tipo de insulina inyectada (de acción breve o de acción intermedia) y el momento del día en el cual se la administra también se personalizan a fin de mantener el control de la glucemia durante todo el día.

En el caso de la diabetes tipo 2, el tratamiento tradicionalmente se centró en los tres factores siguientes: la pérdida de peso, la dieta y el ejercicio. Sin embargo, entre mediados y fines de la década de 1990 se introdujeron numerosos fármacos nuevos que permiten un control eficaz de la diabetes tipo 2. Dos tipos de fármacos resultaron ser particularmente eficaces: las sulfonilureas, que disminuyen el nivel sanguíneo de glucosa, y las biguanidas, que disminuyen la producción de glucosa hepática. La metformina, una biguanida, resultó ser particularmente eficaz en pacientes obesos.

En general, los pacientes diabéticos son tratados con una dieta bien equilibrada. En el pasado, solía prescribirse una dieta con un bajo contenido de carbohidratos para facilitar el control de la glucemia. Sin embargo, este tipo de dietas requiere un aumento de la cantidad de grasas en los alimentos, lo que puede ejercer un efecto negativo sobre los niveles de lípidos en sangre. Dado que los pacientes diabéticos ya corren un mayor riesgo de enfermedad coronaria, este efecto es indeseable. El control de la glucemia es difícil en presencia de obesidad; por lo tanto, en estos casos está indicada una dieta hipocalórica para que el paciente adelgace. En muchos casos de diabetes tipo 2, es suficiente la pérdida de peso para que la glucemia retorne a los valores normales. Este fenómeno puede ser el aspecto más importante del plan terapéutico para los pacientes diabéticos con sobrepeso u obesos.

Importancia de la actividad física en la diabetes

Datos derivados de diversos estudios indican indirectamente que la actividad física regular reduce el riesgo de diabetes tipo 2,[3] pero esta relación es menos clara en el caso de la diabetes tipo 1. Sin embargo, la mayoría de los médicos concuerdan en que la actividad física es un componente importante del plan de tratamiento para ambos tipos de diabetes. Debido a las diferencias existentes entre las características y las respuestas de las personas que padecen diabetes tipo 1 y los pacientes con diabetes tipo 2, estos dos trastornos se comentarán por separado.

Diabetes tipo 1

La importancia del ejercicio regular y del entrenamiento para mejorar el control glucémico (regulación de los niveles de azúcar en sangre) en pacientes con diabetes tipo 1 no ha sido establecida con certeza y es motivo de debates. La principal diferencia entre ambos tipos de diabetes es que la diabetes tipo 1 se acompaña de bajos niveles sanguíneos de insulina debido a incapacidad parcial o total del páncreas de producir insulina. Los pacientes con diabetes tipo 1 son propensos a la hipoglucemia (bajo nivel de azúcar en sangre) durante el ejercicio e inmediatamente después de éste debido a que el hígado no llega a producir glucosa a una velocidad suficiente para compensar su utilización. En estos casos, el ejercicio puede provocar oscilaciones muy marcadas de la glucemia que se consideran inaceptables para el tratamiento de la enfermedad. El grado de control glucémico durante el ejercicio presenta variaciones individuales muy amplias entre los pacientes con diabetes tipo 1. Por lo tanto, el ejercicio y el entrenamiento pueden mejorar el control glucémico en algunos pacientes (sobre todo en aquellos que son menos propensos a la hipoglucemia), pero no en otros.[41]

Si bien no mejora el control glucémico en la mayoría de las personas con diabetes tipo 1, el ejercicio se asocia con otros beneficios potenciales en este grupo de pacientes. Dado que en esta población el riesgo de enfermedad coronaria es dos a tres veces mayor que en la población general, el ejercicio podría ayudar a reducir este riesgo. El ejercicio también podría reducir el riesgo de vasculopatía cerebral y periférica.

En pacientes con diabetes tipo 1 no complicada, no hay motivos para limitar para la actividad física, siempre que exista un control adecuado de la glucemia. Muchos deportistas con diabetes tipo 1 entrenan y compiten sin problemas. En estos casos, es importante supervisar adecuadamente la glucemia a fin de poder modificar la dieta y las dosis de insulina según necesidad. Esto es particularmente importante para aquellos que compiten a alta intensidad o durante períodos prolongados.

Se debe prestar atención especial a los pies de las personas con diabetes, ya que es frecuente que estos pacientes sufran una neuropatía (enfermedad de los nervios) periférica con un cierto grado de pérdida de sensibilidad en los pies. Los pacientes con diabetes también padecen con mayor frecuencia una vasculopatía (enfermedad vascular) periférica, de manera que la circulación de los miembros, sobre todo la de los pies, suele estar afectada de manera significativa. Las ulceraciones y otras lesiones del pie son responsables de más de la mitad de todas las internaciones de pacientes diabéticos.[11] Debido a que los ejercicios donde se debe soportar el peso corporal representan una carga de trabajo adicional para los pies, la selección de un calzado cómodo y el cuidado preventivo de los pies revisten gran importancia.

Diabetes tipo 2

El ejercicio cumple una función importante en el control glucémico de las personas con diabetes tipo 2. Por lo general, la producción de insulina no representa un problema en este grupo de pacientes, sobre todo durante las etapas iniciales de la enfermedad. El problema principal en esta forma de diabetes es la falta de respuesta a la insulina por parte de las células diana (resistencia a la insulina). La resistencia celular a la insulina impide que la hormona cumpla la función de facilitar el transporte de glucosa a través de la membrana celular, lo que determina una disminución de la sensibilidad a la insulina. La contracción muscular ejerce un efecto similar al de la insulina.[22] La contracción muscular se acompaña de un aumento de la permeabilidad de la membrana a la glucosa, probablemente debido a un incremento de la cantidad de transportadores de glucosa GLUT-4 asociados con la membrana plasmática.[21] Por lo tanto, los bloques de ejercicio agudo disminuyen la resistencia a la insulina y aumentan la sensibilidad a ésta. Dicho efecto reduce los requerimientos de insulina de las células, lo que implica que las personas que reciben insulina deben reducir las dosis. El entrenamiento con sobrecarga y el entrenamiento aeróbico se asocian con efectos similares,[49] aunque algunos datos disponibles sugieren que la combinación de ejercicios con sobrecarga y ejercicios aeróbicos sería la estrategia óptima para contrarrestar la resistencia a la insulina. Esta disminución de la resistencia a la insulina con un aumento resultante de la sensibilidad a ésta podría ser esencialmente una respuesta a cada bloque individual de ejercicios más que el resultado de un cambio a largo plazo asociado con el entrenamiento. Algunos estudios han demostrado que este efecto desaparece dentro de las 72 horas.

⬤ Concepto clave

La actividad física ejerce numerosos efectos beneficiosos en las personas con diabetes, sobre todo en pacientes con diabetes tipo 2. El control glucémico mejora mucho más en las personas con diabetes tipo 2, posiblemente debido al efecto similar a la insulina de la contracción muscular sobre el transporte de glucosa desde el plasma hacia el interior de la célula.

➤ La diabetes es una alteración del metabolismo de los carbohidratos que se caracteriza por la presencia de hiperglucemia. La diabetes es consecuencia de la secreción insuficiente de insulina o de una acción defectuosa de esta hormona.

➤ La diabetes tipo 1 se asocia con la destrucción de las células beta del páncreas y en general se instala de manera brusca en una fase temprana de la vida. La diabetes tipo 2 suele ser consecuencia de la secreción insuficiente de insulina o de una acción defectuosa de esta hormona, de una producción hepática excesiva de glucosa o de una combinación de estas alteraciones.

➤ Las principales modalidades para el tratamiento comprenden la administración de fármacos (si están indicados), las modificaciones de la dieta y el ejercicio.

➤ En personas con diabetes tipo 1, el ejercicio puede o no mejorar el control glucémico, pero estas personas corren un mayor riesgo de enfermedad coronaria y, por cierto, el ejercicio puede disminuir este riesgo.

➤ Los niveles sanguíneos de glucosa se deben vigilar adecuadamente durante el ejercicio (sobre todo en personas con diabetes tipo 1) a fin de poder modificar la dieta y la dosis de insulina según necesidad.

➤ Los pies de las personas con diabetes tipo 1 requieren especial atención debido a que la neuropatía periférica suprime la sensibilidad, y las alteraciones de la circulación periférica disminuyen la irrigación sanguínea. En estos pacientes, las lesiones de los pies pueden pasar inadvertidas y, sin embargo, revestir suma gravedad.

➤ La diabetes tipo 2 responde bien al ejercicio. El ejercicio aumenta la permeabilidad de la membrana celular a la glucosa, probablemente debido a un aumento de la cantidad de receptores GLUT-4. Este efecto contrarresta la resistencia a la insulina y aumenta la sensibilidad a ésta.

En estos dos últimos capítulos analizamos el papel desempeñado por la actividad física en la prevención y el tratamiento de la enfermedad coronaria, la hipertensión, la obesidad y la diabetes. Se señaló que el ejercicio puede disminuir el riesgo individual y también puede ser una parte integral del tratamiento, dado que mejora la salud general y alivia algunos síntomas.

Con este capítulo también finaliza nuestro recorrido destinado a comprender más cabalmente la fisiología del deporte y del ejercicio. Al inicio de este libro hemos revisado la forma en la que funcionan los distintos sistemas corporales durante el ejercicio y de la forma en la que responden al entrenamiento crónico. Hemos analizado la manera en la que la actividad física y el rendimiento son afectados por las condiciones ambientales, como el calor o el frío extremos y la presión barométrica. Luego centramos la atención en los métodos utilizados por los deportistas para optimizar su rendimiento. Se consideraron las diferencias únicas entre los deportistas de edad avanzada y los deportistas jóvenes y entre los deportistas de ambos sexos. Por último, hemos examinado el papel que desempeña el ejercicio en el mantenimiento de la salud y de la aptitud física.

El viaje ha sido largo, pero esperamos que después de leer este libro el lector tenga una visión más completa de la actividad física en general. Es posible que al finalizar la lectura de estos capítulos usted sea más conciente de la forma en la que su cuerpo ejecuta las distintas actividades físicas y que, si todavía no lo ha hecho, sienta la necesidad de comprometerse con un programa de ejercicio personalizado. Esperamos haberle despertado algún interés por la fisiología del deporte y el ejercicio, dado que estas áreas de estudio afectan muchos aspectos de nuestras vidas.

Palabras clave

células beta

diabetes tipo 1

diabetes tipo 2

diabetes mellitus

diabetes mellitus insulinodependiente (DMID)

diabetes mellitus no insulinodependiente (DMNID)

efecto térmico de los alimentos (ETA)

efecto térmico del ejercicio (ETE)

ejercicios aeróbicos de baja intensidad

hiperglucemia en ayunas

hiperinsulinemia

índice de masa corporal (IMC)

intolerancia a la glucosa

obesidad

obesidad del hemicuerpo inferior (ginoide)

obesidad del hemicuerpo superior (androide)

prediabetes

reducción localizada

resistencia a la insulina

sensibilidad a la insulina

sobrepeso

Preguntas

1. ¿Cuál es la diferencia entre sobrepeso y obesidad?
2. ¿Cuál es el peso corporal ideal, y cómo se determina?
3. ¿Qué es el índice de masa corporal y qué significa?
4. ¿Cuál es la prevalencia actual de la obesidad en los Estados Unidos? ¿Existe una diferencia de la prevalencia entre hombres y mujeres? ¿Entre niños y adultos? ¿Entre blancos y negros?
5. ¿Cuáles son los diversos problemas médicos asociados con la obesidad?
6. ¿Cuál es la asociación entre obesidad, enfermedad coronaria, hipertensión, resistencia a la insulina y diabetes?
7. Describa los diferentes métodos para tratar la obesidad. ¿Cuáles son los más eficaces?
8. ¿Qué papel cumple el ejercicio en la prevención y el tratamiento de la obesidad?
9. ¿Qué tipo de ejercicios podrían ayudar a disminuir el peso corporal total y la masa grasa?
10. ¿Es eficaz la reducción localizada? ¿Es eficaz el ejercicio aeróbico de baja intensidad?
11. Describa los dos tipos principales de diabetes. ¿Cuáles son sus causas?
12. ¿Cuáles son los riesgos médicos asociados con la diabetes?
13. Describa el papel del ejercicio en la prevención de la diabetes y en el tratamiento de pacientes con diabetes tipos 1 y 2.

1 repetición máxima (1RM): cantidad máxima de peso que puede levantarse una vez.

AACR: *véase* aminoácidos de cadena ramificada.

absorciometría dual de rayos X: técnica utilizada para evaluar tanto la composición regional como total del cuerpo mediante el uso de la absorciometría de rayos X.

accidente cerebrovascular: cuadro clínico en el cual se interrumpe el suministro de la sangre a cualquier lugar del cerebro, causado típicamente por un infarto o hemorragia, y que causa la lesión del tejido.

accidente cerebrovascular hemorrágico: cuadro caracterizado por sangrado en el cerebro, que lesiona el tejido cerebral adyacente.

accidente cerebrovascular isquémico: daño en el tejido cerebral como resultado del insuficiente suministro de oxígeno a un área del cerebro. Puede ser causado por el estrechamiento o el bloqueo de los vasos sanguíneos que irrigan el área.

acetil CoA: *véase* acetil coenzima A.

acetil coenzima A (acetil CoA): el compuesto que forma el punto común de entrada en el ciclo de Krebs para la oxidación de los carbohidratos y las grasas.

acetilcolina: un neurotransmisor primario que transmite impulsos a través de la hendidura sináptica.

ácidos grasos libres (AGL): componentes del tejido graso que usa el cuerpo para el metabolismo.

aclimatación: adaptación fisiológica al estrés ambiental repetido, que se produce en un período relativamente breve (días a semanas). En general, la aclimatación se lleva a cabo en el ambiente del laboratorio.

aclimatación aislante: patrón de aclimatación al frío en el cual un aumento de la vasoconstricción cutánea incrementa el aislamiento periférico y minimiza la pérdida de calor.

aclimatación al calor: *véase* aclimatación.

aclimatación metabólica: patrón de aclimatación al frío que implica el incremento en la producción de calor metabólico a través de la termogénesis asociada o no al temblor.

aclimatización (o adaptación): adaptación al estrés medioambiental repetido en un entorno natural durante meses y años de vivir y ejercitarse en ese medioambiente.

aclimatización al frío: *véase* aclimatización.

acoplamiento excitación-contracción: secuencia de eventos en el cual un impulso nervioso llega a la membrana muscular, provoca la interacción de los puentes cruzados y, por lo tanto, la contracción muscular.

actina: filamento delgado de proteína que interactúa con los filamentos de miosina para producir la contracción muscular.

activación génica directa: modo de acción de las hormonas esteroides. Se unen a los receptores en la célula y luego el complejo hormona-receptor ingresa en el núcleo y activa ciertos genes.

adaptación crónica: cambio fisiológico que se produce cuando el cuerpo es expuesto a bloques repetidos de ejercicio a lo largo de semanas o meses. Por lo general, estos cambios mejoran la eficiencia corporal tanto en reposo como durante el ejercicio.

adenosindifosfato (ADP): compuesto de fosfato de alta energía a partir del cual se forma el ATP.

adenosinmonofosfato cíclico (AMPc): segundo mensajero intracelular que media la acción hormonal.

adenosintrifosfatasa (ATPasa): enzima que separa el último grupo fosfato del ATP, libera una gran cantidad de energía y degrada el ATP a ADP y P_i.

adenosintrifosfato (ATP): compuesto de fosfato de alta energía a partir del cual el cuerpo obtiene su energía.

adolescencia: período de la vida que va desde el final de la niñez hasta el comienzo de la adultez. La aparición de la pubertad marca el comienzo de la adolescencia.

ADP: *véase* adenosindifosfato.

adrenalina: también llamada epinefrina, es una catecolamina liberada por la médula suprarrenal que, junto con la noradrenalina (norepinefrina), prepara al cuerpo para la respuesta lucha/huida. También es un neurotransmisor. *Véase* catecolaminas.

adrenérgicos: se refiere a la adrenalina o a la noradrenalina (también llamadas epinefrina y norepinefrina, respectivamente).

agentes farmacológicos: grupo de fármacos a los que se les atribuye propiedades ergogénicas.

agentes fisiológicos: grupo de agentes presentes en el cuerpo en condiciones normales, a los que se atribuye propiedades ergogénicas.

agentes hormonales: grupo de hormonas que parecen tener propiedades ergogénicas.

agentes nutricionales: sustancias nutricionales a los que se les atribuye propiedades ergogénicas.

AGL: *véase* ácidos grasos libres.

agotamiento: incapacidad de continuar con el ejercicio.

agotamiento por calor: trastorno producido por el calor que se origina en la incapacidad del sistema cardiovascular para cubrir las necesidades de los tejidos corporales al tiempo que bombea sangre a la periferia para hacer descender la temperatura. Se caracteriza por una temperatura corporal elevada, falta de aliento, cansancio extremo, mareos y pulso rápido.

ahorro de glucógeno: aumento en la dependencia en las grasas más que en el glucógeno almacenado para la producción de energía durante el ejercicio aeróbico.

aislamiento: resistencia al intercambio de calor seco.

alcalosis respiratoria: condición en la cual el aumento de la eliminación del dióxido de carbono permite que aumente el pH de la sangre.

aldosterona: hormona mineralocorticoide secretada por la corteza suprarrenal que previene la deshidratación al favorecer la absorción renal del sodio.

alimentación desordenada: grupo de enfermedades que afectan la alimentación. *Véase* anorexia nerviosa, bulimia nerviosa.

alteración de la curva de tolerancia a la glucosa: respuesta anormal de la glucosa a la carga oral de glucosa (prueba de tolerancia a la glucosa), que algunas veces se considera como precursora de la diabetes.

alvéolos: sacos de aire terminales en la extremidad del árbol bronquial de los pulmones, donde se produce el intercambio gaseoso con los capilares.

amenorrea: ausencia (amenorrea primaria) o cesación (amenorrea secundaria) de la función menstrual normal.

amenorrea primaria: ausencia de menarca (el comienzo de la menstruación) después de los 18 años.

amenorrea secundaria: cese de la menstruación en una mujer con una función menstrual normal previa.

aminoácidos: componentes principales de las proteínas sintetizados por las células vivas o bien obtenidos por el cuerpo mediante la dieta.

aminoácidos de cadena ramificada (AACR): aminoácidos específicos –leucina, isoleucina y valina– que se cree actúan en combinación con el L-triptófano para retardar la fatiga, sobre todo a través de mecanismos mediados por el sistema nervioso central.

aminoácidos esenciales: los ocho o nueve aminoácidos necesarios para el crecimiento humano que el cuerpo no puede sintetizar y son, por lo tanto, parte esencial de nuestra dieta.

aminoácidos no esenciales: los 11 o 12 aminoácidos que sintetiza el cuerpo.

AMPc: adenosinmonofosfato cíclico.

anabolismo: formación de tejido corporal, la fase constructiva del metabolismo.

anaeróbico: en ausencia de oxígeno.

análisis de las necesidades: evaluación de los factores que determinan un programa de entrenamiento específico apropiado para una persona.

anfetaminas: sustancias estimulantes del sistema nervioso central que parecen tener propiedades ergogénicas.

anorexia nerviosa: desorden alimentario clínico que se caracteriza por la distorsión de la imagen corporal, miedo intenso al sobrepeso o a ganar peso, amenorrea y el rechazo a mantener un peso normal mínimo de acuerdo con la edad y la talla.

anticonceptivos orales: fármacos utilizados para el control de la natalidad y otros propósitos médicos, a los que algunas deportistas le atribuyen propiedades ergogénicas.

área preóptica del hipotálamo anterior (POAH): el área del cerebro medio que es el controlador primario de la función termorreguladora.

arginina vasopresina: *véase* hormona antidiurética.

arterias: vasos sanguíneos que transportan la sangre desde el corazón.

arterioesclerosis: condición que incluye la pérdida de elasticidad, engrosamiento y endurecimiento de las arterias.

arteriolas: arterias más pequeñas que transportan la sangre desde las arterias mayores hacia los capilares.

aterosclerosis: forma de arterioesclerosis que incluye cambios en el revestimiento de las arterias y acumulación de placas, que conducen a su estrechamiento progresivo.

ATP: *véase* adenosintrifosfato.

ATPasa: *véase* adenosintrifosfatasa.

atrofia: pérdida de tamaño o masa del tejido corporal, como la atrofia muscular por desuso.

autorregulación: control local de la distribución del flujo sanguíneo (a través de la vasodilatación) como respuesta al cambio de las necesidades del tejido.

ayuda ergogénica: sustancia o fenómeno que puede mejorar el trabajo o el rendimiento deportivo.

barorreceptores: receptores alargados ubicados dentro del sistema cardiovascular que miden los cambios en la presión sanguínea.

betabloqueantes: tipo de fármacos que bloquean la transmisión de los impulsos neurales desde el sistema nervioso simpático; se cree que tienen propiedades ergogénicas.

betaoxidación: primer paso en la oxidación de los ácidos grasos, en la que los ácidos grasos se dividen en dos unidades de ácido acético, cada uno de los cuales se convierte luego en acetilCoA.

bioenergética: denominación que se le da al estudio de los procesos metabólicos que producen o consumen energía.

bombas de sodio-potasio: enzima denominada Na^+-K^+ ATPasa que mantiene el potencial de membrana de reposo en -70 mV.

bomba muscular: compresión rítmica y mecánica de las venas que ocurre durante la contracción de los músculos esqueléticos en muchos tipos de ejercicios y de movimientos, por ejemplo, durante la caminata y la carrera; ayuda al retorno de la sangre al corazón.

bomba respiratoria: movimiento pasivo de la sangre a través de la circulación central en función de los cambios de presión durante la respiración.

bradicardia: frecuencia cardíaca en reposo menor a 60 pulsaciones/minuto.

bulimia nerviosa: desorden alimentario clínico que se caracteriza por episodios recurrentes de atracones, sensación de descontrol durante esos episodios y un comportamiento purgante, que puede incluir vómitos autoinducidos y uso de laxantes y diuréticos. Muchas veces, el desorden incluye alteraciones del comportamiento tales como el ayuno y el ejercicio excesivo.

cadena de transporte de electrones: serie de reacciones químicas que convierte en agua los iones hidrógeno generados por la glucólisis y el ciclo de Krebs, y produce energía por fosforilación oxidativa.

cafeína: estimulante del sistema nervioso central que tiene propiedades ergogénicas, según la creencia de algunos deportistas.

calambres musculares asociados al ejercicio: contracciones prolongadas y dolorosas de los músculos que acompañan a o son resultado del ejercicio.

calambres por calor: acalambramiento de los músculos esqueléticos como resultado de una deshidratación excesiva y la pérdida de sales asociada.

calcitonina: hormona secretada por la glándula tiroides que participa en el control de las concentraciones de los iones calcio en la sangre.

caloría (cal): unidad de medida de la energía en los sistemas biológicos, donde 1 cal es igual a la cantidad de calor necesaria para elevar en $1°C$ la temperatura de 1 g de agua, de 15 a $16°C$.

calorimetría directa: método que permite estimar la tasa y la cantidad de energía producida por el cuerpo mediante la medición directa de la producción de calor corporal.

calorimetría indirecta: método que permite estimar el gasto energético mediante la medición de los gases respiratorios.

calorímetro: dispositivo para medir el calor que produce el cuerpo (o por reacciones químicas específicas).

capacidad aeróbica: *véase* consumo máximo de oxígeno.

capacidad amortiguadora del músculo: la capacidad del músculo para tolerar el ácido que se acumula en ellos durante la glucólisis anaeróbica.

capacidad de difusión del oxígeno: la tasa a la que se difunde el oxígeno de un lugar a otro.

capacidad de resistencia submáxima: la potencia absoluta promedio que un individuo puede mantener durante un período fijo en un cicloergómetro, o la velocidad promedio que un individuo puede mantener durante un período fijo en la cinta ergométrica. Por lo general, estos tests tienen una duración de al menos 30 min, pero no superan los 90.

capacidad oxidativa del músculo ($\dot{Q}O_2$): medida de la capacidad máxima del músculo para utilizar oxígeno.

capacidad pulmonar total (CPT): la sumatoria de la capacidad vital y el volumen residual.

capacidad vital (CV): el volumen máximo de aire expulsado desde los pulmones luego de una inhalación máxima.

capilares: los vasos más pequeños que transportan sangre desde el corazón hacia los tejidos y el lugar real donde se produce el intercambio entre la sangre y el tejido.

carbohidratos: compuestos orgánicos formados a partir de carbono, hidrógeno y oxígeno; incluyen almidones, azúcares y celulosa.

cardiopatía reumática: tipo de cardiopatía valvular originada por una infección estreptocócica que causa fiebre reumática aguda, generalmente en niños de entre 5 y 15 años.

cardiopatías congénitas: defectos cardíacos presentes en el nacimiento que tienen lugar a partir del desarrollo anormal prenatal o están asociados a los vasos sanguíneos. También se los conoce como defectos cardíacos congénitos.

carga de bicarbonato: ingesta de bicarbonato para elevar el pH de la sangre con la esperanza de demorar la fatiga al aumentar la capacidad de amortiguar los ácidos.

carga de carbohidratos: aumento del consumo de carbohidratos en la dieta, proceso que utilizan los deportistas para aumentar las reservas de este compuesto en el cuerpo, antes del ejercicio de resistencia prolongado.

carga de fosfato: práctica de ingerir fosfato de sodio, al que se le atribuye propiedades ergogénicas.

carga de glucógeno: manipulación del ejercicio y la dieta para optimizar el almacenamiento de glucógeno en el cuerpo.

catabolismo: destrucción de los tejidos corporales; es la fase de degradación del metabolismo.

catecolaminas: aminas biológicamente activas (compuestos orgánicos derivados del amoníaco), como la adrenalina y la noradrenalina, que tienen poderosos efectos, similares a los del sistema nervioso simpático.

células beta: células presentes en los islotes de Langerhans del páncreas que secretan insulina.

células diana: células que poseen receptores hormonales específicos.

células satélite: células inmaduras que pueden desarrollarse en tipos de células maduras como los mioblastos.

centro termorregulador: centro nervioso autonómico ubicado en el hipotálamo que es responsable de mantener la temperatura normal del cuerpo.

centros respiratorios: centros autónomos ubicados en la médula oblongada (bulbo raquídeo) y el puente cefalorraquídeo (protuberancia) que establecen la frecuencia y profundidad de la respiración.

ciclo cardíaco: el período que incluye todos los eventos entre dos latidos consecutivos.

ciclo de Krebs: serie de reacciones químicas que comprenden la oxidación completa del acetil coenzima A y producen 2 mol de ATP (energía) junto con hidrógeno y carbono, que se combinan con el oxígeno para formar H_2O y CO_2.

ciclo menstrual: ciclo de cambios en el útero que se producen, en promedio, cada 28 días y está formado por las siguientes fases: menstrual (flujo), proliferativa y secretora.

cicloergómetro (bicicleta ergométrica): instrumento que utiliza el ciclismo para medir el trabajo físico.

cinta ergométrica (tapiz rodante): ergómetro en el cual un motor y un sistema de poleas mueven una cinta larga sobre la que una persona puede caminar o correr.

citocromo: serie de proteínas que contienen hierro y que facilitan el transporte de electrones dentro de la cadena de transporte de electrones.

CK: *véase* creatincinasa.

colesterol asociado a lipoproteínas de alta densidad (HDL-C): es el colesterol transportado por la HDL.

colesterol asociado a lipoproteínas de baja densidad (LDL-C): el colesterol que transporta el LDL.

colesterol asociado a lipoproteínas de muy baja densidad: colesterol transportado por las VLDL.

colinérgicos: aplicado a una neurona, a una fibra nerviosa o a una terminación nerviosa que utiliza como neurotransmisor la acetilcolina.

comando central: información originada en el cerebro que se transmite a los sistemas cardiovascular, muscular y pulmonar.

composición corporal: composición química del cuerpo. El modelo utilizado en este libro considera dos componentes: la masa grasa y la masa libre de grasa.

conducción: (1) transferencia de calor a través del contacto molecular directo con un objeto sólido; (2) movimiento de un impulso eléctrico, como por ejemplo a través de una neurona.

conducción saltatoria: forma de conducción rápida de los impulsos nerviosos a lo largo de las neuronas mielínicas.

congelación superficial o quemadura por congelación: daño tisular que tiene lugar durante la exposición al frío debido a que, al intentar retener el calor corporal, la circulación hacia la piel disminuye hasta que el tejido no recibe suficiente oxígeno y nutrientes.

cono axónico: parte de la neurona entre el cuerpo celular y el axón que controla la transmisión desde el axón a través de la sumatoria de los potenciales excitatorios e inhibitorios postsinápticos.

consumo máximo de oxígeno ($\dot{V}O_{2máx}$): es la máxima capacidad del cuerpo para utilizar oxígeno durante un esfuerzo máximo. También se lo conoce como potencia aeróbica, captación máxima de oxígeno y capacidad de resistencia cardiorrespiratoria.

consumo pico de oxígeno ($\dot{V}O_{2pico}$): es el mayor consumo de oxígeno alcanzado durante un test progresivo de ejercicio, cuando el sujeto llega al agotamiento volitivo antes de que se produzca la meseta en la respuesta del $\dot{V}O_2$ (criterio para determinar el verdadero $\dot{V}O_{2máx}$).

contracción concéntrica: acortamiento muscular.

contracciones dinámicas: cualquier movimiento muscular que produce movimiento de las articulaciones.

contracción excéntrica: cualquier acción muscular en la que se estiren los músculos.

contracción muscular estática (isométrica): acción en la cual el músculo se contrae sin moverse, y genera fuerza mientras su longitud permanece inalterada (no cambia). Conocido también como acción isométrica.

contracción simple: la menor respuesta contráctil de una fibra muscular o la unidad motora a un solo estímulo eléctrico.

control neural extrínseco: redistribución de la sangre a nivel de los sistemas corporales o de todo el cuerpo mediante mecanismos neurales.

convección: transferencia de frío o calor mediante el movimiento de un gas o un líquido a través de un objeto, como el cuerpo.

corazón de atleta: incremento patológico del tamaño del corazón, hallado a menudo en deportistas de resistencia como resultado, en principio, de la hipertrofia ventricular izquierda como respuesta al entrenamiento.

cortisol: hormona corticosteroide liberada por la corteza de las glándulas suprarrenales que estimula la glucogénesis, aumenta la movilización de los ácidos grasos libres, disminuye el uso de glucosa y estimula el catabolismo de las proteínas. También se la conoce como hidrocortisona.

creatina: sustancia hallada en los músculos esqueléticos, más frecuentemente en la forma de fosfocreatina (PCr). Los suplementos de creatina se utilizan a menudo como ayudas ergogénicas debido a que se considera que aumentan los niveles de PCr, e incrementan, por lo tanto, la vía metabólica del ATP-PCr mediante un mejor mantenimiento de los niveles musculares de ATP.

creatina-cinasa (CK): enzima que facilita la transformación de la PCr en creatina y P_i.

crecimiento: aumento en el tamaño del cuerpo o de cualquiera de sus partes.

CV: *véase* capacidad vital.

densidad corporal ($D_{corporal}$): el peso corporal dividido el volumen corporal.

densidad mineral ósea (DMO): masa ósea por unidad de volumen. Su disminución aumenta el riesgo de fracturas.

densitometría: medición de la densidad corporal.

desacondicionamiento cardiovascular: disminución de la capacidad del sistema cardiovascular para suministrar suficiente oxígeno y nutrientes.

desarrollo: cambios que tienen lugar en el cuerpo y que comienzan en el momento de la concepción y continúan a través de la edad adulta. Diferenciación a lo largo de las líneas especializadas de función, que reflejan los cambios que acompañan el crecimiento.

desentrenamiento: cambios en la función fisiológica como respuesta a una reducción o al cese del entrenamiento físico regular.

deshidratación: pérdida de los fluidos corporales.

despolarización: disminución del potencial eléctrico a través de una membrana, como cuando el interior de una neurona se torna menos negativo en relación con el exterior.

desviación cardiovascular (*drift cardiovascular*): aumento de la frecuencia cardíaca durante el ejercicio para compensar la disminución del volumen sistólico. Esta compensación contribuye a mantener un gasto cardíaco constante.

desviación del $\dot{V}O_2$: incremento lento en el $\dot{V}O_2$ durante un ejercicio submáximo realizado a una potencia constante.

diabetes tipo I: tipo de diabetes mellitus, generalmente de aparición súbita durante la niñez o en los adultos jóvenes, lleva a la deficiencia de insulina casi total y requiere de la inyección diaria de insulina. También se la conoce como diabetes mellitus insulinodependiente (IDDM) o diabetes de aparición juvenil.

diabetes tipo 2: tipo de diabetes mellitus en la cual el inicio de la enfermedad es más gradual y las causas son más difíciles de establecer que las de la diabetes tipo I. La diabetes tipo 2 se caracteriza por el deterioro de la secreción de insulina, de su acción o por una excesiva producción de glucosa en el hígado. También se la conoce como diabetes mellitus no insulinodependiente (DMNID).

diabetes mellitus: desorden del metabolismo de los carbohidratos que se caracteriza por la hiperglucemia (niveles altos de azúcar en sangre). La enfermedad se desarrolla cuando existe una producción inadecuada de insulina en el páncreas o una utilización inadecuada de insulina en las células.

diabetes mellitus insulinodependiente (DMID): una de las dos mayores categorías de diabetes mellitus causada por la incapacidad del páncreas para producir la cantidad suficiente de insulina como resultado de una alteración en las células beta del páncreas. También se la conoce como diabetes tipo I.

diabetes mellitus no insulinodependiente (DMNID): una de las dos categorías principales de la diabetes mellitus causada por la incapacidad de la insulina para facilitar el transporte de glucosa hacia el interior de las células y que es el resultado de la resistencia a la insulina. También conocida como diabetes tipo 2.

diferencia (a-v)O_2: *véase* diferencia arterio-venosa de oxígeno.

diferencia (a-$\bar{v}$)O_2: *véase* diferencia arterio-venosa mixta de oxígeno.

diferencia arterio-venosa de oxígeno o diferencia (a-v)O_2: diferencia en el contenido de oxígeno entre la sangre arterial y venosa a nivel tisular.

diferencia arterio-venosa mixta de oxígeno o diferencia (a-$\bar{v}$)O_2: diferencia en el contenido de oxígeno entre la sangre arterial y la sangre venosa mixta que refleja la cantidad de oxígeno que ha sido removida de la sangre a nivel corporal total.

diferencias sexuales específicas: diferencias fisiológicas reales entre los hombres y las mujeres.

difusión pulmonar: intercambio gaseoso entre los pulmones y la sangre.

discos intercalados o intercalares: uniones celulares especializadas en las que una célula muscular se conecta con la siguiente.

diseño cruzado: diseño experimental en el cual el grupo de control se convierte en el grupo experimental después del primer período de experimentación y viceversa.

diseño de investigación transversal: diseño de investigación en el cual se evalúa una muestra de la población en un momento específico y luego se compara la información de los grupos dentro de esa población.

diseño longitudinal de investigación: diseño de investigación en el cual se realiza una evaluación inicial de los participantes y posteriormente, durante o luego del período de intervención, se llevan a cabo una o dos evaluaciones más para medir directamente los cambios resultantes, producto de dicha intervención.

disfunción endotelial: cambios negativos en las células que revisten la luz de los vasos sanguíneos y causan una incapacidad relativa de esos vasos para contraerse o dilatarse.

disfunción menstrual: interrupción del ciclo menstrual normal. Incluye la oligomenorrea y la amenorrea primaria y secundaria.

disnea: respiración dificultosa o trabajosa.

diuréticos: sustancias que promueven la excreción de agua.

doble producto: es el producto matemático de la frecuencia cardíaca × la presión sistólica.

dolor muscular agudo: dolor o molestia que se siente durante o inmediatamente después de un bloque de ejercicio.

dolor muscular de aparición tardía (DOMS, *delayed onset of muscle soreness*): dolor muscular que aparece uno o dos días después de una sesión de entrenamiento intenso y que se asocia con una lesión real en el músculo.

dopaje sanguíneo: cualquier medio por el cual se aumenta el volumen total de glóbulos rojos de una persona, por lo general mediante transfusión de glóbulos rojos o el uso de eritropoyetina.

dosis-respuesta: relación entre dos variables, una que cambia en forma predecible mientras que la otra aumenta o disminuye.

ECA: *véase* enzima convertidora de angiotensina.

ECG: *véanse* electrocardiograma y electrocardiograma de ejercicio.

ecuación de Fick: $\dot{V}O_2 = \dot{Q} \times (a\text{-}\bar{v})O_2$.

edema cerebral de las grandes alturas (ECGA): condición de causa desconocida que tiene lugar durante la exposición a la altura, en la cual se acumula líquido en la cavidad craneal y que se caracteriza por confusión mental que puede progresar hacia el coma y la muerte.

edema pulmonar de las grandes alturas (EPGA): condición de causa desconocida que tiene lugar durante la exposición a la altura, en la que se acumula líquido en los pulmones, que interfiere con la ventilación y

resulta en falta de aliento y fatiga; se caracteriza por una oxigenación deficiente de la sangre, confusión mental y pérdida de conocimiento.

efectos del entrenamiento: adaptación fisiológica a series repetidas de ejercicios.

efecto placebo: el efecto que produce la expectativa del individuo luego de la administración de una sustancia inactiva (placebo).

efectos teratogénicos: efectos que causan un desarrollo fetal anormal.

efecto térmico del ejercicio (ETE): exceso de gasto energético, por encima de la tasa metabólica de reposo, para cubrir las necesidades de una tarea o actividad dada.

efecto térmico de los alimentos (ETA): exceso de gasto energético, por encima de la tasa metabólica de reposo y que está asociado con la digestión, absorción, transporte, metabolismo y almacenaje de los alimentos ingeridos.

efedrina: amina simpaticomimética derivada de las hierbas efedra (conocida también como *ma huang*) y que se utiliza como descongestivo y broncodilatador en el tratamiento del asma.

ejercicios aeróbicos de baja intensidad: ejercicios aeróbicos que se ejecutan a baja intensidad, en teoría para promover una mayor oxidación de grasas.

ejercicio agudo: único bloque o sesión de ejercicios.

ejercicio submáximo: todas las intensidades de ejercicio por debajo de la intensidad máxima de ejercicio.

electrocardiógrafo: máquina que se utiliza para obtener un electrocardiograma.

electrocardiograma (ECG): registro de la actividad eléctrica del corazón.

electrocardiograma de ejercicio (ECG): registro de la actividad eléctrica del corazón durante el ejercicio.

electroestimulación: estimulación de un músculo mediante el pasaje de una corriente eléctrica a través de él.

electrolitos: sustancias disueltas capaces de conducir una corriente eléctrica.

embarazo: estado en el cual se lleva un embrión o feto en el cuerpo.

endomisio: vaina de tejido conectivo que cubre cada fibra muscular.

endotelio: capa de células delgadas que tapizan la luz de los vasos sanguíneos

energía: capacidad de producir fuerza, realizar trabajo o generar calor.

energía de activación: la energía inicial necesaria para desencadenar una reacción química o una cascada de reacciones.

enfermedad aguda de la altura (mal de montaña): enfermedad que se caracteriza por cefalea, náuseas, vómitos, disnea e insomnio. Por lo general, comienza a las 6 a 96 horas desde que una persona alcanza una altitud máxima y dura varios días.

enfermedad coronaria: estrechamiento progresivo de las arterias coronarias.

enfermedades vasculares periféricas: enfermedades de las arterias y venas sistémicas, en especial aquellas de las extremidades, que impiden un flujo sanguíneo adecuado.

entrenamiento aeróbico: entrenamiento que mejora la eficiencia de los sistemas aeróbicos que producen energía y pueden mejorar la resistencia cardiorrespiratoria.

entrenamiento anaeróbico: tipo de entrenamiento que mejora la eficiencia de los sistemas que producen energía anaeróbica y puede incrementar la tensión muscular y la tolerancia a los desequilibrios ácido-base durante los esfuerzos de alta intensidad.

entrenamiento con carreras largas y lentas: entrenamiento de resistencia que se practica en distancias largas a baja velocidad.

entrenamiento con resistencia variable: técnica que permite la variación de la resistencia aplicada a lo largo de todo el rango de movimiento en un intento de igualar la capacidad del músculo, o grupo de músculos, para aplicar fuerza en un punto específico del rango de movimiento.

entrenamiento con sobrecarga: entrenamiento diseñado para aumentar la fuerza, la potencia y la resistencia muscular.

entrenamiento continuo: entrenamiento de intensidad moderada a alta sin períodos de recuperación.

entrenamiento cruzado: entrenamiento que abarca más de un deporte al mismo tiempo o entrenamiento de los múltiples componentes del acondicionamiento (como resistencia, fuerza y flexibilidad) dentro del mismo período.

entrenamiento de esprín: forma de entrenamiento anaeróbico que comprende series de ejercicios intensos muy breves.

entrenamiento de la fuerza isométrica (estático): uno de los tipos de entrenamiento con sobrecarga que enfatiza las contracciones musculares estáticas. También es denominado entrenamiento de sobrecarga con contracciones estáticas.

entrenamiento de la resistencia cardiovascular: *véase* entrenamiento aeróbico.

entrenamiento excéntrico: entrenamiento que involucra acciones excéntricas.

entrenamiento excesivo: entrenamiento en el cual el volumen, la intensidad o ambos son demasiado grandes o aumentan con demasiada rapidez sin una progresión apropiada.

entrenamiento interválico: bloques repetidos de ejercicio de alta intensidad y corta duración, con breves intervalos de recuperación entre cada bloque o repetición.

entrenamiento interválico de esprines (HIT): entrenamiento en el que se realizan series cortas de altísima intensidad intercaladas con solo algunos minutos de recuperación o de ejercicios de baja intensidad.

entrenamiento interválico en circuito: programa de entrenamiento que implica el cambio rápido de un ejercicio a otro alrededor de un "circuito" o serie establecida de ejercicios.

entrenamiento isocinético: entrenamiento de la fuerza en el cual se mantiene constante la velocidad de movimiento a lo largo de todo el rango articular.

entrenamiento isométrico: entrenamiento con sobrecarga que utiliza contracciones musculares estáticas.

entrenamiento por electroestimulación: estimulación de un músculo mediante el pasaje de una corriente eléctrica a través de este.

entrenamiento tipo Fartlek: desarrollado en la década de 1930, el término proviene del idioma sueco y significa "juego de velocidades"; combina el entrenamiento continuo e interválico involucrando las vías de producción de energía aeróbica y anaeróbica.

enzimas: moléculas de proteínas que aceleran las reacciones mediante la reducción de su energía de activación.

enzima convertidora angiotensina (ECA): la enzima que convierte la angiotensina I en angiotensina II.

enzimas glucolíticas: enzimas que son específicas del sistema de energía glucolítico.

enzima limitadora de la velocidad: enzima que se halla en la primera parte de una vía metabólica y que determina la velocidad de esa vía.

enzimas oxidativas mitocondriales: las enzimas oxidativas que se ubican en la mitocondria.

epimisio: tejido conectivo exterior que rodea un músculo por completo, y lo mantiene unido.

equivalente metabólico (MET): unidad que se utiliza para estimar el costo metabólico (consumo de oxígeno) de la actividad física. Un MET equivale aproximadamente a 3,5 ml de $O_2 \cdot kg^{-1} \cdot min^{-1}$.

equivalente ventilatorio para el dióxido de carbono ($\dot{V}_E/\dot{V}CO_2$): cociente entre el volumen de aire ventilado ($\dot{V}_2$) y la cantidad de dióxido de carbono producido ($\dot{V}CO_2$).

equivalente ventilatorio para el oxígeno ($\dot{V}_E/\dot{V}O_2$): el cociente entre el volumen de aire ventilado ($\dot{V}_E$) y la cantidad de oxígeno consumido ($\dot{V}O_2$); indica la eficiencia respiratoria.

ergogénicas: sustancias capaces de mejorar el trabajo o el rendimiento.

ergolíticos: capaces de disminuir el trabajo o el rendimiento.

ergómetro: dispositivo de ejercicio que permite controlar (estandarizar) y medir la cantidad y la tasa del trabajo físico de una persona.

ergómetro acuático: dispositivo que utiliza bombas de propulsión para hacer circular el agua alrededor de un nadador que intenta mantener la posición del cuerpo mientras nada contra la corriente.

eritropoyetina (EPO): hormona que estimula la producción de eritrocitos (glóbulos rojos de la sangre).

escala de esfuerzo percibido de Borg: escala numérica para valorar el esfuerzo percibido.

especificidad: la capacidad de una prueba para identificar de manera correcta a aquellos sujetos que no cumplen con los criterios que están siendo evaluados.

especificidad de un test: adecuar el tipo de ergómetro que se usa para evaluar el tipo de actividad que generalmente desarrolla un deportista para asegurarse los resultados más exactos.

especificidad del entrenamiento: principio que postula que las adaptaciones fisiológicas como respuesta al entrenamiento son altamente específicas según la naturaleza de la actividad de entrenamiento. Para potenciar los beneficios, el entrenamiento deberá satisfacer las necesidades específicas de rendimiento de un deportista.

espiración: proceso mediante el cual el aire es expulsado de los pulmones a través de la relajación de los músculos inspiratorios y el retroceso elástico del tejido pulmonar, que aumenta la presión intratorácica.

espirometría: medición de los volúmenes y capacidades de los pulmones.

esteroides anabólicos: fármacos que se venden bajo receta que tienen las características anabólicas de la testosterona (favorecer el crecimiento) y que algunos deportistas ingieren para aumentar el tamaño corporal, la masa muscular y la fuerza.

estrés térmico: el estrés que provoca en el cuerpo la temperatura externa.

estrías lipídicas: depósitos prematuros de grasa en los vasos sanguíneos.

estrógenos: hormonas sexuales femeninas.

eumenorrea: función menstrual normal.

evaporación: pérdida de calor mediante la conversión del agua en vapor (como por ejemplo en el sudor).

exceso de consumo de oxígeno posejercicio (EPOC): consumo elevado de oxígeno por encima de los valores en reposo después del ejercicio. También denominado deuda de oxígeno.

exención por uso terapéutico: exención otorgada por el ente regulador de un deporte dado y que permite que un atleta utilice una sustancia de otra manera prohibida si la necesita como tratamiento de una enfermedad.

extrasístoles: una arritmia cardíaca frecuente que da por resultado la sensación de latidos más fuertes o un excedente de latidos causados por impulsos que se originan fuera del nodo SA.

factor de crecimiento derivado de plaquetas (PDGF): sustancia liberada por las plaquetas que promueve la migración de células de músculo liso desde la capa media de la arteria hacia la íntima.

factores de liberación: hormonas transmitidas desde el hipotálamo hacia la hipófisis anterior que promueve la liberación de algunas otras hormonas.

factores de riesgo: factores de predisposición ligados, desde el punto de vista estadístico, al desarrollo de una enfermedad, por ejemplo, enfermedad de las arterias coronarias.

factores de riesgo primarios: los factores de riesgo que han demostrado tener una fuerte asociación con una enfermedad determinada. Los factores de riesgo primarios asociados con la enfermedad arteriocoronaria incluyen el tabaquismo, la hipertensión, altos niveles de lípidos sanguíneos, obesidad y sedentarismo.

factores inhibitorios: hormonas transmitidas desde el hipotálamo hacia la hipófisis anterior que inhiben la liberación de algunas otras hormonas.

fascículo: pequeño haz de fibras musculares envueltas en una vaina de tejido conectivo dentro de un músculo.

fase de puesta a punto (*tapering*): una reducción en la intensidad de entrenamiento antes de una competencia importante, para dar al cuerpo y a la mente un descanso de las exigencias del entrenamiento intensivo.

fatiga: sensación general de cansancio acompañada de disminuciones en el rendimiento muscular.

FE: *véase* fracción de eyección.

fibra muscular: una célula muscular individual.

fibras de Purkinje: ramas terminales del fascículo AV que transmiten impulsos múltiples a través de los ventrículos seis veces más rápido que a través del resto del sistema cardíaco de conducción.

fibras musculares tipo I: tipo de fibra muscular con alta capacidad oxidativa y baja capacidad glucolítica; se asocia con actividades y ejercicios de resistencia.

fibras musculares tipo II: fibra muscular con baja capacidad oxidativa y alta capacidad glucolítica; se asocia con actividades y ejercicios de fuerza y de velocidad.

fibrilación ventricular: arritmia cardíaca grave en la cual la contracción del tejido ventricular carece de coordinación y afecta la capacidad del corazón para bombear sangre. *Véase también* taquicardia ventricular.

fibromialgia: síndrome crónico que incluye dolor muscular como su síntoma predominante, pero que también se caracteriza por debilidad muscular, dolores de cabeza de tipo migraña y depresión.

fisiología: el estudio de las funciones del organismo.

fisiología ambiental: estudio de los efectos del medioambiente (calor, frío, altitud, hiperbaria, etc.) sobre las funciones corporales.

fisiología del deporte: la aplicación de los conceptos de la fisiología del deporte para entrenar deportistas y mejorar su rendimiento deportivo.

fisiología del ejercicio: estudio de los cambios en la estructura y función de los sistemas corporales con la exposición aguda y crónica al ejercicio.

fisiopatología: fisiología de una enfermedad o trastorno específico.

flujo sanguíneo periférico: la sangre que fluye hacia las extremidades y la piel.

fosfocreatina (PCr): compuesto altamente energético que cumple un rol fundamental en el suministro de energía para la acción muscular al mantener la concentración ATP.

fosfofructocinasa (PFK): enzima clave que limita la tasa de producción de energía por la vía glucolítica.

fosforilación: adición de un grupo fosfato (PO_4) a una molécula.

fosforilación oxidativa: proceso que tiene lugar en la mitocondria y que utiliza oxígeno y electrones de alta energía para producir agua y ATP.

fosforilasa: enzima clave de la vía glucolítica.

fracción de eyección (FE): fracción de sangre bombeada fuera del ventrículo con cada contracción. Se determina dividiendo el volumen sistólico por el volumen diastólico final y se expresa como un porcentaje.

frecuencia cardíaca de entrenamiento (FCE): objetivo fijado para la frecuencia cardíaca usando la frecuencia cardíaca equivalente a un porcentaje deseado de $\dot{V}O_{2máx}$. Por ejemplo, si se desea entrenar al 75% de $\dot{V}O_{2máx}$, se calcula el 75% del $\dot{V}O_{2máx}$, y la frecuencia cardíaca correspondiente para este $\dot{V}O_2$ es elegida como la FCE.

frecuencia cardíaca de reposo (FCR): es la frecuencia cardíaca medida en reposo; por lo general tiene un valor promedio de 60 a 80 latidos/minuto.

frecuencia cardíaca en estado estable: es la frecuencia cardíaca que puede mantenerse constante durante un ejercicio submáximo realizado con una carga de trabajo constante.

frecuencia cardíaca máxima ($FC_{máx}$): el mayor valor de frecuencia cardíaca que se logra durante el esfuerzo máximo hasta el agotamiento.

frecuencia cardíaca máxima de reserva: la diferencia entre la frecuencia cardíaca máxima y la frecuencia cardíaca en reposo.

frecuencia de disparo: se refiere a la frecuencia de impulsos enviados a un músculo. Se puede generar un aumento de la fuerza a través de un incremento en el número de fibras musculares reclutadas o en la frecuencia con la que se envían los impulsos. También llamado tasa de estimulación o frecuencia de estimulación.

fuerza muscular: es la capacidad de un músculo o grupo muscular para ejercer tensión. En general, se hace referencia a la máxima capacidad para ejercer tensión.

función inmunológica: capacidad normal del cuerpo para luchar contra las infecciones y enfermedades con anticuerpos y linfocitos.

gasto cardíaco ($\dot{Q}$): volumen de sangre bombeada por el corazón por minuto. ($\dot{Q}$) = frecuencia cardíaca × volumen sistólico.

glándulas sudoríparas ecrinas: glándulas sudoríparas simples distribuidas sobre la superficie corporal que responden a los aumentos de la temperatura interna o de la piel (o ambas) y facilitan la termorregulación.

glucagón: hormona liberada por el páncreas que promueve el incremento de la conversión del glucógeno del hígado en glucosa (glucogénesis) y aumenta la gluconeogénesis.

glucocorticoides: familia de hormonas esteroides producida por la corteza suprarrenal que ayuda a mantener la homeostasis a través de una serie de efectos en todo el cuerpo.

glucogénesis: conversión de la glucosa en glucógeno.

glucógeno: forma de carbohidrato almacenado en el cuerpo, hallado principalmente en los músculos y el hígado.

glucogenólisis: conversión de glucógeno en glucosa.

glucólisis: descomposición de la glucosa en ácido pirúvico.

glucólisis anaeróbica: descomposición anaeróbica de la glucosa en ácido láctico para la producción de energía (ATP).

gluconeogénesis: conversión de proteínas o lípidos en glucosa.

glucosa: azúcar de 6 átomos de carbono; es la principal forma de carbohidrato utilizada por el metabolismo.

golpe de calor: el más grave de los trastornos provocados por el calor, que se origina a partir de la falla de los mecanismos de termorregulación corporal. El golpe de calor se caracteriza por la elevación de la temperatura corporal por sobre los 40,5°C (105°F), cese de la sudación y estado de inconsciencia que puede llevar a la muerte.

golpe de fuerza: inclinación de la cabeza de miosina, provocada por una intensa atracción molecular entre el puente cruzado y la cabeza de la miosina, que causa que los filamentos de actina y miosina se deslicen unos frente a otros.

grasa: clase de compuesto orgánico de hidrosolubilidad limitada, presente en el cuerpo de muchas formas, por ejemplo, como triglicéridos, ácidos grasos libres, fosfolípidos y esteroides.

grasa corporal relativa: relación de la masa grasa respecto de la masa corporal total expresada como porcentaje.

grosor del pliegue cutáneo: es la técnica de campo más ampliamente utilizada para medir la densidad corporal, la grasa corporal relativa y la masa libre de grasa. Consiste en medir con calibres los pliegues cutáneos en uno o más lugares.

grupo de control: en un diseño experimental, el grupo sin tratamiento con el cual se compara el grupo experimental.

grupo placebo: el grupo de un estudio de intervención que recibe placebo en lugar de la sustancia en estudio.

habituación: adaptación de corto plazo al estrés.

habituación al frío: respuesta a la exposición repetida al frío, que se observa con mayor frecuencia en las manos y en el rostro, en la cual hay vasoconstricción de la piel y escalofríos.

HAD: *véase* hormona antidiurética.

HDL: *véase* lipoproteína de alta densidad.

HDL-C: *véase* colesterol asociado a lipoproteínas de alta densidad.

hematocrito: porcentaje de células o elementos formes del volumen total de la sangre. Más del 99% de las células o elementos formes son eritrocitos (glóbulos rojos).

hematopoyesis: aumento de la concentración de glóbulos rojos por un incremento de su producción.

hemoconcentración: aumento relativo (no absoluto) del contenido celular por unidad de volumen de sangre que resulta de la reducción del volumen plasmático.

hemodilución: aumento en el volumen plasmático como resultado de la dilución del contenido celular de la sangre.

hemoglobina: pigmento de los glóbulos rojos que contiene hierro que se une al oxígeno.

hGH: *véase* hormona de crecimiento humana.

hidrocortisona: *véase* cortisol.

hiperglucemia: nivel elevado de glucosa en sangre.

hiperglucemia en ayunas: nivel de glucosa en sangre entre 110 y 125 mg/dL registrado luego de 8 horas de ayuno.

hiperinsulinemia: niveles altos de insulina en sangre.

hiperplasia: aumento del número de células en un tejido u órgano. *Véase* también hiperplasia fibrilar.

hiperplasia fibrilar: aumento en el número de fibras musculares.

hiperpolarización: aumento del potencial eléctrico a través de una membrana.

hipertensión: presión arterial anormalmente elevada. En los adultos, la hipertensión se define como la presión sistólica de 140 mm Hg o mayor o una presión diastólica de 90 mm Hg o mayor.

hipertermia: temperatura corporal elevada; cualquier temperatura por encima de la temperatura corporal normal de reposo de una persona.

hipertrofia: aumento del tamaño o volumen de un órgano o tejido corporal. *Véase* también hipertrofia fibrilar.

hipertrofia cardíaca: incremento en el tamaño del corazón por aumento del espesor de la pared muscular o por cambio de tamaño de las cámaras, o ambos.

hipertrofia crónica: aumento del tamaño muscular como resultado del entrenamiento con sobrecarga a largo plazo.

hipertrofia fibrilar: aumento del tamaño de las fibras musculares individuales.

hipertrofia transitoria: el "aumento" del tamaño muscular que tiene lugar durante una única serie de ejercicio y es resultado de la acumulación de fluido en los espacios intersticiales e intracelulares del músculo.

hiperventilación: frecuencia respiratoria o volumen corriente mayor a lo necesario para la función normal.

hipobárico: refiriéndose a un ambiente, dícese de aquel de gran altitud, cuya presión atmosférica es baja.

hipoglucemia: nivel bajo de glucosa en sangre.

hiponatremia: concentración de sodio en sangre menor a los valores normales de entre 136 y 143 mmol/L.

hipotermia: temperatura corporal baja; cualquier temperatura menor que la temperatura normal de una persona determinada.

hipoxemia: disminución del contenido o concentración de oxígeno en la sangre.

hipoxemia arterial inducida por ejercicio: declinación de la PO_2 arterial y de la saturación de oxígeno arterial durante el ejercicio máximo o cuasi máximo.

hipoxia: disminución de la disponibilidad de oxígeno para los tejidos.

homeostasis: mantenimiento de una condición interna constante.

hormona antidiurética (HAD): hormona secretada por la glándula pituitaria que regula el fluido y el balance electrolítico de la sangre al reducir la producción de orina.

hormona del crecimiento: agente anabólico que estimula el metabolismo de las grasas y promueve el crecimiento y la hipertrofia de los músculos facilitando el transporte de los aminoácidos a las células.

hormona de crecimiento humana (hGH): hormona que promueve el anabolismo y de la cual muchos deportistas creen que tiene propiedades ergogénicas.

hormona paratiroidea (HPT): hormona liberada por la glándula paratiroidea que regula la concentración de calcio plasmático y fosfato en plasma.

hormonas: sustancias químicas producidas o liberadas por una glándula endocrina y transportadas por la sangre hacia un tejido diana específico.

hormonas esteroides: hormonas de estructura química similar al colesterol, son liposolubles y difunden a través de las membranas.

hormonas no esteroides: hormonas derivadas de las proteínas, péptidos o aminoácidos que no pueden atravesar las membranas celulares con facilidad.

huso muscular: receptor sensorial situado en el músculo que percibe cuánto se estira el músculo.

IMC: *véase* índice de masa corporal.

impedancia bioeléctrica: procedimiento para valorar la composición corporal en el cual hace pasar una corriente eléctrica a través del cuerpo. La resistencia al flujo de la corriente a través de los tejidos refleja la cantidad relativa de grasa presente.

impulso nervioso: señal eléctrica que corre a lo largo de una neurona y que se puede transmitir a otra o a un órgano diana, como por ejemplo un grupo de fibras musculares.

índice de esfuerzo percibido: valoración subjetiva de una persona respecto de la intensidad uno la que se está ejercitando.

índice de esfuerzo percibido (RPE) de Borg: escala de clasificación utilizada para prescribir la intensidad del ejercicio. Mide valores de 6 a 20. Se considera que la intensidad del ejercicio debe estar entre un valor de RPE de 12 a 13 (algo difícil) y un valor de RPE de 15 a 16 (difícil).

índice de intercambio respiratorio (RER): cociente entre el dióxido de carbono expirado y el oxígeno consumido a nivel pulmonar.

índice de masa corporal (IMC): medida que permite valorar si un individuo posee sobrepeso u obesidad. Se determina dividiendo el peso (en kilogramos) por la talla (en metros) al cuadrado. El IMC guarda una relación estrecha con la composición corporal.

infancia: el período de vida comprendido entre el primer año de vida y el inicio de la pubertad.

infarto de miocardio: muerte del tejido cardíaco como resultado de una irrigación sanguínea insuficiente en la zona del miocardio.

inhibición autógena: inhibición refleja de una motoneurona en respuesta a una excesiva tensión en las fibras musculares que inerva y que es controlada por los órganos tendinosos de Golgi.

inspiración: proceso activo que involucra al diafragma y los músculos intercostales externos que expanden el tórax y, por lo tanto, los pulmones. La expansión disminuye la presión en los pulmones y permite la entrada del aire exterior.

insuficiencia cardíaca: condición clínica en la cual el miocardio se torna tan débil que no es capaz de mantener un nivel de bombeo cardíaco adecuado para satisfacer las demandas de oxígeno del cuerpo. En general, la insuficiencia cardíaca es el resultado de alguna lesión o de una sobrecarga del corazón.

insulina: hormona producida por las células beta del páncreas; ayuda a la glucosa a ingresar en las células.

integración sensomotora: sistema mediante el cual los sistemas sensoriales y motores se comunican y se coordinan entre sí.

intercambio de calor seco: transmisión del calor por mecanismos de convección, conducción y radiación.

intolerancia a la glucosa: respuesta anormal a una carga de glucosa por vía oral (prueba de tolerancia a la glucosa); a veces es precursora de diabetes.

isquemia: déficit temporal de sangre en un área específica del cuerpo.

kilocalorías (kcal): el equivalente a 1 000 calorías. *Véase* caloría.

lactato: sal formada a partir del ácido láctico.

lactato deshidrogenasa (LDH): enzima glucolítica clave involucrada en la conversión del piruvato en lactato.

L-carnitina: sustancia importante para el metabolismo de los ácidos grasos debido a que facilita la transferencia de los ácidos grasos desde el citosol (la porción líquida del citoplasma exclusiva de los orgánulos) a través de la membrana mitocondrial interna para la beta oxidación.

LDH: *véase* lactato deshidrogenasa.

LDL: *véase* lipoproteína de baja densidad.

LDL-C: *véase* colesterol asociado a lipoproteínas de baja densidad.

ley de Boyle para gases ideales: ley que establece que a una temperatura constante, el número de moléculas de gas en un volumen dado depende de la presión.

ley de Dalton de las presiones parciales: principio que postula que la presión total ejercida por una mezcla de gases es igual a la suma de las presiones parciales de cada gas por separado.

ley de Fick: ley que postula que el porcentaje neto de difusión de un gas a través de la membrana líquida es proporcional a la diferencia en la presión parcial, proporcional al área de la membrana e inversamente proporcional al espesor de la membrana.

ley de Henry: ley que postula que los gases se disuelven en líquidos en proporción a su presión parcial, dependiendo también de la solubilidad en los líquidos específicos y de la temperatura.

lípidos en sangre: grasas presentes en la sangre, como los triglicéridos y el colesterol.

lipogénesis: el proceso por el cual las proteínas se convierten en ácidos grasos.

lipólisis: el proceso mediante el cual los triglicéridos se descomponen en sus unidades básicas para luego ser oxidados y producir energía.

lipoproteínas: las proteínas que transportan los lípidos en la sangre.

lipoproteína de alta densidad (HDL): transportador del colesterol que se considera que "barre", es decir, remueve el colesterol de las paredes arteriales y lo transporta hacia el hígado, donde se metaboliza.

lipoproteína de baja densidad (LDL): proteína que transporta el colesterol, considerada responsable del depósito de este en las paredes de la arteria.

lipoproteína de muy baja densidad (LPBD): la lipoproteína transportadora del colesterol.

lipoproteinlipasa: la enzima que transforma los triglicéridos en ácidos grasos libres y glicerol, y permite la entrada de los ácidos grasos en las células para ser utilizados como combustible o para almacenamiento.

líquido extracelular: 35 al 40% del agua presente en el cuerpo que está fuera de las células, incluyendo el líquido intersticial, plasma sanguíneo, linfa, líquido cefalorraquídeo y otros líquidos.

líquido intracelular: aproximadamente el 60 a 65% del total de agua corporal contenida en las células.

longevidad: el tiempo de vida de una persona.

L-triptófano: aminoácido esencial que se cree aumenta la resistencia aeróbica a través de sus efectos sobre el sistema nervioso central. En teoría, actúa como un analgésico y demora la fatiga.

macrominerales: aquellos minerales que el cuerpo requiere en cantidades mayores a 100 mg por día.

maduración: proceso mediante el cual el cuerpo toma la forma adulta y se torna completamente funcional. A menudo se la define por el sistema o función que está en consideración.

madurez física: punto en el cual el cuerpo alcanza la forma física adulta.

maniobra de Valsalva: proceso de retener la respiración e intentar comprimir los contenidos de las cavidades abdominales y torácicas, y causar así un incremento de la presión intraabdominal e intratorácica.

masa grasa: la cantidad absoluta o masa grasa del cuerpo.

masa libre de grasa: masa (peso) corporal que no es grasa, incluyendo músculo, hueso, piel y órganos.

mecanismo de Frank-Starling: mecanismo mediante el cual un incremento de la cantidad de sangre en el ventrículo causa una contracción ventricular más fuerte para aumentar la cantidad de sangre eyectada.

mecanismo de la sed: mecanismo neural que estimula la sed en respuesta a la deshidratación.

mecanismo renina-angiotensina-aldosterona: mecanismo involucrado en el control renal de la presión arterial. Los riñones responden a la disminución de la presión arterial o flujo sanguíneo formando renina, que convierte el angiotensinógeno en angiotensina I, que finalmente se convertirá en angiotensina II. La angiotensina II contrae las arteriolas y estimula la liberación de aldosterona.

mecanorreceptores: órgano diana que responde a los cambios mecánicos, tales como estiramiento, la compresión y la distensión.

membrana alvéolo-capilar: *véase* membrana respiratoria.

membrana respiratoria: membrana compuesta por la pared alveolar, la pared capilar y sus membranas basales que separa el aire y la sangre a nivel de los alvéolos.

menarca: primera menstruación.

menstruación: fase de sangrado del ciclo menstrual.

metabolismo: todos los procesos del cuerpo que producen y utilizan energía.

metabolismo aeróbico: proceso que tiene lugar en la mitocondria y que utiliza oxígeno para producir energía (ATP). También se lo conoce como respiración celular.

metabolismo anaeróbico: producción de energía (ATP) en ausencia de oxígeno.

método de Karvonen: cálculo de la frecuencia cardíaca de entrenamiento, en el cual un porcentaje dado de la frecuencia cardíaca máxima de reserva se suma a la frecuencia cardíaca de reposo. Este método da una frecuencia cardíaca ajustada que es casi equivalente al porcentaje deseado de $\dot{V}O_{2máx}$.

microgravedad: ambiente en el cual el cuerpo experimenta una fuerza gravitacional reducida.

microminerales (oligoelementos): minerales cuyas necesidades corporales son menores de 100 mg al día.

mielinización: proceso de adquisición de la vaina de mielina.

mineralocorticoides: hormonas esteroides liberadas por la corteza suprarrenal responsables del equilibrio electrolítico del cuerpo, por ejemplo, la aldosterona.

miocardio: el músculo del corazón.

miocinasa: enzima clave en el sistema de energía ATP-PCr.

miofibrillas: elementos contráctiles del músculo esquelético.

mioglobina: compuesto similar a la hemoglobina pero hallado en el tejido muscular; transporta oxígeno desde la membrana celular hacia la mitocondria.

miosina: una de las proteínas que forma los filamentos que producen la acción muscular.

mitocondrias: organelas celulares que generan ATP mediante el proceso de fosforilación oxidativa.

modos: tipos de ejercicio.

morfología: forma y estructura del cuerpo.

motoneurona α: neurona que inerva las fibras extrafusales del músculo esquelético.

natación estática: método de control de un nadador en el cual éste se coloca un arnés que está sujeto a una soga, una serie de poleas y un receptáculo que contiene peso y le permite mantener una posición constante mientras nada en la piscina.

nebulina: proteína gigante que se coextiende con la miosina y parece regular la interacción entre la miosina y la actina.

nervios aferentes: división sensorial del sistema nervioso periférico que transmite los impulsos nerviosos hacia el sistema nervioso central.

nervios eferentes: división motora del sistema nervioso periférico que transmite impulsos desde el SNC hacia la periferia.

nervios motores: nervios eferentes que transmiten impulsos al músculo esquelético.

nervios sensitivos: nervios aferentes que transmiten impulsos hacia el sistema nervioso central desde la periferia.

neurona: célula especializada del sistema nervioso responsable de la generación y transmisión de impulsos nerviosos.

neurotransmisores: químicos utilizados para la comunicación entre una neurona y otra célula.

niñez: período comprendido entre el fin de la infancia y el inicio de la adolescencia.

nodo auriculoventricular (AV): masa especializada de células conductoras del corazón ubicadas en la unión atrioventricular.

nodo AV: *véase* nodo atrioventricular.

nodo SA: *véase* nodo sinoatrial.

nodo sinusal o sinoauricular (SA): grupo de células miocárdicas especializadas, ubicadas en la pared de la aurícula derecha, que controlan la frecuencia de contracciones del corazón; es el marcapasos del corazón.

noradrenalina: también llamada norepinefrina, es una catecolamina liberada por la medula suprarrenal que, junto con la adrenalina (epinefrina), prepara al cuerpo para una reacción de lucha o huida. También actúa como neurotransmisor. *Véase* catecolaminas.

obesidad: cantidad excesiva de grasa corporal, por lo general se define como más del 25% en los hombres y 35% en las mujeres; índice de masa corporal de 30 o mayor.

obesidad del hemicuerpo inferior (ginoide): obesidad que sigue el patrón de almacenamiento de grasa típicamente femenino, en el que la grasa se acumula sobre todo en la parte inferior del cuerpo, en particular en caderas, glúteos y muslos.

obesidad del hemicuerpo superior (androide): obesidad que sigue el patrón masculino de acumulación de grasa, que se ubica principalmente en la parte superior del cuerpo, en particular en el abdomen.

oligoelementos (microminerales): minerales que el cuerpo requiere en cantidades menores de 100 mg por día.

oligomenorrea: menstruación anormalmente infrecuente o escasa.

órganos tendinosos de Golgi: receptores sensoriales de un tendón muscular que controla los niveles de tensión.

osificación: proceso de formación del hueso.

osmolalidad: el número de solutos (como los electrolitos) disueltos en un líquido dividido por el peso de dicho líquido; suele expresarse en unidades de osmoles (o miliosmoles) por kg.

osteopenia: pérdida de masa ósea con el envejecimiento.

osteoporosis: disminución del contenido mineral del hueso que aumenta su porosidad.

PAD: *véase* presión arterial diastólica.

PAM: *véase* presión arterial media.

PCr: *véase* fosfocreatina.

pericardio: cubierta externa de dos capas que recubre al corazón.

perimisio: vaina de tejido conectivo que envuelve cada fascículo muscular.

período de recuperación de la frecuencia cardíaca: el tiempo que demora el corazón en volver a la frecuencia de reposo después del ejercicio.

período de reducción (de la intensidad del entrenamiento): período durante el cual se reduce la intensidad del entrenamiento, dándole tiempo a los tejidos dañados para cicatrizar y para recargar por completo las reservas de energía del cuerpo.

pesaje hidrostático: método para medir el volumen corporal mediante el cual se pesa a la persona mientras está sumergida en el agua. La diferencia entre el peso sobre la superficie y el peso bajo el agua (corregido por la densidad del agua) es igual al volumen corporal. Luego, se deberá ajustar este valor considerando cualquier cantidad de aire que pudiera haber presente en los pulmones y otras partes del cuerpo.

pesos libres: modalidad de entrenamiento con sobrecarga que utiliza solamente barras, mancuernas y elementos similares para ofrecer resistencia.

placa ateromatosa: acumulación de lípidos, células de músculo liso, tejido conectivo y detritos que se forma en el lugar de una lesión de una arteria.

placebo: sustancia inactiva que habitualmente se administra de manera idéntica a una sustancia activa, en general para evaluar los resultados que produce la sustancia que se prueba en comparación con los resultados igualmente reales de origen psicológico.

plasmalema: membrana plasmática, bicapa lipídica con permeabilidad selectiva recubierta por proteínas que compone la capa exterior de una célula.

pletismografía de aire: procedimiento para valorar la composición corporal que utiliza el desplazamiento de aire para medir el volumen corporal y permitir así calcular la densidad corporal.

pliometría: tipo de entrenamiento con sobrecarga con acciones dinámicas que se basa en la teoría de que el estiramiento reflejo durante el salto reclutará unidades motoras adicionales.

PO$_2$: *véase* presión parcial de oxígeno.

policitemia: aumento de la cantidad de glóbulos rojos.

poscarga: presión contra la cual el corazón debe bombear sangre, determinada por la resistencia periférica de las grandes arterias.

potencia: trabajo realizado; el producto de la fuerza por la velocidad. La tasa de transformación de la energía potencial metabólica en trabajo o calor.

potencia aeróbica: una de las denominaciones del consumo máximo de oxígeno o $\dot{V}O_{2máx}$.

potencia anaeróbica: potencia media o pico producida durante un ejercicio que dure 30 segundos o menos.

potencial de acción: despolarización rápida y sustancial de la membrana de una neurona o de una célula muscular que se propaga a través de la célula.

potencial de membrana en reposo (PMR): la diferencia de potencial entre las cargas eléctricas que se producen dentro y fuera de la célula causada por la separación de la carga a través de la membrana.

potencial postsináptico excitatorio (PPSE): despolarización de una membrana sináptica causada por un impulso excitatorio.

potenciales graduados: cambios localizados (despolarización o hiperpolarización) en el potencial de membrana.

potencial postsináptico inhibitorio (PPSI): hiperpolarización de la membrana postsináptica causada por un impulso inhibitorio.

PPSI: *véase* potencial postsináptico inhibitorio.

precarga: el grado hasta el cual se estira el miocardio antes de contraerse, determinado por factores como el volumen sanguíneo central.

prediabetes: término que se utiliza para definir a aquellas personas que tienen alteración de la glucosa en ayunas, de la tolerancia a la glucosa o ambas, pero que no llega a ser un cuadro de diabetes.

prescripción de ejercicios: individualización en la prescripción de la duración, frecuencia, intensidad y modo de ejercicio.

presión arterial diastólica (PAD): la presión arterial mínima que resulta de la diástole ventricular (fase de reposo).

presión arterial media (PAM): la presión promedio que ejerce la sangre en su viaje a través de las arterias. Se estima según los siguientes parámetros: PAM = PAD + [0,333 × PAS – PAD]

presión arterial sistólica (PAS): la mayor presión arterial que resulta de la sístole (la fase contráctil del corazón).

presión barométrica: la presión total ejercida por la atmósfera a una altitud dada.

presión hidrostática: presión ejercido por una columna estacionaria de líquido en un tubo.

presión oncótica: presión ejercida por la concentración de proteínas en una solución, arrastra agua desde regiones con presión oncótica baja.

presión osmótica: presión ejercida por la concentración de electrolitos en una solución; arrastra agua desde regiones con presiones osmóticas más bajas.

presión parcial de oxígeno (PO$_2$): la presión que ejerce el oxígeno en una mezcla de gases.

presiones parciales: la presión que ejerce un gas individual en una mezcla de gases.

principio de especificidad: teoría que postula que el programa de entrenamiento debe estresar los sistemas fisiológicos críticos para provocar las adaptaciones deseadas y así lograr el óptimo rendimiento en un deporte dado.

principio de individualidad: teoría que postula que cualquier programa de entrenamiento debe considerar las necesidades y capacidades específicas de la persona para la cual se ha diseñado el programa.

principio de la sobrecarga progresiva: teoría que postula que para maximizar los beneficios de un programa de entrenamiento, el estímulo del entrenamiento se debe aumentar en forma progresiva a medida que el cuerpo se adapta al estímulo actual.

principio de periodización: el ciclo gradual de especificidad, intensidad y volumen de entrenamiento para lograr picos en los niveles de acondicionamiento físico para la competición.

principio de reversibilidad: teoría que postula que un programa de entrenamiento debe incluir un plan de mantenimiento para asegurar que no se pierdan las ganancias logradas con entrenamiento.

principio de variación: es el proceso sistemático mediante el cual se planifican cambios en el programa de entrenamiento (modo, volumen o intensidada) a lo largo del tiempo y así permitir que el estímulo de entrenamiento continúe siendo efectivo (también llamado *principio de periodización*).

principio del reclutamiento progresivo: teoría que postula que las unidades motoras se activan generalmente sobre la base de un orden fijo de reclutamiento, en el que las unidades motoras de un músculo dado parecen estar ordenadas de acuerdo con el tamaño de su motoneurona.

principio del tamaño: principio que afirma que el tamaño de la motoneurona determina el orden de reclutamiento de la unidad motora, siendo reclutadas en primer término las motoneuronas pequeñas.

progesterona: hormona secretada por los ovarios y que estimula la fase lútea del ciclo menstrual.

programas de rehabilitación: programas diseñados para restablecer la salud o la condición física después de sufrir una enfermedad o una lesión.

prostaglandinas: sustancias derivadas de un ácido graso que actúan como hormonas a nivel local.

proteínas: una clase de compuestos formados por aminoácidos que contienen nitrógeno.

PTH: *véase* hormona paratiroidea.

pubertad: etapa de la vida en la cual una persona se torna físicamente apta para la reproducción.

puentes cruzados de miosina: parte saliente del filamento de miosina. Incluye la cabeza de miosina que se une a un sitio activo de un filamento de actina para producir un golpe de fuerza que hace que los filamentos se desplacen uno respecto del otro.

puesto a punto (*tapering*): práctica utilizada por muchos atletas para competir en su máximo rendimiento que consiste en reducir la intensidad y el volumen del entrenamiento antes de una de sus principales competencias.

quimiorreceptores: órganos sensoriales capaces de reaccionar al estímulo químico.

rabdomiólisis: necrosis de las fibras musculares que causa acumulación de proteína en el plasma y, a menudo, en la orina.

radiación: transferencia de calor mediante ondas electromagnéticas.

radicales libres: intermediarios univalentes (impares) de oxígeno que se filtran desde la cadena de transporte de electrones durante los procesos metabólicos y pueden dañar los tejidos.

ramas terminales: ramas que llegan al extremo de los axones y conducen a las terminaciones axónicas.

reducción localizada: la práctica de ejercitar un área específica del cuerpo, en teoría, para reducir la grasa almacenada localmente.

reentrenamiento: recuperación de la condición física luego de un período de inactividad.

reflejo motor: respuesta motora involuntaria a un estímulo dado.

regulación negativa (*downregulation*): disminución de la sensibilidad de una célula a una hormona, probablemente como resultado de una disminución del número de células receptoras disponibles para unirse a la hormona.

regulación positiva (*upregulation*): incremento de la sensibilidad celular a una hormona, a menudo causada por el incremento de los receptores de la hormona.

relación capilares-fibras: número de capilares por fibra muscular.

renina: enzima elaborada por los riñones para convertir una proteína plasmática llamada angiotensinógeno en angiotensina II. *Véase también* mecanismo renina-angiotensina-aldosterona.

resistencia: capacidad de resistir la fatiga; incluye la resistencia muscular y la cardiorrespiratoria.

resistencia a la insulina: respuesta deficiente de la célula diana a la insulina.

resistencia aeróbica submáxima: *véase* resistencia cardiorrespiratoria.

resistencia cardiorrespiratoria: capacidad del cuerpo para realizar ejercicio por un tiempo prolongado.

resistencia muscular: la capacidad de un músculo de resistir la fatiga.

resistencia periférica total (RPT): la resistencia al flujo de sangre a través de la circulación sistémica total.

respiración de Cheyne-Stokes: períodos alternados de respiración rápida y lenta; la respiración superficial incluye períodos en los cuales parece realmente haber cesado en forma temporaria. Un síntoma del mal de montaña.

respiración externa: proceso de llevar oxígeno a los pulmones y el intercambio gaseoso entre los alvéolos y los capilares sanguíneos.

respiración interna: intercambio gaseoso que se produce entre la sangre y los tejidos.

retículo sarcoplásmico: sistema longitudinal de túbulos que se asocian a las miofibrillas y almacenan calcio para la acción muscular.

sarcolema: membrana celular de la fibra muscular.

sarcómero: unidad funcional básica de una miofibrilla.

sarcopenia: pérdida de masa muscular asociada con el envejecimiento.

sarcoplasma: citoplasma gelatinoso de la fibra muscular.

saturación de la hemoglobina: cantidad de oxígeno que se une a cada molécula de hemoglobina.

segundo mensajero: sustancia dentro de una célula que actúa como mensajero después de que una hormona esteroidea se une a receptores fuera de la célula.

sensación térmica: sensación de frío creada por el incremento en la tasa de pérdida de calor causada por el viento por mecanismos de convección y de conducción.

sensibilidad: la capacidad de una prueba para identificar de manera correcta a los individuos que cumplen con los criterios que están siendo evaluados, como la enfermedad coronaria.

sensibilidad a la insulina: índice que refleja la efectividad de una concentración dada de insulina para estimular el transporte de glucosa.

seudoefedrina: amina simpaticomimética que se utiliza en los medicamentos de venta libre, principalmente como un descongestivo y también en la fabricación ilícita de metanfetamina.

simpaticólisis: proceso por el cual las sustancias vasodilatadoras de liberación local en los músculos activos compiten con, y dominan, la influencia vasoconstrictora de la estimulación simpática.

sinapsis: la unión entre dos neuronas.

síndrome de fatiga crónica: síndrome que parece involucrar una disfunción del sistema inmunológico. Los pacientes exhiben fatiga discapacitante, garganta seca, debilidad o dolor muscular y disfunción cognitiva. Los síntomas pueden variar en gravedad a lo largo del tiempo, aunque en general duran meses o años.

síndrome de sobreentrenamiento: condición que se presenta debida al sobreentrenamiento y se caracteriza por la reducción del rendimiento y un deterioro generalizado de la función fisiológica.

síndrome metabólico: término que se ha utilizado para relacionar la enfermedad coronaria, la hipertensión, la diabetes tipo 2 y la obesidad del hemicuerpo superior con la resistencia a la insulina y la hiperinsulinemia.

sistema ATP-PCr: sistema de producción de energía a corto plazo que mantiene los niveles de ATP. La descomposición de la fosfocreatina (PCr) libera P_i, que luego se combina con el ADP para formar ATP.

sistema de retroalimentación negativa: mecanismo primario mediante el cual el sistema endocrino mantiene la homeostasis. Algunos cambios corporales pueden alterar la homeostasis y provocar así la liberación de una hormona para corregir el cambio. Una vez llevada a cabo la corrección, esa hormona no se necesita más y, por lo tanto, disminuye su secreción.

sistema de transporte de oxígeno: componentes de los sistemas cardiovascular y respiratorio que intervienen en el transporte de oxígeno.

sistema glucolítico: sistema que produce energía mediante la glucólisis.

sistema musculoesquelético: sistema corporal compuesto por el esqueleto y los músculos esqueléticos que permite, sostiene y ayuda al control del movimiento humano.

sistema nervioso central (SNC): sistema nervioso formado por el cerebro y la médula espinal.

sistema nervioso periférico (SNP): parte del sistema nervioso a través del cual se transmiten los impulsos nerviosos motores desde el cerebro y la médula espinal hacia la periferia y los impulsos nerviosos sensoriales desde la periferia hacia el cerebro y la médula espinal.

sistema oxidativo: es el sistema de producción de energía más complejo del cuerpo. Genera una gran cantidad de energía a partir de la descomposición de combustibles con la ayuda del oxígeno.

SNC: *véase* sistema nervioso central.

SNP: *véase* sistema nervioso periférico.

sobrecarga: entrenarse a un nivel superior al habitual; por ejemplo, durante el entrenamiento, exponer al músculo a un esfuerzo mayor al habitual.

sobrecarga aguda: entrenamiento con carga "promedio" en la que el deportista estresa el cuerpo hasta el límite necesario para mejorar la función fisiológica y el rendimiento.

sobreentrenamiento: intento por hacer un trabajo mayor del que se puede tolerar físicamente.

sobreesfuerzo (*overreaching*): intento sistemático de sobreestresar el cuerpo (intencionalmente), permitiendo que éste se adapte aún más a los estímulos de entrenamiento. Esto tiene como objetivo lograr una mayor adaptación que la alcanzada durante el período de sobrecarga aguda.

sobrepeso: peso corporal que excede el normal o estándar para un individuo en particular basado en su sexo, su talla y su contextura física; un IMC de 25 a 29,9.

subentrenamiento: el tipo de entrenamiento que debe llevar a cabo un deportista entre temporadas de competencia o durante un descanso activo. Por lo general, las adaptaciones fisiológicas serán menores y no habrá mejora en el rendimiento.

succinato deshidrogenasa (SDH): enzima clave en el sistema enzimático oxidativo.

sujetos con alto nivel de respuesta: aquellas personas dentro de una población que muestran respuestas o adaptaciones claras o exageradas a un estímulo.

sujetos con bajo nivel de respuesta: aquellos individuos dentro de una población que muestran muy poca o ninguna respuesta o adaptación a un estímulo.

sujetos no respondedores: personas que muestran una leve mejora o ninguna en comparación con otras personas sometidas al mismo programa de entrenamiento.

sumación: la sumatoria de todos los cambios individuales que tienen lugar en el potencial de membrana de una neurona.

suplementos de oxígeno: respirar oxígeno suplementario, al que se le atribuyen propiedades ergogénicas.

sustrato: fuente básica de combustible, como los carbohidratos, proteínas y grasas.

T_3: *véase* triyodotironina.

T_4: *véase* tiroxina.

tapiz rodante: *véase* cinta ergométrica.

taquicardia: frecuencia cardíaca en reposo mayor a 100 latidos por minuto.

taquicardia ventricular: arritmia cardíaca grave que consiste en tres o más contracciones ventriculares prematuras. *Véase también* contracción ventricular prematura y fibrilación ventricular.

tasa metabólica basal (TMB): la menor tasa de metabolismo corporal (uso de energía) que puede mantener la vida, medida después de una noche de sueño en laboratorio en condiciones óptimas de tranquilidad, descanso y relajación y después de 12 horas de ayuno. *Véase también* tasa metabólica de reposo.

tasa metabólica de reposo (TMR): tasa metabólica corporal a la mañana temprano después del ayuno nocturno y de 8 horas de sueño. La determinación de la TMR no requiere dormir por la noche en un laboratorio o en una institución especializada. *Véase también* tasa metabólica basal.

temblores o escalofríos: ciclos rápidos de contracción y relajación de los músculos esqueléticos que genera calor.

temperatura de globo con bulbo húmedo (WBGT, por su sigla en inglés): una medida de la temperatura que evalúa simultáneamente la conducción, la convección, la evaporación y la radiación. Se obtiene mediante una única y permite estimar la capacidad refrigerante del ambiente. El aparato para medir el índice WBGT está compuesto por un bulbo seco, un bulbo húmedo y un globo negro.

tensión: fuerza ejercida o soportada.

teoría de la temperatura crítica: teoría que postula que el ejercicio en ambientes calurosos se verá limitado cuando el cuerpo alcance un valor fijo y elevado de temperatura central.

teoría de los filamentos deslizantes: teoría que explica la acción muscular. Un puente cruzado de miosina se une a un filamento de actina, y luego el golpe de fuerza arrastra/desplaza los dos filamentos uno respecto del otro.

terminaciones axónicas: uno de los numerosos ramos en los que termina un axón. También se la conoce como fibrilla terminal.

termogénesis sin temblores: estimulación del metabolismo por el sistema nervioso simpático para generar más calor metabólico.

termorreceptores: receptores sensoriales que detectan los cambios en la temperatura corporal y en la externa y envían la información al hipotálamo.

termorregulación: proceso por el cual el centro termorregulador, ubicado en el hipotálamo, reajusta la temperatura corporal como respuesta a las pequeñas desviaciones del punto de equilibrio.

test progresivo de ejercicio: prueba de ejercicio en la cual se incrementa la carga de trabajo en forma progresiva cada 1-3 min, generalmente hasta la fatiga o agotamiento volitivo.

testosterona: hormona sexual masculina predominante.

tétanos: la tensión más alta que desarrolla un músculo como respuesta al aumento de la frecuencia de estimulación.

tirotrofina (TSH): hormona secretada por el lóbulo anterior de la hipófisis que estimula la liberación de las hormonas tiroideas.

tiroxina (T_4): hormona secretada por la glándula tiroides que aumenta la tasa metabólica celular y la frecuencia y contractilidad del corazón.

titina: proteína que posiciona los filamentos de miosina para mantener un espacio igual entre los filamentos de actina.

TMB: *véase* tasa metabólica basal.

trabajo: fuerza generada a través de una distancia o desplazamiento, independientemente del tiempo.

transformación de Haldane: ecuación que permite calcular el volumen de aire inspirado a partir del volumen de aire espirado y viceversa.

trastornos alimentarios: conducta alimenticia anormal que varía desde la restricción excesiva a ingerir alimentos hasta conductas patológicas, como vómitos autoinducidos y abuso de laxantes. La alimentación desordenada puede conducir a desórdenes alimentarios clínicos como anorexia y bulimia nerviosas.

tríada de la deportista: los tres trastornos interrelacionados a los que tienden ciertas deportistas: desorden alimentario, disfunción menstrual y trastornos de mineralización ósea.

triacilglicéridos: la fuente de energía más abundante del cuerpo y la forma en la que se almacenan la mayoría de las grasas corporales.

triyodotironina (T_3): hormona liberada por la glándula tiroides que aumenta la tasa metabólica celular y la frecuencia y contractilidad del corazón.

tropomiosina: proteína tubular que se enrolla entre las fibras de actina, llenando los espacios entre ellas.

troponina: proteína unida a las hebras de actina y tropomiosina a intervalos regulares.

túbulos transversales (túbulos T): extensiones del sarcolema (membrana plasmática) que pasa lateralmente a través de la fibra muscular y permite el transporte de los nutrientes y la transmisión de los impulsos nerviosos a las miofibrillas individuales.

umbral: la cantidad mínima de estímulo necesaria para provocar una respuesta. También, la despolarización mínima requerida para producir un potencial de acción en las neuronas.

umbral anaeróbico: punto en el que los recursos aeróbicos disponibles ya no pueden satisfacer las demandas metabólicas del ejercicio y se produce un incremento en el metabolismo anaeróbico, que se ve reflejado en un aumento de la concentración del lactato en sangre.

umbral de despolarización: mínima despolarización necesaria para desencadenar un potencial de acción en las neuronas.

umbral del lactato: es el punto durante un ejercicio de intensidad creciente en el cual el lactato comienza a acumularse por encima de los niveles de reposo, es decir, el punto en el cual la tasa de producción de lactato supera la tasa de remoción.

umbral ventilatorio: nombre que solía utilizarse para indicar el punto de quiebre en la ventilación.

unidad motora: el nervio motor y el grupo de fibras musculares que inerva.

unión neuromuscular: el lugar donde una motoneurona se comunica con una fibra muscular.

vaciado gástrico: movimiento de los alimentos mezclados con las secreciones gástricas del estómago en el duodeno.

vaina de mielina: cubierta externa de una fibra nerviosa mielinizada, formada por una sustancia de tipo grasa denominada mielina.

valor predictivo de una prueba de ejercicio anormal: precisión con la cual un resultado anormal de una prueba refleja la presencia de una enfermedad.

valvulopatías: enfermedades que comprometen una o varias válvulas cardíacas. La cardiopatía reumática es un ejemplo de este grupo de enfermedades.

variable dependiente: factor fisiológico que puede variar cuando se manipula otro factor (la variable independiente). En general, se grafica en el eje de las ordenadas (y).

variable independiente: en un experimento, la variable manipulada por el investigador para determinar la respuesta de la variable dependiente. En general, se grafica en el eje de las abscisas (x).

variación diurna: fluctuaciones en las respuestas fisiológicas durante un período de 24 horas.

vasoconstricción: constricción o estrechamiento de los vasos sanguíneos.

vasoconstricción periférica: *véase* vasoconstricción.

vasodilatación: dilatación o ensanchamiento de los vasos sanguíneos.

vasopresina: *véase* hormona antidiurética.

$VEF_{1,0}$: *véase* volumen espiratorio forzado en un segundo.

$\dot{V}_{Emáx}$: *véase* ventilación espiratoria máxima.

venas: vasos sanguíneos que transportan la sangre de retorno al corazón.

vénulas: pequeños vasos que transportan la sangre desde los capilares hacia las venas y de allí al corazón.

velocidad contráctil (V_o): velocidad de acción asociada con tipos específicos de fibras musculares.

ventilación espiratoria máxima ($\dot{V}_{Emáx}$): ventilación máxima que puede alcanzarse durante el ejercicio muy intenso.

ventilación pulmonar: movimiento de gases hacia los pulmones y fuera de ellos.

ventilación voluntaria máxima: capacidad máxima de ingreso y egreso de aire en los pulmones, que en general se mide durante 12 segundos y se extrapola para obtener un valor por minuto.

vitaminas: uno de los grupos de compuestos orgánicos no relacionados que cumplen funciones específicas en la promoción del crecimiento y el mantenimiento de la salud. Las vitaminas actúan principalmente como catalizadores en las reacciones químicas.

volumen corriente: cantidad de aire inspirado o espirado durante un ciclo respiratorio normal.

volumen diastólico final (VDF): volumen de sangre dentro del ventrículo izquierdo, justo antes de la contracción.

volumen espiratorio forzado en un segundo ($VEF_{1,0}$): volumen de aire exhalado en el primer segundo después de una inspiración máxima.

volumen residual (VR): cantidad de aire que no puede ser exhalado de los pulmones.

volumen sistólico (VS): volumen de sangre que expulsa el ventrículo en cada sístole.

volumen sistólico final (VSF): volumen de sangre remanente en el ventrículo izquierdo al final de la sístole, justo después de la contracción.

Referencias

Introducción

1. Åstrand, P.-O. (1991). Influence of Scandinavian scientists in exercise physiology. *Scandinavian Journal of Medicine and Science in Sports, 1,* 3-9.
2. Åstrand, P.-O., & Rhyming, I. (1954). A nomogram for calculation of aerobic capacity (physical fitness) from pulse rate during submaximal work. *Journal of Applied Physiology, 7,* 218-221.
3. Bainbridge, F.A. (1931). *The physiology of muscular exercise.* London: Longmans, Green.
4. Brown, R.C., & Kenyon, G.S. (1968). *Classical studies on physical activity.* Englewood Cliffs, NJ: Prentice Hall.
5. Buskirk, E.R. (1996). Early history of exercise physiology in the United States: Part I. A contemporary historical perspective. In J.D. Messengale & R.A. Swanson (Eds.), *History of exercise and sport science* (pp. 55-74). Champaign, IL: Human Kinetics.
6. Buskirk, E.R., & Taylor, H.L. (1957). Maximal oxygen uptake and its relation to body composition, with special reference to chronic physical activity and obesity. *Journal of Applied Physiology, 11,* 72-78.
7. Cooper, K.H. (1968). *Aerobics.* New York: Evans.
8. Dill, D.B. (1938). *Life, heat, and altitude.* Cambridge, MA: Harvard University Press.
9. Dill, D.B. (1968). Historical review of exercise physiology science. In R. Warren & R.E. Johnson (Eds.), *Science and medicine of exercise and sports* (2nd ed., pp. 42-48). New York: Harper.
10. Dill, D.B. (1985). *The hot life of man and beast.* Springfield, IL: Charles C Thomas.
11. Fletcher, W.M., & Hopkins, F.G. (1907). Lactic acid in amphibian muscle. *Journal of Physiology, 35,* 247-254.
12. Flint, A., Jr. (1871). On the physiological effects of severe and protracted muscular exercise; with special reference to the influence of exercise upon the excretion of nitrogen. *New York Medical Journal, 13,* 609-697.
13. Foster, M. (1970). *Lectures on the history of physiology.* New York: Dover.
14. Horvath, S.M., & Horvath, E.C. (1973). *The Harvard Fatigue Laboratory: Its history and contributors.* Englewood Cliffs, NJ: Prentice Hall.
15. LaGrange, F. (1889). *Physiology of bodily exercise.* London: Kegan Paul International.
16. McArdle, W.D., Katch, F.I., & Katch, V.L. (2001). *Exercise physiology: Energy, nutrition, and human performance* (5th ed.). Baltimore: Williams & Wilkins.
17. Robinson, S. (1938). Experimental studies of physical fitness in relation to age. *Arbeitsphysiologie, 10,* 251-327.
18. Séguin, A., & Lavoisier, A. (1793). Premier mémoire sur la respiration des animaux. *Histoire et Mémoires de l'Academie Royale des Sciences, 92,* 566-584.
19. Taylor, H.L., Buskirk, E.R., & Henschel, A. (1955). Maximal oxygen intake as an objective measure of cardiorespiratory performance. *Journal of Applied Physiology, 8,* 73-80.
20. Tipton, C.M. (2003). *Exercise physiology: People and ideas.* New York: Oxford University Press.
21. Zuntz, N., & Schumberg, N.A.E.F. (1901). *Studien Zur Physiologie des Marches* (p. 211). Berlin: A. Hirschwald.

Capítulo 1

1. Brooks, G.A., Fahey, T.D., & Baldwin, K.M. (2005). *Exercise physiology: Human bioenergetics and its applications* (4th ed.). New York: McGraw-Hill.
2. Close, R. (1967). Properties of motor units in fast and slow skeletal muscles of the rat. *Journal of Physiology* (London), *193,* 45-55.
3. Costill, D.L., Daniels, J., Evans, W., Fink, W., Krahenbuhl, G., & Saltin, B. (1976). Skeletal muscle enzymes and fiber composition in male and female track athletes. *Journal of Applied Physiology, 40,* 149-154.
4. Costill, D.L., Fink, W.J., Flynn, M., & Kirwan, J. (1987). Muscle fiber composition and enzyme activities in elite female distance runners. *International Journal of Sports Medicine, 8,* 103-106.
5. Costill, D.L., Fink, W.J., & Pollock, M.L. (1976). Muscle fiber composition and enzyme activities of elite distance runners. *Medicine and Science in Sports, 8,* 96-100.
6. MacIntosh, B.R., Gardiner, P.F., & McComas, A.J. (2006). *Skeletal muscle form and function* (2nd ed.). Champaign, IL: Human Kinetics.

Capítulo 3

1. Edstrom, L., & Grimby, L. (1986). Effect of exercise on the motor unit. *Muscle and Nerve, 9,* 104-126.
2. Guyton, A.C., & Hall, J.E. (2000). *Textbook of medical physiology* (10th ed.). Philadelphia: Saunders.
3. Marieb, E.N. (1995). *Human anatomy and physiology* (3rd ed.). New York: Benjamin/Cummings.
4. Petajan, J.H., Gappmaier, E., White, A.T., Spencer, M.K., Mino, L., & Hicks, R.W. (1996). Impact of aerobic training on fitness and quality of life in multiple sclerosis. *Annals of Neurology, 39,* 432-441.
5. Pette, D., & Vrbova, G. (1985). Neural control of phenotypic expression in mammalian muscle fibers. *Muscle and Nerve, 8,* 676-689.

Capítulo 5

1. Bar-Or, O. (1987). The Wingate Anaerobic Test: An update on methodology, reliability and validity. *Sports Medicine, 4,* 381-394.
2. Barstow, T.J., Jones, A.M., Nguyen, P.H., & Casaburi, R.

(1996). Influence of muscle fiber type and pedal frequency on oxygen uptake kinetics of heavy exercise. *Journal of Applied Physiology,* **81,** 1642-1650.

3. Costill, D.L. (1986). *Inside running: Basics of sports physiology.* Indianapolis: Benchmark Press.

4. Gaesser, G.A., & Poole, D.C. (1996). The slow component of oxygen uptake kinetics in humans. *Exercise and Sport Sciences Reviews,* **24,** 35-70.

5. Galloway, S.D.R., & Maughan, R.J. (1997). Effects of ambient temperature on the capacity to perform prolonged cycle exercise in man. *Medicine and Science in Sports and Exercise,* **29,** 1240-1249.

6. Hawley, J.A. (1997). Carbohydrate loading and exercise performance: An update. *Sports Medicine,* **24,** 73-81.

7. Hill, D.W. (1993). The critical power concept: A review. *Sports Medicine,* **16,** 237-254.

8. Medbø, J.I., Mohn, A.C., Tabata, I., Bahr, R., Vaage, O., & Sejersted, O.M. (1988). Anaerobic capacity determined by maximal accumulated O2 deficit. *Journal of Applied Physiology,* **64,** 50-60.

9. Westerblad, H., Allen, D.G., & Lännergren, J. (2002). Muscle fatigue: Lactic acid or inorganic phosphate the major cause? *News in the Physiological Sciences,* **17,** 17-21.

10. Zuntz, N., & Hagemann, O. (1898). *Untersuchungen uber den Stroffwechsel des Pferdes bei Ruhe und Arbeit.* Berlin: Parey.

Capítulo 8

1. Hermansen, L. (1981). Effect of metabolic changes on force generation in skeletal muscle during maximal exercise. In R. Porter & J. Whelan (Eds.), *Human muscle fatigue: Physiological mechanisms* (pp. 75-88). London: Pitman Medical.

2. McKirnan, M.D., Gray, C.G., & White, F.C. (1991). Effects of feeding on muscle blood flow during prolonged exercise in miniature swine. *Journal of Applied Physiology,* **70,** 1097-1104.

3. Poliner, L.R., Dehmer, G.J., Lewis, S.E., Parkey, R.W., Blomqvist, C.G., & Willerson, J.T. (1980). Left ventricular performance in normal subjects: A comparison of the responses to exercise in the upright and supine position. *Circulation,* **62,** 528-534.

4. Powers, S.K., Martin, D., & Dodd, S. (1993). Exercise-induced hypoxaemia in elite endurance athletes: Incidence, causes and impact on $\dot{V}O_{2max}$. *Sports Medicine,* **16,** 14-22.

5. Tanaka, H., Monahan, D.K., & Seals, D.R. (2001). Age-predicted maximal heart rate revisited. *Journal of the American College of Cardiology,* **37,** 153-156.

6. Turkevich, D., Micco, A., & Reeves, J.T. (1988). Noninvasive measurement of the decrease in left ventricular filling time during maximal exercise in normal subjects. *American Journal of Cardiology,* **62,** 650-652.

7. Wasserman, K., & McIlroy, M.B. (1964). Detecting the threshold of anaerobic metabolism in cardiac patients during exercise. *American Journal of Cardiology,* **14,** 844-852.

Capítulo 9

1. American College of Sports Medicine. (2009). ACSM position stand: Progression models in resistance training for healthy adults. *Medicine and Science in Sports and Exercise,* **41,** 687-708.

2. Behm, D.G., Drinkwater, E.J., Willardson, J.M., & Cowley, P.M. (2010). The use of instability to train the core musculature. *Applied Physiology Nutrition and Metabolism* **35,** 91-108.

3. Fleck, S.J., & Kraemer, W.J. (2004). *Designing resistance training programs* (3rd ed.). Champaign, IL: Human Kinetics.

4. Fox, E.L., & Mathews, D.K. (1974). Interval training conditioning for sports and general fitness. Philadelphia: Saunders.

5. Willardson, J.M. (2007). Core stability training: applications to sports conditioning programs. *Journal of Strength and Conditioning Research* **21,** 979-985.

Capítulo 10

1. Armstrong, R.B., Warren, G.L., & Warren, J.A. (1991). Mechanisms of exercise-induced muscle fibre injury. *Sports Medicine,* **12,** 184-207.

2. Bergeron, M.F. (2008) Muscle cramps during exercise—Is it fatigue or electrolyte deficit? *Current Sports Medicine Reports,* **7,** S50-55.

3. Duchateau, J., & Enoka, R.M. (2002). Neural adaptations with chronic activity patterns in able-bodied humans. *American Journal of Physical Medicine and Rehabilitation,* **81**(11 Suppl.), 517-527.

4. Cheung, K., Hume, P.A., Maxwell, L. (2003). Delayed onset muscle soreness treatment strategies and performance factors. *Sports Medicine,* **33,** 145-164.

5. Enoka, R.M. (1988). Muscle strength and its development: New perspectives. *Sports Medicine,* **6,** 146-168.

6. Gonyea, W.J. (1980). Role of exercise in inducing increases in skeletal muscle fiber number. *Journal of Applied Physiology,* **48,** 421-426.

7. Gonyea, W.J., Sale, D.G., Gonyea, F.B., & Mikesky, A. (1986). Exercise induced increases in muscle fiber number. *European Journal of Applied Physiology,* **55,** 137-141.

8. Graves, J.E., Pollock, M.L., Leggett, S.H., Braith, R.W., Carpenter, D.M., & Bishop, L.E. (1988). Effect of reduced training frequency on muscular strength. *International Journal of Sports Medicine,* **9,** 316-319.

9. Green, H.J., Klug, G.A., Reichmann, H., Seedorf, U., Wiehrer, W., & Pette, D. (1984). Exercise-induced fibre type transitions with regard to myosin, parvalbumin,

and sarcoplasmic reticulum in muscles of the rat. *Pflugers Archiv: European Journal of Physiology*, **400**, 432-438.

10. Hagerman, F.C., Hikida, R.S., Staron, R.S., Sherman, W.M., & Costill, D.L. (1984). Muscle damage in marathon runners. *Physician and Sportsmedicine*, **12**, 39-48.

11. Hakkinen, K., Alen, M., & Komi, P.V. (1985). Changes in isometric force and relaxation-time, electromyographic and muscle fibre characteristics of human skeletal muscle during strength training and detraining. *Acta Physiologica Scandinavica*, **125**, 573-585.

12. Hawke, T.J., & Garry, D.J. (2001). Myogenic satellite cells: Physiology to molecular biology. *Journal of Applied Physiology*, **91**, 534-551.

13. Koopman, R., Saris, W.H.M., Wagenmakers, A.J.M., & van Loon, L.J.C. (2007). Nutritional interventions to promote post-exercise muscle protein synthesis. *Sports Medicine*, **37**, 895-906.

14. Kraemer, W.J. (2000). Physiological adaptations to anaerobic and aerobic endurance training programs. In T.R. Baechle & R.W. Earle (Eds.), *Essentials of strength training and conditioning* (2nd ed., p. 150). Champaign, IL: Human Kinetics.

15. McCall, G.E., Byrnes, W.C., Dickinson, A., Pattany, P.M., & Fleck, S.J. (1996). Muscle fiber hypertrophy, hyperplasia, and capillary density in college men after resistance training. *Journal of Applied Physiology*, **81**, 2004-2012.

16. Schwane, J.A., Johnson, S.R., Vandenakker, C.B., & Armstrong, R.B. (1983). Delayed-onset muscular soreness and plasma CPK and LDH activities after downhill running. *Medicine and Science in Sports and Exercise*, **15**, 51-56.

17. Schwane, J.A., Watrous, B.G., Johnson, S.R., & Armstrong, R.B. (1983). Is lactic acid related to delayed-onset muscle soreness? *Physician and Sportsmedicine*, **11**(3), 124-131.

18. Shepstone, T.N., Tang, J.E., Dallaire, S., Schuenke, M.D., Staron, R.S., & Phillips, S.M. (2005). Short-term high- vs. low-velocity isokinetic lengthening training results in greater hypertrophy of the elbow flexors in young men. *Journal of Applied Physiology*, **98**, 1768-1776.

19. Sjöström, M., Lexell, J., Eriksson, A., & Taylor, C.C. (1991). Evidence of fibre hyperplasia in human skeletal muscles from healthy young men? A left-right comparison of the fibre number in whole anterior tibialis muscles. *European Journal of Applied Physiology*, **62**, 301-304.

20. Staron, R.S., Karapondo, D.L., Kraemer, W.J., Fry, A.C., Gordon, S.E., Falkel, J.E., Hagerman, F.C., & Hikida, R.S. (1994). Skeletal muscle adaptations during early phase of heavy resistance training in men and women. *Journal of Applied Physiology*, **76**, 1247-1255.

21. Staron, R.S., Leonardi, M.J., Karapondo, D.L., Malicky, E.S., Falkel, J.E., Hagerman, F.C., & Hikida, R.S. (1991). Strength and skeletal muscle adaptations in heavy-resistance-trained women after detraining and retraining. *Journal of Applied Physiology*, **70**, 631-640.

22. Staron, R.S., Malicky, E.S., Leonardi, M.J., Falkel, J.E., Hagerman, F.C., & Dudley, G.A. (1990). Muscle hypertrophy and fast fiber type conversions in heavyresistance-trained women. *European Journal of Applied Physiology*, **60**, 71-79.

23. Tidball, J.G. (1995). Inflammatory cell response to acute muscle injury. *Medicine and Science in Sports and Exercise*, **27**, 1022-1032.

24. Warren, G.L., Ingalls, C.P., Lowe, D.A., & Armstrong, R.B. (2001). Excitation-contraction uncoupling: Major role in contraction-induced muscle injury. *Exercise and Sport Sciences Reviews*, **29**, 82-87.

Capítulo 11

1. Armstrong, R.B., & Laughlin, M.H. (1984). Exercise blood flow patterns within and among rat muscles after training. *American Journal of Physiology*, **246**, H59-H68.

2. Bouchard, C. (1990). Discussion: Heredity, fitness, and health. In C. Bouchard, R.J. Shephard, T. Stephens, J.R. Sutton, & B.D. McPherson (Eds.), *Exercise, fitness, and health* (pp. 147-153). Champaign, IL: Human Kinetics.

3. Bouchard, C., An, P., Rice, T., Skinner, J.S., Wilmore, J.H., Gagnon, J., Pérusse, L., Leon, A.S., & Rao, D.C. (1999). Familial aggregation of $\dot{V}O_{2max}$ response to exercise training: Results from the HERITAGE Family Study. *Journal of Applied Physiology*, **87**, 1003-1008.

4. Bouchard, C., Dionne, F.T., Simoneau, J.-A., & Boulay, M.R. (1992). Genetics of aerobic and anaerobic performances. *Exercise and Sport Sciences Reviews*, **20**, 27-58.

5. Bouchard, C., Lesage, R., Lortie, G., Simoneau, J.A., Hamel, P., Boulay, M.R., Pérusse, L., Theriault, G., & Leblanc, C. (1986). Aerobic performance in brothers, dizygotic and monozygotic twins. *Medicine and Science in Sports and Exercise*, **18**, 639-646.

6. Costill, D.L., Coyle, E.F., Fink, W.F., Lesmes, G.R., & Witzmann, F.A. (1979). Adaptations in skeletal muscle following strength training. *Journal of Applied Physiology: Respiratory Environmental Exercise Physiology*, **46**, 96-99.

7. Costill, D.L., Fink, W.J., Ivy, J.L., Getchell, L.H., & Witzmann, F.A. (1979). Lipid metabolism in skeletal muscle of endurance-trained males and females. *Journal of Applied Physiology*, **28**, 251-255.

8. Dempsey, J.A. (1986). Is the lung built for exercise? *Medicine and Science in Sports and Exercise*, **18**, 143-155.

9. Ehsani, A.A., Ogawa, T., Miller, T.R., Spina, R.J., & Jilka, S.M. (1991). Exercise training improves left ventricular systolic function in older men. *Circulation*, **83**, 96-103.

10. Ekblom, B., Goldbarg, A.M., & Gullbring, B. (1972). Response to exercise after blood loss and reinfusion. *Journal of Applied Physiology*, **33**, 175-180.

11. Fagard, R.H. (1996). Athlete's heart: A meta-analysis of the echocardiographic experience. *International Journal of Sports Medicine*, **17**, S140-S144.

12. Gibala, M.J., Little, J.P., van Essen, M., Wilkin, G.P., Burgomaster, K.A., Safdar, A., Raha, S., & Tarnopolsky, M.A. (2006). Short-term sprint interval *versus* traditional endurance training: Similar initial adaptations in human skeletal muscle and exercise performance. *Journal of Physiology*, **575**, 901-911.

13. Hagberg, J.M., Ehsani, A.A., Goldring, D., Hernandez, A., Sinacore, D.R., & Holloszy, J.O. (1984). Effect of weight training on blood pressure and hemodynamics in hypertensive adolescents. *Journal of Pediatrics*, **104**, 147-151.

14. Hermansen, L., & Wachtlova, M. (1971). Capillary density of skeletal muscle in well-trained and untrained men. *Journal of Applied Physiology*, **30**, 860-863.

15. Holloszy, J.O., Oscai, L.B., Mole, P.A., & Don, I.J. (1971). Biochemical adaptations to endurance exercise in skeletal muscle. In B. Pernow & B. Saltin (Eds.), *Muscle metabolism during exercise* (pp. 51-61). New York: Plenum Press.

16. Jacobs, I., Esbjörnsson, M., Sylvén, C., Holm, I., & Jansson, E. (1987). Sprint training effects on muscle myoglobin, enzymes, fiber types, and blood lactate. *Medicine and Science in Sports and Exercise*, **19**, 368-374.

17. Jansson, E., Esbjörnsson, M., Holm, I., & Jacobs, I. (1990). Increase in the proportion of fast-twitch muscle fibres by sprint training in males. *Acta Physiologica Scandinavica*, **140**, 359-363.

18. Klissouras, V. (1971). Adaptability of genetic variation. *Journal of Applied Physiology*, **31**, 338-344.

19. MacDougall, J.D., Hicks, A.L., MacDonald, J.R., Mc Kelvie, R.S., Green, H.J., & Smith, K.M. (1998). Muscle performance and enzymatic adaptations to sprint interval training. *Journal of Applied Physiology*, **84**, 2138-2142.

20. Martino, M., Gledhill, N., & Jamnik, V. (2002). High $\dot{V}O_{2max}$ with no history of training is primarily due to high blood volume. *Medicine and Science in Sports and Exercise*, **34**, 966-971.

21. McCarthy, J.P., Pozniak, M.A., & Agre, J.C. (2002). Neuromuscular adaptations to concurrent strength and endurance training. *Medicine and Science in Sports and Exercise*, **34**, 511-519.

22. McGuire, D.K., Levine, B.D., Williamson, J.W., Snell, P.G., Blomqvist, C.G., Saltin, B., & Mitchell, J.H. (2001). A 30-year follow-up of the Dallas Bedrest and Training Study: II. Effect of age on cardiovascular adaptation to exercise training. *Circulation*, **104**, 1358-1366.

23. Milliken, M.C., Stray-Gundersen, J., Peshock, R.M., Katz, J., & Mitchell, J.H. (1988). Left ventricular mass as determined by magnetic resonance imaging in male endurance athletes. *American Journal of Cardiology*, **62**, 301-305.

24. Pirnay, F., Dujardin, J., Deroanne, R., & Petit, J.M. (1971). Muscular exercise during intoxication by carbon monoxide. *Journal of Applied Physiology*, **31**, 573-575.

25. Prud'homme, D., Bouchard, C., LeBlanc, C., Landrey, F., & Fontaine, E. (1984). Sensitivity of maximal aerobic power to training is genotype-dependent. *Medicine and Science in Sports and Exercise*, **16**, 489-493.

26. Rico-Sanz, J., Rankinen, T., Joanisse, D.R., Leon, A.S., Skinner, J.S., Wilmore, J.H., Rao, D.C., & Bouchard, C. (2003). Familial resemblance for muscle phenotypes in The Heritage Family Study. *Medicine and Science in Sports and Exercise*, **35**(8): 1360-1366.

27. Saltin, B., Nazar, K., Costill, D.L., Stein, E., Jansson, E., Essen, B., & Gollnick, P.D. (1976). The nature of the training response: Peripheral and central adaptations to one-legged exercise. *Acta Physiologica Scandinavica*, **96**, 289-305.

28. Saltin, B., & Rowell, L.B. (1980). Functional adaptations to physical activity and inactivity. *Federation Proceedings*, **39**, 1506-1513.

29. Sawka, M.N., Convertino, V.A., Eichner, E.R., Schnieder, S.M., & Young, A.J. (2000). Blood volume: Importance and adaptations to exercise training, environmental stresses, and trauma/sickness. *Medicine and Science in Sports and Exercise*, **32**, 332-348.

30. Strømme, S.B., Ingjer, F., & Meen, H.D. (1977). Assessment of maximal aerobic power in specifically trained athletes. *Journal of Applied Physiology*, **42**, 833-837.

31. Wilmore, J.H., Stanforth, P.R., Gagnon, J., Rice, T., Mandel, S., Leon, A.S., Rao, D.C., Skinner, J.S., & Bouchard, C. (2001). Cardiac output and stroke volume changes with endurance training: The HERITAGE Family Study. *Medicine and Science in Sports and Exercise*, **33,** 99-106.

32. Wilmore, J.H., Stanforth, P.R., Hudspeth, L.A., Gagnon, J., Daw, E.W., Leon, A.S., Rao, D.C., Skinner, J.S., & Bouchard, C. (1998). Alterations in resting metabolic rate as a consequence of 20 wk of endurance training: The HERITAGE Family Study. *American Journal of Clinical Nutrition*, **68**, 66-71.

Capítulo 12

1. American College of Sports Medicine. (2006). Prevention of cold injuries during exercise. *Medicine and Science in Sports and Exercise*, **38**(11), 2012-2029.

2. King, D.S., Costill, D.L., Fink, W.J., Hargreaves, M., & Fielding, R.A. (1985). Muscle metabolism during exercise in the heat in unacclimatized and acclimatized humans. *Journal of Applied Physiology*, **59**, 1350-1354.

3. Rowell, L.B. (1974). Human cardiovascular adjustments to heat stress. *Physiological Reviews*, **54**, 75-159.

4. Young, A.J. (1996). Homeostatic responses to prolonged cold exposure: Human cold acclimation. In M.J.

Fregley & C.M. Blatteis (Eds.), *Handbook of physiology: Section 4. Environmental physiology* (pp. 419-438). New York: Oxford University Press.

Capítulo 13

1. Bartsch, P. & Saltin, B. (2008). General introduction to altitude adaptation and mountain sickness. *Scandinavian Journal of Medicine and Science in Sports,* **18** (suppl. 1), 1-10.
2. Bonetti, D.L. & Hopkins, W.G. (2009). Sea-level exercise performance following adaptation to hypoxia: a Meta-analysis. *Sports Medicine,* **39**, 107-127.
3. Brooks, G.A., Wolfel, E.E., & Groves, B.M. (1992). Muscle accounts for glucose disposal but not blood lactate appearance during exercise after acclimatization to 4,300 m. *Journal of Applied Physiology,* **72**, 2435-2445.
4. Brosnan, M.J., Martin, D.T., Hahn, A.G., Gore, C.J., & Hawley, J.A. (2000). Impaired interval exercise responses in elite female cyclists at moderate simulated altitude. *Journal of Applied Physiology,* **89**, 1819-1824.
5. Buskirk, E.R., Kollias, J., Piconreatigue, E., Akers, R., Prokop, E., & Baker, P. (1967). Physiology and performance of track athletes at various altitudes in the United States and Peru. In R.F. Goddard (Ed.), *The effects of altitude on physical performance* (pp. 65-71). Chicago: Athletic Institute.
6. Daniels, J., & Oldridge, N. (1970). Effects of alternate exposure to altitude and sea level on world-class middle-distance runners. *Medicine and Science in Sports,* **2**, 107-112.
7. Forster, P.J.G. (1985). Effect of different ascent profiles on performance at 4200 m elevation. *Aviation, Space, and Environmental Medicine,* **56**, 785-794.
8. Levine, B.D., & Stray-Gundersen, J. (1997). "Living high–training low": Effect of moderate-altitude acclimatization with low-altitude training on performance. *Journal of Applied Physiology,* **83**, 102-112.
9. Norton, E.G. (1925). *The fight for Everest: 1924.* London: Arnold.
10. Pugh, L.C.G.E., Gill, M., Lahiri, J., Milledge, J., Ward, M., & West, J. (1964). Muscular exercise at great altitudes. *Journal of Applied Physiology,* **19**, 431-440.
11. Stray-Gundersen, J., Chapman, R.F., & Levine, B.D. (2001). "Living high–training low" altitude training improves sea level performance in male and female elite runners. *Journal of Applied Physiology,* **91**, 1113-1120.
12. Sutton, J., & Lazarus, L. (1973). Mountain sickness in the Australian Alps. *Medical Journal of Australia,* **1**, 545-546.
13. Sutton, J.R., Reeves, J.T., Wagner, P.D., Groves, B.M., Cymerman, A., Malconian, M.K., Rock, P.B., Young, P.M., Walter, S.D., & Houston, C.S. (1988). Operation Everest II: Oxygen transport during exercise at extreme simulated altitude. *Journal of Applied Physiology,* **64**, 1309-1321.
14. Ward, M.P., Milledge, J.S., & West, J.B. (1989). *High altitude medicine and physiology.* Philadelphia: University of Pennsylvania Press.
15. West, J.B., Peters, R.M., Aksnes, G., Maret, K.H., Milledge, J.S., & Schoene, R.B. (1986). Nocturnal periodic breathing at altitudes of 6300 and 8050 m. *Journal of Applied Physiology,* **61**, 280-287.

Capítulo 14

1. Armstrong, L.E., & VanHeest, J.L. (2002). The unknown mechanism of the overtraining syndrome. *Sports Medicine,* **32**, 185-209.
2. Costill, D.L. (1998). Training adaptations for optimal performance. Paper presented at the VIII International Symposium on Biomechanics and Medicine of Swimming, June 28, University of Jyväskylä, Finland.
3. Costill, D.L., Fink, W.J., Hargreaves, M., King, D.S., Thomas, R., & Fielding, R. (1985). Metabolic characteristics of skeletal muscle during detraining from competitive swimming. *Medicine and Science in Sports and Exercise,* **17**, 339-343.
4. Costill, D.L., King, D.S., Thomas, R., & Hargreaves, M. (1985). Effects of reduced training on muscular power in swimmers. *Physician and Sportsmedicine,* **13**(2), 94-101.
5. Costill, D.L., Maglischo, E., & Richardson, A. (1991). *Handbook of sports medicine: Swimming.* London: Blackwell.
6. Costill, D.L., Thomas, R., Robergs, R.A., Pascoe, D.D., Lambert, C.P., Barr, S.I., & Fink, W.J. (1991). Adaptations to swimming training: Influence of training volume. *Medicine and Science in Sports and Exercise,* **23**, 371-377.
7. Coyle, E.F., Martin, W.H., III, Sinacore, D.R., Joyner, M.J., Hagberg, J.M., & Holloszy, J.O. (1984). Time course of loss of adaptations after stopping prolonged intense endurance training. *Journal of Applied Physiology,* **57**, 1857-1864.
8. Fitts, R.H., Costill, D.L., & Gardetto, P.R. (1989). Effect of swim-exercise training on human muscle fiber function. *Journal of Applied Physiology,* **66**, 465-475.
9. Fleck, S.J., & Kraemer, W.J. (2004). *Designing resistance training programs* (3rd ed.). Champaign, IL: Human Kinetics.
10. Hickson, R.C., Foster, C., Pollock, M.L., Galassi, T.M., & Rich, S. (1985). Reduced training intensities and loss of aerobic power, endurance, and cardiac growth. *Journal of Applied Physiology,* **58**, 492-499.
11. Houmard, J.A., Costill, D.L., Mitchell, J.B., Park, S.H., Hickner, R.C., & Roemmish, J.N. (1990). Reduced training maintains performance in distance runners. *International Journal of Sports Medicine,* **11**, 46-51.

12. Houmard, J.A., Scott, B.K., Justice, C.L., & Chenier, T.C. (1994). The effects of taper on performance in distance runners. *Medicine and Science in Sports and Exercise, 26*, 624-631.

13. Kraemer, W.J., & Ratamess, N.A. (2003). Endocrine responses and adaptations to strength and power training. In P.V. Komi (Ed.), *Strength and power in sport* (pp. 379-380). Oxford: Blackwell Scientific.

14. Krivickas, L.S. (2006). Recurrent rhabdomyolysis in a collegiate athlete: A case report. *Medicine and Science in Sports and Exercise, 38*, 407-410.

15. Lemmer, J.T., Hurlbut, D.E., Martel, G.F., Tracy, B.L., Ivey, F.M., Metter, E.J., Fozard, J.L., Fleg, J.L., & Hurley, B.F. (2000). Age and gender responses to strength training and detraining. *Medicine and Science in Sports and Exercise, 32*, 1505-1512.

16. Mujika, I., & Padilla, S. (2003). Scientific bases for pre-competition tapering strategies. *Medicine and Science in Sports and Exercise, 35*, 1182-1187.

17. Nieman, D.C. (1994). Exercise, infection, and immunity. *International Journal of Sports Medicine, 15*, S131-S141.

18. Saltin, B., Blomqvist, G., Mitchell, J.H., Johnson, R.L., Jr., Wildenthal, K., & Chapman, C.B. (1968). Response to submaximal and maximal exercise after bed rest and training. *Circulation, 38*(Suppl. 7).

19. Selye, H. (1956). *The stress of life*. New York: McGraw-Hill.

20. Shepherd, R.J. (2001). Chronic fatigue syndrome: An update. *Sports Medicine, 31*, 167-194.

21. Smith, L.L. (2000). Cytokine hypothesis of overtraining: A physiological adaptation to excessive stress? *Medicine and Science in Sports and Exercise, 32*, 317-331.

22. Springer, B.L., & Clarkson, P.M. (2003). Two cases of exertional rhabdomyolysis precipitated by personal trainers. *Medicine and Science in Sports and Exercise, 35*, 1499-1502.

23. Trappe, T., Trappe, S., Lee, G., Widrick, J., Fitts, R., & Costill, D. (2006). Cardiorespiratory responses to physical work during and following 17 days of bed rest and spaceflight. *Journal of Applied Physiology, 100*, 951-957.

24. Watenpaugh, D.E., & Hargens, A.R. (1996). The cardiovascular system in microgravity. In M.J. Fregly & C.M. Blatteis (Eds.), *Handbook of physiology: Environmental physiology* (Vol. 1, pp. 631-674). New York: Oxford University Press.

Capítulo 15

1. American College of Sports Medicine. Nattiv A, Loucks AB, Manore MM, Sanborn CF, Sundgot-Borgen J, Warren MP (2007). The female athlete triad. Position Stand. Med Sci Sports Exerc 39(10):1867-82.

2. American College of Sports Medicine, American Dietetic Association, and Dietitians of Canada. (2000). Nutrition and athletic performance. Joint position statement. *Medicine and Science in Sports and Exercise, 32*, 2130-2145.

3. Armstrong, L.E., Costill, D.L., & Fink, W.J. (1985). Influence of diuretic-induced dehydration on competitive running performance. *Medicine and Science in Sports and Exercise, 17*, 456-461.

4. Åstrand, P.-O. (1967). Diet and athletic performance. *Federation Proceedings, 26*, 1772-1777.

5. Beaton, L.J., Allan, D.A., Tarnopolsky, M.A., Tiidus, P.M., & Phillips, S.M. (2002). Contraction-induced muscle damage is unaffected by vitamin E supplementation. *Medicine and Science in Sports and Exercise, 34*, 798-805.

6. Cheuvront, S.N. (1999). The Zone diet and athletic performance. *Sports Medicine, 27*, 213-228.

7. Coombes, J.S., & Hamilton, K.L. (2000). The effectiveness of commercially available sports drinks. *Sports Medicine, 29*, 181-209.

8. Costill, D.L., Bowers, R., Branam, G., & Sparks, K. (1971). Muscle glycogen utilization during prolonged exercise on successive days. *Journal of Applied Physiology, 31*, 834-838.

9. Costill, D.L., & Saltin, B. (1974). Factors limiting gastric emptying during rest and exercise. *Journal of Applied Physiology, 37*, 679-683.

10. De Souza MJ, Toombs RJ, Scheid JL, O'Donnell E, West SL, Williams NI 2010 High prevalence of subtle and severe menstrual disturbances in exercising women: confirmation using daily hormone measures. Hum Reprod 25(2):491-503.

11. De Souza MJ, Williams NI 2004 Physiological aspects and clinical sequelae of energy deficiency and hypoestrogenism in exercising women. Hum Reprod Update 10(5):433-48.

12. Dougherty, K.A., Baker, L.B., Chow, M., & Kenney, W.L. (2006). Two percent dehydration impairs and six percent carbohydrate drink improves boys basketball skills. *Medicine and Science in Sports and Exercise, 38*, 1650-1658.

13. Fairchild, T.J., Fletcher, S., Steele, P., Goodman, C., Dawson, B., & Fournier, P.A. (2002). Rapid carbohydrate loading after a short bout of near maximal-intensity exercise. *Medicine and Science in Sports and Exercise, 34*, 980-986.

14. Foster-Powell, K., Holt, S.H.A., & Brand-Miller, J.C. (2002). International table of glycemic index and glycemic load values: 2002. *American Journal of Clinical Nutrition, 76*, 5-56.

15. Frizzell, R.T., Lang, G.H., Lowance, D.C., & Lathan, S.R. (1986). Hyponatremia and ultramarathon running. *Journal of the American Medical Association, 255*, 772-774.

16. Gollnick, P.D., Piehl, K., & Saltin, B. (1974). Selective glycogen depletion pattern in human muscle fibres

after exercise of varying intensity and at varying pedaling rates. *Journal of Physiology,* **241**, 45-57.

17. Ivy, J.L. (2004). Regulation of muscle glycogen repletion, muscle protein synthesis and repair following exercise. *Journal of Sports Science and Medicine,* **3**, 131- 138.

18. Ivy, J.L., Katz, A.L., Cutler, C.L., Sherman, W.M., & Coyle, E.F. (1988). Muscle glycogen synthesis after exercise: Effect of time of carbohydrate ingestion. *Journal of Applied Physiology,* **64**, 1480-1485.

19. Ivy, J.L., Lee, M.C., Brozinick, J.T., Jr., & Reed, M.J. (1988). Muscle glycogen storage after different amounts of carbohydrate ingestion. *Journal of Applied Physiology,* **65**, 2018-2023.

20. Jeukendrup, A., & Gleeson, M. (2010). *Sport nutrition: An introduction to energy production and performance* (2nd ed.). Champaign, IL: Human Kinetics.

21. Rigotti NA, Neer RM, Skates SJ, Herzog DB, Nussbaum SR. The clinical course of osteoporosis in anorexia nervosa. A longitudinal study of cortical bone mass. JAMA. (1991) 265(9):1133-1138.

22. Schabort, E.J., Bosch, A.N., Weltan, S.M., & Noakes, T.D. (1999). The effect of a preexercise meal on time to fatigue during prolonged cycling exercise. *Medicine and Science in Sports and Exercise,* **31**, 464-471.

23. Sears, B. (1995). *The Zone.* New York: HarperCollins.

24. Sears, B. (2000). The Zone diet and athletic performance [letter]. *Sports Medicine,* **29**, 289-291.

25. Sundgot-Borgen J 2002 Weight and eating disorders in elite athletes. Scand J Med Sci Sports **12**(5):259-60.

26. Sundgot-Borgen J 1999 Eating disorders among male and female elite athletes. Br J Sports Med **33**(6):434.

27. Wade GN, Schneider JE 1992 Metabolic fuels and reproduction in female mammals. Neuroscience and biobehavioral reviews **16**(2):235.

28. Wilmore, J.H., Brown, C.H., & Davis, J.A. (1977). Body physique and composition of the female distance runner. *Annals of the New York Academy of Sciences,* **301**, 764-776.

29. Wilmore, J.H., Morton, A.R., Gilbey, H.J., & Wood, R.J. (1998). Role of taste preference on fluid intake during and after 90 min of running at 60% of $\dot{V}O_{2max}$ in the heat. *Medicine and Science in Sports and Exercise,* **30**, 587-595.

30. Wolfe, R.R. (2006). Skeletal muscle protein metabolism and resistance exercise. *Journal of Nutrition,* **136**, 525S-528S.

Capítulo 16

1. Alvois, L., Robinson, N., Saudan, D., Baume, N., Mangin, P., & Saugy, M. (2006). Central nervous system stimulants and sport practice. *British Journal of Sports Medicine,* **40**(Suppl. I), i16-i20.

2. American College of Sports Medicine Consensus Statement. (2000). The physiological and health effects of oral creatine supplementation. *Medicine and Science in Sports and Exercise,* **32**, 706-717.

3. American College of Sports Medicine Position Stand. (1996). The use of blood doping as an ergogenic aid. *Medicine and Science in Sports and Exercise,* **28**(6), i-xii.

4. Ariel, G., & Saville, W. (1972). Anabolic steroids: The physiological effects of placebos. *Medicine and Science in Sports and Exercise,* **4**, 124-126.

5. Bannister, R.G., & Cunningham, D.J.C. (1954). The effects on respiration and performance during exercise of adding oxygen to the inspired air. *Journal of Physiology,* **125**, 118-137.

6. Berning, J.M., Adams, K.J., & Stamford, B.A. (2004). Anabolic steroid usage in athletics: Facts, fiction, and public relations. *Journal of Strength and Conditioning Research,* **18**, 908-917.

7. Bhasin, S., Storer, T.W., Berman, N., Callegari, C., Clevenger, B., Phillips, J., Bunnell, T.J., Tricker, R., Shirazi, A., & Casaburi, R. (1996). The effects of supraphysiologic doses of testosterone on muscle size and strength in normal men. *New England Journal of Medicine,* **335**, 1-7.

8. Birkeland, K.I., Stray-Gundersen, J., Hemmersbach, P., Hallén, J., Haug, E., & Bahr, R. (2000). Effect of rhEPO administration on serum levels of sTfR and cycling performance. *Medicine and Science in Sports and Exercise,* **32**, 1238-1243.

9. Broeder, C.E., Quindry, J., Brittingham, K., Panton, L., Thomson, J., Appakondu, S., Bruel, K., Byrd, R., Douglas, J., Earnest, C., Mitchell, C., Olson, M., Roy, T., & Yarlagadda, C. (2000). The Andro Project: Physiological and hormonal influences of androstenedione supplementation in men 35 to 65 years old participating in a high-intensity resistance training program. *Archives of Internal Medicine,* **160**, 3093-3104.

10. Bronson, F.H., & Matherne, C.M. (1997). Exposure to anabolic-androgenic steroids shortens life span of male mice. *Medicine and Science in Sports and Exercise,* **29**, 615-619.

11. Brown, G.A., Vukovich, M.D., Sharp, R.L., Reifenrath, T.A., Parsons, K.A., & King, D.S. (1999). Effect of oral DHEA on serum testosterone and adaptations to resistance training in young men. *Journal of Applied Physiology,* **87**, 2274-2283.

12. Buick, F.J., Gledhill, N., Froese, A.B., Spriet, L., & Meyers, E.C. (1980). Effect of induced erythrocythemia on aerobic work capacity. *Journal of Applied Physiology,* **48**, 636-642.

13. Calfee, R., & Fadale, P. (2006). Popular ergogenic drugs and supplements in young athletes. *Pediatrics,* **117**, e577-e589.

14. Costill, D.L., Dalsky, G.P., & Fink, W.J. (1978). Effects of caffeine ingestion on metabolism and exercise performance. *Medicine and Science in Sports,* **10**, 155-158.

15. Costill, D.L., Verstappen, F., Kuipers, H., Janssen, E., & Fink, W. (1984). Acid-base balance during repeated bouts of exercise: Influence of HCO-3. *International Journal of Sports Medicine,* **5**, 228-231.

16. Davis, J.M. (1995). Carbohydrates, branched-chain amino acids, and endurance: The central fatigue hypothesis. *International Journal of Sport Nutrition,* **5**, S29-S38.

17. Eichner, E.R. (1989). Ergolytic drugs. *Sports Science Exchange,* **2**(15), 1-4.

18. Ekblom, B., & Berglund, B. (1991). Effect of erythropoietin administration on maximal aerobic power. *Scandinavian Journal of Medicine and Science in Sports,* **1**, 88-93.

19. Ekblom, B., Goldbarg, A.N., & Gullbring, B. (1972). Response to exercise after blood loss and reinfusion. *Journal of Applied Physiology,* **33**, 175-180.

20. Evans, N.A. (2004). Current concepts in anabolic-androgenic steroids. *American Journal of Sports Medicine,* **32**, 534-542.

21. Forbes, G.B. (1985). The effect of anabolic steroids on lean body mass: The dose response curve. *Metabolism,* **34**, 571-573.

22. Gledhill, N. (1985). The influence of altered blood volume and oxygen transport capacity on aerobic performance. *Exercise and Sport Sciences Reviews,* **13**, 75-93.

23. Goforth, H.W., Jr., Campbell, N.L., Hodgdon, J.A., & Sucec, A.A. (1982). Hematologic parameters of trained distance runners following induced erythrocythemia [abstract]. *Medicine and Science in Sports and Exercise,* **14**, 174.

24. Graham, T.E. (2001). Caffeine and exercise: Metabolism, endurance and performance. *Sports Medicine,* **31**, 785-807.

25. Hartgens, F., & Kuipers, H. (2004). Effects of androgenic-anabolic steroids in athletes. *Sports Medicine,* **34**, 513-554.

26. Heinonen, O.J. (1996). Carnitine and physical exercise. *Sports Medicine,* **22**, 109-132.

27. Hervey, G.R., Knibbs, A.V., Burkinshaw, L., Morgan, D.B., Jones, P.R.M., Chettle, D.R., & Vartsky, D. (1981). Effects of methandienone on the performance and body composition of men undergoing athletic training. *Clinical Science,* **60**, 457-461.

28. Ivy, J.L., Costill, D.L., Fink, W.J., & Lower, R.W. (1979). Influence of caffeine and carbohydrate feedings on endurance performance. *Medicine and Science in Sports and Exercise,* **11**, 6-11.

29. Juhn, M.S. (2003). Popular sports supplements and ergogenic aids. *Sports Medicine,* **33**, 921-939.

30. King, D.S., Sharp, R.L., Vukovich, M.D., Brown, G.A., Reifenrath, T.A., Uhl, N.L., & Parsons, K.A. (1999). Effect of oral androstenedione on serum testosterone and adaptations of resistance training in young men: A randomized controlled trial. *Journal of the American Medical Association,* **281**, 2020-2028.

31. Linderman, J., & Fahey, T.D. (1991). Sodium bicarbonate ingestion and exercise performance: An update. *Sports Medicine,* **11**, 71-77.

32. Magkos, F., & Kavouras, S.A. (2004). Caffeine and ephedrine: Physiological, metabolic and performance-enhancing effects. *Sports Medicine,* **34**, 871-889.

33. Nissen, S.L., & Sharp, R.L. (2003). Effect of dietary supplements on lean mass and strength gains with resistance exercise: A meta-analysis. *Journal of Applied Physiology,* **94**, 651-659.

34. Pärssinen, M., & Seppälä, T. (2002). Steroid use and long-term health risks in former athletes. *Sports Medicine,* **32**, 83-94.

35. Roth, D.A., & Brooks, G.A. (1990). Lactate transport is mediated by a membrane-bound carrier in rat skeletal muscle sarcolemmal vesicles. *Archives of Biochemistry and Biophysics,* **279**, 377-385.

36. Rudman, D., Feller, A.G., Nagraj, H.S., Gergans, G.A., Lalitha, P.Y., Goldberg, A.F., Schlenker, R.A., Cohn, L., Rudman, I.W., & Mattson, D.E. (1990). Effects of human growth hormone in men over 60 years old. *New England Journal of Medicine,* **323**, 1-6.

37. Smith-Rockwell, M., Nickols-Richardson, S.M., & Thye, F.W. (2001). Nutrition knowledge, opinions, and practices of coaches and athletic trainers at a division 1 university. *International Journal of Sports Nutrition and Exercise Metabolism,* **11**, 174-185.

38. Spriet, L.L. (1991). Blood doping and oxygen transport. In D.R. Lamb & M.H. Williams (Eds.), *Ergogenics: Enhancement of performance in exercise and sport* (pp. 213-242). Dubuque, IA: Brown & Benchmark.

39. Spriet, L.L., & Gibala, M.J. (2004). Nutritional strategies to influence adaptations to training. *Journal of Sports Sciences,* **22**, 127-141.

40. Tamaki, T., Uchiyama, S., Uchiyama, Y., Akatsuka, A., Roy, R.R., & Edgerton, V.R. (2001). Anabolic steroids increase exercise tolerance. *American Journal of Physiology: Endocrinology and Metabolism,* **280**, E973-E981.

41. Tokish, J.M., Kocher, M.S., & Hawkins, R.J. (2004). Ergogenic aids: A review of basic science, performance, side effects, and status in sports. *American Journal of Sports Medicine,* **32**, 1543-1553.

42. van Hall, G., Raaymakers, J.S.H., Saris, W.H.M., & Wagenmakers, A.J.M. (1995). Ingestion of branched-chain amino acids and tryptophan during sustained exercise in man: Failure to affect performance. *Journal of Physiology,* **486**, 789-794.

43. Villareal, D.T., & Holloszy, J.O. (2006). DHEA enhances effects of weight training on muscle mass and strength.

American Journal of Physiology: Endocrinology and Metabolism. **291**, E1003-1008.

44. Williams, M.H. (Ed.). (1983). *Ergogenic aids in sport.* Champaign, IL: Human Kinetics.

45. Williams, M.H., Wesseldine, S., Somma, T., & Schuster, R. (1981). The effect of induced erythrocythemia upon 5-mile treadmill run time. *Medicine and Science in Sports and Exercise, 13,* 169-175.

46. Winter, F.D., Snell, P.G., & Stray-Gundersen, J. (1989). Effects of 100% oxygen on performance of professional soccer players. *Journal of the American Medical Association,* **262**, 227-229.

47. Yarasheski, K.E. (1994). Growth hormone effects on metabolism, body composition, muscle mass, and strength. *Exercise and Sport Sciences Reviews,* **22**, 285-312.

48. Yesalis, C.E. (Ed.). (2000). *Anabolic steroids in sport and exercise* (2nd ed.). Champaign, IL: Human Kinetics.

Capítulo 17

1. Bar-Or, O. (1983). *Pediatric sports medicine for the practitioner: From physiologic principles to clinical applications.* New York: Springer-Verlag.

2. Bar-Or, O. (1989). Temperature regulation during exercise in children and adolescents. In C.V. Gisolfi & D.R. Lamb (Eds.), *Perspectives in exercise science and sports medicine: Youth, exercise and sport* (pp. 335-362). Carmel, IN: Benchmark Press.

3. Beneke, R., Hütler, M., Jung, M., & Leithäuser, R.M. (2005). Modeling the blood lactate kinetics at maximal short-term exercise conditions in children, adolescents, and adults. *Journal of Applied Physiology,* **99**, 499-504.

4. Burgeson, C.R., Wechsler, H., Brener, N.D., Young, J.C. & Spain, C.G. (2001). Physical education and activity: results from the School Health Policies and Programs 2000. *Journal of School Health,* **71**, 279-293.

5. Clarke, H.H. (1971). *Physical and motor tests in the Medford boys' growth study.* Englewood Cliffs, NJ: Prentice Hall.

6. Cureton, K.J., Sloniger, M.A., Black, D.M., McCormack, W.P., & Rowe, D.A. (1997). Metabolic determinants of the age-related improvement in one-mile run/walk performance in youth. *Medicine and Science in Sports and Exercise,* **29**, 259-267.

7. Daniels, J., Oldridge, N., Nagle, F., & White, B. (1978). Differences and changes in VO$_2$ among young runners 10 to 18 years of age. *Medicine and Science in Sports and Exercise,* **10**, 200-203.

8. Eriksson, B.O. (1972). Physical training, oxygen supply and muscle metabolism in 11-13-year-old boys. *Acta Physiologica Scandinavica* (Suppl. 384), 1-48.

9. Falk, B., & Eliakim, A. (2003). Resistance training, skeletal muscle and growth. *Pediatric Endocrinology Reviews,* **1**, 120-127.

10. Fleck, S.J., & Kraemer, W.J. (2004). *Designing resistance training programs* (3rd ed.). Champaign, IL: Human Kinetics.

11. Froberg, K., & Lammert, O. (1996). Development of muscle strength during childhood. In O. Bar-Or (Ed.), *The child and adolescent athlete* (p. 28). London: Blackwell.

12. Gunter, K., Baxer-Jones, A.D., Mirwald, R.L., Almstedt, H., Fuller, A., Durski, S. & Snow, C. (2008). Jump starting skeletal health: a 4-year longitudinal study assessing the effects of jumping on skeletal development in pre and circum pubertal children. *Bone,* **4**, 710-718.

13. Halpern, A., Mancini, M.C., Magelhaes, M.E.C., Fisbert, M., Radominski, R., Berolami, M.C., Bertolami, A., de Melo, M.E., Zanella, M.T., Queiroz, M.S. & Nery, M. (2010). Metabolic syndrome, dyslipidemia, hypertension and type 2 diabetes in youth: from diagnosis to treatment. *Diabetology & Metabolic Syndrome,* **2**, 55-75.

14. Kaczor, J.J., Ziolkowski, W., Popinigis, J., Tarnopolsky, M.A. (2005). Anaerobic and aerobic enzyme activities in human skeletal muscle from children and adults. *Pediatric Research,* 57(3), 331-5.

15. Kraemer, W.J., & Fleck, S.J. (2005). *Strength training for young athletes* (2nd ed.). Champaign, IL: Human Kinetics

16. Krahenbuhl, G.S., Morgan, D.W., & Pangrazi, R.P. (1989). Longitudinal changes in distance-running performance of young males. *International Journal of Sports Medicine,* **10**, 92-96.

17. Lobstein, T., Baur, L. & Uauy, R. (2004). Obesity in children and young people: a crisis in public health. *Obesity Reviews,* **1**, 4-104.

18. Mahon, A.D., & Vaccaro, P. (1989). Ventilatory threshold and $\dot{V}O_{2max}$ changes in children following endurance training. *Medicine and Science in Sports and Exercise,* **21**, 425-431.

19. Malina, R.M. (1989). Growth and maturation: Normal variation and effect of training. In C.V. Gisolfi & D.R. Lamb (Eds.), *Perspectives in exercise science and sports medicine: Youth, exercise and sport* (pp. 223-265). Carmel, IN: Benchmark Press.

20. Malina, R.M., Bouchard, C., & Bar-Or, O. (2004). *Growth, maturation, and physical activity* (2nd ed.). Champaign, IL: Human Kinetics.

21. Pitukcheewanont, P., Punyasavatsut, N. & Feuille, M. (2010). Physical activity and bone health in children and adolescents. *Pediatric Endocrinology Reviews,* **7**, 275-82.

22. Ramsay, J.A., Blimkie, C.J.R., Smith, K., Garner, S., MacDougall, J.D., & Sale, D.G. (1990). Strength training effects in prepubescent boys. *Medicine and Science in Sports and Exercise,* **22**, 605-614.

23. Riddell, M.C. (2008). The endocrine response and substrate utilization during exercise in children and adolescents. *Journal of Applied Physiology,* **105**, 725-733.

24. Robinson, S. (1938). Experimental studies of physical fitness in relation to age. *Arbeitsphysiologie*, **10**, 251-323.

25. Rogers, D.M., Olson, B.L., & Wilmore, J.H. (1995). Scaling for the VO2-to-body size relationship among children and adults. *Journal of Applied Physiology*, **79**, 958-967.

26. Rowland, T.W. (1985). Aerobic response to endurance training in prepubescent children: A critical analysis. *Medicine and Science in Sports and Exercise*, **17**, 493-497.

27. Rowland, T.W. (1989). Oxygen uptake and endurance fitness in children: A developmental perspective. *Pediatric Exercise Science*, **1**, 313-328.

28. Rowland, T.W. (1991). "Normalizing" maximal oxygen uptake, or the search for the holy grail (per kg). *Pediatric Exercise Science*, **3**, 95-102.

29. Rowland, T.W. (2005). *Children's exercise physiology* (2nd ed.). Champaign, IL: Human Kinetics.

30. Rowland, T.W. (2007). Evolution of maximal oxygen uptake in children. *Medicine Sport Science*, **50**, 200-209.

31. Rowland, T.W. (2008). Thermoregulation during exercise in the heat in children: old concepts revisited. *Journal of Applied Physiology*, **105**, 718-724.

32. Santos, A.M.C., Welsman, J.R., De Ste Croix, M.B.A., & Armstrong, N. (2002). Age- and sex-related differences in optimal peak power. *Pediatric Exercise Science*, **14**, 202-212.

33. Sjödin, B., & Svedenhag, J. (1992). Oxygen uptake during running as related to body mass in circumpubertal boys: A longitudinal study. *European Journal of Applied Physiology*, **65**, 150-157.

34. Small, E.W., McCambridge, T.M., Benjamin, H.J., Bernhardt, D.T., Brenner, J.S., Cappetta, C.T., Congeni, J.A., Gregory, A.J., Griesemer, B.A., Reed, F.E., Rice, S.G., Gomez, J.E., Gregory, D.B., Stricker, P.R., Le Blanc, C.M., Raynor, J., Bergeron, M.F. & Emanuel, A. (2008). Strength training by children and adolescents. *Pediatrics*, **121**, 835-840.

35. Turley, K.R., & Wilmore, J.H. (1997). Cardiovascular responses to treadmill and cycle ergometer exercise in children and adults. *Journal of Applied Physiology*, **83**, 948-957.

Capítulo 18

1. Buskirk, E.R., & Hodgson, J.L. (1987). Age and aerobic power: The rate of change in men and women. *Federation Proceedings*, **46**, 1824-1829.

2. Connelly, D.M., Rice, C.L., Roos, M.R., & Vandervoort, A.A. (1999). Motor unit firing rates and contractile properties in tibialis anterior of young and old men. *Journal of Applied Physiology*, **87**, 843-852.

3. Costill, D.L. (1986). *Inside running: Basics of sports physiology*. Indianapolis: Benchmark Press.

4. Dill, D.B., Robinson, S., & Ross, J.C. (1967). A longitudinal study of 16 champion runners. *Journal of Sports Medicine and Physical Fitness*, **7**, 4-27.

5. DeGroot, D.W., Havenith, G., & Kenney, W.L. (2006). Responses to mild cold stress are predicted by different individual characteristics in young and older subjects. *Journal of Applied Physiology*, **101**, 1607-1615.

6. Doherty, T.J., Vandervoort, A.A., Taylor, A.W., & Brown, W.F. (1993). Effects of motor unit losses on strength in older men and women. *Journal of Applied Physiology*, **74**, 868-874.

7. Fitzgerald, M.D., Tanaka, H., Tran, Z.V., & Seals, D.R. (1997). Age-related declines in maximal aerobic capacity in regularly exercising vs. sedentary women: A metaanalysis. *Journal of Applied Physiology*, **83**, 160-165.

8. Frontera, W.R., Meredith, C.N., O'Reilly, K.P., Knuttgen, W.G., & Evans, W.J. (1988). Strength conditioning in older men: Skeletal muscle hypertrophy and improved function. *Journal of Applied Physiology*, **64**, 1038-1044.

9. Goodrick, C.L. (1980). Effects of long-term voluntary wheel exercise on male and female Wistar rats: 1. Longevity, body weight and metabolic rate. *Gerontology*, **26**, 22-33.

10. Hagerman, F.C., Walsh, S.J., Staron, R.S., Hikida, R.S., Gilders, R.M., Murray, T.F., Toma, K., & Ragg, K.E. (2000). Effects of high-intensity resistance training on untrained older men. I. Strength, cardiovascular, and metabolic responses. *Journals of Gerontology Series A: Biological Sciences and Medical Sciences*, **55**, B336-B346.

11. Häkkinen, K., Kraemer, W.J., Pakarinen, A., Triplett-McBride, T., McBride, J.M., Häkkinen, A., Alen, M., McGuigan, M.R., Bronks, R., & Newton, R.U. (2002). Effects of heavy resistance/power training on maximal strength, muscle morphology, and hormonal response patterns in 60-75-year-old men and women. *Canadian Journal of Applied Physiology*, **27**, 213-231.

12. Häkkinen, K., Pakarinen, A., Kraemer, W.J., Häkkinen, A., Valkeinen, H., & Alen, M. (2001). Selective muscle hypertrophy, changes in EMG and force, and serum hormones during strength training in older women. *Journal of Applied Physiology*, **91**, 569-580.

13. Hameed, M., Harridge, S.D.R., & Goldspink, G. (2002). Sarcopenia and hypertrophy: A role for insulin-like growth factor-1 and aged muscle? *Exercise and Sport Sciences Reviews*, **30**, 15-19.

14. Hawkins, S.A., Marcell, T.J., Jaque, S.V., & Wiswell, R.A. (2001). A longitudinal assessment of change in $\dot{V}O_{2max}$ and maximal heart rate in master athletes. *Medicine and Science in Sports and Exercise*, **33**, 1744-1750.

15. Hikida, R.S., Staron, R.S., Hagerman, F.C., Walsh, S., Kaiser, E., Shell, S., & Hervey, S. (2000). Effects of high-hintensity resistance training on untrained older men. II. Muscle fiber characteristics and nucleo-cytoplasmic relationships. *Journals of Gerontology Series A: Biological Sciences and Medical Sciences*, **55**, B347-B354.

16. Holloszy, J.O. (1997). Mortality rate and longevity of food-restricted exercising male rats: A reevaluation. *Journal of Applied Physiology*, **82**, 399-403.

17. Jackson, A.S., Beard, E.F., Wier, L.T., Ross, R.M., Stuteville, J.E., & Blair, S.N. (1995). Changes in aerobic power of men, ages 25-70 yr. *Medicine and Science in Sports and Exercise*, **27**, 113-120.

18. Jackson, A.S., Wier, L.T., Ayers, G.W., Beard, E.F., Stuteville, J.E., & Blair, S.N. (1996). Changes in aerobic power of women, ages 20-64 yr. *Medicine and Science in Sports and Exercise*, **28**, 884-891.

19. Janssen, I., Heymsfield, S.B., Wang, Z., & Ross, R. (2000). Skeletal muscle mass and distribution in 468 men and women aged 18-88 yr. *Journal of Applied Physiology*, **89**, 81-88.

20. Johnson, M.A., Polgar, J., Weihtmann, D., & Appleton, D. (1973). Data on the distribution of fiber types in thirty-six human muscles: An autopsy study. *Journal of Neurological Science*, **1**, 111-129.

21. Kenney, W.L. (1997). Thermoregulation at rest and during exercise in healthy older adults. *Exercise and Sport Sciences Reviews*, **25**, 41-77.

22. Kohrt, W.M., Malley, M.T., Coggan, A.R., Spina, R.J., Ogawa, T., Ehsani, A.A., Bourey, R.E., Martin, W.H., III, & Holloszy, J.O. (1991). Effects of gender, age, and fitness level on response of $\dot{V}O_{2max}$ to training in 60-71 yr olds. *Journal of Applied Physiology*, **71**, 2004-2011.

23. Kohrt, W.M., Malley, M.T., Dalsky, G.P., & Holloszy, J.O. (1992). Body composition of healthy sedentary and trained, young and older men and women. *Medicine and Science in Sports and Exercise*, **24**, 832-837.

24. uk, J.L., Saunders, T.J., Davidson, L.E., & Ross, R. (2009) Age-related changes in total and regional fat distribution. *Ageing Research Reviews*. **4**, 339-48.

25. Lexell, J., Taylor, C.C., & Sjostrom, M. (1988). What is the cause of the aging atrophy? Total number, size, and proportion of different fiber types studied in whole vastus lateralis muscle from 15- to 83-year-old men. *Journal of Neurological Science*, **84**, 275-294.

26. Marcell, T.J., Hawkins, S.A., Tarpenniing, K.M., Hyslop, D.M., Wiswell, R.A. (2003). Longitudinal analysis of lctate threshold in male and female masters athletes. Medicince Sciences in Sports and Exercise. 35(5), 810-17.

27. Meredith, C.N., Frontera, W.R., Fisher, E.C., Hughes, V.A., Herland, J.C., Edwards, J., & Evans, W.J. (1989). Peripheral effects of endurance training in young and old subjects. *Journal of Applied Physiology*, **66**, 2844-2849.

28. Proctor, D.N., Shen, P.H., Dietz, N.M., Eickhoff, T.J., Lawler, L.A., Ebersold, E.J., Loeffler, D.L., & Joyner, M.J. (1998). Reduced leg blood flow during dynamic exercise in older endurance-trained men. *Journal of Applied Physiology*, **85**, 68-75.

29. Robinson, S. (1938). Experimental studies of physical fitness in relation to age. *Arbeitsphysiologie*, **10**, 251-323.

30. Saltin, B. (1986). The aging endurance athlete. In J.R. Sutton & R.M. Brock (Eds.), *Sports medicine for the mature athlete* (pp. 59-80). Indianapolis: Benchmark Press.

31. Seals, D.R., Walker, A.E., Pierce, G.L., & Lesniewski, L.A. (2009) Habitual exercise and vascular aging. *Journal of Physiology*. 5541-5549. Shephard, R.J. (1997). *Aging, physical activity, and health*. Champaign, IL: Human Kinetics.

32. Shibata, S., Hastings, J.L. Prasad, A., Fu, Q., Palmer, M.D., & Levine, B.D. (2008) 'Dynamic' starling mechanisms; effects of ageing and physical fitness on ventricular-arterial coupling. *Journal of Physiology*. 586 (7), 1951-62.

33. Spirduso, W.W. (2005). *Physical dimensions of aging*. Champaign, IL: Human Kinetics.

34. Tanaka, H., Monahan, K.D., & Seals, D.R. (2001). Agepredicted maximal heart rate revisited. *Journal of the American College of Cardiology*, **37**, 153-156.

35. Tanaka, H. & Seals, D.R. (2008) Endurance exercise performance in Masters athletes: age-associated changes and underlying physiological mechanisms. Journal of Physiology. 55-63.

36. Trappe, S.W., Costill, D.L., Fink, W.J., & Pearson, D.R. (1995). Skeletal muscle characteristics among distance runners: A 20-yr follow-up study. *Journal of Applied Physiology*, **78**, 823-829.

37. Trappe, S.W., Costill, D.L., Goodpaster, B.H., & Pearson, D.R. (1996). Calf muscle strength in former elite distance runners. *Scandinavian Journal of Medicine and Science in Sports*, **6**, 205-210.

38. Trappe, S.W., Costill, D.L., Vukovich, M.D., Jones, J., & Melham, T. (1996). Aging among elite distance runners: A 22-yr longitudinal study. *Journal of Applied Physiology*, **80**, 285-290.

39. Wiswell, R.A., Jaque, S.V., Marcell, T.J., Hawkins, S.A., Tarpenning, K.M., Constantino, N., & Hyslop, D.M. (2000). Maximal aerobic power, lactate threshold, and running performance in master athletes. *Medicine and Science in Sports and Exercise*, **32**, 1165-1170.

40. Chodzko-Zajko, W.J., Proctor, D.N., Fiatarone Singh, M.A., Minson, C.T., Nigg C.R., Salem, G.J., & Skinner, J.S. (2009) American College of Sports Medicine Position Stand: Exercise and physical activity for older adults. Medicine and Science in Sports and Exercise. 1515-1530.

Capítulo 19

1. American College of Obstetricians and Gynecologists Committee Opinion. (2002). Exercise during pregnancy and the postpartum period. *Obstetrics and Gynecology*, **99**, 171-173.

2. American College of Sports Medicine. (2007). The female athlete triad. *Medicine and Science in Sports and Exercise* **39**, 1867-1882.

3. American Psychiatric Association. (1994). *Diagnostic and statistical manual of mental disorders* (4th ed.). Washington, DC: American Psychiatric Association.

4. Åstrand, P.-O., Rodahl, K., Dahl, H.A., & Strømme, S.B. (2003). *Textbook of work physiology: Physiological bases of exercise* (4th ed.). Champaign, IL: Human Kinetics.

5. Cann, C.E., Martin, M.C., Genant, H.K., & Jaffe, R.B. (1984). Decreased spinal mineral content in amenorrheic women. *Journal of the American Medical Association,* **251**, 626-629.

6. Costill, D.L., Fink, W.J., Flynn, M., & Kirwan, J. (1987). Muscle fiber composition and enzyme activities in elite female distance runners. *International Journal of Sports Medicine,* **8**(Suppl. 2), 103-106.

7. Cureton, K., Bishop, P., Hutchinson, P., Newland, H., Vickery, S., & Zwiren, L. (1986). Sex differences in maximal oxygen uptake: Effect of equating haemoglobin concentration. *European Journal of Applied Physiology,* **54**, 656-660.

8. Cureton, K.J., & Sparling, P.B. (1980). Distance running performance and metabolic responses to running in men and women with excess weight experimentally equated. *Medicine and Science in Sports and Exercise,* **12**, 288-294.

9. Davis, J.A., Wilson, L.D., Caiozzo, V.J., Storer, T.W., & Pham, P.H. (2006). Maximal oxygen uptake at the same fat-free mass is greater in men than women. *Clinical Physiology and Functional Imaging,* **26**, 61-66.

10. De Souza MJ, Toombs RJ, Scheid JL, O'Donnell E, West SL, Williams NI 2010 High prevalence of subtle and severe menstrual disturbances in exercising women: confirmation using daily hormone measures. Hum Reprod 25(2):491-503.

11. De Souza, MJ, Lee, D.K., VanHeest, J.L., Scheid, J.L., West, S.L., & Williams, N.L. (2007). Severity of energy-related menstrual disturbances increases in proportion to indices of energy conservation in exercising women. *Fertility and Sterility* **88**, 971-975.

12. De Souza M.J,. & Williams, N.I. (2004). Physiological aspects and clinical sequelae of energy deficiency and hypoestrogenism in exercising women. *Hum Reprod Update* **10**, 433-48.

13. De Souza, M.J., Miller, B.E., Loucks, A.B., Luciano, A.A., Pescatello, L.S., Campbell, C.G. & Lasley, B.L. (1998). High frequency of luteal phase deficiency and anovulation in recreational woman runners: blunted elevation in follicle-stimulating hormone observed during luteal-follicular transition. *Journal of Clinical Endocrinology and Metabolism* **83**, 4220-4232.

14. Drinkwater, B.L., Bruemner, B., & Chesnut, C.H., III. (1990). Menstrual history as a determinant of current bone density in young athletes. *Journal of the American Medical Association,* **263**, 545-548.

15. Drinkwater, B.L., Nilson, K., Chesnut, C.H., III, Bremner, W.J., Shainholtz, S., & Southworth, M.B. (1984). Bone mineral content of amenorrheic and eumenorrheic athletes. *New England Journal of Medicine,* **311**, 277-281.

16. Drinkwater, B.L., Nilson, K., Ott, S., & Chesnut, C.H., III. (1986). Bone mineral density after resumption of menses in amenorrheic athletes. *Journal of the American Medical Association,* **256**, 380-382.

17. Fink, W.J., Costill, D.L., & Pollock, M.L. (1977). Submaximal and maximal working capacity of elite distance runners: Part II. Muscle fiber composition and enzyme activities. *Annals of the New York Academy of Sciences,* **301**, 323-327.

18. Frisch, R.E. (1983). Fatness and reproduction: Delayed menarche and amenorrhea of ballet dancers and college athletes. In P.E. Garfinkel, P.L. Darby, & D.M. Garner (Eds.), *Anorexia nervosa: Recent developments in research* (pp. 343-363). New York: Liss.

19. Fu, Q., & Levine, B.D. (2005). Cardiovascular response to exercise in women. *Medicine and Science in Sports and Exercise,* **37**, 1433-1435.

20. Gadpaille, W.J., Sanborn, C.F., & Wagner, W.W. (1987). Athletic amenorrhea, major affective disorders, and eating disorders. *American Journal of Psychiatry,* **144**, 939-942.

21. Hermansen, L., & Andersen, K.L. (1965). Aerobic work capacity in young Norwegian men and women. *Journal of Applied Physiology,* **20**, 425-431.

22. Janssen, I., Heymsfield, S.B., Wang, Z., & Ross, R. (2000). Skeletal muscle mass and distribution in 468 men and women aged 18-88 yr. *Journal of Applied Physiology,* **89**, 81-88.

23. Loucks, A.B., & Thuma, J.R. (2003). Luteinizing hormone pulsatility is disrupted at a threshold of energy availability in regularly menstruating women. *Journal of Clinical Endocrinology and Metabolism,* **88**, 297-311.

24. Malina, R.M. (1983). Menarche in athletes: A synthesis and hypothesis. *Annals of Human Biology,* **10**, 1-24.

25. Mier, C.M., Domenick, M.A., Turner, N.S., & Wilmore, J.H. (1996). Changes in stroke volume and maximal aerobic capacity with increased blood volume in men and women. *Journal of Applied Physiology,* **80**, 1180-1186.

26. Mier, C.M., Domenick, M.A., & Wilmore, J.H. (1997). Changes in stroke volume with β-blockade before and after 10 days of exercise training in men and women. *Journal of Applied Physiology,* **83**, 1660-1665.

27. Otis, C.L., Drinkwater, B., Johnson, M., Loucks, A., & Wilmore, J. (1997). The female athlete triad. *Medicine and Science in Sports and Exercise,* **29**(5), i-ix.

28. Pivarnik, J.M. (1994). Maternal exercise during pregnancy. *Sports Medicine,* **18**, 215-217.

29. Redman, L.M., & Loucks, A.B. (2005). Menstrual disorders in athletes. *Sports Medicine, 35*, 747-755.

30. Saltin, B., & Åstrand, P.-O. (1967). Maximal oxygen uptake in athletes. *Journal of Applied Physiology, 23*, 353-358.

31. Saltin, B., Henriksson, J., Nygaard, E., & Andersen, P. (1977). Fiber types and metabolic potentials of skeletal muscles in sedentary man and endurance runners. *Annals of the New York Academy of Sciences, 301*, 3-29.

32. Schantz, P., Randall-Fox, E., Hutchison, W., Tyden, A., & Åstrand, P.-O. (1983). Muscle fibre type distribution, muscle cross-sectional area and maximal voluntary strength in humans. *Acta Physiologica Scandinavica, 117*, 219-226.

33. Scheid, J.L., Williams, N.I., West, S.L., VanHeest, J.L., & De Souza, M.J.. (2009). Elevated PYY is associated with energy deficiency and indices of subclinical disordered eating in exercising women with hypothalamic amenorrhea. *Appetite 52*, 184-192.

34. Stager, J.M., Wigglesworth, J.K., & Hatler, L.K. (1990). Interpreting the relationship between age of menarche and prepubertal training. *Medicine and Science in Sports and Exercise, 22*, 54-58.

35. Turley, K.R., & Wilmore, J.H. (1997). Cardiovascular responses to submaximal exercise in 7- to 9-yr old boys and girls. *Medicine and Science in Sports and Exercise, 29*, 824-832.

36. Williams, N.I., McConnell, H.J., Gardner, J.K., Frye, B.R., Richard, E.L., Snook, M.L., Dougherty, K.L., Parrott, T.S., Albert, A., & Schukert, M. (2004). Exercise-associated menstrual disturbances: dependence on daily energy deficit, not body composition or body weight changes. *Medicine and Science in Sports and Exercise, 36*(5), S280.

37. Wilmore, J.H., Stanforth, P.R., Gagnon, J., Rice, T., Mandel, S., Leon, A.S., Rao, D.C., Skinner, J.S., & Bouchard, C. (2001). Cardiac output and stroke volume changes with endurance training: The HERITAGE Family Study. *Medicine and Science in Sports and Exercise, 33*, 99-106.

38. Wilmore, J.H., Wambsgans, K.C., Brenner, M., Broeder, C.E., Paijmans, I., Volpe, J.A., & Wilmore, K.M. (1992). Is there energy conservation in amenorrheic compared to eumenorrheic distance runners? *Journal of Applied Physiology, 72*, 15-22.

39. Wolfe, L.A., Brenner, I.K.M., & Mottola, M.F. (1994). Maternal exercise, fetal well-being and pregnancy outcome. *Exercise and Sport Sciences Reviews, 22*, 145-194.

Capítulo 20

1. American College of Sports Medicine. (1998). The recommended quantity and quality of exercise for developing and maintaining cardiorespiratory and muscular fitness, and flexibility in healthy adults. *Medicine and Science in Sports and Exercise, 30*, 975-991.

2. American College of Sports Medicine. (2010). *ACSM's guidelines for exercise testing and prescription* (8th ed.). Philadelphia: Lippincott Williams & Wilkins.

3. Booth, F.W., Chakravarthy, M.V., Gordon, S.E., & Spangenburg, E.E. (2002). Waging war on physical inactivity: Using modern molecular ammunition against an ancient enemy. *Journal of Applied Physiology, 93*, 3-30.

4. Booth, F.W., Gordon, S.E., Carlson, C.J., & Hamilton, M.T. (2000). Waging war on modern chronic disease: Primary prevention through exercise biology. *Journal of Applied Physiology, 88*, 774-787.

5. Borg, G.A.V. (1998). *Borg's perceived exertion and pain scales.* Champaign, IL: Human Kinetics.

6. Byrne, N.M., Hills, A.P., Hunter, G.R., Weinsier, R.L., & Schutz, Y. (2005). Metabolic equivalent: One size does not fit all. *Journal of Applied Physiology, 99*, 1112-1119.

7. Cooper, K.H. (1968). *Aerobics.* New York: Evans.

8. Davis, J.A., & Convertino, V.A. (1975). A comparison of heart rate methods for predicting endurance training intensity. *Medicine and Science in Sports, 7*, 295-298.

9. Fletcher, G.F., Balady, G.J., Amsterdam, E.A., Chaitman, B., Eckel, R., Fleg, J., Froelicher, V.F., Leon, A.S., Piña, I.L., Rodney, R., Simons-Morton, D.G., Williams, M.A., & Bazzarre, T. (2001). Exercise standards for testing and training: A statement for healthcare professionals from the American Heart Association. *Circulation, 104*, 1694-1740.

10. Fletcher, G.F., Blair, S.N., Blumenthal, J., Caspersen, C., Chaitman, B., Epstein, S., Falls, H., Froelicher, E.S.S., Froelicher, V.F., & Piña, I.L. (1992). Statement on exercise: Benefits and recommendations for physical activity programs for all Americans. *Circulation, 86*, 340-344.

11. Gibala, M.J., & McGee, S. (2008). Metabolic adaptations to short-term high-intensity interval training: A little pain for a lot of gain? *Exercise and Sports Science Reviews, 36*, 58-63.

12. Kirshenbaum, J., & Sullivan, R. (1983). Hold on there, America. *Sports Illustrated, 58*(5), 60-74.

13. Lauer, M., Sivarajan Froelicher, E., Williams, M., & Kligfield, P. (2005). Exercise testing in asymptomatic adults. *Circulation, 112*, 771-776.

14. Manini, T.M., Everhart, J.E., Patel, K.V., Schoeller, D.A., Colbert, L.H., Visser, M., Tylavsky, F., Bauer, D.C., Goodpaster, B.H., & Harris, T.B. (2006). Daily activity energy expenditure and mortality among older adults. *Journal of the American Medical Association, 296*, 171-179.

15. National Institutes of Health, Consensus Development Panel on Physical Activity and Cardiovascular Health. (1996). Physical activity and cardiovascular health. *Journal of the American Medical Association, 276*, 241-246.

16. Pate, R.R., Pratt, M., Blair, S.N., Haskell, W.L., Macera,

C.A., Bouchard, C., Buchner, D., Ettinger, W., Heath, G.W., King, A.C., Kriska, A., Leon, A.S., Marcus, B.H., Morris, J., Paffenbarger, R.S., Patrick, K., Pollock, M.L., Rippe, J.M., Sallis, J., & Wilmore, J.H. (1995). Physical activity and public health: A recommendation from the Centers for Disease Control and Prevention and the American College of Sports Medicine. *Journal of the American Medical Association,* **273,** 402-407.

17. Persinger, R., Foster, C., Gibson, M., Fater, D.C.W., & Porcari, J.P. (2004). Consistency of the talk test for exercise prescription. *Medicine and Science in Sports and Exercise,* **36,** 1632-1636.

18. Pollock, M.L., Franklin, B.A., Balady, G.J., Chaitman, B.L., Fleg, J.L., Fletcher, B., Limacher, M., Piña, I.L., Stein, R.A., Williams, M., & Bazzarre, T. (2000). Resistance exercise in individuals with and without cardiovascular disease: Benefits, rationale, safety and prescription. *Circulation,* **101,** 828-833.

19. Swain, D.P., & Leutholtz, B.C. (1997). Heart rate reserve is equivalent to %VO$_2$ reserve, not to %$\dot{V}O_{2max}$. *Medicine and Science in Sports and Exercise,* **29,** 410-414.

20. U.S. Department of Health and Human Services. (1996). *Physical activity and health: A report of the Surgeon General.* Atlanta: U.S. Department of Health and Human Services, Centers for Disease Control and Prevention, National Center for Chronic Disease Prevention and Health Promotion.

21. U.S. Department of Health and Human Services. (2000, November). *Healthy people 2010: Understanding and improving health* (2nd ed.). Washington, DC: U.S. Government Printing Office.

Capítulo 21

1. Albert, C.M., Mittleman, M.A., Chae, C.U., Lee, I.-M., Hennekens, C.H., & Manson, J.E. (2000). Triggering of sudden death from cardiac causes by vigorous exertion. *New England Journal of Medicine,* **343,** 1355-1361.

2. American College of Sports Medicine Position Stand. (1994). Exercise for patients with coronary artery disease. *Medicine and Science in Sports and Exercise,* **26**(3), i-v.

3. American College of Sports Medicine Position Stand. (2004). Exercise and hypertension. *Medicine and Science in Sports and Exercise,* **36,** 533-553.

4. American Heart Association. (2010). *Heart Disease and Stroke Statistics – 2010 Update.* Dallas, TX: American Heart Association.

5. American Heart Association. (2010). Heart Disease and Stroke Statistics—2010 Update. *Circulation,* **121,** e46-e215.

6. Berenson, G.S., Srinivasan, S.R., Bao, W., Newman, W.P., Tracy, R.E., & Wattigney, W.A. (1998). Association between multiple cardiovascular risk factors and atherosclerosis in children and young adults. The Bogalusa Heart Study. *New England Journal of Medicine,* **338,** 1650-1656.

7. Blair, S.N., Goodyear, N.N., Gibbons, L.W., & Cooper, K.H. (1984). Physical fitness and incidence of hypertension in healthy normotensive men and women. *Journal of the American Medical Association,* **252,** 487-490.

8. Blair, S.N., & Jackson, A.S. (2001). Guest editorial: Physical fitness and activity as separate heart disease risk factors: A meta-analysis. *Medicine and Science in Sports and Exercise,* **33,** 762-764.

9. Blair, S.N., Kohl, H.W., Paffenbarger, R.S., Clark, D.G., Cooper, K.H., & Gibbons, L.W. (1989). Physical fitness and all-cause mortality: A prospective study of healthy men and women. *Journal of the American Medical Association,* **262,** 2395-2401.

10. Braganza, D.M., & Bennett, M.R. (2001). New insights into atherosclerotic plaque rupture. *Postgraduate Medical Journal,* **77,** 94-98.

11. Carnethon, M.R., Gulati, M., & Greenland, P. (2005). Prevalence and cardiovascular disease correlates of low cardiorespiratory fitness in adolescents and adults. *Journal of the American Medical Association,* **294,** 2981-2988.

12. Caspersen, C.J. (1987). Physical inactivity and coronary heart disease. *Physician and Sportsmedicine,* **15**(11), 43-44.

13. Conroy, M.B., Cook, N.R., Manson, J.E., Buring, J.E., & Lee, I-M. (2005). Past physical activity, current physical activity, and risk of coronary heart disease. *Medicine and Science in Sports and Exercise,* **37,** 1251-1256.

14. Cooper, K.H., Pollock, M.L., Martin, R.P., White, S.R., Linnerud, A.C., & Jackson, A. (1976). Physical fitness levels vs. selected coronary risk factors: A cross-sectional study. *Journal of the American Medical Association,* **236,** 166-169.

15. Corti, R., Hutter, R., Badimon, J.J., & Fuster, V. (2004). Evolving concepts in the triad of atherosclerosis, inflammation and thrombosis. *Journal of Thrombosis and Thrombolysis,* **17,** 35-44.

16. Dunn, A.L., & Dishman, R.K. (1991). Exercise and the neurobiology of depression. *Exercise and Sport Sciences Reviews,* **19,** 41-98.

17. Durstine, J.L., Grandjean, P.W., Cox, C.A., & Thompson, P.D. (2002). Lipids, lipoproteins, and exercise. *Journal of Cardiopulmonary Rehabilitation,* **22,** 385-398.

18. Ehsani, A.A. (1987). Cardiovascular adaptations to endurance exercise training in ischemic heart disease. *Exercise and Sport Sciences Reviews,* **15,** 53-66.

19. Enos, W.F., Holmes, R.H., & Beyer, J. (1953). Coronary disease among United States soldiers killed in action in Korea. *Journal of the American Medical Association,* **152,** 1090-1093.

20. Franklin, B.A., & Kahn, J.K. (1996). Delayed progression or regression of coronary atherosclerosis with intensive risk factor modification: Effects of diet, drugs, and exercise. *Sports Medicine,* **22,** 306-320.

21. Gibbons, L.W., Blair, S.N., Cooper, K.H., & Smith, M. (1983). Association between coronary heart disease risk

factors and physical fitness in healthy adult women. *Circulation,* **67**, 977-983.

22. Haskell, W.L., Sims, C., Myll, J., Bortz, W.M., St. Goar, F.G., & Alderman, E.L. (1993). Coronary artery size and dilating capacity in ultradistance runners. *Circulation,* **87**, 1076-1082.

23. Hu, F.B., Stampfer, M.J., Colditz, G.A., Ascherio, A., Rexrode, K.M., Willett, W.C., & Manson, J.E. (2000). Physical activity and risk of stroke in women. *Journal of the American Medical Association,* **283**, 2961-2967.

24. Joint National Committee on Prevention, Detection, Evaluation, and Treatment of High Blood Pressure. (2003). The seventh report of the Joint National Committee on Prevention, Detection, Evaluation, and Treatment of High Blood Pressure. *Journal of the American Medical Association,* **289**, 2560-2572.

25. Kannel, W.B., & Dawber, T.R. (1972). Atherosclerosis as a pediatric problem. *Journal of Pediatrics,* **80**, 544-554.

26. Knez, W.L., Coombes, J.S., & Jenkins, D.G. (2006). Ultraendurance exercise and oxidative damage: Implications for cardiovascular health. *Sports Medicine,* **36**, 429-441.

27. Kramsch, D.M., Aspen, A.J., Abramowitz, B.M., Kreimendahl, T., & Hood, W.B. (1981). Reduction of coronary atherosclerosis by moderate conditioning exercise in monkeys on an atherogenic diet. *New England Journal of Medicine,* **305**, 1483-1489.

28. LaPorte, R.E., Adams, L.L., Savage, D.D., Brenes, G., Dearwater, S., & Cook, T. (1984). The spectrum of physical activity, cardiovascular disease and health: An epidemiologic perspective. *American Journal of Epidemiology,* **120**, 507-517.

29. Lee, C.D., & Blair, S.N. (2002). Cardiorespiratory fitness and stroke mortality in men. *Medicine and Science in Sports and Exercise,* **34**, 592-595.

30. Lee, I.-M., & Paffenbarger, R.S., Jr. (1996). Do physical activity and physical fitness avert premature mortality? *Exercise and Sport Sciences Reviews,* **24**, 135-171.

31. Leon, A.S., & Connett, J. (1991). Physical activity and 10.5 year mortality in the Multiple Risk Factor Intervention Trial (MRFIT). *International Journal of Epidemiology,* **20**, 690-697.

32. Leon, A.S., Connett, J., Jacobs, D.R., & Rauramaa, R. (1987). Leisure-time physical activity levels and risk of coronary heart disease and death. *Journal of the American Medical Association,* **258**, 2388-2395.

33. McNamara, J.J., Molot, M.A., Stremple, J.F., & Cutting, R.T. (1971). Coronary artery disease in combat casualties in Vietnam. *Journal of the American Medical Association,* **216**, 1185-1187.

34. Montoye, H.J., Metzner, H.L., Keller, J.B., Johnson, B.C., & Epstein, F.H. (1972). Habitual physical activity and blood pressure. *Medicine and Science in Sports and Exercise,* **4**, 175-181.

35. Morgan, W.P. (1994). Physical activity, fitness and depression. In C. Bouchard, R.J. Shephard, & T. Stephens (Eds.), *Physical activity, fitness, and health* (pp. 851-867). Champaign, IL: Human Kinetics.

36. Morris, J.N., Adam, C., Chave, S.P.W., Sirey, C., Epstein, L., & Sheehan, D.J. (1973). Vigorous exercise in leisure-time and the incidence of coronary heart disease. *Lancet,* **1**, 333-339.

37. Morris, J.N., Heady, J.A., Raffle, P.A.B., Roberts, C.G., & Parks, J.W. (1953). Coronary heart-disease and physical activity of work. *Lancet,* **265**, 1053-1057, 1111-1120.

38. Morris, J.N., Pollard, R., Everitt, M.G., Chave, S.P.W., & Semmence, A.M. (1980). Vigorous exercise in leisuretime: Protection against coronary heart disease. *Lancet,* **2**, 1207-1210.

39. Paffenbarger, R.S., Hyde, R.T., Wing, A.L., & Hsieh, C.-C. (1986). Physical activity, all-cause mortality, and longevity of college alumni. *New England Journal of Medicine,* **314**, 605-613.

40. Petersen, A.M.W., & Pedersen, B.K. (2005). The antiinflammatory effect of exercise. *Journal of Applied Physiology,* **98**, 1154-1162.

41. Petruzzello, S.J., Landers, D.M., Hatfield, B.D., Kubitz, K.A., & Salazar, W. (1991). A meta-analysis on the anxiety-reducing effects of acute and chronic exercise: Outcomes and mechanisms. *Sports Medicine,* **11**, 143-182.

42. Powell, K.E., Thompson, P.D., Caspersen, C.J., & Kendrick, J.S. (1987). Physical activity and the incidence of coronary heart disease. *Annual Reviews in Public Health,* **8**, 253-287.

43. Ross, R. (1986). The pathogenesis of atherosclerosis—an update. *New England Journal of Medicine,* **314**, 488-500.

44. Ross, R. (1999). Atherosclerosis—an inflammatory disease. *New England Journal of Medicine,* **340**, 115-126.

45. Siscovick, D.S., Weiss, N.S., Fletcher, R.H., & Lasky, T. (1984). The incidence of primary cardiac arrest during vigorous exercise. *New England Journal of Medicine,* **311**, 874-877.

46. Tanasescu, M., Leitzmann, M.F., Rimm, E.B., Willett, W.C., Stampfer, M.J., & Hu, F.B. (2002). Exercise type and intensity in relation to coronary heart disease in men. *Journal of the American Medical Association,* **288**, 1994-2000.

47. Taylor, R.S., Brown, A., Ebrahim, S., Jolliffe, J., Noorani, H., Rees, K., Skidmore, B., Stone, J.A., Thompson, D.R., & Oldridge, N. (2004). Exercise-based rehabilitation for patients with coronary heart disease: Systematic review and meta-analysis of randomized controlled trials. *American Journal of Medicine,* **116**, 682-692.

48. Thompson, P.D. (1982). Cardiovascular hazards of physical activity. *Exercise and Sport Sciences Reviews,* **10**, 208-235.

49. U.S. Department of Health and Human Services. (2010). Deaths: Leading causes for 2006. National Vital Statistics Reports. **58**, Number 14, p. 8.

50. Walther, C., Gielen, S., & Hambrecht, R. (2004). The effect of exercise training on endothelial function in cardiovascular disease in humans. *Exercise and Sport Sciences Reviews, 32,* 129-134.

51. Whang, W., Manson, J.E., Hu, F.B., Chae, C.U., Rexrode, K.M., Willett, W.C., Stampfer, M.J., & Albert, C.M. (2006). Physical exertion, exercise, and sudden cardiac death in women. *Journal of the American Medical Association,* **295,** 1399-1403.

52. Williams, M.A., Haskell, W.L., Ades, P.A., Amsterdam, E.A., Bittner, V., Franklin, B.A., Gulanick, M., Laing, S.T., & Stewart, K.J. (2007). Resistance exercise in individuals with and without cardiovascular disease: 2007 update. *Circulation,* **116,** 572-584.

53. Williams, P.T. (2001). Physical fitness and activity as separate heart disease risk factors: A meta-analysis. *Medicine and Science in Sports and Exercise,* **33,** 754-761.

54. Wilmore, J.H., Constable, S.H., Stanforth, P.R., Tsao, W.Y., Rotkis, T.C., Paicius, R.M., Mattern, C.M., & Ewy, G.A. (1982). Prevalence of coronary heart disease risk factors in 13- to 15-year-old boys. *Journal of Cardiac Rehabilitation,* **2,** 223-233.

55. Wilmore, J.H., & McNamara, J.J. (1974). Prevalence of coronary heart disease risk factors in boys 8 to 12 years of age. *Journal of Pediatrics,* **84,** 527-533.

Capítulo 22

1. Achten, J., Gleeson, M., & Jeukendrup, A.E. (2002). Determination of the exercise intensity that elicits maximal fat oxidation. *Medicine and Science in Sports and Exercise,* **34,** 92-97.

2. Barlow, C.E., Kohl, H.W., III, Gibbons, L.W., & Blair, S.N. (1995). Physical fitness, mortality and obesity. *International Journal of Obesity,* **19**(Suppl. 4), 41-44.

3. Bassuk, S.S., & Manson, J.E. (2005). Epidemiological evidence for the role of physical activity in reducing risk of type 2 diabetes and cardiovascular disease. *Journal of Applied Physiology,* **99,** 1193-1204.

4. Borchers, J.R., Clem, K.L., Habash, D.L., Nagaraja, H.N., Stokley, L.M. & Best, T.M. (2009). Metabolic syndrome and insulin resistance in Divisions 1 collegiate football players. *Medicine and Science in Sports and Exercise,* **41,** 2105-2110.

5. Bouchard, C. (1991). Heredity and the path to overweight and obesity. *Medicine and Science in Sports and Exercise,* **23,** 285-291.

6. Bouchard, C., Tremblay, A., Després, J.-P., Nadeau, A., Lupien, P.J., Theriault, G., Dussault, J., Moorjani, S., Pinault, S., & Fournier, G. (1990). The response to long-term overfeeding in identical twins. *New England Journal of Medicine,* **322,** 1477-1482.

7. Bray, G.A. (1985). Obesity: Definition, diagnosis and disadvantages. *Medical Journal of Australia,* **142,** S2-S8.

8. Broeder, C.E., Burrhus, K.A., Svanevik, L.S., & Wilmore, J.H. (1992). The effects of either high intensity resistance or endurance training on resting metabolic rate. *American Journal of Clinical Nutrition,* **55,** 802-810.

9. Centers for Disease Control and Prevention. (March 3, 2011). *Obesity and overweight for professionals: Health consequences.* Retrieved from www.cdc.gov/obesity/causes/health.html.

10. Centers for Disease Control and Prevention. (2008). *National diabetes fact sheet: general information and national estimates on diabetes in the United States, 2007.* Atlanta, GA: U.S. Department of Health and Human Services, Centers for Disease Control and Prevention.

11. Chisholm, D.J. (1992). Diabetes mellitus. In J. Bloomfield, P.A. Fricker, & K.D. Fitch (Eds.), *Textbook of science and medicine in sport* (pp. 555-561). Boston: Blackwell Scientific.

12. Daly, P.A., & Landsberg, L. (1991). Hypertension in obesity and NIDDM: Role of insulin and sympathetic nervous system. *Diabetes Care,* **14,** 240-248.

13. Davidson, L.E., Hudson, R., Kilpatrick, K., Kuk, J.L., McMillan, K., Janiszewski, P.M., Lee, S., Lam, M., & Ross, R. (2009). Effects of exercise modality on insulin resistance and functional limitation in older adults: a randomized controlled trial. *Archives of Internal Medicine,* **169,** 122-131.

14. Ervin R.B. (2009). Prevalence of metabolic syndrome among adults 20 years of age and over, by sex, age, race and ethnicity, and body mass index: United States, 2003–2006. *National health statistics reports* (no. 13). Hyattsville, MD: National Center for Health Statistics.

15. Flegal, K.M., Carroll, M.D., Kuczmarski, R.J., & Johnson, C.L. (1998). Overweight and obesity in the United States: Prevalence and trends, 1960-1994. *International Journal of Obesity,* **22,** 39-47.

16. Flegal, K.M., Carroll, M.D., Ogden, C.L., & Johnson, C.L. (2002). Prevalence and trends in obesity among US adults, 1999-2000. *Journal of the American Medical Association,* **288,** 1723-1727.

17. Flegal, K.M., Carroll, M.D., Ogden, C.L., & Curtin, L.R. (2010). Prevalence and trends in obesity among US adults, 1999-2008. *Journal of the American Medical Association* **303,** 235-241.

18. Ford, E.S., Giles, W.H., & Dietz, W.H. (2002). Prevalence of the metabolic syndrome among US adults. *Journal of the American Medical Association,* **287,** 356-359.

19. Gwinup, G., Chelvam, R., & Steinberg, T. (1971). Thickness of subcutaneous fat and activity of underlying muscles. *Annals of Internal Medicine,* **74,** 408-411.

20. Harnack, L.J., Jeffery, R.W., & Boutelle, K.N. (2000). Temporal trends in energy intake in the United States: An ecologic perspective. *American Journal of Clinical Nutrition,* **71,** 1478-1484.

21. Holloszy, J.O. (2005). Exercise-induced increase in muscle insulin sensitivity. *Journal of Applied Physiology,* **99,** 338-343.

22. Ivy, J.L. (1987). The insulin-like effect of muscle contraction. *Exercise and Sport Sciences Reviews, 15*, 29-51.

23. Katch, F.I., Clarkson, P.M., Kroll, W., McBride, T., & Wilcox, A. (1984). Effects of sit up exercise training on adipose cell size and adiposity. *Research Quarterly for Exercise and Sport, 55*, 242-247.

24. Keesey, R.E. (1986). A set-point theory of obesity. In K.D. Brownell & J.P. Foreyt (Eds.), *Handbook of eating disorders: Physiology, psychology, and treatment of obesity, anorexia, and bulimia* (pp. 63-87). New York: Basic Books.

25. Keys, A., Brozek, J., Henschel, A., Mickelsen, O., & Taylor, H.L. (1950). *The biology of human starvation.* Minneapolis: University of Minnesota Press.

26. Knowler, W.C., Barrett-Connor, E., Fowler, S.E., Hamman, R.F., Lachin, J.M., Walker, E.A., & Nathan, D.M. (2002). Reduction in the incidence of type 2 diabetes with lifestyle intervention or metformin. *New England Journal of Medicine, 346*, 393-403.

27. Levine, J.A., Lanningham-Foster, L.M., McCrady, S.K., Krizan, A.C., Olson, L.R., Kane, P.H., Jensen, M.D., & Clark, M.M. (2005). Interindividual variation in posture allocation: Possible role in human obesity. *Science, 307*, 584-586.

28. Ludwig, D.S., & Ebbeling, C.B. (2001). Type 2 diabetes mellitus in children. *Journal of the American Medical Association, 286*, 1426-1430.

29. Mayer, J., Marshall, N.B., Vitale, J.J., Christensen, J.H., Mashayekhi, M.B., & Stare, F.J. (1954). Exercise, food intake, and body weight in normal rats and genetically obese adult mice. *American Journal of Physiology, 177*, 544-548.

30. National Institutes of Health. (2000). *The practical guide: Identification, evaluation, and treatment of overweight and obesity in adults* (NIH Publication No. 00-4084). Washington, DC: U.S. Department of Health and Human Services.

31. Ogden, C.L., Carroll, M.D., Curtin, L.R., McDowell, M.A., Tabak, C.J., & Flegal, K.M. (2006). Prevalence of overweight and obesity in the United States, 1999-2004. *Journal of the American Medical Association, 295*, 1549-1555.

32. Ogden, C.L., Carroll, M.D., Curtin, L.R., Lamb, M.M., & Flegal, K.M. (2010). Prevalence of high body mass index in US children and adolescents, 2007-2008. *Journal of the American Medical Association, 303*, 242-249

33. Oscai, L.B. (1973). The role of exercise in weight control. *Exercise and Sport Sciences Reviews, 1*, 103-123.

34. Poehlman, E.T. (1989). A review: Exercise and its influence on resting energy metabolism in man. *Medicine and Science in Sports and Exercise, 21*, 515-525.

35. Schulz, L.O., Bennett, P.H., Ravussin, E., Kidd, J.R., Kidd, K.K., Esparza, J., & Valencia, ME. (2006). Effects of traditional and western environments on prevalence of type 2 diabetes in Pima Indians in Mexico and the U.S. *Diabetes Care, 29*, 1866-1871.

36. Seidell, J.C., Deurenberg, P., & Hautvast, J.G.A.J. (1987). Obesity and fat distribution in relation to health—current insights and recommendations. *World Review of Nutrition and Dietetics, 50*, 57-91.

37. Sims, E.A.H. (1976). Experimental obesity, dietaryinduced thermogenesis and their clinical implications. *Clinics in Endocrinology and Metabolism, 5*, 377-395.

38. Slentz, C.A., Aiken, L.B., Houmard, J.A., Bales, C.W., Johnson, J.L., Tanner, C.J., Duscha, B.D., & Kraus, W.E. (2005). Inactivity, exercise and visceral fat. STRRIDE: A randomized, controlled study of exercise intensity and amount. *Journal of Applied Physiology, 99*, 1613-1618.

39. Tremblay, A., Nadeau, A., Fournier, G., & Bouchard, C. (1988). Effect of a three-day interruption of exercise-training on resting metabolic rate and glucose-induced thermogenesis in trained individuals. *International Journal of Obesity, 12*, 163-168.

40. Troiano, R.P., Flegal, K.M., Kuczmarski, R.J., Campbell, S.M., & Johnson, C.L. (1995). Overweight prevalence and trends for children and adolescents: The National Health and Nutrition Examination Surveys, 1963 to 1991. *Archives of Pediatric Adolescent Medicine, 149*, 1085-1091.

41. Vitug, A., Schneider, S.H., & Ruderman, N.B. (1988). Exercise and type I diabetes mellitus. *Exercise and Sport Sciences Reviews, 16*, 285-304.

42. Wansink, B., & Wansink, C.S. (2010). The largest Last Supper: Depictions of food portions and plate size increased over the millennium. *International Journal of Obesity, 34*, 943-944.

43. Welk, G.J., & Blair, S.N. (2000). Physical activity protects against the health risks of obesity. *Research Digest: President's Council on Physical Fitness and Sports, 3*(12), 1-6.

44. Wilmore, J.H. (1996). Increasing physical activity: Alterations in body mass and composition. *American Journal of Clinical Nutrition, 63*, 456S-460S.

45. Wilmore, J.H., Atwater, A.E., Maxwell, B.D., Wilmore, D.L., Constable, S.H., & Buono, M.J. (1985). Alterations in body size and composition consequent to Astro-Trimmer and Slim-Skins training programs. *Research Quarterly for Exercise and Sport, 56*, 90-92.

46. Wilmore, J.H., Atwater, A.E., Maxwell, B.D., Wilmore, D.L., Constable, S.H., & Buono, M.J. (1985). Alterations in breast morphology consequent to a 21-day bust developer program. *Medicine and Science in Sports and Exercise, 17*, 106-112.

47. Wilmore, J.H., Stanforth, P.R., Hudspeth, L.A., Gagnon, J., Daw, E.W., Leon, A.S., Rao, D.C., Skinner, J.S., & Bouchard, C. (1998). Alterations in resting metabolic rate as a consequence of 20-wk of endurance training: The HERITAGE Family Study. *American Journal of Clinical Nutrition, 68*, 66-71.

48. World Health Organization. (1998). Obesity Preventing and managing the global epidemic. *Reports of a WHO consultation on obesity.* Geneva: WHO.

49. Yaspelkis, B.B. (2006). Resistance training improves insulin signaling and action in skeletal muscle. *Exercise and Sport Sciences Reviews, 34*, 42-46.

Índice analítico

Los números de página seguidos por "*c*" indican un cuadro y los seguidos por "*f*" una figura.

1 repetición máxima (1RM) 210

A

(a-v)O₂ (diferencia arterio-venosa de oxígeno) 176
(a-v̄)O₂. *Véase* diferencia arterio-venosa mixta de oxígeno
AACR (aminoácidos de cadena ramificada) 417
aborto espontáneo y ejercicio 487-488
absorciometría dual de rayos X (DEXA) 358-359
accidente cerebrovascular 525-526
accidente cerebrovascular hemorrágico 525
accidente cerebrovascular isquémico 525
acetazolamida 326
acetil coenzima A (acetil CoA) 58, 62
acetilcolina (ACh) 34, 76
ácido láctico 128, 130, 132
ácido palmítico 62
ácidos grasos 372. *Véase también* ácidos grasos libres (AGL)
ácidos grasos libres (AGL) 51, 60, 62, 104, 372
ácidos grasos saturados 372
acidosis 132
aclimatación
   acerca de 284
   aislante o metabólica 302
   a la altitud 319, 320*f*
   al calor 299-301
   al frío 301-302
aclimatación aislante 302
aclimatación al calor 299-301
aclimatación metabólica 302
aclimatización 284
ACOG (Colegio Estadounidense de Obstetricia y Ginecología) 488, 489
acoplamiento excitación-contracción 33-34
acromegalia 411
ACSM (*American College of Sports Medicine*) 214, 215*c*, 418-419, 489, 493, 500, 503, 541
ACSM's Guidelines for Exercise Testing and Prescription 503-504, 505
actina 2, 31, 33, 35
activación genética directa 94-95
actividad enzimática en los músculos 64
actividad física
   cambios en la composición corporal debido a 559-561
   control del peso y. *Véase* control del peso y actividad física
   factores de riesgo 504*c*, 530-532
   pautas para 502
   tasa metabólica y 562
adaptación crónica 3

adaptaciones cardiovasculares al entrenamiento aeróbico
   cuadro resumen 274
   desentrenamiento y 350-351
   flujo sanguíneo 256-257
   frecuencia cardíaca 254-256
   gasto cardíaco 256
   presión sanguínea 257-258
   resistencia 249-250, 270-271
   sistema de transporte de oxígeno 250
   tamaño del corazón 250-252
   volumen sanguíneo 258
   volumen sistólico 253-254
adenilatociclasa 95
adenohipófisis 100
adenosindifosfato (ADP) 36, 54
adenosinmonofosfato cíclico (AMPc) 95
adenosintrifosfatasa (ATPasa) 38-39, 72
adenosintrifosfato (ATP)
   contracción muscular y 35-36
   control de la producción de energía y 53, 54-55
   fatiga y 129
   función en el ejercicio 2
   hormonas no esteroides y 95
   oxidación de carbohidratos y 58-60
   oxidación de grasa y 60, 62
   oxidación de proteínas y 62-63
ADHD (déficit de atención y trastornos de hiperactividad) 400
adolescencia. *Véase* niños y adolescentes
Adolph, Edward 7
ADP (adenosindifosfato) 54
adrenalina 101
aeróbico 40
Aerobics (Cooper) 10, 500
Agencia Antidopaje de los Estados Unidos (USADA) 399
Agencia Mundial Antidopaje (WADA) 399, 400
agentes farmacológicos
   acerca de 399-400
   aminas simpaticomiméticas 400-401
   betabloqueantes 401-402
   cafeína 402-403
   diuréticos 403-404
   drogas utilizadas con fines recreativos 405
agentes fisiológicos
   dopaje sanguíneo 411-413
   eritropoyetina 413
   suplementos de oxígeno 414-415
agentes hormonales
   esteroides anabólicos 405-409
   hormona de crecimiento humana 409-411
agentes nutricionales 417-419
AGL (ácidos grasos libres) 51, 60, 62, 104, 372
agotamiento por calor 296

agotamiento de PCr 128-129
agua doblemente marcada 119
aguja para biopsia muscular 8, 11, 12, 38
ahorro de glucógeno 261
aislamiento 286
alcalosis respiratoria 313
aldosterona 105
alimentación desordenada 490, 491
alimentación previa a la competencia 387-388
alimentos, efecto térmico de 552, 562-563
almacenamiento de glucógeno 368-369
alteraciones en la acción de la insulina 532, 567
altitud
   acerca de 310
   aclimatación 319, 320*f*
   adaptaciones cardiovasculares 322
   adaptaciones musculares 321-322
   adaptaciones pulmonares 319
   adaptaciones sanguíneas 315, 321
   condiciones ambientales 310-311
   diferencias entre sexos en respuesta a 493-494
   efecto del entrenamiento en la altura en el rendimiento a nivel del mar 322-324
   entrenamiento en la "altura" artificial 324-325
   envejecimiento y 466
   necesidades nutricionales en 316-317
   optimización del rendimiento y 324
   presión atmosférica 311-312
   radiación solar 312
   rendimiento anaeróbico y 318-319
   respuestas cardiovasculares a 315
   respuestas metabólicas a 315-316
   respuestas respiratorias a 313-314
   riesgos para la salud derivados de la exposición aguda 325-327
   temperatura y humedad del aire 312
   V̇O₂máx y actividades de resistencia 317-318
alvéolos 167, 169-171, 175
AMA (Asociación Médica Americana) 503
ambiente hipobárico 310
ambiente de microgravedad 21
amenorrea 364, 485, 486
amenorrea primaria 485
amenorrea secundaria 485-487
American College of Obstetricians and Gynecologists (ACOG) 488, 489
American College of Sports Medicine (ACSM) 214, 215*c*, 418-419, 489, 493, 500, 503, 541
American Heart Association 500, 507, 530, 534
American Medical Association (AMA) 503
aminas simpaticomiméticas 400-401

aminoácidos 373, 417-418. *Véase también* proteínas
aminoácidos de cadena ramificada (AACR) 417
aminoácidos esenciales 373
aminoácidos no esenciales 373
AMPc (adenosinmonofosfato cíclico) 95
anaeróbico 40
análisis de necesidades 214
anatomía 3, 4
ancianos. *Véase* envejecimiento y ejercicio
androstenediona (Andro) 409
anemia 109, 174
anfetaminas 400-401
angina de pecho 524
anorexia nerviosa 356, 364, 489, 490, 492
anticonceptivos orales 20
antioxidantes 378
aorta 152
apetito y ejercicio 561-562
apnea del sueño 554, 555
área preóptica del hipotálamo anterior (POAH) 288-289
arginina vasopresina 294
Armstrong, L.E. 257, 339, 340, 341
Army Institute of Environmental Medicine 310
ARNm 95
arritmias cardíacas 147
arterias 152
arterioesclerosis 526
arteriolas 152
arteriolas cutáneas 289-290
asma 166, 200, 306
asma inducida por el ejercicio 306
Asmussen, Erling 8
Asociación Nacional de Deporte Universitario (NCAA) 399
Åstrand, Per-Olof 8, 13, 268, 388, 478, 501, 503*f*
ateroesclerosis 143, 408, 524, 526-527, 528
ATP. *Véase* adenosintrifosfato
ATPasa (adenosintrifosfatasa) 38-39, 72
atrofia 228-229
atrofia testicular 408
August Krogh Institute 8
autorización médica 501-503
ayuno 362, 363, 366, 552

B

Bainbridge, F.A. 4, 6
balance hídrico 380-381
Baldwin, Ken 12, 12*f*
bandas A 31
bandas I 31
bandeo gástrico 558
Bannister, Roger 414, 463
Bar-Or, O. 435
barorreceptores 156
Beamon, Bob 310
bebidas deportivas 390-391
Bechler, Steve 401
beneficios ergogénicos
    acerca de 396-397
    agentes farmacológicos 399-405
    agentes fisiológicos 411-415
    agentes hormonales. *Véase* agentes hormonales
    agentes nutricionales 417-419
    carga de bicarbonato 415-416
    carga de fosfato 416-417

contaminación de los suplementos nutricionales 419
    efecto placebo 398-399
    limitaciones de la investigación 399
Benoit, Joan 472
Bergstrom, Jonas 8, 9*f*, 11, 12
betabloqueantes 401-402
betaoxidación 60, 62
bioenergética
    acerca de 50
    almacenamiento de la energía 54
    capacidad oxidativa del músculo 64-65
    "darse contra la pared" 50, 129
    fosfatos de alta energía 54-55
    necesidades de oxígeno del cuerpo 65
    resumen del metabolismo de los sustratos 63
    sistemas energéticos. *Véase* sistemas energéticos
    sustratos energéticos 50-52
    tasa de producción de energía 52-54
    vía metabólica 53*f*
biología molecular 12
bioquímica 12
Blair, Steven 534
Bock, Arlen "Arlie" 6
Bogalusa Heart Study 532
bolsas de Douglas 6, 7*f*
Bolt, Usain 426
bomba muscular 156, 157*f*
bomba respiratoria 166
bombas de sodio-potasio 72
boom del fitness 500, 501
Booth, Frank 12, 12*f*
botones sinápticos 71
Bouchard, Claude 268, 272
bradicardia 147, 254
Brooks, George 130, 415
Brouha, Lucien 7
Brown, Roscoe Jr. 13, 409
Buick, F.J. 411
bulimia nerviosa 356, 364, 491
Buskirk, Elsworth R. 8, 10

C

cadena de transporte de electrones 58-60, 62
cafeína 402-403
calambres 241-242, 295-296
calambres musculares 241-242, 295, 296*f*
calambres musculares asociados al ejercicio 241-242
calambres por calor 295-296
calcio
    papel de la contracción de la fibra muscular 34
    salud ósea y 378
calcitonina 100
calor y ejercicio. *Véase* ejercicio en un ambiente caluroso
caloría (cal) 114. *Véase también* kilocalorías (kcal)
calorimetría directa 114
calorimetría indirecta
    base de las mediciones 114-115
    cálculos implicados 116
    ecuación de transformación de Haldane 117
    índice de intercambio respiratorio 117-118, 265

limitaciones de 118-119
calorímetro 114, 115*f*
Campeonato Mundial del "Hombre de Hierro" 248
Can Do Multiple Sclerosis 70
Cann, C.E. 489
Cannon, Walter B. 7
capacidad aeróbica. *Véase también* consumo máximo de oxígeno
    envejecimiento y 462-463
    en niños y adolescentes 433-434, 439
    tasa metabólica y 122-123
capacidad anaeróbica
    envejecimiento y 462-463
    en niños y adolescentes 435-436, 439
    tasa metabólica y 123-125
capacidad de difusión del oxígeno 170-171
capacidad pulmonar total (CPT) 167
capacidad de resistencia máxima. *Véase* consumo máximo de oxígeno
capacidad de resistencia submáxima 249-250
capacidad de transporte de oxígeno en la sangre 174
capacidad vital (CV) 166, 456
capilares 152
carbaminohemoglobina 175
carbohidratos
    acerca de 50-51
    alimentación previa a la competencia 387-388
    almacenamiento del glucógeno y 368-369
    carga 371, 388, 389, 390
    clasificaciones de 367-368
    funciones en el cuerpo 368
    índice glucémico 369-370
    ingesta relacionada con el rendimiento 370-372
    sistema endocrino y 102-104
    sistema oxidativo y 58-60, 61*f*
carbono-13 119
cardiopatía reumática 526-527
cardiopatías congénitas 527
cardiopatías valvulares 526
Carfrae, Mirinda 248
carga de bicarbonato 415-416
carga de fosfato 416-417
catabolismo 52
catecolaminas 101
cefalea
    en la altura 324, 325
    por hiponatremia 386
    por interrupción del consumo de cafeína 403
células beta 565
células diana 92-93
células piramidales 78-79
células satélite 30
células de Schwann 74
Centers for Disease Control and Prevention (CDCP) 489, 500
Centro Aeroespacial Alemán (DLR) 21
centro de integración 84-85
centros respiratorios 177
cerebelo 79
cerebro 78-79

cese del entrenamiento y atrofia muscular 235-236
cetosis 366
ciclo cardíaco 148-149
ciclo de Cori 130
ciclo de Krebs 56, 58, 60f, 62
ciclo menstrual 20, 482
cicloergómetros 15-16
circunferencia de la cintura 547, 548
cirugía de derivación gástrica 558
citocromos 59, 349
citrato sintasa 64
Clarke, Ron 310
Classical Studies on Physical Activity (Brown) 13
cloruro 379
Cobb, Leonard 540
Código Mundial Antidopaje 400, 408
cofactores 53
Coghlan, Eamonn 463
COI (Comité Olímpico Internacional) 399, 400
colesterol 16, 372-373, 408, 528, 531-533
colesterol asociado a lipoproteínas de alta densidad (HDL-C) 16, 531
colesterol asociado a lipoproteínas de baja densidad (LDL-C) 528, 531
colesterol asociado a lipoproteínas de muy baja densidad (VLDL-C) 531
comando central 194
Comité de Ética para la Investigación con Humanos (*Human Subjects Committee*) 398
Comité Nacional Conjunto sobre la Detección, Evaluación, y Tratamiento de la Presión Arterial 525
Comité Olímpico de los Estados Unidos (USOC) 399
Comité Olímpico Internacional (COI) 399, 400
complejo hormona-receptor 94
componente lento del consumo de oxígeno 122
comportamiento agresivo y consumo de esteroides 408
composición corporal
    acerca de 356
    adaptación al entrenamiento de los niños y adolescentes 437
    cambios debidos a la actividad física 559-561
    diferencias entre sexos en 473, 480
    envejecimiento y 450, 451f
    evaluación 357-360
    modelos de 356-357
    peso y. *Véase* control del peso y actividad física
    rendimiento deportivo y 360-361
concentración plasmática de glucosa 102-103
condiciones BTPS 117
condiciones de STPD 117
conducción (K) 285
conducción saltatoria 74
congelación 306
cono axónico 71
Consolazio, C. Frank 7
consumo de oxígeno ($\dot{V}O_2$)
    cálculos implicados 116, 250
    diferencias entre sexos en 476, 479, 494

exceso posejercicio 123, 559-560
gasto energético y 120
en niños y adolescentes 431, 434
potencia aeróbica y 265
submáximo 479
consumo de oxígeno pico ($\dot{V}O_{2pico}$) 122
consumo de oxígeno posejercicio 123, 559-560
consumo de oxígeno submáximo ($\dot{V}O_2$) 479
consumo máximo de oxígeno ($\dot{V}O_{2máx}$)
    acerca de 20, 249
    actividad de resistencia y altura y 317-318
    adaptaciones al entrenamiento 265
    diferencias entre sexos 269, 476-477
    envejecimiento y 455, 457-460, 461f
    estado de entrenamiento 268
    gasto energético y 122-123
    glándula suprarrenal y 101
    limitaciones genéticas 268
    en niños y adolescentes 433-434
    para no deportistas y deportistas 269c
    potencia aeróbica y 211-212
    pruebas de campo para 14
    respondedores altos y bajos al entrenamiento 270
contaminación del aire 203
contenido de mioglobina 261
contenido venoso mixto (v̄) 175
contracción 45
contracción concéntrica 44
contracción dinámica 44
contracción excéntrica 44, 45-46
contracción muscular estática 44
contracción muscular isométrica 44
contracción del músculo 5, 33-34
control glucémico 567, 568
control hormonal del metabolismo.
    Véase sistema endocrino
control neural extrínseco 155
control neural. *Véase* sistema nervioso
control del peso y actividad física. *Véase también* nutrición y dieta; obesidad
    cambios en la composición corporal 559-561
    determinación de estándares apropiados para el peso corporal 364-365
    dispositivos de ejercicio 564
    ejercicio aeróbico de baja intensidad 563-564
    ejercicio y apetito 561-562
    ejercicio y efecto térmico de los alimentos 562-563
    ejercicio y movilización de la grasa corporal 563
    ejercicio y tasa metabólica de reposo 562
    estándares de peso 362
    grado necesario para controlar el peso 562
    logro del peso óptimo 365-367
    reducción de peso 362-364, 366-367, 450, 558
    reducción del riesgo para la salud y 564
    reducción localizada 563
    riesgos de pérdida excesiva de peso corporal 362-364
control de la termorregulación 288-290

convección (C) 285-286
Cooper, Kenneth 10, 500
corazón
    arritmias cardíacas 147
    ciclo cardíaco 148-149
    control extrínseco de la actividad cardíaca 144-146
    electrocardiograma 146-147
    enfermedades de. *Véase* enfermedad coronaria
    flujo sanguíneo a través del corazón 140-141
    fracción de eyección 150
    gasto cardíaco 150, 151f, 256
    miocardio 141-143
    respuesta al ejercicio agudo 182-184
    sistemas de conducción cardíaco 143-144, 145f
    variación diurna de la frecuencia cardíaca 19c
    volumen sistólico 149, 150f, 253
corazón del deportista 250
corredores
    capacidad aeróbica 122-123
    carga de carbohidratos por 371, 388
    composición de las fibras musculares 43-44, 44, 65, 345-346
    "darse contra la pared" y 50, 129
    diferencias entre sexos y 475, 478-479, 481, 486-487
    dolor muscular 238
    economía de esfuerzo 125-126
    efectos del entrenamiento aeróbico 248
    enfermedad coronaria 522
    entrenamiento en la altura 322-323
    envejecimiento y 458-460
    frecuencia del entrenamiento 222
    grasa corporal 361-362
    hiponatremia 386
    programas de entrenamiento 222-223
    puesta a punto para alcanzar el máximo rendimiento 345-346
    respuesta al sobreentrenamiento 343-344
    sudoración 293
    tamaño del corazón y entrenamiento cardíaco 252
    uso de agentes fisiológicos 411-412
    volumen sistólico 187
corteza cerebral 78
corteza motora primaria 78-79
corteza premotora 79
corteza suprarrenal 105
corticoesteroides 101
cortisol 101
Costill, D.L. 273, 403
Coyle, E.F. 350
creatina 418-419
creatina cinasa 55
crecimiento 426
Crick, Francis 12
cuadro de glándulas y hormonas 97-98c
cuerpo calloso 78
Cureton, Thomas K. 10
curva de disociación de oxihemoglobina 173f
CV (capacidad vital) 166, 456

D

Dalton, John 310

"darse contra la pared" 50, 129

Davis, Ronald M. 503

De fascius (Galen) 4

decatlón 210

déficit de atención y trastorno de hiperactividad (ADHD) 400

dehidroepiandrosterona (DHEA) 409

DeMar, Clarence 448

dendritas 71

densidad corporal 358

densidad mineral ósea (DMO) 428

densitometría 357-358

Departamento de Salud y Servicios Humanos de los Estados Unidos 501

depleción de glucógeno 129-131

desacondicionamiento cardiovascular 455

desarrollo 426

desentrenamiento
    acerca de 346
    en el espacio 347
    fuerza y potencia muscular y 347-348
    resistencia cardiorrespiratoria y 350-351
    resistencia muscular y 348-349, 350*c*
    velocidad, agilidad y flexibilidad y 350

Desert Research Laboratory, Univ. de Nevada 2

deshidratación debido a la pérdida de peso 362-363

deshidratación y rendimiento en el ejercicio
    equilibrio de los electrolitos y 382, 384, 385
    hiponatremia 386
    reposición de líquidos corporales 385
    respuestas fisiológicas a la deshidratación 381-382, 383*c*

desmosoma 142

despolarización 34, 72

desviación cardiovascular (*cardiovascular drift*) 191, 291

desviación de $\dot{V}O_2$ 122

deuda de oxígeno 123

dexametasona 326

DHEA (dehidroepiandrosterona) 409

Diabetes de tipo I 565, 568. *Véase también* diabetes mellitus

Diabetes de tipo II 565, 568. *Véase también* diabetes mellitus

diabetes gestacional 565

diabetes mellitus
    ejercicio y 568
    etiología 567
    páncreas 101-102
    prevalencia 566
    problemas de salud asociados a 567
    programa de prevención 566
    terminología y clasificación 565-566
    tratamiento general de 567

diabetes mellitus insulinodependiente (DMID) 565

diabetes mellitus no insulinodependiente (DMNID) 565

diagrama de Wiggers 149, 150*f*

diámetro interno del ventrículo izquierdo (DIVI) 252

Dianabol 398

diástole 147

diencéfalo 79

dieta del deportista 386-391

dieta de "La zona" 390

dieta
    de choque 366
    del deportista 386-391
    glucosa y 369-371, 391
    grasa de la dieta 372, 567
    ingesta recomendada 356, 377
    muy baja en calorías 552, 561*c*
    nutrición y. *Véase* nutrición y dieta
    resistencia aeróbica y 374, 388
    vegetariana 386-387
    la zona 390

dieta vegetariana 387

Dietary Reference Intakes (Ingestas Dietéticas de Referencia, DRI) 356, 377

dietas de choque 366

dietas muy hipocalóricas 552, 561*c*

diferencia arterio-venosa de oxígeno (a-v)O_2 176

diferencia arterio-venosa mixta de oxígeno [(a-v̄)O_2]
    adaptaciones al entrenamiento 259-260
    diferencias entre sexos en 477
    envejecimiento y ejercicio y 455
    sistema respiratorio y 175-176

diferencias entre sexos en los deportes
    acerca de 472
    adaptación de la fuerza al entrenamiento 480, 481*f*
    adaptación de la función cardiovascular al entrenamiento 481
    adaptación de la función metabólica al entrenamiento 481
    adaptación de la función respiratoria al entrenamiento 481
    adaptaciones fisiológicas al entrenamiento 480-481
    composición corporal y adaptación al entrenamiento 480
    ejercicio en un ambiente frío y 302-303
    embarazo y ejercicio 472, 487-489, 502
    entrenamiento con sobrecarga 228
    éxito deportivo y tipos de músculos 43-44
    factores ambientales 493-494
    fuerza y 474-476
    función cardiovascular 476-477
    función metabólica 477-479
    función respiratoria 477
    menstruación 482, 484*f*, 485-487
    osteoporosis 489-490
    récords mundiales, hombres y mujeres 472*c*, 481*f*, 483*f*
    rendimiento deportivo y 482, 483*f*
    respuestas fisiológicas al ejercicio agudo 474-479
    tamaño y composición corporal 473
    trastornos alimentarios 364, 490-493
    tríada de la deportista 493
    $\dot{V}O_{2máx}$ 269, 476-477

difusión pulmonar
    acerca de 167
    adaptaciones al entrenamiento 259
    altitud y 313, 319
    flujo sanguíneo en reposo 168
    intercambio gaseoso en los alveolos 169-171

membrana respiratoria 168, 169*f*
presiones parciales de los gases 168

Dill, David Bruce (D.B.) 2, 6, 8, 13, 458

dinucleótido de flavina adenina (FAD) 59

dinucleótido de nicotinamida adenina (NAD) 59, 131

dióxido de azufre (SO_2) 203

dióxido de carbono
    cálculo de la producción 116
    eliminación 177
    equivalente ventilatorio 199
    intercambio 171
    transporte 174-175

dióxido de carbono producido ($\dot{V}CO_2$) 116

Director General de Sanidad 501

disacáridos 367, 374

disco Z (línea) 31

discos intercalados 142

diseño cruzado 18

diseño de investigación longitudinal 16, 17

diseño de investigación transversal 16-17

disfunción endotelial 456

disfunción menstrual 364, 485-487

disnea 197

diuréticos 403-404

DIVI (diámetro interno del ventrículo izquierdo) 252

división motora 81

división sensitiva 80-81

DLR (Centro Aeroespacial Alemán) 21

DMID (diabetes mellitus insulinodependiente) 565

DMNID (diabetes mellitus no insulinodependiente) 565

DMO (densidad mineral ósea) 428

dolor muscular 237. *Véase también* dolor muscular de aparición tardía

dolor muscular agudo 237

dolor muscular de aparición tardía
    debido a daño estructural 238, 239*f*
    iniciación de 237
    reacción inflamatoria 238-239
    reducción de los efectos negativos de 241*f*
    rendimiento y 240, 241*f*
    secuencia de eventos 239

dominancia derecha, hipertrofia de la pierna izquierda 233

DOMS. *Véase* dolor muscular de aparición tardía (DOMS)

dopaje sanguíneo 411-413

Dosis Diarias Recomendadas (RDA) 377

DRI (Ingestas Dietéticas de Referencia) 356, 377

Drinkwater, Barbara 13, 13*f*

drogas utilizadas con fines recreativos 405

E

ECA (enzima convertidora de angiotensina) 106

ECG (electrocardiograma de ejercicio) 504, 506

ECG (electrocardiograma) 146-147

ECGA (edema cerebral de las grandes alturas) 327

ecocardiografía 251

economía de carrera 249, 434

economía de esfuerzo 125-126
ecuación de Fick 250
ecuación de Siri 358
edema 239
edema cerebral de las grandes alturas (ECGA) 327
edema pulmonar de las grandes alturas (EPGA) 326
Edgerton, Reggie 11
EDHF (factor hiperpolarizante derivado del endotelio) 156
EDI (Inventario de Trastornos Alimentarios) 491
efecto de acción de masa 52
efecto del entrenamiento 3
efecto placebo 398-399
efecto térmico de los alimentos (ETA) 552, 562-563
efecto térmico del ejercicio (ETE) 552
efectos teratogénicos 487
efedrina 400
EIAH (hipoxemia arterial inducida por el ejercicio) 200
eje hipotalámico-pituitario-adrenocortical (HPA) 340
eje simpático-adrenomedular (SAM) 340
ejercicio aeróbico de baja intensidad 563-564
ejercicio agudo 3
    respuesta hormonal a 99c
    sistema cardiovascular y 182-196
    sistema respiratorio y 196-203
ejercicio en un ambiente caluroso
    aclimatación a 299-301
    diferencias entre sexos en respuesta a 493-494
    envejecimiento y 465-466
    niños y adolescentes y 442-443
    regulación de la temperatura corporal. Véase regulación de la temperatura corporal
    respuestas de la frecuencia cardíaca a 19f
    respuestas fisiológicas a 291-294
    riesgos para la salud durante 294-298
ejercicio en un ambiente frío
    diferencias entre sexos en respuesta a 493-494
    envejecimiento y 465-466
    habituación y aclimatación 301-302
    pérdida de calor en el agua fría 303-304
    regulación de la temperatura corporal. Véase regulación de la temperatura corporal
    respuestas fisiológicas a 301, 304-305
    riesgos para la salud durante 305-306
    tamaño y composición corporal y 302-303
ejercicios con ciclos de estiramiento-acortamiento 218
Ekblom, B. 411
El Guerrouj, Hicham 463
electrocardiógrafo 146, 504, 506
electrocardiograma (ECG) 146-147
electrocardiograma durante el ejercicio (ECG) 504, 506
electroforesis en gel 39

electrolitos 378, 382, 384, 385. Véase también equilibrio de líquidos durante el ejercicio
embarazo y ejercicio 487-489, 502
endomisio 29
endorfinas 80
endotelio 527
energía de activación 52
enfermedad
    cardiovascular. Véase enfermedad cardiovascular
    corazón. Véase enfermedad coronaria
    grasa corporal como factor de riesgo en 532
    programas de rehabilitación 539-541
    pulmonar 166
    vascular periférica 526
enfermedad aguda de la altura (mal de montaña) 325-327
enfermedad de las arterias coronarias. Véase enfermedad coronaria
enfermedad cardiovascular
    accidente cerebrovascular 525-526
    acerca de 522-523
    arteriosclerosis 526
    cardiopatía reumática 526-527
    cardiopatías congénitas 527
    enfermedad coronaria. Véase enfermedad coronaria
    enfermedades vasculares periféricas 526
    hipertensión 525, 529
    insuficiencia cardíaca 526
    programas de rehabilitación 539-541
    reanimación cardiopulmonar 540
    riesgo de hipertensión 532, 537-538
    riesgo de infarto de miocardio y muerte durante el ejercicio 538
    valvulopatías 526
enfermedad coronaria
    acerca de 524-525
    actividad física versus aptitud física y 536
    adaptaciones al entrenamiento para educir riesgos 535
    factores de riesgo 504c, 530-532
    fisiopatología de 527-529
    reducción del riesgo 536-537
    relación epidemiológica entre inactividad física y 533-534
    test progresivo de ejercicio y 506
    tipo e intensidad del ejercicio y 535
enfermedad pulmonar 166
enfermedad pulmonar obstructiva crónica (EPOC) 166
enfermedad y sobreentrenamiento 341-342
enfermedades vasculares periféricas 526
enfisema 166
enmascaramiento 404
Enoka, R.M. 229
entrenamiento aeróbico
    acerca de 248
    adaptaciones cardiovasculares a 249-258, 270-271, 350-351
    adaptaciones metabólicas a 263, 265
    adaptaciones musculares a 260-262
    adaptaciones respiratorias a 259-262

entrenamiento interválico de alta intensidad 264
    estado de entrenamiento y $\dot{V}O_{2máx}$ 268
    limitaciones a la potencia y el rendimiento 265-266, 267c
    mejora a largo plazo en 266
    principio de especificidad y 275-277
    resistencia cardiorrespiratoria 249-250, 270-271
    resistencia muscular 249
    respuestas individuales a 266, 268-270, 272
    sexo y adaptaciones a 269
entrenamiento anaeróbico y adaptaciones
    acerca de 248
    en la altura 318-319
    cambios en potencia y capacidad 272-273
    muscular 273
    sistema glucolítico 274-275
    sistemas energéticos 273-274, 276c
entrenamiento con carreras largas y lentas 222-223
entrenamiento continuo 222-223
entrenamiento cruzado 276
entrenamiento del ejercicio.
    acerca de 2, 3, 210
    fuerza muscular 210
    potencia anaeróbica y aeróbica 211-212, 220-223
    principios de 212-213
    resistencia y potencia muscular 211, 212c
entrenamiento excéntrico 217, 368-369
entrenamiento excesivo 335-337
entrenamiento de Fartlek 223
entrenamiento de la fuerza con contracciones estáticas 216
entrenamiento interválico 220-222
entrenamiento interválico de alta intensidad (HIT) 264
entrenamiento interválico en circuito 223
entrenamiento isocinético 218
entrenamiento isométrico 216
entrenamiento de la potencia aeróbica 220-223
entrenamiento de la potencia anaeróbica 220-223
entrenamiento de resistencia. Véase también entrenamiento aeróbico
    beneficio para los jugadores de béisbol 271
    beneficios para la salud 536
    composición y tipos de fibras musculares y 42, 64-65
    diferencias entre sexos en 479-481
    efectos de 213
    envejecimiento y 454, 462, 466
    gasto cardíaco y 186
    ingesta de grasas y rendimiento y 373
    como parte de un programa de salud y buena forma física 416
    volumen sanguíneo y 158
entrenamiento con resistencia variable 217, 218f
entrenamiento con sobrecarga
    acerca de 228
    alteraciones en los tipos de fibras 236-237

análisis de necesidades 214
atrofia muscular y reducción de la fuerza 234-236
calambres musculares y 241-242
contracción estática 216
control neural de las ganancias de fuerza 229-230
para el deporte 243
diferencias entre sexos 228, 242
dolor de aparición tardía. *Véase* dolor muscular de aparición tardía
dolor muscular agudo 237
envejecimiento y 228, 242, 464
estabilidad y fuerza del núcleo corporal 218-219
estimulación eléctrica 218
excéntrico 217, 368-369
fuerza, hipertrofia y mejora de la potencia 214, 215*c*
ganancias de fuera frente a tamaño en los músculos 228-229
ganancias de fuerza muscular debido a 228
hipertrofia muscular debido a 230-233
integración de la activación neural e hipertrofia fibrilar 233
isocinético 218
niños y adolescentes 438
como parte de un programa de salud y buena forma física 517
pesos libres frente a máquinas 216-217
pliometría 218
récords de levantamiento de potencia 464*f*
resistencia variable 217, 218*f*
respuesta muscular a las lesiones 233, 234*f*
envejecimiento y ejercicio. *Véase también* niños y adolescentes
acerca de 448
adaptaciones fisiológicas al entrenamiento 461-463
estatura 449, 451*f*
capacidad aeróbica y anaeróbica 462-463
composición corporal 450, 451*f*
entrenamiento con sobrecarga 228, 242
estrés ambiental y 465-466
fuerza y 452-453, 461-462
función cardiovascular y 454-456
función neuromuscular y 452-454
función respiratoria 456-457
levantamiento de pesas 464
longevidad y 466-467
pautas de la actividad física 502
peso 449-450, 451*f*
rendimiento en ciclismo 464
rendimiento en natación 463-464
rendimiento en pedestrismo 463
respuestas fisiológicas al ejercicio agudo 452-461
riesgo de lesiones y muerte 466-467
umbral de lactato 460
$\dot{V}O_{2máx}$ y 455, 457-460, 461*f*
enzima convertidora de angiotensina (ECA) 106
enzima limitadora de la velocidad 53
enzimas 52-53
enzimas oxidativas 261, 262*f*

enzimas oxidativas mitocondriales 261
EPGA (edema pulmonar de las grandes alturas) 326
epimisio 29
epinefrina 100-101, 290
EPO (eritropoyetina) 105, 315, 321, 396, 413
EPOC (enfermedad pulmonar obstructiva crónica) 166
EPOC (exceso de consumo de oxígeno posejercicio) 123, 559-560
equilibrio de líquidos durante el ejercicio
    glándulas endocrinas participantes 105
    naturaleza crítica de 104-105
    riñones y 105-109
equivalente metabólico (MET) 512-514
equivalente ventilatorio para el dióxido de carbono ($\dot{V}_E/\dot{V}CO_2$) 199
equivalente ventilatorio para el oxígeno ($\dot{V}_E/\dot{V}O_2$) 198
Ergogenic Aids in Sport (Williams) 397
ergolítico 396
ergómetro 14-16
ergómetro de brazos 16
ergómetro de remo 16
eritropoyetina (EPO) 105, 315, 321, 396, 413
esclerosis múltiple (EM) 70
especificidad, principio de
    acerca de 212-213
    al elegir equipo 16, 217
    entrenamiento aeróbico y 275-277
    en pruebas de aptitud para el ejercicio 506
    selección de un programa de entrenamiento y 336
espiración 166
espirometría 166, 167*f*
esquiadores de cross country 123, 252, 275
Essen, Birgitta 13, 13*f*
Estación Espacial Internacional 21
esteroides 52. *Véase también* esteroides anabólicos
esteroides anabólicos
    acerca de 405
    beneficios ergogénicos propuestos 405
    efectos comprobados 405-408
    riesgos del uso 408-409
    en el Tour de France 396
estilo de vida sedentario
    envejecimiento y 123
    como factor en enfermedades coronarias 504
    de mujeres y niñas 440, 494
    obesidad y 546
estimulación eléctrica 218
estiramiento 516-517
estrés ambiental
    envejecimiento y ejercicio y 465-466
    estrés por calor 294-295, 442-443
    muerte y 297, 304, 305, 327
estrés térmico. *Véase también* ejercicio en un ambiente caluroso
    embarazo y ejercicio y 487
    medición 295
    niños y adolescentes 442-443
    respuestas fisiológicas al calor 291

sudoración 292-294
estrías lipídicas 524
estrógeno 473
estudio de la Clínica Cooper 537
estudios sobre vivir en altura y entrenar a baja altitud 323
ETA (efecto térmico de los alimentos) 552, 562-563
ETE (efecto térmico del ejercicio) 552
etnia 547, 550
eumenorrea 485
Evaluación de las Actitudes Alimentarias (EAT) 491
evaporación (E) 286-287, 288
Ewy, Gordon A. 540
exceso de consumo de oxígeno posejercicio (EPOC) 123, 559-560
exención por uso terapéutico 399, 400
exploración espacial y fisiología 21
exposición aguda a la altura 313-315, 321, 324
extrasístoles 148

F

Fabrica Humani Corporis [Estructura del cuerpo humano] (Vesalius) 4
Fabricius, Hieronymus 4
factor de crecimiento derivado de plaquetas (PDGF) 528
factor hiperpolarizante derivado del endotelio (EDHF) 156
factores ambientales en el ejercicio. *Véase* altitud; ejercicio en un ambiente frío; ejercicio en un ambiente caluroso
factores de inhibición 100
factores de liberación 100
factores de riesgo 504*c*, 530-532
factores de riesgo primarios 530
FAD (dinucleótido de flavina adenina) 59
$FADH_2$ 59
Fagard, R.H. 252
Fahey, T.D. 415
fascículo 29
fatiga
    acerca de 128
    crónica 344, 363-364
    impacto sobre el rendimiento 271
    sistemas energéticos y 128-133
fatiga crónica debido a la pérdida de peso 363-364
fatiga neuromuscular 132-133
FC (frecuencia cardíaca) 182-184, 254-256
FCE (frecuencia cardíaca de entrenamiento) 510-512
$FC_{máx}$. *Véase* frecuencia cardíaca máxima ($FC_{máx}$)
FCR (frecuencia cardíaca en reposo) 146, 182, 254
Federación Internacional de Atletismo Amateur (IAAF) 399
fibras de contracción rápida. *Véase* fibras musculares de tipo II
fibras de Purkinje 144, 146
fibras extrafusales 85
fibras intrafusales 86
fibras musculares
    acerca de 29
    acoplamiento excitación-contracción 33-34

fibras musculares *(Cont.)*
  adaptaciones al entrenamiento aeróbico 260-262
  clasificaciones de 40*c*
  contracción 5, 33-34, 44
  creación de movimiento 35
  determinación del tipo 42
  distribución de tipos 40
  energía para la contracción muscular 35-36
  éxito deportivo y tipo 43-44
  fisiología de las fibras musculares 41
  generación de fuerza 44-46
  métodos para identificar tipos 39
  papel del calcio en la contracción 34
  plasmalema 30
  reclutamiento 42-43
  relajación muscular 36-37
  sarcoplasma 30-31
  tipos de fibra y ejercicio 37-38, 40-41
  unidades motoras y 39-40
fibras musculares de contracción lenta. *Véase* fibras musculares de tipo I
fibras musculares de tipo I (contracción lenta)
  acerca de 37-40
  deportistas de éxito y 126
  determinación del tipo 42
  dolor muscular y 237
  envejecimiento y 452-454
  en nadadores 44, 345-346
fibras musculares de tipo II (contracción rápida)
  acerca de 37-41
  determinación del tipo 42
  envejecimiento y 452-454
fibrilación ventricular 147
fibrinógeno 530
fibromialgia 344
Fick, Adolph 183
filamentos delgados 32*f*, 33
filamentos gruesos 31, 32*f*
fisiología 3, 4
fisiología ambiental 3
fisiología del deporte 3
fisiología del ejercicio
  comienzos de la anatomía y la fisiología 4
  componentes 2-3
  controles en la investigación 17-18
  desarrollo de los abordajes contemporáneos 8-9, 11-14
  diseños de investigación 16-17
  enfoque de 3
  entorno de la investigación 14
  era del intercambio y la interacción científica 6
  estudios en el espacio 21
  evolución 3-4
  factores de confusión en la investigación 18-20
  fuentes de información 11, 13-14
  Harvard Fatigue Laboratory 6-8, 458
  herramientas y técnicas 12, 14-16
  historia del estudio de 2, 4, 6
  hitos 10
  influencia escandinava 8
  mujeres científicas 13
  primeros estudios sobre atletas 11

unidades y notación científica 20
uso de tablas y gráficos 20, 22
fisiopatología 527
flebitis 526
Fleck, S.J. 438
Fletcher, Walter 5
Flint, Austin 11
flujo sanguíneo
  a través del corazón 140-141
  adaptaciones al entrenamiento 256-257
  arteria coronaria 153
  control intrínseco de 154-155
  durante el ejercicio 190-192
  periférico 455
  regulación por el SNS 156
  en reposo 168
flujo sanguíneo periférico 455
flujo sanguíneo uterino e hipoxia 487
Food and Drug Administration, EE. UU. 419
Forbes, G.B. 406
Forbes, William H. 7
Forster, P.J.G. 325
fosfatos 54-55
fosfocreatina (PCr) 2, 55, 124, 128-129, 418-419
fosfofructocinasa (PFK) 56, 274
fosfolípidos 51
fosforilación 54
fosforilación oxidativa 54, 59
fosforilasa 274
fósforo 378
Foster, Michael 4
fracción de eyección (FE) 150
Framingham Heart Study 532
Fraser, Shelly-Ann 426
frecuencia cardíaca (FC)
  adaptaciones al entrenamiento aeróbico 254-256
  respuesta al ejercicio agudo 182-184
frecuencia cardíaca de entrenamiento (FCE) 510-512
frecuencia cardíaca en estado estable 183-184
frecuencia cardíaca en reposo (FCR) 146, 182, 254
frecuencia cardíaca máxima ($FC_{máx}$)
  adaptación al entrenamiento 255
  ayudas ergogénicas y 402
  diferencias entre sexos 476
  ejercicio agudo y 182-183
  envejecimiento y 454-455
  en niños y adolescentes 431
  prescripción de ejercicio para 508
frecuencia cardíaca máxima de reserva 511
frecuencia cardíaca submáxima 254-255
frecuencia de disparo 44-45, 230
frío, ejercicio con. *Véase* ejercicio en un ambiente frío
FSH (hormona folículo-estimulante) 473
fuerza
  desentrenamiento y 347-348
  diferencias entre sexos en los deportes 474-476, 480, 481*f*
  envejecimiento y 452-453, 461-462
  esteroides anabólicos y 405-407
  generación de fuerza por los músculos 44-46

muscular 210, 347-348
  en niños y adolescentes y 430, 438
  resistencia al entrenamiento y 214, 215*c*, 228-229
fuerza y estabilidad del núcleo corporal 218-219
fuerza muscular
  acerca de 211
  cambios con el envejecimiento 452-454
  desentrenamiento y 347-348
  efecto placebo en las ganancias 398*f*
  entrenamiento de ejercicios y 210
  en niños y adolescentes 438
  potencia y 347-348
  sobreentrenamiento y 330, 338
función cardiovascular
  diferencias entre sexos en los deportes 476-477, 481
  envejecimiento y ejercicio y 454-456
  niños y adolescentes 430-432
función inmune 341-342
función metabólica
  diferencias entre sexos en 477-479
  en niños y adolescentes 433-436
función mitocondrial 261
función neuromuscular 452-454
función pulmonar en los niños 432
función respiratoria
  diferencias entre sexos en los deportes 477, 481
  envejecimiento y 456-457
  niños y adolescentes 430-432

G
Galen, Claudius 4
Galloway, S.D.R. 131
ganglios basales 79
gasto cardíaco (Q̇)
  acerca de 150, 151*f*
  adaptaciones al entrenamiento 256
  diferencias entre sexos en 476, 481
  envejecimiento y 455-457
  en niños y adolescentes 431
  respuesta en la altura 315
  respuesta al ejercicio agudo 186-187, 188*f*
gasto cardíaco máximo 186. *Véase también* gasto cardíaco
gasto de energía. *Véase también* fatiga
  acerca de 114
  medición de calorimetría directa 114
  medición de calorimetría indirecta 114-119
  mediciones isotópicas de 119
  metabolismo energético 5
  en reposo y durante el ejercicio. *Véase* tasa metabólica
gatos y entrenamiento con sobrecarga 228, 231-232
género. *Véase* diferencias entre sexos en los deportes
genética 12
Gerschler, Woldemar 220
GH (hormona del crecimiento) 100, 436
GIH (Gymnastik-och Idrottshögskolan) 8
glándula apocrina 292
glándula hipófisis 100, 105, 106*f*, 340
glándula hipófisis posterior 105, 106*f*
glándula prostática 408
glándulas sudoríparas ecrinas 290, 292

glándulas suprarrenales 100-101
glándula tiroides 100
Gledhill, N. 411, 412
glicerol 51
glóbulos blancos 158, 238, 528
glóbulos rojos 159, 258
glotonería 553, 554
glucagón 101-102
glucocorticoides 101
glucógeno 50-51
glucogenólisis 56
glucólisis 56, 58, 59*f*
glucólisis anaeróbica 56, 58, 124, 125, 132, 435
gluconeogénesis 52
glucosa
 acerca de 50-52
 captación 103-104
 depleción del glucógeno y 131
 diabetes y 565
 dieta y 369-371, 391
 gasto energético y 114, 131
 glucosa plasmática 93, 100-104
 hiperglucemia en ayunas 565
 intolerancia a la glucosa 566
 regulación hormonal de 100-104
 respuesta en la altura y 315-316
 respuesta al frío y 304-305
 sistema glucolítico y 56, 57*f*
glucosa-6-fosfato 56
GnRH (hormona liberadora de gonadotropinas) 486
golfistas 271
Gollnick, Phil 9, 11, 11*f*
golpe de calor 296-297
golpe de fuerza 35
Gonyea, William 228
Goodrick, C.L. 466
Gorgyi, Albert Szent 5
gráficos de barras 22
gráficos de líneas 22
grasa corporal
 diferencias entre sexos en 303, 473, 494
 disfunción menstrual relacionada con 364
 ejercicio y movilización de 563
 estándares de peso y 362, 365
 evaluación de la composición corporal 357-360
 como factor de riesgo en la enfermedad 532
 grasa corporal relativa 362
 obesidad y 546-548, 553
 en niños 429
 en personas mayores 449-451
 porcentajes en las personas 51, 52*c*
 reducción 366-367
 relativa 357, 361
 uso de esteroides y 396, 410
grasa corporal relativa 357, 361, 362
grasa de la dieta 372, 567. *Véase también* grasas
grasa subcutánea 302-303, 304, 453*f*, 553
grasas
 dietéticas 372, 567
 diferencias entre sexos en la deposición de grasa 474
 niños y adolescentes y 429
 pautas de consumo 372-373

porcentaje en las personas. *Véase* grasa corporal
 sistema endocrino y 104
 sistema oxidativo y 60, 62, 104
 sustratos combustibles 51-52
grasas insaturadas 372
grosor del pliegue cutáneo 359
grupo de control 17, 18
grupo de placebo 18
GXT (test progresivo de ejercicio) 506
Gymnastik-och Idrottshögskolan (GIH) 8

H
Habeler, Peter 318
habituación al frío 302
HAD (hormona antidiurética) 105, 108
Hagberg, J.M. 258
Hagemann, O. 114
Haldane, John S. 5
Hansen, Ole 8
Harvard Fatigue Laboratory (HFL) 2, 6-8, 458
Haskell, William L. 508
HDL-C (colesterol asociado a lipoproteínas de alta densidad) 16, 531
Healthy People 2010 439, 501
hematocrito 158
hematopoyesis 159
hemoconcentración 105, 194
hemodilución 108
hemoglobina 159
hemorragia subaracnoidea 526
Henderson, Lawrence J. 6, 8
hendidura sináptica 75
herencia 268, 270
HERITAGE Family Study 260, 265, 270, 271*f*, 272, 476
HFL (laboratorio de Harvard para el estudio de la fatiga) 2, 6-8, 458
hGH (hormona de crecimiento humana) 409-411
hidrocortisona 101
hierro 378-379
Hill, Archibald V. 5, 6
hiperglucemia 101
hiperglucemia en ayunas 565
hiperinsulinemia 567
hiperplasia fibrilar 230, 231-233
hiperpolarización 72
hipertensión
 acerca de 258, 525
 factores de riesgo para 532
 fisiopatología de 529
 reducción del riesgo de 537-538
hipertermia 297-298, 487
hipertermia fetal 487
hipertrofia cardíaca 250
hipertrofia crónica 230
hipertrofia fibrilar 230-231
hipertrofia muscular 28, 214, 215*f*, 230-233
hipertrofia muscular relacionada con la miostatina 28
hipertrofia transitoria 230
hiperventilación 197
hipófisis anterior 100
hipoglucemia 101, 371-372
hiponatremia 386
hipotálamo 79
hipotermia 302, 304, 305-306

hipoxemia 310
hipoxemia arterial inducida por el ejercicio 200
hipoxia 310, 322, 487
hipoxia fetal 489
Hitchcock, Edward Jr. 10
Hoekstra, Liam 28
Hohwü-Christensen, Erik 8, 9*f*
Holloszy, John 9, 11, 11*f*
homeostasis 3
 acerca de 289
 en un ambiente caluroso 289
 en un ambiente frío 301
 bioenergética y 50
 en el cerebro 79
 peso corporal y 551
 sistema endocrino y 105
homocisteína 530
Hopkins, Frederick Gowland 5
hormona antidiurética (HAD) 105, 108
hormona de crecimiento (GH) 100, 436
hormona de crecimiento humana (hGH) 409-411
hormona folículo-estimulante (FSH) 473
hormona liberadora de gonadotropinas (GnRH) 486
hormona luteinizante (LH) 473, 486
hormonas
 acciones 94
 acerca de 92, 97-98*c*
 clasificación química 93
 diferencias entre sexos y 473, 480
 esteroideas 93, 94-95
 en niños y adolescentes 427, 436
 no esteroideas 95
 pérdida de peso y 558
 prostaglandinas 96, 156
 respuestas al ejercicio agudo y el entrenamiento 99*c*
 respuestas al sobreentrenamiento 340-341
 secreción y concentración plasmática 93-94
hormonas derivadas de péptidos 93
hormonas esteroideas 93, 94-95
hormonas no esteroideas 93, 95
Horvath, Betty 14
Horvath, Steven 7, 13, 14
Hot Life of Man and Beast, The (Dill) 2
HPA (eje hipotalámico-pituitario-adrenocortical) 340
Huega, Jimmie 70
hueso
 ejercicio y salud ósea 489-490
 factores de envejecimiento 449
 niños y adolescentes en los deportes y 427-428
 osteopenia y 378, 449
 trastornos debidos a la disfunción menstrual 364
Hultman, Eric 9*f*, 12
humedad 312
humedad y pérdida de calor 287-288
humedad relativa 287, 294, 295
humo del tabaco 203, 504, 530
husos musculares 85-87

I
IAAF (Federación Internacional de Atletismo Amateur) 399

IG (índice glucémico) 369-370
IMC (índice de masa corporal) 547-548
impedancia bioeléctrica 359-360
impulso nervioso 71-74
inactividad física
    aumento de peso y 449
    desentrenamiento y 346-347
    riesgo de cardiopatía 500, 530-532
índice de calor 294-295
índice de esfuerzo percibido (RPE) 514-516
índice de esfuerzo percibido (RPE) de Borg 515
índice glucémico (IG) 369-370
índice de intercambio respiratorio (RER) 117-118, 265
índice de masa corporal (IMC) 547-548
individualidad, principio de 212
industria de la nutrición deportiva 419
infancia 426
infarto de miocardio 524
inflamación
    debida a lesiones 238-240
    en enfermedades cardiovasculares 526
    sistémica 341
influencia escandinava en la fisiología 8
ingesta calórica
    control del peso y 551, 553, 561
    función menstrual y 486, 490, 493
    reducción para pérdida de peso 366-367, 450
ingesta de sodio e hipertensión 532
inhibición autógena 230
inicio de la acumulación de lactato en sangre (OBLA) 250
inmovilización y atrofia muscular 234
inscripciones 29
inspiración 165, 166f
Instituto de Medicina Deportiva y Medioambiental 323
Instituto Karolinska 8
insuficiencia cardíaca 526
insulina 101-102
integración sensomotora
    actividad refleja 85
    centro de integración 84-85
    estímulos sensoriales 83-85
    husos musculares 85-87
    órganos tendinosos de Golgi 87, 230
    origen de respuestas 85
    secuencia de eventos 83
intensidad del ejercicio
    equivalente metabólico 512-514
    frecuencia cardíaca de entrenamiento 510-512
    importancia para un programa 510
    índice de esfuerzo percibido 514-516
intensidad del entrenamiento 337-338, 345, 351, 388, 503
intercambio de calor seco 286, 287, 289, 302
intercambio de gases en los músculos 313
intercambio de gases respiratorios 115
intercambio de oxígeno 169-171
intervalo de recuperación activa 222
intolerancia a la glucosa 566
Inventario de Trastornos Alimentarios (EDI) 491

"investigadores contra los trastornos relacionados con la inactividad" (RID) 500
ion bicarbonato 174-175
iones de hidrógeno (H+) 132, 201
iones potasio (K+) 72
iones sodio (Na+) 72
irritabilidad debido a los esteroides 408
isocitrato dehidrogenasa 58
isquemia 524
Ivy, J.L. 371, 403

J
Jamaica 426
Jimmie Heuga Center 70
Johns Hopkins University 6
Johnson, Robert E. 6-7, 7f
Juegos Olímpicos de Ciudad de México 310
jugadores de béisbol 271, 409
jugadores de fútbol americano 248, 284, 546, 547, 564

K
K+ (iones potasio) 72
Karpovich, Peter 10
Karvonen, Martii 8
Katch, F.I. 14
Keys, Ancel 7
Kidd, Billy 70
Kile, Darryl 522
kilocalorías (kcal) 50
King, D.S. 409
Kirshenbaum, J. 500
Kraemer, W.J. 438
Krebs, Hans 5
Krogh, August 5, 7f

L
L-carnitina 418
L-triptófano 417
Laboratorio de fisiología ambiental, UCSB 13
Laboratory for Human Performance Research 10
lactato
    acerca de 56
    como fuente de energía 130
    desentrenamiento y 349, 350c
    formación en los músculos 5
    paradoja 316
    redistribución 130
lactato deshidrogenasa (LDH) 274
LaGrange, Fernand 4
Landis, Floyd 396
LaPorte, Ronald 534
Lash, Don 458
Laughlin, M.H. 257
Lavoisier, Antoine 4, 310
LDH (lactato deshidrogenasa) 274
LDL-C (colesterol asociado a lipoproteínas de baja densidad) 528, 531
Leeuwenhoek, Anton van 4
Leon, Art 534
lesiones
    ejercicio en un ambiente frío y 306, 312
    entrenamiento con sobrecarga y 242
    relacionadas con la edad 466-467
    sobrecarga 223
letargia 305, 327, 555

levantamiento de pesas. Véase entrenamiento con sobrecarga
ley de Boyle para gases ideales 166f
ley de Dalton 168, 310
ley de Fick 169
ley de Henry 168
LH (hormona luteinizante) 473, 486
Life, Heat, and Altitude (Dill) 2
Lindberg, Johannes 8
Linderman, J. 415
línea M 31
lípidos 304, 375, 418, 528-531, 536-537, 556
lípidos en sangre 531
lipogénesis 52
lipólisis 60, 104
lipoproteína (a) 530, 531
lipoproteinlipasa 473, 474
líquido extracelular 380
líquido intracelular 380
lóbulo frontal 78, 79
lóbulo occipital 78
lóbulo temporal 78f
longevidad 466-467
Loucks, Anne 486

M
macrominerales 378
madurez física 429
Malina, R.M. 443
maniobra de Valsalva 190, 197
maratón de Boston 448, 472
maratón Flying Pig de Cincinatti 182
Maravich, "Pistol Pete" 140
marcapasos artificiales 146
Margaria, Rudolfo 7
Maris, Roger 409
masa de grasa 120, 302, 357-358, 366-367, 406-407. Véase también composición corporal; grasa corporal relativa
masa libre de grasa 357, 361
masa muscular
    altura y 321-322, 324
    cambios asociados al envejecimiento 303, 449-450, 452, 454, 461-462
    desentrenamiento y 348
    diferencias entre sexos en 473-475, 477, 478, 480, 494
    microgravedad y 21, 347
    en niños y adolescentes 428-429
    uso de ayudas ergogénicas y 396, 405, 406-407, 410
masa ventricular izquierda (MVI) 252
masculinización debido al uso de esteroides 408
maturación 426
Mauna Kea 325
Mayer, Jean 561-562
McArdle, W.D. 14
McCarthy, J.P. 277
McCormack, Chris 248
McGwire, Mark 409
McIlroy, M.B. 199
McKirnan, M.D. 192
mecanismo de Frank-Starling 185-186, 253, 455
mecanismo de renina-angiotensina-aldosterona 106, 107f
mecanismo de la sed 385

mecanorreceptores 156
Medbø, J.I. 125
mediciones isotópicas del metabolismo energético 119
médula espinal 80
médula oblongada 80
médula suprarrenal 93, 98-99c, 100-101, 341f
membrana alvéolo-capilar 168
membrana respiratoria 168, 169f
menarca 485
menopausia 20
menstruación 482, 484f, 485-487
Messner, Reinhold 318
metabolismo 50
metabolismo aeróbico 55
metabolismo anaeróbico 55
método de Karvonen 511
Meyerhof, Otto 5
microminerales 378
mielinización 429
Milliken, M.C. 252
minerales 378-379
mineralocorticoides 105
miocardio 141-143
miofibrillas 29, 30, 31f, 32, 33
mioglobina 176
miosina 2, 31, 35
mitocondria 58
modo 509
monocitos 528
monóxido de carbono (CO) 203
monte Everest 92, 311-312, 318
monte McKinley 321
morbilidad 554
Morehouse, Lawrence 6
Morris, J.N. 533, 534
mortalidad 554. Véase también muerte
mortalidad selectiva 448
motoneurona α 33, 39-40, 87
muerte
    debida a anomalías congénitas 143
    debida a trastornos alimentarios 492
    debida al uso de ayudas ergogénicas 411
    estrés ambiental y 297, 304, 305, 327
    obesidad y 554
    riesgo durante el ejercicio 466-467, 507, 538-539
    síndrome de la muerte sedentaria 500
mujeres científicas 13
mujeres y ejercicio. Véase diferencias entre sexos en los deportes
músculo cardíaco 28
músculo esquelético
    acerca de 29-30
    estructura básica 29f
    fibra muscular y. Véase fibras musculares
    miofibrillas 31, 32f, 33
    regulación de la temperatura corporal y 290
músculo estriado 31
músculo gastrocnemio (pantorrilla) 43
músculo liso 28
músculos
    adaptaciones al entrenamiento 249, 260-262
    adaptaciones en la altura 321-322

contracción de 5, 44
control neural del movimiento. Véase sistema nervioso
desentrenamiento y 347-348
entrenamiento con sobrecarga y. Véase entrenamiento con sobrecarga
envejecimiento y 453-454
esquelético. Véase músculo esquelético
fibras musculares. Véase fibras musculares
fuerza y. Véase fuerza muscular
generación de fuerza 44-46
interrupción del entrenamiento y atrofia muscular 235-236
masa y ejercicio. Véase masa muscular
niños y adolescentes en los deportes y 428-429
resistencia, potencia y fuerza derivadas del entrenamiento 210-211, 212c
respuesta al ejercicio en un ambiente frío 304
tipos 28-29
MVI (masa ventricular izquierda) 252

N

Na+ (iones sodio) 72
NAD (dinucleótido de nicotinamida adenina) 59, 131
nadadores
    composición de las fibras musculares 44, 345-346
    efectos del entrenamiento aeróbico 248, 262f
    efectos del entrenamiento interválico 334, 336-337
    frecuencia del entrenamiento 222
    hipertrofia muscular 233
    instrumentos para realizar pruebas 16
    recuperación de lesiones 348-350
    respuesta al sobreentrenamiento 340, 343-344
    suplementos de oxígeno 414
NADH 59, 131
natación estática 16
natación por canales de flujo 16
National Aeronautics and Space Administration (NASA) 21
National Health and Nutrition Examination Survey (NHANES) 537, 554
National Institute of Diabetes and Digestive and Kidney Diseases (NIDDK) 566
National Institutes of Health 10, 272, 500, 532, 547, 548, 558, 566
nebulina 31
nervios adrenérgicos 76
nervios aferentes 70
nervios colinérgicos 76
nervios eferentes 70
nervios motores (eferentes) 70
nervios sensitivos (aferentes) 70
neurona postsináptica 75
neurona presináptica 74-75
neuronas 70-71, 74
neuronas motoras α 86
neurotransmisores 71, 76
NHANES (*National Health and Nutrition Examination Survey*) 537, 554
NIDDK (*National Institute of Diabetes and Digestive and Kidney Diseases*) 566
Nielsen, Bodil 13

Nielsen, Marius 8, 13
niños y adolescentes
    adaptaciones fisiológicas al entrenamiento 437-440
    capacidad aeróbica 433-434, 439
    capacidad anaeróbica 435-436, 439
    composición corporal y adaptación al entrenamiento 437
    crecimiento, desarrollo y maduración 426-427, 443
    datos fisiológicos y tamaño 437
    definición de adolescencia 426
    definición de infancia 426
    estatura y peso y 427
    fuerza 430, 438
    función cardiovascular y respiratoria 430-432
    grasa 429
    habilidad motora y rendimiento deportivo 440, 441f, 442f
    hueso y 427-428
    músculo y 428-429
    obesidad infantil y 439
    pautas de la actividad física 502
    pautas de los ejercicios con sobrecarga 438c
    resistencia térmica y 442-443
    respuestas endocrinas al ejercicio 436
    respuestas fisiológicas al ejercicio agudo 430-437
    sistema nervioso 429
nodo auriculoventricular (AV) 144
nodo sinoauricular (SA) 144
nodos de Ranvier 74
norepinefrina 76, 101, 289, 290
Norton, E.G. 317
notación científica 20
nutrición y dieta
    alimentación previa a la competencia 387-388
    ayuno 362, 363, 366, 552
    balance hídrico 380-381
    bebidas deportivas 390-391
    carbohidratos 370-372
    carga de carbohidratos 371, 388, 389, 390
    composición corporal y 356-391
    deshidratación. Véase deshidratación y rendimiento del ejercicio
    dieta del deportista 386-391
    dieta vegetariana 386-387
    grasas 372-373
    minerales 378-379
    necesidades en la altura 316-317
    pérdida de peso 366-367
    peso y. Véase control del peso y actividad física
    proteína 373-375
    recomendación de equilibrio calórico 367
    reposición y carga de glucógeno muscular 388-389
    transición de las RDA a las DRI 377
    vitaminas 375, 376c, 377-378

O

obesidad
    actividad física y 559-563
    control del peso corporal 551-553
    etiología 553-554

obesidad *(Cont.)*
infancia 439
predisposición genética a 559
prevalencia de 548-550, 551*f*
problemas de salud asociados 554-557
terminología y clasificación 546-548
tratamiento general de 557-559
obesidad androide (hemicuerpo inferior) 555
obesidad ginoide (hemicuerpo inferior) 555
obesidad del hemicuerpo inferior (ginoide) 555
obesidad del hemicuerpo superior (androide) 555
OBLA (inicio de la acumulación de lactato en sangre) 250
oligoelementos 378
oligomenorrea 364, 485
oligosacáridos 368
Olsen, John "Miles" 472
Olsen, Sue 472
Operation Everest II 310
Organización Mundial de la Salud 547
órganos tendinosos de Golgi 87, 230
orina, pérdida de electrolitos en la orina 384
osificación 427-428
osmolalidad 105, 108
osmolalidad plasmática 105, 108
osmolaridad 384
osteopenia 378, 449
osteoporosis 378, 449, 489-490
Osterman, Greg 182
ovulación 408, 482, 486
óxido nítrico (NO) 156
oxígeno
combustión en los tejidos 4
necesidades del cuerpo 65
uso de la medición durante el ejercicio 5, 6
oxitocina 105
ozono (O_3) 203

P

Paffenbarger, Ralph 534
PAD (presión arterial diastólica) 152
PAM (presión arterial media) 152
páncreas 101-102
PAS (presión arterial sistólica) 152
Pascal, Blaise 310
Pawelczyk, James A. 21
P_b (presión barométrica) 310
PCr (fosfocreatina) 2, 55, 124, 128-129, 418-419
PDGF (factor de crecimiento derivado de plaquetas) 528
Pennington Biomedical Research Center 272
pérdida insensible de agua 286
pericardio 140
perimisio 29
periodización, principio de 335
período de puesta a punto 345, 346
período refractario 73, 76
período refractario absoluto 73
período refractario relativo 73
Perry, William "El Refrigerador" 546
personas mayores. *Véase* envejecimiento y ejercicio
pesaje hidrostático 357-358
pesos libres 216-217

PFK (fosfofructocinasa) 56, 274
pH 201-202, 349, 350*c*
Physical Activity Guidelines for Americans, 2008 501, 502
Physiology of Bodily Exercise (LaGrange) 4
Physiology of Muscular Exercise, The (Bainbridge) 4, 6
pico de rendimiento, puesta a punto para 345-346
Piehl, Karen 13, 13*f*
Pima (indios) 558
piruvato 56, 58
Pivarnik, J.M. 488
placa 524, 528-529
placebo 398
plaquetas 158, 528, 529*f*
plasmalema 30
pletismografía de aire 359
pliometría 218
PMR (potencial de membrana en reposo) 72
PO_2 (presión parcial de oxígeno) 168, 170*f*, 310, 311, 312, 314*f*
POAH (área preóptica del hipotálamo anterior) 288-289
policitemia 321
polisacáridos 368
Pollock, Michael L. 508
porciones alimenticias 552-553
poscarga 184
potasio 379
potencia
aeróbica 211-212, 220, 222-223, 265-266
aeróbica máxima 211, 249, 347. *Véase también* consumo máximo de oxígeno
anaeróbica 212, 220, 222-223
anaeróbica máxima 212
cambios debidos al entrenamiento anaeróbico 272-273
entrenamiento con sobrecarga y 214, 215*c*
en las fibras musculares 39
fuerza muscular y 347-348
golpe de fuerza 35
limitaciones 265-266, 267*c*
muscular 211, 212*c*
test de potencia crítica 125
potencial graduado 72
potencial de membrana en reposo (PMR) 72
potencial postsináptico excitatorio (PPSE) 77
potencial postsináptico inhibitorio (PPSI) 77
potenciales de acción 33, 71, 73-74
Powell, Asafa 426
PPSE (potencial postsináptico excitatorio) 77
PPSI (potencial postsináptico inhibitorio) 77
precarga 184
prediabetes 565
prehipertensión 525
prescripción del ejercicio 508-510
presión del aire (barométrica) 310
presión aórtica media 184
presión arterial diastólica (PAD) 152
presión arterial media (PAM) 152
presión atmosférica 311-312

presión barométrica (P_b) 310
presión hidrostática 193
presión oncótica 193
presión parcial de oxígeno (PO_2) 168, 170*f*, 310, 311, 312, 314*f*
presión sanguínea sistólica (PSS) 152
presión sanguínea y ejercicio 189-190, 257-258
presiones parciales de los gases 168
principio de especificidad
acerca de 212-213
al elegir equipo 16, 217
entrenamiento aeróbico y 275-277
pruebas de aptitud para el ejercicio 506
selección de un programa de entrenamiento y 336
principio de Fick 183
principio de individualidad 212
principio de periodización 335
principio de reclutamiento ordenado 42
principio de reversibilidad 213
principio de sobrecarga progresiva 213, 334
principio del tamaño 42
principio de todo o nada 73
principio de variación (periodización) 213
procedimiento de biopsia con aguja 8, 11, 12, 38
producto entre la frecuencia y la presión (RPP) 190
progesterona 97-98*c*, 482, 486
programa de estudio para la prevención de la diabetes 566
programas de entrenamiento de potencia 220-223
programas de rehabilitación
enfermedad cardiovascular 539-541
salud y aptitud física de 518
prolactina 100
prostaglandinas 96, 156
proteína
acerca de 52
aminoácidos 373
nutrición y 373-375
sistema oxidativo y 62-63
proteína C reactiva (PCR) 530
prueba de ejercicio anormal, valor predictivo de 506-507
pubertad 426, 473
puentes cruzados de miosina 34
puesta a punto 345-346
Pugh, L.C. 318
pulmones. *Véase* sistema respiratorio

Q

Q̇. *Véase* gasto cardíaco
quimiorreceptores 156

R

rabdomiólisis 345
radiación (R) 286
radiación solar 312
radicales libres 378
ramas terminales 71
reanimación cardiopulmonar 540
reclutamiento ordenado, principio de 42
récord de la milla 463
récords mundiales, hombres y mujeres 472*c*, 481*f*, 483*f*
reducción localizada 563

reflejo de Hering-Breuer 177
reflejo motor 85
regulación hormonal del metabolismo 100-102
regulación negativa 93
regulación positiva 94
regulación de la temperatura corporal
  aclimatación al calor 299-301
  control de la termorregulación 288-290
  producción de calor metabólico 284, 285f
  rango basal 284
  sistema endocrino y 290
  transferencia de calor corporal 285-288
regulación del equilibrio ácido-base 200-202
relación capilares-fibras 257
relación dolor-respuesta 16-17
rendimiento
  altura y 318-319, 322-324
  composición corporal y 360-361
  deshidratación y 381-382, 383c, 384, 385, 386
  diferencias entre sexos en 482, 483f
  dolor muscular de aparición tardía y 240, 241f
  envejecimiento y 463-464
  habilidad motora en niños y adolescentes 440, 441f, 442f
  ingesta de carbohidratos asociada a 370-372
  ingesta de grasas y 373
  límites debido a las repuestas respiratorias 199-200
  límites del entrenamiento aeróbico 265-266
  mejora a largo plazo con el entrenamiento aeróbico 267c
  menstruación y 484
  puesta a punto para el pico 345-346
renina 106
repetición 210
RER (índice de intercambio respiratorio) 117-118, 265
resistencia aeróbica
  características de los deportistas de éxito 126
  dieta y 374, 388
  entrenamiento con carreras largas y lentas y 223
  principio de especificidad y 213
  resistencia cardiorrespiratoria y 249-250, 270-271
  tipo de fibra muscular y 40
  uso de ayudas ergogénicas y 401, 404, 411, 417, 418
resistencia cardiorrespiratoria 249-250. Véase también entrenamiento aeróbico
resistencia a la insulina 565
resistencia muscular 40, 211, 212c, 249, 348-349, 350c
resistencia periférica total (RPT) 189
resonancia magnética (RM) 506
respiración celular 58
respiración de Cheyne-Stokes 326
respiración externa 164
respiración interna 164
respondedores altos 212, 270
respondedores bajos 212, 270
respuesta aguda 3

respuesta cardiovascular al ejercicio agudo
  control central 194
  desviación cardiovascular 191, 291
  flujo sanguíneo 190-192
  frecuencia cardíaca 182-184
  gasto cardíaco 186-187, 188f
  integración de 194, 195f, 196
  integrada 188-189
  presión sanguínea 189-190
  sangre 192-194
  volumen sistólico 184-186, 187
respuesta de lucha o huida 101
respuesta insulínica al ejercicio 436
respuesta miogénica 156
respuesta motora 83, 85, 87
respuesta respiratoria al ejercicio agudo
  contaminación del aire y 203
  irregularidades respiratorias 197
  limitaciones del rendimiento 199-200
  regulación del equilibrio ácido-base 200-202
  umbral de lactato y 199
  ventilación pulmonar 196-197
  ventilación y metabolismo energético 197-198
retículo sarcoplásmico (RS) 30, 39
retroalimentación negativa 53, 55, 93
reversibilidad, principio de 213
Rhyming, Irma 13
RID ("investigadores contra los trastornos relacionados con la inactividad") 500
riesgos para la salud durante el ejercicio en un ambiente caluroso
  factores que influyen en el grado de estrés por calor 294
  medición del estrés por calor 294-295
  prevención de la hipertermia 297-298
  trastornos relacionados con el calor 295-297
riñones 105-109
ritmo espontáneo 143
ritmo sinusal 144
RM (resonancia magnética) 506
Robinson, Sid 6, 7f, 433, 458
Ross, Russell 528
Roth, D.A. 415
Rowell, Loring 10, 266
Rowland, T.W. 434
RPE (índice de esfuerzo percibido) 514-516
RPP (producto entre la frecuencia y la presión) 190
RS (retículo sarcoplásmico) 30, 39

S
Salazar, Alberto 122
Sallis, Robert E. 503
Saltin, Bengt 8, 9f, 11, 13, 266, 454, 478
salto 218, 428
salud y aptitud física
  beneficios del ejercicio para la salud 500-501, 502, 503
  contexto de la evaluación médica 503-504
  control de la intensidad del ejercicio 510-516
  estratificación del riesgo 505
  factores de riesgo de arteriopatía coronaria 504c
  importancia de la autorización médica 501, 503

prescripción de ejercicio 508-510
programa de ejercicio 516-518
programas de rehabilitación 518
test progresivo de ejercicio 504, 506-507
SAM (eje simpático-adrenomedular) 340
sangre 157-159
sarcolema 30
sarcómero 31, 32f, 33, 35, 45
sarcopenia 449-450
sarcoplasma 30-31
Sargent, Dudley 10
saturación de hemoglobina 173-174
Schilling, Curt 409
Scholander, Peter 7, 8
SDH (succinato deshidrogenasa) 64, 261, 349
Sears, Barry 390
Šebrle, Roman 210
Séguin, A. 4
segundo mensajero 95
Selye, Hans 339
sensación térmica 303
sensibilidad 506
sensibilidad a la insulina 565
serotonina 417
seudoefedrina 400
Shay, Ryan 522
simpaticólisis 189
sinapsis 74-75
síndrome de fatiga crónica 344, 363-364
síndrome metabólico 533, 554
síndrome de la muerte sedentaria 500
síndrome de resistencia a la insulina 533
síndrome de sobreentrenamiento 335, 338-344
síndrome X 533
Sistema ATP-PCr 55-56, 64, 273-274, 276c
sistema cardiovascular. Véase también sistema respiratorio
  acerca de 140
  adaptaciones a la altura 322
  corazón. Véase corazón
  ejercicio agudo y 182-196, 291
  función durante el ejercicio 291
  regulación central del sistema cardiorrespiratorio 194
  respuesta en la altura 315
  riesgos para la salud durante el ejercicio en un ambiente frío 305-306
  sangre 157-159
  sistema vascular 152-157
sistema circulatorio. Véase sangre; sistema cardiovascular; corazón; sistema vascular
sistema de conducción cardíaco 143-144, 145f
sistema endocrino
  acciones cardíacas y 145-146
  acerca de 92-93
  cuadro de glándulas y hormonas 97-98c
  cuadro de respuesta al ejercicio 99c
  hormonas. Véase hormonas
  papel de los riñones en 105-109
  regulación de la temperatura corporal y 290
  regulación de líquidos y electrolitos. Véase equilibrio de líquidos durante el ejercicio

sistema endocrino *(Cont.)*
  regulación del metabolismo de las grasas 104
  regulación del metabolismo de los carbohidratos 102-104
  regulación del metabolismo durante el ejercicio 100-102
  respuesta al ejercicio agudo y al entrenamiento 99*c*
sistema glucolítico
  adaptaciones al entrenamiento anaeróbico 274-275
  desentrenamiento y 350
  energía y 56, 57*f*
  en niños y adolescentes 435-436
  reemplazo y carga del glucógeno muscular 388-389
sistema musculoesquelético 29
sistema nervioso
  acerca de 70
  central 70, 78-80, 133
  impulso nervioso 71-74
  integración sensomotora 83-87
  neuronas 70-71
  neurotransmisores 76
  niños y adolescentes en los deportes y 429
  organización 70
  periférico 70, 80-82
  respuesta motora 87
  respuesta postsináptica 77
  respuestas al sobreentrenamiento 339-340
  sinápsis 74-75
  unión neuromuscular 75-76
sistema nervioso autónomo 70, 81-82
sistema nervioso central (SNC) 70, 78-80, 133
sistema nervioso parasimpático (SNP) 82, 145, 339
sistema nervioso periférico (SNP)
  acerca de 70
  división motora 81
  división sensitiva 80-81
  sistema nervioso autónomo 81-82
sistema nervioso simpático (SNS)
  acciones cardíacas y 145
  acerca de 81-82
  anomalías debido al sobreentrenamiento 339
  regulación de la temperatura corporal y 289-290
  regulación del flujo sanguíneo 156
sistema nervioso somático 70
sistema oxidativo
  acerca de 58
  capacidad del músculo 64-65
  carbohidratos y 58-60, 61*f*
  grasa y 60, 62, 104
  producción de energía 60, 61*f*
  proteína y 62-63
sistema respiratorio. *Véase también* sistema cardiovascular
  acerca de 164
  adaptaciones al entrenamiento aeróbico 259-262
  difusión pulmonar 167-171, 259, 313
  ejercicio agudo y 196-202

intercambio gaseoso en los músculos 175-177
  mecanismos de control 178*f*
  regulación central del sistema cardio-rrespiratorio 194
  respuesta en la altura 313-314
  transporte de dióxido de carbono 174-175, 177
  transporte de oxígeno 172-173
  ventilación pulmonar 164-166, 177-178, 196-197, 259, 313
  volúmenes pulmonares 166-167
sistema vascular
  acerca de 152
  control integrado de la presión sanguínea 157
  control intrínseco del flujo sanguíneo 154-155
  control neural extrínseco 156
  distribución de la sangre 153-154
  distribución de la sangre venosa 157
  flujo sanguíneo en la arteria coronaria 153
  hemodinámica 152-153
  presión sanguínea 152
  retorno de la sangre al corazón 156, 157*f*
sistemas energéticos
  ATP-PCr 55-56
  entrenamiento anaeróbico, adaptaciones al 273-274, 276*c*
  fatiga y 128-133
  glucolítico 56, 57*f*
  interacciones entre 64
  oxidativo. *Véase* sistema oxidativo
sístole 147
SNC (sistema nervioso central) 70, 78-80, 133
SNP. *Véase* sistema nervioso parasimpático; sistema nervioso periférico
SO_2 (dióxido de azufre) 203
sobrecarga aguda 335
sobrecarga progresiva, principio de 213, 334
sobreentrenamiento
  acerca de 335, 338
  inmunidad y 341-342
  predicción del síndrome de sobreentrenamiento 342-343
  reducción del riesgo y tratamiento 344
  respuestas del sistema nervioso autónomo a 339-340
  respuestas hormonales a 340-341
  síndrome de sobreentrenamiento 335, 338-339
sobreentrenamiento simpático 339
sobreesfuerzo 335, 340
sobrepeso 546. *Véase también* obesidad
sodio 379
soplo cardíaco 149
Staron, R.S. 236
Stone, Meg Ritchie 242
Stringer, Korey 284
subentrenamiento 335
succinato deshidrogenasa (SDH) 64, 261, 349
sudoración
  aclimatación al calor y 299-301
  calambres musculares y 241, 295, 296*f*

diferencias entre sexos 493-494
envejecimiento y 465-466
equilibrio hídrico durante el ejercicio 105, 193, 380-385
glándulas sudoríparas ecrinas 290, 292
en niños y adolescentes 442-443
pérdidas de minerales y 379, 391
regulación de la temperatura corporal y 292-294
transferencia de calor corporal y 288, 289*f*
sueño
  altura y 324, 325, 326
  apnea 554, 555
  efecto de la cafeína sobre 403
  sobreentrenamiento y 338, 339
Sullivan, R. 500
sumación 45, 77
suministro capilar 260-261
supergrande 552-553
suplementos de oxígeno 414-415
sustratos energéticos
  acerca de 50
  carbohidratos 50-51
  grasa 51-52
  proteína 52
  resumen del metabolismo 63
Sutton, John 310

T

T_3 (triyodotironina) 100, 486
T_4 (tiroxina) 100, 290
tablas y gráficos 20, 22
tálamo 79
Tamaki, T. 407
tamaño del corazón y entrenamiento aeróbico 250-252
tapices rodantes 14-15
taquicardia 147
taquicardia ventricular 147
tasa metabólica
  actividad física y 562
  adaptaciones al entrenamiento aeróbico 263, 265
  basal y de reposo 120
  capacidad máxima para el ejercicio aeróbico 122-123
  características de los deportistas de éxito 126
  costo energético de las actividades 126-127
  diferencias entre sexos en los deportes 477-479, 481
  economía de esfuerzo 125-126
  ejercicio submáximo y 120-122
  esfuerzo anaeróbico y capacidad de ejercicio 123-125
  respuesta al ejercicio en un ambiente frío 304
  respuestas a la altura 315-316
tasa metabólica basal (TMB) 120
tasa metabólica de reposo (TMR) 120, 551-552, 562
Taylor, Chris 546
Taylor, Henry Longstreet 6, 8
TC (tomografía computarizada) 506
T_{db} (temperatura de bulbo seco) 295
Tecumseh Community Health Study 537
tejido excitable 71-72
temblores 301

temperatura del aire 312. *Véase también* ejercicio en un ambiente frío; ejercicio en un ambiente caluroso
temperatura de bulbo seco (T_{db}) 295
temperatura de globo con bulbo húmedo (WBGT) 295
tendones 30
teoría de los filamentos deslizantes 35
teoría de la temperatura crítica 291
terapias de reemplazo hormonal 20
terminaciones axónicas 71
termogénesis sin temblores 301
termorreceptores 288
termorregulación 284. *Véase también* regulación de temperatura corporal
test anaeróbico de Wingate 125, 264, 435
test de esprín en escalera de Margaria 436
test de potencia crítica 125
test progresivo de ejercicio (GXT) 506
testosterona
  como ayuda ergogénica 406-407, 409
  diferencias entre sexos en 473, 480
  hipertrofia fibrilar y 231
  masa muscular y 428
  respuesta al sobreentrenamiento 340
  riesgos del uso 408
tétanos 45
Tipton, Charles "Tip" 9, 10, 11, 11*f*
tirotropina (TSH) 100
tiroxina (T_4) 100, 290
titina 31
TMB (tasa metabólica basal) 120
TMR (tasa metabólica de reposo) 120, 551-552, 562
tomografía computarizada (TC) 506
tono vagal 145, 156, 182
tono vasomotor 156
Torricelli, E. 310
Tour de France 356, 396
tractos corticoespinales 79
tractos extrapiramidales 79
transferencia de calor corporal 285-288
transformación de Haldane 117
transmisión neural y fatiga 132-133
transporte de oxígeno
  acerca de 172-173
  adaptaciones cardiovasculares al entrenamiento 250
  altura y 313
trastornos alimentarios 364, 490-493
trastornos relacionados con el calor 295-297
tríada de la deportista 364, 493
trifosfato de guanosina (GTP) 58
triglicéridos 51, 60, 372
triyodotironina (T_3) 100, 486
trombo 526, 529
trombosis 408, 413, 526, 529
tropomiosina 33, 34
troponina 33, 34
TSH (tirotropina) 100
túbulos transversales (túbulos T) 30

U

umbral 73
umbral anaeróbico 125, 199
umbral del lactato
  adaptaciones al entrenamiento 263
  diferencias entre sexos 479
  envejecimiento y 460

estimaciones 199
gasto energético y 124-125
umbral ventilatorio 198
unidades motoras
  acerca de 33
  frecuencia de disparo 230
  ganancias de fuerza derivadas del entrenamiento con sobrecarga y 229-230
  generación de fuerza y 44-45
  reclutamiento de fibras musculares y 42-43
  respuesta motora y 87
  tipo de fibra muscular y 39-40
unidades y notación científica 20
Unión Internacional de las Ciencias Fisiológicas 6
unión neuromuscular 33, 75-76
uniones comunicantes 142
urea 62, 340

V

($\bar{v}$) (venoso mixto) 175
V_0 (velocidad de contracción de una sola fibra) 41
vaciado gástrico 390
vaina de mielina 74
valina 417
valor de referencia 551, 552
valor predictivo de una prueba de ejercicio anormal 506-507
Van Auken, Ernst 222
VanHeest, J.L. 339, 340, 341
variable dependiente 22
variable independiente 22
variación (periodización), principio de 213
variación diurna 19
vasoconstricción 153, 191, 289, 301, 302
vasoconstricción cutánea 289, 301, 302
vasoconstricción periférica 301
vasoconstricción simpática 191
vasodilatación 153
vasopresina 294
vasos de resistencia 152
VDF (volumen diastólico final) 150*f*, 184, 253
$VEF_{1.0}$ (volumen espiratorio forzado en 1 segundo) 456
velocidad de contracción (V_0) 39
velocidad de contracción de una sola fibra (V_0) 41
$V_{Emáx}$ (ventilación espiratoria máxima) 456
vena cava 140
vena cava inferior 140
vena cava superior 140
venas 152
venas pulmonares 141, 166, 169
venas varicosas 526
ventilación espiratoria máxima ($V_{Emáx}$) 456
ventilación pulmonar
  acerca de 164-166
  adaptaciones al entrenamiento 259
  altura y 313, 319
  regulación de 177-178
  respuesta al ejercicio agudo 196-197
ventilación pulmonar máxima 259
ventilación voluntaria máxima 200
vénulas 152
Vesalius, Andreas 4
vesículas sinápticas 75

vientres musculares 29
Vitamina C 375, 377
Vitamina E 377
vitaminas 375, 376*c*, 377-378
vitaminas del complejo B 375
vitaminas solubles en grasa 372, 375
VLDL-C (colesterol asociado a lipoproteínas de muy baja densidad) 531
$\dot{V}O_2$ (consumo de oxígeno submáximo) 479
$\dot{V}O_2$. *Véase* consumo de oxígeno
$\dot{V}O_{2máx}$. *Véase* consumo máximo de oxígeno
$\dot{V}O_{2pico}$ (consumo de oxígeno pico) 122
volumen diastólico final (VDF) 150*f*, 184, 253
volumen de espiración 166
volumen espiratorio forzado en 1 segundo ($VEF_{1.0}$) 456
volumen plasmático 192-194, 258
volumen residual (VR) 167
volumen sanguíneo y ejercicio 258, 315, 321
volumen sistólico (VS)
  acerca de 149, 150*f*
  adaptaciones al entrenamiento 253-254
  diferencias entre sexos 476
  envejecimiento y 455
  máximo. *Véase* volumen sistólico máximo
  en niños y adolescentes 431
  respuesta al ejercicio agudo 184-186, 187
volumen sistólico final (VSF) 150*f*
volumen sistólico máximo ($VS_{máx}$)
  en la altura 315
  diferencias entre sexos en 479
  entrenamiento aeróbico y 250, 254, 256
  envejecimiento y 455
  niños y adolescentes y 431
VR (volumen residual) 167
VS. *Véase* volumen sistólico
VSF (volumen sistólico final) 150*f*

W

WADA (Agencia Mundial Antidopaje) 399, 400
Wasserman, K. 199
Watson, James 12
WBGT (temperatura de globo con bulbo húmedo) 295
Weston, Edward Payson 11
Williams, Nancy 397, 486
Williams, Paul 536
Wilmore, Jack H. 398
Winslow, Kellen 114
Wolde, Mamo 310

Y

Young, Andrew 302

Z

zona $Fat_{máx}$ 564
zona H 31
zona respiratoria 164
Zuntz, N. 114